KUHMINSA

한 발 앞서나가는 출판사, 구민사
독자분들도 구민사와 함께 한 발 앞서나가길 바랍니다.

구민사 출간도서 中 수험서 분야

- 용접
- 자동차
- 조경/산림
- 품질경영
- 산업안전
- 전기
- 건축토목
- 실내건축

- 기술사
- 기계
- 금속
- 환경
- 보일러
- 가스
- 공조냉동
- 위험물

전문가를 위한 첫걸음, 구민사는 그 이상을 봅니다!

전국 도서판매처

· 일산남부서점 · 안산대동서적 · 대전계룡서점 · 대구북앤북스 · 대구하나도서
· 포항학원사 · 울산처용서림 · 창원그랜드문고 · 순천중앙서점 · 광주조은서림

www.kuhminsa.co.kr

자격증 시험 접수부터 자격증 수령까지!

전문가를 위한 첫걸음, 구민사는 그 이상을 봅니다!

상시시험 12종목
굴착기운전기능사, 지게차운전기능사, 미용사(일반), 미용사(피부), 미용사(네일)
미용사(메이크업), 조리기능사(양식, 일식, 중식, 한식), 제과·제빵기능사

3 큐넷(www.q-net.or.kr) 사이트에서 확인
필기 합격 확인

4 큐넷(www.q-net.or.kr) 응시 자격 서류는 **실기시험 접수기간(4일 내)에** 제출해야만 접수 가능
실기 원서 접수

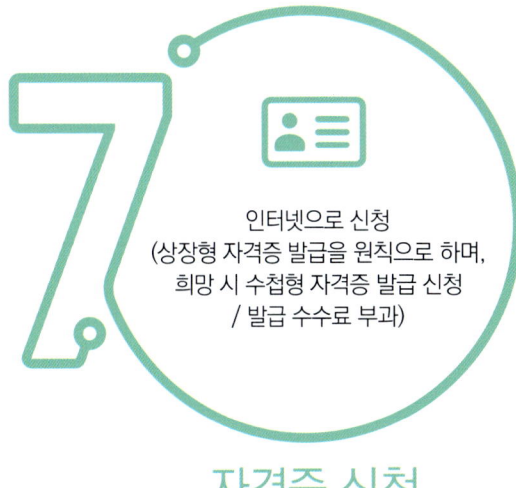

7 인터넷으로 신청
(상장형 자격증 발급을 원칙으로 하며, 희망 시 수첩형 자격증 발급 신청 / 발급 수수료 부과)
자격증 신청

8 인터넷으로 발급(출력)
(수첩형 자격증 등기 수령 시 등기 비용 발생)
자격증 수령

추천사

추천사

기계설계분야에 입문하시는 여러분들에게 추천하는 본 교재는 오랜 기간의 합격 Know-how를 충분히 수록하였으므로 자격 취득의 지름길로 안내하여 드릴 것입니다.
본 교재는 모든 분들에게 합격의 기쁨을 드릴 수 있음을 확신합니다.

추천사를 쓰신 이승우 학교장님은 1990년 한국일보에 국가기술자격증 최다 보유자로(당시 21개 종목) 발표된 이래 2001(당시 28개 종목)까지 10년 넘게 국가기술자격증 국내 최다 보유자를 위치를 지켜왔습니다.

[주요약력]
- 1994.10(동아일보) 제16회 기능장 시험에서 전국수석(평균88점)
- 주요일간지(중앙, 조선, 동아, 경향 外), TV(KBS, SBS, MBC), 라디오 등 인터뷰 및 출연

[주요강연 및 표창]
- 유네스코 국제직업박람회 및 대학 등 초청강연
- 교육부장관 표창(2회)

[현재]
- (인천)현대 CAD 디자인 직업전문 학교장
- 설계해석 전문기업 CLG 고문
- 3D프린터 기술·운용 자격시험센터 대표(인천, 경기)

머리말

전산응용기계제도(기계CAD)기능사 국가기술자격시험이 시행된 지 벌써 15년 전후가 된 것 같습니다. 이제는 수작업으로 그리던 기계제도 자격증 시험이 완전 폐지되었으나 필기시험 과목은 크게 변함없이 오늘에도 이어져 오고 있습니다. 본 교재는 이를 바탕으로 최신 수험 유형에 알맞게 다음과 같은 특징으로 책을 출판하게 되었습니다.

[본 교재의 특징]

- Ⅰ. 강단경력 십 수년 이상의 각 과목 집필진에 의해 그동안 가르쳐 오던 것을 핵심요약 정리와 예상문제 그리고 기출부분으로 정리하여 단기간 학습을 통하여 합격에 만전을 기하도록 하였습니다.
- Ⅱ. 국가기술자격증 최다보유자(이승우)가 추천하는 전문 수험서로서 그 가치를 인정받았으며 초보자들도 쉽게 접근할 수 있도록 그림과 해설에 최선을 다하였습니다.
- Ⅲ. 십년이 지나도 수험서로서의 가치가 인정될 수 있도록 하기 위해 정확한 내용과 문제구성에 역점을 두었습니다.
- Ⅳ. 최근까지 과년도 중요문제들을 각 과목의 예상문제로 구성, 해설과 함께 풀이하여 혼자서도 충분히 공부할 수 있도록 하였다.
- Ⅴ. 항상 질문을 받을 수 있도록 저자진의 이메일을 열어 두고 독자 여러분의 궁금증을 해결하도록 노력하겠습니다.

다만, 집필진의 노력에도 불구하고 미흡한 점이 눈에 띌 것이며 발견될 때마다 독자 여러분께서 조언을 해주시길 진심으로 부탁드립니다.

이 책이 출판되기까지 바쁜 시간을 내어주신 집필진 교사 여러분과 도서출판 구민사 조규백 사장님께 깊은 감사드리며 특히 우리나라 기술서적 출판계에 자존심을 세워주셨던 조성환 사장님 영전에 삼가 이 책을 올립니다.

저자 씀

CONTENTS

PART 01 기계제도

Chapter 01 ◆ 기계제도의 개요 … 3
   01. 제도 통칙 … 3
   02. 도면의 종류와 크기 … 5
   기계제도의 개요 예상문제 … 11

Chapter 02 ◆ 투상도 및 단면도법 … 16
   01. 투상도법 … 16
   02. 단면도의 표시 방법 … 20
   투상도 및 단면도법 예상문제 … 27

Chapter 03 ◆ 치수 기입법과 기계재료의 표시 … 34
   01. 치수의 표시방법 … 34
   02. 치수 기입 방법 … 35
   03. 치수의 배치 … 36
   04. 치수 수치를 기입하는 위치 및 방향 … 37
   05. 치수 표시 기호 … 38
   06. 치수 기입 … 38
   07. 재료 표시법 … 40
   치수 기입법과 기계재료의 표시 예상문제 … 44

Chapter 04 ◆ 표면 거칠기와 끼워맞춤 … 50
   01. 표면 거칠기와 다듬질 기호 … 50
   02. 치수 공차 … 53
   03. 기하 공차 … 56
   표면 거칠기와 끼워맞춤 예상문제 … 58

Chapter 05 ◆ 스케치 및 전개도 … 72
   01. 스케치(Sketch) … 72
   02. 전개도 작성법 … 74
   스케치 및 전개도 예상문제 … 76

Chapter 06 ◆ 기계요소의 제도 … 80
   01. 나사(Screw) … 80
   02. 핀, 키이 … 84
   03. 리벳 및 용접 … 85
   04. 축계 기계요소의 제도 … 87
   05. 전동용 기계요소의 제도 … 89
   06. 관계 기계요소의 제도법 … 91
   기계요소의 제도 예상문제 … 94

PART 02 기계요소 설계

Chapter 01 ◆ 재료역학   119
- 01. 응력과 변형률   119
- 재료역학 예상문제   123

Chapter 02 ◆ 결합용 기계요소   127
- 01. 나사   127
- 02. 볼트와 너트(Bolt & Nut)   130
- 03. 키, 핀, 코터   134
- 04. 리벳 및 용접   138
- 결합용 기계요소 예상문제   142

Chapter 03 ◆ 축계 기계요소   149
- 01. 축(Shaft)   149
- 02. 베어링과 저널   151
- 03. 축 이음   156
- 축계 기계요소 예상문제   158

Chapter 04 ◆ 전동용 기계요소   163
- 01. 마찰차   163
- 02. 기어(gear)   165
- 03. 벨트 전동   169
- 전동용 기계요소 예상문제   173

Chapter 05 ◆ 제동 및 완충용 기계요소   177
- 01. 브레이크   177
- 02. 스프링   180
- 제동 및 완충용 기계요소 예상문제   182

Chapter 06 ◆ "관" 계 기계요소   185
- 01. 압력 용기   185
- 02. 파이프와 파이프 이음   185
- 03. 밸브와 콕   187
- 04. 관로의 설계   188

PART 03 기계재료

Chapter 01 ◆ 기계 재료의 개요   191
- 01. 기계 재료 총론   191
- 기계 재료의 개요 예상문제   198

Chapter 02 ◆ 철강재료   209
- 01. 철강의 제조법   209
- 02. 강의 열처리   214
- 03. 특수강(합금강)   218
- 04. 주철(Cast Iron)   222
- 철강재료 예상문제   225

Chapter 03 ◆ 비철금속재료   244
- 01. 구리와 구리합금   244
- 비철금속재료 예상문제   250

Chapter 04 ◆ 비금속재료   260
- 01. 기초 재료   260
- 02. 내화재와 보온재료   260
- 03. 합성수지   260

CONTENTS

PART 04 기계공작

Chapter 01 ◆ 수기가공 및 정밀측정 263
  01. 손 다듬질(수기가공) 263
  02. 정밀 측정 269
  수기가공 및 정밀측정 예상문제 276

Chapter 02 ◆ 기계공작 일반 281
  01. 공작기계의 분류 281
  02. 공작기계 구비 조건 281
  03. 공작기계의 기본운동 282
  04. 절삭 가공 282
  05. 공작기계의 속도변환 방식 283
  06. 절삭 공구 재료 284
  07. 절삭유 284
  기계공작 일반 예상문제 286

Chapter 03 ◆ 선반(Lathe) 292
  01. 선반의 구조 292
  02. 선반의 가공분야 293
  03. 선반 크기의 표시 294
  04. 선반용 부속품 294
  05. 선반의 종류 297
  06. 선반 작업 298
  선반(Lathe) 예상문제 302

Chapter 04 ◆ 드릴링(Drilling), 보링(Boring) 307
  01. 드릴링 머신 307
  02. 보링 머신 – B 310
  드릴링(Drilling), 보링(Boring) 예상문제 312

Chapter 05 ◆ 세이퍼, 슬로터, 플레이너, 브로우치 315
  01. 세이퍼(형삭기) – SH 315
  02. 슬로터 및 플레이너 315
  03. 브로우치 가공 – BR 316
  세이퍼, 슬로터, 플레이너, 브로우치 예상문제 318

Chapter 05 ◆ 밀링 321
  01. 밀링머신(Milling M/C)의 종류 321
  02. 밀링 머신의 구조 및 가공분야 321
  03. 밀링 머신의 크기 표시 322
  04. 밀링 가공 323
  05. 분할법 324
  06. 헬리컬 가공 325
  밀링 예상문제 327

Chapter 07 ◆ 연삭 및 기어 가공 331
  01. 연삭기 331
  02. 기어 가공 334
  연삭 및 기어 가공 예상문제 336

Chapter 08 ◆ 정밀입자 및 특수가공 340
  01. 정밀입자 가공 340
  02. 특수가공 341
  정밀입자 및 특수가공 예상문제 345

Chapter 09 ◆ 안전관리 349
  01. 일반 안전 349
  02. 기계 안전 352
  안전관리 예상문제 355

PART 05 CAD 일반

Chapter 01 ◆ 전산일반 361
01. 개요 361
02. 전자 계산기 시스템의 구성과 기능 362
03. 데이터의 표현 365
04. 수의 표현과 연산 366
05. 하드웨어(Hardware)시스템 369
06. 데이터 통신 372
07. 오퍼레이팅 시스템(Operating System) 374

Chapter 02 ◆ CAD 개론 376
01. CAD 개론 376
02. CAD와 설계과정 376
03. CAD/CAM 의 역사 377
04. 입력 장치(Input Devices) 379
05. 출력 장치(Output Device) 381
06. 보조 기억 장치 385
07. 기억방식 386

Chapter 03 ◆ Computer에 의한 설계 387
01. 좌표 및 좌표계 387
02. 벡터 391
03. 행렬 395
04. 도형의 좌표 변환 396
05. 컴퓨터 그래픽 소프트웨어 399
06. 데이터 베이스의 구조와 내용 402
07. CAD System에 의한 도형 처리 405
08. 하드 웨어의 제어 407

Chapter 04 ◆ CAD/CAM 개론 및 자동화 412
01. NC와 CAM 412
02. NC에서 컴퓨터 제어 415
03. 산업용 로봇 416
04. 그룹 기법(Group Technology : GT) 419

CAD 일반 예상문제 421

CONTENTS

PART 06　과년도 기출문제

2013
과년도 기출문제(2013년 1월 27일 시행)	436
과년도 기출문제(2013년 4월 14일 시행)	451
과년도 기출문제(2013년 7월 21일 시행)	468
과년도 기출문제(2013년 10월 12일 시행)	483

2014
과년도 기출문제(2014년 1월 26일 시행)	499
과년도 기출문제(2014년 4월 6일 시행)	514
과년도 기출문제(2014년 7월 20일 시행)	528
과년도 기출문제(2014년 10월 11일 시행)	542

2015
과년도 기출문제(2015년 1월 25일 시행)	556
과년도 기출문제(2015년 4월 4일 시행)	570
과년도 기출문제(2015년 7월 19일 시행)	583
과년도 기출문제(2015년 10월 10일 시행)	594

2016
과년도 기출문제(2016년 1월 24일 시행)	605
과년도 기출문제(2016년 4월 2일 시행)	619
과년도 기출문제(2016년 7월 10일 시행)	631

기출복원문제
1회 CBT 기출복원문제	643
2회 CBT 기출복원문제	655
3회 CBT 기출복원문제	668
4회 CBT 기출복원문제	678
5회 CBT 기출복원문제	691
6회 CBT 기출복원문제	704
7회 CBT 기출복원문제	719
8회 CBT 기출복원문제	733

기출복원 문제란?
CBT시행에 따라 저자께서 수험자들의 도움으로 최대한 유형에 가깝게 복원한 문제입니다.

전산응용기계제도기능사
90일 PLAN 합격하기

D-90
모든 CHAPTER를 3~5번 정독하는 방법으로 공부합니다.
① 신문 보는 것처럼 큰 제목과 부제목들을 기억하면서 내용을 파악하면서 연필을 가지고 중요하거나 다시 봐야 할 내용에 체크하면서 읽어 갑니다.
② 색 볼펜을 이용해서 중요한 부분을 체크해나가면서 암기할 부분을 체크합니다.
③ 중요 내용과 암기내용을 파악하고 암기사항을 체크해나갑니다.
※ 단원이 끝나면 단원별 문제풀이 후 중요 부분 내용 암기하기

D-50
3~5번을 정독한 후
① 과목 별로 예상문제로 내용을 다시 정리하는 시간을 갖습니다.(쓰는 내용이 아닌 머릿속 정리)
② 암기사항을 파악하고 정리해 나갑니다.

D-20
과년도 문제를 풀어가면서 출제 경향과 특이사항을 체크하고, 본인의 현재 상태를 체크하면서 1시간에 60문제를 해결하는 속도가 나오는지 확인해 봅니다.
너무 어려운 내용에 매달리지 않습니다.

D-7
암기사항을 체크하고 다시 정리하는 마음으로 과목 별 예상문제를 빠르게 풀어 나갑니다.

D-3
암기 사항과 과년도 문제를 선별하여 1시간에 풀어나갑니다.

D-2
수험표와 신분증, 응시시간과 장소를 잘 파악하고 암기사항을 점검해 나갑니다.

시험장 가기 전에 Tip

Q 계산기를 따로 가져가야 하나요?
A 시험을 치르는 PC에 설치된 계산기를 이용하실 수 있습니다.(개인 계산기 지참 가능)

Q PC로 시험을 치르면 종이는 못 쓰나요?
A 시험장에서 필요한 사람에 한해 종이를 제공합니다. 시험장마다 상황이 다를 수 있으니 전화로 해당 시험장의 상황을 파악해보시길 권장합니다. 이 때 시험이 끝나고 종이 반납은 필수입니다.

이 책의 구성과 특징

01 핵심 이론 요약 & 단원별 예상문제 수록

- 전산응용기계제도기능사에 대한 핵심 이론만을 수록하였습니다.
- 단원별 예상문제로 실전시험에 대비하였습니다.

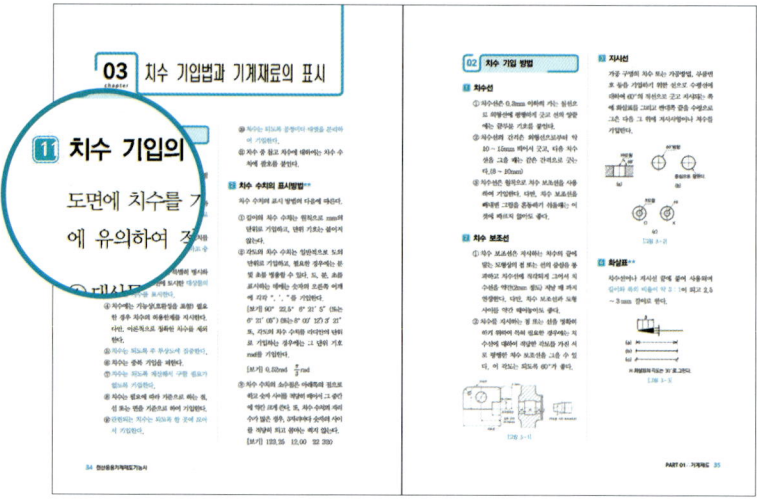

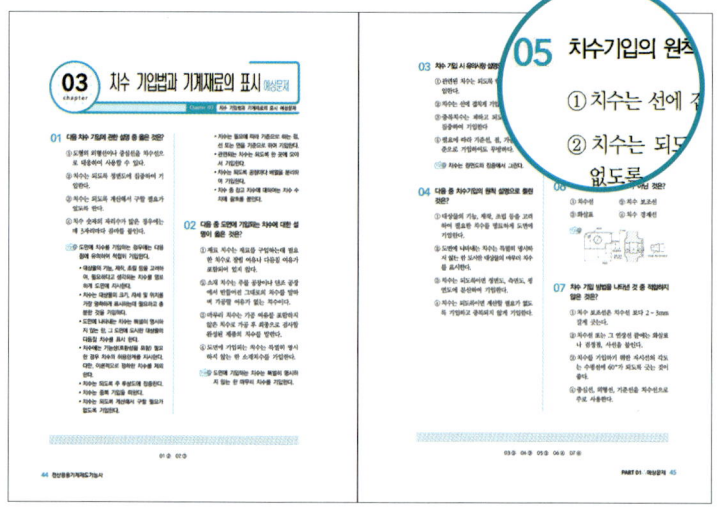

02 과년도 기출문제&CBT 기출복원문제 수록

• 전산응용기계제도기능사 과년도 기출문제&CBT 기출복원문제를 수록하여 실전시험에 대비하였습니다.

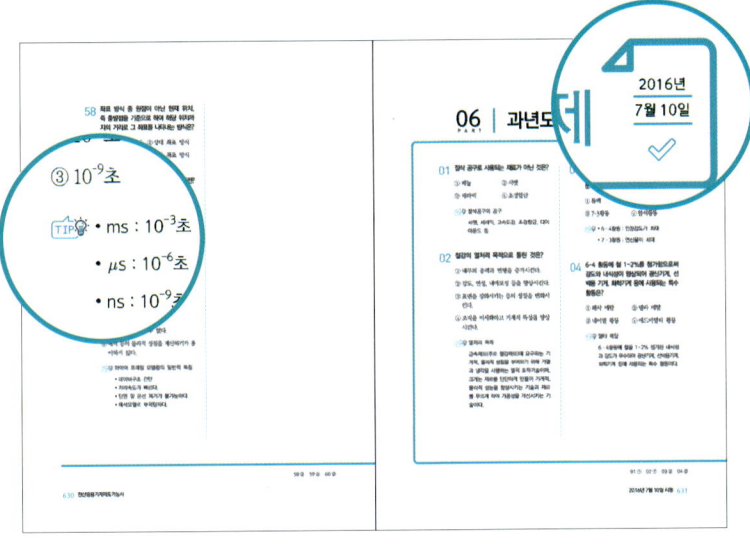

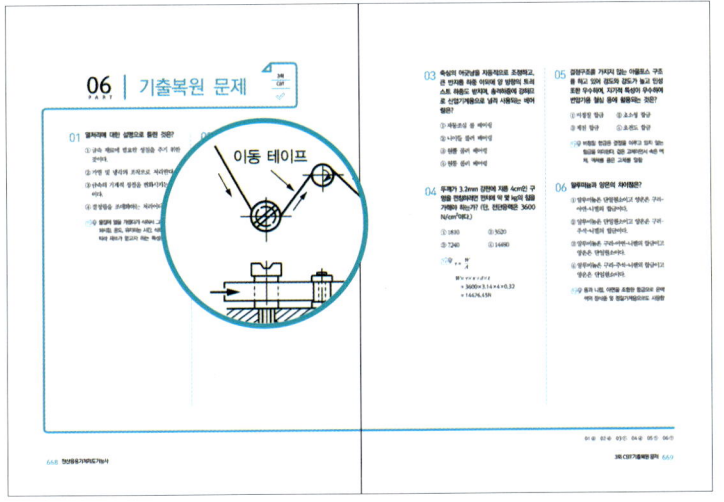

출제기준&시험정보 – 전산응용기계제도기능사 필기

직무분야	기계	중직무분야	기계제작	자격종목	전산응용 기계제도기능사	적용기간	2025.1.1~ 2025.12.31
직무내용	산업체에서 제품개발, 설계, 생산기술 부문의 기술자들이 기술정보를 목적에 따라 산업표준 규격에 준하여 도면으로 표현하는 업무를 수행하는 직무이다.						
필기검정방법	객관식	문제수	60	시험시간	1시간		

필기과목명	문제수	주요항목	세부항목
기계설계제도	60	1. 2D도면작업	1. 작업환경 설정
			2. 도면작성
			3. 기계 재료 선정
		2. 2D도면관리	1. 치수 및 공차 관리
			2. 도면출력 및 데이터 관리
		3. 3D형상모델링 작업	1. 3D형상모델링 작업 준비
			2. 3D형상모델링 작업
		4. 3D형상모델링 검토	1. 3D형상모델링 검토
			2. 3D형상모델링 출력 및 데이터 관리
		5. 기본측정기 사용	1. 작업계획 파악
			2. 측정기 선정
			3. 기본측정기 사용
		6. 조립도면해독	1. 부품도 파악
			2. 조립도 파악
		7. 체결요소설계	1. 요구기능 파악 및 선정
			2. 체결요소 선정
			3. 체결요소 설계
		8. 동력전달요소설계	1. 요구기능 파악 및 선정
			2. 동력전달요소 설계

[취득방법]

① 시행처 : 한국산업인력공단

② 관련학과 : 실업계 고등학교의 기계관련학과

③ 시험과목
- 필기 : 기계설계제도
- 실기 : 기계설계제도 실무

④ 검정방법
- 필기 : 객관식 4지 택일형 60문항(60분)
- 실기 : 작업형(5시간 정도, 100점)

⑤ 합격기준
- 필기・실기 : 100점을 만점으로 하여 60점 이상

[시험수수료]

필기 : 14,500원 / 실기 : 23,300원

PART 01

기계제도

CHAPTER 01 ◆ 기계제도의 개요

CHAPTER 02 ◆ 투상도 및 단면도법

CHAPTER 03 ◆ 치수 기입법과 기계재료의 표시

CHAPTER 04 ◆ 표면 거칠기와 끼워맞춤

CHAPTER 05 ◆ 스케치 및 전개도

CHAPTER 06 ◆ 기계요소의 제도

전산응용기계제도기능사

COMPLETION IN 3 MONTH

CRAFTSMAN
COMPUTER
AIDED ARCHITECTURAL
DRAWING

전산응용기계제도기능사

01 기계제도의 개요

01 제도 통칙

1 제도의 의의

제도(drawing)라 함은 제품이나 구조물의 형태를 일정한 규약에 따라 점, 선, 문자, 기호 등으로 설계자의 생각을 간단하게 나타내어 물체의 모양, 구조, 기능 등을 제작자가 알기 쉽고 정확하게 이해할 수 있도록 하기 위해 그리는 것이다.

2 제도의 규격

일정한 규격에 따라 제품을 생산하게 되면 생산성을 높일 수 있고 제품이 단일화되며 제품 상호 간의 호환성이 확보되고 경쟁력도 높일 수 있으며 품질 향상 및 생산 단가를 낮출 수 있다. 따라서 세계 각국의 공업규격은 그 나라 실정에 알맞게 제정하여 사용하고 있으며 각 국의 공업규격은 국제규격으로 통일해가고 있다.

각국의 공업규격

제정 연도	명칭	표준 규격 기호
	국제 표준화 기구 (International Organization for Standardization)	ISO
	한국공업 규격 (Korean Industrial Standards)	
1966	한국공업 규격 (Korean Industrial Standards)	KS
1901	영국 규격(British Standards)	BS
1917	독일 규격(Deutsches instiute fur Normung)	DIN
1918	미국 규격(American National Standards)	ANSI
	스위스 규격(Schweitzerih Normen – Vereingung)	SNV
	프랑스 규격(Norme Francaise)	NF
1945	일본공업 규격(Japanese Industrial Standards)	JIS
	중국 CSBTS – China State Bureau of Quality and Technical Supervision	GB

우리나라의 공업규격은 1966년도에 KS A 0005 제도통칙으로 제정되었고 1967년도에 KS B 0001 기계제도통칙이 제정, 공포되어 규정되었다.

KS의 분류 기호 ★★★★★

부분	분류기호	부분	분류기호
기본	A	식료품	H
기계	B	요업	L
전기	C	화학	M
금속	D	조선	V
광산	E	항공	W
토건	F	수송기계	R
일용품	G		

KSB(기계)부분의 분류

KS 규격번호	분 류
B 0001~0891	기계기본
B 1000~2403	기계요소
B 3001~3402	공구
B 4001~4606	공작기계
B 5301~5531	특정 계산용 기계기구, 물리기계
B 6001~6430	일반기계
B 7001~7702	산업기계
B 8007~8591	수송기계

3 기계제도의 일반사항 ★★

① 도형의 크기와 대상물의 크기와의 사이에는 올바른 비례관계를 보유하도록 그린다. 다만, 잘못 볼 염려가 없다고 생각되는 도면은 도면의 일부 또는 전부에 대하여 이 비례 관계는 지키지 않아도 좋다.

선의 굵기 방향의 중심은 선의 이론상 그려야 할 위치 위에 있어야 한다.

② 투명한 재료로 만들어지는 대상물 또는 부분은 투상도에서는 전부 불투명한 것으로 하고 그린다.

③ 길이 치수는 특히 지시가 없는 한 그 대상물의 측정을 2점 측정에 따라 행한 것으로 하여 지시한다.

④ 치수에는 특별한 것(참고 치수, 이론적으로 정확한 치수 등)을 제외하고 직접 또는 일괄하여 치수의 허용 한계를 지시한다.

⑤ 기능상의 요구, 호환성, 제작 기술 수준 등을 기본으로 불가결의 경우만 KS B 0608(기하 공차의 도시방법)에 따라 기하공차를 지시한다.

⑥ 한국공업규격에 제도에 사용하는 기호로서 규정한 기호를 그 규정에 따라 사용할 경우, 일반적으로는 특별한 주기(注記)를 필요로 하지 않는다.

02 도면의 종류와 크기

1 도면의 종류

분류방법	도면의 종류	설명
용도에 따른 분류	• 계획도(layout drawing) • 제작도(working drawing) • 주문도(order drawing) • 승인도(approved drawing) • 견적도(estimation drawing) • 설명도(explanation drawing)	• 제작도 등을 만드는 기초가 되는 도면 • 제품을 만들때 사용되는 도면 • 주문서에 붙여 요구의 대강을 나타내는 도면으로 모양, 기능 등을 나타내는 도면 • 주문자의 검토를 거쳐 승인을 받아 이것에 의하여 계획 및 제작을 하는 기초 도면 • 견적서에 붙여 조회자에게 제출하는 도면 • 사용자에게 구조, 기능, 취급법을 보이는 도면
내용에 따른 분류	• 조립도(assembly drawing) • 부분조립도(part assembly drawing) • 부품도(part drawing) • 상세도(detail drawing) • 공정도(process drawing) • 접속도(connection diagram) • 배선도(wiring diagram) • 배관도(piping diagram) • 계통도(distribution drawing) • 기초도(foundation drawing) • 설치도(setting diagram) • 배치도(arrangement drawing) • 장치도(equipment drawing) • 외형도(outside drawing) • 구조선도(skeleton drawing) • 곡면선도(curved surface drawing) • 구조도(structure drawing) • 전개도(development drawing)	• 전체의 조립을 나타내는 도면 • 일부분의 조립을 나타내는 도면 • 부품을 제작할 수 있도록 그 상세를 나타내는 도면 • 특정 부분의 상세를 나타내는 도면 • 제작과정의 상태를 나타내는 제작도, 또는 제조공장을 나타내는 계통도 • 주로 전기 기기의 내부 및 기기 상호 간의 전기적 접속, 기능을 나타내는 도면 • 전선의 배치를 나타내는 도면 • 건축물, 선박의 급수, 배수관, 기계 장치의 송유관 등 관의 배치를 나타내는 도면 • 배관, 전기 장치의 결선 등 계통을 나타내는 도면 • 기계나 건물의 기초 공사에 필요한 도면 • 보일러, 기계 등의 설치 관계를 나타내는 도면 • 기계나 장치의 설치 위치를 나타내는 도면 • 각 장치의 배치, 제조 공정 등의 관계를 나타내는 도면 • 기계나 구조물의 외형만을 나타내는 도면 • 기계나 구조물의 골조를 나타내는 도면 • 선박, 자동차의 복잡한 곡면을 나타내는 도면 • 구조물의 구조를 나타내는 도면 • 물체, 건조물 등의 표면을 평면에 전개한 도면
성질에 따른 분류	• 원도(original drawing) • 트레이스도(trased drawing) • 청사진(blue print)	• 켄트지에 연필로 그린 최초의 도면으로서, 트레이싱의 기본 도면 • 연필로 그린 원도위에 트레이싱 페이퍼를 놓고 연필 또는 먹물로 그린 도면 • 트레이스도를 원도로 하여 이것을 감광지에 옮긴 것을 청사진이라 한다.

2 도면의 크기 및 양식

(1) 도면의 크기

① 도면의 크기는 A 열 사이즈를 사용하여 A0~4로 구분한다.

② 제도용지의 폭과 길이의 비는 $1:\sqrt{2}$ 로 한다.★★★★★

용지크기의 호칭		A0	A1	A2	A3	A4
a×b		841×1189	594×841	420×594	297×420	210×297
c(최소)		20	20	10	10	10
d (최소)	철하지 않을 때	20	20	10	10	10
	철할 때	25	25	25	25	25

비고 : d의 부분은 도면을 접었을 때, 표제란의 좌측이 되는 쪽에 설치한다.

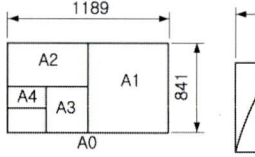
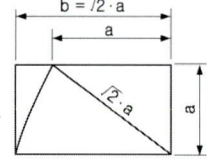

③ 도면은 긴 쪽을 좌우 방향으로 놓고서 사용한다. 다만 A4는 짧은 쪽을 좌우 방향으로 놓고서 사용하여도 좋다.★★★

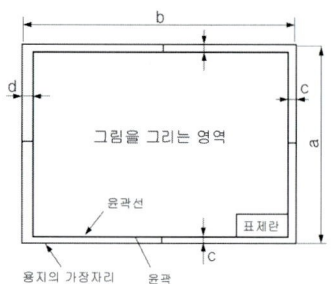

(a) A0~A4에서 긴 변을 좌우 방향으로 놓은 경우

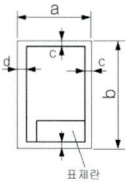

(b) A4에서 짧은 변을 좌우 방향으로 놓은 경우

④ 도면을 접을 때는 그 크기는 원칙적으로 210×297mm(A4의 크기)로 하며 표제란이 겉으로 나오게 한다.(최상면 우측하단에 위치)★★★

* 원도는 접지 않은 것이 보통이다. 원도를 말아서 보관하는 경우에는 그 안지름은 $\phi 40$mm이상으로 하는 것이 좋다.

(2) 도면의 양식

① 도면에 반드시 마련하는 사항★★★★★

㉠ 윤곽(테두리선) : 도면의 윤곽에 사용하는 윤곽선은 굵기 0.5mm 이상의 실선으로 한다.

㉡ 표제란 : 도면의 오른쪽 아래 구석에 표제란을 그리고 원칙적으로 도면번호, 도명, 기업(단체명), 책임자 서명(도장), 도면 작성 연월일, 척도 및 투상법을 기입한다.

㉢ 중심마크 : 도면의 마이크로 필름 촬영, 복사 등의 편의를 위하여 도면에 0.5mm 굵기의 직선으로 긋는다.

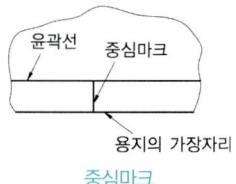

중심마크

② 도면에 마련하는 것이 바람직한 사항

　㉠ 비교 눈금 : 도면의 축소 또는 확대 복사의 작업 및 이들의 복사도면을 취급할 때의 편의를 위하여 도면에 비교눈금을 마련하는 것이 바람직하다. ★★

　㉡ 도면의 구역 : 도면 중의 특정부분의 위치를 지시하는 편의를 위하여 도면의 구역을 표시하는 것이 좋다.

　㉢ 재단 마크 : 복사한 도면을 재단하는 경우의 편의를 위하여 용지의 4구석에 재단 마크를 붙여도 좋다.

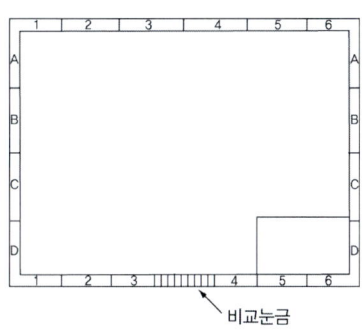

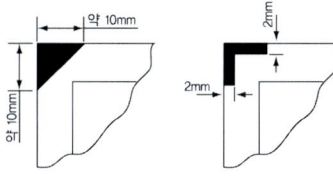

재단마크(삼각형 표시법)　재단마크(테두리 표시법)

(3) 도면의 척도

- 도면에 사용하는 척도는 다음에 따른다.
- 척도는 A : B로 표시한다.

여기에서,
- A : 그린 도형에서의 대응하는 길이
- B : 대상물의 실제 길이

척 도

척도의 종류	난	값
축척	1	1:2, 1:5, 1:10, 1:20, 1:50, 1:100, 1:200
	2	1:$\sqrt{2}$, 1:2.5, 1:2$\sqrt{2}$, 1:3, 1:4, 1:5$\sqrt{2}$, 1:25, 1:250
현척	–	1:1
배척	1	2:1, 5:1, 10:1, 20:1, 50:1
	2	$\sqrt{2}$:1, 2.5$\sqrt{2}$:1, 100:1

비고 : 1란의 척도를 우선으로 사용한다.
- N.S(Non Scale) : 비례적이 아닌 것을 뜻함.

① 척도는 도면의 표제란에 기입하나 같은 도면 다른 척도를 사용할 때는 필요에 따라 그림 부근에도 기입한다.

② 도형이 치수에 비례하지 않는 경우에는 그 취지를 적당한 곳에 명기한다. 또한, 이들 척도의 표시는 잘못 볼 염려가 없을 경우에는 기입하지 않아도 좋다.

(4) 도면의 문자

① 일반사항

　㉠ 문자는 한자 한자를 정확히 읽을 수 있도록 명확하게 쓴다. 연필로 쓰는 문자는 도형을 표시한 선의 농도에 맞추어 쓴다.

　㉡ 같은 크기의 문자는 그 선의 굵기를 되도록 맞춘다.

　㉢ 글자는 명백히 쓰고 글자체는 고딕체로 하여 수직 또는 15° 경사로 씀을 원칙으로 한다.

　㉣ 도면을 마이크로 필름에 촬영하여 그것을 이용하는 경우에 분명히 읽을 수 있도록 문자와 문자와의 간격

(그림의 a)은 문자 굵기의 3배 이상으로 한다. 다만, 인접한 문자의 굵기가 서로 다른 경우에는 굵은 쪽의 문자 굵기의 3배 이상으로 한다.
- 문자와 문자와의 간격(그림의 b)은 문자 굵기의 2배 이상으로 한다.

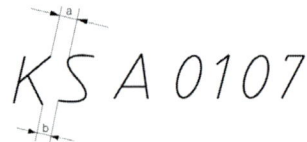

문자의 간격

② **문자의 크기 및 굵기** : 문자의 크기는 높이 2.24, 3.15, 4.5, 6.3, 9(mm)의 5종류로 함을 원칙으로 한다.

크기	한자	3.15, 4.5, 6.3, 9, 12.5, 18mm
	한글자, 숫자, 영자	2.24, 3.15, 4.5, 6.3, 9, 12.5, 18mm
굵기	한자	1/12.5 ★★
	한글자	1/9 ★★

* 단 문자의 높이는 KS A0107에서는 7종을 원칙으로 함.

(5) 선의 종류 및 용도

① 선의 종류
  ㉠ 모양에 다른 선의 종류
    ⓐ 실선 ────── 연속된 선
    ⓑ 파선 ……… 일정한 간격으로 짧은 선의 요소가 규칙적으로 반복되는 선
    ⓒ 1점 쇄선 ─·─·─ 장단 2종류 길이의 선의 요소가 번갈아 반복되는 선
    ⓓ 2점 쇄선 ─··─·· 장단 2종류 길이의 선의 요소가 장, 단, 단, 장, 단, 단의 순서로 반복되는 선
  - 1점 쇄선 및 2점 쇄선은 긴쪽 선의 요소에서 시작하고 끝나도록 그린다.

㉡ 선의 굵기의 비율★★

선 굵기의 비율에 따른 분류	굵기의 비율
가는 선	1
굵은 선	2
아주 굵은 선	4

선의 굵기의 기준은 0.18mm, 0.25mm, 0.35mm, 0.5mm, 0.7mm, 및 1mm로 한다.
※ CAD제도시 1 : 2.5 : 5

㉢ **겹치는 선의 우선순위** : 도면에서 2종류 이상의 선이 같은 장소에 겹치게 될 경우에는 다음에 나타낸 순위에 따라 우선되는 종류의 선으로 그린다. ★★★★★
  ⓐ 외형선
  ⓑ 숨은선
  ⓒ 절단선
  ⓓ 중심선
  ⓔ 무게 중심선
  ⓕ 치수 보조선

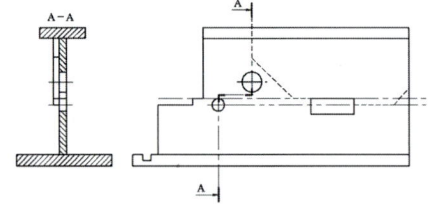

ⓔ 선의 용도에 의한 종류 ★★★★★

용도에 의한 명칭	선의 종류		선의 용도
외형선	굵은 실선	———————	대상물의 보이는 부분의 모양을 표시하는데 쓰인다.
치수선	가는 실선	———————	• 치수를 기입하기 위하여 쓰인다. • 치수를 기입하기 위하여 도형으로부터 끌어내는데 쓰인다. • 기술, 기호 등을 표시하기 위하여 끌어내는데 쓰인다. • 도형 내에 그 부분의 끊은 곳을 90° 회전하여 표시하는데 쓰인다. • 도형의 중심선(4.1)을 간략하게 표시하는데 쓰인다. • 수면, 유면 등의 위치를 표시하는데 쓰인다.
치수 보조선			
지시선			
회전 단면선			
중심선			
수준면선			
숨은선	가는 파선 또는 굵은 파선	----------	대상물의 보이지 않는 부분의 모양을 표시하는데 쓰인다.
중심선	가는 1점 쇄선	—·—·—·—	1. 도형의 중심을 표시하는데 쓰인다. 2. 중심이 이동한 중심 궤적을 표시하는데 쓰인다.
기준선			특히 위치 결정의 근거가 된다는 것을 명시할 때 쓰인다.
피치선			되풀이하는 도형의 피치를 취하는 기준을 표시하는데 쓰인다.
특수 지정선	굵은 1점 쇄선	—·—·—·—	특수한 가공을 하는 부분 등 특별한 요구사항을 적용할 수 있는 범위를 표시하는데 사용한다.
가상선	가는 2점 쇄선	—··—··—··	1. 인접부분을 참고로 표시하는데 쓰인다. 2. 공구, 지그 등의 위치를 참고로 나타내는데 사용한다. 3. 가동부분을 이동 중의 특정한 위치 또는 이동한계의 위치로 표시하는데 사용한다. 4. 가공 전 또는 가공 후의 모양을 표시하는데 사용한다. 5. 되풀이하는 것을 나타내는데 사용한다. 6. 도시된 단면의 앞쪽에 있는 부분을 표시하는데 사용한다.
무게 중심선			단면의 무게 중심을 연결한 선을 표시하는데 사용한다.
파단선	불규칙한 파형의 가는 실선 또는 지그재그선	∼∼∼	대상물의 일부를 파단한 경계 또는 일부를 떼어낸 경계를 표시하는데 사용한다.
절단선	가는 1점 쇄선으로 끝부분 및 방향이 변하는 부분을 굵게 한 것	⌐⌐	단면도를 그리는 경우, 그 절단 위치를 대응하는 그림에 표시하는데 사용한다.
해칭	가는 실선으로 규칙적으로 줄을 늘어놓은 것	/////	도형의 한정된 특정 부분을 다른 부분과 구별하는데 사용한다. 보기를 들면 단면도의 절단된 부분을 나타낸다.
특수한 용도의 선	가는 실선	———————	1. 외형선 및 숨은 선의 연장을 표시하는데 사용한다. 2. 평면이란 것을 나타내는데 사용한다. 3. 위치를 명시하는데 사용한다
	아주 굵은 실선	▬▬▬▬	얇은 부분의 단선 도시를 명시하는데 사용한다.

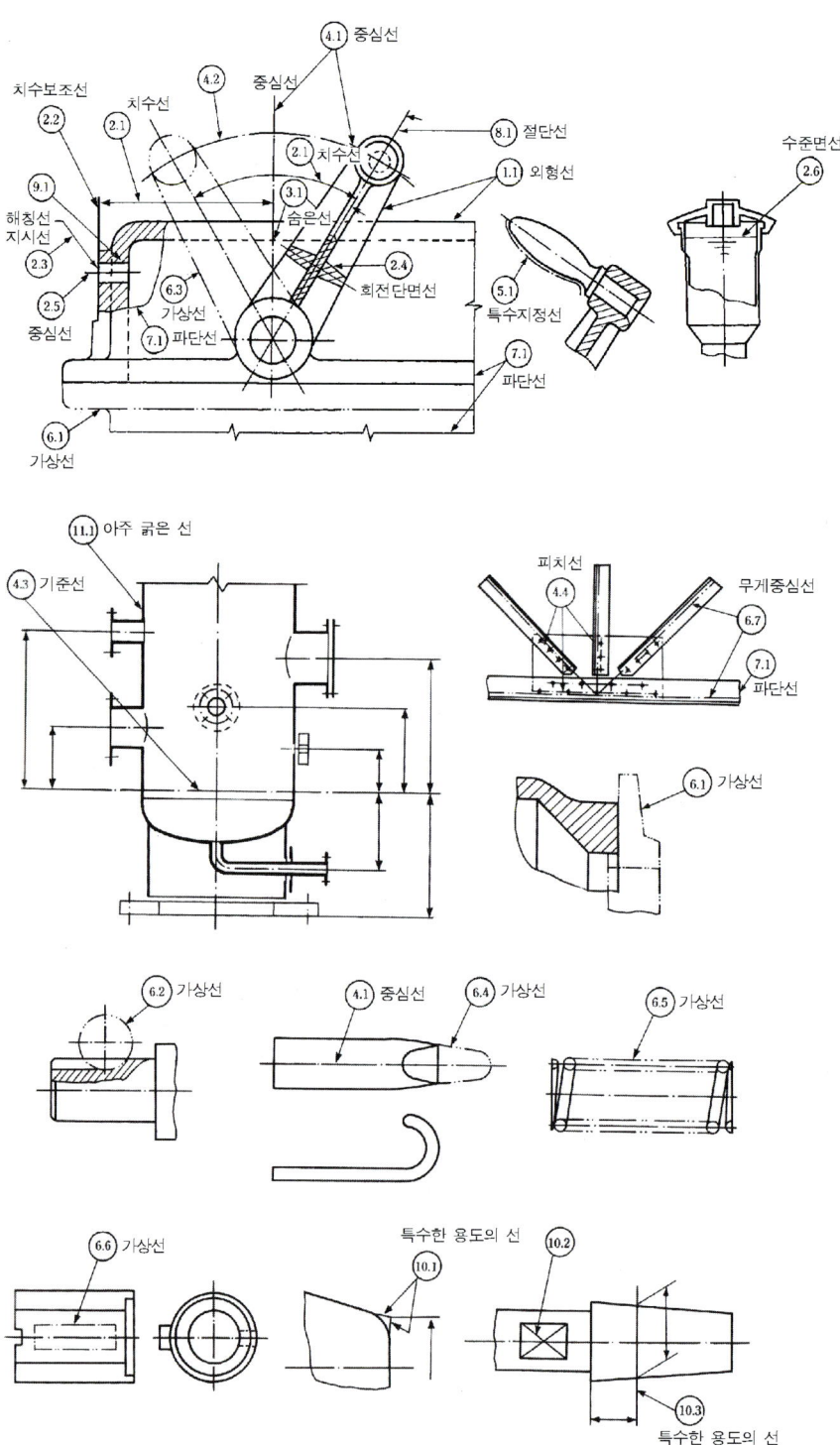

01 기계제도의 개요 예상문제

01 한국산업규격 중 기계분야에 관한 규격 기호는?

① KS A ② KS B
③ KS C ④ KS D

TIP KS의 분류 기호

부분	분류기호	부분	분류기호
기본	A	식료품	H
기계	B	요업	L
전기	C	화학	M
금속	D	조선	V
광산	E	항공	W
토건	F	수송기계	R
일용품	G		

※ 제도통칙 : KS A0005
　기계제도통칙 : KS B0001

02 도면이 구비해야 할 기본 요건을 잘못 설명한 것은?

① 대상물의 도형과 함께 필요로 하는 구조, 조립상태, 치수, 가공법 등의 정보를 포함하여야 한다.
② 애매한 해석이 생기지 않도록 표현상 명확한 뜻을 가져야 한다.
③ 무역 및 기술의 국제교류의 입장에서 국제성을 가져야 한다.
④ 제품의 가격 정보를 항상 포함하여야 한다.

TIP 도면에서 제품의 가격정보는 항상 나타낼 필요가 없다.

03 A1 제도 용지의 크기는 몇 mm인가?

① 420×594 ② 297×420
③ 841×1189 ④ 594×841

TIP

용지 크기의 호칭		A0	A1	A2	A3	A4
a × b		841×1189	594×841	420×594	297×420	210×297
c (최소)		20	20	10	10	10
d (최소)	철하지 않을때	20	20	10	10	10
	철할 때	25	25	25	25	25

04 도면을 접을 때 그 크기의 기준은 얼마로 하여야 하는가?

① A1(594×841) ② A2(420×594)
③ A3(297×420) ④ A4(210×297)

TIP 도면을 접을 때는 그 크기는 원칙적으로 210×297mm(A4의 크기)로 하며 표제란이 겉으로 나오게 한다.

※ 원도는 접지 않은 것이 보통이다. 원도를 말아서 보관하는 경우에는 그 안지름은 φ40mm이상으로 하는 것이 좋다.

01 ②　02 ④　03 ④　04 ④

05 다음 중 도면에 반드시 마련해야 하는 사항은?

① 비교눈금 ② 도면의 구역
③ 표제란 ④ 재단마크

> **TIP** 설정하지 않으면 안되는 사항
> 윤곽선, 중심마크, 표제란
>
> 설정하면 바람직한 사항
> 교눈금, 도면의 구역, 재단마크, 부품란

06 도면 관리에서 다른 도면과 구별하고 도면 내용을 직접 보지 않고도 제품의 종류 및 형식 등의 도면내용을 알 수 있도록 하기 위해 기입하는 것은?

① 도면번호 ② 도면척도
③ 도면양식 ④ 부품번호

> **TIP** 도면 작성 시나 도면 작성 후 관리 시에는 도면번호를 작성하여 관리를 해야 한다.

07 도면의 촬영, 복사 및 도면 접기의 편의를 위한 중심마크의 굵기는 얼마인가?

① 0.1mm ② 0.3mm
③ 0.5mm ④ 1mm

> **TIP** 중심마크
> 도면의 마이크로 필름 촬영, 복사 등의 편의를 위하여 윤곽선 중앙으로부터 용지의 가장자리에 0.5mm 굵기의 직선으로 긋는다.

08 도면의 크기가 얼마만큼 확대 또는 축소되있는지를 확인하기 위해 도면 아래 중심선 바깥쪽에 마련하는 도면의 양식은?

① 표제란 ② 부품란
③ 중심마크 ④ 비교눈금

> **TIP** 비교 눈금
> 도면의 축소 또는 확대 복사의 작업 및 이들의 복사도면을 취급할 때의 편의를 위하여 도면에 비교눈금을 마련하는 것이 바람직하다.

09 도면에 반드시 마련해야 하는 양식에 관한 설명 중 틀린 것은?

① 윤곽선은 도면의 크기에 따라 0.5mm 이상의 굵은실선으로 그린다.
② 표제란은 도면의 윤곽선 오른쪽 아래 구석의 안쪽에 그린다.
③ 도면을 마이크로필름으로 촬영하거나 복사할 때 편의를 위하여 중심마크를 표시한다.
④ 부품란에는 도면 번호, 도면 명칭, 척도, 투상법 등을 기입한다.

> **TIP** 윤곽(테두리선)
> 도면의 윤곽에 사용하는 윤곽선은 용지의 가장자리에 생기는 손상으로 도면이 훼손되는 것을 방지하기 위하여 굵기 0.5mm 이상의 실선으로 표시할 수 있다.
>
> 표제란
> 도면의 오른쪽 아래 구석에 표제란을 그리고 원칙적으로 도면번호, 도명, 기업(단체명), 책임자 서명(도장), 도면 작성 연월일, 척도 및 투상법을 기입한다.

05 ③ 06 ① 07 ③ 08 ④ 09 ④

중심마크
도면의 마이크로 필름 촬영, 복사 등의 편의를 위하여 윤곽선 중앙으로부터 용지의 가장자리에 0.5mm 굵기의 직선으로 긋는다.

10 척도의 표시법 A:B의 설명으로 맞는 것은?

① A는 물체의 실제 크기이다.
② B는 도면에서의 길이이다.
③ 배척일 때 B를 1로 나타낸다.
④ 현척일 때 A만을 1로 나타낸다.

TIP 척도의 표기

도면에 사용하는 척도는 다음에 따른다.

척도는 A : B로 표시한다.

여기에서
- A : 그린 도형에서의 대응하는 길이
- B : 대상물의 실제 길이

11 기계제도 도면에 사용되는 척도의 설명이 틀린 것은?

① 도면에 그려지는 길이와 대상물의 실제 길이와의 비율로 나타낸다.
② 한 도면에서 공통적으로 사용되는 척도는 표제란에 기입한다.
③ 같은 도면에서 다른 척도를 사용할 때에는 필요에 따라 그림 부근에 기입한다.
④ 배척은 대상물보다 크게 그리는 것으로 2 : 1, 3 : 1, 4 : 1, 10 : 1 등 제도자가 임의로 비율을 만들어 사용한다.

TIP 척도

척도의 종류	난	값
축척	1	1:5 1:10 1:20 1:50 1:100 1:200
축척	2	1:$\sqrt{2}$ 1:2.5 1:2$\sqrt{2}$ 1:3 1:4 1:5$\sqrt{2}$ 1:25 1:250
현척	-	1:1
배척	1	2:1 5:1 10:1 20:1 50:1
배척	2	$\sqrt{2}$:1 2.5$\sqrt{2}$:1 100:1

[비고] 1란의 척도를 우선으로 사용한다. 척도는 도면의 표제란에 기입한다. 같은 도면 다른 척도를 사용할 때는 필요에 따라 그 그림 부근에도 기입한다. 도형이 치수에 비례하지 않는 경우에는 그 취지를 적당한 곳에 명기한다. 또한, 이들 척도의 표시는 잘못 볼 염려가 없을 경우에는 기입하지 않아도 좋다.

12 도면에서 NS로 표시된 것은 무엇을 말하는가?

① 나사를 표시한 것임
② 비례척이 아님
③ 남과 북을 표시한 것임
④ 철하는 곳을 표시한 것임

TIP 척도의 종류

축척
물체를 축소해서 그린 도면

실척(현척)
실제 물체의 크기로 그린 도면

10 ③ 11 ④ 12 ②

13 가는 선의 굵기를 0.25mm로 선정하여 도면을 그린다면 외형선의 굵기는 몇 mm인가?

① 0.5   ② 0.7
③ 0.8   ④ 1

TIP 선의 굵기의 비율

선 굵기의 비율에 따른 분류	기계 제도 시 굵기의 비율	CAD제도 시 굵기의 비율
가는 선	1	1
굵은 선	2	2.5
아주 굵은 선	4	5

14 도면에 두 종류 이상의 선이 같은 장소에 겹치는 경우 우선 순위가 맞는 것은?

① 외형선 → 절단선 → 중심선 → 치수보조선

② 외형선 → 중심선 → 절단선 → 무게중심선

③ 숨은선 → 중심선 → 절단선 → 치수보조선

④ 외형선 → 중심선 → 절단선 → 치수보조선

TIP 겹치는 선의 우선순위

도면에서 2종류 이상의 선이 같은 장소에 겹치게 될 경우에는 다음에 나타낸 순위에 따라 우선되는 종류의 선으로 그린다.

- 외형선
- 숨은선
- 절단선
- 중심선
- 무게 중심선
- 치수 보조선

15 다음 선의 종류 중 가는 실선을 사용하지 않는 것은?

① 지시선   ② 치수 보조선
③ 해칭선   ④ 피치선

TIP 가는 실선의 용도

	치수선	치수를 기입하기 위하여 쓰인다.
가는 실선	치수 보조선	치수를 기입하기 위하여 도형으로부터 끌어내는데 쓰인다.
	지시선	기술, 기호 등을 표시하기 위하여 끌어내는데 쓰인다.
	회전 단면선	도형 내에 그 부분의 끊은 곳을 90° 회전하여 표시하는데 쓰인다.
	중심선	도형의 중심선을 간략하게 표시하는데 쓰인다.
	수준 면 선	수면, 유면 등의 위치를 표시하는데 쓰인다.
	특수한 용도의 선	1. 외형선 및 숨은 선의 연장을 표시하는데 사용한다. 2. 평면이란 것을 나타내는데 사용한다. 3. 위치를 명시하는데 사용한다.

※ 피치선은 가는 일점 쇄선을 사용한다.

16 다음 중 물체의 보이는 겉모양을 표시하는 선은?

① 외형선   ② 은선
③ 절단선   ④ 가상선

TIP

외형선	굵은 실선	대상물의 보이는 부분의 모양을 표시하는데 쓰인다.

13 ① 14 ④ 15 ④ 16 ①

17 가는 일점 쇄선으로 끝 부분 및 방향이 변하는 부분을 굵게한 선의 용도에 의한 명칭은?

① 파단선 ② 절단선
③ 가상선 ④ 특수 지시선

> **TIP** | 절단선 | 가는 1점 쇄선으로 끝부분 및 방향이 변하는 부분을 굵게한 것 | 단면도를 그리는 경우, 그 절단 위치를 대응하는 그림에 표시하는데 사용한다.

18 부품도에서 일부분만 부분적으로 열처리를 하도록 지시해야 한다. 이 때 열처리 범위를 나타내기 위해 사용하는 특수 지정선은?

① 굵은 1점 쇄선 ② 파 선
③ 가는 1점 쇄선 ④ 가는 실선

> **TIP** | 특수 지정선 | 굵은 1점 쇄선 | 특수한 가공을 하는 부분 등 특별한 요구사항을 적용할 수 있는 범위를 표시하는데 사용한다.

19 물체의 무게 중심선을 정면도 상에 표시할 때 사용하는 선의 종류는?

① 가는 1점 쇄선 ② 가는 2점 쇄선
③ 가는 실선 ④ 굵은 실선

> **TIP** | 무게중심선 | 가는 2점 쇄선 | 단면의 무게 중심을 연결한 선을 표시하는데 사용한다.

20 가상선의 용도로 맞지 않는 것은?

① 인접부분을 참고로 표시하는데 사용
② 도형의 중심을 표시하는데 사용
③ 가공 전 또는 가공 후의 모양을 표시하는데 사용
④ 도시된 단면의 앞쪽에 있는 부분을 표시하는데 사용

> **TIP** | 가상선 | 가는 2점 쇄선 |
> 1. 인접부분을 참고로 표시하는데 쓴다.
> 2. 공구, 지그 등의 위치를 참고로 나타내는데 사용한다.
> 3. 가동부분을 이동 중의 특정한 위치 또는 이동한계의 위치로 표시하는데 사용한다.
> 4. 가공 전 또는 가공 후의 모양을 표시하는데 사용한다.
> 5. 되풀이 하는 것을 나타내는데 사용한다.
> 6. 도시된 단면의 앞쪽에 있는 부분을 표시하는데 사용한다.

17 ② 18 ① 19 ② 20 ②

02 chapter 투상도 및 단면도법

01 투상도법

? 투상법

제도에 사용하는 투상법은 특별한 이유가 없는 한 평행 투상에 따르는 것 중 표에 표시하는 3종류로 한다.

투상법의 종류

투상법의 종류	사용하는 그림의 종류	특 징	주된 용어
정투상	정투상도	모양을 엄밀, 정확하게 표시할 수 있다.	일반 도면
등각투상	등각도	하나의 그림으로 정육면체의 세 면을 같은 정도로 표시할 수 있다.	설명용 도면
사투상	캐비닛도	하나의 그림으로 정육면체의 세 면 중의 한 면만을 중점적으로 엄밀, 정확하게 표시할 수 있다.	

* 투시도 : 원근감을 갖도록 그리는 방법으로 건축이나 토목제도에 주로 사용되는 도법이다. (그림 C)

1 등각투상도, 캐비닛도(사투상)

하나의 그림에 의해 대상물을 알기 쉽게 도시하는 설명용 등의 그림에는 그림 A 및 B의 등각투상 및 캐비닛도를 사용한다.

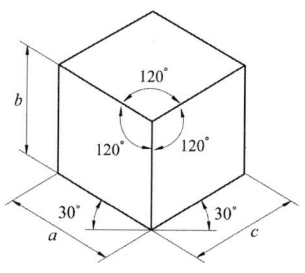

(a) 등각투상도

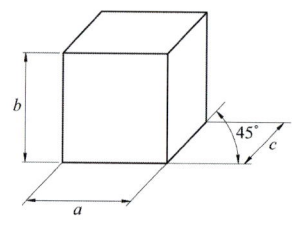

(b) 캐비닛도

(c) 투시도법(2점 투시도)

2 정투상도

(1) 투상법은 제 3각법에 따르는 것을 원칙으로 하고 다만 필요한 경우(토목, 선박제도)에는 제 1각법을 쓴다.

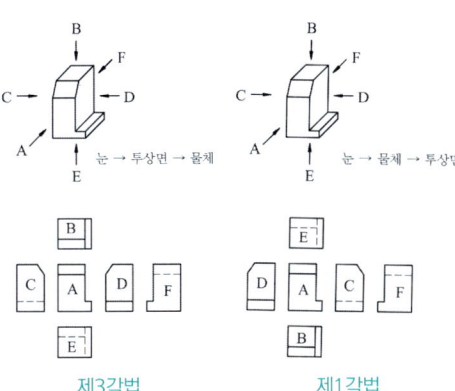

제3각법   제1각법

A : 정면도, B : 평면도, C : 좌측면도, D : 우측면도
E : 저면도, F : 배면도
비고 : 배면도의 위치는 한 보기를 나타낸다.

① 점의 투상(3각법)

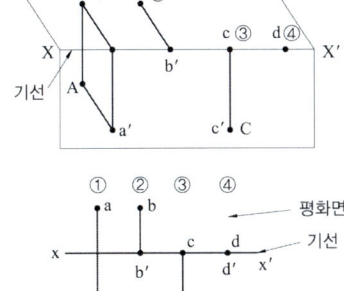

① 공간상에 점이 있는 경우
② 평면면에 점이 있는 경우
③ 입화면에 점이 있는 경우
④ 기선에 점이 있는 경우

② 선의 투상(3각법)

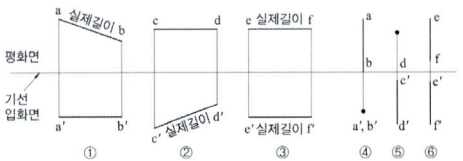

① 평화면에 평행하고 입화면에 경사진선(실장 : 평화면)
② 평화면에 경사지고 입화면에 평행한선(실장 : 입화면)
③ 평화면에 평행하고 입화면에 평행한선(실장 : 평화면, 입화면)
④ 평화면에 평행하고 입화면에 수직인선(실장 : 평화면)
⑤ 평화면에 수직이고 입화면에 평행한선(실장 : 입화면)
⑥ 평화면, 입화면에 경사진선

(2) 투상법의 기호는 표제란 또는 그 근처에 나타낸다. ★★★★★

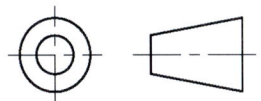

제 3각법의 기호

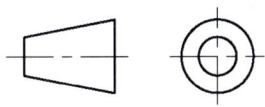

제 1각법의 기호

(3) 지면의 형편 등으로 투상도를 제 3각법에 의한 정확한 위치로 그리지 못하는 경우에 상호 관계를 화살표와 문자로 사용하여 표시하고 그 글자로 투상의 방향과 관계없이 전부 위 방향으로 표시한다.

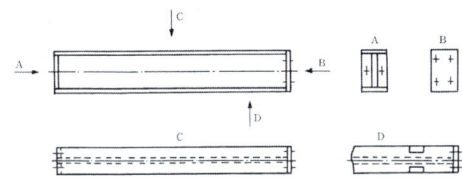

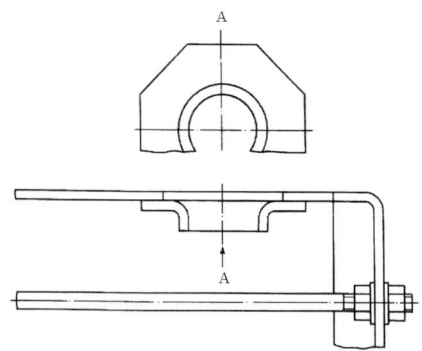

(4) 투상도의 선택★★★

① 주 투상도에는 대상물의 모양, 기능을 가장 명확하게 표시하는 면을 그린다. 또한 대상물을 도시하는 상태는 도면의 목적에 따라 다음 어느 것인가에 따른다.
㉠ 조립도 등 주로 기능을 표시하는 도면에서는 대상물을 사용하는 상태
㉡ 부품도 등 가공하기 위한 도면에서는 가공에 있어서 도면을 가장 많이 이용하는 공정에서 대상물을 놓은 상태 (a)
㉢ 특별한 이유가 없는 경우, 대상물을 가로 길이로 놓은 상태 (b)

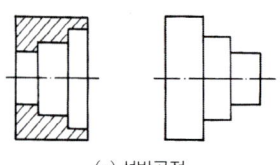

(a) 선반공정

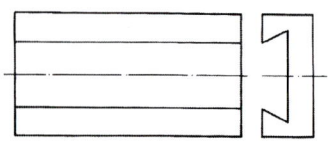

(b) 밀링공정

② 주 투상도를 보충하는 다른 투상도는 되도록 적게하고 주 투상도만으로 표시할 수 있는 것에 대해서는 다른 투상도는 그리지 않는다.

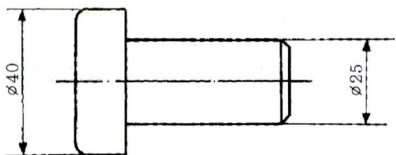

③ 서로 관련되는 그림의 배치는 되도록 숨은 선을 쓰지 않도록 한다. 다만, 비교 대조하기 불편할 경우에는 예외로 한다.

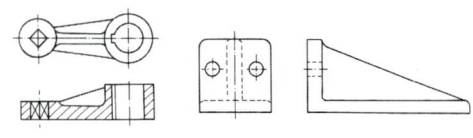

비교 대조 편리

(5) 그 밖의 투상도

① **보조 투상도** : 경사면부가 대상물에서 그 경사면의 실형을 표시할 필요가 있는 경우에는 다음에 의하여 보조 투상도로 표시한다.★★
㉠ 대상물 경사면의 실형을 도시할 필요가 있을 경우에는 그 경사면과 맞서는 위치에 보조 투상도로서 표시한다.

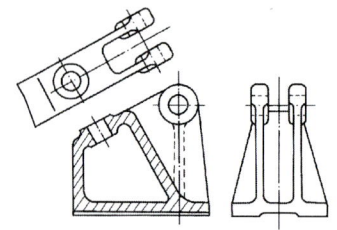

ⓛ 지면의 관계 등으로 보조 투상도로 경사면에 맞서는 위치에 배치할 수 없는 경우에는 그 뜻을 화살표와 영자의 대문자로 나타낸다. 다만, 그림에 나타낸 것과 같이 구부린 중심선에서 연결하여 투상관계를 나타내도 좋다.

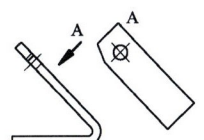 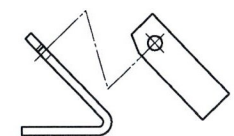

ⓒ 보조투상도(필요부분의 투상도 포함)의 배치 관계가 분명치 않을 경우에는 표시 글자의 각각에 상대방 위치의 도면 구역의 구분기호를 부기한다.

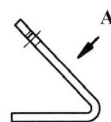 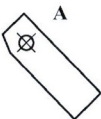

② **회전투상도** : 투상면이 어느 각도를 가지고 있기 때문에 그 실형을 표시하지 못할 때에는 그 부분을 회전해서 그 실형을 도시할 수 있다. 또한 잘못 볼 염려가 있을 경우에는 작도에 사용한 선을 넘긴다.

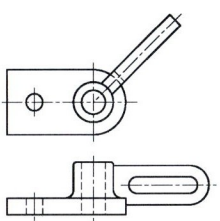

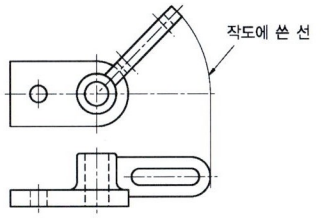

③ **부분 투상도** : 그림의 일부를 도시하는 것으로 충분한 경우에는 그 필요 부분만을 부분 투상도로서 표시한다. 이 경우에는 생략한 부분과의 경계를 파단선으로 나타낸다. 다만, 명확한 경우에는 파단선을 생략하여도 좋다. ★★

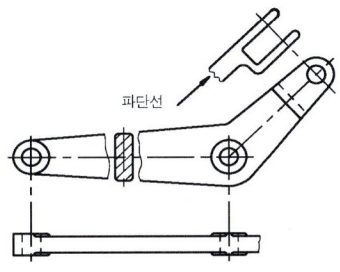

④ **국부 투상도** : 대상물의 구멍, 홈 등 한 국부만의 모양을 도시하는 것으로 충분한 경우에는 그 필요 부분을 국부 투상도로서 나타낸다. 투상 관계를 나타내기 위하여 원칙으로 주된 그림에 중심선, 기준선, 치수 보조선 등으로 연결한다. 그림도 중요함★★★★★

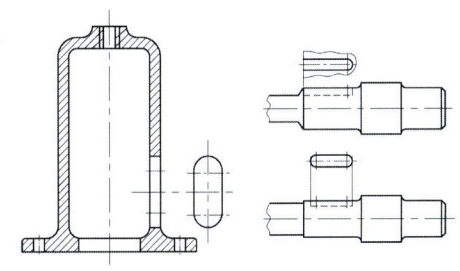

⑤ **부분 확대도** : 특정 부분의 도형이 작은 까닭으로 그 부분의 상세한 도시나 치수 기입을 할 수 없을 때는 그 부분을 가는 실선으로 에워싸고, 영자의 대문자로 표시함과 동시에 그 해당 부분을 다른 장소에 확대하여 그리고, 표시하는 글자 및 척도를 부기한다. 다만, 확대한 그림의 척도를 나타낼 필요가 없는 경우에는 척도 대신 '확대도' 라고 부기하여도 좋다. ★★★

- 리브, 바퀴의 암, 기어의 이
- 축, 핀, 볼트, 너트, 와셔, 작은 나사, 리벳 키, 강구, 원통 롤러

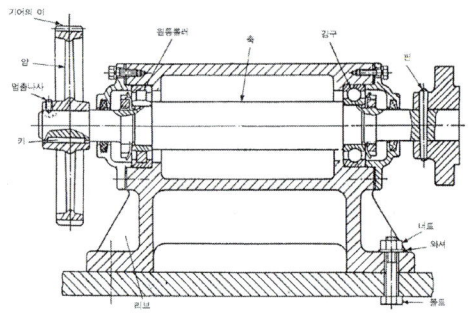

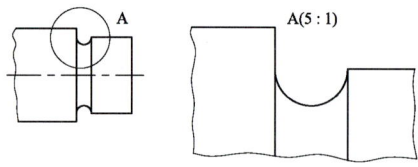

02 단면도의 표시 방법

1 단면의 표시

물체의 내부 구조가 복잡할 때 가려져서 보이지 않는 부분을 알기 쉽게 나타내기 위하여 단면도로 도시할 수가 있다. 단면도의 도형은 절단면을 사용하여 대상물을 절단하였다고 가정하고 절단면의 앞부분을 제거하고 그린다.

2 단면으로 표시하지 않는 부품

단면하기 때문에 이해를 방해하는 것 또는 절단하여도 의미가 없는 것은 원칙적으로 긴 쪽(가로) 방향으로는 절단하지 않는다. ★★

3 단면의 종류

(1) 온단면도(전단면도) 「1/2절단」 ★★

원칙적으로 대상물의 기본적인 모양을 가장 좋게 표시할 수 있도록 물체의 중심에 절단면을 정하여 그린다. 이 경우에는 절단선은 기입하지 않는다. 또한, 특정부분의 모양을 잘 표시할 수 있도록 절단면을 정하여 그리는 것이 좋다. 이 경우에는 절단선으로 절단위치를 표시한다.

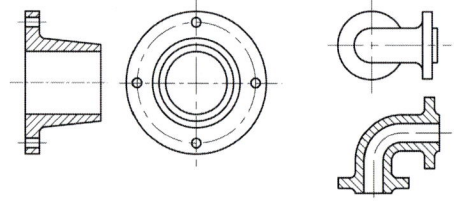

(2) 한쪽 단면도(반단면도) 「1/4절단」 ★★★

대칭형의 대상물은 외형도의 절반과 온단면도의 절반을 조합하여 표시할 수 있다. 물체의 내·외부를 동시 표현하여 물체를 이해하는데 도움이 된다.

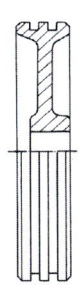

(3) 부분 단면도★★

외형도에 있어서 필요로 하는 요소의 일부만을 부분 단면도로 표시할 수 있다. 이 경우, 파단선에 의하여 그 경계를 나타낸다.

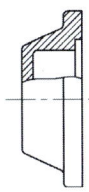

(4) 회전 단면도★★

핸들이나 바퀴 등의 암 및 림, 리브, 훅, 축, 구조물의 부재 등의 절단면을 다음에 따라 90° 회전하여 표시하여도 좋다.

① 절단할 곳의 전후를 끊어서 그 사이에 그린다.(그림 a)
② 절단선의 연장선 위에 그린다.(그림 b)
③ 도형 내의 절단한 곳에 겹쳐서 가는 실선을 사용하여 그린다.(그림 c)

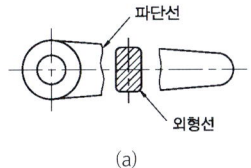

(a)

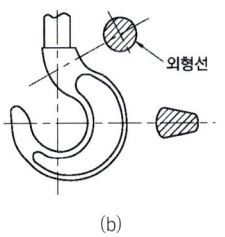

(b)

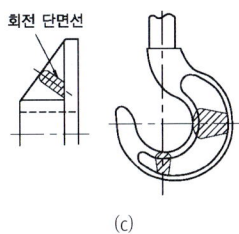

(c)

4 조합에 의한 단면도

(1) 예각단면

대칭형 또는 가까운 형의 대상물인 경우에는 대칭의 중심선을 경계로 하여 그 한쪽을 투상면에 평행하게 절단하고, 다른 쪽을 투상면과 어느 각도를 이루는 방향으로 절단할 수가 있다. 이 경우, 후자의 단면도는 그 각도만큼 투상면 쪽으로 회전시켜서 도시한다.

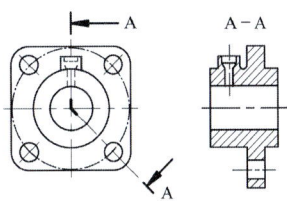

(2) 계단 단면

단면도는 평행한 2개 이상의 평면에서 절단한 단면도의 필요 부분만을 합성시켜 나타낼수가 있다. 이 경우, 절단선에 따라 절단의 위치를 나타내고 조합에 의한 단면도라는 것을 나타내기 위하여 2개의 절단선을 임의의 위치에서 이어지게 한다.

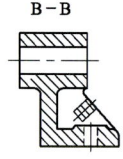 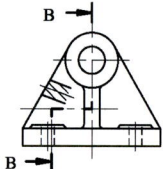

(3) 곡면 단면

구부러진 관 등의 단면을 표시하는 경우에는 그 구부러진 중심선에 따라 절단하고 그대로 투상 할 수 있다.

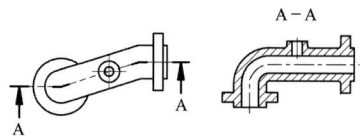

(4) 두께가 얇은 부분의 단면도★★

개스킷, 박판, 형강 등에서 절단면이 얇은 경우에는 그림과 같이 절단면을 검게 칠한다. 실제 치수와 관계없이 한 개의 아주 굵은 실선으로 표시한다.

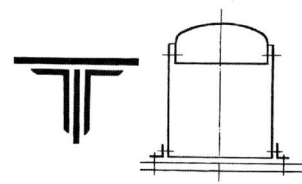

(5) 단면도의 해칭★★★

단면도의 절단면에 해칭(또는 스머징)을 할 필요가 있을 경우에는 다음에 따른다.

① 해칭은 주된 중심선에 대하여 45°로 하는 것이 좋다.
② 같은 절단면 상에 나타나는 같은 부품의 단면에는 같은 해칭(또는 스머징)을 한다.
③ 계단 모양의 절단면의 각 단에 나타나는 부분을 구분할 필요가 있을 경우에는 해칭을 같은 방향으로 중복되지 않게 한다.(그림 a)
④ 인접한 단면의 해칭은 선의 방향 또는 각도를 변경하거나 그 간격을 변경하여 구별한다.(그림 b)
⑤ 단면 면적이 넓은 경우에는 그 외형선에 따라서 적절한 범위에 해칭(또는 스머징)을 한다.(그림 b)
⑥ 해칭(또는 스머징)을 하는 부분 안에 글자, 기호 등을 기입하기 위하여 필요한 경우에는 해칭(또는 스머징)을 중단한다.(그림 c)

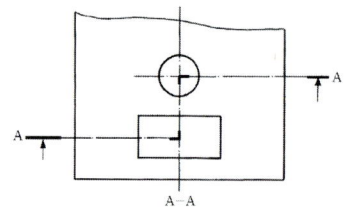

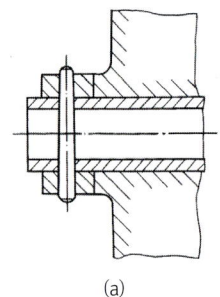

(a)

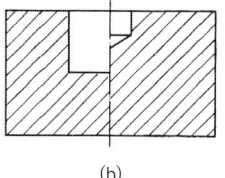

(b)

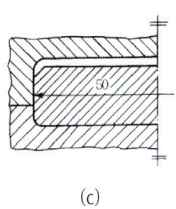

(c)

❓ 금속 및 비철금속의 단면표시법

부품도에는 해칭을 생략하지만 조립도에서는 부품 관계를 확실하게 하기 위해 해칭을 한다. 또 비금속 재료를 특별히 나타낼 필요가 있을 때는 그림에 따르도록 한다.

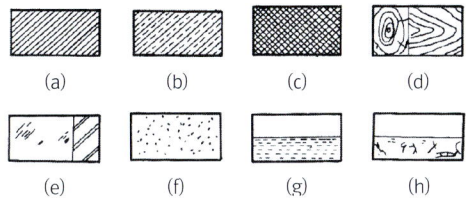

(a) 철강류, (b) 비철 금속류, (c) 운모파이버, 도자기, 고무, 종이, 가죽, 석면 등, (d) 목재, (e) 유리, (f) 콘크리트, (g) 액체, (h) 흙

단면기호

❓ 무늬 등의 표시방법

널링 가공부분, 철망, 줄무늬 있는 강판 등의 특징을 외형의 일부분에 그려서 표시하는 경우에는 다음과 같은 보기에 따른다.(같은 실선으로 일부분만 도시)

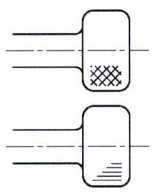

널링 가공한 부분

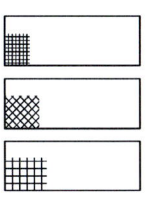

철망의 보기 줄무늬

강판의 보기

(6) 도형의 생략

① **대칭 도형의 생략** : 도형이 대칭 형식의 경우에는 다음 중 어느 한 방법에 따라 대칭 중심선의 한 쪽을 생략할 수 있다.

㉠ 대칭 중심선의 한쪽 도형만을 그리고, 그 대칭 중심선의 양끝 부분에 짧은 2개의 나란한 가는선(대칭 도시기호라 한다.)을 그린다.

㉡ 대칭 중심선의 한쪽의 도형을 대칭 중심선을 조금 넘은 부분까지 그린다. 이 때에는 대칭 도시기호를 생략할 수 있다.

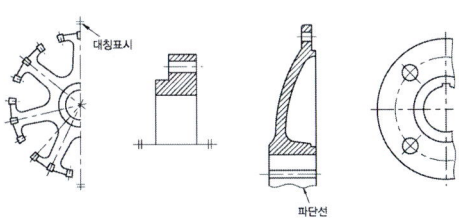

② **반복 도형의 생략** : 같은 종류, 같은 모양의 것이 다수 줄지어 있는 경우에는 다음에 따라 도형을 생략할 수가 있다. 다만, 그림 기호를 사용하여 생략할 경우에는 그 뜻을 알기 쉬운 위치에 기술하거나, 지시선을 사용하여 기술한다.

㉠ 실형 대신 그림 기호를 피치선과 중

심선과의 교점에 기입한다.
ⓛ 잘못 볼 우려가 있을 경우에는 양 끝부(한 끝은 1피치분), 또는 요점만을 실형 또는 도면 기호로 나타내고 다른 쪽은 피치선과 중심선과의 교점으로 나타낸다.
ⓒ 치수 기입에 의하여 교점의 위치가 명확할 때는 피치선에 교차되는 중심선을 생략하여도 좋다. 또, 이 경우에는 반복 부분의 수를 치수 기입 또는 주기에 의하여 지시하여야 한다.

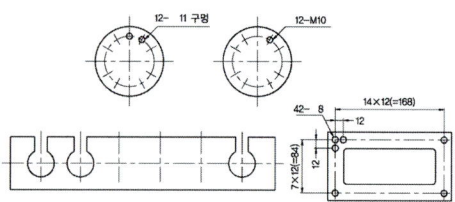

③ **도면의 중간부분 생략** : 동일 단면형의 부분, 같은 모양이 규칙적으로 줄지어 있는 부분 또는 긴 테이퍼 등의 부분은 지면을 생략하기 위하여 중간부분을 잘라내서 그 긴요한 부분만을 가까이하여 도시할 수 있다. 이 경우, 잘라낸 끝 부분은 파단선으로 나타낸다. 또한 요점만을 도시하는 경우 혼동될 염려가 없을 때는 파단선을 생략하여도 좋다. 또, 긴 테이퍼 부분, 또는 기울기 부분을 잘라낸 도시에서는 경사가 완만한 것을 실제의 각도로 도시하지 않아도 좋다.

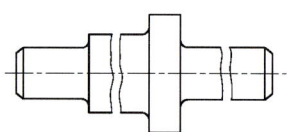

자유실선을 이용한 파단선 표시

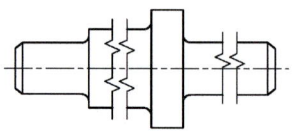

지그재그선을 이용한 파단선 표시

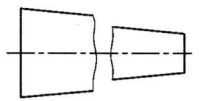

경사가 급한 경우

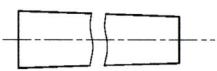

경사가 완만한 경우

④ **간명한 도시** : 도시를 필요로 하는 부분을 알기 쉽게 하기 위하여 다음과 같이 하는 것이 좋다.
㉠ 일부분에 특정한 모양을 가진 것은 되도록 그 부분이 그림의 위쪽에 나타나도록 그리는 것이 좋다. 보기를 들면 키홈이 있는 보스 구멍, 벽에 구멍 또는 홈이 있는 관이나 실린더, 쪼개짐을 가진 링들을 도시하는 경우에는 그림 1의 보기에 따르는 것이 좋다.(그림 a)
㉡ 피치원위에 배치하는 구멍등은 측면의 투상도(단면도도 포함)에서는 피치원이 만드는 원통을 표시하는 가는 1점 쇄선과 그 한쪽에만 1개의 구멍을 도시(투상관계에 불구하고)하고 다른 구멍의 도시를 생략할 수가 있다.(그림 b)
㉢ 숨은 선은 그것이 없어도 이해할 수 있는 경우에는 이것을 생략하여도 좋다. 보충한 투상도에 보이는 부분을 전부 그리면 도면이 도리어 알기 어렵게 되기 때문에 부분투상도 또

는 보조 투상도로 하여 표시하는 것이 좋다.(그림 c, 그림 d)
ⓔ 절단면의 앞쪽에 보이는 선은 그것이 없어도 이해할 수 있는 경우에는 생략하여도 좋다.(그림 e, f)

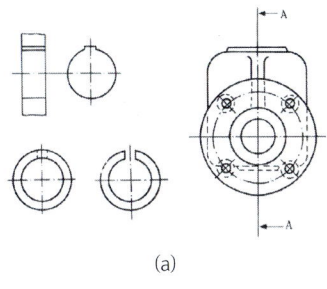
(a)

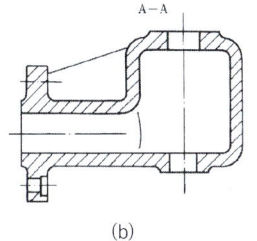
(b)

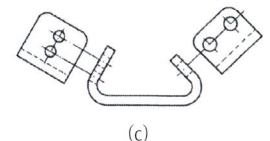
(c)

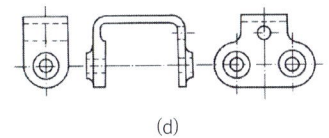
(d)

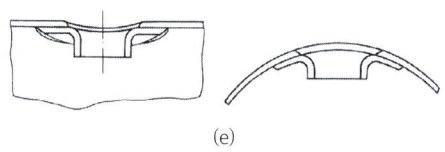
(e)

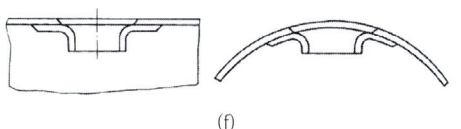
(f)

⑤ **2개 면의 교차부분의 표시** : 2개 면의 교차부분을 표시하는 선은 다음에 따른다.
㉠ 교차부분에 둥글기가 있는 경우에는 대응하는 그림에 이 둥글기의 부분을 표시할 필요가 있을 때는 그림 6과 같이 교차부분에 둥글기가 없는 경우의 교차선의 위치에 굵은 실선으로 표시한다.
㉡ 리브 등을 표시하는 선의 끝 부분을 직선 그대로 멈추게 한다. 또한, 관련있는 둥 글기의 반지름이 현저하게 다를 경우에는 끝부분을 안쪽 또는 바깥쪽으로 구부려서 멈추게 해도 좋다.(그림 7)
㉢ 곡면 상호 또는 곡면과 평면이 교차하는 부분의 선(상관선)은 직선으로 표시하거나 올바른 투상에 가깝게한 원호로 표시한다.(그림 8)

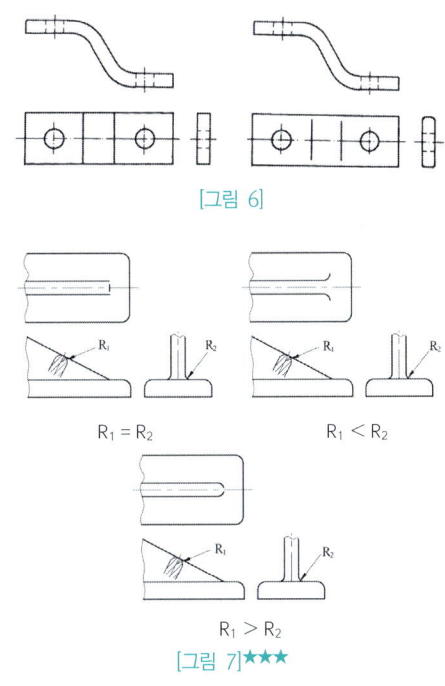

[그림 6]

[그림 7]★★★

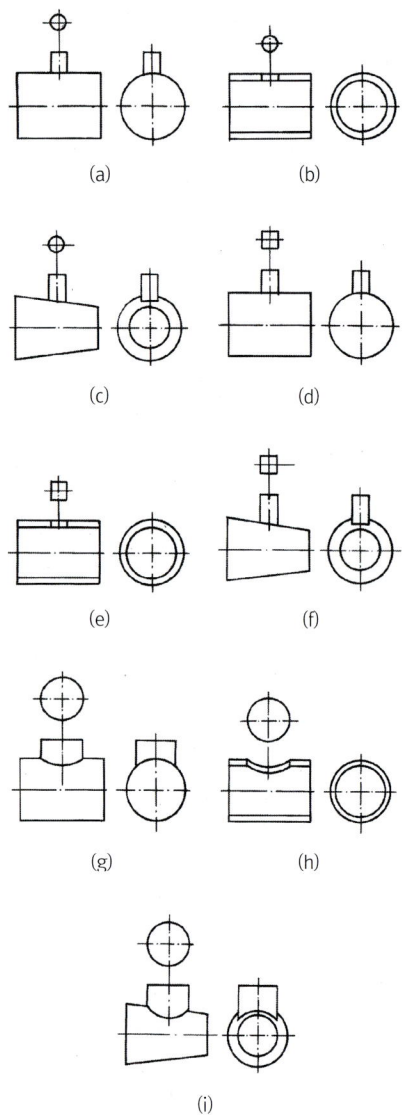

[그림 8] 관용투상

02 투상도 및 단면도법 예상문제

Chapter 02 투상도 및 단면도법 예상문제

01 다음 중에서 정투상 방법에 대한 설명으로 틀린 것은?

① 제1각법은 눈 → 물체 → 투상면 순서로 놓고 투상한다.
② 제3각법은 눈 → 투상면 → 물체 순서로 놓고 투상한다.
③ 한 도면에 제1각법과 제3각법을 혼용하여 사용해도 된다.
④ 제1각법과 제3각법에서 배면도의 위치는 같다.

> TIP 원칙적으로 동일 도면 내에 제 1각법과 제 3각법의 혼용을 피해야 하나 부득이하게 혼용할 경우 투시 방향을 화살표로 명시해야 한다. 한국, 미국, 캐나다 등은 제 3각법, 독일은 제 1각법을 사용하고, 일본, 영국 및 국제규격은 제 1각법과 제 3각법을 혼용한다.

(a) 3각법　　　(b) 1각법

02 다음 중 물체를 입체적으로 나타낸 도면이 아닌 것은?

① 투시도　　② 등각도
③ 캐비닛도　④ 정투상도

> TIP
>
> | 투상법의 종류 | 사용하는 그림의 종류 | 특징 |
> |---|---|---|
> | 정투상 | 정투상도 | 모양을 엄밀, 정확하게 표시할 수 있다. |
> | 등각투상 | 등각도 | 하나의 그림으로 정육면체의 세 면을 같은 정도로 표시할 수 있다. |
> | 사투상 | 캐비닛도 | 하나의 그림으로 정육면체의 세 면 중의 한 면만을 중점적으로 엄밀, 정확하게 표시할 수 있다. |

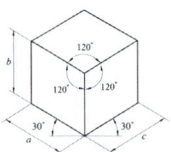

등각투상도

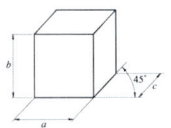

캐비닛도

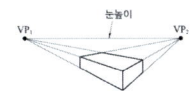

투시도법
(2점 투시도)

01 ③　02 ④

03 다음 중 물체의 특징이 가장 잘 나타나는 투상면은?

① 평면도　　② 정면도
③ 측면도　　④ 배면도

TIP 물체의 특징을 가장 명료하게 나타내는 쪽을 정면도로 선택하고 이것을 중심으로 하여 측면도 및 평면도 등을 보충한다.

04 다음 입체도에서 화살표 방향에서 본 투상도로 올바른 것은?

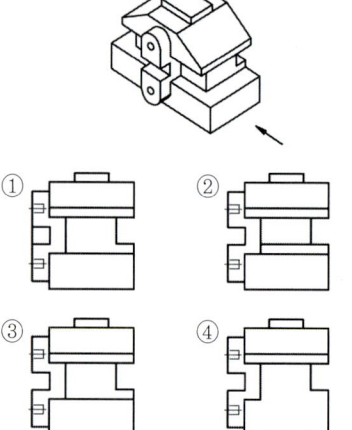

05 보기는 어떤 물체를 3각법으로 A는 정면도 B는 우측면도를 도시한 것이다. 보기의 C에 맞는 평면도는?

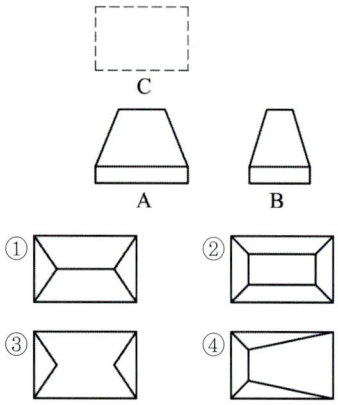

06 보기는 3각법으로 정투상한 도면이다. 등각 투상도로 맞는 것은 어느 것인가?

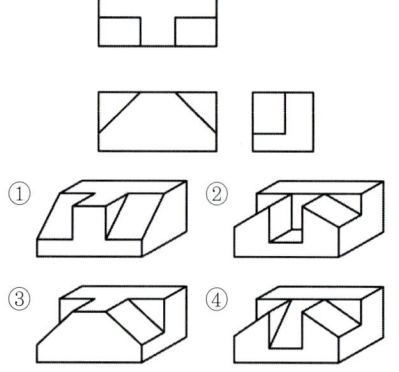

03 ②　04 ③　05 ②　06 ③

07 그림과 같이 제 3각법으로 그린 투상도에 맞는 등각투상도에 해당하는 것은?

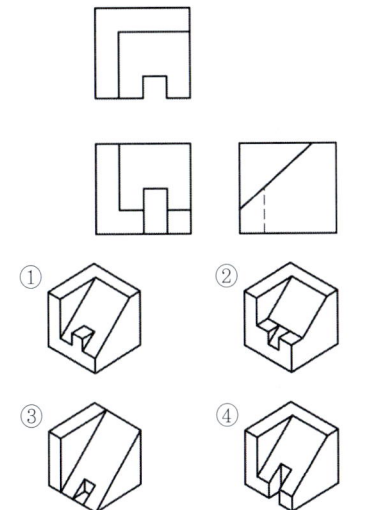

08 다음 그림과 같은 투상도의 명칭은?

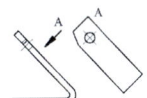 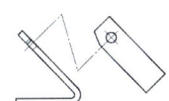

① 부분 투상도 ② 보조 투상도
③ 국부 투상도 ④ 회전 투상도

TIP 보조 투상도

경사면부가 대상물에서 그 경사면의 실형을 표시할 필요가 있는 경우에는 다음에 의하여 보조 투상도로 표시한다.
- 대상물 경사면의 실형을 도시할 필요가 있을 경우에는 그 경사면과 맞서는 위치에 보조 투상도로서 표시한다.
- 지면의 관계 등으로 보조투상도로 경사면에 맞서는 위치에 배치할 수 없는 경우에는 그 뜻을 화살표와 영자의 대문자로 나타낸다. 다만, 그림에 나타낸 것

과 같이 구부린 중심선에서 연결하여 투상관계를 나타내도 좋다.
- 보조투상도(필요부분의 투상도 포함)의 배치 관계가 분명치 않을 경우에는 표시 글자의 각각에 상대방 위치의 도면 구역의 구분기호를 표기한다.

09 그림과 같이 부품의 일부를 도시하는 것으로 충분한 경우에는 그 필요 부분만을 표시할 수 있는 투상도는?

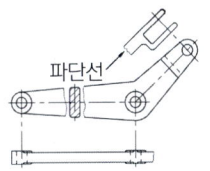

① 회전 투상도 ② 부분 투상도
③ 국부 투상도 ④ 요점 투상도

TIP 부분 투상도

그림의 일부를 도시하는 것으로 충분한 경우에는 그 필요 부분만을 부분 투상도로서 표시한다. 이 경우에는 생략한 부분과의 경계를 파단선으로 나타낸다. 다만, 명확한 경우에는 파단선을 생략하여도 좋다.

10 물체의 한 면이 경사진 경우 경사면에 평행한 별도의 투상도를 나타내는데 이렇게 그려진 투상도의 명칭은?

① 회전 투상도 ② 보조 투상도
③ 부분 투상도 ③ 국부 투상도

TIP 대상물 경사면의 실형을 도시할 필요가 있을 경우에는 그 경사면과 맞서는 위치에 보조 투상도로서 표시한다.

07 ④ 08 ② 09 ② 10 ②

11 다음의 투상도 중 회전 투상도는 어느 것인가?

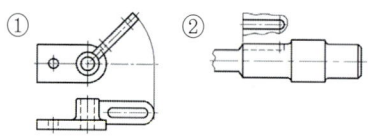

TIP 회전투상도

투상면이 어느 각도를 가지고 있기 때문에 그 실형을 표시하지 못할 때에는 그 부분을 회전해서 그 실형을 도시할 수 있다. 또한 잘못 볼 염려가 있을 경우에는 작도에 사용할 선을 남긴다.

12 다음 그림과 같은 투상도는 무슨 투상도인가?

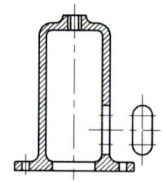

① 부분 확대도 ② 국부 투상도
③ 부분 투상도 ④ 회전 투상도

TIP 국부 투상도

대상물의 구멍, 홈 등 한 국부만의 모양을 도시하는 것으로 충분한 경우에는 그 필요 부분을 국부투상도로서 나타낸다. 투상 관계를 나타내기 위하여 원칙으로 주된 그림에 중심선, 기준선, 치수 보조선 등으로 연결한다.

13 대칭인 물체의 외부와 내부를 동시에 볼 수 있도록 물체의 1/4을 절단하여 나타내는 단면도는?

① 부분 단면도
② 온단면도
③ 한쪽 단면도
④ 회전 도시 단면도

TIP 한쪽 단면도(반단면도)

주로 대칭 물체에서 1/4을 제거하여 중심선을 기준으로 절반은 단면도로 다른 절반은 정투상으로 도시하는 단면법이다. 반단면도는 물체의 내·외부를 동시에 표현이 가능하다는 장점이 있다.

14 다음 그림은 어느 단면도에 해당하는가?

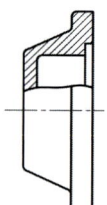

① 온 단면도   ② 한쪽 단면도
③ 회전단면도   ④ 부분 단면도

TIP 부분 단면도는 외형도에 있어서 필요로 하는 요소의 일부만을 부분 단면도로 표시할 수 있다. 이 경우, 파단선에 의하여 그 경계를 나타낸다.

11 ① 12 ② 13 ③ 14 ④

15 다음 그림의 투상도에 사용된 단면도는?

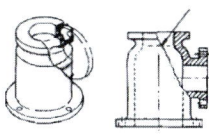

① 전 단면도 ② 한쪽 단면도
③ 부분 단면도 ④ 회전도시 단면도

16 그림과 같은 단면 도시법을 무엇이라고 하는가?

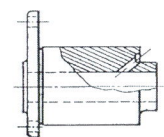

① 전 단면도 ② 한쪽 단면도
③ 부분 단면도 ④ 회전 도시 단면도

17 다음의 투상도에 도시된 단면도를 무슨 단면도라 하는가?

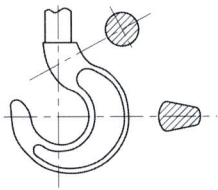

① 온 단면도 ② 한쪽 단면도
③ 부분 단면도 ④ 회전 단면도

> **TIP** 회전 단면도
> 핸들이나 바퀴 등의 암 및 림, 리브, 훅, 축, 구조물의 부재 등의 절단면을 다음에 따라 90° 회전하여 표시하여도 좋다.
> - 절단할 곳의 전후를 끊어서 그 사이에 그린다.(a)
> - 절단선의 연장선 위에 그린다.(b)
> - 도형내의 절단한 곳에 겹쳐서 가는 실선을 사용하여 그린다.(c)

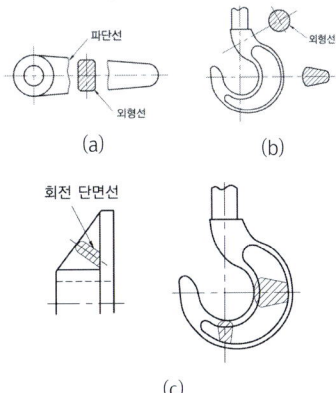

18 회전도시 단면도에 대한 설명으로 틀린 것은?

① 핸들, 림, 리브 등의 절단면은 45° 회전하여 표시한다.
② 절단한 곳의 전후를 끊어서 그 사이에 그릴 수 있다.
③ 절단선의 연장선 위에 그린다.
④ 도형 내의 절단한 곳에 겹쳐서 가는 실선으로 그린다.

> **TIP** 회전도시 단면도는 90°로 회전하여 표시한다.

19 투상도에 사용된 단면도는?

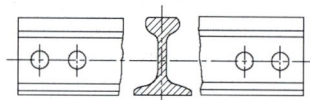

① 부분 단면도　② 온 단면도
③ 한쪽 단면도　④ 회전 도시 단면도

20 단면도의 해칭 방법에서 틀린 것은?

① 조립도에서 인접하는 부품의 해칭은 선의 방향 또는 각도를 바꾸어 구별한다.
② 절단면적이 넓을 경우에는 외형선을 따라 적절히 해칭을 한다.
③ 해칭면에 문자, 기호 등을 기입할 경우 해칭을 중단해서는 안 된다.
④ KS규격에 제시된 재료의 단면 표시기호를 사용할 수 있다.

> TIP 단면도의 해칭
>
> 단면도의 절단면에 해칭(또는 스머징)을 할 필요가 있을 경우에는 다음에 따른다.
>
> - 해칭은 주된 중심선에 대하여 45°로 하는 것이 좋다.
> - 같은 절단면 상에 나타나는 같은 부품의 단면에는 같은 해칭(또는 스머징)을 한다.
> - 계단 모양의 절단면의 각 단에 나타나는 부분을 구분할 필요가 있을 경우에는 해칭을 같은 방향으로 중복되지 않게 한다.
> - 인접한 단면의 해칭은 선의 방향 또는 각도를 변경하든지 그 간격을 변경하여 구별한다.
> - 단면 면적이 넓은 경우에는 그 외형선에 따라서 적절한 범위에 해칭(또는 스머징)을 한다.
> - 해칭(또는 스머징)을 하는 부분 안에 글자, 기호 등을 기입하기 위하여 필요한 경우에는 해칭(또는 스머징)을 중단한다.

21 기계요소 중에서 길이 방향으로 절단하여 단면을 표시할 수 있는 것은?

① 기어의 이, 바퀴의 암
② 베어링, 부시
③ 볼트, 작은 나사
④ 리벳, 키

> TIP 단면하기 때문에 이해를 방해하는 것 또는 절단하여도 의미가 없는 것은 원칙적으로 긴 쪽 방향으로는 절단하지 않는다.
>
> - 리브, 바퀴의 암, 기어의 이, 축, 핀, 볼트, 너트, 와셔, 작은 나사, 리벳, 키, 강구, 원통 롤러

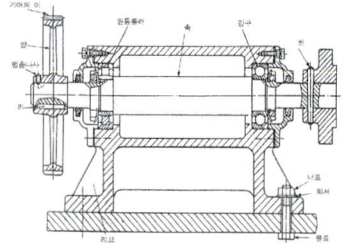

22 도형의 생략에 관한 설명 중 틀린 것은?

① 대칭의 경우에는 대칭 중심선의 한쪽 도형만을 그리고 그 대칭 중심선의 양 끝 부분에 짧은 두 개의 나란한 가는 실선을 그린다.

② 도면을 이해할 수 있더라도 숨은선은 생략해서는 안된다.

③ 같은 종류, 같은 모양의 것이 다수 줄지어 있는 경우에는 지시선을 사용하여 기술할 수 있다.

④ 물체가 긴 경우 도면의 여백을 활용하기 위하여 파단선이나 지그재그선을 사용하여 투상도를 단축할 수 있다.

TIP 대칭 도형의 생략

도형이 대칭 형식의 경우에는 다음 중 어느 한 방법에 따라 대칭 중심 선의 한 쪽을 생략할 수 있다.

① 대칭 중심선의 한쪽 도형만을 그리고, 그 대칭 중심선의 양끝 부분에 짧은 2개의 나란한 가는선(대칭 도시기호라 한다)을 그린다.
② 대칭 중심선의 한쪽의 도형을 대칭 중심선을 조금 넘은 부분까지 그린다. 이 때에는 대칭 도시기호를 생략할 수 있다.

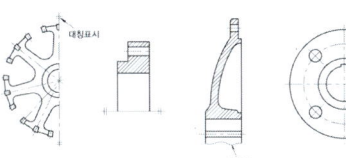

반복 도형의 생략

같은 종류, 같은 모양의 것이 다수 줄지어 있는 경우에는 다음에 따라 도형을 생략할 수가 있다. 다만, 그림 기호를 사용하여 생략할 경우에는 그 뜻을 알기 쉬운 위치에 기술하거나, 지시선을 사용하여 기술한다.

도면의 중간부분 생략

동일 단면형의 부분, 같은 모양이 규칙적으로 줄지어 있는 부분 또는 긴 테이퍼 등의 부분은 지면을 생략하기 위하여 중간부분을 잘라내서 그 긴요한 부분만을 가까이 하여 도시할 수 있다. 이 경우, 잘라낸 끝 부분은 파단선으로 나타낸다. 또한 요점만을 도시하는 경우 혼동될 염려가 없을 때는 파단선을 생략하여도 좋다. 또, 긴 테이퍼 부분, 또는 기울기 부분을 잘라낸 도시에서는 경사가 완만한 것을 실제의 각도로 도시하지 않아도 좋다.

22 ②

03 chapter 치수 기입법과 기계재료의 표시

01 치수의 표시방법

1 치수 기입의 원칙★★★★★

도면에 치수를 기입하는 경우에는 다음 점에 유의하여 적절히 기입한다.

① 대상물의 기능, 제작, 조립 등을 고려하여, 필요하다고 생각되는 치수를 명료하게 도면에 지시한다.
② 치수는 대상물의 크기, 자세 및 위치를 가장 명확하게 표시하는데 필요하고 충분한 것을 기입하다.
③ 도면에 나타내는 치수는 특별히 명시하지 않는 한, 그 도면에 도시한 대상물의 다듬질 치수를 표시한다.
④ 치수에는 기능상(호환성을 포함) 필요한 경우 치수의 허용한계를 지시한다. 다만, 이론적으로 정확한 치수를 제외한다.
⑤ 치수는 되도록 주 투상도에 집중한다.
⑥ 치수는 중복 기입을 피한다.
⑦ 치수는 되도록 계산해서 구할 필요가 없도록 기입한다.
⑧ 치수는 필요에 따라 기준으로 하는 점, 선 또는 면을 기준으로 하여 기입한다.
⑨ 관련되는 치수는 되도록 한 곳에 모아서 기입한다.
⑩ 치수는 되도록 공정마다 배열을 분리하여 기입한다.
⑪ 치수 중 참고 치수에 대하여는 치수 수치에 괄호를 붙인다.

2 치수 수치의 표시방법★★

치수 수치의 표시 방법의 다음에 따른다.

① 길이의 치수 수치는 원칙으로 mm의 단위로 기입하고, 단위 기호는 붙이지 않는다.
② 각도의 치수 수치는 일반적으로 도의 단위로 기입하고, 필요한 경우에는 분 및 초를 병용할 수 있다. 도, 분, 초를 표시하는 데에는 숫자의 오른쪽 어깨에 각각 °, ′, ″를 기입한다.
 [보기] 90° 22.5° 6° 21′ 5″ (또는 6° 21′ 05″) (또는 8° 00′ 12″) 3′ 21″
 또, 각도의 치수 수치를 라디안의 단위로 기입하는 경우에는 그 단위 기호 rad를 기입한다.
 [보기] 0.52rad $\frac{\pi}{3}$rad
③ 치수 수치의 소수점은 아래쪽의 점으로 하고 숫자 사이를 적당히 떼어서 그 중간에 약간 크게 쓴다. 또, 치수 수치의 자리수가 많은 경우, 3자리마다 숫자의 사이를 적당히 띄고 콤마는 찍지 않는다.
 [보기] 123.25 12.00 22 320

02 치수 기입 방법

1 치수선

① 치수선은 0.3mm 이하의 가는 실선으로 외형선에 평행하게 긋고 선의 양끝에는 끝부분 기호를 붙인다.
② 치수선의 간격은 외형선으로부터 약 10~15mm 띄어서 긋고, 다음 치수선을 그을 때는 같은 간격으로 긋는다.(8~10mm)
③ 치수선은 원칙으로 치수 보조선을 사용하여 기입한다. 다만, 치수 보조선을 빼내면 그림을 혼동하기 쉬울 때는 이것에 따르지 않아도 좋다.

2 치수 보조선

① 치수 보조선은 지시하는 치수의 끝에 닿는 도형상의 점 또는 선의 중심을 통과하고 치수선에 직각되게 그어서 치수선을 약간(2mm 정도) 지날 때까지 연장한다. 다만, 치수 보조선과 도형 사이를 약간 떼어놓아도 좋다.
② 치수를 지시하는 점 또는 선을 명확히 하기 위하여 특히 필요한 경우에는 치수선에 대하여 적당한 각도를 가진 서로 평행한 치수 보조선을 그을 수 있다. 이 각도는 되도록 60°가 좋다.

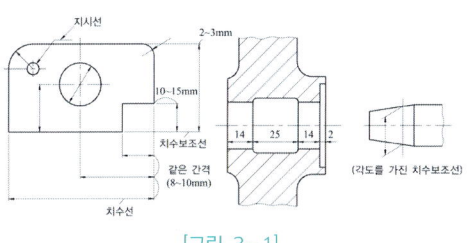

[그림 3-1]

3 지시선

가공 구멍의 치수 또는 가공방법, 부품번호 등을 기입하기 위한 선으로 수평선에 대하여 60°의 직선으로 긋고 지시되는 쪽에 화살표를 그리고 반대쪽 끝을 수평으로 그은 다음 그 위에 지시사항이나 치수를 기입한다.

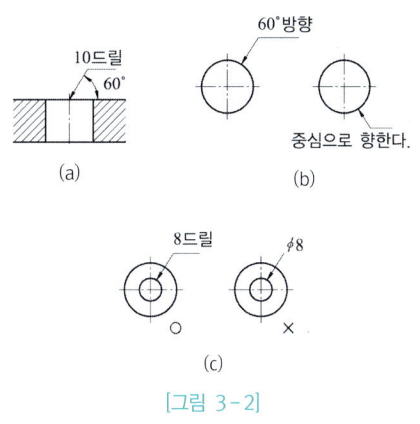

[그림 3-2]

4 화살표★★

치수선이나 지시선 끝에 붙여 사용되며 길이와 폭의 비율이 약 3 : 1이 되고 2.5~3mm 길이로 한다.

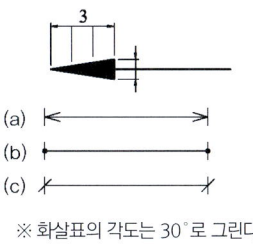

※ 화살표의 각도는 30°로 그린다.

[그림 3-3]

03 치수의 배치★★

1 직렬치수 기입법

직렬로 나란히 연결된 개개의 치수에 주어진 **치수 공차가 누적되어도 좋은 경우에 사용한다.**

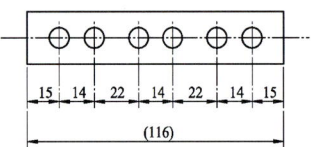

2 병렬치수 기입법

이 방법에 따르면 **병렬로 기입하는 개개의 치수 공차는 다른 치수의 공차에는 영향을 주지 않는다.** 이 경우, 공통쪽의 치수 보조선의 위치는 기능, 가공 등의 조건을 고려하여 적절히 선택한다.

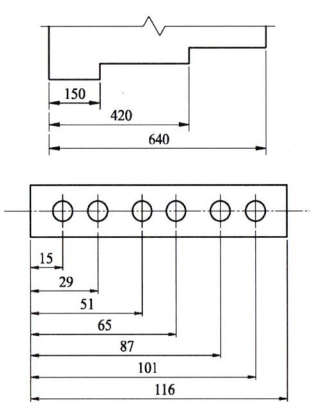

3 누진치수 기입법★★★

이 방법에 따르면 치수 공차에 관하여 병렬 치수 기입법과 완전히 동등한 의미를 가지면서, 한 개의 연속된 치수선으로 간편하게 표시된다. 이 경우, **치수의 기점의 위치는 기점 기호(O)로 나타내고, 치수선의 다른 끝은 화살표로 나타낸다.** 치수 수치는 치수 보조선에 나란히 기입하든지 화살표 가까운 곳에 치수선의 위쪽에 이에 연하여 쓴다. 또한, 2개의 형체 사이의 치수선에도 준용할 수 있다.

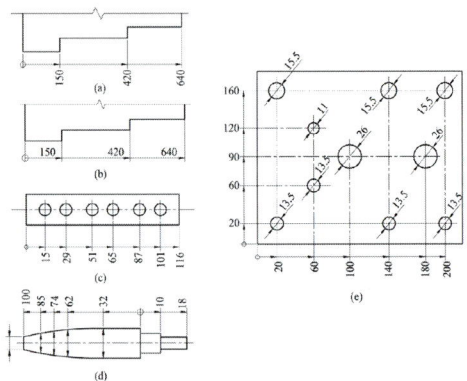

4 좌표 치수 기입법

구멍의 위치나 크기 등의 치수는 좌표를 사용하여 표로 하여도 좋다. 이 경우, 표에 나타낸 X, Y 또는 β의 수치는 기점에서의 치수이다. 기점은 보기를 들면 기준 구멍, 대상물의 한 구석 등 기능 또는 가공의 조건을 고려하여 적절하게 선택한다.

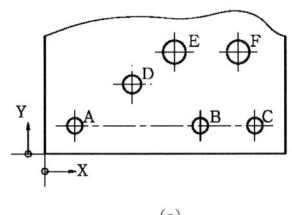

(a)

	X	Y	∅
A	20	20	13.5
B	140	20	13.5
C	200	20	13.5

	X	Y	∅
D	60	60	13.5
E	100	90	26
F	180	90	26

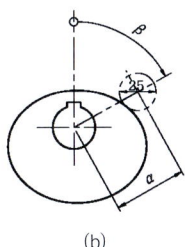

(b)

β	0°	20°	40°	60°	80°
α	50	50	57	63.5	70
β	100°	120°	~	120°	230°
α	74.5		76		75
β	260°	280°	300°	320°	340°
α	70	65	59.5	55	52

04 치수 수치를 기입하는 위치 및 방향

① 치수 수치는 수평방향의 치수선에 대하여 위쪽에 수직방향의 치수선에 대하여 왼쪽에 기입하고 치수선에 약간 띄워서 거의 중앙에 쓰는 것이 좋다.

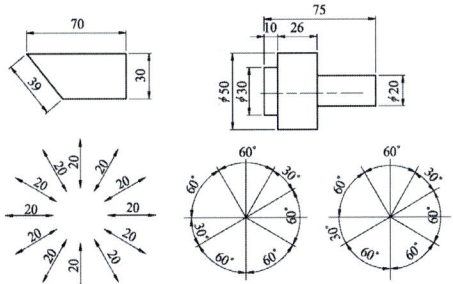

(a) 길이 치수의 경우★★ (b) 각도 치수의 경우★★

② 수직선에 대하여 좌상(左上)에서 우하(右下)로 향하여 약 30° 이하의 각도를 이루는 방향에는 치수선의 기입을 피한다. 다만, 도형의 관계로 기입하지 않으면 안될 경우에는, 그 장소에 따라 혼동하지 않도록 기입한다.

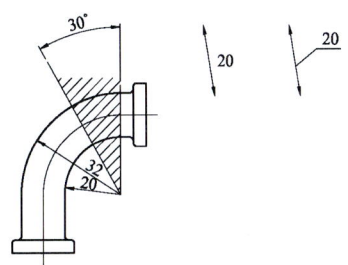

③ 치수 수치 대신 글자 기호를 써도 좋다. 이 경우, 그 수치를 별도로 표시한다.

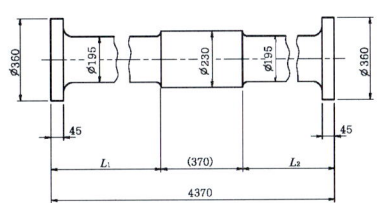

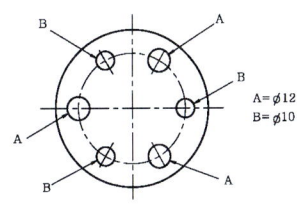

기호 \ 품번	1	2	3
L_1	1915	2500	3115
L_2	2085	1500	885

④ 도형이 치수 비례대로 그려져 있지 않을 때는 치수 밑에 밑줄을 친다.★★

(ex ↔ 20)

05 치수 표시 기호

치수 표시 기호는 다음 표와 같으며 치수 숫자 앞에 쓰는 것이 원칙이고 숫자와 같은 크기로 기입한다.

★★★

기호	구분
ϕ	지름
R	반지름
$S\phi$	구의 지름
SR	구의 반지름
□	정사각형
C	45° 모따기
t	두께
P	피치

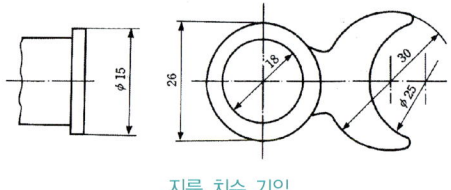

지름 치수 기입

• 원형의 그림에 지름의 치수를 기입할 때는, 치수 수치의 앞에 지름의 기호 ϕ는 기입하지 않는다. 다만 원형의 일부를 그리지 않은 도형에서 치수선의 끝부분 기호가 한쪽인 경우는 반지름의 치수와 혼동되지 않도록 지름의 치수 수치 앞에 ϕ를 기입한다.

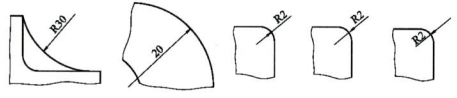

반지름 치수 기입

• 실형을 나타내지 않는 투상도형에 실제의 반지름 또는 전개한 상태의 반지름을 지시하는 경우에는 치수 수치의 앞에 "실R" 또는 "전개R"의 글자 기호를 기입한다.

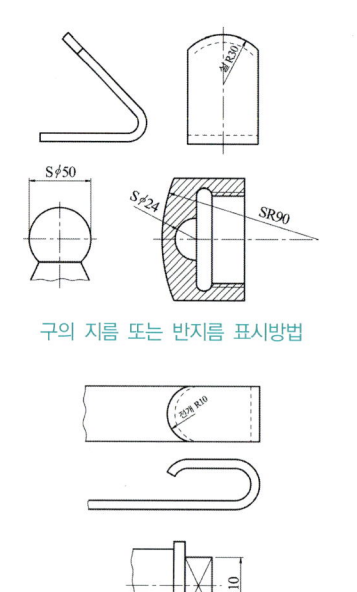

구의 지름 또는 반지름 표시방법

정사각형 변의 표시방법

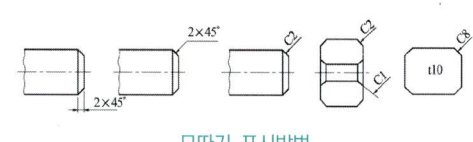

모따기 표시방법

06 치수 기입

1 좁은 부분 치수기입 ★★

치수 기입에 있어서 간격이 좁고 기입이 연속될 때에는 치수선의 위쪽과 아래쪽에 번갈아 치수를 기입하거나 지시선을 써서 치수를 기입한다. 지시선을 사용하여 치수 수치를 기입하는 경우 지시선을 끌어내는 쪽 끝에는 아무것도 붙이지 않는다.

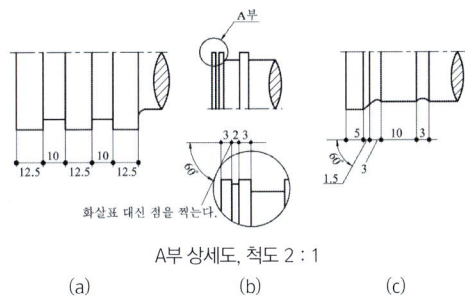

(a)　　　　A부 상세도, 척도 2 : 1　　　(c)
　　　　　　　　(b)

2 구멍의 표시 방법

드릴 구멍, 리머 구멍, 펀칭 구멍, 코어 구멍 등의 구별을 표시할 필요가 있을 때에는 그림과 같이 치수 숫자에 그 명칭을 기입한다.

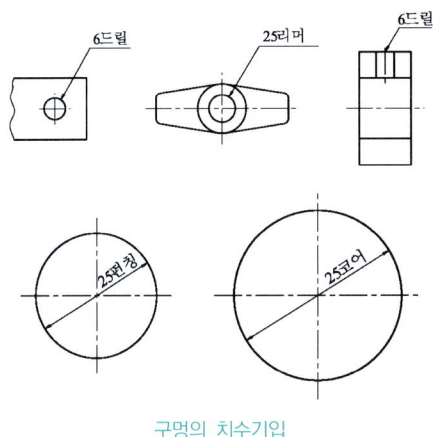

구멍의 치수기입

3 현·호의 치수 기입(그림이 중요)★★

(1) 현의 길이 표시 방법

현의 길이는 원칙으로 현에 직각으로 치수 보조선을 긋고, 현에 평행한 치수선을 사용하여 표시한다.

(2) 원호의 길이 표시 방법★★

현의 경우와 같은 치수 보조선을 긋고 그 원호와 동심의 원호를 치수선으로 하고, 치수 수치의 위에 원호의 길이의 기호를 붙인다.

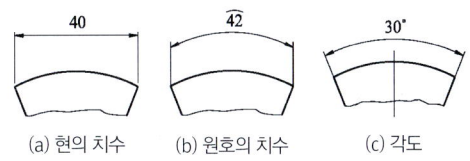

(a) 현의 치수　　(b) 원호의 치수　　(c) 각도

4 테이퍼와 기울기의 치수 기입★★

그림과 같이 테이퍼는 중심선에 따라 치수를 기입하고 기울기는 변에 따라 기입하는 것이 원칙이다. 다만 그림(c)와 같이 테이퍼 또는 기울기의 비율과 방향을 뚜렷이 표시할 필요가 있는 경우 에는 별도로 표시하며 그림(d)와 같이 특별한 경우에는 경사면에서 지시선을 끌어내어 치수를 표시할 수 있다.

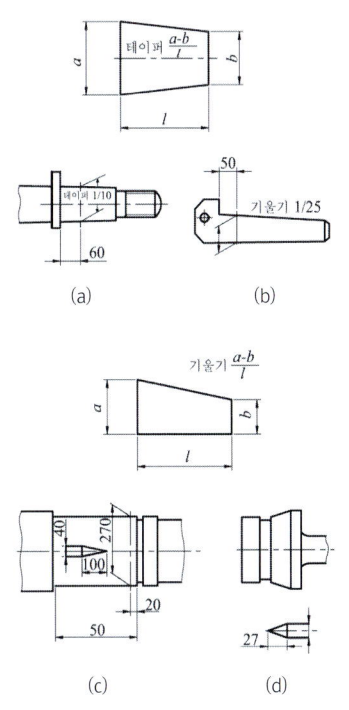

테이퍼와 기울기의 치수기입

5 같은 간격의 구멍 치수 기입 ★★

같은 치수의 볼트 구멍, 작은 나사 구멍, 핀 구멍, 리벳 구멍 등의 치수는 구멍으로부터 지시선을 끌어내어 그 총수를 표시하는 숫자 다음에 짧은 선을 넣어서 기입한다.

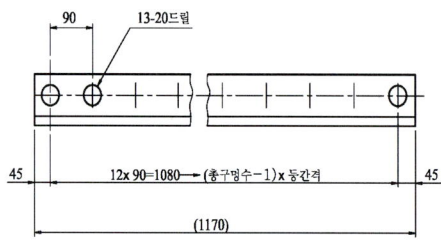

※계산식이 중요함

같은 간격의 구멍 치수 기입

6 평강 및 형강의 치수 기입 ★

평강의 단면 치수는 나비×두께로서 표시하고 그 이외의 형강은 표와 같이 표시한다.

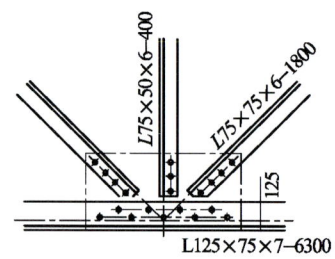

형강의 치수 기입

종 별	형상치수	표시법
등변 ㄱ 형강		LA×A×t-L
부등변 ㄱ 형강		LA×B×t-L
부등변 부등두께 ㄱ 형강		LA×B×t₁×t₂-L
I 형강		IA×B×t-L
ㄷ 형강		ㄷA×B×t-L
H 형강		HA×B×t-L
T 형강		TB×A×t-L
구평형강		JA×t-L

07 재료 표시법

1 재료의 기호

KS 규격에는 같은 명칭의 재료에는 첨가 원소의 함유량, 최저 인장 강도 등에 따라 여러 종류로 세분되어있다.

(1) 제 1 위 문자

재질을 표시하는 기호로서 영어의 머리 문자나 원소 기호를 표시한다.

(2) 제 2 위 문자

규격명과 제품명을 표시하는 기호로서 판, 봉, 광, 선, 주조품 등 제품의 형상별 종류 등과 용도를 표시한다.

(3) 제 3 위 문자

금속 종별의 기호로서 최저 인장 강도 또는 재질, 종류, 기호를 숫자 다음에 기입한다.

(4) 제 4 위 문자

제조법을 표시한다.

(5) 제 5 위 문자

제품 형상 기호를 표시한다.

재질을 표시하는 기호(제 1 위 문자)

기호	재 질	비 고
Al	알루미늄	aluminium
AlBr	알루미늄 청동	aluminium bronze
Br	청동	bronze
Bs	황동	brass
Cu	구리 또는 구리합금	copper
HBs	고강도 황동	high strength brass
HMn	고망간	high manganese
F	철	ferrum
MS	연강	mild steel
NiCu	니켈 구리 합금	nickel-copper alloy
PB	인 청동	phosphor bronze
S	강	steel
SM	기계 구조용 강	machine structure steel
WM	화이트메탈	white metal

규격 및 제품명(제 2 위 문자)

기호	재질명	기호	재질명
B	봉(Bar)	HG	고압 가스용기
C	주조품(Castings)	HP	열간 압연강판
CD	구상 흑연 주철	HR	연간 압연
CP	냉간 압연 강판	HS	열간 압연 강대
CS	냉간 압연 강대	K	공구강
DC	다이 캐스팅(Die Castings)	TC	탄소 공구강
F	단조품(Forgings)	W	선(Wire)
PS	일반 구조용 관	MC	가단주철품(Malleable Iron Casting)
PW	피아노선		
S	일반 구조용 압연재	P	판(Plate)
SW	강선(Steel Wire)	WR	선(Wire Rod)
T	관(Tube)	WS	구조용 압연강

[보기] 일반 구조용 압연 강재 2 종을 표시할 때는 SS41로 기입한다.

$\underset{\text{강재(Steel)}}{S} \quad \underset{\text{일반구조용 압연재(General Structural PurPoses)}}{S} \quad \underset{\text{최저인장강도(400N/mm}^2\text{)}}{400}$

① SF 34 : 탄소강 단조품 → S(강), F(단조품), 34(최저 인장 강도)
② SC 37 : 탄소강 주강품 → S(강), C(주조품), 37(최저 인장 강도)
③ S 1 : 초경합금 1종 → S(초경합금), 1(1호)
④ SHP1 : 열간 압연 연강판 1종 → S(강), H(열간 가공품), P(강판), 1(1종)
⑤ SM 20C : 기계 구조용 탄소강 강제 → SM(기계 구조용), 20C(탄소 함유량 0.15 ~ 0.25%의 중간 값)

❓ 가장 중요한 것 ★★★
- SM20C : 탄소함유량
- GC200 : 최저인장강도

⑥ PW 1 : 피아노선 1종 → PW(피아노선), 1(1호)

2 KS의 주요한 재질 기호

철강의 재료기호

KSD	명칭	종류		기호
3503	일반 구조용 압연강재	1종		SS 330
		2종		SS 400
		3종		SS 490
		4종		SS 540
3509	피아노선재	1종	A	PWR 1A
			B	PWR 1B
		2종	A	PWR 2A
			B	PWR 2B
		3종	A	PWR 3A
			B	PWR 3B
		4종		PWR 4

KSD	명칭	종류		기호
3515	용접 구조용 압연강재	1종	A	SM 400A
			B	SM 400B
			A	SM 400C
		2종	A	SM 490A
			B	SM 490B
			A	SM 490C
		3, 4, 5종 있음		
3554	연강선재	1종		MSWR 6
		2종		MSWR 8
		3종		MSWR 10
		4종		MSWR 12
		5, 6, 7, 8종 있음		
3556	피아노선	1종		PW 1
		2종		PW 2
		3종		PW 3
3557	리벳용 원형강	1종		SV 330
		2종		SV 400
3558	일방 구조용 용접 경량 H 형강	경량 H 형강		SWH 400
		경량 림 H 형강		SWH 400L
3559	경강선재	1종		HSWR 27
		2종		HSWR 32
		3종		HSWR 37
		4종	A	HSWR 42A
			B	HSWR 42B
		5종	A	HSWR 52A
			B	HSWR 52B
		선재의 종류는 21종류		
3560	보일러 및 압력 용기용 탄소강 및 몰리브데넘 강 강판	1종		SB 410
		2종		SB 450
		3종		SB 480
		4종		SB 450M
		5종		SB 480M
3561	마봉강	탄소용 마봉강		KS D 3526 마봉강 일반강재
				KS D 3752 기계구조용 탄소강재
				KS D 3567 황 및 황복합 쾌삭강 강재

KSD	명칭	종류		기호
3561	마봉강	합금용 마봉강		KS D 3754 경화능 보증 구조용 강재(H강)
				KS D 3867 기계구조용 합금용 강재
				KS D 3756 알루미늄 크로뮴 몰리브데넘강 강재
3562	압력배관용 탄소강강판	1종		SPPS 380
		2종		SPPS 420
3701	스프링강	실리콘 망간 강재		SPS 6
				SPS 7
		망간 크롬 강재		SPS 9
				SPS 9A
		5~8종 있음		
3705	열간압연 스테인레스 강판	1종		STS 301
		2종		STS 301L
		3종		STS 301Jl
		4~60 종 있음		
3707	크롬강재	1종		SCr 415
		2종		SCr 420
		3종		SCr 430
		4~6 종이 있음		
3708	니켈크롬 강제	1종		SNC 236
		2종		SNC 415
		3종		SNC 631
		4종		SNC 815
		5종		SNC 836
3710	탄소강 단강품 (퀜칭 템퍼링)	1종		SF 540B
		2종		SF 590B
		3종		SF 640B
3710	탄소강 단강품	1종		SF 340A
		2종		SF 390A
		3종		SF 440A
		4종		SF 490A
		5종		SF 540A
		6종		SF 590A
3751	탄소공구강	1종		STC 140
		2종		STC 120
		3종		STC 105
		4~11 종 있음		

KSD	명칭	종류		기호
3752	기계구조용 탄소강강재	1종		SM 10C
		2종		SM 15C
		3종		SM 20C
		4종		SM 25C
		5종		SM 30C
		6종		SM 35C
		7종		SM 40C
		8종		SM 45C
		9종		SM 50C
		10종		SM 55C
		21종		SM 9CK
		22종		SM 15CK
3753	합금공구강	주로 절삭용	1종	STS 11
			2종	STS 2
			3종	STS 21
			4~8종 있음	
		주로 내충격용	9종	STS 4
			10종	STS 41
			11종	STS 43
			12종	STS 44
		주로 냉간 금형용	13종	STS 3
			14종	STS 31
			15종	STD 93
			16종	STD 94
			17~22 종 있음	
		주로 열간 가공품	23종	STD 4
			24종	STD 5
			25~32종 있음	
4101	탄소주강품	1종		SC 360
		2종		SC 410
		3종		SC 450
		4종		SC 480
4301	회주철품	1종		GC 100
		2종		GC 150
		3종		GC 200
		4종		GC 250
		5종		GC 300
		6종		GC 350
4303	흑심가단주철품	1종		BMC 270
		2종		BMC 310
		3종		BMC 340
4305	백심가단주철품	1종		WMC 330
		2종		WMC 370

03 치수 기입법과 기계재료의 표시 예상문제

01 다음 치수 기입에 관한 설명 중 옳은 것은?

① 도형의 외형선이나 중심선을 치수선으로 대응하여 사용할 수 있다.

② 치수는 되도록 정면도에 집중하여 기입한다.

③ 치수는 되도록 계산해서 구할 필요가 있도록 한다.

④ 치수 숫자의 자리수가 많은 경우에는 매 3자리마다 콤마를 붙인다.

TIP 도면에 치수를 기입하는 경우에는 다음 점에 유의하여 적절히 기입한다.

- 대상물의 기능, 제작, 조립 등을 고려하여, 필요하다고 생각되는 치수를 명료하게 도면에 지시한다.
- 치수는 대상물의 크기, 자세 및 위치를 가장 명확하게 표시하는데 필요하고 충분한 것을 기입하다.
- 도면에 나타내는 치수는 특별히 명시하지 않는 한, 그 도면에 도시한 대상물의 다듬질 치수를 표시 한다.
- 치수에는 기능상(호환성을 포함) 필요한 경우 치수의 허용한계를 지시한다. 다만, 이론적으로 정확한 치수를 제외한다.
- 치수는 되도록 주 투상도에 집중한다.
- 치수는 중복 기입을 피한다.
- 치수는 되도록 계산해서 구할 필요가 없도록 기입한다.
- 치수는 필요에 따라 기준으로 하는 점, 선 또는 면을 기준으로 하여 기입한다.
- 관련되는 치수는 되도록 한 곳에 모아서 기입한다.
- 치수는 되도록 공정마다 배열을 분리하여 기입한다.
- 치수 중 참고 치수에 대하여는 치수 수치에 괄호를 붙인다.

02 다음 중 도면에 기입되는 치수에 대한 설명이 옳은 것은?

① 재료 치수는 재료를 구입하는데 필요한 치수로 잘림 여유나 다듬질 여유가 포함되어 있지 않다.

② 소재 치수는 주물 공장이나 단조 공장에서 만들어진 그대로의 치수를 말하며 가공할 여유가 없는 치수이다.

③ 마무리 치수는 가공 여유를 포함하지 않은 치수로 가공 후 최종으로 검사할 완성된 제품의 치수를 말한다.

④ 도면에 기입되는 치수는 특별히 명시하지 않는 한 소재치수를 기입한다.

TIP 도면에 기입하는 치수는 특별히 명시하지 않는 한 마무리 치수를 기입한다.

01 ② 02 ③

03 치수 기입 시 유의사항 설명으로 틀린 것은?

① 관련된 치수는 되도록 한 곳에 모아 기입한다.
② 치수는 선에 겹치게 기입해서는 안된다.
③ 중복치수는 피하고 되도록 평면도에 집중하여 기입한다
④ 필요에 따라 기준선, 점, 가공면을 기준으로 기입하여도 무방하다.

TIP. 치수는 정면도의 집중에서 그린다.

04 다음 중 치수기입의 원칙 설명으로 틀린 것은?

① 대상물의 기능, 제작, 조립 등을 고려하여 필요한 치수를 명료하게 도면에 기입한다.
② 도면에 나타내는 치수는 특별히 명시하지 않는 한 도시한 대상물의 마무리 치수를 표시한다.
③ 치수는 되도록이면 정면도, 측면도, 평면도에 분산하여 기입한다.
④ 치수는 되도록이면 계산할 필요가 없도록 기입하고 중복되지 않게 기입한다.

05 치수기입의 원칙 중 적합하지 않은 것은?

① 치수는 선에 겹치게 기입해서는 안된다.
② 치수는 되도록 계산하여 구할 필요가 없도록 기입한다.
③ 치수는 되도록 정면도, 평면도, 측면도에 분산하여 보기 쉽도록 기입한다.
④ 대상물의 기능, 제작, 조립 등을 고려하여 필요하다고 생각되는 치수를 명료하게 기입한다.

06 다음 중 치수기입 요소가 아닌 것은?

① 치수선   ② 치수 보조선
③ 화살표   ④ 치수 경계선

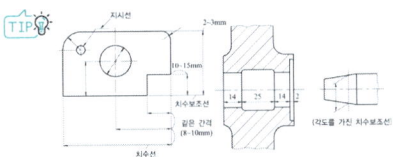

07 치수 기입 방법을 나타낸 것 중 적합하지 않은 것은?

① 치수 보조선은 치수선 보다 2~3mm 길게 긋는다.
② 치수선 또는 그 연장선 끝에는 화살표나 검정점, 사선을 붙인다.
③ 치수를 기입하기 위한 지시선의 각도는 수평선에 60°가 되도록 긋는 것이 좋다.
④ 중심선, 외형선, 기준선을 치수선으로 주로 사용한다.

03 ③ 04 ③ 05 ③ 06 ④ 07 ④

08 화살표 제도시 길이와 폭의 비율로 올바른 것은?

① 3 : 1 ② 1 : 3
③ 4 : 1 ④ 1 : 4

💡TIP 치수선이나 지시선 끝에 붙여 사용되며 길이와 폭의 비율이 약 3 : 1 이 되고 2.5 ~ 3 mm길이로 한다.

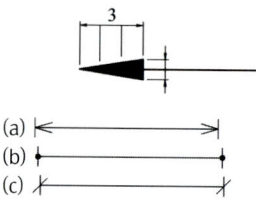

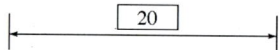

09 보기와 같이 숫자를 □속에 기입하는 이유는?

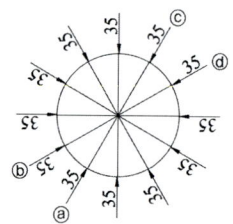

① 이론적으로 정확한 치수를 표시
② 주조의 가공을 위한 치수를 표시
③ 정정이 가능하도록 임시로 치수를 표시
④ 가공 여유를 주기 위하여 치수를 표시

💡TIP 이론적으로 정확한 치수는 치수문자에 사각형 테두리를 한다.

10 그림과 같이 여러 각도로 기울여진 면의 치수를 기입할 때 잘못 기입된 치수 방향은?

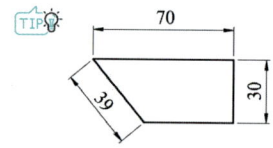

① ⓐ ② ⓑ
③ ⓒ ④ ⓓ

💡TIP

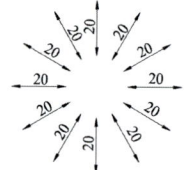

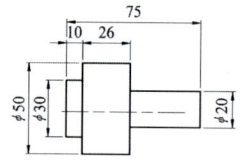

(a) 길이 치수의 경우

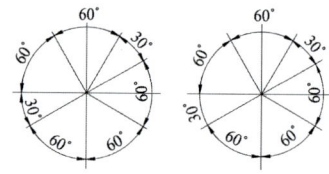

(b) 각도 치수의 경우

08 ① 09 ① 10 ②

11 원호의 길이를 나타내는 치수선과 치수 보조선의 도시방법으로 올바른 것은?

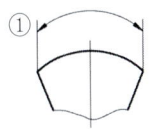 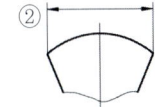

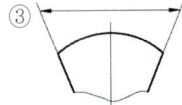 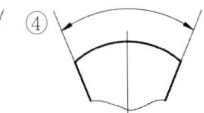

TIP: 현의 길이 표시 방법
현의 길이는 원칙으로 현에 직각으로 치수 보조선을 긋고, 현에 평행한 치수선을 사용하여 표시한다.

원호의 길이 표시 방법
현의 경우와 같은 치수 보조선을 긋고 그 원호와 동심의 원호를 치수선으로 하고, 치수 수치의 위에 원호의 길이의 기호를 붙인다.

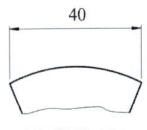 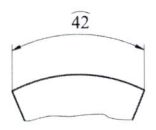
(a) 현의 치수   (b) 원호의 치수

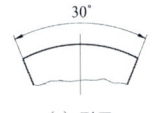
(c) 각도

12 치수기입에서 (100)으로 표시하였을 때 ( )은 무엇을 뜻 하는가?

① 완성 치수 ② 지름 치수
③ 기준 치수 ④ 참고 치수

TIP: 참고하는 치수를 기입할 때는 치수 양 옆에 괄호를 한다.

13 구의 지름의 20mm일 때 표시방법으로 알맞은 것은?

① SR20 ② S⌀20
③ S20   ④ 20

TIP: 구를 표현할 때는 치수 앞에 S를 붙인다.

14 다음은 치수 보조기호에 대한 설명이다. 틀린 것은?

① C : 45도 모따기 기호
② SR : 구의 반지름 기호
③ ( ) : 직접적으로 필요하지 않으나 참고로 나타낼 때 사용하는 참고 치수기호
④ t : 리벳이음 등에서 피치를 나타낼 때 사용하는 피치기호

TIP: t는 제품의 두께를 표시한다.
예) t20

15 다음 보기의 도면과 같이 40 밑에 그은 선은 무엇을 나타내는가?

40

① 기준 치수
② 비례척이 아닌 치수
③ 다듬질 치수
④ 가공 치수

TIP: 비례척이 아닌 치수를 표현할 때에는 치수 밑에 밑줄을 그어서 나타낸다.

11 ① 12 ④ 13 ② 14 ④ 15 ②

16 45° 모따기를 나타내는 기호로 올바른 것은?

① C   ② R
③ □   ④ t

17 다음 중 치수 보조 기호의 설명으로 틀린 것은?

① ∅ - 지름 치수
② R - 반지름 치수
③ S∅ - 구의 지름
④ SR - 45° 모따기 치수

TIP: SR은 구의 반지름을 이야기한다.

18 다음 도면에서 전체길이를 표시하고 있는 (A)부의 치수는?

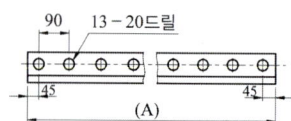

① 1020   ② 1080
③ 1170   ④ 1220

TIP: 같은 간격의 동일 구멍이 있을 경우 치수를 구하는 공식은 아래와 같다.

(총 구멍개수 - 1) × 동일간격

따라서 (13-1)×90이므로 1080이나 전체치수는 양 옆 간격 90을 더해야 하므로 답은 1170이다.

19 다음 그림에서 ∅20구멍의 개수와 A부분의 길이는?

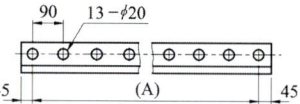

① 13, 1170mm   ② 20, 1170mm
③ 13, 1080mm   ④ 20, 1080mm

TIP: 같은 간격의 동일 구멍이 있을 경우 치수를 구하는 공식은 (총 구멍개수 - 1)×동일간격 이므로 1080이 된다.

20 출도 후 도면 내용을 정정 할 때 틀린 것은?

① 변경한 곳에 적당한 기호(⚠)를 표시한다.
② 변경 전의 도형, 치수는 지운다.
③ 변경 연월일, 이유 등을 나타낸다.
④ 변경 전 치수는 한 줄로 그어서 취소함을 표시하고 그대로 둔다.

TIP: 치수나 도형을 수정 시에는 도면을 훼손하거나 지우면 안된다.

21 재질을 SM45C로 나타냈다면 여기서 45가 의미하는 것은?

① 인장강도   ② 재질
③ 탄소함유량   ④ 규격

TIP:
- SM 45C : 기계 구조용 탄소강 강제
- SM(기계 구조용), 45C(탄소 함유량 0.4~0.5%의 중간 값)

16 ① 17 ④ 18 ③ 19 ③ 20 ②

22 기계 재료 기호의 구성에 대한 설명으로 틀린 것은?

① 처음 부분은 재질을 나타낸다.
② 중간 부분은 규격명, 제품명 등을 나타낸다.
③ 끝 부분은 재질의 종류 번호, 최저 인장강도를 숫자나 영문자로 표시한다.
④ SM20C 는 일반 구조용 압연강재이다.

> **TIP** 제1위 문자
> 재질을 표시하는 기호로서 영어의 머리 문자나 원소 기호를 표시한다.
>
> 제2위 문자
> 규격명과 제품명을 표시하는 기호로서 판, 봉, 광, 선, 주조품 등 제품의 형상별 종류 등과 용도를 표시한다.
>
> 제3위 문자
> 금속 종별의 기호로서 최저 인장 강도 또는 재질, 종류, 기호를 숫자 다음에 기입한다.
>
> 제4위 문자
> 제조법을 표시한다.
>
> 제5위 문자
> 제품 형상 기호를 표시한다.
> - SF 34 : 탄소강 단조품
>   S(강), F(단조품), 34(최저 인장 강도)
> - SC 37 : 탄소강 주강품
>   S(강), C(주조품), 37(최저 인장 강도)
> - S 1 : 초경합금 1종
>   S(초경합금), 1(1호)
> - SHP1 : 열간 압연 연강판 1종
>   (S(강),H(열간 가공품), P(강판), 1(1종)
> - SM 20 C : 기계 구조용 탄소강 강제
>   SM(기계 구조용), 20C(탄소 함유량 0.15 ~ 0.25%의 중간 값)
> - PW 1 : 피아노선 1종
>   PW(피아노선), 1(1호)

23 SS330로 표시된 기계재료에서 330은 무엇을 나타내는가?

① 최저 인장강도   ② 최고 인장강도
③ 탄소함유량   ④ 종류

> **TIP**
> - S : 강재(Steel)
> - S : 일반구조용 압연재 (General Structural PurPoses)
> - 400 : 최저인장강도(400N/mm²)

24 기계 구조용 탄소 강재를 나타내는 재료 표시기호 SM20C에 대한 설명 중 틀린 것은?

① S는 강(Steel)을 나타낸다.
② M은 기계 구조용을 나타낸다.
③ 20은 탄소 함유량이 15 ~ 25%의 중간 값을 나타낸다.
④ C는 탄소를 의미한다.

> **TIP**
> - SM 20 C : 기계 구조용 탄소강 강제
> - SM(기계 구조용), 20C(탄소 함유량 0.15 ~ 0.25%의 중간 값)

21 ③   22 ④   23 ①   24 ③

04 chapter 표면 거칠기와 끼워맞춤

01 표면 거칠기와 다듬질 기호

기계 부품의 표면은 그 사용 목적에 따라서 여러 가지로 다듬어져야 한다. 따라서, 제작도에는 다듬질 여유를 붙여야 할 면과 붙이지 않아도 될 면을 명백하게 구별하여 표시해야 되며, 다듬질 정도를 표시해야 한다.

1 표면거칠기★★★

다듬질의 매끄러운 정도는 KS B 0161에 규정하는 표면 거칠기(surface roughtness)에 따른다. 이것에 따르면, 최대 높이(Ry), 10점 평균 거칠기(Rz), 중심선 평균 거칠기(Ra)의 세 가지 방법으로 나타내고 있다.

(1) 최대 높이(Ry)★★★

그림 (a)와 같이, 단면 곡선에서 기준 길이를 잡고, 이 사이에 높은 곳과 낮은 곳의 차이를 측정하여 미크론(μ) 단위로 나타낸다.

(2) 10점 평균 거칠기(Rz)

그림 (b)와 같이 기준 길이(Lmm)의 사이의 가장 높은 산봉우리로부터 5번째 산봉우리까지의 높이의 평균값과 가장 낮은 골 바닥에서 5번째까지의 골바닥까지의 깊이의 평균값의 간격을 측정하여 미크론(μ) 단위로 나타낸 것이다.

(3) 중심선 평균 거칠기(Ra)

그림 (c)와 같이, 기준 길이(Lmm)의 사이에서 중심선 X-X를 위쪽의 산 나비와 아래쪽의 골 나비가 같게 긋고, 아래쪽의 골을 중심선 X-X에 대칭되는 산으로 생각하여 이 산과 중심선 X-X의 위쪽에 있는 처음 산과의 높이를 중심선 X-X를 기준으로 각각 측정하고 그 평균 높이를 해당하는 곳에 평균선 X'-X'를 그었을 때, 이 높이 Ra를 미크론(μ) 단위로 나타낸 것이다.

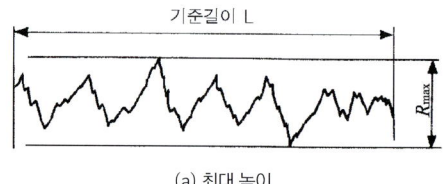

(a) 최대 높이

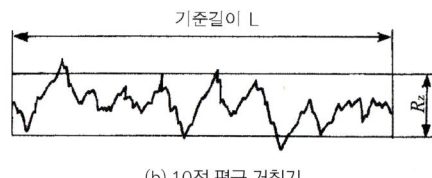

(b) 10점 평균 거칠기

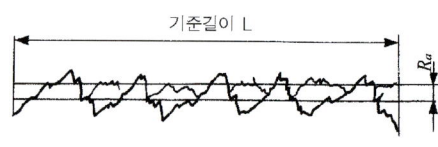

(c) 중심선 평균 거칠기

다듬질 기호

다듬질 기호		정도(精度)	사용보기	분류	Ry	Rz	Ra
—	/////	일체의 가공이 없는 자연면	압력에 견디어야 하는 곳	자연면	특히 규정 없음		
∇	⌒	고운 자연면은 그대로 두고 아주 거친 곳만 조금 가공	스패너 자루, 핸들 휠의 바퀴	주조면, 단조면			
W/∇	▽	가공 흔적이 남을 정도의 막다듬질	피스톤의 내면, 샤프트의 끝면	거친 다듬면	100S	100Z	25a
X/∇	▽▽	가공 흔적이 거의 없는 중다듬질	기어의 크랭크의 측면	보통(중간) 다듬면	25S	25Z	6.3a
Y/∇	▽▽▽	가공 흔적이 전혀 없는 상다듬질	게이지의 측정면, 공작기계의 미끄럼면	고운 다듬면	6.3S	6.3Z	1.6a
Z/∇	▽▽▽▽/////	광택이 나는 고급 다듬질	래핑, 버핑에 의한 특수용도의 고급 플랜지면	정밀 다듬면	0.8S	0.8Z	0.2a

2 표면 거칠기의 표시

(1) 대상면을 지시하는 기호★★

① 대상면을 지시하는 기호는 60°로 벌린 길이가 다른 절선으로 하는 면의 지시 기호를 사용하며, 지시하는 대상 면을 나타내는 선의 바깥쪽에 붙여서 쓴다. 주로, 절삭 등 제거 가공의 필요 여부를 문제 삼지 않는 경우에 사용한다. (a)

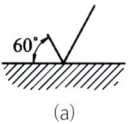

(a)

② 제거 가공을 필요로 한다는 것을 지시하려면, 면의 지시 기호의 짧은 쪽의 다리 끝에 가로선을 부가한다. (b)

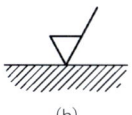

(b)

③ 제거 가공을 허용하지 않는다는 것을 지시하려면 면의 지시 기호에 내접하는 원을 부가한다. (c) (최대높이(Ry) = ∼ (주조면=비절삭가공))

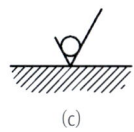

(c)

가공 방법의 약호★★

가공방법	약호	
	I	II
선반 가공	L	선반
드릴 가공	D	드릴
보링 머신 가공	B	보링
밀링 가공	M	밀링
평삭반 가공	P	평삭
형삭반 가공	SH	형삭
브로치 가공	BR	브로치
리머가공	FR	리머
연삭가공	G	연삭
벨트 샌딩 가공	GB	포인
호닝 가공	GH	호닝
액체 호닝 가공	SPL	액체호닝
배럴 연마 가공	SPBR	베럴
버프 다듬질	FB	버프

가공방법	약호	
	I	II
블라스트 다듬질	SB	블라스트
랩핑 다듬질	FL	랩핑
줄 다듬질	FF	줄
스크레이퍼다듬질	FS	스크레이퍼
페이퍼 다듬질	FCA	페이퍼
주 조	C	주조

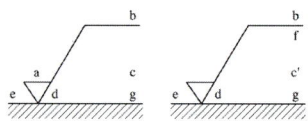

a : 중심선 평균 거칠기 값
b : 가공 방법
c : 컷 오프값
c' : 기준길이
d : 줄무늬 방향 기호
e : 가공 여유값
f : 최대높이 거칠기 값 또는 10점 평균 거칠기 값
g : 표면 파상도

표면 거칠기 지시 기호의 기입 위치

표면 기호의 구성과 사용 예 ★★★

기호	의미	설명도
=	가공으로 생긴 앞줄의 방향이 기호를 기압한 그림의 투영면에 평행	
⊥	가공으로 생긴 앞줄의 방향이 기호를 기압한 그림의 투영면에 수직	
X	가공으로 생긴 선이 두 방향으로 교차	
M	가공으로 생긴 선이 다 방면으로 교차 또는 무방향	
C	가공으로 생긴 선이 거의 동심원	
R	가공으로 생긴 선이 거의 방사상	

3 표면 거칠기와 다듬질 기호 기입법

표면 기호 또는 다듬질 기호를 도면에 기입할 때에는 다음과 같은 방법으로 기입한다.

(1) 기입법의 원칙

① 표면 기호 또는 다듬질 기호는 지정하는 면, 면의 연장선 또는 면의 치수 보조선에 접하도록 실체의 바깥쪽에 기입하는데 그림(a), 기입이 곤란할 경우에는 지정면 또는 그 연장선에 향한 지시선 위에 기입한다. 그림(b)

② 표면 기호 또는 다듬질 기호는 도면의 아래쪽 또는 오른쪽에서 읽을 수 있는 방향으로 기입한다. 그림(b) 다만, 가공 방법 및 가공 모양의 기호를 생략할 때에는 이에 따르지 않고 그림(c)와 같이 기입하여도 좋다.

③ 표면 기호 또는 다듬질 기호는 지정면을 가장 잘 나타내는 투상면에 기입하고, 같은 지정면에 대하여 두 곳 이상에는 기입하지 않는다. 그림(d)

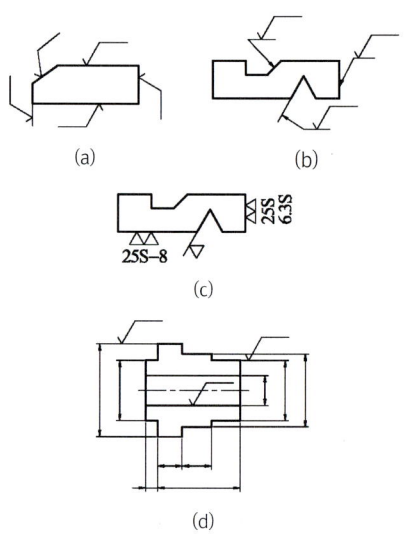

표면기호 및 다듬질기호의 기입법

(2) 기입의 간략법

① 부품의 전면에 같은 정도의 표면 다듬질 정도를 지정할 때에는 그림(a)와 같이 표면 기호 또는 다듬질 기호를 부품 번호의 옆에, 부품 번호가 없을 때에는 부품도의 위쪽 또는 알아 보기가 쉬운 곳에 기입하고, 부품도의 각면상에는 생략한다.

② 하나의 부품에서 대부분이 같은 다듬질 정도이고 일부분만 다를 때에는, 그림 (b)와 같이 공통이 아닌 표면 기호 또는 다듬질 기호는 부품도의 해당면에 기입하고, 공통되는 표면 기호 또는 다듬질 기호의 옆에 괄호를 붙여 기입한다.

③ 표면 기호 또는 다듬질 기호를 여러 곳에 기입할 때, 또는 기입의 장소가 없을 때에는 간이 기호를 사용하고, 그 뜻을 알아보기가 쉬운 곳에 기입한다.

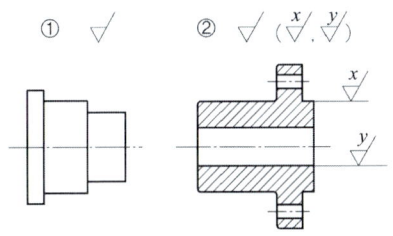

다듬질 기호 기입의 간략법

02 치수 공차

1 치수 공차의 용어★★

① **구멍** : 주로 원통형 부분의 내측 윤곽을 말한다.
② **축** : 주로 원통형 부분의 외측 윤곽을 말한다.
③ **치수** : mm를 단위로 하며 두 점 사이의 거리를 나타내는 수치이다.
④ **허용 한계 치수**(limits of size) : 미리 정한 치수에 대해 사용 목적에 따라 적당한 대소 두 한계 사이로 다듬질하는 것을 허용 했을 때 이 두 한계를 표시하는 치수를 말한다.
⑤ **실치수**(actual size) : 어떤 부품에 대하여 실제로 측정한 치수이다.
⑥ **최대 허용 치수**(maximum limit of size) : 기준치수에 대해 허용되는 최대 치수
⑦ **최소 허용 치수**(minimun limits of size) : 기준치수에 대해 허용되는 최소 치수
⑧ **기준 치수**(basic size) : 허용 한계 치수의 기준이 되며 호칭 치수라고도 한다.
⑨ **치수 허용차**(deviation) : 허용 한계 치수에서 기준 치수를 뺀 값으로서 허용차라고도 한다.
⑩ **위 치수 허용차**(upper deviation) : 최대 허용 치수에서 기준 치수를 뺀 값을 위 치수 허용차라고 한다.
⑪ **아래 치수 허용차**(lower deviation) : 최소 허용 치수에서 기준 치수를 뺀 값을 아래 치수 허용차라 한다.
⑫ **기준선**(zero line) : 허용 한계 치수와 끼워 맞춤을 도시할 때 치수 허용차의 기준이 되는 선으로 기준 치수를 나타낸다.
⑬ **치수공차**(tolerance) : 최대 허용 치수와 최소 허용 치수와의 차를 말하며, 공차라고도 한다.

예 구멍 $T = A - B$
$= 50.025 - 50.000$
$= 0.025\text{mm}$

축 $T = a - b$
$= 49.975 - 49.950$
$= 0.025\text{mm}$

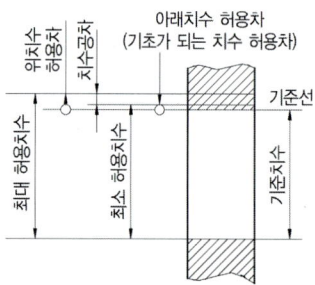

(a) 구멍(내측 형체)

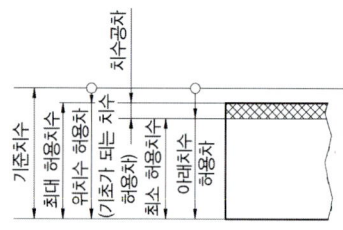

(b) 축(외측 형체)

기준 치수 50.000mm의 경우(보기)

단위 : mm

구분	축	구멍	축
기준치수	c=50.000	C=50.000	c=50.000
최대허용치수	a=49.975	A=50.034	a=50.015
최소허용치수	b=49.950	B=50.0009	b=49.990
위치수 허용차	d=-0.025	D=0.034	d=0.015
아래치수 허용차	e=-0.050	E=0.009	e=-0.01
치수공차	T=0.025	T=0.025	T=0.025

2 끼워 맞춤의 종류

(1) 헐거운 끼워맞춤(clearande fit)

구멍은 축 사이에 항상 틈새가 있는 끼워 맞춤으로 축 허용 구역은 완전히 구멍의 허용 구역보다 아래이다.

(2) 억지 끼워맞춤(interference fit)

축과 구멍 사이에 항상 죔새가 있는 끼워 맞춤으로 축의 허용 구역이 완전히 구멍의 허용 구역보다 위이다.

(3) 중간 끼워맞춤(transition fit)

축, 구멍을 각각 허용 한계 치수 내에서 다듬질을 하여 그들을 끼워맞출 때 그 실제 치수에 따라 틈새가 있거나 죔새가 있을 때의 끼워맞춤이다.

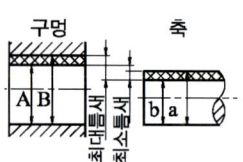

헐거운 끼워맞춤

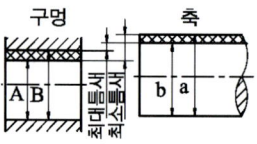

억지 끼워맞춤

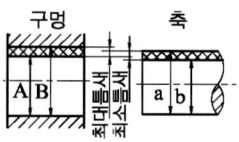

중간 끼워맞춤

끼워 맞춤의 종류

3 끼워 맞춤의 용어

① 최소 틈새=(구멍의 최소 허용 치수)
　　　　　－(축의 최대 허용 치수)
② 최대 틈새=(구멍의 최대 허용 치수)
　　　　　－(축의 최소 허용 치수)
③ 최소 죔새=(축의 최소 허용 치수)
　　　　　－(구멍의 최대 허용 치수)
④ 최대 죔새=(축의 최대 허용 치수)
　　　　　－(구멍의 최소 허용 치수)

4 끼워 맞춤과 방식

구멍 기준식과 축 기준식 2가지가 있는데 구멍 기준식(basic hole system)은 구멍을 일정의 치수 공차로 가공하여 이 구멍에 끼울 축의 지름을 치수 공차를 가감하여 틈새 또는 죔새를 주는 것을 말하며 이것에 대해 축을 기준으로 하여 여기에 적당한 구멍을 골라 필요한 틈새나 죔새를 얻는 끼워맞춤을 축 기준식(basic shaft system)이라 한다.

(1) 구멍 기준식 끼워 맞춤

아래 치수 허용차가 0인 H 기호 구멍을 기준 구멍으로 하고 이에 필요한 죔새나 틈새를 얻는 끼워 맞춤으로 H6 ~ H10 의 다섯가지를 기준 구멍으로 사용한다.

(2) 축 기준식 끼워 맞춤

h축을 기준으로 하고 이에 적당한 구멍을 선정하여 필요한 죔새나 틈새를 얻는 끼워 맞춤으로 h5 ~ h9의 5가지를 기준 축으로 사용한다.

5 기본 공차(ISO tolerance)★★★

ISO 공차 방식에 따른 기본 공차를 IT 기본 공차라 하며 IT 01, IT 0 … IT 18 급의 20등급으로 구분하여 규정되어 있으며 적용은 다음 표와 같다.

기본 공차의 적용★★

용도	게이지 제작공차	끼워 맞춤 공차	끼워맞춤 이외 공차
구멍	IT 01 ~ IT 5	IT 6 ~ IT 10	IT 11 ~ IT 18
축	IT 01 ~ IT 4	IT 5 ~ IT 9	IT 10 ~ IT 18

6 구멍과 축의 표시 기호

기호의 종류는 기초된 치수 허용차에 따라 나누면 구멍에서는 로마자의 대문자를 사용하여 J를 중심으로 +의 치수 허용차쪽에서 H, G, FG, F, EF, E D, CD, C, B, A 의 11 종의 치수 허용차 허용차 쪽에서 K, M, N, P, R, S, T, U, V, X, Y, Z, ZA, ZB, ZC의 15종으로 합계 27종이 된다. 축의 경우는 구멍과 같이 J를 중심으로 247종의 기호를 로마자의 소문자로 쓴다.

구멍 기호와 축 기호 및 상호 관계(KS B 0401)

구멍 기호	여기에서 최소 허용 치수가 기준 치수와 일치한다. --------↓-------------- A B C D E F G H Js J K M N P R S T U X
축	여기에서 최대 허용 치수가 기준 치수와 일치한다. --------↓-------------- a b c d e f g h js j k m n p r s t u x

상용하는 구멍 기준 끼워 맞춤

기준 구멍	축의 공차역 클래스															
	헐거운 끼워맞춤						중간 끼워맞춤			억지 끼워맞춤							
H6						g5	h5	js5	k5	m5						
				f6	g6	h6	js6	k6	m6	n6*	p6*					
H7				f6	g6	h6	js6	k6	m6	n6*	p6*	r6	s6	t6	u6	x6
		e7	f7		h7	js7										
H8			f7		h7											
		e8	f8		h8											
	d9															
H9		d8	e8		h8											
	c9	d9	e9		h9											
H10	b9	c9	d9													

---

03 기하 공차

❓ 기하공차(형상공차)란

기계 부품의 모양에 기하학적으로 정밀한 공차를 주어 높은 정밀도 부품을 생산하기 위하여 부품의 모양을 구성하는 형체(평행부분, 직선부분, 원통부분 등)와 위치(구멍의 중심위치, 동심의 위치 등)에 대하여 엄밀한 규제를 하는 방법이다.

1 기하 공차 도시 방법의 일반사항★★

① 도면에 지정하는 대상물의 모양, 자세 · 위치의 편차 및 흔들림의 허용값에 대해서는 원칙적으로 기하공차에 의하여 도시한다.
② 형체에 지정한 치수의 허용한계는 특별히 지시가 없는 한 기하공차를 규제하지 않는다.
③ 기하공차는 기능상의 요구, 호환성 등에 의거하여 불가결한 곳에만 지정한다.
④ 기하공차의 지시는 생산방식, 측정방법 또는 검사방법을 특정한 것에 한정하지 않는다.

2 기하 공차의 종류와 기호

기하 공차의 종류와 그 기호 ★★★★★

(KS B 0608 ~ 1987)

적용하는 형체	공차의 종류		기호
단독형체	모양공차	진직도 공차	—
		평면도 공차	▱
		진원도 공차	○
		원통도 공차	⌭
단독형체 또는 관련형체		선의 윤곽도 공차	⌒
		면의 윤곽도 공차	⌓
관련형체	자세공차	평행도 공차	∥
		직각도 공차	⊥
		경사도 공차	∠
	위치공차	위치도 공차	⊕
		동축도 공차 또는 동심도 공차	◎
		대칭도 공차	⌯
	흔들림 공차	원주 흔들림 공차	↗
		온 흔들림 공차	↗↗

기하 공차의 부가 기호

(KS B 0608 ~ 1987)

표시하는 기호		기호
공차붙이 형체	직접 표시하는 경우	
	문자 기호에 의하여 표기하는 경우	
데이텀	직접 표시하는 경우	
	문자 기호에 의하여 표기하는 경우	
데이텀 타깃(target) 기입틀		

표시하는 기호		기호	
데이텀 표적 기호	점	×	굵은 실선인 X 표시
	선	×—×	2개의 X 표시를 가는 실선으로 연결
	영역(원) 직사각형		가는 이점 쇄선으로 둘러싸고 해칭을 한다. 단, 도시하기 곤란한 경우 가는 실선을 사용해도 좋다.
이론적으로 정확한 치수		50	직사각 테두리를 표시한다.
돌출 공차역		Ⓟ	
최대 실체 공차 방식		Ⓜ	최대 질량의 실체를 갖는 조건
최소 실체 조건		Ⓛ	최소 질량의 실체를 갖는 조건 KS에서는 삭제 됨.
형체 치수 무관계 (RFS)		Ⓢ	규제 기호로 표시되지 않음

3 공차의 표시 방법 ★★

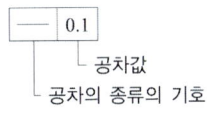

(a)

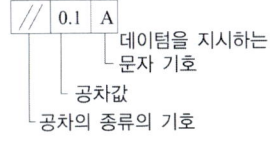

(b)

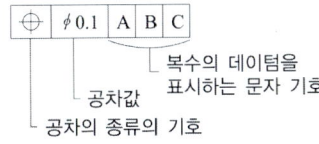

(c)

공차의 종류를 나타내는 기호와 공차값

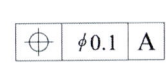
(a) 구멍의 공차 표시방법

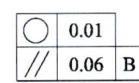
(b) 2개 이상의 공차 표시방법

형체의 공차 표시

표면 거칠기와 끼워맞춤 예상문제

01 제품의 표면 거칠기를 나타내는 방법이 아닌 것은?

① 산술 평균 거칠기(Ra)
② 최대높이(Ry)
③ 10점 평균 거칠기(Rz)
④ 평균 면적 거칠기(Rs)

> **TIP** 다듬질의 매끄러운 정도는 KS B 0161에 규정하는 표면 거칠기(surface roughness)에 따른다.
>
> 이것에 따르면, 최대 높이(Ry), 10점 평균 거칠기(Rz), 중심선 평균 거칠기(Ra)의 세 가지 방법으로 나타내고 있으나, 중심선 평균 거칠기(Ra) 방법은 일반적으로 많이 쓰이고 있다.

02 표면 거칠기의 표시법에서 10점 평균 거칠기를 표시하는 기호는?

① Ry ② Rm
③ Ra ④ Rz

> **TIP** 10점 평균 거칠기(Rz)
>
> 기준 길이(Lmm)의 사이의 가장 높은 산봉우리로부터 5번째 산봉우리까지의 높이의 평균값과 가장 낮은 골바닥에서 5번째까지의 골바닥까지의 깊이의 평균값의 간격을 측정하여 미크론(μ)단위로 나타낸 것이다.

03 표면 거칠기의 표시법에서 산술 평균 거칠기를 표시하는 기호는?

① Ry ② Ra
③ Rz ④ Rs

> **TIP** 중심선 평균 거칠기(Ra)
>
> 기준 길이(Lmm)의 사이에서 중심선 X−X를 위쪽의 산 나비와 아래쪽의 골 나비가 같게 긋고, 아래쪽의 골을 중심선 X−X에 대칭되는 산으로 생각하여 이 산과 중심선 X−X의 위쪽에 있는 처음 산과의 높이를 중심선 X−X를 기준으로 각각 측정하고 그 평균 높이를 해당하는 곳에 평균선 X'−X'를 그었을 때, 이 높이 Ra를 미크론(μ) 단위로 나타낸 것이다.

01 ④ 02 ④ 03 ②

04 표면거칠기를 나타내는 방법 중 단면곡선에서 기준길이를 잡고 가장 높은 곳과 낮은 곳의 차이를 측정하여 미크론(μm) 단위로 나타내는 것을 무엇이라고 하는가?

① 최대높이
② 10점 평균거칠기
③ 중심선 평균거칠기
④ 단면 평균거칠기

05 가공에 의한 커터의 줄무늬 방향이 그림과 같을 때, (가) 부분의 기호는?

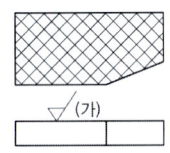

① C
② M
③ R
④ X

06 줄무늬 방향 기호 중에서 가공 방향이 무방향이거나 여러 방향으로 교차할 때 기입하는 기호는?

① =
② X
③ M
④ C

07 도면에서 표면상태를 줄무늬 방향의 기호로 표시하였다. R은 무엇을 뜻하는가?

① 가공에 의한 커터의 줄무늬 방향이 투상면에 평행
② 가공에 의한 커터의 줄무늬 방향이 레이디얼 모양
③ 가공에 의한 커터의 줄무늬 방향이 동심원 모양
④ 가공에 의한 줄무늬 방향이 경사지고 두 방향으로 교차

08 산술(중심선) 평균거칠기는 표면거칠기의 표준값 다음에 어느 기호를 기입하는가?

① a
② s
③ z
④ u

09 표면거칠기의 표시 방법 중 제거가공을 필요로 하는 경우 지시하는 기호로 옳은 것은?

①   ②
③   ④

> 🔆 **대상면을 지시하는 기호**
>
> - 대상면을 지시하는 기호는 60°로 벌린 길이가 다른 절선으로 하는 면의 지시 기호를 사용하며, 지시하는 대상 면을 나타내는 선의 바깥쪽에 붙여서 쓴다. 주로, 절삭 등 제거 가공의 필요 여부를 문제 삼지 않는 경우에 사용한다.(a)
> - 제거 가공을 필요로 한다는 것을 지시하려면, 면의 지시 기호의 짧은 쪽의 다리 끝에 가로선을 부가한다.(b)
> - 제거 가공을 허용하지 않는다는 것을 지시하려면 면의 지시기호에 내접하는 원을 부가한다.(c)
> (최대높이(Ry) = ~ (주조면 = 비절삭가공))

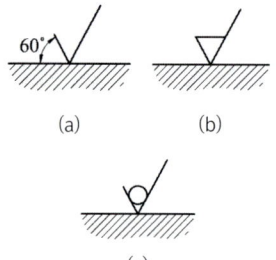

10 다듬질 면의 지시 기호가 틀린 것은?

① 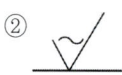 ②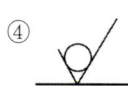
③ ④

11 다음 표면의 결 도시기호에서 R이 뜻하는 것은?

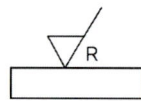

① 가공에 의한 커터의 줄무늬가 기호를 기입한 면의 중심에 대하여 대략 레디얼 모양임을 표시

② 가공에 의한 커터의 줄무늬 방향이 기호를 기입한 그림의 투상면에 평행임을 표시

③ 가공에 의한 커터의 줄무늬 방향이 기호를 기입한 그림의 투상면에 직각임을 표시

④ 가공에 의한 커터의 줄무늬가 여러 방향으로 교차 또는 무방향임을 표시

12 다음과 같이 특정한 가공방법을 지시하려고 한다. 가공방법의 지시기호 위치로 옳은 것은?

① 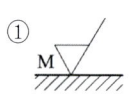 ②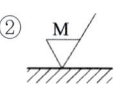
③ 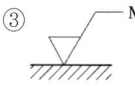 ④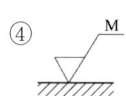

09 ② 10 ② 11 ① 12 ④

13 그림에서 면의 지시기호에 대한 설명으로 옳지 않은 것은?

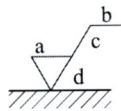

① a - 기준길이
② b - 가공방법
③ c - 컷 오프값
④ d - 줄무늬 방향 기호

TIP 표면 거칠기 지시 기호의 기입 위치

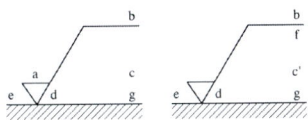

a : 중심선 평균 거칠기 값
b : 가공 방법
c : 컷 오프값
c' : 기준길이
d : 줄무늬 방향 기호
e : 가공 여유값
f : 최대높이 거칠기 값 또는 10점 평균 거칠기 값
g : 표면 파상도

14 기계제도에서 표면거칠기 Rz가 의미하는 것은?

① 산술 평균 거칠기
② 최대높이
③ 10점 평균 거칠기
④ 요철의 평균 간격

TIP 10점 평균 거칠기(Rz)
기준 길이(Lmm)의 사이에서 셋째 번의 높은 곳과 셋째 번의 낮은 곳을 지나는 두 직선의 간격을 측정하여 미크론(μ)단위로 나타낸 것이다.

15 다음 그림에서 줄무늬 방향 기호 C가 의미하는 것은?

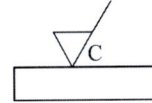

① 가공에 의한 커터의 가공면이 45° 모따기 기호이다.
② 가공에 의한 커터의 줄무늬가 여러 방향으로 교차 또는 무방향이다.
③ 가공에 의한 커터의 줄무늬가 기호를 기입한 면의 중심에 대하여 대략 레이디얼 모양이다.
④ 가공에 의한 커터의 줄무늬가 기호를 기입한 면의 중심에 대하여 대략 동심원 모양이다.

13 ① 14 ③ 15 ④

16 그림과 같이 기입된 표면 지시기호의 설명으로 옳은 것은?

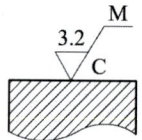

① 연삭가공을 하고 가공무늬는 다방면 교차가 되게 한다.
② 밀링가공을 하고 가공무늬는 동심원이 되게 한다.
③ 보링가공을 하고 가공무늬는 방사상이 되게 한다.
④ 선반가공을 하고 가공무늬는 투상면에 직각되게 한다.

17 표면 거칠기의 면 지시 기호에 대한 것 중 e의 지시사항은?

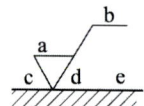

① 가공방법
② 표면 파상도
③ 다듬질 여유
④ 줄무늬 방향의 기호

18 표면거칠기 값(6.3)만을 직접 면에 지시하는 경우 표시방향이 잘못된 것은?

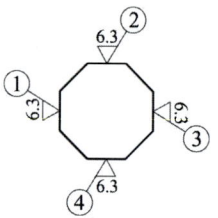

① ①   ② ②
③ ③   ④ ④

19 IT 기본공차의 등급수는 몇 가지인가?

① 16   ② 18
③ 20   ④ 22

> TIP ISO 공차 방식에 따른 기본 공차를 IT 기본 공차라 하며 IT 01, IT 0 … IT 18급의 20등급으로 구분하여 규정되어 있다.

16 ② 17 ② 18 ③ 19 ③

20 다음 IT공차에 대한 설명으로 옳은 것은?

① IT 01부터 IT 18까지 20등급으로 구분되어 있다.
② IT 01 ~ IT 4는 구멍 기준공차에서 게이지 제작공차이다.
③ IT 6 ~ IT 10은 축 기준공차에서 끼워맞춤 공차이다.
④ IT 10 ~ IT 18은 구멍 기준공차에서 끼워맞춤 이외의 공차이다.

> **TIP** 기본 공차의 적용
>
> | 용도 | 게이지 제작공차 | 끼워 맞춤 공차 | 끼워맞춤 이외 공차 |
> |---|---|---|---|
> | 구멍 | IT 01 ~ IT 5 | IT 6 ~ IT 10 | IT 11 ~ IT 18 |
> | 축 | IT 01 ~ IT 4 | IT 5 ~ IT 9 | IT 10 ~ IT 18 |

21 도면상에 구멍, 축 등의 호칭치수를 의미하며 치수 허용한계의 기준이 되는 치수는?

① IT치수
② 실치수
③ 허용한계치수
④ 기준치수

> **TIP** 기준 치수(basic size)
>
> 허용 한계 치수의 기준이 되며 호칭 치수라고도 한다.

22 다음 중 구멍용 게이지 제작공차에 적용되는 IT공차는?

① IT 6 ~ IT 10
② IT 01 ~ IT 5
③ IT 11 ~ IT 18
④ IT 05 ~ IT 9

23 IT 기본공차에서 구멍용 끼워맞춤에 적용되는 공차등급의 범위는?

① IT 01 ~ IT 5
② IT 5 ~ IT 9
③ IT 6 ~ IT 10
④ IT 10 ~ IT 18

24 치수 공차에 대한 설명으로 옳지 않은 것은?

① 최대 허용 한계 치수와 최소 허용 한계 치수의 차를 공차라 한다.
② 구멍일 경우 끼워맞춤 공차의 적용범위는 IT6 ~ IT10이다.
③ IT기본 공차의 등급 수치가 작을수록 공차의 범위값은 크다.
④ 구멍일 경우에는 영문 대문자로 축일 경우에는 영문 소문자로 표기한다.

> **TIP** IT기본 공차의 등급 수치가 작을수록 공차의 범위값은 작다.

20 ① 21 ④ 22 ② 23 ③ 24 ③

25 IT 기본 공차에 대한 설명으로 틀린 것은?

① IT 기본 공차는 치수 공차와 끼워맞춤에 있어서 정해진 모든 치수 공차를 의미한다.
② IT 기본 공차의 등급은 IT01부터 IT18까지 20등급으로 구분되어 있다.
③ IT 공차 적용 시 제작의 난이도를 고려하여 구멍에는 ITn - 1, 축에는 ITn을 부여한다.
④ 끼워맞춤 공차를 적용할 때 구멍일 경우 IT6 ~ IT10이고, 축일 때에는 IT5 ~ IT9이다.

> **TIP** IT 공차 적용 시 제작의 난이도를 고려하여 축에는 ITn - 1, 구멍에는 ITn을 부여한다.

26 허용 한계치수에서 기준치수를 뺀 값을 무엇이라 하는가?

① 실치수   ② 치수 허용차
③ 치수 공차   ④ 틈새

> **TIP** 치수 허용차(deviation)
> 허용 한계 치수에서 기준 치수를 뺀 값으로서 허용차라고도 한다.

27 치수의 허용 한계를 기입 할 때의 일반 사항에 대한 설명으로 틀린 것은?

① 기능에 관련되는 치수와 허용한계는 기능을 요구하는 부위에 직접 기입하는 것이 좋다.
② 직렬 치수 기입법으로 치수를 기입할 때는 치수공차가 누적되므로 공차의 누적이 기능에 관계가 없는 경우에만 사용하는 것이 좋다.
③ 병렬 치수 기입법으로 치수를 기입할 때 치수공차는 다른 치수의 공차에 영향을 주기 때문에 기능조건을 고려하여 공차를 적용한다.
④ 축과 같이 직렬 치수기입법으로 치수를 기입 할 때 중요도가 작은 치수는 괄호를 붙여서 참고치수로 기입하는 것이 좋다.

> **TIP** 병렬치수는 다른 치수의 공차에 영향을 주지 않는다.

28 도면에 $\phi 70^{+0.07}_{-0.04}$ 로 표시되어 있을 때 치수 공차는?

① 0.07   ② - 0.04
③ 0.03   ④ 0.11

> **TIP** 치수공차는 최대 허용 치수와 최소 허용 치수와의 차를 말한다.
> 0.07 - (- 0.04) = 0.11

25 ③ 26 ② 27 ③ 28 ④

29 도면에서 $\phi 50^{+0.025}_{-0.050}$ 로 표시된 것의 치수 공차는?

① 0.025 ② 0.050
③ 0.075 ④ 0.010

TIP: 0.025 − (− 0.050) = 0.075

30 어떤 구멍의 치수 $\phi 20^{+0.041}_{+0.025}$ 에 대한 설명으로 틀린 것은?

① 구멍의 기준치수는 ⌀20이다.
② 구멍의 위치수 허용차는 +0.041이다.
③ 최대 허용 한계 치수는 ⌀20.041이다.
④ 구멍의 공차는 0.066이다.

TIP: 치수공차는 최대 허용 치수와 최소 허용 치수와의 차를 말한다. 따라서 공차는 0.041 − (0.025) = 0.016이다.

31 도면에서 $\phi 20^{+0.033}_{+0.020}$ 로 표시된 것의 공차(tolerance)는?

① 0.013 ② 0.020
③ 0.033 ④ 0.053

TIP: 0.033 − 0.020 = 0.013

32 구멍의 최소치수가 축의 최대치수보다 큰 경우는 무슨 끼워맞춤인가?

① 헐거운 끼워맞춤
② 중간 끼워맞춤
③ 억지 끼워맞춤
④ 강한 억지 끼워맞춤

TIP: 끼워맞춤의 종류
- 헐거운 끼워맞춤(clearance fit) : 구멍은 축 사이에 항상 틈새가 있는 끼워맞춤으로 축 허용 구역은 완전히 구멍의 허용구역보다 아래이다.
- 억지 끼워맞춤(interference fit) : 축과 구멍 사이에 항상 죔새가 있는 끼워맞춤으로 축의 허용 구역이 완전히 구멍의 허용구역보다 위이다.
- 중간 끼워맞춤(transition fit) : 축, 구멍을 각각 허용 한계 치수 내에서 다듬질을 하여 그들을 끼워맞출 때 그 실제 치수에 따라 틈새가 있거나 죔새가 있을 때의 끼워맞춤이다.

33 직진운동이나 회전운동이 필요한 기계부품 조립에 적용하는 끼워맞춤으로 가장 좋은 것은?

① 헐거운 끼워맞춤
② 억지 끼워맞춤
③ 영구조립 끼워맞춤
④ 중간 끼워맞춤

TIP: 직진운동이나 회전운동을 하기 위해서는 헐거운 끼워맞춤을 해야한다. 억지 끼워맞춤은 영구적인 결합을 할 때 필요하고 중간 끼워맞춤은 베어링처럼 정밀결합에 사용한다.

29 ③ 30 ④ 31 ① 32 ① 33 ①

34 구멍과 축 사이에 항상 죔새가 있는 끼워 맞춤은?

① 헐거운 끼워맞춤
② 억지 끼워맞춤
③ 중간 끼워맞춤
④ 억지 중간 끼워맞춤

> **TIP** 억지 끼워맞춤
> 축과 구멍 사이에 항상 죔새가 있는 끼워맞춤이다.

35 다음 중 최대 죔새를 나타내는 것은?

① 구멍의 최대 허용 치수 - 축의 최소 허용 치수
② 축의 최대 허용 치수 - 구멍의 최소 허용 치수
③ 구멍의 최소 허용 치수 - 축의 최대 허용 치수
④ 축의 최소 허용 치수 - 구멍의 최대 허용 치수

> **TIP** 끼워맞춤의 용어
> - 최소 틈새 = (구멍의 최소 허용 치수) - (축의 최대 허용 치수)
> - 최대 틈새 = (구멍의 최대 허용 치수) - (축의 최소 허용 치수)
> - 최소 죔새 = (축의 최소 허용 치수) - (구멍의 최대 허용 치수)
> - 최대 죔새 = (축의 최대 허용 치수) - (구멍의 최소 허용 치수)

36 다음 중 구멍 50에 대한 구멍 기준식 끼워맞춤 공차기호 기입방법으로 옳은 것은?

① ϕ50H7
② ϕ50h7
③ S50h7
④ s50H7

> **TIP** 구멍 기준식 끼워 맞춤
> 아래 치수 허용차가 0인 H 기호 구멍을 기준 구멍으로 하고 이에 필요한 죔새나 틈새를 얻는 끼워 맞춤으로 H6 ~ H10의 다섯 가지를 기준 구멍으로 사용한다.

37 끼워맞춤에서 최소틈새란 무엇인가?

① 축의 최소 허용치수 - 구멍의 최대 허용치수
② 축의 최대 허용치수 - 구멍의 최소 허용치수
③ 구멍의 최대 허용치수 - 축의 최소 허용치수
④ 구멍의 최소 허용치수 - 축의 최대 허용치수

34 ② 35 ② 36 ① 37 ④

38 다음 중 억지 끼워 맞춤은?

① H7/h6 ② F7/h6
③ G7/h6 ④ H7/u6

TIP 💡 상용하는 구멍 기준 끼워 맞춤

39 구멍의 치수가 축의 치수보다 클 때, 구멍과 축과의 치수의 차를 무엇이라고 하는가?

① 틈새 ② 죔새
③ 공차역 ④ 치수차

TIP 💡 헐거운 끼워맞춤(clearance fit)

구멍은 축 사이에 항상 틈새가 있는 끼워 맞춤으로 축 허용 구역은 완전히 구멍의 허용구역보다 아래이다.

40 다음 끼워 맞춤공차 중 틈새가 가장 큰 것은?

① H7/p6 ② H7/m6
③ H7/h6 ④ H7/f6

41 다음 중 상용하는 구멍기준 끼워맞춤 중 억지 끼워맞춤은?

① H7/f6 ② H7/g6
③ H7/js6 ④ H7/t6

42 구멍이 $\phi 15^{+0.018}_{0}$ 이고, 축이 $\phi 15^{+0.018}_{+0.007}$ 인 중간 끼워 맞춤에서 최대죔새와 최대 틈새는?

① 최대죔새 0.018, 최대틈새 0.011
② 최대죔새 0.011, 최대틈새 0.018
③ 최대죔새 0.018, 최대틈새 0.025
④ 최대죔새 0.00, 최대틈새 0.007

TIP 💡 최대 죔새
= (축의 최대 허용 치수)
  - (구멍의 최소 허용 치수)
= + 0.018 - 0 = 0.018

최대 틈새
= (구멍의 최대 허용 치수
  - (축의 최소 허용 치수)
= + 0.018 - 0.007 = 0.011

38 ④ 39 ① 40 ④ 41 ④ 42 ①

43 다음 그림은 20H7 - p6로 억지 끼워맞춤을 나타내는 것이다 최대 죔새는?

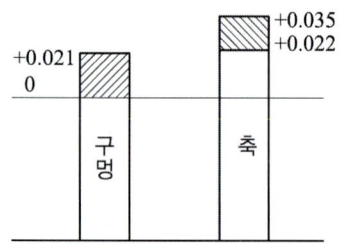

① 0.001　　② 0.014

③ 0.035　　④ 0.043

> TIP 최대 죔새
> = (축의 최대 허용 치수)
>   - (구멍의 최소 허용 치수)
> = 0.035 - 0 = 0.035

44 구멍 Ø50H7과의 끼워맞춤에서 헐거움이 가장 큰 경우는?

① Ø50g6　　② Ø50m6

③ Ø50js6　　④ Ø50p6

45 Ø100 H7/g6은 어떤 끼워맞춤 상태인가?

① 구멍 기준식 중간 끼워맞춤

② 구멍 기준식 헐거운 끼워맞춤

③ 축 기준식 억지 끼워맞춤

④ 축 기준식 중간 끼워맞춤

46 그림과 같은 Ø50H7 - r6 끼워맞춤에서 최소 죔새는 얼마인가?

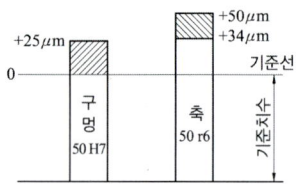

① 0.009　　② 0.025

③ 0.034　　④ 0.05

> TIP 최소 죔새
> = (축의 최소 허용 치수)
>   - (구멍의 최대 허용 치수)
> = 0.034 - 0.025 = 0.009

47 다음 중 기하 공차를 분류한 것으로 틀린 것은?

① 모양 공차 ② 자세 공차
③ 위치 공차 ④ 치수 공차

TIP

적용하는 형체	공차의 종류		기호
단독 형체	모양공차	진직도 공차	─
		평면도 공차	▱
		진원도 공차	○
		원통도 공차	⌀
단독 형체 또는 관련 형체		선의 윤곽도 공차	⌒
		면의 윤곽도 공차	⌓
관련 형체	자세공차	평행도 공차	//
		직각도 공차	⊥
		경사도 공차	∠
	위치공차	위치도 공차	⊕
		동축도 공차 또는 동심도 공차	◎
		대칭도 공차	═
	흔들림 공차	원주 흔들림 공차	↗
		온 흔들림 공차	↗↗

48 기하 공차의 구분 중 모양 공차의 종류에 속하지 않는 것은?

① 진직도 공차
② 평행도 공차
③ 진원도 공차
④ 면의 윤곽도 공차

49 기하 공차의 종류와 기호 설명이 잘못된 것은?

① ▱ : 평면도 공차
② ○ : 원통도 공차
③ ⊕ : 위치도 공차
④ ⊥ : 직각도 공차

50 기하공차의 종류에서 위치공차인 것은?

① 평면도   ② 원통도
③ 동심도   ④ 직각도

51 기하 공차의 기호 중 동심도를 나타낸 것은?

① ○   ② ⌀
③ ⌒   ④ ◎

52 6구멍"과 같이 형체의 공차에 연관시켜 지시할 때 올바른 기입 방법은?

① 6구멍 [⊕|⌀0.1]
② [⊕|⌀0.1] 6구멍
③ [⊕|⌀0.1] 6구멍
④ 6구멍 [⊕|⌀0.1]

53 기하공차의 종류 중 동심도 공차를 나타내는 기호는?

① ○   ② ⌀
③ ◎   ④ ⊕

47 ④ 48 ② 49 ② 50 ③ 51 ④ 52 ① 53 ③

54 기하공차의 종류 중 자세공차가 아닌 것은?

① //   ② ⊥
③ 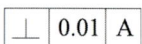   ④ ∠

55 다음과 같은 기하공차를 기입하는 틀의 지시사항에 해당하지 않는 것은?

| ⊥ | 0.01 | A |

① 데이텀 문자기호   ② 공차값
③ 물체의 등급   ④ 공차의 종류 기호

💡TIP

- 구멍의 공차 표시방법

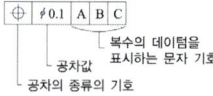

- 2개 이상의 공차 표시방법

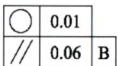

56 다음 그림과 같이 기하공차를 적용할 때 알맞은 기하공차 기호는?

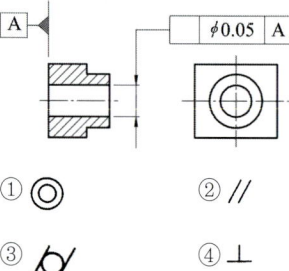

① ◎   ② //
③ ⌀   ④ ⊥

💡TIP 기준면 A에 대하여 축선을 수직으로 규제하는 것이 가장 알맞다.

57 다음의 기하공차 기호를 바르게 해석한 것은?

//	0.1
	0.05/100

① 평행도가 전체길이에 대해 0.1mm, 지정길이 100mm에 대해 0.05mm의 허용치를 갖는다.

② 평행도가 전체길이에 대해 0.05mm, 지정길이 100mm에 대해 0.1mm의 허용치를 갖는다.

③ 대칭도가 전체길이에 대해 0.1mm, 지정길이 100mm에 대해 0.05mm의 허용치를 갖는다.

④ 대칭도가 전체길이에 대해 0.05mm, 지정길이 100mm에 대해 0.1mm의 허용치를 갖는다.

💡TIP 전체길이는 평행도로 규제하며 공차역은 0.1이지만, 소정의 길이 100에 대해서는 공차값을 0.05로 규제한다.

58 기준 A에 평행하고 지정길이 100mm에 대하여 0.01mm의 공차 값을 지정할 경우 표시방법으로 옳은 것은?

① | A | 0.01/100 | // |
② | // | 100/0.01 | A |
③ | A | // | 0.01/100 |
④ | // | 0.01/100 | A |

59 기하공차에서 이론적으로 정확한 치수를 나타낸 것은?

① ⬚30⬚   ② 2
③ 30   ④ (30)

TIP 공차가 존재하지 않는 이론적인 치수는 치수문자를 사각형으로 둘러싼다.

60 기준점, 선, 평면, 원통등으로 관련 형체에 기하 공차를 지시할 때 그 공차 영역을 규제하기위하여 설정된 기준을 무엇이라고 하는가?

① 돌출 공차역
② 데이텀
③ 최대 실체 공차 방식
④ 기준치수

TIP 데이텀

형체의 자세편차, 위치편차, 흔들림등을 정하기 위해 설정된 이론적으로 정확한 기하학적 기준이 되는 점, 선, 축선, 면을 말한다.

58 ④ 59 ① 60 ②

05 스케치 및 전개도

01 스케치(Sketch)

스케치란 이미 만들어진 기계를 참고로 하여 같은 기계를 다시 제작하거나 파손 부분을 제작, 수리 또는 개조할 때, 그 기계 전체 또는 일부분을 제도하기 위하여 실물의 모양을 프리핸드(free hand)로 그려 여기에 치수, 재질, 가공방법, 끼워맞춤 등의 필요한 사항을 기입한 도면을 말한다.

1 스케치 용구와 스케치 방법

(1) 스케치 용구

① **작도 용구** : 용지(켄트지, 모눈종이, 트레이싱지), 연필(HB 또는 B), 화판(250×350mm), 지우개 등
② **측정기** : 눈금자(강철자, 줄자), 버니어 캘리퍼스(외측퍼스, 내측퍼스), 마이크로미터, 분도기, 각종 게이지(반지름 게이지, 피치 게이지, 틈새 게이지(시그네스 게이지)) 등이 사용되며 필요에 따라 직각자, 정반 등도 사용된다.

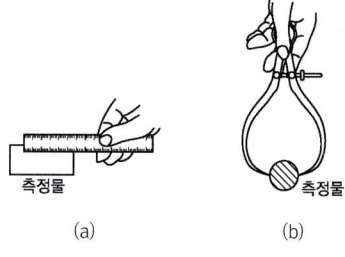

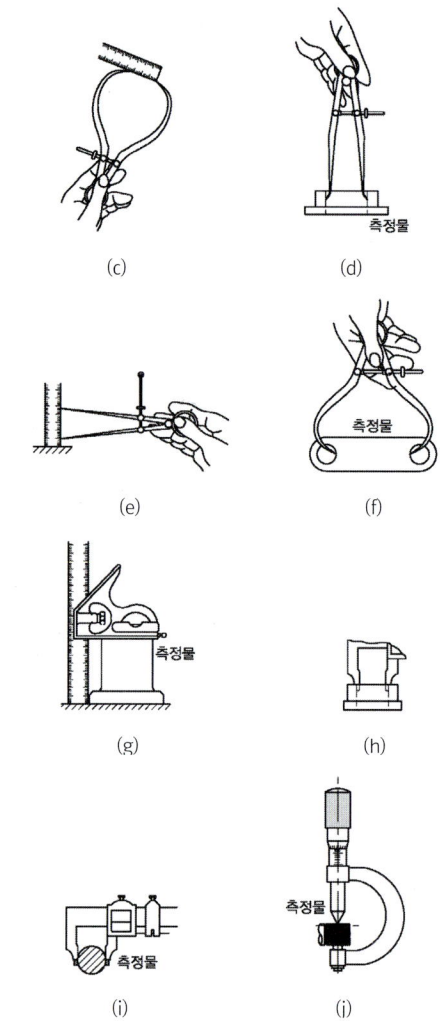

(a) 강철자, (b) 외측 캘리퍼스로 바깥지름 측정
(c) 외측 캘리퍼스로 길이 측정, (d) 내측 캘리퍼스로 안지름 측정
(e) 내측 캘리퍼스로 길이 측정, (f) 외측 캘리퍼스로 길이 측정
(g) 직각자로 높이 및 직각 측정, (h) 버니어 캘리퍼스로 안지름 측정
(i) 버니어 캘리퍼스로 바깥지름 측정
(j) 마이크로미터로 바깥지름 측정

측정기 사용법

③ **분해, 조립용 공구** : 스패너, 플라이어, 스크루 드라이버, 망치(쇠망치, 플라스틱, 나무 망치) 등이 필요하다. 프린트 법에 쓰이는 광명단, 간접모양 뜨기에 쓰이는 납선과 기계, 기구를 분해하여 표시할 때에 쓰이는 꼬리표, 걸레, 오일 등도 필요하다.

(2) 도형의 스케치 방법

① **프린트법** : 스케치 할 물체의 표면에 기름이나 광명단을 얇게 칠하고, 그 위에 종이를 대고 눌러서 실제의 모양을 뜨는 방법이다. ★★★★★

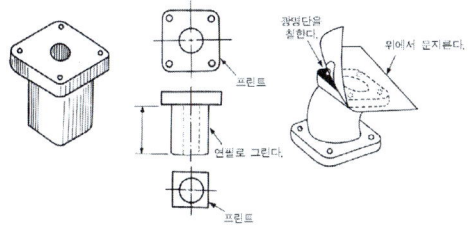

프린트법

② **모양 뜨기 방법** : 종이 위에 물체를 놓고 그 둘레를 연필로 모양을 뜨는 직접 모양 뜨기 방법과 부품의 곡면에 따라 납선을 대고 그것을 연필로 모양을 뜨는 간접 모양 뜨기 방법이 있다. ★★

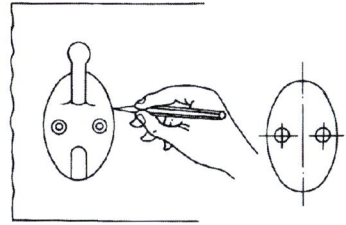

(a) 직접 모양 뜨기

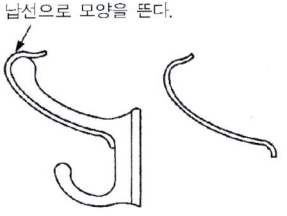

(b) 간접 모양 뜨기

모양뜨기의 종류

③ **프리 핸드법** : 프리 핸드로 스케치할 때에는 정투상도, 등각 투상도, 캐비닛도(사투상도), 투시로 그린다.

④ **사진법** : 복잡한 기계의 조립 상태는 미리 사진을 찍어 둔다.

(3) 도면 작성 방법

① **원도**(original drawing) **그리기**
  ㉠ 도형을 그리기 전에 부품의 모양에 따른 척도, 투상도의 수 등을 고려하여 용지의 크기를 결정한다. 이 경우, 치수를 기입할 여백과 표제란, 부품란의 여백도 생각하여야 한다.
  ㉡ 그림의 배치를 정하고 중심선 및 기준선이 되는 선을 가는 선으로 그린다.
  ㉢ 도형의 윤곽을 가는 선으로 간략히 연결한다.
  ㉣ 외형선을 긋는다. 이 경우, 원호 및 원, 수평선, 수직선, 사선의 순서로 긋는다. 이 때, 숨은선도 외형선에 준하여 긋는다.
  ㉤ 절단선, 가상선, 파단선 등을 긋는다.
  ㉥ 불필요한 선은 지우고 도형을 완성한다.
  ㉦ 도형이 완성되며 치수, 기호, 문자, 치수 숫자 등을 기입한다.
  ㉧ 필요한 곳에 해칭(hatching), 스머징(smudging) 등을 한다.

ⓩ 다듬질 기호, 품번 등을 기입한다.
ⓨ 표제란, 부품란을 만들고, 필요한 사항을 기입하여 넣는다.
ⓚ 도면 전체에 대한 도형, 치수, 그 밖의 기입 사항이 틀림 없는지를 검토, 정정하여 도면을 완성한다.

② 트레이스도(traced drawing)를 그리는 방법

ⓐ 원호, 원 그밖의 곡선을 그린다. 원호와 원을 작은 것부터 먼저 그리고 큰 것을 그린다.
ⓑ 수평선, 수직선, 사선의 순서로 직선을 긋는다.
ⓒ 숨은선, 절단선, 가상선 등을 그릴 때에는 각각의 순서에 따른다.
ⓓ 중심선, 피치선을 그린다.
ⓔ 도면이 완성되면 치수, 기호, 문자를 기입한다.
ⓕ 치수선, 치수보조선, 지시선 등을 긋고 화살표를 붙인다.
ⓖ 치수 숫자, 다듬질 기호, 품번은 그 밖의 설명사항을 기입한다.
ⓗ 표제란과 부품란을 기입한다.

(4) 제작도

부품도, 부분 조립도, 조립도를 통틀어 제작도라 한다.

① **1품 1매식** : 1장의 도면에 1개의 부품을 그리는 양식이며 공정계획, 제작작업, 원가계산 등이나 도면 관리상 편리하다.
② **다품 1매식** : 1장의 도면에 2개 이상의 부품을 그리는 양식이다. 부품대조가 편리하다.

(5) 제작도 작성의 순서

① 부분의 조립도를 그린다.
② 각 부분의 부품도를 그린다.
③ 조립도를 그린다.
④ 명세표를 그린다.

02 전개도 작성법

전개도(development drawing)는 대상물을 구성하는 면을 평면 위에 전개한 그림을 말한다.

1 전개도법의 종류★★

(1) 평행선법을 이용한 전개

원기둥, 각기둥과 같이 중심축의 나란한 직선을 표면에 그을 수 있는 물체를 평행체라 하고 이 평행체의 전개도를 그릴 때 주로 사용하는 방법이다.

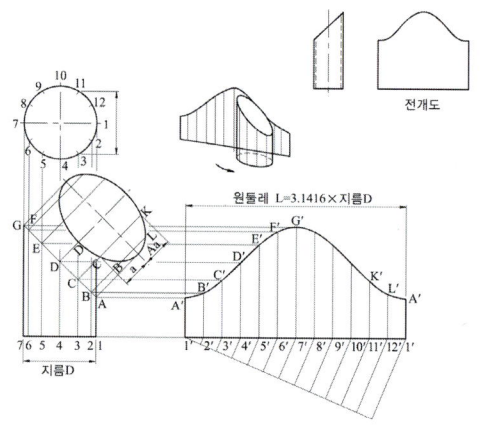

평행선법을 이용한 전개도

(2) 방사선을 이용한 전개도법

원뿔이나 각뿔의 전개에 이용되는 것으로, 꼭지점을 중심으로 하여 방사형으로 전개시키는 방법을 말한다.

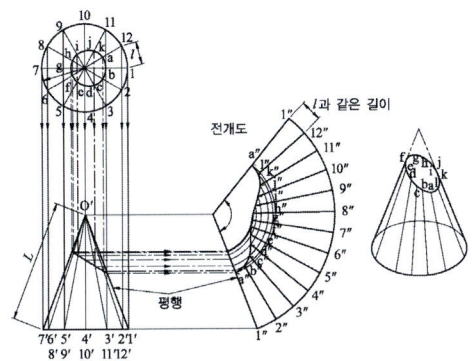

정원뿔의 전개도

(3) 삼각형을 이용한 전개도

원뿔의 꼭지점이 도형에서 멀리 떨어져 있을 때에 입체의 표면을 몇 개의 삼각형으로 나누어 전개도를 그릴 때는 삼각형법을 이용한다.

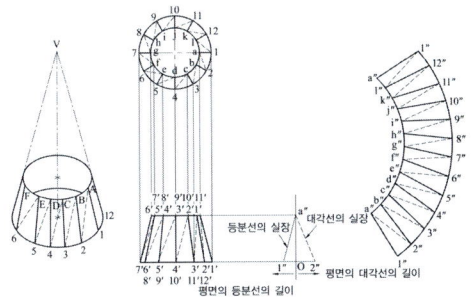

정원뿔의 전개

05 스케치 및 전개도 예상문제

Chapter 05 스케치 및 전개도 예상문제

01 트레이스도의 완성순서로 올바른 것은?

> ㉠ 치수, 숫자 기입, 다듬질기호
> ㉡ 치수, 치수보조선, 지시선
> ㉢ 직선 및 은선, 절단선
> ㉣ 원과 원호
> ㉤ 중심선

① ㉣ - ㉢ - ㉤ - ㉡ - ㉠
② ㉤ - ㉣ - ㉡ - ㉢ - ㉠
③ ㉤ - ㉡ - ㉣ - ㉢ - ㉠
④ ㉤ - ㉡ - ㉢ - ㉣ - ㉠

TIP 트레이스도 그리기 순서
원호, 원, 곡선 – 수평선, 수직선, 사선 – 숨은선, 절단선, 가상선 – 중심선, 피치선 – 치수, 기호, 문자 – 치수선, 치수보조선, 지시선, 화살표 – 다듬질기호, 품번 – 표제란, 부품란 기입

02 다음 스케치 용구 중에서 안지름 및 바깥지름 깊이를 측정에 사용되는 것은?

① 버니어캘리퍼스 ② 깊이게이지
③ 직각자   ④ 마이크로미터

TIP 버니어 캘리퍼스(Vernier Calipers)
자와 캘리퍼스를 조합한 것으로 바깥지름, 안지름, 깊이 등을 측정하는데 사용한다.

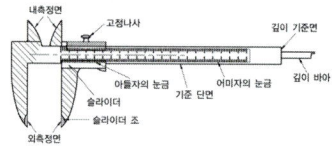

버니어 캘리퍼스의 구조

03 제작도 작성의 순서로 올바른 것은?

> ㉠ 부분의 조립도를 그린다.
> ㉡ 각 부분의 부품도를 그린다.
> ㉢ 조립도를 그린다.
> ㉣ 명세표를 그린다.

① ㉠ - ㉡ - ㉢ - ㉣
② ㉡ - ㉠ - ㉢ - ㉣
③ ㉣ - ㉢ - ㉡ - ㉠
④ ㉠ - ㉡ - ㉣ - ㉢

TIP 제작도 작성의 순서
- 부분의 조립도를 그린다.
- 각 부분의 부품도를 그린다.
- 조립도를 그린다.
- 명세표를 그린다.

01 ① 02 ① 03 ①

04 삼각자 1조를 사용하여 얻을 수 있는 각도가 아닌 것은?

① 30° ② 15°
③ 35° ④ 75°

> **TIP** 보통 밑각이 60°와 30°로 된 직각 삼각형과 두 밑각이 모두 45°로 된 직각 이등변 삼각형인 두 가지 삼각자가 있다. 한쪽으로 눈금이 있고 가운데에 구멍이 뚫려 있다. 각도를 가진 직선을 그을 때 사용한다. 2개의 삼각자가 세트로 되어 있다. 그것을 단독으로 사용하는 경우 30°, 45° 및 90°의 각도로 직선을 그을 수 있다. 2개를 조합하면 수평선을 기준으로 하여 15° 및 75°의 각도를 만들 수 있어 15° 간격으로 직선을 그을 수 있다.

05 스케치도를 필요로 하지 않는 경우는?

① 파손, 마멸 등으로 부품을 새로 만들 경우이다.
② 없어진 기계부품을 만들려고 할 때이다.
③ 그 기계를 개조할 필요가 있을 때이다.
④ 그 기계와 같은 기계를 만들 경우이다.

> **TIP** 스케치는 부품을 개조하거나 새로 만들 경우에 사용이 되나 기존 제품과 같은 기계를 만들 경우에는 필요하지가 않다.

06 불규칙한 곡선을 스케치 하는데 가장 편리하게 쓰이는 것은?

① 실 ② 황동선
③ 납선 ④ 운형자

> **TIP** 불규칙한 곡선을 그릴 때에는 납선이나 자유곡선자를 이용한다.

07 종이 위에 물체를 놓고 그 둘레를 연필로 모양을 뜨는 방법을 무엇이라 하는가?

① 모양뜨기 방법 ② 프리핸드법
③ 프린트법 ④ 사진법

> **TIP** 모양뜨기 방법
> 종이 위에 물체를 놓고 그 둘레를 연필로 모양을 뜨는 직접 모양뜨기 방법과 부품의 곡면에 따라 납선을 대고 그것을 연필로 모양을 뜨는 간접 모양뜨기 방법이 있다.
>
> 모양뜨기의 종류
>
>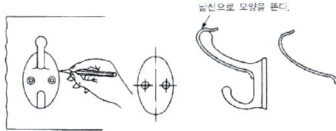
>
> (a) 직접 모양뜨기   (b) 간접 모양뜨기

04 ③ 05 ④ 06 ③ 07 ①

08 도형의 스케치 방법이 아닌 것은?

① 사진법   ② 프리핸드법
③ 설퍼프린트법   ④ 모양뜨기 방법

TIP 설퍼 프린트법

강철중에 함유된 탄화물의 함량이나 분포상태를 검출하는데 요령은 2%의 희유산액에 적신 사진용 브로마이드지를 단면에 붙였다가 떼어내면 유황의 편석부에 상당하는 부분이 갈색으로 변색되어 묻어 나오는 것을 보고서 측정한다.

09 부품의 표면에 광명단을 칠한 후, 종이를 대고 눌러서 실제 모양을 뜨는 스케치 방법은?

① 프린트법   ② 모양뜨기법
③ 프리핸드법   ④ 청사진법

TIP 프린트법

스케치 할 물체의 표면에 기름이나 광명단을 얇게 칠하고, 그 위에 종이를 대고 눌러서 실제의 모양을 뜨는 방법이다.

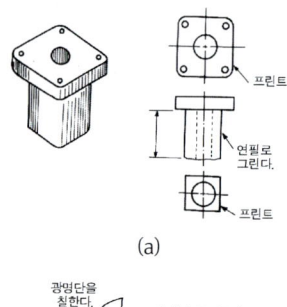
(a)

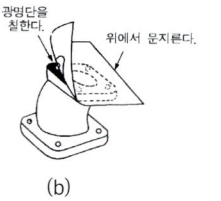
(b)

10 물체의 모양을 뜨는 방법 중에서 물체 평면에 광명단을 바르고 용지를 눌러 뜨는 스케치 방법은?

① 프리핸드법   ② 본뜨기법
③ 프린트법   ④ 사진 촬영법

11 원기둥이나 각기둥과 같은 평행체의 전개도를 그릴 때 주로 사용하는 방법은?

① 삼각형법   ② 방사선법
③ 평행선법   ④ 사각형법

TIP 평생선법을 이용한 전개

원기둥, 각기둥과 같이 중심축의 나란한 직선을 표면에 그을 수 있는 물체를 평행체라 하고 이 평행체의 전개도를 그릴 때 주로 사용하는 방법이다.

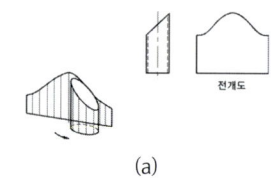
(a)

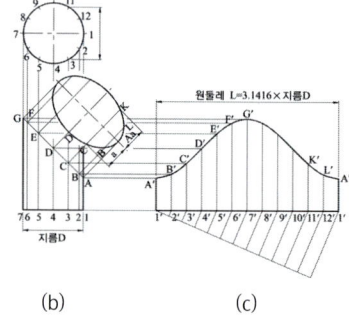
(b)   (c)

12 원뿔의 꼭지점이 도형에서 멀리 떨어져 있을 때에 전개도를 그릴 때 주로 사용하는 방법은?

① 삼각형법 ② 방사선법
③ 평행선법 ④ 사각형법

TIP ☀ 삼각형을 이용한 전개도

원뿔의 꼭지점이 도형에서 멀리 떨어져 있을 때에 입체의 표면을 몇 개의 삼각형으로 나누어 전개도를 그릴 때는 삼각형법을 이용한다.

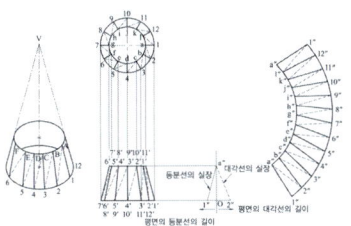

13 원뿔이나 각뿔의 전개에 주로 이용되는 전개법은?

① 삼각형법 ② 방사선법
③ 평행선법 ④ 사각형법

TIP ☀ 방사선을 이용한 전개도법

원뿔이나 각뿔의 전개에 이용되는 것으로, 꼭지점을 중심으로 하여 방사형으로 전개시키는 방법을 말한다.

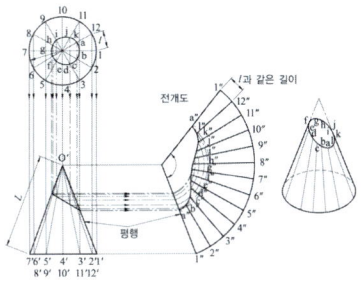

12 ① 13 ②

06 기계요소의 제도

01 나사(Screw)

1 나사의 제도법★★★★★

① 수나사의 바깥지름과 암나사의 안지름을 나타내는 선은 굵은 실선으로 그린다.
② 수나사와 암나사의 골을 표시하는 선은 가는 실선으로 그린다.
③ 완전 나사부와 불완전 나사부의 경계선은 굵은 실선으로 그린다. 단, 보이지 않을 때는 굵은 파선으로 그린다.
④ 불완전 나사부의 골밑을 나타내는 선은 축선에 대하여 30°의 가는 실선으로 한다. 다만, 필요에 따라서는 불완전 나사부의 도시를 생략한다.
⑤ 암나사 탭구멍의 드릴 자리는 120°의 굵은 실선으로 그린다.
⑥ 보이지 않는 나사부의 산봉우리와 골을 나타내는 선은 굵은 파선으로 서로 어긋나게 그린다.

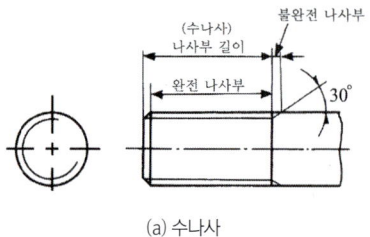
(a) 수나사

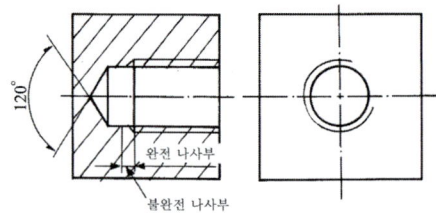
(b) 암나사

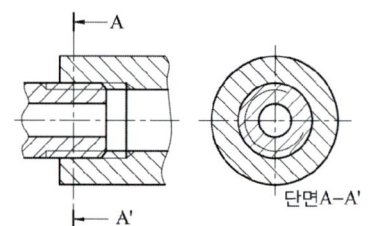
(c) 수나사와 암나사의 결합

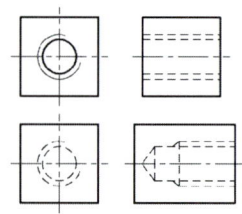
(d) 보이지 않은 나사부

나사의 제도

⑦ 수나사와 암나사가 끼어져 있음을 나타내는 단면은 수나사 쪽을 주로 하여 그린다.
⑧ 수나사와 암나사의 측면도시에서 각각의 골지름은 가는 실선으로 약 3/4 원으로 그린다.

2 나사의 표시법

나사의 표시법은 감긴 방향, 나사의 줄 수, 나사의 호칭, 나사의 등급에 대하여 수나사의 산마루 또는 암나사의 골밑을 나타내는 선에서 지시선을 긋고, 그 끝에 수평선을 그어 다음과 같이 표시한다.

| 나사산의 감긴 방향 | 나사산 줄의 수 | 나사의 호칭 | 나사의 등급 |

예 나사의 표시법

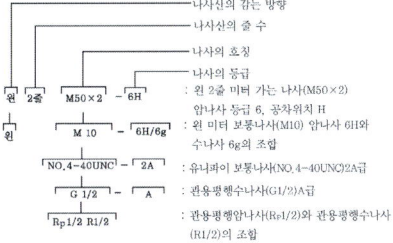

(1) 나사산의 감김 방향★★

나사산의 감김 방향은 왼나사의 경우에는 '왼'의 글자로 표시하고, 오른나사의 경우에는 표시하지 않는다. 또, '왼' 대신에 'L'을 사용할 수도 있다.

(2) 나사산의 줄 수★★

한 줄 나사의 경우에는 표시하지 않고, 여러 줄 나사의 경우에는 '2줄', '3줄' 등과 같이 표시한다. 또, '줄' 대신에 'N'을 사용할 수 있다.

(3) 나사의 호칭법★★

① 미터 나사의 호칭법

| 나사의 종류를 표시하는 기호 | 나사의 호칭 지름을 표시하는 숫자 | × | 피치 |

예 M 8 × 1

다만, 보통 나사에서 같은 지름에 피치가 같은 나사에서는 피치를 생략하는 것을 원칙으로 한다.

② 유니파이 나사의 호칭법

| 나사의 지름을 표시하는 숫자 또는 번호 | - | 산의 수 | 나사의 종류를 표시하는 기호 |

예 3/8 - 16 UNC, No 8 - 36 UNF

나사의 종류를 표시하는 기호 및 나사의 호칭에 대한 표시 방법★★

구분	나사의 종류			나사의 종류를 표시하는 기호	나사의 호칭에 대한 표시방법의 보기
일반용	ISO 규격에 있는 것	미터 보통 나사①		M	M8
		미터 가는 나사②			M8×1
		미니cb어 나사		S	S0.5
		유니파이 보통 나사		UNC	3/8-16 UNC
		유니파이 가는 나사		UNF	No.8-36 UNF
		미터 사다리꼴 나사		Tr	Tr 10×2
		관용 테이퍼 나사	테이퍼 수나사	R	R 3/4
			테이퍼 암나사	Rc	Rc 3/4
			평행 암나사③	Rp	Rp 3/4
		관용 평행 나사		G	G 1/2
	ISO 규격에 없는 것	30° 사다리꼴 나사		TM	TM18
		29° 사다리꼴 나사		TW	TW 20
		관용 테이퍼 나사	테이퍼 수나사	PT	PT 7
			평행 암나사④	PS	PS 7
		관용 평행나사		PF	PF 7

구분	나사의 종류		나사의 종류를 표시하는 기호	나사의 호칭에 대한 표시방법의 보기
특수용	후강 전선관 나사		CTG	CTG 16
	박강 전선관 나사		CTC	CTC 19
	자전거 나사	일반용	BC	BC 3/4
		스포크용		BC 2.6
	미싱 나사		SM	SM 1/4산 40
	전구 나사		E	E 10
	자동차용 타이어 밸브 나사		TV	TV 8
	자전거용 타이어 밸브 나사[4]		CTV	CTV 8산 30

[주] ① 특별히 가는 나사임을 뚜렷하게 나타낼 필요가 있을 때에는 파치 또는 산의 수 다음에 '가는 눈'의 글자를 ( ) 안에 넣어서 기입할 수 있다.
② 이 평행 암나사(Rp)는 테이퍼 수나사(R)에 대해서만 사용한다.
③ 이 평행 암나사(PS)는 테이퍼 수나사 PT에 대해서만 사용한다.
④ 미터 보통나사 중 M1.7, M2.3, 및 M2.6은 ISO 규격에 규정되어 있지 않다.

③ **인치 나사의 호칭법**

나사의 종류를 표시하는 기호	-	나사의 지름을 표시하는 숫자	산	산의 수

예) SM   -   1/4   산   40

다만, 관용 나사와 같이 같은 지름에 대하여 산의 수가 단 하나만 규정되어 있는 나사에서는 원칙적으로 산의 수를 생략한다. 또한, 혼동될 우려가 없을 때에는 '산' 대신 하이픈 '-'을 사용할 수 있다.

④ **나사의 등급**: 나사의 등급이 필요 없을 때에는 생략하여도 좋다. 암나사와 수나사의 등급을 동시에 나타낼 때에는, 암나사와 수나사의 등급을 표시하는 숫자, 또는 숫자와 기호의 조합을 순서대로 나열하여 양자 사이에 '/'을 넣는다.

나사의 등급표시 방법

나사의 종류	미터 나사 등		
등급	1급	2급	3급
표시방법	1	2	3
나사의 종류	유니파이 나사					
등급	3A급	3B급	2A급	2B급	1A급	1B급
표시방법	3A	3B	2A	2B	1A	1B
나사의 종류	관용 평행 나사	
등급	A급	B급
표시방법	A	B

3 볼트, 너트의 도시법

볼트, 너트의 호칭, 나사의 유효 길이 등을 조립도 등에 표시하는 경우에는 모따기선을 생략하고, 끝을 평평하게 나타내며, 불완전 나사부의 표시를 생략한다. 그림 (a)는 제작도용 약도를 나타낸 것이며, 아래 그림은 간략도를 나타낸 것이다.

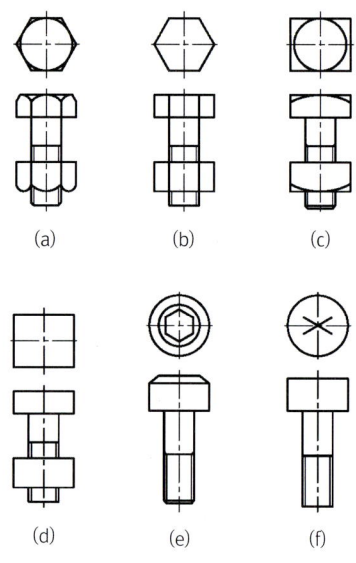

볼트, 너트의 도시법

(1) 볼트의 호칭법

(2) 너트의 호칭법

4 특수나사의 도시법

머리홈을 평면도로 도시할 때는 중심선에 대해서 45° 방향의 굵은 실선으로 긋는다.

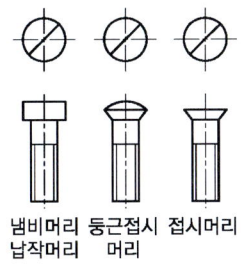

(a) 홈붙이 작은 나사

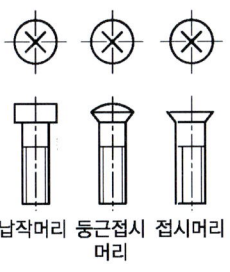

(b) +자 구멍붙이 작은 나사

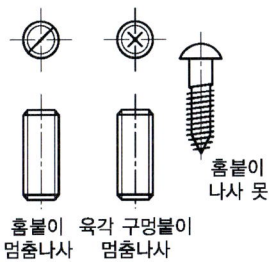

(c) 멈춤 나사 및 나사못

특수나사의 간략도

(3) 작은 나사의 호칭법

종류	나사의 호칭	×	길이	재료	지정 사항
예) +자홈 접시머리 작은 나사	M5× 0.8	×	25	HSWR 37	아연 도금

(4) 멈춤 나사의 호칭법

(5) 나사못의 호칭법

예) 접시머리 나무 2.4 × 10 MSW-G2
            나사

02 핀, 키이

1 핀

(1) 핀의 도시법

핀은 규격품이므로 부품도를 그리지 않는다.

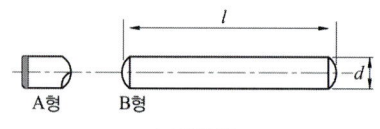

(a) 평행 핀

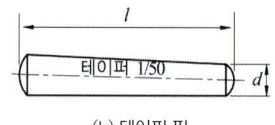

(b) 테이퍼 핀

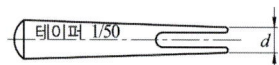

(c) 분할 테이퍼 핀

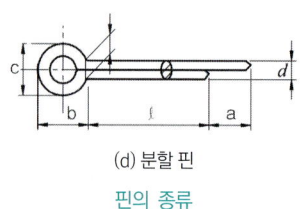

(d) 분할 핀

핀의 종류

(2) 핀의 호칭법

핀의 호칭법★★

명칭	호칭	보기
평행핀 (KS B 1320)	명칭, 종류, 형식 d×l, 재료	평행 핀 h7×50 SM 45C
테이퍼 핀 (KS B 1320)	명칭, 등급, d×l, 재료	테이퍼 핀 2급 6×7 SM20C
분할 테이퍼 핀 (KS B 1323)	명칭, d×l, 재료, 지정사항	분할 테이퍼 핀 6×70 SM35C 핀갈라짐의 깊이 10
분할핀 (KS B 1321)	명칭, d×l, 재료, 지정사항	분할 핀 2×30 SWRM 3 뾰족끝

* 테이퍼 핀의 호칭 : 작은 쪽의 지름(d)로 표시★★★
* 분할 핀의 호칭 : 핀구멍의 지름으로 표시

2 키(Key)

(1) 키이 홈의 도시와 치수 기입법

키이 홈은 가능한 한 위쪽에 도시하고 치수 기입은 다음과 같이 한다.

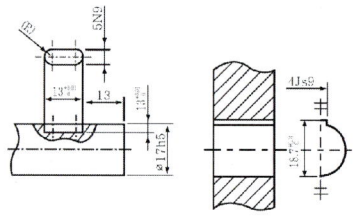

(a) 묻힘 키 홈

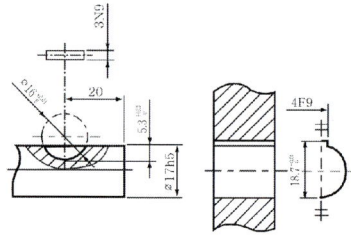

(b) 반달 키 홈

키홈의 치수 기입방법

(2) 키이의 호칭법

규격 번호 또는 명칭	호칭 치수	×	길이	끝모양 의 특별 지정	재료
예 KS B 1313 또는 미끄럼키	12 ×8	×	50	양끝 둥금	SM 45C
평행키	25 ×14	×	90	양끝 모짐	SM 40C

03 리벳 및 용접

1 리벳

(1) 리벳 이음의 종류

리벳 이음은 접합하는 판재의 배치에 따라 겹치기 이음(lap joint)과 맞대기 이음(butt joint)으로 나누고, 리벳의 배치에 따라 1줄, 2줄 또는 3줄 등으로 나눈다.

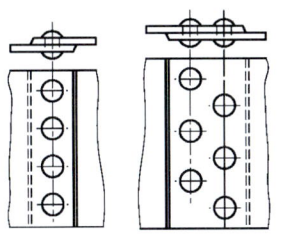

(a) 겹치기 이음

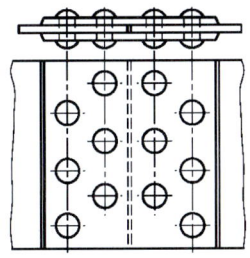

(b) 맞대기 이음

리벳 이음의 종류(그림 중요)★★

(2) 리벳 이음과 도시법★★

① 리벳을 크게 도시할 필요가 없을 때에는 리벳 구멍을 약도로 도시한다.[그림 6-7 (a)]
② 리벳의 체결 위치만 표시할 경우에는 중심선만을 그린다.[그림 6-7 (b)]
③ 같은 간격으로 연속하는 같은 종류의 구멍 표시 방법은 간단히 기입한다.
④ 여러 장의 얇은 판의 단면 도시에서 각 판의 파단선은 서로 어긋나게 긋는다.
⑤ 리벳은 길이 방향으로 절단하여 도시하지 않는다.
⑥ 얇은 판, 형강 등의 단면은 굵은 실선으로 도시한다.
⑦ 형강의 치수 기입은 형강 도면 위쪽에 기입한다.

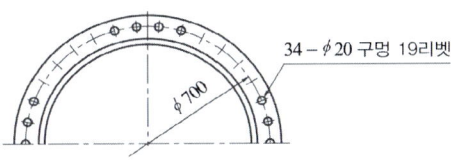

(a) 리벳의 위치

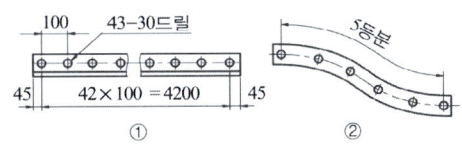

(b) 동일 간격의 구멍 배치

리벳의 표시

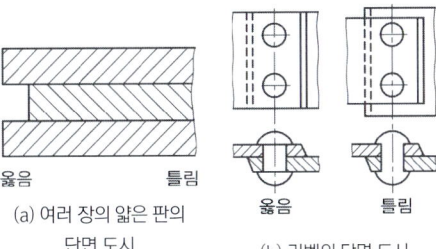

(a) 여러 장의 얇은 판의 단면 도시

(b) 리벳의 단면 도시

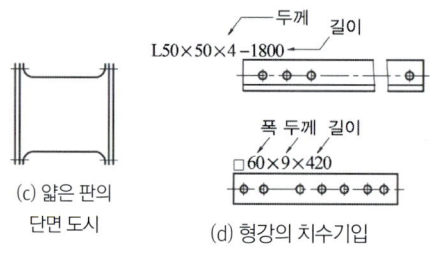

판의 단면도시 및 형강의 치수기입

⑧ 구조물에 쓰이는 리벳은 기호로서 표시한다.

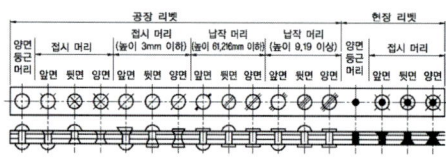

리벳의 기호

(3) 리벳의 종류 및 호칭법

① 리벳의 종류 : 리벳은 머리 모양에 따라 아래와 같은 여러 가지 종류가 있다.

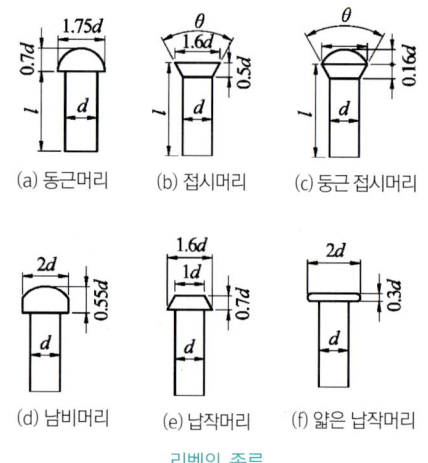

리벳의 종류

② 리벳의 호칭법

규격 번호	종류	호칭 지름	길이	재료
예 KS B 1102	열간 둥근머리 리벳	16	× 40	MSW -G2

- 리벳의 호칭길이 : 접시머리 리벳만 머리부를 포함한 전체의 길이로 호칭되고 그 외의 리벳은 머리부를 제외한 길이로 호칭한다. ★★★

2 용접부의 도시법 ★★

용접부는 다음과 같은 방법으로 기재한다.

① 설명선은 기선, 화살표, 꼬리로 구성되고 꼬리부분은 용접 방법 등 특별히 지정할 필요가 있는 사항을 기재한다. (필요가 없을 시 생략해도 좋다.)
② 현장 용접, 전둘레 용접, 전둘레 현장용접의 기호는 기선과 지시선의 교점에 기입한다.

3 용접 기본 기호 기재 방법

① 용접 기본 기호는 기준선의 위 또는 아래 둘 중에 어느 한 쪽에 표시한다.
② 용접부(용접면)가 이음의 화살표 쪽에 있을 때의 기호는 실선 쪽의 기준선에 표시한다.
③ 용접부가 화살표의 반대쪽에 있을 때에는 파선 쪽에 기본 기호를 붙인다.
④ 프로젝션 용접법에 따른 스폿 용접부의 경우 프로젝션 표면을 용접부의 표면으로 생각한다.

[표 6-4] 보조기호

구분		보조기호	비고
용접부의 표면모양	평탄	—	
	볼록	⌒	기선의 바깥쪽을 향하여 볼록하다.
	오목	⌣	기선의 바깥쪽을 향하여 오목하다.
용접부의 다듬질 방법	치핑	C	
	연삭	G	그라인더 다듬질일 경우
	절삭	M	기계 다듬질일 경우
	지정하지 않음	F	다듬질 방법을 지정하지 않을 경우
현장 용접		▶	전둘레 용접이 분명할 때는 생략하여도 좋다.
전둘레 용접		○	
전둘레 현장 용접		⚑	

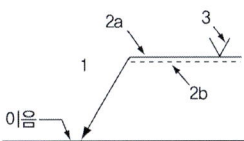

1 = 화살표(지시선)
2a = 기준선(실선)
2b = 동일선(파선)
3 = 용접기호(이음 용접)

표시 방법

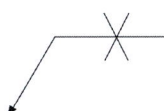

양면 대칭 용접

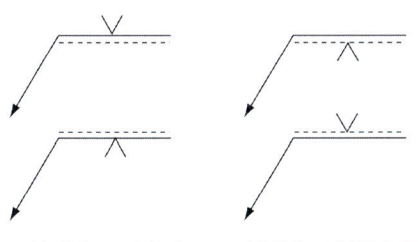

(a) 화살표 쪽의 용접 (b) 화살표 반대쪽의 용접
기준선에 따른 기호의 위치

04 축계 기계요소의 제도

1 축의 도시법★★★

① 축은 길이 방향으로 단면도시를 하지 않으나 부분 단면은 가능하다.(a)
② 긴 축은 중간을 파단하여 짧게 그리며, 치수는 실제 길이를 기입한다.(b)
③ 축에 있는 너얼링(knurling)의 도시는 빗줄인 경우에 축선에 대하여 30°로 서로 엇갈리게 그린다.(c)
④ 축의 모따기 및 평면부 표시는 치수기입법에 따른다.(d)
⑤ 축의 단을 주는 부분의 치수와 가공하기 위한 센터의 도시는 그림(e), (f)와 같이 나타낸다.

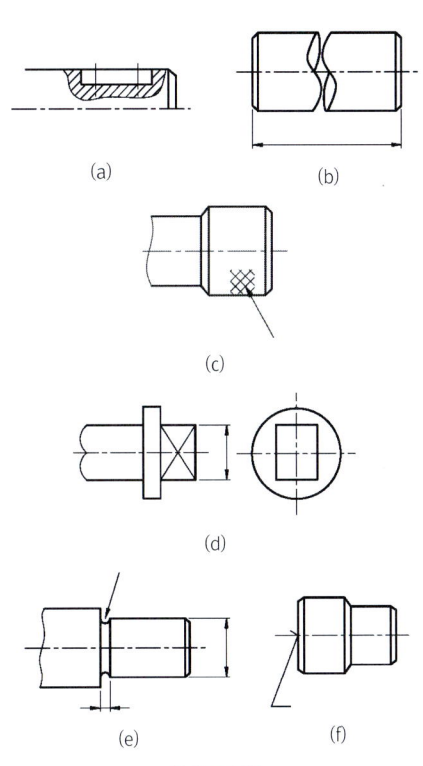

축의 도시법

PART 01 ∴기계제도 87

2 롤링 베어링의 도시법

(1) 간략 도시법

① 먼저 정해진 치수에 의하여 윤곽을 그린다. 이 때 인접부분의 모따기의 도시를 생략해서는 안된다.
② 도형에서 베어링의 형식이 이해될 정도로 도시(그림 1.2 ~ 1.6)
③ 단순히 베어링인 것을 표시하는 도시(그림 2.1)
④ 베어링의 형식을 표시하는 도시(그림 2.2 ~ 2.16)

구름 베어링의 약도와 형식 기호★★

구름 베어링	깊은홈 볼 베어링	앵귤러 볼 베어링	자동 조심 볼 베어링
1.1	1.2	1.3	1.4
2.1	2.2	2.3	2.4
3.1	3.2	3.3	3.4

원통 롤러 베어링

NJ	NU	NF	N
1.5	1.6	1.7	1.8
2.5	2.6	2.7	2.8
3.5	3.6	3.7	3.8

니들 롤러 베어링		앵귤러 롤러 베어링	자동 조심 롤러 베어링
NA	RNA		
1.10	1.11	1.12	1.13
2.10	2.11	2.12	2.13
3.10	3.11	3.12	3.13

평명자리형 드러스트 볼 베어링		드러스트 자조 심 롤로 베어링	깊은 홈 볼 베어링
단 식	복 식		
1.14	1.15	1.16	1.21
2.14	2.15	2.16	2.21
3.14	3.15	3.16	3.21

(2) 기호 도법

기호도는 계통도 등에서 구름 베어링임을 나타내는데 쓰이는 도면으로 축은 굵은 실선으로 긋고 축의 양쪽에 기호를 그림(구름 베어링의 약도와 형식기호)의 3.1 ~ 3.16과 같이 나타낸다.

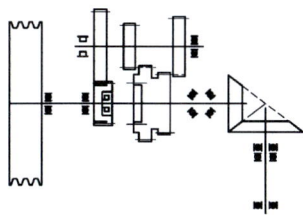

구름 베어링 계통도

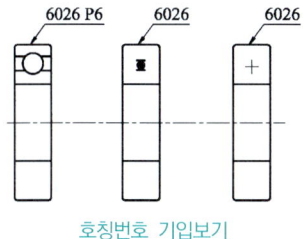

호칭번호 기입보기

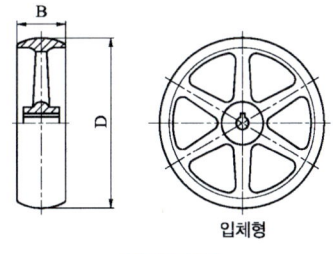

평벨트 풀리

05 전동용 기계요소의 제도

1 평벨트 풀리의 도시법★★★

① 벨트 풀리는 축 직각 방향의 투상을 정면도로 한다.
② 벨트 풀리와 같이 대칭형인 것은 그 일부분만을 도시한다.
③ 암과 같은 방사형의 것은 수직 중심선 또는 수평 중심선까지 회전하여 투상한다.
④ 암은 길이 방향으로 절단하여 단면의 도시를 하지 않는다.
⑤ 암의 단면형은 도형의 안이나 밖에 회전 단면을 도시한다. 도형 안에 도시할 때에는 가는 실선으로, 도형 밖에 도시할 때에는 굵은 실선으로 그린다.
⑥ 암의 테이퍼 부분의 치수를 기입할 때 치수보조선은 경사선으로 긋는다.(수평과 60° 또는 30°)

2 스프로킷의 도시법★★

스프로킷의 부품도에는 그림 및 요목표를 병행한다.
① 이끝원은 굵은 실선, 피치원은 가는 일점쇄선, 이뿌리원은 가는 실선으로 그리며 이뿌리원은 생략하여도 좋다.
② 정면도를 단면으로 도시할 때에는 이뿌리선은 굵은 실선으로 도시한다.

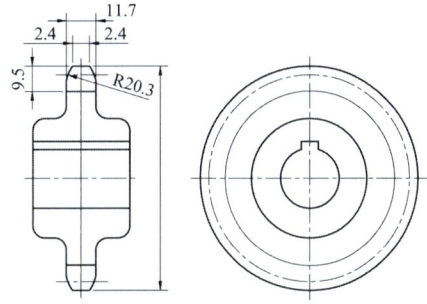

체인 스프로킷 요목표

종류	구분	
체인	호칭	41
	원주피치	12.70
	롤러외경	$\phi 7.77$
스프로킷	잇수	22
	치형	S
	피치원경	$\phi 89.24$

3 기어의 도시법★★★★★

① 이끝원은 굵은 실선, 피치원은 가는 일점쇄선, 이뿌리원은 가는 실선으로 그리며 정면도를 단면으로 도시할 때에는 이뿌리원은 굵은 실선으로 도시한다.

② 이뿌리원은 생략하여도 되며 베벨기어 및 웜웜 휘일의 측면도에서는 원칙적으로 생략한다.

③ 헬리컬 기어와 웜 기어 잇줄 방향은 보통 3개의 가는 실선으로 그리며 스파이럴 베벨기어 및 하이포드 기어에서는 1개의 굵은 실선으로 그린다.
  - 내접 헬리컬 기어의 단면으로 도시할 때에는 잇줄 방향은 3개의 가는 이점쇄선

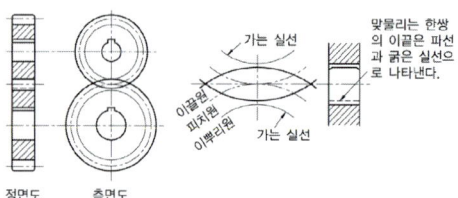

(a) 스피어 기어의 도시

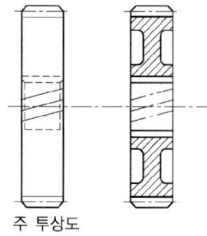

주 투상도

(b) 헬리컬 기어의 도시

기어의 도시법

④ 헬리컬 기어의 정면도를 단면으로 도시할 때에는 잇줄 방향을 3개의 가는 이점쇄선으로 그린다.
  - 수평과 30°로 표시하고 치수기입은 실제의 비틀림 각도를 기입한다.

⑤ 맞물리는 한 쌍의 기어에서 측면도의 양쪽 이끝원은 굵은 실선으로 그리고 정면도의 단면에서는 한쪽의 이끝원은 파선, 다른 한쪽 이끝원은 굵은 실선으로 그린다.

4 스프링 제도법★★

① 스프링은 원칙적으로 무하중인 상태로 그리나 만약 하중이 걸린 상태로 그릴 경우 그 때의 치수와 하중을 기입한다.

② 하중과 높이 또는 처짐과의 관계를 표시할 경우가 있을 경우에는 그림과 같이 선도로 표시하며 사용상 지장이 없을 경우에는 직선으로 표시한다.

③ 스프링은 표기가 없는 한 모두 오른쪽 감는 것을 나타낸다. 왼쪽으로 감는 경우에는 '감김 방향 왼쪽'이라고 표시한다.

④ 그림 안에 기입하기가 힘든 사항은 요목표에 기입한다.

⑤ 코일스프링에서 양 끝을 제외한 동일 모양 부분의 일부를 생략하는 경우에는 생략하는 부분의 선지름의 중심선을 가는 1점 쇄선으로 나타낸다.

⑥ 스프링의 종류 및 모양만을 도시할 때에는 스프링 재료의 중심선을 굵은 실선으로 그린다.

⑦ 조립도, 설명도 등에서 코일 스프링은 그 단면만으로 표시하여도 좋다.

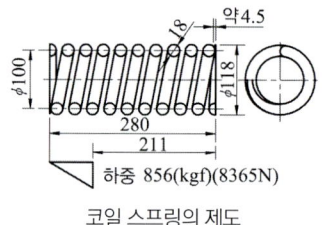

코일 스프링의 제도

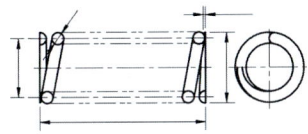

코일 스프링의 생략도

스프링 제도법

요목표

재료		SPS 6
재료의 지름(mm)		18
코일 평균지름(mm)		100
코일 바깥지름(mm)		118±1.5
유효 감김 수		8.5
총 감김 수		10.5
감김 방향		왼쪽
자유 높이(mm)		280
상용	하중(kgf){N}	856{8,397}
	하중 시 높이(mm)	211±2
	시험하중(kgf){KN}	1240{12.16}
표면 처리	재료의 표면 가공	연삭
	성형 후의 표면가공	쇼트 피닝
	방청 처리	흑색 에나멜 도장

스퍼기어 요목표

기어치형		표 준
공구	모듈	2
	치형	보통이
	압력각	20°
전체 이높이		4.5
피치 원지름		PCD68
잇수		34
다듬질방법		호브절삭
정밀도		KSBIS01328-1, 4급

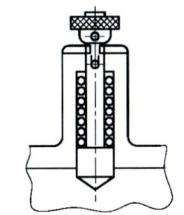

코일 스프링의 단면 표시

코일 스프링의 모양 도시(간략도)

06 관계 기계요소의 제도법

1 파이프의 도시 및 호칭법

(1) 파이프의 도시법

① 파이프는 하나의 실선으로 도시하고 동일도면 내에서 같은 굵기의 실선으로 도시한다.

② 파이프에 흐르는 유체는 글자나 기호를 나타내고, 유동방향은 화살표로 표기한다.

③ 파이프의 굵기 및 종류를 나타낼 때에는 실선 위쪽이나 지시선을 사용하여 기입한다.

유체의 종류 기호★★★

유체의 종류	글자기호
공기	A
가스	G
유류	O
수증기	S
물	W

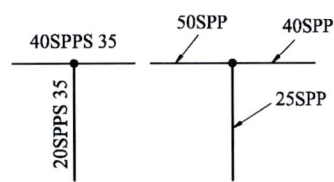

④ 계기의 종류를 나타낼 때에는 다음과 같이 나타낸다.

★★★

명칭	도시기호
계기일반	○
압력계	Ⓟ
온도계	Ⓣ

⑤ 관의 접속 및 접속굽음 관계를 도시할 때에는 다음과 같이 나타낸다.

접속상태	접속상태	실제모양
접속하고 있을 때		
분기하고 있을 때		
접속하지 않고 교차하고 있을 때		
파이프 A가 도면에 직각으로 앞으로 구부러져 있을 때		
파이프 A가 뒤쪽으로 수직하게 구부러져 있을 때		
파이프 A가 앞쪽에서 뒤쪽으로 90° 구부러져 B관에 접속할 때		

(2) 파이프의 호칭법

① **파이프의 크기**(호칭지름) : 주철관, 강관 – 안지름
② 구리관, 황동관 — 바깥지름

명칭	호칭지름	×	두께	재질
〔예〕 압력배관용 강관	A50	×	5.5	STPG 35
이음매 없는 구리관	14	×	1.2	CUT2-1/2H

2 배관도 및 밸브의 도시

(1) 배관도

① 배관도는 정투상법, 등각투상법, 사투상법으로 표시할 수 있다.

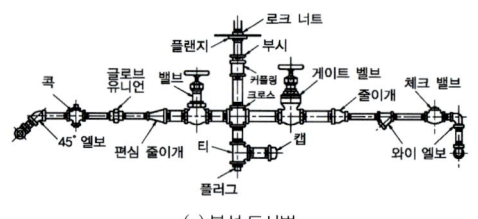

(a) 복선 도시법

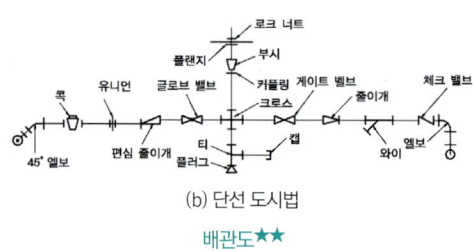

(b) 단선 도시법

배관도★★

② 단선 표시법은 1개의 굵은 실선으로 표시하고 지름을 부기한다.
  • 단선 표시법에 의한 등각투상법, 사투상법의 배관도는 N.S로 그린다.
③ 복선 표시법은 보통 제도법으로 비례척으로 그린다.

(2) 밸브

밸브의 도시기호는 다음과 같다.

밸브의 도시기호

명칭	도시기호	
	플랜지 이음	나사이음
밸브일반		
앵글밸브★★		
체크밸브★★		
게이트밸브		
안전밸브★★		
글로브밸브★★		
콕		

명칭	도시기호	
	플랜지 이음	나사이음
전동슬루스밸브		
슬루스밸브		
플롯밸브		

(3) 배관 이음의 표시

① 나사 이음 : ——|——

② 플랜 이음 : ——||——

③ 유니언 이음 : ——|||——

④ 용접 이음 : ——×——

⑤ 턱걸이 이음 : ——⊂——

⑥ 납땜 이음 : ——○——

06 chapter 기계요소의 제도 예상문제

Chapter 01   기계요소의 제도 예상문제

01 다음은 나사의 제도법에 대한 설명이다. 틀린 것은?

① 암나사의 골을 표시하는 선은 굵은 실선으로 그린다.
② 수나사의 바깥지름은 굵은 실선으로 그린다.
③ 수나사의 측면도시에서 골지름은 가는 실선으로 그린다.
④ 완전 나사부와 불완전 나사부의 경계선은 굵은 실선으로 그린다.

TIP 나사제도법

- 수나사의 바깥지름과 암나사의 안지름을 나타내는 선은 굵은 실선으로 그린다.
- 수나사와 암나사의 골을 표시하는 선은 가는 실선으로 그린다.
- 완전 나사부와 불완전 나사부의 경계선은 굵은 실선으로 그린다. 단, 보이지 않을 때는 굵은 파선으로 그린다.
- 불완전 나사부의 골밑을 나타내는 선은 축선에 대하여 30°의 가는 실선으로 한다. 다만, 필요에 따라서는 불완전 나사부의 도시를 생략한다.
- 암나사 탭구멍의 드릴 자리는 120°의 굵은 실선으로 그린다.
- 보이지 않는 나사부의 산봉우리와 골을 나타내는 선은 굵은 파선으로 서로 어긋나게 그린다.
- 수나사와 암나사가 끼어져 있음을 나타내는 단면은 수나사 쪽을 주로 하여 그린다.
- 수나사와 암나사의 측면도시에서 각각의 골지름은 가는 실선으로 약 3/4 원으로 그린다.

02 다음 나사의 도시법에 대한 설명으로 틀린 것은?

① 수나사의 바깥지름과 암나사의 안지름을 나타내는 선은 굵은 실선으로 그린다.
② 수나사와 암나사의 골을 표시하는 선은 가는 실선으로 그린다.
③ 완전나사부와 불완전 나사부의 경계선은 가는 실선으로 그린다.
④ 수나사와 암나사의 측면도시에서 골지름은 가는 실선으로 그린다.

TIP 완전 나사부와 불완전 나사부의 경계선은 굵은 실선으로 그린다. 단, 보이지 않을 때는 굵은 파선으로 그린다.

01 ①   02 ③

03 다음 나사의 도시방법 중 틀린 것은?

① 수나사의 바깥지름은 굵은 실선으로 그린다.
② 암나사의 안지름은 굵은 실선으로 그린다.
③ 수나사의 골을 표시하는 선은 가는 실선으로 그린다.
④ 가려서 보이지 않는 부분의 나사부는 가는 실선으로 그린다.

> TIP 보이지 않는 나사부의 산봉우리와 골을 나타내는 선은 굵은 파선으로 서로 어긋나게 그린다.

04 다음 나사의 도시법 중 잘못 설명한 것은?

① 수나사와 암나사의 골을 표시하는 선은 굵은 실선으로 그린다.
② 완전 나사부와 불완전 나사부의 경계선은 굵은 실선으로 그린다.
③ 암나사 탭 구멍의 드릴자리는 120°의 굵은 실선으로 그린다.
④ 수나사와 암나사의 측면도시에서 각각의 골지름은 가는 실선으로 약 3/4원으로 그린다.

> TIP 수나사와 암나사의 골을 표시하는 선은 가는 실선으로 그린다.

05 다음의 나사를 설명한 것으로 잘못된 것은?

> 왼 2줄 M50×2 - 6H

① 왼쪽 2줄 미터 가는 나사
② 수나사로 2줄 나사
③ 호칭지름 50mm
④ 나사의 등급은 6H

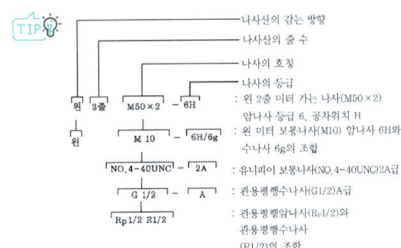

03 ④ 04 ① 05 ②

06 다음 중 나사의 종류를 표시하는 기호로 맞는 것은?

① 미터 보통 나사 : BC
② 미니어처 나사 : SM
③ 유니파이 보통 나사 : UNC
④ 미터 사다리꼴 나사 : G

> **TIP**
>
> | 구분 | | 나사의 종류 | 나사의 종류를 표시하는 기호 | 나사의 호칭에 대한 표시방법의 보기 |
> |---|---|---|---|---|
> | ISO 규격에 있는 것 | 일반용 | 미터 보통 나사 | M | M 8 |
> | | | 미터 가는 나사 | | M 8×1 |
> | | | 미니추어 나사 | S | S0.5 |
> | | | 유니파이 보통 나사 | UNC | 3/8-16 UNC |
> | | | 유니파이 가는 나사 | UNF | No.8-36 UNF |
> | | | 미터 사다리꼴 나사 | Tr | Tr 10×2 |
> | | | 관용 테이퍼 나사 / 테이퍼 수나사 | R | R 3/4 |
> | | | 테이퍼 암나사 | Rc | Rc 3/4 |
> | | | 평행 암나사 | Rp | Rp 3/4 |
> | | | 관용 평행 나사 | G | G 1/2 |
> | ISO 규격에 없는 것 | | 30° 사다리꼴 나사 | TM | TM18 |
> | | | 29° 사다리꼴 나사 | TW | TW 20 |
> | | | 관용 테이퍼 나사 / 테이퍼 수나사 | PT | PT 7 |
> | | | 평행 암나사 | PS | PS 7 |
> | | | 관용 평행 나사 | PF | PF 7 |
> | | 특수용 | 후강 전선관 나사 | CTG | CTG 16 |
> | | | 박강 전선관 나사 | CTC | CTC 19 |
> | | | 자전거 나사 / 일반용 | BC | BC 3/4 |
> | | | 스포크용 | | BC 2.6 |
> | | | 미싱 나사 | SM | SM 1/4 산 40 |
> | | | 전구 나사 | E | E 10 |
> | | | 자동차용 타이어 밸브 나사 | TV | TV 8 |
> | | | 자전거용 타이어 밸브 나사 | CTV | CTV 8 산 30 |

07 "M24 – 6H/5g"로 표시된 나사 설명으로 틀린 것은?

① 미터나사
② 호칭 지름은 24mm
③ 암나사 5급
④ 수나사 5급

> **TIP** 나사의 표기법은 아래와 같다.
>
> | 나사산의 감긴 방향 | 나사산 줄의 수 | 나사의 호칭 | 나사의 등급 |
> |---|---|---|---|
>
> 나사의 등급이 필요 없을 때에는 생략하여도 좋다. 암나사와 수나사의 등급을 동시에 나타낼 때에는, 암나사와 수나사의 등급을 표시하는 숫자, 또는 숫자와 호의 조합을 순서대로 나열하여 양자 사이에 '/'을 넣는다.

08 관용 테이퍼 수나사의 ISO 규격의 기호는?

① R
② M
③ G
③ E

> **TIP**
>
> | 관용 테이퍼 나사 | 테이퍼 수나사 | R | R 3/4 |
> |---|---|---|---|
> | | 테이퍼 암나사 | Rc | Rc 3/4 |
> | | 평행 암나사 | Rp | Rp 3/4 |

06 ③ 07 ③ 08 ①

09 미터 사다리꼴 나사 [Tr 40×7 LH]에서 LH가 뜻하는 것은?

① 피치   ② 나사의 등급
③ 리드   ④ 왼나사

TIP 미터 사다리꼴 왼나사의 표시 방법은 호칭 다음에 LH의 기호를 붙여서 보기와 같이 표시한다.

10 미터 가는 나사의 표시 방법으로 맞는 것은?

① 3/8 - 16UNC   ② M8×1
③ Tr 12×3   ④ Rp 3/4

TIP
| 나사의 종류를 표시하는 기호 | 나사의 호칭 지름을 표시하는 숫자 | × | 피치 |

11 호칭지수 36mm, 피치 6mm인 미터 사다리꼴 나사의 표시법은?

① Tr36×6   ② P6TM36
③ M36P6   ④ M36×6

TIP
나사의 종류	나사의 종류를 표시하는 기호	나사의 호칭에 대한 표시방법의 보기
미터 사다리꼴 나사	Tr	Tr 10×2

12 다음 중 나사 간략 도시 방법에서 골을 표시하는 선의 종류는?

① 굵은 실선   ② 굵은 일점쇄선
③ 가는 실선   ④ 가는 일점쇄선

13 수나사의 호칭은 무엇을 기준으로 하는가?

① 유효 지름   ② 골지름
③ 바깥지름   ④ 피치

TIP 호칭지름(nomonal diameter)은 수나사의 바깥지름으로 나타내며, 암나사는 체결되는 수나사의 바깥지름으로 나타낸다.

14 유니파이 보통나사의 ISO 규격의 기호는?

① S   ② M
③ UNC   ④ UNF

TIP
나사의 종류	나사의 종류를 표시하는 기호	나사의 호칭에 대한 표시방법의 보기
미터 보통 나사	M	M 8
미터 가는 나사		M 8×1
미니추어 나사	S	S 05
유니파이 보통 나사	UNC	3/8-16 UNC
유니파이 가는 나사	UNF	No.8-36 UNF
미터 사다리꼴 나사	Tr	Tr 10×2

15 다음은 나사의 표시방법이다. 설명으로 틀린 것은?

> 왼 2줄 M50×2 - 6H

① 2줄 왼나사이다.
② 미터 가는 나사이다.
③ 유니파이 나사를 의미한다.
④ 6H는 나사의 등급을 의미한다.

TIP 유니파이 나사의 호칭법

나사의 지름을 표시하는 숫자 또는 번호	-	산의 수	나사의 종류를 표시하는 기호
【예】 3/8	-	16	UNC
No 8	-	36	UNF

16 나사의 종류를 나타내는 기호 중 틀린 것은?

① R : 관용 테이퍼 수나사
② S : 미니어처 나사
③ UNC : 유니파이 나사
④ TM : 29° 사다리꼴 나사

TIP

나사의 종류		나사의 종류를 표시하는 기호	나사의 호칭에 대한 표시방법의 보기
미니추어 나사		S	S 05
유니파이 보통 나사		UNC	3/8-16 UNC
유니파이 가는 나사		UNF	No.8-36 UNF
미터 사다리꼴 나사		Tr	Tr 10×2
관용 테이퍼 나사	테이퍼 수나사	R	R 3/4
	테이퍼 암나사	Rc	Rc 3/4
	평행 암나사	Rp	Rp 3/4
30° 사다리꼴 나사		TM	TM18
29° 사다리꼴 나사		TW	TW 20

17 호칭지름이 50mm, 피치 2mm인 미터 가는 나사가 2줄 왼나사로 암나사 등급이 6일 때 KS나사 표시 방법으로 올바른 것은?

① 좌 2줄 M50×2 - 6H
② 좌 2줄 M50×2 - 6g
③ 왼 2N M50×2 - 6H
④ 왼 2N M50×2 - 6g

TIP 나사의 표기법은 아래와 같다.

나사산의 감긴 방향	나사산의 줄의 수	나사의 호칭	나사의 등급

- 나사산의 감긴 방향 : 나사산의 감긴 방향은 왼나사의 경우에는 '왼'의 글자로 표시하고, 오른나사의 경우에는 표시하지 않는다. 또, '왼' 대신에 'L'을 사용할 수도 있다.
- 나사산의 줄 수 : 한 줄 나사의 경우에는 표시하지 않고, 여러 줄 나사의 경우에는 '2줄', '3줄' 등과 같이 표시한다. 또, '줄' 대신에 'N'을 사용할 수 있다.

18 다음 중 나사의 표시 방법으로 틀린 것은?

① 나사산의 감긴 방향은 오른 나사인 경우에는 표시하지 않는다.
② 나사산의 줄 수는 1줄 나사인 경우에는 표시하지 않는다.
③ 나사의 호칭이 다른 암나사와 수나사의 조합을 표시하는 경우에는 나사의 호칭을 같이 쓰고, 그 사이에 사선 '/'을 넣어서 표시한다.
④ 나사의 등급은 생략하면 안 된다.

15 ③ 16 ④ 17 ③ 18 ④

TIP: 나사의 등급이 필요 없을 때에는 생략하여도 좋다. 암나사와 수나사의 등급을 동시에 나타낼 때에는, 암나사와 수나사의 등급을 표시하는 숫자, 또는 숫자와 호의 조합을 순서대로 나열하여 양자 사이에 '/ '을 넣는다.

19 핀의 호칭으로 "평행 핀 h7B-5×32 SM 45 C"라고 되어 있다. 핀의 길이는 얼마인가?

① 7
② 5
③ 32
④ 45

20 슬롯(스플릿) 테이퍼 핀의 호칭방법으로 맞는 것은?

① 명칭, 지름×길이, 재료
② 명칭, 길이×지름, 재료
③ 명칭, 종류, 길이×지름
④ 명칭, 등급, 지름×길이

TIP: 핀의 호칭법

명칭	호칭	보기
평행핀 (KS B 1320)	명칭, 종류, 형식 d×l, 재료	평행 핀 h7×50 SM 45C
테이퍼 핀 (KS B 1320)	명칭, 등급, d×l, 재료	테이퍼 핀 2급 6×7 SM20C
슬롯 테이퍼 핀 (KS B 1323)	명칭, d×l, 재료, 지정사항	슬롯 테이퍼 핀 6×70 SM35C
분할핀 (KS B 1321)	명칭, d×l, 재료, 지정사항	핀갈라짐의 깊이 10 분할 핀 2×30 SWRM 3 뾰족끝

21 스플릿 테이퍼 핀의 테이퍼 값은?

① $\frac{1}{20}$
② $\frac{1}{25}$
③ $\frac{1}{50}$
④ $\frac{1}{100}$

TIP: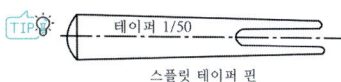
스플릿 테이퍼 핀

22 다음 중 평행 키의 크기를 나타내는 표시 방법은?

① 너비×길이×높이
② 너비×높이×길이
③ 높이×길이×너비
④ 길이×높이×너비

TIP: b × h × l(너비 × 높이 × 길이)

23 테이퍼 핀의 테이퍼와 호칭 표시는?

① 1/100 - 큰 쪽의 지름
② 1/50 - 작은 쪽의 지름
③ 1/50 - 큰 쪽의 지름
④ 1/100 - 작은 쪽의 지름

TIP: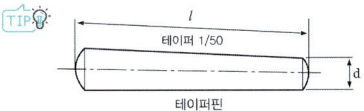
테이퍼핀

24 축과 보스의 키홈에 KS 규격으로 치수를 기입하려고 할 때 적용 기준이 되는 것은?

① 보스 구멍의 지름
② 축의 지름
③ 키의 두께
④ 키의 폭

TIP 키는 축의 지름을 기준으로 선택하여 제도한다.

25 평행 키의 크기를 나타낸 것 중 옳은 것은?

① 너비×길이×높이, 재료
② 너비×높이×길이, 재료
③ 재료, 너비×높이×길이
④ 너비×높이×재료×길이

TIP 평행핀(KS B 1320)은 명칭, 종류, 형식 d×l, 재료로 나타낸다.

26 리벳 이음의 도시 방법에 대한 설명으로 틀린 것은?

① 리벳은 길이 방향으로 단면하여 도시한다.
② 2장 이상의 판이 겹쳐 있을 때, 각 판의 파단선은 서로 어긋나게 외형선으로 긋는다.
③ 리벳의 체결 위치만 표시할 때에는 중심선만을 그린다.
④ 리벳을 크게 도시할 필요가 없을 때에는 리벳구멍을 약도로 도시한다.

TIP
- 리벳을 크게 도시할 필요가 없을 때에는 리벳 구멍을 약도로 도시한다. (a)
- 리벳의 체결 위치만 표시할 경우에는 중심선만을 그린다. (b)
- 같은 간격으로 연속하는 같은 종류의 구멍 표시 방법은 간단히 기입한다.

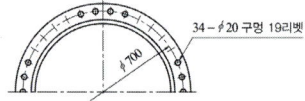

(a) 리벳의 위치

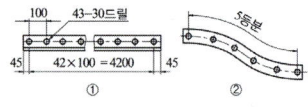

(b) 동일 간격의 구멍 배치

- 여러 장의 얇은 판의 단면 도시에서 각 판의 파단선은 서로 어긋나게 긋는다.
- 리벳은 길이 방향으로 절단하여 도시하지 않는다.
- 얇은 판, 형강 등의 단면은 굵은 실선으로 도시한다.
- 형강의 치수 기입은 형강 도면 위쪽에 기입한다.
- 구조물에 쓰이는 리벳은 기호로써 표시한다.

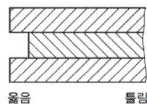

(a) 여러 장의 얇은 판의 단면 도시

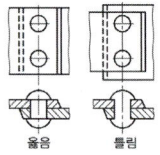

(b) 릴벳의 단면 도시

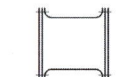

(c) 얇은 판의 단면 도시

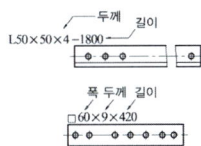

(d) 형강의 치수기입

판의 단면도시 및 형강의 치수기입

27 리벳에 대한 호칭법 및 도시법에 대한 설명 중 틀린 것은?

① 리벳의 호칭방법은 규격번호, 종류, 호칭지름×길이, 재료 순으로 표시한다.

② 둥근머리 리벳의 길이는 머리부분을 제외한다.

③ 리벳의 지름과 구멍의 지름은 같아야 한다.

④ 리벳은 길이 방향으로 단면하여 도시하지 않는다.

> TIP · 리벳의 호칭법
>
> | 규격
번호 | 종류 | 호칭
지름 | 길이 | 재료 |
> |---|---|---|---|---|
> | 【예】
KS B
1102 | 열간
둥근머리
리벳 | 16 | 40 | MS
W-
G2 |
>
> ※ 리벳의 호칭길이 : 접시머리 리벳만 머리부를 포함한 전체의 길이로 호칭되고 그 외의 리벳은 머리부를 제외한 길이로 호칭한다.
>
> ※ 리벳 구멍은 리벳 지름보다 약간 크게 1 ~ 1.5mm 정도 크게 한다.

28 다음 중 용접부의 다듬질 방법에 사용되는 보조 기호로 맞는 것은?

① 치핑 : G   ② 연삭 : C

③ 절삭 : M   ④ 지정 없음 : N

> TIP
>
> | 구분 | | 보조기호 | 비고 |
> |---|---|---|---|
> | 용접부의
다듬질
방법 | 치핑 | C | 그라인더 다듬질일 경우 |
> | | 연삭 | G | |
> | | 절삭 | M | 기계 다듬질일 경우 |
> | | 지정하지
않음 | F | 다듬질 방법을 지정하지
않을 경우 |

29 용접에 관한 설명으로 틀린 것은?

① 설명선은 기선, 화살표, 꼬리로 구성된다.

② 꼬리부분은 특별한 지정사항이 없으면 생략해도 좋다.

③ 용접할 쪽이 화살표쪽 또는 앞쪽일 때에는 동일선에, 화살표 반대쪽일 때에는 인출선에 기입한다.

④ 현장 용접, 전둘레 용접, 전둘레 현장 용접의 기호는 기선과 지시선의 교점에 기입한다.

> TIP • 설명선은 기선, 화살표, 꼬리로 구성되고 꼬리부분은 용접 방법 등 특별히 지정할 필요가 있는 사항을 기재한다. (필요가 없을 시 생략해도 좋다.)
>
> • 현장 용접, 전둘레 용접, 전둘레 현장용접의 기호는 기선과 지시선의 교점에 기입한다.

30 기계제도에서 축을 도시할 때의 설명으로 틀린 것은?

① 중심선을 수평방향으로 놓고 축을 길게 놓인 상태로 그린다.
② 축의 가공방향은 관계없이 직경이 큰 쪽이 오른쪽에 있도록 그린다.
③ 축은 길이 방향으로 절단하여 온 단면도로 표현하지 않는다.
④ 단면모양이 같은 긴축은 중간 부분을 파단하여 짧게 표현하고, 전체길이를 기입한다.

TIP
- 축은 길이 방향으로 단면도시를 하지 않으나 부분 단면은 가능하다.(a)
- 긴 축은 중간을 파단하여 짧게 그리며, 치수는 실제 길이를 기입한다.(b)
- 축에 있는 널링(knurling)의 도시는 빗줄인 경우에 축선에 대하여 30°로 서로 엇갈리게 그린다.(c)
- 축의 모따기 및 평면부 표시는 치수기입법에 따른다.(d)
- 축의 단을 주는 부분의 치수와 가공하기 위한 센터의 도시는 그림(e), (f)같이 나타낸다.

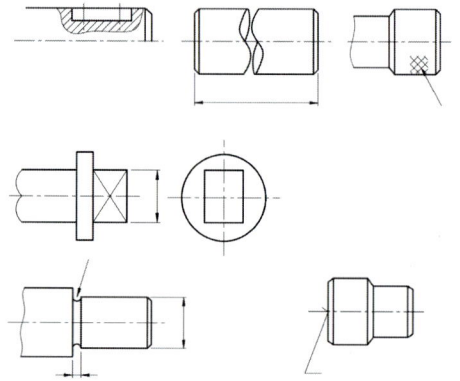

31 다음 축의 도시방법으로 적당하지 않은 것은?

① 축은 길이방향으로 단면도시를 하지 않는다.
② 널링 도시 시 빗줄인 경우 축선에 대하여 45° 엇갈리게 그린다.
③ 단면 모양이 같은 긴축은 중간을 파단하여 짧게 그릴 수 있다.
④ 축의 끝에는 주로 모따기를 하고 모따기 치수를 기입한다.

TIP 축에 있는 널링(knurling)의 도시는 빗줄인 경우에 축선에 대하여 30°로 서로 엇갈리게 그린다.

32 축의 제도에 대한 설명으로 틀린 것은?

① 축은 보통 길이방향으로 절단하여 도시하지 않는다. 단, 부분단면은 가능하다.
② 긴 축은 중간을 파단하여 그릴 수 있다. 단, 치수는 실제 길이치수를 기입하여야 한다.
③ 축 끝의 모따기는 각도와 폭을 모두 기입하지 않아도 된다.
④ 축에 있는 널링을 도시할 때 빗줄인 경우에는 축선에 대하여 30°로 엇갈리게 그린다.

TIP 축의 모따기 및 평면부 표시는 치수기입법에 따른다.

30 ② 31 ② 32 ③

33 축의 도시방법에 대한 설명으로 틀린 것은?

① 단면 모양이 같은 긴 축은 중간 부분을 파단하여 짧게 그린다.
② 축의 끝에는 모따기를 하고, 모따기 치수를 기입한다.
③ 축은 길이 방향으로 절단하여 온 단면도로 표현한다.
④ 널링 도시 시 빗줄인 경우 축선에 대하여 30°로 엇갈리게 그린다.

TIP 축은 길이 방향으로 단면도시를 하지 않으나 부분 단면은 가능하다.

34 축의 도시법에 대한 설명 중 틀린 것은?

① 축은 길이 방향으로 절단하여 온 단면도로 도시한다.
② 긴 축은 중간을 파단하여 짧게 그리고 치수는 실제 치수를 기입한다.
③ 축에 빗줄 널링을 표시할 경우에는 축선에 대하여 30°로 엇갈리게 그린다.
④ 축의 키 홈은 부분 단면하여 나타낼 수 있다.

TIP 축은 길이 방향으로 단면도시를 하지 않으나 부분 단면은 가능하다.

35 다음 축에 대한 제도 설명 중 옳은 것은?

① 축은 옆으로 길게 또는 수직으로 세워 놓은 상태로 도시한다.
② 축은 길이방향으로 절단하여 전단면도로 표현하지 않는다.
③ 단면의 모양이 같은 긴 축은 중간 부분을 파단하여 짧게 표현하고, 전체 길이 치수 밑에 밑줄을 긋는다.
④ 축의 끝에는 모따기를 하지 않아도 된다.

36 다음 축의 도시법에 대한 설명 중 틀린 것은?

① 축은 길이 방향으로 절단하여 온 단면도로 표현한다.
② 긴 축은 중간을 파단하여 짧게 그린다.
③ 축에 있는 널링의 도시는 빗줄인 경우 축선에 대하여 30°로 엇갈리게 그린다.
④ 축의 가공 방향을 고려하여 도시한다.

37 다음 중 축의 도시 방법으로 맞는 것은?

① 축은 길이 방향으로 단면 도시를 한다.
② 긴 축은 중간을 파단하여 그릴 수 없다.
③ 축 끝에는 모따기를 할 수 있다.
④ 축에 있는 널링이 빗줄인 경우에는 축선에 대하여 45°로 엇갈리게 그린다.

33 ③ 34 ① 35 ② 36 ① 37 ③

38 축의 도시방법 중 바르게 설명한 것은?

① 긴 축은 중간을 파단하여 짧게 그리되 치수는 실제의 길이를 기입한다.

② 축 끝의 모따기는 각도와 폭을 기입하되 60° 모따기인 경우에 한하여 치수 앞에 "C"를 기입한다.

③ 둥근 축이나 구멍 등의 일부면이 평면임을 나타낼 경우에는 굵은 실선의 대각선을 그어 표시한다.

④ 축에 있는 널링(Knurling)의 도시는 빗줄인 경우 축선에 대하여 45°로 엇갈리게 그린다.

TIP ⊙ 긴 축은 중간을 파단하여 짧게 그리며, 치수는 실제 길이를 기입한다.

39 다음 중 평벨트 풀리의 도시방법으로 틀린 것은?

① 벨트 풀리는 축 직각 방향의 투상을 주투상도로 할 수 있다.

② 암의 길이 방향으로 절단하여 단면을 도시한다.

③ 암의 단면모양은 도형의 안이나 밖에 회전단면을 도시한다.

④ 암의 테이퍼 부분치수를 기입할 때 치수보조선을 경사선으로 긋는다.

TIP ⊙ • 벨트 풀리는 축 직각 방향의 투상을 정면도로 한다.
• 벨트 풀리와 같이 대칭형인 것은 그 일부분만을 도시한다.
• 암과 같은 방사형인 것은 수직 중심선 또는 수평 중심선까지 회전하여 투상한다.

• 암은 길이 방향으로 절단하여 단면의 도시를 하지 않는다.
• 암의 단면형은 도형의 안이나 밖에 회전 단면을 도시한다. 도형 안에 도시할 때에는 가는 실선으로, 도형 밖에 도시할 때에는 굵은 실선으로 그린다.
• 암의 테이퍼 부분의 치수를 기입할 때 치수보조선은 경사선으로 긋는다.(수평과 60° 또는 30°)

40 구름 베어링 제도 시 계통을 표시하는 경우의 도시방법 중 다음 그림이 뜻하는 것은?

① 앵귤러 볼 베어링
② 원통 롤러 베어링
③ 자동조심 볼 베어링
④ 니들 롤러 베어링

원통 롤러 베어링				
NJ	NU	NF	N	NN
1.5	1.6	1.7	1.8	1.9
2.5	2.6	2.7	2.8	2.9
3.5	3.6	3.7	3.8	3.9

41 다음 평벨트 풀리의 도시 방법으로 맞는 것은?

① 암은 길이 방향으로 절단하여 도시한다.
② 벨트 풀리는 축 직각 방향의 투상을 주 투상도로 한다.
③ 암의 단면 모양은 도형의 안이나 밖에 회전 단면을 하여 도시하지 않는다.
④ 암의 테이퍼 부분 치수를 기입할 때 치수 보조선은 경사선으로 그어서는 안 된다.

TIP: 벨트 풀리는 축 직각 방향의 투상을 정면도로 한다.

42 벨트풀리의 도시방법을 설명한 것 중 옳은 것은?

① 벨트풀리는 축방향으로 본 모양만을 도시한다.
② 모양이 대칭형인 벨트 풀리는 전체를 그린다.
③ 암의 단면모양은 도형의 안이나 밖에 회전단면을 도시한다.
④ 암은 길이방향으로 절단하여 단면 도시한다.

TIP: 암은 길이 방향으로 절단하여 단면의 도시를 하지 않고 도형의 안이나 밖에 회전단면으로 도시한다. 도형 안에 도시할 때에는 가는 실선으로, 도형 밖에 도시할 때에는 굵은 실선으로 그린다.

43 평 벨트풀리의 호칭법으로 맞는 것은?

① 종류, 호칭지름×호칭폭, 재료, 명칭
② 명칭, 종류, 호칭지름×호칭폭, 재료
③ 호칭지름×호칭폭, 명칭, 종류, 재료
④ 재료, 명칭, 종류, 호칭지름×호칭폭

TIP: 평벨트의 호칭은 명칭, 종류, 호칭지름×호칭폭, 재료 순으로 나타낸다.

44 스퍼기어 제도 시 축방향에서 본 도면의 이뿌리원은 어느 선으로 나타내는가?

① 가는 실선
② 굵은 1점 쇄선
③ 가는 1점 쇄선
④ 가는 2점 쇄선

TIP: • 이끝원은 굵은 실선, 피치원은 가는 일

41 ② 42 ③ 43 ② 44 ①

점쇄선, 이뿌리원은 가는 실선으로 그리며 정면도를 단면으로 도시할 때에는 이뿌리원은 굵은 실선으로 도시한다.

- 이뿌리원은 생략하여도 되며 베벨기어 및 웜 휠의 측면도에서는 원칙적으로 생략한다.
- 헬리컬 기어와 웜 기어 잇줄 방향은 보통 3개의 가는 실선으로 그리며 스파이럴 베벨기어 및 하이포드 기어에서는 1개의 굵은 실선으로 그린다.(※내접 헬리컬 기어의 단면으로 도시할 때에는 잇줄 방향은 3개의 가는 실선)
- 헬리컬 기어의 정면도를 단면으로 도시할 때에는 지면보다 앞의 이의 잇줄 방향을 3개의 가는 이점 쇄선으로 그린다.(※ 수평과 30°로 표시하고 치수기입은 실제의 비틀림 각도를 기입한다.
- 맞물리는 한 쌍의 기어에서 측면도의 양쪽 이끝원은 굵은 실선으로 그리고 정면의 단면에서는 한쪽의 이끝원은 파선, 다른 한쪽 이끝원은 굵은 실선으로 그린다.

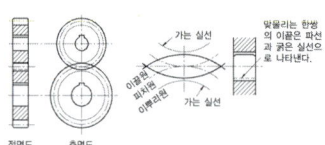

(a) 스퍼어 기어의 도시

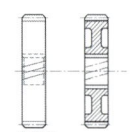

(b) 헬리컬 기어의 도시

45 기어의 도시 방법에 대한 설명으로 옳지 않은 것은?

① 이끝원은 굵은 실선으로 그린다.

② 피치원은 가는 1점 쇄선으로 그린다.

③ 축에 직각인 방향으로 본 그림의 단면으로 표시할 때 이뿌리원은 가는 실선으로 그린다.

④ 잇줄 방향은 보통 3개의 가는 실선으로 그린다.

TIP: 축 직각방향에서 본 방향을 정면도라 하고 정면도를 단면으로 도시할 때에는 이뿌리원은 굵은 실선으로 도시한다.

46 기어의 제도 시 축 방향에서 본 측면도의 이뿌리원을 나타낼 때 사용하는 선은?

① 굵은 실선 ② 가는 1점 쇄선
③ 가는 실선 ④ 은선

TIP: 측면 제도 시 기어의 이뿌리원은 가는 실선으로 그린다.

47 베벨기어에서 피치원은 무슨 선으로 표시하는가?

① 가는 1점 쇄선 ② 굵은 1점 쇄선
③ 가는 2점 쇄선 ④ 굵은 실선

TIP: 기어의 종류에 상관없이 피치원은 가는 일점쇄선으로 도시한다.

45 ③ 46 ③ 47 ①

48 맞물리는 한 쌍 기어의 도시에서 축방향에서 본 맞물림부의 이끝원은 무슨 선으로 도시하는가?

① 한쪽은 실선, 다른 쪽은 일점쇄선으로 도시한다.
② 모두 파선으로 도시한다.
③ 모두 굵은 실선으로 도시한다.
④ 한쪽은 굵은 실선, 다른 쪽은 가상선으로 도시한다.

TIP 맞물리는 한쌍의 기어에서 측면도의 양쪽 이끝원은 굵은 실선으로 그리고 정면도의 단면에서는 한쪽의 이끝원은 파선, 다른 한쪽 이끝원은 굵은 실선으로 그린다.

49 일반적으로 스퍼 기어의 요목표에 기입하는 사항이 아닌 것은?

① 치형
② 잇수
③ 피치원 지름
④ 비틀림 각

TIP

스퍼기어요목표		
기어치형		표준
공구	치형	보통이
	모듈	2
	압력각	20°
잇수		20
피치원 지름		40
전체 이높이		4.5
다듬질 방법		호브절삭
정밀도		KS B 1405, 3급

50 축 방향에서 본 모양을 도시할 때 기어의 이뿌리원을 그리는데 사용되는 선의 종류는?

① 가는 1점 쇄선
② 가는 파선
③ 가는 실선
④ 굵은 실선

TIP 측면 제도 시 기어의 이뿌리원은 가는 실선으로 그린다.

51 다음 스퍼어기어 요목표에서 잇수는?

스퍼기어		
기어 치형		표준
공구	치형	보통 이
	모듈	2
	압력각	20°
잇수		
피치원 지름		40
전체 이 높이		4.5
다듬질 방법		호브 절삭
정밀도		KS B 1405, 3급

① 5
② 10
③ 15
④ 20

TIP 피치원 지름은 잇수×모듈이므로 잇수는 20이 된다.

52 기어 요목표 작성 시 불필요한 항목은?

① 모듈
② 기어 치형
③ 전체 이높이
④ 이끝 높이

53 기어 제도 시 이끝원에 사용하는 선의 종류는?

① 가는 2점 쇄선 ② 가는 1점 쇄선
③ 굵은 실선   ④ 가는 실선

> TIP ✦ 기어제도 시 이끝원은 굵은 실선으로 도시한다.

54 외접 헬리컬 기어의 주투상도를 단면으로 도시할 때에는 잇줄 방향을 어떻게 도시하는가?

① 3개의 가는 실선으로 도시
② 3개의 굵은 실선으로 도시
③ 1개의 굵은 실선으로 도시
④ 3개의 가는 2점 쇄선으로 도시

> TIP ✦ 헬리컬 기어의 정면도를 단면으로 도시할 때에는 지면보다 앞의 이의 잇줄 방향을 3개의 가는 2점 쇄선으로 그린다.

55 기어의 도시 방법으로 맞는 것은?

① 이끝원은 굵은 실선으로 그린다.
② 이뿌리원은 가는 1점 쇄선으로 그린다.
③ 피치원은 가는 2점 쇄선으로 그린다.
④ 잇줄 방향은 보통 3개의 굵은 실선으로 그린다.

56 기어 제도법에 대한 설명 중 옳지 않는 것은?

① 스퍼어기어의 축방향에서 본 이끝원은 굵은 실선으로 그린다.
② 맞물리는 한 쌍 기어의 도시에서 맞물림부의 이끝원은 모두 굵은 실선으로 그린다.
③ 헬리컬 기어의 잇줄 방향은 3개의 가는 실선으로 그린다.
④ 스퍼기어의 축방향에서 본 치저원은 가는 2점 쇄선으로 그린다.

57 기어의 제도에 대한 설명 중 틀린 것은?

① 이끝원은 굵은 실선으로 그린다.
② 피치원은 가는 2점쇄선으로 그린다.
③ 이뿌리원은 가는 실선으로 그린다.
④ 헬리컬기어는 잇줄방향으로 보통 3개의 가는 실선으로 그린다.

58 외접 헬리컬 기어의 주투상도를 단면으로 도시할 때, 잇줄방향의 표시 방법은?

① 1개의 가는 실선
② 3개의 가는 실선
③ 1개의 가는 2점 쇄선
④ 3개의 가는 2점 쇄선

> TIP ✦ 헬리컬 기어의 정면도를 단면으로 도시할 때에는 지면보다 앞의 이의 잇줄 방향을 3개의 가는 2점 쇄선으로 그린다.

53 ③ 54 ④ 55 ① 56 ④ 57 ② 58 ④

59 스프킷휠의 제도 시 바깥지름은 어떤 선으로 도시하는가?

① 굵은 실선 ② 가는 실선
③ 굵은 파선 ④ 가는 1점 쇄선

> TIP
> - 이끝원은 굵은 실선, 피치원은 가는 일점 쇄선, 이뿌리원은 가는 실선으로 그리며 이뿌리원은 생략하여도 좋다.
> - 정면도를 단면으로 도시할 때에는 이뿌리원은 굵은 실선으로 도시한다.

60 스프킷 휠의 도시방법으로 맞는 것은?

① 바깥지름 - 굵은 실선
② 피치원 - 가는 실선
③ 이뿌리원 - 가는 1점 쇄선
④ 축직각 단면으로 도시할 때 이뿌리선 - 굵은 파선

61 스프킷 휠 제도법에 대한 설명 중 맞는 것은?

① 바깥지름은 굵은 실선으로 그린다.
② 피치원은 가는 실선으로 그린다.
③ 이뿌리원은 굵은 실선으로 그린다.
④ 이의 부분을 상세히 그릴 때는 조립도를 추가한다.

62 스프킷 휠의 도시법에서 피치원을 나타내는 선은?

① 가는 1점 쇄선 ② 굵은 실선
③ 가는 실선 ④ 굵은 1점 쇄선

63 코일 스프링의 제도에 대한 설명 중 틀린 것은?

① 스프링은 원칙적으로 하중에 걸린 상태에서 도시한다.
② 스프링의 종류와 모양만을 도시할 때에는 재료의 중심을 굵은 실선으로 그린다.
③ 특별한 단서가 없는 한 모두 오른쪽 감기로 도시하고 왼쪽 감기일 경우 "감긴 방향 왼쪽"이라고 표시한다.
④ 코일 부분의 중간 부분을 생략할 때에는 생략한 부분의 선지름의 중심선을 가는 1점 쇄선으로 표기한다.

> TIP
> - 스프링은 원칙적으로 무하중인 상태로 그리나 만약 하중이 걸린 상태로 그릴 경우 그 때의 치수와 하중을 기입한다.
> - 하중과 높이 또는 처짐과의 관계를 표시할 경우가 있을 경우에는 그림과 같이 선도로 표시하며 사용상 지장이 없을 경우에는 직선으로 표시한다.
> - 스프링은 표기가 없는 한 모두 오른쪽 감는 것을 나타낸다. 왼쪽으로 감는 경우에는 '감김 방향 왼쪽' 이라고 표시한다.
> - 그림 안에 기입하기가 힘든 사항은 요목표에 기입한다.

- 코일스프링에서 양 끝을 제외한 동일 모양 부분의 일부를 생략하는 경우에는 생략하는 부분의 선지름의 중심선을 가는 1점 쇄선으로 나타낸다.
- 스프링의 종류 및 모양만을 도시할 때에는 스프링 재료의 중심선을 굵은 실선으로 그린다.
- 조립도, 설명도 등에서 코일 스프링은 그 단면만으로 표시하여도 좋다.

64 다음 중 스프링 제도에 대한 설명으로 틀린 것은?

① 코일 스프링은 원칙적으로 하중이 걸린 상태에서 그린다.
② 겹판스프링은 원칙적으로 스프링 판이 수평한 상태에서 그린다.
③ 그림에 단서가 없는 코일 스프링은 오른쪽으로 감긴 것을 표시한다.
④ 코일 스프링이 왼쪽으로 감긴 경우는 '감긴 방향 왼쪽'이라고 표시한다.

TIP 스프링은 표기가 없는 한 모두 오른쪽 감는 것을 나타낸다. 왼쪽으로 감는 경우에는 '감김 방향 왼쪽'이라고 표시한다. 또한 코일스프링은 원칙적으로 무하중 상태에서 도시한다.

65 코일 스프링의 중간 부분을 생략할 때에 생략한 부분의 선지름의 중심선을 표시하는 선은?

① 가는 실선
② 굵은 실선
③ 가는 1점 쇄선
④ 파단선

TIP 코일 스프링의 중간부분을 생략할 때에는 선지름의 중심선을 가는 1점 쇄선으로 도시한다.

66 코일스프링을 그릴 때의 설명으로 올바른 것은?

① 원칙적으로 하중이 걸린 상태에서 그린다.
② 특별한 단서가 없는 한 모두 왼쪽감기로 그린다.
③ 중간 부분을 생략할 때에는 생략한 부분을 가는 실선으로 그린다.
④ 스프링의 종류 및 모양만을 도시하는 경우에는 중심선을 굵은 실선으로 그린다.

TIP 스프링의 종류 및 모양만을 도시할 때에는 스프링 재료의 중심선을 굵은 실선으로 그린다.

코일 스프링의 모양 도시
(간략도)

67 다음 중 코일 스프링의 제도 방법으로 틀린 것은?

① 원칙적으로 하중이 걸린 상태에서 그린다.
② 특별한 단서가 없는 한 모두 오른쪽 감기로 도시한다.
③ 코일 부분의 중간을 생략할 때에는 생략한 부분의 선지름 중심선을 가는 1점 쇄선으로 표기한다.
④ 스프링의 종류와 모양만을 도시할 때에는 재료의 중심선만을 굵은 실선으로 그린다.

TIP 스프링은 원칙적으로 무하중인 상태로 그리나 만약 하중이 걸린 상태로 그릴 경우 그 때의 치수와 하중을 기입한다.

68 코일 스프링의 제도 원칙 설명으로 틀린 것은?

① 스프링은 원칙적으로 하중이 걸린 상태로 도시한다.
② 하중과 높이 또는 휨과의 관계를 표시할 필요가 있을 때는 선도 또는 요목표에 표시한다.
③ 특별한 단서가 없는 한 모두 오른쪽 감기로 도시한다.
④ 스프링의 종류와 모양만을 도시할 때에는 재료의 중심선만을 굵은 실선으로 그린다.

69 겹판 스프링의 제도 방법 중 틀린 것은?

① 겹판 스프링은 원칙적으로 판이 수평인 상태에서 그린다.
② 하중이 걸린 상태에서 그릴 때에는 하중을 명기한다.
③ 무하중의 상태로 그릴 때에는 가상선으로 표시한다.
④ 모양만을 도시할 때에는 스프링의 외형을 가는 1점 쇄선으로 그린다.

TIP 스프링의 종류 및 모양만을 도시할 때에는 스프링 재료의 중심선을 굵은 실선으로 그린다.

70 스프링 제도법에 대한 설명으로 틀린 것은?

① 스프링은 원칙적으로 하중이 걸리지 않은 상태로 그린다.
② 특별한 단서가 없는 한 오른쪽 감기로 도시한다.
③ 코일 부분의 중간을 생략할 때에는 가는 실선으로 표시한다.
④ 그림 안에 기입하기 힘든 사항은 일괄하여 요목표에 표시한다.

TIP 코일 부분의 중간 부분을 생략할 때에는 생략한 부분을 가는 1점 쇄선 또는 가는 2점 쇄선으로 표시해도 좋다.

67 ① 68 ① 69 ④ 70 ③

71 코일 스프링제도에 관한 설명 중 적당하지 않는 것은?

① 스프링은 원칙적으로 무하중인 상태로 그린다.
② 특별한 단서가 없는 한 오른쪽 감기로 도시한다.
③ 중간부분을 생략할 때는 생략한 부분의 선 중심선을 가는 1점 쇄선으로 표시한다.
④ 스프링의 종류와 모양만을 도시할 때는 재료의 중심선을 굵은 1점 쇄선으로 표시한다.

> TIP: 스프링의 종류 및 모양만을 도시할 때에는 스프링 재료의 중심선을 굵은 실선으로 그린다.

72 다음 스프링에 관한 제도 설명 중 틀린 것은?

① 코일 스프링에서 코일 부분의 중간 부분을 생략하는 경우에는 생략하는 부분의 선지름의 중심선을 가는 1점 쇄선으로 나타낸다.
② 하중 또는 처짐 등을 표시할 필요가 있을 때에는 선도 또는 항목표로 나타낸다.
③ 도면에서 특별한 지시가 없는 한 모두 오른쪽 감기로 도시한다.
④ 벌류트 스프링은 원칙적으로 하중이 가해진 상태에서 그리는 것을 원칙으로 한다.

> TIP: 스프링은 원칙적으로 무하중인 상태로 그리나 겹판스프링은 사용하중 상태로 그린다.

겹판 스프링

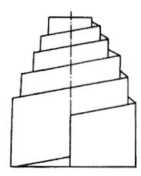

벌류우트 스프링

73 스프링의 종류와 모양만을 도시할 때에는 재료의 중심선을 어떤 선으로 표시하는가?

① 굵은 실선   ② 가는 실선
③ 굵은 1점 쇄선   ④ 가는 1점 쇄선

> TIP: 스프링의 종류 및 모양만을 도시할 때에는 스프링 재료의 중심선을 굵은 실선으로 그린다.

코일 스프링의 모양 도시
(간략도)

74 코일스프링의 중간부분을 생략도로 그릴 경우 생략부분의 선지름 중심선을 어느 선으로 표시하는가?

① 가는 실선   ② 가는 1점 쇄선
③ 굵은 실선   ④ 은선

75 다음은 파이프의 도시기호를 나타낸 것이다. 파이프 안에 흐르는 유체의 종류는?

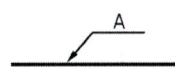

① 공기 ② 가스
③ 유류 ④ 수증기

TIP
유체의 종류	글자기호
공기	A
가스	G
유류	O
수증기	S
물	W

76 배관기호의 표시방법으로 틀린 것은?

① 관은 1줄의 실선으로 표시한다.
② 가스의 문자기호는 G로 표현한다.
③ 유체의 흐름 방향은 실선에 화살표의 방향으로 표시한다.
④ 물의 문자기호는 A로 표현한다.

TIP 물은 W로 표현한다. A는 공기를 의미한다.

77 파이프에 흐르는 유체의 종류와 기호 연결로 틀린 것은?

① 공기 - A ② 유류 - O
③ 가스 - G ④ 수증기 - W

TIP
유체의 종류	글자기호
공기	A
가스	G
유류	O
수증기	S
물	W

78 보기와 같은 배관설비 도면에서 글로브 밸브를 나타내는 기호는?

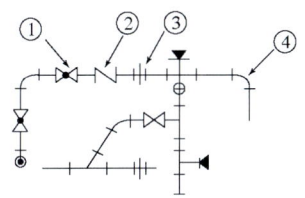

① ① ② ②
③ ③ ④ ④

TIP

단선 도시법

명칭	도시기호	
	플랜지 이음	나사이음
밸브일반		
앵글밸브		
체크밸브		
게이트밸브		
안전밸브		
글로브밸브		
콕		
전동슬루스밸브		
슬루스밸브		
플롯밸브		

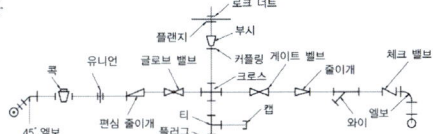

75 ①   76 ④   77 ④   78 ①

79 배관도의 치수기입 방법에 대한 설명 중 틀린 것은?

① 파이프나 밸브 등의 호칭 지름은 파이프라인 밖으로 지시선을 끌어내어 표시한다.
② 치수는 파이프, 파이프 이음, 밸브의 목 입구의 중심에서 중심까지의 길이로 표시한다.
③ 여러 가지 크기의 많은 파이프가 근접해서 설치된 장치에서는 단선도시 방법으로 그린다.
④ 파이프의 끝부분에 나사가 없거나 왼나사를 할 때에는 지시선으로 나타내어 표시한다.

80 다음은 관의 장치도를 단선으로 표시한 것이다. 체크밸브를 나타내는 기호는 어느 것인가?

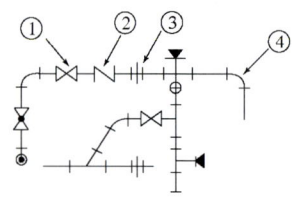

① ①　　　　② ②
③ ③　　　　④ ④

TIP 체크밸브는 아래와 같이 도시한다.

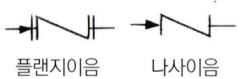

플랜지이음　　나사이음

81 다음은 계기의 도시기호를 나타낸 것이다. 압력계를 나타낸 것은?

① 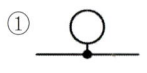　　②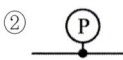
③ 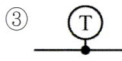　　④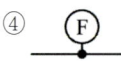

TIP
명칭	계기일반	압력계	온도계
도시기호	○	Ⓟ	Ⓣ

82 배관도의 제도에 대한 설명 중 잘못된 것은?

① 치수는 관, 관 이음, 밸브의 입구 중심에서 중심까지의 길이로 표시한다.
② 관이나 밸브 등의 호칭 지름은 복선이나 단선으로 표시된 관선(pipe line) 밖으로 지시선을 끌어내어 표시한다.
③ 배관도에는 단선 도시방법과 복선 도시방법이 있다.
④ 관 이음 기호를 사용하지 않고 관과 관 이음을 실물 모양과 같게 나타내는 방법을 단선도시라 한다.

83 배관제도의 계기 표시방법 중 압력 지시계를 나타낸 것은?

TIP	명칭	압력계
	도시기호	Ⓟ

84 다음과 같은 기호는 어떤 밸브를 나타낸 것인가?

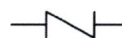

① 체크 밸브   ② 게이트 밸브
③ 글로브 밸브   ④ 슬루스 밸브

PART

02

기계요소 설계

CHAPTER 01 ◆ 재료역학

CHAPTER 02 ◆ 결합용 기계요소

CHAPTER 03 ◆ 축계 기계요소

CHAPTER 04 ◆ 전동용 기계요소

CHAPTER 05 ◆ 제동 및 완충용 기계요소

CHAPTER 06 ◆ "관"계 기계요소

전 산 응 용 기 계 제 도 기 능 사

COMPLETION IN 3 MONTH

CRAFTSMAN COMPUTER AIDED ARCHITECTURAL DRAWING

전산응용기계제도기능사

01 재료역학

01 응력과 변형률

1 하중

(1) 하중의 작용하는 방향에 따른 분류★★

① **인장 하중**(tensile load) : 재료를 하중이 작용하는 방향으로 늘어나게 하려는 하중
② **압축 하중**(compressive load) : 재료를 하중이 작용하는 방향으로 누르는 하중
③ **전단 하중**(shearing load) : 재료를 가위로 자르려는 것과 같이 작용하는 하중
④ **휨 하중**(bending load) : 재료를 구부리려는 하중
⑤ **비틀림 하중**(torsion load) : 재료를 비틀려고 하는 하중

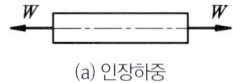
(a) 인장하중

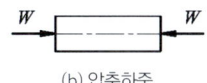
(b) 압축하중

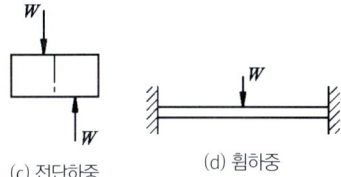
(c) 전단하중   (d) 휨하중

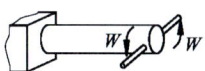
(e) 비틀림하중

하중의 종류

(2) 하중이 걸리는 속도에 의한 분류

① **정하중** : 가해지는 속도가 매우 느리고 크기와 방향이 일정한 하중이며, 가해진 상태에서 정지하고 있는 하중
② **동하중** : 하중의 크기와 방향이 시간에 따라 변화하는 하중★★
　㉠ 교번 하중 : 하중의 크기와 방향이 주기적으로 변하는 하중
　㉡ 충격 하중 : 순간적으로 격렬하게 작용하는 하중
　㉢ 반복 하중 : 동일한 방향으로 반복하여 작용하는 하중
　　예 피스톤로드 : 인장과 압축이 교대로 반복하여 작용하는 하중

(3) 하중의 분포상태에 따른 분류

① **집중하중** : 재료의 한 점에 집중하여 작용하는 하중
② **분포하중** : 재료의 어느 범위 내에 분포되어 작용하는 하중으로 균일 분포하중과 불균일 분포하중이 있다.

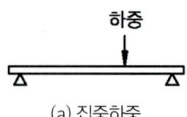
(a) 집중하중

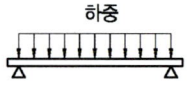
(b) 균일 분포하중

(c) 불균일 분포하중

하중의 분포상태에 따른 분류

2 응력(Stress)★★★

물체에 하중을 작용시키면 물체 내부에 저항력이 생기며 이때 생긴 단위 면적당의 저항력을 응력(Stress)이라 한다.

(1) 수직응력(Normal stress)

단면에 수직 방향으로 작용하는 응력★★

① 인장응력(tensile stress) : 인장하중 W (N), 단면적은 $A(\mathrm{cm}^2)$라 하면 인장응력 σ_t는

$$\sigma_t = \frac{W}{A}(\mathrm{N/cm}^2)$$

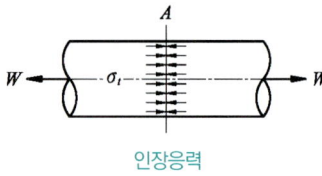
인장응력

② 압축응력(compression stress) : 압축하중 W(kg), 단면적을 $A(\mathrm{cm}^2)$라 하면 압축응력 σ_c는

$$\sigma_c = \frac{W}{A}(\mathrm{N/cm}^2)$$

(2) 접선응력(Tangentiai stress)

단면에 평행하게 작용하는 응력

① 전단응력(shearing stress) : 전단하중 W(N), 단면적은 $A(\mathrm{cm}^2)$라 하면 전단응력 τ는

$$\tau = \frac{W}{A}(\mathrm{N/cm}^2)$$

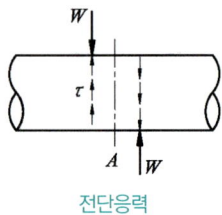
전단응력

3 변형률(Strain)

재료에 하중이 작용하면 재료 내부에는 저항력인 응력이 생기고, 외적으로는 변형이 일어나며 이 변형량과 원치수와의 비를 변형률(strain)이라 한다.

(1) 세로 변형률(longitudial strain)★★

재료의 길이가 ℓ에서 ℓ'로 변하여 변형량이 λ라면

$$\epsilon = \frac{\ell' - \ell}{\ell} = \frac{\lambda}{\ell} (\text{인장})$$

(2) 가로 변형률(lateral strain)

재료의 지름이 d에서 d'로 변하여 변형량이 δ라면

$$\epsilon = \frac{d'-d}{d} = \frac{\delta}{d}$$

(3) 전단 변형률(Shearing strain)

거리 t만큼 떨어진 두 평행면이 전단하중을 받아서 λ_s만큼 미끄럼 변형이 일어났을 때

$$\gamma = \lambda_s/\ell = \tan\varnothing \fallingdotseq \varnothing \,(\mathrm{rad})$$

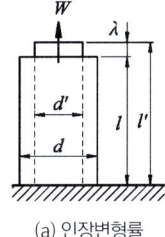

(a) 인장변형률

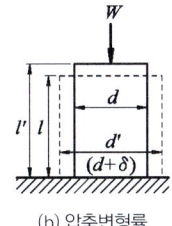

(b) 압축변형률

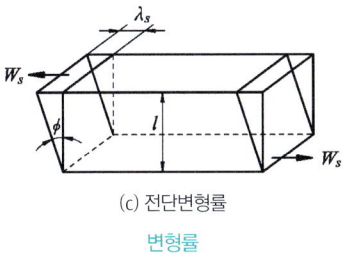

(c) 전단변형률

변형률

4 응력 – 변형률 선도 ★★★★

연강의 시험편을 인장시험기에 설치하여 하중을 작용시켜 시험편이 파괴될 때까지의 하중과 변형량의 관계를 나타내면 다음 선도와 같다.

① 비례한도(A점) : 응력을 변형률에 비례하여 증가하는 점
② 탄성한도(B점) : 응력을 제거하면 변형이 없어지는 한도점
③ 항복점(C, D점) : 응력이 증가하지 않아도 변형률이 갑자기 증가하는 점
④ 극한강도(인장강도 E점) : 최대 응력점
⑤ 파괴점(F점)

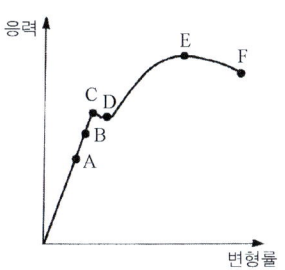

※ 각 포인트 중요

응력 – 변형률 선도

5 후크의 법칙(Hook's Law) ★★★

비례한도 이내에서 응력과 변형률은 비례한다.

$$\frac{응력}{변형률} = 비례상수$$

여기서 비례상수를 탄성계수라고 하는데 재료에 따라 각각 일정한 값을 가진다.

(1) 세로 탄성계수(영률 : Young's modulus)

$$E = \frac{\sigma}{\epsilon} = \frac{Wl}{A\lambda}\,(\mathrm{N/mm^2})$$

$$\lambda = \frac{Wl}{AE} = \sigma \cdot \frac{l}{E}$$

(2) 가로 탄성계수

$$G = \frac{\tau}{\gamma} \, (\text{N}/\text{mm}^2)$$

6 프와송의 비(Possion's ratio) : M

재료에 생기는 가로 변형률과 세로 변형률의 비는 탄성한도 이내에서 항상 일정한 값을 가진다. 이 비를 프와송비★라 하며 1/m로 나타낸다.

$$M = \frac{\text{가로 변형률}}{\text{세로 변형률}} = \frac{\epsilon'}{\epsilon} = \frac{1}{m}$$
$$(m = \text{프와송의 수})$$

7 재료의 강도

(1) 응력 집중(Stress concentration)

구멍, 노치(notch) 홈 때문에 국부적으로 큰 응력이 생기는 현상

(2) 열응력(thermal stress)

온도의 변화에 따른 신축현상으로 재료 내부에 생기는 응력을 열응력이라 하며, 재료의 처음 온도를 t_1(℃), 나중 온도를 t_2(℃), 재료의 선팽창계수를 α라고 하면,

$$\sigma = E \cdot \epsilon = E \cdot \alpha (t_2 - t_1) \, (\text{N}/\text{mm}^2)$$

(3) 피로한도

재료에 응력이 점차 감소하여, 어느 일정한 값에 도달하면 아무리 반복횟수를 늘려도 재료는 파괴되지 않는 응력의 한도

(4) 크리이프 현상

고온에서 하중이 일정하더라도 시간이 지남에 따라 변형률이 조금씩 증가하는 현상

(5) 허용 응력과 안전율★★

기계나 구조물을 실제로 사용할 때 각 부분에 생기는 응력을 사용응력(working stress)이라 하며, 이에 대해 재료에 안전성을 고려하여 사용하는 재료에 허용되는 최대의 응력을 허용응력(allowable stress)이라 한다.

$$\text{극한 강도}(\sigma_u) > \text{허용응력}(\sigma_a) > \text{사용응력}(\sigma_w)$$

$$\text{안전율}(S_f) = \frac{\text{극한 강도}(\sigma_u)}{\text{허용 응력}(\sigma_a)}$$

01 재료역학 예상문제

01 하중이 작용하는 방향에 의한 분류가 아닌 것은?

① 압축 하중　② 인장 하중
③ 충격 하중　④ 전단 하중

TIP 하중의 작용하는 방향에 따른 분류는 아래와 같다.
- 인장 하중(Tensile load) : 재료를 하중이 작용하는 방향으로 늘어나게 하려는 하중
- 압축 하중(Compressive load) : 재료를 하중이 작용하는 방향으로 누르는 하중
- 전단 하중(shearing load) : 재료를 가위로 자르려는 것과 같이 작용하는 하중
- 휨 하중(Bending load) : 재료를 구부리려는 하중
- 비틀림 하중(Rorsion load) : 재료를 비틀려고 하는 하중

02 하중이 걸리는 속도에 의한 분류중 동하중이 아닌 것은?

① 정하중　② 충격하중
③ 반복하중　④ 교번하중

TIP 동하중

하중의 크기와 방향이 시간에 따라 변화하는 하중
- 교번 하중 : 하중의 크기와 방향이 주기적으로 변하는 하중
- 충격 하중 : 순간적으로 격렬하게 작용하는 하중
- 반복 하중 : 동일한 방향으로 반복하여 작용하는 하중

03 하중의 크기와 방향이 동시에 변화하면서 작용하는 하중은?

① 반복하중　② 교번하중
③ 충격하중　④ 정하중

TIP 교번 하중

하중의 크기와 방향이 주기적으로 변하는 하중

01 ③　02 ①　03 ②

04 못을 뺄 때의 못에 작용하는 하중상태는 무슨 하중에 속하는가?

① 인장하중 ② 압축하중
③ 비틀림하중 ④ 전단하중

05 순간적인 짧은 시간에 갑자기 격렬하게 작용하는 하중은?

① 충격하중 ② 반복하중
③ 교번하중 ④ 집중하중

> TIP ☀ 충격 하중
> 순간적으로 격렬하게 작용하는 하중

06 물체에 하중을 작용시키면 물체 내부에는 하중에 대응하는 저항력이 발생한다. 이 저항력을 무엇이라 하는가?

① 응력(stress)
② 변형률(strain)
③ 프와송의 비(Poisson's ratio)
④ 탄성(elasticity)

07 응력의 단위를 올바르게 표시한 것은?

① kg_f/mm^3 ② m/s^2
③ $kg_f \cdot mm$ ④ N/mm^2

> TIP ☀ 응력은 하중을 단면적으로 나눈값이다.

08 길이 200mm의 정사각형 봉에 8000N의 인장하중이 작용할 때 정사각형의 한 변의 길이는? (단, 봉의 허용응력은 500N/mm²이다.)

① 4mm ② 6mm
③ 8mm ④ 10mm

> TIP ☀ $500 = \dfrac{8000}{x^2}$, $x^2 = \dfrac{8000}{500}$
> $x^2 = 16$, $x = 4$

09 한 변의 길이 12mm인 정사각형 단면 봉에 축선 방향으로 144N의 압축하중이 작용할 때 생기는 압축응력은?

① 4.75N/mm² ② 1N/mm²
③ 0.75N/mm² ④ 12N/mm²

> TIP ☀ $\sigma_c = \dfrac{144}{12^2}$, $\sigma = 1N/mm^2$

04 ① 05 ① 06 ① 07 ④ 08 ① 09 ②

10 지름 15mm, 표점거리 100mm인 인장 시험편을 인장시켰더니 110mm가 되었다면 길이 방향의 변형률은?

① 2.5% ② 10%
③ 5.5% ④ 15%

TIP 세로 변형률(longitudial strain)

재료의 길이가 l에서 l'로 변하여 변형량이 λ라면

$$\epsilon = \frac{l' - l}{l} = \frac{\lambda}{l} \text{(인장)}$$

따라서 $\frac{110 - 100}{100} \times 100 = 10\%$

11 후크의 법칙(Hooke's law)는 어느 점내에서 응력과 변형률이 비례하는가?

① 비례한도 ② 탄성한도
③ 항복점   ④ 인장강도

TIP 후크의 법칙(Hooke's Law)

비례한도 이내에서 응력과 변형률은 비례한다.

$$\frac{응력}{변형률} = 비례상수$$

$$E = \frac{\sigma}{\epsilon} = \frac{Wl}{A\lambda} \text{(N/mm}^2\text{)}$$

$$\lambda = \frac{Wl}{AE} = \sigma \cdot \frac{l}{E}$$

여기서, 비례상수를 탄성계수라고 하는데 재료에 따라 각각 일정한 값을 가진다.

12 단면적이 100mm²인 강재에 300N의 전단하중이 작용할 때 전단응력(N/mm²)은?

① 1 ② 2
③ 3 ④ 4

TIP 전단응력(shearing stress)

전단하중 $W(N)$, 단면적은 $A(\text{mm}^2)$라 하면 전단응력 τ는

$$\tau = \frac{W}{A} \text{(N/mm}^2\text{)}$$

따라서 $\frac{300}{100} = 3(\text{N/mm}^2)$

13 법칙을 표현한 식으로 맞는 것은? (단, σ : 응력, E : 영률, ε : 변형률이다.)

① $\sigma = 2E/\varepsilon$ ② $E = \sigma/\varepsilon$
③ $E = \varepsilon/\sigma$ ④ $\varepsilon = 2E \cdot \sigma$

TIP $\frac{응력}{변형률} = 비례상수$

따라서 $E = \frac{\sigma}{\epsilon} = \frac{Wl}{A\lambda} \text{(N/mm}^2\text{)}$

10 ② 11 ① 12 ③ 13 ②

14 프와송의 비(poisson's ratio)에 관한 설명으로 틀린 것은?

① 탄성 한도 이내에서는 일정한 값을 가진다.

② 주철의 푸아송의 비가 납보다 크다.

③ 프와송의 수와 역수 관계에 있다.

④ 가로 변형률과 세로 변형률과의 비이다.

> **TIP** 프와송의 비(Possion's ratio)
>
> 재료에 생기는 가로 변형률과 세로 변형률의 비는 탄성한도 이내에서 항상 일정한 값을 가진다. 이 비를 프와송비라 하며 $1/m$로 나타낸다.
>
> $$\frac{1}{m} = \frac{\text{가로 변형률}}{\text{세로 변형률}} = \frac{\epsilon'}{\epsilon}$$
>
> 주철의 푸와송의 비는 0.2 ~ 0.3이고, 납의 푸와송의 비는 0.45이다.

15 프와송의 비가 0.28일 때 프와송의 수는 얼마인가?

① 2.8   ② 3.57

③ 4.37   ④ 5.57

> **TIP** $\frac{1}{m} = \frac{\text{가로 변형률}}{\text{세로 변형률}} = \frac{\epsilon'}{\epsilon} = \frac{1}{0.28}$
>
> $= 3.57$

14 ②   15 ②

02 chapter 결합용 기계요소

01 나사

직각 삼각형을 원통에 감으면 빗변은 원통의 표면에 곡선을 만드는데, 이 곡선을 나사곡선(helix)이라 하며, 이 곡선을 따라 원통면에 홈을 깎은 것을 나사(screw)라 한다. 여기서, α = 나선각, l = 리이드라고 할 때 나선각 α는 다음과 같다.

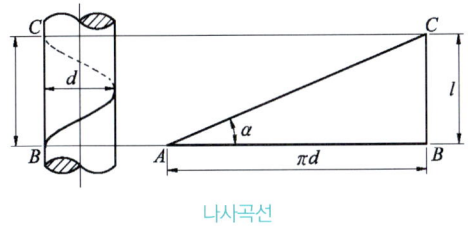

나사곡선

1 나사의 용어

(1) 수나사와 암나사

원통 바깥표면에 나사산이 있는 것을 수나사(external thread), 원통 안쪽에 있는 것을 암나사(internal thread)라 한다.

(2) 오른나사와 왼나사

축방향에서 볼 때 시계방향으로 돌려서 앞으로 진행하는 나사를 오른나사(right hand thread), 반시계 방향으로 돌려서 앞으로 진행하는 나사를 왼나사(left hand thread)라 한다.

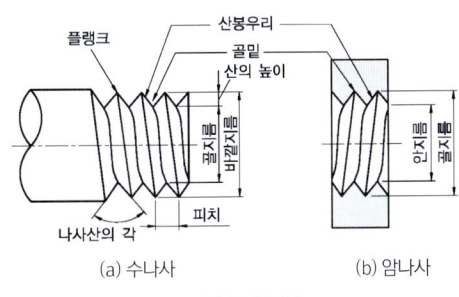

(a) 수나사   (b) 암나사

수나사와 암나사

(3) 한줄나사와 다줄나사

나사산이 한 줄인 것을 한 줄나사, 두 줄 이상인 것을 다줄나사라 하며, 다줄나사는 회전수는 적게하여 빨리 풀거나 빨리 죌 수 있으나, 풀리기 쉬운 단점이 있다.

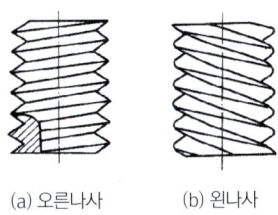

(a) 오른나사   (b) 왼나사

오른나사와 왼나사

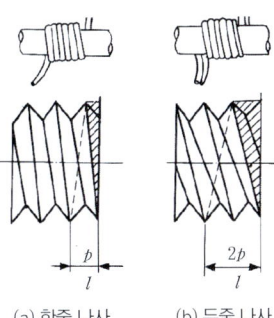

(a) 한줄 나사   (b) 두줄 나사

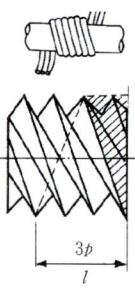

(c) 세줄 나사

나사의 줄수 및 리이드와 피치와의 관계

(4) 피치와 리이드★★★

서로 인접한 나사산과 나사산 사이의 거리를 피치(pitch)라 하며, 나사를 1회전 시킬 때 축방향으로 이동한 거리를 리이드라 한다. 피치와 리이드 사이에는 다음과 같은 관계가 있다.

$$\text{리이드}(L) = \text{줄수}(n) \times \text{피치}(p) ★★★$$

- 한줄나사에서 리이드는 피치와 같고 두 줄 이상 다줄나사에서 리이드는 피치보다 크다는 것을 알 수 있다.

(5) 호칭 지름과 유효지름

수나사의 산마루에 접하는 가상적인 원통의 지름, 또는 암나사의 골 밑에 접하는 가상적인 원통의 지름을 바깥지름(major diameter)이라 하며, 수나사의 골 밑에 접하는 가상적인 원통의 지름, 또는 암나사의 산마루에 접하는 가상적인 원통의 지름을 골지름(minor diameter)이라 한다. 유효지름(pitch diameter)은 나사 홈의 폭이 나사산의 폭과 같이 되도록 한 가상적인 원통의 지름이고 호칭지름(nomonal diameter)은 수나사의 바깥지름으로 나타내며, 암나사는 암나사에 맞는 수나사의 바깥지름으로 나타낸다.

(6) 플랭크 각과 나사산의 각

나사의 산봉우리와 골을 잇는 면을 플랭크라 하고, 플랭크가 이루는 각을 플랭크 각이라하며 나사산 각도의 1/2값이 플랭크 각도이다.

2 나사의 종류

나사는 기계부품을 결합시키거나, 위치의 조정 또는 힘의 전달 등에 사용되었는데 단면의 모양에 따라 삼각나사, 사각나사, 사다리꼴 나사, 톱나사, 둥근나사, 볼나사 등이 있다.

(1) 삼각나사(triangular thread)★★

체결용으로 가장 많이 사용하는 나사이며, 계측기 마이크로미터에도 사용된다.

① 미터나사(metric thread) : 나사산의 각도가 60°이고, 수나사의 바깥지름과 피치를 mm로 나타낸 나사로 미터 보통나사와 미터 가는나사가 있으며, 기호는 M으로 표시한다.

② 유니파이나사(unifide thread) : 나사산의 각도가 60°이며, 수나사의 바깥지름을 인치, 피치를 1인치당 산의 수로 나타낸 나사로, 유니파이 보통나사와 유니파이 가는나사가 있으며 미국, 영국, 캐나다 등 세 나라의 협정규격 나사로서 ABC 나사라고도 한다.

$$p(\text{피치}) = \frac{25.4}{\text{산 수}}$$

- 가는 나사 : 두께가 얇은 부분의 체결 시 강도 유지용

> ❓ 나사의 종류, 기호, 호칭 P111 참조.

③ **관용나사**(pipe thread) : 파이프 연결용 나사로 수밀, 기밀, 유밀을 유지(1/16의 테이퍼의 이유)할 수 있으며 나사산의 각도는 55°이고 관용평행나사와 관용테이퍼 나사가 있다.

④ **휘트워드 나사**(whitworth thread) : 나사산의 각도는 55°, 호칭치수는 유니파이 나사와 같으며, 기호는 W로 표시한다.
- KS 규격에서 휘트워드 나사는 폐기되었다.

(2) 사각나사(square thread)★★

프레스나 나사잭과 같은 기계의 큰 힘을 전달하는데 적합한 나사이며, 하중의 방향이 일정하지 않은 교번하중을 받을 때도 효과적인 나사이다.

(3) 사다리꼴 나사(trapezoidal thread = 애크미 나사, 재형나사)★★★

동력 전달용으로 공작기계 이송나사로 쓰이며 나사산의 각도가 30°인 미터 계열(TM)과 29°인 인치 계열(TW)이 있다.

(4) 톱니나사(buttres thread)★★

축선의 한 방향으로만 하중이 작용할 때 사용되는 나사로 바이스(Vise)나 압축기 등에 사용된다.

(5) 둥근나사(kunckle thread = 너클나사, 전구나사)★★

전구나 소켓 등에 쓰이는 나사로서 먼지가 들어가기 쉬운 곳에서 운동의 정확도가 요구되지 않는 곳에 사용된다.

(6) 볼 나사★★

나사축과 너트 사이에 강구를 넣어서 작동하는 나사로서, 마찰이 매우 작아 공작기계의 수치제어에 의한 결정 등의 이송나사에 사용된다.

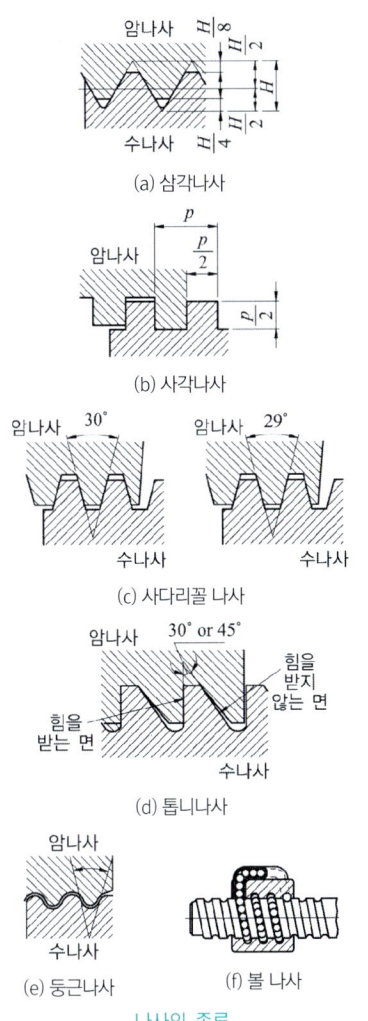

나사의 종류

02 볼트와 너트(Bolt & Nut)

1 볼트의 종류

(1) 일반용 볼트★★

① **관통 볼트**(through bolt) : 고정할 부품을 관통시켜 볼트를 넣고 반대쪽에서 너트로 고정한다.

② **탭 볼트**(tap bolt) : 고정할 부품에 직접 암나사를 내어 너트를 사용하지 않고 볼트로 고정한다.

③ **스터드 볼트**(stud bolt) : 자주 분해 결합 시 사용되는 것으로 볼트 머리가 없고 양단에 수나사로 되어 있어 너트로 고정한다.

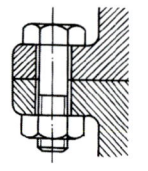 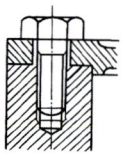

(a) 관통 볼트   (b) 탭 볼트

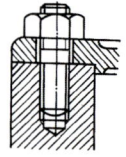

(c) 스터드 볼트

볼트의 종류

(2) 특수용 볼트

① **스테이 볼트**(stay bolt) : 기계 부품을 일정한 간격으로 유지하고, 구조 자체를 보강하는데 사용한다.★★

② **T 홈 볼트**(T-bolt) : 공작기계의 테이블 T홈에 볼트의 머리부분을 끼워서 적당한 위치에 공작물과 기계바이스를 고정할 때 사용한다.

③ **아이 볼트**(eye bolt) : 무거운 물체 등을 들어올릴 때 로프(rope), 체인(chain) 또는 훅 등을 거는데 사용한다.★★

④ **리머 볼트**(remer bolt) : 리머로 다듬질한 구멍에 꼭 끼워 미끄럼을 방지하는 볼트이다.

⑤ **충격 볼트**(shock bolt) : 생크 부분의 단면적을 작게하여 늘어나기 쉽게 한 볼트로서, 충격적인 인장력이 작용하는 경우에 사용한다.

⑥ **기초 볼트**(foundation bolt) : 기계 등을 콘크리트 바닥에 설치하는데 사용한다.

⑦ **나비 볼트**(butterfly bolt) : 손으로 돌려 죌 수 있는 모양으로 된 것이다.

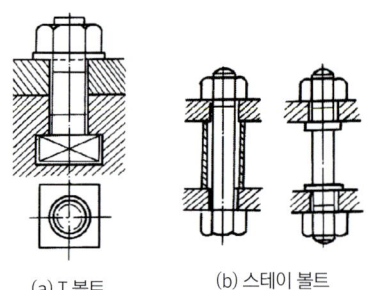

(a) T 볼트   (b) 스테이 볼트

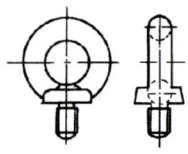

(c) 리프트 아이 볼트

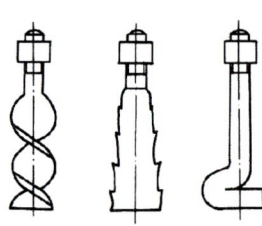

(d) 기초 볼트

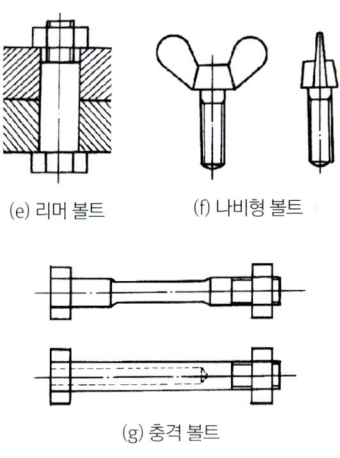

(e) 리머 볼트   (f) 나비형 볼트

(g) 충격 볼트

특수용 볼트

(3) 기타 나사

① 작은나사(machine screw) : 지름 8mm 이하의 작은 나사로서, 힘을 많이 받지 않는 작은 부분과 얇은 판자 등을 붙이는데 사용되며, 머리부분에는 드라이버로 죌 수 있도록 일자(-)홈 또는 십자(+)홈이 파여 있다. ★★

② 멈춤나사(set screw) : 보스와 축을 고정시키고, 축에 끼워 맞춰진 기어와 풀리의 설치위치의 조정 및 키의 대용으로 쓰인다. 끝의 마찰, 걸림 등에 의하여 정지작용을 한다.

$$d = \frac{D}{8} + 0.8 \text{(cm)}$$

d : 멈춤나사의 지름(cm)
D : 축지름(cm)

③ 태핑나사(tapping screw) : 태핑나사는 끝을 침탄 담금질하여 단단하게 한 작은 나사의 일종으로서, 얇은 판이나 무른 재료에 암나사를 만들면서 죄어진다. ★★★

2 너트의 종류

(1) 육각 너트

너트의 모양이 육각으로 되어 있으며, 가장 많이 사용한다.

(2) 특수 너트

① 사각 너트(square nut) : 너트의 모양이 사각인 너트로서 주로 목재에 쓰인다.
② 둥근 너트(circual nut) : 자리가 좁아 보통의 육각 너트를 쓸 수 없을 경우 또는 너트의 높이를 작게 할 경우에 쓰인다.
③ 플랜지 너트(flange nut) : 너트의 밑면에 육각의 대각선 거리보다 큰 지름의 와셔가 달린 너트로서, 볼트 구멍이 클 때, 접촉면이 거칠 때, 또 큰 면압을 피하려고 할 때 사용한다.
④ 홈붙이 너트(castle nut) : 너트의 위쪽에 분할 핀을 끼워 너트가 풀리지 않도록 할 때 사용한다.
⑤ 캡 너트(cap nut) : 유체가 나사의 접촉면 사이의 틈새나 볼트와 너트의 구멍 틈으로 흘러나오는 것을 방지할 필요가 있을 때에 쓰인다.
⑥ 아이 너트(eye nut) : 아이 볼트와 같은 목적에 사용된다.
⑦ 나비 너트(butterfly nut) : 손으로 돌려서 죌 수 있는 모양으로 된 것이다.
⑧ T 너트 : T 볼트와 같은 목적에 사용된다.
⑨ 슬리브 너트(sleeve nut) : 머리 밑에 슬리브가 있는 너트로서, 수나사 중심선의 편심을 방지하는데 사용한다.

⑩ 플레이트 너트(plate nut) : 암나사를 깎을 수 없는 얇은 판에 리벳으로 설치하여 사용하는 너트이다.

⑪ 턴 버클(turn buckle) : 양 끝에 오른나사 및 왼나사가 깎여 있어서 이를 오른쪽으로 돌리면 양 끝의 수나사가 안으로 끌리므로, 막대와 로프 등을 죄는데 사용하면 아주 편리하다.

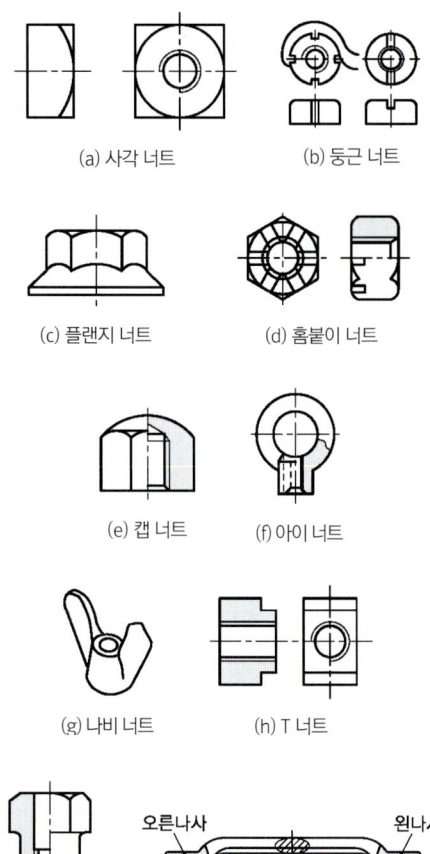

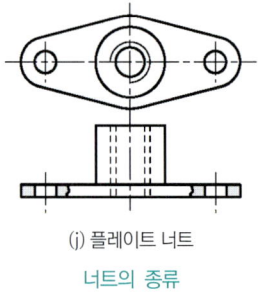

(j) 플레이트 너트

너트의 종류

3 와셔(Washer)★★

와셔는 다음의 경우에 사용한다.
① 볼트 구멍이 볼트 지름보다 너무 클 때
② 볼트 접촉면이 거칠거나 요철일 때
③ 자리면이 기울어져 있을 때
④ 내압력이 작은 목재, 고무 등에 볼트를 사용할 때
⑤ 가스켓을 조일 때

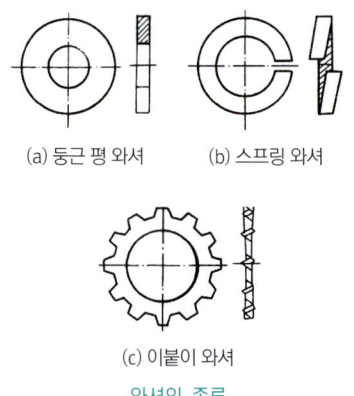

(a) 둥근 평 와셔   (b) 스프링 와셔

(c) 이붙이 와셔

와셔의 종류

4 너트의 풀림 방지법★★★★

① 와셔를 사용하는 방법(스프링와셔, 이붙이 와셔)
② 로크너트(lock nut)에 의한 방법
③ 자동죔 너트(self-locking)에 의한 방법
④ 분할핀, 작은 나사, 멈춤나사 등에 의한 방법

⑤ 철사로 감아 메어서 풀림을 방지하는 방법

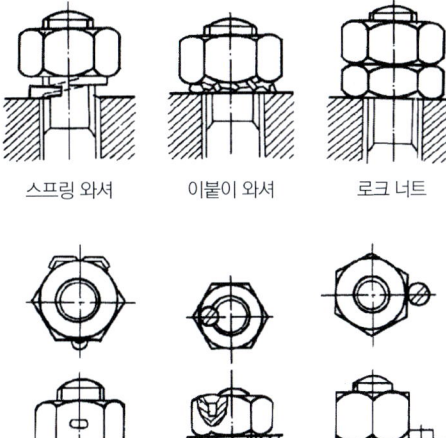

스프링 와셔   이붙이 와셔   로크 너트

분할 핀 사용   멈춤 나사 사용   작은 나사 사용

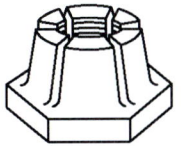

자동죔 너트

너트의 풀림방지

5 나사의 강도

(1) 나사의 효율

① 하중을 밀어 올릴 때

나사의 효율(η)
$= \dfrac{\text{마찰이 없는 경우의 회전력}}{\text{마찰이 있는 경우의 회전력}}$
$= \dfrac{\tan a}{\tan(\rho + a)}$

- a : 리드각
- ρ : 나사면의 마찰각

② 하중을 밀어 내릴 때

나사의 효율(η) $= \dfrac{\tan a}{\tan(\rho - a)}$

체결용 나사는 운동용 나사와는 달라서 체결한 뒤에 힘을 제거해도 스스로 풀리지 않아야 하는 조건을 자립 조건이라고 한다.

자립조건의 한계는

$a \leq \rho$인 경우로
- $a < \rho$: 자립상태
- $a > \rho$: 스스로 풀어짐
- $a = \rho$: 자동체결

(2) 나사의 설계

① **축방향에 정하중을 받는 경우** : 볼트의 바깥지름을 d, 골지름을 d_1이라 할 때, 나사에 작용하고 하중을 W, 응력을 σ_a라 하면,

$$\sigma_a = \dfrac{W}{A} = \dfrac{W}{\dfrac{\pi}{4} d_1^2}$$

$$\therefore W = \dfrac{\pi}{4} d_1^2 \cdot \sigma_a$$

일반적으로 지름 3mm 이상의 나사에서는 보통 $d_1 > 0.8d$이므로 $d_1 = 0.8d$로 하면 안전하다.

따라서

$$W = \dfrac{\pi}{4}(0.8d)^2 \cdot \sigma_a \fallingdotseq \dfrac{1}{2} d^2 \cdot \sigma_a$$

$$\therefore d = \sqrt{\dfrac{2W}{\sigma_a}}$$

② **축방향의 하중을 받고 동시에 비틀림을 받는 경우** : 축방향의 하중과 비틀림이 동시에 작용할 때 인장 또는 압축의 (1 + 1/3)배의 하중이 축방향에 작용하는 것으로보고 나사의 바깥지름을 구한다.

$$d = \sqrt{\frac{2(1+1/3)W}{\sigma_a}} = \sqrt{\frac{8W}{3\sigma_a}}$$

③ **전단 하중을 받는 경우** : 볼트에 생기는 전단응력(kg/mm²)이라 하면

$$\tau = \frac{W}{A} = \frac{W}{\frac{\pi}{4}d^2}$$

$$\therefore d = \sqrt{\frac{4W}{\pi\tau}}$$

03 키, 핀, 코터

1 키(key)

축에 풀리, 기어, 플라이 휠, 커플링 등의 회전체를 고정시켜서 축과 회전체를 일체로 하여 회전운동을 전달시키는 기계요소이다.

- 일반적으로 키의 테이퍼 값은 1/100이다.

(1) 키의 종류

① **성크 키(sunk key)** : 축과 보스 양쪽에 키의 홈이 있는 것으로 가장 많이 사용된다. ★★
  ㉠ 세트 키(Set Key) : 축에 키를 끼운 다음 보스를 맞춘다.
  ㉡ 드라이빙 키(Driving Key) : 축과 보스를 맞춘 후에 키를 박은 것으로 머리가 달린 비녀키 (gib-headed key)가 널리 쓰인다.
② **반달 키(Woodruff Key)** : 축의 홈이 깊게 되어, 축의 강도가 약하게 되기도 하나 가공이 쉽고 키가 자동적으로 축과 보스 사이에 자리를 잡을 수 있다는 장점이 있으므로, 자동차 공작기계 등에 널리 사용된다. 일반적으로 60mm 이하의 작은 축에 사용되고 특히 테이퍼 축에 사용이 편리하다. ★★★

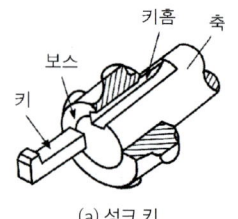

(a) 성크 키

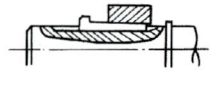

(b) 머리달린 경사 키

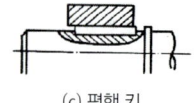

(c) 평행 키

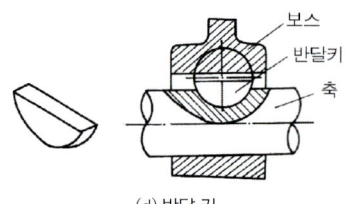

(d) 반달 키

성크 키의 종류

③ **접선키(Tangential Key)** : 큰 동력을 전달하는데 적당한 키로 접선 방향으로 키 홈을 파서 서로 반대의 테이퍼를 가진 2개의 키를 조합하여 끼워 넣는다. 역전을 가능케 하기 위해 120° 각도로 두 곳에 키를 끼우며, 정사각형 단면의 키를 90°로 배치한 것을 케네디 키 (Kennedy Key)라 한다.

④ **원뿔키**(Cone Key) : 축과 보스의 양쪽에 키 홈을 파지 않고 보스 구멍을 테이퍼로 하여 몇 곳이 갈라져 있는 원뿔 홈을 끼워서 마찰면만으로 밀착시키는 키로서, 바퀴가 편심되지 않고 축의 어느 위치에나 설치할 수 있는 특징이 있다.

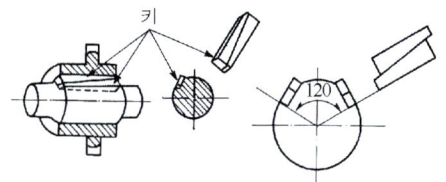

(a) 접선키

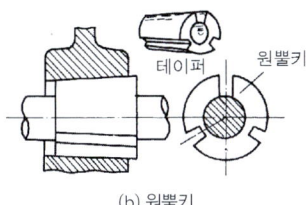

(b) 원뿔키

⑤ **미끄럼 키**(Sliding Key = 안내키) : 페더 키(Feather Key)라고도 하며 회전력의 전달과 동시에 보스를 축방향으로 이동시킬 필요가 있을 때 사용한다.

• 페더 키는 테이퍼가 없다.

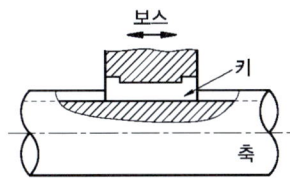

(a) 보스에 키 고정

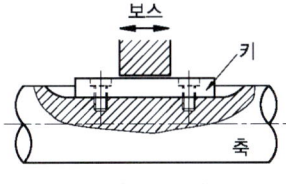

(b) 축에 키 고정

미끄럼 키의 고정

⑥ **스플라인**(Spline) : 축의 둘레에 4-20개의 턱을 만들어 큰 회전력을 전달할 경우에 쓰이며 자동차 공작기계, 항공기, 발전용 증기터빈 등에 널리 사용한다. ★★★

⑦ **세레이션**(Serration) : 축에 작은 삼각형의 작은 이를 만들어 축과 보스를 고정시킨 것으로 같은 지름의 스플라인에 비해 많은 이가 있으므로 전동력이 크다. 주로 자동차의 핸들 고정용, 전동기나 발전기의 축에 사용되고 있다. ★★★

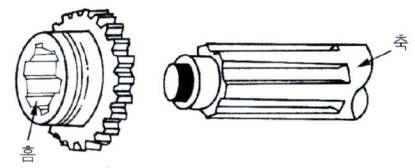

스플라인과 스플라인 축

세레이션

⑧ **새들 키**(Saddle Key) : 축은 그대로 두고 보스에만 키 홈을 파서 키를 박아 마찰에 의해 회전력을 전달하므로 큰 힘의 전달에는 부적합하다. ★★★

⑨ **평 키**(Flat Key) : 키가 닿는 면만을 평평하게 깎는 것으로서 새들 키 보다도 큰 힘을 전달할 수 있다.

⑩ **둥근 키**(Round Key) : 핀키(pin key)라고도 하며, 핸들과 같이 토크가 작은 것의 고정에 사용된다.

• 큰 동력 전달 순서 ★★★

세레이션 > 스플라인 > 접선키 > 성크키 > 반달키 > 평키 > 안장키

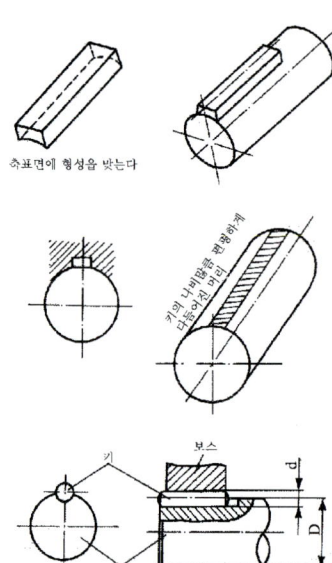

(2) 묻힘 키 설계

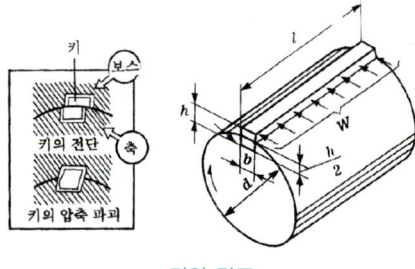

키의 강도

① 키의 전단력에 의한 전단 응력

$$\tau = \frac{F}{A} = \frac{F}{bl} \leq \tau_a (\text{허용전단응력})$$

접선력
$$w = \frac{2T}{d}$$

전달토크(구동토크)
$$T = F \times \frac{D}{2} = w \times \frac{d}{2}$$

키에 작용하는 응력
$$\tau = \frac{2T}{bld} = \frac{T}{blr} \leq \tau_a (\text{허용전단응력})$$

② 압축응력을 고려

$$\sigma_c = \frac{F}{A} = \frac{F}{tl} = \frac{2F}{hl} \leq \sigma_a$$
(허용압축응력)

$$\sigma_c = \frac{T}{tlr} = \frac{2T}{hlr} = \frac{4T}{hld} \leq \sigma_a$$
(허용압축응력)

$$\sigma_c = \frac{4T}{hld}$$

③ 키의 치수(bxhxl)

키의 폭 $b = \frac{\pi d}{12} \fallingdotseq \frac{d}{4}$

키의 높이 $h = \frac{2b\tau}{\sigma_c}$

키의 길이 $l = \frac{\pi d^2}{8b}$

- b : 키의 너비(mm)
- l : 키의 길이(mm)
- t : 키의 묻힘량(mm)
- d : 축의 지름(mm)
- T : 토크(N·mm)
- τ : 키의 전단응력(N/mm^2)
- h : 키의 높이(mm)
- σ_c : 키의 압축응력(N/mm^2)
- F : 키의 측면에 작용하는 압축력(N)
- w : 키에 작용하는 전단하중(접선력)(N)

2 핀

(1) 핀의 종류

핀은 풀리, 기어 등에 작용하는 하중이 작을 때 설치 방법이 간단하기 때문에 키 대용으로 널리 사용되며 사용용도에 따라 다음과 같다.

① 테이퍼 핀(tapered pin) : 축에 보스를 고정시킬 때 사용되는 것으로 테이퍼로 1/50이고 호칭지름은 작은 쪽의 지름

으로 표시한다.★★

② **평행 핀**(dowel pin) : 기계부품의 조립 및 고정할 때 안내로서 위치를 결정하는데 사용한다.

③ **분할 핀**(split pin) : 두 갈래로 갈라진 것으로 너트의 풀림방지 등에 사용한다. 호칭지름은 핀 구멍의 지름으로 한다.★★★

④ **스프링 핀**(spring pin) : 세로방향으로 쪼개져 있어서 구멍의 크기가 일정하지 않더라도 헤머로 때려 박을 수 있어 편리하다.

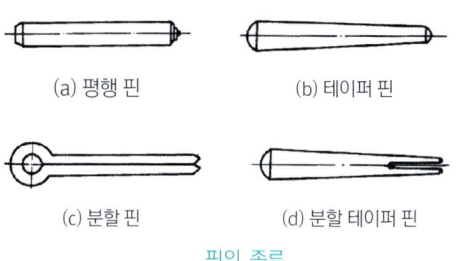

(a) 평행 핀　　(b) 테이퍼 핀
(c) 분할 핀　　(d) 분할 테이퍼 핀

핀의 종류

(2) 너클 핀의 강도

너클 핀 이음을 2개의 막대의 둥근 구멍에 1개의 이음핀을 집어 넣고, 2개의 막대가 상대적으로 각 운동을 할 수 있도록 연결한 것으로 구조물의 인장막대 및 자동차의 동력전달 기구 등에 널리 사용한다.

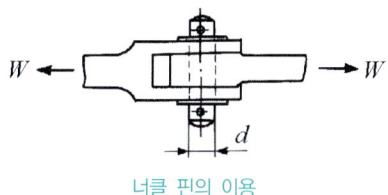

너클 핀의 이용

① 전단강도(τ)

$$\tau = \frac{W}{A} = \frac{W}{2 \times \frac{\pi}{4}d^2}$$

$$\therefore W = \frac{\pi}{2}d^2\tau$$

$\begin{bmatrix} d : 핀의 지름 \\ W : 하중 \end{bmatrix}$

② 휨강도(σ_b)

$$M = \frac{Wl}{8} = \sigma Z = \sigma \times \frac{\pi d^3}{32}$$

$$\sigma = \frac{\frac{Wl}{8}}{\frac{\pi d^3}{32}} = \frac{4wl}{\pi d^3}$$

$$Z(단면계수) = \frac{\pi d^3}{32}$$

$\begin{bmatrix} M : 휨모멘트 \\ Z : 단면계수 \\ l : 길이 \end{bmatrix}$

3 코터

코터는 축방향으로 인장력 또는 압축력이 작용하는 두 축을 연결하는데 사용하는 것으로 구성에는 로드, 소켓, 코터이다.

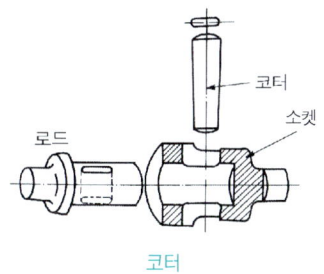

코터

① 코터의 기울기★
　㉠ 자주 분해할 때 : 1/5 ~ 1/10
　㉡ 보통 : 1/20

ⓒ 반영구적인 경우 : 1/100
② 코터의 자립 조건
　㉠ 한쪽 구배인 경우
　　$a < 2\rho$　　a : 경사각
　㉡ 양쪽 구배인 경우
　　$a \leq \rho$　　ρ : 마찰각
③ 코터의 강도
　㉠ 코터의 전단강도
　　$$\tau = \frac{W}{A} = \frac{W}{2bh}$$
　　　b : 코터의 두께
　　　h : 코터의 나비

　㉡ 코터의 접촉 압력
　　$$q' = \frac{W}{bd}$$
　　$$q' = \frac{W}{b(D-d)}$$
　　　D : 소켓의 바깥지름
　　　d : 로드의 지름

접이음보다 쉽다.
③ 경합금과 같이 용접이 곤란한 재료에도 신뢰성이 있다.
④ 강판의 두께에 한계가 있으며, 이음효율이 낮다.

(2) 리벳의 종류
① 모양에 의한 분류

(a) 접시머리 리벳　　(b) 둥근머리 리벳

(c) 납작머리 리벳　　(d) 둥근 접시 머리 리벳

(e) 보일러용 둥근접시머리 리벳

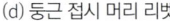　　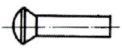
(f) 얇은 납작머리 리벳　　(g) 남비머리 리벳

리벳의 모양에 의한 종류

㉠ 리벳의 호칭길이★★★
　ⓐ 접시머리 리벳 : 머리까지 포함한 전체의 길이
　ⓑ 둥근 접시머리 리벳 : 둥근 부분을 제외한 전체의 길이 이외의 리벳의 호칭길이는 머리부분을 제외한 전체의 길이로 표시한다.
② 사용 목적에 의한 분류
㉠ 보일러용 리벳 : 강도와 기밀을 필요로 하는 리벳이음으로서 보일러, 고압 탱크 등에 사용한다.
㉡ 저압용 리벳 : 주로 수밀을 필요로 하는 리벳으로서 저압 탱크 등에 사용한다.

04 리벳 및 용접

1 리벳

탱크류, 보일러, 철교, 구조물 등과 같이 일단 조립하면 분해할 필요가 없는 경우에 리벳이음을 한다.

(1) 리벳 이음의 특징★
① 용접 이음과는 달리 초기응력에 의한 잔류변형이 생기지 않으므로 취약파괴가 일어나지 않는다.
② 구조물 등에서 현장 조립할 때에는 용

ⓒ 구조용 리벳 : 주로 강도를 목적으로 하는 리벳 이음으로서 차량, 철교 구조물 등에 사용한다.

(3) 리베팅(리벳작업)

① 리벳 이음을 할 구멍을 20mm까지 펀치로 구멍을 뚫고 정밀을 요할 시 드릴링을 한다. (리벳 구멍은 리벳 지름보다 약간 크게 1 ~ 1.5mm 정도)
② 뚫린 구멍은 리머로 정밀하게 다듬는다.
③ 구멍을 지나 빠져나온 리벳의 여유 길이는 지름의 1.3 ~ 1.6배이다.
④ 지름이 8mm 이하는 상온에서, 10mm 이상의 것은 열간 리베팅한다.
⑤ 지름 25mm까지는 헤머로 치고, 그 이상은 리벳 제조기를 쓴다.
⑥ 기밀을 필요로 할 때에는 코킹(caulking)이나 플러링(fallering)을 하며 이때의 판 끝은 75 ~ 85로 깎아 준다.
⑦ 코킹이나 플러링은 판재 두께 5mm 이상에서 작업하며 5mm 이하에서는 코킹 효과가 없으므로 종이, 석면, 패킹 등을 강판 사이에 끼워 리베팅한다.

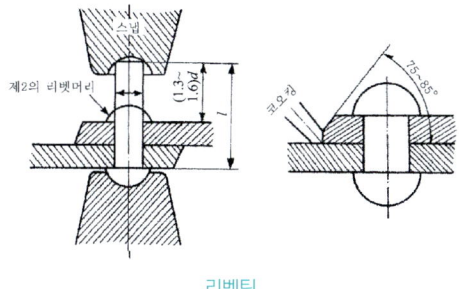

리베팅

(4) 리벳 이음의 종류

① 겹치기 이음(lap joint) : 강판을 겹쳐놓고 리벳으로 연결하는 방법.

② 맞대기 이음(butt joint) : 강판을 맞대어 놓고 한쪽 또는 양쪽에 덮개판을 붙이고 리벳으로 연결하는 방법

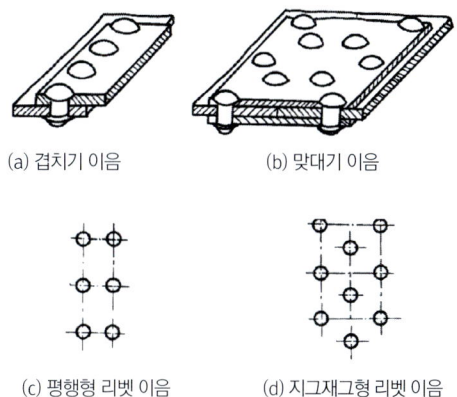

(a) 겹치기 이음 (b) 맞대기 이음

(c) 평행형 리벳 이음 (d) 지그재그형 리벳 이음

리벳 이음의 종류 ★★

(5) 이음의 강도

❓ 리벳 이음의 파괴
- 리벳 자체의 전단
- 구멍 사이의 강판의 전단
- 강판의 전단
- 강판의 균열
- 판의 파괴

(a) 리벳의 전단

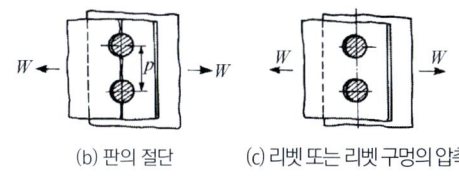

(b) 판의 절단 (c) 리벳 또는 리벳 구멍의 압축

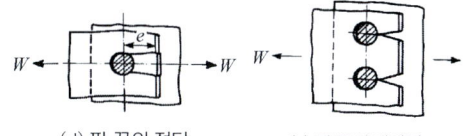

(d) 판 끝의 절단 (e) 판 끝의 갈라짐

리벳이음의 강도

① 리벳이 전단될 때

$$W = \frac{\pi}{4} d^2 \tau_a$$
$$\therefore \tau_a = \frac{4W}{\pi d^2}$$

맞대기 이음의 경우는 상하에 2개의 덮개판을 대고 리벳 이음을 하므로

$$W = \frac{\pi}{4} d^2 \tau_a$$
$$\therefore \tau_a = \frac{2W}{\pi d^2}$$

② 판재 인장파괴될 때

$$W = \frac{\pi}{4} d^2 \tau_a$$
$$\sigma = \frac{W}{(p - d_0)t}$$

③ 판재의 앞쪽이 전단될 때

$$W = \tau_0 2et$$
$$\therefore \tau_0 = \frac{W}{2et}$$

④ 판재가 압축파괴될 때

$$W = \sigma_c dt$$
$$\therefore \sigma_c = \frac{W}{dt}$$

- W : 1피치마다 하중(kg)
- t : 판재의 두께(mm)
- d : 리벳의 지름(mm)
- p : 리벳의 피치(mm)
- d_0 : 리벳 구멍의 지름(mm)
- e : 리벳 중심에서 판 끝까지의 거리
  $e \geq 2.5d$, 박판이나 경합금을
  $e \geq 3d$
- σ_t : 판재의 허용 인장응력(kg/mm²)
- σ_c : 판재의 허용 압축응력(kg/mm²)
- τ_a : 리벳의 허용 전단응력(kg/mm²)
- τ_0 : 판재의 전단응력(kg/mm²)

(6) 판과 리벳의 효율

① **강판의 효율** : 리벳 구멍이 있는 판과 구멍이 없는 판의 강도의 비를 강판의 효율이라 한다.

$$\eta_1 = 1 - \frac{d}{p}$$

- d : 리벳 구멍의 지름
- p : 리벳의 피치

② **리벳의 효율** : 리벳의 전단강도에 대한 구멍이 없는 판의 강도의 비를 리벳의 효율이라 한다.

$$d\sqrt{50t} - 4\text{mm}$$

- n : 1피치 내의 리벳의 전단면의 수

(7) 경험식

바하의 경험식에 의해 리벳 지름을 구하면

① 겹치기 이음의 경우

$$d\sqrt{50t} - 4\text{mm}$$

② 양쪽 덮개판 이음의 경우
㉠ 1렬일 때 $d = \sqrt{50t} - 5\text{mm}$
㉡ 2렬일 때 $d = \sqrt{50t} - 6\text{mm}$
㉢ 3렬일 때 $d = \sqrt{50t} - 7\text{mm}$

(8) 보일러용 리벳 이음

보일러 원통 안의 압력을 $P(\text{kg/mm}^2)$, 원통의 지름을 $D(\text{mm})$, 강판의 두께를 t (mm) 라 하면

① 세로이음에 대한 인장응력(원주 방향의 인장응력)

$$\sigma_1 = \frac{DP}{2t} (\text{kg/mm}^2)$$

② 원주이음에 대한 인장응력(축방향의 인장응력)

$$\sigma_2 = \frac{DP}{4t} (\text{kg/mm}^2)$$
$$\therefore \sigma_1 = 2\sigma_2$$

즉 세로 이음은 원주 이음의 2배의 하중을 받으므로 훨씬 강하게 만들어야 한다.

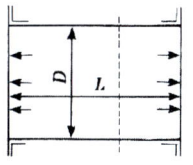 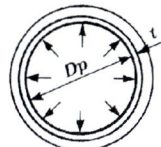

보일러의 강도

2 용접

(1) 용접의 개요

용접은 2개의 금속을 용융 온도 이상으로 가열하여 영구적으로 접합하는 것으로 무게가 가벼워지며, 용접을 넓은 범위에 사용하므로, 구조가 간단하여 작업 공정이 적어지고 제작 속도가 빠르며 제작비가 싸다.

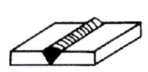 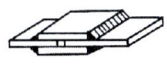

(a) 맞대기 이음 (b) 덮개판 이음

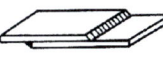

(c) 겹치기 이음 (d) 겹친 맞대기 이음

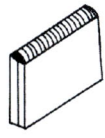 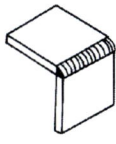

(e) 변두리 이음 (f) 모서리 이음

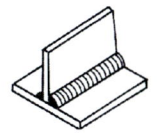

(g) T형 이음

용접이음의 종류★★★

(2) 용접 이음의 강도

① 맞대기 이음★★

$$\sigma_t = \frac{W}{tl}$$

② 필릿 이음

$$\sigma_t = \frac{0.707\,W}{tl}$$

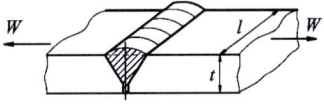

(a) 맞대기 이음

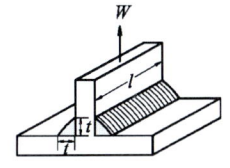

(b) 필렛 이음

용접이음의 강도

02 결합용 기계 요소 예상문제

01 체결용 기계요소가 아닌 것은?

① 나사　　② 키
③ 브레이크　　④ 핀

TIP 브레이크는 제동용 기계요소이다.

02 나사 곡선을 따라 축의 둘레를 한 바퀴 회전하였을 때 축 방향으로 이동하는 거리를 무엇이라 하는가?

① 나사산　　② 피치
③ 리드　　④ 나사홈

03 수나사의 호칭은 무엇을 기준으로 하는가?

① 유효지름　　② 골지름
③ 바깥지름　　④ 피치

TIP 호칭지름(nomonal diameter)은 수나사의 바깥지름으로 나타내며, 암나사는 암나사에 체결되는 수나사의 호칭지름으로 나타낸다.

04 피치가 1.25mm인 한 줄 나사 볼트를 5바퀴 돌렸다. 이 때 볼트가 전진한 거리는 얼마인가?

① 1.25mm　　② 6.25mm
③ 2.50mm　　④ 5.0mm

TIP 나사를 1회전 시킬 때 축방향으로 이동한 거리를 리드라 한다.
리드(L) = 줄수(n) × 피치(p)
리드가 1.25이므로 전진거리는
$1.25 \times 5 = 6.25$

05 피치 3mm인 2줄 나사의 리드(lead)는 얼마인가?

① 1.5mm　　② 6mm
③ 2mm　　④ 0.66mm

01 ③　02 ③　03 ③　04 ②　05 ②

06 미터나사에 관한 설명으로 잘못된 것은?

① 기호는 M으로 표기한다.
② 나사산의 각은 60°이다.
③ 호칭지름을 인치(inch)로 나타낸다.
④ 부품의 결합 및 위치의 조정 등에 사용된다.

TIP 미터나사의 호칭지름은 mm로 나타낸다.

07 주로 프레스 등의 동력 전달용으로 사용되며 축 방향의 큰 하중을 받는 곳에 주로 쓰이는 나사는?

① 미터 나사   ② 관용 평행 나사
③ 사각 나사   ④ 둥근 나사

TIP 사각 나사(square thread)
프레스나 나사잭과 같은 기계의 큰 힘을 전달하는데 적합한 나사이며, 하중의 방향이 일정하지 않은 교번하중을 받을 때도 효과적인 나사이다.

08 자동차의 스티어링 장치, 수치제어 공작기계의 공구대, 이송장치 등에 사용되는 나사의 종류는?

① 둥근 나사   ② 볼 나사
③ 유니파이 나사   ④ 미터 나사

TIP 볼 나사
나사축과 너트 사이에 강구를 넣어서 작동하는 나사로서, 마찰이 매우 작아 공작기계의 수치제어에 의한 결정 등의 이송나사에 사용된다.

09 나사산의 모양에 따른 나사의 종류에서 삼각나사에 해당하지 않는 것은?

① 미터나사   ② 유니파이나사
③ 관용나사   ④ 톱니나사

TIP 삼각 나사에는 미터 나사(metric thread), 유니파이 나사(unifide thread), 관용 나사(pipe thread), 휘트워드 나사(whitworth thread)가 있다.

10 미터나사에서 지름이 14mm, 피치가 2mm의 나사를 태핑(tapping)하기 위한 드릴구멍의 지름은 몇 mm로 하는가?

① 16   ② 14
③ 12   ④ 10

TIP 탭 작업 시 드릴구멍의 지름은 나사의 호칭지름에서 피치를 뺀다.

11 유체가 나사의 접촉면 사이의 틈새나 볼트의 구멍으로 흘러오는 것을 방지할 필요가 있을 때 사용하는 너트는?

① 캡 너트   ② 홈붙이 너트
③ 플랜지 너트   ④ 슬리브 너트

TIP 캡 너트(cap nut)
유체가 나사의 접촉면 사이의 틈새나 볼트와 너트의 구멍 틈으로 흘러나오는 것을 방지할 필요가 있을 때에 쓰인다.

06 ③   07 ③   08 ②   09 ④   10 ③   11 ①

12 양 끝이 수나사로 되어있고 자주 분해 결합 시 사용되는 볼트는?

① 관통 볼트　　② 관용 볼트
③ 스터드 볼트　④ 탭 볼트

> **TIP** 스터드 볼트(stud bolt)
> 자주, 분해 결합 시 사용되는 것으로 볼트 머리가 없고 양단에 수나사로 되어 있어 너트로 고정한다.

13 무거운 물체들을 들어올릴 때 사용되는 너트는?

① 둥근 너트　　② 사각 너트
③ 아이 너트　　④ 슬리브 너트

> **TIP** 아이 볼트(eye bolt)
> 무거운 물체 등을 들어올릴 때 로프(rope), 체인(chain) 또는 훅 등을 거는 데 사용한다.

14 너트의 풀림을 방지하기 위하여 분할 핀과 같이 사용되는 너트는?

① 육각 너트　　② 플랜지 너트
③ 나비 너트　　④ 홈붙이 너트

> **TIP** 홈붙이 너트(castle nut)
> 너트의 위쪽에 분할 핀을 끼워 너트가 풀리지 않도록 할 때 사용한다.

15 너트의 풀림 방지 방법이 아닌 것은?

① 와셔를 사용하는 방법
② 핀 또는 작은 나사 등에 의한 방법
③ 로크 너트에 의한 방법
④ 키에 의한 방법

> **TIP** 너트의 풀림 방지법은 다음과 같다.
> - 와셔를 사용하는 방법(스프링와셔, 이붙이 와셔)
> - 로크 너트(lock nut)에 의한 방법
> - 자동죔 너트(self-locking)에 의한 방법
> - 분할핀, 작은 나사, 멈춤나사 등에 의한 방법
> - 철사로 감아 메어서 풀림을 방지하는 방법

16 나사의 풀림 방지법으로 적당하지 않은 것은?

① 나비너트를 사용하는 방법
② 로크너트에 의한 방법
③ 핀 또는 멈춤나사에 의한 방법
④ 자동죔 너트에 의한 방법

17 일반적인 너트의 풀림을 방지하기 위하여 사용하는 방법이 아닌 것은?

① 와셔에 의한 방법
② 나비너트에 의한 방법
③ 로크너트에 의한 방법
④ 멈춤나사에 의한 방법

12 ③　13 ③　14 ④　15 ④　16 ①　17 ②

18 와셔를 기계용과 너트 풀림방지용으로 분류할 때, 기계용으로 사용되는 것은?

① 혀붙이 와셔 ② 클로오 와셔
③ 둥근 평 와셔 ④ 스프링 와셔

19 기어, 풀리, 커플링 등의 회전체를 축에 고정시켜서 회전운동을 전달시키는 기계요소는?

① 나사 ② 리벳
③ 핀 ④ 키

TIP 키(key)는 축에 풀리, 기어, 플라이 휠, 커플링 등의 회전체를 고정시켜서 축과 회전체를 일체로 하여 회전운동을 전단시키는 기계요소이다.

20 다음 중 키의 전달 토크의 크기에서 가장 큰 것은?

① 안장 키 ② 평 키
③ 묻힘 키 ④ 접선 키

TIP 키의 큰 동력 전달 순서
세레이션 > 스플라인 > 접선키 > 성크 키 > 반달키 > 평키 > 안장키

21 보기의 그림은 어떤 키(Key)를 나타낸 것인가?

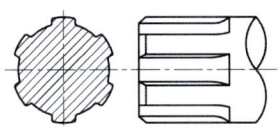

① 묻힘 키 ② 접선 키
③ 세레이션 ④ 스플라인

TIP 스플라인(Spline)
축의 둘레에 4~20개의 턱을 만들어 큰 회전력을 전달할 경우에 쓰이며 자동차, 공작기계, 항공기, 발전용 증기터빈 등에 널리 사용한다.

22 축에 키 홈을 가공하지 않고 사용하는 키(key)는?

① 성크 키 ② 새들 키
③ 반달 키 ④ 스플라인

TIP 새들 키(Saddle Key)
축은 그대로 두고 보스에만 키 홈을 파서 키를 박아 마찰에 의해 회전력을 전달하므로 큰 힘의 전달에는 부적합하다. 안장 키라고도 불리운다.

18 ③ 19 ④ 20 ④ 21 ④ 22 ②

23 다음 그림은 어떤 키(KEY)를 나타낸 것인가?

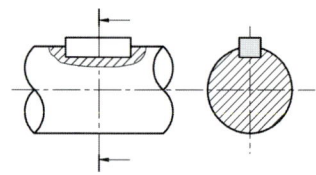

① 묻힘 키　　② 안장 키
③ 접선 키　　④ 원뿔 키

> 💡 성크 키(sunk key)
>
> 축과 보스 양쪽에 키이의 홈이 있는 것으로 가장 많이 사용된다. 묻힘 키라고도 불리운다.

24 보스와 축의 둘레에 여러 개의 키(Key)를 깎아 붙인 모양으로 큰 동력을 전달할 수 있고 내구력이 크며, 축과 보스의 중심을 정확하게 맞출 수 있는 특징을 가지고 있는 것은?

① 새들 키　　② 원뿔키
③ 반달 키　　④ 스플라인

> 💡 스플라인(Spline)
>
> 축의 둘레에 4~20개의 턱을 만들어 큰 회전력을 전달할 경우에 쓰이며 자동차, 공작기계, 항공기, 발전용 증기터빈 등에 널리 사용한다.

25 우드러프키라고 불리우며 축의 강도를 약하게 하나 가공이 쉽고 테이퍼 축에 사용하기 쉬운 키는?

① 성크 키　　② 원뿔 키
③ 반달 키　　④ 접선 키

> 💡 반달 키(Woodruff Key)
>
> 축의 홈이 깊게 되어, 축의 강도가 약하게 되기도 하나 가공이 쉽고 키가 자동적으로 축과 보스 사이에 자리를 잡을 수 있다는 장점이 있으므로, 자동차 공작기계등에 널리 사용된다. 일반적으로 60mm 이하의 작은 축에 사용되고 특히 테이퍼축에 사용이 편리하다.

26 축에 작은 삼각형을 만들어 축과 보스 부분을 고정하는 키는?

① 미끄럼 키　　② 새들 키
③ 세레이션　　④ 스플라인

> 💡 세레이션(Serration)
>
> 축에 작은 삼각형의 작은 이를 만들어 축과 보스를 고정시킨 것으로 같은 지름의 스플라인에 비해 많은 이가 있으므로 전동력이 크다. 주로 자동차의 핸들 고정용, 전동기나 발전기의 축에 사용되고 있다.

23 ①　24 ④　25 ③　26 ③

27 키(Key)와 축이 동일 재료를 사용하고 전단 응력이 같을 경우 키의 길이를 구하는 식으로 올바른 것은? (단, ℓ은 키의 길이[mm], b는 키의 높이[mm], d는 축의 지름[mm]을 뜻한다.)

① $\ell = \pi d^2/8b$ ② $\ell = \pi d^2/16b$
③ $\ell = 8b/\pi d^2$ ④ $\ell = 16b/\pi d^2$

28 양 방향의 접선 키를 사용할 때의 중심각은?

① 30° ② 60°
③ 90° ④ 120°

TIP: 접선 키(Tangential Key)

큰 동력을 전달하는데 적당한 키로 접선 방향으로 키 홈을 파서 서로 반대의 테이퍼를 가진 2개의 키를 조합하여 끼워 넣는다. 역전을 가능케 하기 위해 120° 각도로 두 곳에 키를 끼우며, 정사각형 단면의 키를 90°로 배치한 것을 케네디 키(Kennedy Key)라 한다.

29 둥근 축 또는 원뿔 축과 보스의 둘레에 같은 간격으로 가공된 나사산 모양을 갖는 수많은 작은 삼각형의 스플라인을 무엇이라 하는가?

① 각형 스플라인 ② 반달 키
③ 묻힘 키 ④ 세레이션

30 스플릿 테이퍼 핀의 테이퍼 값은?

① $\frac{1}{20}$ ② $\frac{1}{25}$
③ $\frac{1}{50}$ ④ $\frac{1}{100}$

TIP: 축에 보스를 고정시킬 때 사용되는 것으로 테이퍼로 1/50이고 호칭지름은 작은 쪽의 지름으로 표시한다.

31 두 갈래로 갈라져 있어 너트의 풀림 방지에 사용되는 핀은?

① 테이퍼 핀 ② 평행 핀
③ 분할 핀 ④ 스프링 핀

TIP: 분할 핀(split pin)

두 갈래로 갈라진 것으로 너트의 풀림방지 등에 사용한다. 호칭지름은 핀 구멍의 지름으로 한다.

32 코터를 반 영구적 결합으로 사용할 때의 기울기는?

① $\frac{1}{20}$ ② $\frac{1}{25}$
③ $\frac{1}{50}$ ④ $\frac{1}{100}$

TIP: 코터의 기울기
- 자주 분해할 때 : 1/5 ~ 1/10
- 보통 : 1/20
- 반영구적인 경우 : 1/100

27 ① 28 ④ 29 ④ 30 ③ 31 ③ 32 ④

33 리벳이음을 한 강판에 하중을 가할 때 강판 사이의 리벳 단면에 나란히 발생하는 응력은?

① 인장응력   ② 전단응력
③ 압축응력   ④ 경사응력

34 두꺼운 강판을 겹치기 이음할 경우에 리벳팅을 하면 판과 판 사이에 틈이 생겨 공기 또는 기름 등이 새는 현상을 방지하는 작업을 무엇이라 하는가?

① 플러링   ② 코킹
③ 패킹   ④ 실링

> **TIP** 리벳 작업 시 기밀 유지를 위해 코킹(caulking : 리벳머리의 둘레와 강판의 가장자리를 정과 같은 공구로 때리는 것)과 플러링(fullering : 기밀을 더 좋게 하기 위하여 강판과 같은 두께의 플러링 공구로 때려 붙이는 것)을 한다.

03 chapter 축계 기계요소

01 축(Shaft)

축은 일반적으로 베어링(bearing)에 지지되어 강도, 힘 그 밖의 기계적 필요 조건을 구비하여 회전 및 왕복 운동을 하는 기계요소를 말한다.

1 축의 종류

(1) 작용 하중에 의한 분류★★★

① 차축(axle) : 주로 휨을 받는 정지 또는 회전축을 말한다.
② 스핀들(spindle) : 주로 비틀림을 받으며 모양이나 치수가 정밀하고 변형이 적어야 하므로 공작기계의 주축에 쓰인다.
③ 전동축 : 주로 비틀림과 휨을 받으며 동력 전달이 주목적이다. 이 전동축에는 주축(main shaft), 선축(line shaft), 중간축(counter shft)이 있다.

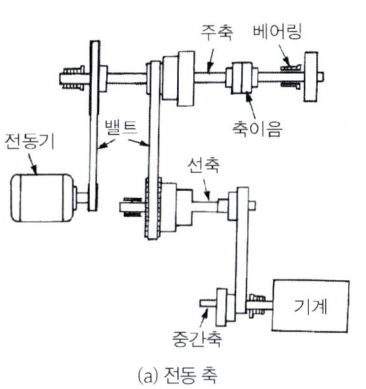

(a) 전동 축

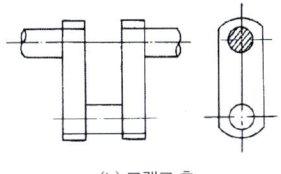

(b) 크랭크 축

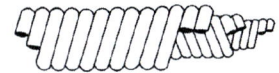

(c) 플렉시블 축

※ 주축 → 선축 → 중간축 순서중요

축의 종류

(2) 모양에 따른 분류

① 직선축 : 보통 쓰이는 축이다.
② 크랭크 축(crank shaft) : 왕복운동 기관에 사용하는 축으로 직선 운동을 회전 운동으로 바꾸는데 사용한다.
③ 플렉시블 축(flexible shaft) : 가요축이라고도 하며, 축은 자유롭게 휠 수 있으며 강선을 2중, 3중으로 감아서 만든 축이다.

2 축의 강도

(1) 휨만을 받은 축

차축과 같이 휨만을 받는 축

① 속이 찬 축의 경우(실체축)

$$M = \sigma_b \cdot z = \sigma_b \cdot \frac{\pi d^3}{32}$$

$$\therefore d = \sqrt[3]{\frac{10.2M}{\sigma_b}}$$

- M : 축에 작용하는 휨 모멘트(kg·mm)
- σ_b : 축에 생기는 휨 응력(kg/mm²)
- z : 축의 단면계수(mm²)

$$z = \frac{\pi d^3}{32}$$

- d : 축의 지름(mm)

② 속이 빈 축의 경우(중공축)

$$d = \sqrt[3]{\frac{10.2M}{\sigma_b(1-x^4)}}$$

$$x = \frac{d_1}{d_2}$$

- d_1 : 중공축의 안지름
- d_2 : 중공축의 바깥지름

(2) 비틀림만을 받는 축

① 속이 찬 축의 경우

$$T = \tau \cdot Z_p = \tau \cdot \frac{\pi d^3}{16}$$

$$\therefore d = \sqrt[3]{\frac{5.1T}{\tau}}$$

- T : 축에 작용하는 비틀림 모멘트 (kg·mm)
- τ : 축의 허용 전단응력(kg/mm²)
- Z_p : 축의 극단면계수(mm)

$$Z_p = \frac{5T}{\tau}$$

- d : 축의 지름(mm)

② 속이 빈 축의 경우

$$d = \sqrt[3]{\frac{5.1T}{\tau(1-x^4)}}$$

(3) 휨과 비틀림을 동시에 받는 축

$$Te = \sqrt{T^2 + M^2}$$

$$Me = \frac{M + Te}{2}$$

$$d = \sqrt[3]{\frac{5.1Te}{\tau_a}}$$

또는 $d = \sqrt[3]{\dfrac{10.2Me}{\sigma_b}}$

- Te : 상당 비틀림 모멘트(kg·mm²)
- Me : 상당 휨 모멘트(kg/mm)

(4) 축의 설계

$$H = \frac{TW}{75 \times 1000} = \frac{2\pi NT}{75 \times 60 \times 1000} \,(HP)$$

$$H' = \frac{TW}{102 \times 1000} = \frac{2\pi NT}{102 \times 60 \times 1000} \,(KW)$$

$$T = 716.2 \frac{H}{N} (\text{kg} \cdot \text{m})$$

$$T = 974.0 \frac{H'}{N} (\text{kg} \cdot \text{m})$$

$$T = 7025 \frac{H}{N} (\text{N} \cdot \text{m})$$

$$T = 9554 \frac{H'}{N} (\text{N} \cdot \text{m})$$

- T : 축에 작용하는 휨 모멘트(kg·m)
- H : 전달 마력(ps=hP)
- H' : 전달 마력(kW)
- N : 축의 매분 회전 수
- W : 각 속도(rpm) $= \dfrac{2\pi N}{60}$ (rad/sec)

(5) 바하의 축공식

축의 강도는 축의 길이 1m에 대하여 비틀림각의 한도를 1/4°로 한다.

$$\theta = \frac{T \cdot \ell}{G \cdot I_p}[\text{rad}]$$

$$\theta° = 57.3° \times \frac{T \cdot \ell}{G \cdot I_p}(\text{도})$$

위 식에 $G = 8.1 \times 10^5 [\text{kg/cm}^2]$, $I_p = \frac{\pi d^4}{32}$, $\ell = 1000\text{mm}$ 대입하면

① 속이 찬 축의 경우

$$d = 120\sqrt[4]{\frac{H}{N}}$$
$$= 130\sqrt[4]{\frac{H'}{N}}(\text{mm})$$

② 속이 빈 축의 경우

$$d = 120\sqrt[4]{\frac{H}{N(1-x^4)}}$$
$$= 130\sqrt[4]{\frac{H'}{N(1-x^4)}}(\text{mm})$$

3 축에 영향을 끼치는 요인

(1) 강도(strength)

여러 가지 하중의 작용에 충분히 견딜 수 있는 강함의 크기

(2) 강성도(stiffness)

충분한 강도 이외의 처짐이나 비틀림의 작용에 견딜 수 있는 능력

(3) 진동

회전시 고유진동과 강제진동으로 인하여 공진현상이 생길 때 축이 파괴된다. 이 때 축의 회전속도를 임계속도라 한다.

(4) 부식(corrosion)

선박용 프로펠러 축, 펌프 축 등은 유체와 항상 접촉하고 있으므로 부식이 되기 쉬워 내식성 재료로 만들어지거나, 계산값 보다 훨씬 굵게 제작되어야 한다.

(5) 온도

고온의 열을 받은 축은 크리이프와 열팽창을 고려해야 한다.

02 베어링과 저널

회전축을 지지하여 주는 기계요소를 베어링(bearing)이라 하고 이 베어링과 접촉하는 축 부분을 저널(journal)★★★이라 한다.

1 베어링의 종류

(1) 접촉면에 따른 분류

① 미끄럼 베어링(sliding bearing) : 저널과 베어링면이 직접 접촉하여 미끄럼 운동을 하는 베어링
② 구름 베어링(rolling bearing) : 저널과 베어링면 사이에 전동체인 로울러나 보울을 넣어 구름운동하는 베어링

(2) 하중의 작용 방향에 따른 분류★★

① 레이디얼 베어링(radial bearing) : 축에 직각 방향의 하중을 받는 베어링
② 트러스트 베어링(thrust bearing) : 축 방향의 하중을 받은 베어링

③ 원뿔 베어링(cone bearing) : 축의 직각 방향과 축방향의 하중을 동시에 받는 베어링

2 저널의 종류

(1) 가로 저널(레이디얼 저널)

하중이 축의 직각방향으로 작용하는 저널로 끝 저널(End journal)과 중간 저널(neck journal)이 있다.

(2) 추력 저널(트러스트 저널)

하중이 축방향으로 작용하는 저널로 피벗 저널(pivot journal)과 칼라 저널(collar journal)이 있다.

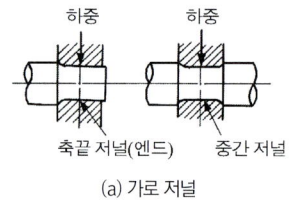

(a) 가로 저널

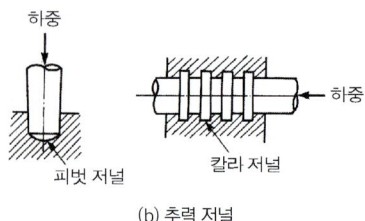

(b) 추력 저널

저널

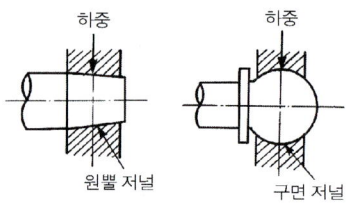

원뿔 저널과 구면 저널

(3) 원뿔 저널(cone journal)

하중이 축의 직각방향과 축방향으로 동시에 작용하는 저널

3 미끄럼 베어링(sliding bearing)의 분류

(1) 레이디얼 미끄럼 베어링

저널 베어링(journal bearing)이라고도 한다.

① **통쇠 베어링(solid bearing)** : 주철제 한 덩어리로 구조가 매우 간단한 베어링이며 정하중의 저속 회전용에 쓰인다.

② **분할 베어링(split bearing)** : 본체와 캡으로 구성된 베어링으로 중하중의 저속 회전용에 쓰인다.

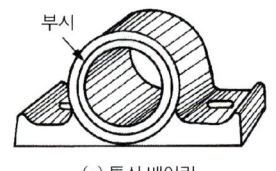

(a) 통쇠 베어링

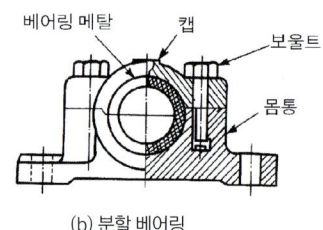

(b) 분할 베어링

레이디얼 미끄럼 베어링

(2) 트러스트 베어링(thrust bearing)

① **피벗 베어링(pivot bearing)** : 절구 베어링(foot step bearing)이라고도 하며 축 끝이 원추형으로 그 끝이 약간 둥글게 되어 있다.★★

② 컬러 트러스트 베어링(color thrust bearing) : 여러 단의 칼라가 배열되어 있으며 베어링의 길이가 비교적 길다.

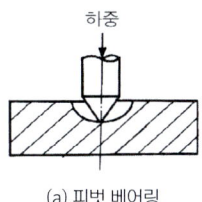

(a) 피벗 베어링

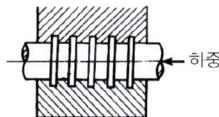

(b) 칼라 트러스트 베어링

트러스트 베어링

③ 킹스버리 베어링(kingsbury bearing) : 미첼 베어링(michell bearing)이라고도 하며 가도편형의 베어링으로 큰 트러스트를 받는 베어링에 쓰인다.

(3) 원뿔 베어링(cone bearing)과 구면 베어링(spherical bearing)

원뿔 베어링은 공작기계의 메인 베어링으로 응용되며 다소의 트러스트도 받을 수 있다. 구면 베어링은 극히 저속에 쓰이며 기계에는 별로 쓰이지 않는다.

(4) 미끄럼 베어링의 재료

① 베어링 메탈의 구비조건★★★
  ㉠ 늘어붙지 않아야 한다.
  ㉡ 재료의 특성을 충분히 발휘할 수 있도록 성분이 고르게 분포되어야 한다.
  ㉢ 높은 내식성을 가져야 한다.
  ㉣ 높은 피로강도를 가져야 한다.
  ㉤ 마찰에 의한 마멸이 적어야 한다.

② 베어링 메탈의 종류
  ㉠ 화이트 메탈(white metal) : 가장 널리 쓰이는 것으로 주석계, 납계, 아연계 화이트메탈이 있다.
  ㉡ 구리 합금 : 화이트 메탈에 비하여 강도가 크며 청동, 납청동, 인청동, 켈밋 등이 쓰인다.
  ㉢ 비금속 베어링의 재료 : 리그넘 바이트(lignum vitae)는 윤활유를 수시로 공급할 수 없는 수차, 펌프 등의 주축과 선반의 프로펠러 축의 베어링 재료로 쓰인다.
  • 오일리스 베어링 : 회전 시에 베어링 메탈에서 윤활유가 나와 주유가 곤란한 부분에 적합하고 발전기 등의 부시에 널리 사용된다.

③ 미끄럼 베어링의 특징★★
  ㉠ 구조가 간단하고 가격이 싸다.
  ㉡ 충격에 잘견디고 힘이 크다.
  ㉢ 베어링의 수리가 용이하다.
  ㉣ 베어링에 작용하는 하중이 클 때 주로 사용한다.
  ㉤ 사용시 마찰저항의 단점이 있다.
  ㉥ 윤활유를 넣을 때 주의해야 한다.

4 구름 베어링

(1) 구름 베어링의 구조

구름 베어링은 내륜과 외륜 사이에 볼(ball)또는 롤러(roller) 등의 전동체를 넣어 전동체의 간격을 일정하게 유지하기 위하여 리테이너(retainer)를 가지고 있다.★★★

① 볼 베어링(ball bearing) : 단열과 복열의 두 종류가 있으며 단열 깊은 홈형, 레

이디얼 볼 베어링, 복열 자동조심형 레이디얼 볼 베어링, 단식 트러스트 볼 베어링 등이 있다.

외륜　　볼과 리테이너　　내륜

구름 베어링의 구조

② 롤러 베어링(roller bearing)
  ㉠ 원통 롤러 베어링 : 레이디얼 부하 용량이 매우 크고, 트러스트 하중을 전혀 받을 수 없다. 중하중용이며 충격에 강하다.
  ㉡ 니들 롤러 베어링 : 길이에 비하여 지름이 매우 작은 롤러(지름 2~5mm)를 사용한 베어링으로 주로 리테이너가 없이 니들 롤러만으로 전동하므로 단위 면적에 대한 부하량이 커서 좁은 장소에서 비교적 큰 하중을 받는 내연 기관의 피스톤 핀에 사용된다.★★
  ㉢ 원뿔 롤러 베어링 : 레이디얼 하중과 트러스트 하중을 동시에 받을 수 있으며, 주로 공작기계의 주축에 쓰인다.

③ 볼 베어링과 롤러 베어링의 비교

종류 비교항목	볼 베어링	롤러 베어링
하중	비교적 경하중용	비교적 큰 하중
마찰	작다.	비교적 크다.
회전수	고속회전에 적당	비교적 저속회전에 적당
내충격성	아주 작다.	작다(볼 베어링보다 크다.)

(2) 구름 베어링의 특징★★
① 윤활이 용이하다.
② 과열될 위험성이 적고 고속회전에 적합하다.
③ 규격품이 많으므로 교환과 선택이 용이하다.
④ 설치하기가 힘들고 특수강을 사용하며 정밀가공해야 한다.
⑤ 가격이 비싸고, 수명이 짧다.
⑥ 소음이 발생하기 쉽고, 충격에 약하다.
⑦ 조립이 어렵고 외경이 커지기 쉽다.

(3) 구름 베어링의 호칭법

형식번호 치수번호(나비와 지름기호) 안지름번호 등급기호

❓ 호칭법에 쓰이는 숫자의 의미
① 첫 번째 숫자 : 형식번호
   1 : 복렬 자동조심형
   2, 3 : 복렬 자동조심형(큰나비)
   6 : 단열홈형
   N : 원통 롤러형
   7 : 단열 앵귤러 콘택트형(경사 접촉형)
② 두 번째 숫자 : 치수기호(폭 기호 + 직경기호)
   0, 1 : 특별 경하중형, 2 : 경하중형, 3 : 중간형
③ 세 번째 숫자와 네 번째 숫자 : 안지름 기호★★★★★
   00 : 안지름 10mm, 01 : 안지름 12mm
   02 : 안지름 15mm, 03 : 안지름 17mm, 안지름 치수 9mm 이하의 한 자리 숫자는 그대로 표시하고 0mm 이상 500mm까지는 그 1/5의 수값(두자리 숫자)으로 표시한다. 단, 위에 적은 10, 12, 17mm만은 예외이다. 500mm 이상의 것은 안지름 그대로를 써서 500(안지름 500mm, 630(안지름 630mm)과 같이 표시한다.
④ 다섯 번째 이후의 기호 : 베어링의 등급기호
   무기호 : 보통급, H : 상급, P : 정밀등급, SP : 초정밀급
⑤ 사용보기
   60 - 베어링 계열(단열 깊은홈형 볼 베어링)

12 - 내경(12×5 = 60mm)
Z★★ - 실드기호(편측)
NR - 궤도륜 형상기호

60 - 베어링 계열
8 - 안지름 번호(8 = 8mm)
C2 - 틈새기호(C2 틈새)
P - 6등급기호(6급)

5 베어링의 설계

(1) 레이디얼 저널의 설계

① 베어링의 압력

$$P = \frac{W}{dl}, \quad W = Pdl$$

- W : 하중
- d : 저널의 지름
- l : 저널의 길이

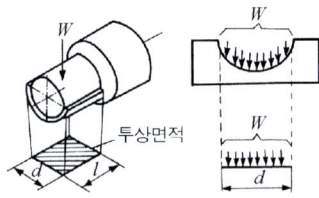

(a) 투상면적과 하중의 분포 상태

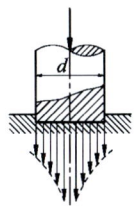

(b) 피벗 저널

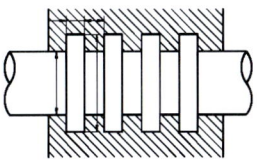

(c) 칼라 저널

베어링의 설계

(2) 트러스트 저널의 설계

① 베어링의 압력

$$P = W / \frac{\pi}{4}d^2 \,(\text{kg/mm}^2) : 피벗저널$$

$$P = W / \frac{\pi}{4}(d_2^2 - d_1^2) \cdot Z \,(\text{kg/mm}^2)$$

: 칼라저널

- Z : 칼라의 수

(3) 열전도에서의 설계

① **열의 발열** : 마찰에 의하여 생기는 열량을 Q_f라 하면,

$$Q_f = \frac{W_f}{J} = \frac{W_f}{427} \,(\text{kcal/sec})$$

- W_f : 매초마다 마찰열(μWV)

② **마찰열** : 접촉면의 마찰에 의하여 베어링 부위는 열이 발생한다. 이 열에 의하여 베어링부가 과열되는데 과열을 방지하려면 저널의 단위 투상면적당의 마찰일 W_f를 어느 허용범위 안에서 억제해야 한다.

$$w_f = \frac{W_f}{dl} = \frac{\mu W_e}{dl}$$
$$= \mu pv \,(\text{kg/mm}^2 \cdot \text{m/sec})$$
$$pv = \frac{\mu WN}{1000 \times 60 \times l}$$

(4) 베어링의 수명계산

① 수명시간

$$Lh = 500 fh^n$$

- n : 볼 베어링 3, 롤러 베어링 10/3

② 수명계수

$$fh = f_n \times C/P$$

③ 속도계수

$$f_n = (33.3/N)^n$$

- n : 볼 베어링 1/3, 롤러 베어링 3/10
- C : 기본 부하용량(kg)
- P : 베어링 하중(kg)

- 베어링의 수명(10^6 회전)을 주는 기본 부하용량 C(kg)은 33.3rpm으로 500시간을 유지할 수 있는 하중이다.

03 축 이음

1 커플링

(1) 고정 커플링

연결할 두 축이 일직선상에 있을 때 사용하는 축 이음

① 원통 커플링(cylindrical coupling)
  ㉠ 머프 커플링(muff coupling) : 주철제 원통 속에 두 축을 맞대어 키로 고정하고 구조가 가장 간단한 커플링으로 인장력이 작용하는 축 이음에는 적합하지 않다.
  ㉡ 반 중첩 커플링(hard lap coupling) : 주철제 원통 속에 전달 축보다 약간 크게한 축에 기울기를 주어 중첩시킨 후 키로 고정한 커플링이다.
  ㉢ 클램프 커플링(clamp coupling) : 주철 또는 주강제 2개의 반원통을 보통 6개의 볼트로 체결하고 키로 연결한 분해 조립이 쉬운 커플링으로 축의 지름이 200mm 이하의 전동축의 축 이음에 쓰이고 분할 원통 커플링이라 한다.
  ㉣ 셀러 커플링(seller's coupling) : 바깥통에 2개의 주철제 원뿔형을 양쪽에 끼워 3개의 볼트로 죄는 동시에 축을 고정시키는 것으로 테이퍼 슬리브 커플링이라고도 한다.
  ㉤ 마찰 원통 커플링(friction coupling) : 양 끝이 테이퍼 진 원뿔형 주철제 분할 통으로 두 축을 씌우고 연강제 링으로 양 끝을 조여 마찰력으로 동력을 전달하는 커플링으로 큰 동력에는 부적합하나 분해 조립이 쉬운 이점이 있다.

② 플랜지 커플링(flange coupling) : 두 축 끝에 플랜지를 끼워 키로 고정하고 리머 볼트로 결합시키는 커플링으로 두 축을 정확하게 결합시킬 수 있고 확실하게 동력을 전달 시킬 수 있어 지름이 200mm 이상의 축과 고속 정밀 회전축의 축이음에 많이 사용된다.

(2) 플렉시블 커플링(flexible coupling)★★

두 축의 중심선을 일치시키기 어렵거나 또는 전달토크의 변동으로 충격을 받거나 고속회전으로 진동을 일으키는 경우 고무, 강선, 가죽, 스프링 등을 이용하여 충격과 진동을 완화시켜 주는데 사용한다.

(3) 올덤 커플링(oldham coupling)★★

두 축이 평행하며 두 축 사이가 변화하는 경우에 사용되며, 진동이나 마찰 저항이 커서 고속회전에 적당하지 않다.

(4) 유니버설 조인트(universal joint)★★

두 축이 만나고 각이 수시로 변화하는 경우에 사용되는 커플링으로 원동축은 등속회전, 종동축은 부등속회전을 하여 두 축이 만나는 각도 30° 이내로 해야 한다.

(5) 특수 커플링

① **안전 커플링** : 제한 하중 이상이 되면 자동적으로 연결이 끊어지고 뒤틀림
② **유체 커플링** : 유체를 이용한 커플링으로 진동과 충격이 유체에 흡수되어 종동축에 전달되지 않아 자동차 등의 주동력축의 축이음에 사용된다.

2 클러치(clutch)

원동축과 종동축의 결합을 단속하기 위하여 사용하는 축 이음★

(1) 맞물림 클러치(claw clutch)

두 플랜지에 턱을 만들어서 한 플랜지는 원동축에 고정시키고, 또 다른 한 쪽의 플랜지는 종동축에 미끄럼키로 축 위에서 미끄러질 수 있게 결합하여 필요할 때마다 두 플랜지를 결합시키거나 분리시킬 수 있게 한 클러치를 맞물림 클러치(턱클러치)라 한다.

(2) 마찰 클러치

원동축과 종동축에 붙어 있어 접촉면을 서로 강하게 접속시켜서 마찰력에 의하여 동력을 전달하는 클러치로 한 쪽에는 금속을, 다른 한 쪽에는 마찰재인 가죽, 고무, 목재, 직물, 석면 등을 붙여 사용한다. 마찰 클러치에는 원판, 원뿔, 전자력 클러치가 있다.

(3) 유체 클러치

원동축에 고정된 펌프 날개가 회전하면서 유체에너지가 종동축의 터빈(turbine) 날개에 부딪혀 터빈을 회전시킴으로써 동력을 전달한다.

03 축계 기계 요소 예상문제

01 비틀림 하중을 받으며 주로 공작기계의 주축으로 사용되는 축은?

① 차축 ② 직선축
③ 플렉시블축 ④ 스핀들

TIP 스핀들(spindle)
주로 비틀림을 받으며 모양이나 치수가 정밀하고 변형이 적어야 하므로 공작기계의 주축에 쓰인다.

02 직선운동을 회전운동으로 바꾸어 주는 축은?

① 전동축 ② 크랭크축
③ 선축 ④ 플렉시블축

TIP 크랭크 축(crank shaft)
왕복운동 기관에 사용하는 축으로 직선 운동을 회전 운동으로 바꾸는데 사용한다.

03 전동축의 동력전달 순서가 옳게 된 것은?

① 주축 - 중간축 - 선축
② 선축 - 중간축 - 주축
③ 주축 - 선축 - 중간축
④ 선축 - 주축 - 중간축

TIP 축의 순서
주축 – 선축 – 중간축

04 축을 설계할 때 고려하지 않아도 되는 것은 무엇인가?

① 축의 강도 ② 피로 충격
③ 응력 집중 영향 ④ 축의 표면조도

TIP 축을 설계할 때에는 강도(strength), 강성도(stiffness), 진동, 부식(corrosion) 등을 고려하여야 한다.

01 ④ 02 ② 03 ③ 04 ④

05 다음 중 부품의 위치를 고정하기 위하여 축에 홈을 파고 사용하는 부품은?

① 멈춤링　② 오일시일
③ 패킹　　④ 플러머블록

> TIP 부품들의 위치를 고정하기 위하여 사용하는 것은 멈춤링이다. 패킹이나 오일실, 플러머블럭(휄트링)은 기밀 유지를 위해 사용이 된다.

06 볼베어링에서 볼을 적당한 간격으로 유지시켜 주는 베어링 부품은?

① 리테이너　② 레이스
③ 하우징　　④ 부시

> TIP 내륜과 외륜 사이에 볼(ball) 또는 로울러(roller) 등 전동체의 간격을 일정하게 유지하기 위하여 리테이너(retainer)를 설치한다.

07 저널(journal)이란?

① 베어링과 접촉하는 축의 부분
② 전동축의 윤활유
③ 축의 양끝 부분
④ 축과 접촉하는 베어링의 부분

> TIP 베어링과 접촉하는 축 부분을 저널(journal)이라 한다.

08 베어링 중 축에 직각 방향 하중을 받는 베어링은?

① 미끄럼 베어링
② 원뿔 베어링
③ 레이디얼 베어링
④ 드러스트 베어링

> TIP 레이디얼 베어링(radial bearing)
> 축에 직각 방향의 하중을 받는 베어링

09 절구 베어링이라고도 하며, 세워져 있는 축에 의하여 추력을 받을 때 사용되는 베어링의 종류 명칭으로 가장 적합한 것은?

① 피벗 베어링　② 칼라 베어링
③ 단일체 베어링　④ 분할 베어링

> TIP 피벗 베어링(pivot bearing)
> 절구 베어링(foot step bearing)이라고도 하며 축 끝이 원추형으로 그 끝이 약간 둥글게 되어 있다.

05 ①　06 ①　07 ①　08 ③　09 ①

10 베어링 메탈의 구비조건이 아닌 것은?

① 피로강도가 작아야 한다.
② 열전도가 좋아야 한다.
③ 면압 강도와 강성이 커야 한다.
④ 마찰이나 마멸이 적어야 한다.

> **TIP** 베어링 메탈의 구비조건
> - 늘어붙지 않아야 한다.
> - 재료의 특성을 충분히 발휘할 수 있도록 성분이 고르게 분포되어야 한다.
> - 높은 내식성을 가져야 한다.
> - 높은 피로강도를 가져야 한다.
> - 마찰에 의한 마멸이 적어야 한다.

11 롤링 베어링에서 전동체가 접촉되지 않고 일정한 간격을 유지할 수 있게 하는 것은?

① 내륜
② 저널(journal)
③ 외륜
④ 리테이너(retainer)

12 길이에 비하여 지름이 아주 작은 바늘모양의 롤러(직경 2~5mm)를 사용한 베어링은?

① 니들 롤러 베어링
② 미니어처 베어링
③ 테이퍼 롤러 베어링
④ 원통 롤러 베어링

> **TIP** 니들 롤러 베어링
> 길이에 비하여 지름이 매우 작은 롤러(지름 2~5mm)를 사용한 베어링으로 주로 리테이너가 없이 니들 롤러만으로 전동하므로 단위 면적에 대한 부하량이 커서 좁은 장소에서 비교적 큰 하중을 받는 내연기관의 피스톤 핀에 사용된다.

13 베어링의 호칭이 6026이다. 안지름은 몇 mm인가?

① 26
② 52
③ 100
④ 130

> **TIP** 안지름
> 00 : 안지름 10mm, 01 : 안지름 12mm, 02 : 안지름 15mm, 03 : 안지름 17mm, 안지름 치수 9mm 이하의 한 자리 숫자는 그대로 표시하고 10mm 이상 500mm까지는 그 1/5의 수값(두 자리 숫자)으로 표시한다.

10 ① 11 ④ 12 ① 13 ④

14 구름 베어링의 호칭번호가 6205일 때 베어링의 안지름은?

① 5mm ② 20mm
③ 25mm ④ 62mm

15 베어링의 호칭번호 6304에서 6은 무엇인가?

① 형식기호 ② 치수기호
③ 지름번호 ④ 등급기준

TIP • 형식번호 – 1 : 복렬 자동조심형
• 2, 3 : 복렬 자동조심형(큰나비)
• 6 : 단열홈형
• N : 원통 롤러형
• 7 : 단열 앵귤러 콘택트형(경사 접촉형)

16 베어링의 호칭번호가 "6202"이면 베어링의 안지름은?

① 5mm ② 10mm
③ 12mm ④ 15mm

17 구름베어링의 호칭번호 6008 C2 P6를 설명한 것이다. 번호와 설명이 일치하지 않는 것은?

① 60 - 베어링 계열 기호
② 08 - 안지름 번호
③ C2 - 밀봉 또는 실드 기호
④ P6 - 정밀도 등급 기호 6급

TIP C2는 틈새기호이다.

18 두 축의 중심선을 완전히 일치시키기 어려운 경우 또는 고속 회전으로 진동을 일으키는 경우에 적당한 커플링은?

① 플랜지 커플링 ② 플렉시블 커플링
③ 울덤 커플링 ④ 슬리이브 커플링

TIP 플렉시블 커플링(flexible coupling)
두 축의 중심선을 일치시키기 어렵거나 또는 전달토크의 변동으로 충격을 받거나 고속회전으로 진동을 일으키는 경우 고무, 강선, 가죽, 스프링 등을 이용하여 충격과 전동을 완화시켜 주는데 사용한다.

14 ③ 15 ① 16 ④ 17 ③ 18 ②

19 원통 커플링의 종류에 속하지 않는 것은?

① 반중첩 커플링　② 머프 커플링

③ 셀러 커플링　④ 플렌지 커플링

> **TIP** 원통 커플링(cylindrical coupling)에는 머프 커플링(muff coupling), 반 중첩 커플링(hard lap coupling), 클램프 커플링(clamp coupling), 셀러 커플링(seller's coupling), 마찰 원통 커플링(friction coupling)이 있다.

20 두 축이 만나고 각이 수시로 변하는 경우에 사용되는 커플링은?

① 올덤커플링　② 유니버설조인트

③ 클램프커플링　④ 플렉시블커플링

> **TIP** 유니버설 조인트(universal joint)
> 두 축이 만나고 각이 수시로 변화하는 경우에 사용되는 커플링으로 원동축은 등속회전, 종동축은 부등속회전을 하여 두 축이 만나는 각도 30° 이내로 해야 한다.

19 ④　20 ②

04 전동용 기계요소

? 전동방식★★★

- 직접 전동방식 : 마찰차, 기어를 이용한 전동방식(축간거리가 가까운 경우에 사용한다.)
- 간접 전동방식 : 벨트, 체인, 와이어로프를 이용한 전동방식(축간거리가 비교적 먼 경우에 사용한다.)

01 마찰차

직접 구름 접촉을 하고 원동차와 종동차와의 마찰력에 의한 전동을 마찰전동(friction drive)이라 하고, 이 때 사용되는 바퀴를 마찰차(friction wheel)라 한다.

1 마찰차의 응용 범위★★

① 전달되어야 할 힘이 크지 않으며, 정확한 속도비를 요구하지 않는 경우
② 속도비가 매우 커서 기어로 전동하기 어려운 경우
③ 두 축 사이를 자주 단속할 필요가 있을 경우
④ 무단 변속이 필요한 경우

2 마찰차의 종류

① **원통 마찰차** : 두 축이 평행한 경우
② **홈붙이 마찰차** : 두 축이 평행한 경우로 V자 홈을 표면에 파서 회전력을 크게 한 마찰차이다.
③ **원뿔 마찰차** : 두 축이 서로 교차하는 경우
④ **변속 마찰차** : 속도 변환을 할 수 있는 특별한 마찰차로 원판, 원뿔, 구면, 에반스 마찰차 등이 있다.

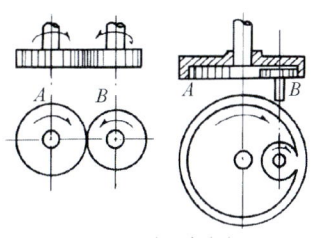

(a) 원통마찰차

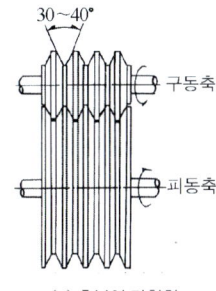

(b) 홈붙이 마찰차

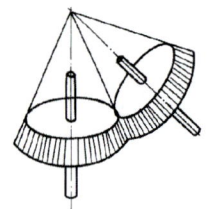

(c) 원뿔마찰차

마찰차의 종류

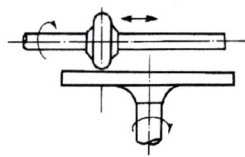

(a) 원판 마찰차

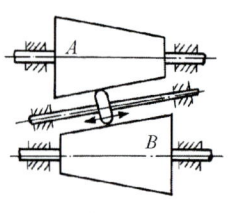

(b) 원뿔

(c) 구면마찰차

변속 마찰차

3 원통 마찰차의 설계

원동차, 종동차의 지름을 D_1, D_2(mm), 회전수를 n_1, n_2(rpm)이라 하면

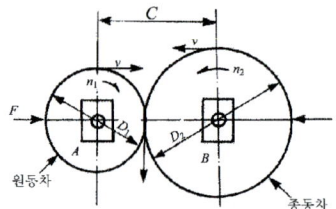

원통마찰차의 동력전달

(1) 원주 속도

$$V = \frac{\pi D_1 n_1}{60 \times 1000} = \frac{\pi D_2 n_2}{60 \times 1000} \text{(m/sec)}$$

(2) 속도비

$$i = \frac{n_2}{n_1} = \frac{D_1}{D_2}$$

(3) 중심거리

$$C = \frac{D_2 \pm D_1}{2} \ (+\text{는 외접}, -\text{는 내접})$$

(4) 전달마력

$$H = \frac{\mu FV}{75} \text{(ps)} = \frac{\mu FV}{102} \text{(kW)}$$

F : 양 바퀴를 누르는 힘(kg)

$$F = b \cdot p_0$$

b : 마찰차의 폭
p_0 : 허용접촉 압력

(5) 최대 토크

$$T = \mu W \cdot \frac{D_2}{2}$$

└ μ : 마찰계수

02 기어(gear)

한 쌍의 원통과 원뿔에 이를 만들어 서로 맞물려 운동을 전달하는 기계요소를 기어(gear)라 하며, 한 쌍의 기어에서 잇수가 많은 쪽을 기어(gear), 잇수가 적은 쪽을 피니언(pinion)이라 한다.

1 기어의 특징★★★

① 큰 동력을 일정한 속도비로 전달할 수 있다.
② 전동 효율이 높고 감속비가 크다.
③ 충격에 약하고 소음, 진동이 발생한다.
④ 사용 범위가 넓다.(예) 시계, 항공기 등)

2 기어의 종류

축의상태	명칭	용도
두 축이 평행	(a) 스퍼 기어(spur gear)	이 끝이 직선이며 축에 평행한 원통기어를 스퍼 기어라 한다.
	(b) 헬리컬 기어(helical gear)	이 끝이 비틀림선으로 눌림이 원활하고 축은 추력을 받는다.
두 축이 평행	(c) 더블 헬리컬 기어(doble helicalgear)	왼쪽 비틀림과 오른쪽 비틀림의 헬리컬 기어를 일체로 한 기어
	(d) 내접기어(internal gear)	원통의 내측에 이가 만들어져 있는 기어로 회전방향이 같다.
	(e) 래크(rack)	원통기어의 피치원의 반경이 무한대로 한것을 래크라 하고 피니언의 회전에 대하여 직선운동을 한다.
두 축이 교차	(a) 스퍼어 베벨기어(bevel gear)	원뿔면에 이를 만든 것으로 이가 직선인 기어.
	(b) 스파이럴 베벨기어(spiral bevel gear)	이 끝이 곡선으로 된 베벨기어로 전동이 조용하다.
	(c) 헬리컬 베벨기어(helical bevel gear)	이가 원뿔면의 접선과 경사진 기어
	(d) 크라운 기어(crown gear)	피치면이 평면으로 된 베벨기어로 스퍼기어에서 래크에 해당한다.
두 축이 만나지도 평행하지도 않는 경우	(a) 나사 기어(screw gear)	비틀림각이 서로 다른 헬리컬기어를 엇갈리는 축에 조합시킨 것으로 미끄럼 전동을 한다.
	(b) 하이포이드 기어(hypoid gear)	나선형 베벨기어로 여러개의 편심직교축을 전동한다.

축의상태	명칭	용도
두 축이 만나지도 평행 하지도 않는경우	(c) 웜엄 기어(worm gear)	나사모양의 기어웜과 웜엄휘 일에 의한 기어의 한쌍을 웜엄기 어라 하며 큰 감속비를 얻을 수 있 으며 역전에는 사용하지 않는다.

3 기어의 각 부 명칭

① **피치원(pitch circle)** : 기어의 중심과 피치점과의 거리를 반지름으로 한 두 기어가 구름접촉을 하는 가상의 원

② **이끝원(addendum circle)** : 이끝 부분을 지나는 원

③ **이뿌리원(dedendum circle)** : 이뿌리를 지나는 원

④ **원주 피치(circular pitch)** : 피치원상에서의 한 이에서 다음 이까지의 원호의 길이

⑤ **이끝 높이(addendum)** : 피치원에서 이 끝까지의 거리(a=M : 모듈 표준)

⑥ **이뿌리 높이(dedendum)** : 피치원에 이뿌리원까지의 거리(d=1.25M 표준)

⑦ **유효 이 높이(working depth)** : 맞물려 있는 한 쌍의 기어에서 물리고 있는 이의 높이로서 한 쌍의 기어의 이끝 높이(addendum)을 합한 길이

⑧ **총 이높이(whole depth)** : 전체의 이높이로서 이끝 높이와 이뿌리 높이의 합 (H=2.25M)

⑨ **이 나비(tooth width)** : 축방향으로 측정한 이의 길이

⑩ **이 두께(tooth thickness)** : 피치원상에서 측정한 이의 두께로 원주피치의 1/2 이다.

⑪ **뒤틈(backlash)** : 맞물려있는 한 쌍의 기어에서 치면 사이의 간격

⑫ **이끝 틈새(클리어런스 : clearance)** : 이 뿌리원에서 상대편 기어의 이끝까지의 거리

⑬ **압력각(pressure angle)** : 맞물려 있는 한 쌍의 기어의 피치점에서 반지름선과 치형의 접선이 이루는 각으로 14.5°와 20°가 많이 사용된다.

- 압력각이 클수록 잇수는 적고 이의 강도는 커지며, 압력각이 작을수록 잇수는 많고, 이의 강도는 작아진다.

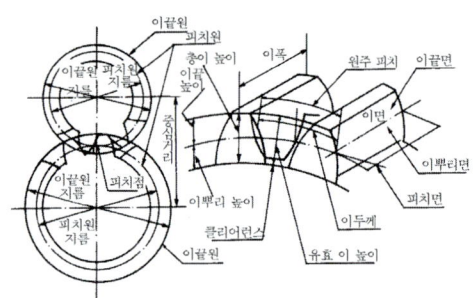

기어 각 부의 명칭

4 기어의 크기★★★

기어에서 이의 크기를 표시하는데 다음의 3가지 기본 수식을 사용하고 있다.

(1) 원주피치(circular pitch)

피치원의 원주를 잇수로 나눈 값

$$원주 피치\ P = \frac{피치원의\ 둘레(mm)}{잇수}$$
$$= \frac{\pi D}{Z}$$
$$\therefore\ P = \pi M$$

여기서 원주피치가 클수록 이는 커지고 잇수는 적어진다.

(2) 모듈(module)

피치원의 지름을 잇수로 나눈 값

$$모듈\ M = \frac{피치원의\ 지름(\text{mm})}{잇수} = \frac{D}{Z}$$

$$\therefore D = M \cdot Z,\ M = \frac{D}{Z}$$

여기서 모듈이 클수록 이는 커지고 잇수는 적어진다.

(3) 지름 피치(diametral pitch)

잇수를 피치원의 지름으로 나눈 값(인치식)

$$지름\ 피치\ DP = \frac{잇수}{피치원의\ 지름(in)}$$
$$= \frac{Z}{D} = \frac{25.4Z}{D}$$
$$\therefore DP = \frac{25.4}{M}$$

여기서 지름 피치가 클수록 이는 적어지고 잇수는 많아진다.

- 바깥지름 $De = D + 2M = M(Z+2)$ ★★★

5 기어의 속도비

(1) 기어의 속도비

원동차, 종동차의 회전수를 각각 n_A, n_B (rpm), 잇수를 Z_A, Z_B, 피치원의 지름을 D_A, D_B(mm)라고 하면,

- 속도비

$$i = \frac{n_B}{n_A} = \frac{D_A}{D_B} = \frac{MZ_A}{MZ_B} = \frac{Z_A}{Z_B}\ ★★★$$

- 중심거리

$$C = \frac{D_A + D_B}{2} = \frac{M(Z_A + Z_B)}{2}\ (\text{mm})$$

단, M은 모듈이며 $D = MZ$가 된다.

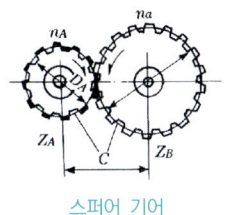

스퍼 기어

(2) 기어 열(gear train)

기어의 속도비가 6 : 1 이상 되면 전동능력이 저하되므로 원동차와 피동차 사이에 1개 이상의 기어를 넣는다. 이와 같은 것을 기어 열이라 한다.

① **아이들 기어(idle gear)** : 두 기어 사이에 있는 기어로 속도비에 관계없이 회전 방향만 변한다.
② **중간 기어** : 3개 이상의 기어 사이에 있는 기어로 회전방향과 속도비도 변한다. ★★

- 속도비

$$i = \frac{n2}{n1} = \frac{원동기어의\ 잇수의\ 곱}{피동기어의\ 잇수의\ 곱}$$
$$= \left(\frac{za \times zc}{zb \times zd}\right)$$

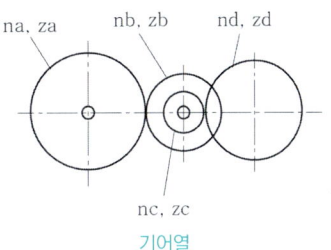

기어열

6 치형 곡선

(1) 인벌류우트(involute)곡선

원기둥에 감은 실을 풀때 실의 1점이 그리는 원의 일부를 곡선으로 한 것을 인벌류우트 곡선이라고 하며, 일반적으로 많이 사용한다. 특징은 압력각이 일정하고 중심거리가 다소 어긋나도 속도비는 변하지 않고 원활한 맞물림이 가능하고 공작이 쉽고 호환성이 있으며 이뿌리가 튼튼하지만 마멸이 잘되는 결점이 있다.

(2) 사이클로이드(cycloid)곡선

기본원 위에 원판을 굴릴 때, 원판상의 1점이 그리는 궤적으로 외전 및 내전 사이클 로이드 곡선이 있다. 이 곡선은 피치원이 완전히 일치하지 않으며 바르게 물리지 않고 기어의 중심거리가 맞지 않으며 물림이 좋지 않다. 이뿌리가 약하나 효율이 높고 소음 및 마모가 적다.

7 이의 물림률

기어의 맞물림은 접촉 호의 길이를 원주피치로 나눈 값이다. 이 값이 크면 회전이 순조롭다.(보통 1.2 ~ 1.8)

$$물림률 = \frac{접촉호의\ 길이}{원주\ 피치}$$

$$= \frac{작용선위에서의\ 물림길이}{법선피치}$$

$$= 1.2 \sim 1.8$$

- 물림률은 압력각이 클수록, 잇수가 적을수록 작아진다.

8 이의 간섭과 언더 컷★★

인벌류우트 기어에서 잇수가 작은 경우나 잇수비가 큰 경우 이뿌리에 접촉하여 회전할 수 없는 경우가 발생한다. 이 현상을 간섭(interference of tooth)이라고 한다. 래크 공구 또는 호브로 기어를 절삭하면 잇수가 적을 경우, 이뿌리를 절삭하게 된다. 이것을 이의 언더컷(Under Cut)이라고 한다. 언더컷을 방지하기 위해서는 이 전위기어를 사용한다.

❓ 이의 간섭을 막는 방법 → 원인★★★
- 이의 높이를 줄인다. → 잇수가 적을 때
- 압력각을 증가시킨다.(20° 또는 그 이상 크게 한다.) → 압력각이 적을 때
- 치형의 이끝면을 깎아낸다. → 잇수비가 클 때
- 피니언의 반경 방향의 이뿌리면을 파낸다.

언더 컷 한계 잇수

잇수 \ 압력각	14.5°	20°
이론적	32	17
실용적	26	14

9 전위 기어

표준이의 래크 공구로 표준 절삭량보다 낮게 절삭하여 기준 피치선의 피치원보다 다소 바깥쪽으로 절삭한 기어를 전위 기어(shifted gear)라 한다.

- 전위량이 증가하면 언더컷을 방지하고 이뿌리의 두께를 크게 하여 이의 강도를 증대한다.

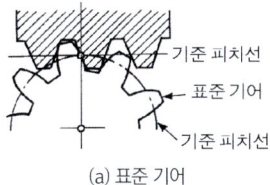

(a) 표준 기어

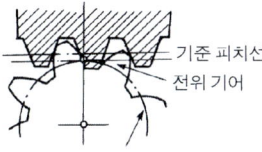

(b) 전위 기어

표준 기어와 전위 기어

❓ 전위 기어의 용도★★★

- 중심거리를 자유로이 변화시키려고 할 때
- 언더컷을 피하고 싶은 경우
- 이의 강도를 개선하려고 하는 경우
  ※ 전위 기어의 바깥지름
  $$D_e = M(Z+2) + 2x (\text{mm})$$
  전위계수 $x = 1 - \dfrac{Z}{z}(\sin\alpha)^2$

10 헬리컬 기어의 설계

헬리컬 기어의 설계

명칭	모듈
축직각	$M_S = \dfrac{M_n}{\cos\beta}$
이직각	M_n

명칭	피치원의지름
축직각	$D_S = Z \cdot M_S$
이직각	$D_n = \dfrac{ZM_n}{\cos\beta}$

명칭	중심거리
축직각	$C = \dfrac{D_1 + D_2}{2} = \dfrac{(Z_1 + Z_2) \cdot M_S}{2}$
이직각	$C = \dfrac{(Z_1 + Z_2)M_n}{2\cos\beta}$

명칭	바깥지름
축직각	$D_0 = D + 2M = ZM + 2M_S$
이직각	$D_0 = \left(\dfrac{Z}{\cos\beta} + 2\right)M_S$

명칭	원주피치
축직각	$P_S = \pi \cdot M_S \dfrac{\pi}{\cos\beta}$
이직각	$P_n = \pi \cdot M_n$

- 상당 스퍼 기어 : 상당 스퍼 기어의 잇수(Ze)와 실제 잇수(Z)와의 관계는

$$Ze = \dfrac{Z}{\cos^3\beta}$$

└ β : 비틀림 각

11 베벨 기어의 설계

베벨기어의 상당 스퍼 기어의 잇수(Ze)와 베벨기어의 잇수(Z)와의 관계는

$$Ze = \dfrac{Z}{\cos\beta}$$

└ β : 피치 원뿔각

03 벨트 전동

양축에 고정한 벨트 풀리(belt pully)에 벨트를 걸어서 마찰력에 의하여 동력을 전달하는 장치로 축간 거리가 10(m) 이하이고, 속도비는 1 : 6 이하, 속도는 10~20m/sec, 평벨트와 V벨트가 있다.

> **벨트 전동의 특징★★★**
> - 정확한 속도비를 얻을 수 없다.
> - 효율이 비교적 좋다.(90 ~ 98%)
> - 과하중시 미끄러져 안전장치 역할을 한다.
> - 구조가 간단하다.

1 평벨트

(1) 벨트 재료

벨트는 유연성과 탄력성이 있고 인장강도, 마찰계수가 커야하므로 가죽, 직물, 고무, 강철 벨트를 사용한다.

(2) 벨트 풀리(belt pully)

주철제로 아암의 수는 4 ~ 8개이며 보통 원주형인 것이 사용되나 속도비를 변화시킬 때는 원뿔형도 사용한다. 벨트가 벗겨지는 것을 방지하기 위하여 바깥면의 중앙 부분을 볼록하게 만든다.

(3) 벨트 풀리에 의한 변속장치

① 단차에 의한 변속 : 지름이 다른 벨트 풀리 몇 개를 한 몸으로 묶은 것은 단차(cone pully)라 하며 서로 반대방향으로 놓아서 평벨트를 건다.
② 원뿔벨트 풀리에 의한 방법

(4) 벨트 거는법

벨트가 원동차로 들어가는 쪽을 인장쪽(tension side), 원동차에서 풀려나오는 쪽을 이완쪽(loose side)이라 한다.

① 바로걸기(open belting) : 원동차와 피동차의 회전방향이 같다. (10m 이내)★★
② 엇걸기(cross belting) : 원동차와 피동차의 회전방향이 반대이다. (벨트 폭이 20배 이상)

③ 인장 풀리 사용 예
 ㉠ 접촉각을 크게 할 때
 ㉡ 축간거리가 짧을 때
 ㉢ 미끄럼을 작게 할 때

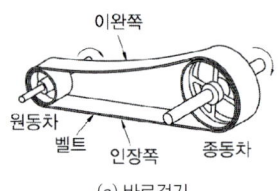

(a) 바로걸기

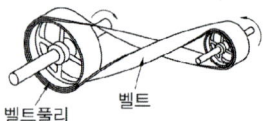

(b) 엇걸기

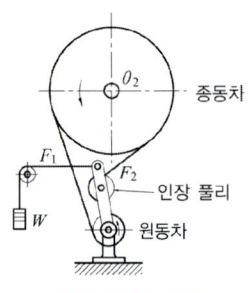

인장 풀리의 사용

(5) 벨트의 길이

두 풀리의 지름을 D_1, D_2(cm), 중심거리를 l(cm), 벨트의 길이를 L(cm)

① 오픈 걸기의 경우

$$L ≒ 2l + \frac{\pi(D_2 + D_1)}{2} + \frac{(D_2 - D_1)^2}{4l}$$

② 크로스(엇)걸기의 경우

$$L ≒ 2l + \frac{\pi(D_2 + D_1)}{2} + \frac{(D_2 + D_1)^2}{4l}$$

(6) 벨트의 장력

① **초기 장력(initial tension)** : 벨트와 풀리 사이에 마찰력을 주기 위해서 정지하고 있을 때 벨트에 장력을 준 상태

$$T_0 = \frac{T_t + T_s}{2}$$

② **유효 장력(effective tension)** : 회전하기 시작하면 인장쪽의 장력(T_t)은 커지고 이완쪽의 장력(T_s)은 작아지는데 이 차를 유효장력이라 한다.

$$T_e = T_t - T_s$$

2 V벨트

(1) V 벨트 전동★★

단면이 사다리꼴인 고무벨트를 V 벨트 풀리에 끼워서 전동하는 것으로 축간거리 5m 이하, 속도비 1 : 7 정도가 보통이나 1 : 10 정도도 가능, 속도 10 ~ 15 m/s가 보통이나 25 m/s 정도도 가능하며 단면이 V형 이음매가 없다. 전동효율은 95 ~ 99% 정도이며, 홈 밑에 접촉하지 않게 되어 있으므로 홈의 빗변으로 벨트가 먹혀들어가기 때문에 마찰력이 큰데 이것을 쐐기 작용이라 한다.

(2) V 벨트의 종류★★★

단면의 크기에 따라서 M, A, B, C, D, E 의 6가지가 있으며 M형이 제일 작고 E형이 가장 단면이 크다.

(3) V 벨트의 호칭 번호

$$호칭번호 = \frac{벨트의 유효둘레(mm)}{25.4}$$

(4) V 벨트의 특징★★★

① 풀리의 홈각도는 40°보다 작게 한다. (34°, 36°, 38°의 3종류)
② 미끄럼이 작고 전동 속도비가 크다.
③ 축간거리가 평벨트보다 짧다.(5m 이하)
④ 전동효율이 매우 크다.
⑤ 운전이 정숙하며 충격을 완화시킨다.
⑥ V 벨트가 끊어졌을 때에는 접합이 불가능하다.

3 체인(Chain)

스프로킷(sprocket)은 체인을 사용하여 평행한 두 축 사이에 체인의 전동에 사용되는 기계요소이다. 체인전동은 축간거리 4m 이하에 사용되며 체인 휠(chain wheel)에 체인이 물려서 동력을 전달한다.

(1) 체인의 종류★

① **롤러 체인(roller chain)** : 2개의 강판으로 만든 링을 핀으로 연결한 것으로 핀에 부시로울러 끼운 것으로 고속회전 시 소음이 난다.
② **사일런트 체인(silent chain)** : 링크의 바깥면이 스프로킷의 이에 접촉하여 물리며 다소 마모가 생겨도 체인과 바퀴 사이에 틈이 없어 조용히 전동된다.
③ **링크체인(link chain)** : 원형 단면을 가진 가는 연강봉으로 타원형으로 구부려 이어서 만든 것이다.

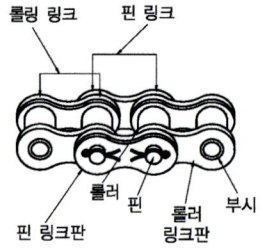

(a) 롤러 체인

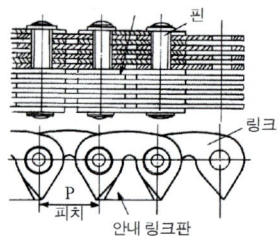

(b) 사일런트 체인

체인의 종류

(2) 체인 전동의 특징

① 미끄럼없이 일정한 속도를 얻을 수 있다.
② 큰 동력이 전달된다.(효율 95% 이상)
③ 속도비가 정확하다.
④ 수리 및 유지가 쉽다.
⑤ 내열, 내유, 내습성이 있다.
⑥ 체인의 탄성으로 어느 정도 충격이 흡수된다.
⑦ 진동, 소음이 생기기 쉽다.
⑧ 고속 회전에 부적당하다.

04 전동용 기계요소 예상문제

01 지름이 240mm 및 360mm의 외접 마찰차에서 중심 거리는?

① 60mm   ② 300mm
③ 400mm   ④ 600mm

TIP

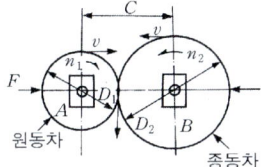

원통마찰차의 동력전달

중심거리 구하는 공식은 아래와 같다.

$C = \dfrac{D_2 \pm D_1}{2}$ (+는 외접, -는 내접)

∴ $\dfrac{240 + 360}{2} = 300$

02 평행한 두 축 사이에서 외접하거나 내접하는 2개의 원통형 바퀴에 의하여 동력을 전달하는 것은?

① 홈붙이 마찰차   ② 원뿔 마찰차
③ 원통 마찰차   ④ 변속 마찰차

TIP 홈붙이 마찰차
두 축이 평행한 경우로 V자홈을 표면에 파서 회전력을 크게 한 마찰차이다.

원뿔 마찰차
두 축이 서로 교차하는 경우

원통 마찰차
두 축이 평행한 경우

변속 마찰차
속도 변환을 할 수 있는 특별한 마찰차로 원판, 원뿔, 구면, 에반스 마찰차 등이 있다.

03 원동차의 직경이 100mm, 종동차의 직경이 140mm, 원동차의 회전수가 400rpm일 때 종동차의 회전수는?

① 300rpm   ② 200rpm
③ 560rpm   ④ 286rpm

TIP 속도비 구하는 공식은 아래와 같다.

$i = \dfrac{n_2}{n_1} = \dfrac{D_1}{D_2}$

04 다음 중 직접 동력을 전달하는 장치에 해당하는 것은?

① 벨트   ② 체인
③ 기어   ④ 로프

TIP 전동방식 중 직접 전달방식에는 마찰차나 기어가 있고 간접 전동방식은 벨트, 체인, 와이어로프가 있다.

01 ② 02 ③ 03 ④ 04 ③

05 다음 중 원주피치 P와 모듈 m과의 관계를 올바르게 표시한 것은?

① $P = \pi M$ ② $P = \pi/M$
③ $P = 2\pi M$ ④ $P = M/\pi$

> **TIP** 원주피치(circular pitch)
> 피치원의 원주를 잇수로 나눈 값
> 원주 피치
> $$P = \frac{\text{피치원의 둘레(mm)}}{\text{잇수}} = \frac{\pi D}{Z}$$
> ∴ $P = \pi M$
> 여기서, 원주피치가 클수록 이는 커지고 잇수는 적어진다.

06 모듈이 2이고, 피치원의 지름이 60mm인 스퍼기어에 맞물려 돌아가고 있는 피니언의 피치원의 지름이 38mm이다. 피니언의 잇수는?

① 18   ② 19
③ 36   ④ 38

> **TIP** 기어가 맞물려 돌려면 모듈이 같아야 한다.
> PCD(피치원지름) = M(모듈) × Z(잇수)의 공식에 따라 계산하면 피니언의 잇수는 19개가 된다.

07 스퍼 기어의 모듈이 2이고 기어의 잇수가 30인 경우 피치원의 지름은 몇 mm인가?

① 15   ② 32
③ 60   ④ 120

> **TIP** 피치원(pitch circle)
> 기어의 중심과 피치점과의 거리를 반지름으로 한 두 기어가 구름접촉을 하는 가상의 원으로 모듈(M)×잇수(Z)로 구한다.

08 모듈 3, 잇수 30과 60을 갖는 한 쌍의 표준 평기어 중심거리는 얼마인가?

① 114mm   ② 126mm
③ 135mm   ④ 148mm

> **TIP**
>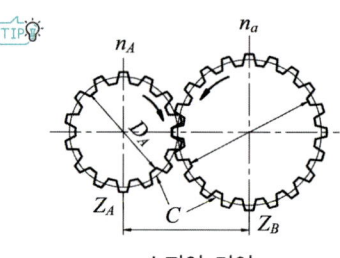
> 스퍼어 기어
> 중심거리 구하는 공식은 아래와 같다.
> $$C = \frac{D_A + D_B}{2} = \frac{M(Z_A + Z_B)}{2} \text{(mm)}$$
> 단, M은 모듈이며 $D = MZ$가 된다.

09 표준 평기어에서 피치원 지름 600mm, 모듈 10인 경우의 기어의 잇수는 몇 개인가?

① 60　　② 62
③ 120　　④ 124

10 스퍼 기어에서 이끝원 지름(D)을 구하는 공식은? (단, M : 모듈, Z : 잇수)

① $D = MZ$　　② $D = \pi MZ$
③ $D = M/Z$　　④ $D = M(Z+2)$

TIP 바깥지름을 구하는 공식은
$De = PCD + 2M = M(Z+2)$이다.

11 모듈 M = 3, 잇수 Z = 32의 표준 스퍼기어를 가공하려 한다. 소재의 직경은 얼마가 가장 적당한가?

① $\phi 96$mm　　② $\phi 99$mm
③ $\phi 102$mm　　④ $\phi 108$mm

12 스퍼 기어와 관계가 없는 것은?

① 압력각　　② 모듈
③ 잇수　　④ 비틀림각

TIP 스퍼기어는 비틀림 각과 상관이 없다.

13 두 축의 회전방향이 같으며, 높은 감속비의 경우에 쓰이며, 원통의 안쪽에 이가 있는 기어는?

① 내접 기어
② 하이포이드 기어
③ 크라운 기어
④ 스퍼 베벨 기어

TIP 내접기어는 원통 안쪽에 기어의 이가 있어 두 기어의 회전방향이 같다.

14 치직각 방식에서 모듈이 $M = 4$, 잇수 $Z = 72$인 헬리컬 기어의 피치 원지름은 약 몇 mm인가? (단, 비틀림각은 30°이다.)

① 132　　② 233
③ 333　　④ 432

TIP 헬리컬 기어의 피치원 지름 구하는 공식은 다음과 같다.

$$D = \frac{ZM}{\cos \beta}$$

- β : 비틀림 각

$$\therefore \frac{4 \times 72}{\cos 30°} = 332.5537$$

15 인벌류우트 기어에서 잇수가 작은 경우나 잇수비가 큰 경우 이뿌리에 접촉하여 회전할 수 없는 경우가 발생한다. 이 현상을 간섭(interference of tooth)이라고 한다. 이런 현상을 방지하는 방법으로 틀린 것은?

① 치형의 이끝면을 깎아낸다.
② 피니언의 반경 방향의 이뿌리면을 파낸다.
③ 압력각을 감소시킨다.
④ 이의 높이를 줄인다.

TIP 이의 간섭을 막는 방법
- 이의 높이를 줄인다.
- 압력각을 증가시킨다.(20° 또는 그 이상 크게 한다.)
- 치형의 이끝면을 깎아낸다.
- 피니언의 반경 방향의 이뿌리면을 파낸다.

16 전위 기어의 용도로 틀린 것은?

① 중심거리를 자유로이 변화시키려고 할 때
② 이의 강도를 개선하려고 하는 경우
③ 높은 감속비를 구하고자 할 때
④ 언더컷을 피하고 싶은 경우

TIP 전위 기어의 용도
- 중심거리를 자유로이 변화시키려고 할 때
- 언더컷을 피하고 싶은 경우
- 이의 강도를 개선하려고 하는 경우

17 일반적인 보통 V 벨트 전동장치의 속도비 적용범위로 다음 중 가장 적합한 것은?

① 1 : (1 ~ 2)   ② 1 : (1 ~ 7)
③ 1 : (1 ~ 15) ④ 1 : (1 ~ 30)

TIP V 벨트 전동장치는 단면이 사다리꼴인 고무벨트를 V 벨트 풀리에 끼워서 전동하는 것으로 축간거리 5m 이하, 속도비 1 : 7 정도가 보통이나 1 : 10 정도도 가능, 속도 10 ~ 15m/s가 보통이나 25 m/s 정도도 가능하며 단면이 V형 이음매가 없다.

18 다음 중 평벨트와 비교한 V벨트 전동의 특성으로 틀린 것은?

① 설치면적이 넓어 큰 공간이 필요하다.
② 비교적 작은 장력으로 큰 회전력을 전달할 수 있다.
③ 운전이 조용하다.
④ 마찰력이 크고 미끄럼이 적다.

TIP V벨트는 평벨트에 비하여 축간 거리가 짧아 5m 이하에 쓰인다.

19 V벨트는 단면 형상에 따라 구분되는데 가장 단면이 큰 벨트의 형은?

① M   ② A
③ C   ④ E

TIP V벨트의 종류는 단면의 크기에 따라서 M, A, B, C, D, E 의 6가지가 있으며 M형이 제일 작고 E형이 가장 단면이 크다.

15 ③ 16 ③ 17 ② 18 ① 19 ④

05 chapter 제동 및 완충용 기계요소

01 브레이크

기계 부분의 운동에너지를 열에너지나 전기에너지 등으로 바꾸어 흡수하고, 기계부분의 운동속도를 감소시키거나 정지시키는 장치로 마찰 브레이크(friction brake)가 널리 사용된다.

1 브레이크의 종류

(1) 원주 브레이크

블록 브레이크(block brake), 밴드 브레이크(band brake)

(2) 축압 브레이크

원판 브레이크(disc brake), 원추 브레이크(cone brake)

(3) 자동하중 브레이크

웜 브레이크(worm brake), 나사 브레이크(screw brake), 캠 브레이크(cam brake) 코일 브레이크(coil brake), 체인 브레이크(chain brake), 원심력 브레이크(centrifugal brake)

2 블록 브레이크(block brake)

브레이크 블록의 수에 따라 단식 블록 브레이크(single block brake), 복식 블록 브레이크(double block brake)로 나눈다.

(1) 단식 브레이크

단식 블록 브레이크의 형식과 브레이크 수동자($10 \sim 15\text{kg}$)와 브레이크 드럼과 브레이크 블록 사이의 마찰계수 μ 및 마찰력 $f(\text{kg})$와의 관계를 나타내면

마찰력(제동력) $f = \mu W(\text{kg})$

브레이크 토크 $T = f \cdot \dfrac{D}{2}$

$\qquad = \mu W \dfrac{D}{2} (\text{kg} \cdot \text{mm})$

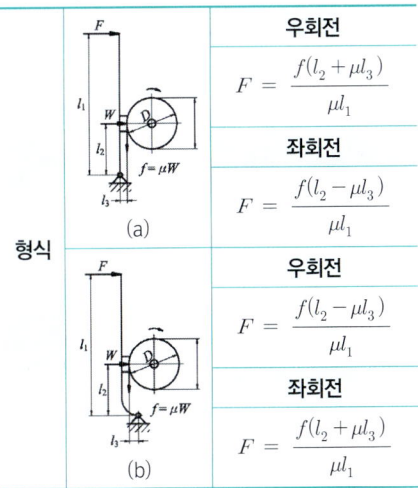

형식	우회전	좌회전
(a)	$F = \dfrac{f(l_2 + \mu l_3)}{\mu l_1}$	$F = \dfrac{f(l_2 - \mu l_3)}{\mu l_1}$
(b)	$F = \dfrac{f(l_2 - \mu l_3)}{\mu l_1}$	$F = \dfrac{f(l_2 + \mu l_3)}{\mu l_1}$

형식	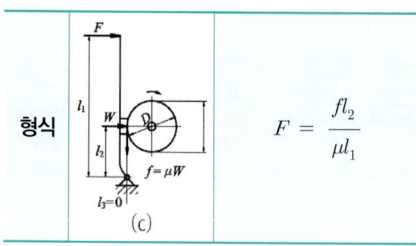	$F = \dfrac{fl_2}{\mu l_1}$

(2) 복식 브레이크 (2개의 브레이크 블록을 서로 마주보게 한 장치)★

브레이크 블록이 브레이크 드럼의 안쪽에 붙어 캠 또는 유압에 의해 벌어지는 것을 내부 확장식 브레이크(internal expanding brake)라 하며 작용하는 힘의 관계는

- $F_1 = \dfrac{fl_2}{\mu l_1 (l_2 \pm \mu l_3)}$

  : +일 때 우회전, -일 때 좌회전

- $F_2 = \dfrac{fl_2}{\mu l_1 (l_2 \pm \mu l_3)}$

  : -일 때 우회전, +일 때 좌회전

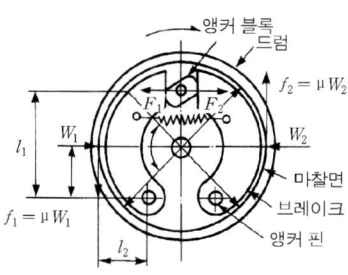

내부 확장식 브레이크

복식 브레이크

(3) 브레이크의 용량

드럼의 원주 속도를 V(m/sec), 브레이크 블록과 브레이크 드럼 사이의 압력을 W(kg), 브레이크 블록의 접촉면을 A(mm)라 하면, 브레이크의 단위면적당의 마찰일 Wf은 다음 식과 같다.

- $W_f = \dfrac{\mu W \cdot v}{A}$

  $= \mu pv (\text{kg/mm}^2 \cdot \text{m/sec})$

  : 브레이크 ```용량

- $p = \dfrac{W}{A} = \dfrac{W}{ed} (\text{kg/mm}^2)$: 제동압력

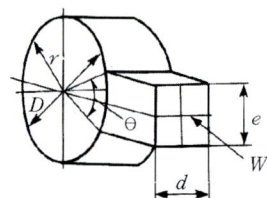

브레이크의 용량과 접촉면

3 밴드 브레이크★

브레이크 드럼 주위에 강철 밴드를 감아 놓고, 레버로 밴드를 잡아당겨, 밴드와 브레이크 드럼사이에 마찰력을 발생시켜서 제동하는 장치로, 레버에 작용하는 힘 F는 다음표와 같다.

밴드 브레이크

형식	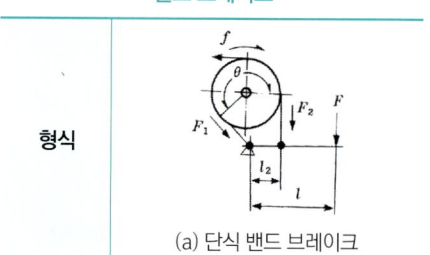
	(a) 단식 밴드 브레이크

우회전	$F = \dfrac{f}{l} \cdot \dfrac{l_{20}}{e^{\mu\theta}-1}$	
좌회전	$F = \dfrac{f}{l} \cdot \dfrac{l_2 e^{\mu\theta}}{e^{\mu\theta}-1}$	
형식	(b) 차동 밴드 브레이크	
우회전	$F = \dfrac{f}{l} \cdot \dfrac{(l_2 - l_1 e^{\mu\theta})}{(e^{\mu\theta}-1)}$	
좌회전	$F = \dfrac{f}{l} \cdot \dfrac{(l_2 e^{\mu\theta} - 1_1)}{(e^{\mu\theta}-1)}$	
형식	(c) 양방향 회전축용 밴드 브레이크	
우회전	$F = \dfrac{f}{l} \cdot \dfrac{(l_2 + l_1 e^{\mu\theta})}{(e^{\mu\theta}-1)}$	
좌회전	$F = \dfrac{f}{l} \cdot \dfrac{(l_2 e^{\mu\theta} + 1_1)}{(e^{\mu\theta}-1)}$	

브레이크 밴드에 생기는 인장응력을 σ (kg/mm²), 밴드 두께를 t (mm), 나비를 b (mm)라 하고 밴드의 인장쪽의 장력을 F_1 이라 하면

$$\sigma = \dfrac{F_1}{tb} (\text{kg/mm}^2)$$

4 원판 브레이크

축과 함께 회전하는 원판을 고정 원판에 접촉시켜, 접촉면 상이의 마찰력에 의해 제동하는 것으로, 평균 지름 위에 작용하는 브레이크의 힘 f (kg), 접촉면의 수를 n, 제동 토크를 T_f (kg·mm)라 하면

$$f = n\mu F = n\mu \cdot \dfrac{\pi}{4}(d_2^2 - d_1^2)p$$

$$T_f = \dfrac{d}{2} \cdot f = \dfrac{d_1 + d_2}{4}$$

$$\cdot n \cdot \mu \cdot \dfrac{\pi}{4}(d_2^2 - d_1^2)p$$

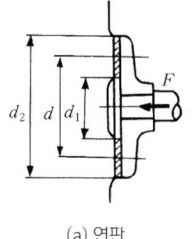

(a) 연판

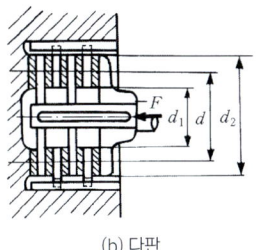

(b) 다판

02 스프링

1 스프링의 종류

(1) 재료에 의한 분류

① 금속 스프링 : 강철, 구리합금, 니켈합금
② 비금속 스프링 : 고무, 합성수지 등
③ 유체 스프링 : 공기, 액체 등

(2) 하중에 의한 분류

인장 스프링, 압축 스프링, 토션바 스프링

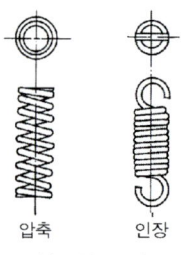
(a) 코일 스프링

(b) 겹판 스프링

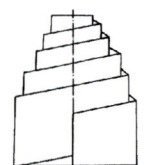
(c) 벌류우트 스프링

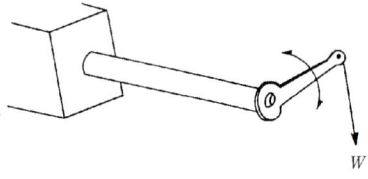
(d) 토션 바 스프링

(e) 스파이럴 스프링
원판 브레이크

(3) 모양에 의한 분류

코일 스프링(coiled spring), 겹판 스프링(leaf spring), 스파이럴 스프링(spiral spring) 벌류트 스프링(volute spring), 토션 바 스프링(torsion bar spring)

(4) 용도에 의한 분류

완충 스프링, 저압 스프링, 측정용 스프링, 동력 스프링

2 스프링의 용도

① 충격에너지를 흡수하여 완충·방진을 목적으로 하는 철도 차량용 현가 스프링, 자동차용 현가 스프링, 승강기의 완충 스프링 등이 있다.
② 탄성 변형한 스프링의 저축 에너지를 이용한 것은 계기용 스프링, 시계용 스프링, 완구용 스프링 등이 있다.
③ 스프링에 가해지는 하중과 신장의 관계로부터 하중을 측정하는 스프링 저울, 안전밸브용 스프링, 조속기(governer)용 스프링 등이 있다.

3 스프링의 설계★★★

(1) 스프링 지수

코일의 평균지름과 소선의 지름과의 비

$$C = \frac{코일의\ 평균지름}{소선의\ 지름} = \frac{D}{d}$$

(2) 스프링의 종횡비

자유높이와 코일의 평균지름과의 비

$$\frac{자유높이}{코일\ 평균지름} = \frac{H}{D}$$

(3) 스프링 상수★★★★★

스프링의 억센 정도를 나타내는 것으로 단위 변형량에 대한 하중으로 나타낸다.

$$K = \frac{하중}{변위량} = \frac{W}{\delta}(\text{N/mm})$$

- 병렬 연결일 경우 (a), (b) : $K = K_1 + K_2$
- 직렬 연결일 경우 (c) : $\dfrac{1}{K} = \dfrac{1}{K_1} + \dfrac{1}{K_2}$

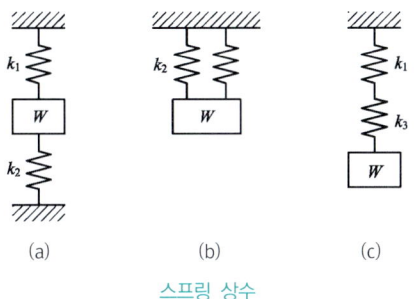

스프링 상수

제동 및 완충용 기계요소 예상문제

Chapter 05 제동 및 완충용 기계요소 예상문제

01 기계운동을 정지 또는 감속 조절하여 위험을 방지하는 장치는?

① 기어 ② 브레이크
③ 마찰차 ④ 커플링

> TIP 브레이크는 기계 부분의 운동에너지를 열에너지나 전기에너지 등으로 바꾸어 흡수하고, 기계부분의 운동속도를 감소시키거나 정지시키는 장치로 널리 사용된다.

02 브레이크 드럼 주위에 강철 밴드를 감아 놓고 레버로 밴드를 잡아당겨, 밴드와 브레이크 드럼 사이에 마찰력을 발생시켜서 제동하는 것은?

① 복식브레이크 ② 캠브레이크
③ 밴드브레이크 ④ 체인브레이크

> TIP 밴드브레이크는 브레이크 드럼 주위에 강철 밴드를 감아 놓고, 레버로 밴드를 잡아당겨, 밴드와 브레이크 드럼 사이에 마찰력을 발생시켜서 제동하는 장치이다.

03 다음 중 화물을 감아올릴 때는 제동 작용은 하지 않고 클러치 작용을 하며 내릴 때는 화물 자중에 의해 브레이크 작용을 하는 것은?

① 블록브레이크
② 밴드브레이크
③ 자동하중브레이크
④ 축압브레이크

04 브레이크 슈를 바깥쪽으로 확장하여 밀어 붙이는데 캠이나 유압장치를 사용하는 브레이크는?

① 드럼 브레이크
② 원판 브레이크
③ 원추 브레이크
④ 밴드 브레이크

01 ② 02 ③ 03 ③ 04 ①

05 태엽스프링을 축 방향으로 감아 올려 사용하는 것으로 압축용, 오토바이 차체 완충용으로 쓰이는 스프링은?

① 벌류트 스프링 ② 접시 스프링
③ 고무 스프링 ④ 공기 스프링

TIP♥ 벌류트 스프링은 직사각형 단면 형태의 코일을 이용한 원추형 압축스프링으로서 코일은 망원경과 같이 스프링의 중심선 방향으로서의 신축이 가능

06 스프링 분류 중 하중에 의한 분류가 아닌 것은?

① 압축스프링 ② 인장스프링
③ 토션 바 ④ 벌류트스프링

TIP♥ 하중에 의한 분류로는 인장 스프링, 압축 스프링, 토션 바 스프링 등이 있다.

07 스프링의 모양에 따른 분류가 아닌 것은?

① 공기 스프링 ② 코일 스프링
③ 태엽 스프링 ④ 겹판 스프링

TIP♥ 스프링 모양에 따른 분류로는 코일 스프링(coiled spring), 겹판 스프링(leaf spring), 스파이럴 스프링(spiral spring), 벌류트 스프링(volute spring), 토션 바 스프링(torsion bar spring) 등이 있다.

08 스프링의 재료에 의한 분류로 올바른 것은?

① 저압 스프링 ② 스파이럴 스프링
③ 태엽 스프링 ④ 공기 스프링

TIP♥ 스프링의 재료에 의한 분류
- 금속 스프링 : 강철, 구리합금, 니켈합금
- 비금속 스프링 : 고무, 합성수지 등
- 유체 스프링 : 공기, 액체 등

09 스프링의 억센 정도를 나타내는 것은?

① 스프링 종횡비 ② 스프링 지수
③ 스프링 상수 ④ 스프링 피치

TIP♥ 스프링 상수

스프링의 억센 정도를 나타내는 것으로 단위 변형량에 대한 하중으로 나타낸다.

$$K = \frac{하중}{변위량} = \frac{W}{\delta} (N/mm)$$

10 코일스프링의 직경이 30mm, 소선의 직경이 5mm일 때 스프링 지수는?

① 0.17 ② 2.8
③ 6 ④ 17

TIP♥ 스프링 지수

코일의 평균지름과 소선의 지름과의 비

$$C = \frac{코일의\ 평균지름}{소선의\ 지름} = \frac{D}{d}$$

11 코일의 평균지름과 소선 지름과의 비를 무엇이라 하는가?

① 스프링 상수   ② 스프링 지수
③ 스프링의 종횡비 ④ 스프링 피치

12 너비가 좁고 얇은 긴 보로서 하중을 지지하며, 주로 자동차의 현가장치로 사용되는 스프링은?

① 코일 스프링   ② 토션 바
③ 겹판 스프링   ④ 접시형 스프링

> **TIP** 겹판스프링은 스프링 강재로 만든 널빤지 모양의 평판(平板)을 7~8매 또는 10여 매를 포갠 스프링이다.

13 다음 그림과 같은 스프링 연결에서 스프링 상수값이 $k_2 = 2k_1$, $k_3 = k_1$일 때 상당 스프링 상수 k값은?

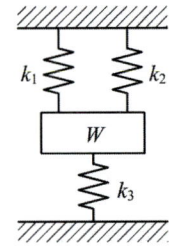

① $4k_1$

② $3k_1$

③ $1/4 k_1$

④ $1/k_1 + 1/k_2 + 1/k_3$

> **TIP** 스프링 상수
>
> 스프링의 억센 정도를 나타내는 것으로 단위 변형량에 대한 하중으로 나타낸다.
>
> $$K = \frac{하중}{변위량} = \frac{W}{\delta} \text{(N/mm)}$$
>
> • 병렬 연결일 경우 (a), (b)
>   : $K = K_1 + K_2$
> • 직렬 연결일 경우 (c)
>   : $\frac{1}{K} = \frac{1}{K_1} + \frac{1}{K_2}$
>
> ∴ $K_1 + K_2 + K_3 = K_1 + 2K_1 + K_1$
> $= 4K_1$

11 ② 12 ③ 13 ①

06 "관"계 기계요소

01 압력 용기

1 압력 용기의 설계

압력 용기의 설계는 다음과 같은 조건을 고려하여야 한다.

① 압력이 급격하게 높아지거나 압력의 변화가 주기적으로 반복되는 경우의 대책
② 온도 변화에 따른 재료의 강도에 변화가 오는 경우의 대책
③ 고체와 유체의 마찰에 의한 마멸, 내용 물질에 의한 부식 등의 염려가 있는 경우의 대책
④ 재질은 탄성한계가 높고 강인한 것이 요구되나, 내식성, 내열성, 경량화 등을 고려한다.
⑤ 고압에 의한 내용물 누설이 없어야 한다.
⑥ 규격과 기준이 있는 것은 이에 따른다.
⑦ 압력시험은 규정에 의거 시행한다.

2 원통의 강도

(1) 원주 방향의 응력

$$\sigma_1 = \frac{PD}{2t} (\text{N/mm}^2)$$

$\begin{bmatrix} D : \text{원통의 안지름(mm)} \\ t : \text{판의 두께(mm)} \\ P : \text{원통의 내압(N/mm}^2) \end{bmatrix}$

(2) 축방향의 응력

$$\sigma_2 = \frac{PD}{4t} (\text{N/mm}^2)$$

즉, 원주 방향의 응력은 축방향의 응력의 2배이다. ($\sigma_1 = 2\sigma_2$)

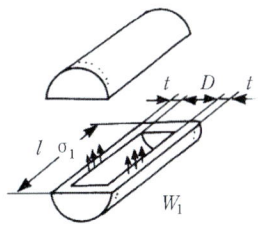

(a) 원주 방향의 강도

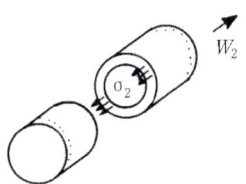

(b) 축방향의 강도

원통의 강도

02 파이프와 파이프 이음

1 파이프 종류

(1) 주철관

강관에 비하여 내식성, 내구성이 우수하고

값이 저렴하여 수도, 배수, 가스 등이 배설용관으로 사용한다.

(2) 강관

내식성을 증가시키기 위하여 아연도금, 모르타르, 플라스틱 등을 라이닝(lining)하여 사용한다.

① **이음매가 없는 강관(통쇠 파이프)** : 인발강관으로 바깥지름이 500mm까지 있으며 압축공기 및 압력배관용, 보일러용에 사용한다.

② **납관** : 내산성이 우수하고 자유로이 휠 수 있어 수도, 가스의 인입관, 산성 액체 및 폐수용 등으로 사용한다.

③ **스테인레스강관** : 내식성, 내열성이 우수하여 화학공장의 배관용으로 사용한다.

④ **플렉시블강관** : 얇은 금속관 여러 개를 휠 수 있도록 조합한 것으로 유체 수송 및 진동의 흡수를 겸할 수 있어 냉동기, 압축기 등의 배관용으로 사용한다.

⑤ **고무관** : 고무와 직물을 결합하여 만든 것으로 굴곡이 자유롭고 이용이 편리하다.

⑥ **합성 수지관** : 내산성, 내알칼리성, 내식성, 전기 절연성 등이 좋으며 열의 불량 도체로 배관가공이 쉬워 사용도가 높다.

⑦ **콘크리트관** : 강도가 크고 열과 전기의 절연선이 있으며, 산과 알칼리에 대한 저항이 크므로 수도관, 염전, 온천, 가스 등의 배관용으로 사용한다.

2 파이프 이음의 종류

(1) 영구 이음

고압관 이음에서는 누설이 발생하지 않도록 이음부를 영구이음인 용접이음을 한다.

(2) 분리 가능한 이음

① **나사이음(가스관 이음)** : 파이프 끝에 관용나사를 절삭하고 이음쇠를 사용하여 관을 연결하는 이음으로 누설방지를 위하여 접착콤파운드나 접착테이프를 감아 연결한다.

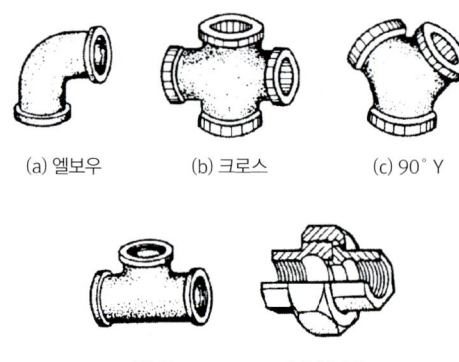

(a) 엘보우 (b) 크로스 (c) 90° Y

(d) T (e) 유니온

나사식 이음쇠

② **패킹이음(생이음)** : 파이프에 나사를 절삭하지 않고 이음하는 것으로 접속은 숙련이 필요하지 않고 시간과 공정이 절약되며 관의 편심을 흡수할 수 있고, 진동이나 충격이 있는 곳에 적합하다.

③ **턱걸이 이음** : 정확성을 필요로 하지 않는 상수, 배수, 가스 등의 지하 매설용관의 이음으로 사용되며 납이나 시멘트를 유입한 후 코킹하여 누설을 방지한다.

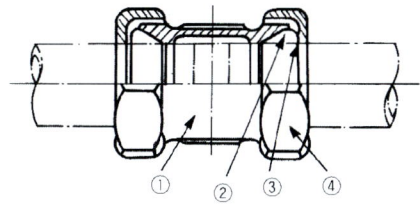

① 본체, ② 삼각 패킹, ③ 압착 링, ④ 자루 너트

패킹 이음

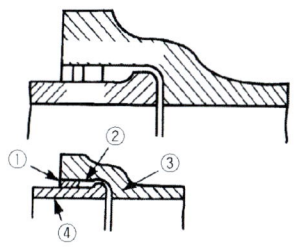

① 납, ② 삼, ③ 끼우는 입구, ④ 입구

턱걸이 이음

④ 플랜지 이음 : 관의 지름이 크고, 가끔 분해할 필요가 있을 경우 사용한다.

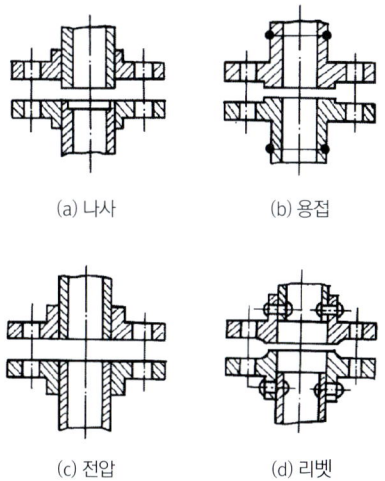

(a) 나사 (b) 용접

(c) 전압 (d) 리벳

플랜지 이음

⑤ 신축이음 : 신축이음은 다음 세 가지의 목적으로 사용한다.
  ㉠ 배관이 받는 온도차로 생기는 신축의 흡수
  ㉡ 오랫동안 사용에 의한 배관축의 변위 조정
  ㉢ 진동원과 배설관과의 완충
⑥ 고무이음 : 진동흡수용으로 냉동기, 펌프의 배관에 사용한다.

03 밸브와 콕

1 밸브의 종류

(1) 리프트 밸브(lift valve)

유체와 흐름방향과 밸브 시트가 평행하게 움직이는 것으로 정지밸브와 니들 밸브가 있다.

① **정지 밸브(stop valve)** : 가장 널리 사용되는 밸브로 입구와 출구가 일직선상에 있고, 흐름의 방향이 동일한 글로우브 밸브(globe valve)와 흐름의 방향이 90°로 바뀌는 앵글밸브(angle valve)가 있다. 두 밸브의 리프트(lift)는 안지름의 약 1/4 이다.
② **니이들 밸브** : 유량을 작게 줄이기 위해 밸브 로드 끝이 바늘 모양으로 뾰족하며, 작은 힘으로 정확히 유로를 차단한다.

(2) 슬루우스 밸브(sluice valve)

밸브판이 흐름에 대하여 직각으로 놓여지며, 밸브 시이트에 대하여 미끄러지는 운동을 하는 구조이다. 조작이 빈번하거나 제어나 유량을 줄이는 곳에는 사용하지 않는다.

(3) 체크 밸브(check valve)★★★★★

유체를 한 방향으로만 흐르게 하는 역류 방지 밸브로 스윙 체크(swing check)와 리프트 체크(lift check)가 있다.

(4) 이스케이프 밸브(escape valve)

유로 내의 압력이 규정 이상이 되었을 때 자동적으로 작동하여 유체를 흐르게 하거나 차단하는 밸브이다.

(5) 기타 밸브

① 격막 밸브(diaphragm valve) : 금속으로 만든 본체에 탄성이 있는 격막과의 접촉으로 개폐되는 밸브이다.
② 나비 밸브(butterfly valve) : 원판의 회전에 의하여 유로의 개폐를 조절하게 되는 밸브다.

2 콕(Cock)★★★

원통 또는 원뿔형의 플러그를 90° 회전시켜 유량을 조절 또는 차단할 수 있어, 조작이 간단하고 취급이 쉬워 저압용으로 지름이 작은 부분에 사용한다.

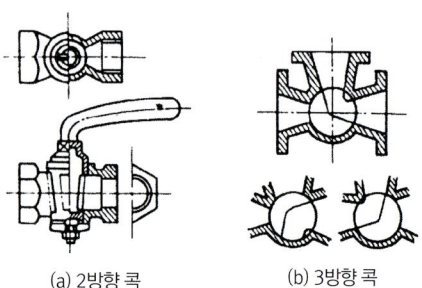

(a) 2방향 콕　　(b) 3방향 콕

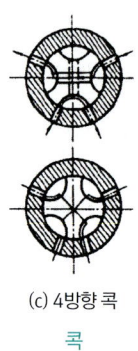

(c) 4방향 콕

콕

04 관로의 설계

유체의 속도는 파이프 안벽 사이의 마찰 때문에 파이프의 중앙에서는 빠르고 벽 근처에서는 느리다.

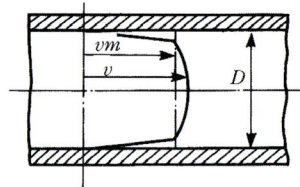

$$Q = Av_m = \frac{\pi}{4}\left(\frac{D}{1000}\right)^2 v_m$$

$$D = 1128\sqrt{\frac{Q}{v_m}}$$

Q : 유량(m^3/s)
D : 파이프의 안지름(mm)
v_m : 평균 유속(m/s)
A : 파이프 안의 단면적(m^2)

PART 03

기계재료

CHAPTER 01 ◆ 기계 재료의 개요
CHAPTER 02 ◆ 철강재료
CHAPTER 03 ◆ 비철금속재료
CHAPTER 04 ◆ 비금속재료

전 산 응 용 기 계 제 도 기 능 사

COMPLETION IN 3 MONTH

CRAFTSMAN
COMPUTER
AIDED ARCHITECTURAL
DRAWING

전산응용기계제도기능사

01 기계 재료의 개요

01 기계 재료 총론

기계재료		
금속 재료	철강재료	• 순철 : 전해철 • 주철 : 보통주철, 특수주철 • 강 : 탄소강, 합금강
	비철금속 재료 (철이 아닌 금속재료)	• 구리(Cu)와 그 합금 • 니켈(Ni)과 그 합금 • 알루미늄(Al)과 그 합금 • 티탄(Ti)과 그 합금 • 마그네슘(Mg)과 그 합금 • 아연(Zn), 납(Pb), 주석(Su)과 그 합금 • 귀금속 등
비금속 재료	무기질재료	시멘트, 유리, 석재 등
	유기질재료	목재, 플라스틱, 피혁직물, 고무 등

1 기계 재료의 분류

기계 재료에는 철(Fe), 강(Steel), 구리(Cu) 등의 금속재료와 목재, 시멘트, 플라스틱, 윤활유등의 비금속 재료가 있다.

2 금속의 성질

(1) 금속의 공통된 성질★★★★★

① 상온에서 수은(Hg)을 제외하고 결정체이며 고체이다.
② 빛을 잘 반사하며 특유의 광택이 있다.
③ 연성과 전성이 커서 가공이 용이하다.
④ 열 및 전기에 양도체이다.
⑤ 용융점이 높고 비중 및 경도가 비교적 크다.

이상의 특성을 불완전하게 구비한 것을 준금속 또는 아금속이라 하며 준금속이란 금속성 성질과 비금속적 성질을 같이 갖는 것으로 B(붕소), Si(규소) 등 7종이 있다.

(2) 금속 재료의 성질

① 물리적 성질

㉠ 비중 : 4℃의 물의 무게와 똑같은 부피를 가진 물체의 무게와 비를 비중이라 한다.★★★★
  • 일반적으로 단조한 것이 주조한 것보다 비중이 크며, 비중 4.5를 기준으로 하여 4.5 이하의 것을 경금속, 그 이상의 것을 중금속이라 한다.

㉡ 비열 : 물질 1g을 1℃ 높이는데 필요한 열량★★

㉢ 열전도율 : 길이 1cm에 대하여 1℃의 온도차가 있을 때 $1cm^2$의 단면적을 통하여 1초 사이에 전달되는 열량(w/mk)

㉣ 전기전도율 : 전기를 전도하는 정도를 전도율 또는 전기 전도율이라 한다.★★★

(Ag > Cu > Au > Al > Zn > Ni > Fe)

ⓜ 자기적 성질 : 금속을 자기장 속에 놓으면 유도 작용에 의해서 자화되는 성질
- 강자성체 : Fe, Ni, Co

ⓑ 선 팽창계수 : 물체의 단위 길이에 대하여 온도가 1℃ 상승하였을 때 팽창된 길이와 원래 길이와의 비
- 선팽창 계수가 큰 것
  : Pb > Mg > Al > Zn
- 작은 것 : Ir > W > Mo ★★

② **기계적 성질** ★★★

㉠ 강도 : 외력에 대해 재료의 단면이 저항하는 힘(N/mm²)

㉡ 경도 : 재료의 단단한 정도

㉢ 메짐 : 재료가 외력에 대하여 잘 깨지는 성질

㉣ 인성 : 메짐의 반대적인 성질로 외력에 대해 파괴되지 않는 질긴 성질

㉤ 연성 : 가늘고 길게 늘릴 수 있는 성질(Au > Ag > Al > Cu > Pt > Pb > Zn > Ni)

㉥ 전성 : 얇은 판으로 펴질 수 있는 성질(Au > Ag > Pt > Fe > Ni > Cu > Zn)

㉦ 피로 : 작은 힘의 반복 작용에 의해 재료가 파괴되는 현상

㉧ 크리프 : 재료를 고온에서 장시간 외력을 가하면 시간의 흐름에 따라 변형이 증가하는 현상

③ **화학적 성질**

㉠ 내식성 : 금속이 산, 알칼리, 염류 등 부식에 대한 저항력

ⓛ 내열성 : 금속이 높은 온도에서 금속의 물리 기계적 성질 등의 변화가 없는 성질

④ **제작상 성질**

㉠ 주조성 : 금속의 가용성을 이용하여 금속이나 합금을 녹여 이것을 주형에 주입하여 여러 가지의 기계 부품인 주물을 만들 수 있는 성질

㉡ 소성 가소성 : 재료가 외력을 받는 정도에 따라 여러 모양으로 변형되는 성질

㉢ 절삭성 : 절삭 공구에 의하여 재료가 깎여나가는 성질

㉣ 용접성 : 재료가 용접이 좋고 나쁨을 나타내는 성질

3 재료 시험

기계 재료의 기계적 성질을 시험하는 방법에는 경도시험, 인장시험, 압축시험, 굽힘시험, 전단, 비틀림, 충격시험, 피로시험, 마멸시험 등이 있다.

(1) 인장 강도 시험

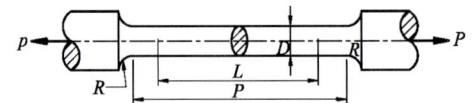

- 표점거리 : $L = 50mm$
- 평행부의 길이 : $P = 60mm$
- 지름 : $D = 14mm$
- 국부의 반지름 : $R = 15mm$ 이상

재료에 외력이 정적으로 작용하여 재료가 파단되려고 할 때 재료 단면의 단위 면적에 대한 최대 저항력을 인장강도라고 한다.

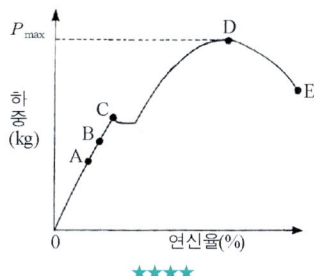

A : 비례한도점, B : 탄성한도점
C : 항복점, D : 극한 강도점

① 인장강도 ★★★

$$\sigma_t = \frac{P\max}{A_0}(\text{N/mm}^2)$$

② 연신율

$$\epsilon = \frac{\text{시험 후 늘어난 거리}}{\text{표적거리}}$$
$$= \frac{l - l_0}{l_0} \times 100(\%)$$

③ 단면 수축률

$$\phi = \frac{\text{시험 후 단면적 차이}}{\text{원단면적}}$$
$$= \frac{A_0 - A}{A_0} \times 100(\%)$$

- $P\max$: 최대 하중(N)
- l_0 : 표점 거리(mm)
- l : 파괴 시 표점 거리(mm)
- A_0 : 원 단면적(mm^2)
- A : 파괴 시 단면적(mm^2)

(2) 경도 시험 ★★

① 브리넬 경도(H_B) : 지름이 D인 강구로 하중 P로 압입 후 하중을 표면적으로 나눈 값.(a)

$$H_B = \frac{\text{하중}}{\text{표면적}} = \frac{P}{\pi dt}(\text{N/mm}^2)$$

- m : 하중
- D : 강구의 지름
- t : 압입 깊이

② 비커스 경도(H_v) : 대면각이 $136°$인 다이아몬드 피라미드를 사용(b) 1 ~ 120kg사용

$$H_v = \frac{\text{하중}}{\text{표면적}} = \frac{1.854P}{d^2}(\text{N/mm}^2)$$

- d : 압입 자국의 대각선 길이

③ 로크웰 경도(H_RC, H_RB)

$$H_RC = 100 - 500h \,(\text{시험하중 } 150\text{kg}_f)$$

- H_RC : 꼭지각이 $120°$인 다이아몬드 원뿔을 사용.(c)
- H_RB : 지름이 $1.588(1/16°)$인 강구를 사용(d)

$$H_RB = 130 - 500h \,(\text{시험하중 } 100\text{kg}_f)$$

- h : 압입 자국의 깊이

④ 쇼어 경도(H_s) : 낙하체를 이용한 반발 경도 (e) ★★★

$$H_s = \frac{10000}{65} \times \frac{h}{h_0}$$

- h : 튀어오른 반발 높이
- h_0 : 낙하높이

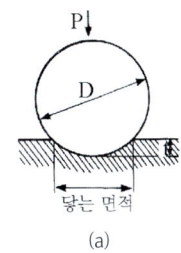
(a)

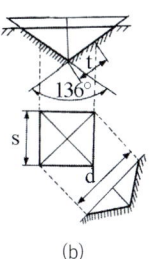
(b)

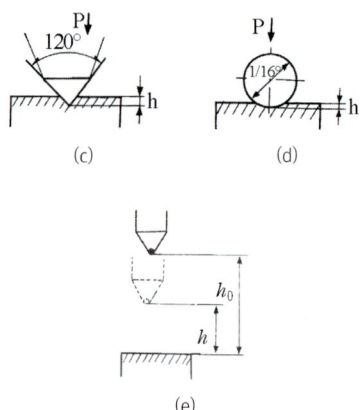

(3) 충격 시험★★★

인성과 메짐을 시험하기 위한 시험법이다.

$$E = WR(\cos\beta - \cos\alpha)(\text{N}\cdot\text{m})$$

$$U = \frac{E}{A}$$

$$= \frac{WR(\cos\beta - \cos\alpha)}{A}(\text{N}\cdot\text{m}/\text{cm}^2)$$

$\begin{cases} E : 충격\ 에너지 \\ U : 충격\ 값 \end{cases}$

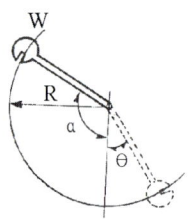

α : 충격 전의 각도
β : 충격 후의 각도

① 종류★★
 ㉠ 샤르피식(단순보)
 ㉡ 아이조드식(내달이보)

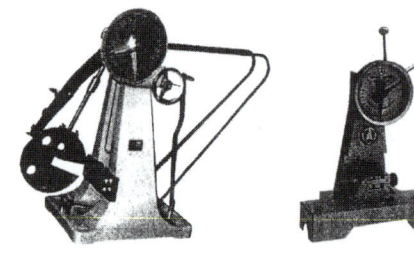

샤르피 충격 시험기   아이조드 충격 시험기

(4) 피로 시험★★★

재료의 안전 하중 상태에서도 작은 힘이 계속적으로 반복하여 재료에 파괴를 일으키는 것을 피로 시험이라 한다.

• **차축, 크랭크축, 스프링에서 자주 일어남**

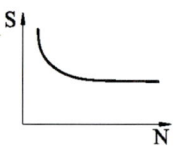

S : 응력, N : 반복 횟수
S-N 곡선

(5) 크리프 시험★★

재료에 인장 강도보다 작은 하중을 일정 온도에서 오랜 시간 가해주면 재료가 점차 늘어나서 파괴된다. 이러한 성질은 온도가 높을수록 발생하기 쉬우며, 용융점이 낮은 금속은 상온에서도 생긴다. 이러한 현상을 크리프(creep)라 한다.

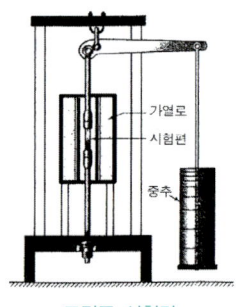

크리프 시험기

4 비파괴 시험

재료의 시험은 일반적으로 파괴하여 시험하지만 제품의 원형을 유지하고 재료 그 자체에 대하여 균열, 또는 그 밖의 결함을 확인하기 위하여 시험한다.

종류	설명
자분 탐상법	재료를 자화시켜 결함 검출. 상자성체만 가능 (자석에 붙는 성질)
타진법	두드려서 소리로 검사
침투 탐상법	형광 침투제 등으로 결함 조사(암실에서 형광물질 이용)→ 자외선으로 검출
초음파 탐상법	초음파의 반사파나 진동으로 결함 검출
방사선 투과법	• x선, γ선을 투과하여 검출 • 용접부의 불량, 주물의 공극, 재료의 내부균열, 섬유조직 등을 검출

5 조직 검사

(1) 매크로 조직 검사

10배 이내의 확대경을 사용하거나 육안으로 직접 관찰하여 금속 조직의 결함을 확인한다.

① 균열, 기공, 편식 등의 결함
② 기계가공에 의한 재료의 상태
③ 결정 입자의 크기와 형태
④ 수지상 결정의 발달 방향 및 크기

- **검사 종류** – 파단면 검사법, 설퍼프린트법, 매크로 부식법
  - ㉠ 부식제 : 철강 시료에 가장 널리 쓰이는 것으로는 염산 50㎖에 섞은 용액 철강용 부식제 : 피크리산 5%의 알코올 용액
  - ㉡ 설퍼 프린트법 : 강철 중에 함유된 탄화물의 함량이나 분포상태를 검출하는데 요령은 2%의 희유산액에 적신 사진용 브로마이드지를 단면에 붙였다가 떼어내면 유황의 편석부에 상당하는 부분이 갈색으로 변색되어 묻어나오는 것을 보고서 측정한다. ★★★

(2) 현미경 조직 검사

금속 현미경을 이용하여 고배율로 확대하여 금속조직의 결함을 확인한다.

6 금속의 응고와 결정 검사

(1) 금속의 응고

용융한 금속이 냉각될 때, 응고점 이하로 온도가 내려가면 용융금속 중의 소수의 원자가 규칙적인 배열을 하여 매우 작은 결정핵을 만든다. 생성된 결정핵이 성장하여 수지상 결정을 형상하고 중심부로 향하여 성장하여 주상 결정을 만들며 응고된다.

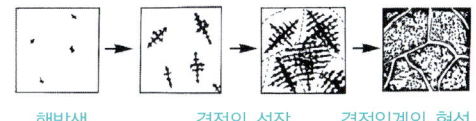

핵발생 　　결정의 성장 　　결정입계의 형성

(2) 결정 격자 ★★★★

결정이 3차원 공간에서 규칙적으로 배열된 원자의 집합체를 말한다.

① 체심입방격자(BCC) : 전연성이 작고 기계적인 강도가 매우 우수한 결정 격자이다. (a)
　예 Cr, α-Fe, W, V, δ-Fe, Mo
② 면심입방격자(FCC) : 전성, 연성이 우수하여 전기 전도도가 크며 가공성이 좋은 결정격자이다. (b)

예 Al, γ-Fe, Ni, Cu, Ag, Pb

③ 조밀육방격자(HCP) : 강도 및 전연성, 점성이 조금 떨어지는 결정 격자이다.(c)

예 Cd, Co, Mg, Zn, Ti, Ce

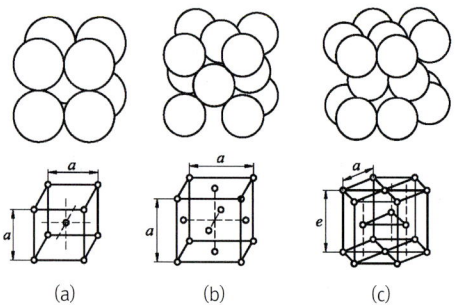

(3) 고용체

다른 성분의 금속이 융합 상태로 되어 각 성분 금속을 기계적인 방법으로 구분할 수 없을 때 이것을 고용체라 한다.

① **침입형 고용체** : Fe-C (a)★★
 금속의 결정격자 중에 다른 원자가 침입된 것을 말한다.
② **치환형 고용체** : Ag-Cu, Cu-Zn (b)
 성분의 원자가 다른 성분 금속의 결정격자의 원자와 위치가 바뀐 형식을 말함
③ **규칙 격자형 고용체** : Ni3-Fe, Cu3-Au, Fe3-Al (c)
 치환형 고용체 중 두 성분의 원자가 규칙적으로 치환된 배열을 가지는 것

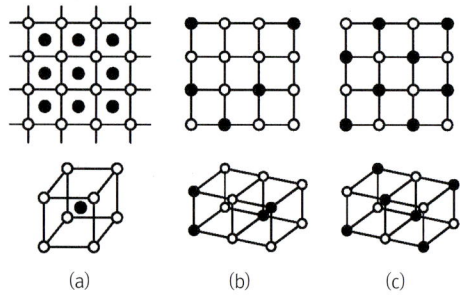

(4) 금속 간 화합물

서로 다른 금속이 화학적으로 결합하여 다른 성질을 가지는 독립된 화합물로 특징은 경도가 높고 내마멸성이 우수하다.

① **공정(eutectic)** : 2개의 용융된 금속이 응고 시 일정한 온도에서 액체로부터 두 종류의 성분 금속이 일정한 비율로 동시에 정출하여 혼합된 조직★★
② **공석** : 일정한 온도에서 하나의 고용체로부터 두 종류의 고체가 일정한 비율로 동시에 석출하여 생긴 혼합물
③ **포정반응** : 하나의 고체에 다른 융체가 작용하여 다른 고체를 형성하는 반응을 말한다.
④ **편정반응** : 하나의 액상에서 별개의 액상과 고용체를 동시에 생성하는 반응을 말한다.

(5) 금속의 소성 변형

① **소성변형** : 재료에 외력을 가했을 때 그 재료의 변형이 외력을 제거하여도 원상태로 돌아가지 않는 성질을 소성이라 하며, 이 변형을 소성변형(plastic deformation)이라 한다.
② **탄성변형** : 탄성 한계 이내에서 가해진 외력을 제거하면 원형으로 돌아가는 일시적인 변형을 탄성변형(elastic deformation)이라 한다.
③ **소성 변형의 원리**★
 ㉠ 슬립(Slip) : 결정 내의 일정면이 미끄럼 변화를 일으켜 이동하여 변형하는 것

- ⓛ 쌍정(Twin) : 결정의 위치가 어떤 면을 경계로 대칭으로 변형하는 것
- ⓒ 전위(Dislocation) : 결정 내의 결함이 있는 곳으로부터 변형이 시작되는 것

④ **소성 가공법** : 냉간 가공과 열간 가공으로 나눈다. ★★★★★

냉간가공	←	재결정 온도	→	열간가공
이하				이상

- ㉠ 냉간 가공(cold working) : 재결정 온도 이하에서의 가공으로, 가공 경화로 경도와 인장강도는 증가되고 연신율은 저하된다.
  - 냉간 가공의 장점 : 치수의 정밀, 균일한 재질, 매끈한 표면을 얻을 수 있다.
- ㉡ 열간 가공(hot working) : 재결정 온도 이상에서의 가공으로, 내부응력이 없으므로 가공이 용이하다.

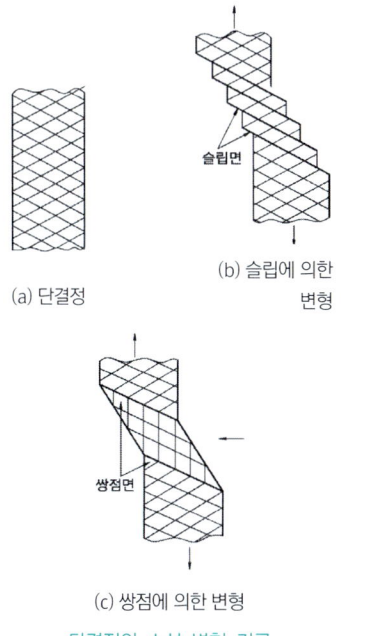

(a) 단결정
(b) 슬립에 의한 변형
(c) 쌍점에 의한 변형

단결정의 소성 변형 기구

- ㉠ 재결정 온도 : 금속을 적당한 온도로 가열했을 때 결정 속에 새로운 결정이 생겨나기 시작하는 온도 ★★★

금속원소	재결정 온도(℃)
Fe(철)	450
Al(알루미늄)	150
W(텅스텐)	1200
Au(금)	200

- ㉡ 가공경화 : 가공도의 증가에 따라 내부능력이 증가되어 강도와 경도가 커지고 연신율이 작아지는 현상(철사를 구부렸다 폈다 반복하면 잘리는 현상) ★★★★★
- ㉢ 시효경화 : 가공이 끝난 후 시간이 지남에 따라 단단해지는(경화) 현상 (예 두랄루민, 강철, 황동 등)
- ㉣ 피니싱 온도 : 열간가공이 끝나는 온도

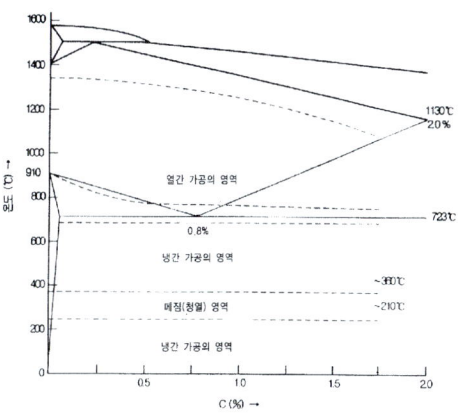

철강 재료의 가공 온도

01 기계 재료의 개요 예상문제

01 금속재료가 가지고 있는 일반적인 특성이 아닌 것은?

① 금속 고유의 광택을 가진다.
② 전기 및 열의 양도체이다.
③ 일반적으로 투명하다.
④ 소성변형성이 있어 가공하기 쉽다.

TIP 금속의 공통된 성질
- 상온에서 수은(Hg)을 제외하고 결정체이며 고체이다.
- 빛을 잘 반사하며 특유의 광택이 있다.
- 연성과 전성이 커서 가공이 용이하다.
- 열 및 전기에 양도체이다.
- 용융점이 높고 비중 및 경도가 비교적 크다.

02 기계 재료에 필요한 일반적인 성질로 틀린 것은?

① 주조성, 소성, 절삭성이 좋아야 한다.
② 열처리성은 떨어지나, 표면처리가 좋아야 한다.
③ 기계적 성질, 화학성 성질이 우수해야 한다.
④ 재료의 보급과 대량 생산이 가능해야 한다.

TIP 기계재료는 열처리성이 우수해야 한다.

03 재료의 물리적 성질로 볼 수 있는 것은?

① 연성   ② 취성
③ 자성   ④ 내마모성

TIP 물리적 성질
- 비중 : 4℃의 물의 무게와 똑같은 부피를 가진 물체의 무게와 비를 비중이라 한다.
- 비열 : 물질 1g을 1℃ 높이는데 필요한 열량(℃)
- 열전도율 : 길이 1cm에 대하여 1℃의 온도차가 있을 때 $1cm^2$의 단면적이 1초 사이에 절단되는 열량
- 전기전도율 : 전기를 전도하는 정도를 전도율 또는 전기 전도율이라 한다.
- 자기적 성질 : 금속을 자기장 속에 놓으면 유도 작용에 의해서 자화되는 성질
- 선 팽창계수 : 물체의 단위 길이에 대하여 온도가 1℃ 상승하였을 때 팽창된 길이와 원래 길이와의 비

01 ③ 02 ② 03 ③

04 경금속과 중금속을 구분하는 방법은?

① 열전도율　② 비열
③ 비중　　　④ 용융점

TIP 비중

4°C의 물의 무게와 똑같은 부피를 가진 물체의 무게와 비를 비중이라 한다.

※ 일반적으로 단조한 것이 주조한 것보다 비중이 크며, 비중 4.6을 기준으로 하여 4.6 이하의 것을 경금속, 그 이상의 것을 중금속이라 한다.

05 금속 중 용융점이 가장 높은 것은?

① 백금　　② 철
③ 텅스텐　④ 수은

TIP
- 백금(Pt) : 1773.5°C
- 철(Fe) : 1538°C
- 텅스텐(W) : 3410°C
- 수은(Hg) : -38.89°C

기호	원소	녹는점 (m.p.)	끓는 점 (b.p.)	비중(d)
Li	리튬	180.54°C	1347°C	0.534
Be	베릴륨	1280°C	2970°C	1.85
B	붕소	2300°C	2550°C	1.73
Na	나트륨	97.90°C	877.50°C	0.971
Mg	마그네슘	650°C	1100°C	1.741
Al	알루미늄	660.4°C	2467°C	2.70
Si	규소	1414°C	2335°C	2.33
P	인	44.1	280.5	1.82
S	황	112.8°C	444.7°C	2.07
K	칼륨	63.5°C	774°C	0.86
Ca	칼슘	850°C	1440°C	1.55
Ti	티탄	1675°C	3260°C	4.50

기호	원소	녹는점 (m.p.)	끓는 점 (b.p.)	비중(d)
V	바나듐	1890°C	3380°C	5.98
Cr	크롬	1890°C	2482°C	7.188
Mn	망간	1244°C	1962°C	7.2~7.45
Fe	철	1535°C	2750°C	7.86
Co	코발트	1494°C	3100°C	8.9
Ni	니켈	1455°C	2732°C	8.845
Cu	구리	1084.5°C	2595°C	8.92
Zn	아연	419.6°C	907°C	7.14
As	비소	817°C	613°C	5.73
Se	셀렌	144°C	684.8°C	4.4
Br	브롬	-7.2°C	58.8°C	3.10
Zr	지르코늄	1852°C	3578°C	6.52
Mo	몰리브덴	2610°C	5560°C	10.23
Rh	로듐	1963°C	3727°C	12.41
Pd	팔라듐	1555°C	3167°C	12.03
Ag	은	961.9°C	2212°C	10.49
Cd	카드뮴	321.1°C	765°C	8.642
Sn	주석	231.97°C	2270°C	5.80
Sb	안티몬	630.7°C	1635°C	6.69
Ba	바륨	725°C	1140°C	3.5
Ce	세륨	795°C	3468°C	6.7
Ta	탄탈	2996°C	5425°C	16.64
W	텅스텐	3387°C	5927°C	19.3
Ir	이리듐	2447°C	4527°C	22.42
Pt	백금	1772°C	3827°C	21.45
Au	금	1064°C	2966°C	19.3
Hg	수은	-38.86°C	356.66°C	13.558
Tl	탈륨	302.5°C	1457°C	11.85
Pb	납	327.5°C	1744°C	11.3437
Bi	비스무트	271.44°C	1560°C	9.80

04 ③　05 ③

06 금속 재료의 성질 중 기계적 성질이 아닌 것은?

① 인장강도 ② 연신율
③ 크리프   ④ 자성

> **TIP** 기계적 성질
> - 강도 : 외력에 대해 재료의 단면이 저항하는 힘(N/mm²)
> - 경도 : 재료의 단단한 정도
> - 메짐 : 재료가 외력에 대하여 잘 깨지는 성질
> - 인성 : 메짐의 반대적인 성질로 외력에 대해 파괴되지 않는 질긴 성질
> - 연성 : 가늘고 길게 늘릴 수 있는 성질
> - 전성 : 얇은 판으로 퍼질 수 있는 성질
> - 피로 : 작은 힘의 반복 작용에 의해 재료가 파괴되는 현상
> - 크리프 : 재료를 고온에서 장시간 외력을 가하면 시간의 흐름에 따라 변형이 증가하는 현상

07 다음 금속 중 선팽창계수가 가장 큰 것은?

① Pb ② Mg
③ Al ④ Zn

> **TIP** 선 팽창계수
> 물체의 단위 길이에 대하여 온도가 1℃ 상승하였을 때 팽창된 길이와 원래 길이와의 비. 선팽창 계수가 큰 것(Pb > Mg > Al > Zn), 작은 것(Ir > W > Mo)

08 전기전도율이 좋은 순서로 올바른 것은?

① Ag > Cu > Au > Al > Zn > Ni > Fe
② Ag > Al > Au > Cu > Zn > Ni > Fe
③ Au > Ag > Pt > Fe > Ni > Cu > Zn
④ Au > Ag > Al > Cu > Pt > Pb > Zn

> **TIP** 연성순서
> Au > Ag > Al > Cu > Pt > Pb > Zn > Ni
>
> 전성순서
> Au > Ag > Pt > Fe > Ni > Cu > Zn
>
> 전기전도율
> Ag > Cu > Au > Al > Zn > Ni > Fe

09 온도가 변화될 때 재료의 길이 변화에 영향을 주는 인자가 아닌 것은?

① 선팽창계수 ② 단면적
③ 재료 길이   ④ 온도차

> **TIP** 선 팽창계수
> 물체의 단위 길이에 대하여 온도가 1℃ 상승하였을 때 팽창된 길이와 원래 길이와의 비

10 인장 시험 결과에서 산출되지 않는 것은?

① 항복 강도 ② 연신율
③ 단면 수축률 ④ 압축 강도

TIP 인장 강도 시험

재료에 외력이 정적으로 작용하여 재료가 파단되려고 할 때 재료 단면의 단위 면적에 대한 최대 저항력을 인장강도라고 한다.

인장강도(σ_t) = $\dfrac{P\max}{A_0}$ (N/mm²)

연신율(ϵ) = $\dfrac{\text{시험 후 늘어난 거리}}{\text{표적거리}}$
        = $\dfrac{l - l_0}{l_0} \times 100(\%)$

단면 수축률(ϕ) = $\dfrac{\text{시험 후 단면적 차이}}{\text{원단면적}}$
        = $\dfrac{A_0 - A}{A_0} \times 100(\%)$

- $P\max$: 최대 하중(N)
- l_0 : 표점 거리(mm)
- l : 파괴 시 표점 거리(mm)
- A_0 : 원 단면적(mm²)
- A : 파괴 시 단면적(mm²)

11 인장시험에서 시험 전의 표점거리가 50mm인 시험편으로 시험한 후 그 표점거리를 측정하였더니 55mm이었다면, 이 시험편의 연신율은?

① 10% ② 15%
③ 20% ④ 5%

TIP 연신율(ϵ) = $\dfrac{\text{시험 후 늘어난 거리}}{\text{표적거리}}$
        = $\dfrac{l - l_0}{l_0} \times 100(\%)$

식에 대입하면

$\dfrac{55 - 50}{50} \times 100\% = 10\%$

- l_0 : 표점 거리(mm)
- l : 파괴 시 표점 거리(mm)

12 응력 – 변형률 선도에서 후크의 법칙이 적용되는 구간은?

① 비례한도 ② 항복점
③ 인장강도 ④ 파단점

TIP

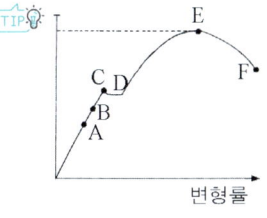

응력-변형률 선도

연강의 시험편을 인장시험기에 설치하여 하중을 작용시켜 시험편이 파괴될 때까지의 하중과 변형량의 관계를 나타내면 다음 선도와 같다.

10 ④ 11 ① 12 ①

- 비례한도(A점) : 응력을 변형률에 비례하여 증가하는 점
- 탄성한도(B점) : 응력을 제거하면 변형이 없어지는 한도점
- 항복점(C, D점) : 응력이 증가하지 않아도 변형률이 갑자기 증가하는 점
- 극한강도(인장강도 E점) : 최대 응력점
- 파괴점(F점)

후크의 법칙(Hook's Law)
비례한도 이내에서 응력과 변형률은 비례한다.

$$\frac{응력}{변형률} = 비례상수$$

여기서, 비례상수를 탄성계수라고 하는데 재료에 따라 각각 일정한 값을 가진다.

세로 탄성계수(영률 : Young's modulus)

$$E = \frac{\sigma}{\epsilon} = \frac{W}{A\lambda} (N/mm^2)$$

$$\lambda = \frac{Wl}{AE} = \sigma \cdot \frac{l}{E}$$

13 탄성계수(Young's modulus : E)에 대하여 옳게 설명한 것은?

① 수직응력을 세로변형률로 나눈 값
② 세로변형률을 수직응력으로 나눈 값
③ 가로변형률을 전단응력으로 나눈 값
④ 전단응력을 가로변형률로 나눈 값

TIP☀ 세로 탄성계수(영률 : Young's modulus)

$$E = \frac{\sigma}{\epsilon} = \frac{W}{A\lambda} (N/mm^2)$$

$$\lambda = \frac{Wl}{AE} = \sigma \cdot \frac{l}{E}$$

이므로 수직응력을 세로변형률로 나눈 것이다.

14 후크의 법칙을 표현한 식으로 맞는 것은? (단, σ : 응력, E : 영률, ϵ : 변형률이다.)

① $\sigma = 2E/\epsilon$ ② $E = \sigma/\epsilon$
③ $E = \epsilon/\sigma$ ④ $\epsilon = 2E \cdot \sigma$

TIP☀ $E = \frac{\sigma}{\epsilon} = \frac{W}{A\lambda} (N/mm^2)$

15 재료의 하중 변형 시험선도 중 항복점이 나타나는 것은?

① 구리   ② 주철
③ 특수강   ④ 연강

TIP☀ 하중변형선도는 연강의 시험편을 인장시험기에 설치하여 하중을 작용시켜 시험편이 파괴될 때까지의 하중과 변형량의 관계를 나타낸 것이다.

16 물체에 하중을 작용시키면 물체 내부에는 하중에 대응하는 저항력이 발생한다. 이 저항력을 무엇이라 하는가?

① 응력(stress)
② 변형률(strain)
③ 프와송의 비(Posson's ratio)
④ 탄성(elasticity)

TIP☀ 물체에 하중을 작용시키면 물체 내부에 저항력이 생기며 이 때 생긴 단위 면적당의 저항력을 응력(Stress)이라 한다.

- 수직응력(Normal stress)
  단면에 수직 방향으로 작용하는 응력
  ① 인장응력(tensile stress) : 인장하중 W(N), 단면적은 A(cm²)라 하면

13 ① 14 ② 15 ④ 16 ①

인장응력 σ_t는 $\sigma_t = \dfrac{W}{A}$(N/cm²)

② 압축응력(compression stress) : 압축하중 W(N), 단면적을 A(cm²)라 하면

인장응력 σ_c는 $\sigma_c = \dfrac{W}{A}$(N/cm²)

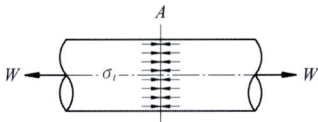

- 접선응력(Tangential stress) 단면에 평행하게 작용하는 응력
  ① 전단응력(shearing stress) : 전단하중 W(N), 단면적은 A(cm²)라 하면

  전단응력 τ는 $\tau = \dfrac{W}{A}$(N/cm²)

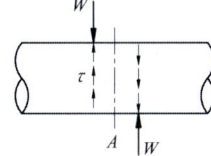

17 후크의 법칙(Hooke's law)는 어느 점내에서 응력과 변형률이 비례하는가?

① 비례한도　② 탄성한도
③ 항복점　　④ 인장강도

TIP 후크의 법칙(Hook's Law)은 비례한도 이내에서 응력과 변형률은 비례한다.

18 다음 경도 시험 중 압입자를 이용한 방법이 아닌 것은?

① 브리넬 경도　② 로크웰 경도
③ 비커스 경도　④ 쇼어 경도

TIP 경도 시험

- 브리넬 경도(H_B) 지름이 D인 강구로 하중 P로 압입 후 하중을 표면적으로 나눈 값(a)

  $H_B = \dfrac{하중}{표면적} = \dfrac{P}{\pi dt}$ (N/mm²)

  - m : 하중
  - D : 강구의 지름
  - t : 압입 깊이

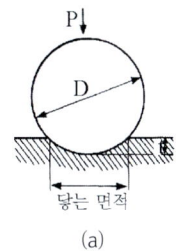

(a)

- 비커스 경도(H_v) : 대면각이 136°인 다이아몬드 피라미드를 사용(b) 1 ~ 120kg 사용

  $H_v = \dfrac{하중}{표면적} = \dfrac{1.854P}{d^2}$ (N/mm²)

  - d : 압입 자국의 대각선 길이

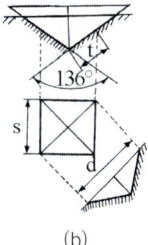

(b)

17 ①　18 ④

- 로크웰 경도 (HRC, HRB)
  HRC : 꼭지각이 120°인 다이아몬드 원뿔을 사용.(c)
  HRC = $100 - 500h$
  (시험하중 150kgf)
  HRB : 지름이 1.588(1/16")인 강구를 사용(d)
  HRB = $130 - 500h$
  (시험하중 100kgf)
  - h : 압입 자국의 깊이

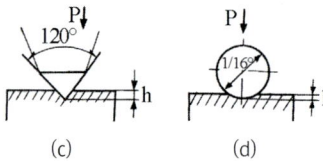

- 쇼어 경도(H_s) : 낙하체를 이용한 반발 경도(e)
  $H_s = \dfrac{10,000}{65} \times \dfrac{h}{h_0}$
  - h : 튀어오른 반발 높이
  - h_0 : 낙하높이

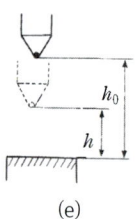

19 기계재료의 단단한 정도를 측정하는 시험법으로 옳은 것은?

① 경도시험　② 수축시험
③ 파괴시험　④ 굽힘시험

TIP 재료의 단단한 정도는 경도시험을 해야 한다.
- 경도 : 재료의 단단한 정도

20 다음 중 강구를 이용하여 하중을 표면적으로 나누어 구하는 경도 시험은?

① 쇼어 경도　② 로크웰 경도
③ 비커스 경도　④ 브리넬 경도

TIP 브리넬 경도(H_B)
지름이 D인 강구로 하중 P로 압입 후 하중을 표면적으로 나눈 값
$H_B = \dfrac{하중}{표면적} = \dfrac{P}{\pi dt}$ (N/mm²)

- m : 하중
- D : 강구의 지름
- t : 압입 깊이

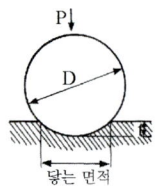

닿는 면적

21 다음 경도 시험 중 방법상의 성격이 다른 시험방법은?

① 비커스 경도　② 브리넬 경도
③ 쇼어 경도　④ 로크웰 경도

TIP 쇼어 경도는 낙하체의 반발 값을 측정하므로 다른 경도시험 방법과 달리 재료에 상처를 입히지 않는다.

19 ① 　20 ④ 　21 ③

22 충격시험은 무엇을 시험하기 위한 것인가?

① 인성과 취성　② 강도와 경도
③ 전성과 연성　④ 메짐과 비중

> TIP: 충격시험은 인성과 메짐(취성)을 시험하기 위한 시험법이다.

23 기계재료에 반복하중이 작용하여도 영구히 파괴되지 않는 최대응력을 무엇이라 하는가?

① 탄성한계　② 크리프한계
③ 극한강도　④ 피로한도

> TIP: 작은 힘의 반복 작용에 의해 재료가 파괴되는 현상을 피로 파괴라 하나 피로한도 내에서는 파괴가 일어나지 않는다.

24 힘의 크기가 일정한 반복 하중을 받는 자동차의 차축이나 스프링 등이 때로는 단일 하중 시의 파괴응력 보다 훨씬 작은 작은 응력에서도 파괴가 일어나는 이유로 올바른 것은?

① 충격　② 노치
③ 탄성　④ 피로

> TIP: 작은 힘의 반복 작용에 의해 재료가 파괴되는 현상을 피로라 한다.

25 금속에 고온으로 장시간 일정한 인장하중을 가하면 시간과 더불어 변형도가 증가되는 현상을 무엇이라 하는가?

① 공석　② 크리프
③ 피로　④ 가공경화

26 재료에 함유된 탄화물의 함량이나 황의 분포상태를 검출하는데 사용하는 방법으로 2%의 희유산액에 적신 브로마이드지를 붙여서 테스트하는 방법을 무엇이라 하는가?

① 설퍼 프린트법　② 매크로 검사
③ 침투 탐상법　④ 타진법

> TIP: 설퍼 프린트법
> 철 중에 함유된 탄화물의 함량이나 분포 상태를 검출하는데 요령은 2%의 희유산에 적신 사진용 브로마이드지를 단면에 붙였다가 떼어내면 유황의 편석부에 상당하는 부분이 갈색으로 변색되어 묻어나오는 것을 보고서 측정한다.

27 금속의 조직검사로서 측정이 불가능한 것은?

① 기공　② 결정입도
③ 내부응력　④ 결함

> TIP: 조직검사
> • 균열, 기공, 편식 등의 결함
> • 기계가공에 의한 재료의 상태
> • 결정 입자의 크기와 형태
> • 수지상 결정의 발달 방향 및 크기

22 ①　23 ④　24 ④　25 ②　26 ①　27 ③

28 다음 중 면심입방격자로 묶은 것은?

① Pb - Ag - Ni - Al - Cu
② V - W - Mo - Ni - Cu
③ Ti - Cd - Co - Mg
④ Zn - Ni - Na - Pb - v

TIP 결정 격자

결정이 3차원 공간에서 규칙적으로 배열된 원자의 집합체를 말한다.

- 체심입방격자(BCC) : 전연성이 작고 기계적인 강도가 매우 우수한 결정 격자이다.(a)
  예 Cr, α-Fe, Mo, W, V, δ-Fe
- 면심입방격자(FCC) : 전성, 연성이 우수하고 전기 전도도가 크며 가공성이 좋은 결정격자이다.(b)
  예 Al, γ-Fe, Ni, Cu, Ag, Pb
- 조밀육방격자(HCP) : 강도 및 전연성, 점성이 조금 떨어지는 결정격자이다.(c)
  예 Cd, Co, Mg, Zn, Ti, Ce

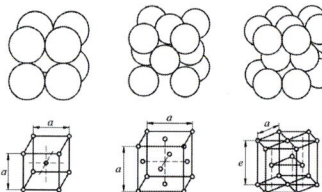

29 다음 중 체심입방격자는?

① Mg   ② W
③ Ni   ④ Pb

TIP 체심입방격자(BCC)

전연성이 작고 기계적인 강도가 매우 우수한 결정 격자이다.
예 Cr, α-Fe, Mo, W, V, δ-Fe

30 상온에서의 철의 입방격자는?

① 체심입방격자   ② 면심입방격자
③ 체심정방격자   ④ 조밀육방격자

31 다음 중 고용체의 종류가 아닌 것은?

① 침입형   ② 치환형
③ 규칙 격자형   ④ 면심 입방 격자형

TIP 고용체의 종류

다른 성분의 금속이 융합 상태로 되어 각 성분 금속을 기계적인 방법으로 구분할 수 없을 때 이것을 고용체라 한다.

- 침입형 고용체 : Fe-C (a)
  - 성분 금속의 결정격자 중에 다른 원자가 침입된 것을 말한다.
- 치환형 고용체 : Ag-Cu, Cu-Zn (b)
  - 성분의 원자가 다른 성분 금속의 결정격자의 원자와 위치가 바뀐 형식을 말함
- 규칙 격자형 고용체 : Ni_3-Fe, Cu_3-Au, Fe_3-Al (c)
  - 치환형 고용체 중 성분의 원자가 규칙적으로 치환된 배열을 가지는 것

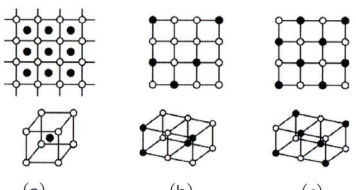

(a)   (b)   (c)

28 ① 29 ② 30 ① 31 ④

32 일정한 온도에서 하나의 고용체로부터 두 종류의 고체가 일정한 비율로 동시에 석출하여 생긴 혼합물을 무엇이라 하는가?

① 공정　　② 공석
③ 포정　　④ 편정

TIP 금속 간 화합물
- 공정 : 2개의 용융된 금속이 응고 시 일정한 온도에서 액체로부터 두 종류의 성분 금속이 일정한 비율로 동시에 정출하여 혼합된 조직
- 공석 : 일정한 온도에서 하나의 고용체로부터 두 종류의 고체가 일정한 비율로 동시에 석출하여 생긴 혼합물
- 포정반응 : 하나의 고체에 다른 융체가 작용하여 다른 고체를 형성하는 반응을 말한다.
- 편정반응 : 하나의 액상에서 별개의 액상과 고용체를 동시에 생성하는 반응을 말한다.

33 금속의 결정격자는 규칙적으로 배열되어 있는 것이 정상이지만, 불완전한 것 또는 결함이 있을 때 외력이 작용하면 불완전한 곳 및 결함이 있는 곳부터 이동이 생기는 것을 무엇이라 하는가?

① 쌍정　　② 전위
③ 슬립　　④ 가공

TIP 소성 변형의 원리
- 슬립(Slip) : 결정내의 일정면이 미끄럼 변화를 일으켜 이동하여 변형하는 것
- 전위(Dislocation) : 결정 내의 결함이 있는 곳으로부터 변형이 시작되는 것
- 쌍정(Twin) : 결정의 위치가 어떤 면을 경계로 대칭으로 변형하는 것

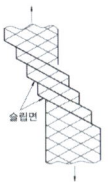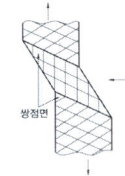

34 냉간가공에서 가공할수록 재료가 단단해지는 현상을 무엇이라고 하는가?

① 시효 경화　　② 표면 경화
③ 냉간 경화　　④ 가공 경화

TIP 가공경화

가공도의 증가에 따라 내부능력이 증가되어 강도와 경도가 커지고 연신율이 감소하는 현상

32 ②　33 ②　34 ④

35 냉간가공에 대한 설명으로 올바른 것은?

① 어느 금속이나 모두 상온(20℃) 이하에서 가공함을 말한다.
② 그 금속의 재결정온도 이하에서 가공함을 말한다.
③ 그 금속의 공정점보다 10~20℃ 낮은 온도에서 가공함을 말한다.
④ 빙점(0℃) 이하의 낮은 온도에서 가공함을 말한다.

TIP 소성가공은 크게 냉간 가공과 열간 가공으로 나눈다.

| 냉간 가공 | ← 이하 | 재결정 온도 | → 이상 | 열간 가공 |

• 냉간 가공(cold working) : 재결정 온도 이하에서의 가공으로, 가공 경화로 경도와 인장강도는 증가되고 연신율은 저하된다.
   ※ 냉간 가공의 장점 : 치수의 정밀, 균일한 재질, 매끈한 표면을 얻을 수 있다.
• 열간 가공(hot working) : 재결정 온도 이상에서의 가공으로, 내부응력이 없으므로 가공이 용이하다.

36 외력을 가해 강도나 경도를 향상시키는 가공법은?

① 가공 경화   ② 표면 경화
③ 시효 경화   ④ 열간 경화

37 다음 중 금속재료와 재결정 온도의 관계를 가장 올바르게 설명한 것은?

① 가공도가 큰 것은 재결정 온도가 높아진다.
② 가공도가 큰 것은 재결정 온도가 낮아진다.
③ 재결정 온도가 낮은 금속은 가공도가 작다.
④ 가공도와 재결정 온도는 상관이 없다.

TIP 가공도가 큰 재료는 재결정이 낮은 온도에서 생기고 가공도가 작은 재료는 높은 온도에서 생긴다.

재결정 온도
금속을 적당한 온도로 가열하면 결정 속에 새로운 결정이 생겨나기 시작하는 온도

금속원소	재결정 온도(℃)
Fe(철)	450
Al(알루미늄)	150
W(텅스텐)	1200
Au(금)	200

38 철사를 연속동작으로 굽혔다 폈다 할 때 철사가 단단해져서 결국 절단되는 성질은?

① 가공 경화   ② 시효 경화
③ 가단성 현상   ④ 재결정 현상

35 ② 36 ① 37 ② 38 ①

02 chapter 철강재료

01 철강의 제조법

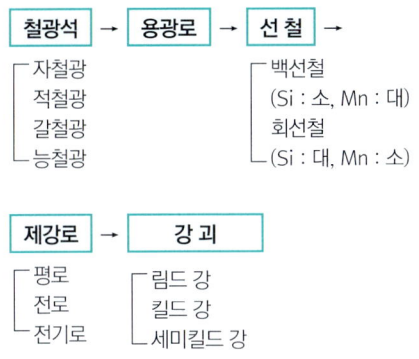

1 철강 재료

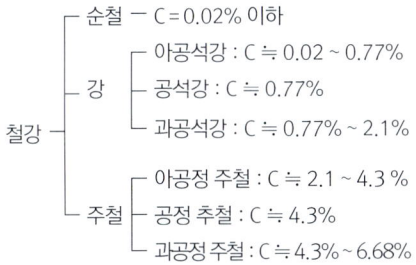

(1) 선철(Pigiron)

① 선철의 탄소량 : 2.5 ~ 4.5%
② 선철의 종류 : 파단면의 색깔에 따라 백선, 회선, 반선, 용도에 따라 제강용선, 주물용선으로 구분된다.
③ 선철 제조 시의 재료
   ㉠ 철광석 : 자철광, 적철광, 갈철광, 능철광★★
   ㉡ 코크스 : 연료 및 환원제로 사용한다.
   ㉢ 석회석, 형석 : 용제로 사용된다.
④ 선철의 용도 : 90%는 강의 제조(선철을 제강로에서 탈탄 및 탈산)에, 10%는 주철의 제조(선철을 용선로에서 용해)에 사용된다.

(2) 강 제조

① 강(steel) : 선철을 제강로에서 정련하여 만든 것으로 선철의 단점인 메짐과 불순물혼입, 과잉 탄소 함유의 문제를 개선한 것이다.
② 강의 분류 : 탄소 함유량에 따라 아공석강(0.025 ~ 0.8%C), 공석강(0.8%C), 과공석강(0.8 ~ 2.0%C)으로 분류한다.
③ 제조 방법
   ㉠ 평로제강법 : 바닥이 낮고 넓은 반사로인 평로(open hearth)를 이용하여 선철, 철광석을 용해, 탈산(Mo, Si, Al)하여 제조하며 규모가 크고 장시간이 소요된다.
   ⓐ 불순물 제거 : C, Si, Mn은 산화에 의하여, S는 슬래그(slag)에 의하여 제거.

ⓑ 종류
- 염기성법 : 저급 재료 사용, 일반적인 제조 방법
- 산성법 : 고급 재료 사용, 가격이 비싸고 양질임.

ⓒ 전로 제강법 : 용해된 선철을 기울일 수 있는 전로(converter)에 주입하고 공기를 송풍시켜 탄소, 규소 및 불순물을 산화, 제거시켜 강을 제조한다. 장점으로는 일관 작업이 가능하고, 연료가 필요 없고, 정련 시간이 짧다. 단점으로 원료선의 선정이 엄격하고, 용강 중에 산소, 질소 등의 가스흡입의 결점이 있다.

ⓓ 전기로 제강법 : 전열을 이용하여 선철, 고철을 용해하여 강 또는 합금강을 제조한다. 연료 계통의 설비가 필요 없으며, 온도 조절이 쉽고 탈산, 탈황 정련이 용이하여 우수한 품질의 강을 만들 수 있는 장점이 있으나, 가격이 비싸다.

ⓔ 도가니로 제강법 : 선철, 비철 금속을 석탄 가스, 코크스 등으로 가열하여 고순도처리 한다.

- 각종 로의 용량★★
  ⓐ 용광로 : 1일 산출되는 선철의 무게를 톤(ton)으로 표시
  ⓑ 용선로 : 1시간당 용해량을 톤(ton)으로 표시
  ⓒ 전로, 평로, 전기로 : 1회에 생산되는 용강의 무게를 톤(ton)으로 표시
  ⓓ 도가니로 : 1회에 용해할 수 있는 구리의 무게

④ 강괴★★★
ⓐ 림드강 : 평로 또는 전로에서 정련된 용강을 페로망간으로 가볍게 탈산시킨 강
ⓑ 킬드강 : 페로실리콘, 알루미늄 등의 강력 탈산제를 첨가하여 충분히 탈산시킨 강으로 기포와 편석은 없으나 표면에 헤어 크랙(hair crack)이 생기기 쉬우며, 또 상부에 수축관(shrinkage cavity piping)이 생기므로, 이러한 부분을 제거하기 위하여 강괴의 상부를 10~20% 잘라 버린다.
ⓒ 세미킬드강 : 림드강과 킬드강의 중간 정도로 탈산을 시킨 강

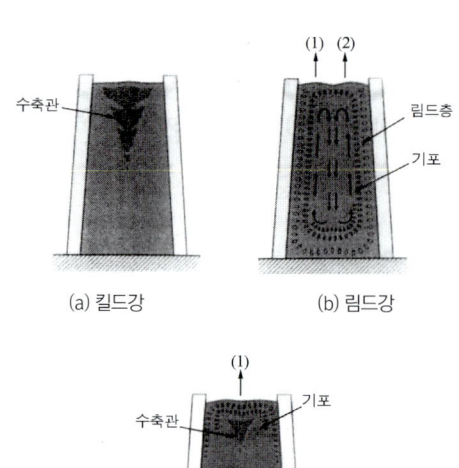

(a) 킬드강　　(b) 림드강

(c) 세미킬드강

(3) 철과 강의 분류

탄소 함유량으로 구분된다.

★★★

구분	탄소 함유량	제조법	담금질	특성 및 용도
순철	0.02% 이하	전기 분해법	안됨	연하고 약함, 전기재료
강	0.02 ~ 2.11%	제강로	잘됨	강도, 경도큼 기계재료
주철	2.11 ~ 6.68%	용선로	안됨	경도가 크나 잘 깨짐, 주물용

2 철-탄소계 평형 상태도

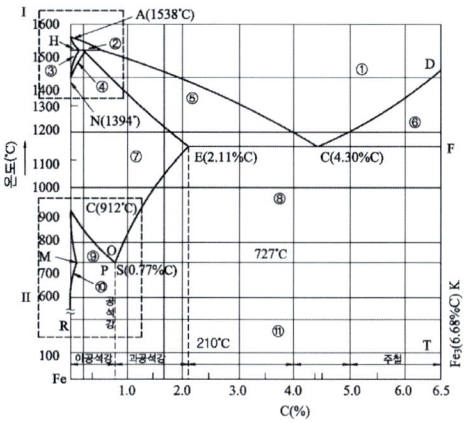

① 융액, ② δ고용체+용액, ③ δ고용체, ④ δ고용체+γ고용체
⑤ γ고용체+용액, ⑥ 용액+Fe_3C, ⑦ γ고용체, ⑧ γ고용체+Fe_3C
⑨ α고용체+γ고용체, ⑩ α고용체, ⑪ α고용체+Fe_3C

A : 용융점 1538℃, B : 0.51%C, C : 공정점 1130℃4.3%C
G : A_3 변태점 912℃, S : 공석점 723℃ 0.77%C, P : α철의 최대 탄소 고용점 0.025%C, M : A_2변태점 768℃ – 자기 변태점 –
J : 포정점 1492℃ 0.16%C

AHN : S철, NHJESG : γ철(오스테나이트), GPQ : α철(페라이트), DFKR : 시멘타이트(Fe_3C), S : 펄라이트, A_{cm} : γ고용체에서 시멘타이트 석출개시선, GS : γ 고용체에서 α고용체 석출개시선, 공석강 : 0.8%C 에서만 석출되는 강, 아공석강 : 0.8%C 이하의 강, 과공석강 : 0.8%C 이상의 강, RT : 시멘타이트의 자기 변태A_0(210℃)

Fe – C 평형 상태도

3 순철

(1) 순철의 성질★★★

① 탄소의 함량이 0.02% 이하의 순도가 높은 철을 암코철, 전해철이라 한다.
② 기계 구조용으로 사용되는 일은 거의 없고 전기재료에 많이 사용한다.★★★
③ 비중 : 7.87 용융점 : 1538℃

(2) 순철의 변태★★★★★

① 동소변태 : 순철이 고체 내에서 원자의 배열이 변화하여 α철 – γ철 – δ철로 변하는 것을 말한다. A_3변태점(912℃), A_4변태점(1400℃)

② 자기변태 : 순철이 768℃에서 순철이 급격히 상자성체로 되는데 이를 순철의 자기변태라 한다. 이것을 A_2변태점이라 한다.

㉠ 가열할 때에는 Ac_2점에서 자성이 급히 감소하며 Ac_3점에서 체적이 수축한다. 이것은 면심입방격자가 체심입방격자보다 조밀한 까닭이다. Ac_4점에서는 체적이 팽창한다.
→ 물리적 성질

㉡ 고온에서는 산화작용이 심하며, 습기와 산소가 있으면 상온에서도 부식하고 바닷물, 화약 약품 등에서 내식력이 작다. 또, 강산과 약산에는 침식

되나 알칼리에는 침식되지 않는다.
→ 화학적 성질

(3) 강의 조직과 성질

기호	조직명	결정 격자 및 특징
α	페라이트 (α-Ferite)	BCC(탄소가 0.02%)
γ	오스테나이트 (Austenite)	FCC(탄소가 2.11%)
δ	페라이트 (δ-Ferite)	BCC
Fe_3C	시멘타이트 (Cementite)	금속 간 화합물 (탄소가 6.68%)
$\alpha+Fe_3C$	펄라이트 (Pearlite)	α와 Fe_3C의 혼합조직 (탄소가 0.77%)
$\gamma+Fe_3C$	레데뷰라이트 (Ledeburite)	γ와 Fe_3C의 혼합조직

4 탄소강의 종류 및 특성

(1) 강의 기본조직

① 페라이트(ferrite) : α 철에 탄소가 최대 0.02% 고용된 α 고용체로, 대단히 연한 성질을 가지고 있어 전연성이 크며 A2점 이하에서는 강자성체이다.

② 오스테나이트(austenite) : γ 철에 탄소가 최대 2.11% 고용된 γ 고용체로, 실온에서는 존재하기 어려운 조직이다. 인성이 크며 상자성체이다.

③ 시멘타이트(cementite) : 철에 탄소가 6.68% 화합된 철의 금속 간 화합물(Fe_3C)로 매우 단단하고 부스러지기 쉬운 조직이다.

④ 펄라이트(pearlite) : 0.77%C의 오스테나이트가 727℃ 이하로 냉각될 때 0.02%C의 페라이트와 6.68%C의 시멘타이트로 석출되어 생긴 공석강으로, 강도가 크다.

⑤ 레데뷰라이트(ledeburite) : 4.3%C의 용융철이 1,148℃ 이하로 냉각될 때 2.11%C의 오스테나이트와 6.68%C의 시멘타이트로 정출되어 생긴 공정 주철, 경도가 크고 메짐.

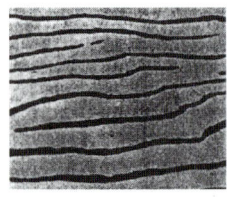
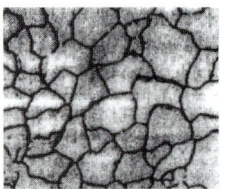

(a) 펄라이트   (b) 페라이트

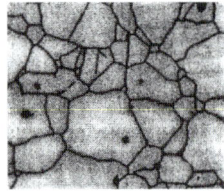

(c) 오스테나이트   (d) 시멘타이트

(2) 탄소강의 성질

함유원소, 가공, 열처리 방법 등에 따라 다르나 표준상태에서는 주로 탄소함유량에 따라 결정된다.

① 물리적 성질 : 탄소 함유량의 증가와 더불어 비중, 선팽창 계수, 세로 탄성률, 열전도율은 감소되나, 고유저항과 비열은 증가된다.

② 화학적 성질 : 알칼리에는 거의 부식되지 않으나 산에는 약하다. 0.2%C 이하

의 탄소강은 산에 대한 내식성이 있으나, 그 이상의 탄소강은 탄소가 많을수록 내식성이 없어진다.

③ **기계적 성질** : 표준상태에서 탄소가 많을수록 인장강도, 경도는 증가하다가 공석조직에서 최대가 되나 연신율과 충격값은 감소한다.

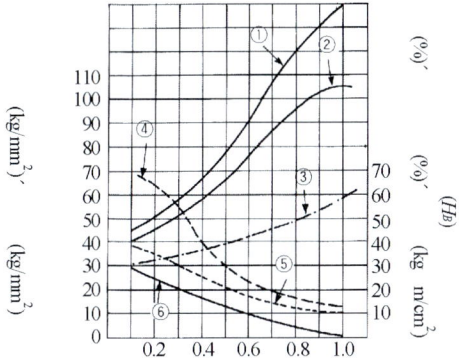

① 경도(HB), ② 인장강도, ③ 항복점, ④ 단면 수축률
⑤ 연신율, ⑥ 충격값

탄소강의 기계적 성질

(3) 기계적 성질

① 탄소강의 탄소가 많을수록 변하는 성질★
★★★★

㉠ 강도, 경도가 크다.(공석 조직부근에서 최대)
㉡ 인성과, 전성, 충격값이 감소한다.
㉢ 용융점이 낮아지고 비중도 작아진다.
㉣ 담금질 효과가 커진다.
㉤ 가공변형이 어렵고 냉간가공은 되지 않는다.

② **탄소강의 고온 성질** : 그림과 같이 탄소강도 200~300℃에서는 상온일 때보다 오히려 메지게 된다. 이를 강의 청열메짐이라 한다.

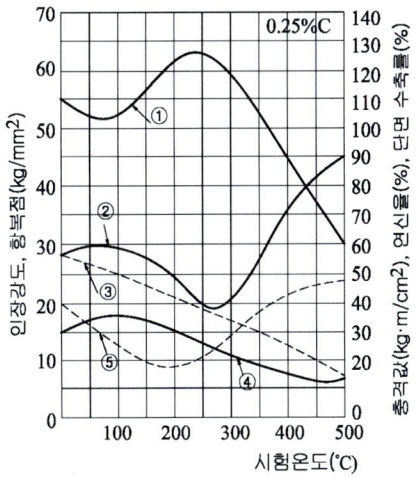

① 인장강도, ② 단면 수축률, ③ 항복점, ④ 충격값, ⑤ 연신율

탄소강의 고온 성질

(4) 탄소강의 인장강도 및 경도

$$\sigma_t = 20 + 100\,C$$
$$H_B = 2.8 \cdot \sigma_t$$

- σ_t : 인장강도
- C : 탄소량(%)
- H_B : 브리넬 경도

(5) 탄소강의 메짐

취성	온도	특성
저온 메짐	상온 이하	온도가 내려가면 강은 잘 깨지는 성질이 나타난다.
상온 메짐	상온	인(P)의 영향으로 충격값 감소, 냉간 가공 시 균열 발생
청열 메짐 ★★★★★	200~300℃	강이 200~300℃에서 깨지는 성질이 나타난다.
적열 메짐	900℃ 이상	• 황(S)의 영향으로 단조 압연 시 균열이 발생 • Mn을 첨가하여 방지한다.
뜨임 메짐	500~650℃	• 담금질한 뒤 뜨임하면 충격값이 극히 감소하는 현상 • Mo(몰리브덴)을 첨가하여 방지한다.

(6) 탄소강에 함유된 원소의 영향

철강의 5대 원소 : 탄소(C), 규소(Si), 망간(Mn), 인(P), 황(S)★★★★★

원소명	영향
C(탄소)	강도·경도 증가, 인성·전성·충격값 감소, 담금질 효과 커짐, 냉간 가공성 저하
Si(규소)	강도·경도·주조성 증가, 연성·충격치 감소, 냉간 가공성 저하, 탄성한도 증가
Mn(망간)	강도·경도·인성·점성 증가, 연성 감소 억제, 황(S)의 해를 감소, 적열 메짐 예방, 주조성, 담금질성 효과 증가
P(인)	강도·경도 증가, 연신율 감소, 편석 발생, 냉간 가공성 저하, 저온메짐 원인
S(황)	강도·경도·연성·절삭성 증가, 충격치 저하, 용접성 저하, 적열메짐의 원인
H_2(수소)	헤어크랙(백점)의 발생

* 헤어크랙(Hair Crack) : H_2의 영향으로 금속 내부에 머리카락 같은 균열이 발생하는 현상
* Cu : 인장강도·탄성한도·내식성 증가, 압연 시 균열 원인

02 강의 열처리

강에 기계적 성질, 화학적 성질 등을 부여하기 위하여 가열 및 냉각을 하여 필요한 성질을 얻는 방법이다.

1 일반 열처리

(1) 담금질(Quenching : 소입)

강의 강도, 경도를 증가시킬 목적으로 가열 후 급랭한다.

① 담금질 온도
- 아공석강 : A_3변태점보다 30~50℃ 높게 가열 후 급랭
- 과공석강 : A_1변태점보다 30~50℃ 높게 가열 후 급랭

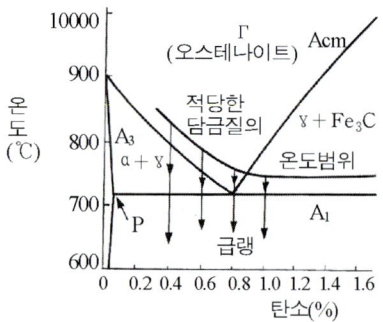

담금질 온도 범위

② 담금질 조직★★★
㉠ 노에서 서랭 : 펄라이트 조직 → 열처리 조직이 아님
㉡ 공기 중에서 서랭 : 소르바이트 조직 → 트루스타이트보다 경도는 작으나 강도, 탄성이 함께 요구되는 구조강재에 사용
㉢ 유중(기름)에서 서랭 : 트루스타이트 조직 → 마텐자이트보다 경도는 작으나 강인성이 있음, 부식에 약함
㉣ 수중(물)에서 냉각 : 마텐자이트 → 열처리 조직 중 경도가 최대이며, 부식에 강함.
  ⓐ 경도 : 시멘타이트 > 마텐자이트 > 트루스 타이트 > 소르바이트 > 펄라이트
    냉각효과가 가장 좋은 것은 소금물이다.★★★★★
  ⓑ 질량효과 : 담금질 시 재료의 크기에 따라 냉각속도는 내부와 외부가 다르므로 경도차이가 생긴다. 이를 질량효과라 한다.★★★★★

(2) 뜨임(Tempering : 소려)★★★★★

내부 응력제거와 인성개선 목적으로 담금질 이후에 실시한다.

① **저온 뜨임** : 담금질 조직에서 경도만이 요구되는 경우 150℃ 부근에서 가열 후 냉각
② **고온 뜨임** : 구조용 강은 강인한 조직인 소르바이트의 조직으로 바꾸기 위하여 500~600℃에서 한다.

뜨임온도와 뜨임색(가열시간 5~6분)

온도(℃)	뜨임색	온도(℃)	뜨임색
200	담황색	290	암청색
220	황색	300	청색
240	갈색	320	담회청색
260	황갈색	350	회청색
280	적갈색	400	회색

(3) 풀림(Annealing : 소둔)★★★★★

- **목적** : 재료의 연화 주조 때의 내부 응력 제거
- **구분** : 재료의 내부 응력을 제거하고 경화된 재료를 연화하기 위하여 가열 후 서랭한다.

① **완전 풀림** : $A_3 \sim A_1$변태점 이상 30~50℃에서 가열하여 서랭
② **항온 풀림** : A_1변태점 바로 위의 온도까지 가열하여 일정시간 유지 후 A_1변태점 바로 밑의 온도에서 항온 변태를 완료시키는 것으로 가장 짧은 시간에 풀림처리할 수 있다.
③ **응력 제거 풀림** : 기계가공에 의한 내부 응력을 제거시키기 위해 450~600℃에서 가열 후 냉각한다.
④ **연화 풀림** : 가공 경화된 재료도 가공 도중에 A_1 변태점 이하에서 가열 후 냉각한다.
⑤ **구상화 풀림** : A_1변태점 부근까지 가열 후 냉각하여 조직이 미세화되면서 표면 장력에 의하여 구상화 된다.

(4) 불림(Normalizing : 소준)★★★★★

A_3 또는 Acm 선보다 30~50℃ 높이에 가열 후 균일한 오스테나이트 조직으로 된 다음 공랭하여 조직이 미세화하고 표준화된 조직을 얻는 열처리를 말한다.

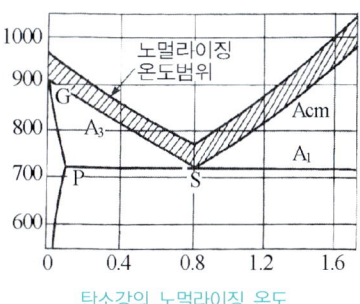

탄소강의 노멀라이징 온도

① **심랭처리(Sub Zero)** : 담금질 직후 조직의 성질 저하, 뜨임 변형을 유발하는 잔류 오스테나이트를 없애기 위하여 0℃ 이하로 냉각하는 것.(게이지강)★★★
② **냉각제**
　㉠ 소금 27.8% + 얼음 75.2%
　　→ -21.3℃
　　액체산소 → -183℃
　㉡ 에테르 + 드라이아이스 → -78℃
　　액체 질소 → -196℃
③ **자경성** : 담금질의 온도로 가열한 후 공랭 또는 노랭에 의하여도 경화되는 성질 Mn강, Cr, Ni, Mn, W, No
④ **경하능** : 급랭 경화된 깊이

2 항온 열처리

강을 가열 후 냉각시킬 때 냉각도 중 어떤 온도에서 냉각 정지한 다음 그 온도에서 변태시켜 변태 개시온도와 변태 완료를 온도를 온도-시간 곡선으로 나타낸 것을 항온 변태 곡선이라고 하는데 이 항온 변태곡선 (isothermal transformation curve)을 TTT 곡선(S곡선, C곡선)이라 한다.

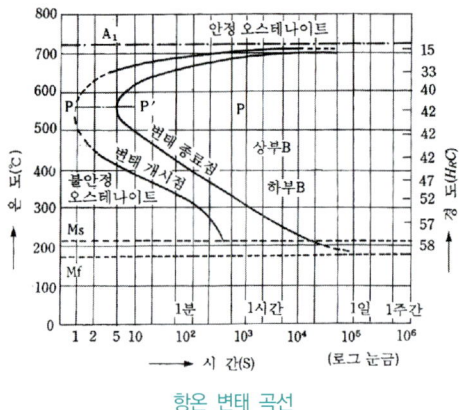

항온 변태 곡선

(1) 오스 템퍼(Austemper)★★★

담금질 온도에서 염욕 중에 넣어 항온 변태를 끝낸 것으로 베이나이트 조직이 되며 뜨임이 필요없고 균열과 편석이 잘 생기지 않는다.

(2) 마템퍼(Martemper)★★★

Ms 점 이하의 항온 염욕 중에 담금질하여 냉각시킨 것으로 마텐자이트와 베이나이트의 혼합조직이 얻어진다.

(3) 마퀜칭(Mar Quenching)★★

Ms 보다 다소 높은 온도에서 염욕 담금질 한 것을 마텐자이트로 변태시켜 균열과 변형을 방지하는 방법

(4) MS퀜칭(MSquenching)★★

담금질 온도로 가열한 강재를 MS점보다 약간 낮은 온도의 염욕에 넣어 강의 내·외부가 동일온도가 될 때까지 항온 유지한 후 꺼내어 물 또는 기름 중에 급랭하는 방법

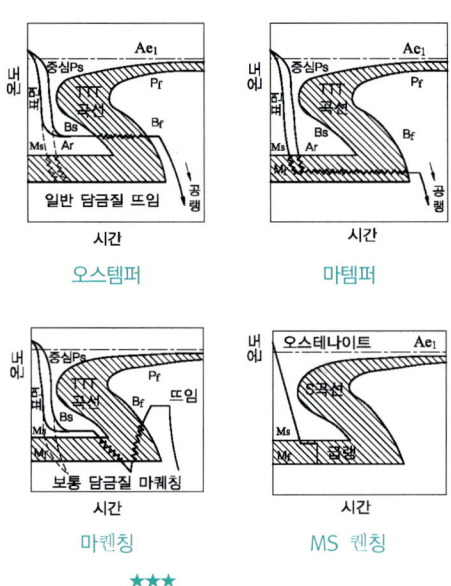

★★★
MS - 마텐자이트 변태 개시점
Mf - 마텐자이트 변태 종료점

3 표면 경화 열처리★★★

내부는 인성을 유지하고 표면만 경화시켜 내마멸성, 경도를 증가시키는 열처리법.

(1) 화학적인 방법

① 침탄법 : 0.2% 이하의 저탄소강에 표면에 탄소를 침투하여 경도를 높인다.
  ㉠ 고체 침탄법
    ⓐ 철제 상자에 목탄, 코우크스 등 침탄제와 촉진제로 탄산바륨($BaCO_3$)을 혼합해 넣고 용기를 침탄로 중에서 900~950℃로 가열하여 침탄한다.

ⓑ 침탄 시간 : 4 ~ 6시간
ⓒ 침탄 깊이 : 0.5 ~ 2mm
ⓓ 침탄하지 않아야 할 부분은 Cu 도금
ⓛ 가스 침탄법
  ⓐ 메탄가스나 프로판가스와 같은 탄화수소계의 가스를 사용한 침탄방법
  ⓑ 침탄온도 : 650 ~ 870℃
  ⓒ 균일한 침탄층이 얻어지는 장점이 있다.
  ⓓ 열효율이 좋고 작업이 간단하며 연속적인 침탄이 가능하고 대량 생산에 적합

② 액체침탄법(시안화법) → 침탄과 질화가 동시에 진행됨★★★
  ㉠ 청화법이라고도 하며 침탄제로 KCN, NaCN 등을 주성분으로 염화물이나 탄산염을 40 ~ 50% 첨가하여 염욕 중에서 600 ~ 900℃로 용해시키고 그 중에서 작업하면 탄소와 질소가 침투
  ㉡ 침탄시간 : 20 ~ 30분
  ㉢ 침탄깊이 : 0.1 ~ 0.5mm

③ 질화법★★★
  ㉠ 암모니아(NH_3)로 표면을 경화하는 방법
  ㉡ 질화시간 : 50 ~ 100시간
  ㉢ 질화온도 : 520 ~ 550℃
  ㉣ 경도가 대단히 크다.
  ㉤ 내마멸성과 내식성이 크다.
  ㉥ 담금질이 필요치 않다.
  ㉦ 질화강은 변형이 없다.
  ㉧ 크랭크 축, 캠, 체인, 펌프 축, 톱니바퀴
  ㉨ 밸브 등 주로 마모가 심한 곳에 사용
  ㉩ 충격이 심한 곳에는 사용 안함

질화 시간	질화층 높이
10	0.15
20	0.30
50	0.50
80	0.60

침탄법과 질화법의 비교

침탄법	질화법
1. 경도가 작음	1. 경도가 큼
2. 침탄 후 열처리 큼	2. 열처리 불필요
3. 침탄 후 수정 가능함	3. 침탄 후 수정 불가능함
4. 단시간 표면경화	4. 장시간 표면경화
5. 변형 생김	5. 변형 적음
6. 침탄층 단단함.	6. 여리다.

④ 금속 침투법 : 제품을 가열하여 그 표면에 다른 종류의 금속을 피복시키는 동시에 합금층을 얻는 작업을 말한다. 주로 Al, Zn, Cr 등을 사용한다.★★
  ㉠ 크로마이징(cromizing) : Cr 침투
  ㉡ 칼로라이징(calorizing) : Al 침투
  ㉢ 실리코나이징(siliconizing) : Si 침투
  ㉣ 브로나이징(boronizing) : B 침투
  ㉤ 세라다이징 : Zn 침투

(2) 물리적인 방법★★★

① 화염 경화 : 탄소강이나 합금강에서 0.4% 탄소 전후의 재료를 필요한 부분에 산소-아세틸렌의 화염으로 표면만 가열하여 오스테나이트로 한 다음 담금질해서 표면만 강화하는 법이다.

② 고주파경화 : 화염 경화와 같은 원리이나 고주파 전류를 이용한 방법으로 담금질 시간이 짧고 복잡한 형상에도 이용할 수 있다.

③ 쇼트 피이닝 : 금속재료 표면에 강구를

고속으로 분사시켜 가공경화에 의하여 표면층에 경도를 높이고 반복하중에 대한 피로한도를 높인다. 인장, 압축강도에는 많은 영향을 주지 않으나, 휨, 비틀림의 반복 하중에 대해서는 피로한도를 현저하게 증가

④ **하드 페이싱**(도금) : 금속의 표면에 스텔라이트나 경합금 등의 특수금속을 융착시켜 표면 경도를 높인다.

03 특수강(합금강)

합금강이라고 하며 보통 탄소강에 기계적 성질, 화학적 성질, 물리적 성질을 향상하기 위하여 비철계 금속 Cr, Ni, W, Si, Mn, V, Co 등을 첨가하여 만든 강을 말한다.

여러 가지 합금원소의 효과

원소	효과
Ni	강인성과 내식성 및 내산성을 증가시킨다.
Mn	• 적은 양일 때에는 Ni과 거의 같은 작용을 하며, 함유량이 증가하면 내마멸성을 커지게 한다. • S에 의하여 일어나는 메짐을 방지하게 한다.
Cr	적은 양도 경도와 인장 강도를 증가시키고, 함유량의 증가에 따라 내식성과 내열성을 커지게 한다.
W	적은 양일 때에는 Cr과 거의 비슷하여 탄화물을 만들기 쉽게 하고, 경도와 내마멸성을 커지게 한다. 또한 고온 경도와 고온 강도를 커지게 한다.
Mo	W과 거의 흡사함, 그 효과는 W의 약 2배이다. 담금질 깊이를 크게 하고 크리프 저항과 내식성을 커지게 한다. 뜨임 메짐을 방지한다.
V	Mo과 비슷한 성질이나 경화성은 Mo보다 훨씬 더하다. Cr 또는 Cr-W과 함께 사용하여야 그 효력을 크게 발휘한다. 단독으로 사용하지 않는다.

• **합금강의 특성**
- 기계적 성질 우수
- 내식·내마멸성 우수
- 고온에서의 기계적 성질 저하 방지
- 담금질성 우수
- 단접 및 용접성 우수
- 전·자기적 성질 우수
- 결정 입자의 성장 방지

용도별 합금강의 분류

분류	종류
구조용 합금강	강인강, 표면 경화용강, 스프링강, 쾌삭강
공구용 합금강	합금 공구강, 고속도 공구강, 다이스강, 비철 합금 공구강
특수 용도용 합금강	내식용 합금강, 내열용 합금강, 자석용 합금강, 베어링강, 불변강

1 구조용 특수강

탄소강보다 큰 강도 및 우수한 기계적 성질이 요구될 때 사용되며 탄소강에 Ni, Cr, Mo, Mn, Si 등을 첨가

(1) 강인강

① **Cr 강(Scr)** : Cr을 0.9~1.2% 첨가하여 강도를 증가시키고 내열성, 내식성, 내마멸성이 우수하여 기어, 캠축, 강력 볼트, 너트 등의 재료도 사용된다.

② **Ni-Cr 강(SNC)** : Ni 만을 첨가한 강은 강도는 크나 경도가 낮다. Cr을 첨가하여 경도를 향상시켜서 사용한다. 850℃에서 담금질하고 600℃에서 뜨임하면 강인한 소르바이트 조직이 되어 강도를 요하는 동력 전달용 제품으로 사용된다. 550~580℃ 뜨임 메짐이 발생한다. ★★

③ **Ni – Cr – Mo(SNCM)** : Ni – Cr 강에 Mo을 0.15 ~ 0.7% 첨가하여 내열성 및 담금질 효과가 향상되며 뜨임 메짐도 막을 수 있다. 고급 내연기관의 크랭크축, 강력볼트, 기어 등에 사용★★

④ **Cr – Mo 강(SCM)** : 담금질이 쉽고 뜨임 메짐이 적으며 열간 가공이 쉽다. 용도는 각종 축, 기어, 강력볼트, 암, 레버 등에 사용된다. ★★

⑤ **Mn – Cr 강(SMnC)** : Ni – Cr 강 중의 Ni 대신 Mn을 첨가하여 질량효과가 크고 인성이 크다.

⑥ **Cr – Mn – Si 강** : 구조용 강으로서 값이 싸고 기계적 성질이 좋아 차축 등에 널리 사용된다. Cr 0.5%, Mn 0.9 ~ 1.2%, Si 0.8% 합금, 항복점 인장강도, 인성이 크고 기계가공, 고온단조, 용접 및 열처리가 쉽다.

⑦ **고력 강도강** : 인장 강도가 크고 용접성이 좋은 고력 강도강은 대부분 저망간 강이다.

⑧ **Mn 강의 종류**★★★
  ㉠ 저Mn강(1 ~ 2%Mn)은 펄라이트 Mn강 또는 듀콜(ducol)강이라 한다.
  ㉡ 고Mn강(10 ~ 14%Mn)은 오스테나이트 Mn강 또는 하드필드 Mn강이라 한다. Mn의 함량이 10 ~ 14% 첨가한 강으로 오스테나이트 망간강 또는 하드필드망간강이라 하며 내마멸성이 우수하고 경도가 크므로 각종 광산 기계, 기차 레일의 교차점, 칠드 롤러 등에 사용된다.

(2) 표면 경화용 강

① **침탄용 강**
  ㉠ 기계구조용 탄소강 : SM9CK, SM15CK, SM20CK
  ㉡ Cr 강(SCr) : SCr415, SCr420
  ㉢ Cr – Mo 강(SCM) : SCM415, SCM418, SCM420, SCM421, SCM822
  ㉣ Ni – Cr 강(SNC) : SNC415, SNC815
  ㉤ Ni – Cr – Mo 강(SNCM) : SNCM415, SNCM431
  ㉥ Mn – Cr 강(SMnC) : SMnC21

② **질화용 강** : Al, Cr, Mo 등을 함유한 합금강 사용
  ㉠ Al : 질화층의 경도를 높여준다.
  ㉡ Cr, Mo : 재료의 기계적 성질 증가한다.

2 쾌삭 강(SUM)★★

탄소강에 S, Pb, P, Mn을 첨가하여 절삭성을 개선한 구조용 강을 쾌삭강이라 하며 황계, 황 – 인계, 황 – 납계, 황 – 인 – 납계가 있다.

3 공구용 합금강과 공구 재료

? 공구강의 구비조건★★★★
- 경도가 크고 높은 온도에서도 경도를 유지하여야 한다.
- 내마멸성이 커야 한다.
- 강인성이 커야 한다.
- 열처리가 쉬워야 한다.
- 가공이 용이하고 가격이 싸야 한다.

(1) 탄소 공구강(STC)★★

0.6~1.5%C의 고탄소강으로 담금질로써 강도와 경도를 개선하고 뜨임에 의해 점성강도를 부여한다. 최대 300℃까지 사용 가능하며 수기공구 재료로 많이 사용이 된다.

(2) 합금 공구강(STS)★★

① 고탄소강은 일반 공구재료로 사용되지만 고온에서 경도가 떨어진다. 그래서 고속절삭, 강력 절삭에는 부적합하다.
② 합금공구강은 탄소공구강의 결점을 보완한 것으로 강에 크롬, 텅스텐, 바나듐, 몰리브덴 등을 첨가한 것으로 담금질 효과가 크다.
③ 결정입자가 미세하고 경도가 크다.
④ 내마멸성이 우수하다.
⑤ 고온에서도 경도가 유지되어 절삭공구형 단조용 공구로 사용

(3) 고속도강(SKH)★★★★★

고속도강은 500~600℃에서도 경도가 저하되지 않고 내마멸성도 커서 고속 절삭 공구로 적당하다.

① 종류
　㉠ 텅스텐 고속도강 : W(18%)-Cr(4%)-V(1%)으로 표준 고속도강이라 한다. 고속도강은 담금질 상태보다 550~580℃에서 뜨임하면 경도가 담금질했을때보다 크게 되는데 이를 고속도강의 2차 경화라 한다.
　　• 고속도강의 뜨임 목적 : 경도 증가
　㉡ 코발트 고속도강 : 용융점이 높아서 담금질 온도를 높여서 성능을 좋게 한다.
　㉢ 몰리브덴 고속도강 : 3~11% Mo을 함유한 고속도강이나 Mo의 증발을 막기 위하여 붕사 피복 또는 염욕 가열한다.

(4) 주조 경질 합금★★★

① 주조상태의 것을 연마하여 사용. 열처리하지 않아도 충분한 경도를 가지며 W-CO-Cr-C 주성분인 것을 스텔라이트라 한다.
② 금형에 주입하여 연마성형, 단조, 절삭 불가능하며 고속도강보다 절삭속도는 빠르나 인성은 떨어지고 충격, 압력, 진동 등에 대한 내구력이 약하다.
③ 절삭공구, 다이스, 드릴, 끝, 의료 기구 등의 제작에 사용된다.

(5) 초경합금★★★

① 금속 탄화물의 분말형의 금속원소를 프레스로 성형한 다음 이것을 소결하여 만든 합금이다.
② 절삭공구, 다이, 내열, 내마멸성이 요구되는 부품에 많이 사용된다.
③ 탄화물의 종류 : WC, TiC, TaC
④ 소결 경질 합금은 WC, TiC, TaC 등의 분말에 코발트 분말을 결합재로 하여 혼합한 다음 금형에 넣고 가압, 성형한 것을 800~1000℃에서 예비 소결 후 희망하는 모양으로 가공하고 이것을 수소 기류 중에서 1400~1500℃에서 소결시키는 분말 야금법으로 제조한다.

(6) 세라믹 공구★★★

① CERAMIC이란 '도기'라는 뜻으로 점토를 소결한 것이다. 알루미나(Al2O3)가 주성분으로 거의 결합재를 사용하지 않고 소결한 공구로 고속도 및 고온 절삭에 사용된다.
② 성분의 대부분은 알루미나, 금속 첨가물은 구리, 니켈, 망간 등이다.
③ 열을 흡수하지 않아 과열의 염려가 없으며 철과 친화력이 없어 구성인선이 안 생기며 고속 정밀가공에 적합하다.
④ 내부식성과 내산화성이 있다.
⑤ 비자성체, 비전도체이며 항자력이 초경합금에 비해 1/2배이다.

(7) 다이어몬드 공구★★★

경도가 커서 절삭공구로 사용되며 선반, 보오링용으로 사용되며 정밀절삭 및 비철금속 및 유리절삭 등에 사용된다. 취성이 강하다.

4 특수용도 특수강

(1) 스테인리스 강(STS)

철강은 값이 싸고 강도가 크나 부식이나 녹이 생기는 결점이 있다. 따라서 강 중에 니켈이나 크롬을 첨가해주면 내식성이 좋아지며 대기 중, 수중, 산 등에 잘 견디는 성질을 가지게 되는 데 이를 스테인리스강이라 한다.

① 13형 스테인리스 강(13% Cr)★★★
  ㉠ 페라이트계 스테인리스 강이라 한다.
  ㉡ 강인성 및 내식성이 있고 열처리에 의해 경화할 수 있다. (마텐자이트계)
  ㉢ 고크롬강이 내식성을 가지는 것은 강의 표면에 크롬산화막이 생겨 이것이 보호 작용을 하기 때문이다. 따라서 황산, 염산과 같이 크롬산화막을 침식하는 산에는 내식성을 잃는다.

② 18-8형 스테인리스 강(18%Cr-8%Ni) → 오스테나이트계로 열처리가 안 된다.★★★
  ㉠ Cr, Ni이 많은 것은 내부식성이 크다.
  ㉡ 티탄 : 내부식성을 저하시키는 크롬, 탄화물의 형성을 막는다.
  ㉢ 몰리브덴 : 내황산성을 높인다.

(2) 내열 강

① 고크롬강은 내열강으로 사용되는데 크롬강은 높은 온도에서 크롬의 산화피막이 나타나며 내부로 산화되는 것을 막는다.
② 산화속도는 온도가 높을수록 빠르므로 크롬의 함유량은 사용온도에 따라 증가하여야 한다.
③ Al이나 Si는 산화알루미늄(A_2O_3)과 산화규소(SiO_2)를 만드는데 이들도 내열성이 좋다.

(3) 영구 자석 강

자석강은 잔류자기와 항자력이 크고 온도, 진동, 자장의 산란에 의해 자기를 상실하지 않는 연속성이 필요, 처음엔 고탄소강을 사용하다가 W, Cr, Co 등을 함유한 것이 더욱 좋게 되어 합금 원소 함유강에 사용한다.

(4) 규소 강★★

규소강은 자기감응도가 크고 잔류 자기 및 항자력이 작아 변압기 철심, 교류기계 철심 등에 사용된다.

① Si 1% : 연속으로 운전하지 않은 발전기, 전동기 철심
② Si 2% : 발전기의 회전자, 유도 전동기의 회전자
③ Si 2.5~3.5% : 유도 전동기 고정자용 철심, 전동기, 발전기
④ Si 4% : 변압기의 철심, 전화기 등

(5) 베어링 강

① 강도, 경도, 내구성이 필요하여 C 1.0 ~ Cr 1.2%의 고탄소 크롬강이 사용된다.
② 베어링강은 담금질 후에 반드시 뜨임하여야 한다.

(6) 게이지 강

① 정밀기계, 기구, 게이지 등에 사용된다.
② 내마멸성, 내식성이 좋고 열처리에 의한 신축 및 담금질에 의한 균열이 적고 영구적인 치수 변화가 없어야 한다.
③ 치수변화 방지를 위해 시효처리하여 200℃ 이상의 온도에서 장기간 뜨임해서 사용.

(7) 고니켈 강(불변강)

① 인바(invar 36% Ni) : 팽창계수가 1.2×10^{-6}으로 정밀 기계부품, 시계 등에 사용. 길이 불변★★★★
② 엘린바(elinver 36% Ni, 12% Cr) : 상온에서 탄성률이 거의 불변, 회중시계의 부품에 사용★★★★
③ 퍼멀로이(perrmalloy C 0.5%, Ni 75~80%, Co 0.5%) : 약한 자장으로 큰 투자율 가짐, 해저전선의 장하코일에 사용★★

04 주철(CAST IRON)

구조용 재료로는 용융점이 낮고 유동성이 좋아 주조성이 우수한 것이 요구되므로 탄소가 많이 함유되어 있는 철, 탄소의 합금강이다.

1 주철의 성질

(1) 주철의 장점★★★

① 주조성이 우수하여 크고 복잡한 것도 제작이 가능하다.
② 단위 무게당의 값이 싸다.
③ 표면은 굳고 녹슬지 않으며 칠도 잘된다.
④ 마찰저항이 우수하고 절삭가공이 쉽다.
⑤ 인장강도, 휨강도 및 충격값이 작으나 압축강도는 크다.
※ 주철의 가장 큰 단점은 인장강도가 작다는 것이다.

> ❓ 칠(chill)
> 주물의 표면조직이 시멘타이트화(Fe_3C)되는 것을 의미

(2) 주철의 수축

① 융체의 수축
② 응고할 때의 수축
③ 응고 후의 고체 수축

(3) 주철의 성장

① 원인
　㉠ 시멘타이트 중의 흑연화에 의한 성장($Fe_3C \rightarrow 3Fe\_C$)

주철의 첨가원소의 역할

크롬 (Cr)	• 흑연화 방지, 탄화물 안정 • 1.5% 포함 시 펄라이트 조직은 미세화, 경도 증가, 내열성 및 내부식성이 좋아짐 • 많이 넣으면 고온에서의 내열성이 좋아진다.
니켈 (Ni)	• 흑연화 촉진제 • 0.1 ~ 1% 첨가 시 조직 미세화, 흑연화 능력은 규소의 1/2 ~ 1/3 • 주물에서 두꺼운 부분의 조직이 크게 되는 것 방지 • 얇은 부위의 칠(CHILL)의 발생 방지, 두께가 고르지 않은 주물을 튼튼하게 한다.
몰리브덴 (Mo)	• 흑연화 다소 방지 • 0.25 ~ 1.25% 첨가 시 흑연을 미세화 • 강도, 경도, 내마멸성 증대, 두꺼운 주물의 조직 균일화
구리 (Cu)	• 0.25 ~ 25% 첨가 시 경도 증가 • 내마멸성 개선, 내부식성 개선
티탄(Ti)	강한 탈산제인 동시에 흑연화 촉진. 많이 첨가 시 오히려 방지
바나륨(V)	강력한 흑연화 방지제

* 합금 원소에 의한 강도 증가율
　V > Mo > Cr > Mn > Cu > Ni
* 자연시효 : 주조 후 장시간 외부에 방치하면 자연히 주조 응력이 제거되는데 이를 자연시효라 한다.

　㉡ 페라이트 중의 고용된 Si의 산화
　　($Si + O_2 \rightarrow SiO_2$)

　㉢ Al 변태에서 체적 변화가 생기면서 가는 균열이 형성되어 생기는 팽창
　㉣ 불균일한 가열로 생기는 균열에 의한 흡수된 가스의 팽창

② 방지법★★
　㉠ 조직을 치밀하게 한다.
　㉡ 흑연을 미세화한다.
　㉢ 흑연화 방지 원소를 첨가한다.(Cr, W, Mo, V)
　㉣ 산화하기 쉬운 Si 양을 줄인다.

2 주철의 종류

• 회주철 : 탄소가 흑연 상태로 존재하며 파단면이 회색
• 백주철 : 탄소가 시멘타이트 상태로 존재
• 반주철 : 회주철과 백주철의 중간

(1) 보통 주철(GC 10 ~ GC 20)

보통 주철은 회주철의 대표적 주철로 인장강도가 10 ~ 20 kg/mm^2 정도로 기계 가공성이 좋고 값이 싼 것이 특징이며 일반 기계, 부품 기계 구조물의 몸체 등의 재료로 사용된다.

(2) 고급 주철(GC 25 ~ GC 35)

편상 흑연 주철 중에서 인장강도가 25kg/mm^2 이상★★★인 주철로 조직이 펄라이트로 펄라이트 주철이라 한다.

(3) 미하나이트 주철★★★

접종을 이용해 만드는 주철로 바탕이 펄라이트이고 흑연이 미세하게 분포되어 있어 인장강도가 35 ~ 45kg/mm^2 정도이며 담금질이 가능해 내마멸성이 요구되는 공

작기계의 안내면과 강도를 요하는 기관의 실린더에 사용

> **접종**
> 흑연의 형을 미세하고 균일하게 분포되도록 하기 위하여 규소나 칼슘 - 규소 분말을 첨가하여 흑연의 핵형성을 촉진하는 방법

(4) 구상흑연 주철(GCD)

= 덕타일주철, 노듈러주철이라 불리운다.★

주철은 편상 흑연 때문에 연성이 나쁘고 메지다. 그리고 편상흑연은 열처리를 오래 해야하는데 결점이 있다. 이것에 대해 용융상태에서 흑연을 구상화로 석출시킨 것이 구상흑연 주철로 Ce, Mg을 첨가하거나 그밖의 특수한 용선처리를 해서 흑연을 구상화한다.

① 주조한 그대로 인장강도 50~70kg/mm², 연신율 2~6%
② 풀림 시 인장강도 45~55kg/mm², 연신율 12~20%
③ 구상흑연 주철의 분류와 성질
  ㉠ **시멘타이트형** : Mg 많고 Si 적을 때 냉각속도 빠름, HB 220 이상
  ㉡ **페라이트형** : Mg 적당, Si 많을 때 냉각속도 느림 HB 150~200
  ㉢ **펄라이트형** : 중간 상태

(5) 칠드 주철★★★

보통 주철에 비해 규소가 적은 용선에 적당량의 망간을 주입해서 금형에 주입하면 금형에 접촉된 부분은 급랭되어 백주철이 된다. 이를 칠드 주철 또는 냉경 주철이라 한다. 칠드된 부분은 시멘타이트로 되어 경도가 높아져 내마멸성과 압축강도가 크게 된다. 칠드로울, 기차바퀴, 분쇄기 롤 등에 사용

(6) 가단 주철★★★

회주철은 주조성이 좋으나 취약하여 거의 연신율이 없는데 이 결점을 보충한 것이 가단 주철이다. 먼저 백주철의 주물을 만든 후 장시간 열처리하여 탈탄과 시멘타이트 흑연화에 의하여 연성을 가지게 한 것이다.

① **흑심 가단 주철(BMC)** : 백주철을 철광석, 산화철 등의 탈탄제와 함께 상자에 채워 풀림 열처리한 주철이다. =흑연화가 주목적
② **백심 가단 주철(WMC)** : 백선주물을 철광석 밀스케일과 같은 산화철과 함께 풀림처리에 쓰이는 상자 안에 다져넣고 장시간 가열하여 백선의 표면 탈탄하고 구상화한 주철이다. =탈탄이 주목적

(7) 내열 주철

주철 중에 내산화성, 내성장성 및 고온 강도를 개선한 주철이다.

① 종류
  ㉠ 니크로실락(Ni-Cr-Si 주철)
  ㉡ 니레지스트(Ni-Cr-Cu 주철)
  ㉢ 고크롬주철(Cr 14~17%)

(8) 내산 주철(고 Si 주철)

14% Si가 첨가되어 내산성을 향상시킨 주철로 듀리런이 있다.

02 철강재료 예상문제

01 용광로에서 선철 제조 시 첨가하지 않는 것은?

① 철광석 ② 코크스
③ 대리석 ④ 석회석

TIP 선철 제조 시의 재료
- 철광석 : 자철광, 적철광, 갈철광, 능철광
- 코크스 : 연료 및 환원제로 사용한다.
- 석회석, 형석 : 용제로 사용된다.

02 용해시킬 수 있는 구리의 양으로 용량을 표시하는 제강법은?

① 전로 ② 전기로
③ 평로 ④ 도가니로

TIP 각종 로의 용량
- 용광로 : 1일 산출되는 선철의 무게를 톤(ton)으로 표시
- 용선로 : 1시간당 용해량을 톤(ton)으로 표시
- 전로, 평로, 전기로 : 1회에 생산되는 용강의 무게를 톤(ton)으로 표시
- 도가니로 : 1회에 용해할 수 있는 구리의 무게

03 전로에서 정련된 용강을 페로망간(Fe-Mn)으로 불완전 탈산시켜 주형에 주입한 것은?

① 탄소강 ② 킬드강
③ 림드강 ④ 세미킬드강

TIP 강괴의 종류
- 림드강 : 평로 또는 전로에서 정련된 용강을 페로망간으로 가볍게 탈산시킨 강
- 킬드강 : 페로실리콘, 알루미늄 등의 강력 탈산제를 첨가하여 충분히 탈산시킨 강으로 기포와 편석은 없으나 표면에 헤어 크랙(hair crack)이 생기기 쉬우며, 또 상부에 수축관(shrinkage cavity piping)이 생기므로, 이러한 부분을 제거하기 위하여 강괴의 상부를 10~20% 잘라 버린다.
- 세미킬드강 : 림드강과 킬드강의 중간 정도로 탈산을 시킨 강

01 ③ 02 ④ 03 ③

04 철의 비중으로 가장 적합한 것은?

① 5.5   ② 7.8
③ 9.5   ④ 11.5

> TIP ☀ 철의 비중은 7.86 이다.

05 철의 퀴리점(Curie point)은?

① A1   ② A2
③ A3   ④ A4

> TIP ☀ 순철이 768℃에서 급격히 상자성체로 되는데 이를 순철의 자기변태라 하며 A2변태점이라고도 한다.

06 금속의 변태에서 온도의 변화에 따라 원자배열의 변화, 즉 결정격자만이 바뀌는 것은?

① 자기변태   ② 동소변태
③ 동소변화   ④ 자기변화

> TIP ☀ 동소변태는 순철이 고체 내에서 원자의 배열이 변화하여 α철 – γ철 – δ철 변태하는 것을 말한다.
>
> A₃ 변태점(912℃), A₄ 변태점(1400℃)

07 금속의 상 변태 중 동소변태에 대한 설명으로 맞는 것은?

① 한 결정구조에서 일어나는 상의 변화가 아닌 단순한 에너지적인 변화이다.
② 동일 원소의 두 고체로서 원자 배열의 변화에 따라 서로 다른 상태로 존재한다.
③ 금속을 가열하면 일정한 온도 이상에서 자성을 잃지 않고 상자성체로 자성이 변한다.
④ 철(Fe), 코발트(Co), 니켈(Ni) 같은 금속에서 잘 일어난다.

08 강의 조직 중에서 순철에 가까운 조직은?

① 펄라이트   ② 페라이트
③ 시멘타이트   ④ 레데뷰라이트

> TIP ☀ 페라이트(ferrite)
>
> α철에 탄소가 최대 0.02% 고용된 α고용체로, 대단히 연한 성질을 가지고 있어 전연성이 크며 A₂점 이하에서는 강자성체이다.

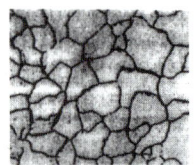

04 ② 05 ② 06 ② 07 ② 08 ②

09 탄소강에서 탄소량이 증가할 경우 경도와 연성에 미치는 영향을 가장 잘 설명한 것은?

① 경도증가, 연성감소
② 경도감소, 연성감소
③ 경도감소, 연성증가
④ 경도증가, 연성증가

> TIP 표준상태에서 탄소가 많을수록 인장강도, 경도는 증가하다가 공석조직에서 최대가 되나 연신율과 충격값은 감소한다.

10 다음 중 철강재료에 관한 올바른 설명은?

① 탄소강은 탄소를 2.0% ~ 4.3%를 함유한다.
② 용광로에서 생산된 철은 강이라 하고 불순물과 탄소가 적다.
③ 탄소강의 기계적 성질에 가장 큰 영향을 끼치는 것은 규소(Si)의 함유량이다.
④ 합금강은 탄소강이 지니지 못한 특수한 성질을 부여하기 위하여 합금 원소를 첨가하여 만든 것이다.

> TIP
>
> | 구분 | 탄소 함유량 | 제조법 | 담금질 | 특성 및 용도 |
> |---|---|---|---|---|
> | 순철 | 0.02% 이하 | 전기분해법 | 안됨 | 연하고 약함, 전기재료 |
> | 강 | 0.02 ~ 2.11% | 제강로 | 잘됨 | 강도, 경도큼 기계재료 |
> | 주철 | 2.11 ~ 6.68% | 용선로 | 안됨 | 경도가 크나 잘 깨짐, 주물용 |

11 탄소강에 함유된 원소 중에서 상온 취성의 원인이 되는 것은?

① 망간
② 규소
③ 인
④ 황

> TIP 상온에서 인(P)의 영향으로 충격값이 감소하여 냉간가공 시 균열이 발생하는데 이 현상을 상온취성이라 한다.

12 다음 원소 중 탄소강의 적열취성 원인이 되는 것은?

① S
② Mn
③ P
④ Si

> TIP 탄소강을 900℃ 이상에서 가열을 하면 황 때문에 단조 압연 시 취성이 발생하는데 이 때 강의 색이 붉은색이므로 이 현상을 적열취성이라 한다. 방지책은 Mn이다.

09 ① 10 ④ 11 ③ 12 ①

13 탄소강에 함유된 5대 원소는?

① 황(S), 망간(Mn), 탄소(C), 규소(Si), 인(P)
② 탄소(C), 규소(Si), 인(P), 망간(Mn), 니켈(Ni)
③ 규소(Si), 탄소(C), 니켈(Ni), 크롬(Cr), 인(P)
④ 인(P), 규소(Si), 황(S), 망간(Mn), 텅스텐(W)

TIP

원소명	영향
C (탄소)	강도·경도 증가, 인성·전성·충격값 감소, 담금질 효과 커짐, 냉간 가공성 저하
Si (규소)	강도·경도·주조성 증가, 연성·충격치 감소, 냉간 가공성 저하, 탄성한도 증가
Mn (망간)	강도·경도·인성·점성 증가, 연성 감소 억제, 황(S)의 해를 감소, 적열 메짐 예방, 주조성, 담금질성 효과 증가
P (인)	강도·경도 증가, 연신율 감소, 편석 발생, 냉간 가공성 저하, 저온메짐 원인
S (황)	강도·경도·연성·절삭성 증가, 충격치 저하, 용접성 저하, 적열메짐의 원인

14 탄소강에서 헤어 크랙(hair crack)의 발생에 가장 큰 영향을 주는 원소는?

① 산소   ② 수소
③ 질소   ④ 탄소

TIP 헤어크랙(Hair Crack)
H_2의 영향으로 금속 내부에 머리카락 같은 균열이 발생하는 현상

15 금속 재료는 온도의 상승과 더불어 강도가 감소하고 연신율은 커진다. 그러나 연강이나 탄소강은 200~300℃에서는 상온에서보다 연신율은 낮아지고 강도와 경도는 높아져 이 온도 범위에서는 강이 부스러지기 쉬운 성질을 가지게 되는데 이 현상을 무엇이라 하는가?

① 상온 취성   ② 저온 취성
③ 적열 취성   ④ 청열 취성

TIP 연강이나 탄소강은 200~300℃에서는 강도와 경도는 급격히 상승하지만 연신율과 단면수축률은 감소하여 취성이 발생하는데 이런 현상을 청열취성이라 한다.

16 강은 900℃ 이상에서 단조압연을 하면 취성이 발생하는데 이것을 무엇이라 하는가?

① 저온 취성   ② 뜨임 취성
③ 청열 취성   ④ 적열 취성

17 강의 담금질 조직에서 경도가 큰 순서대로 올바르게 나열한 것은?

① 솔바이트 > 트루스타이트 > 마텐자이트
② 솔바이트 > 마텐자이트 > 트루스타이트
③ 트루스타이트 > 솔바이트 > 마텐자이트
④ 마텐자이트 > 트루스타이트 > 솔바이트

TIP 경도 순서
마텐자이트 > 트루스타이트 > 솔바이트 > 펄라이트 순이다.

13 ① 14 ② 15 ④ 16 ④ 17 ④

18 고온의 오스테나이트 영역에서 탄소강을 냉각하면 냉각속도의 차이에 따라 여러 조직으로 변태되는데, 이들 조직의 강도와 경도를 큰 순서대로 바르게 나열한 것은?

① 마텐자이트 > 펄라이트 > 솔바이트 > 트루스타이트

② 마텐자이트 > 트루스타이트 > 펄라이트 > 솔바이트

③ 트루스타이트 > 마텐자이트 > 솔바이트 > 펄라이트

④ 마텐자이트 > 트루스타이트 > 솔바이트 > 펄라이트

19 강철의 담금질 냉각제 중 냉각속도가 가장 큰 것은?

① 소금물 ② 비눗물
③ 물 ④ 기름

TIP 담금질의 냉각제
- 소금물 : 냉각 속도가 가장 빠르다.
- 물 : 처음은 경화능력이 크나 온도가 올라갈수록 저하
- 기름 : 처음은 경화 능력이 작으나 온도가 올라갈수록 커진다.

20 다음 열처리의 방법 중 강을 경화시킬 목적으로 실시하는 열처리는?

① 담금질 ② 뜨임
③ 불림 ④ 풀림

TIP 열처리방법
- 담금질 : 강도, 경도 증가
- 뜨임 : 인성 부여
- 풀림 : 재질 연화
- 불림 : 재질의 균일화, 표준화

21 재료의 내·외부에 열처리 효과의 차이가 생기는 현상을 무엇이라 하는가?

① 질량효과 ② 담금질성
③ 시효경화 ④ 열량 효과

TIP 담금질 시 재료의 크기에 따라 내부와 외부의 냉각속도가 다르므로 경도 차이가 생긴다. 이를 질량효과라 한다.

22 같은 재질이라 할지라도 재료의 크기에 따라 열처리 효과가 다른데 이것을 무엇이라 하는가?

① 담금질 효과 ② 질량 효과
③ 시효 경화 ④ 뜨임 효과

18 ④ 19 ① 20 ① 21 ① 22 ②

23 강철의 담금질에 있어서 잔류 오스테나이트를 소멸시키기 위하여 0℃ 이하의 냉각제 중에서 처리하는 담금질 작업은?

① 심냉처리　　② 염욕처리
③ 항온변태처리　④ 오스템퍼

> **TIP** 심냉처리(Sub Zero)
> 담금질 직후 조직의 성질 저하, 뜨임 변형을 유발하는 잔류 오스테나이트를 없애기 위하여 0℃ 이하로 냉각하는 것

24 다음 담금질 효과에 대한 설명이다. 틀린 것은?

① 담금질 효과는 냉각속도에 영향을 받는다.
② 냉각속도가 느릴수록 좋다.
③ 냉각속도가 빠를수록 좋다.
④ 냉각액의 온도가 낮은 것이 높은 것보다 효과가 좋다.

> **TIP** 담금질 효과는 냉각속도가 빠를수록 좋다.

25 뜨임은 보통 어떤 강재에 하는가?

① 가공 경화된 강
② 담금질하여 경화된 강
③ 용접응력이 생긴 강
④ 풀림하여 연화된 강

> **TIP** 뜨임은 일반적으로 담금질을 하여 강도와 경도를 향상시킨 강의 내부응력 제거와 인성 부여를 목적으로 한다.

26 마텐자이트 조직을 약 400℃ 정도로 뜨임했을 때 나타나는 조직은?

① 솔바이트　　② 펄라이트
③ 오스테나이트　④ 트루스타이트

> **TIP** 고온 뜨임
> 300~400℃ 가열 후 공랭을 하면 열처리 된 조직은 트루스타이트가 되며, 450~600℃ 가열후 냉각하면 소르바이트가 된다.

27 강을 Ac_3(아공석강) 또는 Ac_1(과공석강)이상의 고온에서 가열하여 이것을 노(盧) 중에서 서서히 냉각하는 열처리는?

① 담금질　　② 풀림
③ 퀜칭　　　④ 저온뜨임

> **TIP** 풀림(Annealing : 소둔)
> 목적 : 결정 조직의 균일화(표준화) 주조 때의 내부 응력 제거 재료의 내부 응력을 제거하고 경화된 재료의 연화하기 위하여 가열 후 서랭한다.
> • 완전 풀림 : A_3 ~ A_1 변태점 이상 30~50℃에서 가열하여 서랭
> • 항온 풀림 : A_1 변태점 바로 위의 온도까지 가열하여 일정시간 유지 후 A_1 변태점 바로 밑의 온도에서 항온 변태를 완료시키는 것으로 가장 짧은 시간에 풀림처리 할 수 있다.
> • 응력 제거 풀림 : 기계가공에 의한 내부 응력을 제거시키기 위해 450~600℃에서 가열 후 냉각한다.
> • 연화 풀림 : 가공 경화된 재료도 가공 도중에 A_1 변태점 이하에서 가열 후 냉각한다.

23 ① 24 ② 25 ② 26 ④ 27 ②

- 구상화 풀림 : A_1 변태점 부근까지 가열 후 냉각하여 조직이 미세화되면서 표면 장력에 의하여 구상화된다.

28 어떤 재료를 단조 시켰더니 경도가 너무 높아 가공이 곤란해졌다. 이때는 어떤 열처리를 해야 하는가?

① 담금질   ② 뜨임
③ 풀림   ④ 불림

29 강의 열처리 중 가장 서랭 시키는 것은?

① 담금질   ② 뜨임
③ 풀림   ④ 불림

TIP 열처리방법
- 담금질 : 강도, 경도 증가를 목적으로 한다.(급랭)
- 뜨임 : 변태점 이하에서 가열 후 공기중에 냉각한다.
- 풀림 : 변태점 이상에서 가열 후 노중에 냉각한다.
- 불림 : 변태점 이상에서 가열 후 공기중에 냉각한다.

30 조직을 표준화 하는 열처리는?

① 불림   ② 담금질
③ 뜨임   ④ 풀림

TIP 불림(Normalizing : 소준)
A_3 또는 Acm 선보다 30~50℃ 높이에 가열 후 균일한 오스테나이트 조직으로 된 다음 공랭하여 조직이 미세화하고 표준화된 조직을 얻는 열처리를 말한다.

31 강의 결정조직을 표준화하거나, 가공재료의 잔류응력 제거를 위한 열처리는?

① 담금질   ② 풀림
③ 뜨임   ④ 불림

32 TTT 곡선도에서 TTT가 의미하는 것이 아닌 것은?

① 시간(Time)
② 뜨임(Tempering)
③ 온도(Temperature)
④ 변태(Transformation)

TIP 강을 가열 후 냉각시킬 때 냉각도중 어떤 온도에서 냉각 정지한 다음 그 온도에서 변태시켜 변태 개시온도와 변태완료를 온도를 온도-시간 곡선으로 나타낸 것을 항온 변태곡선이라고 하는데 이 항온 변태곡선(isothermal transformation curve) = TTT 곡선이라 한다.

33 베이나이트 조직에 대한 설명 중 틀린 것은?

① 항온변태시 얻을 수 있는 조직이다.
② 경도 및 점성이 적당하다.
③ 퀴리점 이하로 가열한다.
④ 열처리에 의한 응력발생이 적다.

> TIP 항온 열처리는 변태점 이상에서 가열 후 냉각을 한다. 퀴리점은 자기변태점으로 열처리나 선관이 없다.

34 마텐자이트와 베이나이트의 혼합조직을 얻는 열처리는?

① 마퀜칭   ② 마템퍼
③ 오스템퍼 ④ 항온풀림

> TIP 오스템퍼(Austemper)
> 담금질 온도에서 염욕 중에 넣어 항온 변태를 끝낸 것으로 베이나이트 조직이 되며 뜨임이 필요없고 균열과 변형이 잘 생기지 않는다.
>
> 마템퍼(Martemper)
> Ms 점 이하의 항온 염욕 중에 담금질하여 냉각시킨 것으로 마텐자이트와 베이나이트의 혼합조직이 얻어진다.
>
> 마퀜칭(Mar Quenching)
> Ms 보다 다소 높은 온도의 염욕에서 담금질한 것을 마텐자이트 변태시켜 균열과 변형을 방지하는 방법
>
> 항온 풀림
> A₁ 변태점 바로 위의 온도까지 가열하여 일정시간 유지 후 A₁ 변태점 바로 밑의 온도에서 항온 변태를 완료시키는 것으로 가장 짧은 시간에 풀림처리 할 수 있다.

35 강의 열처리 중 Mf점을 올바르게 설명한 것은?

① 마텐자이트에서 오스테나이트로 변화하는 온도
② 전체가 마텐자이트조직
③ 고용탄소가 유리탄소로 변화하는 온도
④ 오스테나이트가 전부 미세한 펄라이트로 변하는 온도

> TIP • Ms : 마텐자이트조직변태 개시 온도
> • Mf : 마텐자이트조직변태 종료 온도

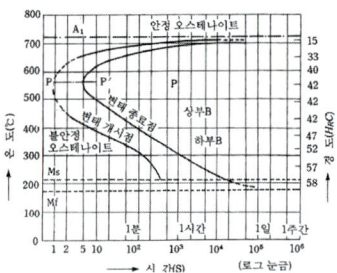

36 기계부품이나 자동차부품 등에 내마모성, 인성, 기계적 성질을 개선하기 위한 표면경화법은?

① 침탄법   ② 항온풀림
③ 저온풀림 ④ 고온뜨임

> TIP 침탄법
> 0.2% 이하의 저탄소강 표면에 탄소를 침투하여 기계적 성질을 높인다.

37 다음 중 강의 표면 경화법이 아닌 것은?

① 담금질 ② 침탄법
③ 질화법 ④ 화염 경화법

38 가스 질화법에 사용하는 기체는?

① 탄산가스 ② 코크스
③ 목탄가스 ④ 암모니아가스

> **TIP** 질화법
>
> 암모니아(NH_3)로 표면을 경화하는 방법
>
> - 질화시간 : 50 ~ 100시간
> - 질화온도 : 520 ~ 550℃
> - 경도가 대단히 크다.
> - 내마멸성과 내식성이 크다.
> - 담금질이 필요치 않다.
> - 질화강은 변형이 없다.
> - 크랭크 축, 캠, 체인, 펌프 축, 톱니바퀴
> - 밸브 등 주로 마모가 심한 곳에 사용
> - 충격이 심한 곳에는 사용 안 함

39 금속침투법 중에 잘못 짝지어진 것은?

① 크로마이징 - 크롬
② 칼로라이징 - 알루미늄
③ 실리코나이징 - 아연
④ 브로나이징 - 붕소

> **TIP** 금속 침투법
>
> 제품을 가열하여 그 표면에 다른 종류의 금속을 피복시키는 동시에 합금층을 얻는 작업을 말한다. 주로 Al, Zn, Cr 등을 사용한다.
>
> - 크로마이징(cromizing) : Cr 침투
> - 칼로라이징(calorizing) : Al 침투
> - 실리코나이징(siliconizing) : Si 침투
> - 브로나이징(boronizing) : B 침투
> - 세라다이징 : Zn 침투

40 아주 짧은 시간 안에 열처리를 할 수 있는 방법은?

① 화염경화 ② 고주파경화
③ 쇼트피닝 ④ 하드페이싱

> **TIP** 고주파경화
>
> 화염 경화와 같은 원리이나 고주파 전류를 이용한 방법으로 담금질 시간이 짧고 복잡한 형상에도 이용할 수 있다.

41 금속재료 표면에 강구를 고속으로 분사시켜 표면층의 피로한도를 향상시키는 방법은?

① 고체침탄법 ② 쇼트피닝
③ 금속침투법 ④ 고주파경화

> **TIP** 쇼트 피이닝
>
> 금속재료 표면에 강구를 고속으로 분사시켜 가공경화에 의하여 표면층에 경도를 높이고 반복하중에 대한 피로한도를 높인다. 인장, 압축강도에는 많은 영향을 주지 않으나, 힘, 비틀림의 반복 하중에 대해서는 피로한도를 현저하게 증가

37 ① 38 ④ 39 ③ 40 ② 41 ②

42 탄소강에 Ni, Cr, W, Si, Mn 등 원소를 합금하면 일반적으로 개선되는 성질이 아닌 것은?

① 기계적 성질
② 내식, 내마멸성
③ 결정입자의 성장 증가
④ 고온에서 기계적 성질 저하방지

> **TIP** 보통 탄소강에 기계적 성질, 화학적 성질, 물리적 성질을 향상하기 하여 비철계 금속 Cr, Ni, W, Si, Mn, V, Co 등을 첨가하여 만든 강을 합금강이라 말한다.
>
> ※ 합금강의 특성
> • 기계적 성질 우수
> • 단접 및 용접성 우수
> • 내식·내마멸성 우수
> • 전·자기적 성질 우수
> • 고온에서의 기계적 성질 저하 방지
> • 결정 입자의 성장 방지
> • 담금질성 우수

43 특수강을 제조하는 목적으로 적합하지 않는 것은?

① 기계적 성질을 증대시키기 위하여
② 내마멸성을 증대시키기 위하여
③ 경도저하를 시키기 위하여
④ 내식성을 증대시키기 위하여

> **TIP** 보통 특수강의 탄소함유량은 0.25~0.55%가 많이 사용되며 다음과 같은 성질의 개선을 위하여 제조한다.
> • 기계적 성질의 개선 및 고온에서 저하 방지
> • 내식성, 내마멸성의 증가
> • 담금질성의 향상과 단조 및 용접의 용이 등이다.

44 다음 중 합금이 아닌 것은?

① 황동   ② 청동
③ 강   ④ 크롬

45 합금의 특성 중 틀린 것은?

① 강도, 경도가 증가한다.
② 내열, 내식성이 증가한다.
③ 용융점이 높아진다.
④ 전기저항이 증가한다.

> **TIP** 합금의 특징은 비중과 용융점은 작아지고 강도와 경도 등 기계적 성질은 증가하나 전도율은 낮아진다.

46 합금강에서 소량의 Cr 이나 Ni를 첨가하는 이유로 가장 중요한 것은?

① 경화능을 증가시키기 위해
② 내식성을 증가시키기 위해
③ 마모성을 증가시키기 위해
④ 담금질 후 마텐자이트 조직의 경도를 증가시키기 위해

TIP💡 Cr과 Ni은 대표적인 내식용 원소들이다.

47 고망간강의 특성으로 가장 적당한 것은?

① 고탄성강　② 전연성강
③ 내부식강　④ 내마모성강

TIP💡 Mn 강의 종류
- 저Mn강(1~2%Mn)은 펄라이트 Mn강 또는 듀콜(ducol)강이라 한다.
- 고Mn강(10~14%Mn)은 오스테나이트 Mn강 또는 하드필드 Mn강이라 한다. Mn의 함량이 10~14% 첨가된 강으로 오스테나이트 망간강 또는 하드필드 망간강이라 하며 내마멸성이 우수하고 경도가 크므로 각종 광산 기계, 기차 레일의 교차점, 칠드 롤러 등에 사용된다.

48 오스테나이트강 또는 하드필드강이라 하며 내마멸성이 우수하고 경도가 큰 강은?

① 듀콜강　② 림드강
③ 고망간강　④ 고력강도강

49 주로 각종의 축, 기어, 강력볼트, 암, 레버 등에 사용되며, 열간가공이 쉽고 다듬질 표면이 아름다우며 용접성이 좋고 고온 강도가 큰 장점을 갖고 있는 것은?

① 크롬 - 바나듐강
② 크롬 - 몰리브덴강
③ 규소 - 망간강
④ 니켈 - 알루미늄 - 코발트강

TIP💡 Cr – Mo 강(SCM)
담금질이 쉽고 뜨임 메짐이 적으며 열간가공이 쉽다. 용도는 각종 축, 기어, 강력볼트, 암, 레버 등에 사용된다.

50 다음 중 강에 S, Pb 등의 특수 원소를 첨가하여 절삭할 때 칩을 잘게 하고 피삭성을 좋게 만든 특수강은?

② 내열강　② 내식강
③ 쾌삭강　④ 내마모강

TIP💡 쾌삭 강(SUM)
탄소강에 S, Pb, P, Mn을 첨가하여 절삭성을 개선한 구조용 강을 쾌삭강이라 하며 황계, 황-인계, 황-납계, 황-인-납계가 있다.
- 황(S)쾌삭강 : 황화물(MnS, MoS_2) 형성, 정밀 나사에 적합.
- 납(Pb)쾌삭강 : Pb(0.10~0.30%) 함유로 절삭성을 향상시킨 강으로 자동차의 중요 부품의 대량 생산용

46 ② 47 ④ 48 ③ 49 ② 50 ③

51 공구강의 구비조건으로 틀린 것은?

① 경도가 크고 높은 온도에서도 경도를 유지하여야 한다.
② 내마멸성이 작아야 한다.
③ 강인성이 커야 한다.
④ 열처리가 쉬워야 한다.

> **TIP** 공구강의 구비조건
> - 경도가 크고 높은 온도에서도 경도를 유지하여야 한다.
> - 내마멸성이 커야 한다.
> - 강인성이 커야 한다.
> - 열처리가 쉬워야 한다.
> - 가공이 용이하고 가격이 싸야 한다.

52 다음 재료 기호 중 탄소 공구 강재는?

① SM   ② SPS
③ STC   ④ SKH

> **TIP**
> - SM – 기계구조용탄소강
> - SPS – 스프링강
> - STC – 탄소공구강
> - SKH – 고속도강

53 표준 고속도강의 주성분으로 적합한 것은?

① 18(W) - 7(Cr) - 1(V)
② 18(W) - 4(Cr) - 1(V)
③ 28(W) - 7(Cr) - 1(V)
④ 28(W) - 12(Cr) - 1(V)

> **TIP** 텅스텐 고속도강 – W(18%) – Cr(4%) – V(1%)으로 표준 고속도강이라 한다.

54 주조경질합금의 중요한 원소가 아닌 것은?

① W   ② C
③ Co   ④ Al

> **TIP** 주조경질합금 중 W–Co–Cr–C 주성분인 것을 스텔라이트라 한다.

55 W, Cr, V, Co 등의 원소를 함유하고 600℃까지 경도를 유지하며, 절삭속도는 같은 공구수명에 비하여 탄소공구강보다 약 2배가 넘는 공구재료는?

① 합금공구강   ② 초경합금
③ 스텔라이트   ④ 고속도공구강

> **TIP** 고속도강(SKH)
>
> 고속도강은 500 ~ 600℃에서도 경도가 저하되지 않고 내마멸성도 커서 고속 절삭공구로 적당하다.
> - 텅스텐 고속도강 : W(18%) – Cr(4%) – V(1%)으로 표준 고속도강이라 한다. 고속도강은 담금질 상태보다 550 ~ 580℃에서 뜨임하면 담금질 했을 때 보다 경도가 크게 되는데 이를 고속도강의 2차 경화라 한다.
> ※ 고속도강의 뜨임 목적 : 경도 증가

51 ② 52 ③ 53 ② 54 ④ 55 ④

56 고속도강의 담금질 온도는 몇 ℃인가?

① 750 ~ 900℃ ② 800 ~ 900℃
③ 1200 ~ 1350℃ ④ 1500 ~ 1600℃

57 18-4-1형의 고속도강에서 18-4-1에 해당하는 원소로 맞는 것은?

① W - Cr - Co ② W - Ni - V
③ W - Cr - V ④ W - Si - Co

58 분말형 금속 탄화물의 원소를 프레스로 성형한 다음 이것을 소결하여 만든 합금이며, 절삭 공구 및 내열, 내마멸성이 요구되는 부품에 많이 사용되는 금속명은?

① 모넬메탈 ② 초경 합금
③ 화이트 메탈 ④ 주조 경질 합금

> **TIP** 초경합금
> - 금속 탄화물의 분말형의 금속원소를 프레스로 성형한 다음 이것을 소결하여 만든 합금이다.
> - 절삭공구, 다이, 내열, 내마멸성이 요구되는 부품에 많이 사용된다.
> - 탄화물의 종류 : Wc, Tic, Tac
> - 소결 경질 합금은 Wc, Tic, Tac 등의 분말에 코발트 분말을 결합재로 하여 혼합한 다음 금형에 넣고 가압, 성형한 것을 800~1000℃에서 예비 소결 후 희망하는 모양으로 가공하고 이것을 수소 기류 중에서 1400~1500℃에서 소결시키는 분말 야금법으로 제조한다.

59 초경합금의 특성 중 틀린 것은?

① 경도가 높다.
② 강에 비하여 인장강도가 높다.
③ 고온에서 변형이 적다.
④ 내마모성이 크다.

60 절삭공구강의 일종인 고속도강(18-4-1)의 표준성분은?

① Cr18%, W4%, V1%
② V18%, Cr4%, W1%
③ W18%, Cr4%, V1%
④ W18%, V4%, Cr1%

61 금속탄화물의 분말형의 금속원소를 프레스로 성형한 다음 이것을 소결하여 만든 것으로, 경도가 크고 내열성, 내마멸성이 높은 특수강은?

① 합금공구강 ② 고속도강
③ 주조경질합금 ④ 초경합금

56 ④ 57 ③ 58 ② 59 ② 60 ③ 61 ④

62 경도가 높고 내마멸성도 크며 절삭속도가 가장 크며 능률적이나, 잘 부서지는 성질이 있어 일반적으로 강철이나 주철을 절삭하는 데에는 사용하지 않고, 비철금속의 정밀절삭에만 쓰이는 절삭공구 재료는?

① 합금공구강 ② 스텔라이트
③ 세라믹 ④ 다이아몬드

TIP 다이어몬드 공구

경도가 커서 절삭공구로 사용되며 선반, 보오링용으로 사용되며 정밀절삭 및 비철금속 및 유리절삭 등에 사용된다.

63 다음 중 Cr 또는 Ni을 다량 첨가하여 내식성을 현저히 향상시킨 강으로서 조직상 페라이트계, 마텐자이트 계, 오스테나이트계 등으로 분류되는 합금강은?

① 규소강 ② 스테인리스강
③ 쾌삭강 ④ 자석강

TIP 스테인리스강(STS)

철강은 값이 싸고 강도가 크나 부식이나 녹이 생기는 결점이 있다. 따라서 강 중에 니켈이나 크롬을 첨가해주면 내식성이 좋아지며 대기 중, 수중, 산 등에 잘 견디는 성질을 가지게 되는데 이를 스테인리스강이라 한다.

- 13형 스테인리스 강(13% Cr)
  ① 페라이트계 스테인리스 강이라 한다.
  ② 강인성 및 내식성이 있고 열처리에 의해 경화할 수 있다.
  ③ 고크롬강이 내식성을 가지는 것은 강의 표면에 크롬산화막이 생겨 이것이 보호작용을 하기 때문이다. 따라

서 황산, 염산과 같이 크롬산화막을 침식하는 산에는 내식성을 잃는다.

- 18-8형 스테인리스 강(18%Cr-8% Ni)
  ① Cr, Ni이 많은 것은 내부식성이 크다.
  ② 티탄 : 내부식성을 저하시키는 크롬, 탄화물의 형성을 막는다.
  ③ 몰리브덴 : 내황산성을 높인다.
  이 강은 담금질에 의해 경화되지 않으며 1000~1100℃로 가열하여 급랭하면 더욱 연화되어 가공성 및 내식성이 증가한다. 이강은 화학공업용, 식기, 의료기구, 밸브, 자동차용, 파이프, 펌프 등 널리 사용

64 18-8형 스테인레스강의 주성분은?

① Cr18% - Ni8% ② Ni18% - Cr8%
③ Cr18% - Ti8% ④ Ti18% - Ni8%

TIP 18-8 형 스테인리스 강(18%Cr-8% Ni)

65 비자성체로서 Cr과 Ni를 함유하며, 일반적으로 18-8 스테인리스강이라 부르는 것은?

① 페라이트계 스테인리스강
② 오스테나이트계 스테인리스강
③ 마텐자이트계 스테인리스강
④ 펄라이트계 스테인리스강

62 ④ 63 ② 64 ① 65 ②

66 스테인리스강을 조직상으로 분류한 것이 아닌 것은?

① 마텐자이트계 ② 오스테나이트계
③ 시멘타이트계 ④ 페라이트계

TIP 스테인레스강에는 페라이트계, 마텐자이트계, 오스테나이트계가 있다.

67 내열강의 구비조건으로 틀린 것은?

① 기계적 성질이 우수할 것
② 화학적으로 안정할 것
③ 열팽창계수가 클 것
④ 조직이 안정할 것

TIP 내열강은 기계적 성질이 우수하여야 하고 고온에서 화학적으로 안정해야 하며 열팽창계수가 작아야 한다.

68 다음 중 게이지용 강이 가져야 할 성질로서 틀린 것은?

① 절삭성 및 기계가공성이 좋고 팽창계수가 클 것
② 담금질에 의한 변형 및 담금질 균열이 적을 것
③ 내마모성이 크고 HRC 55 이상의 경도를 가질 것
④ 장시간 경과하여도 치수의 변화가 적고 내식성이 좋을 것

TIP 게이지강
- 정밀기계, 기구, 게이지 등에 사용된다.
- 내마멸성, 내식성이 좋고 열처리에 의한 신축 및 담금질에 의한 균열이 적고 영구적인 치수 변화가 없어야 한다.
- 치수변화 방지를 위해 시효 처리하여 200℃ 이상의 온도에서 장기간 뜨임해서 사용

69 주철의 일반적 설명으로 적당하지 않은 것은?

① 강에 비하여 취성이 크고 강도가 비교적 높다.
② 고온에서도 소성변형이 곤란하나 주조성이 우수하여 복잡한 형상을 쉽게 생산할 수 있다.
③ 주철은 파면상으로 분류하면 회주철, 백주철, 반주철로 구분할 수 있다.
④ 주철 중의 탄소를 흑연화시키기 위한 인자로서는 전(全)탄소량 및 규소의 함량이 중요하다.

TIP 주철은 경도와 압축강도는 우수하나 인장강도는 부족하다.

66 ③ 67 ③ 68 ① 69 ①

70 주철의 성질을 가장 올바르게 설명한 것은?

① 탄소의 함유량이 2.0% 이하이다.
② 인장강도가 강에 비하여 크다.
③ 소성변형이 잘 된다.
④ 주조성이 우수하다.

> TIP
> • 주철의 탄소 함유량은 2.11% ~ 6.68%이다.
> • 인장강도는 강에 비하여 많이 부족하다.
> • 취성을 가지고 있어 소성가공이 어렵다.
> • 유동성이 좋아서 주조성이 뛰어나다.

71 주철에 대한 설명으로 틀린 것은?

① 주조성이 양호하다.
② 내마모성이 우수하다.
③ 강보다 탄소함유량이 적다.
④ 인장강도보다 압축 강도가 크다.

> TIP 철강 재료의 탄소 함유량
>
> | 구분 | 탄소 함유량 | 제조법 | 담금질 | 특성 및 용도 |
> |---|---|---|---|---|
> | 순철 | 0.02% 이하 | 전기분해법 | 안됨 | 연하고 약함, 전기재료 |
> | 강 | 0.02 ~ 2.11% | 제강로 | 잘됨 | 강도, 경도 큼, 기계재료 |
> | 주철 | 2.11 ~ 6.68% | 용선로 | 안됨 | 경도가 크나 잘 깨짐, 주물용 |

72 주철의 특성이 아닌 것은?

① 주조성이 우수하다.
② 복잡한 형상을 생산할 수 있다.
③ 주물제품을 값싸게 생산할 수 있다.
④ 강에 비해 강도가 비교적 높다.

73 주철의 성질을 설명한 것으로 틀린 것은?

① 주조성이 우수하여 복잡한 것도 제작할 수 있다.
② 인장강도와 충격치가 작아서 단조하기 쉽다.
③ 비교적 절삭가공이 쉽다.
④ 주물 표면은 단단하고, 녹이 잘 슬지 않는다.

> TIP 주철은 인장강도와 충격치가 작아서 단조가 어렵다.

74 주철의 탄소(C) 함유량 범위로 가장 적합한 것은?

① 0.0218 ~ 2.11%
② 2.11 ~ 6.67%
③ 0.0218 % 이하
④ 6.68% 이상

70 ④ 71 ③ 72 ④ 73 ② 74 ②

75 철-탄소계 상태도에서 주철의 공정점은?

① 4.3%C - 1,145℃
② 2.1%C - 1,145℃
③ 0.86%C - 738℃
④ 4.3%C - 738℃

> **TIP** 공정점은 탄소 4.3%일 때 1,145℃이다.

76 백심가단 주철에서 사용되는 탈탄제는?

① 알루미나, 탄소가루
② 알루미나, 철광석
③ 철광석, 밀 스케일의 산화철
④ 유리탄소, 알루미나

> **TIP** 백심 가단 주철(WMC)
> 탈탄이 주목적 : 백선주물을 철광석 밀스케일과 같은 산화철과 함께 풀림처리에 쓰이는 상자 안에 다져넣고 장시간 가열하여 백선의 표면 탈탄하고 구상화한 주철이다.

77 다음 중 주철에 흑연화를 촉진시키는 원소가 아닌 것은?

① Si
② Al
③ Ni
④ Mn

> **TIP** 흑연화 촉진원소 : Si, Ni, Ti, Al
> 흑연화 방지원소 : Mo, S, Cr, V, Mn

78 주철의 여리고 질기지 못한 결점을 보충하여 어느 정도 질긴 성질이 부여된 주철은?

① 가단주철
② 칠드주철
③ 회주철
④ 백주철

> **TIP** 가단 주철
> 회주철은 주조성이 좋으나 취약하여 거의 연신율이 없는데 이 결점을 보충한 것이 가단 주철이다. 먼저 백주철의 주물을 만든 후 장시간 열처리하여 탈탄과 시멘타이트 흑연화에 의하여 연성을 가지게 한 것이다.

79 백주철을 가열 탈탄시키거나 흑연화시켜 여린 결점을 개선한 주철로서 자동차용 부품, 각종 이음부품 및 조선용 부품 등에 많이 쓰이는 주철은?

① 칠드 주철
② 구상흑연 주철
③ 가단 주철
④ 내산 주철

80 다음 중 백심가단 주철을 나타내는 기호로 올바른 것은?

① WMC
② SNC
③ SWS
④ BMC

> **TIP** 백심 가단 주철(WMC)
> 탈탄이 주목적, 백선주물을 철광석 밀스케일과 같은 산화철과 함께 풀림처리에 쓰이는 상자 안에 다져넣고 장시간 가열하여 백선의 표면 탈탄하고 구상화한 주철이다.

75 ① 76 ③ 77 ④ 78 ① 79 ③ 80 ①

81 다음 중 구상흑연주철과 관계가 깊은 원소는?

① 망간 ② 구리
③ 아연 ④ 세륨

TIP 구상흑연 주철(GCD)

주철은 편상 흑연 때문에 연성이 나쁘고 메지다. 그리고 편상흑연은 열처리를 오래해야 하는 결점이 있다. 이것에 대해 용융상태에서 흑연을 구상화로 석출시킨 것이 구상흑연 주철로 Ce, Ca, Mg을 첨가하거나 그 밖의 특수한 용선처리를 해서 흑연을 구상화한다.

82 편상흑연 주철 중에서 인장강도가 몇 kg_f/mm^2 이상인 주철을 고급 주철이라 하는가?

① 5   ② 10
③ 25 ④ 50

TIP 고급 주철(GC 25 ~ GC 35)

편상 흑연 주철 중에서 인장강도가 $25kg/mm^2$ 이상인 주철로 조직이 펄라이트로 펄라이트 주철이라 한다. 고강도, 내마멸성을 요구하는 기계부품

83 주철 중 탄소의 일부가 유리화되어 있는 것을 일반적으로 무엇이라 하는가?

① 합금주철 ② 반주철
③ 백주철   ④ 회주철

TIP 유리화란 탄소가 철과 화학반응을 하지 못하고 독립적으로 있는 것을 말한다. 이렇게 유리화된 탄소를 유리탄소라 하며 유리탄소는 흑연으로 남게 된다. 이렇게 흑연이 된 주철을 회주철이라 부fms다.

84 담금질 할 수 있으며 내마멸성이 요구되는 공작기계의 안내면과 강도를 요하는 기관의 실린더에 쓰이는 주철은?

① 구상흑연주철 ② 미하나이트주철
③ 칠드주철   ④ 흑심가단주철

TIP 미하나이트 주철

접종을 이용해 만드는 주철로 바탕이 펄라이트이고 흑연이 미세하게 분포되어 있어 인장강도가 35 ~ $45kg/mm^2$ 정도이며 담금질이 가능해 내마멸성이 요구되는 공작기계의 안내면과 강도를 요하는 기관의 실린더에 사용한다.

81 ④ 82 ③ 83 ④ 84 ②

85 다음 중 주철의 성장을 방지하는 방법으로서 올바르지 않은 사항은?

① 조직을 치밀하게 할 것
② 크롬과 같은 내열원소를 가할 것
③ 산화하기 쉬운 규소를 적게 할 것
④ 시멘타이트의 분해에 의할 것

> **TIP** 주철의 성장(growth of cast iron) – 주물을 600℃ 이상의 온도에서 가열 및 냉각을 반복하면 체적이 증가하여 결국은 파열되는데, 이와 같은 현상을 주철의 성장이라 한다.
>
> • 원인
>   ① 시멘타이트 중의 흑연화에 의한 성장 ($Fe_3C \rightarrow 3FeC$)
>   ② 페라이트 중의 고용된 Si의 산화 ($Si + O_2 \rightarrow SiO_2$)
>   ③ A1 변태에서 체적 변화가 생기면서 가는 균열이 형성되어 생기는 팽창
>   ④ 불균일한 가열로 생기는 균열에 의한 흡수된 가스의 팽창
>   ⑤ 흡수된 가스에 의한 팽창
>   ⑥ Al, Si, Ni, Ti 등의 원소에 의한 흑연화 현상 촉진
>
> • 방지법
>   ① 조직을 치밀하게 한다.
>   ② 흑연을 미세화한다.
>   ③ 흑연화 방지 원소를 첨가한다.(Cr, W, Mo, V)
>   ④ 산화하기 쉬운 Si 양을 줄인다.

86 내산용이나 내식용 또는 높은 강도를 요구하는 특수 목적에 사용하는 주철은?

① 고합금주철   ② 고급주철
③ 가단주철   ④ 칠드주철

87 형상이 복잡하여 단조로서는 만들기가 곤란하고 또 주철로서는 강도가 부족한 경우에 사용되는 것은?

① 현강   ② 주강
③ 경강   ④ 용강

> **TIP** 주강은 단조로 만들기에는 형상이 너무 복잡하고 주철로 하기에는 강도가 부족한 경우에 사용을 한다.

85 ④ 86 ① 87 ②

03 비철금속재료

01 구리와 구리 합금

구리(Cu)는 은(Ag) 다음으로 전기전도가 높고 전기적 특성이 우수하여 전기공업에서 가장 중요한 금속으로 내식성과 가공성이 좋아 판재, 봉재, 선재 및 파이프로 가공하여 널리 사용된다.

```
구리광석 → 전로, → 조동 → 반사로
┌ 황동광       용광로        └ 전기경련
│ 휘동광
│ 적동광
└ 반동광

            → 형구리
            → 전기구리
```

❓ Cu의 성질 ★★
- 비중 : 8.96
- 용융점 : 1083℃
- 전기 및 열전도율이 높다.
  ※ 전기 전도율을 해치는 원소 : Ti, P, Fe, Si, As, Mn, Al 등
- 공기 중에는 내식성이 우수하다.
- 유연하고 절연성이 좋으므로 가공이 용이하다.

1 황동(Cu+Zn) ★★★

Zn 30% 내외의 α 고용체의 것을 7.3 황동이라 하며, Zn 40% 내외의 α 와 β 고용체의 것은 6·4 황동이다.

Zn ┌ 30% – 연신율이 최대
   └ 40% – 인장강도 최대

(1) 7·3 황동 ★★

상온에서 전성이 있어 압연 드로잉 등의 가공을 하여 쉽게 판재, 봉재, 관재로 만들 수 있고 연신율이 최대이다.(열간가공이 곤란하다.)

(2) 6·4 황동 ★★★

500~600℃로 가열하면 연성이 회복되어 열간가공이 적합하며 인장강도도 최대이다.
Zn 40% 내외의 것을 문쯔메탈이라 한다. 강도를 필요로 하는 기계 구조용으로 사용이 된다.

(3) 톰백 ★★★

Zn 5~20%의 황동으로 강도는 낮으나 절연성이 좋고 색깔이 금색에 가까우므로 모조금이나 장식용에 사용된다.

❓ 황동의 결함
- 자연균열 : 냉간 가공한 황동이 파이프, 봉재제품 등이 보관 중에 자연히 균열이 생기는 현상 ★★
  - 원인 : 냉간 가공에 의한 내부응력
  - 방지법 : 표면을 도금하거나 200~300℃로 저온 풀림하여 내부응력 제거

- **탈아연 현상** : 황동을 대기중에도 내식성이 강하나 바닷물 중에서는 침식된다.
  [방지법]
  - Zn 도선판과 도선으로 연결한다.
  - 1% Sn, 0.01% As를 첨가한다.

(4) Ni 황동(양은 양백)★★

7·3 황동에 Ni 15~21% 첨가하여 기계적 성질 및 내식성이 우수하며 정밀 저항기 등에도 사용된다.

(5) 연 황동★

① 황동에 납을 넣으면 경도와 연신율이 감소하나 절삭성은 좋게 된다.
② 납을 1.5~3.0% 함유한다.
③ 쾌삭황동이라 하며 대량생산 부품에 사용한다.

(6) 주석 황동★★★

황동의 내식성 개선을 위해 1% 주석을 첨가한 것이다.

① 7·3 황동+1% 주석 에드미럴티 황동
② 6·4 황동+1% 주석 네이벌 황동
③ 용도 : 스프링용 및 선반용

(7) 델타 메탈★★★

6·4 황동에 철 1~2% 첨가하여 강도가 크고 내식성이 좋아 광산기계, 선반용 기계, 화학기계에 사용된다.

(8) 강력 황동★

6·4 황동에 Mn, Al, Fe, Ni, Sn 등을 첨가하여 한층 강력하게 한 황동

2 청동(Cu+Sn)

① 강도가 크고 내마멸성이 좋으며 주조성이 우수하여 주조용 합금으로 좋다.
② 강도는 주석을 많이 할수록 점점 커지고 경도도 증가, 주석 15% 이상에서 급격히 커진다.
③ 연신율은 주석 4%에서 최대, 그 이상에서 급격히 감소

(1) 청동 주물

주석 10% 정도에 아연을 소량 첨가한 것으로 일반 기계부품, 밸브, 기어 등에 사용한다.

(2) 인청동★★

① 청동에 탈산제로 미량의 인(P)을 첨가한 합금이다.
② 기계적 성질이 좋고 특히 내마멸성이 우수, 조성은 주석 9%, 인 0.35%로 한도가 높고 기어, 베어링, 벨브시이드 등에 사용된다.
③ 냉간 가공하면 인장강도나 탄성한계가 현저히 높아지므로 판재, 봉재, 선재로 가공되어 스프링 재료로 사용된다.

(3) 베어링용 청동★★

청동 속에 약 4~20% Pb을 함유한 것으로 윤활성이 좋으므로 고압용 베어링 재료에 적당하며 Pb이 23~42% 첨가된 합금을 켈밋(kelmet alloy)이라 한다.

(4) 알루미늄 청동

① Al이 8~12% 함유 청동으로 황동이나 청동에 비해 기계적 성질이 우수하고 내식성, 내열성, 내마멸성이 우수하다.

② 화학공업기계, 선박, 항공기, 차량용 부품에 사용된다.
③ 주조, 단조, 용접이 곤란하며 자기 풀림 현상이 있다.

(5) 베릴륨 청동★★★

① 2~3%의 베릴륨(Be)을 합금한 청동으로 인장강도는 133kg/mm^{2}이다.
② 뜨임 시효경화성이 있어 내식성, 내열성, 내피로성이 좋다.
③ 베어링, 고급 스프링에 사용된다.

(6) 쿠니얼 청동

Ni 4~6%, Al 4.5~7%, 그 밖에 철, 망간, 아연 등을 첨가한 구리-니켈-알루미늄계 청동

- 오일리스 베어링 : 구리, 주석, 흑연 분말을 가압 성형하여 700~750℃의 수소 기류 중에서 소결하여 만든 소결합금이다. 기름에서 가열하면 무게의 20~30%의 기름이 흡수되어 기름 보급이 곤란한 곳에 사용한다. 너무 큰 하중이나 고속회전부는 부적합하다.★★★

3 알루미늄과 그 합금

(1) 알루미늄(Al)의 성질★★

① Al은 보크사이트(Al$_2$O$_3$, 2SiO$_2$, 2H$_2$O)로부터 제련하여 사용한다.
② 비중 : 2.7, 용융점 : 660℃
③ 주조가 쉽고 금속과 잘 합금되며 냉간 및 열간 가공이 쉽다.
④ 대기중에서 내식력이 강하고 전기와 열의 좋은 양도체여서 송전선에 사용된다.
⑤ 판, 선, 박, 분말의 형태로 사용된다.
⑥ 가벼워서 자동차 공업에 많이 사용된다.
⑦ 압연 압출은 400~500℃에서 한다. 유동성이 작고, 수축률이 크며 가스의 흡수와 발산이 많다.
⑧ 주조성을 좋게하기 위하여 구리, 아연 등의 합금으로 사용한다.
⑨ 공기나 깨끗한 물속에서는 거의 침식이 안 되고 염산이나 황산 등의 무기산에는 약하며 바닷물에는 심하게 침식된다.

(2) 알루미늄 합금

알루미늄은 변태점이 없으나 특히 Al합금은 열처리에 따라 기계적 성질에 많은 변화를 일으킨다.
알루미늄 합금은 강과는 달리 시효경화나 석출경화가 이용된다.

- **시효경화** : 시간의 경과와 함께 경도와 강도가 증가하는 현상
- **인공시효** : 담금질된 재료를 160℃ 정도의 온도에 가열하면 시효현상이 촉진되는 성질
- **자연시효** : 대기중에서 진행되는 시효

① **주조용 알루미늄 합금** : 순수한 Al은 강도가 약해서 항공기나 자동차 등에 사용 시 가볍고 강한 Al 합금이 사용된다.
  ㉠ 실루민(Al+Si) : 주조성은 좋으나 절삭성은 좋지 않고 약하다.★★★
    - 개량처리 : 실루민에 나트륨을 첨가하면 기계적 성질이 개선된다.
  ㉡ 라우탈(Al+Cu_Si) : Si가 첨가되어 주조성이 우수한 합금에 Cu로 첨가하여 절삭성도 우수하다.

ⓒ Y 합금(Al+Cu+Ni+Mg) : 고온 강도가 크므로 내연기관의 실린더, 피스톤, 실린더 헤드에 사용된다.

ⓓ 하이드로날륨(Al+Mg) : 내식용 Al 합금의 대표로 Mg이 많으면 인장강도가 증가하나 연신율은 감소한다.

ⓔ 로엑스(Al+Si+Ni+Mg) : 고온강도가 크고 내마멸성이 우수하여 주로 피스톤 재료로 사용한다.

② 가공용 Al 합금

ⓐ 두랄루민(Al+Cu+Mg+Mn) : 0.5% Mg이 첨가한 합금으로 시효경화성이 있고 비중이 강의 1/3이므로 항공기나 자동차 등에 사용된다. ★★★

ⓑ 초두랄루민(Al+Cu+Mg+Mn) : 1.5% Mg이 첨가되어 두랄루민보다 단조 가공성은 떨어지며 항공기의 구조재와 리벳 등에 사용된다.

ⓒ 초강두랄루민(Al+Cu+Mg+Mn+Cr+Zn) : 두랄루민에 응력 부식 균열을 방지한 합금이다.

4 마그네슘과 그 합금★★★

- 마그네사이트 등을 원료로 만든다.
- 비중 1.74로서 실용 금속 중 가장 가볍다.(용융점 : 650℃)
- 고온에서 발화하기 쉬우므로 분말이나 박으로 하여 플래시로도 사용한다.
- 바닷물에는 대단히 약하다.

(1) 마그네슘 합금

① Al 6%에서 인장강도 최대
② Al 4%에서 연신율과 단면수축률은 최대
③ 경도는 Al 10%까지 직선적으로 증가한다.

- 종류
  ⓐ 다우메탈(Dow Metal) : Mg-Al
  ⓑ 엘렉트론(Elektron) : Mg-Al-Zn

5 니켈과 그 합금

(1) 니켈(Ni)의 성질★★

① 흰색의 금속, 상온에서 강자성체 360℃에서 자성을 잃는다.
② 재결정은 530℃에서 시작하면 풀림은 800℃에서 한다.
③ 열간가공은 1000~1200℃로 한다.
④ 내식성이 크고 공기중에서 500~1000℃로 가열해도 열로 산화되지 않음
  질산에는 약하며 염산, 황산에서도 침식된다.

(2) 니켈 합금

① Ni-Cu계 합금

ⓐ 베네딕트 메탈(Benedict Metal) : Ni 15%를 함유한 합금으로 주로 탄피에 사용된다.

ⓑ 큐프로 니켈(Cupro-nickel) : Ni 10~30%를 함유한 합금으로 내해수성이 우수하여 화폐, 급수가열기 등에 관재로 사용된다.

ⓒ 콘스탄탄(Constantan) : Ni 40~45%를 함유한 합금으로 전기저항선이나 열전쌍의 재료로 많이 사용된다. ★★★

ⓓ 모넬메탈(Monel metal) : Ni 65~70%를 함유한 합금으로 내열성, 내식성이 우수하여 열기관 부품이나 화학, 기계부품 등의 재료로 널리 사용된다. ★★★

② Ni-Fe계 합금★★★
- ㉠ 인바(Invar) : Ni 36%의 합금
- ㉡ 엘린바(Elinvar) : Ni 36%, Cr 12%의 합금
- ㉢ 플레티나이트(Platinite) : Ni 46% 합금으로 백금 대용이 될 수 있어 전구 도입선 등으로 사용된다.
- ㉣ 퍼멀로이(Permalloy) : Ni 75~85% 합금으로 자석 재료로 사용된다.

③ Ni-Cr계
- ㉠ 인코넬(Inconel) : Ni 78~80%, Cr 12~14% 합금으로 전열기 부품, 열전쌍 재료로 사용된다.
- ㉡ 알루멜(Alumel) : Al 3%의 합금으로 고온 측정용 열전쌍으로 사용된다.
- ㉢ 크로멜(Chromel) : Cr 10% 합금으로 고온 측정용 열전쌍으로 사용된다.

④ Ni-Mo계 합금 : 하스텔로이(Hastelloy) : Mo 15% 합금으로 내염산, 내염화용 합금이다.

6 그 밖의 비철 금속 재료

(1) 티탄(Ti)★★

비중은 4.5, 용융점은 1,736℃이며 순수한 Ti은 50kg/mm² 정도의 강도와 내식성이 좋으며 해수에 대해서는 18-8 스테인리스강보다 좋고 내열성도 500℃ 정도는 스테인리스강보다 좋다.

(2) 아연(Zn)

① 비중 : 7.1, 용융점 : 419℃
② 칠판, 철강재, 철기 및 철선의 도금에 사용되며 Cu, Ni, Al 등과 합금된다.
③ 4%의 Al을 포함하는 Zumark(자마크)계 합금이 널리 사용된다.

(3) 주석(Sn)

① 18℃ 이상은 백주석, 18℃ 이하는 회주석으로 변화하는 변태점이 있다.
② 백주석은 2~4kg/mm²의 강도이며 연신율은 35~40% 정도이다.
③ 내식성이 커서 철에 도금하여 양철 제작에 사용된다.

(4) 납(Pb)★★

① 전성이 크고 연하고 무거운 금속이며 공기중에서는 거의 부식이 안 된다.
② 유독한 금속이나 수돗물로는 안전한 피막이 되므로 수도관으로 사용된다.
③ 질산 및 진한 염산에는 침식이 되나 다른 산에는 저항이 커서 내산용 기구로 사용된다.
④ 방사선 차단효과가 커서 방사선 방어에도 이용된다.

(5) 베어링용 합금★★

① 화이트 메탈 : 주석, 안티몬, 아연, 구리의 합금으로 저속기관의 베어링용
② 베빗 메탈 : 주석을 기지로한 화이트 메탈, 우수한 베어링 합금으로 연해서 연강, 청동을 얇게 붙여 사용된다.

(6) 저용융점 합금

① 주석보다 용융점(231.9℃)이 더 낮은 합금을 총칭한다.
② 비스무트-납-주석의 3원 합금을 사용된다.
③ 비스무트-납-주석-카드뮴의 4원 합금도 사용된다.

7 분말 야금

분말을 원료로 한 특수 성질의 재료 제작, 기계 가공을 거치지 않고 한꺼번에 제품으로 완성하는 성형법

(1) 장점

① 용융점이 대단히 높은 금속에 이용 가능한 균일한 합금이 된다.
② 합금이 잘 안되는 물질의 합금기능 등 다공질 금속제작이 가능(오일리스 베어링)하여 극히 메지고 경도가 큰 금속도 쉽게 상형된다.
③ 제품의 다듬질 공정이 절약된다.
④ 순수한 금속제품이 만들어지고 원료 사용효율이 좋다.

(2) 단점

① 제품의 모양 및 크기에 제한이 있다.
② 원료 분말 가격이 일반 재료에 비해 비싸다.
③ 제품의 밀도가 불균일성이 있다.
④ 소결성이 나쁜 물질에 응용할 수 없다.

03 비철금속재료 예상문제

01 구리(Cu)에 관한 다음 사항 중 틀린 것은?

① 비중이 1.7이다.
② 용융점이 1083℃ 정도이다.
③ 비자성으로 내식성이 철강보다 우수하다.
④ 전기 및 열의 양도체이다.

TIP Cu의 성질
- 비중 : 8.96
- 용융점 : 1083℃
- 전기 및 열전도율이 높다.
- 공기 중에는 내식성이 우수하다.
- 우연하고 절연성이 좋으므로 가공이 용이하다.

02 구리의 원자기호와 비중으로 가장 적합한 것은?

① Cu - 8.9   ② Ag - 8.9
③ Cu - 9.8   ④ Ag - 9.8

03 구리(Cu)의 성질에 대한 설명 중 틀린 것은?

① 전기 및 열의 전도성이 우수하다.
② 전연성이 좋아 가공이 용이하다.
③ 화학적 저항력이 작아 부식이 잘 된다.
④ 아름다운 광택과 귀금속적 성질이 우수하다.

TIP 구리(Cu)는 은 다음으로 전기전도가 높고 전기적 특성이 우수하여 전기공업에서 가장 중요한 금속으로 내식성과 가공성이 좋아 판재, 봉재, 선재 및 파이프로 가공하여 널리 사용된다.

04 구리가 다른 금속에 비해 우수한 성질이 아닌 것은?

① 전연성이 좋아 가공이 용이하다.
② 전기 및 열의 전도성이 우수하다.
③ 화학적 저항력이 커서 부식이 잘 되지 않는다.
④ 비중이 크므로 경금속에 속하며 금속적 광택을 갖는다.

TIP 구리의 비중은 8.96으로 중금속에 속한다.

01 ① 02 ① 03 ③ 04 ④

05 금속재료에 비해 구리의 일반적 성질을 설명한 것 중 다른 것은?

① 전기 및 열의 전도성이 우수하다.
② 비자성체이다.
③ 화학적 저항력이 커서 부식되지 않는다.
④ Zn, Sn, Ni, Ag 등과는 합금이 안 된다.

> TIP 구리는 합금을 하여 황동이나 청동으로 많이 사용된다.

06 구리의 설명 중 올바른 것은?

① 비중은 8.96, 용융점은 1083℃, 체심입방격자이다.
② 변태점이 있고 비자성체이며, 전기 및 열의 양도체이다.
③ 황산, 염산에 쉽게 용해된다.
④ 탄산가스(CO_2), 습기, 해수에 강하다.

> TIP 구리는 황산, 염산에 쉽게 용해되며, 습기, 탄산가스, 해수에 녹이 생긴다.

07 황동의 합금성분으로 가장 적합한 것은?

① Cu + Zn ② Cu + Sn
③ Cu + Pb ④ Cu + Mn

> TIP 황동은 구리(Cu)와 아연(Zn)의 합금이다.

08 냉간가공을 한 황동의 파이프, 봉재 및 제품들은 저장 중에 균열이 생기는 경우가 있는데 이것을 무엇이라 하는가?

① 자연균열 ② 저장균열
③ 냉간균열 ④ 열간균열

> TIP 자연균열
>
> 냉간 가공한 황동의 파이프, 봉재제품 등이 보관 중에 자연히 균열이 생기는 현상
> • 원인 : 냉간 가공에 의한 내부응력
> • 방지법 : 표면을 도금하거나 200~300℃로 저온 풀림하여 내부응력 제거

09 공업용으로 많이 사용되는 황동(brass)은 다음 중 어느 것들의 합금인가?

① Cu + Zn ② Cu + Sn
③ Cu + Al ④ Cu + Mg

10 황동에 대한 기계적 성질과 물리적 성질을 설명한 것 중에서 잘못된 것은?

① 30% Zn 부근에서 최대의 연신율을 나타낸다.
② 45% Zn에서 인장강도가 최대로 된다.
③ 50% Zn 이상의 황동은 취약하여 구조용재에는 부적합하다.
④ 전도도는 50% Zn에서 최소가 된다.

> TIP 물리적 성질
> 전도율은 Zn 34%까지는 낮아지다가 그 이상이 되면 상승하여 Zn 50%에서 최대값이 된다.
>
> 기계적 성질
> 연신율은 Zn 30%에서 최대이고 인장강도는 Zn 40% 정도에서 최대 50% 이상이면 취성이 커서 구조용으로 적합하지 않다.

11 황동을 불순한 물 또는 부식성 물질이 용해된 곳에서 사용할 때 발생하는 결함은?

① 자연균열　② 방치갈림
③ 탈아연 부식　④ 경년변화

> TIP 탈아연 현상
> 황동은 대기중에서 내식성이 강하나 바닷물 등에서는 침식된다.

12 60% Cu-40% Zn 합금으로 상온조직이 $\alpha + \beta$상이고 탈아연 부식을 일으키기 쉬우나 강도를 요하는 볼트 너트 열간 단조품 등에 쓰이며 상온에서 전연성이 낮은 합금은?

① 켈밋　② 문쯔메탈
③ 톰백　④ 하이드로날륨

> TIP 6·4 황동
> 500~600℃로 가열하면 연성이 회복되어 열간가공이 적합하며 인장강도도 최대이다. Zn 40% 내외의 것을 문쯔메탈이라 한다. 조직은 $\alpha + \beta$ 조직으로 아연이 많아 황동 중에서 가격이 가장 저렴하며 내식성이 적고 탈아연 부식을 일으키 쉬우나 강력하기 때문에 기계 부품으로 많이 사용

13 구리(Cu)와 아연(Zn)의 합금으로서 구리에 비하여 주조성, 가공성 및 내식성이 우수하고 가전제품, 자동차 부품, 탄피 등에 널리 쓰이는 것은?

① 황동　② 청동
③ Y합금　④ 두랄루민

10 ④　11 ③　12 ②　13 ①

14 가공용 황동의 대표적인 것으로 판, 봉, 관, 선 등을 만드는데 널리 사용되는 것은?

① 주석 황동 ② 니켈 황동
③ 6·4황동 ④ 7·3황동

> **TIP** 7·3 황동
> 상온에서 전성이 있어 압연 드로잉 등의 가공을 하여 쉽게 판재, 봉재, 관재로 만들 수 있고 연신율이 최대이다.(열간가공이 곤란하다.)

15 구리합금 중 6·4 황동에 철을 1~2% 첨가한 것으로 철황동이라고도 하며 내식성이 좋고 강도가 커서 광산용 기계나 선박용 기계에 사용되는 합금은?

① 쾌삭황동(free cutting brass)
② 네이벌황동(naval brass)
③ 포금(gun metal)
④ 델타메탈(delta metal)

> **TIP** 델타 메탈(철 황동)
> 6·4 황동에 철을 1~2% 첨가하여 강도가 크고 내식성이 좋아 광산기계, 선반용 기계, 화학기계에 사용된다. Fe이 2% 이상 되면 내식성이 커진다.

16 6:4 황동에 주석을 0.75~1% 정도 첨가하여 판, 봉 등으로 가공되어 용접봉, 파이프, 선박용 기계에 주로 사용되는 것은?

① 애드미럴티 황동(admiralty brass)
② 네이벌 황동(naval brass)
③ 델타메탈(delta metal)
④ 듀라나 메탈(durana metal)

> **TIP** 주석 황동
> 황동의 내식성 개선을 위해 1% 주석을 첨가한 것이다.
> • 7·3 황동+1% 주석 에드미럴티 황동 → 콘덴서 튜브에 사용
> • 6·4 황동+1% 주석 네이벌 황동 → 내식성이 좋아 선박 기계에 사용
> ※ 주석 황동은 내해수성이 강해 선박재료에 사용된다.

17 다음 중 델타메탈(delta metal)의 성분이 올바른 것은?

① 6·4 황동에 철을 1~2% 첨가
② 7·3 황동에 주석을 3% 내외 첨가
③ 6·4 황동에 망간을 1~2% 첨가
④ 7·3 황동에 니켈을 3% 내외 첨가

14 ④ 15 ④ 16 ② 17 ①

18 6·4 황동에 Fe 1% 정도를 첨가한 합금을 무엇이라고 하는가?

① 델타메탈(delta metal)
② 애드미럴티 황동(admiralty brass)
③ 네이벌 황동(naval brass)
④ 주석 황동(tin brass)

> **TIP** 델타 메탈(철 황동)
>
> 6·4 황동에 철을 1~2% 첨가하여 강도가 크고 내식성이 좋아 광산기계, 선반용 기계, 화학기계에 사용된다. Fe이 2% 이상 되면 내식성이 커진다.

19 다음 중 청동에 Sn 8~12%, Zn 1~2%를 함유한 내식성이 우수한 합금은?

① 포금
② 인청동
③ 연청동
④ 켈밋

> **TIP** 포금(gun metal)
>
> 구리에 Sn 10%+Zn 2% 정도를 첨가한 청동으로, 청동 주물(BC)의 대표적인 것으로 단조성, 유연성, 내식, 내수압성이 좋아 선박 등에 널리 사용된다.

20 소결 분말 합금 중에서 오일리스 베어링의 성분을 올바르게 표시한 것은?

① Cu - Sn - 흑연 분말
② Cu - Ni - 흑연 분말
③ Cu - Zn - W 분말
④ Cu - Pb - W 분말

> **TIP** 오일리스 베어링
>
> 구리, 주석, 흑연 분말을 가압 성형하여 700~750℃의 수소기류 중에서 소결하여 만든 소결합금이다. 기름에서 가열하면 무게로 20~30%의 기름이 흡수되어 기름 보급이 곤란한 곳에 사용한다. 너무 큰 하중이나 고속회전부는 부적합하다.
>
> • Cu 분말+Sn 8~12%+흑연 분말 4~5%

21 청동의 한 종류로 8~12% Sn에 1~2% Zn을 넣어 만든 합금으로 내해수성이 좋고 수압, 증기압에도 잘 견디므로 선박용 재료로 널리 사용되는 것은?

① 특수 청동
② 포금
③ 인청동
④ 연청동

> **TIP** 포금(gun metal)
>
> 구리에 Sn 10%+Zn 2% 정도를 첨가한 청동으로, 청동 주물(BC)의 대표적인 것으로 단조성, 유연성, 내식, 내수압성이 좋아 선박 등에 널리 사용된다.

18 ① 19 ① 20 ① 21 ②

22 청동에 1% 이하의 인을 첨가한 합금으로 기계적성질이 좋고, 내식성을 가지며, 기어, 베어링, 밸브 시트 등 기계부품에 많이 사용되는 청동은?

① 켈밋
② 알루미늄 청동
③ 규소청동
④ 인 청동

TIP 인청동

청동에 탈산제로 미량의 인을 첨가한 합금이다. 기계적 성질이 좋고 특히 내마멸성이 우수, 조성은 주석 9%, 인 0.35%로 탄성한도가 높고 기어, 베어링, 밸브 등에 사용된다. 냉간 가공하면 인장강도나 탄성한계가 현저히 높아지므로 판재, 봉재, 선재로 가공되어 스프링 재료로 사용된다.

23 구리계 베어링 합금이 아닌 것은?

① 문쯔 메탈(muntz metal)
② 켈밋(kelmet)
③ 연청동(lead bronze)
④ 알루미늄 청동

TIP 구리계 베어링합금은 연청동, 베릴륨청동, 베어링청동, 켈밋, 알루미늄청동 등이 있다.

24 비중이 약 2.7이며 가볍고 내식성과 가공성이 좋으며 전기 및 열전도도가 높은 재료는?

① 금(Au)
② 알루미늄(Al)
③ 철(Fe)
④ 은(Ag)

TIP 알루미늄(Al)의 성질

- Al은 보오크사이트(Al_2O_3, $2SiO_2$, $2H_2O$)로부터 제련하여 사용한다.
- 비 중 : 2.7, 용융점 : 660℃
- 주조가 쉽고 금속과 잘 합금되며 냉간 및 열간 가공이 쉽다.
- 대기중에서 내식력이 강하고 전기와 열의 좋은 양도체여서 송전선에 사용된다.
- 판, 선, 박, 분말의 형태로 사용된다.
- 가벼워서 자동차 공업에 많이 사용된다.
- 압연 압출은 400~500℃에서 한다. 유동성이 작고, 수축률이 크며 가스의 흡수와 발산이 많다. 그래서 주조가 곤란하다.
- 주조성을 좋게하기 위하여 구리, 아연 등의 합금으로 사용한다.
- 공기나 깨끗한 물속에서는 거의 침식이 안 되고 염산이나 황산 등의 무기산에는 약하며 바닷물에는 심하게 침식된다.

25 비중이 2.7 정도이며 주조가 쉽고 금속과 잘 합금되며 가벼울 뿐만 아니라 대기중에서 내식력이 강하고 전기와 열의 양도체로 송전으로도 쓰이는 금속은?

① 구리(Cu)
② 알루미늄(Al)
③ 마그네슘(Mg)
④ 텅스텐(W)

22 ④ 23 ① 24 ② 25 ②

26 비중이 2.7이며 가볍고 내식성과 가공성이 좋으며 전기 및 열전도도가 높은 금속재료는?

① 금(Au)   ② 알루미늄(Al)
③ 철(Fe)   ④ 은(Ag)

27 주조용 알루미늄 합금이 아닌 것은?

① 실루민   ② 라우탈
③ 하이드로 날륨   ④ 두랄루민

> **TIP** 주조용 알루미늄 합금
> 순수한 Al은 강도가 약해서 항공기나 자동차 등에 사용 시 가볍고 강한 Al 합금이 사용된다.
> - 실루민(Al+Si) : 주조성은 좋으나 절삭성은 좋지 않고 약하다.
> - 라우탈(Al+Cu_Si) : Si가 첨가되어 주조성이 우수한 합금에 Cu를 첨가하여 절삭성이 우수
> - Y 합금(Al+Cu+Ni+Mg) : 고온 강도가 크므로 내연기관의 실린더, 피스톤 등에 사용된다.
> - 하이드로날륨(Al+Mg) : 내식용 Al 합금의 대표로 Mg 이 많으면 인장강도가 증가하나 연신율은 감소한다.
> - 로엑스(Al+Si+Ni+Mg) : 고온강도가 크고 내마멸성이 우수하여 주로 피스톤 재료로 사용한다.

28 표준성분이 4% Cu, 2% Ni, 1.5% Mg인 알루미늄 합금으로 시효 경화성이 있어서 모래형 및 금형 주물로 사용되고 열간단조 및 압출가공이 쉬워 단조품 및 피스톤에 이용되는 금속은?

① Y합금
② 하이드로날륨(Hydronalium)
③ 두랄루민
④ 알클래드(alclad)

> **TIP** Y 합금(Al+Cu+Ni+Mg)
> 고온 강도가 크므로 내연기관의 실린더, 피스톤, 실린더 헤드에 사용된다.

29 고강도 알루미늄합금강으로 항공기용 재료 등에 사용되는 것은?

① 두랄루민   ② 인바
③ 콘스탄탄   ④ 서멧

> **TIP** 두랄루민(Al+Cu+Mg+Mn)
> 0.5% Mg이 첨가된 합금으로 시효경화성이 있고 비중이 강의 1/3 이므로 항공기나 자동차 등에 사용된다.

30 Cu 4%, Mn 0.5%, Mg 0.5% 함유된 알루미늄합금으로 기계적 성질이 우수하여 항공기, 차량부품 등에 많이 쓰이는 재료는?

① Y합금   ② 실루민
③ 두랄루민   ④ 켈멧합금

26 ② 27 ④ 28 ① 29 ① 30 ③

31 다음 중 주물용 알루미늄 합금과 가장 거리가 먼 것은?

① 라우탈(lautal)
② 실루민(silumin)
③ 알팍스(alpax)
④ 델타메탈(delta metal)

> TIP: 델타메탈은 황동이다.

32 고강도 알루미늄 합금인 초두랄루민의 주성분은?

① Al - Cu - Mg - Zn
② Al - Cu - Mg - Mn
③ Al - Cu - Si - Mn
④ Al - Cu - Si - Zn

> TIP: 초두랄루민(Al + Cu + Mg + Mn)
> 1.5% Mg이 첨가되어 두랄루민보다 단조 가공성은 떨어지며 항공기의 구조재와 리벳 등에 사용된다.

33 Al – Mg계 합금으로 내식성이 우수한 합금은?

① 하이드로날륨   ② 모넬메탈
③ 포금   ④ 켈멧

> TIP: Al – Mg계 – 하이드로날륨으로 해수, 알칼리에 대한 내식성이 강하고 용접성, 주조성이 좋다.

34 다이캐스팅용 알루미늄(Al)합금이 갖추어야 할 성질로 틀린 것은?

① 유동성이 좋을 것
② 응고수축에 대한 용탕 보급성이 좋을 것
③ 금형에 대한 점착성이 좋을 것
④ 열간 취성이 적을 것

> TIP: 다이캐스팅용 재료가 금형에 대한 점착성이 좋다면 제품을 꺼내기가 어려울 것이다.

35 다음 중 형상 기억 효과를 나타내는 합금은?

① Ti - Ni   ② Fe - Al
③ Ni - Cr   ④ Pb - Sb

> TIP: 형상기억효과를 가진 합금으로는 대표적으로 티탄, 니켈 합금이 있다.

36 비중이 1.74로서 실용 금속 중 가장 가벼운 금속은?

① 아연   ② 니켈
③ 마그네슘   ④ 알루미늄

> TIP: 마그네슘은 마그네사이트 등을 원료로 만든다.
> - 비중 1.74로서 실용 금속 중 가장 가볍다.(용융점 : 650℃)
> - 고온에서 발화하기 쉬우므로 분말이나 박으로 하여 플래시로도 사용한다.
> - 바닷물에는 대단히 약하다.

31 ④ 32 ② 33 ① 34 ③ 35 ① 36 ③

37 다음 Ni 합금 중 80% Ni에 20% Cr이 함유된 합금으로 열전대 재료로 사용되는 것은?

① 인코넬　　② 크로멜
③ 알루멜　　④ 엘린바

TIP Ni-Cr계 합금
- 인코넬(Inconel) : Ni 78~80%, Cr 12~14% 합금으로 전열기 부품, 열전쌍 재료로 사용된다.
- 알루멜(Alumel) : Al 3%의 합금으로 고온 측정용 열전쌍으로 사용된다.
- 크로멜(Chromel) : Cr 10% 합금으로 고온 측정용 열전쌍으로 사용된다.
- ※ 열전대선 - 최고측정 온도
  ① 백금-백금, 로듐 : 1600℃까지 측정
  ② 크로멜-알루멜 : 최고 1200℃까지 측정
  ③ 철-콘스탄탄 : 800℃까지 측정
  ④ 구리-콘스탄탄 : 600℃까지 측정

38 납에 대한 설명으로 틀린 것은?

① 수도관으로도 사용된다.
② 모든 산에 약하며 부식된다.
③ 방사선의 방어에도 이용된다.
④ 4-8% 안티몬을 함유하는 것을 경납이라 한다.

TIP 납(pb)
- 전성이 크고 연하고 무거운 금속이며 공기중에서는 거의 부식이 안 된다.
- 유독한 금속이나 수돗물로는 안전한 피막이 되므로 수도관으로 사용된다.
- 질산 및 진한 염산에는 침식이 되나 다른 산에는 저항이 커서 내산용 기구로 사용된다.
- 방사선 차단효과가 크다.

39 온도 변화에 따라 선팽창계수나 탄성률 등의 특성이 변화하지 않는 합금강은?

① 내열강
② 쾌삭강(Free cutting steel)
③ 불변강(invariable steel)
④ 내마멸강

TIP 온도 변화에 따라 선팽창계수나 탄성률 등의 특성이 변화하지 않는 강을 불변강이라 한다. 길이가 불변인 강을 인바라 하고 탄성이 변하지 않는 강을 엘린바라 한다.

40 다음 중 불변강의 종류에 속하지 않는 것은?

① 인코넬　　③ 엘린바
③ 플래티나이트　④ 인바

> **TIP** 고Ni강(불변강)
> - 인바(invar) : Ni 36% 첨가, 줄자, 정밀 기계부품으로 사용되며 길이 불변.
> - 슈퍼인바(super invar) : Ni 30~33%, Co 5% 이하 첨가, 인바보다 열팽창률이 작다.
> - 엘린바(elinvar) : Ni 36%, Cr 13% 첨가, 시계부품, 정밀 계측기 부품으로 사용되며 탄성 불변
> - 코엘린바(coelinvar) : 엘린바에 Co 첨가, 공기나 물속에서 부식되지 않음.
> - 플래티나이트(platinite) : Ni 42~46%, 열 팽창계수 $8 \sim 9.2 \times 10^{-6}$ 전구의 도입선, 유리와 금속의 봉착재료
> - 페멀로이(permalloy) : Ni 75~80%, C 0.5%, Co 0.5%, 해저 전선의 장하 코일

41 다음 비철 금속 합금 중 비중이 가장 가벼운 합금은?

① Cu합금　② Ni합금
③ Al합금　④ Mg합금

> **TIP** 마그네슘은 비중 1.74로서 실용 금속 중 가장 가볍다.

42 내식성이 우수하고 주조성과 단련이 잘 되어 화학 공업용으로 널리 사용되는 합금으로서 니켈 65~70%, 철 1.0~3.0% 나머지는 구리로 된 합금은?

① 모넬메탈(Monel metal)
② 도우메탈(Dow metal)
③ 어드밴스(Advance)
④ 인코넬(Inconel)

> **TIP** 모넬메탈(Monel metal) – Ni 65~70%를 함유한 합금으로 내열성, 내식성이 우수하여 열기관 부품이나 화학, 기계 부품 등의 재료로 널리 사용된다.

40 ①　41 ④　42 ①

04 비금속재료

01 기초 재료

1 석재

기초재료에 가장 많이 사용되며 내구력이 큰 우수한 재료이지만 인장강도는 압축강도의 1/10 ~ 1/20으로서 대단히 약하다.

2 시멘트

시멘트는 기계기초, 토목, 건축 도로 등 각종 구축물에 사용되며 주성분은 석회석이다. 시멘트에는 포틀랜드 시멘트, 고로시멘트, 실리카 시멘트 등이 있다.

3 콘크리트

시멘트, 모래, 자갈, 물을 섞어서 강도와 치밀성을 준 것을 말한다.

02 내화재와 보온재료

1 내화재

요업에서 취급되는 재료들 중에서 내열재의 내화도는 제게르코(Seger Con)라는 작은 표준 시험편으로 내화도를 표시하여 앞에 SK로 표시한다.

02 보온 재료

- 무기질 보온재료 : 털, 솜, 펄프
- 유기질 보온재료 : 석면, 유리 솜
- 금속질 보온재료 : 알루미늄박

03 합성수지

❓ 합성 수지의 공통 성질
- 가공성이 크고, 성형이 간단하다.
- 전기 절연성이 좋다.
- 단단하나 열에 약하다.
- 투명한 것이 많으며, 착색이 자유롭다.
- 비강도는 비교적 높다.
- 비중이 작다.(1 ~ 1.5)

1 합성수지의 종류

(1) 열가소성 수지

① 초산 비닐 수지   ② 아크릴 수지
③ 스틸롤 수지   ④ 염화 비닐 수지
⑤ 폴리에틸렌 수지

(2) 열경화성 수지

① 페놀 수지   ② 요소 수지
③ 멜라민 수지   ④ 폴리에스테르 수지
⑤ 규소 수지

PART

04

기계공작

CHAPTER 01 ◆ 수기가공 및 정밀측정
CHAPTER 02 ◆ 기계공작 일반
CHAPTER 03 ◆ 선반(Lathe)
CHAPTER 04 ◆ 드릴링(Drilling), 보링(Boring)
CHAPTER 05 ◆ 세이퍼, 슬포터, 플레이너, 브로우치
CHAPTER 06 ◆ 밀링
CHAPTER 07 ◆ 연삭 및 기어 가공
CHAPTER 08 ◆ 정밀입자 및 특수가공
CHAPTER 09 ◆ 안전관리

전 산 응 용 기 계 제 도 기 능 사

COMPLETION IN 3 MONTH

CRAFTSMAN COMPUTER AIDED ARCHITECTURAL DRAWING

전산응용기계제도기능사

01 수기가공 및 정밀측정

01 손 다듬질(수기가공)

손 다듬질 설비 및 공구를 이용하여 소정의 모양으로 가공하는 것을 손다듬질(수기가공)이라 한다.

1 손 다듬질 설비

① **작업대** : 두께 70mm 정도의 목판으로 만들며 크기는 가로×세로×높이로 표시한다.
② **바이스(vise)** : 일감(공작물)을 고정할 때 사용하는 것으로 크기는 조(jow)의 최대 폭으로 나타낸다.
③ **정반(surface plate)** : 주철이나 석재로 만들며 금긋기와 평면가공 시의 기준면이 된다. 크기는 가로×세로×높이로 표시한다.
④ **클램프(clamp)** : 공작물을 고정하는 장치

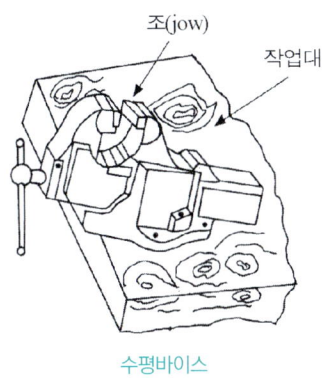

수평바이스

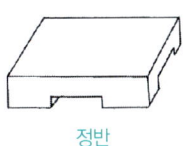

정반

이 외에도 해머, 스패너, 랜치, 전기 드릴, 전기 그라인더 등이 필요하다.

2 금긋기 작업

(1) 금긋기용 공구

① **금긋기 바늘** : 직선이나 형판에 따라 금긋기할 때 사용한다.
② **펀치와 해머** : 교점 표시와 드릴 구멍을 뚫기 전 펀치마크를 찍을 때 사용(선단 각도 : 60 ~ 90°)
③ **서피스 게이지** : 높이 금긋기나 환봉의 중심내기에 사용
④ **V 블록** : 원통형 공작물의 진원도 측정 및 평행대 등을 고정하여 금긋기 할 때, 기계 가공할 때 사용
⑤ **스크루 잭(Screw jack)** : 복잡한 공작물 지지 및 높이 조절
⑥ **트럼 멜** : 큰 원을 그릴 때 사용. 이 외에도 컴퍼스, 평행도, 중심내기 자, 각도기, 직각자 등이 있다.

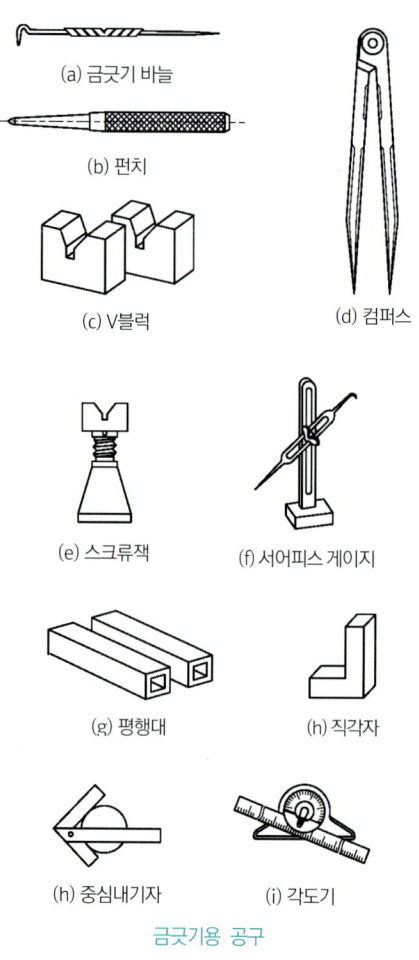

금긋기용 공구

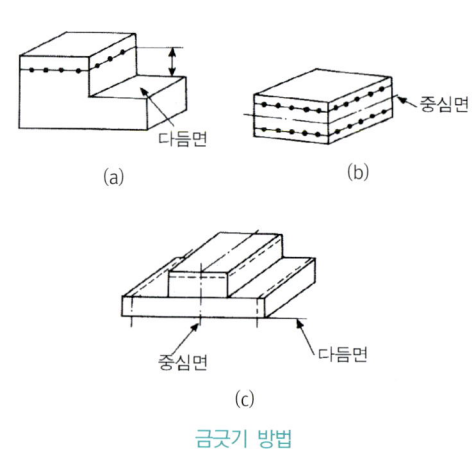

금긋기 방법

(2) 금긋기 작업 방식

① 금긋기의 기준
  ㉠ 다듬면을 기준으로 하는 방법 : 다듬면을 기준으로 금긋기를 한다.
  ㉡ 중심면을 기준으로 하는 방법 : 중심면을 기준으로 금긋기를 한다.
  ㉢ 다듬면과 중심면을 기준으로 하는 방법

② 금긋기 순서 : 기준면 및 중심면을 잡는다 → 금긋기 도료를 칠한다 → 정반 위에 공작물을 적당한 지지구로 평행하게 고정한다 → 적당한 공구로 금긋기를 한다 → 중심선 또는 잘 보이지 않는 곳은 센터로 펀칭을 한다.

3 톱 작업

(1) 쇠 톱

프레임에 톱날을 끼워 절단하는 것으로, 크기는 양단 구멍의 중심거리로 나타낸다. 잇수의 크기는 1" 내의 산수로 나타낸다. (표 1-1)

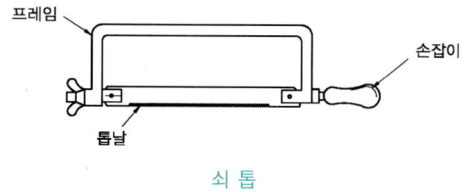

쇠 톱

[표 1-1]

잇수 (25.4mm = 1")	절단할 재료
14	연강, 주철, 황동 레일, 경합금
18 ~ 20	주철, 경강, 청동가스관, 합금강
24	강관, 앵글, 합금강
32	얇은 철판, 얇은 파이프

(2) 작업 요령(밀때 자르도록 한다.)

① 각재의 절단 : 절단 각도를 작게하여 절단
② 파이프 및 환봉의 절단 : 파이프는 힘을 가감하면서 약간씩 파이프를 돌려가면서 절단하고 환봉은 적당한 깊이로 절단한 후 방향을 바꾸어 절단하면 능률적이다.
③ 박판(얇은 판)의 절단 : 얇은 판은 목재 사이에 끼워 틈을 30° 정도 경사시켜 절단한다.

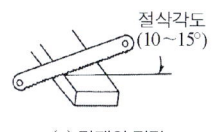

(a) 각재의 절단

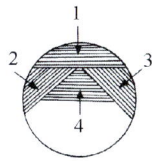

(b) 환봉의 절단(작업순서 1 → 2 → 3 → 4)

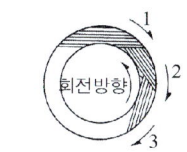

(c) 파이프의 절단(작업순서 1 → 2 → 3)

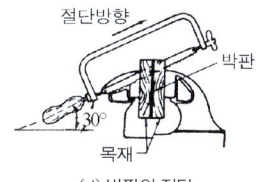

(d) 박판의 절단

(3) 쇠톱의 재질

탄소공구강(STC), 합금공구강(STS), 고속도강(SKH)을 특수 열처리하여 사용

4 정 작업

(1) 공구 종류

정, 바이스, 해머

(2) 정의 재질

0.8 ~ 1.2% 탄소를 함유한 공구강을 날끝 약 10mm 가량 열처리하고 뜨임하여 사용한다.

(3) 정의 종류

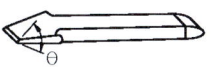

(a) 평정 : 평면따내기 판금절단

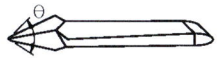

(b) 캡정 : 평면 및 키홈 파기

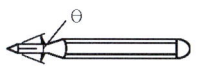

(c) 홈정 : 기름홈 파기

정의 종류

(4) 치핑

㉠ 평정의 공구각
  ⓐ 연강 : 45 ~ 55°
  ⓑ 주철 : 55 ~ 60°
  ⓒ 경강 : 60 ~ 70°
㉡ 평정으로 치핑할 때 정과 공작면의 각도(ϕ)

$$\phi = \frac{\phi}{2}$$

└ ϕ : 평정의 공구각

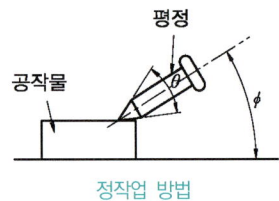

정작업 방법

- 해머의 크기는 머리 무게로 나타낸다.

5 줄 작업—FF★★

일감의 평면이나 곡면을 다듬는데 쓰인다.

(1) 줄의 종류

① 단면 모양

(a) 평줄   (b) 반원줄   (c) 사각줄

(d) 삼각줄   (f) 둥근줄

5종이 있다.

② 줄날 모양

㉠ 홑줄날(단목) : Pb, Sn, Al 등의 연금속이나 얇은 판의 가장자리 다듬질용

㉡ 겹줄날(복목) : 다듬질용

㉢ 라스프줄날(귀목) : 나무, 가죽 등 비금속

㉣ 곡선줄날(파목) : 절착칩의 눈메움이 생기지 않는다. Fe(철), Pb(납), Al(알루미늄), 목재 등에 쓰이며 절삭력이 크다.

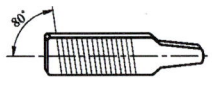 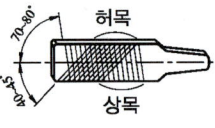
(a) 홑줄날(단목)   (b) 겹줄날(복목)

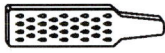 
(c) 라스프줄날(귀목)
- 상목 : 절삭작용
- 하목 : 칩배출작용
(d) 곡선줄날(파목)

줄날의 모양

③ **줄눈의 거칠기** : 황목, 중목, 세목, 유목

(2) 줄작업의 종류

① **직진법** : 좁은 곳의 최종 다듬질★★
② **사진법** : 거친 다듬질에 이용(황삭, 모파기)
③ **횡진법**(병진법) : 강재의 흑피제거 및 다듬질

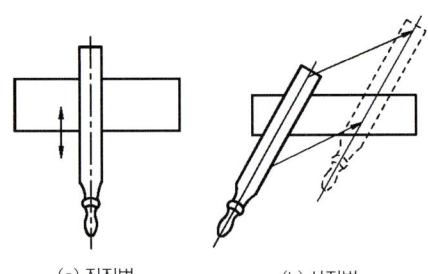
(a) 직진법   (b) 사진법

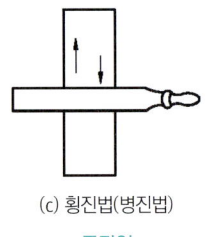
(c) 횡진법(병진법)

줄작업

(3) 줄의 크기 표시

손잡이를 끼우는 자루(tang) 부분을 제외한 전체 길이를 호칭치수로 한다.

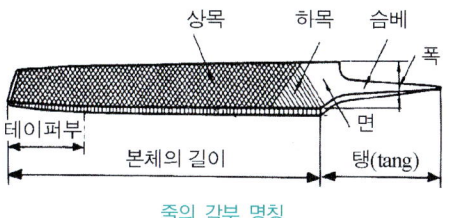

줄의 각부 명칭

(4) 줄작업 시 주의사항

① 새줄은 연한 재료부터 굳은 재료순으로 사용한다.

예 알루미늄(Al) → 구리(Cu) → 연강 → 경강 → 주철

② 주물 등의 다듬질 시 표면의 흑피를 제거하고 줄질한다.
③ 눈메움의 방지를 위해 줄에 백묵을 칠한다.
④ 날이 메꿔지면 와이어 브러시로 깨끗이 털어낸다.
⑤ 줄질한 면에는 손을 대어서는 안된다.

6 스크레이퍼 작업(Scraping) – FS★★

스크레이핑은 세이퍼나 플레이너 등으로 절삭 가공한 평면이나 다듬질한 내면을 더욱 정밀하게 다듬질하는 작업이다.

(1) 스크레이퍼 작업 방법

정반 표면에 광명단을 바르고 여기에 공작물을 올려놓고 미끄럼을 시키면 공작물의 높은 부분에 광명단이 묻어 붉게 되는데 이부분을 스크레이퍼로 깎아내고 다시 반복해서 작업을 하면 다듬면의 붉은 부분의 수가 증가하게 된다. 이러한 작업을 피팅(fitting)이라 한다.

스크레이핑

스크레이퍼의 날끝각

구분 \ 공작물	주철, 연강	황동, 철강
거치른스크레이퍼	70~90°	70~80°
다듬질스크레이퍼	90~120°	75~85°

- **손 다듬질 순서** : 1차 금긋기 → 톱작업 → 정작업 → 황삭(줄작업) → 2차 금긋기 → 정삭(줄작업) → 스크레이퍼 작업

7 리이머 작업(Reaming) – FR★★

드릴로 뚫은 구멍의 내면을 더욱 정밀하게 다듬질하는 작업을 리이밍이라 한다.

(1) 리이머 작업 시 주의사항

① 좋은 가공면을 얻으려면 낮은 절삭속도로 이송을 크게 한다.
② 리이머의 절삭량은 구멍지름 10mm에 대하여 0.05mm가 적당하다.
③ 절삭유를 충분히 공급하여 절삭칩을 제거한다.
④ 리이머를 뺄 때는 역회전 시켜서는 안된다.

곧은날 리이머

비틀림날 리이머

(2) 리머의 날이 짝수날로 등간격일 때 채터링(Chattering)이 생기므로 부등 간격으로 배치하여야 한다.

8 탭 및 다이스 작업

탭은 암나사를 내는 공구이며, 다이스는 수나사 작업을 한다.

(1) 탭(Tap)★

탭은 나사부와 자루부로 되어있으며 암나사를 만드는 공구이다. 손다듬질용 탭은 3개가 1조로 되어 있으며 1번 탭은 55%, 2번 탭은 25%, 3번 탭은 20%의 작업으로 최종 다듬질을 한다.

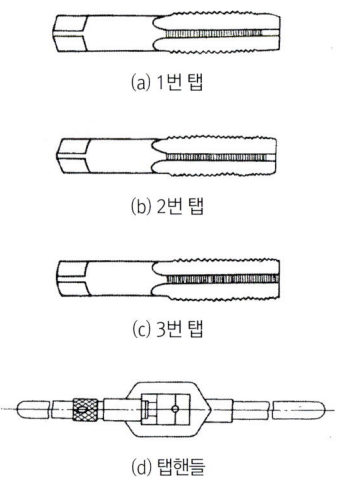

(a) 1번 탭
(b) 2번 탭
(c) 3번 탭
(d) 탭핸들

- 탭 작업 시 드릴로 뚫을 구멍지름 d는 약식으로 다음과 같이 구한다.

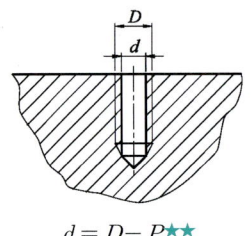

$d = D - P$ ★★

d : 드릴 지름(mm)
D : 나사의 호칭 지름(mm)
P : 나사의 피치(mm)

(2) 탭 작업 시 탭이 부러지는 원인★★

① 구멍이 너무 작거나 구부러진 경우
② 탭이 경사지게 들어간 경우
③ 탭의 지름에 적합한 핸들을 사용하지 않는 경우
④ 너무 무리하게 힘을 가하거나 빨리 절삭할 경우
⑤ 막힌 구멍의 밑바닥에 탭의 선단이 닿았을 경우

(3) 다이스(Dies) 작업

다이스는 수나사를 깎는 공구로서 수나사를 깎는 작업을 다이스 작업이라 한다.

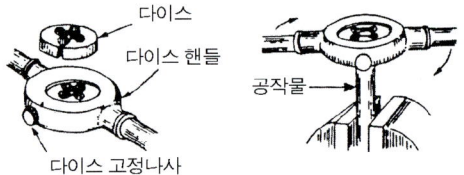

수나사깎기 작업

02 정밀측정

기계 가공된 기계요소 부품은 그 사용목적에 따라 치수, 모양, 가공방법, 기계의 기능 및 재료, 상태 등의 조건에 적합해야 한다. 이들 치수, 모양, 면 및 표면 거칠기 등을 가공 중 또는 제작 후에 측정·검사하는 것을 정밀측정이라 한다.

1 측정기의 종류

(1) 실장 측정기(직접 측정)★

스케일(scale), 버니어 캘리퍼스, 마이크로 미터, 측장기 등의 측정기로 측정기에 새겨진 눈금을 읽어 직접 그 크기를 확인할 수 있는 측정기를 실장 측정기라 한다.

(2) 비교 측정기(comparator)★★

다이얼 게이지, 공기 마이크로미터, 미니미터, 옵티미터 등과 같은 측정기로 표준치 수로 만들어진 기준 게이지와 비교하여 그 차이로 제품의 길이 및 합격, 불합격 여부를 판정하는 것으로, 이 측정법을 비교측정이라 한다.

(3) 기준 게이지★

블록게이지와 같이 치수의 기준이 되는 것 또는 제품형상의 검사나 판별에 쓰이는 것이다.

(4) 한계 게이지★

제품에 허용된 치수차에서 최대, 최소의 양 한계치수를 정해, 그 범위 내로 제품의 치수가 다듬질되었나를 판별하는 측정기이다.

2 측정 오차★

제품이 가진 실제 치수와 측정값과의 차이를 측정오차라 한다.

(1) 온도의 영향

표준 측정온도 20℃와 습도 58%, 압력 760mm/Hg 으로 KS에 규정하고 있으며 온도차 또는 열에 의한 팽창, 수축에 따른 오차를 말한다.

(2) 측정기 자체의 오차

측정기 자신이 가진 오차로 눈금 간격의 부정 및 위치부정으로 생기는 오차를 말한다.

(3) 측정압에 의한 오차

대부분의 측정기에는 정압장치가 없으므로 측정기의 측정면을 제품에 접촉시킬 때의 압력차에 의해 생기는 오차이다.

(4) 시차

측정기가 정확하게 치수를 지시하고 있을지라도 측정자의 잘못으로 눈금을 잘못 읽는 경우가 생기는데 이를 시차(時差)라 한다.

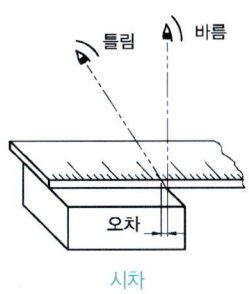

시차

(5) 굽힘에 의한 오차

길이가 긴 것은 자중 또는 측정 중에 의한 굽힘이 생기는데 이에 따른 오차를 말한다.

(6) 우연의 오차

진동이나 소리 또는 자연현상의 급변 등으로 생기는 오차를 말한다.

3 실장 측정기

(1) 버니어 캘리퍼스(vernier Calipers)★★★

자와 캘리퍼스를 조합한 것으로 바깥지름, 안지름, 깊이 등을 측정하는데 사용한다.

① **종류** : M형(1/20mm), CB형(1/50mm), CM(1/50mm)

② **측정법** : 어미자의 mm 단위를 아들자의 0 점이 만나기전 지점을 읽는다.(15mm) 이하의 소수자리는 아들자의 눈금이 어미자와 만나는 지점 ★을 찾는다. ★지점이 0.1 이므로 이 측정값은 15.1이 된다.

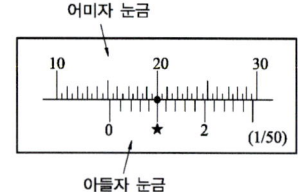

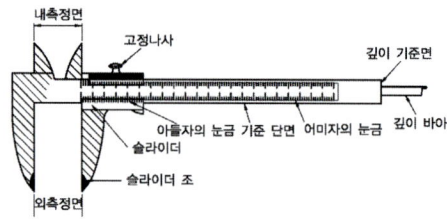

버니어 캘리퍼스의 구조

③ **사용상 주의사항**

㉠ 사용 전에 각 부분을 깨끗이 닦아서 먼지, 기름 등을 제거한다.

㉡ 어미자와 아들자의 측정면을 가볍게 밀어 닿게하고, 광선에 비춰보아 틈새가 있는지 확인한다.

㉢ 가능하면 어미자의 기준끝면 가까운 쪽에서 측정하는 것이 좋다.

㉣ 측정 시 조 또는 깊이 바의 측정면은 피측정물에 정확히 접촉하도록 주의한다.

㉤ 내측 측정에 있어서 안지름을 측정할 경우에는 측정값의 최대를 취하며, 홈 나비의 측정에 있어서는 최소값을 취한다.

㉥ 대부분의 버니어 캘리퍼스에는 측정력을 일정하게 하는 정압장치가 없으므로 무리한 측정력을 주지 않도록 한다.

㉦ 사용 후에는 각 부분을 깨끗이 닦아 녹이 슬지 않도록 한다.

㉧ 조의 측정면에 돌기가 생겼을 때에는 고운 기름숫돌로 수정한 다음 정밀도 검사를 하여야 한다.

㉨ 보관할 때에는 습기, 먼지가 없고 온도변화가 적은 곳에 보관해야 한다.

(2) 마이크로 미터(Micrometer)

① 마이크로 미터의 원리(삼각나사를 이용) : 표준 마이크로 미터는 나사의 피치가 0.5mm, 딤블의 원주는 50등분하여 1/100mm의 정밀도로 측정할 수 있다.

② 구조

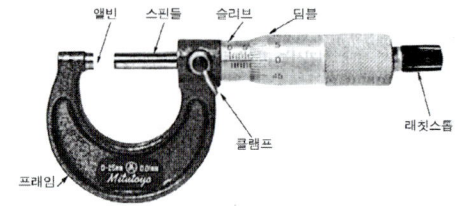

마이크로미터의 구조(0~25mm)

- 마이크로 미터는 0~25mm, 25~50mm, 50~75mm, 25mm 단위로 되어 있는데, 그 이유는 스핀들 길이가 길어지면 부정확해지기 때문이다.

③ 눈금 읽는 법 : 먼저 슬리브의 눈금을 일고, 딤블의 눈금과 기선이 만나는 지점의 딤블의 눈금을 읽어 슬리브의 읽음값에 더하면 된다.

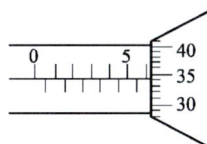

- 슬리브의 눈금 + 딤블의 눈금 = 측정값
- 6mm + 0.34mm = 6.34mm

④ 아베의 원리(abbe's principle) : "표준자와 피측정물은 같은 축 선상에 있어야 한다."는 원리로 같은 축 선상에 있지 않을 경우에는 측정오차가 생긴다. 아베의 원리에 어긋나는 측정기는 버니어 캘리퍼스, 캘리퍼스형 내측 마이크로미터 등이 있다. ★★★

⑤ 사용상 주의사항
  ㉠ 동일한 장소에서 3회 이상 측정하여 평균치를 내서 측정값을 낸다.
  ㉡ 공작물에 마이크로미터를 댈 때에는 스핀들의 축선에 정확하게 직각 또는 평행하게 한다.
  ㉢ 장시간 손에 들고 있으면 체온에 의한 오차가 생기므로 신속히 측정한다.
  ㉣ 사용 후의 보관 시에는(0~25mm) 마이크로미터는 반드시 엔빌과 스핀들측정면 사이에 공간을 둔다.
  ㉤ ±0.1mm 이하 오차가 생길 시에는 슬리브를 돌려 0점을 맞춘다.

(3) 하이트 게이지(높이 게이지 : height gauge)

하이트 게이지는 대형부품, 복잡한 모양의 부품 등을 정반 위에 올려놓고 높이를 측정하거나 금긋기하는데 사용한다. 기본 구조는 스케일과 베이스 및 서피스 게이지를 한데 묶은 것이다.

- **종류** : HM형, HT형, HB형 하이트 게이지(HT형)

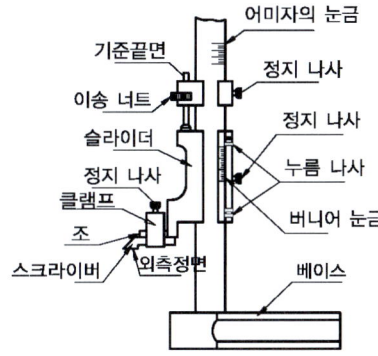

(4) 측장기

측장기는 내부에 표준자를 가지고 있어 피측정물의 치수와 길이를 직접 구할 수 있는 길이 측정기로, 비교적 큰 치수의 것을 높은 정밀도(1/1,000mm)로 측정하는 장치로 되어 있다.

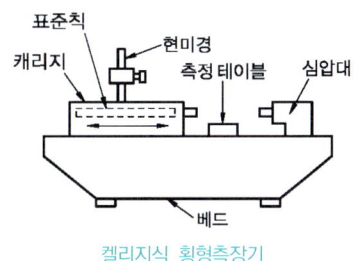

켈리지식 횡형측장기

4 다이얼 게이지★★

비교 측정기의 대표적인 것으로 평면도나 진원도 등을 검사하는데 사용

(1) 구조 및 특징

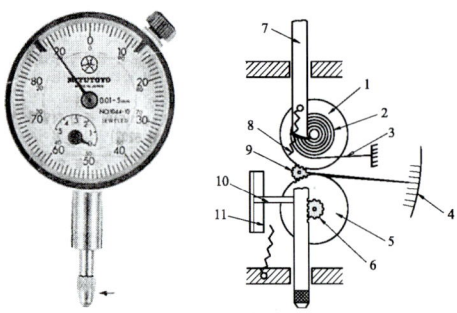

1. 제2기어, 2. 헤어스프링, 3. 지침, 4. 눈금판
5. 제1기어, 6. 피니언, 7. 스핀들, 8. 코일스프링
9. 지침피니언, 10. 안내판, 11. 안내홈

다이얼 게이지와 내부구조

스핀들의 적은 움직임을 레버와 기어장치로 확대하여 눈금과 지침으로 그 움직임을 읽는다. 눈금은 원둘레로 100등분하여 1눈금이 0.01mm를 나타내는 것이 보통이다.

(2) 용도

평면이나 원통형의 평면도, 원통의 진원도 축의 흔들림 정도 등의 검사나 측정에 사용.

(3) 취급 시 주의사항

① 다이얼 게이지의 지지구는 휨이 생기지 않는 것을 사용한다.
② 측정자는 피측정면에 접촉시킬 때는 손으로 가볍게 누른다.
③ 충격은 절대로 금해야 한다.
④ 스핀들에 급유를 해서는 안된다.
⑤ 사용 후 깨끗한 헝겊으로 닦아서 보관한다.

5 블록 게이지

블록 게이지는 기준 게이지의 대표적인 것으로 양측 정면은 평면이고 건식 래핑가공을 한다.

등급	용도	검사주기	25mm에 대한 오차
AA(00)★	연구용 (참조용)	3년	0.00005mm
A(0)	표준용	2년	0.0001mm
B(1)	검사용	1년	0.0002mm
C(2)	공작용	6개월	0.0003mm

(1) 사용상 주의사항

① 먼지가 적고 건조한 실내에서 사용한다.
② 측정면상의 상처를 막기 위하여 목재로 만든 작업대, 가죽 위에서 취급한다.
③ 측정면은 깨끗한 헝겊이나 가죽으로 닦아낸다.
④ 작업대에 떨어뜨리지 않도록 한다.
⑤ 사용 후에 밀착시킨채로 놓아두면 떨어지지 않으므로 반드시 떼어서 놓는다.
⑥ 필요한 것만을 꺼내어 쓸 것이며 쓰지 않는 것은 반드시 보관 상자에 보관한다.
⑦ 사용 후는 벤젠으로 닦아내고 양질의 방청유(그리이스)를 발라서 녹스는 것을 막는다.
⑧ 정기적으로 치수 정도를 점검한다.
 • 밀착(Wringing) : 게이지의 측정면을 충분히 겹치면 서로 당기어 떨어지지 않는다. 이것을 링깅이라 하며, 여러 개의 블록을 조합하여 소정의 치수를 만드는 경우에 링깅을 한다.
 예 26.835를 조립할 경우

$$\begin{array}{r}1.005\\1.33\\+24.5\\\hline 26.835\end{array}$$

조립하면 26.835 가 된다.

6 한계 게이지

제품을 가공할 때 치수대로 가공하기 어려우므로 허용한계를 두게 되며, 이 허용한계를 쉽게 측정하는 게이지가 한계 게이지이다.

구멍용 한계 게이지(플러그 게이지)

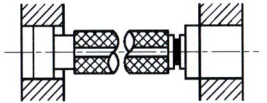

축용 한계 게이지(스냅 게이지)

(1) 종류

① 구멍용 한계 게이지
  ㉠ 플러그 게이지 : 비교적 작은 구멍(1~100mm) 검사에 사용
  ㉡ 평게이지 : 50~250mm 검사에 사용
  ㉢ 봉게이지 : 250mm를 초과하는 구멍검사에 사용

② 축용 한계 게이지
  ㉠ 링게이지 : 지름이 작거나 얇은 두께의 공작물 검사

  ㉡ 스냅게이지 : 축의 지름 검사 등에 사용

7 각도 측정기(종류)★★

(1) 만능 각도 측정기

(2) 컴비네이션 세트

강철자, 직각자, 분도기 및 수준기를 조합해 각도 측정에 사용

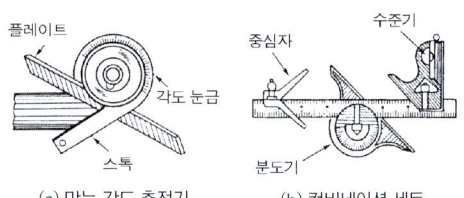

(a) 만능 각도 측정기 (b) 컴비네이션 세트

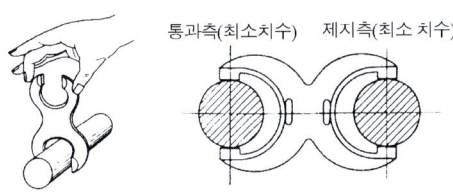

(c) NPL식 각도 게이지

각도 측정기

(3) N. P. L 식 각도 게이지

다른 각도를 가진 12개를 1조로 한 각도 블록을 쌓아올려 각도를 만든다.

(4) 사인 바(Sine bar)

직각 삼각형의 2변의 길이로 삼각함수에 의해 각도를 구하는 것이다. 사인 바의 크기는 100mm, 200mm로 만든다. 각도 α는 다음 식으로 구한다.

$$\sin\alpha = \frac{H}{L}$$

L : 사인바의 크기(길이)
H : 블록 게이지의 높이

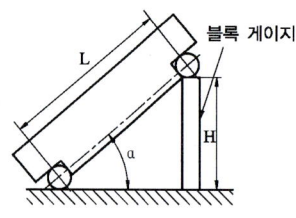

㈜ 측정각(a) 45° 이상이 되면 측정 오차가 생기게 된다. ★★

8 면의 측정

(1) 광선 정반(Optical flat)

비교적 작은 부분의 평면도를 측정, 간섭 무늬 갯수가 적을수록 평면도가 좋음

마이크로 미터의 측정면 평면도 시험

최대 측정 길이(mm)	간섭 무늬 수
250 미만	2개
250 이상	4개

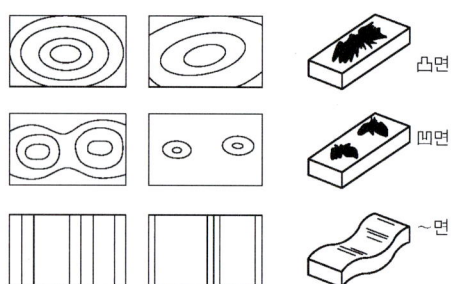

(2) 평행 광선 정반(Optical parallel)

- 평행도 검사에 쓰인다.
- 마이크로 미터의 종합 정밀도 검사에 쓰인다.

(3) 수준기(Level)

- 수직, 수평 측정에 쓰이며 기포관 속에는 에테르가 들어간다.
- 기포관 1눈금은 수평방향 1m 마다의 기울기를 표시한다.

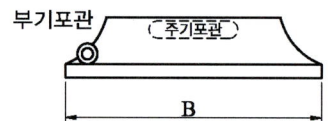

(4) 오토 콜리미터(Autocolimeter)

수준기와 망원경을 조합한 것으로 미소각도를 측정하는 광학적 측정기로서 직각도, 평행도, 진직도, 작은 각도 및 흔들림 등의 측정에 사용한다.

(5) 나이프 에지(Knife edge)

진직도나 평면도를 측정

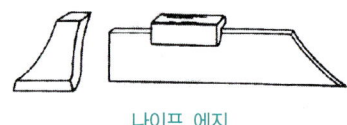

나이프 에지

9 나사의 유효지름 측정★★★

① 공구 현미경
② 나사 마이크로 미터
③ 삼침법

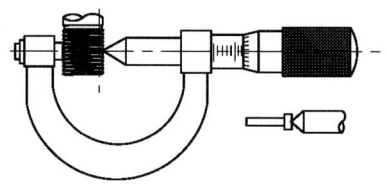

(a) 나사 마이크로 미터

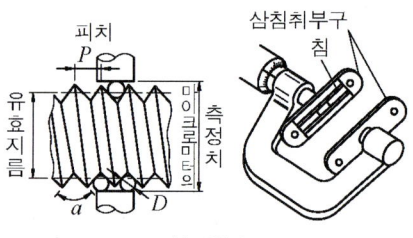

(b) 삼침법

나사측정(유효지름)

10 기타 측정기

① **테이퍼 게이지** : 모스 테이퍼(1/20), 브라운 샤프 테이퍼(1/24), 내셔널 테이퍼(7/24)를 측정한다.[그림 (a)]
② **피치게이지와 와이어게이지[그림 (f)]** : 나사의 피치를 측정한다.
③ **반지름(Radian)게이지[그림 (c)]** : 주물제품 등의 라운드를 측정한다.
④ **시그네스 게이지(틈새 게이지)[그림 (b)]** : 부품 사이의 틈새나 좁은 홈 등을 측정하는데 쓰인다.
⑤ **드릴 게이지[그림 (d)]** : 드릴의 지름을 판정
⑥ **와이어 게이지[그림 (g)]** : 철강선(와이어)의 굵기 및 얇은 강판의 두께 측정에 쓰인다.
⑦ **센터 게이지[그림 (e)]** : 선반 작업 시 나사깎기 바이트의 각도를 검사하는데 사용

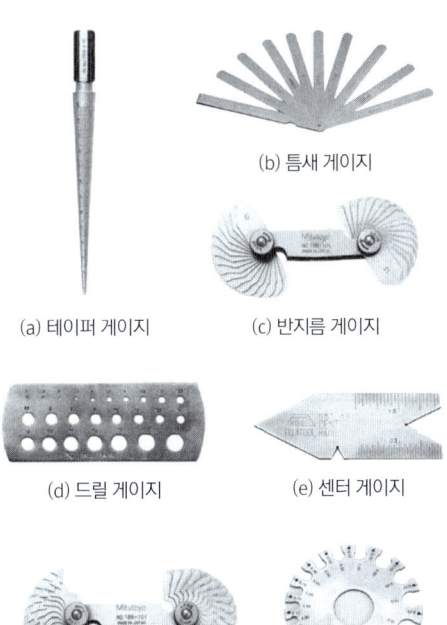

(a) 테이퍼 게이지 (b) 틈새 게이지 (c) 반지름 게이지
(d) 드릴 게이지 (e) 센터 게이지
(f) 피치 게이지 (g) 와이어 게이지

기타 게이지

01 수기가공 및 정밀측정 예상문제

Chapter 01 수기가공 및 정밀측정 예상문제

01 바이스의 크기를 표시하는 것은?

① 조(Jow)의 폭
② 바이스의 높이
③ 공작물이 물릴 수 있는 길이
④ 바이스의 전체 중량

> **TIP** 바이스(Vise)
> 일감(공작물)을 고정할 때 사용하는 것으로 크기는 조(Jow)의 최대 폭으로 나타낸다.

02 일반적으로 바이스의 크기를 나타내는 것은?

① 바이스 전체의 중량
② 물건을 물릴 수 있는 조의 폭
③ 물건을 물릴 수 있는 최대 거리
④ 바이스의 최대 높이

03 금긋기 바늘의 손질 및 보관 시 유의사항으로 틀린 것은?

① 보관 시 바늘 끝에 코르크를 끼워 두면 산화되기 쉽다.
② 금긋기 바늘은 공작물보다 경질이어야 한다.
③ 항상 중심축과 동심이 되도록 연삭되어 있어야 한다.
④ 바늘 끝의 연삭이 불량하면 공작물 표면에 그어지는 선의 굵기가 달라진다.

04 평면을 다듬질하는 일반적인 줄질 방법이 아닌 것은?

① 사진법　② 횡진법
③ 후진법　④ 직진법

> **TIP** 줄작업의 종류
> - 직진법 : 좁은 곳의 최종 다듬질
> - 사진법 : 거친 다듬질에 이용(황삭, 모파기)
> - 횡진법(병진법) : 강재의 흑피 제거 및 다듬질

01 ①　02 ②　03 ①　04 ③

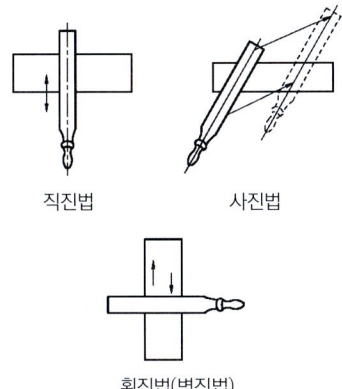

직진법　　　사진법

횡진법(병진법)

05 줄 작업 시 주의사항으로 틀린 것은?

① 새 줄은 경한 재료부터 사용한다.
② 주물 등의 다듬질 시 표면의 흑피를 제거하고 줄질한다.
③ 눈메움의 방지를 위해 백묵을 사용한다.
④ 날이 메꿔지면 와이어 브러시로 깨끗이 털어낸다.

TIP 줄 작업 시 주의사항

- 새줄은 연한 재료부터 굳은 재료순으로 사용한다.
- 주물 등의 다듬질 시 표면의 흑피를 제거하고 줄질한다.
- 눈메움의 방지를 위해 줄에 백묵을 칠한다.
- 날이 메꿔지면 와이어 브러시로 깨끗이 털어낸다.
- 줄질한 면에는 손을 대어서는 안된다.

06 일반 재료를 드릴가공할 때 일반적으로 드릴의 표준 날끝 각은?

① 98°　　② 108°
③ 118°　　④ 128°

TIP 드릴 날끝 각

양쪽 날이 이루는 각도로, 일반적으로 연강에서는 118°이다.

07 드릴로 구멍을 뚫은 다음 더욱 정밀하게 가공하는 데 사용되는 공구는?

① 바이트　　② 리머
③ 스크라이버　　④ 호브

TIP 리머 작업(reaming)

드릴로 뚫은 구멍의 내면을 더욱 정밀하게 다듬질하는 작업을 리이밍이라 한다.

08 암나사 작업 시 최종 다듬질에 사용하는 탭은?

① 0번 탭　　② 1번 탭
③ 2번 탭　　④ 3번 탭

TIP 탭(Tap)

탭은 나사부와 자루부로 되어있으며 암나사를 만드는 공구이다. 손다듬질용 탭은 3개가 1조로 되어 있으며 1번 탭은 55%, 2번 탭은 25%, 3번 탭은 20%의 작업으로 최종 다듬질을 한다.

05 ①　06 ③　07 ②　08 ④

09 탭 작업 시 탭이 부러지는 원인이 아닌 것은?

① 너무 무리하게 힘을 가하거나 빨리 절삭할 경우
② 막힌 구멍의 밑바닥에 탭의 선단이 닿았을 경우
③ 구멍이 너무 작거나 구부러진 경우
④ 탭의 지름에 적합한 핸들을 사용하지 않는 경우

> **TIP** 탭 작업 시 탭이 부러지는 원인
> - 구멍이 너무 작거나 구부러진 경우
> - 탭이 경사지게 들어간 경우
> - 탭의 지름에 적합한 핸들을 사용하지 않는 경우
> - 너무 무리하게 힘을 가하거나 빨리 절삭할 경우
> - 막힌 구멍의 밑바닥에 탭의 선단이 닿았을 경우

10 길이 측정기가 아닌 것은?

① 버니어 캘리퍼스
② 그루브 마이크로 미터
③ 콤비네이션 세트
④ 전기 마이크로 미터

> **TIP** 컴비네이션 세트
> 강철자, 직각자, 분도기 및 수준기를 조합해 각도 측정에 사용

11 KS규격에서 물체를 측정할 때, 표준 온도는?

① 16℃   ② 20℃
③ 24℃   ④ 36.5℃

> **TIP** 측정 시에는 표준 측정온도 20℃와 습도 58%, 압력 760mm/Hg으로 KS에 규정하고 있다.

12 다음 중 직접측정기에 속하는 것은?

① 옵티미터   ② 다이얼게이지
③ 미니미터   ④ 마이크로미터

> **TIP** 실장 측정기(직접측정)
> 스케일(Scale), 버니어 캘리퍼스, 마이크로 미터, 측장기 등의 측정기로 측정기에 새겨진 눈금을 읽어 직접 그 크기를 확인할 수 있는 측정기를 실장 측정기라 한다.

13 어미자의 최소 눈금이 0.5mm이고 아들자의 눈금기입 방법이 39mm를 20등분한 버니어 캘리퍼스의 최소 측정값은?

① 0.015mm   ② 0.020mm
③ 0.025mm   ④ 0.050mm

> **TIP** 버니어 캘리퍼스의 최소 측정값 계산식은 아래와 같다.
> $$\text{최소눈금} = \frac{\text{어미자눈금}}{\text{등분수}}$$
> 따라서 $\frac{0.5}{20} = 0.025$

14 슬리브의 최소눈금이 0.5mm인 마이크로 미터에서 딤블(thimble)의 원주 눈금이 50등분 되었다면 최소한 읽을 수 있는 값은?

① 0.01mm   ② 0.005mm
③ 0.002mm ④ 0.05mm

TIP💡 표준 마이크로 미터는 나사의 피치가 0.5mm, 딤블의 원주는 50등분하여 1/100mm의 정밀도로 측정할 수 있다.

15 다이얼게이지를 이용한 진원도 측정방법이 아닌 것은?

① 지름법   ② 3점법
③ 반지름법 ④ 4점법

TIP💡 다이얼게이지로 진원도 측정방법에는 지름법, 반지름법, 3점법이 있다.

16 −15μm의 오차가 있는 블록 게이지에 다이얼 게이지를 세팅한 후 제품을 측정하였더니 47.86mm로 나타났다면 참값은?

① 47.835mm ② 47.875mm
③ 47.845mm ④ 47.885mm

TIP💡 참값은 측정값 − 오차를 한다.
따라서, 47.86 − (−0.015) = 47.875 이다.

17 V블록 위에 측정물을 올려놓고 회전하였을 때, 다이얼게이지의 눈금이 0.5mm의 차이가 있었다면 진원도는 몇 mm인가?

① 0.25   ② 0.50
③ 0.75   ④ 1.00

TIP💡 V 블록 위에 측정물을 올려놓고 측정을 하였을 때는 측정값의 반이 진원도값이다.

18 가장 높은 정밀도를 필요로 할 때 선택해야 하는 블록게이지 종류는?

① 공작용   ② 검사용
③ 참조용   ④ 표준용

TIP💡 블록게이지의 종류

등급	용도	검사주기	25mm에 대한 오차
AA(00)	연구용 (참조용)	3년	0.00005mm
A(0)	표준용	2년	0.0001mm
B(1)	검사용	1년	0.0002mm
C(2)	공작용	6개월	0.0003mm

19 게이지블록에서 정밀도가 가장 낮은 것은?

① 00급   ② 0급
③ 1급   ④ 2급

14 ① 15 ④ 16 ② 17 ① 18 ③ 19 ④

20 게이지블록의 표준 조합선택 및 치수의 조립 시 고려하여야 할 사항으로 거리가 먼 것은?

① 게이지블록의 윤곽판독 방식
② 필요로 하는 치수에 대하여 밀착되는 개수를 될 수 있는 한 적게 할 것
③ 필요로 하는 최소치수의 단계
④ 정해진 치수를 고를 때는 맨 끝자리부터 고를 것

21 삼각법을 이용하여 각도의 측정이나 기울기를 측정하는 것은?

① 전기 마이크로 미터
② 사인바
③ 게이지 블록
④ 공기 마이크로 미터

> TIP ✦ 사인 바(Sine bar)
> 직각 삼각형의 2변의 길이로 삼각함수에 의해 각도를 구하는 것이다.

22 사인바로 각도를 측정할 때 필요 없는 것은?

① 블록 게이지   ② 다이얼 게이지
③ 각도 게이지   ④ 정반

23 부품 사이의 틈새나 좁은 홈 등을 측정하는데 쓰이는 측정기로 올바른 것은?

① 테이퍼 게이지
② 센터 게이지
③ 시그네스 게이지
④ 와이어 게이지

> TIP ✦ 시그네스 게이지(틈새 게이지)
> 부품 사이의 틈새나 좁은 홈 등을 측정하는데 쓰인다.

24 다음 중 각도를 측정 할 수 있는 측정기는?

① 버니어캘리퍼스   ② 오토콜리미터
③ 옵티컬플랫   ④ 다이얼게이지

> TIP ✦ 오토 콜리미터(Autocolimeter)
> 수준기와 망원경을 조합한 것으로 미소 각도를 측정하는 광학적 측정기로서 직각도, 평행도, 진직도, 작은 각도 및 흔들림 등의 측정에 사용한다.

20 ④   21 ②   22 ②   23 ③   24 ②

02 기계공작 일반

기계 부품을 만들기 위하여 주어진 재료에 기계적인 가공을 하는 것을 기계공작 또는 기계 공작법이라 하고 이에 사용되는 기계를 공작기계라 한다.

01 공작기계의 분류

1 범용 공작 기계(General Purpose Machine Tool)

일반적으로 널리 사용되고 있는 공작기계로 드릴링 머신, 선반, 밀링 머신, 셰이퍼, 플레이너, 슬로터 등이 있다. 이러한 기계들은 일감의 크기, 재질 등에 따라 여러 가지의 가공을 할 수 있으며 가공할 수 있는 공정의 종류도 많고, 절삭 및 이송속도의 범위도 크다.

2 전용 공작 기계(Special Purpose Machine Tool)★★

같은 종류의 제품을 대량생산하기 위한 공작 기계로서, 절삭속도와 이송 속도가 일정하게 제한되어 있다. 또, 기계의 크기도 일감에 따라 알맞게 하고, 구조가 간단하며 조작하기 쉽도록 되어 있다.

3 단능 공작 기계(Single Purpose Machine Tool)★★

한 공정의 가공만을 할 수 있는 구조로, 같은 종류를 대량 생산하는데 적합하지만, 다른 종류의 것을 가공하는데에는 융통성이 없다.

4 만능 공작 기계 (Universal Machine Tool)★★

선반, 드릴링 머신, 밀링 머신 등의 기능을 조합하여 한 대의 기계로 제작한 것이다. 이와 같은 기계는 대량 생산 체제에는 적합하지 않으나, 소규모의 공장이나 보수를 목적으로 하는 공작실, 금형 공장 등에서 사용된다. 최근에는 기계 공작의 생산성과 정밀도를 높이기 위하여 수치 제어 공작 기계와 로봇 등이 사용되고 있다.

02 공작기계 구비 조건★★

① 절삭 가공 능력이 좋을 것.
② 조작이 용이하고 안전성이 좋을 것.
③ 제품의 치수 정밀도가 좋을 것.
④ 동력 손실이 적을 것.
⑤ 기계의 강성이 높을 것.

03 공작기계의 기본운동

1 절삭 운동★★★

절삭공구와 일감이 접촉하여 칩을 내기 위한 운동으로 회전운동 또는 직선운동이 있다.

(1) 절삭운동에 의한 분류★★

① 공구는 고정하고 가공물에 절삭운동을 주는 기계 : 선반, 플레이너
② 가공물을 고정하고 공구에 절삭운동을 주는 기계 : 밀링, 드릴링 머신, 브로우칭 머신
③ 가공물과 공구를 동시에 절삭운동을 주는 기계 : 연삭기, 호빙 머신, 래핑머신

2 이송 운동

절삭위치를 바꾸는 운동으로 절삭공구나 일감을 이동시킨다.

3 조정 운동

공구의 고정, 일감의 설치, 제거, 절삭 깊이를 조정하는 것으로 절삭 작업 중에는 하지 않는다.

04 절삭 가공

기계를 제작할 때 주조품이나 단조품을 이를 필요한 치수와 모양으로 가공하기 위해 절삭공구를 사용하여 칩(Chip)을 내면서 깎는 가공을 절삭가공이라 한다.

4 칩의 종류와 형태

칩이 발생하는 모양은 절삭공구의 모양, 일감의 재질, 절삭속도와 깊이, 절삭유의 사용 유무 등에 따라 달라지며 그 형태와 발생 원인은 다음과 같다.

(1) 유동형 칩★★★

공구가 진행함에 따라 일감이 미세한 간격으로 계속적으로 미끄럼 변형을 하여 칩이 생기며 연속적으로 공구 윗면을 흘러나가는 모양의 칩이며 다음과 같은 경우에 발생한다.

① 가공재료가 연하고 인성이 클때
② 윗면 경사각이 클때
③ 절삭 깊이가 작을 때
④ 절삭속도가 클 때 : 유동형 칩이 생기면 다듬면이 깨끗하며 절삭저항이 적다.

(2) 전단형 칩★★

유동형 칩이 생기는 것과 같은 재료를 작은 윗면 경사각으로 깎을 때 생기며, 일정 간격으로 전단되어 나오는 형태의 칩이다. 가공면은 그다지 좋지 못하다.

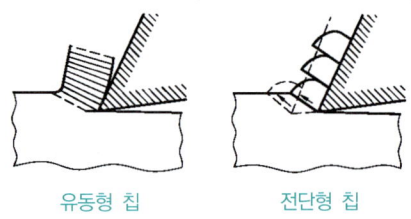

유동형 칩   전단형 칩

(3) 열단형 칩★★

칩이 경사면에 점착하여 흘러나가지 못하고 공구의 전진에 따라 압축되어 균열이 일어나면서 절삭되는 형태로 다듬면이 거칠어 좋지 않다. 열단형 칩이 생기는 경우

는 다음과 같다.

① 일감이 점성이 있고 공구에 점착하기 쉬울 때
② 공구 윗면 경사각이 작을 때
③ 절삭 깊이가 클 때 등에 생기며 밭갈이 형이라고도 한다.

(4) 균열형 칩★★

주철과 같은 메진 재료를 저속을 절삭할 때 순간적으로 균열이 발생하여 공작물에서 분리되는 형태로 다듬면은 거칠며 좋지 않다.

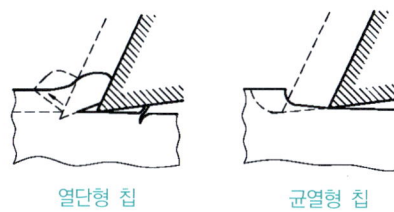

열단형 칩   균열형 칩

5 구성인선(Builtup edge)★★★

절삭영역에서 국부적인 고온, 고압에 의하여 공구의 절삭날 n분에 일감의 미소한 입자가 공구와의 친화력에 의해 조금씩 융착하여 대단히 단단해지고 이것이 실제 절삭날의 역할을 하면서 절삭하게 되는데 이를 구성인선이라 하며 발생, 성장, 분열, 탈락을 1/10 ~ 1/200초 간격으로 반복한다.

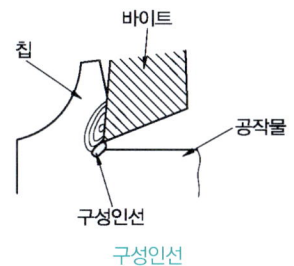

구성인선

(1) 방지법-(유동형과 같다)★★

① 절삭 깊이를 작게할 것.
② 경사각을 크게할 것.
③ 절삭속도를 크게할 것.
④ 윤활성있는 절삭유를 사용할 것.

05 공작기계의 속도변환 방식

1 벨트 전동

벨트풀리에 벨트를 걸어 축을 돌리는 방법으로 축의 진동이 적고 원활한 전동이 된다.

2 기어전동(현재 가장 널리 사용)

기어에 의해 공작기계의 속도를 변환하는 것으로 클러치 전동, 미끄럼 기어전동, 다축전동 등이 있다.

3 전기식 속도변환

1대의 직류 전동기와 2대의 직류 발전기를 사용하여 전동기의 전압을 바꾸어 회전수를 변동시킨다.(최근의 수치제어 공작기계에 사용)

4 유체에 의한 속도변환

연삭기, 밀링 머신에 쓰인다.

06 절삭 공구 재료

1 공구 재료 구비 조건★★

① 피절삭재보다 굳고 인성이 있을 것.
② 내마멸성이 높을 것
③ 값이 쌀 것.
④ 절삭가공 중 온도상승에 따른 경도저하가 적을 것.
⑤ 쉽게 원하는 모양으로 만들 수 있을 것.

2 공구재료★★

(1) 탄소공구강(STC)

탄소를 0.6~1.5% 함유한 것으로 줄이나 펀치, 정 등에 쓰인다.

(2) 합금공구강(STS)

탄소강에 W, Cr, V, Mo 등의 원소를 첨가하여 담금질효과 및 고온경도 등을 개선한 것으로 바이트, 다이스, 탭, 띠톱 등에 쓰인다.

(3) 고속도강(SKH, 일명 HSS, 하이스강 이라 불림)

W(18)~Cr(4)~V(1)이 대표적으로 쓰이며 600℃ 부근에서 경도저하가 생기며 바이트나 밀링커터, 드릴 등에 사용된다.

(4) 주조 경질합금(스텔라이트)

Co-Cr-W-C를 주성분으로 열처리가 필요 없다.

(5) 초경합금(소결합금)

금속탄화물(WC, TIC, Tac)을 프레스로 성형 소결시킨 합금으로 최근 고속절삭에 널리 쓰인다.(고속도강의 4배의 절삭속도)

(6) 세라믹(주성분 Al2O3)

무기질의 비금속 재료를 고온에서 성형한 것으로 다음과 같은 특징이 있다.

① 경도는 1,200℃까지 거의 변화가 없다.
② 철과 친화력이 없어 구성인선이 생기지 않는다.
③ 내마모성은 높으나 내열 충격에 약하다.

(7) 다이아몬드 공구

주로 비철금속의 정밀선삭에 사용 경도가 가장 높고, 내마멸성도 크며 또 절삭속도가 가장 크고 능률적이다.

07 절삭유

1 절삭유의 작용★★★

① 냉각작용 : 공구와 공작물의 온도상승 방지
② 세척작용 : 칩을 씻어버리는 작용
③ 윤활작용 : 공구 윗면과 칩 사이의 마찰 감소

2 절삭유의 구비 조건★★★

① 칩과 분리가 용이하며 회수가 쉬워야 한다.

② 화학적으로 안정되어야 한다.
③ 냉각작용이 우수해야 한다.
④ 인화점, 발화점이 높아야 한다.
⑤ 가격이 저렴하고 구하기 쉬울 것

02 기계공작 일반 예상문제

Chapter 02 | 기계 공작 일반 예상문제

01 여러 가지 종류의 공작기계에서 할 수 있는 기능을 1대의 공작기계에서 가공하고 대량생산이나 높은 정밀도에는 적합하지 않으며 설치 공간이 좁거나 가공이 적은 선박의 정비실 등에서 사용하는 것은?

① 범용 공작기계 ② 단능 공작기계
③ 전용 공작기계 ④ 만능 공작기계

> TIP 만능 공작 기계
> (Universal Machine Tool)
> 대량 생산 체제에는 적합하지 않으나, 소규모의 공장이나 보수를 목적으로 하는 공작실, 금형 공장 등에서 사용된다.

02 같은 종류의 제품을 대량생산하기 위한 공작기계로 구조가 간단하며 조작하기 쉽도록 한 공작기계는?

① 범용 공작기계 ② 전용 공작기계
③ 만능 공작기계 ④ 단능 공작기계

> TIP 전용 공작 기계
> (Special Purpose Machine Tool)
> 같은 종류의 제품을 대량생산하기 위한 공작 기계로서, 절삭속도와 이송 속도가 일정하게 제한되어 있다. 또, 기계의 크기도 일감에 따라 알맞게 하고, 구조가 간단하며 조작하기 쉽도록 되어 있다.

03 공작기계의 일반적인 중요 구비조건에 해당되지 않는 것은?

① 기계의 탄성이 클 것
② 높은 정밀도를 가질 것
③ 가공 능력이 클 것
④ 내구력이 크며 사용이 간편할 것

> TIP 공작기계의 구비조건
> • 절삭 가공 능력이 좋을 것.
> • 조작이 용이하고 안전성이 좋을것.
> • 제품의 치수 정밀도가 좋을 것.
> • 동력 손실이 적을 것.
> • 기계의 강성이 높을 것.

04 다음 중 절삭가공은?

① 인발가공   ② 압축가공
③ 연삭가공   ④ 주조

> TIP 연삭가공은 절삭가공이다.

01 ④ 02 ② 03 ① 04 ③

05 다음의 가공방법 중 절삭가공은?

① 인발 ② 압연
③ 보링 ④ 단조

TIP 보링은 기존 구멍을 넓히는 작업으로 절삭가공이다.

06 절삭유제에 관한 설명으로 옳지 않은 것은?

① 수용성 절삭유제는 원액에 물을 타서 사용한다.
② 라드유 등의 동물성 기름과 대두유 등의 식물성 기름은 저속 경 절삭에 적합하다.
③ 극압유는 윤활작용이 주 목적이다.
④ 광물성유 또는 혼합유의 극압첨가제로는 주석(Sn), 아연(Zn) 등이 쓰인다.

TIP 극압유의 첨가제는 염소(Cl), 황(S), 납(Pb), 인(P) 등이 첨가된다.

07 칩의 형성에서 일감이 연하고 인성이 큰 재질을, 윗면 경사각이 큰 공구로 절삭 깊이를 작게 하고 높은 절삭속도에서 절삭제를 사용하는 경우에 잘 생기는 것은?

① 전단형 칩 ② 경작형 칩
③ 유동형 칩 ④ 균열형 칩

TIP 유동형 칩

유동형 칩이 생기면 다듬면이 깨끗하며 절삭저항이 적다. 유동형 칩의 발생 조건은 아래와 같다.

- 가공재료가 연하고 인성이 클 때
- 윗면 경사각이 클 때
- 절삭 깊이가 작을 때
- 절삭속도가 클 때

08 다음 중 유동형 칩(chip)이 생겨나는 작업은?

① 판금 ② 선삭
③ 용접 ④ 주조

TIP 유동형 칩은 기계를 제작할 때 주조품이나 단조품을 이를 필요한 치수와 모양으로 가공하기 위해 절삭 공구를 사용하여 칩(Chip)을 내면서 깎는 가공을 할 때 발생한다.

05 ③ 06 ④ 07 ③ 08 ②

09 선반 가공에서 칩 브레이커의 옳은 설명은?

① 바이트 날 끝각이다.

② 칩의 절단장치이다.

③ 바이트 여유각이다.

④ 칩의 한 종류이다.

> **TIP** 칩 브레이커는 안전장치로 칩을 연속적으로 짧게 끊어주는 장치이다.

10 절삭가공 시 칩이 연속적으로 흘러나오며, 가공면이 깨끗하고 절삭작용이 원활한 칩의 형태는?

① 경작형 칩　② 균열형 칩
③ 전단형 칩　④ 유동형 칩

> **TIP** 유동형 칩
> 유동형 칩이 생기면 다듬면이 깨끗하며 절삭저항이 적다.

11 일감의 재질이 공구에 점착하기 쉬울 때, 공구의 윗면경사각이 작을 때, 절삭깊이가 클 때 나타나는 칩의 형태는?

① 유동형칩　② 전단형칩
③ 열단형칩　④ 균열형칩

> **TIP** 열단형 칩
> 칩이 경사면에 점착하여 흘러나가지 못하고 공구의 전진에 따라 압축되어 균열이 일어나면서 절삭되는 형태로 다듬면이 거칠어 좋지 않다. 열단형 칩이 생기는 경우는 다음과 같다.
> - 일감이 점성이 있고 공구에 점착하기 쉬울 때
> - 공구 윗면 경사각이 작을 때
> - 절삭 깊이가 클 때 등에 생기며 밭갈형이라고도 한다.

12 절삭작업에서 구성인선이 증가하는 경우는?

① 공구 윗면 경사각을 크게 한다.

② 마찰계수가 작은 공구를 사용한다.

③ 고속으로 절삭한다.

④ 칩의 두께를 크게 한다.

> **TIP** 구성인선(Built up edge)
> 절삭영역에서 국부적인 고온, 고압에 의하여 공구의 절삭날 n분에 일감의 미소한 입자가 공구와의 친화력에 의해 조금씩 응착하여 대단히 단단해지고 이것이 실제 절삭날의 역할을 하면서 절삭하게 되는데 이를 구성인선이라 하며 발생, 성장, 분열, 탈락을 1/10 ~ 1/200초 간격으로 반복한다. 발생 원인은 절삭 깊이를 깊게하거나, 경사각을 작게 또는 절삭속도를 느리게 할 경우이다.

13 절삭 공구재료의 구비조건으로 틀린 것은?

① 내마모성이 클 것
② 형상을 만들기 쉬울 것
③ 고온에서 경도가 낮고 취성이 클 것
④ 피삭재보다 단단하고 인성이 있을 것

> TIP 공구 재료 구비 조건은 다음과 같다.
> • 피절삭재보다 굳고 인성이 있을 것
> • 내마멸성이 높을 것
> • 값이 쌀 것
> • 절삭가공 중 온도상승에 따른 경도저하가 적을 것
> • 쉽게 원하는 모양으로 만들 수 있을 것

14 절삭 공구의 구비 조건으로 틀린 것은?

① 가공 재료보다 경도가 클 것
② 고온에서 경도가 감소되지 않을 것
③ 인장강도와 내마모성이 작을 것
④ 마찰 계수가 작을 것

15 공구강의 종류에 속하지 않는 것은?

① SCM
② STS
③ STC
④ STD

> TIP SCM은 기계구조용강으로 크롬 몰리브덴 강을 말한다.

16 "밀링에 사용하는 엔드밀의 재료는 일반적으로 SKH2를 사용한다"에서 SKH는 어떤 재료를 나타내는 KS 기호인가?

① 일반 구조용 압연 강재
② 고속도 공구강 강재
③ 기계 구조용 탄소 강재
④ 탄소 공구 강재

> TIP 고속도강
> (SKH, 일명 HSS[하이스강]라 불림)
> W(18) ~ Cr(4) ~ V(1)이 대표적으로 쓰이며 600℃ 부근에서 경도저하가 생기며 바이트나 밀링커터, 드릴 등에 사용된다.

17 W, Cr, V, Co 등의 원소를 함유하며 600℃까지 경도를 유지하며, 절삭속도는 같은 공구수명에 비하여 탄소공구강보다 약 2배가 넘는 공구재료는?

① 합금공구강
② 초경합금
③ 스텔라이트
④ 고속도공구강

13 ③ 14 ③ 15 ① 16 ② 17 ④

18 다음 공구 재료 중 가장 경도가 높고 내마멸성이 크며 비철금속의 정밀 절삭에 사용하는 공구는?

① 세라믹　　② 탄소공구강
③ 다이아몬드　④ 고속도강

> 💡 **다이아몬드 공구**
> 주로 비철금속의 정밀선삭에 사용, 취성이 크다. 경도가 가장 높고, 내마멸성도 크며 또 절삭속도가 가장 크고 능률적이다.

19 절삭유 사용에 대한 설명으로 가장 적합한 것은?

① 공구와 칩 사이의 마찰 감소로 절삭 성능을 향상시킨다.
② 공구 끝의 빌트 업 에지의 발생을 촉진한다.
③ 다듬질 면에 흠(상처)이 발생한다.
④ 절삭 공구의 경도를 저하시킨다.

> 💡 **절삭유의 작용**
> • 냉각작용 : 공구와 공작물의 온도상승 방지
> • 세척작용 : 칩을 씻어버리는 작용
> • 윤활작용 : 공구 윗면과 칩 사이의 마찰 감소

20 절삭유에 관한 설명으로 틀린 것은?

① 일감의 열 팽창에 의한 정밀도의 저하를 방지한다.
② 공구날의 경도 저하를 방지한다.
③ 마찰을 감소시키므로 가공면이 깨끗하다.
④ 칩으로 하여금 다듬어진 면에 상처를 준다.

> 💡 **절삭유의 장점**
> • 공구 수명 연장
> • 다듬질면의 향상
> • 가공능률 향상
> • 가공치수 정밀도 향상

21 절삭제의 사용목적 중 틀린 것은?

① 절삭열의 제거　② 마찰의 감소
③ 공구수명 연장　④ 절삭칩의 보호

> 💡 **절삭유 사용 목적**
> • 공구 절삭날의 경도 저하 방지
> • 공구 절삭날의 마모 방지, 수명연장
> • 공작물의 온도 상승 방지
> • 마찰감소, 표면을 매끄럽게
> • 다듬질면의 상처 방지

22 절삭유의 사용 목적이 아닌 것은?

① 바이트 및 공작물의 냉각
② 절삭공구의 수명 연장
③ 절삭저항의 증대
④ 정밀도의 저하 방지

18 ③　19 ①　20 ④　21 ④　22 ③

23 불수용성 절삭유로서 광물성 유에 속하지 않는 것은?

① 스핀들유 ② 기계유
③ 올리브유 ④ 경유

TIP 광물성유
점성이 낮고, 경절삭에 쓰이며 종류에는 기계유, 스핀들유, 경유가 있다.

24 극압유는 절삭 공구가 고온 고압 상태에서 마찰을 받을 때 사용하는데, 이 극압유의 극압 첨가제로 사용되지 않는 것은?

① S   ② Cr
③ Pb ④ P

TIP 극압유의 첨가제는 염소(Cl), 황(S), 납(Pb), 인(P) 등이 첨가된다.

25 광물성유를 화학적으로 처리하여 원액과 80% 정도의 물과 혼합하여 사용하며, 표면 활성제와 부식 방지제를 첨가하여 사용하는 절삭유는?

① 수용성 절삭유 ② 석유
③ 유화유 ④ 광유

TIP 에멜선유(유화유)
광유와 비눗물을 혼합하여 사용한다.

26 다음 중 절삭유의 종류가 아닌 것은?

① 알칼리성 수용액
② 광유
③ 그리스
④ 동식물유

TIP 그리스는 윤활제이다.

27 절삭공구의 수명판정을 하는 데 그 기준이 되지 않는 것은?

① 마멸량(플랭크 마멸, 크레이터 마멸)이 일정값에 도달한 경우
② 치핑, 파손의 손상을 받을 경우
③ 절삭저항이 어느 한도를 넘는 경우
④ 구성인선이 발생할 경우

TIP 절삭공구 수명 판정법
- 완성가공면에 광택이 있는 색조 또는 반점이 생길 때
- 공구 날끝의 마모가 일정량에 달하였을 때
- 완성 가공된 제품의 치수변화가 일정량에 달하였을 때
- 절삭 저항의 주분력에는 변화가 없어도 배분력 또는 이송분력이 급격히 변하는 경우

23 ③ 24 ② 25 ③ 26 ③ 27 ④

03 선반(Lathe)

선반은 공작물을 주축에 고정시켜 회전시키고 공구대에 설치된 바이트에 절삭깊이와 이송을 주어 일감을 절삭하는 공작기계이다.

01 선반의 구조

주축대, 심압대, 왕복대, 베드

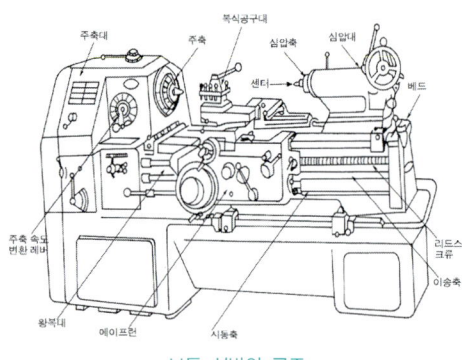

보통 선반의 구조

1 주축

선반의 가장 중요한 부분으로서 공작물을 지지, 회전 및 동력전달을 하는 부분으로 주축(Spindle)은 중공으로 되어 있으며 주축 앞쪽엔 척이나 면판 등을 고정할 수 있게 되어 있고 모오스 테이퍼로 되어있다.

2 심압대

심압대는 주축대의 반대쪽 베드 위에 있으며 작업내용에 따라 다음과 같이 사용된다.

① 축에 정지센터를 끼워 긴 공작물을 고정할 수 있다.
② 심압대를 편위시켜 테이퍼 절삭이 된다.
③ 심압축을 베드 위에서 움직일 수 있다.
④ 구멍뚫기 작업 시는 드릴이나 리머를 설치한다.
⑤ 심압대축은 모오스테이퍼로 되어 있다.

3 왕복대

왕복대는 베드 위에서 공구를 가로 및 세로방향으로 이송시키는 부분이다. 왕복대는 에이프런과 새들 복식공구대로 나눈다.

(1) 에이프런(Apron)

자동이송장치, 나사깎기 장치 등이 내장되어 있으며 왕복대의 전면 즉, 새들의 앞쪽에 있다.

(2) 새들(Saddle)

H자로 되어 있으며 베드면과 미끄럼 접촉을 한다.

(3) 복식 공구대(Tool post)

공구를 고정하는 부분으로 회전시켜 테이퍼 절삭을 할 수 있다.

4 베드

베드는 주로 40 ~ 60%의 강철파쇄를 넣어 만든 강인 주철로 제작하며 왕복대, 심압대의 이동에 안내가 된다.(강도 보강을 목적으로 리브(Rib)가 붙어 있다.) 종류에는 영식(평형)과 미식(산형)이 있으며 특징은 다음과 같다.

(1) 영식 베드★★★

안내면은 평면이고 수압면적이 커서 강력 절삭을 요하는 대형선반에 쓰인다.(그림 (a))

(2) 미식 베드★★★

안내면이 산형이고 운동정밀도가 좋고 정밀절삭, 중·소형 선반에 쓰인다.(그림 (b)) 베드는 표면경화(화염 경화법)를 하며 주조 후 주조응력을 제거할 목적으로 시즈닝을 한다.

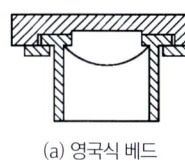
(a) 영국식 베드

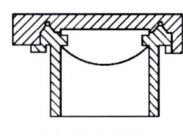
(b) 미국식 베드

베드

02 선반의 가공분야

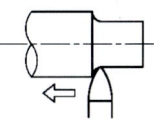
(a) 외경절삭

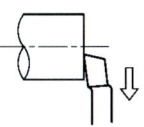
(b) 끝면(단면)절삭

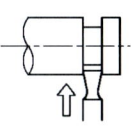
(c) 홈절단작업

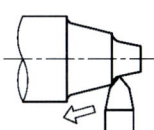
(d) 테이퍼 절삭

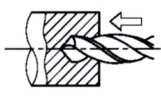
(e) 드릴링

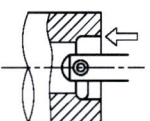
(f) 보오링

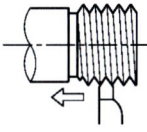
(g) 수나사깎기

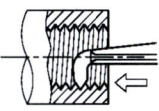
(h) 암나사깎기

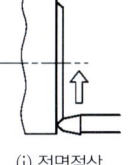
(i) 정면절삭

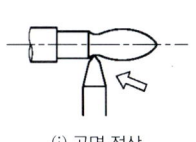
(j) 곡면 절삭

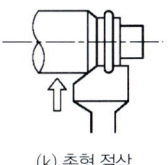
(k) 총형 절삭

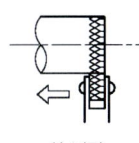
(l) 널링

가공분야

03 선반 크기의 표시

(1) 베드 위의 스윙

베드에 닿지 않게 주축에 설치할 수 있는 공작물의 최대 지름★★

(2) 왕복대 위의 스윙

왕복대에 닿지 않게 주축에 설치할 수 있는 공작물의 최대 지름

(3) 양 센터 사이의 최대 길이

양 센터에 설치할 수 있는 공작물의 최대 길이

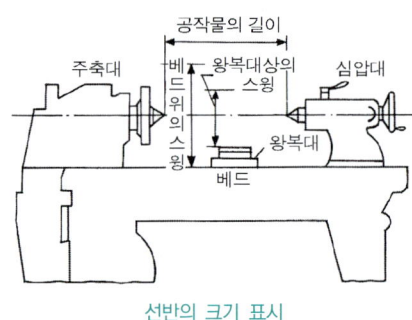

선반의 크기 표시

04 선반용 부속품

1 센터(Center)

주축과 심압대축에 삽입되어 공작물을 지지하는 것으로 선단각은 다음과 같다.

① 보통 일감 : 60°
② 중량물 지지 : 75°, 90°

(1) 회전 센터(Live Center)★★

주축에 삽입되어 회전하는 센터로 재질은 연강을 쓴다.

(2) 정지 센터(Dead Center)★★

심압대에 끼워져 회전하지 않는 센터로 윤활유를 주입해야 한다.

(3) 베어링 센터(Bearing Center)

심압대에 끼워 사용하며 일감과 함께 회전하므로 고속회전에 쓰인다.

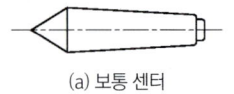
(a) 보통 센터

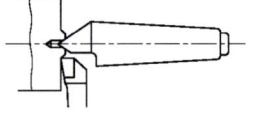
(b) 하프센터

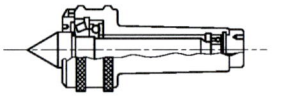
(c) 베어링 센터

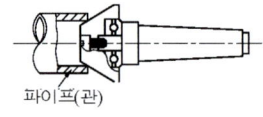
(d) 파이프 센터

센터

(4) 하프 센터(Half Center)★★★

끝면(단면) 절삭에 쓰이는 센터[그림 (b)]
• 센터 드릴 : 일감에 센터의 끝이 들어가는 구멍을 뚫는 드릴이다. 선단각은 60°로 크기는 드릴 선단의 지름(d_1)으로 표시한다.

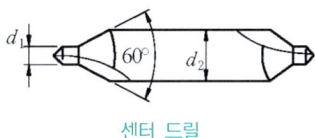

센터 드릴

2 척(Chuck)

공작물을 지지하고 회전시키는 부품으로 주축에 설치한다.

(1) 단동 척(Independent Chuck)★★★

4개의 조가 각각 단독으로 움직일 수 있으므로 불규칙한 모양의 일감을 고정하는 데 편리하며 강한 체결력을 가진다. 그러나 센터를 정확하게 맞추는 데는 오랜 시간과 숙련이 필요하다.[그림 3-6 (a)]

(2) 연동 척(Universal Chuck)★★★, 또는 스크롤 척(Scroll Chuck)

조는 3개이며 동시에 움직이므로 원형, 정삼각형의 일감을 고정하는데 편리하다. [그림 3-6 (b)]

(3) 복동 척(Combination Chuck), 양용척

연동 척+단동 척, 조가 동시에 움직이기도 하고 개별적으로 움직일 수도 있다.

(4) 마그네틱 척, 전자 척(Magnetic Chuck)

두께가 얇은 일감을 변형시키지 않고 고정시킬 수 있다.[그림 3-6 (c)]

(5) 콜릿 척(Collet Chuck)★★★

가는 지름 또는 환봉재의 고정에 편리하다.[그림 3-6 (d)]

(6) 압축공기 척(Compressed Air Operated Chuck)

압축공기를 이용하여 조를 자동적으로 움직여 공작물을 고정하며, 기계 운전을 정지하지 않고 일감을 고정하거나 분리시킬 수 있다. 압축공기 대신 압력유를 쓰면 유압척(Oil Chuck)이라 한다.

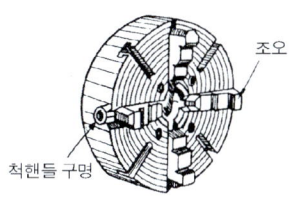

(a) 단동 척

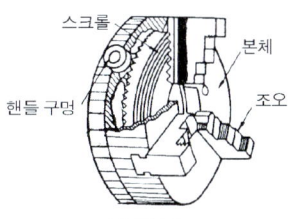

(b) 연동 척

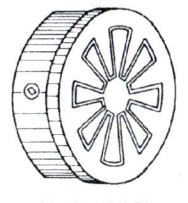

(c) 마그네틱 척

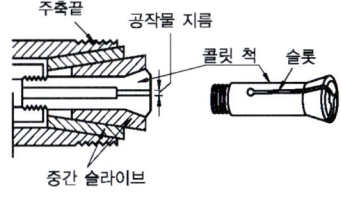

[그림 3-6] 여러가지 선반용 척

① 척의 크기 표시
  ㉠ 척의 바깥지름 : 단동 척, 연동 척, 복동 척, 마그네틱 척, 압축공기 척

ⓛ 물릴 수 있는 공작물의 지름 : 콜릿
  척, 벨 척

3 면판(Face Plate)★★

척 작업이 곤란한 큰 공작물이나 복잡한 형상의 공작물을 볼트나 앵글 플레이트로 면판에 고정한다.[그림3-7 (a), (b)]

4 돌림판(Driving Plate)★★과 돌리개(dog)

양 센터 작업 시 돌리개로 공작물을 지지하고 돌림판에 돌리개를 걸어 돌림판(회전판)의 회전이 돌리개를 거쳐 공작물에 회전을 준다.[그림 3-7(c)]

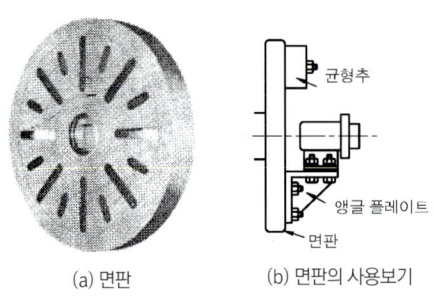

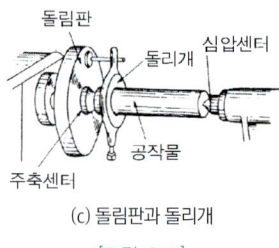

[그림 3-7]

5 맨드릴(Mandrel)★★★, 심봉

내면이 다듬질된 중공의 공작물의 외면을 가공할 때 구멍에 끼워 사용하는 것을 맨드릴 또는 심봉이라 하며 내면과 외면이 동심원이 되도록 가공하는 것이 주목적이다.(풀리나 기어소재 가공)

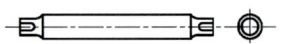

(a) 표준 맨드릴 (테이퍼 1/100 ~ 1/1,000)

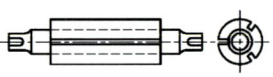

(b) 팽창 맨드릴(지름 조절)

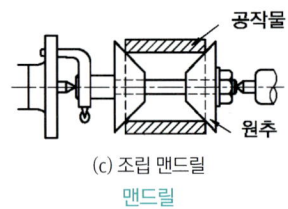

(c) 조립 맨드릴

맨드릴

6 방진구(Work rest)★★★

지름에 비해 길이가 긴(20배) 재료를 가공할 때 자중에 의해 휘거나 절삭력에 의해 휘는 것을 방지하는데 쓰인다.

(1) 고정 방진구★★

베드 위에 고정하며 절삭 범위에 제한을 받는다.(조 3개 120° 간격)(a)

(2) 이동 방진구★★★

왕복대의 새들에 고정되며 절삭범위에 제한없이 가공할 수 있다.(조 2개)(b)

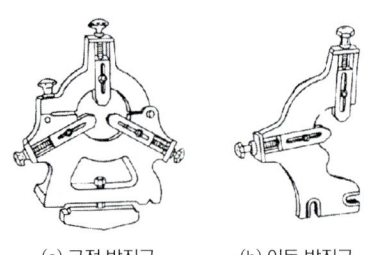

(a) 고정 방진구   (b) 이동 방진구

방진구 사용 보기

05 선반의 종류

1 보통 선반(Engine Lathe)

가장 일반적으로 사용하는 것으로 단차식과 기어식이 있다. 다품종 소량생산과 수리에 사용한다.

2 탁상 선반(Bench Lathe)

작업대 위에 고정시켜 사용하는 모형 보통 선반이다. 시계, 계기 등의 부품가공에 적당하다.

3 모방 선반(Copying Lathe)★★

형판(모형)에 따라 공구대가 자동적으로 절삭깊이 및 이송운동을 하는 것으로 형판과 같은 윤곽을 깎아내는 선반. 형판 대신에 모형, 또는 실물을 사용할 수도 있다.

4 터릿 선반(Turret Lathe)

볼트 작은 나사 및 핀과 같이 작은 일감을 대량 생산하거나 능률적으로 가공할 때는 터릿선반(Thrret Lathe)을 사용한다. 반자동 선반이며 심압대 대신에 터릿(6~8개의 절삭공구)을 사용하여 1행정이 끝날 때마다 터릿을 돌리고 다음 절삭공구를 절삭위치에 오게 한다.

5 자동 선반(Automatic Lathe)★★

자동선반은 선반의 조작을 캠이나 유압기구를 이용 자동화한 것으로 대량생산에 적합하다. 용도는 주로 핀, 볼트 등에서부터 시계 및 자동차 부품까지 대량 생산할 수 있다.

6 공구 선반(Tool Room Lathe)★★★

공구선반은 보통선반과 같으나 정밀한 형식으로 되어 있으며 테이퍼 깎기 장치, 릴리이빙 장치가 부속되어 있고, 공구선반은 고정밀도의 가공을 목적으로 각종 공구 종류나 테이퍼 게이지, 나사 게이지 등을 만들기 위한 선반이다.

❓ 릴리이빙
공구의 여유각 깎기 작업

7 정면 선반(Face Lathe)★★

정면선반(Face Lathe)은 짧고 지름이 큰 일감을 절삭하는데 쓰이는 것으로 주축대에 지름이 큰 면판을 구비하고 있으며 왕복대는 주축 중심선과 수직으로 왕복하는 베드 위에 놓여 있다.

8 수직 선반(Vertical Lathe)

공구의 길이 방향 이송이 수직방향으로 되어 있고 대형이며 중량물을 깎는데 쓰인다. 일감 교정이 쉽고 안정된 중절삭을 할 수 있으므로 정밀도가 매우 높다.

9 NC 선반 (Numerical Control Lathe)

자기 테이프(Magnetic Tape), 천공 테이프 또는 카드(Card)의 절삭에 필요한 모든 정보를 수치적인 부호의 모양으로 기록하며, 이 정보의 명령에 따라 절삭공구와 새들의 운동으로 제어하도록 만든 선반이다.

10 다인 선반(Multi Cut Lathe)

공구대에 여러 개의 바이트가 부착되어 이 바이트의 전부 또는 일부가 동시에 절삭가공을 하는 선반. 이상의 선반 외에도 차륜 선반(Wheel Lathe), 차축 선반(Axle Lathe), 크랭크축 선반(Crank Shaft Lathe), 캠축 선반(Cam Shaft Lathe), 로울 선반(Roll Lathe) 등이 있다.

06 선반 작업

1 절삭 저항★★★

절삭가공은 절삭의 세 가지 운동에 의하여 이루어지는데, 절삭할 때 날 끝에 가해지는 힘을 절삭저항이라 한다.

(1) 주분력

절삭 방향의 분력으로 3분력 중 가장 큰 분력이며 단순히 절삭저항이라고도 한다.

(2) 배분력

절삭 깊이 방향의 분력으로 가공 정밀도에 영향을 준다.

(3) 이송 분력(횡분력)

바이트 이송방향의 분력

절삭저항의 3분력 크기
주분력 > 배분력 > 횡분력(이송분력)

절삭 저항의 3분력

2 절삭 속도★★★

절삭 시 공구에 대한 공작물의 상대속도를 절삭속도라 한다.

$$v = \frac{\pi d n}{1000}$$

$$n = \frac{1000v}{\pi d}$$

v : 절삭속도(m/min)
d : 공작물 지름(mm)
n : 분당 회전수(RPM)

3 공구 수명 및 마멸

(1) 공구 수명

절삭을 시작하여 공구를 재연삭할 필요가 생기기까지의 유효절삭 시간을 공구수명이라 한다.

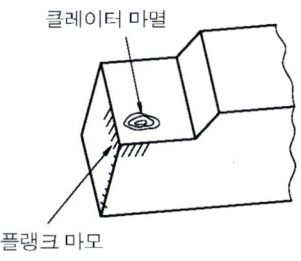

공구의 마멸

① 절삭공구 수명 판정법★★
  ㉠ 완성가공면에 광택이 있는 색조 또는 반점이 생길 때
  ㉡ 공구 날끝의 마모가 일정량에 달하였을 때
  ㉢ 완성 가공된 제품의 치수변화가 일정량에 달하였을 때
  ㉣ 절삭 저항의 주분력에는 변화가 없어도 배분력 또는 이송분력이 급격히 변하는 경우

(2) 공구 마멸

① 크레이터(Crater) 현상 : 공작물 가공 시 변형에 의하여 경화된 칩이 공구면에 작용하여 마멸되거나, 고온·고압으로 인하여 공구에 융착현상이 생겨 공구의 표면층의 일부가 움푹하게 파여지는 현상
② 플랭크 마멸(Flank wear)현상 : 공구의 플랭크면이 공작물과 평행하게 마멸되는 현상
③ 치핑(Chipping) : 결손이라고도 하며 밀링, 세이퍼 등과 같이 절삭날 끝에 충격이 작용하는 경우나 경질 합금과 같은 공구재료를 사용할 경우 발생하는 현상으로 날끝의 일부가 충격에 의해 파괴되어 탈락하는 것이다.

(3) 공구각

① 경사각(rake angle) : 경사각이 크면 절삭저항이 감소하여 아름다운 다듬면을 얻을 수 있으나 날끝의 강도는 약화된다.

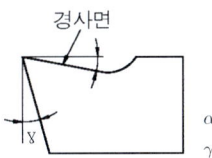

α : 경사각
γ : 전방 여유각

② 여유각(Clearance angle) : 공작물과 바이트의 마찰을 적게하기 위해 주는 각이다.

(4) 바이트의 설치

① 바이트 끝의 높이와 센터높이를 같게 한다.
② 바이트의 돌출 길이는 될수록 짧게 한다.
③ 바이트의 자루는 수평으로 고정한다.
④ 심(Shim)은 될 수 있는대로 바이트 자루면 전체에 닿게 한다.
⑤ 바이트위에도 심을 넣고, 바이트 자루에 홈이 나지 않도록 한다.

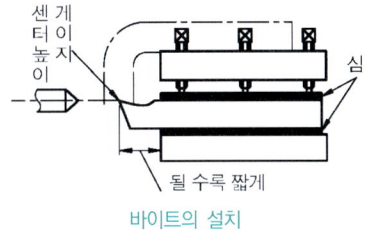

바이트의 설치

4 테이퍼 작업★★★★

(1) 심압대를 편위시키는 방법

테이퍼 길이가 길고, 테이퍼양이 작을 경우에 사용하는 방법으로 심압대 편위량 x는 다음과 같이 구한다.

$$\chi = \frac{D-d}{2} : 전체가 테이퍼일 경우$$

$$\chi = \frac{(D-d)L}{2\ell} : 일부만 테이퍼일 경우$$

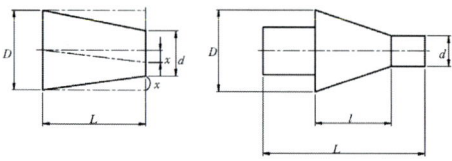

(2) 복식 공구대 선회시키는 방법

테이퍼 길이가 짧고, 테이퍼양이 클 경우에 사용하는 방법으로 선회각 θ는 다음 식으로 구한다.

$$\tan\theta = \frac{D-d}{2L}$$

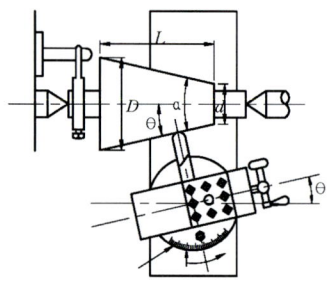

(3) 테이퍼 절삭장치(Taper attachment)에 의한 방법

5 나사 절삭 작업

주축과 리드 스크루(lead screw)를 기어로 연결시켜 주축에 회전을 주면 리드 스크루도 회전한다. 이 때 리드 스크루에 연결된 바이트가 이송하며 나사를 깎게 된다.

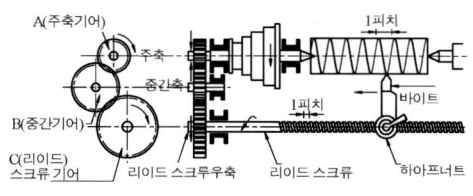

나사깎기 작업

- 공작물이 1회전하는 동안에 리드 스크루는 깎어야 할 나사의 1피치 만큼 이송하여 나사를 깎는다.

(1) 변환기어 계산법

$$\frac{공작물의 피치}{리드스크루피치(어미나사피치)} = \frac{주축에 끼워야 할 기어 잇수(A)}{리드스크루에 끼워야 할 기어 잇수(D)}$$

(2단걸기)

회전비가 1 : 6 보다 적을 때는 위와 같이 단식(2단 걸기)법을 쓰고 1 : 6보다 클 때는 복식(4단 걸기)법을 쓴다.

$$\frac{P}{\rho^1} = \frac{A}{B} \times \frac{C}{D}$$

- P : 공작물 피치(mm), 인치식인 경우에는 $\frac{1}{1인치당산수}$로 대입
- ρ : 리드 스크루 피치(mm), 인치식인 경우에는 $\frac{1}{1인치당산수}$로 대입
- A : 주축에 설치할 기어의 잇수
- B : 중간기어
- C : 중간기어
- D : 리드 스크루쪽에 설치할 기어의 잇수

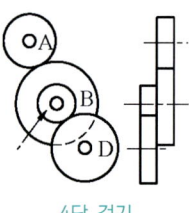

4단 걸기

- 리드 스크루나 공작물 둘 중에 하나가 인치식인 경우에는 단위환산을 위해서 잇수가 127인 기어는 꼭 들어가야 한다. (1/25.4에 5씩 곱하면 5/127가 되므로)

예제 | 1

리드 스크루 피치가 2(산/in)인 선반에서 피치 6mm의 나사를 깎을 때 변환 기어를 구하라. ★★

$$\frac{P}{\rho} = \frac{6 \times \frac{5}{127}}{\frac{1}{2}} = \frac{60}{127}$$

$$\therefore A = 60, \ D = 127$$

❓ 나사절삭 시 필요한 것
- 센터 게이지 : 나사 바이트의 각도 검사
- 하프 너트 : 리드 스크루에 자동이송을 연결시켜 나사깎기 작업을 할 수 있게 한다.

❓ 스플릿 너트
체이싱 다이얼 : 나사 절삭 시 2번째 이후의 절삭 시기를 알려준다.

03 선반(Lathe) 예상문제

01 다음 중 선반의 주요 부품 명칭이 아닌 것은?

① 심압대 ② 베드
③ 왕복대 ④ 램

> TIP 선반의 주요 부품은 주축대, 심압대, 왕복대, 베드 이다.

02 자동이송장치, 나사깍기 장치 등이 내장되어 있으며 왕복대의 전면에 있는 부품 명칭은?

① 센터 ② 주축
③ 새들 ④ 에이프런

> TIP 에이프런(Apron)
> 자동이송장치, 나사깍기 장치 등이 내장되어 있으며 왕복대의 전면 즉 새들의 앞쪽에 있다.

03 미식 베드의 설명으로 틀린 것은?

① 안내면이 산형이다.
② 운동정밀도가 좋다.
③ 강력절삭에 쓰인다.
④ 정밀절삭에 사용이 된다.

> TIP 미식 베드
> 안내면이 산형이고 운동정밀도가 좋고 정밀절삭, 중·소형 선반에 쓰인다.

04 선반 크기 표시로 틀린 것은?

① 베드 위의 스윙
② 왕복대 위의 스윙
③ 테이블의 최대 이동 거리
④ 양 센터 간의 최대 거리

> TIP 선반 크기의 표시
> • 베드 위의 스윙 : 베드에 닿지 않게 주축에 설치할 수 있는 공작물의 최대 지름
> • 왕복대 위의 스윙 : 왕복대에 닿지 않게 주축에 설치할 수 있는 공작물의 최대 지름
> • 양 센터 사이의 최대 길이 : 양 센터에 설치할 수 있는 공작물의 최대 길이

01 ④ 02 ④ 03 ③ 04 ③

05 선반작업에서 사용하는 센터가 아닌 것은?

① 하프 센터   ② 게이지 센터
③ 파이프 센터   ④ 베어링 센터

> **TIP** 센터(Center)의 종류
> - 회전 센터(Live Center) : 주축에 삽입되어 회전하는 센터로 재질은 연강을 쓴다.
> - 정지 센터(Dead Center) : 심압대에 끼워져 회전하지 않는 센터로 윤활유를 주입해야 한다.
> - 베어링 센터(Bearing Center) : 심압대에 끼워 사용하며 일감과 함께 회전하므로 고속회전에 쓰인다.
> - 하프 센터(Half Center) : 끝면(단면) 절삭에 쓰이는 센터

06 선반에서 끝면 깎기에 쓰이는 센터는?

① 회전센터   ② 하프센터
③ 베어링센터   ④ 파이프센터

> **TIP** 하프 센터(Half Center)
> 끝면(단면) 절삭에 쓰이는 센터

07 조가 3개이며 원형, 정삼각형의 일감을 고정하는데 편리한 척은?

① 단동 척   ② 연동 척
③ 콜릿 척   ④ 복동 척

> **TIP** 연동 척(Universal Chuck), 또는 스크롤 척(Scroll Chuck)
> 조는 3개이며 동시에 움직이므로 원형, 정삼각형의 일감을 고정하는데 편리하다.

08 중공의 공작물의 외면을 가공할 때 구멍에 끼워 사용하는 것을 무엇이라 하는가?

① 돌림판   ② 돌리개
③ 면판   ④ 심봉(맨드릴)

> **TIP** 맨드릴(Mandrel), 심봉
> 내면이 다듬질된 중공의 공작물의 외면을 가공할 때 구멍에 끼워 사용하는 것을 맨드릴 또는 심봉이라 하며 내면과 외면이 동심원이 되도록 가공하는 것이 주목적이다.

09 지름에 비해 길이가 긴 재료를 가공할 때 자중에 의해 휘는 것을 방지하기 위한 것은?

① 맨드릴   ② 방진구
③ 면판   ④ 척

> **TIP** 방진구(Work rest)
> 지름에 비해 길이가 긴(20배) 재료를 가공할 때 자중에 의해 휘거나 절삭력에 의해 휘는 것을 방지하는데 쓰인다.

05 ②   06 ②   07 ②   08 ④   09 ②

10 형판을 따라 공구대가 자동적으로 절삭 깊이 및 이송운동을 하는 선반은?

① 탁상선반　② 모방선반
③ 자동선반　④ 공구선반

> TIP 모방 선반(Copying Lathe)
> 형판(모형)에 따라 공구대가 자동적으로 절삭깊이 및 이송운동을 하는 것으로 형판과 같은 윤곽을 깎아내는 선반

11 테이퍼 깎기 장치, 릴리이빙 장치가 부속되어 있고 고정밀도의 가공을 목적으로 하는 선반은?

① 공구선반　② 터릿선반
③ 수직선반　④ 다인선반

> TIP 공구 선반(Tool Room Lathe)
> 공구선반은 보통선반과 같으나 정밀한 형식으로 되어 있으며 테이퍼 깎기 장치, 릴리이빙 장치가 부속되어 있고, 공구선반은 고정밀도의 가공을 목적으로 한다.

12 주로 짧고 지름이 큰 일감을 절삭하는데 쓰이는 선반은?

① NC선반　② 공구선반
③ 수직선반　④ 정면선반

> TIP 정면 선반(Face Lathe)
> 짧고 지름이 큰 일감을 절삭하는데 쓰이는 것으로 주축대에 지름이 큰 면판을 구비하고 있으며 왕복대는 주축 중심선과 수직으로 왕복하는 베드 위에 놓여 있다.

13 절삭공구의 수명 판정법으로 틀린 것은?

① 완성 가공면에 광택이 있는 색조 또는 반점이 생길 때
② 공구 날끝의 마모가 일정량에 달하였을 때
③ 완성 가공된 제품의 치수변화가 일정량에 달하였을 때
④ 완성 가공된 제품이 적정 수량이 됐을 때

> TIP 절삭공구 수명 판정법
> - 완성가공면에 광택이 있는 색조 또는 반점이 생길 때
> - 공구 날끝의 마모가 일정량에 달하였을 때
> - 완성 가공된 제품의 치수변화가 일정량에 달하였을 때
> - 절삭 저항의 주분력에는 변화가 없어도 배분력 또는 이송분력이 급격히 변하는 경우

10 ② 11 ① 12 ④ 13 ④

14 선반에서 할 수 없는 작업은?

① 보링(boring) 작업
② 널링(knuring) 작업
③ 드릴링(drilling) 작업
④ 인덱싱(indexing) 작업

💡TIP 인덱싱은 밀링에서 작업을 한다.

선반 가공 분야

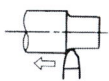
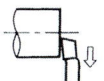

외경절삭　　　끝면(단면)절삭

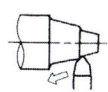

홈절단작업　　테이퍼 절삭

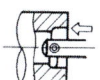

드릴링　　　　보링

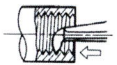

수나사깎기　　암나사깎기

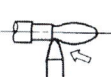

정면절삭　　　곡면 절삭

총형 절삭　　　널링

15 선반 복식공구대의 테이퍼 절삭에서 일감의 큰지름 D(mm), 작은 지름 d(mm), 테이퍼 값을 T라고 하면 테이퍼의 길이 L(mm)을 구하는 식으로 옳은 것은?

① $L = \dfrac{T}{(D-d)}$　② $L = \dfrac{(D-d)}{T}$

③ $L = \dfrac{3(D-d)}{2T}$　④ $L = \dfrac{(D-d)}{2T}$

💡TIP $T = \dfrac{D-d}{L}$

16 선반에서 테이퍼 작업을 할 경우 전체길이에 대한 심압대 편위량 X를 구하는 식으로 옳은 것은? (단, D : 테이퍼의 큰 지름, d : 테이퍼의 작은 지름, ℓ : 테이퍼의 길이, L : 공작물의 전체길이이다.)

① $X = (D-d)/2$
② $X = (D-d)L/2\ell$
③ $X = (D-d)/2L$
④ $X = (D-d)\ell/2L$

💡TIP $\chi = \dfrac{D-d}{2}$ (전체가 테이퍼일 경우)

$\chi = \dfrac{(D-d) \cdot L}{2 \cdot \ell}$ (일부 테이퍼)

14 ④　15 ②　16 ①

17 선삭에서 절삭 속도가 15.7m/min, 가공물의 지름이 200mm였다면 스핀들의 회전수는 몇 rpm 정도인가?

① 25 ② 50
③ 54 ④ 70

TIP 절삭 속도

절삭 시 공구에 대한 공작물의 상대속도를 절삭속도라 한다.

$$v = \frac{\pi d n}{1000}, \quad n = \frac{1000v}{\pi d}$$

- v : 절삭속도(m/min)
- d : 공작물 지름(mm)
- n : 분당 회전수(RPM)

따라서 공식에 대입하면

$$N = \frac{1000 \times 15.7}{3.14 \times 200}, \quad N = 25$$

18 선반 가공에서 칩 브레이커의 옳은 설명은?

① 바이트 날 끝각이다.
② 칩의 절단장치이다.
③ 바이트 여유각이다.
④ 칩의 한 종류이다.

TIP 칩 브레이커는 칩을 짧게 연속으로 끊어주는 안전장치이다.

19 선반 테이퍼 깎기에서 테이퍼부의 작은 끝의 지름이 35.91mm, 큰 끝의 지름이 41.27mm, 길이가 203.7mm 이며, 재료의 전 길이는 320mm인 것을 깎으려고 한다. 심압대 센터의 편위 거리는?

① 약 0.71mm ② 약 4.21mm
③ 약 6.71mm ④ 약 8.21mm

TIP $x = \dfrac{(D-d)L}{2 \cdot \ell}$ (일부 테이퍼일 경우)

따라서 $x = \dfrac{(41.27 - 35.91) \times 320}{2 \times 203.7}$

x = 약 4.21

20 심압대를 이용하여 큰 쪽 지름이 ⌀10이고 작은 쪽 지름이 ⌀6인 테이퍼를 가공하려 할 때 편위량(mm)은? (단, 가공물 전체가 테이퍼임)

① 2 ② 3
③ 4 ④ 5

TIP $x = \dfrac{10-6}{2}, \quad x = 2$

17 ① 18 ② 19 ② 20 ①

04 드릴링(Drilling), 보링(Boring)

> 드릴링이란 구멍을 뚫는 작업을 말하며 보링은 이미 뚫린 구멍을 더욱 크고 정밀하게 뚫는 작업을 말한다.

01 드릴링 머신

1 드릴링 머신의 가공 종류

(1) 드릴링(drilling) – D

드릴로 구멍을 뚫는 작업

(2) 보링(boring) – B

뚫린 구멍이나 주조한 구멍을 넓히는 작업

(3) 리이밍(reaming) – FR

뚫린 구멍을 리이머로 정밀하게 다듬는 작업

(4) 태핑(tapping)

탭을 사용하여 암나사를 가공하는 작업

(5) 스폿 페이싱(spot facing) – DS

너트가 닿는 부분을 절삭하여 평평하게 자리를 만드는 작업

(6) 카운터 보링(counter boring) – DCB

작은 나사나 둥근머리 볼트의 머리가 묻히게 깊은 자리를 파는 작업

(7) 카운터 싱킹(counter sinking) – DCS

접시머리 볼트의 머리가 묻히도록 원뿔자리를 파는 작업

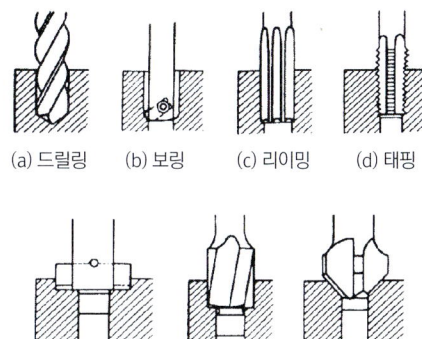

(a) 드릴링 (b) 보링 (c) 리이밍 (d) 태핑

(e) 스폿 페이싱 (f) 카운터 보어 (g) 카운터 싱킹

드릴 가공 종류

2 드릴링 머신의 종류

(1) 직립 드릴링 머신 (Upright drilling machine)

지름 50mm 정도까지의 드릴가공을 할 수 있고 구동과 변속은 단차 또는 기어를 사용한다.

(2) 탁상 드릴링 머신
(Bench drilling machine)

작업대 위에 설치하여 사용하는 소형 드릴링 머신으로 비교적 작은 공작물에 13mm 이하의 구멍을 뚫는데 편리하다.

(3) 레이디얼 드릴링 머신
(Radial drilling machine)★★

컬럼을 중심으로 아암이 360° 선회하며 아암에는 드릴헤드가 붙어 있어 대형 일감을 움직이지 않고 드릴헤드를 움직여 구멍을 뚫을 수 있다.

(4) 다축 드릴링 머신
(Multihead drilling machine)★★

1대의 기계에 여러 개의 스핀들이 있어 같은 평면 안에 다수의 구멍을 동시에 드릴 가공할 수 있다.

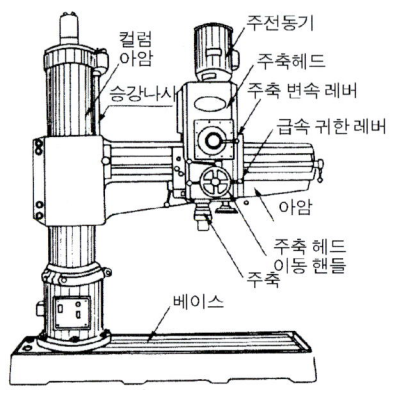

(b) 레이디얼 드릴링 머신

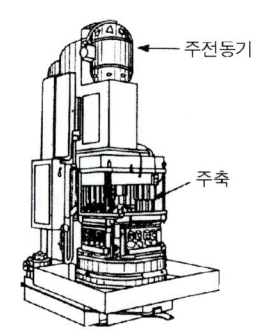

(c) 다축 드릴링 머신

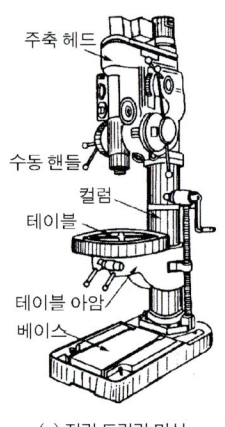

(a) 직립 드릴링 머신

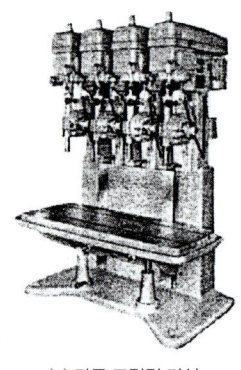

(d) 다두 드릴링 머신

드릴의 종류

(5) 다두 드릴링 머신
(Multihead drilling machine)★★

1대의 기계에 여러 개의 스핀들이 나란히 있어 각 스핀들에 여러 가지 공구를 꽂아 드릴링, 리이밍, 태핑 등을 순서에 따라 연속작업을 할 수 있다.

(6) 심공 드릴링 머신 (deep hole drilling machine)

오일 구멍과 같이 지름에 비해서 비교적 깊은 구멍을 능률적으로 정확히 가공한다.

3 드릴 각부 명칭 및 종류

(1) 드릴 각부 명칭

① 드릴 끝(Chisel point : 치즐 포인트) : 드릴 끝점으로 두 날이 만나는 정점(직선)

② 날끝 각 : 양쪽 날이 이루는 각도로, 일반적으로 연강에서는 118°이다.★★★

③ 비틀림 각 : 드릴축과 비틀림홈이 이루는 각으로 약 20° ~ 32°가 된다.

④ 웨브(web) : 홈과 홈 사이의 벽두께를 말하며 자루쪽으로 갈수록 두꺼워진다.

⑤ 마진(margin) : 예비적인 날의 역할과 날의 강도를 보강하며, 드릴의 크기를 정하고 드릴의 위치를 잡아준다.

(2) 드릴 여유

① 몸여유 : 드릴 구멍과 드릴이 마찰하지 않도록 자루쪽으로 백테이퍼가 되게 한 것

② 지름여유 : 날 뒷면이 구멍 내면과 마찰하지 않도록 각 홈 앞부분을 따라 좁은 띠(마진)를 남겨 놓고 뒷부분은 조금 깎아 놓는데, 이 틈새를 지름여유라 한다.

③ 날여유 : 드릴 끝이 깎는 날 뒷면이 뚫린 구멍 끝의 원뿔면과 마찰하지 않도록 만든 여유를 날 여유라 한다.

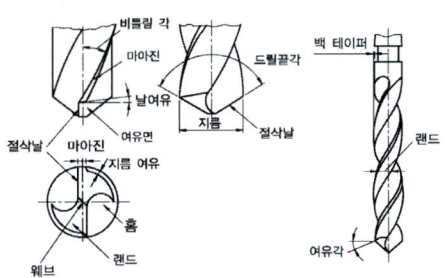

드릴 각 부 명칭

(3) 드릴의 종류

① 곧은 자루 : 지름 13mm 이하의 드릴★★

② 테이퍼 자루 : 지름 13mm 이상의 드릴을 모스 테이퍼(1/20)로 되어 있다. 가장 널리 쓰이는 드릴은 두줄 비틀림(트위스트) 홈 드릴이고, 깊은 구멍을 뚫을 때는 기름 홈 드릴을 쓰면 된다.

트위스트 드릴

기름 홈 드릴

이외에도 직선홈 드릴, 평드릴, 반원 드릴, 센터 드릴 등이 있다.

4 드릴 작업★★★

(1) 절삭속도와 이송

① 절삭속도

$$v = \frac{\pi dn}{1,000}$$

$$n = \frac{1,000 \cdot v}{\pi d}$$

v : 절삭속도(m/min)
d : 드릴지름(mm)
n : 드릴의 회전수(rpm)

② 이송★★

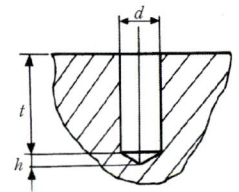

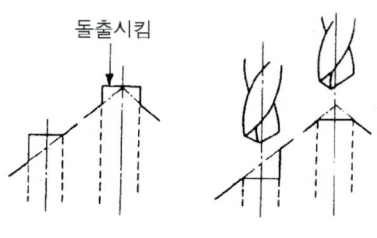

(a) 경사면 구멍 뚫기

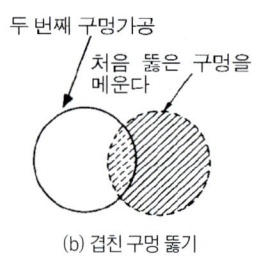

(b) 겹친 구멍 뚫기

드릴 작업 요령

$$T = \frac{t+h}{n \cdot s}$$ 에서

$$n = \frac{1,000 \cdot v}{\pi d}$$ 이므로

- T : 구멍을 뚫는데 요하는 시간(min)
- t : 구멍 깊이(mm)
- h : 원뿔 높이(mm)
- s : 1회전당 이송량(mm)

(2) 절삭유

① 절삭유의 작용
  ㉠ 공구와 공작물의 냉각
  ㉡ 공구의 마멸방지
  ㉢ 절삭칩의 배출을 돕는다.

② 용도
  ㉠ 연강 : 수용성 절삭유
  ㉡ 경강, 합금강 : 수용성 및 불수용성
  ㉢ 주철 : 사용하지 않는다.

(3) 구멍 뚫기 요령

① 박판(얇은판)의 구멍뚫기 : 드릴 선단각이 118°보다 큰 드릴을 사용하든지 목판을 밑에 대고 구멍을 뚫는다.
② 경사면 구멍뚫기 : 공작물의 사선부를 미리 돌출시키거나 엔드밀로 깎아낸다. (가)
③ 겹친 구멍뚫기 : 첫 번째 구멍을 뚫는다 → 뚫린 구멍을 공작물과 같은 재질로 메운다 → 두 번째 구멍을 뚫는다 → 메운것을 빼낸다. (나)

02 보링 머신 - B

1 보링 머신 가공

보링은 뚫린 구멍을 넓히는 가공으로 일감은 이송운동을 하고, 보링 바이트는 회전운동을 한다.

(1) 작업 종류

드릴 가공, 리머 가공, 끝면 가공, 원통 외면 가공, 태핑, 나사깎기

(2) 보링 공구

① 보링 바(Boring bar) : 보링 바이트를 고정하고 주축에 끼워져 회전하여 공작물의 구멍을 다듬질하는데 사용하는 봉이다.

② **보링 바이트**(Boring bite) : 날끝은 선반용 바이트와 같으며 각형과 원형이 있다.

③ **보링 헤드**(Boring head) : 지름이 큰 구멍을 다듬질할 때 보링 바에 끼워 사용한다.

04 드릴링(Drilling), 보링(Boring) 예상문제

01 드릴링 머신에서는 할 수 없는 작업인 것은?

① 탭작업　　② 리밍작업
③ 보링작업　　④ 펀칭작업

> TIP 펀칭은 드릴에서 할 수 없는 작업이다.
> 드릴머신의 가공종류
> - 드릴링(drilling) : 드릴로 구멍을 뚫는 작업
> - 보링(boring) : 뚫린 구멍이나 주조한 구멍을 넓히는 작업
> - 리이밍(reaming) : 뚫린 구멍을 리이머로 정밀하게 다듬는 작업
> - 태핑(tapping) : 탭을 사용하여 암나사를 가공하는 작업
> - 스폿 페이싱(spot facing) : 너트가 닿는 부분을 절삭하여 평평하게 자리를 만드는 작업
> - 카운터 보링(counter boring) : 작은 나사나 둥근머리 볼트의 머리가 묻히게 깊은 자리를 파는 작업
> - 카운터 싱킹(counter sinking) : 접시머리 볼트의 머리가 묻히도록 원뿔자리를 파는 작업

02 일반적으로 드릴링 머신에서 할 수 없는 작업은?

① 리밍　　② 카운터 싱킹
③ 태핑　　④ 릴리빙

> TIP 릴리빙은 나사 여유각을 깎는 장치로 선반에서 사용된다.

03 드릴로 구멍을 뚫은 다음 더욱 정밀하게 가공하는데 사용되는 공구는?

① 바이트　　② 리머
③ 스크라이버　　④ 호브

> TIP 리이밍(reaming)
> 뚫린 구멍을 리이머로 정밀하게 다듬는 작업

01 ④　02 ④　03 ②

04 1대의 기계에 여러 개의 스핀들이 있어 같은 평면 안에 다수의 구멍을 동시에 드릴 가공할 수 있는 것은?

① 탁상 드릴링머신
② 다두 드릴링 머신
③ 레이디얼 드릴링 머신
④ 다축 드릴링 머신

> TIP 다두 드릴링 머신(Multihead drilling machine)
> 1대의 기계에 여러 개의 스핀들이 나란히 있어 각 스핀들에 여러 가지 공구를 꽂아 드릴링, 리밍, 태핑 등을 순서에 따라 연속작업을 할 수 있다.
>
> 다축 드릴링 머신
> 1대의 기계에 여러 개의 스핀들이 있어 같은 평면 안에 다수의 구멍을 동시에 드릴 가공할 수 있다.

05 주축을 이동시키면서 대형의 공작물을 가공하기에 편리한 드릴링 머신은?

① 탁상 드릴링머신
② 직립 드릴링머신
③ 다축 드릴링머신
④ 레이디얼 드릴링머신

> TIP 레이디얼 드릴링 머신 (Radial drilling machine)
> 컬럼을 중심으로 아암이 360° 선회하며 아암에는 드릴헤드가 붙어 있어 대형 일감을 움직이지 않고 드릴헤드를 움직여 구멍을 뚫을 수 있다.

06 드릴의 크기를 정하고 드릴의 위치를 잡아주는 것은?

① 마진
② 웨브
③ 치즐 포인트
④ 비틀림 각

> TIP 마진(margin)
> 예비적인 날의 역할과 날의 강도를 보강하며, 드릴의 크기를 정하고 드릴의 위치를 잡아준다.

07 일반 재료를 드릴가공할 때 일반적으로 드릴의 표준 날 끝 각은?

① 98°
② 108°
③ 118°
④ 128°

> TIP 날끝 각
> 양쪽 날이 이루는 각도로, 일반적으로 연강에서는 118°이다.

08 테이퍼 자루는 지름 몇 이상으로 되어있는가?

① 10mm
② 11mm
③ 12mm
④ 13mm

> TIP 드릴의 종류
> • 곧은 자루 : 지름 13mm 이하의 드릴
> • 테이퍼 자루 : 지름 13mm 이상의 드릴을 모스 테이퍼(1/20)로 되어 있다.

09 1회전하는 동안에 드릴의 이송거리는 0.05mm이고, 드릴 끝 원뿔의 높이는 1.6mm, 구멍의 깊이는 25mm일 때, 이 구멍을 뚫는 데 소요되는 시간은? (단, 절삭속도는 50m/min, 드릴지름은 12mm이다.)

① 약 0.12분 ② 약 0.8분
③ 약 0.4분   ④ 약 1분

TIP $T = \dfrac{t+h_1}{n \cdot s}$ 에서 $n = \dfrac{1{,}000 \cdot v}{\pi d}$ 이므로

먼저 회전속도(rpm)를 구해야 한다.

따라서 $N = \dfrac{1000 \times 50}{3.14 \times 12}$

$N = 1326.96 = \dfrac{25 + 1.6}{1326.96 \times 0.05}$,

T = 약 0.4

- T : 구멍을 뚫는데 요하는 시간(min)
- t : 구멍 깊이(mm)
- h : 원뿔 높이(mm)
- s : 1회전당 이송량(mm)

10 SM20C 재료를 지름 1cm인 드릴로 구멍을 뚫을 때 드릴링머신의 스핀들 회전수는 650rpm이다. 이 때 절삭속도는 약 몇 m/min인가?

① 20.42 ② 30.28
③ 40.42 ④ 50.28

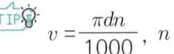 $v = \dfrac{\pi d n}{1000}$, $n = \dfrac{1{,}000 \cdot v}{\pi d}$

- v : 절삭속도
- d : 드릴지름(mm)
- n : 드릴의 회전수(rpm)

$V = \dfrac{3.14 \times 10 \times 650}{1000}$, V = 약 20.42

05 세이퍼, 슬로터, 플레이너, 브로우치

01 세이퍼(형삭기) – SH

세이퍼는 바이트를 램에 고정하고 왕복운동을 시켜 테이블에 고정한 공작물을 가공하는 공작기계이다. ★★★

1 세이퍼의 구조 및 가공법

(1) 구조 및 크기 표시

세이퍼의 크기는 램의 최대행정(왕복거리)으로 나타내며, 테이블의 크기와 이송거리로 나타낼 때도 있다. ★★

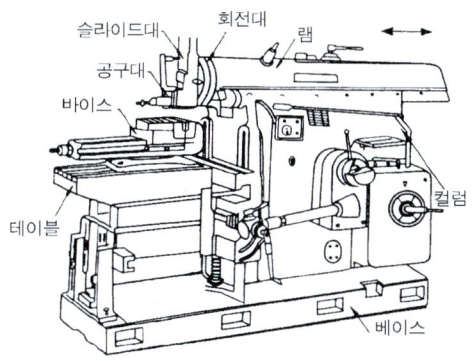

세이퍼의 구조

(2) 가공분야

주로 평면을 절삭하며 수직, 측면이나 홈 절삭, 곡면절삭 등도 할 수 있다.

(3) 가공 방법

램에 고정된 바이트가 전진하면서 절삭을 행하고 귀환행정 시에는 바이트를 위로 올려 공작물과 마찰하지 않도록 한다.

2 세이퍼 작업

(1) 절삭속도

$$v = \frac{Ln}{1,000k} \text{ (m/min)}$$

$$n = \frac{1,000kv}{L} \text{ (stroke/min)}$$

$\begin{cases} v : \text{절삭속도(m/min)} \\ L : \text{행정(mm)} \\ n : \text{분당 왕복 횟수(stroke/min)} \\ k : \text{바이트 절삭 행정시간과 1회 왕복하는 시간} \end{cases}$

세이퍼, 슬로터, 플레이너는 급속 귀환운동을 하면서 공작물을 가공하는 공작기계이다.

02 슬로터 및 플레이너

1 슬로터

슬로터는 세이퍼를 직립형으로 한 공작기계로 바이트는 램에 고정되어 수직왕복운동을 한다. ★★★

(1) 가공분야

키홈이나 평면, 각구멍, 곡면 및 특수형상 가공에 쓰이며 원형테이블의 설치로 분할 작업도 가능하다.

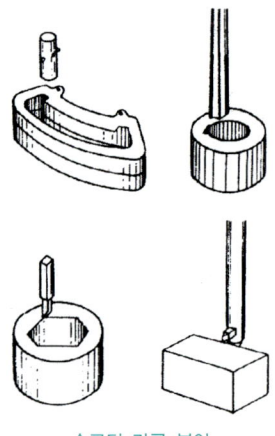

슬로터 가공 분야

❓ 슬로터의 크기표시 ★★

램의 최대 행정, 테이블의 크기 및 이동거리, 원형테이블의 직경

2 플레이너(평삭기) – P ★★★

플레이너는 공작물을 테이블에 설치하여 왕복시키고, 바이트를 이송시켜 공작물을 가공 하는 공작기계로 가공분야는 세이퍼와 비슷하며 세이퍼에서 할 수 없는 대형 공작물 가공에 사용된다.

❓ 플레이너의 크기 ★★

테이블의 최대 행정, 가공할 수 있는 공작물의 최대 폭 및 높이

(1) 종류

① **쌍주식 플레이너** : 테이블 사이로 2개의 컬럼(직주)이 있어 공작물의 폭에 제한을 받는다.

② **단주식 플레이너** : 폭이 넓은 공작물을 깎을 수 있도록 컬럼이 1개인 것이다.

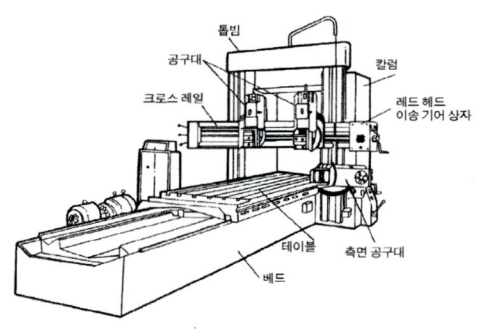

쌍주식 플레이너

3 세이퍼, 슬로터, 플레이너의 비교 ★★★

특징 종류	세이퍼	슬로터	플레이너
급속 귀환 운동 (왕복운동)	공구 (램)	공구 (램)	공작물 (테이블)
크기표시	램의 최대 행정	램의 최대 행정	테이블의 최대 행정

03 브로우치 가공 – BR

1 브로우치 작업 ★★★

브로우치라는 공구를 일감의 내면이나 외면을 1회 통과시켜 가공하는 공작기계로 대량 생산에 적합하다.

(1) 구조

자루부, 절삭부, 평행부, 후단부로 크게 나누며 구조는 다음 그림과 같다.

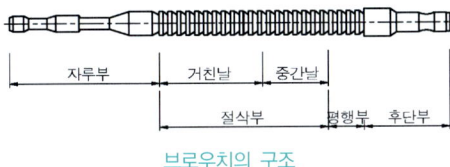

브로우치의 구조

(2) 가공 분야

각 구멍이나 키홈, 스플라인, 세레이션 가공에 쓰이며 특수한 모양의 면 등 가공에도 응용된다.

05 세이퍼, 슬포터, 플레이너, 브로우치 예상문제

01 플레이너 크기를 표시하는 사항이 아닌 것은?

① 테이블의 크기(길이×나비)
② 공구대의 수평 및 위 아래 이동거리
③ 테이블의 높이
④ 테이블 윗면부터 공구대까지의 최대높이

> TIP 플레이너의 크기는 테이블의 최대 행정, 가공할 수 있는 공작물의 최대 폭 및 높이로 나타낸다.

02 슬로터의 크기를 나타내는 것 중 잘못된 것은?

① 램의 최대 행정거리
② 회전테이블의 지름
③ 테이블의 이동거리
④ 회전테이블의 최대중량

> TIP 슬로터의 크기표시는 램의 최대 행정, 테이블의 크기 및 이동거리, 원형테이블의 직경으로 나타낸다.

03 직립 셰이퍼(shaper)라고도 하며 키 홈, 스플라인, 세레이션 등을 주로 가공하는 공작 기계는?

① 플레이너   ② 슬로터
③ 밀링   ④ 선반

> TIP 슬로터는 세이퍼를 직립형으로한 공작기계로 바이트는 램에 고정되어 수직왕복운동을 한다.

04 브로우치라는 공구를 일감의 내면이나 외면을 1회 통과시켜 가공하는 공작기계로 대량 생산에 적합한 공작기계는?

① 브로우칭   ② 슬로터
③ 밀링   ④ 선반

> TIP 브로우칭 작업
> 브로우치라는 공구를 일감의 내면이나 외면을 1회 통과시켜 가공하는 공작기계로 대량 생산에 적합하다.

01 ③   02 ④   03 ②   04 ①

05 다음 공작기계중 급속 귀환 장치가 필요 없는 것은?

① 플레이너 ② 밀링
③ 슬로터 ④ 셰이퍼

TIP 밀링은 급속 귀환 장치가 없다.

06 바이트를 램에 고정하고 왕복운동을 시켜 테이블에 고정한 공작물을 가공하는 공작기계는 어느 것인가?

① 셰이퍼 ② 밀링
③ 보링 ④ 선반

TIP 셰이퍼는 바이트를 램에 고정하고 왕복운동을 시켜 테이블에 고정한 공작물을 가공하는 공작기계이다.

07 공작물을 테이블에 설치하여 왕복시키고, 바이트를 이송시켜 공작물을 가공하는 공작기계로 가공분야는 셰이퍼와 비슷하며 셰이퍼에서 할 수 없는 대형 공작물 가공에 사용되는 공작기계는?

① 연삭기 ② 밀링
③ 플레이너 ④ 선반

TIP 플레이너는 공작물을 테이블에 설치하여 왕복시키고, 바이트를 이송시켜 공작물을 가공하는 공작기계로 가공분야는 셰이퍼와 비슷하며 셰이퍼에서 할 수 없는 대형 공작물 가공에 사용된다.

08 셰이퍼의 램의 왕복 속도는 어떠한가?

① 일정하다.
② 절삭 행정 시간이 빠르다.
③ 귀환행정시간이 느리다.
④ 귀환행정 시간이 빠르다.

TIP 셰이퍼는 급속 귀환 장치를 사용하기에 귀환 행정 시간이 빠르다.

09 플레이너에서 공작물이 고정되는 부분은?

① 베드 ② 테이블
③ 바이트 ④ 크로스 레일

10 브로치라는 공구를 사용하여 일감의 표면 또는 내면을 필요한 모양으로 절삭 가공하는 기계는?

① 마찰전단기 ② 크랭크절삭기
③ 브로칭 머신 ④ 밀링 머신

TIP 브로우칭 작업

브로우치라는 공구를 일감의 내면이나 외면을 1회 통과시켜 가공하는 공작기계로 대량 생산에 적합하다.

05 ② 06 ① 07 ③ 08 ④ 09 ② 10 ③

11 세이퍼에서 할 수 있는 작업 중 관계가 없는 것은?

① 평면작업
② 곡면작업
③ 더브테일가공작업
④ 보링작업

> TIP 보링작업은 뚫린 구멍이나 주조한 구멍을 넓히는 작업으로 선반이나 드릴링머신에서 작업을 한다.

12 세이퍼나 플레이너에서 급속 귀환 운동 기구를 사용하는 목적은?

① 절삭능률을 높이기 위하여
② 재료를 절약하기 위하여
③ 기계의 수명을 연장하기 위하여
④ 작업자가 지루하지 않도록 하기 위하여

> TIP 급속귀환 장치는 휴지시간을 절약하기 위하여 사용한다.

13 슬로터(slotter)의 고정용 공구에 해당되지 않는 것은?

① 맨드릴
② 클램프
③ 앵글플레이트
④ 계단블록

> TIP 맨드릴(Mandrel), 심봉은 내면이 다듬질된 중공의 공작물의 외면을 가공할 때 구멍에 끼워 사용하는 것을 맨드릴 또는 심봉이라 한다. 내면과 외면이 동심원이 되도록 가공하는 것이 주목적이다.

14 슬로터의 크기를 나타낸 것 중 잘못된 것은?

① 램의 최대 행정
② 테이블의 크기
③ 테이블의 이동거리
④ 원형 테이블의 최대두께

> TIP 슬로터의 크기표시는 램의 최대 행정, 테이블의 크기 및 이동거리, 원형테이블의 직경으로 나타낸다.

11 ④ 12 ① 13 ① 14 ④

06 chapter 밀링

> 많은 날을 가진 절삭공구에 회전을 주고 공작물에 이송을 주어 평면이나 곡면형상을 깎는 공작기계이다.

01 밀링머신(Milling M/C)의 종류

1 니이형 밀링머신 (Knee type milling M/C)

컬럼의 앞면에 미끄럼면이 있으며 컬럼을 따라 상하로 니이(Knee)가 이동하며, 니이를 새들과 테이블이 서로 직각방향으로 이동할 수 있는 구조로 수평형, 수직형의 만능형밀링머신이 있다.

(1) 수평 밀링 머신 (Horizontal Milling Machine)

주축이 수평으로 되어 있으며 이곳에 아아버를 끼우고 아아버에 커터를 장치하여 평면 가공, 홈 가공 등을 하며 작은 부품 가공에 적합하다.

(2) 수직 밀링 머신 (Vertical Milling Machine)

주축이 수직으로 되어 있으며 정면 밀링 커터나 앤드밀을 사용하여 평면, 홈, 단면, 측면 등을 가공하기에 편리한 것이다.

(3) 만능 밀링 머신 (Universal Milling Machine)★★

수평 밀링 머신과 거의 비슷하나 테이블이 상하, 좌우로 움직일 수 있으며 테이블을 45° 정도 회전시킬 수 있다. 일반적인 작업 외에 부속장치를 사용하여 분할 작업나사 홈 절삭, 평기어 절삭, 베벨 기어, 드릴의 비틀림 홈 등의 작업을 할 수 있다.

2 플레이너형 밀링 머신

플레너 밀러(plano-millier) 라고도 하며 외관은 플레이너 같고 다만 공구대 대신에 밀링헤드가 장치된 것이다. 이외에 생산 밀링 머신, 특수 밀링 머신 등이 있다.

02 밀링 머신의 구조 및 가공분야

1 구조

(1) 컬럼(Column)

기계의 본체로 베드와 일체로 되어있고 내부에 주전동기 및 주축 속도변환 장치가 들어있다.

(2) 니이(Knee)

컬럼 전방에 설치되어 상하로 움직임★

- 새들(Saddle) : 니이 위에 있으며 전후로 움직임
- 테이블(Table) : 새들 위에 있으며 좌우로 움직임

(3) 오버 아암(Over arm)

아아버의 굽힘을 적게하기 위해 컬럼 상부에 설치된 아암

(4) 아아버(Arbor)★

스핀들 앞에 있는 것으로 절삭공구를 고정한다.

(5) 스핀들(주축 : Spindle)★

주동력이 전달되는 축으로, 여러 가지 절삭공구나 아아버를 끼워서 사용하며, 중공축(속이 빈축)으로 앞쪽은 내셔널 테이퍼(74/247)로 되어 있다.

2 가공 분야 및 공구

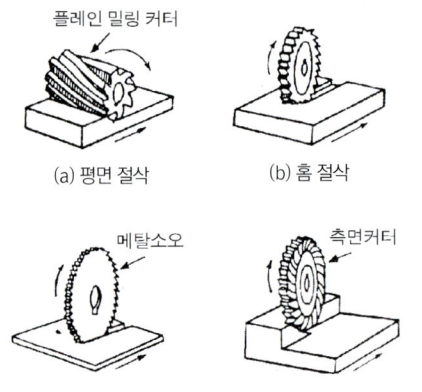

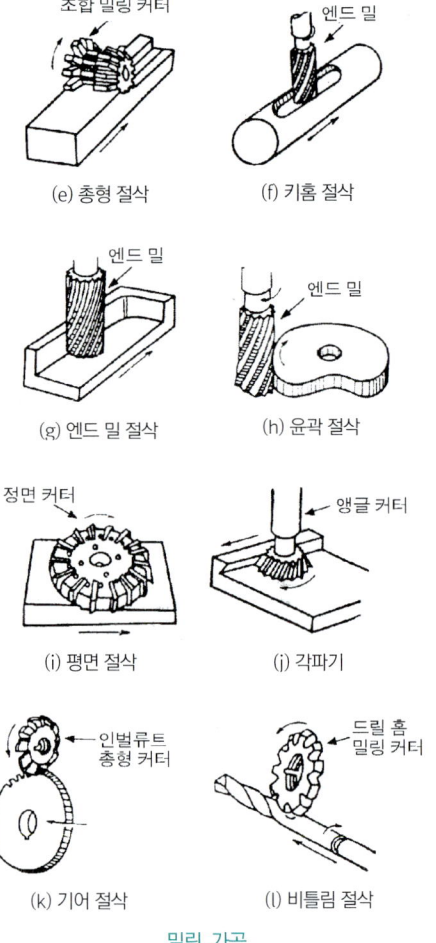

밀링 가공

위의 그림 외에도 공작기계 테이블 안내면의 T홈을 절삭하는 T홈 커터가 있다.

03 밀링 머신의 크기 표시

1 수평 밀링 머신

① 수평 밀링 머신의 크기는 간단히 테이블의 전후 이동거리로 나타내며, 전후 이동거리가 200(mm)인 것을 No.1이라

하고, 50(mm)씩 증가함에 따라 변한다.
② 주축의 중심선에서 테이블면까지의 최대 거리
③ 테이블의 최대 이동(좌우×전후×상하)거리

2 수직 밀링 머신

① **주축대의 최대 이동거리** : 테이블의 전후 이동거리를 간단하게 번호로 나타낸다.
② 주축단에서 테이블면까지의 최대 거리
③ 테이블의 최대 이동(좌우×전후×상하)거리

밀링 머신의 번호와 테이블의 이동량

번호	테이블의 이동	이동량
0	좌전상 우후하	450 150 300
1	좌전상 우후하	550 200 400
2	좌전상 우후하	700 250 400
3	좌전상 우후하	850 300 450
4	좌전상 우후하	1,050 350 450

04 밀링 가공

1 절삭 방향

플레인 밀링 커터로 공작물을 절삭할 때 다음 두 가지 절삭방향이 있다.

★★★★

상향절삭 (올려깎기)	① 칩이 잘 빠져 나와 절삭을 방해하지 않는다. ② 백래시가 자연히 제거된다. ③ 공작물이 날에 의하여 끌려 올라오므로 확실히 고정해야 한다. ④ 커터의 수명이 짧다. ⑤ 동력 소비가 크다. ⑥ 가공면이 거칠다.
하향절삭 (내려깎기)	① 절삭된 칩이 절삭을 방해한다. ② 백래시 제거장치가 필요하다. ③ 커터가 공작물을 누르므로 공작물 고정에 신경 쓸 필요가 없다. ④ 커터의 마모가 적고 수명이 길다. ⑤ 동력 소비가 적다. ⑥ 가공면이 깨끗하다.

(1) 상향 절삭★★★★★

공작물의 이송방향과 공구의 회전방향이 반대인 절삭

(2) 하향 절삭

공작물의 이송방향과 공구의 회전 방향이 같은 절삭(백래시 제거장치가 필요하다.)

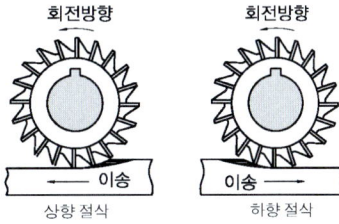

절삭 방향

2 밀링 커터의 고정

(1) 아아버(Arbor)

커터를 고정할 때 사용
밀링 커터의 위치는 칼라로 조정

(2) 어댑터(Adapter)와 콜릿(Collet)

자루가 있는 커터를 고정할 때 사용

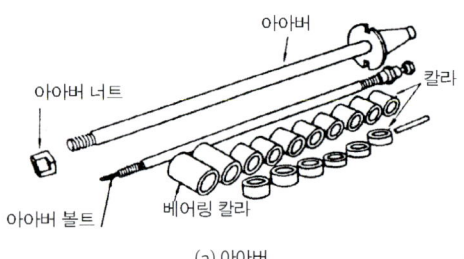

(a) 아버

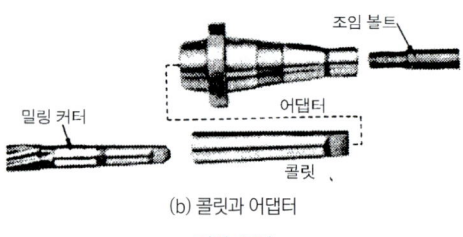

(b) 콜릿과 어댑터

커터 고정

3 절삭 조건

(1) 절삭속도★★

절삭속도는 밀링 커터 날끝의 원주속도를 나타낸다.

$$v = \frac{\pi dn}{1,000}$$

$$n = \frac{1,000v}{\pi d}$$

- v : 절삭속도(m/min)
- n : 회전수(rpm)
- d : 밀링커터의 지름(mm)

(2) 이송

절삭운동을 연속적으로 밀링 커터에 일으키기 위해 공작물을 이동시키는 속도를 이송이라 한다.

$$f = f_z \cdot z \cdot n = \frac{f_z \cdot z \cdot 1,000 \cdot v}{\pi d} ★$$

- f : 1분간의 이송량(mm)
- f_z : 1날당의 이송량(mm)
- z : 밀링 커터의 날 수
- n : 밀링 커터의 회전 수(rpm)

05 분할법

1 분할대의 구조

분할대(index head)는 일감의 원주나 직선을 같은 간격으로 등분하는 장치로 테이블에 고정되고, 스핀들과 심압대에 일감이 고정된다.

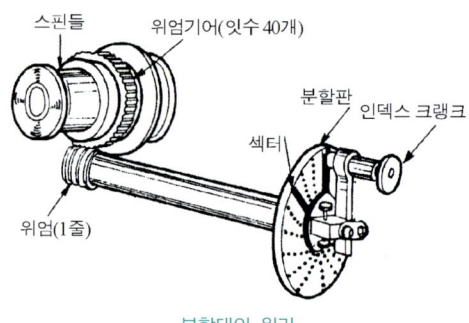

분할대의 원리

분할대의 주축엔 잇수 40개의 웜 휠이 고정되고 웜 축에는 1줄의 웜이 있어 인덱스 크랭크를 1회전시키면 스핀들은 1/40회전하게 된다.

2 분할 방법

(1) 직접 분할법★★

직접 분할대를 써서 분할하는 방법으로

분할판에는 24구멍이 있어, 24의 인자인 2, 3, 4, 6, 8, 12, 24 의 7종 분할만 가능하다.

(2) 단식 분할법★★

직접 분할로 분할할 수 없는 수를 분할한다.

$$n = \frac{40}{N}$$

n : 분할 크랭크의 회전수
N : 분할수

- 단식분할법으로 분할할 수 있는 수는 2 ~ 60까지의 모든 수, 60 ~ 120까지는 2와 5의 배수, 120 이상은 N으로 하였을 때 40N에서 분모가 분할판의 구멍 수가 되는 수 등이다.

(3) 차동 분할법

단식 분할법으로 분할되지 않는 수를 모두 분할할 수 있는 방법이다. 만능 분할대에 부속되는 변환기어는 모두 12개이며, 1,008등분까지 분할이 가능하다.

예제 | 1★★

브라운 샤프형 21 구멍판을 써서 원주를 7등분하라.

$$n = \frac{40}{n} = \frac{40}{7} = 5\frac{5}{7}$$

에서 분모를 구멍판 구멍열과 맞춘다.

$$5\frac{5 \times 3}{7 \times 3} = 5\frac{15}{21}$$

브라운 샤프형 21 구멍판을 인덱스 크랭크를 5회전과 15구멍을 가면 원주를 7등분 할 수 있다. 각도 분할에서는 분할 크랭크가 1회전하면 스핀들 360°/40=9° 회전한다. 분할각을 도로 표시할 때는 다음과 같다.

$$n = \frac{D°}{9} = \frac{D'}{540}, \quad 1° = 60', \quad 1' = 60''$$

06 헬리컬 가공

헬리컬 밀링커터, 드릴 홈, 리이머의 헬리컬 홈, 헬리컬 기어의 치형 등을 절삭할 때 만능 밀링 머신의 테이블을 비틀림 각 θ만큼 돌려놓고 공구와 공작물에 회전과 이송을 주면 비틀림 홈을 절삭할 수 있다.

$$\tan\theta = \frac{\pi D}{L}$$

D : 공작물의 지름
θ : 비틀림 각
L : 리이드

예제 | 2

20°를 분할하라.

$$n = \frac{20}{9} = 2\frac{2}{9}$$ 에서 분모를 분할판 구멍수에 맞춘다.

$$2\frac{2 \times 2}{9 \times 2} = 2\frac{4}{18}$$

브라운 샤프분할대의 18구멍을 써서 2회전과 4구멍씩 가면 원주를 20°로 분할할 수 있다.

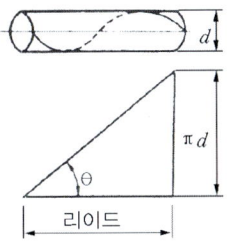

수직 밀링 머신의 구조

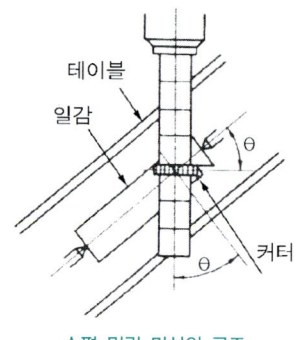

수평 밀링 머신의 구조

06 밀링 예상문제

chapter

01 밀링 머신에 의해 작업할 수 없는 것은?

① 원형축 가공 ② 평면 가공
③ 홈 가공 ④ 기어 가공

> **TIP** 원형 축가공은 선반에서 하는 작업이다.
>
> 밀링 가공

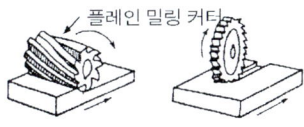

(가) 평면 절삭   (나) 홈 절삭

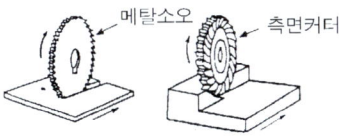

(다) 절단   (라) 절삭

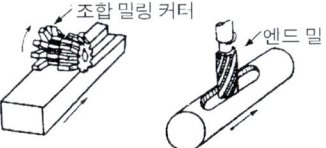

(마) 총형 절삭   (바) 키홈 절삭

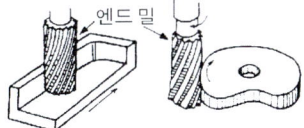

(사) 엔드 밀 절삭   (아) 윤곽 절삭

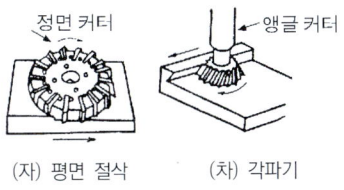

(자) 평면 절삭   (차) 각파기

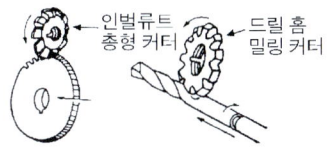

(카) 기어 절삭   (타) 비틀림 절삭

02 테이블이 상하, 좌우로 움직일 수 있으며 테이블을 45° 정도 회전시킬 수 있어 분할 작업, 나사 홈 절삭 등을 하는 밀링머신은?

① 수평 밀링 머신
② 수직 밀링 머신
③ 플레이너형 밀링
④ 만능 밀링 머신

> **TIP** 만능 밀링 머신
> (Universal Milling Machine)
>
> 수평 밀링 머신과 거의 비슷하나 테이블이 상하, 좌우로 움직일 수 있으며 테이블을 45° 정도 회전시킬 수 있다. 일반적인 작업 외에 부속장치를 사용하여 분할 작업, 나사 홈 절삭, 평기어 절삭, 베벨 기어, 드릴의 비틀림 홈 등의 작업을 할 수 있다.

01 ①   02 ④

03 밀링 머신에서 사용되는 부속품 또는 부속장치가 아닌 것은?

① 원형 테이블　② 래크 밀링장치
③ 밀링 바이스　④ 방진구

> TIP 방진구는 선반의 부속장치이다.

04 밀링머신의 부속품 중 컬럼 전방에 설치되어 상하로 움직이는 것을 무엇이라 하는가?

① 니이　② 오버암
③ 새들　④ 테이블

> TIP 니이(Knee)
> 컬럼 전방에 설치되어 상하로 움직임

05 밀링머신을 구성하는 주요부분에 해당하지 않는 것은?

① 기둥칼럼　② 새들
③ 테이블　④ 맨드릴

> TIP 맨드릴은 선반 부속 장치이다.

06 밀링에서 밀링커터의 회전방향과 가공물의 이송방향이 반대인 절삭방법은?

① 회전절삭　② 섭동절삭
③ 하향절삭　④ 상향절삭

> TIP 상향 절삭
> 공작물의 이송방향과 공구의 회전방향이 반대인 절삭

07 하향 밀링(내려깎기)에 대한 설명으로 틀린 것은?

① 밀링 커터 날의 마멸이 적고 수명이 길다.
② 날 하나 마다의 날자리 간격이 짧고 가공면이 깨끗하다.
③ 커터의 절삭방향과 이송방향이 반대이다.
④ 커터 날이 밑으로 향하여 절삭하므로 일감의 고정이 간편하다.

> TIP 하향절삭(내려깎기)
> - 절삭된 칩이 절삭을 방해한다.
> - 백래시 제거장치가 필요하다.
> - 커터가 공작물을 누르므로 공작물 고정에 신경 쓸 필요가 없다.
> - 커터의 마모가 적고 수명이 길다.
> - 동력 소비가 적다.
> - 가공면이 깨끗하다.

08 밀링 가공에서 지름이 160mm인 일감을 지름 80mm 커터로 회전수 60rpm에서 가공할 때, 절삭속도는 약 몇 m/min인가?

① 10　② 15
③ 20　④ 40

> TIP
> $v = \dfrac{\pi dn}{1000}, \ n = \dfrac{1{,}000 \cdot v}{\pi d}$
> - v : 절삭속도(m/min)
> - n : 회전수(rpm)
> - d : 밀링커터의 지름(mm)
>
> 이 식에 대입을 하면
> $v = \dfrac{3.14 \times 80 \times 60}{1000} = 15.072$

09 지름이 50mm인 탄소강으로 스퍼기어를 가공할 때 절삭속도가 60m/min이고 밀링커터의 지름이 35mm일 때 회전수는 약 얼마인가?

① 546rpm ② 645rpm
③ 725rpm ④ 1000rpm

TIP $v = \dfrac{\pi d n}{1000}$, $n = \dfrac{1,000 \cdot v}{\pi d}$

- v : 절삭속도(m/min)
- n : 회전수(rpm)
- d : 밀링커터의 지름(mm)

이 식에 대입을 하면

$n = \dfrac{1000 \times 60}{3.14 \times 35} = 545.95$

10 커터의 날 수가 10개, 1날당 이송량 0.14mm, 커터의 회전수 715rpm으로 연강을 밀링에서 가공할 때 테이블의 이송속도는 약 몇 mm/min인가?

① 715   ② 1000
③ 5100   ④ 7150

TIP 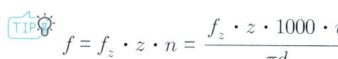 $f = f_z \cdot z \cdot n = \dfrac{f_z \cdot z \cdot 1000 \cdot v}{\pi d}$

- f : 1분간의 이송량(mm)
- f_z : 1날당의 이송량(mm)
- z : 밀링 커터의 날 수
- n : 밀링 커터의 회전 수(rpm)

이 식에 대입하면
$f = 0.14 \times 10 \times 715 = 1001$

11 밀링 커터 중 총형 커터에 속하는 것은?

① 사이드 밀링 커터
② 엔드밀
③ 플라이 커터
④ 치형 절삭 커터

12 밀링작업에서 하향 밀링가공이란?

① 공작물의 밑면을 깎는 것이다.
② 커터의 회전방향과 공작물의 이송방향이 반대인 것을 말한다.
③ 커터의 회전방향과 공작물의 이송방향이 같은 것을 말한다.
④ 커터의 회전방향에 관계없이 이송을 주는 것이다.

TIP 하향절삭(내려깎기)
공작물의 이송방향과 공구의 회전 방향이 같은 절삭

13 밀링작업에서 스핀들의 앞면에 있는 24구멍의 직접 분할판을 사용하여 분할하며, 이 때에 웜을 아래로 내려 스핀들의 웜 휠과 물림을 끊는 분할법은?

① 섹터분할법 ② 직접분할법
③ 차동분할법 ④ 단식분할법

> 💡 **직접 분할법**
> 직접 분할대를 써서 분할하는 방법으로 분할판에는 24구멍이 있어, 24의 인자인 2, 3, 4, 6, 8, 12, 24의 7종 분할만 가능하다.

14 니이컬럼형 밀링 머신이 아닌 것은?

① 수평 밀링 머신 ② 수직 밀링 머신
③ 만능 밀링 머신 ④ 생산 밀링 머신

> 💡 **니이형 밀링머신**
> (Knee type milling M/C)
> 컬럼의 앞면에 미끄럼면이 있으며 컬럼을 따라 상하로 니이(Knee)가 이동하며, 니이를 새들과 테이블이 서로 직각방향으로 이동할 수 있는 구조로 수평형, 수직형, 만능형 밀링머신이 있다.

15 브라운 샤프형 분할판을 사용하여 원판 주위에 5°의 눈금으로 분할하려 할 때, 적당한 분할판의 구멍수는?

① 15 구멍 ② 21 구멍
③ 27 구멍 ④ 41 구멍

> 💡 $n = \dfrac{5}{9}$에서 분모를 분할판 구멍수에 맞춘다.
>
> $\dfrac{5 \times 2}{9 \times 2} = \dfrac{10}{18}$ 또는 $\dfrac{5 \times 3}{9 \times 3} = \dfrac{15}{27}$

16 새들과 테이블 사이에 회전대가 있어 테이블을 수평면 위에서 적당한 각도로 회전시킬 수 있는 밀링 머신은?

① 각도 밀링 머신 ② 수직 밀링 머신
③ 만능 밀링 머신 ④ 나사 밀링 머신

> 💡 **만능 밀링 머신**
> (Universal Milling Machine)
> 수평 밀링 머신과 거의 비슷하나 테이블이 상하, 좌우로 움직일 수 있으며 테이블을 45° 정도 회전시킬 수 있다. 일반적인 작업 외에 부속장치를 사용하여 분할 작업, 나사 홈 절삭, 평기어 절삭, 베벨 기어, 드릴의 비틀림 홈 등의 작업을 할 수 있다.

17 직립 밀링 작업 시 기본적으로 가장 많이 사용되며, 지름에 비해 길이가 긴 커터는?

① 플레인 커터 ② 메탈소오
③ 엔드밀 ④ 헬리컬 커터

13 ② 14 ④ 15 ③ 16 ③ 17 ③

07 연삭 및 기어 가공

01 연삭기

연삭기는 많은 입자로 된 숫돌을 고속으로 회전시켜 가공이 어려운 초경합금 등의 연삭에 쓰이는 기계로, 연삭기 또는 그라인딩 머신(Grinding M/C)이라 한다.

1 연삭기의 종류와 특징

(1) 원통 연삭기

- 외경 연삭기
- 내경 연삭기
- 센터리스 연삭기

원통의 바깥면 테이퍼의 끝면을 연삭하는 기계로 주축대와 심압대, 숫돌대로 되어 있다. (단, 센터리스 연삭기는 제외)★

(2) 만능 연삭기

원통 연삭기와 유사하나 공작물 주축대와 숫돌대가 회전하고, 테이블 자체의 선회 각도가 크며 내면 연삭장치를 구비하고 있다.

(3) 평면 연삭기

테이블 왕복형과 테이블 회전형이 있으며 주로 공작물의 평면 연삭에 쓰인다.

(4) 센터리스 연삭기 (Centerless Grinding)★★★

센터나 척을 사용하지 않고 공작물의 바깥지름을 연삭하는 기계로 가늘고 긴 일감을 연삭한다.

① 장점
   ㉠ 센터를 필요로 하지 않으므로 센터 구멍을 뚫을 필요가 없고, 중공의 원통을 연삭하는데 편리하다.
   ㉡ 연속 작업을 할 수 있어 대량 생산에 적합하다.
   ㉢ 가늘고 긴 가공물 연삭에 알맞다.
   ㉣ 연삭 여유가 적어도 된다.
   ㉤ 연삭 숫돌 바퀴의 나비가 크므로 지름의 마멸이 적고 수명이 길다.
   ㉥ 일단 기계의 조정이 끝나면 가공이 쉽고, 작업자의 숙련이 필요없다.

② 단점
   ㉠ 긴 홈이 있는 일감은 연삭할 수 없다.
   ㉡ 대형 중량물은 연삭할 수 없다.
   ㉢ 연삭 숫돌 바퀴의 나비보다 긴 일감은 전후 이송법으로 연삭할 수 없다.

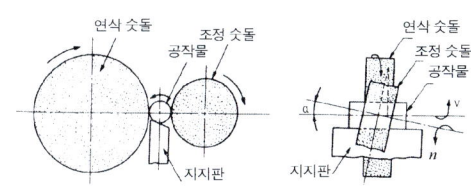

센터리스 연삭기의 기본운동 구조

조정 숫돌바퀴가 1회전하여 일감을 이송하는 길이를 f 라 하면

$$f = \pi \cdot d \cdot \sin\alpha$$

$\begin{cases} d : \text{조정 숫돌 지름(mm)} \\ \alpha : \text{경사각}(2 \sim 8°) \end{cases}$

또, 1분 동안의 공작물 이송 속도 v (m/min)는

$$v = \frac{\pi \cdot d \cdot n \cdot \sin\alpha}{1,000}$$

$\begin{cases} n : \text{조정 숫돌의 회전수(rpm)} \\ \alpha : \text{조정 숫돌 경사각도} \end{cases}$

(5) 공구연삭기

절삭 공구를 정확히 연삭하여 사용할 목적으로 공구제작실 또는 공구공장에서는 공구 연삭기를 설치하여 사용한다.

2 연삭 숫돌

(1) 연삭 숫돌 구성의 3요소 ★★★

숫돌 입자, 기공, 결합제

(2) 연삭 숫돌의 5요소 ★★

숫돌의 입자, 입도, 결합도, 조직, 결합제

① 숫돌의 입자
   ㉠ Al_2O_3(산화알루미늄제)
   - A : 일반 강제 다듬질에 사용하며 갈색이다.
   - WA : 담금질강 다듬질에 사용하며 백색이다.
   ㉡ SiC(탄화규소제)
   - C : 주철, 자석 등 비철금속의 다듬질에 쓰이며 흑색 또는 암자색이다.
   - GC : 초경합금, 유리 등의 연삭에 쓰이며 녹색이다.
   ㉢ 산화 알루미늄(Al_2O_3)계나 탄화규소(SiC)계는 인조산이고 천연산으로는 다이아몬드(D)가 많이 사용된다. 경도순으로 따지면 GC-C-WA-A 순이다.

② 숫돌의 입도 : 숫돌 입자의 크기를 입도라 하는데 번호(메시)로 표시하며 번호가 클수록 곱다.

숫돌의 입도

호칭	입도	용도
거친 눈	10, 12, 14, 16, 20, 24	막다듬질
보통 눈	30, 36, 46, 54, 60	다듬질
가는 눈	70, 80, 90, 100, 120 150, 180, 200	경질 다듬질
아주 가는 눈	240, 280, 320, 400 500, 600, 700, 800	광내기

참 입도 36이라 함은 가로×세로 = 1in² 안에 36개의 구멍이 있어 여기에 통과되는 입자를 36이라 한다.

③ 결합도 : 결합도는 숫돌 입자의 결합 상태를 나타내는 것으로 단순히 숫돌의 경도를 뜻하기도 한다.

숫돌의 결합도

결합도	호칭
E, F, G	극히 연한 것
H, I, J, K	연한 것
L, M, N, O	중간 것
P, Q, R, S	단단한 것
T, U, V, W, X, Y, Z	매우 단단한 것

④ 조직 : 조직은 숫돌의 단위용적당 입자의 양 즉, 입자의 조밀 상태를 나타내는 용어이다.

숫돌의 조직

조직	조직번호	조직 기호	입자율 (%)
밀도가 치밀한 것	0, 1, 2, 3	C	50 ~ 54
중간 것	4, 5	M	42 ~ 50
밀도가 거친 것	7, 8, 9, 10, 11, 12		42 이하

⑤ 결합제 : 숫돌 입자를 결합하여 숫돌을 형성하는 재료를 결합제(Bond)라 한다.
  ㉠ 무기질 결합제★
   • 비트리 파이드(V)
   • 실리 게이트(S)
  ㉡ 유기질 결합제★
   • 셀락(E)
   • 고무(R)
   • 레지노이드(베이크라이트)(B)
   • 폴리 비닐 알코올(PVA)
  ㉢ 금속 결합제★
   • 메탈(M)

(3) 연삭 숫돌 표시법

연삭 숫돌에는 다음 각 항을 명기하되 다음 순서로 한다.

① 숫도 입자의 종류, 입도, 결합도, 조직, 결합제
② 모양 및 치수(외경×두께×구멍 지름)
③ 회전 시험 원주속도, 사용 원주속도 범위
④ 제조자명, 제조번호, 제조 연월일

[예]

WA	36	K	M	V	1호	A	20	×	2	×	23	4,000m/min	1,500 ~ 2,000m/min
숫돌의 입자	입도	결합도	조직	결합체	모양	연삭면 모양	외경		두께		구멍지름	회전시험 주속도	사용 원주속도 범위

3 연삭 작업

$$연삭비 = \frac{공작물의\ 연삭\ 부피}{숫돌\ 바퀴의\ 소모된\ 부피}$$

(1) 숫돌의 결합

• **자생작용** : 연삭 숫돌은 바이트나 커터와 같이 갈지 않아도 항상 새로운 입자가 나오게 되는데 이를 자생작용이라 한다.★★★

① **글레이징(Glazing) : 무딤**★★
  자생작용이 안되어 입자가 납작해지는 현상으로 이 현상이 생기면 연삭열과 균열이 생긴다.
  • 원인
  ㉠ 숫돌의 결합도가 클 때
  ㉡ 원주속도가 빠를 때
  ㉢ 공작물과 숫돌의 재질이 맞지 않을 때

② **로딩(Loading) : 눈메움**★★
  숫돌의 표면이나 기공에 칩이 끼어 연삭성이 나빠지는 현상
  • 원 인
  ㉠ 조직이 치밀할 때
  ㉡ 숫돌의 원주속도가 너무 느린 경우

③ **드레싱(Dressing)** : 글레이징이나 로우딩이 생겼을 경우 드레서로 새로운 입자가 나오도록 갈아주는 작업을 드레싱이라 한다.★★

> **?** 드레서
>
> 주로 다이아몬드로 만들며 정밀 강철 드레서, 입자 봉 드레서 등도 있다.

④ **트루잉(Truing)** : 숫돌의 모양을 수정할 필요가 있을 때 드레서(다이아몬드)로 성형시켜주는 작업을 트루잉이라 한다. ★★

(2) 숫돌 바퀴 부착법

① 숫돌 바퀴는 반드시 사용 전에 육안 또는 두들겨 균열을 검사한다.(상처가 있으면 탁음이 난다.)
② 숫돌 바퀴의 구멍 지름은 축 지름보다 0.1(mm) 정도 커야 한다.
③ 플랜지의 외경은 보통 숫돌의 경우 숫돌 바퀴 지름의 1/3 이상이어야 한다.
④ 숫돌 바퀴와 플랜지를 직접 접촉시켜서는 안 된다.
⑤ 양측의 플랜지는 지름이 같아야 한다.
⑥ 플랜지의 부착 후 밸런스를 맞춘다.
⑦ 숫돌 바퀴를 연삭기에 부착시킨 후 짧은 시간(10분 정도) 공회전 시킨다.
⑧ 공구연삭기에서 받침대와 휠 간격을 3(mm) 이내로 하고 중심을 맞춘다.

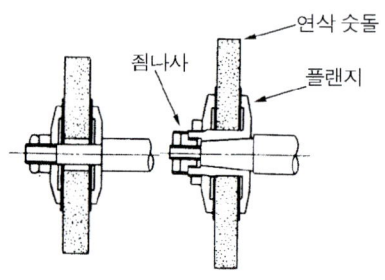

숫돌바퀴 설치보기

숫돌과 받침대의 간격

02 기어 가공

1 기어 가공 방식

(1) 성형법

① **총형 커터에 의한 방법** : 밀링에서 인벌류트 커터를 이용하여 깎는 방법
② **형판에 의한 방법** : 형판을 사용해서 치형을 깎는 방법

(2) 창성법 ★★★

인벌류트 곡선을 그리는 성질을 응용하여 기어를 깎는 방법
① 래크커터(Rack Cutter)
② 피니언 커터(Pinion Cutter)
③ 호브(Hob) 등의 커터가 있다.

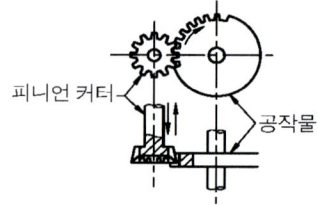

피니언 커터에 의한 기어 절삭

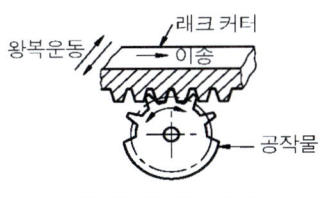

래크 커터에 의한 절삭

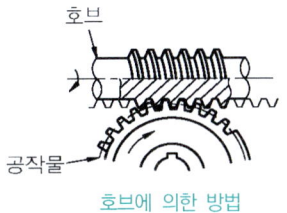

호브에 의한 방법

2 기어 절삭기

(1) 호빙 머신

래크 커터를 변형시킨 호브를 사용하여 창성법의 원리로 기어를 절삭하는 가공기로 스퍼어기어, 헬리컬 기어, 웜 휠 스프로킷, 스플라인 축 등을 가공할 수 있다.

(2) 기어 셰이퍼

① 피니언 커터에 의한 창성법
② 래크 커터에 의한 창성법

(3) 베벨기어 절삭기

대표적으로 그리이슨 베벨기어 절삭기가 있다.(직선 베벨기어)

(4) 기어 셰이빙 머신(Gear Tooh M/C)

기어를 열처리하기 전에 이의 모양이나 피치를 수정하여 한층 더 정밀도가 높은 것으로 완성가공하는 공작기계이다.

07 연삭 및 기어 가공 예상문제

01 공작물의 바깥지름을 연삭하는 기계로 가늘고 긴 일감을 센터로 지지하지 않고 연삭하는 연삭기는?

① 만능연삭기 ② 평면연삭기
③ 센터리스연삭기 ④ 공구연삭기

> **TIP** 센터리스 연삭기(Centerless Grinding)
> 센터나 척을 사용하지 않고 공작물의 바깥지름을 연삭하는 기계로 가늘고 긴 일감을 센터로 지지하지 않고 연삭한다.

02 센터리스(Centerless)연삭기의 장점을 설명한 것 중 틀린 것은?

① 연속 작업을 할 수 있어 대량생산에 적합하다.
② 긴 축재료의 연삭이 가능하다.
③ 연삭여유가 적어도 된다.
④ 대형 중량물을 연삭할 수 있다.

> **TIP** 센터리스 연삭기의 장점
> • 센터를 필요로 하지 않으므로 센터 구멍을 뚫을 필요가 없고, 중공의 원통을 연삭하는데 편리하다.
> • 연속 작업을 할 수 있어 대량 생산에 적합하다.
> • 가늘고 긴 가공물 연삭에 알맞다.
> • 연삭 여유가 적어도 된다.
> • 연삭 숫돌 바퀴의 나비가 크므로 지름의 마멸이 적고 수명이 길다.
> • 일단 기계의 조정이 끝나면 가공이 쉽고, 작업자의 숙련이 필요 없다.

03 센터리스(Centerless)연삭기의 설명 중 틀린 것은?

① 가늘고 긴 가공물 연삭에 알맞다.
② 중공의 원통을 연삭하는데 편리하다.
③ 일단 기계의 조정이 끝나면 가공이 쉽고, 작업자의 숙련이 필요 없다.
④ 연삭 숫돌 바퀴의 나비보다 긴 일감은 전후 이송법으로 연삭할 수 있다.

> **TIP** 센터리스 연삭기는 연삭 숫돌 바퀴의 나비보다 긴 일감은 전후 이송법으로 연삭할 수 없다.

01 ③ 02 ④ 03 ④

04 원통연삭기에서 그림과 같이 연삭숫돌을 일정한 위치에서 회전시키면서 일감을 좌우로 이송시키거나 연삭숫돌을 좌우로 이송시켜 연삭하는 방식은?

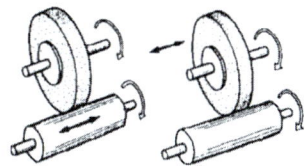

① 트래버스연삭　② 플런지연삭
③ 센터리스연삭　④ 숫돌이동연삭

05 다음 기계가공 중 일반적으로 표면을 가장 매끄럽게 표면 거칠기 값이 작게 가공할 수 있는 것은?

① 연삭기　② 드릴링머신
③ 선반　④ 밀링

06 숫돌의 3요소로 틀린 것은?

① 입도　② 입자
③ 기공　④ 결합제

TIP 연삭 숫돌의 3요소는 숫돌 입자, 기공, 결합제이다.

07 숫돌의 입자 경도순으로 올바른 것은?

① WA - GC - C - A
② GC - A - WA - C
③ GC - C - WA - A
④ C - WA - A - GC

TIP 숫돌의 입자로는 산화 알루미늄(Al_2O_3)계나 탄화규소(Sic)계는 인조산이고 천연산으로는 다이아몬드(D)가 많이 사용된다. 경도순으로 따지면 GC-C-WA-A 순이다.

08 입자의 조밀 상태를 나타내는 용어로 올바른 것은?

① 입자　② 입도
③ 조직　④ 결합도

TIP 조직
조직은 숫돌의 단위 용적당 입자의 양 즉, 입자의 조밀 상태를 나타내는 용어이다.

09 숫돌 입자의 크기를 나타내는 용어는?

① 입도　② 결합제
③ 입자　④ 조직

TIP 숫돌 입자의 크기를 입도라 하는데 번호(메시)로 표시하며 번호가 클수록 곱다.

04 ①　05 ①　06 ①　07 ③　08 ③　09 ①

10 다음 결합제의 기호 중 틀린 것은?

① 셀락 - S
② 고무 - R
③ 레지노이드 - B
④ 폴리 비닐 알코올 - PVA

> **TIP** 결합제
> 숫돌 입자를 결합하여 숫돌을 형성하는 재료를 결합제(Bond)라 한다.
> • 무기질 결합제 : 비트리 파이드(V), 실리 게이트(S)
> • 유기질 결합제 : 셀락(E), 고무(R), 레지노이드(베이크라이트)(B), 폴리 비닐 알코올(PVA)
> • 금속 결합제 : 메탈(M)

11 바이트나 커터와 같이 갈지 않아도 항상 새로운 입자가 생성 되는데 이것을 무엇이라 하는가?

① 자생작용   ② 글레이징
③ 로딩   ④ 트루잉

> **TIP** 자생작용
> 연삭 숫돌은 바이트나 커터와 같이 갈지 않아도 항상 새로운 입자가 나오게 되는데 이를 자생작용이라 한다.

12 자생작용이 안 되어 입자가 납작해지는 현상을 무엇이라 하는가?

① 로딩   ② 드레싱
③ 글레이징   ④ 트루잉

> **TIP** 글레이징(Glazing)
> 자생작용이 안 되어 입자가 납작해지는 현상으로 이 현상이 생기면 연삭열과 균열이 생긴다.

13 로딩이 발생하는 원인으로 올바른 것은?

① 숫돌의 결합도가 클 때
② 원주속도가 빠를 때
③ 공작물과 숫돌의 재질이 맞지 않을 때
④ 조직이 치밀할 때

> **TIP** 로딩(Loading)
> 숫돌의 표면이나 기공에 칩이 끼어 연삭성이 나빠지는 현상

14 비금속재료 중 인조 연마재가 아닌 것은?

① 용융 알루미나   ② 탄화 규소
③ 다이아몬드   ④ 산화철

> **TIP** 다이아몬드는 천연산으로 사용이 된다.

15 연삭 숫돌에서 결합제(bond)의 일반적인 구비 조건으로 틀린 것은?

① 연삭열과 연삭액에 대하여 안전할 것
② 냉각성, 윤활성, 유동성이 좋을 것
③ 입자 사이에 기공이 생기도록 할 것
④ 균일한 조작으로 필요한 형상 및 크기로 만들 수 있을 것

10 ① 11 ① 12 ③ 13 ④ 14 ③ 15 ②

16 연삭 숫돌의 결합제를 다이어몬드로 사용하는 것은?

① 탄성 숫돌바퀴
② 금속질의 숫돌바퀴
③ 비트리파이드 숫돌바퀴
④ 실리케이트 숫돌바퀴

17 지름이 50mm인 연삭숫돌로 지름이 10mm인 일감을 연삭할 때 숫돌 바퀴의 회전수는? (단, 숫돌바퀴의 원주 속도는 1,500m/min이다.)

① 47,770rpm ② 9,554rpm
③ 5,800rpm   ④ 4,750rpm

> TIP $n = \dfrac{1000 \times 1500}{3.14 \times 50} = \dfrac{1500000}{157}$
> $= 9554 \text{rpm}$

18 창성법의 원리를 이용하여 기어를 가공하는 가공기는?

① 선반   ② 호빙머신
③ 밀링   ④ 셰이퍼

> TIP 호빙 머신
> 랙 커터를 변형시킨 호브를 사용하여 창성법의 원리로 기어를 절삭하는 가공기로 스퍼어기어, 헬리컬 기어, 워엄 휠 스프로킷, 스플라인 축 등을 가공할 수 있다.

19 창성법을 이용한 기어 가공법이 아닌것은?

① 형판   ② 호브
③ 피니언커터 ④ 랙크커터

> TIP 창성법
> 인벌류트 곡선을 그리는 성질을 응용하여 기어를 깎는 방법으로는 랙크커터, 피니언 커터, 호브(Hob) 등의 커터가 있다.

20 창성법의 원리로 기어를 절삭하는 가공기로 스퍼어기어, 헬리컬 기어, 워엄 휠 스프로킷, 스플라인 축 등을 가공할 수 있는 것은?

① 호빙머신
② 기어 셰이퍼
③ 베벨기어 절삭기
④ 기어 셰이빙

> TIP 호빙 머신
> 랙 커터를 변형시킨 호브를 사용하여 창성법의 원리로 기어를 절삭하는 가공기로 스퍼어기어, 헬리컬 기어, 워엄 휠 스프로킷, 스플라인 축 등을 가공할 수 있다.

16 ② 17 ② 18 ② 19 ① 20 ①

08 정밀입자 및 특수가공

01 정밀입자 가공

1 호닝(GH)★★

막대 모양의 가는 입자 숫돌을 방사형으로 배치한 혼(hone)을 회전시킴과 동시에 왕복운동을 주어 보오링, 리이밍, 연삭가공을 끝낸 원통의 내면을 정밀하게 다듬질하는 방법이다.

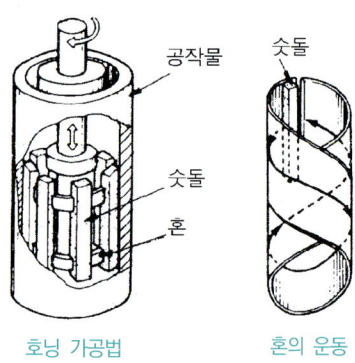

호닝 가공법   혼의 운동

(1) 치수 정밀도
3 ~ 10μ

(2) 호닝 속도
숫돌의 원주 속도는 보통 40 ~ 70m/min으로 하며, 왕복운동 속도는 원주속도의 1/2 ~ 1/5로 한다.

(3) 연삭액
호닝에서 아름다운 다듬면을 얻기 위해서 칩과 숫돌 입자를 씻어내고 발열을 방지할 목적으로 냉각액을 준다. 냉각액으로는 등유에 돼지 기름을 섞은 것, 또는 황을 섞은 것이 있다.

2 슈퍼 피니싱★★★

입도가 작고 결합도가 작은 숫돌을 공작물에 가볍게 누르고 매분 500 ~ 2,000회 정도의 진동수로 진동을 주면서 왕복운동을 시킴과 동시에 공작물에도 회전을 주어 가공면을 단시간에 매우 평활한 면으로 다듬는 가공방법이다.

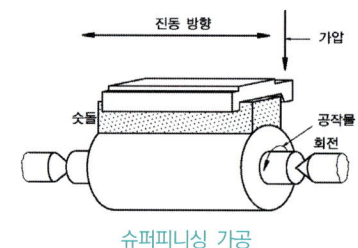

슈퍼피니싱 가공

(1) 특징
① 내마멸성, 내부식성이 높은 다듬질면을 얻을 수 있다.
② 연삭량이 많아 짧은 시간 안에 가공이 끝난다.

③ 방향성이 없는 다듬질면을 얻을 수 있고 가공 변질층을 제거할 수 있다.

(2) 가공 정밀도

슈퍼 피니싱은 변질층을 제거하는 것이므로 가공 여유는 0.002~0.01mm이고 표면 정밀도는 0.1~0.3μ이다.

3 래핑(FL)

공작물보다 경도가 낮은 주철, 구리, 목재로 만든 랩(lap)이라는 공구와 공작물의 다듬질할 면 사이에 적당한 연삭 입자를 넣고, 공작물과 적당한 압력으로 닿게 하고 상대운동을 시킴으로써 입자가공작물의 표면에서 아주 적은 양을 깎아내어 표면을 매끈하게 다듬는 가공이다.

(1) 종류

① **습식법** : 다듬질면은 광택이 적으므로 거친 래핑에 적당하다.
② **건식법** : 광택 있는 아름다운 다듬질면을 얻을 수 있다.

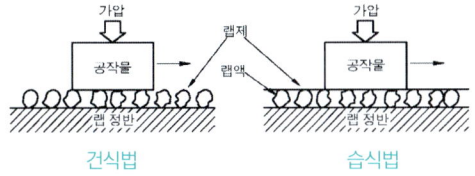

건식법　　습식법

(2) 랩 재료의 종류★★

주철, 구리, 연강 등을 쓰며 주로 주철을 사용하며 공작물의 재료보다 경도가 낮은 것을 사용한다.

(3) 치수 정밀도

0.0125~0.025μ

02 특수가공

1 입자 벨트 가공(GB)

벨트에 연삭입자를 접착시켜 여기에 일감을 눌러 연마하는 가공법을 입자 벨트가공(Abrasive Belt Machining)이라 한다. 숫돌 입자는 주철에는 A, 강철에는 WA, 비금속에는 C, 초경합금에는 GC가 사용된다.

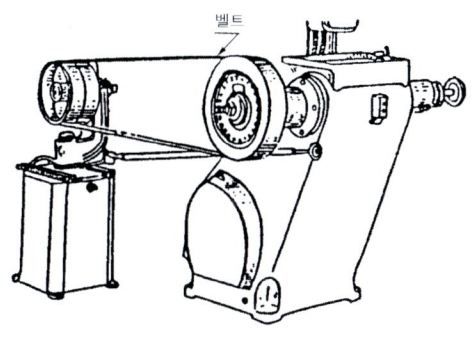

입자 벨트 연마기

2 버핑(FB)★★★

헝겊과 같이 부드러운 재료로 된 원판에 미세한 입자를 부착시켜, 이것을 고속 회전시켜 여기에 공작물을 눌러대고 그 표면을 매끈하게 다듬는 것이다. 이것은 치수 정밀도 향상을 목적으로 하는 것이 아니고, 단지 면의 광택내기가 주목적이다.

3 텀블링(배럴연마)★★★

배럴 속에 가공물과 미디어(media), 컴파운드 공작액을 넣고, 이것에 회전 또는 진동을 주어 공작물과 미디어가 충돌이 반복되는 사이에 그 표면에 있는 요철이 떨어져 매끈한 다듬면이 얻어지는 가공법이다.

(1) 미디어(연마석)

형석, 나무부스러기, 가죽…

(2) 컴파운드

스케일 제거, 녹떨기, 변색의 방지, 광택 내기에 사용

(3) 공작액

물, 경유, 글레세린, 유화액

4 버어니싱★★

원통 내면을 다듬질하는 경우로 내경보다 약간 지름이 큰 버어니시를 압입하여 내면에 소성 변형을 주어 정밀도가 높은 면을 얻는 가공법이다.

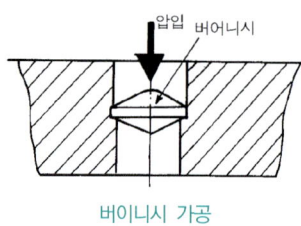

버이니시 가공

5 롤러 다듬질

회전하는 원통형의 일감에 롤러를 눌러 표면을 매끈하게 하는 동시에 표면 경화시키는 가공법을 롤러 다듬질(Surface Rolling)이라 하며, 주로 선반가공 뒤에 이 다듬질을 한다.

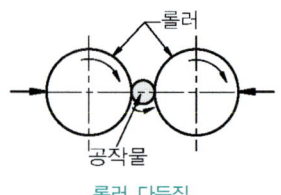

롤러 다듬질

6 분사 가공

(1) 샌드 블라스트(Sand Blast)

주물의 표면을 청소하거나 또는 도금이나 도장의 바탕을 깨끗이 하는 것으로 모래를 압축 공기에 의해 분사시켜 이것을 공작물 표면에 닿게 하여 그 표면을 깨끗이 하는 것이다.

(2) 그릿 블라스트(Grit Blast)

그릿(grit)은 파쇄된 칠드 주철 입자를 말하는데, 그릿 블라스트(grit blast)는 이 그릿을 샌드 블라스트와 같이 가공품에 분사시켜 가공하는 방법이다.

(3) 숏 피닝(Shot Peening)

다수의 작은 철, 강의 보울(지름 0.7 ~ 0.9mm) 또는 망간 주철구, 칠드 주철구를 고속도(10 ~ 50m/sec)로 가공품의 표면에 분사시켜, 가공품을 연마하는 동시에 가공품의 강도, 특히 피로에 대한 강도를 증대시키는 가공법으로 주로 스프링류, 축, 기어, 레일 등에 행한다.

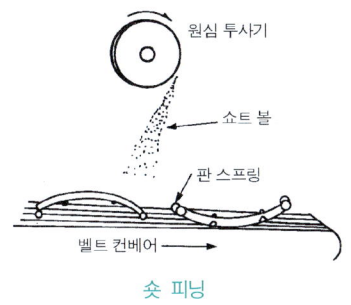

숏 피닝

(4) 액체 호닝(Liquid Honing)

미세한 연삭 입자와 물의 혼합액을 5~6kg/cm²의 공기 압력으로 가공면에 분사시키는 가공법이다.

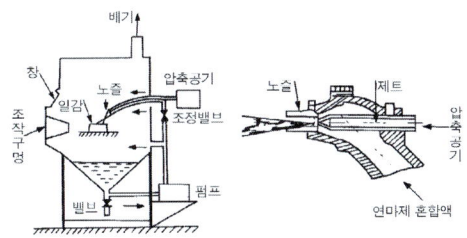

액체 호닝의 분사기구와 그 장치

7 방전 가공★★

방전가공은 불꽃 방전에 의하여 재료를 미소량씩 용해시켜 금속의 절단, 구멍뚫기, 연마를 하는 가공법으로 금속 이외에 다이아몬드, 루비, 사파이어 등에 가공도 쉽고 경제적으로 할 수 있다.

(1) 방전 가공의 특징

① 경도가 높은 재료를 쉽게 경제적으로 가공한다.
② 가공 변질층이 적고 내마멸성이 높은 표면을 얻을 수 있다.
③ 복잡한 가공을 할 수 있다.
④ 작은 구멍, 좁고 깊은 홈 등을 가공할 수 있다.

(2) 전극(공구)

텅스텐이나 흑연, 구리 합금을 사용한다.

(3) 가공액(공작액)

변압기유, 경유, 황화유, 등유 등을 사용한다.

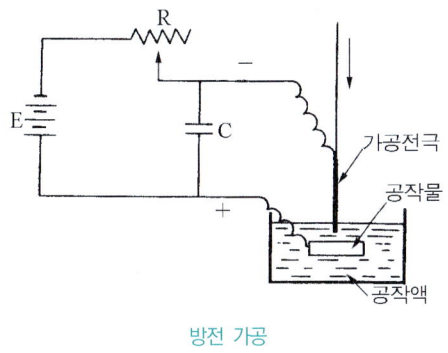

방전 가공

8 초음파 가공

가청범위 이외의 음파(16~30kHz) 이상의 음파를 사용하여 기계적으로 진동하는 공구와 일감 사이에 연삭입자와 물 또는 경유의 혼합액을 주입하여 표면을 다듬는 방법이다.

(1) 초음파 가공의 특징★★

① 초경질이며, 메짐성이 큰 재료를 가공한다.
② 절단, 구멍뚫기, 평면가공, 표면가공 등을 할 수 있다.
③ 전기적으로 불량도체일지라도 가공이 가능하다.
④ 가공변질층 및 변형이 적다.

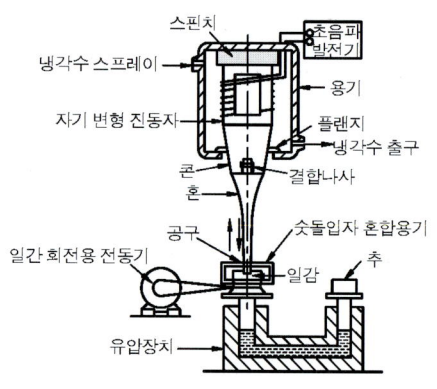

초음파 가공기 구조의 보기

9 전해 연마

전해액(황산, 인산) 중에 공작물을 넣고 직류 전류를 보내어 양극의 용출을 이용하여 표면을 매끈하게 다듬질하는 방법이다.

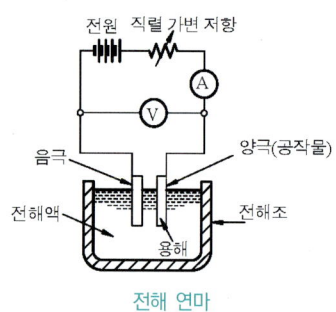

전해 연마

(1) 전해 연마의 특징

① 가는 선이나 박 등의 표면 가공(주사침, 미싱바늘, 메리야스 바늘)
② 스케일 제거와 표면처리
③ 반사경, 식기, 장식품 등의 광택과 내식성 증가
④ 가공면에 방향성이 없다.

10 NC 공작기계

(1) NC의 정의

NC(수치제어 : Numerical control)란 수치와 부호로써 구성되는 수치정보를 이용하여 기계의 조작을 자동으로 제어하는 장치

(2) 공작기계 제어방식

① 위치 결정 제어 : 드릴링이나 보링에 응용
② 위치 결정 직선 절삭제어 : 선반
③ 윤곽 절삭 제어 : 밀링

(3) NC 기계의 정보 흐름

부품도면 → 가공계획 → 수동 프로그래밍 → NC 테이프 → 서어보 기구 → NC 기계 → NC가공 자동 프로그래밍

? NC 테이프

천공테이프(재질 : 종이), 자기테이프(Magnetic tape), 카드(Card) 등이 쓰인다.

08 정밀입자 및 특수가공 예상문제

01 호닝머신에서 혼은 어떤 운동을 하는가?

① 직선 왕복운동
② 회전 운동
③ 상하 운동
④ 회전 및 직선왕복운동

TIP 혼은 회전 및 직선왕복운동을 하여 원통의 내면을 연삭하는데 사용이 된다.

02 호닝 머신에서 내면을 가공할 때 호운은 일감에 대하여 어떠한 운동을 하는가?

① 회전운동
② 왕복운동
③ 이송운동
④ 회전운동과 왕복운동

03 래핑작업에서 랩제로 사용되지 않는 것은?

① 탄화규소(SiC)
② 알루미나(Al_2O_3)
③ 산화철
④ 탄소강

04 래핑작업에 사용하는 랩제의 종류가 아닌 것은?

① 탄화규소
② 산화철
③ 산화크롬
④ 흑연가루

05 슈퍼 피니싱용 숫돌에서 숫돌의 결합도가 작은 것을 사용하는 경우는?

① 가공물의 경도가 작을수록
② 입자의 입도가 작을수록
③ 숫돌의 압력이 클수록
④ 상대 속도가 클수록

TIP 슈퍼피니싱용 숫돌의 입자는 상대 속도가 클수록 결합도가 작은 것을 사용한다.

06 랩의 공구는 어떤 것을 사용하는가?

① 공작물보다 단단한 것
② 공작물보다 경도가 낮은 것
③ 공작물보다 전도율이 높은 것
④ 공작물보다 큰 것

TIP 랩은 공작물보다 경도가 낮은 것을 사용하여야 한다.

01 ④ 02 ④ 03 ④ 04 ④ 05 ④ 06 ②

07 입도가 작고 연한 숫돌에 적은 압력으로 가압하면서 가공물에 이송을 주고 동시에 숫돌에 진동을 주어 표면거칠기를 높이는 가공법은?

① 이온가공 ② 방전가공
③ 슈퍼피니싱 ④ 전자 빔가공

TIP 슈퍼피니싱

입도가 작고 결합도가 작은 숫돌을 공작물에 가볍게 누르고 매분 500~2,000회 정도의 진동수로 진동을 주면서 왕복운동을 시킴과 동시에 공작물에도 회전을 주어 가공면을 단시간에 매우 평활한 면으로 다듬는 가공방법이다.

08 전해 연마의 단점은?

① 가공에 의한 표면균열이 생기기 쉽다.
② 모서리 부분이 둥그러진다.
③ 복잡한 면의 정밀가공이 곤란하다.
④ 가공 시간이 길다.

TIP 전기도금의 반대 원리를 이용한 연마법으로 모서리 부분에 전자의 이동이 많이 생겨 모서리가 둥그러지는 단점이 있다.

09 가공 후 가장 높은 정밀도를 얻을 수 있는 것은?

① 호닝 ② 슈퍼피니싱
③ 랩핑 ④ 버핑

TIP 정밀입자가공 중 가장 높은 정밀도를 얻을 수 있는 것은 랩핑이다.

10 다음 작업 중 복잡하고 작은 물건을 다량으로 연마하는데 적합한 것은?

① 벨트 연마 ② 버프 연마
③ 배럴연마 ④ 랩핑

TIP 텀블링(배럴연마)

배럴 속에 가공물과 미디어(media), 컴파운드 공작액을 넣고, 이것에 회전 또는 진동을 주어 공작물과 미디어가 충돌이 반복되는 사이에 그 표면에 있는 요철이 떨어져 매끈한 다듬면이 얻어지는 가공법이다.

11 전기적 양도체 또는 부도체 여부에 관계없이 초음파 발진기를 이용하여 보통 금속과 동일하게 가공할 수 있는 장점을 가지고 있는 것은?

① 초음파 가공
② 전해 연삭가공
③ 래핑 가공
④ 와이어컷 방전가공

TIP 초음파 가공

가청범위 이외의 음파(16~30kHz) 이상의 음파를 사용하여 기계적으로 진동하는 공구와 일감 사이에 연삭입자와 물 또는 경유의 혼합액을 주입하여 표면을 다듬는 방법이다.

07 ③ 08 ② 09 ③ 10 ③ 11 ①

12 초음파 가공에 대한 설명 중 틀린 것은?

① 초음파를 이용한 전기적 에너지를 기계적인 에너지로 변환시켜 정밀 가공하는 방법이다.
② 공구의 재료는 황동, 연강, 모넬메탈 등이 쓰인다.
③ 광학렌즈, 세라믹, 수정, 다이아몬드 등 취성이 큰 재료는 가공이 어렵다.
④ 적당한 공구와 가공 조건의 선택으로 눈금 무늬 문자 구멍 절단 등의 가공이 가능하다.

> **TIP** 초음파 가공의 특징
> - 초경질이며, 메짐성이 큰 재료를 가공한다.
> - 절단, 구멍뚫기, 평면가공, 표면가공 등을 할 수 있다.
> - 전기적으로 불량도체일지라도 가공이 가능하다.
> - 가공변질층 및 변형이 적다.

13 초음파 가공에 대한 설명 중 틀린 것은?

① 니켈막대의 자기변형 현상을 이용한 것이다.
② 혼(horn)의 재료는 황동, 연강, 공구강 등이 쓰인다.
③ 납, 구리, 연강 등 무른 재료의 가공에 많이 이용된다.
④ 적당한 공구와 가공조건의 선택으로 구멍뚫기, 홈파기, 조각, 절단 등의 가공이 가능하다.

> **TIP** 초음파 가공은 경도가 높은 금속을 가공하는데 사용된다.

14 초음파 가공에 주로 사용되는 연삭 입자의 재질은?

① 탄화붕소 ② 셀락
③ 폴리에스터 ④ 구리합금

15 방전가공 시 전극으로 사용되지 않는 것은?

① 흑연 ② 구리
③ 황동 ④ 연강

16 방전가공에 쓰이는 가공전극의 요구조건이 아닌 것은?

① 가격이 저렴해야 한다.
② 전극 소모가 적어야 한다.
③ 전기저항이 커야 한다.
④ 기계가공이 용이해야 한다.

> **TIP** 방전가공은 불꽃 방전에 의하여 재료를 미소량씩 용해시켜 금속의 절단, 구멍뚫기, 연마를 하는 가공법으로 금속이외에 다이아몬드, 루비, 사파이어 등에 가공도 쉽고 경제적으로 할 수 있다.

12 ③ 13 ③ 14 ① 15 ④ 16 ③

17 직물, 피혁, 고무 등으로 만든 유연한 원판을 고속 회전시켜 일감의 표면을 매끈하고 광택있게 가공하는 방법은?

① 텀블링 ② 입자 벨트가공
③ 버핑   ④ 숏 피닝

TIP 버핑
헝겊과 같이 부드러운 재료로 된 원판에 미세한 입자를 부착시켜, 이것을 고속 회전시켜 여기에 공작물을 눌러대고 그 표면을 매끈하게 다듬는 것이다. 이것은 치수 정밀도 향상을 목적으로 하는 것이 아니고, 단지 면의 광택내기가 주목적이다.

18 구멍의 내면보다 큰 공구를 넣어 내면을 다듬질하는 방법은?

① 버핑   ② 호닝
③ 버니싱 ④ 배럴

TIP 버니싱
원통 내면을 다듬질하는 경우로 내경보다 약간 지름이 큰 버어니시를 압입하여 내면에 소성 변형을 주어 정밀도가 높은 면을 얻는 가공법이다.

19 제품 표면에 주철을 고속으로 분사하여 제품의 피로강도를 증대시키는 가공법은?

① 버니싱   ② 숏 피닝
③ 샌드 블라스트 ④ 버핑

TIP 숏 피이닝(Shot Peening)
다수의 작은 철, 강의 보울(지름 0.7 ~ 0.9mm) 또는 망간 주철구, 칠드 주철구를 고속도(10 ~ 50m/sec)로 가공품의 표면에 분사시켜, 가공품을 연마하는 동시에 가공품의 강도, 특히 피로에 대한 강도를 증대시키는 가공법으로 주로 스프링류, 축, 기어, 레일 등에 행한다.

20 전해 연마의 특징으로 잘못된 것은?

① 가공면에 방향성이 있다.
② 광택과 내식성이 증가한다.
③ 가는 선이나 박판가공이 가능하다.
④ 전해액은 황산이나 인산을 사용한다.

TIP 전해연마의 특징
• 가는 선이나 박 등의 표면 가공(주사침, 미싱바늘, 메리야스 바늘)
• 스케일 제거와 표면처리
• 반사경, 식기, 장식품 등의 광택과 내식성 증가
• 가공면에 방향성이 없다.

17 ③ 18 ③ 19 ② 20 ①

09 chapter 안전관리

01 일반 안전

1 작업 복장

(1) 작업복
① 작업복은 신체에 맞고 가벼운 것일 것. 작업에 따라서는 상의의 끝이나 바짓자락이 말려 들어가지않도록 하기 위해 잡아매는 것이 좋다.
② 옷의 실밥이 풀리거나 터진 것은 즉시 꿰매도록 할 것.
③ 항상 깨끗이 해야 하고 특히 기름이 묻은 작업복은 불이 붙기 쉬우므로 위험하다.
④ 더운 계절이나 고온 작업 시에는 작업복을 절대로 벗지 말 것. 직장 규율 및 기강에도 좋지 않을 뿐만 아니라 재해의 위험성이 크다.
⑤ 착용자의 연령, 직종 등을 고려해서 적절한 스타일을 선정할 것.

(2) 작업모
① 기계 주위에서 작업하는 경우에는 작업모를 쓸 것.
② 여자 장발자의 경우에는 머리카락이 나오지 않도록 해야 한다.
③ 착용자의 연령, 직종 등을 고려해서 적절한 스타일을 선정할 것.

(3) 신발
① 신발은 작업내용에 잘 맞는 것을 선정하고 샌들 등은 걸음걸이가 불안정해 넘어질 우려가 있으므로 착용하지 말 것.
② 맨발은 부상당하기 쉽고 고열 물체에 닿을 때도 위험하므로 절대로 금할 것.
③ 신발은 안전화의 착용이 바람직하다.

(4) 기타
시계나 반지 등은 작업 중에는 빼두어야 한다.

2 기계의 점검

기계는 다음과 같이 정지 상태와 운전상태에서 점검한다.

(1) 기계의 점검

	정지상태에서 하는 점검	운전상태에서 하는 점검
1	급유상태	클러치
2	전동기, 개폐기	기어의 맞물림 상태
3	안전장치, 동력전동장치	베어링부의 온도 상승
4	슬라이드부의 상태	슬라이드면의 온도 상승 상태
5	힘이 걸리는 부분의 흠집	이상음의 유무
6	볼트, 너트의 헐거움	시동, 정지상태

(2) 일반기계의 점검

① 공동작업을 할 경우 시동할 때, 남에게 위험이 없도록 확실한 신호를 보내고 스위치를 넣는다.
② 기계운전 중에는 기계에서 이탈해서는 안 된다.
③ 기계운전 중 이상한 소리가 나거나 정전 또는 사고가 발생하면 꼭 전원이나 스위치를 내린다.
④ 기름걸레는 소정의 용기 속에 넣고 자연발화 등에 의한 화재를 예방한다.
⑤ 기계의 청소, 주유, 수리 등은 운전을 정지한 다음에 실시한다.
⑥ 고장기계는 반드시 표시를 한다.
⑦ 작업이 끝나면 손질 및 점검을 하고 기계 각 부를 정위치에 놓는다.

③ 통행 및 운반

(1) 통로

① 통로면으로부터 높이 1.8(m) 이내에는 장애물이 없어야 한다.
② 기계와 기계 사이의 통로 너비는 적어도 80(cm) 이상으로 할 것.
③ 통로 바닥은 미끄럽지 않게 하며, 불필요한 물건이나 기름 등이 없을 것.
④ 가설 통로의 경사는 30° 이내로 하며 15° 이상인 때는 손잡이를 설치한다.
⑤ 작업장의 벽은 백색 칠이 가장 좋다.
⑥ 50인 이상의 근로자가 취업하는 옥내 작업장은 비상 통로를 2개 이상 설치해야 한다.
⑦ 작업장의 출입문은 미닫이 또는 밖여닫이로 한다.
⑧ 추락 위험이 있는 장소에는 75(cm) 이상의 난간을 설치한다.
⑨ 통행의 우선 순위 : 기중기 → 적재차량 → 빈차 → 보행자
⑩ 작업장 통행로의 폭 : 차폭＋2ft(80cm)

(2) 취급

① 통로를 확보하고 발 밑을 튼튼하게 한다.
② 운반 차량의 적당한 구내 속도는 8(km/h)이다.
③ 정차 중 또는 운반 중의 앞차와의 간격은 5(m)이다.
④ 와이어 로프의 점검은 월 2회다.
⑤ 와이어 로프로 물건을 달아 올릴 때(로프가 10(%) 끊어질 때까지) 사용할 수 있다.
⑥ 로프의 안전 하중은 파단력의 1/16이다.
⑦ 로프에 물건을 달아 올릴 때 힘이 가장 적게 걸리는 로프의 각도는 30°이다.
⑨ 운반 물품의 무게한도는 자기 몸무게의 35 ~ 40%가 좋다.
⑩ 기중기 운반 시 줄걸기 작업은 운반 재해의 10%를 차지한다.

④ 안전 표시

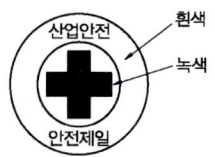

① **적색** : 방화, 금지, 방향표시
② **오렌지색** : 위험표시
③ **황색** : 주의 표시
④ **녹색** : 안전지도, 위생표시

⑤ 청색 : 주의 수리중, 송전중 표시
⑥ 진한 보라색 : 방사능 위험표시
⑦ 백색 : 주의표시
⑧ 흑색 : 방향표시

5 작업 환경

(1) 보건 관리인
100인 이상의 근로자를 사용하는 사업장의 사용자는 보건관리인 1인을 두어야 한다.

(2) 조명
① 초정밀 작업 : 600Lux 이상
② 정밀 작업 : 300Lux 이상
③ 보통 작업 : 150Lux 이상
④ 거친 작업 : 60Lux 이상

(3) 옥내의 기적
지면으로부터 4m 이상의 높이를 제외하고 1인당 10m² 이상

(4) 습도
작업하기 가장 적당한 습도는 50~60이다.

(5) 작업 온도
17~20℃ (외부와의 기온차 7℃ 이내)

(6) 채광
창문의 크기 – 바닥면적의 1/5 이상

(7) 환기
창문의 크기 – 바닥면적의 1/25 이상

(8) 재해 빈도
① 계절 : 여름
② 시간 : 오전 10~11시, 오후 2시~3시이다.
③ 요일 : 월요일

(9) 작업 환경의 측정단위
① 조명 : Lux(럭스)
② 오염도 : ppm(피피엠)
③ 소음 : Db, Phone(데시벨, 폰)
④ 분진 : mg/m² (밀리그램)
⑩ 소음 : 소음을 일으키는 기계
① 금속가공기계 : 기계 프레스, 전단기, 단조기계, 블라스트
② 목재가공기계 : 띠 기계톱, 둥근 기계톱, 기계대패
③ 주형 조형기, 용해로, 중유로

6 재해의 원인

(1) 재해 발생률
① 연천인율

$$\frac{산업재해 건수}{근로자 수} \times 1,000$$

② 도수율

$$\frac{재해발생 건수}{연근로 시간수} \times 1,000,000 (시간)$$

③ 강도율

$$\frac{노동손실 건수}{연근로 시간수} \times 1,000 (시간)$$

(2) 안전 관리자의 의무

① 건설물 설비, 작업장소 또는 작업방법에 위험이 있을 때에는 응급조치 또는 적당한 방지조치
② 안전장치, 보호구, 소화설비, 기타 위험방지 시설의 성능에 대한 정기적 점검 및 정비
③ 안전작업에 관한 교육 및 훈련
④ 재해가 발생한 경우 그 원인의 조사와 이에 대한 대책
⑤ 소화 및 피난의 훈련
⑥ 기타 근로자의 안전에 관한 사항
⑦ 안전 일지 및 안전에 관한 기록의 작성 비치

7 수공구 안전 수칙

(1) 해머 작업

① 해머를 휘두르기 전에 반드시 주위를 살핀다.
② 미끄러지기 쉬우므로 장갑을 끼면 안 된다.
③ 보호안경을 써야 한다.
④ 재료를 자르는 정면에 서지 않도록 한다.

(2) 줄 작업

① 땜질한 줄은 사용하지 않는다.
② 줄질에서 생긴 쇳밥은 입으로 불지 않고 와이어 브러쉬로 털어낸다.
③ 공작물이나 줄에 기름이 묻지 않도록 한다.

(3) 바이스 작업

① 바이스 대에 재료나 공구를 두지 않는다.
② 바이스에 물리는 조가 완전한지 확인한다.
③ 둥근 봉이나 얇은 판은 알루미늄판, 구리판으로 확실히 고정시킨다.
④ 바이스 사용 후는 기름걸레로 닦고 조는 가볍게 조여 둔다.

02 기계 안전

8 기계 안전 일반

① 기계 위에 공구나 재료를 올려 놓지 않는다.
② 이송을 걸어 놓은 채 기계를 정지시키지 않는다.
③ 기계의 회전을 손이나 공구로 멈추지 않는다.
④ 가공물, 절삭공구의 설치를 확실히 한다.
⑤ 절삭공구는 짧게 설치하고 절삭성이 나쁘면 공구를 교체한다.
⑥ 칩이 비산할 때는 보안경을 사용한다.
⑦ 칩을 제거할 때는 브러시나 칩 클리너를 사용하고 맨손으로 하지 않는다.
⑧ 절삭 중 절삭면에 손이 닿아서는 안 된다.
⑨ 절삭 중이나 회전 중에는 공작물을 측정하지 않는다.

9 선반 가공

① 가공물의 설치는 전원을 내리고 바이트를 충분히 뺀 다음 설치한다.
② 돌리개는 적당한 크기의 것을 선택하고 심압대 스핀들이 지나치게 나오지 않도록 한다.

③ 공작물의 설치가 끝나면 척, 렌치류는 곧 떼어놓는다.
④ 편심된 가공물의 설치는 균형 추를 부착시킨다.(면판 작업 시)
⑤ 바이트는 기계를 정지시킨 다음에 설치한다.
⑥ 줄작업이나 사포로 연마할 때는 몸자세, 손동작에 유의한다.

10 드릴 가공

① 회전하고 있는 주축 또는 드릴에 손이나 걸레를 대거나 머리를 가까이 해서는 안 된다.
② 드릴은 양호한 것을 사용하고, 자루(생크 : Shank)에 상처나 균열이 있는 것을 사용해서는 안 된다.
③ 가동 중에 드릴의 절삭성이 나빠지면 꼭 드릴을 재연삭하여 사용한다.
④ 드릴을 고정하거나 풀 때는 주축이 완전히 멈춘 후에 한다.
⑤ 작은 물건을 바이스나 고정구로 고정하고 직접 손으로 잡지 말아야 한다.
⑥ 얇은 물건을 드릴 작업할 때는 밑에 나무 등을 놓고 구멍을 뚫어야 한다.
⑦ 드릴 끝이 가공물의 맨 밑에 나올 때 가공물이 회전하기 쉬우므로 이 때는 이송을 늦춘다.
⑧ 가공 중 드릴이 가공물에 박히면 기계를 정지시키고 손으로 돌려서 드릴을 뽑아야 한다.
⑨ 드릴이나 소켓 등을 뽑을 때는 드릴 뽑게를 사용하며 해머 등으로 두들겨 뽑지 않도록 한다.
⑩ 드릴 및 척을 뽑을 때는 주축과 테이블의 간격을 좁히고 테이블 위에 나무조각을 놓고 받는다.

11 밀링 가공

① 절삭공구 설치 시 이동 레버와 접촉하지 않도록 한다.
② 공작물 설치 시 절삭공구의 회전을 정지시킨다.
③ 상하 이송용 핸들은 사용 후 반드시 벗겨 놓는다.
④ 가공 중에는 얼굴을 기계에 가까이 대지 않도록 한다.
⑤ 절삭공구에 절삭유를 줄 때는 커터 위에서부터 주유한다.
⑥ 칩이 비산하는 재료는 커터 부분에 커버를 설치하거나 보안경을 착용한다.

12 연삭 가공

① 숫돌은 반드시 시운전에 지정된 사람이 설치해야 한다.
② 숫돌을 설치하기 전에 나무망치로 숫돌을 때려 조사한다. (균열이 있으면 탁한 소리가 난다.)
③ 숫돌차는 기계에 규정된 것을 사용한다.
④ 숫돌차의 안지름은 축의 지름보다 0.1mm 정도 커야 한다.
⑤ 플랜지는 좌우 같은 것을 사용하고 숫돌 바깥지름의 1/3 이상의 것을 사용한다.
⑥ 플랜지와 숫돌 사이에는 플랜지와 같은 크기의 패킹을 양쪽에 끼우고 너트를 너무 강하게 조이지 않도록 한다.

⑦ 숫돌은 3분 이상, 작업개시 전에는 1분 이상 시운전한다. 그 때 숫돌의 회전 방향으로부터 몸을 피하여 안전에 유의한다.
⑧ 숫돌과 받침대의 간격은 항상 3mm 이하로 유지한다.
⑨ 공작물과 숫돌은 조용하게 접촉하고 무리한 압력으로 연삭하지 않는다.
⑩ 공작물은 받침대로 확실하게 지지한다.
⑪ 소형 숫돌은 측압에 약하므로 컵형 숫돌 외에는 측면 사용을 피한다.
⑫ 숫돌의 커버를 벗겨놓은 채 사용해서는 안된다.
⑬ 안전 차폐막을 갖추지 않은 연삭기를 사용할 때는 방진 안경을 쓴다.

09 안전관리 예상문제

01 선반작업에서 안전사항을 열거한 것 중 틀린 것은?

① 고정 센터작업 시 센터에는 주유하지 말 것
② 내경나사 작업 시 칩은 손가락으로 제거하지 말 것
③ 치수측정 시는 정지를 할 것
④ 작업 전에 기계점검을 할 것

TIP 선반 작업 시 주의사항은 아래와 같다.
- 가공물의 설치는 전원을 내리고 바이트를 충분히 뺀 다음 설치한다.
- 돌리개는 적당한 크기의 것을 선택하고 심압대 스핀들이 지나치게 나오지 않도록 한다.
- 공작물의 설치가 끝나면 척, 렌치류는 곧 떼어놓는다.
- 편심된 가공물의 설치는 균형 추를 부착시킨다.(면판 작업 시)
- 바이트는 기계를 정지시킨 다음에 설치한다.
- 줄작업이나 사포로 연마할 때는 몸자세 손동작에 유의한다.

02 선반작업 시 주의사항에 대해서 틀린 것은?

① 가공물의 설치는 전원을 내리고 바이트를 충분히 뺀 다음 설치한다.
② 바이트는 기계를 회전 중에 설치한다.
③ 줄작업이나 사포로 연마할 때는 몸자세, 손동작에 유의한다.
④ 공작물의 설치가 끝나면 척, 렌치류는 곧 떼어놓는다.

03 밀링작업의 안전관리에 적절하지 않은 것은?

① 정면커터 작업 시에는 칩이 튀므로 칩커버를 설치한다.
② 가공 중에 가공상태를 정확히 파악해야 하므로 얼굴을 가까이 대고 본다.
③ 절삭가공 중에는 브러쉬로 칩을 제거하지 않는다.
④ 절삭공구나 공작물을 설치할 때에는 전원을 끄고 작업한다.

TIP 밀링 작업 시 주의사항은 아래와 같다.
- 절삭공구 설치 시 이동 레버와 접촉하지 않도록 한다.
- 공작물 설치 시 절삭공구의 회전을 정지시킨다.

- 상하 이송용 핸들은 사용 후 반드시 벗겨놓는다.
- 가공 중에는 얼굴을 기계에 가까이 대지 않도록 한다.
- 절삭공구에 절삭유를 줄 때는 커터 위에서부터 주유한다.
- 칩이 비산하는 재료는 커터 부분에 커버를 하든가 보안경을 착용한다.

04 드릴링작업의 안전관리에 적절하지 않은 것은?

① 작은 물건을 바이스나 고정구로 고정하고 직접 손으로 잡고 작업을 해야 한다.
② 드릴을 고정하거나 풀 때는 주축이 완전히 멈춘 후에 한다.
③ 얇은 물건을 드릴 작업할 때는 밑에 나무 등을 놓고 구멍을 뚫어야 한다.
④ 드릴 끝이 가공물의 맨 밑에 나올 때 가공물이 회전하기 쉬우므로 이 때는 이송을 늦춘다.

TIP 드릴 작업 시 주의사항은 아래와 같다.
- 회전하고 있는 주축 또는 드릴에 손이나 걸레를 대거나 머리를 가까이 해서는 안 된다.
- 드릴은 양호한 것을 사용하고, 자루에 상처나 균열이 있는 것을 사용해서는 안 된다.
- 가동 중에 드릴의 절삭성이 나빠지면 꼭 드릴을 재연삭하여 사용한다.
- 드릴을 고정하거나 풀 때는 주축이 완전히 멈춘 후에 한다.
- 작은 물건을 바이스나 고정구로 고정하고 직접 손으로 잡지 말아야 한다.
- 얇은 물건을 드릴 작업할 때는 밑에 나무 등을 놓고 구멍을 뚫어야 한다.
- 드릴 끝이 가공물의 맨 밑에 나올 때 가공물이 회전하기 쉬우므로 이 때는 이송을 늦춘다.
- 가공 중 드릴이 가공물에 박히면 기계를 정지시키고 손으로 돌려서 드릴을 뽑아야 한다.
- 드릴이나 소켓 등을 뽑을 때는 드릴 뽑게를 사용하며 해머 등으로 두들겨 뽑지 않도록 한다.
- 드릴 및 척을 뽑을 때는 주축과 테이블의 간격을 좁히고 테이블 위에 나무조각을 놓고 받는다.

05 항해 항공의 보안시설 및 조난구조 때에 사용하는, 해상 또는 상공에서 식별하기 쉬운 KS규격 안전 표시 색채는?

① 주황 ② 노랑
③ 녹색 ④ 청색

TIP ks 규격 안전 표시 색
- 적색 : 방화, 금지, 방향표시
- 오렌지색 : 위험표시
- 황색 : 주의표시
- 녹색 : 안전지도, 위생표시
- 청색 : 주의 수리중, 송전중 표시
- 진한 보라색 : 방사능 위험표시
- 백색 : 주의표시
- 흑색 : 방향표시

04 ① 05 ①

06 KS규격에 의한 안전색과 사용표지의 연결이 잘못된 것은?

① 빨강 - 고도 위험
② 노랑 - 주의
③ 파랑 - 진행
④ 녹색 - 피난

07 공작기계에서 주축의 회전을 정지시키는 방법으로 가장 옳은 것은?

① 스스로 멈추게 한다.
② 역회전시켜 멈추게 한다.
③ 손으로 잡아 정지시킨다.
④ 수공구를 사용하여 정지시킨다.

> TIP 공작기계의 주축은 스스로 멈출 때까지 기다려야 한다.

08 KS규격에 의한 안전색 주황의 의미는?

① 의무적 행동
② 항해, 항공의 보안 시설
③ 금지
④ 위생, 구호, 보호

09 정밀 작업시 조명의 밝기는?

① 600Lux 이상   ② 300Lux 이상
③ 150Lux 이상   ④ 60Lux 이상

> TIP 작업 시 조명 밝기
> - 초정밀 작업 : 600Lux 이상
> - 정밀 작업 : 300Lux 이상
> - 보통 작업 : 150Lux 이상
> - 거친 작업 : 60Lux 이상

10 해머 작업 시 안전 사항으로 틀린 것은?

① 손을 다칠 수 있으므로 장갑을 껴야한다.
② 작업 전 주위를 살펴야 한다.
③ 재료를 자르는 정면에 서지 않도록 한다.
④ 보호 안경을 써야한다.

> TIP 해머 사용 시 안전사항은 아래와 같다.
> - 해머를 휘두르기 전에 반드시 주위를 살핀다.
> - 미끄러지기 쉬우므로 장갑을 끼면 안 된다.
> - 보호안경을 써야 한다.
> - 재료를 자르는 정면에 서지 않도록 한다.

06 ③ 07 ① 08 ② 09 ② 10 ①

11 드릴링머신 작업 시 안전수칙 중 틀린 것은?

① 공작물을 고정하지 않고 손으로 잡고 가공해서는 안 된다.

② 작업할 때 옷 소매가 길거나 찢어진 옷을 입으면 안 된다.

③ 테이블 위에서는 공작물에 펀치질을 해서는 안 된다.

④ 정확하게 공작물을 고정하고 작업 중 칩을 걸레로 닦아서 제거한다.

> TIP 드릴링 작업 시 칩을 제거할 때에는 반드시 정지 후에 털어내야 한다.

12 다음 작업 중 특히 주의해야 할 사항을 서로 짝지었다. 잘못된 것은?

① 드릴작업 - 작업복이나 긴 머리가 감기기 쉽다.

② 선반작업 - 척과 렌치는 반드시 기계에서 떼어놓는다.

③ 밀링작업 - 칩이나 절삭날에 의한 상처가 없도록 한다.

④ 플레이너 작업 - 커터의 회전에 의한 재해를 방지해야 한다.

13 바닥에 통로를 표시할 때 사용하는 색깔은?

① 적색   ② 흑색
③ 황색   ④ 백색

14 다음 안전 표시를 위한 색의 기능으로 틀린 것은?

① 녹색 - 안전지도, 위생표시

② 청색 - 방사능 위험표시

③ 오렌지색 - 위험표시

④ 황색 - 주의표시

> TIP 청색은 주의표시이며 방사능은 보라색을 사용한다.

15 기계의 점검 중 운전 상태에서 할 수 없는 것은?

① 기어의 물림 상태

② 급유 상태

③ 베어링의 온도 상승

④ 이상음의 유무

PART

05

CAD 일반

CHAPTER 01 ◆ 전산일반

CHAPTER 02 ◆ CAD 개론

CHAPTER 03 ◆ Computer에 의한 설계

CHAPTER 04 ◆ CAD/CAM 개론 및 자동화

COMPLETION IN 3 MONTH

CRAFTSMAN
COMPUTER
AIDED ARCHITECTURAL
DRAWING

전산응용기계제도기능사

01 chapter 전산일반

01 개요

전자계산기(EDPS : Electronics Data Processing System)란 어떤 정보를 자동으로 받아서 다량의 정보를 기억하고 계산, 분석 및 처리를 하여 그 결과를 얻어내는 정보처리 조직체를 의미한다.

1 특징

① 처리의 자동성
② 대량성, 고속성
③ 자료의 기억성
④ 신뢰성
⑤ 복합성

2 역사

① **최초 계산형도구** : 수판(avacus)
② **최초의 계산기** : 파스칼의 기어식 기계
③ **탁상용 계산기 시초** : 가감승제기 – 라이프니츠 개발
④ **전자계산기 시초** : 베이직에 의한 삼각함수 및 해석기관 설계, 기억 제어 연산 및 입출력 방식 구비
⑤ **천공 카드 시스템(PXS : Punch Card System)** : 홀러리스 개발 – 자료를 카드에 천공하여 처리하는 시스템
⑥ **프로그램 내장방식** : 현 computer : 모클리, 에커트의 진공관을 사용한 전자계산기 ENIAC의 회장형 프로그램 방식

3 계산기 기억소자의 발전

(1) 1 세대

① **논리소자** : 진공관
② **처리속도** : $ms(10^{-3})$
③ **기억소자 및 보조 기억장치** : 자기 드럼
④ **특징** : 대형, 처리속도가 늦음

(2) 2 세대

① **논리소자** : 트랜지스터(TR – Transistor)
② **처리속도** : $\mu s(10^{-6})$
③ **기억소자 및 보조 기억장치** : 자기코어, 자기드럼, 자기디스크
④ **특징** : 오퍼레이팅 시스템(OS)도입, 보조 기억장치 채용, 고급언어 등장

(3) 3 세대

① **논리소자** : 집적회로(IC : Intergrated Circuit)
② **처리속도** : $ns(10^{-9})$
③ **기억소자 및 보조 기억장치** : IC, 반도체 기억소자, 자기디스크

④ 특징 : 다중처리 가능, 실시간 처리실현, 시분할 처리 및 데이터 통신 응용능력의 실현

(4) 4 세대

① 논리소자 : LSI(Large-Scale IC)
② 처리속도 : $ps(10^{-12})$
③ 기억소자 및 보조 기억장치 : LSI, 자기 디스크
④ 특징 : 네트워크의 실용화, 경영정보 시스템(MIS)의 구축, OA, HA, FA

(5) 5 세대

① 논리소자 : VLSI(Very-LSI)
② 처리속도 : $fs(10^{-15})$
③ 기억소자 및 보조 기억장치 : VLSI, 광소자 IC
④ 특징 : 인공지능(AI : Artificial Intelligence), 로봇산업, 근거리 통신망(Lan)

❓ 처리속도 ★★
10^{-18}(atto) - 10^{-15}(femto) - 10^{-12}(pico) - 10^{-9}(nano) - 10^{-6}(micro) - 10^{-3}(milli)

02 전자 계산기 시스템의 구성과 기능

1 전자 계산기 시스템 기본요소

(1) 하드웨어 시스템(Hardware System)

전자계산기를 구성하고 있는 기계 장치 자체를 말한다.
᠀ 주기억장치, 중앙 처리장치(제어 장치, 연산 장치), 입출력 장치, 보조 기억 장치 등

(2) 소프트 웨어 시스템(Software System)

전자계산기를 운영할 수 있도록 하는 이용 기술의 전반적인 것을 의미한다.
᠀ 운영 체제(O/S), 언어 처리 프로그램, 응용 프로그램 등

2 전자 계산기의 구성

(1) 중앙 처리 장치
(CPU : center processitng unit)
→ 제어·연산·기억 ★★★

전자 계산기 전체를 제어하고 관리하며, 데이터의 사칙 연산과 논리 연산을 실행하는 기능을 가지고 있으며, 기능면으로 보면 제어장치와 연산장치가 있다.

① 제어 장치(controller, control unit) : 입력장치, 기억장치, 연산장치, 출력장치에게 동작을 지시하고 감독하며 통제하는 역할을 한다.
② 연산 장치(ALU : arithmetic logic unit) : 제어 장치의 지시에 따라 전송되어 온 정보를 사칙 연산과 논리 연산을 실행하는데, 이 속에는 가산기(adder), 누산기(accumulator), 레지스터(register), 카운터(counter) 등으로 이루어져 있다.

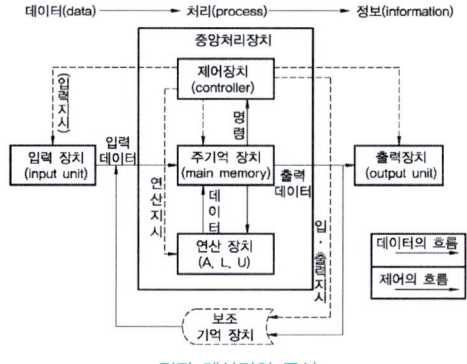

전자 계산기의 구성

(2) 기억 장치(momory unit)

프로그램과 더불어 입력 장치에서 읽어들인 데이터와 중앙 처리 장치에서 처리된 데이터 등의 필요한 데이터를 저장하는 장치이다.

① **주기억 장치(main memory unit)** : 중앙 처리 장치의 내부에 이어서 연산 장치를 직접 이용할 수 있는 장치이다.
② **보조 기억 장치** : 전자 계산기 외부에 설치하여 주기억 장치의 기능을 보조하는 장치이다.

(3) 입·출력 장치

전자계산기의 내·외부에 직접 데이터를 전송할 수 있는 장치를 말한다.

① 입력 장치
  ㉠ 카드 판독기(card reader)
  ㉡ 종이 테이프 판독기(paper tape reader)
  ㉢ 광학 문자 판독기(OCR : optical character reader)
  ㉣ 광학 마크 판독기(OMR : optical mark reader)
  ㉤ 자기 잉크 문자 판독기(MICR : magnetic ink character reader)

② 출력 장치
  ㉠ 라인 프린터(line printer)
  ㉡ X-Y 플로터(X-Y plotter)
  ㉢ 문자 표시 장치(CRT : cathode ray tube)
  ㉣ COM 장치(computer output microfilm)
  ㉤ 영상 음성 출력 장치

③ 입·출력 장치
  ㉠ 자기 테이프 장치(magnetic tape unit)
  ㉡ 자기 디스크 장치(magnetic disk unit)
    ⓐ 디스크 팩(disk pack) : 여러 장의 자기 디스크로 구성된 기억 매체로, 디스크 장치에서 제거할 수 있다.

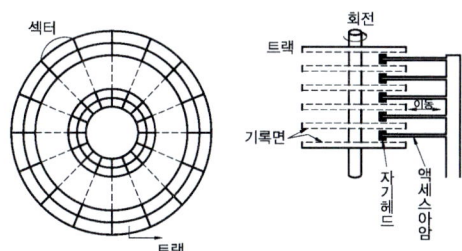

자기 디스크의 단면과 디스크 팩

  ⓑ 트랙(track) : 하나의 헤드로 판독하거나 기록할 수 있는 선 모양으로, 자기 드럼, 자기 디스크, 자기 테이프 등의 표면에 데이터를 기억시킨다.
  ⓒ 섹터(Sector) : 하나의 트랙을 몇 개로 나눈 블록으로 레코드라고도 한다. 읽기와 쓰기는 섹터

단위로 이루어진다.

ⓓ 실린더(cylinder) : 같은 회전축을 가지는 여러 장의 자기 디스크에서 엑세스암을 움직이지 않고 읽거나 쓸 수 있는 동심원 모양의 모든 트랙의 모임

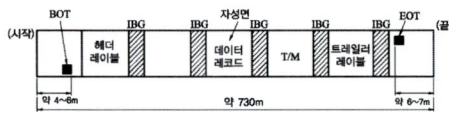

자기테이프 구조

ⓔ 블록 간격(interblock gap) : 자기 테이프에 정보를 기록할 때 블록과 블록 사이의 간격. 그것은 한 블록을 읽어들이고 다음 블록을 처리하기 위한 준비를 하는데 걸리는 시간을 위해 있으며, 7트랙 테이프에서는 19mm, 9트랙 테이프에서는 15mm가 표준이다.

ⓕ 물리적 레코드(physical record) : 기억매체인 디스크에 존재하는 한 레코드 처럼 입출력을 위한 데이터의 한 단위. 입출력장치나 보조기억장치 등이 엑서스 할 수 있는 최소 단위이다.

ⓖ 논리적 레코드(logical record) : 자신이 갖고 있는 자료나 정보의 특성에 따라 성질이 결정되는 레코드. 즉 각 필드의 이름과 길이, 타입, 제약 조건, 필드 간의 관계 등에 의해 정의되는 레코드를 말한다. 흔히 파일에 레코드가 100개있다고 할 때 이는 100개의 논리적 레코드가 있다는 것이다. 이에 비해 물리적 레코드는 실제 보조 기억장치에서 입출력할 때 단위가 되는 것으로 블록이나 섹터와 비슷한 의미이다.

3 전자 계산기의 기능★★

(1) 입력기능

정보 처리에 필요한 각종 데이터나 프로그램을 읽어들이는 기능

(2) 기억 기능

입력된 데이터나 연산 도중의 중간 데이터 및 출력을 데이터를 기억·보관하는 기능

(3) 연산 기능

제어 기능의 지시에 따라 주기억 장치에 저장된 데이터와 프로그램에 의해 소정의 연산을 수행하는 기능

(4) 제어 기능

데이터의 처리를 지시 및 감독하는 기능

(5) 출력 기능

연산 논리 장치에서 처리된 결과와 기타 필요한 데이터 또는 주기억 장치로부터 처리된 결과를 나타내는 기능

03 데이터의 표현

1 자료의 표현

컴퓨터에서의 자료 표현은 2진수인 "0"과 "1"의 비트(bit)의 모임으로 표현된다. 또한 이들의 모임으로 코드화하여 자료를 표시하는데, n개의 비트로 이루어진 코드는 총 2n 개의 자료를 나타낼 수 있다.

예 4개의 비트로써 표현할 수 있는 자료의 수는 0000－1111까지 총 $2^4=16$개 이다.

? 비트(bit → binary digit)
정보의 최소 단위로서 "0"과 "1"로써 나타낸다.

? 바이트(byte)
8비트가 모여서 하나의 문자를 나타내어 기억된다.

? 워드(Word)
계산기 내부에서 1개의 명령이나 1개의 데이터를 나타내는 정보의 크기로서 연산 동작이나 기억 동작은 1워드를 기본 단위로 하여 행해진다. 몇 개의 byte가 모여서 구성된다.
- Half word - 2byte
- Full word - 4byte
- Double word - 8byte

- 자료의 크기 순서(작은 개념부터)★★
bit－byte－character－word－field－record(Logical record)－block(Physical record)－file－data vase·4bits → nibble이라 한다.

2 수치 데이터 표현

자료의 내부적 표현 방식인 수치 데이터 표현 방식에는 고정 소수점 데이터 형식(fixed point data format), 부동 소수점 데이터 형식(floating point data format), 10진 데이터 형식(decimal data format)이 있다.

(1) 고정 소수점 데이터 형식

소수점의 위치가 항상 고정되어 있는 방식이며, 소수점의 위는 대개 맨 오른쪽에 있다. 좌측 첫 번째 비트는 부호를 나타내며 양수일 때는 0을, 음수일 때는 1을 표시한다. 음수 표현방법에는 부호-크기 표현법, 1의 보수 표현법, 2의 보수 표현법이 있으며 연산 속도를 줄일 수 있는 2의 보수 표현법이 많이 이용된다.

예 일반적으로 4바이트와 2바이트를 이용하는데 2바이트의 고정 소수점 데이터 형식으로 17을 나타내면 0이면 양수(＋)를, 1이면 음수(－)를 의미한다.

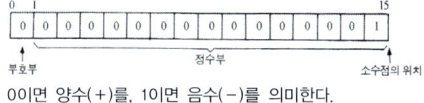

0이면 양수(＋)를, 1이면 음수(－)를 의미한다.

(2) 부동 소수점 데이터 형식

실수를 표현하는 형식으로 4바이트의 실수형과 16바이트 실수형이 있으며 부호부, 지수부, 가수부(mantissa 또는 fraction)로 나뉜다. 즉 숫자의 절대값이 너무 크거나 작아서 고정 소수점 형식으로 표현할 수 없는 경우 가수와 지수로 표시하는 방법이다. 예를 들어 824000은 8.24×10^5인데 컴퓨터에서는 8.24E5로 나타낸다.

(일반적으로 가수부는 1보다 크고 10보다 작은 수가 되도록 정한다.)

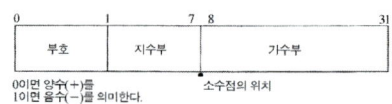

(3) 10진 데이터 형식

10진수를 기억 장치에서 표현하는데 쓰이며 팩 10진형(Packed decimal format)과 비팩형(Unpacked decimal format)이 있다.

① **팩 10진형**(packed decimal format)
: 10진수 한 자리를 4비트로 표현한다. 연산이 가능하다.

예 +465를 표현해보면

digit bit	digit bit	digit bit	digit bit
0100	0110	0101	1100
4	6	5	C(+)

② **비팩 10진형**(unpacked decimal format)
: 존 비트(zone bit) 4비트와 디지트 비트(digit bit) 4비트의 8비트로 표현하는데 숫자의 입·출력에 이용되는 데이터 형식이다.

예 -563을 표현해보면

zone bit	digit bit	zone bit	digit bit	sign bit	digit bit
1111	0101	1111	0110	1101	0011
F	5	F	6	D(-)	3

- 두 가지 형식 모두 양수이면 C(1100)로, 음수이면 D(1101)로 나타낸다.

3 문자 데이터 표현 ★★

자료의 외부적 표현 방식인 문자 데이터 표현은 영문자, 특수 문자, 숫자 등을 나타낸다.

(1) BCD code(2진화 10진코드)

Binary Coded Decimal code의 약어로 2진화 10진수 코드를 의미하는데 10진수를 2진수로 알기 쉽게 10진수의 각 자리를 4자리의 2진수로 나타낸 것으로서 존(zone)과 숫자(digit)로 이루어진 6개의 비트로써 나타내는 코드이다. 총 64자를 표현할 수 있다.

(2) ASCII Code(미국 표준 코드) ★★★★

American Standard Code for Information Interchange Code의 약어로서 7개의 비트로 구성되는 2진 코드로 미국 표준 연구소에서 제정되었다. 주로 통신용으로 많이 쓰이며, 패리티비트를 1비트 더 추가하여 8비트로 쓰기도 한다.

(3) EBCDIC code(확장 2진화 10진코드)

Extended Binary Coded Decimal Interchange Code의 약어로써 존비트 4개와 디지트 비트 4개의 8개 비트로 구성된다. 8비트로 나타낼 수 있는 문자의 수는 256개다. 그 외 해밍(Hamming)코드, Gray 코드, Excess-3코드, biquinary(2-5진) 코드 등이 있다.

04 수의 표현과 연산

전자 계산기는 모든 정보가 "1"과 "0"의 두 가지 상태로 나타낸다. "0" 또는 "1"과 같은 정보의 최소 단위를 비트(bit)라 한다.

1 수의 구성과 진법

수를 표현하는데 여러 가지의 진법을 나타낼 수 있지만, 여기에는 가장 일반적인 10진법을 기준으로 해서 기계적인 표현의 2진법, 그리고 8진법과 16진법에 대해 나열한다.

(1) 2진법(binary number system)★★

컴퓨터의 내부에서 정보의 흐름은 펄스(pulse)나 전자식 신호로 나타내는 하나의 비트(Bit)로서 "0"과 "1"의 두 가지 정보만을 사용하여 모든 수를 표시하는 방법이며 2진법을 써서 나타낸 수를 2진수라 하는데 전자계산기의 회로는 2진 논리를 바탕으로 한다.

예) $(10110)_2 = 1 \times 2^4 + 0 \times 2^3 + 1 \times 2^1$
$\qquad + 0 \times 2^0 = 16 + 0 + 4$
$\qquad + 2 + 0$
$\qquad = (22)_{10}$

- 밑수(base)란 : 밑수는 수를 표현하는데 있어 진법을 나타내기 위해 괄호 옆에 작게 표현하는 수를 의미한다. 이 밑수를 보고 몇 진법인가를 구분한다. 표시를 하지 않을 때는 일반적으로 10진법을 의미한다.

(2) 8진법(octal number system)

0 ~ 7까지의 8개의 수 중 3개의 2진 숫자를 모아서 숫자 한 자리를 표시하므로 밑수가 8인 표현 형태이다.

예) $(356)_8 = 3 \times 8^2 + 5 \times 8^1 + 6 \times 8^0$
$\qquad = 192 + 70 + 6 = (238)_{10}$

(3) 16진법(hexadecimal number system)

0 ~ 9까지의 8개의 수 중 3개의 2진 숫자를 모아서 숫자 한 자리를 표시하므로 밑수가 8인 표현 형태이다.

예) $(8A)_{16} = 8 \times 16^1 + A(10) \times 16^0$
$\qquad = 128 + 10 = (138)_{10}$

❓ 8진법은 3개의 비트, 16진법은 4개의 비트로서 구성된다.

예) $(54)_{10} = (110110)_2 = (110110)_2$
$\qquad = (66)_8 = (36)_{16}$

2 진법의 변환★★★

(1) 10진수에서 2진수, 8진수, 16진수로의 변환

표현된 10진수에 원하는 진수의 밑수를 정수 부분은 나누어 주고 소수 부분은 0이 될 때까지 계속 곱하여 준다.

① 10진수를 2진수로 변환

㉠ 2) 20
   2) 10 … 0
   2) 5 … 0
   2) 2 … 1
       1 … 0
   $(20)_{10} = (10100)_2$

㉡ 0.625 × 2 = 1.25 … 1
   0.25 × 2 = 0.5 … 0
   0.5 × 2 = 1.0 … 1
   $(0.625)_{10} = (0.101)_2$

② 10진수를 8진수로 변환

　㉠ 10진수 → 8진수로 변환

　　8) 20
　　　　2 … 4
　　$(20)_{10} = (24)_8$

　㉡ (94.625) → 8진수로 변환

　　8) 94
　　8) 11 … 6
　　　　 1 … 3
　　$0.625 \times 8 \rightarrow 5.00$
　　$(94.625)_{10} = (136.5)_8$

③ 10진수를 16진수로 변환

　정수 부분 16) 125
　　　　　　　　　7 … 13(D)
　소수 부분　　 0.75
　　　　　　　 × 16
　　　　　　　12.00 → 12(C)
　　$(125.75)_{10} = (7D.C)_{16}$

㉠ 2진수, 8진수, 16진수에서 10진수로의 변환 : 표현된 수의 각 자리에 해당되는 밑수의 거듭 제곱값을 곱하여 모두 더함으로 해서 구할 수 있다.

　예 $(10001.11)_2$
　　$= 1 \times 2^3 + 0 \times 2^2 + 0 \times 2^1$
　　　$+ 1 \times 2^0 + 1 \times 2^{-1} + 1 \times 2^{-2}$
　　$= 8 + 0 + 0 + 1 + 0.5 + 0.25$
　　　$+ (9.75)_{10} (34.57)_8$
　　$= 3 \times 8^2 + 4 \times 8^1 + 5 \times 8^{-1}$
　　　$+ 7 \times 8^{-2}$
　　$= 24 + 4 + 0.625 + 0.1937\cdots$
　　$= (28.8187\cdots)_{10} (4E.8)_{16}$
　　$= 4 \times 16^1 + 14 \times 16^0 + 8 \times 16^{-1}$
　　$= 64 + 14 + 0.5$
　　$= (18.7)_{10}$

㉡ 2진수, 8진수, 16진수의 상호 변환 : 8진수는 3비트의 2진수로, 16진수는 4비트의 2진수로 각각 대응되므로 소수점을 중심으로 이를 변환한다.

　예　8진수
　　　2진수
　　　16진수

3 2진수의 연산

2진수의 사칙연산은 모두 가산기에 의해 이루어진다. 그러므로 뺄셈은 보수를 취해서 더함으로 해서 이루어진다.

(1) 덧셈

$0+0=0$, $1+0=1$, $1+1=0$ (자리올림)의 규칙에 의해 이루어진다.

예　　101　　5　　1010101　　85
　　+ 11　 + 3　+1101010　+106
　　1000　　8　　10111111　191

(2) 뺄셈

$0-0=0$, $0-1=1$ 과(자리빌림), $1-0=1$, $1-1=0$ 의 규칙에 의해 이루어진다.

예　　1000　　8　　110101　　53
　　- 101　 - 5　-101010　- 42
　　　1000　　3　　001011　　11

그러나, 뺄셈을 할 때는 보수를 취해 가산을 하는 것이 보다 효율적이다.

❓ 보수(complement)

1의 보수와 2의 보수의 방법이 있다.

- **1의 보수** : 표현되는 2진수의 1을 0으로, 0을 1로 바꾼 것이다.
- **2의 보수** : 1의 보수의 결과에 1을 더한 것이다.

예) ㉠ 1의 보수에 의한 뺄셈

$$\begin{pmatrix}11\\-5\\\hline 6\end{pmatrix}\quad 5(0101)의\ 1의\ 보수(1010)\ \text{자리 올림이 발생하면 이것을 결과값에 다시 더해 이를 취한다}\quad \begin{pmatrix}1011\\+1010\\\hline 10101\\+\quad 1\\\hline 0110\end{pmatrix}$$

$$\begin{pmatrix}17\\-21\\\hline -4\end{pmatrix}\quad 21(10101)의\ 1의\ 보수(01010)\ \text{자리 올림이 발생하지 않으면 결과값이 1의 보수를 다시 취해 이 값에 다 -부호를 붙인다}\quad \begin{pmatrix}10001\\+01010\\\hline 11011\\-00100\end{pmatrix}$$

㉡ 2의 보수에 의한 뺄셈

$$\begin{pmatrix}11\\-7\\\hline 4\end{pmatrix}\quad 7(0111)의\ 2의\ 보수(1001)\ \text{자리 올림이 발생하면 이를 무시한다}\quad \begin{pmatrix}1011\\+1001\\\hline 10100\end{pmatrix}$$

$$\begin{pmatrix}11\\-21\\\hline -10\end{pmatrix}\quad 21(10101)의\ 2의\ 보수(01011)\ \text{자리 올림이 발생하지 않으면 결과값이 2의 보수를 다시 취해 이 값에 다 -부호를 붙인다}\quad \begin{pmatrix}01011\\+01011\\\hline 10110\\-01010\end{pmatrix}$$

(3) 곱셈 및 나눗셈

2진수의 곱셈과 나눗셈은 앞서 기술한 덧셈과 뺄셈을 여러 차례 필요한 만큼 반복 수행하여 그 값을 얻는다.

> ❓ 전자계산기 내의 4칙 연산은 가산으로만 이루어지며 곱셈과 나눗셈도 가산방법이 더 신속하고 간단히 처리할 수 있다.

① **곱셈** : 0×0=0, 1×0=0, 1×1=1의 규칙에 의해 이루어진다.

예) $\begin{pmatrix}111\\\times 101\\\hline 111\\000\\111\\\hline 100011\end{pmatrix} \rightarrow \begin{pmatrix}7\\\times 5\\\hline 35\end{pmatrix}$

② **나눗셈** : 0÷1=0, 1÷1=1 의 규칙에 의해 이루어진다.

예) $\begin{pmatrix}101\overline{)10010}\\\underline{-101}\\1000\\\underline{-101}\\11\end{pmatrix} \rightarrow \begin{pmatrix}5\overline{)18}\\\underline{15}\\3\end{pmatrix}$ 2 … 나머지

05 하드웨어(Hardware)시스템

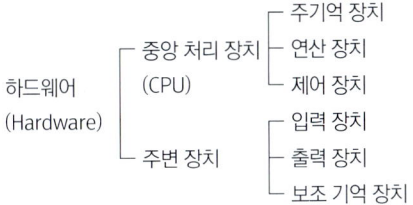

1 중앙 처리 장치(CPU : Central Process Unit)★★★★★

중앙 처리 장치(CPU : central processimg unit)는 연산장치(ALU : arithmetic logic unit)와 제어 장치(control unit)와 기억 장치(memory unit)로 이루어진다.

(1) 주기억 장치(Main storage device)

① **기억 매체(기억소자)** : 자기 코어(magnetic core), 반도체(IC, LSI 또는 VLSI), 자기 바막(magnetic thin film) 등
② **기록 회로** : 정보를 기억시키기 위한 회로
③ **판독 회로** : 기억된 정보를 독출(판독)하기 위한 회로
④ **번지 선택 회로** : 번지에 의해 지정된 기억 장소를 선택해내기 위한 회로

(2) 연산 장치

program에서 주어진 각종 연산을 실행하며, 실행하는 방법은 가, 감, 승제, 비교, 논리, 연산 등을 말한다.

① **Register(레지스터)** : 일시적으로 자료를 보관하는 곳★
② **Accumulator(어큐물레이터)** : 연산수를 지정해 두고 다른 연산수를 받아 가지고 이것을 먼저 있는 수에 더하거나 빼주는 기능을 가진 Register
③ **가산기** : 가산기는 두 개의 수를 가산하기 위한 회로로써 전 가산기가 사용된다.
④ **정보의 이동** : 레지스터(register)는 여러 가지 장치 간의 정보를 주고 받는다든가 연산 결과를 일시적으로 기억하는 것을 말한다.
　㉠ 기억 레지스터(storage register) : 기입 정보를 유지하거나 판독 정보를 임시로 유지하기 위한 레지스터
　㉡ 누산 레지스터(accumulator register) : 연산수를 저장해 두고 다른 연산수를 받아가지고 이것을 먼저 있는 수에 더하거나 빼주는 기능을 갖고 있는 레지스터
　㉢ 명령 레지스터(instruction register) : 실행되고 있는 계산기 명령 저장되어 있는 레지스터
　㉣ 번지 레지스터(address register) : 기억 번지나 장치의 번지를 보관하는 레지스터
　㉤ 데이터 레지스터(data register) : 실행할 대상이 두 개가 될 때 주기억 장치에서 들어온 데이터를 임시로 보관해 두었다가 필요시 사용하는 레지스터이다.
　㉥ 상태 레지스터(status register) : 연산 결과의 상태를 나타내는 레지스터이다. 연산 결과가 과잉 상태(overflow)인가, 자리 올림(carry)이 발생되었는가의 상태와 결과가 양수인가 음수인가 등의 상태와 외부로부터 인터럽트(interrupt) 신호가 발생되었는가의 상태를 나타낸다.

> **인터럽트(interrupt)**
> 프로그램의 동작이 내부적이나 외부적으로 정상 상태를 중단하고 삽입되는 것을 말한다. 이때는 하드웨어적(기계적)인 것과 소프트웨어적(프로그램상)인 것이 있다

　㉦ 쉬프트 레지스터(shift register) : 레지스터 set된 내용을 펄스에 의하여 왼쪽 또는 오른쪽으로 이동시키는 일을 할 수 있는 레지스터
　　• 오버플로우(overflow) : 산술 연산의 결과가 연산 register의 용량을 초과할 때 발생
　㉧ 플립－플롭(flip flop)회로
　　ⓐ 트랜지스터(TR)나 집적 회로(intergrated circuit)를 사용한 전자회로
　　ⓑ 펄스(pulse)의 상태를 다음 단계로 전송되기까지 유지시켜 주는 회로(전기 pulse의 발착역과 같은 기능을 수행)
　　ⓒ 레지스터는 플립플롭 회로의 조합으로 구성

ⓓ 1bit의 정보를 기억
ⓔ RS형, T형, JK형, D형 등이 있다.
⑤ 디코더(decoder)와 엔코더(encoder)
   ㉠ decoder(해독기) : 복수 개의 입력 단자와 복수 개의 출력 단자를 가지고 입력 단자에 어떤 결합 신호가 가해질 때 그 결합에 대응하는 1개의 입력 단자에 신호가 나타나는 것을 말한다.
   ㉡ encoder(부호기) : 복수 개의 입력, 출력 단자를 가지고 어떤 1개의 입력 단자에 신호를 가할 때 그 입력단자에 대응하는 출력 단자의 결합으로 신호가 나타나도록 한 것을 말한다. 10진수를 2진수로 변환한다.

(3) 제어 장치(Control counter)

주기억 장치에 기억된 프로그램에 의해 입출력 장치를 비롯한 연산, 기억 장치 등으로부터 신호를 받고 이를 각 장치에 신호를 보내는 등 제어하는 장치이다.

① **명령 계수기(instruction counter)** : 명령의 실행 순서를 정하기 위해 명령이 수행될 때마다 어드레스(address)를 증가시켜 다음에 실행할 명령이 들어있는 번지를 기억해 놓는 register
② **명령 레지스터(instruction register)** : 실행되고 있는 계산기 명령을 임시로 보관하는 register
③ **명령 해독기(instruction decoter)** : 명령 레지스터의 조작부에 있는 명령을 해독하여 연산부의 신호기에 신호를 보내어 실행하도록 하는 register
④ **어드레스 레지스터(address register)** : 필요한 자료의 어드레스를 임시 보관하는 장소이다.
⑤ **기억 레지스터(storage register)** : 필요한 자료를 주기억 장치로부터 가져와 임시로 보관하는 레지스터이다.
⑥ **인터럽트(interrupt)의 원인**
   ㉠ 입출력 관계 : 기억 장치와 입출력 장치 간의 정보 이송이 끝났을 때 (입출력 interrupt)
   ㉡ program의 오류 : overflow가 일어났을 때(program interrupt)
   ㉢ 계산기의 오류 : parity check에 의해 error 검출(기계 착오 interrupt)
   ㉣ 외부 원인에 의한 것 : 특수한 switch의 개폐(외부 interrupt)
   ㉤ program에 의한 것 : program이 끝났을 때나 입출력 명령을 하였을 경우

2 게이트★★

논리회로를 구성하는 기본 소자이며, 2진 정보를 취급하는 기본 논리회로이다. 모든 디지털 컴퓨터 하드웨어의 기본소자이다.

(1) 게이트의 종류

① AND gate

A	B	F
0	0	0
0	1	0
1	0	0
1	1	1

(진리표)

$F = A \cdot B$

② OR gate

A	B	F
0	0	0
0	1	1
1	0	1
1	1	1

(진리표)

$F = A + B$

③ NOT gate

A	F
0	1
1	0

(진리표)

$F = \overline{A}$

④ NAND gate (NOT+AND)

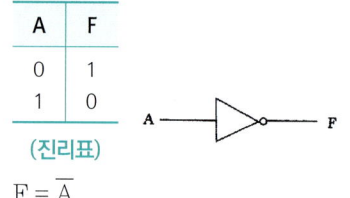

A	B	F
0	0	1
0	1	1
1	0	1
1	1	0

(진리표)

$F = \overline{A \cdot B} = \overline{A} + \overline{B}$
(드 모르간의 정리)

⑤ NOT gate(NOT+OR)

A	B	F
0	0	1
0	1	0
1	0	0
1	1	0

(진리표)

$F = \overline{A + B} = \overline{A} \cdot \overline{B}$
(드 모르간의 정리)

⑥ Exclusive OR gate

A	B	F
0	0	0
0	1	1
1	0	1
1	1	0

(진리표)

$F = A \oplus B = \overline{A} \cdot B + A \cdot \overline{B}$

06 데이터 통신

1 데이터 통신 (data communication)

데이터 통신이란 전선이나 전화 회선 등의 전기 통신시설을 이용하여 중앙에 설치된 대형 또는 초대형 컴퓨터와 먼 곳의 입출력 장치를 직접 연결하여 데이터를 교환하는 것이다.

(1) data 통신 시스템의 방식

① 오프라인 시스템(off-line system) : 통신 회선에서 보내온 data를 일단 paper tape, 자기테이프 등에 기록해 놓고, 수집된 data를 정리해서 입력시킨다. 처리된 결과는 paper tape나 자기테이프 등에 기록되는데 이를 통신 회선을 통하여 보내는 system 이다. (일괄 처리방식)

• 일괄 처리방식(batch processing system) : data를 1일, 1주간, 1개월 등과 같이 일정한 기간을 설정하고 이 기간 동안의 data를 일괄해서 집

중 처리하는 방식

② 온라인 시스템(on-line system) : 통신 회선에서 보내온 data는 직접 전자계산기에 입력되며, 출력 data는 곧 원격지로 전송되는 system이다.(실시간 처리 방식)

(2) 데이터 처리 방식★

① 일괄 처리방식

(batch processing method) : 데이터를 일정량 또는 일정 기간의 양을 모아서 한꺼번에 처리하는 방식이다. 이 방법은 일정 기간이 필요한 급여 처리, 성적 처리, 세금 처리 등이 있으며, 많은 양을 일괄 처리함으로써 시스템의 운영시간을 줄일 수 있다.

② 실시간 처리방식

(real-time processing method) : 데이터가 발생되는 즉시 처리하는 방식이다. 이 방식은 반드시 온라인 상태가 되어야만 가능하기 때문에 온라인 실시간 처리라고 한다. 이 방법은 은행과 같이 여러 점포에서 같은 상황이 이루어져야 하는 업무에 적합하다. 경비와 노력의 절감과 신속성이 우수하지만 설치비용이 많이 들며 데이터의 이동이 없을 경우에도 항상 컴퓨터를 동작시켜 두어야 하는 단점이 있다.

③ 시분할 방식(time sharing system) : 시간적으로 시스템을 분할해서 사용할 수 있으므로 여러 사람이 공동으로 시스템을 사용할 수 있다.

(3) data 통신 시스템의 구성

① 전자계산기

② 단말 장치(terminal) : 중앙의 전자계산기에 data를 전송하거나, 중앙으로부터 data를 받는 장치

③ 모뎀(modem) : data 처리를 위하여 디지털 신호를 아날로그 신호로 변환시키고, 아날로그 신호를 디지털신호로 변환시키는 장치(변복조 장치)

④ 통신 회선 : 동축 케이블, 전화선, 마이크로 웨이브(microwave), 통신 속도는 1초간에 전송되는 비트의 수로 표시되는데 이 단위를 보(baud)라 한다.

⑤ 통신 제어 장치 : 신호의 변환, 에러의 검출, 통신 회선의 제어
- 단말 장치와 host computer 간의 통신 회선에 의한 자료 통신 방법
  ㉠ 단방향 통신(simplex system) : 한쪽에서 다른쪽으로만 전송 가능
  ㉡ 반이중 통신(half-duplex system) : 양쪽에 모두 송신, 수신을 할 수 있으나 한쪽이 송신하면 다른 쪽은 수신만 할 수 있는, 즉 송신과 수신을 교대로 한다. 예 무전기
  ㉢ 양방향 통신(full duplex system) : 양쪽에서 송신과 수신이 동시에 가능 예 전화

07 오퍼레이팅 시스템(Operating System)

1 시스템 평가 기준

(1) O/S의 목적

① 처리 능력(throughput)의 향상
② 응답 시간(turn-around time)의 최소화
③ 최소 가능도(availability)의 효율화
④ 신뢰도(reliability)의 증진

2 시스템의 구성

프로그램 라이브러리(program library) : 오퍼레이팅 시스템이 기억되어 있는 곳으로 주로 자기 디스크(magnetic disk)를 사용한다.

(1) 제어 프로그램(control program)

오퍼레이팅 시스템의 주된 프로그램으로 시스템 전체의 움직임을 감시한다.

① 수퍼바이저 프로그램
(supervisor program) : 제어 프로그램의 중심이 되는 프로그램으로 끊임없이 처리 프로그램의 실행 과정과 시스템 전체의 작동상태를 감시한다.(입출력 제어, interrupt control)

② 데이터 관리 프로그램
(data management program) : 작업이 연속 처리 되도록 하기 위한 스케줄(schedule)이나 입출력 장치의 할당을 관리하는 program

(2) 처리 프로그램(process program)

제어 프로그램의 감시하에 어떤 특정한 일을 위해 직접 data를 처리하여 결과를 얻어내는 program

① 언어 번역 프로그램 : 사용자가 작성한 프로그램을 기계어로 번역하는 program (컴파일러 : compiler)
② 서비스 프로그램(service program) 또는 유틸리티 프로그램(utility program) : 일반적으로 반복해서 공통적으로 쓰이는 프로그램으로 제조회사(maker)에서 작성 제공한 program

㉠ 라이브러리언(librarian) : O/S를 관리하는 프로그램
㉡ 연계 편집 프로그램(linkage editor program) : 목적 program을 처리하여 실행 가능한 program(load module)으로 만들어내는 프로그램
㉢ 분류, 병합 프로그램(sort/merge program) : data를 일정한 순서로 배열, 병합하는 program
㉣ 파일 변환 프로그램(file convertsion program) : data file 매체를 다른 매체에 옮겨 기록하는 program
㉤ 그 외 각종 utility 프로그램

3 순서도의 기초

프로그램 작성 시 사용되는 순서도의 기호를 다르게 사용하면, 서로 간의 의사소통을 할 수 없을 것이다. 따라서 이러한 혼란을 막기 위하여, 순서도의 기호는 국제 표준기구(ISO : International Standards Organization)에서 제정한 기호를 사용

한다. 다음은 basic 명령어와 순서도의 비교 설명도표이다.

순서도기호	명칭	관련 Basic 명령과 설명
	Terminal 단말	프로그램의 시작과 끝을 나타낸다. START, END, STOP 문
	Preparation 준비	변수의 초기값을 설정한다. LET, DIM
	Process 처리	자료의 계산, 이동, 기억 등을 표시한다. A=10, B=20, C=A+B
	Decision 판단	조건의 비교, 단판들 나타낸다. IF-THEN
	Manual Operation 화일준비	파일을 열고 닫음 OPEN, CLOSE
	Document 프린터 출력	프린터를 통한 자료의 출력 LPRINT, PRINT
	Display Output 모니터 출력	모니터를 통한 자료의 출력 PRINT, DISPLAY
	Manual Input 수작업 입력	키보드를 통한 자료의 입력 INPUT, INKEY$, INPUT$(n)
	Input Output 입·출력	순차적인 자료의 입력, 출력 PRINT#, INPUT#, READ
	Subroutine 부프로그램	서브 프로그램의 Calling OSUB, ON ~ GOSUB GOSUB, ON ~ GOSUB, CHAIN
	On Page 순서도 연결	같은 페이지안에서 순서도를 연결할 때 GOTO 행번호
	Off Page 페이지 연결	다른 페이지로 순서도를 연결할 때 GOTO 행번호
	Communication Line 통신망 연결	외부 통신망과 연결을 나타낼 때
	Magnetic Tape 자기테이프	자기 테이프에 I/O를 나타낼 때
	Loop 자기테이프	조건식 참일 때까지 반복 수행 For ~ Next, While - WEND

02 chapter CAD 개론

01 CAD 개론

CAD란?

Computer Aided Design의 약어로 Computer를 이용한 설계를 말한다. 2차원 CAD와 3차원 CAD로 구분하여 응용하고 있으며 2차원 CAD의 경우는 Computer Aided drafting로 불리기도 한다. 또한 CAD를 제품의 설계에서 생산까지 연결하는 CAD/CAM (Computer Aided Manufacturing)은 더욱 응용범위가 확장되어 CAE(Computer Aided Engineering) 등으로 발전하고 있다.

02 CAD와 설계과정

```
설계사항           1. 필요성(수요)
(성능, 가격, 품질)   2. 문제점 파악
      ↓
모델링             1. 수학적 모델

해 석              1. 성능
                   2. 응력 해석(FEM)

판 단

설계결과의 정보화   1. 자동제도
                   2. Database의 구축
                   제작도면, NC, ROBOT, FMS
```

(1) MODELING

Modeling은 수학적인 Model을 컴퓨터가 이해하는 형태로 표현하는 컴퓨터의 데이터베이스에 저장하는 것으로 기능에 따라 2D, 2.5D, 3D로 구분하기도 하고 Wire, Surface, Solid Modeling으로 구분하기도 한다.

(2) 해석

협의의 CAD에서는 해석은 제외되나 하나의 설계과정에서 Model이 완성되면 Database에 저장하고 열이나 변형에 따른 응력해석, 진동 및 마모 등 공학적 해석을 하여 초기의 조건과 비교 검토한다. 이것을 응용 Program이라 한다.

(3) 평가

① 설계내용을 확인하고 평가한다.
② 입력과정(Data 입력 및 Modeling)에서의 실수를 확인할 수 있다.
③ 입력 후 자동치수기입의 기능으로 치수를 확인할 수 있다.
④ 상세, 확대도를 만들어 활용할 수 있다.
⑤ 3차원 Modeling의 경우 부품 간의 간섭(interference)을 확인할 수 있다.
⑥ 또한 기구해석도 가능하며 운동부위의 움직임을 화면상에 측정 가능하다.

용어설명★★

- CAD(Computer Aided Design) : 컴퓨터의 신속한 계산능력, 많은 기억능력, 해석능력, 도형처리 능력 등을 이용해서 설계작업을 하거나 제도작업을 하는 것을 의미한다.
- CAM(Computer Aided Manufacturing) : 생산계획, 제품의 생산 등 생산에 관련된 일련의 작업들을 컴퓨터를 통하여 직접·간접으로 제어하는 것을 말한다.
- CAE(Computer Aided Engineering)★★★★★ : 엔지니어링 부분의 컴퓨터 이용을 통하여 기본설계, 상세설계 및 이에 대한 해석, 시뮬레이션 등을 하는 것을 말한다.
- CAP(Computer Aided Planning) : NC 가공에 필요한 정보, 생산 및 검사를 위한 계획 등의 목록을 작성하는 것을 말한다.
- CIM(Computer Integrated Manufacturing) : 설계에서부터 제조 공정, 공급에 이르기까지 모든 기능을 컴퓨터를 통해 통합화하는 System을 말한다.
- FMS(Flexible Manufacturing System) : 다품종 소량 생산을 실현하는 컴퓨터 이용의 자동생산 시스템에 대한 것
- Fa(Factory Automation) : 생산 시스템과 로봇, 운송기기, 자동창고 등을 컴퓨터에 의해 집중 관리하는 공장전체의 자동화 및 무인화를 일컫는다.

03 CAD/CAM의 역사

(1) 50년대 CAD/CAM의 시작

① '1959년 MIT에서 CAD 프로젝트에서 설계자와 컴퓨터와의 대화, 도형을 통한 대화, 컴퓨터에 의한 시뮬레이션을 제안하면서 시작.
② '1963년 도형처리를 취급하는 S/W인 SKETCHPAD를 발표 → 음극선관 상에서 컴퓨터를 통하여 데이터를 표현한 최초의 시도로서 대화식 컴퓨터그래픽의 기초.(ICG : Interactive, Computer Graphic)
③ MIT에서 STEVE CONS가 "Surface-Patch"라는 곡면을 표현하는 기법을 개발해 곡면 모델링 시도.

(2) NC의 발달 과정 4단계

① 제1단계 : 공작기계 1대를 NC 1대로 단순제어하는 단계(NC)
② 제2단계 : 공작기계 1대를 NC 1대로 제어하며 복합기능 수행단계(CNC)
③ 제3단계 : 여러 대의 공작기계를 컴퓨터 1대로 제어하는 단계(DNC)
④ 제4단계 : 여러 대의 공작기계를 컴퓨터 1대로 제어하며 생산관리 수행단계 : NC → CNC → DNC → FMS

1 호스트형(Host Type) : 60년대

입력장치로부터 입력을 Host로 보낸 후 모든 업무의 처리를 대형 Computer가 처리한 후 그래픽터미널을 이용하여 그래픽 데이터를 표시하는 형태로 다음과 같은 특징이 있다.

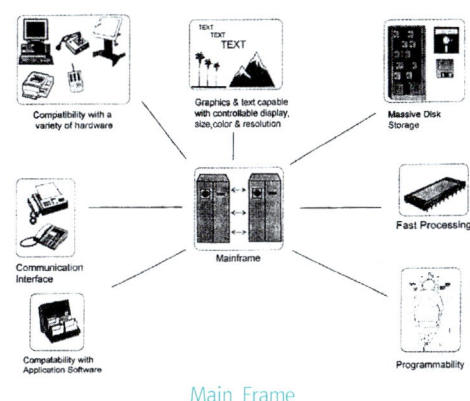

Main Frame

(1) 호스트 집중형의 특징

① DB(data base)를 일괄적으로 관리할 수 있다.
② 여러 대의 워크스테이션을 접속할 수 있다.
③ 응답성이 좋다.
④ 대형의 기술 해석 프로그램과의 결합이 동일 시스템에서 가능하다.
⑤ 다른 DB(생산관리 DB)와의 이용이 가능하다.
⑥ 사용자의 증가에 쉽게 대처할 수 있다.
⑦ 초기 설비 투자가 많다.
⑧ 호스트 컴퓨터의 고장에 따른 전체 업무에 영향을 준다.

2 단독형(Stand Alone Type) : 70년대

① CAD/CAM 업무가 어느 수준에 도달하자, 다른 업무에 의해 대화 능력이 저해되는 일을 피하고 컴퓨터를 CAD/CAM을 위하여 자유로이 사용하기 위해 CAD/CAM 전용 컴퓨터를 이용.
② 슈퍼 미니 컴퓨터를 처리장치에 써서 몇 개의 워크스테이션을 접속해서 CAD/CAM 시스템 전용에 사용한다.
③ 키(KEY)를 끼워 돌려서 전원을 넣을 수 있는 구조이기 때문에 턴키 시스템(Turnkey system)이라고도 한다.
④ 실제 워크스테이션을 많이 사용하면, 대화능력이 떨어지고, 대형 컴퓨터의 경우와 같이 컴퓨터 설비투자가 많다.

3 EWS(엔지니어링 워크스테이션) : 80년대

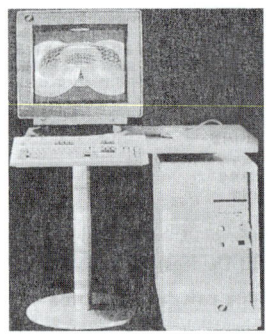

① 구성은 1대의 워크스테이션에 1대의 슈퍼 미니 컴퓨터를 이용한 시스템이다.
② 1대의 EWS로 CAD/CAM 시스템뿐만 아니라 여러 가지 기술 계산처리나 새로운 프로그램을 개발하여 이용하는 등 정밀도나 처리속도도 대형 컴퓨터에 버금가는 능력을 갖는다.
③ 1대마다 단독의 일도 가능하고 업무의 양에 따라 여러 대를 개별로 사용하는 것도 무방하다. 또, LAN(Local Area Network)으로 그들을 상호 접속하여 서로 데이터 베이스나 소프트웨어를 공용할 수 있다.
④ 각각의 EWS에 각각의 처리장치를 갖고 있으므로 작업을 간섭하는 일이 없다.
⑤ 단독기기로서는 단독형에 비해서 안정성과 3차원 처리능력이 높다. → 그래픽 기능은 1,000×1,000 이상의 해상도(resolution), 256색 이상의 컬러가 동시에 표시 가능하고, 멀티윈도우(multiwindow)(주), 멀티태스크(multi task) 기능(주), 스크린상에서 도형·텍스트가 합성·편집이 가능하며, 사용자 인터페이스로서 마우스 이외의 입력

장치를 갖고 있어야 한다.
⑥ EWS는 최근 싼 가격과 많은 장점으로 인하여 CAD/CAM 시스템으로 많이 보급했다.

? MULTI - WINDOW
여러 개의 Window Program 상태를 한 화면으로 표시할 수 있는 기능

? MULTI - TASKING(다중처리)
한 Computer 시스템이 동시에 둘 이상의 작업을 처리할 수 있는 능력

4 PC CAD(퍼스컴 CAD)

기존 16Bit Computer를 사용하였으나 요즘들어 32Bit Computer를 사용하고 CAD S/W 2차원 작업에서 3차원 작업까지 지원하는 많은 Program이 등장하여 많이 사용되고 있다.

(1) CAD 시스템의 필요성★★★

① 표준화를 이룰 수 있다.
② 신뢰성 및 경쟁력이 강화된다.
③ 원가절감 및 품질향상을 기할 수 있다.

(2) CAD 시스템의 선정 시 고려사항

① 시스템의 기능 및 처리능력
② 시스템의 확장성 및 경제성
③ 신뢰성 및 조작의 용이성

04 입력 장치(Input Devices)

입력장치는 외부의 데이터를 컴퓨터 내부로 보내주는 역할을 하는 장치로서★★

① 데이터(data)의 입력
② 커서(cursor)의 제어
③ 기능(function)의 선택을 수행한다.

5 물리적인 입력장치(Physical input device)

(1) 키보드(Keyboard)

키보드는 영문자, 숫자, 특수 문자 등의 데이터를 입력하는 알파뉴메릭키(alpha numeric key) 부분과, 사용상의 편의를 위하여 특수한 기능을 갖고 있는 기능 키(Function key)부분, 워드 프로세서를 위한 키패드(keypad) 부분 등으로 구별된다.

(2) 태블릿(Tablet)★★

① 태블릿은 메뉴의 선택, 커서의 제어 등에 사용하며, 50cm 이하의 소형을 말한다. 대형의 것은 디지타이저(digitizer)라 부른다.
② CAD 시스템의 메뉴를 태블릿 메뉴로 사용할 수 있다. 또, 태블릿에 정한 액티브 영역(active area)과 그래픽 스크린을 대응시켜 태블릿 위에서의 커서의 움직임이 화면상에 커서의 움직임으로

바뀌어 나타나는 것이다. 이 경우에 메뉴의 배치와 태블릿의 남은 공간을 이용하면 좌표의 입력과 메뉴의 선택 및 커서의 제어를 모두 하나의 입력 장치로 대체할 수 있어 가장 보편적인 입력 장치로 사용되고 있다.

③ 디지타이저는 사용 가능한 액티브 영역(active area)과 해상도(resolution)로 그 성능을 표시한다.

- 위치 선택용으로 스타일러스 펜(Stylus Pen)이나 Puck을 사용한다.

❓ 해상도
DPI(단위 길이당 점의 개수)로 표현한다.

(3) 마우스

디스플레이 화면의 커서(Cursor)를 제어하고 메뉴를 선택한다. 볼을 사용하는 볼마우스와 센서마우스가 있다.

- 기타 조이스틱/컨트롤 다이얼(Control Dial)/트랙볼 등도 사용된다.

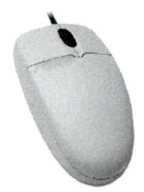 

볼마우스   트랙볼

(4) 라이트 펜(Light pen)★★★

① 라이트 펜은 그래픽 스크린상에서 특정의 위치나 물체를 지정하거나 자유로운 스케치(free hand sketching), 그래픽 스크린상의 메뉴를 통한 명령어(command)나 데이터(data)를 입력하는데 사용된다. 라이트 펜은 그래픽 스크린 상에 접촉한 자리의 빛을 인식하는 장치로 광다이오드나 광트랜지스터 또는 기타 광선 감자기(Light sensor)를 사용한다.

② 라이트 펜은 그래픽 디스플레이 종류 중 랜덤 스캔(random scan)형과 래스터 스캔(raster scan)형 등의 리프레시(refresh)형에서만 사용할 수 있고, 스토리지(storage)형에는 사용할 수 없다.

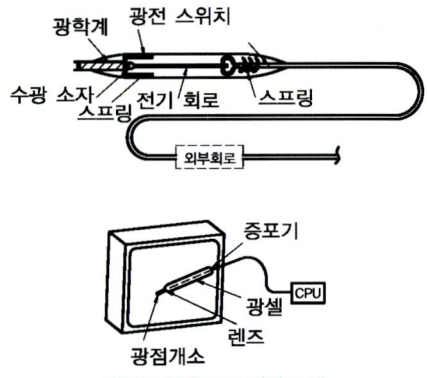

라이트 펜의 구조 라이트 펜

(5) 스캐너

기존의 그려진 모형을 CAD 시스템에 이용하여 CAD의 Data Base에 입력하는 장치 스캐너는 픽셀의 데이터를 래스터 스캔 방식으로 얻기 때문에 래스터 스캐너라 부른다.

(6) 3D-Digitizer

Probe를 사용하여 물체의 도면에 접촉한 상태로 일정한 간격을 움직이면서 데이터량을 측정.
- 레이저 사용.

6 논리적 입력 장치 (Logical input devices)

(1) 셀렉터(selector)★★★

스크린 상의 특정 물체를 지정하는데 사용하는 장치 예 light pen

(2) 로케이터(locator)

커서 제어의 역할을 하는 장치 예 digitizer, tablet, joy stick, track ball, mouse

(3) 밸류에이터(Valuator)

스크린 상에서 물체를 평행 이동 및 회전, 이동 등 특정의 변위량을 조절하는 장치 예 포텐셔미터(pontentiometer)

(4) 버튼(button)

키보드와 조합된 형태로 각 버튼마다 정의된 기능에 의해 실행되는 장치 예 program fuction keyboard

05 출력 장치(Output Device)

출력장치는 CAD 시스템 내에 저장되어 있는 수학적인 데이터 정보를 사용자에게 표현해주는 장치를 말한다.

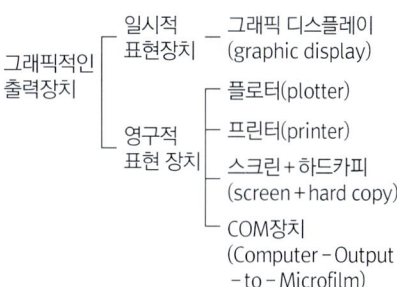

1 그래픽 디스플레이 (graphic display)

① 그래픽 디스플레이 터미널은 Computer 내부에서 계산된 데이터를 사용자가 볼 수 있도록 글자나 그림으로 결과를 화면에 나타낸다.
② 그래픽 터미널의 개발은 CAD의 발전에 많은 계기가 되었다.
③ 현재 그래픽 디스플레이는 CRT(음극선관 : Cathode Ray Tube)를 많이 사용한다.
④ CRT 터미널은 랜덤스캔 디스플레이, 스토리지튜브 디스플레이, 래스터스캔 디스플레이로 발전되어 왔다.

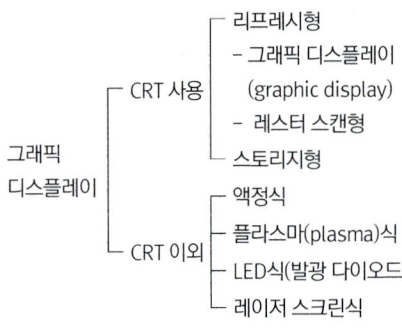

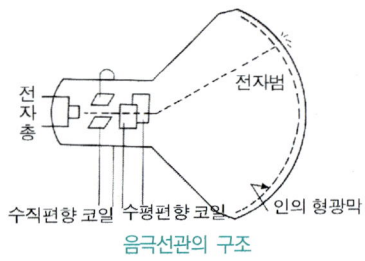

음극선관의 구조

? Cathode ray tube(음극선관)

정보를 나타낼 수 있는 화면을 갖춘 전자관, 줄여서 CRT라고 한다. 이는 1879년 발명된 크룩스 관(Crooks tube)이 그 시초이며, 컴퓨터에 이용된 것은 1951년 MIT의 휠와인드 I 컴퓨터이다. 이는 일종의 진공관으로서 후면에 장치된 전자총으로 전자 빔을 발사하면 이를 수평, 수직 편광 코일에 의해 휘게 하여 화면상의 한 위치를 때리게 한다. 화면의 안쪽에는 빔을 받으면 빛을 내는 인(Phosper)이 코팅되어 있으며, 전자 빔이 화면상의 각 위치를 연속으로 때리므로 각 위치의 빔의 유무에 따라 빛을 내고 이로써 화상을 표현한다. 인은 가만히 두면 곧 빛을 잃으므로 화면은 초당 30회 정도의 주기로 계속적으로 재생되어야 한다. 이는 레이더나 텔레비전, 컴퓨터의 출력장치로 사용되고 있으며, 여러 가지 종류의 문자와 그림을 화면에 표시할 수 있어 현대에 가장 보편적으로 사용되는 컴퓨터 출력 장치이다.

(1) 랜덤 스캔형(random scan type)★★★★★

① 3종류의 디스플레이 중에서 최초로 개발된 디스플레이로 백터 스캔(vector scan)형이라고도 부른다. 가격이 고가라는 단점이 있다.
② 리얼타임 디스플레이 방식으로 영상이 만들어진다.
③ 영상을 만드는 스크린은 인으로 되어 있으며 전자빔이 인을 때림으로써 빛을 내어 영상을 구성한다.
④ 점플롯(Point Plotting)방식이라 한다.
  • 인은 녹색, 황색, 흰색으로 구성
⑤ 랜덤 스캔형의 특징
  ㉠ 고정밀도의 화면을 표시할 수 있다.
  ㉡ 애니메이션(animation)이 가능하다.
  ㉢ 라이트 펜을 사용할 수 있다.
  ㉣ 도형의 표시량에 한계가 있다.
  ㉤ 플리커가 발생하는 경우가 있다.(매 초당 30 ~ 60회 정도의 refresh가 필요)

? 플리커★★★

refresh가 적어지면 형광면의 잔상효과가 나빠져서 깜빡거림이 생기는 현상.

  ㉥ 가격이 비싸다.

(2) 스토리지형(direct view storage tube type) (DVST 방식)★★

형상을 표시하면 랜덤 스캔형과는 달리 길면 2 ~ 3시간이나 표시가 유지되어 도형의 형상을 CRT 화면상에 저장(storage)할 수 있는 방법으로 가격이 비싼 랜덤 스캔형에 대항하여 많이 보급됨.

① 스토리지형의 특징
  ㉠ 표시할 수 있는 도형의 양에 제한이 없다.(반도체의 pattern 지도제작에 주로 이용)

ⓒ 영상의 질이 우수하다.(flicker 현상이 없다.)
　　ⓒ 부분삭제가 불가능하기 때문에 대화식 수정작업이 곤란하다.
　　ⓔ 디스플레이 된 도형의 부분적인 삭제가 어렵다.
　　ⓜ 흑백이다.(단색이다.)
　　ⓗ animation이 불가능하다.

(3) 래스터 스캔형(raster scan type)★★★

전자 빔의 주사 방법은 텔레비전과 같으며, 도형의 유무에 관계없이 항상 수평방향으로 주사시켜 상을 형성하는 방식으로 현재 가장 널리 사용된다.

① 래스터 스캔형의 특징
　　ⓒ 컬러 표시가 가능하다.
　　ⓒ 표시할 수 있는 도형의 양에 제한이 없다.
　　ⓒ 가격이 싸다.
　　ⓔ 높은 해상도를 내기 어렵다.
　　ⓜ 표시되는 속도가 느리다.

(4) 기타의 디스플레이장치

액정, 플라스마 디스플레이(Plasma display), LED(light Emittion Diode) 등의 소자를 이용한 디스플레이가 있다.

2 영구적 출력 기기

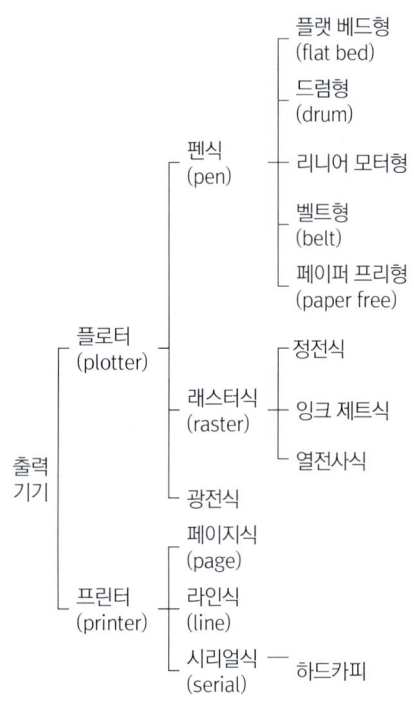

3 플로터(Plotter)

(1) 플랫 베드형(flat bed type)

플랫 베드형은 평평한 테이블(table) 위에 종이가 고정되고, 펜 헤드(pen head)가 놓여 있어 막대가 좌우로, 펜 헤드가 막대 위를 전후로 움직이면서 펜이 상하로 움직이면서 도형을 그린다.

① 플랫 베드형의 특징
　　ⓒ 고밀도, 고정도의 작화가 가능하다.
　　ⓒ 자유롭게 용지를 선정할 수 있다.
　　ⓒ 설치 면적이 크다.(A0 size의 경우)
　　ⓔ 가격이 비싸다.
　　ⓜ 테이블과 용지의 밀착성이 좋아야 한다.

ⓑ 그림을 그리는 동안 전체를 볼 수 있다.(모니터 용이)

(2) 드럼형(drum type)

드럼형 플로터는 원리적으로 플랫 베드형의 베드를 원통(drum)형으로 만들어 종이를 이동시키며 작도하여 설치면적이 작다. 플로팅 헤드는 좌우로 수평하게 움직이며, 종이가 걸려 있는 드럼이 앞뒤로 회전하면서 원하는 그림을 그린다.

① 드럼형 플로터의 특징
  ㉠ 기구가 비교적 간단하고, 설치 면적이 좁다.
  ㉡ 고속 작화가 가능하다.
  ㉢ 용지의 길이에 제한이 없다.
  ㉣ 그림을 그리는 도중 모니터가 어렵다.
  ㉤ 비교적 정밀도가 떨어진다.
② 벨트형(belt type) : 플랫 베드형과 드럼형의 복합적인 형태로서, 구조적으로는 설치면적이 작고 연속 용지나 규격용지도 사용할 수 있는 장점이 있다.

(3) 리니어 모터형(linear motor type)

리니어 모터형은 소오야의 원리(주)에 의한 2축 동시 리니어 코터를 사용하여 1개의 모터에 의하여 2차원의 좌표를 설정하여 작화를 한다.

❓ 리니어 모터형의 특징
• 가동 부분이 경량이다.
• 고정밀도이다.
• 작화속도가 빠르다.
• 설치 면적이 넓다.
• 작화 중 모니터가 어렵다.

❓ 소오야의 원리
2개의 전자석과 1개의 영구자석으로 되어 있으면, 비자성체와 자성체 사이에 전류를 흘려보내서 자력에 의한 흘림작용을 이용한다.

(4) 잉크 젯식(ink-jet type)

잉크 젯식은 일반적으로 하드 카피(hard copy)라 부르는 기기로서 그래픽 디스플레이에 나타난 화상을 그대로 받아 도면으로 표현하는 기기이다. 이것은 잉크를 품어내는 노즐(nozzle)을 갖고 있는 헤드(head)가 좌우로 움직여, 소정의 위치에서 잉크를 불어내어 도형을 그린다.

(5) 정전식(electrostatic type)

래스터형의 대표적인 것으로 종이에 음전하를 발생시키고 양전하를 띤 검정색의 토너를 흘려서 그림을 그린다.

① 정전식 플로터의 특징
  ㉠ 작화속도가 빠르다.
  ㉡ 고화질을 표현할 수 있고 저소음이다.
  ㉢ 벡터 데이터를 래스터 데이터로 변환해 주어야 한다.
② 기타 : 열전자식, 광전식, 레이져빔식, 블록장치가 있다
  Computer-Ouput-to-microfilm (COM 장치) 도면을 종이에 그리는 대신 마이크로 필름으로 출력하는 장치

4 프린터(printer)

(1) 프린터의 종류

프린터를 기구면에서 분류하면 임팩트(impact) 방식과 넌임팩트(nonimpact) 방식으로 나눈다.

① **시리얼 프린터(serial printer)** : 컴퓨터로부터 문자를 한 비트씩 받아서 인쇄하는 프린터, 한 문자가 8비트이므로 8번을 순서적으로 받아야 한다. 연결되는 데이터 전송선은 두 가닥이지만 제어신호를 전달하기 위한 다른 선들이 추가로 연결된다.

② **라인 프린터(line printer)** : 인쇄 출력장치인 프린터의 한 종류로서, 드럼방식과 벨트 방식이 있다. 어느 방식이나 한 글자씩 찍지 않고 한 줄을 한꺼번에 인쇄하므로 라인 프린터라고 한다. 한 번에 한 글자씩 찍는 도트 매트릭스 프린터나 데이지 휠 프린터에 비해 속도가 매우 빠르다. 그러나 고정된 활자를 이용하므로 그래픽인쇄가 되지 않고, 글자모양이 좋지 않고 가격이 비싸다. 주로 대량의 정보를 고속으로 인쇄할 때 사용한다.

06 보조 기억 장치

자료를 반영구적으로 오랫동안 보관하고 많은 Data를 보관하는 기억장치를 보조기억장치라 한다. 보조 기억 장치에는 자기 테이프, 자기 디스크, 자기 드럼, 플로피 디스크를 들 수 있다.

(1) 자기 테이프(magnetic tape)

자기 테이프는 순차처리만 가능한 기록매체로 오디오 시스템이 테이프와 유사하다.

① 폭은 1/2인치 길이는 2,400피트가 표준
② 트랙은 7트랙과 9트랙을 사용
③ 카트리지 방식의 테이프는 폭은 1/4인치 길이는 450피트로 주로 단독형에서 쓰인다.
  • 기록 밀도의 표시 : BPI(byte per inch)

(2) 자기 디스크(magnetic disk)

① 플로피 디스크와 하드디스크의 2종류가 있다.
② 자기적으로 피막된 디스크로 응용되는 곳에 따라 디스크의 크기와 형태는 다

양하다.
③ 직접처리 방식으로 액서스 시간이 자기 테이프보다 빠르다.
④ 디스크 상에 반점이 일정한 헤드가 위치한 부위를 트랙이라고 하고, 트랙이 여러 장의 디스크 전체에 해당하는 가상의 원통을 실린더(Cylinder)라 한다.
 • 액서스 시간(access time) : 선택된 트랙의 데이터를 입출력하는데 걸리는 시간
   ⓐ seek time : 헤드가 선택된 트랙에 위치하기까지의 시간
   ⓑ latency or delay time : 해당 트랙에 도착한 이후에 실제 데이터의 위치까지 도달하는데 걸리는 시간

(3) 자기 드럼(magnetic drum)
① 알루미늄 합금제의 원통 표면에 자성재료를 도포한 것이다.
② 하나의 트랙 비트를 직렬로 배열해서 기록하는 비트 직렬식과 축방향의 몇 트랙을 사용하여 병렬로 배열시켜 기록하는 비트 병렬식이 있다. 또 이를 혼합한 비트식·병렬식이 있다.
③ 드럼의 기억장치의 구성으로는 I/O 정보를 증폭하는 회로, 제어회로, 선택회로, 계수회로, 일치회로로 되어 있다.

07 기억방식

① **Static memory** : 데이터를 기억시키면 외부 도움 없이 스스로 데이터를 기억
 예 core memory, disk, drum
 • dynamic memory : 데이터를 기억시킨 후 외부에서 물리적 변화를 주어야만 데이터를 기억.
  예 delay line, dynamic flip-flop
② **Volatile memory**(휘발성) : 전원이 공급되지 않으면, 그 내용을 증발시켜 버리는 메모리.
 예 flip-flop, RAM
 • `Non-Volatile memory(비휘발성) : 전원이 공급되지 않아도 내용을 유지하는 메모리.
  예 ROM, PROM, EPROM, disktape
③ **ROM(Read Only Memory)** : 읽기만 가능한 메모리.★★
 ㉠ PROM(Programmable ROM) - 제조 후 사용자가 1회 write 가능한 메모리.
 ㉡ EPROM(Erasable and Programmable ROM) - 제조 후 사용자가 여러번 write 가능한 메모리.

03 Computer에 의한 설계

01 좌표 및 좌표계

1 좌표(coordinate)

(1) 직선 위의 점의 좌표

그림과 같이 l 위에 한 점 O를 잡고 l의 방향으로 단위길이 OE를 정한다. 점 P가 l 위의 임의의 점일 때 거리 OP가 OE의 단위로 측정한 거리를 x라 하면 P에 대해서 x가 정해지며, 역으로 x에 대해서 P가 단 한 점으로 정의된다. 이 때 OP는 O에서 P까지의 거리로의 방향이 O에서 E로의 방향과 같을 때는 $+$, 반대일 때는 $-$라 약속한다. 이 x를 점 P의 l 위에서의 좌표라 한다. 이것을 $P(x)$로 표시하며 O를 원점, E를 단위점이라 하는데 원점의 좌표값은 O, 단위점의 좌표값은 1이 된다. 이와 같이 직선상에 원점과 단위점이 정해져 있을때 직선상에는 좌표계가 도입되었다고 한다.

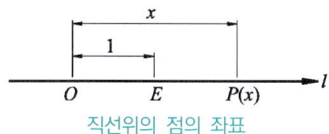

직선위의 점의 좌표

(2) 평면 위의 점의 좌표

평면 π 위의 한 점 O에서 서로 만나는 두 직선 OX, OY를 잡아 OX와 OY의 방향을 정하고 적당히 단위길이를 정해 놓자. P를 π 위의 임의의 점이라 할 때 P를 지나 OX, OY에 각각 나란한 직선을 그려 그 교점을 Q, R이라 하고 Q의 OX 위에서의 좌표를 x, R의 OY 위에서의 좌표를 y라 하면 두 실수의 쌍 (x, y)는 점 P에 대하여 단 1개가 정해지며, 역으로 (x, y)로 결정되는 평면상의 점은 P 단 1개 뿐이다. 이 때 (x, y)를 평면상의 점 P의 좌표라 하고, 여기서 x를 P의 X좌표, y를 P의 Y좌표라 하며 $P(x, y)$로 표시한다. 그림에서 O를 원점, OX를 X축, OY를 Y축, X축과 Y축을 총칭하여 좌표축이라 하며 두 좌표축이 이루는 각 θ를 축각이라 한다.

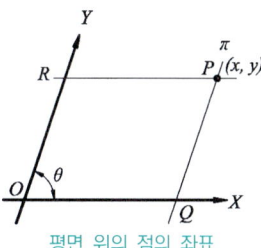

평면 위의 점의 좌표

3 공간에서의 점의 좌표

공간에 있어서도 평면에서와 마찬가지로 한 점 O에서 서로 만나는 세 직선 OX, OY, OZ를 잡아 각각의 방향을 정해둔다. 여기서 공간 내에 임의의 점 P를 잡고 P_2에 대해서 P를 지나고 평면 OYZ, OZX, OXY에 평행한 평면이 OX, OY, OZ와 만나는 점을 각각 Q, R, S라 하고 이 점들의 OX, OY, OZ 위에서 좌표를 각각 x, y, z라 하자. 그러면 P에는 세 실수의 쌍(x, y, z)가 하나 정해지고 역으로 (x, y, z)로 결정되는 공간상의 점은 단 1개뿐이다. 이 때 (x, y, z)를 공간 내에서의 점 P의 좌표라 하고, 여기서 x를 P의 X좌표, y를 Y좌표, z를 Z좌표라 하며 $P(x, y, z)$로 표시한다. 여기서 OX, OY, OZ를 각각 X축, Y축, Z축이라 하고 O를 원점이라 한다.

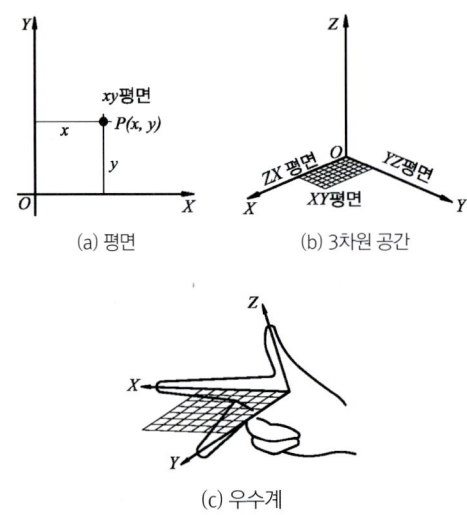

(a) 평면   (b) 3차원 공간

(c) 우수계

직교 좌표계

3차원 공간의 직교 좌표계에서는 OX와 OY의 방향을 임의로 정해도 무방하다. 그러나 컴퓨터 그래픽에서 통상적으로 사용하는 방법은 우수계(右手系 : right handed system)인데, 이는 그림 (c)와 같이 오른손의 인지방향을 OX, 중지방향을 OY, 그리고 엄지의 방향을 OZ로 하여 양의 방향을 정하는 방법이다. 이 세 유향직선을 좌표축이라 하며 평면 XOY, YOZ, ZOX를 각각 XY평면, YZ평면, ZX평면이라 한다.

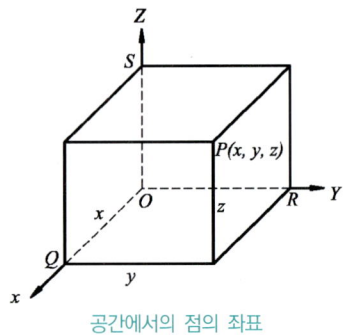

공간에서의 점의 좌표

2 좌표계(Coordinate System)
→ 종류만 기억

(1) 직교 좌표계(Cartecian Coordinate system)★★

그림에서 두 축이 이루는 각 θ의 값이 $\pi/2$인 경우, 즉 다시 말하면 좌표축이 서로 직교하는 경우를 직교좌표라 한다. 평면에서 직교 좌표계에 의한 양 축의 방향은 통상적으로 반직선 OX를 그 위치에서 O를 중심으로 양의 방향(시계바늘과 반대방향)으로 회전한 위치를 OY의 양의 방향으로 정한다. (그림 참조)

(2) 극 좌표계(Polar Coordinate System)★★

평면 위의 한 점 P는 평면 위의 일정한 반직선 OX를 회전하여 P까지 왔을 때 거리 $OP(=r)$와 회전각 θ를 한 쌍으로 하는 실수 (r, θ)로 나타내며 여기서 r은 P의 동경, θ를 편각, OX를 기선, 그리고 O를 극(極)이라 한다. (그림 참조)

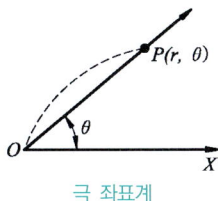

극 좌표계

(3) 원통 좌표계(Cylindrical Coordinate system)★★

공간에서의 직교축 $OXYZ$에서 XY평면은 OX를 기선으로 하는 극좌표 (r,θ)를 잡을 때 공간 내의 점 P는 (r,θ,z)로 결정된다. 이 때 z값은 직곡 좌표계의 z값과 같은 값이고 XZ평면상에서는 직교 좌표계의 (x,y)대신 극좌표의 (r,θ)를 사용한다.

❓ 직교좌표와 원통 좌표와의 관계

$x = r \cdot \cos\theta$, $y = r \cdot \sin\theta$, $z = z$가 되고, 역으로 $r = \sqrt{x^2 + y^2}$, $\theta = \tan^{-1}(y/x)$, $z = z$이다.

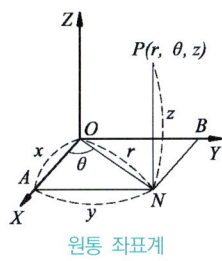

원통 좌표계

(4) 구면 좌표계(Spherical Coordinate System)★★

공학이나 물리적인 현상을 해석할 때 한 점이 대칭의 중심이 되는 경우에는 구면 좌표계를 사용하는 것이 편리한 경우가 많다. 구면좌표계에서 점의 위치는 다음과 같은 방법으로 정의된다. 공간 내의 한점 P에서 XY평면에 수선 PN을 내리면 N은 OP와 Z축으로 이루어지는 평면과 만나는 직선상에 놓여지게 되는데 여기서 P의 위치는 $\overline{OP}(=\rho)$, $\angle ZOP(=\varnothing)$, $\angle XOM(=\theta)$로써 결정된다. 이 $(\rho, \varnothing, \theta)$를 구면좌표라 하고 $P(\rho, \varnothing, \theta)$로 나타낸다.

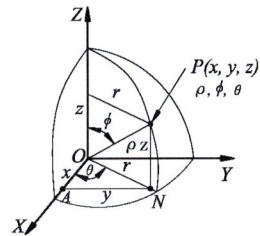

- ρ : 원점으로부터 점 P까지의 거리
- ϕ : Z축으로부터 직선 OP가 이루는 각도
- θ : 원주좌표계의 θ와 동일

구면 좌표계

❓ 직교좌표와 구면좌표의 관계

$x = \overline{OA} = \overline{ON} \cdot \cos\theta = \rho \cdot \sin\varnothing \cdot \cos\theta$,
$y = \overline{AN} = \overline{ON} \cdot \sin\theta = \rho \cdot \sin\varnothing \cdot \sin\theta$
또, 삼각형 ONP에서 $z = \overline{NP} = \rho \cdot \cos\varnothing$가 된다.
역으로 표시하면
$\rho = \sqrt{x^2 + y^2 + z^2}$, $\varnothing = \cos^{-1}(z/\rho)$

---

3 점과 좌표

(1) 두 점 사이의 거리

① 수직선 위의 두 점 사이의 거리(두 점 $A(x_1)$, $B(x_2)$ 사이)

$\overline{AB} = |x_2 - x_1|$

② 좌표 평면 위의 두 점 사이의 거리(두 점 $A(x_1, y_1)$, $B(x_2, y_2)$ 사이)

$\overline{AB} = \sqrt{(x_2 - x_1)^2 + (y_2 - y_1)^2}$

(2) 선분의 내분점과 외분점

① 내분점 : 선분 AB 위에 점 P가 있을 때, 점 P는 선분 AB를 내분한다고 하고, 이 때 점 P를 내분점이라 한다.(그림(a))

$$(x-a) : (b-x) = m : n$$
$$\therefore n(x-a) = m(b-x)$$
$$\therefore x = \frac{mb+na}{m+n}$$

② 외분점 : 선분 AB의 연장 위에 점 P가 있을 때, P는 AB를 외분한다고 하고 점 P를 외분점이라고 한다.(그림 (b))

$$(x-a) : (b-x) = m : n$$
$$\therefore n(x-a) = m(x-b)$$
$$\therefore x = \frac{mb-na}{m-n}$$

(3) 좌표 평면 위에 있는 선분의 내분점과 외분점

$A(x_1, y_1)$, $B(x_2, y_2)$를 양 끝으로 하는 선분 AB가 있을 때 AB를 $m : n$으로 내분하는 점을 P, 외분하는 점을 Q라 하고, AB의 중점을 M이라 하면

① 내분점 : $P\left(\dfrac{mx_2+nx_1}{m+n}, \dfrac{my_2+ny_1}{m+n}\right)$

② 중점 : $M\left(\dfrac{x_2+x_1}{2}, \dfrac{y_2+y_1}{2}\right)$

③ 외분점 : $Q\left(\dfrac{mx_2-nx_1}{m-n}, \dfrac{my_2-ny_1}{m-n}\right)$

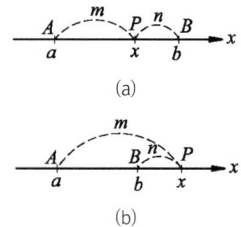

(a)

(b)

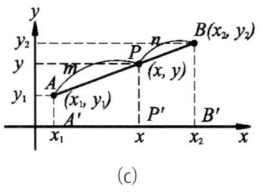

(c)

4 선의 방정식

(1) 두 직선 사이의 위치관계

두 직선 $y = ax+b$ 와 $y = a'x+b'$의 위치관계는 만나는 경우, 평행한 경우, 일치하는 경우로 나누어 생각할 수 있고 특수한 예로서 수직인 경우를 생각할 수 있다.

① $y = ax+b$ 와 $y = a'x+b'$의 위치 관계

㉠ $a \neq a'$
  ⇔ 한 점에서 만난다.
  ⇔ 한 쌍의 근을 갖는다.[그림 (a)]

㉡ $a = a'$, $b \neq b'$
  ⇔ 평행
  ⇔ 근이 없다.(불능)[그림 (b)]

㉢ $a = a'$, $b \neq b$
  ⇔ 일치
  ⇔ 근이 무수하다.(부정)[그림 ⓒ]

㉣ $aa' = -1$
  ⇔ 수직
  ⇔ 한 쌍의 근을 갖는다.[그림 (d)]

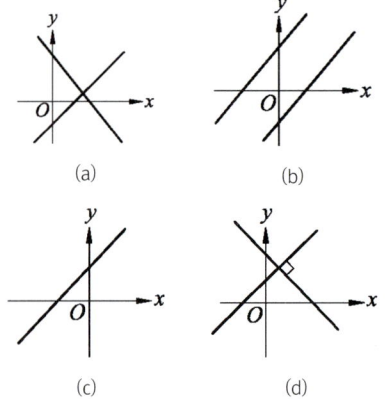

② $ax+by+c=0$ 와
$a'x+b'y+c'=0$ 의 위치관계

㉠ $\dfrac{a}{a'} \neq \dfrac{b}{b'}$

⇔ 한 점에서 만난다.
⇔ 한 쌍의 근을 갖는다.

㉡ $\dfrac{a}{a'} = \dfrac{b}{b'} \neq \dfrac{c}{c'}$

⇔ 평행
⇔ 근이 없다.(불능)

㉢ $\dfrac{a}{a'} = \dfrac{b}{b'} = \dfrac{c'}{c}$

⇔ 일치
⇔ 근이 무수하다.(부정)

㉣ $aa'+bb'=0$

⇔ 수직
⇔ 한 쌍의 근을 갖는다.

(2) 직선의 방정식

① 기울기가 m 이고, 점 $(x_1,\ y_1)$ 을 지나는 직선의 방정식[그림 (a)]

$$y-y_1=m(x-x_1)$$

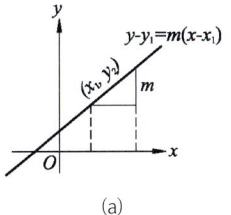

(a)

② 두 점 $(x_1,\ y_1)$, $(x_2,\ y_2)$ 을 지나는 직선의 방정식[그림 (b)]★★

$x_1 \neq x_2$ 일 때
$$y-y_1 = \dfrac{y_2-y_1}{x_2-x_1}(x-x_1)$$
$x_1 = x_2$ 일 때 $x=x_1$

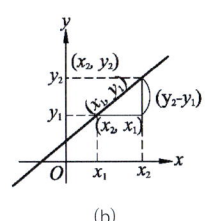

(b)

③ x 절편이 a 이고, y 절편이 b 인 직선의 방정식[그림 (b)]

$$\dfrac{x}{a}+\dfrac{y}{b}=1$$

(3) 점과 직선의 거리

점 $p(x_1,\ y_1)$ 으로부터 직선 $ax+by+c=0$ 까지의 거리를 d 라 하면 다음과 같다.

$$d=\dfrac{|ax_1+by_1+c|}{\sqrt{a^2+b^2}}$$

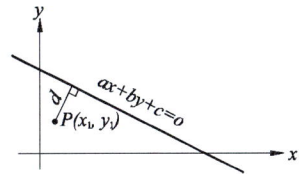

02 벡터

1 벡터의 정의(변위, 속도, 가속도, 평행이동 등 크기와 방향을 가진 것)

컴퓨터 그래픽에서 벡터(vector)는 해석 목적상 방향을 가지는 하나의 선분으로 생각할 수 있다. 평면 또는 공간에서 한 점

P에서 다른 한 점 Q까지 방향을 갖는 선분을 벡터라고 하고 $\overline{PQ}$로 표시한다. 즉, 벡터는 방향과 크기를 가진 양이다. 여기서, P와 Q를 각각 이 벡터의 시점, 종점이라 한다. 이에 대해서 다만 크기만을 갖는 양을 스칼라라고 한다. 벡터 $\overline{PQ}$ 에서 $\overline{PQ}$의 크기를 $\overline{PQ}$의 절대치라 하며 $|\overline{PQ}|$로 표시한다. 크기가 1인 벡터를 단위벡터라 한다.

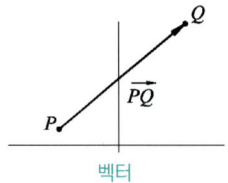

벡터

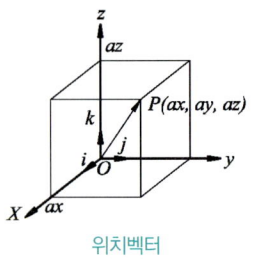

위치벡터

❓ 공간 내의 두 점 $P_1(X_1, Y_1, Z_1)$, $P_2(X_2, Y_2, Z_2)$를 잇는 벡터 $\overline{P_1P_2}$의 성분은 $(x_2-x_1, y_2-y_1, z_2-z_1)$이다.

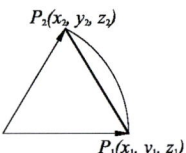

[풀이]
그림에서
$$\overline{P_1P_2} = \overline{P_1O} + \overline{OP_2} = \overline{OP_2} - \overline{OP_1}$$
$$= (x_2i + y_2j + z_2k) - (x_1i + y_1j + z_1k)$$
$$= (x_2-x_1)i + (y_2-y_1)j + (z_2-z_1)k$$

2 벡터와 성분

직교축에서 원점 O에 시점을 둔 각 좌표축 방향의 단위벡터를 기본벡터라 하고 각각 i, j, k로 표시한다. 점 P의 좌표를 (ax, ay, az) 벡터 $\overline{OP}$를 a라 하면 피타고라스 정의에 의하여 다음과 같이 된다.

$$a = a_x i + a_y j + a_z k$$

이 때 a는 P의 위치에 따라 결정되므로 a를 P의 O에 대한 위치벡터라 하고 ax, ay, az를 벡터 a의 x성분, y성분, z성분이라 하여 a의 성분을 (a_x, a_y, a_z)로 쓰기도 한다. 기본 벡터 i, j, k의 성분은 각각 $(1, 0, 0)$, $(0, 1, 0)$, $(0, 0, 1)$이다.

3 벡터의 연산

(1) 벡터의 합과 차, 스칼라 배

주어진 벡터 $\vec{a}$와 $\vec{b}$를 더한다는 것은 $\vec{a}$의 종점에 $\vec{b}$와 같은 벡터 $\vec{b}$ 시점을 잡았을 때 $\vec{a}$의 시점에서 $\vec{b}$의 종점에 이르는 벡터 $\vec{c}$를 만들어,

$$\vec{a} + \vec{b} = \vec{c}$$

로 표시하며 $\vec{c}$를 $\vec{a}$와 $\vec{b}$의 합성벡터라 한다. (그림 (a)참조) 또, 두 벡터 $\vec{a}$, $\vec{b}$에 대하여 $\vec{b} + \vec{x} = \vec{a}$ 를 만족하는 벡터 $\vec{x}$를 $\vec{a}$에서 $\vec{b}$를 뺀 차라하고 $\vec{a} - \vec{b}$로 나타낸다. (그림 (b))는 벡터의 차를 도식화한 것인데 그림에

$\vec{a} - \vec{b} = \vec{a} + (-\vec{b})$가 된다. 벡터와 숫자(스칼라)와의 곱은 스칼라 배(scalar multiplication)로 간주된다. 임의의 실수 λ에 대해 λ와 벡터 a의 곱은 λ_a로 나타낸다. 벡터와 양의 스칼라 배는 벡터의 길이에 스칼라를 곱한 것으로 벡터의 방향에는 영향을 주지 않으나, 음의 스칼라 배에서 벡터의 길이는 스칼라의 절대 값만큼 곱한 값이 되나 방향은 반대가 된다.(그림 (c)) 참조 a, b, c 세 개의 벡터와, λ, μ, v의 세 스칼라에 대해 벡터의 연산 법칙은 다음과 같이 정의된다.

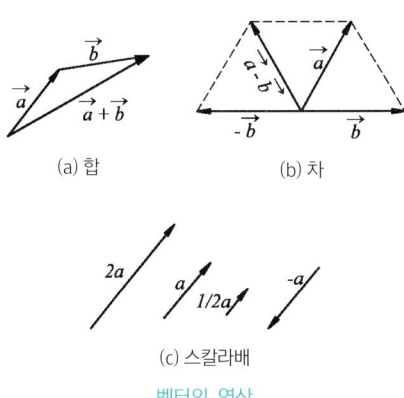

(a) 합　　　　(b) 차

(c) 스칼라배

벡터의 연산

① $a + b = b + a$ (그림(a) 참조)
② $a + (b+c) = (a+b) + c$ (그림(b) 참조)
③ $\lambda(\mu a) = (\lambda\mu)\vec{a}$
④ $(\lambda + \mu)\vec{a} = \lambda\vec{a} + \mu\vec{a}$
⑤ $\lambda(a+b) = \lambda a + \lambda b$ (그림(c) 참조)

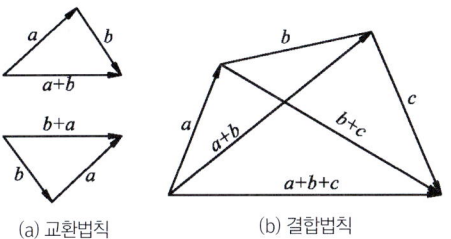

(a) 교환법칙　　　(b) 결합법칙

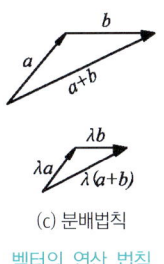

(c) 분배법칙

벡터의 연산 법칙

(2) 벡터의 내적

그림에 표시된 a와 b를 평면 또는 공간에서 임의의 두 벡터라고 하고 이들의 시점을 같게 놓았을 때 두 벡터가 이루는 교각을 θ라 하면 a와 b의 내적(inner produce)은

$$a \cdot b = |a \cdot b| \cos\theta$$

로 정의된다. 내적의 값은 스칼라(실수)가 되는데 이 이유로 내적을 스칼라 적(scalar product)이라고 부른다. 또 이를 $a \cdot b(a, b)$로 나타낸다. 컴퓨터 그래픽에서 내적이 가지는 의미는 물체의 은선 및 배면처리를 하기 위하여 이용이 되는데 이는 바로 두 벡터가 이루는 교각을 알아내어 내적의 부호를 알아내는 것이다. 즉 내적의 정의로부터 a와 b는 벡터의 크기로 항상 양의 값이므로 부호는 $\cos\theta$값에 의해 좌우된다. θ가 0°와 90° 사이에 값이면 양이 되고 θ가 90°와 180° 사이의 값이면 음이 된다.

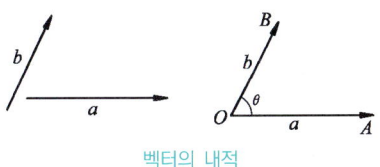

벡터의 내적

> 공간에서의 두 벡터를 성분으로 표시하여 $a = (a_1, a_2, a_3)$, $b = (b_1, b_2, b_3)$라 하면 그 내적은 $a \cdot b = a_1b_1 + a_2b_2 + a_3b_3$이다.

예제 | 1

두 벡터를 $\vec{A} = (1, 3, 7)$, $\vec{B} = (2, 1, 4)$일 때 내적(Dot product)은?

$\vec{A} \cdot \vec{B} = 1 \times 2 + 3 \times 1 + 7 \times 4 = 33$

(3) 벡터의 외적

외적의 정의는 내적보다 약간 복잡하다. 두 벡터

$$a = x_1 i + y_1 j + z_1 k$$
$$b = x_2 i + y_2 j + z_2 k$$

에 대하여 다음과 같은 벡터를 생각하여 이것을 $a \times b$라 한다.

$$a \times b = \begin{vmatrix} i & j & k \\ x_1 & y_1 & z_1 \\ x_2 & y_2 & z_2 \end{vmatrix}$$
$$= (y_1 z_2 - z_1 y_2)i + (z_1 x_2 - x_1 z_2)j + (x_1 y_2 - y_1 x_2)k$$

또, $a \times b$의 크기가 벡터 a, b를 두 개의 변으로 하는 평행사변형의 넓이와 같음을 뜻한다. 그래픽에 있어서 외적의 의미는 내적의 경우와 마찬가지로 오직 하나의 특성만이 이용된다. 그것은 바로 우수계에 있어서 벡터 a와 벡터 b의 외적은 두 벡터가 이루는 평면에 법선(수직인) 벡터 (normal vector)를 만든다는 점이다. 여기서 이 법선 벡터의 방향은 우수계에서 인지와 중지가 각각 벡터 a, b의 방향을 가르킬 때 엄지 손가락의 방향이 된다.

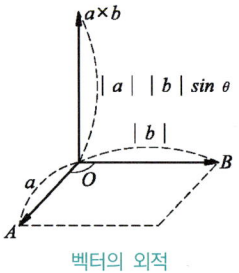

벡터의 외적

또, 벡터의 외적에 대한 정의에서 a와 b의 위치가 바뀌면 법선벡터 n은 $-n$이 되므로

$$b \times a = -(a \times b)$$

가 된다. 즉, 교환법칙이 성립하지 않는다.

예제 | 2

두 벡터를 $\vec{A} = (1, 3, 7)$, $\vec{B} = (2, 1, 4)$일 때 외적(Cross product)은?

$a \times b = \begin{bmatrix} i & j & k \\ 1 & 3 & 7 \\ 2 & 1 & 4 \end{bmatrix} = \begin{bmatrix} i & j & k & i & j \\ 1 & 3 & 7 & 1 & 3 \\ 2 & 1 & 4 & 2 & 1 \end{bmatrix}$
$= (12 - 7)i + (14 - 4)j + (1 - 6)k$
$= 5i + 10j - 5k$

03 행렬

1 행렬의 정의

행렬(matrix)은 요소(element)들의 사각형 배열(array)들

예) $[1\ 2]$　　1행 3열의 행렬
$\begin{bmatrix} 1 & 2 \\ 3 & 4 \end{bmatrix}$　　2행 3열의 행렬
$\begin{bmatrix} 1 & 2 & 3 \\ 4 & 5 & 6 \end{bmatrix}$　　2행 3열의 행렬

의 형태이다. 위와 같은 행렬의 수평인 부분의 배열을 행(row), 수직인 부분의 배열을 열(column)이라 하는데 보통 행렬은 m개의 행과 n개의 열로 구성되며 이를 $m \times n$ 행렬이라 부른다. 행렬은 보통 대문자로 굵게 써서 A 혹은 $[A]$로 표시하며 행렬의 요소는 행렬 $[A]$의 i행과 j열의 성분을 A_{ij}라 쓰고 행렬 $[A]$는 다음과 같이 나타낸다.

$$[A] = \begin{bmatrix} A_{11} & A_{12} & A_{13} \\ A_{21} & A_{22} & A_{23} \\ A_{31} & A_{32} & A_{33} \end{bmatrix} = [A_{ij}]$$

A_{ij}에서 i는 행을 j는 열을 표시한다.

2 행렬의 연산

(1) 행렬의 덧셈과 뺄셈

$[A] = [A_{ij}]$, $[B] = [B_{ij}]$가 모두 $m \times n$ 행렬이고 $C_{ij} = A + B_{ij}$일 때, $[A] + [B] = [C] = [C_{ij}]$이다. 즉, $[A]$, $[B]$를 각각

$$[A] = \begin{bmatrix} A_{11} & A_{12} & A_{13} \\ A_{21} & A_{22} & A_{23} \\ A_{31} & A_{32} & A_{33} \end{bmatrix}$$

$$[B] = \begin{bmatrix} B_{11} & B_{12} & B_{13} \\ B_{21} & B_{22} & B_{23} \\ B_{31} & B_{32} & B_{33} \end{bmatrix}$$

라고 정의하면, $[A]$와 $[B]$의 합, $[C]$는 3×3 행렬이 되는데 각각의 요소 C_{ij}는 다음과 같다.

$$[C] + [A] = [B] = \begin{bmatrix} C_{11} & C_{12} & C_{13} \\ C_{21} & C_{22} & C_{23} \\ C_{31} & C_{32} & C_{33} \end{bmatrix}$$

$$= \begin{bmatrix} A_{11}+B_{11} & A_{12}+B_{12} & A_{13}+B_{13} \\ A_{21}+B_{21} & A_{22}+B_{22} & A_{23}+B_{23} \\ A_{31}+B_{31} & A_{32}+B_{32} & A_{33}+B_{33} \end{bmatrix}$$

행렬의 뺄셈에 대해서도 덧셈의 경우와 마찬가지로 각각의 행렬들의 요소들을 빼면 된다.

(2) 행렬의 스칼라 배

행렬 $[A] = [A_{ij}]$와 어떤 스칼라 m에 대한 스칼라 배는 벡터의 경우와 마찬가지로, 행렬 $[A]$의 각 성분에 스칼라 m을 곱한 것과 같다. 즉,

$$m[A] = [mA_{ij}]$$

(3) 두 행렬의 곱

$m \times l$ 행렬 $[A] = [A_{ij}]$와 $l \times n$ 행렬 $[B] = [B_{ij}]$가 주어졌을 때 두 행렬의 곱을 $[A] \times [B] = [C]$라 하면, $[C_{ij}]$는 다음과 같이 쓸 수 있다.

$$C_{ij} = \sum_{k=1}^{l} a_{ik} b_{ij}$$

(단, $1 \leq i \leq m$, $1 \leq j \leq n$)

즉, C_{ij}는 i행 벡터와 j열 벡터의 내적과 같다. 앞에서 예를 든 $[A]$, $[B]$ 행렬의 곱을 $[P]$라 하고,

$$[P] = \begin{bmatrix} P_{11} & P_{12} & P_{13} \\ P_{21} & P_{22} & P_{23} \\ P_{31} & P_{32} & P_{33} \end{bmatrix}$$

를 $[A] \cdot [B]$라면 $[P]$의 각 성분은,

$$P_{11} = A_{11}B_{11} + A_{12}B_{21} + A_{13}B_{31}$$
$$P_{12} = A_{11}B_{12} + A_{12}B_{22} + A_{13}B_{32}$$
$$P_{13} = A_{11}B_{13} + A_{12}B_{23} + A_{13}B_{33}$$
$$P_{21} = A_{21}B_{11} + A_{22}B_{21} + A_{23}B_{31}$$
$$\vdots$$
$$P_{33} = A_{31}B_{13} + A_{22}B_{21} + A_{33}B_{33}$$

가 되며 이를 일반식으로 표현하면 다음과 같이 된다.

$$A_{ij} = A_{i1} \cdot B_{1j} + A_{i2}B_{2j} + A_{i3}B_{3j}$$

• 힌트 행렬의 곱셈은 [행×열]×[행×열]일 때, 처음 열과 두 번째 행의 숫자가 같아야 한다.

★★
[3×2], [2×1] 곱은 [3×1],
[2×3], [3×2] 곱은 [2×2] 행렬
[2×3], [2×3] 은 곱셈 불가능

04 도형의 좌표 변환

1 좌표 변환 개요

컴퓨터 그래픽스의 가장 기초가 되는 도형들의 수학적 표현과 이들의 이동, 회전, 확대, 축소 등을 기하학적인 변환을 통해 형성한다.

(1) 점의 표현

n차원 공간에서의 한 점은 임의의 n차원 벡터로 표현될 수 있다.

• 2차원 좌표계

$$[x, y] \text{ 또는 } \begin{bmatrix} x \\ y \end{bmatrix},$$

즉 (1×2) 또는 (2×1) 행렬

- 3차원 좌표계

$$[x, y, z] \text{ 또는 } \begin{bmatrix} x \\ y \\ z \end{bmatrix},$$

즉 (1×3) 또는 $3 \times 1)$ 행렬

❓ 이동

또 2차원 좌표계상에서의 한 점 $P(x, y)$를 x축 방향으로 m, y축 방향으로 n만큼 평행 이동시킨 점 $P'(x', y')$는 다음과 같이 표현된다.
$x' = x + m$, $y' = y + m$
이를 벡터로 표현하면
$[x'\ y'] = [x\ y] + [m\ n]$

❓ 확대, 축소

점 $P(x, y)$를 x축 방향으로 S_x, y축 방향으로 S_y 비율로 늘인(scaled or stretched) 점 $P'(x', y')$는 다음과 같다.
$$[x'\ y'] = \begin{bmatrix} S_x & 0 \\ 0 & S_y \end{bmatrix}$$

- S_x = -1이면, y축 대칭
  S_y = 1

❓ 회전

S점 $P(x, y)$를 원점을 중심으로 반시계 방향의 각도 θ만큼 회전시킨 점 $P'(x', y')$는 다음과 같다.
$$[x'\ y'] = [x, y] \begin{bmatrix} \cos\theta & \sin\theta \\ -\sin\theta & \cos\theta \end{bmatrix}$$
$$= [x\cos\theta - y\sin\theta\ \ x\sin\theta + y\cos\theta]$$

2 동차 좌표(HC)에 의한 표현

n차원의 벡터를 $(n+1)$차원의 벡터 형태로 표현한 것을 동차좌표계라 한다.★★★★

- 2차원 좌표계

$$[X,\ Y,\ Z,\ H]$$
$$= [x, y, z, 1] \begin{bmatrix} a & b & c & p \\ d & c & f & q \\ l & m & n & s \end{bmatrix}$$

- 3차원 좌표계

$$[X,\ Y,\ H]$$
$$= [x, y, 1] \begin{bmatrix} a & b & p \\ c & d & q \\ m & n & s \end{bmatrix}$$

3 동차 좌표에 의한 2차원 좌표 변환 행렬★★★

(1) 이동(translation)

$$[x',\ y',\ 1] = [x\ y\ 1] \begin{bmatrix} 1 & 0 & 0 \\ 0 & 1 & 0 \\ m & n & 1 \end{bmatrix}$$

(2) 스케일링(scaling)변환

$$[x',\ y',\ 1] = [x\ y\ 1] \begin{bmatrix} S_x & 0 & 0 \\ 0 & S_y & 0 \\ 0 & 0 & 1 \end{bmatrix}$$

(3) 반전(reflection) 또는 대칭 변환

x축 대칭 y값이 반대

즉, $\begin{bmatrix} 1 & 0 & 0 \\ 0 & -1 & 0 \\ 0 & 0 & 1 \end{bmatrix}$

y축 대칭, x값이 반대

즉, $\begin{bmatrix} -1 & 0 & 0 \\ 0 & 1 & 0 \\ 0 & 0 & 1 \end{bmatrix}$

(4) 회전(rotation)변환

$[x', y', 1] = [x\ y\ 1] \begin{bmatrix} \cos\theta & \sin\theta & 0 \\ -\sin\theta & \cos\theta & 0 \\ 0 & 0 & 1 \end{bmatrix}$

- 2차원에서 동차 좌표에 의한 행렬

❓ 2차원의 HC의 일반적인 행렬은 3×3변환 행렬이 된다.

$T_H = \begin{bmatrix} a & b & p \\ c & d & q \\ m & n & s \end{bmatrix} \simeq \begin{bmatrix} 2 \\ 2\times 2 & \times \\ & 1 \\ 1\times 2 & 1\times 1 \end{bmatrix}$

여기서 2×2 스케일링(scaling), 회전(rotation) 및 전단(shearing) 등에 관계되고 1×2는 이동(translation), 2×1은 투사(projection), 1×1는 전체적인 스케일링(overall scaling)에 관계된다.

4 동차 좌표에 의한 3차원 좌표 변환 행렬

(1) 평행이동(translation) 변환

$[XYZH] = [x\ y\ z\ 1] \begin{bmatrix} 1 & 0 & 0 & 0 \\ 0 & 1 & 0 & 0 \\ 0 & 0 & 1 & 0 \\ l & m & n & 1 \end{bmatrix}$

$= [(x+1)\ (y+m)\ (z+n)\ 1]$

(2) 스케일링(scaling) 변환

① 국부적인 스케일링 변환

$[XYZH] = [x\ y\ z\ 1] \begin{bmatrix} a & 0 & 0 & 0 \\ 0 & e & 0 & 0 \\ 0 & 0 & j & 0 \\ 0 & 0 & 0 & 1 \end{bmatrix}$

$= [ax\ ey\ jz\ 1]$

② 전체적인 스케일링 변환

$[XYZH] = [x\ y\ z\ 1] \begin{bmatrix} a & 0 & 0 & 0 \\ 0 & e & 0 & 0 \\ 0 & 0 & j & 0 \\ 0 & 0 & 0 & 1 \end{bmatrix}$

$= [x\ y\ z\ S] = \left[\dfrac{x}{S}\ \dfrac{y}{S}\ \dfrac{z}{S}\ 1\right]$

(3) 전단(shearing) 변환

$[XYZH] = [x\ y\ z\ 1] \begin{bmatrix} 1 & b & c & 0 \\ d & 1 & f & 0 \\ h & i & 1 & 0 \\ 0 & 0 & 0 & 1 \end{bmatrix}$

(4) 반전(reflection) 변환(대칭변환)

3차원 공간에서의 평면에 대한 오브젝트

의 반전을 동차 좌표로 기술하면 xy평면, yz평면, xz평면에 대한 그 변환 행렬은 다음과 같다.

$$[Txy] = \begin{bmatrix} 1 & 0 & 0 & 0 \\ 0 & 1 & 0 & 0 \\ 0 & 0 & -1 & 0 \\ 0 & 0 & 0 & 1 \end{bmatrix}$$

$$[Tyz] = \begin{bmatrix} -1 & 0 & 0 & 0 \\ 0 & 1 & 0 & 0 \\ 0 & 0 & 1 & 0 \\ 0 & 0 & 0 & 1 \end{bmatrix}$$

$$[Txz] = \begin{bmatrix} 1 & 0 & 0 & 0 \\ 0 & -1 & 0 & 0 \\ 0 & 0 & 1 & 0 \\ 0 & 0 & 0 & 1 \end{bmatrix}$$

(5) 회전(rotation) 변환

회전각 θ는 양의 x축상의 한 점에서 원점을 볼 때 반시계 방향(countercloclwise)을 +, 시계방향(clockwise)을 -로 한다. x, y, z축에 대하여 θ 만큼 회전한 경우의 변환행렬은 다음과 같다.

$$[Tx] = \begin{bmatrix} -1 & 0 & 0 & 0 \\ 0 & \cos\theta & \sin\theta & 0 \\ 0 & -\sin\theta & \cos\theta & 0 \\ 0 & 0 & 0 & 1 \end{bmatrix}$$

$$[Ty] = \begin{bmatrix} \cos\theta & 0 & -\sin\theta & 0 \\ 0 & 1 & 0 & 0 \\ \sin\theta & 0 & \cos\theta & 0 \\ 0 & 0 & 0 & 1 \end{bmatrix}$$

$$[Tz] = \begin{bmatrix} \cos\theta & \sin\theta & 0 & 0 \\ -\sin\theta & 1 & 0 & 0 \\ 0 & 0 & 1 & 0 \\ 0 & 0 & 0 & 1 \end{bmatrix}$$

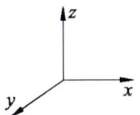

? y축 변환의 경우 $x \to y \to z$ 방향으로 진행되므로 부호를 조심한다.

05 컴퓨터 그래픽 소프트웨어

그래픽 소프트웨어는 사용자가 그래픽 시스템을 편리하게 쓸 수 있도록 해주는 프로그램의 모임으로 CRT 화면에 형상을 만들어주는 프로그램이다.

(1) 그래픽 소프트웨어를 설계할 때 주의할 점

① **단순성** : 그래픽 소프트웨어는 사용하기 쉬워야 한다.
② **일괄성** : 사용자가 예측 가능한 방법으로 수행되어야 한다.
③ **완전성** : 그래픽 표시 기능 중에서 빠진 것이 없어야 하고, 최대한의 성능을 발휘해야 한다.
④ **견고성** : 사용자의 간단한 오류는 처리할 수 있어야 한다.
⑤ **경제성** : 프로그램이 너무 크거나, 가격이 비싸지 않아야 한다.

(2) ICG(대화형) 시스템을 구성하는 소프트웨어의 작업

① 화면상에 영상을 만들거나 수정하기 위해 그래픽과 대화하는 기능
② 화면에 나타난 영상으로부터 물리적인 모델을 구성
③ 모델을 컴퓨터 메모리나 주변 기억장치에 입력

1 그래픽 소프트웨어의 3가지 모듈

- 그래픽 패키지
- 응용 프로그램
- 응용 데이터 베이스

(1) 그래픽 패키지

그래픽 패키지는 시스템과 사용자 혹은 그래픽 터미널과 사용자 간의 그래픽 상호 작용을 수행하는 소프트웨어로 응용프로그램과 사용자 간의 상호연결 기능을 수행한다.

① 그래픽 패키지의 기능

소프트웨어의 구성의 역할을 수행하기 위해 그래픽 패키지는 여러 가지 기능을 갖추어야 하며 이러한 기능을 그룹화하여 각 그룹이 시스템과 사용자 간의 특수한 기능을 수행한다.

㉠ 그래픽 요소의 생성 : 컴퓨터 그래픽에서의 그래픽 요소는 Point, Line, Circle의 기본단위와 알파벳 문자 및 특수 기호로 구성되는데 이러한 요소의 디스플레이를 빨리하기 위해 특수한 하드웨어 부품을 사용하여 사용자는 이 요소들을 조합하여 응용모델을 만든다.

㉡ 변환(Transformation) : 화면에 그려진 형상이나 데이터베이스 내의 item을 변환시켜 원하는 응용모델을 만들기 위해 변환이 사용된다.

㉢ 디스플레이 제어와 windowing : 사용자가 형상을 임의의 각도나 임의의 크기로 나타낼 수 있도록 하는 기능을 제공한다. 이러한 기능을 windowing이라 한다. 또 하나는 은선제거의 기능인데 대부분의 시스템에서 영상이 어떤 물체를 표현하는데 사용되는 선으로 구성되는데 은선제거란 선을 보이는 선과 보이지 않는 선으로 분류하는 기능이다.

㉣ Segment Function : 형상의 일부분을 사용자가 수정·삭제할 수 있도록 하는 기능을 말한다. → 부분삭제(partial erase)기능

㉤ 사용자 입력 기능 : 사용자가 시스템에 명령이나 데이터를 입력하는 방법이므로 모든 그래픽 패키지에 꼭 있어야 할 기능이다.

(2) 응용 프로그램

응용 프로그램은 사용자가 그래픽 화면에서 형상을 모델화하기 위해 설치한 것으로 각 설계 분야에 맞고, 데이터의 그래픽처리, 해석, 시뮬레이션 등에 맞게 설계되어야 한다.

(3) 응용 데이터 베이스

데이터 베이스에는 응용모델의 모든 정의가 저장되었고, 모델에 관한 일반정보도 수록되어 있다. 이러한 정보들은 CRT 상에 디스플레이 되거나, 출력장치에 의해 출력된다.

2 곡선과 곡면

직선과 평면, 원화와 원통면과 같이 기본 도형의 곡선과 곡면 외에 3차원 형상의 곡면 중 해석할 수로 표현되지 않는 곡면 중 해석함수로 표현되지 않는 곡면을 자유곡면이라 하고, 이러한 분야의 학문이 CAGD (Computer Aided Geometric Design)이라 한다.

(1) 곡선

매개수에 의한 방식으로 수학적인 스플라인 표현방법

① 스플라인이라는 것은 접속점에서 $K-1$차의 미계수의 연속상을 가지는 다항식, 즉, 곡선 및 곡면 표현에서 지정된 점을 반드시 통과하는 방법을 스플라인 곡선이라 한다.

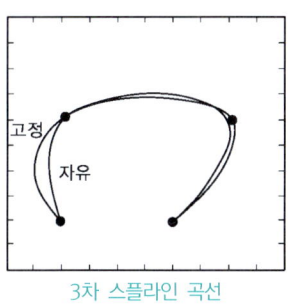

3차 스플라인 곡선

② 스플라인 표현식 중 주어진 점들이 표현하는 형상에 가깝도록 자유로이 형상을 제어할 수 있는 방법을 베지에 곡선이라 한다.

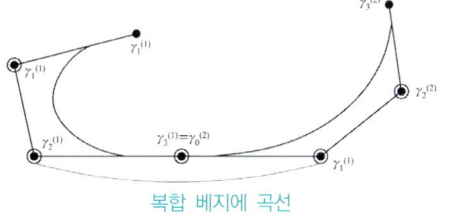

복합 베지에 곡선

③ 극소변화를 쉽게 하기 위하여 차수와 노트 벡터(knot vector)라는 새로운 변수를 추가하여 6개의 제어점들에 의하여 정의되는 방법을 B-Spline 곡선이라 한다.

(2) 곡선 및 곡면의 발달

① Ferguson 곡선, 곡면
  ㉠ 양 끝점의 위치와 접선 벡터가 주어진 곡선구간을 3차의 매개함수를 이용하여 보관하는 방법.
  ㉡ 주어진 점의 데이터를 피팅(Fitting)하는 방법

② Bezier 곡선, 곡면 : 곡선 구간의 정의에 있어서 양 끝점의 위치 벡터와 내부 조정점을 이용하는 방법 ★★
  • 특징
    ㉠ 대화식으로 곡선을 정의할 수 있다.
    ㉡ 양끝을 통과하고 곡선은 정점을 통과시킬 수 있는 다각형의 내측에 존재한다.
    ㉢ 1개의 정점 변화는 곡선 전체에 영향을 미친다.

③ B-Spline 곡선, 곡면 : B-Spline 곡선 세그먼트는 그 근방의 정점의 위치 벡터에 의해 형상이 결정되고, 정점의 이동에 의한 형상의 변화는 곡선 전체에 영향을 주지 않으므로 형상의 조작이 쉽다.

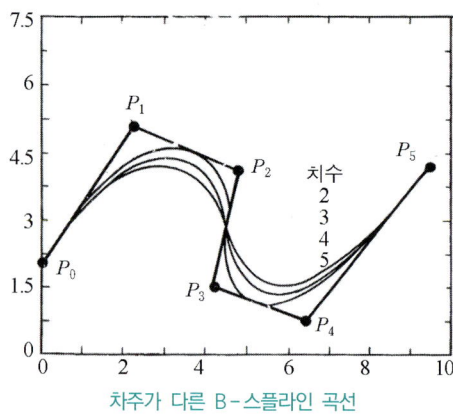

차수가 다른 B-스플라인 곡선

(3) 곡선의 데이터 수정 및 보완★★★

① **리메싱(remeshing)** : 오와 열의 배열이 가지런한 형태의 곡면입력점을 새로이 계산하는 것
② **스므딩(thmothing)** : 표현된 곡면의 심한 굴곡면을 평활한 곡면으로 재계산하는 것
③ **블랜딩(blending)** : 이미 정의된 곡면을 매끄럽게 연결하여 주는 것

06 데이터 베이스의 구조와 내용

데이터 베이스는 그래픽 소프트웨어의 3가지 모듈 중 하나로 명시되었는데 CAD 시스템의 모든 기능이 데이터 베이스에 달려있다. CAD 데이터 베이스에는 메뉴, 출력루틴 등의 그래픽 시스템 소프트웨어도 포함되어 있다. 데이터 베이스는 컴퓨터 주기억 장치와 보조 기억장치에 자리를 잡고 데이터 베이스 부분별로 이 장치 사이에는 상호 교환이 이루어진다. 폴리(Foley)와 벤담(Van Dam)은 데이터 베이스에 포함되어야 하는 기본요소를 다음과 같이 제시하였다.

① 기본적인 그래픽 요소(점, 선, 원 등)
② 모델의 형상과 모델부품의 형태
③ 모델의 구조, 모델에서 부품연결관계
④ 재질 특성 같은 응용분야 관련 데이터
⑤ 유한요소 해석과 같은 응용분야 관련 프로그램

앞의 내용은 모델을 만들 때의 순서를 나열한 것으로 즉, 1의 요소가 모여서 2의 부품이 되고 그 부품들의 연결관계가 3에 나타난다. 모델 데이터 베이스는 모델의 종류와 CAD 시스템에 따라 다른데 모델에 관련된 모든 정보를 데이터 베이스에 저장하는 시스템과 최소한의 정보만 저장하는 시스템이 있다. 전자의 경우는 많은 기억장치가 필요하게 되고 후자는 기억용량이 적은 반면에 필요할 때마다 계산을 하여야 하므로 계산하는 시간이 많이 소요된다. 간단한 데이터 구조로는 도형의 좌표와 기타 모델을 정의하는데 필요한 정보, 그리고 응용 프로그램에 관한 정보만 포함하는 경우이다. 이러한 데이터 구조는 많은 단점이 있는데 예를 들어 실린더의 경우 Y축에 평행한 직선이 X축을 중심으로 회전하는 형태이므로 선을 정의하는 두 점과 회전 시 중심이 되는 축으로 구성되어 간단히 표현될 수 있으나 솔리드(Solid) 형태로 화면에 나타내기가 몹시 어려워 실린더를 사용하여 부품을 조립하여 할 때 간섭 등의 검사가 어렵다.

데이터 베이스를 위한 또 하나의 형태로는

그래프를 기초로 한 모델이다. 아래 그림은 사면체의 그래프를 기초로 한 모델을 표시한 예인데 그래프를 기초로 한 모델은 점과 그 점을 상호 연결하는 선으로 구성되는 점이 데이터로 구성되고 각 점들의 관계, 면의 관계 또는 면의 솔리드 상태 등도 함께 저장되어 솔리드를 표현하는 가장 간결한 표현 방법이다. 또한 기하학적 형상을 표현하기 위해 불리안(Boolean) 오퍼레이션도 사용된다.

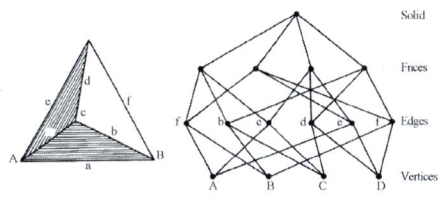

사면체(a)에 대한 Graph-Based Model(b)

1 형상 모델링

형상 모델링이란 물체를 표현하는 방법을 의미하며 컴퓨터 내부의 구조에 부여하는 방법을 의미한다. 이러한 것을 실현하는 구조는 컴퓨터 자체 속에 시스템적으로 구축되는 것이 일반적이며, 모델링 시스템 또는 모델러라고도 한다.

- **형상 모델링**(Geometric modeling) : 기하학적 모델링의 분류

(1) 2차원-2 1/2 차원 모델링

2차원 모델링은 정면도, 평면도, 우측면도, 단면도 등의 평면 형상을 분류·표현한다. 2 1/2차원 모델링은 평면 형상의 평행 또는 회전에 의하여 3차원 형상으로 모델화하는 것을 의미하고 완전한 3차원의 데이터 베이스의 형식을 갖지 않으면서도 2차원에서 얻지 못하는 2차원의 도형 데이터의 정보를 쉽게 얻을 수 있다.

(2) 3차원 적인 모델링 방법

- 와이어 프레임 모델(wireframe model)
  ★★★★★
- 서피스 모델(surface model)
- 솔리드 모델(solid model)

① **Wire-frame Model** : 물체의 형상을 철사줄로 엮어서 만든 모양 'Wire-frame' 2, 3차원 형상의 표현은 점과 선으로 표현한다.

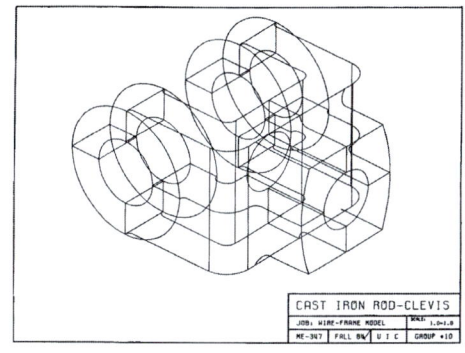

❓ Wire-frame 모델 예

아래 그림과 같이 실린더 형상의 표현은 약간의 어려움이 있다. 이처럼 실체감이 나지 않기 때문에 디스플레이된 형상을 보는 견지에 따라 서로 다르게 해석할 수 있다.

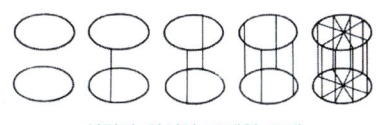

실린더 와이어 프레임 모델

㉠ 장점
  ⓐ 데이터 구조가 간단하다.
  ⓑ 모델 작성이 용이하다.
  ⓒ 처리속도가 빠르다.
  ⓓ 투시도의 작성이 용이하다.
㉡ 단점
  ⓐ 물리적 성질의 계산(질량, 관성

모멘트)이 불가능하다.
ⓑ 단면도 작성 및 은선제거가 불가능하다.
ⓒ 해석용 모델로 부적합하다.
② **Surface Model** : 와이어 프fp임 모델이 선으로 둘러싸인 부분을 면으로 정의하는 방식이다. ★★★★★
예 • 회전에 의한 곡면(surface of revolution)
• 룰드 곡면(ruled surface)
• 테이퍼 곡면(tapered surface)
• 경계곡면, 스위프 곡면, lofted 곡면
㉠ 장점
ⓐ 은선제거가 가능하다.
ⓑ 단면도 작성이 가능하다.
ⓒ 면과 면의 교선을 구할 수 있다.
ⓓ NC 형상과 가공 데이터를 얻을 수 있다.
㉡ 단점
ⓐ 물리적 성질 계산이 힘들다.
ⓑ FEM의 적용을 위한 해석모델이 어렵다.
③ **Solid Model** : 사용자가 좀 더 명확하고 오류 없이 물체를 이해할 수 있도록, 물체를 solid 형태로 display하는 기법 ★★★★★
• 물리적 성질의 계산이 가능하다.
• 간섭체크(interference)가 용이하다.
• boolean 연산을 통한 복잡한 형상 표현이 가능하다.
• 단면도 작성이 용이하다.
• 정확한 형체의 표현이 가능하다.
• 메모리 및 데이터의 처리가 크다.

[솔리드 모델링의 2가지 표현방식]
• B-rep(Boundary Representation) 방식
• CSG(Constructive Solid Geometry) 방식

❓ 특징
• 형상을 표현하거나 도면을 작성하는 경우 형상 처리가 용이
• 3면도 작성 및 투시도 작성이 용이하다.
• 전개도 작성이 용이하다.
• FEM(유한 요소법) 해석 곤란

㉠ B-rep 방식 : 물체의 형상을 구성하고 있는 면과 면 사이의 기하학적인 결합관계에 의해 정의함으로써 3차원 형상을 표현한다.

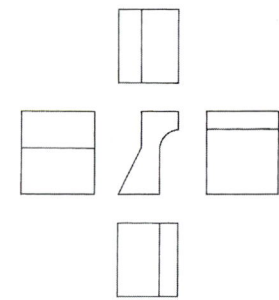

물체의 B-rep 표현 예

스페너의 B-rep 표현 예

ⓒ CSG 방식 : CSG 방식은 기본 입체 요소(Primitive)인 육면체, 실린더, 구 등의 집합 연산 관계로 데이터를 표현한다. 데이터의 구조가 간단하여 메모리 용량이 적어도 된다. 디스플레이 하거나, 체적 및 면적 계산에 시간이 걸리는 단점이 있다.

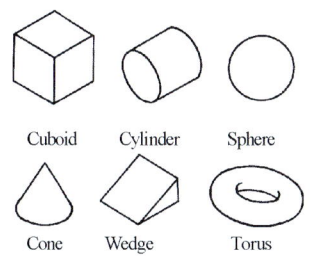

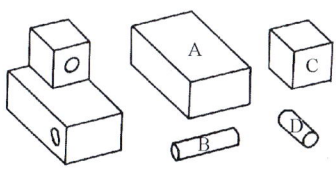

B-rep와 CSG의 비교

	B-rep	CSG
데이터 작성	곤란	용이
데이터 구조	복잡	간단
메모리양	많다	적다
데이터 수정	곤란	용이
3면 투시도	용이	곤란
전대고 작성	용이	곤란
중량계산	곤란 (적분 계산법)	용이 (몬테카를로법)
포면적 계산	용이	곤란
FEM 솔리드	곤란	용이
FEM 표면적	용이	곤란

* FEM(유한 요소법) : 공학분야에서 응용되는 근사적 계산 방법으로 물체를 수천 개의 부분으로 잘게 쪼개어 각각의 조각을 계산하는 방법

07 CAD System에 의한 도형 처리

1 점(Point)의 정의

① Cursor Control 방법을 이용
② 절대, 상대, 극 좌표에 의한 키보드 좌표 입력
③ 존재하는 요소의 끝점(end), 중앙점(mid), 중심점(center)
④ 두 요소의 교차점

2 선(Line)의 정의★★

① 임의의 두 점으로 표현
② 절대, 상대, 극 좌표에 의한 키보드 좌표입력
③ 두 요소의 끝점, 중앙점, 중심점 등을 연결한 선
④ 모따기한 선(Chamfer Line)
⑤ 일정 간격에 의한 평행선(offset line)
⑥ 두 곡선(원)에 접하는 선(접선)

3 원호(ARC) 및 원(Circle)의 정의★★★

① 임의의 3점을 지나는 원호
② 시작점, 중심점, 각도에 의한 원호
③ 시작점, 끝점, 반지름에 의한 원호
④ 시작점, 중심점, 끝점에 의한 원호
⑤ 두 요소의 라운딩 부분(fillet arc)

4 원추곡선(Conics), 타원(Ellipses), 포물선(Parabolas), 쌍곡(Hyperbolas)

① 5개의 점으로 표시
② 3개의 점과 접점으로 구성

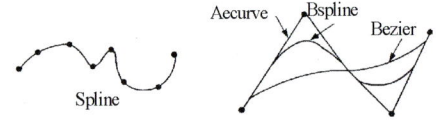

5 곡선(Curves)

① 주어진 데이터의 점을 통과하는 Spline 곡선
② Bezier 곡선
③ B-spline 곡선

6 면(Surface)

① 두 개의 정의된 커브에 의한 면 (Rulesurf)
② 축을 중심으로 회전시킨 면(Revsurf)
③ 4개의 커브에 의한 면(edgesurf)
④ 한 개의 커브와 한 개의 진행 방향 벡터에 의한 면(tabsurf, sweep)

7 CAD S/W에 의한 작업

(1) 도형의 변환(Transformation)

CAD 시스템에는 도형의 이동, 회전, 대칭 확대, 축소 복사 등의 도형 조작이 가능하다.

① 이동(Translation) : 이동은 선택한 도형을 지정한 거리만큼 지정방향으로 움직이는 기능 → move 명령
② 복사(Copy) : 복사는 지정된 도형요소를 복사하여 원래의 물체와 새로운 물체를 만든다. → copy, array(이동, 복사)
③ 회전(Rotate) : 회전은 회전축과 회전각 지정에 의한 물체의 움직임이다. → Rotate Array(회전, 복사)
④ 반전(대칭, mirror, symmetry)

(2) 도형의 겹침(Level=Layer=Class)

CAD 시스템 도형을 구성하는 데이터를 몇 개의 층으로 구별하여 관리하는 기능. 복잡한 도면의 간소화, 조립도 표시 등에 유리하다.

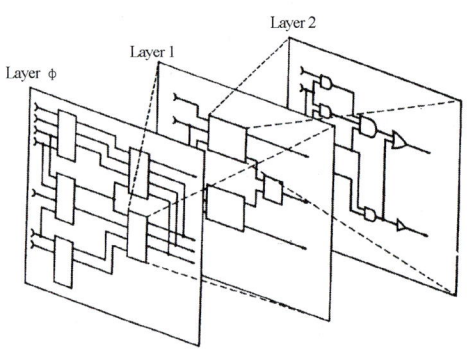

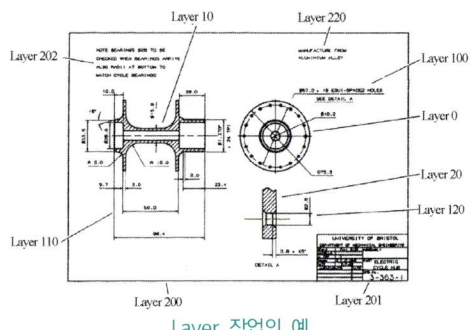

Layer 작업의 예

(3) 도형의 블록화(Block=Pattern)

도형의 일부분 또는 전체를 1개의 물체로 묶어서 현 도면과 다른 도면에서도 이용 가능하게 하는 기능. 정의 시 block name, 삽입시의 기준점, 정의할 물체에 관한 것이 주어져야 한다.

(4) 치수 기입

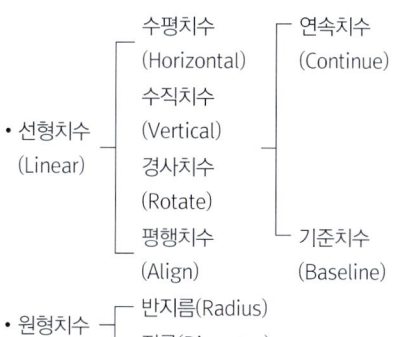

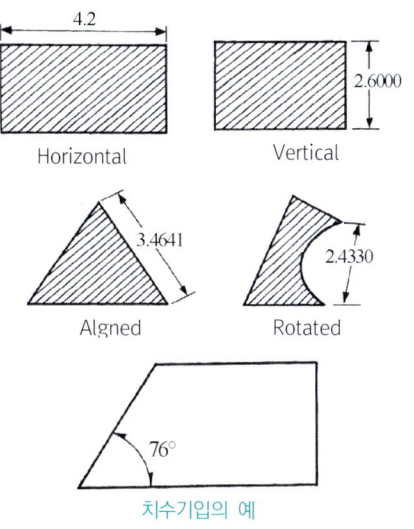

치수기입의 예

08 하드 웨어의 제어

1 키보드의 연결

- DIN 커넥터 시스템 Unit 연결
- 5 pin DIN Connector

┌ 1, 2, 3번 Signal Line
└ 4, 5번 전원용

키보드의 모든 키들은 입력장치로써 편의를 위하여 스캔코드가 정의되어 있다. 대부분의 키는 ASCⅡ 코드값을 갖고 있으나 특수키는 그 값으로 구별되지 않으므로 83개의 스캔코드 값으로 구별해야 한다. 다음 프로그램은 키보드의 ASCⅡ 코드값을 확인하는 Program이다.

```
10    CLS
20    SCREEN 0, 1
30    PRINT ; PRINT : PRINT
40    PRINT " CHARACTER SET "
50    PRINT : PRINT : PRINT
60    FOR I = 33 TO 125
70    PRINT I ;
80    IF I<100 THEN PRINT " " ;
90    PRINT CHR$(I) ;
100   PRINT " "
110   NEXT I
120   END
```

2 컬러 그래픽 어뎁터

화면상에 컬러 그래픽스 영상을 구성하기 위해서는 퍼스널 컴퓨터에 컬러 그래픽 어뎁터라는 하드웨어가 있어야 한다. 그래픽 어뎁터는 2가지 기본 모드가 있다.

- Text mode
- Graphic mode

(1) Text mode

한 문자는 8bit가 사용되며, 화면에서는 8*8 pixel이 사용된다. 640×200인 경우 80×25 글자를 나타낸다.

① Color 선정 : 화면에 나오는 색상은 기본색 red, green, blue를 나타내는 3개의 독립적으로 작용하는 bit에 의해서 만들어진다. 이때 Intensity를 1개

의 bit가 더 개별적으로 작용한다. 이 작용에 의해 만들어지는 색상을 RGB color라 한다.

② Text mode에서 하나의 문자를 디스플레이 하는데 3가지 색상 변수를 명시해야 한다.
  ㉠ Foreground : 문자의 색상
  ㉡ Background : 문자 주위의 색상
  ㉢ Border : Text 영역의 색상

③ 1문자를 표현하는데 소요되는 메모리는 2byte이다.
  ㉠ 1 byte : Character code byte
  ㉡ 1 byte : Attribute byte

④ 80column mode(80*25)에서는 스크린상에 2,000개의 문자가 있게 되며, 1문자당 2byte가 소요되므로 80column 모드에는 4,000byte의 메모리가 필요하다.

⑤ Attribute 값=Blinking 코드값+Background 색상코드값+Forefround 색상 코드 값 주어진 임의의 문자에 대한 스크린 메모리에서 차지한 byte 의 위치를 계산하는 공식은 다음과 같다.
  ㉠ Character Address(first byte)= 2(WIDTH)(ROW−1)+2(Colimn−1)

RGB Color 색상

컬러색상	I	R	G	B	Color Name	Composition
0	0	0	0	0	Black	
1	0	0	0	1	Blue	Blue
2	0	0	1	0	Green	Green
3	0	0	1	1	Cyan	Green+blue
4	0	1	0	0	Red	Red
5	0	1	0	1	Magenta	Red+blue
6	0	1	1	0	Brown	Red+green
7	0	1	1	1	White(light gray)	Red+green+blue
8	1	0	0	0	Dark gray	Int
9	1	0	0	1	Light blue	Int+blue
10	1	0	1	0	Light green	Int+green
11	1	0	1	1	Light cyan	Int+green+blue
12	1	1	0	0	Light red	Int+red
13	1	1	0	1	Light magenta	Int+red+blue
14	1	1	1	0	Yellow	Int+red+green
15	1	1	1	1	Intense white	Int+red+green+blue

Bit	3	2	1	0
	I	R	G	B
	8	4	2	1

• 10진수
1 = Turn on
2 = Turn off

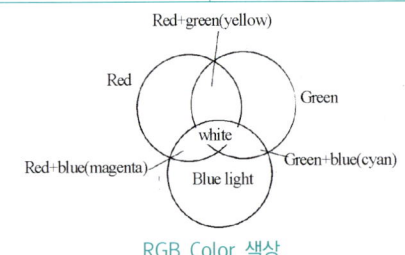

RGB Color 색상

ⓒ Attribute Address(second byte)
= First Byte + 1
여기서 WIDTH는 40 혹은 80Column을 뜻함.

Attribute byte

7	6	5	4	3	2	1	0
I/B	Red	Grn	Blu	I	Red	Grn	Blu
Bnckground				Foregroung			

Attribute byte formnt
Bit 0 – 3   Foreground color
Bit 4 – 6   Bnckground color
Bit 7   Background intensity

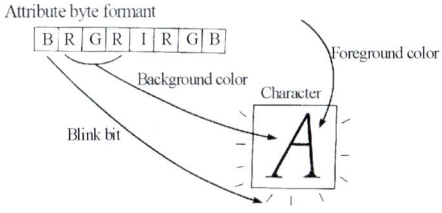

Txet 모드에서 사용되는 Attribute Byte 형식

(2) 그래픽 모드

고해상도 그래픽스용 소요 메모리에서 만약 하나의 픽셀에 필요한 것이 on, off에 관한 상황이라면, 하나의 픽셀을 제어하는 데 하나의 bit만 필요하다. 즉, 640*200 에서 on, off만 제어해도 128,000Bit가 소요된다. 그러므로 한 byte에 8bit로 구성되므로 한 line 당 80byte가 소요되고, 한 화면당 16,000byte가 소요된다. 만약 color/graphics adapter 내에 16K(= 16,384 byte)의 메모리가 제공되면 메모리는 단지 384byte만 남게 된다. 만약 300*200 mode라면, 각 픽셀당 2bit가 사용될 수 있다. 즉, 2bit는 4개의 다른 값을 가질 수 있다. 또, 그래픽 모드에서 디스플레이 버퍼는 2개의 블록으로 구성되는데 각 블록은 8K씩 구성된다. 따라서 메모리 map의 처음 8K 짝수 Raster Line이 저장되고, 두 번째 8K 에는 홀수 Raster Line에 자료가 저장된다. 이에, 화면에 표시될 때 처음에 짝수 라인을, 두 번째 홀수 라인을 화면에 나타낸다. 이러한 방식을 인터레이싱(Interlacing)이라 한다.

3 데이터의 전송

- **직접 연결** : PORT(직렬, 병렬)을 이용한 연결
- **간접 연결** : MODEM을 이용한 연결

❓ RS – 232

PC 컴퓨터에서 접속을 간략화하여 사용하는 규약. 최소 3개의 제어선이 있어야 교신이 가능하다. (SD/TXD, SG)
- SD/TXD : 시리얼 데이터의 송신선(2번선)
- RD/RXD : 시리얼 데이터의 수신선(3번선)
- SG : 신호용 접지(7번선)

---

(1) 데이터의 전송

① **Serial data의 구성**★★
- start bit
- data bits
- parity bit
- stop bits

㉠ start bit는 언제나 0(Low)이고, stop bit는 1(Hight)이다. data bits는 5에서 8로 7개를 사용할 때 ASCⅡ 코드가 된다. 패리티검사를 위한 bit가 패리티 비트

㉡ 전송속도(baud rate)는 단위 시간 당 전송된 비트의 개수(bits per second : BPS)로 300에서 9,600 사이의 값이 사용

4 CAD 시스템의 표준화

여러 가지 그래픽 디스플레이(Graphic Display)나 플로터(Plotter)가 개발되고 그래픽 소프트웨어(graphic software)도 각기 다른 메이커에서 개발되면서 소프트웨어의 호환성이 문제가 되고 있다. 이에 도형을 출력하기 위한 도형처리 기능의 표준화가 시작되었고, 대표적인 것이 GKS, IGES, CORE 및 비표준인 DXF가 많이 사용된다.

① GKS는 Grahphical Kernel System의 약어로, 국제 표준화 기구(ISO)에 의해서 채용된 2차원 도형의 입출력을 대상으로 하는 그래픽스의 국제 규격이다.
② IGES는 Initial Graphics Exchange Specification의 약어로 다른 CAD 시스템 간에 데이터를 교환할 때의 표준 데이터 형식을 정한 규격이고, 규격의 일부는 ANSI(American National Standards Institute) 규격으로도 되어 있다.
③ CORE는 미국 컴퓨터 학회(ACM : Association for Computing Machinery)의 그래픽 2차원 및 3차원 도형의 입출력을 대상으로 한 그래픽스 규격의 약칭이다.

(1) IGES 파일 형식★★

IGES는 다른 CAD/CAM 시스템 간에 도면 및 기하학적 형상 데이터를 전달하는 것을 정의. IGES를 이용한 데이터 교환은 대개 보내는 측 시스템의 프리프로세서(preprocessor)에 의해서 자신의 데이터를 IGES 파일로 변환, 그 데이터를 받아서 시스템은 자신의 포스트프로세서(post processor)를 거쳐 데이터 파일로 바뀐다. IGES의 데이터 파일의 형식은 5개의 SECTION으로 구성되어, 각 레코드는 80BYTE 고정길이의 ASCⅡ 데이터로 된다.

① START SECTION : 개시부는 인수 인식을 위한 시작이다.
② GROBAL SECTION : 포스트 프로세서에 넘기는 해독용의 데이터이고 디렉토리 엔트리부의 데이터를 받는 측의 포스트프로세서가 해독하기 위한 변경 포맷이다.
③ DIRECTORY ENTRY SECTION : 디렉토리 엔트리부는 요소에 관한 데이터를 2개의 레코드로 표시하여 받아넘기는 도형 정보의 MAIN 부분이다.
④ PARAMETER SECTION : 요소마다의 보조 데이터이고, 요소마다의 자유형식으로 정의된 데이터를 기술한다.
⑤ TERMINATE SECTION : 하나의 라인 파일의 종료를 뜻한다.

(2) DXF 파일 형식★★

2차원 CAD 시스템에서 주로 이용되고 있는 DXF 파일은 "XXX. DXF"의 파일 유형과 특별히 FORMAT된 텍스트를 갖는 ASCⅡ TEXT FILE이다.

① HEADER 부 : DXF file에 대한 일반적인 정보로 구성되며, 각 parameter들은 서로 관련된 변수 명칭으로 표현된다.
　예 도면의 환경에 관한 변수 기술부, Auto CAD Setvar 부분
② TABLES 부 : 여러 개의 테이블들을 정의한 부분

예 Linetype Table, Layer Table, Style Table, View Table 등
③ BLOCK 부 : 드로잉 내의 블록에 관한 정보의 정의부분
④ ENTITIES : 드로잉 내의 도면요소에 관한 정의부분
⑤ END OF FILE : 파일의 종료

04 chapter CAD/CAM 개론 및 자동화

01 NC와 CAM

CAD/CAM 시스템의 시초는 NC 밀리에서 시작했다. 수치제어(NC)는 공정을 조절하는 문자, 수치 그리고 기호로써 규정된 프로그램을 매개수단으로 하는 기계의 운전을 자동으로 제어한다는 의미이다. 그 결과 개발된 언어가 APT(Automatically Programmed Tools)언어이다.

1 NC 시스템의 구성

(1) 하드웨어
공작기계 본체와 제어장치, 부전장치, 본체와 서보기구, 검출기구, 제어용 컴퓨터 등으로 구성된다.

(2) 소프트웨어
NC 테이프의 작성에 관한 사항, 프로그래밍 작성 기술, 자동 프로그래밍의 컴퓨터 시스템

2 NC 시스템의 기본요소

① 명령문 프로그램
② 기계 제어 장치(MCU)
③ 공작기계

(1) 명령문 프로그램
파트 프로그래머가 작성하는 것으로, 어떠한 도면의 가공 도면이 있을 때 NC 공작기계가 할 일을 하나씩 지시하는 명령문의 모임이 명령문 프로그램으로 작성되어 제어장치가 인식할 수 있는 매체에 쓰여진 숫자나 문자형태의 코드들이다.

(2) 제어장치
① MDI(Manual Data Input) : 데이터의 입력을 손으로 하는 방식
② DNC(Direct Numeric Control) : Computer로 직접 제어
③ 테이프 리더기 사용 : 명령문을 읽고 해석하여 공작기계에 대한 기계적 명령으로 바꾸는 전자장치와 하드웨어로 구성되는데, NC 제어장치는 테이프 리더, 테이퍼 버퍼, 공작기계에 대한 신호 출력 채널, 공작기계에서의 피드백 채널, 그리고 이들의 제어를 담당하는 장치로 구성된다.

제어장치 내의 모든 장치의 활동을 제어하는 부분 Sequence Control
- 현재의 모든 NC 시스템을 마이크로 컴퓨터를 제어장치로 하는 NC → 즉 CNC(컴퓨터 수치제어)라 한다.

(3) 공작 기계

실제 일을 수행하는 부분으로 작업대, 주축대, 모터 그리고 모터를 작동시키는 콘트롤러로 구성된다.

- 자동 공구 교환 장치(ATC)가 있는 기계 : 머시닝 센터

3 NC의 작업과정

(1) 부품도면

설계된 도면이 기계 가공을 하기 위하여 현장으로 넘어온 설계도를 효과적으로 NC 가공을 위한 검토, 분석하여 재작성한 도면.

(2) 공정계획

부품도면을 생산공정에 맞게 분석하는 과정을 공정계획이라 하며, 루트 시트(route sheet)를 준비하는 과정

- 루트 시트란 가공 대상물에 수행되어야 할 일의 순서를 적은 종이

? 작업순서
- NC로 가공하는 범위와 사용할 NC 기계의 선정
- 가공물을 기계에 고정시키는 방법 및 필요한 치공구의 선정
- 가공순서의 설정
- 가공할 공구의 선정

(3) NC 파트 프로그래밍

기계에 맞게 프로그램을 작성하는데 프로그램은 NC 테이프에 표시된다. 이 때 NC 테이프에 표시하는 작업을 NC 파트 프로그래밍이라 한다.

① 공구위치, 부품도면의 좌표 등을 프로그래머가 계산하여 작성하는 수동 프로그래밍 방법
② 자동 프로그래밍 방법으로 공구위치, 부품도면의 좌표 등을 컴퓨터(자동프로그램장치)를 이용하여 프로그래밍하는 방법

(4) NC 테이프 준비와 확인

공구의 이동을 CRT 화면이나 종이에 그려서 오류를 확인

(5) 생산

NC 데이터를 입력시켜 생산에 사용한다.
① **NC tape** : 프로그래밍한 것을 NC 기계에 입력시키기 위한 하나의 수단으로서 일종의 종이 테이프
② **컨트롤러** : NC 테이프에 기록된 언어를 받아서 펄스화 시킨다. 이 펄스화된 정보는 서보기구에 전달되어 여러 가지의 제어 역할을 한다.
③ **서보기구와 서보모터** : 마이크로 컴퓨터에서 번역 연산된 정보는 다시 인터페이스 회로를 걸쳐서 펄스화되고 이 펄스화된 정보는 서보기구에 전달되어서 서보모터를 작동시킨다. 서보모터는 펄스에 의한 각각의 지령에 의하여 대응하는 회전운동을 한다.
④ **볼스크루** : 서보모터에 연결되어 있어 서보모터의 회전운동을 받아서 NC 기계의 테이블을 직선 운동시키는 일종의 나사를 말한다.
⑤ **리졸버** : NC 기계의 움직임을 전기적인 신호로 표시하는 일종의 회전 피드백 장치이다.

⑥ NC 기계 : NC 기계의 공작기계에 대부분 적용하고 있다.
예) NC 선반, NC 밀링, NC 와이어컷, NC 머시닝 센터, NC 전 가공기 등

4 NC 운동제어 시스템

공작기계에서 일이 수행되기 위해서 공구와 가공물이 서로 움직이는데 NC에서는 3가지 기본운동이 있다.
- 점과 점 운동(PTP)
- 직선 절삭 운동
- 윤곽 운동

(1) 점과 점 운동(PTP)

위치 결정 시스템이라고 부르는 점과 점 운동에서 공구제어시스템의 목적은 공구를 미리 정해진 위치로 옮기는 것이다.(→ 속도와 경로는 중요하지 않다.)
예) NC 드릴(주축이 가공물이 정해진 위치로 움직이고 그 점에서 구멍을 뚫는 작업을 수행한다.

(2) 직선 절삭 운동

절삭공구를 축에 평행하게 가공하기에 적합한 속도를 이동할 수 있는 시스템이다. (→ 여러 축에 대한 이동을 복합적으로 수행할 수 없기에 각도절삭은 불가능하다.)

(3) 윤곽 운동

점과 점의 위치결정과 직선 절삭 작업을 수행할 수 있고 여러 축의 움직임을 동시에 제어할 수 있다.(→ 연속 경로의 NC 시스템)

5 NC 기계의 업무 특성

① 부품이 다품종 소량생산이다.
② 부품형상이 복잡하다.
③ 부품에 많은 작업공정이 수행되어야 한다.
④ 제품의 설계가 비슷하게 변경될 수 있다.

(1) NC의 장점

① 기계의 정지 시간이 적다.
② 가공준비시간과 작업시간(생산시간)이 단축된다.
③ 생산의 유연성과 품질관리의 향상을 가져올 수 있다.
④ 재고의 감소를 가져온다.

(2) NC의 단점

① 초기 투자비용이 과다하다.
② 관리비용이 많이 든다.
③ NC 사용자의 확보 및 교육이 어렵다.

(3) NC 파트 프로그래밍

NC 파트 프로그래밍은 NC 기계에 수행되는 일의 순서가 계획되고 문서화되는 과정으로 공작 기계에 명령을 보내는 데 쓰이는 천공테이프를 준비하는 것까지의 작업을 말한다.
① 수작업 파트 프로그래밍
② 컴퓨터에 의한 파트 프로그래밍

(4) NC 테이프의 코드체계

- EIA 코드 : 채널의 합은 홀수개이고, 패리티 채널은 5채널이다.
- ISO 코드 : 채널의 합은 짝수개이고, 패리티 채널은 8채널이다.

① NC 언어
  ㉠ 순차 번호(N) : 블록에 번호를 부여하는데 사용한다.
  ㉡ 준비 기능(G) : 다음에 따라올 명령문을 제어하는데 쓰이는 단어
  ㉢ 좌표값(X, Y, Z) : 공구의 좌표를 나타내는 단어로 2축 시스템에서는 2개의 단어가 사용되며 4축 혹은 5축 기계에서는 각도위치를 나타내는 a, b 단어 등이 필요하다.(10진법)
  ㉣ 이송속도(F) : 기계 이송속도(단위 : MPM, IPM)
  ㉤ 절삭속도(S) : 스핀들의 회전율
  ㉥ 공구기능(T) : 자동 공구 교환기가 있는 NC에서만 필요하며 T-단어는 작업에 사용되는 공구를 표시한다.
  ㉦ 보조기능(M) : M-단어는 공작기계에 사용되는 보조기능을 나타내는 언어

② NC 파트 프로그래밍 언어 : NC 파트 프로그래밍 언어는 소프트웨어 패키지와 이 소프트웨어를 사용하는 법칙으로 구성되며 프로그래머가 도형을 정의하고 기타 운동을 제어하기 쉬운 명령문을 제공하는데 사용
  ㉠ APT : 1956년 6월 MIT에서 연구를 시작, 1959년경 현장에 적용
  ㉡ ADAPT : 공군의 협력으로 IBM에서 개발된 언어
  ㉢ EXPAT : APT에 기본을 두고 독일에서 개발
  ㉣ UNIAPT : APT 언어를 소형 컴퓨터에 맞게 고친 언어
  ㉤ FAPT : 일본에서 제작 FANUC 컨트롤러에 적합하도록 작성된 언어
  기타, SPLIT, COMPACT Ⅱ, PROMPT, CINTURN Ⅱ

③ APT 언어
  ㉠ 도형 정의 : 가공물을 정의하는데 필요한 명령문들이며 이를 정의문이라 한다.
  ㉡ 운동 정의 : 절삭공구가 이동하는 경로를 표시하는 명령문
  ㉢ 포스트프로세서 정의 : 특수한 공구가 기계 제어 시스템에 사용하는 명령문으로 이동속도나 스핀들 속도 및 기타 기계의 특성을 제어하는데 사용한다.
  ㉣ 보조 정의 : 부품, 공구, 오차 등 기타 작업에 관련된 일을 정의하는데 사용하는 명령문

02 NC에서 컴퓨터 제어

- 컴퓨터 수치제어(CNC)
- 직접 수치제어(DNC)
- 적응 제어(AC)

? 적응제어란

하나 또는 그 이상의 공정변수(절삭 힘, 온도, 전력 등)를 측정하고 공정변수의 이상변화를 보상하기 위해 이송속도나 회전속도를 조절하는 시스템이며 또한 NC만으로는 수행하기 어려운 가공과정을 최적화하는데 그 목적이 있다.

1 CNC의 기능

① 공작기계의 제어
② 가공과정 보정
③ 진보된 프로그래밍과 작업기능
④ 자기진단

2 DNC

(1) 구성 요소

① 중앙 컴퓨터
② NC 프로그램을 저장하는 기억장치
③ 통신선
④ 공작기계

(2) 종류(연결방식에 따라)

① BTR(Behind the tape reader) : 컴퓨터는 보통의 NC의 제어장치와 연결되어 있고 테이프 리더기가 DNC 컴퓨터와 연결된 통신선으로 교체되었다.
② MCU(specialized machine control unit) : 기존의 제어장치를 특수한 제어장치로 교환, 특수한 MCU 장치는 컴퓨터와 공작기계 사이의 정보교환을 위해 특수하게 설계된 장치로 공구경로의 원호보간 같은 경우에는 일반적인 BTR 시스템보다 정확하고 신속하게 작업을 수행할 수 있다.

(3) DNC 의 기능

① 천공테이프 없는 NC
② NC 파트 프로그램 저장
③ 테이퍼 수집, 처리, 보고
④ 상호 정보 교환

3 적응제어(adaptive control) 가공 시스템

기계가공에서 적응제어란 공정변수를 측정하여 이들을 주축속도나 이송속도를 제어하는데 사용한다. AC 시스템에서 쓰이는 공정변수로는 스핀들의 변위와 힘, 토크, 절삭온도, 진동량, 마력 등 즉, 금속가공에 관련된 모든 변수들이다.

03 산업용 로봇

1 로봇의 구성

- H/W : 기구부
- S/W : 제어부(제어반, 교시반, 연결용 케이블)

로보트라는 말은 제어기에서는 조정기(Manipularor)라 하며, 로봇 조정기는 본체(Main Frame)와 끝의 손목(Wrist)으로 되어 본체는 팔(Arm)이라 하고 연결부에 의해서 팔 끝에 붙어서 여러 가지 일을 하는 선단작업부(End-effector)를 손목이라고 한다. 엔드 이펙터는 용접봉, 분모총, 공구 또는 개폐식 여닫이를 갖는 손잡이(gripper) 등이 될 수 있다.

2 로봇의 분류(동작 형태)

(1) 직교 좌표

X, Y, Z 축의 공간좌표에서 선형적으로 이동한다.

(2) 원통 좌표

로보트 몸체인 수직기둥과 이 수직기둥에 직각방향인 수직축으로 구성되어 있으며 수직기둥인 몸체는 수직축을 따라 상, 하 운동과 회전운동을 하며 수직축인 팔은 몸체에 대하여 좌, 우, 상, 하 운동을 할 수 있도록 구성되어 있다.

(3) 극좌표(구좌표)

로봇의 팔이 구 모양으로 움직이기 때문이다. 로봇의 구조는 베이스와 팔을 상하로 움직이기 위한 선회축으로 구성되어 있다.

(4) 관절 좌표

사람의 팔과 비슷한 유형의 관절로 이루어져 있으며 회전운동과 좌우, 상하 운동을 할 수 있는 구조로 되어 있다.

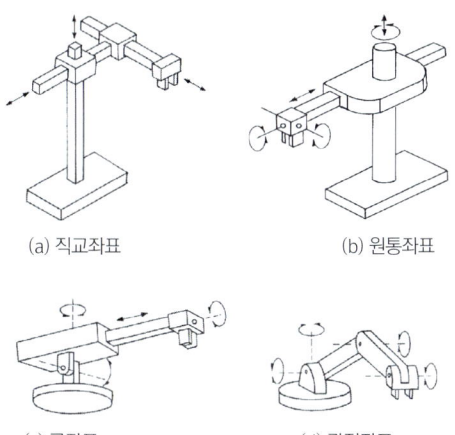

(a) 직교좌표   (b) 원통좌표
(c) 극좌표   (d) 관절좌표

로봇의 종류

3 로봇의 기본 운동

(1) 6개의 자유도

① 수직 운동(Vertical Traverse) : 팔의 상하운동으로 수평축에 대해 전체 팔을 회전하거나 팔을 수직으로 움직여서 수직운동을 한다.
② 방사 이동(Radial Traverse) : 팔의 수축, 이완운동
③ 회전 운동(Rotational Traverse) : 수직축에 대한 회전(로보트 팔의 좌우 회전)
④ 손목 회전(Wrist swivel) : 손목의 회전
⑤ 손목 돌림(Wrisr berd) : 손목의 상하운동으로 회전이동 가능
⑥ 손목 요동(Wrisr yaw) : 손목의 좌우회전

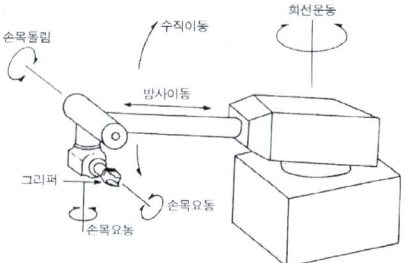

(2) 선단 작업부

주어진 일을 수행하기 위하여 로봇의 손목에 부착된 장치
① 그리퍼 : 물체나 공구를 잡는 부분
② 툴 : 로봇 손목에 직접 공구가 물려 작업하는 것
　• 로봇 언어
　　㉠ 동작 레벨언어 : VAL, AML
　　㉡ 작업 레벨언어 : INDAL
　　㉢ 업무 레벨언어 : AUTOPASS

4 산업용 로봇의 기술적 특징

산업용 로봇의 업무 : 자재이동업무, 기계적하업무, 용접작업, 가공작업, 조립 및 검사작업.

- 작업범위
- 이동의 정밀도
- 이동속도
- 적재하중 용량
- 구동시스템의 종류

(1) 작업범위(Work volume)

로봇이 수행할 수 있는 공간
① 작업범위
  ㉠ 직교좌표 로보트 : 사각형
  ㉡ 원통좌표 로보트 : 원통형
  ㉢ 극좌표 로보트 : 부분 구
  ㉣ 관절형 로보트 : 작업범위는 일정치 않고 부분 구와 비슷

(2) 이동의 정밀도

- 공간 정밀도(Spatial resolution)
- 정확도(Accuracy)
- 반복성(Repeatability)

이러한 속성은 손목 끝부분을 해석한다.

① 공간 정밀도 : Spatial resolution이란 말은 로봇에 의해 제어될 수 있는 손목 끝의 최소 이동을 뜻하며 로봇의 정밀도에 의해 결정되며 제어 정밀도는 위치 제어 시스템이나 피드백 측정 시스템에 의해 정해진다.
  - 팔의 이동 : 기본 운동
    자유도

② 정확도 : 로봇의 작업범위 내에서 주어진 위치로 정확하게 손목 끝을 이동시키는 기능 정확도는 일정한 두 구간의 정밀도를 반으로 나눈 것
③ 반복성 : 손목 끝 위치를 앞서 위치했던 점으로 다시 돌아가는 기능

(3) 이동 속도

로봇이 End effector를 조절할 수 있는 최대 속도는 약 1.5m/초이다.

(4) 적재 하중

적재 하중은 end effector를 포함한다. 만일 최대 하중이 $2.5lb$일 때 gripper 무게가 $1lb$라면 로봇이 들어올리는 무게는 $1.5lb$이다.

(5) 구동 시스템의 종류

① 유압 : 대형 로봇에 사용(큰 힘은 낼 수 없다.)
② 전기 모타 : 정확도와 반복성이 상당히 증가
③ 공압 : 작은 힘을 사용할 때 사용

❓ 로봇 프로그래밍

- Manual : 로봇 제어장치(릴레이, 캠, 스위치)를 맞추는 작업으로 작업주기가 짧은 작업에 이용
- Walkthrough : 프로그래머가 로봇 팔과 손을 수작업으로 이동시켜 하나의 작업 주기를 만들고 각 이동위치는 모두 로봇 기억장치에 기억시켜 작업한다.
- Leadthrough : 로봇의 작업순서를 정해주는 기기를 사용하는 방법
- Off-Line : 로봇 프로그램을 NC 프로그래밍처럼 터미널을 사용하여 준다.

04 그룹 기법(Group Technology : GT)

유사한 부품을 분류해 한 그룹으로 만들어 생산 및 설계에서 비슷한 점을 충분히 활용하는 생산기술 유사한 부품은 파트 패밀리를 형성한다.

1 GT의 효과

① 생산준비시간 단축
② 공정 재고 감소
③ 생산 계획향상
④ 공구 제어 향상
⑤ 공정 계획의 표준화

> ? 설계에서의 GT
> Design - Retrieval

2 GT 머신 셀

셀 내에서 작업의 흐름을 효율적으로 하기 위하여 생산 장비들을 배치함으로써 특수한 파트 패밀리를 생산하는데 많은 도움을 주고 있다.

(1) 싱글 머신 셀

부품의 특성이 한 가지 공정으로 이루어질 수 있는 가공물에 사용된다.

(2) 그룹 머신 셀

기계와 기계 사이에 컨베이어의 이동이 없이 부품을 가공할 수 있는 것으로 파트 패밀리를 효과적으로 가공하기 위하여 여러 가지 공작기계와 공구 및 작업자 등이 조화 있게 갖추어져 있다.

(3) 흐름 라인 셀

컨베이어 시스템으로 연결된 기계 그룹으로 부품의 자동이동은 가능하지만 패밀리 내의 모든 부품이 항상 동일한 경로를 거쳐야 하는 단점이 있다. 또한 부품에 따라서는 불필요한 가공경로가 있을 수 있지만 모든 경우 항상 일정한 방향으로 움직여야 한다.

3 공정 계획

하나의 부품이나 제품을 생산하는데 필요한 작업순서를 결정하여 공정시트에 기록하는 것을 말한다. 자동화 공정계획에 의하여 주어진 부품의 특성에 맞게 컴퓨터가 자동으로 생산작업 순서를 만들어 주는데 이를 컴퓨터에 의한 공정계획(CAPP)이라 한다.

(1) 공정 계획의 효과

① 공정의 합리화를 이룰 수 있다.
② 공정 계획자의 생산성 향상을 가져올 수 있다.
③ 계획시간을 단축함으로써 전체 생산 시간의 단축을 가져온다.
④ 표준화된 문서의 형태로 이해도를 증진시킬 수 있다.
⑤ 다른 생산 지원 시스템과 자동으로 연결함으로써 다른 응용 프로그램과의 연계성을 가져올 수 있다.

4 컴퓨터 의한 생산 관리 시스템

(1) 원가 계획과 제어

컴퓨터에 의한 생산관리 시스템 내의 모든 기능을 포함하고 있으며, 원가계획은 각

생산품의 생산과 판매에 대한 예상원가를 생산품의 표준원가로 결정하여 문제를 해결. 원가 제어는 각 생산품의 생산과 판매에 대한 실질원가와 예상원가와의 차이에 대한 원인 해결.

(2) 용량 계획

생산 계획일정을 맞추기 위해 필요한 인원과 장비를 결정하는 계획으로 주일정계획이 변경되었을 경우 이를 수정하여 공장의 용량을 항상 통제하고 확인한다.

(3) 재고 관리

목적은 재고에 대한 투자를 극소화하고 고객의 요구에 대한 서비스를 효율적으로 하기 위한 것.

> **재고 관리의 두가지 방법**
>
> - **오더 포인트 시스템**
>   언제 얼마나 주문할 것인가를 결정하는 방법
>
> $$EOQ = \sqrt{\frac{2DS}{H}}$$
>
>   - EOQ : 주문 물품의 양
>   - D : 물품의 연간 수요
>   - S : 주문가격
>   - H : 재고 물품에 대한 연간 비율
>
> - **자재수급계획**
>   (MRP : Material Requirements Planning)
>   완제품에 사용되는 원자재의 부품 등에 대한 상세한 일정계획을 수립하는데 이용되는 수급계획으로 생산계획 자재구매에 상당히 유리하다.
>   [리드 타임]
>   - 생산 리드타임 : 작업 시간뿐만 아니라 비생산 시간까지 포함해 가공되는 시간을 말한다.
>   - 주문 리드타임 : 구매요구에서 물품을 받을 때까지의 시간

CAD 일반 예상문제

01 수주로부터 설계, 제조, 출하에 이르는 모든 기능과 공정을 컴퓨터로 통합해 공정 업무를 효율화하여 전략적 경영을 가능하게 하는 시스템을 무엇이라고 하는가?

① CAD   ② CIM
③ CAE   ④ CAM

> TIP: CIM(Computer Integrated Manufacturing)
> 설계에서부터 제조 공정, 공급에 이르기까지 모든 기능을 컴퓨터를 통해 통합화하는 System을 말한다.

02 컴퓨터 디스플레이 상에서 도형을 화면상에 표시하고자 할 때 먼저 도형 요소를 인식시켜야만 하는 경우가 아닌 것은?

① 하나의 object를 변환시키는 경우
② 선, 원, 원호를 그릴 때
③ 선, 원을 삭제하는 경우
④ 하나의 object에 해칭을 하는 경우

> TIP: 그림을 그리는 명령은 먼저 도형 요소를 인식시킬 필요가 없다. 도형 요소를 먼저 인식시켜야 하는 명령들은 편집 명령들이다.

03 CAD 시스템의 입력장치 중 사진, 그림, 문서 등을 컴퓨터 메모리에 디지털화하여 입력을 시키는 기능을 가진 것은?

① 태블릿(tablet)
② 트랙볼(track ball)
③ 스캐너(scanner)
④ 조이스틱(joy stick)

> TIP: 스캐너
> 기존의 그려진 모형을 CAD 시스템에 이용하여 CAD의 Data Base에 입력하는 장치 스캐너는 픽셀의 데이터를 래스터 스캔방식으로 얻기 때문에 래스터 스캐너라 부른다.

04 자료의 표현단위 중 가장 큰 것은?

① bit(비트)   ② byte(바이트)
③ record(레코드)   ④ field(필드)

> TIP: ※ 자료의 크기 순서(작은 개념부터)
> bit – byte – character – word – field
> – record(Logical record) – block
> (Physical record) – file – data vase
> · 4bits → nibble 이라 한다.

01 ② 02 ② 03 ③ 04 ③

05 2차원 도형 정의의 기본요소가 아닌 것은?

① 점(point)
② 이동(move)
③ 직선(line)
④ 원 또는 원호(circle or arc)

06 다음 서피스 모델(surface model)을 설명한 것 중 틀린 것은?

① 은선제거가 가능하다.
② 단면도 작성이 가능하다.
③ NC가공 정보를 얻을 수 있다.
④ 물리적 성질 등의 계산이 가능하다.

> TIP: Surface Model
> 와이어 프레임 모델이 선으로 둘러싸인 부분을 면으로 정의하는 방식이다.
> • 장점
>   ① 은선제거가 가능하다.
>   ② 단면도 작성이 가능하다.
>   ③ 면과 면의 교선을 구할 수 있다.
>   ④ NC 형상과 가공 데이터를 얻을 수 있다.
> • 단점
>   ① 물리적 성질 계산이 힘들다.
>   ② FEM의 적용을 위한 해석모델이 어렵다.

07 컴퓨터에서 출력된 디지털 신호를 모뎀에서 아날로그 신호로 바꾸는 과정을 표현한 것은?

① 변조   ② 복조
③ 제어   ④ 교환

> TIP: 디지털 신호를 아날로그 신호로 바꾸는 작업을 변조라고 한다.

08 다음 CAD 시스템의 입·출력의 장치 중 출력장치에 해당하는 것은?

① 마우스(mouse)
② 스캐너(scanner)
③ 하드 카피(hard copy)
④ 태블릿(tablet)

> TIP: 입력장치에는 키보드(Keyboard), 태블릿(Tablet), 마우스, 조이스틱, 트랙볼, 라이트펜, 스캐너 등이 있다.

09 다음 중 3차원의 기하학적 형상 모델링의 종류가 아닌 것은?

① 와이어 프레임 모델링(wire frame modelling)
② 서피스 모델링(surface modelling)
③ 솔리드 모델링(solid modelling)
④ 시스템 모델링(system modelling)

> TIP: 3차원 모델링은 와이어 모델링, 서피스 모델링, 솔리드 모델링이 있다.

05 ② 06 ④ 07 ① 08 ③ 09 ④

10 컴퓨터 시스템에서 정보를 기억하는 최소단위인 정보단위는 어느 것인가?

① 비트(bit) ② 바이트(byte)
③ 워드(word) ④ 블럭(block)

TIP 비트(bit → binary digit)
정보의 최소 단위로서 "0"과 "1"로써 나타낸다.

11 공학적인 해석을 할 때 사용되는 여러 가지 물리적 성질(무게중심, 관성모멘트 등)을 제공할 수 있는 모델링은?

① 솔리드 모델링
② 서피스 모델링
③ 와이어 프레임 모델링
④ 시스템 모델링

TIP Solid Model
사용자가 좀 더 명확하고 오류없이 물체를 이해할 수 있도록 물체를 solid 형태로 display하는 기법

- 물리적 성질의 계산이 가능하다.
- 간섭체크(interference)가 용이하다.
- boolean 연산을 통한 복잡한 형상 표현이 가능하다.
- 단면도 작성이 용이하다.
- 정확한 형체의 표현이 가능하다.
- 메모리 및 데이터의 처리가 크다.

12 CAD 시스템을 이용한 설계에서 얻을 수 있는 좋은 점이 아닌 것은?

① 설계의 표준화 ② 설계오류 증가
③ 설계시간 단축 ④ 도면품질 향상

TIP CAD 시스템을 사용 시에는 설계오류를 감소시킬 수 있다.

13 컴퓨터의 처리 속도 단위 중 가장 빠른 시간 단위는?

① ms ② μs
③ ns ④ ps

TIP 처리속도
10^{-18}(atto) - 10^{-15}(femto) - 10^{-12}(pico) - 10^{-9}(nano) - 10^{-6}(micro) - 10^{-3}(milli)

14 컴퓨터에서 통신속도의 단위는?

① DIP ② BPS
③ BPI ④ DPI

TIP 전송속도(baud rate)는 단위 시간당 전송된 비트의 개수(bits per second : BPS)로 표현한다.

10 ① 11 ① 12 ② 13 ④ 14 ②

15 다음 서피스 모델링(surface modeling)의 특징을 설명한 것 중 옳지 않은 것은?

① 복잡한 형상의 표현이 가능하다.
② 단면도를 작성할 수 없다.
③ 물리적 성질을 계산하기가 곤란하다.
④ NC가공 정보를 얻을 수 있다.

> **TIP** Surface Model
> 와이어 프레임 모델이 선으로 둘러싸인 부분을 면으로 정의하는 방식이다.
> • 장점
>   ① 은선제거가 가능하다.
>   ② 단면도 작성이 가능하다.
>   ③ 면과 면의 교선을 구할 수 있다.
>   ④ NC 형상과 가공 데이터를 얻을 수 있다.
> • 단점
>   ① 물리적 성질 계산이 힘들다.
>   ② FEM의 적용을 위한 해석모델이 어렵다.

16 캐시 메모리(cache memory)에 대한 설명으로 맞는 것은?

① 연산장치로서 주로 나눗셈에 이용된다.
② 제어장치로 명령을 해독하는데 주로 사용된다.
③ 중앙처리장치와 주기억장치 사이의 속도차이를 극복하기 위해 사용한다.
④ 보조 기억장치로서 휴대가 가능하다.

> **TIP** 캐시 메모리(cache memory)는 중앙처리장치와 주기억장치 사이의 속도차이를 극복하기 위해 사용한다.

17 다음은 CAD 시스템에서 형상을 구성하는 도면 요소로 틀린 것은?

① 점 ② 축
③ 원호 ④ 선

18 CAD시스템에서 위치점을 지정하는 방법으로 바르지 못한 것은?

① 키보드에 의한 좌표값 입력
② 커서(십자선)를 통한 화면상 위치 지정
③ 커서를 통한 전체 오브젝트 인식에 의한 위치 지정
④ 선(line)상의 등분된 값으로 위치 지정

19 CAD 시스템의 기본적인 하드웨어 구성이 아닌 것은?

① 입력장치 ② 중앙처리장치
③ 출력장치 ④ LAN

> **TIP** LAN은 local area network의 약칭으로, 범위가 그리 넓지 않은 일정 지역 내에서 속도가 빠른 통신선로로 연결하여 기기간에 통신이 가능하도록 하는 근거리 통신망을 말한다.

15 ② 16 ③ 17 ② 18 ③ 19 ④

20 평면 위의 임의의 두 점 (0, −1), (4, 2) 사이의 직선 거리는?

① 3　　② 4
③ 5　　④ 6

> TIP 좌표 평면 위의 두 점 사이의 거리
> (두 점 $A(x_1, y_1)$, $B(x_2, y_2)$ 사이)
> $\overline{AB} = \sqrt{(x_2-x_1)^2 + (y_2-y_1)^2}$

21 다음은 CAD시스템에서 수행되는 설계와 관련된 업무이다. 관련이 가장 적은 것은?

① 기하학적 도형 표현
② 설계의 필요성 인식
③ 공학적인 해석
④ 설계검사와 평가

> TIP 설계검사와 평가는 CAD 시스템이 하는 것이 아니다.

22 다음 CAD 용어 중 대화에 관한 용어가 아닌 것은?

① 오프셋(offset)　　② 커서(cursor)
③ 그리드(grid)　　　④ 모델(model)

23 CAD시스템에서 점을 정의하기 위해 사용하는 좌표계가 아닌 것은?

① 직교 좌표계　　② 타원 좌표계
③ 극 좌표계　　　④ 구면 좌표계

> TIP CAD에서 사용되는 좌표계는 직교 좌표계(Cartecian Coordinate system), 극좌표계(Polar Coordinate System), 원통 좌표계(Cylindrical Coordinate system), 구면 좌표계(Spherical Coordinate System)이 있다.

24 설계에서 제조, 출하에 이르는 모든 기능과 공정을 컴퓨터를 통하여 통합관리하는 시스템의 용어는?

① CAE　　　② CIM
③ FMS　　　④ CAD/CAM

> TIP CIM(Computer Integrated Manufacturing)
> 설계에서부터 제조 공정, 공급에 이르기까지 모든 기능을 컴퓨터를 통해 통합화하는 System을 말한다.

25 화면의 위치 제어용 입력장치로서 평탄한 판에 펜으로 그림을 그리고 글씨를 쓰는 역할과 같은 일을 하는 장비는?

① 콘트롤 다이얼　② 스타일러스 펜
③ 마우스　　　　④ 트랙볼

20 ③　21 ④　22 ④　23 ②　24 ②　25 ②

26 인터럽트(interrupt)에 대한 설명으로 옳은 것은?

① CPU가 프로그램을 실행하는 도중에 어떤 이유 때문에 그 실행을 일시중단하고 다른 프로그램을 실행하도록 제어하는 것
② CPU가 고장난 상태
③ CPU가 입력을 대기하고 있는 상태
④ 보조기억장치에 문제가 발생한 경우

> TIP 인터럽트(interrupt)란 중앙처리장치가 프로그램을 실행하는 도중에 어떤 이유 때문에 그 실행을 일시중단하고 다른 프로그램을 실행하도록 제어하는 것을 말한다.

27 다음 솔리드 모델(solid model)의 특징 중 틀린 것은?

① 형상을 절단한 단면도 작성이 용이하다.
② 물리적 성질 등의 계산이 가능하다.
③ 컴퓨터의 메모리량이 많고 데이터 처리가 많아진다.
④ 이동, 회전 등을 통한 정확한 형상 파악이 곤란하다.

> TIP Solid Model
> 사용자가 좀 더 명확하고 오류 없이 물체를 이해할 수 있도록 물체를 solid 형태로 display하는 기법
> • 물리적 성질의 계산이 가능하다.
> • 간섭체크(interference)가 용이하다.
> • boolean 연산을 통한 복잡한 형상 표현이 가능하다.
> • 단면도 작성이 용이하다.
> • 정확한 형체의 표현이 가능하다.
> • 메모리 및 데이터의 처리가 크다.

28 중앙처리장치(CPU)와 주기억장치 사이에서 원활한 정보의 교환을 위하여 주기억장치의 정보를 일시적으로 저장하는 고속 기억장치는?

① floppy disk   ② CD - ROM
③ cache Memory   ④ coprocessor

> TIP 캐시 메모리(cache memory)는 중앙처리장치와 주기억장치 사이의 속도차이를 극복하기 위해 사용한다.

29 CAD 시스템으로 도형의 해칭(cross hathing)작업을 하려고 할 때 기본적인 입력 요소가 아닌 것은?

① 해칭선의 각도
② 해칭선 사이의 간격
③ 해칭 영역의 지정
④ 해칭선의 시작점

26 ①　27 ④　28 ③　29 ④

30 점 P(3, 2)를 원점을 중심으로 90° 회전시킬 때 회전한 점의 좌표는? (반시계 방향으로 회전)

① (-1, 4) ② (2, -3)
③ (-3, -2) ④ (-2, 3)

TIP: 회전 시 시계 반대 방향은 아래와 같다.
$[x', y', 1]$
$= [x\ y\ 1] \begin{bmatrix} \cos\theta & \sin\theta & 0 \\ -\sin\theta & \cos\theta & 0 \\ 0 & 0 & 1 \end{bmatrix}$

∴ $(x, y) \Rightarrow (-y, x)$으로 변환된다.

31 다음 중 CAD 시스템의 설명 중 그 단위가 틀리게 연결된 것은?

① 통신속도 - baud, bps
② 컴퓨터 기억용량 - byte, bit
③ 디스플레이 성능 - dot pitch, pixel
④ 플로터 성능 - dpi, MIPS

TIP: 플로터의 출력속도는 IPS이다. MIPS는 전자계산기의 계산속도이고 DPI는 해상도이다.

32 동차 좌표계(homogeneous coordinate system)를 이용하는 경우 2차원 CAD에서 최대 좌표변환 행렬은?

① 2×2 ② 4×4
③ 3×3 ④ 3×4

TIP: n차원의 벡터를 $(n+1)$차원의 벡터 형태로 표현한 것을 동차좌표계라 한다.
따라서 2차원 동차좌표는 3×3으로 나타난다.

33 컴퓨터에서 중앙처리 장치의 구성이라 볼 수 없는 것은?

① 제어장치 ② 주기억장치
③ 연산장치 ④ 입출력장치

TIP: 중앙 처리 장치
(CPU : center processing unit)
전자 계산기 전체를 제어하고 관리하며, 데이터의 사칙 연산과 논리 연산을 실행하는 기능을 가지고 있으며, 기능면으로 보면 제어장치와 연산장치, 기억장치가 있다.

30 ④ 31 ④ 32 ③ 33 ④

34 위치를 지정하는 방법으로 CAD 시스템에서 가장 부정확한 입력방법은?

① 요소의 중간점 인식에 의한 점
② 요소의 끝점 인식에 의한 점
③ 교차점 입력에 의한 점
④ 화면의 커서 인식에 의한 점

> TIP 화면에 커서를 이용한 좌표입력은 부정확한 좌표 입력방식이다.

35 컴퓨터의 기억용량 표시가 틀린 것은?

① 1Gigabyte = 2^{30}byte
② 1Megabyte = 2^{20}byte
③ 1Kilobyte = 2^{10}byte
④ 1byte = 16bit

> TIP 1 byte는 8 bit이다.

36 다음 그래픽 디스플레이 장치 중 음극선관(CRT)을 사용한 것이 아닌 것은?

① 랜덤 스캔형   ② 래스터 스캔형
③ 스토리지형   ④ 플라스마형

> TIP 그래픽 디스플레이 장치 중 음극선관을 이용한 것은 랜덤 스캔형, 래스터 스캔형, 스토리지형이 있다.

37 화면 표시장치에 나타난 모양을 확대, 축소 등의 다른 조작 없이 그대로 종이 등의 물리적 요소에 출력시키는 장치를 무엇이라 하는가?

① 스캐너   ② 라이트펜
③ 모니터   ④ 화면복사장치

38 CAD 시스템 중에서 데이터 저장 장치가 아닌 것은?

① 플로피 디스크   ② 하드 디스크
③ CD   ④ 태블릿

> TIP 태블릿은 저장 장치가 아니라 입력장치이다.

39 일반적인 CAD시스템에서 해칭(hatching)할 도형을 지정한 후에 수정해야 할 파라미터가 아닌 것은?

① 해칭선의 종류   ② 해칭선의 굵기
③ 해칭선의 각도   ④ 해칭선의 간격

> TIP 해칭선의 굵기는 수정해야 할 파라미터가 아니다.

34 ④ 35 ④ 36 ④ 37 ④ 38 ④ 39 ②

40 다음 중 CAD system 사용 시 장점이 아닌 것은?

① 설계시간의 단축
② 설계비용의 증가
③ 설계의 정확도 향상
④ 도면 수정 용이

TIP: CAD system 사용 시 설계비용은 감소한다.

41 화면 표시 장치 각각의 영역에서 판독 위치, 입력 가능 위치 및 입력 상태 등을 표현하여 주는 표식은?

① 좌표 원점(origin point)
② 도면 요소(entity)
③ 커서(cursor)
④ 대화 상자(dialogue box)

42 그래픽 디스플레이 장치 중에서 음극선관 디스플레이에 해당하는 것은?

① 액정형(LCD)
② 플라즈마 가스 방출형(plasma - gas discharge)
③ 랜덤 스캔형(random scan)
④ 전자 발광판형(EL)

TIP: 그래픽 디스플레이 장치 중 음극선관을 이용한 것은 랜덤스캔형, 래스터 스캔형, 스토리지형이 있다.

43 일반적인 CAD 시스템에서 직선의 작성 방법이 아닌 것은?

① 임의의 두 점을 지정하는 방법
② 두 요소의 끝점을 연결하는 방법
③ 절대좌표값의 입력에 의한 방법
④ 두 평면의 교차에 의한 방법

TIP: CAD 시스템에서 선의 입력 방법은 다음과 같다.
- 임의의 두 점으로 표현
- 절대, 상대, 극 좌표에 의한 키보드 좌표 입력
- 두 요소의 끝점, 중앙점, 중심점 등을 연결한 선
- 모따기한 선(Chamfer Line)
- 일정간격에 의한 평행선(offset line)
- 두 곡선(원)에 접하는 선(접선)

44 화상이나 모양을 부호화하여 디지털 데이터로 변환시키는 입력 장치는?

① 디지타이저(digitizer)
② 라이트 펜(light pen)
③ 음극선관(CRT)
④ 플로터(plotter)

45 CAD 시스템의 H/W 중 DPI 단위를 사용하는 것은?

① 기억장치
② CPU
③ 출력장치
④ 입력장치

TIP: DPI는 해상도로 출력장치에 사용된다.

40 ② 41 ③ 42 ③ 43 ④ 44 ② 45 ③

46 칼라 디스플레이(color display)에 의해서 표현할 수 있는 색들은 어느 3색의 혼합에 의해서인가?

① 빨강, 파랑, 초록
② 빨강, 하양, 노랑
③ 파랑, 검정, 하양
④ 하양, 검정, 노랑

> TIP 화면에 나오는 색상은 기본색 red, green, blue를 나타내는 3개의 독립적으로 작용하는 bit 에 의해서 만들어진다. 이때 Intensity를 1개의 bit가 더 개별적으로 작용한다.
>
> 이 작용에 의해 만들어지는 색상을 RGB color라 한다.

47 다음은 일반적인 CAD 시스템에서 도형의 작성방법이다. 잘못 연결된 것은?

① 직선 : 임의의 2점을 지정하는 방법
② 원 : 2개의 점(지름)의 지정에 의한 방법
③ 원호 : 중심점, 끝점, 시작점이 주어질 때
④ 원호 : 중심점과 반지름이 주어질 때

> TIP 원호는 두 개의 조건으로는 작성할 수 없다. 반드시 3개의 조건이 있어야 한다.

48 다음 중 CAD 시스템의 입력장치가 아닌 것은?

① 디지타이저(digitizer)
② 마우스(mouse)
③ 플로터(plotter)
④ 라이트 펜(light pen)

> TIP 플로터는 출력장치이다.

49 서피스 모델을 임의의 평면으로 절단했을 때 어떤 형태로 나타나는가?

① 선(line)   ② 점(point)
③ 면(face)   ④ 표면(surface)

50 CAD시스템을 구성하는 하드웨어로 볼 수 없는 것은?

① CAD프로그램   ② 중앙처리장치
③ 입력장치   ④ 출력장치

> TIP 전자계산기 시스템 기본요소는 하드웨어와 소프트웨어로 구성된다.
>
> - 하드웨어 시스템(Hardware System) 전자계산기를 구성하고 있는 기계 장치 자체를 말한다.
>   예 주기억장치, 중앙 처리장치(제어 장치, 연산 장치), 입출력 장치, 보조 기억 장치 등
> - 소프트웨어 시스템(Software System) 전자계산기를 운영할 수 있도록 하는 이용 기술의 전반적인 것을 의미한다.
>   예 운영 체제(O/S), 언어 처리 프로그램, 응용 프로그램 등

46 ① 47 ④ 48 ③ 49 ① 50 ①

51 다음 중 CAD시스템의 출력장치가 아닌 것은?

① 플로터(plotter)
② 프린터(printer)
③ 디스플레이(display)
④ 라이트 펜(light pen)

> TIP 라이트펜은 입력장치이다.

52 컴퓨터에서 중앙처리장치의 기능 구성으로만 짝지어진 것은?

① 출력장치 - 입력장치
② 제어장치 - 입력장치
③ 보조기억장치 - 출력장치
④ 제어장치 - 연산장치

> TIP 중앙 처리 장치
> (CPU : center processing unit)
> 전자 계산기 전체를 제어하고 관리하며, 데이터의 사칙 연산과 논리 연산을 실행하는 기능을 가지고 있으며, 기능면으로 보면 제어장치와 연산장치, 기억장치가 있다.

53 기존의 오브젝트(object)를 어느 한 기점을 기준으로 비율에 따라 축소 또는 확대할 수 있는 도형변환 요소는?

① 스케일(scale)
② 시프팅(shifting)
③ 카피(copy)
④ 서피스(surface)

> TIP 기존의 오브젝트(object)를 어느 한 기점을 기준으로 비율에 따라 축소 또는 확대하는 것을 스케일(Scale)이라 한다.

54 다음 중 시리얼 데이터(serial data) 전송의 구성 비트가 아닌 것은?

① stop bit
② data bit
③ low bit
④ parity bit

> TIP Serial data는 start bit, data bit, parity bit, stop bits로 구성된다.

55 컬러 디스플레이(Color display)에서 표현할 수 있는 색은 3가지 색의 혼합비에 의해 정해지는데, 그 3가지 색은 무엇인가?

① 빨강, 노랑, 파랑
② 빨강, 파랑, 초록
③ 검정, 파랑, 노랑
④ 빨강, 노랑, 초록

51 ④ 52 ④ 53 ① 54 ③ 55 ②

56 CAD 프로그램의 좌표에서 사용되지 않는 좌표계는?

① 직교좌표　② 상대좌표
③ 극좌표　　④ 원형좌표

> TIP: CAD에서 사용되는 좌표계는 직교 좌표계(Cartecian Coordinate system), 극좌표계(Polar Coordinate System), 원주 좌표계(Cylindrical Coordinate system), 구면 좌표계(Spherical Coordinate System)가 있다.

57 단면도 작성이 용이하며 물리적 성질(체적 등)의 계산이 가능한 3차원 모델링은?

① 솔리드 모델링
② 서피스 모델링
③ 와이어 프레임 모델링
④ 공간 모델링

> TIP: Solid Model
> 사용자가 좀 더 명확하고 오류 없이 물체를 이해할 수 있도록 물체를 solid 형태로 display하는 기법
> - 물리적 성질의 계산이 가능하다.
> - 간섭체크(interference)가 용이하다.
> - boolean 연산을 통한 복잡한 형상 표현이 가능하다.
> - 단면도 작성이 용이하다.
> - 정확한 형체의 표현이 가능하다.
> - 메모리 및 데이터의 처리가 크다.

58 3차원 CAD에서 최대 변환 매트릭스는?

① 2×2　② 3×3
③ 4×4　④ $n \times n$

> TIP: n차원의 벡터를 $(n+1)$차원의 벡터 형태로 표현한 것을 동차좌표계라 한다.
> 따라서 3차원 동차좌표는 4×4으로 나타난다.

59 한정된 공간에서 여러 대의 컴퓨터, 단말기, 프린터 등을 서로 연결하여 데이터의 공유, 부하의 분산 및 신뢰성을 향상시킬 목적으로 설치하는 것을 무엇이라고 하는가?

① BPS　　　② PSTN
③ MODEM　④ LAN

> TIP: LAN은 local area network의 약칭으로, 범위가 그리 넓지 않은 일정 지역 내에서 속도가 빠른 통신선로로 연결하여 이 기간에 통신이 가능하도록 하는 근거리 통신망을 말한다.

60 다음 중 CAD 시스템의 입력장치에 해당되는 것은?

① 조이스틱　② 플로터
③ 프린터　　④ 모니터

> TIP: 입력장치에는 키보드(Keyboard), 태블릿(Tablet), 마우스, 조이스틱, 트랙볼, 라이트펜, 스캐너 등이 있다.

56 ④　57 ①　58 ③　59 ④　60 ①

61 다음 중 3차원의 기하학적 형상모델링과 관계가 먼 것은?

① 데이터모델링
② 서피스모델링
③ 와이어프레임모델링
④ 솔리드모델링

> TIP: 3차원 모델링은 와이어 모델링, 서피스 모델링, 솔리드 모델링이 있다.

62 하나의 점을 정의할 수 없는 경우는?

① 평행하지 않은 두 직선의 교점을 점으로 지정한다.
② 원의 중심점에 점을 지정한다.
③ 직선과 원 간의 교점을 점으로 지정한다.
④ 두 원의 접점을 점으로 지정한다.

> TIP: CAD에서 점을 지정하는 방식은 다음과 같다.
> - Cursor Control 방법을 이용
> - 절대, 상대, 극 좌표에 의한 키보드 좌표 입력
> - 존재하는 요소의 끝점(end), 중앙점(mid), 중심점(center)
> - 두 요소의 교차점

63 일반적인 CAD 시스템으로 해칭(hatching)을 하고자 한다. 해칭영역을 지정한 후에 설정할 수 있는 항목이 아닌 것은?

① 해칭의 패턴
② 해칭선의 굵기
③ 해칭선의 각도
④ 해칭선의 간격

> TIP: 해칭선의 굵기는 지정항목이 아니다.

64 CAD 시스템의 도입 효과로 볼 수 없는 것은?

① 품질향상
② 원가상승
③ 표준화
④ 경쟁력 강화

65 아래 그림과 같은 3차원 모델링 중 은선 처리가 가능하고 면의 구분이 가능하므로 일반적인 NC 가공에 가장 적합한 모델링은?

① 와이어프레임 모델링
② 이미지 모델링
③ 리드 모델링
④ 서피스 모델링

> TIP: Surface Model
> 와이어 프레임 모델이 선으로 둘러싸인 부분을 면으로 정의하는 방식이다.
> - 장점
>   ① 은선제거가 가능하다.
>   ② 단면도 작성이 가능하다.
>   ③ 면과 면의 교선을 구할 수 있다.
>   ④ NC 형상과 가공 데이터를 얻을 수 있다.
> - 단점
>   ① 물리적 성질 계산이 힘들다.
>   ② FEM의 적용을 위한 해석모델이 어렵다.

61 ① 62 ③ 63 ② 64 ② 65 ④

PART

06

과년도 기출문제

최신 과년도 기출문제를 수록하였습니다.

◆ 기출복원 문제란?

CBT시행에 따라 저자께서 수험자들의 도움으로 최대한 유형에 가깝게 복원한 문제입니다.

전 산 응 용 기 계 제 도 기 능 사

06 PART | 과년도 기출문제

2013년 1월 27일

01 열처리방법 중에서 표면경화법에 속하지 않는 것은?

① 침탄법
② 질화법
③ 고주파경화법
④ 항온열처리법

TIP 표면경화열처리
- 침탄법
- 질화법
- 고주파표면경화법

항온열처리
- 항온풀림
- 오스템퍼링
- 마퀜칭
- 마템퍼링

02 일반적으로 경금속과 중금속을 구분하는 비중의 경계는?

① 1.6   ② 2.6
③ 3.6   ④ 4.6

TIP 경금속 < 비중 4.6 < 중금속

03 황동의 자연균열 방지책이 아닌 것은?

① 온도 180~260℃에서 응력제거 풀림처리
② 도료나 안료를 이용하여 표면처리
③ Zn 도금으로 표면처리
④ 물에 침전처리

TIP 자연균열(원인)
냉간 가공시 잔류응력 시간 경과에 따라 발생

04 주철의 성장원인이 아닌 것은?

① 흡수한 가스에 의한 팽창
② Fe_3C의 흑연화에 의한 팽창
③ 고용 원소인 Sn의 산화에 의한 팽창
④ 불균일한 가열에 의해 생기는 파열 팽창

TIP 고용원소인 Si의 산화에 의한 팽창

05 열경화성 수지가 아닌 것은?

① 아크릴수지　② 멜라민수지
③ 페놀수지　　④ 규소수지

> **TIP** 열경화성(열에 의해 딱딱해지는 물질)
> 페놀수지, 요소수지, 멜라민수지, 실리콘수지, 에폭시수지
>
> 열가소성(열에 의해 부드러워지는 물질)
> 폴리에틸렌수지, 폴리스틸렌수지, 아크릴수지, 스티렌수지

06 알루미늄에 특성에 대한 설명 중 틀린 것은?

① 내식성이 좋다.
② 열전도성이 좋다.
③ 순도가 높을수록 강하다.
④ 가볍고 전연성이 우수하다.

> **TIP** 특성
> - 경량성
> - 전기전도 및 열전달 특성 우수
> - 내식성 우수
> - 가공성 우수
> - 빛 반사율, 열 반사율 우수
> - 비자성체
> - 저온강도가 우수
> - 표면처리성 우수

07 강을 절삭할 때 쇳밥(chip)을 잘게 하고 파삭성을 좋게 하기 위해 황, 납 등의 특수원소를 첨가하는 강은?

① 레일강　　② 쾌삭강
③ 다이스강　④ 스테인리스강

> **TIP** 특수강
> 탄소강 + Ni, Cr, Mo, Si, Mn, W, Co, V 등의 원소를 하나 또는 둘 이상의 다른 원소와 함께 첨가한 것

08 스프링을 사용하는 목적이 아닌 것은?

① 힘 축적　② 진동 흡수
③ 동력 전달　④ 충격 완화

09 저널 베어링에서 저널의 지름이 30mm, 길이가 40mm, 베어링의 하중이 2400N일 때 베어링의 압력[N/mm²]은?

① 1　② 2
③ 3　④ 4

> **TIP** $P = \dfrac{W}{d\ell} = \dfrac{2400}{30 \times 40} = 2\text{N/mm}^2$

01 ④　02 ④　03 ④　04 ③　05 ①　06 ③　07 ②　08 ③　09 ②

10 시편의 표점거리가 40mm이고 지름이 15mm일 때 최대하중이 6kN에서 시편이 파단되었다면 연신율은 몇 %인가? (단, 연신된 길이는 10mm이다.)

① 10 ② 12.5
③ 25 ④ 30

TIP 연신율(%) $= \dfrac{\ell' - \ell}{\ell} \times 100$
- ℓ' : 늘어난 길이
- ℓ : 원래길이

∴ $\dfrac{10}{40} \times 100 = 25\%$

11 웜 기어에서 웜이 3줄이고 웜휠의 잇수가 60개일 때의 속도비는?

① $\dfrac{1}{10}$ ② $\dfrac{1}{20}$
③ $\dfrac{1}{30}$ ④ $\dfrac{1}{60}$

TIP 속도비 $= \dfrac{\text{웜줄수}}{\text{웜기어잇수}} = \dfrac{3}{60} = \dfrac{1}{20}$

12 부품의 위치결정 또는 고정시에 사용되는 체결 요소가 아닌 것은?

① 핀(pin) ② 너트(nut)
③ 볼트(bolt) ④ 기어(gear)

TIP
- 결합용 기계요소
  나사, 볼트, 리벳, 키, 핀, 코터
- 축에 관한 기계요소
  축, 축이음, 베어링
- 동력전달용 기계요소
  벨트, 벨트 풀리, 체인 스프로킷, 기어, 링크, 캠
- 완충 및 제동용 기계요소
  스프링, 브레이크, 래칫

13 비틀림 모멘트를 받는 회전축으로 치수가 정밀하고 변형량이 적어 주로 공작기계의 주축에 사용하는 축은?

① 차축 ② 스핀들
③ 플랙시블축 ④ 크랭크 축

TIP
- 스핀들
  주로 비틀림 하중을 받는다.
- 플랙시블축
  휨 및 충격, 진동이 심한 곳에 사용
- 차축
  주로 굽힘 하중 받는다.
- 크랭크축
  왕복운동을 회전운동으로

14 축에 키 홈을 파지 않고 축과 키 사이의 마찰력만으로 회전력을 전달하는 키는?

① 새들 키 ② 성크 키
③ 반달 키 ④ 둥근 키

- 성크키
  축과 보스 양쪽에 키홈이 있는 키
- 반달키
  키홈을 축에 반달모양으로 판 것
- 둥근키
  회전력이 극히 적은 곳에 사용. 핀키라고도 함.

15 나사를 기능상으로 분류했을 때 운동용 나사에 속하지 않는 것은?

① 볼나사 ② 관용나사
③ 둥근나사 ④ 사다리꼴나사

- 운동용나사
  사각나사, 사다리꼴나사, 너클나사, 톱니나사, 볼나사
- 기밀용나사(결합용)
  관용나사
- 죄임용나사
  미터나사, 유니파이나사
- 세밀나사
  외경 1mm 미만의 나사, 광학기계, 계기류 나사용

16 브로칭 머신을 설치 시 면적을 많이 차지하지만, 기계의 조작이 쉽고, 가동 및 안전성이 우수한 브로칭 머신은?

① 수평 브로칭 머신
② 자동형 브로칭 머신
③ 수동형 브로칭 머신
④ 직립형 브로칭 머신

- 운동방향에 따라 수직식, 수평식으로 구분
  - 수평형
    ① 기계조작, 점검이 쉽다.
    ② 운전과 설치의 안정성이 직립형에 비해 좋다.
    ③ 설치면적이 크다.
  - 직립형(수직형)
    ① 일감의 고정 방법이 간단
    ② 절삭 유제의 공급이 간단
    ③ 작은 일감의 대량 생산에 적합
    ④ 기계 안정성에 유의 (높이가 높다)

10 ③ 11 ② 12 ④ 13 ② 14. ① 15 ② 16 ①

17 측정자의 직선 또는 원호 운동을 기계적으로 확대하여 그 움직임을 지침의 회전 변위로 변환시켜 눈금을 읽을 수 있는 측정기는?

① 다이얼게이지 ② 마이크로미터
③ 만능 투영기 ④ 3차원 측정기

> **TIP** 비교측정기
> - 다이얼 게이지
> - 공기 마이크로미터 : 공기의 흐름을 확대기구로 하여 길이를 측정하는 방법으로 노즐 부분을 교환함으로써 바깥지름, 안지름, 직각도, 진원도, 평면도, 테이퍼, 타원 등을 측정할 수 있다.
> - 전기 마이크로미터 : 보통 측정자의 기계적 변위를 전기량으로 변환하여 지시계의 지침이 흔들리는 것으로 표시하는 측미기로 측정한다.
> - 옵티미터 : 광학적으로 길이의 미소 범위를 확대하여 측정한다.
> - 미니미터 : 컴퍼레이터의 일종으로 제품의 치수와 표준 게이지와의 치수자를 측정하는 측미지시계로 레버확대지시 장치가 있다.
>
> 측정 범위는 ±0.1mm 정도이다.

18 보링 머신에서 할 수 없는 작업은?

① 태핑 ② 구멍뚫기
③ 기어가공 ④ 나사깎기

> **TIP** 기어가공
> 호빙머신, 래그식 기어셰이퍼, 펠로우즈식 기어셰이퍼

19 숫돌입자와 공작물이 접촉하여 가공하는 연삭작용과 전해작용을 동시에 이용하는 특수가공법은?

① 전주 연삭 ② 전해 연삭
③ 모방 연삭 ④ 방전 가공

> **TIP** 전해가공
> - 전기화학가공
>   모든 금속을 잔류응력이 생기지 않게 절삭을 하며 높은 전류효과 나타냄, 복잡한 형상의 것 제작
> - 전해연삭
>   원래 초경합금 연삭에 고가의 다이아몬드 숫돌을 절약할 목적으로 개발됨
> - 전해폴리싱
>   광택성, 평활성, 내식성 등이 우수한 면을 얻는 것으로 치수 정밀도의 향상은 어렵다.

20 연삭숫돌의 단위 체적당 연삭 입자의 수, 즉 입자의 조밀정도를 무엇이라 하는가?

① 입도 ② 결합도
③ 조직 ④ 입자

> **TIP** 연삭숫돌바퀴의 3요소 및 5가지 인자
>
>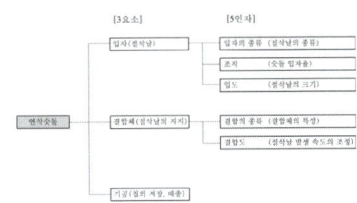

21. 절삭가공 시 절삭에 직접적인 영향을 주지 않는 것은?

① 절삭열
② 가공물의 재질
③ 절삭공구의 재질
④ 측정기의 정밀도

> **TIP** 절삭 가공이란 기계를 제작할 때 주조품이나 단조품을 필요한 치수와 모양으로 가공하기 위해 절삭 공구를 사용하여 칩(Chip)을 내면서 깎는 가공

22. 신시내티 밀링 분할대로 13등분을 단식분할 할 경우는?

① 26구멍줄에서 크랭크가 3회전하고 2구멍씩 이동시킨다.
② 39구멍줄에서 크랭크가 3회전하고 3구멍씩 이동시킨다.
③ 52구멍줄에서 크랭크가 3회전하고 4구멍씩 이동시킨다.
④ 75구멍줄에서 크랭크가 3회전하고 5구멍씩 이동시킨다.

> **TIP** 공식 $n = \dfrac{40}{N} = \dfrac{40}{13} = 3\dfrac{1}{13}$ 로 분할 크랭크의 회전수는 3회전과 $\dfrac{1}{13}$ 회전이 된다.
>
> 그러나 신시내티 분할표에서 구멍수가 13이라는 것이 없으므로 분자분모에 같은수를 곱하여 표에 맞춘다.
>
> $\dfrac{1 \times 3}{13 \times 3} = \dfrac{3}{39}$
>
> 따라서 아까의 크랭크 3회전과 39구멍줄에서 3구멍씩 이동시킨다.
>
> | 종류 | 분할판 | 구멍수 |
> |---|---|---|
> | 신시내티형 | 앞면
뒷면 | 43 42 41 39 38 37
34 30 28 25 24
66 62 59 58 57 54
53 51 49 47 46 |

23. 선반 심압대 축 구멍의 테이퍼 형태는?

① 쟈르노 테이퍼
② 브라운샤프형 테이퍼
③ 쟈곱스 테이퍼
④ 모스 테이퍼

> **TIP** Tapered portion (테이퍼 퍼)
> 축 혹은 관 등에서 경사(테이퍼)가 붙은 부분, 예를 들면 생크, 푸시, 슬리브 등의 접합부에 테이퍼부가 붙어있다. 일반적으로 드릴 등에는 모스테이퍼가, 밀링 커터에는 내셔널테이퍼가 쓰인다.

24. CNC 선반의 준비 기능 중 직선 보간에 속하는 것은?

① G00
② G01
③ G02
④ G03

> **TIP**
> • G00 : 급속이송
> • G02 : 원호보간
> • CW : (시계방향)
> • G03 : 원호보간
> • CCW : (반시계방향)

25 선반의 이송단위 중에서 1회전당 이송량의 단위는?

① mm/rev   ② mm/min
③ mm/stroke   ④ mm/s

TIP • 회전운동시 : mm/rev
　　• 왕복운동시 : mm/stroke

26 표면거칠기 값(6.3)만을 직접 면에 지시하는 경우 표시방향이 잘못된 것은?

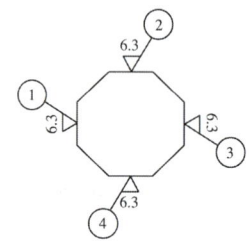

① 1   ② 2
③ 3   ④ 4

TIP 숫자를 ①과 같은 방향으로 한다.

27 대상물의 일부를 떼어 낸 경계를 표시하는 데 사용하는 선은?

① 외형선   ② 숨은선
③ 가상선   ④ 파단선

TIP 파단선
　　불규칙한 파형의 가는 실선 또는 지그재그선

28 제 3각법에 대한 설명으로 틀린 것은?

① 투상 원리는 눈 → 투상면 → 물체의 관계
② 투상면의 앞쪽에 물체를 놓는다.
③ 배면도는 우측면도의 오른쪽에 놓는다.
④ 좌측면도는 정면도의 좌측에 놓는다.

TIP 눈 → 물체 → 투상면은 제1각법이다.

29 특수한 가공을 하는 부분 등 특별한 요구사항을 적용할 수 있는 범위를 표시하는 데 사용하는 선의 종류는?

① 가는 1점 쇄선
② 굵은 1점 쇄선
③ 가는 2점 쇄선
④ 굵은 2점 쇄선

TIP • 가는 1점 쇄선
　　중심선, 기준선, 피치선
　• 가는 2점 쇄선
　　가상선, 무게중심선

30 다음 중 모양 공차에 속하지 않는 것은?

① 평면도 공차

② 원통도 공차

③ 면의 윤곽도 공차

④ 평행도 공차

TIP 모양에 관한 공차
 직진도 공차, 평면도 공차, 진원도 공차, 원통도 공차, 선의윤곽도 공차

 자세에 관한 공차
 평행도 공차, 직각도 공차, 경사도 공차

 위치에 관한 공차
 위치도 공차, 동축도 공차, 대칭도 공차

 흔들림에 의한 공차
 원주 흔들림 공차, 온 흔들림 공차

31 표면의 결인 줄무늬 방향의 지시기호 "C"의 설명으로 맞는 것은?

① 가공에 의한 커터의 줄무늬 방향이 기호로 기입한 그림의 투상면에 경사지고 두 방향으로 교차

② 가공에 의한 커터의 줄무늬 방향이 여러 방향으로 교차 또는 두 방향

③ 가공에 의한 커터의 줄무늬가 기호로 기입한 면의 중심에 대하여 거의 동심원 모양

④ 가공에 의한 커터의 줄무늬가 기호를 기입한 면의 중심에 대하여 대략 레이디얼 모양

TIP ① X
 ② M
 ④ R

32 다음 그림의 치수 기입에 대한 설명으로 틀린 것은?

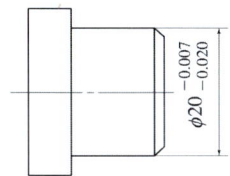

① 기준치수는 지름 20이다.

② 공차는 0.013이다.

③ 최대 허용치수는 19.93이다.

④ 최소 허용치수는 19.98이다.

TIP 20 - 0.0007 = 19.993

33 다음과 같이 도면에 기하공차가 표시되어 있다. 이에 대한 설명으로 틀린 것은?

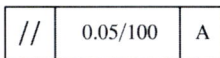

① 기하공차 허용값은 0.05mm이다.

② 기하공차 기호는 평행도를 나타낸다.

③ 관련형체로 데이텀은 A이다.

④ 기하공차는 전체길이에 적용된다.

TIP 100mm에 대한 것이다.

34 φ50H7/p6과 같은 끼워맞춤에서 H7의 공차값은 $^{+0.025}_{0}$ 이고, p6의 공차값은 $^{+0.042}_{+0.026}$ 이다. 최대 죔새는?

① 0.001 ② 0.027
③ 0.042 ④ 0.067

> **TIP** ※ 최대죔새
> = 축의 최대 허용치수
>   − 구멍의 최소 허용치수
> = 50.042(0.042) − 50(0)
> = 0.042
>
> 최소죔새
> = 축의 최소 허용치수
>   − 구멍의 최대 허용치수
> = 0.026 − 0.025 = 0.001

35 그림과 같이 축의 홈이나 구멍 등과 같이 부분적인 모양을 도시하는 것으로 충분한 경우의 투상도는?

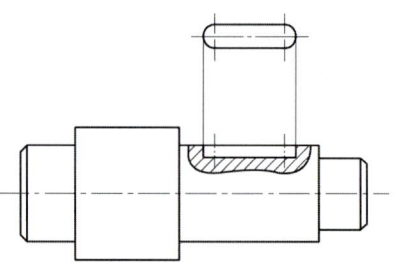

① 회전 투상도 ② 부분 확대도
③ 국부 투상도 ④ 보조 투상도

36 제3각법으로 그린 투상도에서 우측면도로 옳은 것은?

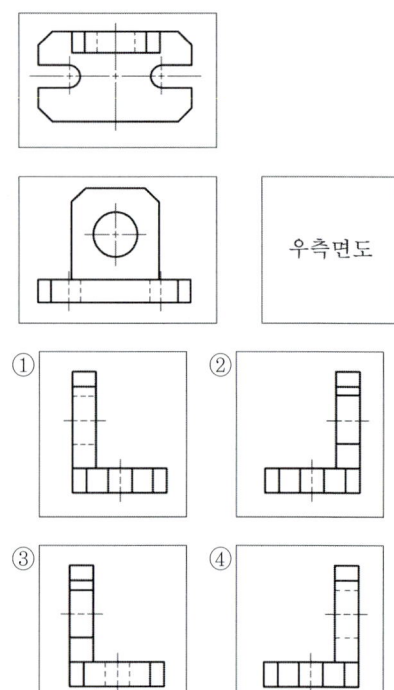

37 치수의 위치와 기입 방향에 대한 설명 중 틀린 것은?

① 치수는 투상도와 모양 및 치수의 대조 비교가 쉽도록 관련 투상도 쪽으로 기입한다.
② 하나의 투상도인 경우, 길이 치수 위치는 수평방향의 치수선에 대해서는 투상도의 위쪽에서, 수직 방향의 치수선에 대해서는 투상도의 오른쪽에서 읽을 수 있도록 기입한다.
③ 각도 치수는 기울어진 각도 방향에 관계없이 읽기 쉽게 수평방향으로 기입한다.
④ 치수는 수평 방향의 치수선에서는 위쪽, 수직 방향의 치수선에는 왼쪽으로 약 0.5mm정도 띄어서 중앙에 치수를 기입한다.

TIP 각도를 기입하는 치수선은 각도를 구성하는 두변 또는 그 연장선(치수보조선)의 교점을 중심으로 하여 양변 또는 그 연장선 사이에 그린 원호를 표시한다.

38 다음 재료 기호 중 기계구조용 탄소강재는?

① SM 45C   ② SPS 1
③ STC 3   ④ SKH 2

TIP
- SM45C : 기계구조용 탄소강재, 45 : 탄소함유량, C : 탄소
- SKH : 고속도공구강
- STC : 탄소공구강재
- SPS : 일반구조용 탄소강관(SPS 1 - SPS 9 : 스프링 강재)

39 척도 기입 방법에 대한 설명으로 틀린 것은?

① 척도는 표제란에 기입하는 것이 원칙이다.
② 같은 도면에서는 서로 다른 척도를 사용할 수 없다.
③ 표제란이 없는 경우에는 도명이나 품번에 가까운 곳에 기입한다.
④ 현척의 척도 값은 1 : 1이다.

TIP 서로 다른 척도를 사용할 때에는 그 부품의 좌측 상단에 표시되는 품번 옆에 표시한다.

40 제3각법으로 그린 정투상도 중 잘못 그려진 투상이 있는 것은?

34 ③ 35 ③ 36 ④ 37 ③ 38 ① 39 ② 40 ④

41 한국 산업 표준에서 정한 도면의 크기에 대한 내용으로 틀린 것은?

① 제도용기 A2의 크기는 420×594mm이다.
② 제도용지 세로와 가로의 비는 1 : $\sqrt{2}$ 이다.
③ 복사한 도면을 접을 때는 A4크기로 접는 것을 원칙으로 한다.
④ 도면을 철할 때 윤곽선은 용지 가장자리에서 10mm 간격으로 둔다.

TIP 철할 때
25mm간격을 둔다.(철하지 않을 때 10mm)

42 IT 공차에 대한 설명으로 옳은 것은?

① IT 01부터 IT 18까지 20등급으로 구분되어 있다.
② IT01 ~ IT 4는 구멍 기준공차에서 게이지 제작공차이다.
③ IT6 ~ IT 10 축 기준공차에서 끼워 맞춤 공차이다.
④ IT 10 ~ IT18은 구멍 기준공차에서 끼워 맞춤 이외의 공차이다.

TIP 기본 공차의 적용(구멍에서)
• IT 01 ~ 5 : 게이지 제작 공차
• IT 6 ~ 10 : 구멍 기준 공차에서 끼워 맞춤 공차
• IT 11 ~ 18 : 구멍 기준 공차에서 끼워 맞춤 이외 공차

43 제작 도면으로 완성된 도면에서 문자, 선 등이 겹칠 때 우선순위로 맞는 것은?

① 외형선 → 숨은선 → 중심선 → 숫자, 문자
② 숫자, 문자 → 외형선 → 숨은선 → 중심선
③ 외형선 → 숫자,문자 → 중심선 → 숨은선
④ 숫자, 문자 → 숨은선 → 외형선 → 중심선

44 그림과 같이 V벨트 풀리의 일부분을 잘라내고 필요한 내부 모양을 나타내기 위한 단면도는?

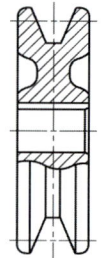

① 온 단면도　　② 한쪽 단면도
③ 부분 단면도　④ 회전도시 단면도

45 이론적으로 정확한 치수를 나타내는 치수 보조기호는?

① $\underline{50}$　　② $\boxed{50}$
③ $\overline{50}$　　④ (50)

TIP ( )에 넣을 것은 참고치수이다.

46 다음은 계기의 도시기호를 나타낸 것이다. 압력계를 나타낸 것은?

①   ②
③   ④

> TIP: P : 압력계(Pressure Gage)
> T : 온도계(Thermometer Gage)

47 외접 헬리컬 기어를 축에 직각인 방향에서 본 단면으로 도시할 때, 잇줄 방향의 표시 방법은?

① 1개의 가는 실선
② 3개의 가는 실선
③ 1개의 가는 2점 쇄선
④ 3개의 가는 2점 쇄선

> TIP: 헬리컬 기어의 제도에서 측면도는 스퍼기어와 같으나 정면도에서는 반드시 이의 비틀림 방향을 가는 실선을 이용하여 도시하여야 한다. 이 평행 사선은 나사각에 관계없이 30° 방향으로 그려도 좋으며, 서로 평행하게 3줄을 긋는다. 주투영도를 단면으로 도시할 때에는 외접 헬리컬 기어의 잇줄 방향은 지면에서 앞의 이의 잇줄 방향을 3개의 가는 2점쇄선으로 표시한다.

48 모듈 6, 잇수 $Z_1 = 45$, $Z_2 = 85$, 압력각 14.5°의 한 쌍의 표준기어를 그리려고 할 때, 기어의 바깥지름 D_1, D_2를 얼마로 그리면 되는가?

① 282mm, 522mm
② 270mm, 510mm
③ 382mm, 622mm
④ 280mm, 610mm

> TIP: 바깥지름 = $m(Z+2)$에 의하여
> $D_1 = m(Z_1 + 2)$
> $\quad = 6 \times (45 + 2) = 282mm$
> $D_2 = m(Z_2 + 2)$
> $\quad = 6 \times (85 + 2) = 522mm$

49 다음 용접이음의 기본 기호 중에서 잘못 도시된 것은?

① V형 맞대기 용접 : ∨
② 필릿 용접 : ◣
③ 플러그 용접 : ⊓
④ 심 용접 : ○

> TIP: 점, 프로젝션, 심 ✳
> (심용접일 경우 ✳✳)

50 V벨트 풀리에 대한 설명으로 올바른 것은?

① A형은 원칙적으로 한줄만 걸친다.

② 암은 길이 방향으로 절단하여 도시한다.

③ V벨트 풀리는 축 직각 방향의 투상을 정면도로 한다.

④ V벨트 풀리의 홈의 각도는 35°, 38°, 40°, 42° 4종류가 있다.

TIP) V풀리의 V 홈 각도는 35°에서 39°의 범위에 있다.

또는 34°, 36°, 38° 등 3종류로 하기도 한다.

51 다음 나사의 종류와 기호 표시로 틀린 것은?

① 미터보통 나사 : M

② 관용평행 나사 : G

③ 미니추어 나사 : S

④ 전구나사 : R

TIP) 전구나사(E)
- 전구의 꼭지쇠나 소켓에 사용되는 나사
- 나사의 호칭은 꼭지쇠의 바깥지름에 의해 피치는 mm로 표시

※ 특수나사 : 전구나사, 박강전선관나사, 자전거나사, 미싱용나사, 볼나사

52 구름 베어링의 호칭번호가 "6203 ZZ"이면 이 베어링의 안지름은 몇 mm인가?

① 15 ② 17
③ 60 ④ 62

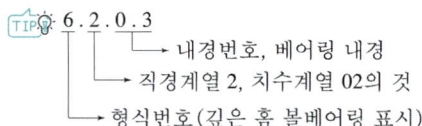

TIP) 6 . 2 . 0 . 3
→ 내경번호, 베어링 내경
→ 직경계열 2, 치수계열 02의 것
→ 형식번호(깊은 홈 볼베어링 표시)

※ 내경번호
  00 : 10mm, 01 : 12mm, 02 : 15mm, 03 : 17mm, 04 : 20mm

※ Z, ZZ는 밀봉장치가 붙은 것
  (Z : 한쪽사일드, ZZ : 양쪽사일드)

53 스플릿 테이퍼 핀의 테이퍼 값은?

① $\frac{1}{20}$ ② $\frac{1}{25}$

③ $\frac{1}{50}$ ④ $\frac{1}{100}$

TIP) 축의 보스를 고정할 때 사용하는 핀

54 스프링의 제도에 있어서 틀린 것은?

① 코일 스프링은 원칙적으로 무하중 상태로 그린다.
② 하중과 높이 등의 관계를 표시할 필요가 있을 때에는 선도 또는 요목표에 표시한다.
③ 특별한 단서가 없는 한 모두 왼쪽으로 감은 것을 나타낸다.
④ 종류와 모양만을 간략도로 나타내는 경우 재료의 중심선만을 굵은 실선으로 그린다.

TIP: 코일스프링 및 벌류트스프링은 모두 오른쪽을 감은 것을 표시하되 왼쪽으로 감은 경우에는 "감김방향 왼쪽"이라고 표시

55 다음 중 나사의 도시방법으로 틀린 것은?

① 암나사의 안지름은 굵은 실선으로 그린다.
② 완전 나사부와 불완전 나사부의 경계선은 굵은 실선으로 그린다.
③ 수나사의 바깥지름은 굵은 실선으로 그린다.
④ 수나사와 암나사의 측면도시에서 골지름은 굵은 실선으로 그린다.

TIP: 수나사와 암나사의 골지름은 가는실선으로 그린다.

56 다음 표기는 무엇을 나타낸 것인가?

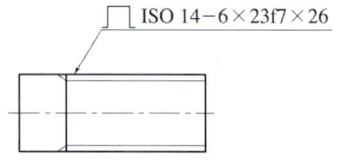

① 사다리꼴나사 ② 스플라인
③ 사각나사   ④ 세레이션

TIP: 스플라인
축에 여러 줄의 Key를 절삭 가공하여 축과 boss가 슬립 운동을 할 수 있도록 제작된 것

※ 원통형 축의 각형 스플라인 호칭 치수에서 각형 스플라인 호칭이 축 또는 허브의 경우
6×23×26이라면 스플라인 홈 수 N이 6개, 작은 지름 d가 23mm, 큰 지름 D가 26mm이다.

57 다음 중 서피스 모델링의 특징으로 틀린 것은?

① NC 가공정보를 얻기가 용이하다.
② 복잡한 형상표현이 가능하다.
③ 구성된 형상에 대한 중량계산이 용이하다.
④ 은선 제거가 가능하다.

TIP: 유한요소법 해석이 곤란하다.

58 도형의 좌표변환 행렬과 관계가 먼 것은?

① 미러(mirror) ② 회전(rotate)
③ 스케일(scale) ④ 트림(trim)

> TIP: Trim
> 불필요한 부분 잘라낸다.

59 CAD시스템의 입력 장치가 아닌 것은?

① 키보드 ② 라이트 펜
③ 플로터 ④ 마우스

> TIP: 플로터 : 출력장치

60 컴퓨터의 중앙처리장치(CPU)를 구성하는 요소가 아닌 것은?

① 제어장치 ② 주기억장치
③ 보조기억장치 ④ 연산논리장치

58 ④ 59 ③ 60 ③

06 PART | 과년도 기출문제

2013년 4월 14일

01 주조경질합금의 대표적인 스텔라이트의 주성분을 올바르게 나타낸 것은?

① 몰리브덴 - 바나듐 - 탄소 - 티탄
② 크롬 - 탄소 - 니켈 - 마그네슘
③ 탄소 - 텅스텐 - 크롬 - 알루미늄
④ 코발트 - 크롬 - 텅스텐 - 탄소

> TIP ⚙ 주조경질합금(스텔라이트)
> Co - Cr - W - C
>
> 초경합금
> W - Ti - Ta - Mo - Co

02 설계도면에 SM40C로 표시된 부품이 있다. 어떤 재료를 사용해야 하는가?

① 인장강도가 40MPa인 일반구조용 탄소강
② 인장강도가 40MPa인 기계구조용 탄소강
③ 탄소를 0.37%~0.43% 함유한 일반구조용 탄소강
④ 탄소를 0.37%~0.43% 함유한 기계구조용 탄소강

> TIP ⚙ 금속 재료의 종류
>
> • 기계 구조용 탄소 강재
> SM 10C, SM 15C, SM 20C, SM 25C, SM 30C, SM 35C, SM 40C, SM 45C, SM 50C, SM 9CK, SM 15CK, SM 20CK
> 기계부품으로 가장 많이 사용되는 강재의 한 종류로, 담금질과 고주파 화염 경화, 침탄 표면 경화 열처리가 가능하다. 'CK' 기호가 붙은 저탄소강은 침탄 열처리용으로 사용된다.
> (예)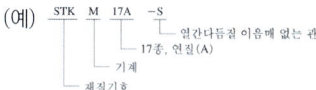
>
> • 일반 구조용 압연 강재
> SS 330, SS 400, SS 490
> 열처리가 필요 없는 기계 부품 및 구조물의 용도로 많이 사용되는 강재이다.
> (예)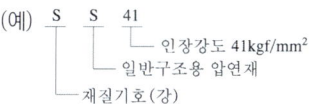
>
> • 공구강
> STC, STS, STD 등
> 공구용 재료 및 금형용 강재로 사용되는 강재
> (예)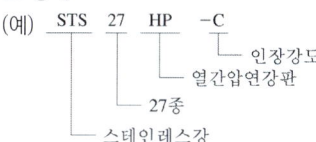

01 ④ 02 ④

- 탄소 주강품
  SC 360, SC 410, SC 450
  일반 구조용 압연 강재(SS재)와 동일한 품질을 가지고 있으므로 어느정도 강도가 요구되며 취성이 없는 부품을 요할 때 사용된다.

- 탄소 단강품
  SF 330, SF 390, SF 440, SF 490
  차축이나 크랭크샤프트 등 고강도의 동력전달을 목적으로 하는 기계부품의 재료로 사용된다.

- 회주철
  GC 100, GC 200, GC 250, GC 300
  형상이 복잡한 기계부품의 몸체 등은 주조하여 만드는 경우가 많다.
  취성이 있는 것이 단점이며 GC 300, GC 350 은 강인하며 내마모성이 우수하다. 내부응력을 제거하기 위해 500℃ 부근에서 장시간 풀림 처리하여 사용한다.

- 특수합금강
  SCr, SNC, SCM, SNCM 등
  내마모성, 내피로성, 내충격성, 내식성 등 고강도의 기계적 성질이 요구될 때 특수합금강을 사용한다.

- 미끄럼 베어링 재료
  BC, YBsC, PBC 등
  부시 등의 재질로 사용되는 것으로 인청동 주물은 웜기어의 재질로도 많이 사용된다.

- 스테인리스강
  STS 304
  내식성을 요하는 식품기계 등의 재료로 많이 사용된다.

03 강괴를 탈산정도에 따라 분류할 때 이에 속하지 않는 것은?

① 림드강　　② 세미 림드강
③ 킬드강　　④ 세미 킬드강

TIP 강괴
- 림드강 : 주로 Mn을 가볍게 탈산하여 만든 강
- 킬드강 : Mn 외에 Si, Al을 이용하여 탈산을 완전히 한 강
- 세미킬드강 : 림드강과 킬드강의 중간 정도의 탈산으로 만든 강

04 Cr 10~11%, Co 26~58%, Ni 10~16% 함유하는 철합금으로 온도변화에 대한 탄성율의 변화가 극히 적고 공기 중이나 수중에서 부식되지 않고 스프링, 태엽, 기상관측용 기구의 부품에 사용되는 불변강은?

① 인바(invar)
② 코엘린바(coelinvar)
③ 퍼멀로이(permalloy)
④ 플리티나이트(platinite)

TIP 엘린바형합금
상온부근에서 온도가 변하여도 탄성계수가 변하지 않는 Fe 36%, Ni 12%, Cr 합금으로 이루어짐

코엘린바
코발트 44%, Fe 34%, Cr 13%, Ni 9%의 조성을 가진 합금으로 엘린바(니켈합금)의 특성을 가지고 기계적 강도가 더 크고 고탄성으로 시계태엽의 소재

플래티나이트
열팽창계수가 유리나 백금과 동일

퍼멀로이
투자율이 높아 통신재료

05 주철의 흑연화를 촉진시키는 원소가 아닌 것은?

① Al
② Mn
③ Ni
④ Si

TIP Al, Ni, Si, Ti

※ 흑연화의 영향
- 인장강도가 작아진다.
- 흑연이 많으면 수축이 적게되고 유동성이 좋다.
- 저해원소 : Cr, Mn, S, Mo

06 담금질한 탄소강을 뜨임 처리하면 어떤 성질이 증가되는가?

① 강도
② 경도
③ 인성
④ 취성

TIP 뜨임(템퍼링)
담금질 된 것에 인성부여

풀림(어닐링)
재질을 연하고 균일하게

불림(노말라이징)
소재를 일정 온도에 가열 후 공냉시켜 표준화

담금(퀜칭)
급냉시켜 재질을 경화시킨다.

07 철강 재료에 관한 올바른 설명은?

① 용광로에서 생산된 철은 강이다.
② 탄소강은 탄소함유량이 3.0%~4.3% 정도이다.
③ 합금강은 탄소강에 필요한 합금 원소를 첨가한 것이다.
④ 탄소강의 기계적 성질에 가장 큰 영향을 끼치는 원소는 규소(Si)이다.

TIP • 탄소강의 종류

구분		탄소함유량(%)	용도
순철		0.02 이하	전자기재료, 촉매, 합금용
저탄소강		0.12~0.23	강판, 강봉, 강관, 볼트, 리벳
중탄소강	반연강	0.20~0.30	기어, 레버, 강판, 볼트, 너트, 강관
	반경강	0.30~0.40	강판, 차축
	경강	0.4~0.6	차축, 기어, 캠, 레일
고탄소강		0.6~1.5	각종 목공구, 석공구 수공구, 절삭공구, 게이지
주철		2~6.67	주물제품이나 강의 재료

- 기계적 성질은 탄소가 많을수록 강도 경도가 커지나 인성, 전성, 충격값 등은 감소한다.
- N(질소)가 기계적 성질에 가장 큰 영향을 끼치는데 인장강도, 항복강도를 증가시키고 연신율을 저하시킨다. 특히, 충격치의 감소 및 천이온도의 상승은 현저하다.
- 용광로에서는 선철이 생산된다.

08 나사결합부에 진동하중이 작용하던가, 심한 하중변화가 있으면 어느 순간에 너트는 풀리기 쉽다. 너트의 풀림 방지법으로 사용하지 않는 것은?

① 나비 너트　　② 분할 핀
③ 로크 너트　　④ 스프링 와셔

TIP 나비너트
　　손으로 돌려서 죌 수 있는 것

　　※ 너트의 풀림 방지법
　　　• 와셔 사용(스프링와셔, 이붙이와셔)
　　　• 로크너트
　　　• 자동죔너트
　　　• 핀 또는 작은나사
　　　• 세트스크류
　　　• 철사로 묶는 것

09 나사 및 너트의 이완을 방지하기 위하여 주로 사용되는 핀은?

① 테이퍼 핀　　② 평행 핀
③ 스프링 핀　　④ 분할 핀

TIP 분할핀
　　두 갈래로 갈라진 것으로 너트의 풀림 방지에 사용

　　테이퍼핀
　　• 톱니바퀴, 벨트, 핸들 따위의 보스를 축에 간단히 고정하는 핀
　　• $\frac{1}{50}$ 의 테이퍼를 붙인 핀
　　• 호칭지름은 작은쪽의 지름으로 한다.

　　평행핀
　　기계부품을 조립할 때 및 안내 위치를 결정할 때

　　스프링핀
　　탄성을 이용하여 물체를 고정시킬 때

10 체인 전동의 특징으로 잘못된 것은?

① 고속 회전의 전동에 적합하다.
② 내열성, 내유성, 내습성이 있다.
③ 큰 동력 전달이 가능하고 전동 효율이 높다.
④ 미끄럼이 없고 정확한 속도비가 얻을 수 있다.

TIP 특징
　　• 일정한 속도 얻는다.
　　• 큰 동력 전달(95% 이상)
　　• 속도비 정확
　　• 내열, 내유, 내습성

11 구름베어링 중에서 볼베어링의 구성요소와 관련이 없는 것은?

① 외륜　　　　② 내륜
③ 니들　　　　④ 리테이너

TIP 니들은 롤러 베어링의 종류다

12 평기어에서 피치원의 지름이 132mm, 잇수가 44개인 기어의 모듈은?

① 1　　　　　② 3
③ 4　　　　　④ 6

TIP $M = \dfrac{\text{피치원의 지름}}{\text{잇수}} = \dfrac{132}{44} = 3$

13 [그림]에서 응력집중 현상이 일어나지 않는 것은?

① 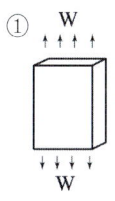   ②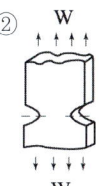

③ 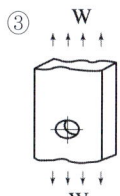   ④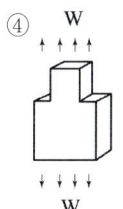

TIP 특히 취약 부분이 없다(고른 분포).

14 나사에 관한 설명으로 옳은 것은?

① 1줄 나사와 2줄 나사의 리드(lead)는 같다.
② 나사의 리드각과 비틀림각의 합은 90°이다.
③ 수나사의 바깥지름은 암나사의 안지름과 같다.
④ 나사의 크기는 수나사의 골지름으로 나타낸다.

TIP
- 한줄나사 ℓ(리이드) = n(줄수)
  두줄나사 ℓ(리이드) = n(줄수)×p(피치)
  ※ 리드차는 2배
- 암나사의 바깥지름은 암나사에 맞는 수나사의 바깥지름 (수나사의 바깥지름은 암나사의 골지름)
- 나사의 크기는 수나사의 바깥지름으로 나타낸다.

15 압축코일스프링에서 코일의 평균지름(D)이 50mm, 감김수가 10회, 스프링지수(C)가 5.0일 때 스프링 재료의 지름은 약 몇 mm인가?

① 5   ② 10
③ 15   ④ 20

TIP 재료지름 $d = \dfrac{D}{C} = \dfrac{50}{5} = 10$

16 연삭숫돌의 3요소가 아닌 것은?

① 숫돌입자   ② 입도
③ 결합체   ④ 가공

TIP 3요소
숫돌입자, 결합체, 기공

5인자는 다음과 같다.
- 숫돌입자 : 애머리와 칼런덤(천연산), 인조산
- 입도 : 숫돌입자의 크기
- 결합도와 결합체 : 많은 입자를 결합하는데 사용하는 재료
- 조직 : 숫돌바퀴의 기공의 대소와 변화 즉, 단위 부피중의 숫돌입자의 밀도 변화
- 숫돌의 표시법 : WA(숫돌입자)

17 드릴가공의 불량 또는 파손원인이 아닌 것은?

① 구멍에서 절삭 칩이 배출되지 못하고 가득 차 있을 때
② 이송이 너무 커서 절삭저항이 증가할 때
③ 디닝(thinning)이 너무커서 드릴이 약해졌을 때
④ 드릴의 날 끝 각도가 표준으로 되어 있을 때

> **TIP** 드릴에는 3가지 여유각이 있는데, 이것이 적당하지 못하면 공작물과 드릴사이에 마찰이 커져서 절삭이 곤란해지거나 드릴이 파손되는 결과를 초래한다.

18 드릴의 홈, 나사의 골지름, 곡면 형상의 두께를 측정하는 마이크로미터는?

① 외경 마이크로미터
② 캘리퍼형 마이크로미터
③ 나사 마이크로미터
④ 포인트 마이크로미터

> **TIP** 포인트 마이크로미터
> 스핀들 및 앤빌의 측정면 선단이 뾰족한 드릴의 웹 두께나 암나사의 골지름 측정, 외측 마이크로미터
>
> 나사 마이크로미터 : 삼각나사의 유효직경 측정에 이용
> 나사 측정시 치수 제원 ㉠ 외경 ㉡ 골지름 ㉢ 유효직경 ㉣ 나사산 각도 ㉤ 피치
>
> 기어 마이크로미터
> "피치원상의 주변 속도는 등속이다"라는 조건을 만족하는 기어요소 측정

19 다음 중 밀링머신에서 할 수 없는 작업은?

① 널링 가공   ② T홈 가공
③ 베벨기어 가공   ④ 나선 홈 가공

> **TIP** 선반이용가공
> 외경, 황삭가공, 정삭가공, 홈가공, 나사가공, 널링가공, 내경가공, 드릴가공, 테이퍼가공 등
>
> ※ 널링 : 공구나 계기류 등에서 손가락으로 잡는 부분이 미끄러지지 않도록 가로 또는 경사지게 톱니 모양을 붙이는 공작법

20 각형 구멍, 키 홈, 스플라인 홈 등을 가공하는데 사용되는 공작기계로 제품 형상에 맞는 단면모양과 동일한 공구를 통과시켜 필요한 부품을 가공하는 기계는?

① 호빙 머신   ② 기어 셰이퍼
③ 보링 머신   ④ 브로칭 머신

> **TIP** 호빙머신
> 기어의 이를 절삭하는 기어절삭용 전용 공작기계
>
> 보링머신
> 드릴로 뚫은 구멍을 깎아서 크게하거나 정밀도 높게하기 위한 것
>
> 기어셰이퍼
> 기어절삭기로 가공된 기어의 면을 매끄럽고 정밀하게 툴은 호빙의 원형공구 대신에 피니언형 공구가 사용됨

21 CNC 선반에서 사용하는 워드의 설명이 옳은 것은?

① G50은 내, 외경 황삭 사이클이다.
② T0305에서 05는 공구 번호이다.
③ G03은 원호보간으로 공구의 진행방향은 반시계 방향이다.
④ G04 P200은 dwell time으로 공구 이송이 2초동안 정지한다.

TIP • G50 : 좌표계 설정

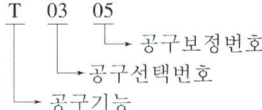

• G04 : 휴지, DWELL(잠시정지)
• P200 : 0.2초

22 초경합금의 주성분은?

① W, Cr, V   ② WC, Co
③ Tic, TiN   ④ Al₂O₃

TIP 공구재료

• 초경합금 : 탄화텅스텐(WC)에 티타늄(Ti), 탄탈(Ta) 등의 탄화물 분말을 Co 또는 Ni 분말과 혼합하여 1400℃ 이상의 고온에서 압축성형하여 소결시킨 합금
• 코티드초경합금 : 초경합금의 모재에 TiC, TiCN, TiN, Al₂O₃ 등을 코팅한 것
• 서멧 : 세라믹과 금속의 합성에 TiC가 주체, TiN, TiCN등 탄화물 초미립화하여 소결

경도가 높은 반면 항절력이 매우 낮아서 초경합금에 비해 내마모성은 우수하나 결손이 쉽게 발생(Chipping)

기타로 ㉣ 세라믹 ㉤ CBN ㉥ 다이아몬드 등이 있다.

23 바이트의 날끝 반지름이 1.2mm인 바이트로 이송을 0.05mm/rev로 깎을 때 이론상의 최대 높이 거칠기는 몇 μm인가?

① 0.57   ② 0.45
③ 0.33   ④ 026

TIP 가공면 굴곡 최대높이

$$H = \frac{S^2}{8r} = \frac{0.05^2}{8 \times 12} = 0.00026\text{mm}$$

• S : 이송
• r : 바이트 날끝 반지름

1mm는 1000μm이므로
0.00026 × 1000 = 0.26m

24 절삭 가공에서 매우 짧은 시간에 발생, 성장, 분열, 탈락의 주기를 반복하는 현상은?

① 경사면(crater) 마멸
② 절삭속도(cutting speed)
③ 여유면(flank) 마
④ 빌트업 에지(built-up edge)

TIP 빌트업에지

연강, 스테인레스강, 알루미늄과 같은 연한 재료를 절삭할 때 칩의 일부가 절삭열에 의한 고온, 고압으로 날 끝에 녹아 붙거나 깎여진 면에도 군데군데 그 흔적을 남기는 것

※ 빌트업에지를 감소시키기 위하여
- 깎는 깊이를 작게한다.
- 공구의 경사각을 크게한다.
- 날끝을 예리하게 한다.
- 절삭속도를 크게한다.
- 윤활성이 좋은 윤활유제를 사용한다.

25 입도가 작고 연한 숫돌에 적은 압력으로 가압하면서, 가공물에 이송을 주고, 동시에 숫돌에 진동을 주어 표면 거칠기를 향상시키는 가공법은?

① 배럴(barrel)
② 수퍼피니싱(superfinishing)
③ 버니싱(burnishing)
④ 래핑(lapping)

TIP ☀ 래핑
　마모현상을 가공에 응용한 것 (표면 매끄럽게 가공)

　배럴
　공작물을 넣고 회전하는 상자 (공작물이 입자와 충돌하는 동안에 그 표면의 요철 제거하여 매끈한 가공면을 얻는다.)

　버니싱
　필요한 형상을 한 공구로 공작물의 표면을 누르며 이동시켜, 표면에 소성변형 일으켜 매끈하고 정도가 높은 면 얻는 가공법

26 구멍의 치수가 $\phi 50^{+0.025}_{+0.009}$, 축의 치수가 $\phi 50^{-0.009}_{-0.025}$ 일 때 최대 틈새는 얼마인가?

① 0.025　　② 0.05
③ 0.07　　④ 0.09

TIP ☀ 최대틈새 = 50.025 - 49.975 = 0.05

　끼워맞춤에서 틈새와 죔새의 계산

　최소틈새 = 구멍의 최소 허용치수
　　　　　　 - 축의 최대 허용치수

　최대틈새 = 구멍의 최대 허용치수
　　　　　　 - 축의 최소 허용치수

　※ 최대죔새 = 축의 최대 허용치수
　　　　　　 - 구멍의 최소 허용치수

　최소죔새 = 축의 최소 허용치수
　　　　　　 - 구멍의 최대 허용치수

27 다듬질 면의 지시기호가 틀린 것은?

① ②
③ ④

TIP ☀ ∀ : 절삭 등 제거 가공의 필요 여부를 묻지 않는 경우

∀ : 제거 가공시

∀ : 제거 가공 안된다는 것

28 그림의 투상에서 정면도로 맞는 것은?

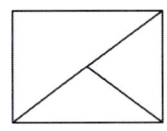

 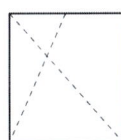

① ②

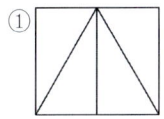 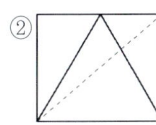

③ ④

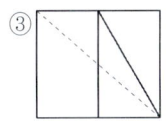 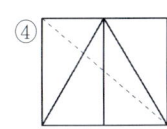

29 물체가 구의 지름임을 나타내는 치수 보조 기호는?

① $S\phi$ ② C
③ ϕ ④ R

TIP • C : 45° 모떼기
• ϕ : 지름
• R : 반지름

30 치수기입의 원칙에 맞지 않는 것은?

① 가공에 필요한 요구사항을 치수와 같이 기입할 수 있다.
② 치수는 주로 주 투상도에 집중 시킨다.
③ 치수는 되도록 도면사용자가 계산하도록 기입한다.
④ 공정마다 배열을 나누어서 기입한다.

TIP 치수는 되도록 계산할 필요가 없도록 기입하고 중복되지 않게 한다.

31 보기에서 ⓐ가 지시하는 선의 용도에 의한 명칭으로 맞는 것은?

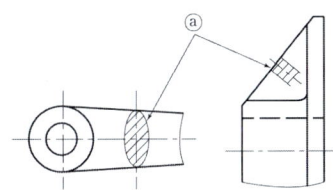

① 회전단면선   ② 파단선
③ 절단선   ④ 특수지정선

TIP 회전단면선
가는 실선으로, 도형내에 그 부분의 끊은 곳을 90° 회전하여 표시

특수지정선
굵은 일점쇄선, 특수한 가공을 하는 부분 등 특별히 요구사항을 적용할 수 있는 범위를 표시

32 제도의 목적을 달성하기 위하여 도면이 구비하여야 할 기본 요건이 아닌 것은?

① 면의 표면거칠기, 재료선택, 가공방법 등의 정보
② 도면 작성방법에 있어서 설계자 임의의 창의성
③ 무역 및 기술의 국제 교류를 위한 국제적 통용성
④ 대상물의 도형, 크기, 모양, 자세, 위치의 정보

> **TIP** 설계자들이 공통으로 알아볼 수 있어야 한다.

33 일반 차수 공차 기입 방법 중 잘못된 기입 방법은?

① 10 ± 0.1
② $10 \, ^{+0.1}_{0}$
③ $10 \, ^{+0.2}_{-0.5}$
④ $10 \, ^{0}_{+0.1}$

34 대칭형의 물체를 1/4 절단하여 내부와 외부의 모습을 동시에 보여주는 단면도는?

① 온 단면도
② 한쪽 단면도
③ 부분 단면도
④ 회전도시 단면도

> **TIP** 온단면도(전단면도)
> 물체 전체를 둘로 절단 ($\frac{1}{2}$ 절단)
>
> 부분단면도
> 외형도에서 필요로 하는 요소의 일부만을 표시
>
> 회전도시단면도
> 핸들이나 바퀴 등의 암 및 리브, 훅, 축, 구조물의 부재들의 절단면을 사항에 따라 90° 회전하여 표시

35 중간 부분을 생략하여 단축해서 그릴 수 없는 것은?

① 관
② 스퍼 기어
③ 래크
④ 교량의 난간

> **TIP** 같은 모양의 반복은 중간생략 단축이 가능하다.
> (예) • 축, 막대, 관형강
> • 래크, 공작기계의 어미나사, 교량의 난간, 사다리
> • 테이퍼축
>
> ※ 스퍼기어의 제도 : 스퍼기어는 나사의 경우와 같이 치형은 생략하여 그리고 잇봉우리원은 굵은 실선, 피치원은 일점쇄선, 이골원은 가는실선으로 그리나 외형도의 경우 생략할 수 있다. 그러나 축 직각방향에서 본 그림을 도시할 경우는 굵은 실선으로 도시하여야 한다.

36 제3각법에서 정면도 아래에 배치하는 투상도를 무엇이라 하는가?

① 평면도 ② 좌측면도
③ 배면도 ④ 저면도

TIP
```
         평면도
좌측면도  정면도  우측면도  배면도
         저면도
```

37 기하공차 기호에서 다음 중 자세 공차를 나타내는 것이 아닌 것은?

① 대칭도 공차 ② 직각도 공차
③ 경사도 공차 ④ 평행도 공차

TIP 관련형체에 따라
- 자세공차 : 평행도공차(//), 직각도공차(⊥), 경사도공차(∠)
- 위치공차 : 위치도공차(⌖), 동축도공차(◎), 대칭도공차 (⚌)
- 흔들림공차 : 원주흔들림공차(↗), 온흔들림공차(↗↗)

38 도면을 철하지 않을 경우 A2 용지의 윤곽선은 용지의 가장자리로부터 최소 얼마나 떨어지게 표시하는가?

① 10mm ② 15mm
③ 20mm ④ 25mm

TIP 도면을 철할 경우 25mm

39 다음 표면거칠기의 표시에서 C가 의미하는 것은?

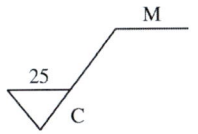

① 주조가공
② 밀링가공
③ 가공으로 생긴 선이 무방향
④ 가공으로 생긴 선이 거의 동심원

TIP 줄무늬 방향의 기호

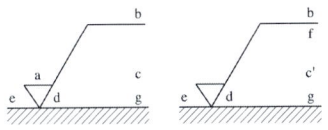

- a : 중심선 평균 거칠기의 값
- b : 가공방법
- c : 컷오프값
- c' : 기준길이
- d : 줄무늬 방향의 기호
- f : 중심선 평균 거칠기 이외의 표면 거칠기의 값
- g : 표면 파상도

면의 지시기호에 대한 각 제시사항의 위치

기호	뜻
=	가공으로 생긴 앞줄의 방향이 기호를 기입한 그림의 투상면에 평행
⊥	가공으로 생긴 앞줄의 방향이 기호를 기입한 그림의 투상면에 직각
×	가공으로 생긴선이 2방향으로 교차
M	가공으로 생긴 선이 다방면으로 교차 또는 무방향
C	가공으로 생긴 선이 거의 동심원
R	가공으로 생긴 선이 거의 방사형 모양(레이디얼 모양)

40 기하공차에 있어서 평면도의 공차 값이 지정 넓이 75×75mm에 대해 0.1mm일 경우 도시가 바르게 된 것은?

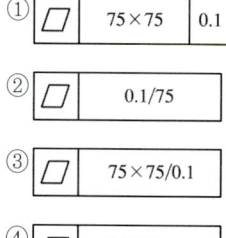

TIP 공차 기입틀 표시사항

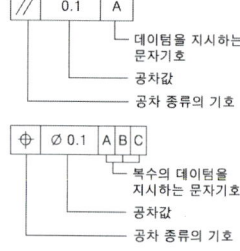

41 다음은 제 3각법으로 정투상한 도면이다. 등각 투상도로 적합한 것은?

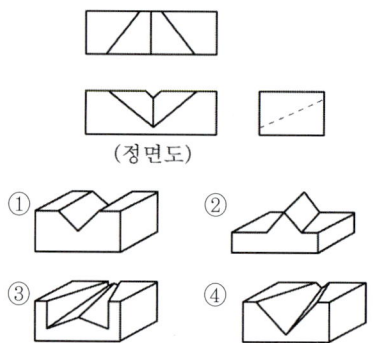

42 최대 허용치수가 구멍 50.025mm, 축 49.975mm이며 최소 허용치수가 구멍 50.000mm, 축 49.950mm일 때 끼워맞춤의 종류는?

① 중간 끼워맞춤 ② 억지 끼워맞춤
③ 헐거운 끼워맞춤 ④ 상용 끼워맞춤

TIP 헐거운 끼워맞춤
조립하였을때 항상 틈새가 생기는 끼워맞춤(구멍이 축보다 클 때)

억지 끼워맞춤
조립하였을때 항상 죔새가 생기는 끼워맞춤(축이 구멍보다 클 때)

중간 끼워맞춤
조립하였을때, 구멍, 축의 실치수에 따라 틈새 또는 죔새의 어느 것이나 되는 끼워맞춤(구멍과 축이 같을 때)

43 제도시 선의 굵기에 대한 설명으로 틀린 것은?

① 선은 굵기 비율에 따라 표시하고 3종류로 한다.

② 선의 최대 굵기는 0.5mm로 한다.

③ 동일 도면에서는 선의 종류마다 굵기를 일정하게 한다.

④ 선의 최소 굵기는 0.18mm로 한다.

> **TIP** 굵기에 따른 선의 종류
> 0.18, 0.25, 0.35, 0.5, 0.7 및 1mm
> (※0.18은 가능한 사용하지 않음)
>
> 선의 굵기 종류
> • 가는선 : 0.18 ~ 0.5mm
> • 굵은선 : 0.35 ~ 1mm
> • 아주 굵은선 : 0.7 ~ 2mm
> (따라서 최대 2mm)

44 투상도의 선택 방법에 대한 설명 중 틀린 것은?

① 대상물의 모양이나 기능을 가장 뚜렷하게 나타내는 부분을 정면도로 선택한다.

② 기능을 나타내는 도면에서는 대상물을 사용하는 상태로 놓고 표시한다.

③ 특별한 이유가 없는 한 대상물을 모두 세워서 그린다.

④ 비교 대조가 불편한 경우를 제외하고는 숨은선을 사용하지 않도록 투상을 선택한다.

> **TIP** 투상도의 선택방법
> • 정면도에서는 대상물의 모양이나 기능을 가장 뚜렷하게 나타내는 면을 그린다.
> – 계획도, 실시계획도, 조립도 등 주로 기능을 나타내는 도면에서는 대상물을 사용하는 상태로 놓고 표시한다.
> – 부품을 가공하기 위한 도면에서는 가공할 때 가장 많이 이용하는 공정에서 대상물을 놓은 상태로 그린다.
> – 특별한 이유가 없는 경우에는 대상물을 옆으로 길게 놓은 상태에서 그린다.
> • 정면도를 보충하는 다른 투상도는 되도록 작게하고, 정면도만으로 나타내기에 충분한 경우에는 다른 투상도를 그리지 않는다.
> • 서로 관련되는 그림의 배치는 되도록 숨은 선을 사용하지 않도록 한다. 다만, 비교 대조하기가 불편한 경우에는 이에 따르지 않아도 좋다.

45 다음 중 재료의 기호와 명칭이 맞는 것은?

① STC : 기계 구조용 탄소 강재

② STKM : 용접 구조용 압연 강재

③ SC : 탄소 공구 강재

④ SS : 일반 구조용 압연 강재

> **TIP** • STC : 탄소공구강재 STKM : 기계구조용 탄소강관
> • SC : 탄소주강품 SM20C : 기계구조용 탄소강재
> • SM(400-570) : 용접구조용 압연강재
> • SPS : 스프링 강재

40 ④ 41 ④ 42 ③ 43 ② 44 ③ 45 ④

46 베벨기어 제도시 피치원을 나타내는 선의 종류는?

① 굵은 실선 ② 가는 1점 쇄선
③ 가는 실선 ④ 가는 2점 쇄선

> 💡 • 베벨기어의 정면도에서 잇봉우리선과 이골선은 굵은 실선, 피치선은 가는 일점쇄선으로 그린다.
> • 측면도의 잇봉우리선은 외단부와 내단부를 모두 굵은 실선으로 그리고 피치선은 외단부만 가는 일점쇄선으로 그린다.

47 벨트 풀리의 도시법에 대한 설명으로 틀린 것은?

① 벨트 풀리는 축 직각 방향의 투상을 주투상도로 할 수 있다.
② 벨트 풀리는 모양이 대칭형이므로 그 일부분만을 도시 할 수 있다.
③ 암은 길이 방향으로 절단하여 도시한다.
④ 암의 단면형은 도형의 안이나 밖에 회전 단면을 도시한다.

> 💡 암은 길이방향으로 절단하여 단면을 도시하지 않는다.
> ※ 평벨트폴리구조는 링, 보스, 암으로 구분. 재료는 주철이 사용되나 고속일 때 주강제가 쓰인다.

48 다음 기호 중 화살표 쪽의 표면에 V형 홈 맞대기 용접을 하라고 지시하는 것은?

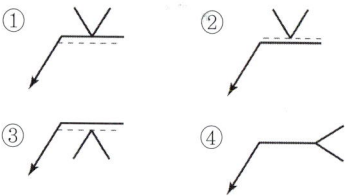

> 💡 용접 기본 기호 기재 방법
> • 용접 기본 기호는 기준선의 위 또는 아래 둘 중에 어느 한쪽에 표시한다.
> • 용접부(용접면)가 이음의 화살표 쪽에 있을 때의 기호는 실선 쪽의 기준선에 표시한다.
> • 용접부가 화살표의 반대쪽에 있을 때에는 파선 쪽에 기본 기호를 붙인다.
> • 프로젝션 용접법에 따른 스폿 용접부의 경우 프로젝션 표면을 용접부의 표면으로 생각한다.

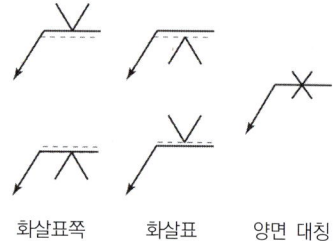

화살표쪽 용접 / 화살표 반대쪽 용접 / 양면 대칭 용접

기준선에 기본 기호 위치에 따른 용접 방향

49 나사의 종류와 표시하는 기호로 틀린 것?

① S 0.5 : 미니추어 나사
② Tr 10×2 : 미터 사다리꼴 나사
③ Rc 3/4 : 관용 테이퍼 암나사
④ E10 : 미싱나사

TIP
• 전구나사 : E10
• 미싱나사 : SM 1/4 산40

50 축의 도시방법에 대한 설명으로 틀린 것?

① 긴 축은 중간 부분을 파단하여 짧게 그리고 실제치수를 기입한다.
② 길이 방향으로 절단하여 단면을 도시한다.
③ 축의 끝에는 조립을 쉽고 정확하게 하기 위해서 모따기를 한다.
④ 축의 일부 중 평면 부위는 가는실선의 대각선으로 표시한다.

TIP 축은 길이방향으로 도시하지 않는다. 단, 부분단면은 허용한다.

51 스퍼 기어의 모듈이 2이고 잇수가 56개일 때 이 기어의 이끝원 지름은 몇 mm인가?

① 56   ② 112
③ 114 ④ 116

TIP 이끝원지름(D) = m(Z +2)에 의해
= 2×(56 +2) = 116

52 주어진 테이퍼 판의 호칭지름으로 맞는 부위는?

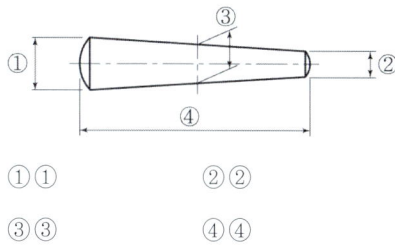

① ①   ② ②
③ ③   ④ ④

TIP 작은 쪽의 지름이다.

53 기계요소 중 캠에 대한 설명으로 맞는 것?

① 평면 캠에는 판 캠, 원뿔 캠, 빗판 캠이 있다.
② 입체 캠에는 원통캠, 정면 캠, 직선운동 캠이 있다.
③ 캠 기구는 원동절(캠), 종동절, 고정절로 구성되어 있다.
④ 캠을 작도할 때는 캠 윤곽, 기초원, 캠 선도 순으로 완성한다.

TIP 캠
회전운동을 직선운동이나 왕복운동으로 바꾸어 주는 기계요소

캠 전동
판캠, 원통캠, 구면캠, 단면캠

캠 전동의 이용
내연기관의 밸브 장치, 재봉틀, 놀이기구, 각종 공작기계

54 나사의 도시에서 완전 나사부와 불완전 나사부의 경계선을 나타내는 선의 종류는?

① 굵은 실선　② 가는 실선
③ 가는 1점 쇄선　④ 가는 2점 쇄선

> **TIP** 나사 도시방법
> - 굵은실선
>   - 완전 나사부와 불완전 나사부의 경계선
>   - 수나사의 바깥지름과 암나사의 안지름을 표시하는 선
> - 가는실선 : 수나사와 암나사의 골을 표시하는 선
> - 가는파선 : 보이지 않는 나사부의 산마루

55 다음과 같은 배관설비도면에서 유니온 접속을 나타내는 기호는?

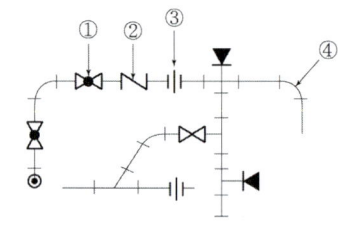

① ①　② ②
③ ③　④ ④

> **TIP**
> - 유니온이음 : ─||─
> - 체크밸브(역류방지밸브) : ─N─
> - 글로브밸브 : ─▷◁─
> - 90° 엘보우 : ↱
> - 게이트밸브(슬루스밸브) : ─▷◁─

56 구름 베어링 호칭 번호의 순서가 올바르게 나열된 것은?

① 형식기호 - 치수계열기호 - 안지름번호 - 접촉각기호
② 치수계열기호 - 형식기호 - 안지름번호 - 접촉각기호
③ 형식기호 - 안지름번호 - 치수계열기호 - 틈새기호
④ 치수계열기호 - 안지름번호 - 형식기호 - 접촉각기호

> **TIP** 호칭번호의 배열
> - 기본번호 : 베어링 계열기호, 안지름 번호, 접촉각 기호
> - 보조기호 : 유지기 기호, 실기호 또는 실드기호, 궤도륜 기호, 조합기호, 내부 틈새기호, 등급 기호

57 CAD시스템의 3차원 모델링 중 서피스 모델링의 일반적인 특징으로 틀린 것은?

① 은선 처리가 가능하다.
② 관성모멘트 등 물리적 성질을 계산할 수 있다.
③ 단면도 작성을 할 수 있다.
④ NC가공 데이터 생성에 사용된다.

TIP: 서피스 모델링의 특징
- 은선이 제거될 수 있고 면의 구분이 가능하다.
- NC data에 의한 NC 가공작업이 수월하다.
- 단면도 작성이 가능하다.
- 형상 내부에 관한 정보가 없어 해석용 모델로 사용되지 못한다.
- 유한요소법(FEM) 해석이 곤란하다.

58 CAD의 좌표 표현 방식 중 임의의 점을 지정할 때 원점을 기준으로 좌표를 지정하는 방법은?

① 상대좌표
② 상대 극좌표
③ 절대좌표
④ 혼합좌표

TIP: 절대좌표
(X.Y.Z)의 값이 (0.0.0)에서부터 시작되는 것

59 CAD 시스템의 입력장치 중에서 광점자 센서가 붙어있어 화면에 접촉하여 명령어 선택이나 좌표입력이 가능한 것은?

① 조이스틱(joystick)
② 마우스(mouse)
③ 라이트 펜(light pen)
④ 태블릿(tablet)

TIP: 라이트 펜
빛에 반응하는 막대 모양의 입력장치

60 CAD 시스템을 구성하는 하드웨어로 볼 수 없는 것은?

① CAD 프로그램
② 중앙처리장치
③ 입력장치
④ 출력장치

TIP: CAD 소프트웨어의 대표적 프로그램이 AutoCAD이다.

06 과년도 기출문제

2013년
7월 21일

01 일반적으로 탄소강에서 탄소함유량이 증가하면 용해 온도는?

① 낮아진다. ② 높아진다.
③ 불변이다. ④ 불규칙적이다.

TIP 탄소강에서 탄소함유량이 증가하면
- 강도, 경도가 높아진다.
- 인성, 전성, 충격값이 감소
- 용융점 낮아지고 충격값 감소
- 냉간가공이 어려워진다.

02 유리섬유에 함침(含浸)시키는 것이 가능하기 때문에 FRP(fiber reinforced plastic)용으로 사용되는 열경화성 플라스틱은?

① 폴리에틸렌계
② 불포화 폴리에스테르계
③ 아크릴계
④ 폴리염화비닐계

TIP 열경화성 플라스틱
  페놀수지, 요소수지, 멜라민수지, 규소수지, 폴리에스테르수지
  열가소성 플라스틱
  스틸렌수지, 염화비닐, 폴리에틸렌, 초산비닐, 아크릴수지

03 구리에 니켈 40~50% 정도를 함유하는 합금으로서 통신기 전열선 등의 전기저항 재료로 이용되는 것은?

① 모넬메탈 ② 콘스탄탄
③ 엘린바 ④ 인바

TIP • 콘스탄탄 : Cu 55% + Ni 45%
  ※ 열전대온도계 : 구리-콘스탄탄 조합
  • 모넬 : Cu + Ni, 최소 63% Ni

04 탄소강의 가공에 있어서 고온가공의 장점 중 틀린 것은?

① 강괴 중의 기공이 압착된다.
② 결정립이 미세화 되어 성질을 개선시킬 수 있다.
③ 편석에 의한 불균일 부분이 확산되어서 균일한 재질을 얻을 수 있다.
④ 상온가공에 비해 큰 힘으로 가공도를 높일 수 있다.

TIP 고온가공
  재결정 온도이상에서 가공하는 것
  • 장점
    ① 강괴 중의 기공이 압착된다.

② 소성가공성이 풍부하므로 상온가공에 비해 적은 힘으로도 가공도를 높일 수 있다.
③ 편석에 의한 불균일 부분이 확산되어 균일한 재질을 얻을 수 있다.
④ 강의 성질을 개선시킨다.

- 상온가공 : 재결정 온도 이하에서 가공
  ① 치수의 정밀, 표면의 깨끗함, 가공 경화에 의한 기계적 성질 향상
  ② 가공에 요하는 힘이 많이 든다.

05 열간가공이 쉽고 다듬질 표면이 아름다우며 특히 용접성이 좋고 고온강도가 큰 장점을 갖고 있어 각종 축, 기어, 강력볼트, 암, 레버 등에 사용하는 것으로 기호표시는 SCM으로 하는 강은?

① 니켈-크롬강
② 니켈-크롬-몰리브덴강
③ 크롬-몰리브덴강
④ 크롬-망간-규소강

> TIP • 크롬-몰리브덴강(SCM) : 담금질이 용이하고 뜨임 취성이 작다.
>   • 기계구조용 탄소강재 (SM)
>   • Ni-Cr강 (SNC)
>   • Ni-Cr-Mo강 (SNCM)
>   • Cr-Mn-Si강 (크로만실)

06 강재의 크기에 따라 표면이 급랭되어 경화하기 쉬우나 중심부에 갈수록 냉각속도가 늦어져 경화량이 적어지는 현상은?

① 경화능
② 잔류응력
③ 질량효과
④ 노치효과

> TIP 합금 원소의 효과
>   • 질량 효과 : 같은 재질을 같은 열처리 조건에 따라 급냉한다해도 물건의 크기에 따라 내부의 변화 상태 달리지는 것. 내부의 열이 표면까지 도달하는데 시간이 걸려 충분한 냉각을 얻을 수 없는 질량에 의한 열처리의 차이
>   • 노치 효과 : 기계 부품에 예리한 모서리가 존재하면 국부적인 응력 집중(평균 응력의 약 10배)이 생겨 파손되기 쉬운데, 이 예리한 모서리를 노치라 하며, 이 노치 때문에 강도가 감소하는 현상
>   • 경화능 : 해당 열처리에 대해 마르텐사이트가 형성되어 합금이 경화되는 능력
>   • 잔류응력 : 외력의 작용이 없어진 상태에서 부품의 내부에 잔류하는 응력으로, 기계적 성질에 영향을 줌.

07 구리의 일반적 특성에 관한 설명으로 틀린 것은?

① 전연성이 좋아 가공이 용이하다.
② 전기 및 열의 전도성이 우수하다.
③ 화학적 저항력이 작아 부식이 잘된다.
④ Zn, Sn, Ni, Ag 등과는 합금이 잘된다.

> TIP 내식성이 커서 공기중에서는 산화되지 않는다.(단, 구리는 수증기(H_2O)와 녹청(푸른 녹)이 발생한다.)

01 ① 02 ② 03 ② 04 ④ 05 ③ 06 ③ 07 ③

08 회전운동을 하는 드럼이 안쪽에 있고 바깥에서 양쪽 대칭으로 드럼을 밀어 붙여 마찰력이 발생하도록 한 브레이크는?

① 블록 브레이크

② 밴드 브레이크

③ 드럼 브레이크

④ 캘리퍼형 원판브레이크

TIP
- 블록브레이크(자전거 앞바퀴 브레이크)
- 띠브레이크(밴드브레이크) : 자전거 뒷바퀴 브레이크
- 원판브레이크 : 오토바이 앞바퀴 브레이크
  - 캘리퍼형 원판브레이크 (캘리퍼란 자동차 브레이크 부품으로 디스크 브레이크에 유압피스톤과 패드의 세트)
  - 클러치형 원판브레이크 : 축 방향 하중에 의해 발생하는 마찰력으로 제동하는 브레이크로 마찰면이 원판
- 드럼브레이크 : 회전운동을 하는 드럼이 바깥쪽에 있고 두 개의 브레이크 블록이 드럼의 안쪽에서 대칭으로 드럼에 접촉하여 제동한다.

09 단면적이 100mm²인 강재에 300N의 전단하중이 작용할 때 전단응력(N/mm²)은?

① 1 ② 2
③ 3 ④ 4

TIP 전단응력 = $\frac{하중}{단면적}$ = $\frac{300}{100}$ = $3N/mm^2$

10 주로 강도만을 필요로 하는 리벳이음으로서 철교, 선박, 차량 등에 사용하는 리벳은?

① 용기용 리벳   ② 보일러용 리벳

③ 코킹   ④ 구조용 리벳

TIP 사용목적
- 구조용 리벳 : 강도만 요구(선박, 차량, 구조물 등)
- 저압용 리벳 : 기밀, 수밀을 요구(저압용 탱크)
- 보일러용 리벳 : 강도 및 기밀요구

11 키의 종류 중 페더 키(feather key)라고도 하며, 회전력의 전달과 동시에 축 방향으로 보스를 이동시킬 필요가 있을 때 사용되는 것은?

① 미끄럼 키   ② 반달 키

③ 새들 키   ④ 접선 키

TIP 반달키
키 홈을 축에 반달 모양으로 판 것, 키를 끼운 후에 보스를 끼운다.

새들키
축은 그대로 두고 보스에만 키 홈을 파서 키를 박아 마찰에 의해 회전력을 전달

접선키
큰 동력을 전달. 접선 방향으로 키홈을 파서 서로 반대의 테이퍼를 가진 2개의 키를 조합하여 끼워 넣는다.

12 동력 전달용 기계요소가 아닌 것은?

① 기어　　　② 체인
③ 마찰차　　④ 유압 댐퍼

TIP 유압댐퍼
　　유압을 이용하여 진동을 약하게 하거나 충격을 흡수하는 장치

13 평 벨트 전동과 비교한 V벨트 전동의 특징이 아닌 것은?

① 고속운전이 가능하다.
② 미끄럼이 적고 속도비가 크다.
③ 바로걸기와 엇걸기 모두 가능하다.
④ 접촉 면적이 넓으므로 큰 동력을 전달한다.

TIP V벨트는 동력전달 보조 장치의 구동 수단으로 산업용 기계 구동 및 농기계용, 중공업, 경공업 등 모든 산업 분야에 널리 보급된 효율 높은 전동시스템

14 평판 모양의 쐐기를 이용하여 인장력이나 압축력을 받는 2개의 축을 연결하는 결합용 기계요소는?

① 코터　　　② 커플링
③ 아이 볼트　④ 테이퍼 키

TIP 아이볼트
　　머리 부분에 고리가 달린 볼트
　　테이퍼키
　　성크키의 일종으로 키에 경사를 붙인 키.
　　기울기는 보통 $\frac{1}{100}$ (또는 $\frac{1}{50} \sim \frac{1}{100}$)
　　(※ 성크키 : 테이퍼키, 평행키, 머리달린키)
　　커플링
　　두 축을 직접 연결하여 회전이나 동력을 전달하는 부품

15 24산 3줄 유니파이 보통 나사의 리드는 몇 mm인가?

① 1.175　　② 2.175
③ 3.175　　④ 4.175

TIP • 리드 = 줄수 × 피치
　　• 유니파이나사 피치
　　　$= \frac{25.4}{\text{산수}} = \frac{25.4}{24} = 1.0583$
　　∴ 리드 $= 3 \times 1.0583 = 3.175$

16 절삭제의 사용하는 목적과 관계가 없는 것은?

① 공구의 경도 저하를 방지한다.
② 가공물의 정밀도 저하를 방지한다.
③ 윤활 및 세척작용을 한다.
④ 절삭작용은 어렵게 한다.

TIP 절삭유의 작용 ㉠ 냉각 ㉡ 윤활 ㉢ 세척작용 등이다.

17 공구에 진동을 주고 공작물과 공구사이에 연삭입자와 가공액을 주고 전기적 에너지를 기계적 에너지로 변화함으로써 공작물을 정밀하게 다듬는 방법은?

① 래핑
② 수퍼 피니싱
③ 전해 연마
④ 초음파 가공

> **TIP** 수퍼 피니싱
> 입도가 작고 결합도가 작은 숫돌을 공작물에 가볍게 누르고 진동을 주면서 왕복운동을 시킴과 동시에 공작물에도 회전을 주어 가공면을 다듬는 것
>
> 래핑
> 공구와 다듬질할 일감 사이에 랩제를 넣고 일감을 누르며 상대운동을 시킴으로서 매끈한 다듬질 하는 가공방법
>
> 전해연마
> 전기 화학적인 방법으로 표면을 다듬질 하는 방법

18 단단한 재료일수록 드릴의 선단 각도는 어떻게 해 주어야 하는가?

① 일정하게 한다.
② 크게 한다.
③ 작게 한다.
④ 시작점에서는 작은 각도, 끝점에서는 큰 각도로 한다.

> **TIP** 드릴의 인선각 : 연강용 118°
> ※가공 재료가 굳을수록 각을 크게 한다.

19 오차가 +20μm인 마이크로미터로 측정한 결과 55.25mm의 측정값을 얻었다면 실제값은?

① 55.18mm
② 55.23mm
③ 55.25mm
④ 55.27mm

> **TIP** 실제값 = 측정값 − 오차
> = 55.25 − 0.02 = 55.23mm
>
> [참고] 20μm를 mm로 고치면
> $\frac{20}{1000}$ mm = 0.02mm

20 선반의 척 중 불규칙한 모양의 공작물을 고정하기에 가장 적합한 것은?

① 압축공기 척
② 연동 척
③ 마그네틱 척
④ 단동 척

> **TIP** 마그네틱척
> 두께가 얇은 일감을 변형시키지 않고 고정
>
> 압축공기척
> 압축공기를 이용하여 조오를 자동적으로 움직여 공작물 고정
>
> 연동 척
> 조오가 3개이고 동시에 움직이므로 원형, 정삼각형의 일감을 고정하는데 편리

21 지름이 100mm인 연강을 회전수 300 r/min(= rpm), 이송 0.3mm/rev, 길이 50mm를 1회 가공할 때 소요되는 시간은 약 몇 초인가?

① 약 20초 ② 약 33초
③ 약 40초 ④ 약 56초

> **TIP** 가공시간
> $$T = \frac{l}{N \cdot S} = \frac{50}{300 \times 0.3}$$
> = 0.55분
> = 33초
>
> - N : 회전수(rev/min)
> - S : 이송속도(mm/rev)
> - l : 길이(mm)
>
> 복잡하게 계산해보면
> 회전속도
> $$V = \frac{\pi D N}{1000} = \frac{3.14 \times 100 \times 300}{1000}$$
> = 94.2m/min

22 연삭숫돌의 기호 WA 60 K m V에서 '60'은 무엇을 나타내는가?

① 숫돌 입자 ② 입도
③ 조직   ④ 결합도

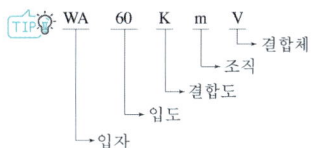

23 키 홈 스프라인 홈, 원형이나 다각형의 구멍들을 가공하는 브로칭 머신은?

① 내면 브로칭 머신
② 특수 브로칭 머신
③ 자동 브로칭 머신
④ 외경 브로칭 머신

> **TIP** 외면 브로우치
> 세그먼트 기어의 치형이나 홈, 특수한 모양의 면을 가공하는 작업

24 CNC선반의 준비기능에서 G32코드의 기능은?

① 드릴 가공   ② 모서리 정밀 가공
③ 홈 가공   ④ 나사 절삭 가공

> **TIP** • G32 : 나사절삭코드
> • G74 : 단면홈가공사이클(드릴가공)
> • G75 : 내·외경 홈가공

25 밀링 머신의 부속 장치가 아닌 것은?

① 분할대   ② 크로스 레일
③ 래크 절삭 장치   ④ 회전 테이블

> TIP 플레이어
> 바이트는 크로스레일 위를 이동하는 공구대에 장치되어 가로(전·후)로 이동

26 제3각법으로 그린 투상도의 평면도로 옳은 것은?

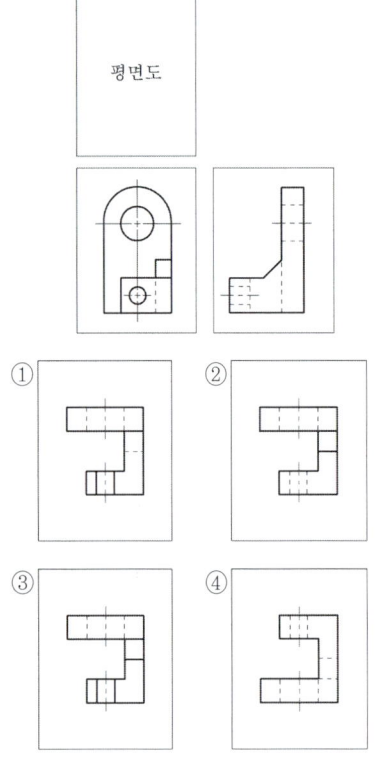

27 투상에 사용하는 숨은선을 올바르게 적용한 것은?

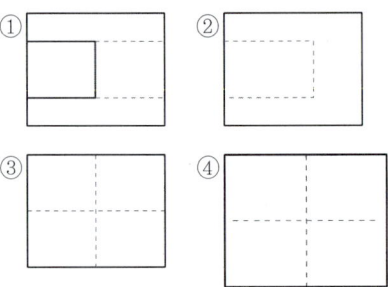

28 기하 공차의 구분 중 모양의 공차의 종류에 속하지 않는 것은?

① 진직도 공차   ② 평행도 공차
③ 진원도 공차   ④ 면의 윤곽도 공차

> TIP 모양에 관한 공차
> 직진도 공차, 평면도 공차, 진원도 공차, 원통도 공차, 선의윤곽도 공차
>
> 자세에 관한 공차
> 평행도 공차, 직각도 공차, 경사도 공차
>
> 위치에 관한 공차
> 위치도 공차, 동축도 공차, 대칭도 공차
>
> 흔들림에 의한 공차
> 원주 흔들림 공차, 온 흔들림 공차

29 투상도의 올바른 선택방법으로 틀린 것은?

① 대상 물체의 모양이나 기능을 가장 잘 나타낼 수 있는 면을 주투상도로 한다.
② 조립도와 같이 주로 물체의 기능을 표시하는 도면에서는 대상물을 사용하는 상태로 그린다.
③ 부품도는 조립도와 같은 방향으로만 그려야 한다.
④ 길이가 긴 물체는 특별한 사유가 없는 한 안정감 있게 옆으로 누워서 그린다.

TIP 부품도는

- 정면도에서는 대상물의 모양이나 기능을 가장 뚜렷하게 나타내는 면을 그린다.
  - 계획도, 실시계획도, 조립도 등 주로 기능을 나타내는 도면에서는 대상물을 사용하는 상태로 놓고 표시한다.
  - 부품을 가공하기 위한 도면에서는 가공할 때 가장 많이 이용하는 공정에서 대상물을 놓은 상태로 그린다.
  - 특별한 이유가 없는 경우에는 대상물을 옆으로 길게 놓은 상태에서 그린다.
- 정면도를 보충하는 다른 투상도는 되도록 작게하고, 정면도만으로 나타내기에 충분한 경우에는 다른 투상도를 그리지 않는다.
- 서로 관련되는 그림의 배치는 되도록 숨은 선을 사용하지 않도록 한다. 다만, 비교 대조하기가 불편한 경우에는 이에 따르지 않아도 좋다.

30 KS 부문별 분류 기호에서 기계를 나타내는 것은?

① KS A
② KS B
③ KS K
④ KS H

TIP
- KS A : 기본
- KS B : 기계
- KS C : 전기
- KS K : 섬유
- KS H : 식료품

31 대칭인 물체를 1/4 절단하여 물체의 안과 밖의 모양을 동시에 나타낼 수 있는 단면도는?

① 한쪽단면도
② 온단면도
③ 부분단면도
④ 회전도시 단면도

TIP 단면의 종류

- 온단면도(전단면도) : 물체 전체를 둘로 절단 ($\frac{1}{2}$절단)
- 부분단면도 : 외형도에서 필요로 하는 요소의 일부만을 표시
- 회전도시단면도 : 핸들이나 바퀴 등의 암 및 리브, 훅, 축, 구조물의 부재들의 전단면을 사항에 따라 90° 회전하여 표시
- 한쪽단면도 : 상, 하 또는 좌, 우 대칭인 물체는 $\frac{1}{4}$을 떼어낸 것으로 보고 기본중심선을 경계로 하여 $\frac{1}{2}$은 외형, $\frac{1}{2}$은 단면으로 동시에 나타낸 것으로 대칭 중심의 우측 또는 위쪽을 단면한다.

25 ② 26 ② 27 ① 28 ② 29 ③ 30 ② 31 ①

32 치수 허용 한계를 기입할 때 일반사항에 대한 설명으로 틀린 것은?

① 기능에 관련되는 치수와 허용 한계는 기능을 요구하는 부위에 직접 기입하는 것이 좋다.

② 직렬 치수 기입법으로 치수를 기입할 때는 치수 공차가 누적되므로 공차의 누적이 기능에 관계가 없는 경우에만 사용하는 것이 좋다.

③ 병렬 치수 기입법으로 치수를 기입할 때 치수 공차는 다른 치수의 공차에 영향을 주기 때문에 기능 조건을 고려하여 공차를 적용한다.

④ 축과 같이 직렬 치수 기입법으로 치수를 기입할 때 중요도가 작은 치수는 괄호를 붙여서 참고 치수로 기입하는 것이 좋다.

> TIP 치수의 배치
> - 직렬치수기입법
>   직렬로 나란히 연결된 개개의 치수에 주어진 치수공차가 누적되어도 좋은 경우에 사용
> - 병렬치수기입법
>   병렬로 기입하는 개개의 치수공차는 다른 치수의 공차에는 영향을 주지 않는다.
> - 누진치수기입법
>   병렬치수기입법과 완전히 동등한 의미를 가지면서 한 개의 연속된 치수선으로 간편하게 표시. 이 경우, 치수의 기점 위치는 기점기호(O)로 나타내고, 치수선의 다른 끝은 화살표로 나타낸다.

33 다음 동각 투상도에서 화살표 방향을 정면도로 할 경우 평면도로 올바른 것은?

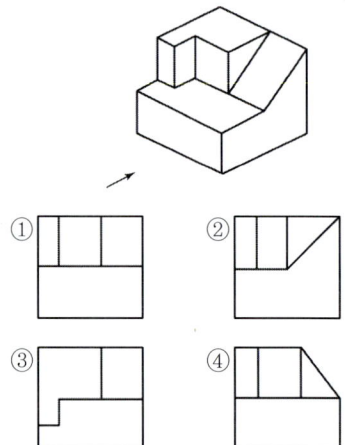

34 다음 중 치수 기입 방법으로 맞는 것은?

① 길이의 치수는 원칙적으로 밀리미터 단위로 기입하고, 단위 기호를 붙인다.

② 각도의 치수는 일반적으로 도, 분, 초 등의 단위를 기입한다.

③ 관련되는 치수는 나누어서 기입한다.

④ 가공이나 조립할 때 기준으로 하는 곳이 있더라도 상관없이 기입한다.

> TIP 각도의 치수 수치는 도의 단위로 기입하고, 필요한 경우에는 분 및 초를 병용할 수 있다. 숫자 왼쪽위에 각각 °, ′, ″ 를 기입

35 가공 방법의 약호에서 연삭가공의 기호는?

① L ② D
③ G ④ M

TIP: 가공방법의 약호
- D : Drill(드릴)
- L : Lathe(선반)
- M : Milling(밀링)
- G : Grinding(연삭)

36 대상물의 가공 전 또는 가공 후의 모양을 표시하는데 사용하는 선은?

① 가는 1점쇄선 ② 가는 2점쇄선
③ 가는 실선 ④ 굵은 실선

TIP:

가상선	가는 2점쇄선	(1) 인접부분을 참고로 표시하는 데 사용한다. (2) 공구, 지그 등의 위치를 참고로 나타내는 데 사용한다. (3) 가동부분을 이동 중의 특정한 위치 또는 이동한계의 위치로 표시하는데 사용한다. (4) 가공 전 또는 가공 후의 모양을 표시하는데 사용한다. (5) 되풀이 하는 것을 나타내는 데 사용한다. (6) 도시된 단면의 앞쪽에 있는 부분을 표시하는데 사용한다.
무게 중심선		단면의 무게 중심을 연결한 선을 표시하는데 사용한다.

37 다음 그림은 제3각법으로 제도한 것이다. 이 물체의 등각 투상도로 알맞은 것은?

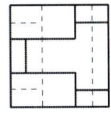

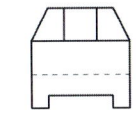 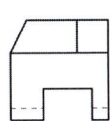

① 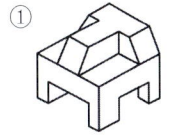 ②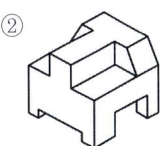

③ 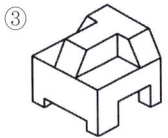 ④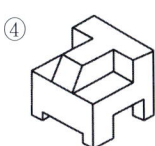

38 다음 중 재료 기호에 대한 명칭이 잘못된 것은?

① SM20C : 기계 구조용 탄소강재
② BC3 : 황동 주물
③ GC200 : 회 주철품
④ SC 450 : 탄소강 주강품

TIP: BC3

청동주물 3종(베어링, 슬리브, 부시, 펌프 몸체)

32 ③ 33 ③ 34 ② 35 ③ 36 ② 37 ③ 38 ②

39 구멍의 치수가 $\phi 30 \pm^{+0.020}_{0}$, 축의 치수가 $\phi 30 \pm^{+0.020}_{-0.005}$ 일 때, 최대 죔새는 얼마인가?

① 0.030　　② 0.025
③ 0.020　　④ 0.005

TIP) 최대죔새
　= 축의 최대 허용치수
　　- 구멍의 최소 허용치수
최소죔새
　= 축의 최소 허용치수
　　- 구멍의 최대 허용치수

※ 최대 죔새 = 30.02 - 30.0 = 0.020

40 다음의 표면 거칠기 기호 중 주조품의 표면 제거 가공을 허락하지 않는 것을 지시하는 기호는?

① 　　②
③ 　　④

TIP) : 표면의 결을 도시할 때에 대상면을 지시하는 기호는 60°로 벌린 길이가 다른 절선으로 하며, 면의 지시 기호는 지시하는 대상면을 나타내는 선에 바깥쪽에서 붙여쓴다.

　: 제거 가공

　: 제거 가공 허용하지 않음

　: 특별히 가공방법 지시

41 도면에 마련하는 양식 중에서 마이크로 필름 등으로 촬영하거나 복사 및 철할 때의 편의를 위하여 마련하는 것은?

① 윤곽선　　② 표제란
③ 중심마크　　④ 비교눈금

TIP) 도면에 반드시 설정해야 하는 사항
- 윤곽(테두리선)
  도면의 윤곽에 사용하는 굵기 0.5mm 이상의 실선으로 한다.
- 표제란
  도면의 오른쪽 아래 구석에 표제란을 그리고 원칙적으로 도면번호, 도명, 기업(단체)명, 책임자 서명(도장), 도면작성 년월일, 척도 및 투상법을 기입한다.

42 구의 지름을 나타내는 치수 보조기호는?

① ϕ　　② C
③ Sϕ　　④ R

TIP)
- ϕ : 지름
- C : 45°의 모떼기
- R : 반지름

43 도면을 그릴 때 가는 2점 쇄선으로 그려야 하는 것은?

① 숨은선　　② 피치선
③ 가상선　　④ 해칭선

44 다음의 기하공차 기호를 바르게 해석한 것은?

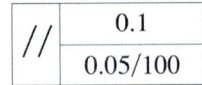

① 평행도가 전체 길이에 대해 0.1mm, 지정길이 100mm에 대해 0.05의 허용치를 갖는다.

② 평행도가 전체 길이에 대해 0.05mm, 지정길이 100mm에 대해 0.1mm에 허용치를 갖는다.

③ 대칭도가 전체 길이에 대해 0.1mm, 지정길이 100mm에 대해 0.05mm에 허용치를 갖는다.

④ 대칭도가 전체 길이에 대해 0.05mm, 지정길이 100mm에 대해 0.1mm에 허용치를 갖는다.

TIP 공차값 표시

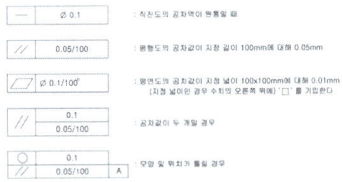

45 구멍의 최소치수가 축의 최대치수보다 큰 경우는 무슨 끼워맞춤인가?

① 헐거운 끼워맞춤
② 중간 끼워맞춤
③ 억지 끼워맞춤
④ 강한 억지 끼워맞춤

TIP • 헐거운 끼워맞춤 : 구멍이 축보다 클 때
• 억지 끼워맞춤 : 축이 구멍보다 클 때
• 중간 끼워맞춤 : 구멍과 축이 같을 때

46 리벳이음의 도시방법에 대한 설명 중 옳은 것은?

① 리벳은 길이 방향으로 절단하여 도시한다.
② 구조물에 쓰이는 리벳은 약도로 표시할 수 있다.
③ 얇은 판, 형강 등의 단면은 가는 실선으로 도시한다.
④ 리벳의 위치만을 표시할 때는 굵은 실선으로 그린다.

TIP • 리벳을 크게 도시함. 필요가 없을때에는 리벳 구멍을 약도로 도시
• 리벳은 길이방향으로 절단하여 도시하지 않는다.
• 얇은판, 형강 등의 단면은 굵은 실선

47 축에서 도형 내의 특정 부분이 평면 또는 구멍의 일부가 평면임을 나타낼 때의 도시방법은?

① "평면"이라고 표시한다.
② 가는 파선을 사각형으로 나타낸다.
③ 굵은 실선을 대각선으로 나타낸다.
④ 가는 실선을 대각선으로 나타낸다.

TIP 축의 도시
- 단축도시 : 축이 긴 경우 중간 절단
- 평면부분 및 모떼기 기호 : 평면부분에서는 가는실선을 대각선으로 표시하고, 모떼기 45° 일때에는 기호 C를 이용
- 키홈의 제도 : 축에 가공되어 있는 키홈은 부분단면도와 국부 투상도를 이용하여 도시

48 구름 베어링의 호칭 번호가 6204일 때 베어링의 안지름은 얼마인가?

① 62mm ② 31mm
③ 20mm ④ 15mm

TIP 호칭번호의 보기
- 6204

안지름 번호 (호칭 베어링 안지름 20mm)
베어링 계열 기호 (치수계열 02의 단열 깊은 홈 볼 베어링)

- 608C2P6

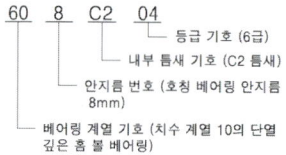

등급 기호 (6급)
내부 틈새 기호 (C2 틈새)
안지름 번호 (호칭 베어링 안지름 8mm)
베어링 계열 기호 (치수 계열 10의 단열 깊은 홈 볼 베어링)

49 볼트의 규격 M12×80의 설명으로 맞는 것은?

① 미터나사 호칭지름이 12mm 이다.
② 미터나사 골지름이 12mm 이다.
③ 미터나사 피치가 80mm 이다.
④ 미터나사 바깥지름이 80mm 이다.

TIP 6각볼트에서

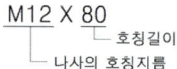

호칭길이
나사의 호칭지름

50 스프로킷 휠의 도시방법으로 틀린 것은?

① 바깥지름 - 굵은 실선
② 피치원 - 가는 1점 쇄선
③ 이뿌리원 - 가는 1점 쇄선
④ 축 직각 단면으로 도시할 때 이뿌리선 - 굵은 실선

TIP 이뿌리원

가는 실선 또는 굵은 파선

51. 배관기호에서 온도계의 표시방법으로 바른 것은?

① P ② T ③ F ④ W

TIP P : 압력계
T : 온도계
F(Flow Meter) : 유량계

52. 용접부 표면의 형상에서 동일 평면으로 다듬질함을 표시하는 보조기호는?

① ─ ② ⌒ ③ ⌣ ④ ▱

TIP 보조기호
- 평판 : ─
- 볼록 : ⌒
- 오목 : ⌣

53. 코일 스크링의 도시방법으로 적합한 것은?

① 모양만을 도시할 때는 스프링의 외형을 가는파선으로 그린다.
② 특별한 단서가 없는 한 모두 오른쪽 감기로 도시한다.
③ 중간 부분을 생략할 때는 생략한 부분을 파단선을 이용하여 도시한다.
④ 원칙적으로 하중이 걸린 상태에서 도시한다.

TIP 특별한 단서가 없는 한 모두 오른쪽 감기로 도시하고, 왼쪽감기로 도시할때는 감긴방향을 왼쪽이라고 표시

54. 도면에 3/8-16UNC-2A로 표시되어 있다. 이에 대한 설명 중 틀린 것은?

① 3/8은 나사의 지름을 표시하는 숫자이다.
② 16은 1인치 내의 나사산의 수를 표시한 것이다.
③ UNC 유니파이 보통나사를 의미한다.
④ 2A는 수량을 의미한다.

TIP 유니파이나사

3/8 - 16 UNC-2A
            └ 나사등급

55 기어의 요목표에 [기준래크]의 치형, 압력각, 모듈을 기입한다. 여기서 [기준래크]란 무엇을 뜻하는가?

① 기어 이를 가공할 기계종류를 지정한 것이다.
② 기어 이를 가공할 때 설치할 곳을 지정한 것이다.
③ 기어 이를 가공할 공구를 지정한 것이다.
④ 기어 이를 검사할 측정기를 지정한 것이다.

TIP: 표준기준 래크는 인벌루트 기어의 치형이나 절삭 공구의 치형을 설계할 때 기하학적 기준이 된다.

56 스퍼 기어에서 축 방향에서 본 투상도의 이뿌리원을 나타내는 선은?

① 가는 1점 쇄선   ② 가는 실선
③ 굵은 실선   ④ 가는 2점 쇄선

TIP: 가는 실선으로 그리되 단, 축에 직각인 방향으로 본 그림(주투상도)의 단면으로 도시할 때는 이 뿌리원은 굵은 실선으로 그린다. 또 베벨기어와 웜휠에서는 생략해도 좋다.

57 CAD 시스템에서 사용되는 입력 장치의 종류가 아닌 것은?

① 키보드   ② 마우스
③ 디지 타이저 ④ 플로터

TIP: 플로터는 출력장치

58 마지막 입력 점으로부터 다음 점까지의 거리와 각도를 입력하는 좌표 입력 방법은?

① 절대 좌표 입력
② 상대 좌표 입력
③ 상대 극좌표 입력
④ 요소 투영점 입력

TIP: 절대좌표
0에서 시작되는 개념
상대좌표
정해진 값으로부터의 개념

59 3차원 형상을 솔리드 모델링하기 위한 기본요소를 프리미티브라고 한다. 이 프리미티브가 아닌 것은?

① 박스(box)   ② 실린더(cylinder)
③ 원뿔(cone)   ④ 퓨전(fusion)

TIP: 프리미티브(primitive) : 단위형상

60 캐시 메모리(cache memory)에 대한 설명으로 맞는 것은?

① 연산장치로서 주로 나눗셈에 이용된다.
② 제어장치로 명령을 해독하는데 주로 사용된다.
③ 중앙처리장치와 주기억장치 사이의 속도차이를 극복하기 위해 사용한다.
④ 보조 기억장치로서 휴대가 가능하다.

TIP: 데이터와 명령어를 일시적으로 저장하는 것

55 ③ 56 ② 57 ④ 58 ③ 59 ④ 60 ③

06 과년도 기출문제

2013년
10월 12일

01 다음 중 로크웰경도를 표시하는 기호는?

① HBS　② HS
③ HV　④ HRC

TIP 경도시험 : 단단한 정도 시험
- 브리넬 HB = $\frac{P}{A}$
- 로크웰 HR(HRB, HRC)
- 비커스 HV

02 형상기억합금의 종류에 해당되지 않는 것은?

① 니켈-티타늄계 합금
② 구리-알루미늄-니켈계 합금
③ 니켈-티타늄-구리계 합금
④ 니켈-크롬-철계 합금

TIP
- Ni-Ti 합금 : 치열 교정용, 안경테
- Cu-Zn-Si : 직접회로접착장치
- Cu-Zn-Al : 온도제어장치

03 열가소성 수지가 아닌 재료는?

① 멜라민 수지
② 초산비닐 수지
③ 폴리에틸렌 수지
④ 폴리염화비닐 수지

TIP 열경화성 플라스틱
페놀수지, 요소수지, 멜라민수지, 규소수지, 폴리에스테르수지

열가소성 플라스틱
스틸렌수지, 염화비닐, 폴리에틸렌, 초산비닐, 아크릴수지

04 베릴륨 청동 합금에 대한 설명으로 옳지 않은 것은?

① 구리에 2~3%의 Be을 첨가한 석출경화성 합금이다.
② 피로한도, 내열성, 내식성이 우수하다.
③ 베어링 고급 스프링 재료에 이용된다.
④ 가공이 쉽게 되고 가격이 싸다.

TIP 베릴륨청동
- 뜨임, 사출경화성이 있어 내식성, 내마모성, 내열성이 좋다.
- 베어링, 고급스프링에 사용, 전기재료로도 알맞다.
- 2-3$\frac{1}{2}$의 Be을 함유하는 Cu-Be 합금

01 ④　02 ④　03 ①　04 ④

05 주철의 성장 원인 중 틀린 것은?

① 펄라이트 조직 중의 Fe_3C 분해에 따른 흑연화
② 페라이트 조직 중의 Si의 산화
③ Al 변태의 반복과정에서 오는 체적변화에 기인되는 미세한 균열의 발생
④ 흡수된 가스의 팽창에 따른 부피의 감소

TIP 주철의 성장원인

팽창에 따라 부피도 팽창(결국 파열)

- 방지법
  - 흑면의 미세화(조직치밀화)
  - 탄화물 안정원소 첨가(Mn, Cr, Mo, V)
  - Si 함유량 저하

06 Al - Cu - Mg - Mn의 합금으로 시효경화 처리한 대표적인 알루미늄 합금은?

① 두랄루민
② Y-합금
③ 코비탈륨
④ 로우엑스 합금

TIP 두랄루민
시효경화성 Al 합금.
Al + Cu 4% + Mn 0.5% + Mg 0.5% + Si 0.5%

Y합금
내열합금
Al + Cu 4% + Ni 2% + Mg 1.5%(피스톤용)

코비탈륨
내열합금. Ti와 Cu를 0.2%씩 첨가(피스톤용)

로우엑스합금
피스톤용 합금. 팽창계수와 비중이 작고 내마멸성이 좋으며 고온강도가 크다.

07 다이캐스팅용 합금의 성질로서 우선적으로 요구되는 것은?

① 유동성
② 절삭성
③ 내산성
④ 내식성

TIP 다이캐스팅(Die Casting)이란 기계 가공에 의해 정밀 가공하여 제작된 금형(dies)에 용융상태의 금속 또는 합금을 가압 주입하여, 치수가 정확하고 호환성을 필요로 하는 동일형의 주물을 대량으로 생산하는 방법

- 요구성질 : 유동성, 용융점, 강도, 금형에 대한 적합성
- 특징 : 다이캐스팅 알루미늄 합금으로는 유동성이 우수한 라우탈, 실루민, 하이드로날륨 등의 합금이 사용

08 스프링에서 스프링 상수(k)값의 단위로 옳은 것은?

① N
② N/mm
③ N/mm^2
④ mm

TIP
- 스프링 상수(k)N/mm($\frac{하중}{변위량}$)

- 스프링 지수$= \frac{코일의 평균지름}{소선의 지름}$

- 스프링의 종횡비 $= \frac{자유높이}{코일의 평균지름}$

09 다음 ISO 규격 나사 중에서 미터 보통 나사를 기호로 나타내는 것은?

① Tr
② R
③ M
④ S

TIP • Tr : 미터사다리꼴나사
• R : 관용테이퍼나사(테이퍼 수나사)
• S : 미니추어나사

10 분할 핀에 관한 설명이 아닌 것은?

① 테이퍼 핀의 일종이다.
② 너트의 풀림을 방지하는데 사용된다.
③ 핀 한쪽 끝이 두 갈래로 되어 있다.
④ 축에 끼워진 부품의 빠짐을 방지하는데 사용된다.

TIP 분할핀
너트의 풀림방지나 바퀴가 축에서 빠지는 것 방지하기 위해 사용

테이퍼핀
호칭지름은 작은 쪽 지름으로 주축을 보스에 고정할 때 사용 (T = $\frac{1}{50}$)

11 하중 3000N이 작용할 때, 정사각형 단면에 응력 30N/cm² 이 발생했다면 정사각형 단면 한 변의 길이는 몇 mm 인가?

① 10
② 22
③ 100
④ 200

TIP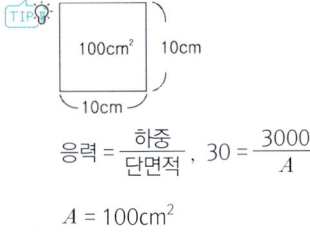

응력 = $\frac{하중}{단면적}$, $30 = \frac{3000}{A}$

$A = 100cm^2$
따라서 한변의 길이 10cm

12 축이음 설계 시 고려사항으로 틀린 것은?

① 충분한 강도가 있을 것
② 진동에 강할 것
③ 비틀림각의 제한을 받지 않을 것
④ 부식에 강할 것

TIP 축 설계시 고려사항
• 강도 및 변형
• 진동
• 열응력 등

13 모듈이 m인 표준 스퍼기어(미터식)에서 총 이의 높이는?

① 1.25m ② 1.5708m
③ 2.25m ④ 3.2504m

TIP • 이의 높이 h ≧ 2.25m
• 이끝 높이 hk = m
• 꼭대기끝 Cf ≧ 0.25m
• 원호 이두께 $\frac{p}{2} = \frac{\pi m}{2}$

14 레이디얼 볼 베어링 번호 6200의 안지름은?

① 10mm ② 12mm
③ 15mm ④ 17mm

TIP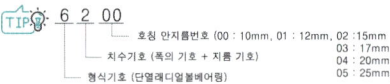
호칭 안지름번호 (00 : 10mm, 01 : 12mm, 02 : 15mm
03 : 17mm
04 : 20mm
05 : 25mm)
치수기호 (폭의 기호 + 지름 기호)
형식기호 (단열레디얼볼베어링)

15 3줄 나사, 피치가 4mm인 수나사를 1/10 회전시키면 축 방향으로 이동하는 거리는 몇 mm인가?

① 0.1 ② 0.4
③ 0.6 ④ 1.2

TIP 리드 = 줄수 × 피치 = $3 \times (4 \times \frac{1}{10})$
= 1.2

16 드릴링 머신 1대에 여러개의 스핀들을 설치하고 1개의 구동축으로 유니버셜 조인트를 이용하여 여러 개의 드릴을 동시에 구동시키는 드릴링 머신은?

① 직접 드릴링 머신
② 레이디얼 드릴링 머신
③ 다축 드릴링 머신
④ 다두 드릴링 머신

TIP 레이디얼 드릴링 머신
기둥을 중심으로 360° 회전, 주축은 암을 따라 이동되며, 대형 일감 가공에 편리

다두 드릴링 머신
다축 드릴링 머신의 형상이며 직선상에 2-10개의 스핀들을 갖는 기계. 제품의 대량생산에 적합

직립 드릴링 머신
가장 널리 사용. 주축이 수직으로 되어있고 칼럼, 주축헤드, 베이스, 테이블로 구성

17 마이크로미터의 구조에서 부품에 속하지 않는 것은?

① 앤빌 ② 스핀들
③ 슬리브 ④ 스크라이버

TIP 스크라이버
하이트게이지 부품

18 밀링 머신에서 직접 분할법으로 8등분을 하고자 한다. 직접 분할판에서 몇 구멍씩 이동시키면 되는가?

① 3구멍 ② 5구멍
③ 8구멍 ④ 12구멍

TIP 직접 분할법
분할대의 구멍수는 24구멍이기 때문에 24의 약수
2, 3, 4, 6, 8, 12, 24의 7종 분할만 가능
$n = \dfrac{24}{N}$ 에 의해 8등분이면 $\dfrac{24}{8} = 3$ (3구멍마다 핀을 넣는다)

단식 분할법
직접 분할로 분할할 수 없는 수 분할
$n = \dfrac{40}{N}$
n : 분할 크랭크의 회전수
N : 분할수

19 연삭숫돌의 구성 3요소가 아닌 것은?

① 입자   ② 결합제
③ 절삭유 ④ 기공

TIP ※ 5요소는 다음과 같다.
- 숫돌입자 : 애머리와 칼런덤(천연산), 인조산
- 입도 : 숫돌입자의 크기
- 결합도와 결합제 : 많은 입자를 결합하는데 사용하는 재료
- 조직 : 숫돌바퀴의 기공의 대소와 변화, 즉 단위 부피 중의 숫돌입자의 밀도 변화
- 숫돌의 표시법 : WA(숫돌입자)

20 바이트의 인선과 자루가 같은 재질로 구성된 바이트는?

① 단체 바이트 ② 클램프 바이트
③ 팁 바이트   ④ 인서트 바이트

TIP
- 단체 바이트 : 날 부분과 자루 부분이 같은 재질
- 납땜 바이트 : 탄소강으로 만든 자루에 초경합금 등을 경랍으로 접합 사용
- 클램프 바이트 : 공구 자루에 절삭날을 작은 나사로 고정
- 폐기식 바이트 : 사용 중에 절삭날이 무디어지면 날 부분만 새것으로 교환 사용

21 금속으로 만든 작은 덩어리를 가공물 표면에 투사하여 피로강도를 증가시키기 위한 냉간 가공법은?

① 숏 피닝   ② 엑체호닝
③ 수퍼피니싱 ④ 버핑

TIP 액체호닝
연마제를 가공액과 혼합한 후 압축공기와 함께 노즐로 고속 분사시켜 미려한 다듬면 얻는 가공 방법

수퍼피니싱
입도가 작고 결합도가 작은 숫돌을 공작물에 가볍게 누르고 매분 500 ~ 2,000회 정도의 진동수로 진동을 주면서 왕복운동을 시킴과 동시에 공작물에도 회전을 주어 가공면을 단시간에 매우 평활한 면으로 다듬는 가공방법이다.

13 ③ 14 ① 15 ④ 16 ③ 17 ④ 18 ① 19 ③ 20 ① 21 ①

22 내면 연삭 작업 시 가공물은 고정시키고 연삭숫돌이 회전운동 및 공전운동을 동시에 진행하는 연삭방식은?

① 유성형　　② 보통형
③ 센터리스형　④ 만능형

> 💡 **내면연삭 작업방법**
> - 공작물 고정형 (유성형) : 공작물을 고정하고 숫돌에 유성운동을 주어 내면연삭하는 것
> - 센터리스형 : 숫돌과 공작물을 고정시키지 않고 연삭
> - 공작물 회전형 : 숫돌 바퀴가 좌우 이동을 하는 방법 대형 연삭기는 거의 이방식

23 선반으로 기어절삭용 밀링커터를 제작하려고 할 때 전면 여유각을 가공하기에 가장 적합한 작업은?

① 모방절삭(copying) 작업
② 릴리빙(relieving) 작업
③ 널링(knurling) 작업
④ 터렛(turret) 작업

> 💡 **모방장치**
> 공작물의 형상과 같은 모형 또는 형판을 만들어 형판에 따라, 공구대를 자동적으로 움직여서 가공하는 장치
>
> **릴리빙장치**
> 절삭공구를 자동적으로 일정거리를 정확하게 전진 및 후퇴하게 하는 장치. 주로, 커터, 탭, 호브 등 날의 여유면 절삭

24 공구와 가공물의 상대운동이 웜과 웜기어의 관계로 기어를 절삭할 수 있는 공작기계는?

① 펠로스 기어 셰이퍼
② 마그 기어 셰이퍼
③ 라이네케르 베벨기어 셰이퍼
④ 기어 호빙 머신

> 💡 **셰이퍼(Shaper, 형삭기)**
> 셰이퍼로 평면가공, 홈파기 및 도브테일부 등을 가공하는 것

25 여러 가지 종류의 공작기계에서 할 수 있는 가공을 1대의 기계에서 가능하도록 만든 것은?

① 단능 공작기계　② 만능 공작기계
③ 전용 공작기계　④ 표준 공작기계

26 모양에 따른 선의 종류에 대한 설명으로 틀린 것은?

① 실선 : 연속적으로 이어진 선
② 파선 : 짧은 선을 일정한 간격으로 나열한 선
③ 1점 쇄선 : 길고 짧은 2종류의 선을 번갈아 나열한 선
④ 2점 쇄선 : 긴선 2개와 짧은 선 2개를 번갈아 나열한 선

27
기준 A에 평행하고 지정길이 100mm에 대하여 0.01mm의 공차값을 지정할 경우 표시방법으로 옳은 것은?

① A | 0.01/100 | //
② // | 100/0.01 | A
③ A | // | 100/0.01
④ // | 0.01/100 | A

TIP 공차 기입틀 표시사항

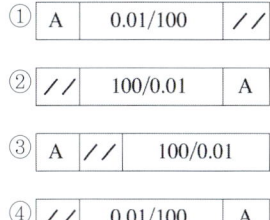

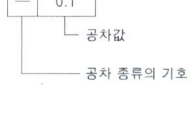

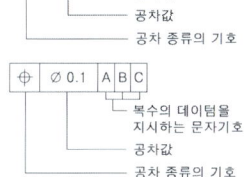

공차값 표시

28
다음 중 구상흑연 주철품 재질 기호는?

① SC 140 ② GC 300
③ GCD 400 - 18 ④ SF 490 A

TIP
- SC 360 - SC 480 : 탄소주강품
- GC 100 - GC 350 : 회주철품
- SF340A - SF640B : 탄소강 단강품
- GCD 370 - GCD 820 : 구상흑연주철품

29
다음 중 치수기입의 원칙 설명으로 틀린 것은?

① 설계자의 특별한 요구사항을 치수와 함께 기입할 수 있다.
② 도면에 나타내는 치수는 특별히 명시하지 않는 한 도시한 대상물의 마무리 치수를 표시한다.
③ 치수는 되도록 정면도, 측면도, 평면도에 분산하여 기입한다.
④ 치수는 되도록 계산할 필요가 없도록 기입하고 중복되지 않게 기입한다.

TIP 치수는 되도록 주투상도에 집중한다.

30 그림과 같은 단면도(빗금친 부분)을 무엇이라 하는가?

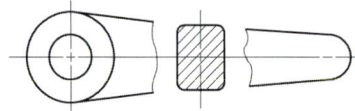

① 회전 도시 단면도
② 부분 단면도
③ 온 단면도
④ 한쪽 단면도

TIP: 절단면은 90° 회전하여 도시

31 반복도형의 피치를 잡는 기준이 되는 선은?

① 가는 실선   ② 가는 파선
③ 가는 1점 쇄선   ④ 가는 2점 쇄선

TIP:

숨은선	가는 파선 또는 굵은 파선	-----	대상물의 보이지 않는 부분의 모양을 표시하는 데 쓰인다.
중심선	가는 1점 쇄선	—·—·—	(1) 도형의 중심을 표시하는 데 쓰인다. (2) 중심이 이동한 중심궤적을 표시하는 데 쓰인다.
기준선			특히 위치 결정의 근거가 된다는 것을 명시할 때 쓰인다.
피치선			되풀이하는 도형의 피치를 취하는 기준을 표시하는 데 쓰인다.
특수 지정선	굵은 1점 쇄선	———	특수한 가공을 하는 부분 등 특별한 요구사항을 적용할 수 있는 범위를 표시하는 데 사용한다.

32 투상도의 표시 방법에서 보조 투상도에 관한 설명으로 옳은 것은?

① 복잡한 물체를 절단하여 나타낸 투상도
② 경사면부가 있는 물체의 경사면과 맞서는 위치에 그린 투상도
③ 특정 부분의 도형이 작아서 그 부분만을 확대하여 그린 투상도
④ 물체의 홈, 구멍 등 특정 부위만 도시한 투상도

TIP: 보조투상도

경사면부가 있는 대상물에서 그 경사면의 실형을 나타낼 필요가 있는 경우에 그리는 투상도

- 대상물 경사면의 실형을 도시할 필요가 있을 경우에는 그 경사면과 마주 보는 위치에 보조 투상도를 그린다. 이 경우 필요한 부분만을 부분 투상도 또는 국부 투상도로 그리는 것이 좋다.
- 지면의 관계 등으로 보조 투상도를 경사면과 마주보는 위치에 배치할 수 없는 경우에는 그 뜻을 화살표와 영자의 대문자로 나타낸다.
  구부린 중심선으로 연결하여 투상 관계를 나타내도 좋다.
- 보조 투상도(필요 부분의 투상도 포함)의 배치 관계가 분명하지 않을 경우에는 표시하는 문자의 각각에 상대 위치의 도면 구역의 구분 기호를 부기한다.

33 다음의 내용과 가장 관련이 있는 가공에 의한 커터의 줄무늬 방향 기호는?

[보기]
가공에 의한 커터의 줄무늬가 기호를 기입한 면의 중심에 대하여 거의 방사 모양

① ⊥　　　② ×
③ M　　　④ R

TIP 면의 지시기호에 대한 각 제시사항의 위치

기호	뜻
=	가공으로 생긴 앞줄의 방향이 기호를 기입한 그림의 투상면에 평행
⊥	가공으로 생긴 앞줄의 방향이 기호를 기입한 그림의 투상면에 직각
×	가공으로 생긴선이 2방향으로 교차
M	가공으로 생긴 선이 다방면으로 교차 또는 무방향
C	가공으로 생긴 선이 거의 동심원
R	가공으로 생긴 선이 거의 방사형 모양(레이디얼 모양)

34 다음 중에서 '제거 가공을 허용하지 않는다'는 것을 지시하는 기호는?

① 　　②
③ 　　④

TIP : 표면의 결을 도시할 때에 대상면을 지시하는 기호는 60°로 벌린 길이가 다른 절선으로 하며, 면의 지시 기호는 지시하는 대상면을 나타내는 선에 바깥쪽에서 붙여쓴다.

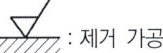 : 제거 가공

: 제거 가공 허용하지 않음

: 특별히 가공방법 지시

35 제3각법으로 투상한 그림과 같은 도면에서 누락된 평면도에 가장 적합한 것은?

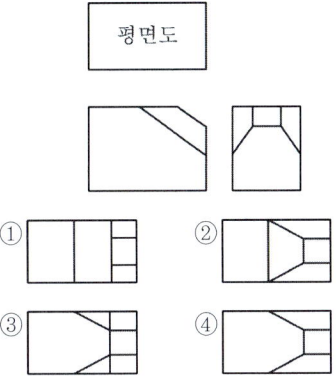

36 다음은 3각법으로 정투상한 도면이다. 등각투상도로 맞는 것은 어느 것인가?

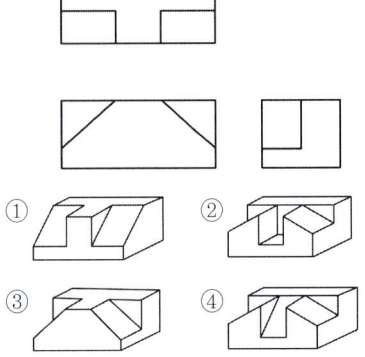

30 ①　31 ③　32 ②　33 ④　34 ①　35 ④　36 ③

37 다음 중 길이 및 허용 한계 기입을 잘못한 것은?

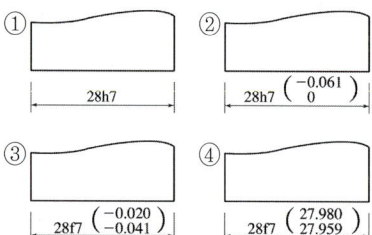

🔆 최대 허용치수는 0보다 큰 값이어야 한다.

38 표제란에 기입할 사항으로 거리가 먼 것은?

① 도면 번호 ② 도면 명칭
③ 부품 기호 ④ 투상법

🔆 도면번호, 도면명칭, 기업(단체)명, 책임자의 서명, 도면작성 연월일, 척도, 투상법 등 기입

39 도면에 나타난 그림의 크기가 치수와 비례하지 않을 때 표시하는 방법 중 틀린 것은?

① 치수 아래쪽에 굵은 실선으로 긋는다.
② "비례하지 않음"으로 표시한다.
③ NS로 기입한다.
④ 치수를 (   ) 안에 넣는다.

🔆 (   ) 넣는 것은 참고치수

40 다음 그림은 15H7-m6의 구멍과 축에 중간 끼워 맞춤을 나타낸 것으로 최대 죔새를 A, 최대 틈새를 B라 할 때 옳은 것은?

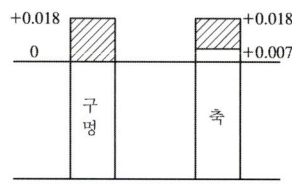

① A : 0.018, B : 0.011
② A : 0.011, B : 0.018
③ A : 0.018, B : 0.025
④ A : 0.011, B : 0.025

🔆 ※ 구멍 H, 축 h

최대죔새
= 축의 최대 허용치수
  − 구멍의 최소 허용치수
= 15.018 − 15 = 0.018

최대틈새
= 구멍의 최대 허용치수
  − 축의 최소 허용치수
= 15.018 − 15.007 = 0.011

41 단면의 표시와 단면도의 해칭에 관한 설명 중 틀린 것은?

① 일반적으로 단면부의 해칭은 생략하여 도시하고 특별한 경우는 예외로 한다.
② 인접한 부품의 단면은 해칭의 각도 또는 간격을 달리하여 구별할 수 있다.
③ 해칭하는 부분에 글자 등을 기입하는 경우, 해칭을 중단할 수 있다.
④ 해칭선의 각도는 일반적으로 주된 중심선에 대하여 45°로 하여 가는 실선으로 등간격으로 그린다.

> **TIP** 단면도의 해칭
> - 보통 사용하는 해칭은 주된 중심선에 대하여 45°로, 가는 실선으로 등간격으로 표시한다.
> - 해칭의 간격은 해칭을 하는 단면도의 절단 자리의 크기에 따라 선택한다.
> - 해칭 대신에 스머징(smudging)을 할 경우에는 원칙적으로 연필 또는 규정된 색연필(흑)로 칠하는 것이 좋다.
> - 같은 절단면 위에 나타나는 같은 부품의 절단 자리는 동일한 해칭(또는 스머징)을 한다. 다만, 계단 모양 절단면의 각 단에 나타나는 부품을 구별할 필요가 있는 경우에는 해칭을 어긋나게 할 수 있다.
> - 인접하는 절단 자리의 해칭은 선의 방향 또는 각도를 바꾸거나, 그 간격을 바꾸어서 구별한다.
> - 절단 자리의 면적이 넓을 경우에는 그 외형선을 따라 적절한 범위에 해칭(또는 스머징)을 한다.
> - 해칭(또는 스머징)을 하는 부분 속에 문자, 기호 등을 기입하기 위해 필요할 경우에 해칭(또는 스머징)을 중단한다.
> - 단면도에 재료 등을 표시하기 위하여 특수한 해칭(또는 스머징)을 해도 좋다 이러한 경우에는, 그 뜻을 도면 중에 명확히 지시하거나 해당 규격을 인용하여 표시한다.

42 제 1각법과 제 3각법의 설명 중 틀린 것은?

① 제1각법은 물체를 1상한에 놓고 정투상법으로 나타낸 것이다.
② 제1각법은 눈 → 투상면 → 물체의 순서로 나타낸다.
③ 제3각법은 물체를 3상한에 놓고 정투상법으로 나타낸 것이다.
④ 한 도면에 제1각법과 제3각법을 같이 사용해서는 안된다.

> **TIP**
> - 제1각법 눈 → 물체 → 투상면
> - 제3각법 눈 → 투상면 → 물체

43 기하 공차의 기호와 공차의 명칭이 서로 맞는 것은?

① — : 진직도 공차
② ○ : 위치도 공차
③ ◎ : 원통도 공차
④ ∠ : 동심도 공차

TIP

적용하는 형체	공차의 종류		기호
단독 형체	모양공차	진직도 공차	—
		평면도 공차	▱
		진원도 공차	○
		원통도 공차	⌭
단독 형체 또는 관련 형체		선의 윤곽도 공차	⌒
		면의 윤곽도 공차	⌓
관련 형체	자세공차	평행도 공차	∥
		직각도 공차	⊥
		경사도 공차	∠
	위치공차	위치도 공차	⊕
		동축도 공차 또는 동심도 공차	◎
		대칭도 공차	⌯
	흔들림 공차	원주 흔들림 공차	↗
		온 흔들림 공차	↗↗

44 IT공차 등급에 대한 설명 중 틀린 것은?

① 공차등급은 IT기호 뒤에 등급을 표시하는 숫자를 붙여 사용한다.
② 공차역의 위치에 사용하는 알파벳은 모든 알파벳을 사용할 수 있다.
③ 공차역의 위치는 구멍인 경우 알파벳 대문자, 축인 경우 알파벳 소문자를 사용한다.
④ 공차등급은 IT01부터 IT18까지 20등급으로 구분한다.

TIP 정해진 알파벳.
- 구멍기호 : 대문자
- 축기호 : 소문자

45 컴퓨터 도면관리 시스템의 일반적인 장점을 잘못 설명한 것은?

① 여러 가지 도면 및 파일의 통합관리체계를 구축 가능하다.
② 반영구적인 저장 매체로 유실 및 훼손의 염려가 없다.
③ 도면의 질과 정확도를 향상시킬 수 있다.
④ 정전 시에도 도면 검색 및 작업을 할 수 있다.

46 일반적으로 스퍼 기어의 요목표에 기입하는 사항이 아닌 것은?

① 치형
② 잇수
③ 피치원 지름
④ 비틀림 각

TIP: 공구(치형, 모듈, 압력각), 잇수, 피치원 지름, 다듬질 방법

47 볼 베어링 6203에서 ZZ는 무엇을 나타내는가?

① 실드 기호
② 내부 틈새 기호
③ 등급 기호
④ 안지름 기호

TIP: 6 2 0 3
　　└ 내경번호, 베어링 내경
　└ 직경계열 2, 치수계열 02의 것
└ 형식번호(깊은 홈 볼베어링 표시)

※ 내경번호 00 : 10mm, 01 : 12mm, 02 : 15mm, 03 : 17mm

※ Z, ZZ는 밀봉장치가 붙은 것(Z : 한쪽 사일드, ZZ : 양쪽사일드)

48 다음 중 관의 결합방식 표시방법에서 유니언식으로 나타내는 것은?

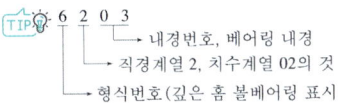

TIP:
• 유니언 이음 : ─║─
• 플렌지 이음 : ─∥─
• 막힘플렌지 : ─┤│

49 나사용 구멍이 없고 양쪽 둥근 형 평행 키의 호칭으로 옳은 것은?

① P-A 25×14×90
② TG 20×12×70
③ WA 23×16
④ T-C 2×12×60

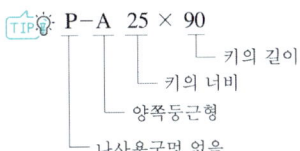

50 다음 중 축의 도시방법에 대한 설명으로 틀린 것은?

① 축은 길이 방향으로 절단하여 단면 도시하지 않는다.
② 긴 축은 중간 부분을 생략해서 그릴 수 있다.
③ 축에 널링을 도시할 때 빗줄인 경우는 축선에 대하여 45°로 엇갈리게 그린다.
④ 축은 일반적으로 중심선을 수평 방향으로 놓고 그린다.

TIP: 축에 있는 널링의 도시는 빗줄인 경우는 축선에 대하여 30°로 엇갈리게 그린다.

51. 기어의 제도방법 중 틀린 것은?

① 축 방향에서 본 이끝원은 굵은 실선으로 표시한다.
② 축 방향에서 본 피치원은 가는 1점 쇄선으로 표시한다.
③ 서로 물려 있는 한 쌍의 기어에서 맞물림부의 이끝원은 가는 실선으로 표시한다.
④ 베벨 기어 및 웜 휠의 축 방향에서 본 그림에서 이뿌리원은 생략하는 것이 보통이다.

TIP: 은실선
맞물리는 한쌍의 기어의 도시에서 맞물림부의 이끝원

가는파선 또는 굵은파선
주 투상도를 단면으로 도시할 때는 맞물림부의 한쪽 이끝원 표시

52. 벨트 풀리의 도시방법 설명으로 틀린 것은?

① 모양이 대칭형인 벨트 풀리는 그 일부분만을 도시할 수 있다.
② 암은 길이방향으로 절단하여 그 단면을 도시할 수 있다.
③ 암의 단면형은 도형의 안이나 밖에 회전단면을 도시할 수 있다.
④ 벨트 풀리의 홈 부분 치수는 해당하는 형별, 호칭지름에 따라 할 수 있다.

TIP: 암은 길이 방향으로 절단하여 단면을 도시하지 않는다.

53. 좌 2줄 M50×3-6H는 나사 표시방법의 보기이다. 리드는 몇 mm인가?

① 3   ② 6
③ 9   ④ 12

TIP: 줄수×피치
$L = n \cdot p = 2 \times 3 = 6$

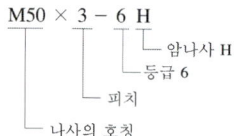

54. 다음은 단속필릿 용접부의 주요 치수를 나타낸 기호이다. 기호에 대한 설명으로 틀린 것은?

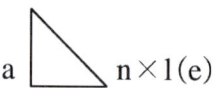

① a : 목 두께
② n : 용접부의 개수
③ l : 목 길이
④ e : 인접한 용접부간의 간격

TIP: 필릿용접할 때

a3 5×42(20)

목 두께를 3mm로 해서 42mm씩 5번 필릿용접을 하되 간격을 20mm 만큼 유지

55 스프링 제도에 대한 설명으로 맞는 것은?

① 오른쪽 감기로 도시할 때는 "감긴 방향 오른쪽"이라고 반드시 명시해야 한다.
② 하중이 걸린 상태에서 그리는 것을 원칙으로 한다.
③ 하중과 높이 및 처짐과의 관계는 선도 또는 요목표에 나타낸다.
④ 스프링의 종류와 모양만을 도시할 때에는 재료의 중심선만을 가는 실선으로 그린다.

TIP 스프링의 제도
- 스프링은 원칙적으로 부하중인 상태로 그린다. 만약 하중이 걸린 상태에서 그릴 때에는 선도 또는 그 때의 치수와 하중을 기입한다.
- 하중과 높이(또는 길이) 또는 처짐과의 관계를 표시할 필요가 있을 때에는 선도 또는 항목표에 나타낸다.
- 특별한 단서가 없는 한 모두 오른쪽 감기로 도시하고, 왼쪽 감기로 도시할때에는 '감긴 방향 왼쪽'이라고 표시한다.
- 코일 부분의 중간 부분을 생략할 때에는 생략한 부분을 가는 1점 쇄선으로 표시하거나 또는 가는 2점쇄선으로 표시해도 좋다.
- 스프링의 종류와 모양만을 도시할 때에는 재료의 중심선만을 굵은 실선으로 그린다.
- 조립도나 설명도 등에서 코일 스프링은 그 단면만으로 표시하여도 좋다.

56 다음은 육각볼트의 호칭이다. ⓒ이 의미하는 것은?

KS B 1002 6각 볼트 A M12×80 -8.8
  ㉠   ㉡   ㉢   ㉣   ㉤
MFZn2
 ㉥

① 강도   ② 부품등급
③ 종류   ④ 규격번호

TIP KS B 1002 6각볼트 A M12X80 -8.8 MFZn2-c
     규격번호   종류   부품 나사의 강도 표면
                      등급 호칭X호칭길이 구분 처리사항

57 3차원의 물체의 외부 형상 뿐만 아니라 중량, 무게중심, 관성모멘트 등의 물리적 성질도 제공할 수 있는 형상 모델링은?

① 와이어 프레임 모델링
② 서피스 모델링
③ 솔리드 모델링
④ 곡면 모델링

TIP 와이어 프레임 모델의 특징
- 모델 작성을 쉽게 할 수 있다.
- 데이터 구조가 간단하다.
- 처리속도가 빠르다.
- 3면 투시도 작성이 용이하다.
- 간섭체크가 어렵다.
- 은선 제거가 불가능하다.
- 단면도 작성이 불가능하다.
- 내부에 관한 정보가 없다.
- 해석용 모델로 사용할 수 없다.
- 형상의 실체 부분이 경계의 어느쪽에 있는가 불분명하다.

51 ③ 52 ② 53 ② 54 ③ 55 ③ 56 ② 57 ③

서피스 모델의 특징

- 복잡한 형상 표현이 가능하다.
- 은선 제거가 가능하다.
- 단면도를 작성할 수 있다.
- 2개 면의 교선을 구할 수 있다.
- 표면적 계산이 가능하다.
- 셰이딩(음영)이 가능하다.
- 정확한 물리적 성질을 계산하기가 곤란하다.
- 유한요소법(FEM)의 적용을 위한 요소 분할이 어렵다.
- NC가공 정보를 얻을 수 있다.

솔리드 모델의 특징

- 물리적 특성 계산이 가능하다.
- 은선 제거가 가능하다.
- 간섭 체크가 가능하다.
- 이동, 회전 등을 통하여 정확한 형상파악이 가능하다.
- 불 연산(합, 차, 적)을 통하여 복잡한 형상 표현도 가능하다.
- 단면도 작성이 가능하다.
- 데이터의 정확도가 요구된다.
- FEM을 위한 메시 자동 분할이 가능하다.
- 컴퓨터의 메모리량이 많아진다.
- 데이터의 처리가 많아진다.

58 중앙처리장치(CPU)와 주기억장치 사이에서 원활한 정보의 교환을 위하여 주기억장치의 정보를 일시적으로 저장하는 고속 기억장치는?

① floppy disk
② CD-ROM
③ cache memory
④ coprocessor

TIP: Coprocessor
CPU를 보조하기 위한 컴퓨터프로세서 (보조처리기)

59 그림과 같이 위치를 알 수 없는 점 A에서 점 B로 이동하려고 한다. 어느 좌표계를 사용해야 하는가?

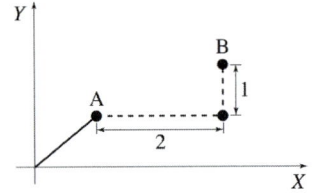

① 상대 좌표
② 절대 좌표
③ 절대 극 좌표
④ 원통 좌표

TIP:
- 절대좌표 : 0지점에서 출발
- 상대좌표 : 지정된 값에서 출발

60 CAD 시스템의 입력장치에 해당하지 않는 것은?

① 키보드(keyboard)
② 마우스(mouse)
③ 디스플레이(display)
④ 라이트 펜(light pen)

TIP: 디스플레이 장치 : 모니터

06 PART | 과년도 기출문제

2014년
1월 26일

01 황동의 연신율이 가장 클 때 아연(Zn)의 함유량은 몇 %인가?

① 30 ② 40
③ 50 ④ 60

TIP 놋쇠라고도 한다.
- 구리 + 아연(약 30%) α황동으로 전연성(展延性)이 커서 판·봉·선·관 등으로 사용한다.
- 구리 + 아연(약 40%) α와 β의 두 가지 고체의 혼합물, 건재(建材)의 쇠붙이 장식, 문의 손잡이 등 놋쇠장식으로 사용된다.

02 구상 흑연주철을 조직에 따라 분류했을 때 이에 해당하지 않는 것은?

① 마르텐자이트 형 ② 페라이트 형
③ 펄라이트 형 ④ 시멘타이트 형

TIP 구상흑연주철이란 주조성, 가공성 및 내마멸성이 우수할 뿐 아니라 강도가 높고 인성, 연성, 가공성이 매우 좋다. 황이 적은 선철을 용해, 주입 전에 Mg, Ce, Ca 등을 첨가해 제조한다. 주조된 상태에서 시멘타이트형, 구상흑연 주위에 페라이트가 둘러싸여 있고 외부에 펄라이트 조직으로 된 것을 불스아이(Bull's eye)조직이라 한다.

03 금속재료를 고온에서 오랜 시간 외력을 걸어놓으면 시간의 경과에 따라 서서히 그 변형이 증가하는 현상은?

① 크리프 ② 스트레스
③ 스트레인 ④ 템퍼링

TIP 크리프(Creep)
일정한 응력을 받은 상태에서 재료가 시간의 경과에 따라 서서히 변형이 증대되는 현상

04 공구용 합금강을 담금질 및 뜨임처리하여 개선되는 재질의 특성이 아닌 것은?

① 조직의 균질화 ② 경도 조절
③ 가공성 향상 ④ 취성 증가

TIP 특수강(합금강)의 목적
- 강의 경화능 증가로 기계적 성질의 향상(강도, 경도, 인성, 내피로성)
- 고온 및 저온에서의 기계적 성질의 저하 방지
- 높은 뜨임온도에서 강도 및 연성 유지
- 담금질성의 향상
- 단접 및 용접의 용이
- 전자기적 성질의 개선
- 결정 입도의 성장 방지

01 ① 02 ① 03 ① 04 ④

05 주철의 장점이 아닌 것은?

① 압축 강도가 작다.
② 절삭 가공이 쉽다.
③ 주조성이 우수하다.
④ 마찰 저항이 우수하다.

> **TIP** 주철의 장점
> - 주조성이 우수하고 복잡한 부품의 성형이 가능하다.
> - 가격이 저렴하다.
> - 잘 녹슬지 않고 칠(도색)이 좋다.
> - 마찰저항이 우수하고 절삭가공이 쉽다.
> - 압축강도가 인장강도에 비하여 3~4배 정도 좋다.
> - 내마모성이 우수하고, 알칼리나 물에 대한 내식성(부식)이 우수하다.
> - 용융점이 낮고 유동성이 좋다.

06 합금의 종류 중 고용융점 합금에 해당하는 것은?

① 티탄 합금   ② 텅스텐 합금
③ 마그네슘 합금   ④ 알루미늄 합금

> **TIP** 고용융점합금 : W, Mo

07 절삭공구류에서 초경 합금의 특성이 아닌 것은?

① 경도가 높다.
② 마모성이 좋다.
③ 압축 강도가 높다.
④ 고온 경도가 양호하다.

> **TIP** 초경합금의 특성
> - 초경합금은 경도가 높고 내마모성이 높으며, 강의 2.5~3배나 높은 영율을 가지고 있다.
> - 열전도율에 있어서는 강의 2배, 열팽창계수는 강의 1/2배, 압축강도는 약 400~600kg/mm^{2}로 높다. 무게도 마찬가지로 강보다 2배 정도 무겁다.

08 롤링 베어링의 내륜이 고정되는 곳은?

① 저널   ② 하우징
③ 궤도면   ④ 리테이너

> **TIP** 베어링 속에서 회전하는 축 부분을 저널(journal)이라고 한다.

09 기계재료의 단단한 정도를 측정하는 가장 적합한 시험법은?

① 경도시험   ② 수축시험
③ 파괴시험   ④ 굽힘시험

> **TIP** 경도시험
> 재료의 단단한 정도를 측정하는 시험

10 지름이 50mm 축에 폭이 10mm 인 성크 키를 설치했을 때, 일반적으로 전단하중만을 받을 경우 키가 파손되지 않으려면 키의 길이는 몇 mm인가?

① 25mm ② 75mm
③ 150mm ④ 200mm

TIP: $l \geq 1.5d$
$l = 1.5 \times 50$

11 다음 중 구름 베어링의 특성이 아닌 것은?

① 감쇠력이 작아 충격 흡수력이 작다.
② 축심의 변동이 작다.
③ 표준형 양산품으로 호환성이 높다.
④ 일반적으로 소음이 작다.

TIP: 구름베어링은 미끄럼베어링과 비교하여 다음과 같은 특징을 갖고 있다.
- 기동마찰이 작고, 동마찰과의 차이도 더욱 작다.
- 국제적으로 표준화, 규격화가 이루어져 있으므로 호환성이 있고 교환사용이 가능하다.
- 베어링의 주변 구조를 간략하게 할 수 있고 보수·점검이 용이하다.
- 일반적으로 경 방향 하중과 축 방향 하중을 동시에 받을 수가 있다.
- 고온도·저온도에서의 사용이 비교적 용이하다.
- 강성을 높이기 위해 부(負)의 클리어런스(예압 상태)로 해서도 사용할 수 있다.
- 소음은 비교적 있는 편이다.

12 두 축이 평행하고 거리가 아주 가까울 때 각 속도의 변동없이 토크를 전달할 경우 사용되는 커플링은?

① 고정 커플링(fixed coupling)
② 플랙시블 커플링(flexuble coupling)
③ 올덤 커플링(oldham's coupling)
④ 유니버설 커플링(universal coupling)

TIP: 올덤 커플링의 특징은 예외적으로 유연성이 뛰어나고, 편심 비 정렬 수용능력이 뛰어나다는 것이다. 복원력이 없기 때문에 베어링 하중이 작다. 토크는 기계적인 단속으로서의 기능과 비정렬 에러를 수용할 수 있는 디스크 형상을 통하여 전송된다. 과도한 하중에서는 연결디스크가 파손될 수 있다. 이때 샤프트에서 허브를 분리하지 않고서도 쉽게 커플링을 교체할 수 있다.

13 자동차의 스티어링 장치, 수치제어 공작기계의 공구대, 이송장치 등에 사용되는 나사는?

① 둥근나사 ② 볼나사
③ 유니파이나사 ④ 미터나사

TIP: 볼나사는 저마찰, 고효율, 고정밀 등 장점들이 인식됨에 따라 각종 기계의 이송 운동용과 동력 전달용, 위치 결정용으로 넓게 사용된다.

05 ① 06 ② 07 ② 08 ① 09 ① 10 ② 11 ④ 12 ③ 13 ②

14 인장응력을 구하는 식으로 옳은 것은? (단, A는 단면적, W는 인장하중이다.)

① $A \times W$
② $A + W$
③ $\dfrac{A}{W}$
④ $\dfrac{W}{A}$

TIP 인장력 $\sigma = \dfrac{W}{A}$ [N/mm²]

15 모듈 5, 잇수가 40인 표준 평기어의 이끝 원 지름은 몇 mm인가?

① 200mm
② 210mm
③ 220mm
④ 240mm

TIP pcd(피치원지름) $= m \times z$
D(이끝원 지름) $= pcd + (2 \times m)$
$= m(2 + z)$

16 윤활제의 급유 방법이 아닌 것은?

① 핸드 급유법
② 적하 급유법
③ 냉각 급유법
④ 분무 급유법

TIP 비 순환 급유법은 한번 사용한 오일은 회수하지 않고 버리는 형태의 급유법
- 손 급유법(Hand oiling)
- 적하 급유법(Drop feed oiling)
- 패드 급유법(Pad oiling)
- 심지 급유법(Wick oiling)
- 기계식 강제 급유법(Mechanical force feed oiling)
- 분무식 급유법(Oil mist oiling)

순환 급유방법
사용된 윤활유를 회수하여 마찰부위에 반복하여 공급하는 급유법
- 오일 순환식 급유법(Oil circulating oiling)
- 비말 급유법(Splash oiling)
- 제트 급유법(Jet oiling)
- 유욕 윤활법(Oil bath oiling)

17 일반적인 연삭숫돌 검사 방법의 종류가 아닌 것은?

① 초음파 검사
② 음향 검사
③ 회전 검사
④ 균형 검사

TIP
- 음향 검사
- 회전검사
  숫돌을 사용속도의 1.5배로 3~5분 동안 회전시켜 원심력에 의한 파열여부를 시험한다.
- 균형검사

18 선반가공에서 회전수를 구하는 공식이 $N = 1000V/\pi D$라고 할 때 이 공식의 표기가 틀린 것은?

① N : 회전수(r/min = rpm)
② π : 원주율
③ D : 공작물의 반지름(mm)
④ V : 절삭속도(m/min)

TIP $N = \dfrac{1000 \cdot V}{\pi \cdot d}$

- N : 회전수(r/min = rpm)
- π : 원주율
- D : 공작물의 지름(mm)
- V : 절삭속도(m/mim)

19 다음 중 가공물을 양극으로 전해액에 담그고 전기저항이 적은 구리, 아연을 음극으로 하여 전류를 흘려서 전기에 의한 용해작용을 이용하여 가공하는 가공법은?

① 전해연마   ② 전해연삭
③ 전해가공   ④ 전주가공

TIP 전해연마(Electro Polishing)

- 연마를 필요로 하는 금속을 양극으로 하여 전기를 가하면, 고 전류 부분(돌출부)를 우선적으로 용해하여 연마효과를 만드는 방법이다.
- 연마되는 면의 금속조직이나 결정구조와 연마조건에 따라 피트 등이 발생할 수도 있다. 알루미늄 반사판, 주사바늘, 반도체 표면가공, 불순물제거 등의 목적에도 이용된다.
- 양극 표면의 돌출부를 선택적으로 용해시킨다.

전해가공의 특징

- 부동태 피막이 형성됨으로 내부식성 향상
- 산화피막처리 : 금속 성분이 녹아 드는 양을 줄이는 처리
- 광택 뛰어나고(Buffing에 비해 더 평활, 광택가짐), 이물질이 제거됨
- 세정과 박리성 향상 : 이물질이 잘 붙지 않고 세정이 용이
- 잔류응력이 전혀 없음
- 형상이 복잡한 부품의 다듬질 적당함

20 다음 [그림]과 같은 테이퍼를 선반에서 가공하려고 한다. 심압대를 편위시켜 가공하려면 심압대를 몇 mm 이동시켜야 하는가?

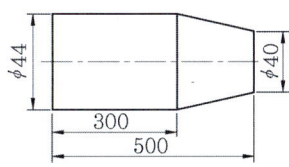

① 5   ② 6
③ 8   ④ 10

TIP 삼압대 편위

$$x = \dfrac{(D-d)L}{2 \cdot l} = \dfrac{(44-40) \times 500}{2 \times 200}$$

$= 5mm$

21 절삭공구에서 구성인선의 발생순서로 맞는 것은?

① 발생 → 성장 → 탈락 → 분열
② 성장 → 발생 → 탈락 → 분열
③ 발생 → 성장 → 분열 → 탈락
④ 성장 → 탈락 → 발생 → 분열

> **TIP** 구성인선(構成刃先 ; built-up edge)
> 연성(延性)이 큰 연강, stainless 강, aluminum 등과 같은 재료를 절삭할 때 절삭인선(切削刃先)에 작용하는 압력, 마찰저항 및 절삭열에 의하여 chip의 일부가 절삭날 끝에 부착되는 현상을 구성인선이라 하며, 이것은 주기적으로 발생하여 발생-성장-분열-탈락 등의 과정을 반복한다.

22 기어절삭기로 가공된 기어의 면을 매끄럽고 정밀하게 다듬질하기 위해 홈붙이 날을 가진 커터로 다듬는 가공방법은?

① 호빙
② 호닝
③ 기어세이빙
④ 래핑

> **TIP** 기어세이빙
> • 호빙과 같이 세이핑은 창성공정이다.
> • 사용되는 툴은 호빙의 웜(Worm)형 공구 대신에 피니언(Pinion)형 공구가 사용된다.
> • 기어 세이핑은 기어 생산시 아주 유용하고 정확한 방법이다.
> • 스퍼기어와 헤리컬 기어를 가공하고 내 기어와 외 기어를 가공할 수 있다. 그 외에도 헤링본(Herringbone)기어를 가공할 수 있다. 특히 이빨 근처에 단차를 가진 부분이 있는 기어는 특히 호빙으로 가공할 수 없으나 세이핑은 이런 기어를 가공하는데 유리하다.

23 드릴링 머신에서 볼트나 너트를 체결하기 곤란한 표면을 평탄하게 가공하여 체결이 잘 되도록 하는 것은?

① 리밍
② 태핑
③ 카운터 싱킹
④ 스폿 페이싱

> **TIP** 카운터 보링(counter-boring)
> 평볼트 또는 소형 나사의 머리부를 가공물의 몸체 내에 압입하기 위하여 구멍의 상부를 원통형으로 크게 깎아내는 작업이다.
>
> 카운터 싱킹(counter-sinking)
> 접시머리 나사를 사용할 구멍에 나사 머리가 들어갈 부분을 원추형으로 가공하는 것이다.
>
> 스폿 페이싱(spot-facing)
> 조품 또는 주물품에 볼트 또는 나사를 고정할 때 접촉부가 안정되기 위하여 구멍 주위를 평면으로, 또 구멍축에 직각으로 깎는 가공이다.

24 다음 중 테이블이 일정한 각도로 선회할 수 있는 구조로 기어 등 복잡한 제품을 가공할 수 있는 것은?

① 플레인 밀링 머신
 (plain milling machine)
② 만능 밀링 머신
 (universal milling machine)
③ 생산형 밀링 머신
 (production milling machine)
④ 플라노 밀러(plano miller)

TIP 만능 밀링머신

구조는 수평 밀링머신과 같으나 새들과 테이블 사이에 회전판이 있어 테이블을 회전 시킬 수 있다. 따라서 수평 밀링머신보다 광범위한 작업을 할 수 있다.

25 공구 연삭기의 종류에 해당되지 않는 것은?

① 드릴 연삭기   ② 바이트 연삭기
③ 초경공구 연삭기 ④ 기어 연삭기

TIP 공구연삭기(Tool gringding machine)

절삭 공구를 정확히 연삭하여 사용할 목적으로 공구 제작실 또는 공구 공장에는 공구 연삭기를 설비하여 전문적으로 작업하는 것이 필요하다. 특히 경질 합금공구, 바이트, 드릴, 리머, 밀링 커터 등을 집중 연삭 할 때에는 더욱 중요시 된다. 그림은 무수식 공구 연삭기로서 밀링 커터, 호브, 리머 등을 연삭하는 것으로 공작물을 좌우로 이송시키면서 연삭 숫돌을 회전해서 가공하는 연삭기이다.

26 도면에 사용한 선의 용도 중 특수한 가공을 하는 부분 등 특별한 요구 사항을 적용할 범위를 표시하는데 쓰이는 선은?

① 가는 1점 쇄선   ② 가는 2점 쇄선
③ 굵은 1점 쇄선   ④ 굵은 2점 쇄선

TIP 굵은 일점쇄선

특수한 가공을 하는 부분, 특별한 요구 사항을 적용할 범위를 표시하는 데 쓰인다.

27 모양공차를 표기할 때 그림과 같은 공차 기입 틀에 기입하는 내용은?

A	B

① A : 공차값, B : 공차의 종류기호
② A : 공차의 종류 기호
  B : 데이텀 문자기호
③ A : 데이텀 문자기호, B : 공차값
④ A : 공차의 종류기호, B : 공차값

TIP A : 공차의 종류 기호
   B : 공차값

28 최대 허용 치수와 최소 허용 치수의 차를 무엇이라고 하는가?

① 치수 공차   ② 끼워맞춤
③ 실치수   ④ 기준선

TIP 치수 공차
   = 최대 허용치수 − 최소허용치수
   = 위치수허용차 − 아래치수허용차

29 지름과 반지름의 표시방법에 대한 설명 중 틀린 것은?

① 원 지름의 기호는 Ø로 나타낸다.
② 원 반지름의 기호는 R로 나타낸다.
③ 구의 지름의 치수를 기입할 때는 GØ를 쓴다.
④ 구의 반지름의 치수를 기입할 때는 SR을 쓴다.

30 좌우 또는 상하가 대칭인 물체의 $\frac{1}{4}$을 잘라내고 중심선을 기준으로 외형도와 내부 단면도를 나타내는 단면의 도시 방법은?

① 한쪽 단면도 ② 부분 단면도
③ 회전 단면도 ④ 온 단면도

> TIP 한쪽 단면도(반 단면도)
> 좌우 또는 상하 대칭인 물체의 1/4을 잘라내고 중심선을 기준으로 외형과 내부 단면도를 동시에 도시하는 방법

31 선의 종류에 따른 용도의 설명으로 틀린 것은?

① 굵은 실선 - 외형선으로 사용한다.
② 가는 실선 - 치수선으로 사용한다.
③ 파선 - 숨은선으로 사용한다.
④ 굵은 1점 쇄선 - 단면의 무게 중심선으로 사용한다.

> TIP 무게 중심선 : 가는 이점쇄선

32 다음 입체도에서 화살표 방향이 정면일 경우 정투상도의 평면도로 옳은 것은?

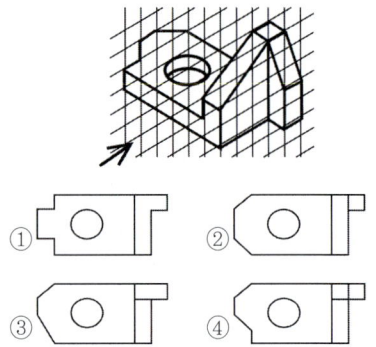

33 그림과 같은 지시 기호에서 "b"에 들어갈 지시사항으로 옳은 것은?

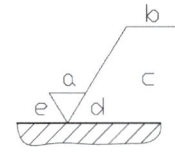

① 가공 방법
② 표면 파상도
③ 줄무늬 방향 기호
④ 컷오프값 · 평가길이

> TIP
>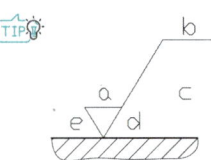
> • a : 중심선 평균 거칠기 (산술 평균 거칠기)
> • b : 가공방법
> • c : 컷오프 값, 평가 길이
> • d : 줄무늬 방향기호
> • e : 다듬질 여유값

34 도면을 마이크로 필름에 촬영하거나 복사할 때의 편의를 위하여 도면의 위치결정에 편리하도록 도면에 표시하는 양식은?

① 재단 마크 ② 중심 마크
③ 도면의 구역 ④ 방향 마크

TIP ● 중심마크
도면을 마이크로필름에 촬영하거나 복사할 때의 편의를 위하여 도면의 위치결정에 편리하도록 도면에 표시함

35 기하공차의 종류 중 적용하는 형체가 관련 형체에 속하지 않는 것은?

① 자세 공차 ② 모양 공차
③ 위치 공차 ④ 흔들림 공차

TIP ● 관련형체
위치공차, 자세 공차, 흔들림 공차

36 다음 중 '가는 선 : 굵은 선 : 아주 굵은 선' 굵기의 비율이 옳은 것은?

① 1 : 2 : 4 ② 1 : 3 : 4
③ 1 : 3 : 6 ④ 1 : 4 : 8

TIP ● 가는 선 : 굵은 선 : 아주 굵은 선
1 : 2 : 4

37 다음 치수 보조 기호에 관한 내용으로 틀린 것은?

① C : 45°의 모떼기
② D : 판의 두께
③ □ : 정사각형 변의 길이
④ ⌒ : 원호의 길기

TIP ● C : 45°의 모따기
● t : 판의 두께
● □ : 정사각형 변의 길이
● ⌒ : 원호의 길이

38 다음은 제3각법으로 그린 정투상도이다. 입체도로 옳은 것은?

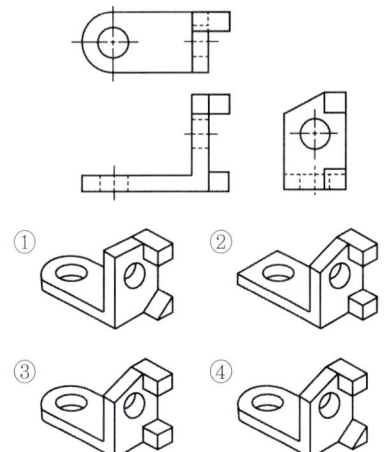

정답: 29③ 30① 31④ 32④ 33① 34② 35② 36① 37② 38③

39 구멍에서 기준치수가 30, 최대허용치수가 29.9 최소허용치수가 29.8일 때 아래 허용차는?

① -0.1　　② -0.2
③ +0.1　　④ +0.2

> TIP) 29.9 - 30 = -0.1
> 29.8 - 30 = -0.2

40 투상법의 종류 중 정투상법에 속하는 것은?

① 등각투상법　　② 제3각법
③ 사투상법　　　④ 투시도법

> TIP) 정 투상법 : 1각법, 3각법

41 가공 방법에 대한 기호가 잘못 짝지어진 것은?

① 용접 : W　　② 단조 : F
③ 압연 : E　　④ 전조 : RL

> TIP) 용접 : W, 단조 : F, 압연 : R
> 압출 : E, 전조 : RL, 인발 : D

42 투상도의 선택방법에 대한 설명으로 틀린 것은?

① 조립도 등 주로 기능을 나타내는 도면에서는 대상물을 사용하는 상태로 놓고 그린다.
② 부품을 가공하기 위한 도면에서는 가공 공정에서 대상물이 놓인 상태로 그린다.
③ 주 투상도에서는 대상물의 모양이나 기능을 가장 뚜렷하게 나타내는 면을 그린다.
④ 주 투상도를 보충하는 다른 투상도는 명확한 이해를 위해 되도록 많이 그린다.

> TIP) 투상도의 선택 방법
> • 주 투상도에는 대상물의 모양 기능을 가장 명확하게 표시하는 면을 그린다.
> • 부품도와 같이 가공하기 위한 도면에서는 가공에 있어서 도면을 가장 많이 이용하는 공정에서 대상물을 놓은 상태 (공정 중 사용빈도가 놓은 순으로 한다.)로 그린다.
> • 특별한 이유가 없는 경우, 대상물을 가로 길이로 놓은 상태로 그린다.
> • 서로 관련되는 그림의 배치는 되도록 숨은선을 쓰지 않도록 한다.

43 끼워맞춤의 표시방법을 설명한 것 중 틀린 것은?

① ⌀20H7 : 지름이 20인 구멍으로 7등급의 IT공차를 가짐
② ⌀20h6 : 지름이 20인 축으로 6등급의 IT공차를 가짐
③ ⌀20H7/g6 : 지름이 20인 H7 구멍과 g6 축이 헐거운 끼워맞춤으로 결합되어 있음을 나타냄
④ ⌀20H7/f6 : 지름이 20인 H7 구멍과 f6 축이 중간 끼워맞춤으로 결합되어 있음을 나타냄

TIP ④항은 헐거운 끼워 맞춤관계이다.

44 도면이 구비하여야 할 기본 요건이 아닌 것은?

① 보는 사람이 이해하기 쉬운 도면
② 그린 사람이 임의로 그린 도면
③ 표면정도, 재질, 가공 방법 등의 정보성을 포함한 도면
④ 대상물의 크기, 모양, 자세, 위치 등의 정보성을 포함한 도면

45 다음 중 알루미늄 합금주물의 재료 표시 기호는?

① ALBrC1
② ALDC1
③ AC1A
④ PBC2

TIP Al 합금 주물
AC1A, AC1B, AC2A

다이캐스팅용 Al합금
• Al-Si계합금[ALDC1(KS), ADC1(JIS)]
• Al-Si-Mg[ALDC2(KS), ADC3(JIS)]
• Al-Si-Cu계 합금[ALDC7,8(KS), ADC10,12(JIS)]
• Al-Mg계 합금[ALDC3,4(KS), ADC5,6(JIS)]

46 베어링의 안지름 번호를 부여하는 방법 중 틀린 것은?

① 안지름 치수가 1, 2, 3, 4mm인 경우 안지름 번호는 1, 2, 3, 4 이다.
② 안지름 치수가 10, 12, 15, 17mm인 경우 안지름 번호는 01, 02, 03, 04 이다.
③ 안지름 치수가 20mm 이상 480mm 이하인 경우 5로 나눈 값을 안지름 번호로 사용한다.
④ 안지름 치수가 500mm 이상인 경우 "안지름 치수"를 안지름 번호로 사용한다.

TIP • 00 – 10mm
• 01 – 12mm
• 02 – 15mm
• 03 – 17mm
• 04 – 20mm

47 평벨트 풀리의 도시방법이 아닌 것은?

① 암의 단면형은 도형의 안이나 밖에 회전 도시 단면도로 도시한다.
② 풀리는 축직각 방향의 투상을 주투상도로 도시할 수 있다.
③ 풀리와 같이 대칭인 것은 그 일부만을 도시할 수 있다.
④ 암은 길이방향으로 절단하여 단면을 도시한다.

TIP 암은 길이 방향으로 절단하여 단면의 도시를 하지 않는다.

48 다음 관 이음의 그림 기호 중 플랜지식 이음은?

① 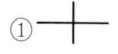 ②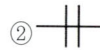
③   ④

TIP ① 나사식
② 플랜지식
③ 유니온
④ 캡

49 기어의 도시 방법을 나타낸 것 중 틀린 것은?

① 이끝원은 굵은 실선으로 그린다.
② 피치원은 가는 1점 쇄선으로 그린다.
③ 단면으로 표시할 때 이뿌리원은 가는 실선으로 그린다.
④ 잇줄 방향은 보통 3개의 가는 실선으로 그린다.

TIP • 이끝원은 굵은 실선으로 그린다.
• 피치원은 가는 1점 쇄선으로 그린다.
• 단면으로 표시할 때 이뿌리원은 굵은 실선으로 그린다.
• 잇줄 방향은 보통 3개의 가는 실선으로 그린다.

50 코일 스프링 도시의 원칙 설명으로 틀린 것은?

① 스프링은 원칙적으로 하중이 걸린 상태로 도시한다.
② 하중과 높이 또는 힘과의 관계를 표시할 필요가 있을 때는 선도 또는 요목표에 표시한다.
③ 특별한 단서가 없는 한 모두 오른쪽 감기로 도시한다.
④ 스프링의 종류와 모양만을 간략도로 도시할 때에는 재료의 중심선만을 굵은 실선으로 그린다.

TIP
- 특별한 단서가 없는 한 모두 오른쪽 감기로 도시한다.
- 중간 부분을 생략할 때는 생략한 부분을 중심선과 이점쇄선을 이용하여 도시한다.
- 모양만을 도시랄 때는 스프링의 외형을 굵은 실선으로 그린다.
- 원칙적으로 무 하중이 걸린 상태에서 도시한다.
- 하중과 높이 또는 힘과의 관계를 표시할 필요가 있을 때는 선도 또는 요목표에 표시한다.

51 아래 그림이 나타내는 용접 이음의 종류는?

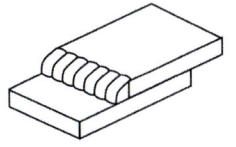

① 모서리 이음　② 겹치기 이음
③ 맞대기 이음　④ 플랜지 이음

52 아래 그림은 표준 스퍼기어 요목표이다. (1), (2)에 들어갈 숫자로 옳은 것은?

스퍼기어		
기어 치형		표준
공구	치형	보통 이
	모듈	2
	압력각	20°
잇수		32
피치원 지름		㉠
전체 이 높이		㉡
다듬질 방법		호브 절삭
정밀도		KS B 1405, 5급

① ㉠ ∅62, ㉡ 4.5
② ㉠ ∅40, ㉡ 4
③ ㉠ ∅40, ㉡ 4.5
④ ㉠ ∅64, ㉡ 4.5

TIP
PCD = $M \times Z$

전체 이높이 $M \times 2.25$

PCD = $2 \times 32 = 64$

전체 이높이 = $2 \times 2.25 = 4.5$

53 평행키 끝부분의 형식에 대한 설명으로 틀린 것은?

① 끝부분 형식에 대한 지정이 없는 경우는 양쪽 네모형으로 본다.
② 양쪽 둥근형은 기호 A를 사용한다.
③ 양쪽 네모형은 기호 S를 사용한다.
④ 한쪽 둥근형은 기호 C를 사용한다.

TIP
- 양쪽 둥근형 - A
- 한쪽 둥근형 - C
- 양쪽 네모형 - 끝부분 형식에 대한 지정이 없는 경우

54 인치계 사다리꼴 나사의 나사산 각도는?

① 29° ② 30°
③ 55° ④ 60°

TIP
- 인치계 - TW 29°
- 미터계 - TM 30°

55 나사의 제도시 불완전 나사부와 완전 나사부의 경계를 나타내는 선을 그릴 때 사용하는 선의 종류는?

① 굵은 파선   ② 굵은 1점 쇄선
③ 가는 실선   ④ 굵은 실선

TIP 불완전 나사부와 완전 나사부의 경계 - 굵은 실선으로 표시한다.

56 축의 도시 방법에 대한 설명으로 틀린 것은?

① 가공 방향을 고려하여 도시하는 것이 좋다.
② 축은 길이 방향으로 절단하여 온 단면도로 표현하지 않는다.
③ 빗줄 널링의 경우에는 축선에 대하여 30°로 엇갈리게 그린다.
④ 긴 축은 중간을 파단하여 짧게 표현하고, 치수 기입은 도면상에 그려진 길이로 나타낸다.

TIP 축의 도시 방법
- 축은 길이 방향으로 단면도시를 하지 않는다. 단, 부분단면은 허용한다.
- 긴축은 중간을 파단하여 짧게 그릴 수 있으며 실제치수를 기입한다.
- 축 끝에는 모따기 및 라운딩을 할 수 있다.
- 축은 가공을 고려하여 수평으로 놓고 도시한다.
- 축의 널링 도시는 빗줄인 경우 축선에 대해 30°로 엇갈리게 그린다.
- 둥근 축이나 구멍 등 일부 평면임을 나타내는 경우 가는 실선의 대각선으로 표시한다.

57 다음 컴퓨터 장치 중 해당 장치가 잘못 연결된 것은?

① 주기억장치 : 하드디스크

② 보조기억장치 : USB메모리

③ 입력장치 : 태블릿

④ 출력장치 : LCD

> TIP
> - 보조기억장치 : 하드디스크, USB메모리
> - 입력장치 : 태블릿, 터치스크린, 마우스, 스타일러스 펜
> - 출력장치 : LCD, 프린터

58 스스로 빛을 내는 자기발광형 디스플레이로서 시야각이 넓고 응답시간도 빠르며 백라이트가 필요 없기 때문에 두께를 얇게 할 수 있는 디스플레이는?

① TFT-LCD

② 플라즈마 디스플레이

③ OLED

④ 래스터스캔 디스플레이

> TIP OLDE같은 경우, 자체발광이기 때문에 BackLight가 필요 없기 때문에 두께를 훨씬 더 얇게 할 수 있다는 장점이 있다.

59 다음 중 기계설계 CAD에서 사용하는 3차원 모델링 방법이라고 할 수 없는 것은?

① 와이어프레임 모델링(wire frame modeling)

② 오브젝트 모델링(object modeling)

③ 솔리드 모델링(solid modeling)

④ 서피스 모델링(surface modeling)

> TIP 3차원 모델링
> - 와이어프레임 모델링
> - 서피스 모델링
> - 솔리드 모델링

60 CAD로 2차원 평면에서 원을 정의하고자 한다. 다음 중 특정 원을 정의할 수 없는 것은?

① 원의 반지름과 원을 지나는 하나의 접선으로 정의

② 원의 중심점과 반지름으로 정의

③ 원의 중심점과 원을 지나는 하나의 접선으로 정의

④ 원을 지나는 3개의 점으로 정의

53 ③ 54 ① 55 ④ 56 ④ 57 ① 58 ③ 59 ② 60 ①

06 과년도 기출문제

2014년 4월 6일

01 강의 표면 경화법으로 금속 표면에 탄소(C)를 침입 고용시키는 방법은?

① 질화법   ② 침탄법
③ 화염경화법   ④ 숏피닝

TIP 탄소의 함유량(0.2% 이하)이 적은 저탄소강을 탄소 또는 탄소를 많이 함유한 목탄, 골탄 등으로 표면에 탄소를 침투시켜 고탄소강으로 만든 다음에, 이것을 급랭시켜 표면을 경화시키는 방법이다. 침탄 후 담금질 열처리를 케이스 하드닝이라고 한다.
- 침탄법 : 고체 침탄법, 액체 침탄법(청화법), 가스 침탄법 등

02 비철금속 구리(Cu)가 다른 금속 재료와 비교해 우수한 것 중 틀린 것은?

① 연하고 전연성이 좋아 가공하기 쉽다.
② 전기 및 열전도율이 낮다.
③ 아름다운 색을 띠고 있다.
④ 구리합금은 철강 재료에 비하여 내식성이 좋다.

TIP 구리는 전기 양도체 및 열전도율이 높다.

03 다음 중 플라스틱 재료로서 동일 중량으로 기계적 강도가 강철보다 강력한 재질은?

① 글라스 섬유   ② 폴리카보네이트
③ 나일론   ④ FRP

TIP Fiber Glass Reinforced Plastics(강화 프라스틱)의 약자로서 유리섬유를 주 보강재로 하여 불포화 폴리에스터 수지를 적층하여 경화 가공한 복합구조재이다. 내식, 내열 및 내 부식성이 우수하여 석유화학, 건축, 레저, 자동차 산업, 환경사업 등 전 산업분야에서 광범위하게 사용되는 소재이다.

04 열처리란 탄소강을 기본으로 하는 철강에서 매우 중요한 작업이다. 열처리의 특성을 잘못 설명한 것은?

① 내부의 응력과 변형을 감소시킨다.
② 표면을 연화시키는 등의 성질을 변화시킨다.
③ 기계적 성질을 향상시킨다.
④ 강의 전기적/자기적 성질을 향상시킨다.

> **TIP 열처리(熱處理)**
> 가열, 냉각을 이용하여 금속재료의 특성을 향상시키는 기술. 물질을 가열하거나 냉각시키면 내부 구조에 변화가 일어나서 성질이 현저하게 개량하는 처리 기술로 담금질, 풀림, 뜨임, 불림 등이 있다.

05 5~20% Zn의 황동으로 강도는 낮으나 전연성이 좋고 황금색에 가까우며 금박대용, 황동단추 등에 사용되는 구리 합금은?

① 톰백
② 문쯔메탈
③ 델터메탈
④ 주석황동

> **TIP 톰백(tombac)**
> 5~20%의 저 아연합금으로 전연성이 좋고 색이 금에 가까우므로 모조금박으로 금대용으로 사용한다.

06 철과 탄소는 약 6.68% 탄소에서 탄화철이라는 화합물을 만드는데 이 탄소강의 표준조직은 무엇인가?

① 펄라이트
② 오스테나이트
③ 시멘타이트
④ 솔바이트

> **TIP 시멘타이트**
> 철과 탄소는 약 6.68% 탄소에서 탄화철이라는 화합물을 말한다.

07 일반 구조용 압연강재의 KS 기호는?

① SS330
② SM400A
③ SM45C
④ SNC415

> **TIP**
> • SS : 일반구조용 압연강재(rolled Steel for general Structure)
> • SM : 기계 구조용 탄소강 강관(steel tube, machine)
> • SWS : 용접구조용 압연강재(rolled Steel for Welded Structure)
> • SPS : 일반 구조용 탄소강 강관(steel, pipe, structure)

08 회전체의 균형을 좋게 하거나 너트를 외부에 돌출시키지 않으려고 할 때 주로 사용하는 너트는?

① 캡 너트
② 둥근 너트
③ 육각 너트
④ 와셔붙이 너트

> **TIP 둥근 너트**
> 회전체의 균형을 좋게 하거나 너트를 외부에 돌출시키지 않으려고 할 때 사용한다. (특수 스페너 사용)

01 ② 02 ② 03 ④ 04 ② 05 ① 06 ③ 07 ① 08 ②

09 축이음 기계요소 중 플렉시블 커플링에 속하는 것은?

① 디스크 커플링 ② 셀러 커플링
③ 클램프 커플링 ④ 마찰 원통 커플링

TIP💡 플렉시블 커플링 종류

디스크 커플링, 기어 커플링, 체인 커플링, 죠오 커플링, 플랜지 플랙시블 커플링, 유체 커플링

10 스퍼 기어에서 Z는 잇수(개)이고, P가 지름피치(인치)일 때, 피치원 지름(D, mm)를 구하는 공식은?

① $D = \dfrac{PZ}{25.4}$ ② $D = \dfrac{25.4}{PZ}$
③ $D = \dfrac{P}{25.4Z}$ ④ $D = \dfrac{25.4Z}{P}$

TIP💡 $D = \dfrac{25.4 \times Z}{P}$

- Z : 잇수
- P : 지름피치(인치)

11 왕복운동 기관에서 직선운동과 회전운동을 상호 전달할 수 있는 축은?

① 직선 축 ② 크랭크 축
③ 중공 축 ④ 플렉시블 축

TIP💡 크랭크 축

선운동과 회전운동을 상호 전달할 수 있는 축이다.

12 재료의 안전성을 고려하여 허용할 수 있는 최대응력을 무엇이라 하는가?

① 주 응력 ② 사용 응력
③ 수직 응력 ④ 허용 응력

TIP💡 안전율(安全率, safety factor)

안전율 = $\dfrac{인장강도}{허용응력}$

인장강도 = 최대응력

13 스프링의 길이가 100mm인 한 끝을 고정하고, 다른 끝에 무게 40N의 추를 달았더니 스프링의 전체 길이가 120mm로 늘어났을 때 스프링 상수는 몇 N/mm인가?

① 8 ② 4
③ 2 ④ 1

TIP💡 $K = \dfrac{W}{\delta}$, W : (N)하중, δ : 변형량

$K = \dfrac{40}{20} = 2\text{N/mm}$

14 다음 벨트 중에서 인장강도가 대단히 크고 수명이 가장 긴 벨트는?

① 가죽 벨트 ② 강철 벨트
③ 고무 벨트 ④ 섬유 벨트

15 큰 토크를 전달시키기 위해 같은 모양의 기 홈을 등 간격으로 파서 축과 보스를 잘 미끄러질 수 있도록 만든 기계요소는?

① 코터 ② 묻힘 키
③ 스플라인 ④ 테이퍼 키

> **TIP** 스플라인
> 키(key)와 축을 일체로 한 축에 같은 간격으로 홈을 판 것. 회전 요소를 견고하게 하여 축 방향으로 회전하게 할 때 쓰인다.

16 와이어 컷 방전가공에 대한 설명으로 틀린 것은?

① 복잡한 형상의 절단 작업이 가능하다.
② 장시간 동안 무인으로 작동할 수 있다.
③ 경도가 높은 금속도 절단이 가능하다.
④ 방전 후 사용한 와이어는 재사용이 가능하다.

> **TIP** 와이어 컷(wirecut) 방전가공법
> 기본적인 방전원리에 있어서는 거의 같지만 전극으로 와이어를 사용한다는 것이 다르며 동, 황동, 텅스텐 등의 재질로 된 가는 와이어 전극을 이용해 피 가공물을 가공한다. 와이어 전극은 공급용 릴(reel)로 부터 항상 일정한 속도(1~10[m/min] 범위 내에서) 방전작용에 수반되는 전극의 소모를 보정해준다. 와이어의 굵기는 보통 $\phi 0.05 \sim 0.3$[mm]의 것이 있으며 가공효율이나 와이어 단선의 방지 등을 고려하여 그 굵기를 선정한다.

17 다음 중 비절삭작업에 속하지 않는 가공법은?

① 단조 ② 호빙
③ 압연 ④ 주조

> **TIP** 비절삭 작업
> 압출, 인발, 단조, 압연, 주조, 전조등

18 다음 중 절삭 저항력이 가장 작은 칩의 형태는?

① 열단형 칩 ② 전단형 칩
③ 균열형 칩 ④ 유동형 칩

> **TIP** 유동형 칩
> - 칩이 바이트 경사면에 연속으로 흐름으로 절삭
> - 연강, Al 등 점성이 있고 연한 재질을 절삭
> - 절삭제 공급, 큰 경사각, 고속, 얕게 절삭

19 연삭숫돌 구성의 3요소에 포함되지 않는 것은?

① 입자 ② 결합제
③ 조직 ④ 기공

> **TIP** 연삭 숫돌의 3요소
> 숫돌 입자, 기공, 결합제
>
> 연삭 숫돌의 5요소
> 숫돌의 입자, 입도, 결합도, 조직, 결합제

09 ① 10 ④ 11 ② 12 ④ 13 ③ 14 ② 15 ③ 16 ④ 17 ② 18 ④ 19 ③

20 선반 작업의 안전 사항으로 틀린 것은?

① 절삭공구는 가능한 길게 고정한다.
② 칩의 비산에 대비하여 보안경을 착용한다.
③ 공작물 측정은 정지 후에 한다.
④ 칩은 맨손으로 제거하지 않는다.

21 수직 밀링머신에서 넓은 평면을 능률적으로 가공하는데 적합한 커터는?

① 더브테일 커터 ② 사이드밀링 커터
③ 정면 커터   ④ T 커터

> TIP 정면커터
> 수직밀링 머신에서 넓은 평면을 가공하는데 적합한 커터이다.

22 미터나사에서 지름이 14mm, 피치가 2mm의 나사를 태핑하기 위한 드릴구멍의 지름은 보통 몇 mm로 하는가?

① 16   ② 14
③ 12   ④ 10

> TIP 나사가공 시 드릴지름
> = 나사호칭 지름 − 피치

23 두께 30mm의 탄소강판에 절삭속도 20m/min, 드릴의 지름 10mm, 이송 0.2mm/rev로 구멍을 뚫을 때 절삭 소요시간은 약 몇 분인가? (단, 드릴의 원추 높이는 5.8mm, 구멍은 관통하는 것으로 한다.)

① 0.11   ② 0.28
③ 0.75   ④ 1.11

> TIP $T = \dfrac{t+h}{nf} = \dfrac{\pi D(t+h)}{1000 Vf}$ $n = \dfrac{1000 V}{\pi D}$
>
> - t : 드릴의 깊이[mm]
> - h : 드릴의 원뿔 높이[mm]
> - n : 드릴의 회전수[rpm]
> - D : 드릴의 지름[mm]
> - f : 드릴의 이송속도[mm/rev]
>
> $T = \dfrac{3.14 \times 10(30+5.8)}{1000 \times 20 \times 0.2} = 0.28\text{min}$

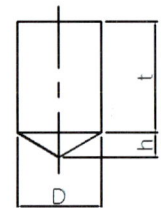

24 수평형 브로칭 머신의 설명과 가장 거리가 먼 것은?

① 직립형에 비해 가공물 고정이 불편하다.
② 기계의 조작이 쉽다.
③ 가동 및 안정성, 기계의 점검 등이 직립형보다 우수하다.
④ 직립형에 비해 설치면적이 작다.

TIP) 수평형 브로칭 머신
- 직립형에 비해 가공물 고정이 불편하다.
- 기계조작이 쉽다.
- 가동 및 안정성, 기계의 점검 등이 직립형보다 우수하다.
- 직립형 보다 설치 면적이 크다.

25 NC 공작기계의 절삭 제어방식 종류가 아닌 것은?

① 위치결정 제어   ② 직선절삭 제어
③ 곡선절삭 제어   ④ 윤곽절삭 제어

TIP)
- 위치결정 제어(G00) : 최대한 빠른 속도로 이동한다.
- 직선절삭 제어(G01) : 이동 속도를 반드시 지정해야 한다.
- 윤곽절삭 제어(G02, G03) : 원호 보간을 지정한다.

26 다음 평면도에 해당하는 것은? (제3각법의 경우)

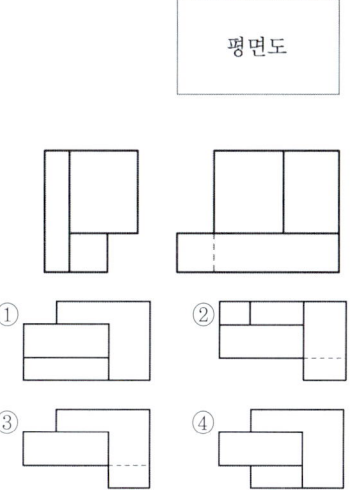

27 도면 관리에서 다른 도면과 구별하고 도면 내용을 직접 보지 않고도 제품의 종류 및 형식 등의 도면 내용을 알 수 있도록 하기 위해 기입하는 것은?

① 도면 번호   ② 도면 척도
③ 도면 양식   ④ 부품 번호

TIP) 도면 번호 : 다른 도면과 구별하고 도면 내용을 직접 보지 않고 제품의 종류 및 형식 등의 도면 내용을 알 수 도록 기입되는 것이다.

28 입체도에서 화살표 (그림) 방향을 정면도로 할 때, 제3각법으로 투상한 것 중 옳은 것은?

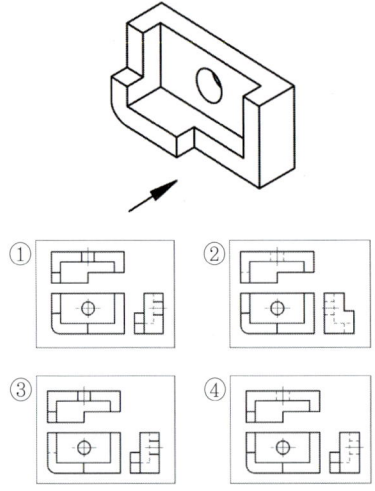

① ② ③ ④

29 산술 평균 거칠기 표시 기호는?

① Ra ② Rs
③ Rz ④ Ru

> 💡TIP
> • 산술 평균 거칠기(중심선 평균 거칠기) : Ra
> • 10점 평균 거칠기 : Rz
> • 최대 높이 거칠기 : Ry

30 다음 기하공차의 종류 중 위치공차 기호가 아닌 것은?

① ⊕   ② ⌀
③ ═   ④ ◎

> 💡TIP
>
> | 적용하는 형체 | 공차의 종류 | | 기호 |
> |---|---|---|---|
> | 단독 형체 | 모양공차 | 진직도 공차 | ─ |
> | | | 평면도 공차 | ▱ |
> | | | 진원도 공차 | ○ |
> | | | 원통도 공차 | ⌀ |
> | 단독 형체 또는 관련 형체 | | 선의 윤곽도 공차 | ⌒ |
> | | | 면의 윤곽도 공차 | ⌓ |
> | 관련 형체 | 자세공차 | 평행도 공차 | ∥ |
> | | | 직각도 공차 | ⊥ |
> | | | 경사도 공차 | ∠ |
> | | 위치공차 | 위치도 공차 | ⊕ |
> | | | 동축도 공차 또는 동심도 공차 | ◎ |
> | | | 대칭도 공차 | ═ |
> | | 흔들림 공차 | 원주 흔들림 공차 | ↗ |
> | | | 온 흔들림 공차 | ↗↗ |

31 도면에 치수를 기입 할 때의 주의사항으로 틀린 것은?

① 치수는 정면도, 측면도, 평면도에 보기 좋게 골고루 배치한다.

② 외형선, 중심선 혹은 그 연장선은 치수선으로 사용하지 않는다.

③ 치수는 가능한 한 도형의 오른쪽과 윗쪽에 기입한다.

④ 한 도면 내에서는 같은 크기의 숫자로 치수를 기입한다.

- 물체의 기능, 제작, 조립 등을 고려하여 필요하다고 생각하는 치수를 명료하게 도면에 지시한다.
- 치수는 물체의 크기, 자세 및 위치를 가장 명확하게 표시하는데 필요하고 충분한 것을 기입한다.
- 도면에 나타내는 치수는 특별히 명시하지 않는 한, 그 도면에 도시한 대상물의 다듬질치수를 기입한다.
- 치수에는 기능상(호환성을 포함) 필요한 경우 KS A 0108에 따라 치수의 허용한계를 지시한다. 다만, 이론적으로 정확한 치수는 제외한다.
- 치수는 되도록 주 투상도에 집중한다.
- 치수는 중복 기입을 피한다.
- 치수는 되도록 계산해서 구할 필요가 없도록 기입한다.
- 치수는 필요에 따라 기준으로 하는 점, 선 또는 면을 기준으로 하여 기입한다.
- 관련되는 치수는 되도록 한곳에 모아서 기입한다.
- 치수는 되도록 공정마다 배열을 분리하여 기입한다.
- 치수 중 참고 치수에 대하여는 치수 수치에 괄호를 붙인다.

32 아래 도면의 기하공차가 나타내고 있는 것은?

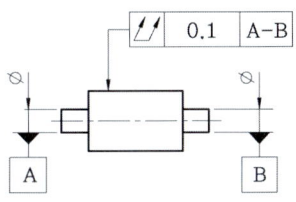

① 원통도 ② 진원도
③ 온 흔들림 ④ 원주 흔들림

33 조립한 상태의 치수 허용 한계값을 나타낸 것으로 틀린 것은?

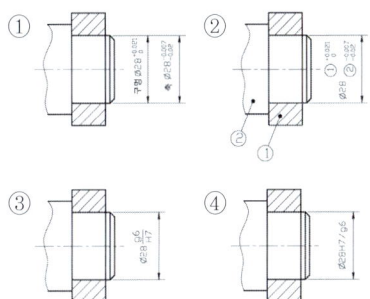

TIP: 28g6/H7 → ⌀28H7/g6 조립상태에서 구멍축 순으로 쓰인다.

34 투상도법에서 원근감을 갖도록 나타내어 건축물 등의 공사 설명용으로 주로 사용하는 투상도법은?

① 등각투상도

② 투시도

③ 정투상도

④ 부등각 투상도

> **TIP** 투시도
> 원근감을 갖도록 나타내어 건축물 등의 공사 설명용으로 주로 사용하는 투상도법이다.

35 다음은 KS 제도 통칙에 따른 재료 기호이다.

KS D 3752 SM45C

위 기호에 대한 설명 중 옳은 것을 모두 고르면?

㉠ KS D는 KS 분류 기호 중 금속 부문에 대한 설명이다.
㉡ S는 재질을 나타내는 기호로 강을 의미한다.
㉢ M은 기계구조용을 의미한다.
㉣ 45C는 재료의 최저 인장 강도가 45(kgf/mm²)를 의미한다.

① ㉠, ㉡   ② ㉠, ㉣
③ ㉠, ㉡, ㉢   ④ ㉡, ㉢, ㉣

> **TIP** KS D 3752 SM45C
> • KS D는 KS분류 기호 중 금속 부분에 대한 설명이다.
> • S는 재질을 나타내는 강을 의미한다.
> • M은 기계구조용을 의미한다.
> • 45C는 탄소함유량 0.40%~0.50%를 의미한다.

36 제작 도면으로 사용할 도면의 같은 장소에서 숫자와 여러 종류의 선이 겹치게 될 때 가장 우선 되는 것은?

① 해칭선   ② 치수선
③ 숨은선   ④ 숫자

> **TIP** 치수문자, 기호 – 외형선 – 숨은선 – 절단선 – 중심선 – 무게중심선 – 치수보조선

37 대상물의 구멍, 흠 등 모양만을 나타내는 것으로 충분한 경우에 그 부분만을 도시하는 그림과 같은 투상도는?

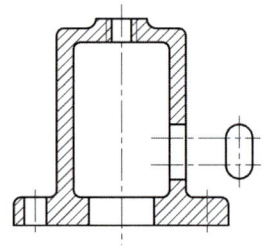

① 회전 투상도   ② 국부 투상도
③ 부분 투상도   ④ 보조 투상도

38 그림과 같은 단면도를 무슨 단면도라 하는가?

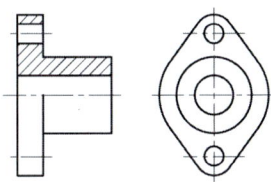

① 회전도시 단면도
② 국부 단면도
③ 한쪽 단면도
④ 온 단면도

TIP 한쪽단면도 = 반 단면도

39 다음 그림은 면의 지시기호이다. 그림에서 M은 무엇을 의미하는가?

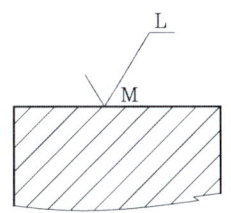

① 밀링 가공   ② 줄무늬 방향
③ 표면 거칠기 ④ 선반 가공

40 가상선의 용도에 대한 설명으로 틀린 것은?

① 인접 부분을 참고로 표시하는데 사용한다.
② 수면, 유면 등의 위치를 표시하는데 사용한다.
③ 가공 전, 가공 후의 모양을 표시하는데 사용한다.
④ 도시된 단면의 앞쪽에 있는 부분을 표시하는데 사용한다.

TIP 가상선
- 인접부분을 참고로 표시하는데 사용한다.
- 공구의 윤곽 및 가공 전, 가공 후의 모양을 표시하는데 사용한다.
- 도시된 단면의 앞쪽에 있는 부분을 표시하는데 사용한다.

41 치수 보조 기호의 설명으로 틀린 것은?

① 구의 지름 - S∅
② 구의 반지름 - SR
③ 45° 모따기 - C
④ 이론적으로 정확한 치수 - (15)

TIP 참고 치수 (100)
이론적으로 정확한 치수 100

42 IT기본공차의 등급은 모두 몇 등급으로 되어 있는가?

① 10등급 ② 18등급
③ 20등급 ④ 25등급

TIP: IT 01~18급 총 20 등급으로 이루어져 있다.

43 중간 끼워맞춤에서 구멍의 치수는 $50^{+0.035}_{0}$, 축의 치수가 $50^{+0.042}_{+0.017}$ 일 때, 최대 죔새는?

① 0.033 ② 0.008
③ 0.018 ④ 0.042

TIP: 최대 죔새
= 축의 최대 허용한계치수
 - 구멍의 최소 허용한계치수
= 축의 위 치수 허용차
 - 구멍의 아래 치수 허용차

44 다음 그림과 같이 리브 둥글기 반지름이 현저하게 다른 리브를 그릴 때, 평면도로 옳은 것은?

R1 > R2

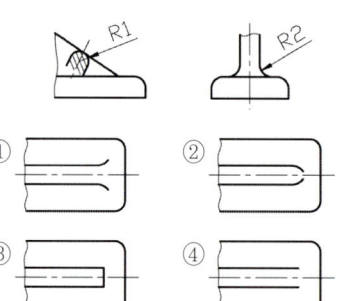

TIP: R1 > R2

45 다음 도면의 양식 중에서 반드시 마련해야 하는 양식은?

① 도면의 구역 ② 중심마크
③ 비교눈금   ④ 재단마크

TIP: 도면에 양식 중에서 반드시 마련해야 하는 양식
윤곽선(테두리선), 중심마크, 표제란

46 다음 그림은 어떤 기계요소를 나타낸 것인가?

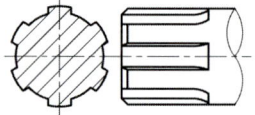

① 원뿔 키   ② 접선 키
③ 세레이션 ④ 스플라인

47 수나사 막대의 양 끝에 나사를 깎은 머리 없는 볼트로써 한끝은 본체에 박고 다른 끝은 너트로 죌 때 쓰이는 것은?

① 관통 볼트   ② 미니추어 볼트
③ 스터드 볼트 ④ 탭 볼트

48 다음 중 플러그 용접 기호는?

① ⊖ ② ⌐¬
③ ○ ④ ‖

> TIP ① 심용접
> ② 플러그
> ③ 점, 프로젝션
> ④ I형

49 〈보기〉의 설명을 나사표시 방법으로 옳게 나타낸 것은?

[보기]
- 왼나사이며 두줄 나사이다.
- 미터 가는나사로 호칭지름이 50mm, 피치가 2mm이다.
- 수나사 등급이 4h 정밀급 나사이다.

① L 2줄 M50×2-4h
② 왼 2N TM50×2-4h
③ 2N M50×2-4h
④ 왼 2줄 M2×50-4h

50 평 벨트 풀리의 도시방법으로 틀린 것은?

① 벨트 풀리는 축직각 방향의 투상을 주투상도로 할 수 있다.
② 암은 길이 방향으로 절단하여 단면을 도시하지 않는다.
③ 대칭형인 벨트 풀리는 생략하지 않고 되도록 전체를 그려야 한다.
④ 암의 테이퍼 부분 치수를 기입할 때 치수 보조선은 경사선으로 그어서 치수를 나타낼 수 있다.

> TIP 평벨트 풀리는 대칭형이므로 생략이 가능한 투상도로 도시할 수 있다.

51 베어링 호칭번호가 다음과 같을 때, 이에 대한 설명으로 틀린 것은?

"7210CDTP5"

① 베어링 계열 기호는 "72"이다.
② 안지름 번호는 "10"으로 호칭 베어링의 안지름이 50mm이다.
③ 접촉각 기호는 "C"이다.
④ 정밀도 등급은 "DT"이다.

> TIP 7210CDTP5
> - 72 : 베어링 계열기호
> - 10 : 안지름 번호 10×5 = 50mm
> - C : 접촉각 기호
> - DT : 병렬 조합
> - P5 : 정밀도 등급

52 스프링의 종류 및 모양만을 간략도로 도시하는 경우 표시방법으로 옳은 것은?

① 재료의 중심선을 굵은 실선으로 그린다.
② 재료의 중심선을 가는 2점 쇄선으로 그린다.
③ 재료의 중심선을 가는 실선으로 그린다.
④ 재료의 중심선을 굵은 1점 쇄선으로 그린다.

53 배관제도에서 관의 끝부분이 용접식 캡의 경우를 나타내는 그림 기호는?

①    ②
③    ④

> TIP ① 플랜지 캡
> ② 나사 캡

54 모듈 m인 한 쌍의 외접 스퍼기어가 맞물려 있을 때에 각각의 잇수를 Z1, Z2 라면 두 기어의 중심거리를 구하는 계산식은?

① $\dfrac{(Z_1+Z_2) \times m}{2}$

② $m \times (Z_1+Z_2)$

③ $\dfrac{m}{2 \times (Z_1+Z_2)}$

④ $2 \times m \times (Z_1+Z_2)$

> TIP $C = \dfrac{m(Z_1+Z_2)}{2}$

55 다음 중 센터 구멍이 필요하지 않은 경우를 나타낸 기호는?

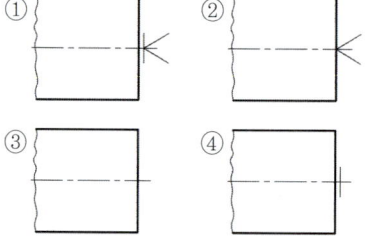

> TIP 2번 항목 센터구멍이 필요함(센터 구멍을 남김)
>
> 3번 항목은 센터구멍을 기본적으로 필요하나 요구하지 않음

56 기어의 도시 방법으로 옳은 것은? (단, 단면도가 아닌 일반 투상도로 나타낼 때로 가정한다.)

① 잇봉우리원은 가는 실선으로 그린다.
② 피치원은 가는 1점 쇄선으로 그린다.
③ 이골원은 가는 2점 쇄선으로 그린다.
④ 잇줄 방향은 보통 2개의 굵은 실선으로 그린다.

> TIP • 기어의 이봉우리원은 굵은 실선으로 그린다.
> • 기어의 이골원은 가는 실선 단면시 굵은 실선
> • 기어의 잇줄 방향은 3개의 가는 실선을 30°로 나타낸다.

57 다음 중 입력장치로 볼 수 없는 것은?

① 터치패드 ② 라이트펜
③ 3D 프린터 ④ 스캐너

58 컴퓨터에서 중앙처리장치의 구성으로만 짝지어진 것은?

① 출력장치, 입력장치
② 제어장치, 입력장치
③ 보조기억장치, 출력장치
④ 제어장치, 연산장치

TIP💡 CPU
　　제어장치, 연산장치

59 각 좌표계에서 현재위치, 즉 출발점을 항상 원점으로 하여 임의의 위치까지의 거리로 나타내느 좌표계 방식은?

① 직교 좌표계 ② 극 좌표계
③ 상대 좌표계 ④ 원통 좌표계

TIP💡 상대 좌표계
　　각 좌표계에서 현재의 위치즉, 출발점을 항상 원점으로 하여 임의의 위치까지의 거리로 나타내는 좌표계방식

60 면을 사용하여 은선을 제거시킬 수 있고 또 면의 구분이 가능하므로 가공면을 자동적으로 인식처리할 수 있어서 NC data에 의한 NC가공업이 가능하나 질량 등의 물리적 성질은 구할 수 없는 모델링 방법은?

① 서피스 모델링
② 솔리드 모델링
③ 시스템 모델링
④ 와이어프레임 모델링

06 | 과년도 기출문제

2014년
7월 20일

01 초경공구와 비교한 세라믹 공구의 장점 중 옳지 않은 것은?

① 고온 절삭 가공성이 우수하다.
② 고온 경도가 높다.
③ 내마멸성이 높다.
④ 충격강도가 높다.

TIP 세라믹 공구
- 고속절삭 가공성이 우수하다.
- 고온 경도가 높다.
- 내 마멸성이 높다.
- 충격강도가 작다.

02 내열용 알루미늄합금 중에 Y합금의 성분은?

① 구리, 납, 아연, 주석
② 구리, 니켈, 망간, 주석
③ 구리, 알루미늄, 납, 아연
④ 구리, 알루미늄, 니켈, 마그네슘

TIP Y합금
Al + Cu + Ni + Mg

03 항공기 재료로 가장 적합한 것은 무엇인가?

① 파인 세라믹
② 복합 조직강
③ 고강도 저합금강
④ 초두랄루민

TIP 초 두랄루민
Al + Cu + Mg + Mn

04 내열성과 내마모성이 크고 온도가 600℃ 정도까지 열을 주어도 연화되지 않는 특징이 있으며, 대표적인 것으로 텅스텐(18%), 크롬(4%), 바나듐(1%)로 조성된 강은?

① 합금공구강　② 다이스강
③ 고속도공구강　④ 탄소공구강

TIP 고속도공구강 : W ; 텅스텐(18%)
Cr ; 크롬(4%)
V ; 바나듐(1%)

05 황이 함유된 탄소강의 적열취성을 감소시키기 위해 첨가하는 원소는?

① 망간 ② 규소
③ 구리 ④ 인

TIP Hot shortness – '적열 취성'이란?

강중의 S는 Fe와 결합하여 FeS가 되어 입계에 망상으로 분포되기 쉽다.
이러한 상태의 S는 0.02%만 있어도 인장강도, 연성, 충격치를 감소시키며 FeS의 융점이 낮아(m. p. : 1193℃), 강은 고온에서 약하고 압연 등 열간 가공 시 파괴되기 쉽다. 이것을 고온 취성 또는 적열 취성이라고 한다.

망간(Mn)

황과 화합하여 적열취성방지(MnS)하게 되어 황의 해를 제거하며, 고온 가공을 용이하게 한다. 강도, 경도, 인성을 증가시키며, 고온에 있어서는 결정 입자의 성장을 방해한다. 소성을 증가시키고 주조성을 좋게 한다. 담금질 효과를 크게 하며 탈산제로도 사용되며, 강중의 탄소함량은 0.20~0.80%이다.

06 탄소강에 함유된 5대 원소는?

① 황, 망간, 탄소, 규소, 인
② 탄소, 규소, 인, 망간, 니켈
③ 규소, 탄소, 니켈, 크롬, 인
④ 인, 규소, 황, 망간, 텅스텐

TIP 탄소강 5대 원소

- 탄소(C) : 탄소강에서 탄소는 매우 중요한 원소 증가하면 인장강도 경도 증가 감소하면 연신율 및 인성이 증가한다.

- 망간(Mn) : Mn은 탄소강에서 탄소 다음으로 중요한 원소로서, 제강할 때 탈산, 탈황제로 첨가

- 규소(Si) : Si는 흑연화 촉진되며, 고온 강도가 향상되고, 내열성, 내산성. 주조성(유동성), 전자기적 성질이 증가한다.

- 인(P) : 인은 특수한 경우를 제외하고 0.05% 이하로 제한하며, 인은 인장 강도, 경도를 증가시키지만, 연신율을 감소시키고, 상온 메짐의 원인이 된다. 편석이 발생(담금질 균열의 원인)하고, Fe_3P, MnS, MnO_2 등과 집합하여 띠 모양의 조직이 되는데 이 부분을 고스트 라인(ghost line)이라고 한다.

- 유황(S) : S은 특수한 경우를 제외하고 0.05% 이하로 제한하고 있다.

강 중에 S은 대부분 Mn과 화합하여 MnS을 만들고, 남은 것은 FeS을 만든다. 이 FeS은 인장 강도, 경도, 인성, 절삭성을 증가시키나, 연신율, 충격값을 저하시키며, 그 융점이 낮으므로 고온에서 취약하고 용접, 단조, 압연 등 고온 가공할 때 파괴되기 쉬운데, 이것이 적열 메짐의 원인이 된다.

01 ④ 02 ④ 03 ④ 04 ③ 05 ① 06 ①

07 마텐자이트와 베이나이트의 혼합조직으로 Ms와 Mf점사이의 염욕에 담금질하여 과냉 오스테나이트의 변태가 완료할 때까지 항온 유지한 후에 꺼내어 공랭하는 열처리는 무엇인가?

① 오스템퍼(Austemper)
② 마템퍼(Martemper)
③ 마퀜칭(Marquenching)
④ 패턴팅(Patenting)

> **TIP** 마퀜칭
> 마텐자이트와 베이나이트 혼합 조직으로 Ms와 Mf점 사이의 열욕에 담금질하여 과냉 오스테나트의 변태가 완료될 때까지 항온 유지후 공냉하는 열처리

08 하중의 작용 상태에 따른 분류에서 재료의 축선 방향으로 늘어나게 하려는 하중은?

① 굽힘하중   ② 전단하중
③ 인장하중   ④ 압축하중

09 스프링의 용도에 대한 설명 중 틀린 것은?

① 힘의 측정에 사용된다.
② 마찰력 증가에 이용한다.
③ 일정한 압력을 가할 때 사용한다.
④ 에너지를 저축하여 동력원으로 작동시킨다.

10 양쪽 끝 모두 수나사로 되어 있으며, 한쪽 끝에 상대쪽에 암나사를 만들어 미리 반영구적으로 나사 박음하고, 다른 쪽 끝에 너트를 끼워 죄도록 하는 볼트는 무엇인가?

① 스테이 볼트   ② 아이 볼트
③ 탭 볼트   ④ 스터드 볼트

11 기어의 잇수가 40개이고, 피치원의 지름이 320mm일 때 모듈은 얼마인가?

① 4   ② 6
③ 8   ④ 12

> **TIP** $m = \dfrac{pcs}{z}$

12 깊은 홈 볼베어링의 호칭번호가 6208일 때 안지름은 얼마인가?

① 10mm   ② 20mm
③ 30mm   ④ 40mm

> **TIP** 0.8 × 5 = 40mm

13 유니버설 조인트의 허용 축 각도는 몇 도(℃) 이내인가?

① 10°   ② 20°
③ 30°   ④ 60°

> **TIP** 유니버설 조인트 허용 축 각도 30° 이내

14 나사에 대한 설명으로 틀린 것은?

① 나사선의 모양에 따라 삼각, 사각, 둥근 것 등으로 분류한다.

② 체결용 나사는 기계 부품의 접합 또는 위치 조정에 사용된다.

③ 나사를 1회전하여 축 방향으로 이동한 거리를 "리드"라 한다.

④ 힘을 전달하거나 물체를 움직이게 할 목적으로 사용하는 나사는 주로 삼각나사이다.

TIP 삼각나사

주로 체결용으로 많이 사용된다.

15 길이가 1m이고 지름이 30mm인 둥근 막대에 30000N의 인장하중을 작용하면 얼마 정도 늘어나는가? (단, 세로탄성계수는 2.1×10^5이다.)

① 0.102mm ② 0.202mm
③ 0.302mm ④ 0.402mm

TIP (세로탄성계수) $E = \dfrac{\sigma}{\varepsilon} = \dfrac{wl}{A\lambda}$

$\lambda = \dfrac{4 \times 30000 \times 1000}{\pi \times 30^2 \times 2.1 \times 10^5} = 0.202mm$

16 다음 머시닝센터 프로그램에서 G99가 의미하는 것은?

G90 G99 G73 Z-25. R5. Q3. F80;

① 1회 절각깊이

② 초기점 복귀

③ 가공후 R지점 복귀

④ 절대지령

TIP 머시닝 센터 주요 G코드&M코드

- 준비기능(G)
  - G00 위치 결정(실제 가공과는 관계없이 단지 위치만 결정하는 기능)
  - G01 직선절삭
  - G02 원호보간CW시계반향
    : Clock Wise
  - G03 원호보간CCW반시계방향
    : Counter Clock Wise
  - G04 드웰(일시정지)
  - G41 공구경
  - G41 인선보간 좌측 보정
  - G42 인선보간 우측 보정
  - G50 공작물 좌표계 설정 및 주축 최대거리 설정(2가지 기능)
  - G90 절대값 지령
  - G91 증분값 지령
  - G94 분당 이송
  - G95 회전당 이송
  - G96 주축속도 일정 제어
  - G97 주축속도 일정 제어 취소
  - G98 초기점 복귀
  - G99 R점 복귀

- 보조기능/M코드
  - M00 프로그램 정지
  - M01 선택적 프로그램 정지
  - M02 프로그램 끝

- M03 주축 정회전
- M04 주축 역회전
- M05 주축 끄기
- M08 절삭유 켜기
- M08 절삭유 끄기

17 절삭가공 공작기계에 속하지 않는 것은?

① 선반　　② 밀링머신
③ 세이퍼　　④ 프레스

18 밀링의 부속장치 중 분할작업과 비틀림 홈 가공을 할 수 있는 장치는?

① 테이블　　② 분할대
③ 슬로팅 장치　　④ 랙밀링 장치

> **TIP** 밀링 머신의 부속장치
> - 아버 : 밀링커터는 주축 단에 직접 압입 하거나, 또는 주축 단에 고정 되어 있는 아버 어댑터, 콜릿 등을 이용하여 설치한다.
> - 밀링 바이스 : 밀링 바이스는 테이블 위에 있는 홈을 이용하여 간단한 가공물을 고정할 수 있다.
> - 회전 테이블 장치 : 가공물에 회전 운동이 필요할 때는 회전 테이블장치가 사용된다.
> - 분할대 : 분할대는 밀링머신의 테이블 상에 설치하고 공작물의 각도 분할에 주로 사용한다. 가공은 분할대의 주입과 삼압대 사이에 센터로 지지하는 방법과 주축의 축으로 고정하는 방법이 있다.
> - 수직축장치 : 수직축장치는 수평식밀링머신의 컬럼상의 주축부에 고정하고, 주축에서기어로 회전이 전달되며, 수직

축의 회전수와 밀링 머신의 주축의 회전수와 같다.
- 슬로팅 장치 : 슬로팅 절삭 장치는 니이형 머신의 컬럼 면에 설치하여 사용한다. 이장치를 사용하면 밀링 머신의 주축의 회전운동을 공구 대의 램의 직선왕복운동으로 변화시켜 바이트로 밀링머신에서도 직선운동 절삭 가공할 수 있다.
- 랙 절삭장치 : 만능식 밀링 머신에 사용되며 컬럼 면에 고정되고, 주축 두에는 밀링 머신의 주축에 의하여 회전이 전달된다.

19 원통의 내면을 사각 숫돌이 원통형으로 장착된 공구를 회전 및 상·하 운동 시켜 가공하는 정밀입자 공작기계는 무엇인가?

① 선반　　② 슬로터
③ 호닝머신　　④ 플레이너

20 그림과 같이 일감은 제자리에서 회전하고 숫돌에 회전과 전후 이송을 주어 원통의 외경을 연삭하는 방식은?

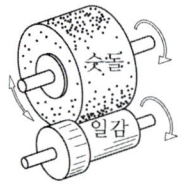

① 연삭 숫돌대 방식
② 플랜지 컷 방식
③ 센터리스 방식
④ 테이블 왕복식

> **TIP** 플렌지 컷(plunged cut)방식
> 숫돌절입방식으로 공작물과 숫돌에 이송을 주지 않고 전후(가로)이송으로 연삭하는 방식이다.
>
> 트레버스 컷(Treverse cut)방식
> 공작물 회전과 숫돌이송을 동시에 좌우로 운동하여 연삭
>
> 플레너터리(Planetary : 유성형)방식
> 공작물은 정지 숫돌이 회전 연삭운동과 동시에 공전운동을 하는 방식

21 측 마이크로미터 "0" 점 조정시 기준이 되는 것은?

① 블록 게이지
② 다이얼 게이지
③ 오터콜리메이터
④ 레이저 측정기

22 선반가공에서 사용되는 칩 브레이커에 대한 설명으로 옳은 것은?

① 바이트 날 끝각이다.
② 칩의 절단장치이다.
③ 바이트 여유각이다.
④ 칩의 한 종류이다.

> **TIP** 공구의 경사면상에 홈을 만들어 칩을 통과시키면 칩의 곡률반경이 작아지게 되고, 그것에 의하여 컬링(curling)이 증가되어 칩이 절단된다.

23 커터 날 수가 10개, 1날당 이송량 0.14mm, 커터의 회전수 715rpm으로 연강을 밀링에 가공할 때 테이블의 이송속도는 약 몇 mm/min인가?

① 715
② 1000
③ 5100
④ 7150

> **TIP** $f = f_z \times z \times n = 0.14 \times 10 \times 715$
> $= 1001 \text{mm/min}$

24 높은 정밀도를 요구하는 가공물, 정밀기계의 구멍가공 등에 사용하는 것으로 외부환경 변화에 따른 영향을 받지 않도록 항온·항습실에 설치하는 보링머신은 무엇인가?

① 수평형 보링머신
② 수직형 보링머신
③ 지그(Jig) 보링머신
④ 코어(Core) 보링머신

> **TIP** 지그보링머신
> 주로 일감의 한 면에 2개 이상의 구멍을 뚫을 때, 직교 좌표 X, Y 두 축 방향으로 각각 2~10μ의 정밀도로 구멍을 뚫는 보링머신이다. 크기는 테이블의 크기 및 뚫을 수 있는 구멍의 최대지름으로 표시하며, 정밀도 유지를 위해 20도씨의 항온실에 설치해야 한다.

17 ④ 18 ② 19 ③ 20 ② 21 ① 22 ② 23 ② 24 ③

25 선반에서 사용하는 부속장치는?

① 방진구　② 아버
③ 분할대　④ 슬로팅 장치

26 인쇄, 복사 또는 플로터로 출력된 도면을 규격에서 정한 크기대로 자르기 위해 마련한 양식은?

① 비교눈금　② 재단마크
③ 윤곽선　④ 도면의 구역기호

27 주로 금형에 생산되는 플라스틱 눈금자와 같은 제품 등에 제거 가공 여부를 묻지 않을 때 사용되는 기호는?

① 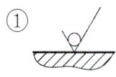　②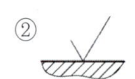
③ 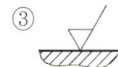　④

28 다음 그림에서 모떼기가 C2일 때 모떼기의 각도는?

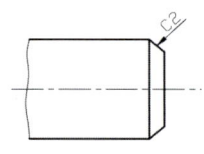

① 15°　② 30°
③ 45°　④ 60°

29 다음 그림은 어떤 물체를 제 3각법 정투상도로 나타낸 것이다. 입체도로 옳은 것은?

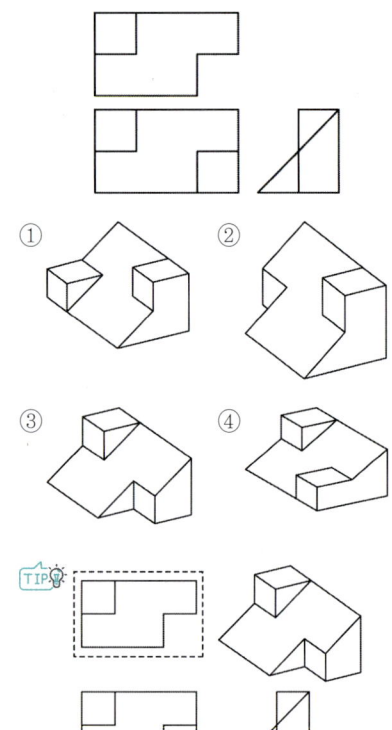

30 다음 투상도에 표시된 "SR"은 무엇을 의미하는가?

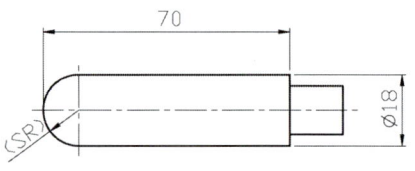

① 원호의 반지름　② 원호의 지름
③ 구의 반지름　④ 구의 지름

31 다음과 같이 표시된 기하 공차에서 A가 의미하는 것은?

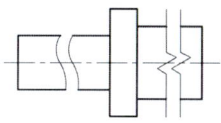

① 공차 종류 기호 ② 데이텀 기호
③ 공차 등급 기호 ④ 공차 값

32 다음 그림을 제3각법(정면도-화살표 방향)의 투상도로 볼 때 좌측면도로 가장 적합한 것은?

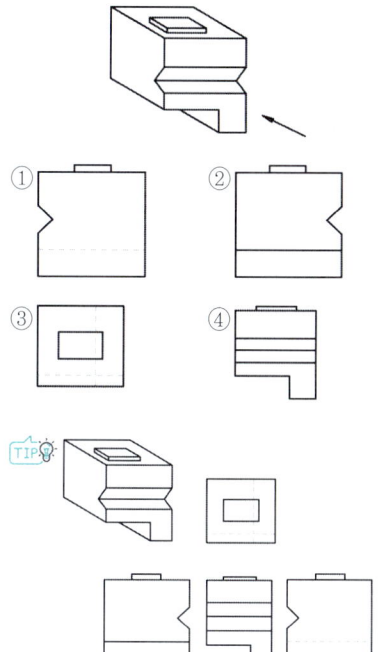

33 같은 단면의 부분이나 같은 모양이 규칙적으로 나타난 경우는 그림과 같이 중간 부분을 잘라내어 도시할 수 있다. 이와 같은 용도로 사용하는 선의 명칭은?

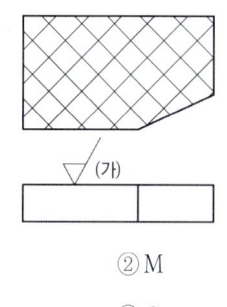

① 절단선   ② 파단선
③ 생략선   ④ 가상선

34 가공에 의한 커터의 줄무늬 방향이 그림과 같을 때. (가)부분의 기호는?

① X   ② M
③ R   ④ C

35 다음 중 회전도시 단면도로 나타내기에 가장 부적절한 것은?

① 리브   ② 기어의 이
③ 훅   ④ 바퀴의 암

36 치수 보조선에 대한 설명으로 옳지 않은 것은?

① 필요한 경우에는 치수선에 대하여 적당한 각도로 평행한 치수 보조선을 그을 수 있다.
② 도형을 나타내는 외형선과 치수보조선은 떨어져서는 안된다.
③ 치수보조선은 치수선을 약간 지날 때까지 연장하여 나타낸다.
④ 가는 실선으로 나타낸다.

37 선의 종류에서 용도에 의한 명칭과 선의 종류를 바르게 연결한 것은?

① 외형선 - 굵은 1점 쇄선
② 중심선 - 가는 2점 쇄선
③ 치수보조선 - 굵은 실선
④ 지시선 - 가는 실선

> TIP ① 외형선 - 굵은실선
> ② 중심선 - 가는 일점쇄선
> ③ 치수 보조선 - 가는 실선
> ④ 가상선 - 가는 이점쇄선

38 물체의 모양을 연필만을 사용하여 정투상도나 회화적투상으로 나타내는 스케치 방법은?

① 프린트법　② 본뜨기법
③ 프리핸드법　④ 사진 촬영법

39 치수 공차 및 끼워 맞춤에 관한 용어의 설명으로 옳지 않은 것은?

① 허용한계치수 : 형체의 실 치수가 그 사이에 들어가도록 정한, 허용할 수 있는 대소 2개의 극한의 치수
② 기준치수 : 위 치수허용차 및 아래 치수허용차를 적용하는데 따라 허용한계치수가 주어지는 기준이 되는 치수
③ 치수허용차 : 실제치수와 이에 대응하는 기준치수와의 대수차
④ 기준선 : 허용한계치수 또는 끼워맞춤을 도시할 때 치수허용차의 기준이 되는 직선

> TIP 치수 허용차
> = 최대 허용 한계치수 − 최소허용한계치수
> = 위 치수 허용차 − 아래 치수 허용차

40 경사면부가 있는 대상물에 대해서 그 대상면의 실형을 도시할 필요가 있는 경우 그림과 같이 투상도를 나타낼 수 있는데 이 투상도의 명칭은?

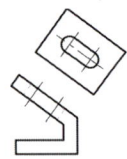

① 부분 투상도　② 보조 투상도
③ 국부 투상도　④ 특수 투상도

41 특수한 가공을 하는 부분 등 특별한 요구사항을 적용할 수 있는 범위를 표시하는데 사용하는 선은?

① 굵은 1점 쇄선 ② 가는 2점 쇄선
③ 가는 실선   ④ 굵은 실선

> TIP: 굵은 일점 쇄선
> 특수한 가공 하는 부분, 특별한 요구사항 적용 범위를 표시하는데 쓰인다.

42 구멍의 최대허용치수가 50.025, 최소허용치수가 50.000이고, 축의 최대허용치수가 50.050, 최소허용치수가 50.034일 때 최소 죔새는 얼마인가?

① 0.009   ② 0.050
③ 0.025   ④ 0.034

> TIP: 최소죔새
> = 축의 최소 한계치수
>   − 구멍의 최대 허용한계치수
>
> 최소틈새
> = 구멍의 최소 한계치수
>   − 축의 최대 허용한계치수
>
> 50.034 − 50.025 = 0.009

43 다음 중 모양 공차의 종류에 속하지 않는 것은?

① 평면도 공차   ② 원통도 공차
③ 평행도 공차   ④ 면의 윤곽도 공차

> TIP: ∥ 평행도 공차 : 자세공차

44 특별히 연장한 크기가 아닌 일반 A계열 제도 용지의 세로 : 가로의 비는 얼마인가? (단, 가로가 긴 용지를 기준으로 한다.)

① 1 : 1   ② 1 : $\sqrt{2}$
③ 1 : $\sqrt{3}$ ④ 1 : 2

> TIP: 제도용지 : 1(세로) : $\sqrt{2}$ (가로)

45 다음과 같이 정면도와 우측면도가 주어졌을 때 평면도로 알맞은 것은? (단, 3각법의 경우)

정답: 36 ② 37 ④ 38 ③ 39 ③ 40 ② 41 ① 42 ① 43 ③ 44 ② 45 ①

46 다음 중 운전 중에 두 축을 결합하거나 떼어 놓을 수 있는 것은?

① 플렉시블 커플링
② 플랜지 커플링
③ 유니버셜 조인트
④ 맞물림 클러치

> **TIP**
> - 맞물림 클러치는 서로 맞물리는 턱을 가진 플랜지를 축의 끝에 키우고, 피동축을 축방향으로 이동할 수 있게 하여 턱이 물리기도 하고 떨어질 수도 있게 만든 클러치이다.
> - 마찰 클러치는 구동축과 피동축에 붙어 있는 접촉면을 서로 강하게 접촉시켜서 생긴 마찰력에 의하여 동력을 전달하는 클러치이다 구동축이 회전하는 중에도 충격 없이 피동축을 구동축에 결합시킬 수 있다.
> - 유니버셜 조인트는 두 축의 만나는 각이 수시로 변화하는 경우에 사용되는 커플링으로, 공작 기계, 자동화 등의 축 이음에 쓰인다.
>
> 이 커플링의 단점은 구동축을 일정한 각속도로 회전시켜도 피동축의 각속도가 180도의 주기로 변동되는 점이다. 이러한 각속도의 변동을 없애기 위하여 중간축이 구동축 및 피동축과 만나는 각을 같게 하여 양축과 결합하면 피동축의 각속도가 일정하게 된다. 두 축이 만나는 각은 원활한 전동을 위하여 30도 이하로 제한하는 것이 좋다.

47 호칭지름 6mm, 호칭길이 30mm, 공차 m6인 비경화강 평행핀의 호칭 방법이 옳게 표현된 것은?

① 평행핀-6×30-m6-St
② 평행핀-6×30-m6-A1
③ 평행핀-6 m6×30-St
④ 평행핀-6 m6×30-A1

> **TIP** 평행 핀 호칭 방법
> 명칭, 종류, 형식, d x l, 재료
> - 평행 핀
>   KS B1320 - 6 m6×30 - St(비 경화강)
> - 평행 핀
>   KS B1320 - 6 m6×30 - A1(오스테나이트 스텐레스 강)

48 나사의 도시에 관한 내용 중 나사 각부를 표시하는 선의 종류가 틀린 것은?

① 수나사의 골 지름과 암나사의 골 지름은 가는 실선으로 그린다.
② 가려서 보이지 않는 나사부는 파선으로 그린다.
③ 완전 나사부와 불완전 나사부의 경계는 가는 실선으로 그린다.
④ 수나사의 바깥지름과 암나사의 안지름은 굵은 실선으로 그린다.

> **TIP** 나사의 도시방법
> - 수나사와 암나사의 결합 부분은 수나사로 표시한다.
> - 수나사와 암나사의 골지름은 가는 실선으로 그린다.

- 가려서 보이지 않는 나사부 : 가는 실선
- 측면도시에서 골지름은 약 3/4의 원을 가는 실선으로 그린다.
- 수나사의 바깥지름과 암나사의 안지름은 굵은 실선으로 그린다.
- 암나사의 탭 구멍의 드릴 자리는 120°의 굵은 실선으로 그린다.
- 완전 나사부와 불완전 나사부의 경계선의 굵은 실선으로 그린다.
- 불완전 나사부의 골밑을 나타내는 선은 축선에 대하여 30° 되게 그린다.

49 용접부의 기호 도시 방법에 대한 설명 중 잘못된 것은?

① 용접부 도시를 위해서는 일반적으로 실선과 점선의 2개의 기준선을 사용한다.

② 기준선에서 경우에 따라 점선은 나타내지 않을 수도 있다.

③ 기준선은 우선적으로는 도면 아래 모서리에 평행하도록 표시하고, 여의치 않을 경우 수직으로 표시할 수도 있다.

④ 용접부가 접합부의 화살표 쪽에 있다면 용접 기호는 기준선의 점선 쪽에 표시한다.

50 다음 스퍼기어 요목표에서 ㉠의 잇수는?

스퍼기어	
기어 치형	표준
치형	보통이
모듈	2
압력각	20°
잇수	㉠
피치원지름	∅100
다듬질방법	호브절삭

① 5   ② 20
③ 40   ④ 50

TIP: PCD(피치원 지름) = M(모듈) × Z(잇수)

51 스퍼기어 도시법에서 잇봉우리원을 나타내는 선의 종류는?

① 가는 실선   ② 굵은 실선
③ 가는 1점 쇄선   ④ 가는 2점 쇄선

52 다양한 형태를 가진 면, 또는 홈에 의하여 회전 운동 또는 왕복운동을 발생시키는 기구는?

① 캠   ② 스프링
③ 베어링   ④ 링크

TIP: 피동절(被動節)이 정해진 운동을 하도록 회전하거나 왕복하는 기계요소를 말한다.
캠의 접촉면은 정해진 운동형태와 피동절의 측면 모양에 의해 결정된다.
- 필요한 측면 모양을 가진 회전원판이나 회전판

46 ④   47 ③   48 ③   49 ④   50 ④   51 ②   52 ①

- 정면에 피동절의 롤러가 끼워지는 홈이 팬 판(정면 캠)
- 표면에 피동절이 들어가는 홈이 팬 원통 또는 원뿔형 부재
- 끝에 필요한 측면 모양으로 절삭된 원통(단면 캠)
- 필요한 모양의 왕복쐐기 등 다양한 형태가 있다.

53 나사의 호칭에 대한 표시 방법 중 틀린 것은?

① 미터 사다리꼴 나사 : R3/4
② 미터 가는나사 : M8×1
③ 유니파이 가는나사 : No.8-36UNF
④ 관용 평행나사 : G1/2

TIP
- 미터 사다리꼴나사 - Tr40×1
- 테이퍼 수나사 - R3/4

54 스프로킷 휠의 도시법에 대한 설명으로 틀린 것은?

① 바깥지름은 굵은 실선, 피치원은 가는 1점 쇄선으로 도시한다.
② 이뿌리원을 축에 직각인 방향에서 단면 도시할 경우에는 가는 실선으로 도시한다.
③ 이뿌리원은 가는 실선 또는 가는 파선으로 도시하나 기입을 생략해도 좋다.
④ 항목표에는 원칙적으로 톱니의 특성을 나타내는 사항을 기입한다.

TIP
- 이끝원은 굵은 실선으로 도시
- 피치원은 가는 실점쇄선으로 도시
- 이뿌리원은 가는 실선으로 도시
- 정면도를 단면으로 도시 할 경우 이뿌리는 굵은 실선으로 도시

55 롤러 베어링의 안지름 번호가 03일 때 안지름은 몇 mm인가?

① 15
② 17
③ 3
④ 12

TIP
- 00 - 10mm
- 01 - 12mm
- 02 - 15mm
- 03 - 17mm
- 04 - 20mm(04 이후는 5를 곱해서 구한다)

56 유체의 종류와 문자기호를 연결한 것으로 틀린 것은?

① 공기 - A
② 연료가스 - G
③ 일반 물 - W
④ 증기 - R

TIP 증기 - S

57 CAD시스템의 입력장치로 볼 수 있는 것을 모두 고른 것은?

| ㉠ 태블릿 | ㉡ 플로터 |
| ㉢ 마우스 | ㉣ 라이트펜 |

① ㉠, ㉡
② ㉡, ㉢, ㉣
③ ㉢, ㉣
④ ㉠, ㉢, ㉣

58 일반적으로 CAD작업에서 사용되는 좌표계 또는 좌표의 표현방식과 거리가 먼 것은?

① 원점 좌표　② 절대 좌표
③ 극 좌표　　④ 상대 좌표

59 다음 자료의 표현단위 중 그 크기가 가장 큰 것은?

① bit(비트)　　② byte(바이트)
③ record(레코드)　④ field(필드)

TIP 자료의 표현단위
　Bit < Nibble < Byte < Word < Field(item) < Record < File < Datebase

60 CAD에서 기하학적 형상을 나타내는 방법 중 선에 의해서만 3차원 형상을 표시하는 방법을 무엇이라고 하는가?

① line drawing modeling
② shade modeling
③ curd modeling
④ wireframe modeling

TIP 와이어프레임 모델링 (Wire Frame Modeling)
이 방식은 점, 직선, 원과 호 등의 기본적인 기하학적인 요소로 마치 철사를 연결한 구조물과 같이 모델링을 하였다. 소요 시간이 적게 들고 메모리의 용량이 적어도 모델링이 가능하여 주로 2차원의 도면 출력을 위한 용도와 평면 가공에 적합한 모델링 방식이다.

서페이스 모델링(Surface Modeling)
이 방식은 물체의 경계면을 구성하는 요소를 기초로 만든 것으로 흔히 경계면 모델링(boundary surface modeling)이라고 한다. 와이어 프레임의 데이터에 표면의 데이터를 인식할 수 있도록 하는 것으로 가공면을 정확히 인식하여 NC를 통한 가공이 용이한 방식이다. 물체의 용적이나 체적을 구할 수 없는 단점이 있고, 컴퓨터의 속도와 메모리의 용량을 적게 쓴다.

솔리드 모델링(Solid Modeling)
모델링에서 가장 진보적인 방식으로 와이어프레임이나 표면 모델링과 흡사하나 3차원으로 형상화된 물체의 내부를 공학적으로 분석할 수 있는 방식이다. 물체를 가공하기 전에 가공 상태를 미리 예측하거나, 부피, 무게 등의 다양한 정보를 제공할 수 있는 것이다. 솔리드 모델링에 의한 물체의 표현방식에는 B-rep(Boundary Representation)과 C-rep 혹은 CSG(Constructive Solid Geometry)방식이 있다.
B-rep에 의한 모델은 정점(vertex), 면(face), 모서리(edge)가 서로 어떻게 연결이 되는가 하는 상관관계를 이용해 물체를 형상화하는 것이다. CSG에 의한 방식은 형상을 서로 조합하는 방식을 사용한다. 이때 쓰이는 형상의 조합을 불랜작업(boolean operation)이라고 한다.

06 과년도 기출문제

2014년 10월 11일

01 공구재료의 필요조건이 아닌 것은?

① 열처리가 쉬울 것
② 내마멸성이 작을 것
③ 강인성이 클 것
④ 고온 경도가 클 것

> **TIP**
> • 가공 재료보다 경도가 클 것
> • 고온에서도 경도가 감소되지 않아야 함
> • 인장강도와 내마모성이 클 것
> • 쉽게 원하는 모양으로 만들 수 있을 것
> • 사용상 취급이 편리하고 가격이 싸며 경제적이어야 함
> • 내산화성 및 내 확산성 등 화학적으로 안정성이 클 것

02 니켈강을 가공 후 공기 중에 방치하여도 담금질 효과를 나타내는 현상은 무엇인가?

① 질량 효과
② 자경성
③ 시기 균열
④ 가공 경화

> **TIP** 크롬 니켈강은 일반적으로 인성이 풍부하고 단조도 가능하며 가공경화가 빠르므로 매회 가공할 때 풀림하지 않으면 안 된다.
>
> 가공경화(work hardening)란 일반적으로 금속은 가공하여 변형시키면 단단해지는데, 그 굳기는 변형의 정도에 따라 커지며, 어느 가공도 이상에서는 일정해진다. 이것을 가공경화라고 한다.

03 구리 4%, 마그네슘 0.5%, 망간 0.5%, 나머지가 알루미늄인 고강도 알루미늄 합금은?

① 실루민
② 두랄루민
③ 라우탈
④ 로우엑스

04 주철의 성질을 가장 올바르게 설명한 것은?

① 탄소의 함유량이 2.0% 이하이다.
② 인장강도가 강에 비하여 크다.
③ 소성변형이 잘된다.
④ 주조성이 우수하다.

> **TIP** 주철은 탄소를 2.11에서 6.67% 함유하여 주물을 만들기 쉽고 내마멸성이 우수한 기계재료이다.
>
> • 융점이 낮고, 유동성이 양호
> • 마찰저항이 좋다.
> • 절삭성이 우수
> • 압축강도가 크다.
> • 가격이 싸다.
> • 충격값이 작다.
> • 메짐이 크고, 소성변형이 어렵다.
> • 단련, 담금질, 뜨임이 불가능

05 킬드강에는 어떤 결함이 주로 생기는가?

① 편석증가
② 내부에 기포
③ 외부에 기포
④ 상부 중앙에 수축공

TIP 킬드강

제강 과정 중 주석이나 알루미늄 등 강력 탈산제를 사용해서 가스 잔류량을 충분히 줄인 강재. 비교적 균질이나 상부 중심에 수축공이 생기는 결함이 나타난다. 품질은 림드강보다 좋으며 용접이 쉽고 고급강재의 기초로 사용된다.

06 합금주철에서 0.2~1.5% 첨가로 흑연화를 방지하고 탄화물을 안정시키는 원소는 무엇인가?

① Cr
② Ti
③ Ni
④ Mo

TIP
- Al : 강력한 흑연화 원소의 하나로 고온 산화 저항성을 향상 시키고 10% 이상이면 내열성이 증대된다.
- 니켈 : 흑연화 촉진하며, 내열, 내 산화성, 내 알칼리, 내마모성도 증가한다.
- 크롬 : 흑연화 방지 탄화물을 안정시키며 내식, 내열, 내 부식성이 좋아진다.
- 몰리브덴 : 주물의 조직을 미세하고, 두꺼운 주물의 조직을 균일하게 하고, 강도, 경도 내마모성이 증가한다.
- 티타늄 : 소량이면 흑연화 촉진, 대량이면 방지하며 강탈산제이다.
- 바나듐 : 강력한 흑연화 방지제로 펄라이트를 미세화한다.

07 내식용 Al 합금이 아닌 것은?

① 알민(Almin)
② 알드레이(Aldrey)
③ 하이드로날륨(hydronalium)
④ 코비날륨(cobitalium)

TIP 내식용 알루미늄 합금
하이드로날륨 Al-Mg, 알민(Al-Mn)
알드리(Al-Mg-Si)

내열용 알루미늄 합금
Y 합금 : Al-Cu(4%)-Ni(2%)-Mg(1.5%), Lo-Ex : Al-Si-Cu-Mg-Ni
라우탈(lautal) : Al-Cu-Si

08 볼트와 볼트 구멍 사이에 틈새가 있어 전단응력과 휨 응력이 동시에 발생하는 현상을 방지하기 위한 가장 올바른 것은?

① 와셔를 사용한다.
② 로크너트를 사용한다.
③ 멈춤 나사를 사용한다.
④ 링이나 봉을 끼워 사용한다.

TIP 볼트와 볼트 구멍 사이에 틈새로 인한 전단응력 및 휨 응력 발생 방지방법
- 링이나 봉을 끼워 사용한다.
- 리머볼트 사용
- 테이퍼볼트 사용

09 웜 기어의 특징으로 가장 거리가 먼 것은?

① 큰 감속비를 얻을 수 있다.
② 중심거리에 오차가 있을 때는 마멸이 심하다.
③ 소음이 작고 역회전 방지를 할 수 있다.
④ 웜 휠의 정밀측정이 쉽다.

> **TIP** 웜기어의 특징
> - 웜기어는 수직방향으로 동력을 전달할 때 사용하며, 1/5~1/70 정도의 큰 기어 감속 비율을 얻을 수 있다.
> - 베벨 기어나 헬리컬 기어를 사용하는 기계 장치에 비해 그 크기를 약 1/2로 줄일 수 있는 장점이 있다. 다른 기어에 비해 소음이나 진동이 매우 적은 편이다.
> - 웜기어는 치면의 진행각이 적을 경우 웜휠로 웜을 회전할 수 없는 역전 방지가 가능하다.
> - 웜기어는 치면의 마찰손실동력이 커서 동력 전달효율이 낮다. 예를 들어, 기어 비율이 1/5이고 피니언의 회전수가 1800rpm인 경우, 이론적인 효율이 98%인데 비해 같은 중심거리에서 기어비율을 1/70으로 할 경우 효율은 약 60%로 떨어진다.
> - 기어의 또 하나의 단점으로는 웜휠의 재질을 주로 동합금계열을 사용하기 때문에 일반기어를 치절하는 전용기로 가공할 수 없다는 것이다.
> - 웜휠의 재질이 치면 수정이 불가능한 비철계열의 제품이므로 치형 수정은 주로 웜에 가해진다.
> - 한 조의 웜과 웜휠을 가공하여 용한 경우 다른 웜기어와의 교환이 어렵다.

10 나사의 용어 중 리드에 대한 설명으로 맞는 것은?

① 1회전시 작용되는 토크
② 1회전시 이동한 거리
③ 나사산과 나사산의 거리
④ 1회전시 원주의 길이

> **TIP** $l = n \times p$
> - l : 리드(1회전시 이동한 거리)
> - n : 줄수
> - p : 피치

11 한 변의 길이가 20mm인 정사각형 단면에 4kN의 압축하중이 작용할 때 내부에 발생하는 압축응력은 얼마인가?

① $10N/mm^2$ ② $20N/mm^2$
③ $100N/mm^2$ ④ $200N/mm^2$

> **TIP** $\sigma = \dfrac{W}{A} = \dfrac{4000}{20 \times 20} = 10N/mm^2$

12 축의 설계시 고려해야 할 사항으로 거리가 먼 것은?

① 강도   ② 제동장치
③ 부식   ④ 변형

> **TIP** 축 설계시 고려사항
> - 강도(Stength)
> - 강성(Rigidity)
> - 진동(Vibration)
> - 열응력(Thernal stress) 및 열팽창
> - 부식(Corrosion)

13 3줄 나사에서 피치가 2mm일 때 나사를 6회전시키면 이동하는 거리는 몇 mm인가?

① 6   ② 12
③ 18   ④ 36

> TIP: $l = n \times p = 3 \times 2 \times 6 = 36mm$

14 사용 기능에 따라 분류한 기계요소에서 직접전동 기계요소는?

① 마찰차   ② 로프
③ 체인   ④ 벨트

> TIP: 직접전동
> 　　기어전동, 마찰차 등
> 　간접전동
> 　　체인전동, 벨트전동, 로프전동 등

15 볼트의 머리와 중간재 사이 또는 너트와 중간재 사이에 사용하여 충격을 흡수하는 작용을 하는 것은?

① 와셔 스프링   ② 토션바
③ 벌류트 스프링   ④ 코일 스프링

16 연삭가공에서 결합제의 기호 중 틀린 것은?

① 비트리파이드 - v   ② 금속결합제 - M
③ 셀락 - E   ④ 레지노이드 - R

> TIP: 결합제
> 　숫돌 입자를 결합하여 숫돌을 형성하는 재료를 결합제(Bond)라 한다.
> ・무기질 결합제
> 　- 실리케이트(S)
> 　- 비트리 파이드(V)
> ・유기질 결합제
> 　- 셀락(E)
> 　- 고무(R)
> 　- 레지 노이드(베이크라이트)(B)
> 　- 폴리 비닐 아코올(PVA)
> ・금속 결합제 - 메탈(M)

17 방전가공에서 가공 전극의 구비조건으로 틀린 것은?

① 전기 저항이 크다.
② 전극의 소모가 적다.
③ 기계가공이 용이하다.
④ 가격이 저렴해야 한다.

> TIP: 구비조건
> ・피 가공 재료에 대해서 안정된 가공을 할 수 있는 것
> ・가공에 따른 전극의 소모가 적을 것
> ・기계적 강도가 어느 정도 있을 것
> ・기계가공성이 좋을 것
> ・가격이 싸고 쉽게 구할 수 있는 것

18 CNC 기계의 서보기구에서 피드백 회로가 없는 방식은?

① 반 폐쇄 회로방식(semi-closed loop system)
② 폐쇄 회로방식(closed loop system)
③ 개방 회로방식(open loop system)
④ 하리브리드 서보방식(hybrid servo system)

TIP
- 개방회로 제어방식(OPEN LOOP 제어)
- 반 폐쇄회로 제어방식(SEMI CLOSED LOOP 제어)
- 폐쇄회로 제어방식(CLOSED LOOP 제어)
- 복합회로 제어방식(HYBRID LOOP 제어)

19 원통연삭 작업에서 지름이 300mm인 연삭 숫돌로 지름이 200mm인 공작물을 연삭할 때에 숫돌바퀴의 원주 속도는 1500m/min이다. 이 때 숫돌바퀴의 회전수는 약 몇 rpm인가?

① 1492 ② 1592
③ 1692 ④ 1792

$v = \dfrac{\pi d n}{1000}$

$n = \dfrac{1000v}{\pi d} = \dfrac{1000 \times 1500}{3.14 \times 300}$

$= 1592.36 \text{rpm}$

20 보링머신에서 이미 뚫은 구멍을 필요한 크기나 정밀한 치수로 넓히는 작업에 사용되는 공구는?

① 면 판   ② 돌리개
③ 방진구 ④ 보링 바

21 호빙머신으로 가공할 수 없는 기어는?

① 웜기어
② 스퍼기어
③ 스파이럴 베벨기어
④ 헬리컬 기어

TIP 스파이럴 베벨 기어

스파이럴 베벨 기어는 링 형상의 공구를 이용하며, 글리이슨식 스파이럴 베벨 기어 절삭기를 사용한다. 하이포이드(Hypoid) 기어의 치형 절삭도 가능하다.

22 밀링 머신의 부속 장치가 아닌 것은?

① 아버   ② 에이프런
③ 슬로팅 장치   ④ 회전 테이블

TIP 밀링 머신의 부속장치

- 아버(Arbor) : 커터를 설치하는 장치로써 주축 테이퍼 구멍(7/24)에 삽입하여 사용 – 자루 없는 커터고정 – 칼라에 의해 커터의 위치 조정
- 바이스(vise) : 공작물을 테이블에 설치하기 위한 장치, 테이블의 T홈에 설치(공작물 높이의 1/2이상 물림)
- 분할대(Indexing head) : 원주 및 각도 분할시 사용. 주축대와 심압대 한 쌍으로 테이블 위에 설치
  - 분할대의 크기표시 : 테이블상의 스윙
  - 분할대의 종류 : 단능식(분할수 : 24), 만능식(각도, 원호, 캠 절삭)
  - 분할대의 형태 : 브라운샤프형, 신시내티형, 밀워키형, 라이네겔형
- 회전테이블 장치(Circular table)
  - 가공물에 회전 운동이 필요할 때 사용
  - 테이블 위의 바이스에 고정하고. 원형의 홈가공, 바깥둘레의 원형가공, 원판의 분할 가공 등을 할 수 있는 장치이다.
- 슬로팅(slotting) 장치 : 니형 밀링머신의 컬럼 앞면에 주축과 연결하여 사용하며 주축의 회전 운동을 공구대 램의 직선 왕복 운동으로 변화시켜 바이트로써 직선 절삭가능(카이, 스플라인, 세레이션, 기어가공 등)
- 래크(Rack) 절삭장치 : 만능 밀링 머신에서 컬럼면에 고정하여 각종피치의 랙을 가공할 수 있도록 변환 기어를 이용한다.

23 선반에서 일감이 1회전 하는 동안, 바이트가 길이방향으로 이동하는 거리는?

① 회전력   ② 주분력
③ 피치   ④ 이송

TIP 이송은 일감의 매 회전마다 바이트가 길이 방향으로 이동되는 거리이며, 단위는 회전당 이송(mm/rev)

24 절삭 저항의 크기를 측정하는 것은?

① 다이얼 게이지(dial gauge)
② 서피스 게이지(surface gauge)
③ 스트레인 게이지(strain gauge)
④ 게이지 블록(gauge block)

TIP 절삭저항

동력결정요인, 공구수명, 다듬질면 거칠기, 피절삭성, 절삭조건 적부여부 판단기준, 스트레인게이지로 측정

25 진원도 측정법이 아닌 것은?

① 지름법   ② 수평법
③ 삼점법   ④ 반지름법

TIP 직경법(지름법), 3점법, 반지름법

26 다음 선의 종류 중 선의 굵기가 다른 것은?

① 해칭선 ② 중심선
③ 치수 보조선 ④ 특수 지정선

TIP 가는선 굵기
중심선, 가는 실선, 치수선, 치수보조선, 해칭선

27 다음 중 자세공차에 속하지 않는 것은?

① // ② ⊥
③ ▱ ④ ∠

TIP 평행도, 수직도, 경사도

28 치수 보조 기호에서 이론적으로 정확한 치수를 나타내는 것은?

① 30 ② ②
③ 30 ④ (30)

29 다음 제 3각법으로 나타낸 정투상도 중 틀린 것은?

① ②
  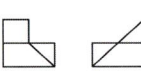

③ ④
  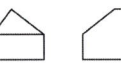

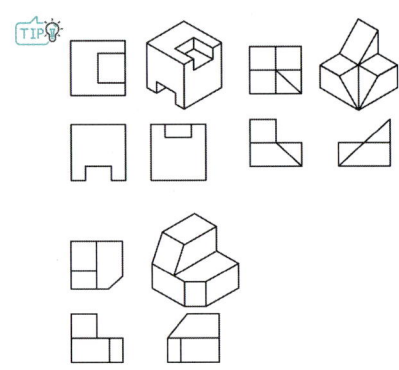

30 다음 도면과 같이 치수 25 밑에 그은 선이 의미하는 것은?

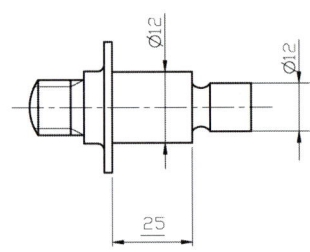

① 다듬질 치수
② 가공 치수
③ 기준 치수
④ 비례하지 않는 치수

31 치수 기입의 원칙과 방법에 관한 설명으로 적합하지 않은 것은?

① 치수는 중복기입을 피한다.
② 치수는 되도록 공정마다 배열을 분리하여 기입한다.
③ 치수는 되도록 계산하여 구할 필요가 없도록 기입한다.
④ 치수는 되도록 정면도, 평면도, 측면도 등에 분산시켜 기입한다.

> **TIP** 치수기입의 원칙
>
> 도면의 치수기입은 중요한 것 주의 하나이다. 작도자가 도면에 기입한 치수는 작업자가 가공 완성한 치수이다. 치수기입의 원칙은 다음과 같다.
> - 대상물은 기능, 제작, 조립 등을 고려하여, 필요하다고 생각되는 치수를 명료하게 도면에 기입한다.
> - 치수는 되도록 정면도에 집중하여 기입한다.
> - 치수는 중복 기입을 피한다.
> - 치수는 선에 겹치게 기입해서는 안 된다.
> - 치수는 되도록 계산하여 구할 필요가 없도록 기입한다.
> - 치수는 되도록 공정마다 배열을 분리하여 기입한다.
> - 관련된 치수는 되도록 한곳에 모아서 기입한다.
> - 치수는 치수선이 서로 만나는 곳에 기입하면 안 된다.

32 표면거칠기 기호 중 재거가공을 필요로 하는 경우 지시하는 기호로 맞는 것은?

① ∼   ② ▽
③ ∀   ④ ✓

33 줄무늬 방향의 기호에서 가공에 의한 컷의 줄무늬가 여러방향으로 교차 또는 무방향을 나타내는 것은?

① M   ② C
③ R   ④ X

> **TIP** ① 교차 또는 무방향
> ② 동심원 방향
> ③ 레이디얼(방사상) 방향
> ④ 교차방향

34 재료기호 SM10C에서 10을 바르게 설명한 것은?

① 탄소강 10번
② 주조품 1종
③ 인장강도 $10 kgf/mm^2$
④ 탄소 함유량 $0.08 \sim 0.13\%$

> **TIP** SM10C
> - SM - 기계구조용 탄소강
> - 10C - 탄소함유량 (0.08~0.13%)

35 다음 투상도의 평면도로 가장 적합한 것은? (단, 제3각법으로 도시하였다.)

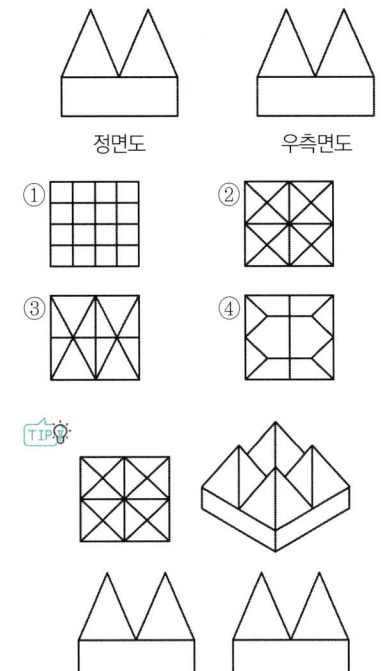

36 구멍의 최소치수가 축의 최대치수보다 큰 경우이며, 항상 틈새가 생기는 끼워맞춤으로 직선운동이나 회전운동이 필요한 기계부품의 조립에 적용하는 것은?

① 억지 끼워 맞춤
② 중간 끼워 맞춤
③ 헐거운 끼워 맞춤
④ 구멍기준식 끼워 맞춤

37 다음은 제3각법으로 도시한 물체의 투상도이다. 이 투상법에 대한 설명으로 틀린 것은? (단, 화살표 방향은 정면도이다.)

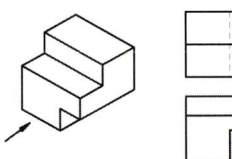 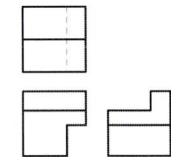

① 눈 → 투상면 → 물체의 순서로 놓고 투상한다.
② 평면도는 정면도 위에 배치된다.
③ 물체를 제 1면각에 놓고 투상하는 방법이다.
④ 배면도의 위치는 가장 오른쪽에 배치한다.

38 도면이 구비해야 할 기본 요건으로 가장 거리가 먼 것은?

① 대상물의 도형과 함께 필요로 하는 구조, 조립 상태, 치수, 가공방법 등의 정보를 포함하여야 한다.
② 애매한 해석이 생기지 않도록 표현상 명확한 뜻을 가져야 한다.
③ 무역 및 기술의 국제교류의 입장에서 국제성을 가져야 한다.
④ 제품의 가격 정보를 항상 포함하여야 한다.

39 길이 치수의 치수 공차 표시 방법으로 틀린 것은?

① $50\,^{-0.05}_{0}$ ② $50\,^{+0.05}_{0}$

③ $50\,^{+0.05}_{+0.02}$ ④ 50 ± 0.05

> TIP ①항의 순서가 $^{0}_{-0.05}$가 되어야 함

40 구멍의 치수 $\phi 50\,^{+0.025}_{+0.005}$, 축의 치수 $\phi 50\,^{+0.033}_{+0.017}$의 끼워맞춤에서 최대 죔새는?

① 0.008 ② 0.028
③ 0.042 ④ 0.050

> TIP 최대 죔새
> = 축의 최대허용한계치수
>   − 구멍의 최소허용한계치수
> = +0.033 − (+0.005) = 0.028

41 그림과 같이 물체를 투상할 때 중심선 또는 절단선을 기준으로 그 앞부분을 잘라내고 남은 뒷부분의 단면모양을 나타내는 것은?

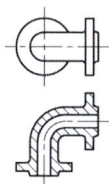

① 한쪽 단면도
② 회전 도시 단면도
③ 온 단면도
④ 조합에 의한 단면도

42 단면도를 나타낼 때 길이 방향으로 절단하여 도시할 수 있는 것은?

① 볼트 ② 기어의 이
③ 바퀴 암 ④ 풀리의 보스

> TIP 절단하지 않는 부품
> 리브, 바퀴의 암, 기어의 이, 축, 핀, 볼트, 너트, 와셔, 작은나사, 키, 강구, 원통롤러 등

43 기계제도 도면에 사용되는 척도의 설명이 틀린 것은?

① 한 도면에서 공통적으로 사용되는 척도는 표제란에 기입한다.
② 도면에 그려지는 길이와 대상물의 실제 길이와의 비율로 나타낸다.
③ 척도의 표시는 잘못 볼 염려가 없다고 하여도 반드시 기입하여야 한다.
④ 같은 도면에서 다른 척도를 사용할 때에는 필요에 따라 그림 부근에 기입한다.

> TIP NS(Non scale)
> 비례척인 아닌 도면

44 구(sphere)를 도시할 때 필요한 최소의 투상도 수는?

① 1개 ② 2개
③ 3개 ④ 4개

45 되풀이 되는 도형을 도시할 때 적용하는 가상선의 종류는?

① 가는 2점 쇄선 ② 가는 1점 쇄선
③ 가는 실선   ④ 가는 파선

46 일반적으로 가장 널리 사용되며 축과 보스에 모두 홈을 가공하여 사용하는 키는?

① 접선 키   ② 안장 키
③ 묻힘 키   ④ 원뿔 키

47 다음 중 복렬 앵귤러 콘택트 고정형 볼 베어링의 도시기호는?

48 미터 보통나사 M50×2의 설명으로 맞는 것은?

① 호칭지름이 50mm이며, 나사 등급이 2급이다.
② 호칭지름이 50mm이며, 나사 피치가 2mm이다.
③ 유효지름이 50mm이며, 나사 등급이 2급이다.
④ 유효지름이 50mm이며, 나사 등급이 2mm이다.

49 유체를 한 방향으로 흐르게 하기 위해 역류를 방지하는데 사용되는 체크 밸브의 도시기호는?

①    ②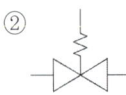

③ 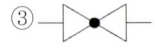   ④

> TIP ① 체크밸브
> ② 안전밸브
> ③ 글로브 밸브
> ④ 게이트 밸브

50 다음 중 벨트 장치의 도시방법에 관한 설명으로 틀린 것은?

① 암은 길이 방향으로 절단하여 도시하는 것이 좋다.
② 벨트 풀리와 같이 대칭형인 것은 그 일부만을 도시할 수 있다.
③ 암과 같은 방사형의 것은 회전도시 단면도로 나타낼 수 있다.
④ 벨트풀리는 축직각 방향의 투상을 주 투상도로 할 수 있다.

> TIP 평벨트 풀리 도시법
> • 벨트 풀리는 축 직각 방향의 투상을 정면도로 한다.
> • 모양이 대칭형인 벨트 풀리는 그 일부분만을 도시한다.
> • 방사상으로 되어 있는 암은 수직 중심선 또는 수평 중심선까지 회전하여 투상한다.

- 암은 길이 방향으로 절단하여 단면을 도시하지 않는다.
- 암의 단면형은 도형의 안이나 밖에 회전단면을 도시한다.
- 암의 테이퍼 부분 치수를 기입하되 보조선은 경사선(수평과 60° 또는 30°)으로 긋는다.

51 나사를 도면에 그리는 방법에 대한 설명으로 틀린 것은?

① 나사의 골 밑은 가는 실선으로 나타낸다.
② 나사의 감긴 방향이 오른쪽이면 도면에 별도 표기할 필요가 없다.
③ 수나사와 암나사가 결합되어 있는 나사를 그릴 때에는 암나사 위주로 그린다.
④ 나사의 불완전 나사부는 필요할 경우 중심축선으로부터 경사된 가는 실선으로 표시한다.

52 축을 제도할 때 도시방법의 설명으로 맞는 것은?

① 축에 단이 있는 경우는 치수를 생략한다.
② 축은 길이 방향으로 전체를 단면하여 도시한다.
③ 축 끝에 모떼기는 치수는 생략하고 기호만 기입한다.
④ 단면 모양이 같은 긴 축은 중간을 파단하여 짧게 그릴 수 있다.

53 기어의 도시방법에 대한 설명 중 틀린 것은?

① 기어 소재를 제작하는데 필요한 치수를 기입한다.
② 잇봉우리원은 굵은 실선, 피치원은 가는 1점 쇄선으로 그린다.
③ 헬리컬 기어를 도시할 때 잇줄 방향은 보통 3개의 가는 실선으로 그린다.
④ 맞물리는 한쌍의 기어에서 잇봉우리원은 가는 1점 쇄선으로 그린다.

54 다음 중 캠을 평면 캠과 입체 캠으로 구분할 때 입체 캠의 종류로 틀린 것은?

① 원동 캠　　② 삼각 캠
③ 원뿔 캠　　④ 빗판 캠

TIP 캠

회전운동, 왕복운동을 하는 특수한 윤곽이나 홈이 있는 판상장치(板狀裝置). 이것을 원동체로 종동체(從動體)에 왕복운동 또는 요동운동을 하게 한다.

- 평면캠
  평면캠으로 가장 많이 사용되는 것은 판(板)캠으로, 그 윤곽이 하트형(심장형)인 것을 하트캠이라고 한다. 이것은 등속회전운동(等速回轉運動)을 등속왕복운동으로 바꾼다.

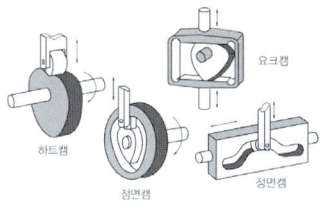

45 ① 46 ③ 47 ② 48 ② 49 ① 50 ① 51 ③ 52 ④ 53 ④ 54 ②

판캠은 종동체를 밀어올릴 뿐이고, 끌어내리는 데는 중력이나 스프링의 힘을 이용한다. 내연기관의 흡배기(吸排氣)밸브를 움직이는 데 이런 종류의 캠이 사용된다. 평면캠의 또 하나는 홈 캠으로, 이것은 종동체를 확실하게 밀어올리고, 또 끌어내릴 수가 있다. 확실하게 운동을 전하는 캠을 확동(確動)캠이라고 한다. 직동(直動)캠도 캠의 왕복운동에 의해서 종동체는 연속왕복운동 또는 간헐적 왕복운동을 한다.

- 입체캠
  입체캠은 실체(實體)캠이라고도 하며, 가장 간단한 것은 경사판캠이다. 이것은 종동체가 사인(sine)운동을 한다. 원통 캠은 원통 표면에 홈을 낸 것으로, 원통이 회전하면 그 홈에 따라서 피동체가 원통축에 평행한 면내에서 왕복운동을 하며, 모선(母線)을 따라 종동체에 운동을 시킨다. 또 원뿔 표면에 홈을 낸 것을 원뿔 캠이라고 하며, 역시 모선을 따라 종동체에 왕복운동을 시킨다.

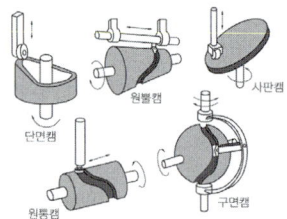

구면 캠은 구(球)의 표면에 홈이 파져있는 캠으로, 구가 회전하면 돌기는 홈의 움직임에 따라 좌우로 움직여서 수직축은 특수한 진동을 한다. 캠은 간단한 형태로 복잡한 운동을 얻을 수 있으므로, 자동선반의 바이트 등에 복잡한 움직임을 줄 때 사용되듯이, 널리 자동기계 등에 응용된다.

55 모듈 2인 한 쌍의 스퍼기어가 맞물려 있을 때에 각각의 잇수를 20개와 30개라고 하면, 두 기어의 중심거리는?

① 20 ② 30
③ 50 ④ 100

TIP $C = \dfrac{D_2 + D_1}{2} = \dfrac{2 \times (20 + 30)}{2} = 50$

56 그림과 같이 한쪽 면을 용접하려고 할 때 용접기호로 옳은 것은?

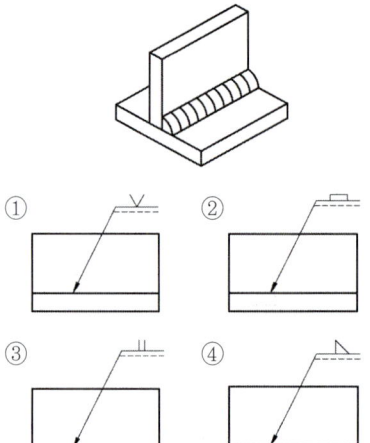

57 공간상에 구성되어 있는 하나의 점을 표현하는 방법으로서 기준점을 중심으로 2개의 각도 데이터와 1개의 길이 데이터로 해당 점의 좌표를 나타내는 좌표계는?

① 직교 좌표계　　② 상대 좌표계
③ 원통 좌표계　　④ 구면 좌표계

> **TIP** 직교 좌표계
> 　직교 좌표계(直交 座標系, Rectangular coordinate system)는 수학에서 평면 또는 공간 안의 임의의 점을 나타내는 수의 짝이다. 데카르트 좌표계(Cartesian coordinate system)라고 부르기도 한다.
> 　극 좌표계(極座標系, 영어 : polar coordinate system)란 평면 위의 위치를 각도와 거리를 이용하여 나타내는 2차원 좌표계를 말한다.
> 　원통 좌표계(Cylindrical Polar Coordinates)는 세 좌표 중에 r이 고정되고, θ, z가 임의의 값을 취할 수 있을 때의 자취가 원통이기 때문이다. 원통 좌표계의 특이점은 z축 위의 점들이다.
>
> 구면좌표계
> 　구면 좌표계(Spherical Polar Coordinates)는 원점에서의 거리 r, z축 양의 방향과 이루는 각 θ, xy 평면으로의 사영이 x축 양의 방향과 이루는 각 ϕ, 이 세 가지 변수 r, θ, ϕ로 이루어지는 좌표계이다.

58 일반적으로 CAD에서 사용하는 3차원 형상 모델링이 아닌 것은?

① 솔리드 모델링(solid modeling)
② 시스템 모델링(system modeling)
③ 서피스 모델링(surface modeling)
④ 와이어 모델링(wire frame modeling)

59 컴퓨터가 기억하는 정보의 최소 단위는?

① bit　　　　② record
③ byte　　　④ field

60 다음 CAD 시스템에서 사용하는 장치 중 그 성질이 다른 하나는 무엇인가?

① 마우스　　② 트랙 볼
③ 플로터　　④ 라이트 펜

06 PART | 과년도 기출문제

2015년
1월 25일

01 가단주철의 종류에 해당하지 않는 것은?

① 흑심 가단주철
② 백심 가단주철
③ 오스테나이트 가단주철
④ 펄라이트 가단주철

> **TIP** 가단주철의 종류
> - 흑심가단주철
> - 백심가단주철
> - 펄라이트 가단주철

02 비자성체로서 Cr과 Ni를 함유하며 일반적으로 18-8 스테인리스강이라 부르는 것은?

① 페라이트계 스테인리스강
② 오스테나이트계 스테인리스강
③ 마텐자이트계 스테인리스강
④ 펄라이트계 스테인리스강

> **TIP** 오스테나이트계 스테인리스강 STS
> – 강 + Cr 18% – Ni 8%

03 8~12% Sn에 1~2% Zn의 구리합금으로 밸브, 콕, 기어, 베어링, 부시 등에 사용되는 합금은?

① 코르손 합금   ② 베릴륨 합금
③ 포금   ④ 규소 청동

> **TIP** 포금(gun metal)
> 주석 8~12%, 아연 1~2%가 함유된 구리 합금으로, 단조성이 좋고 강력하며, 내식성 및 내해수성이 있어 밸브, 기어, 베어링 부시, 선박용으로 널리 사용된다.

04 주철의 여러 성질을 개선하기 위하여 합금 주철에 첨가하는 특수원소 중 크롬(Cr)이 미치는 영향이 아닌 것은?

① 경도를 증가시킨다.
② 흑연화를 촉진시킨다.
③ 탄화물을 안정시킨다.
④ 내열성과 내식성을 향상 시킨다.

> **TIP**
> - Al : 강력한 흑연화 원소의 하나로 Al_2O_3을 만들어 고온산화 저항성을 향상시키고, 10% 이상되면 내열성을 증대시킨다.
> - Cr : 흑연화를 방지하고 탄화물을 안정시킨다. 탄화물을 안정화시키며, 내식성, 내열성을 증대시키고 내부식성이 좋아진다.

- Mo : 강도, 경도, 내마모성을 증가시키며 0.25~1.25% 정도 첨가시킨다. 두꺼운 주물(鑄物)의 조직을 균일하게 한다.
- Ni : 흑연화를 촉진하며, 내열, 내산화성이 증가한다. 내알칼리성을 갖게 하며, 내마모성도 좋아진다.
- Cu : 보통 0.25~2.5% 첨가하면 경도가 증가하고 내마모성이 개선되며, 내식성이 좋아진다.
- Si : 내열성이 좋아진다.
- Ti : 강탈산제이고, 흑연을 미세화시켜 강도를 높인다.
- V : 흑연을 방지하고 펄라이트를 미세화시킨다.

05 다이캐스팅 알루미늄 합금으로 요구되는 성질 중 틀린 것은?

① 유동성이 좋을 것
② 금형에 점착성이 좋을 것
③ 열간 취성이 적을 것
④ 응고수축에 대한 용탕 보급성이 좋을 것

TIP 다이캐스팅 제품은 두께가 얇으므로 필요한 주조특성은
- 금형 충진성이 좋을 것
- 유동성이 좋을 것
- 응고수축에 대한 용탕보급성이 좋을 것
- 耐熱間均熱性이 좋을 것
- 금형에 용착하지 않을 것

06 탄소강의 경도를 높이기 위하여 실시하는 열처리는?

① 불림
② 풀림
③ 담금질
④ 뜨임

TIP 담금질
금속을 가열했다가 물이나 기름에 급속하게 냉각시키는 것을 담금질(Quenching)이라고 하며 단단하게(경도) 만드는 과정이나, 균열, 변형, 경도가 너무 높거나 하는 문제로 후속 열처리를 함

뜨임(tempering)
맞는 경도를 얻고 인성을 높이기 위해 가열 후 공기 중에서 냉각

풀림(annealing)
주로 응력제거 목적으로 많이 쓰이며 서서히 냉각

불림(normalizing)
공기 중에 서서히 냉각 시켜 조직을 (특히 주조) 미세화 하게하여 결정 및 물리적 성질이 표준화 되게 하는 목적임

07 고용체에서 공간격자의 종류가 아닌 것은?

① 치환형
② 침입형
③ 규칙 격자형
④ 면심 입방 격자형

TIP 고용체
다른 성분의 금속이 융합 상태로 되어 각 성분 금속을 기계적인 방법으로 구분할 수 없을 때 이것을 고용체라 한다.
- 침입형 고용체 : Fe – C(a)
- 치환형 고용체 : Ag – Cu, Cu – Zn(b)
- 규칙 격자형 고용체 : Ni_3 – Fe, Cu_3 – Au, Fe_3 – Al

01 ③ 02 ② 03 ③ 04 ② 05 ② 06 ③ 07 ④

08 브레이크 드럼에서 브레이크 블록에 수직으로 밀어 붙이는 힘이 1000N이고 마찰계수가 0.45일 때 드럼의 접선방향 제동력은 몇 N인가?

① 150　　② 250
③ 350　　④ 450

TIP: 제동력 $f = \mu P$
제동력 $f = 0.45 \times 1000 = 450N$

09 지름 $D_1 = 200mm$, $D_2 = 300mm$의 내접 마찰차에서 그 중심거리는 몇 mm인가?

① 50　　② 100
③ 125　　④ 250

TIP: 내접 $C = \dfrac{D_2 - D_1}{2} = \dfrac{300 - 200}{2} = 50mm$

외접 $C = \dfrac{D_2 + D_1}{2}$

10 기어 전동의 특징에 대한 설명으로 가장 거리가 먼 것은?

① 큰 동력을 전달한다.
② 큰 감속을 할 수 있다.
③ 넓은 설치장소가 필요하다.
④ 소음과 진동이 발생할 수 있다.

TIP: 넓은 장소가 필요하지 않다.

11 미터나사에 관한 설명으로 틀린 것은?

① 기호는 M으로 표기한다.
② 나사산의 각도는 55°이다.
③ 나사의 지름 및 피치를 mm로 표시한다.
④ 부품의 결합 및 위치의 조정 등에 사용된다.

TIP: 미터나사의 나사산 각도는 60°

12 평 벨트의 이음방법 중 효율이 가장 높은 것은?

① 이음쇠 이음　　② 가죽 끈 이음
③ 관자 볼트 이음　　④ 접착제 이음

TIP: 접착제 이음

13 축 방향으로 인장하중만을 받는 수나사의 바깥지름(d)과 볼트재료의 허용인장응력(σ_a) 및 인장하중(W)과의 관계가 옳은 것은? (단, 일반적으로 지름 3mm 이상인 미터나사이다.)

① $d = \sqrt{\dfrac{2W}{\sigma_a}}$　　② $d = \sqrt{\dfrac{3W}{8\sigma_a}}$

③ $d = \sqrt{\dfrac{8W}{3\sigma_a}}$　　④ $d = \sqrt{\dfrac{10W}{3\sigma_a}}$

TIP: 축방향에 하중작용시 볼트의 지름
$d = \sqrt{\dfrac{2W}{\sigma_a}}$ (mm) (아이볼트)

14 전단하중에 대한 설명으로 옳은 것은?

① 재료를 축 방향으로 잡아당기도록 작용하는 하중이다.
② 재료를 축 방향으로 누르도록 작용하는 하중이다.
③ 재료를 가로 방향으로 자르도록 작용하는 하중이다.
④ 재료가 비틀어지도록 작용하는 하중이다.

15 베어링 호칭번호가 6205인 레이디얼 볼 베어링의 안지름은?

① 5mm   ② 25mm
③ 62mm   ④ 205mm

TIP 6205 안지름 5×25mm

16 지름이 30mm인 연강을 선반에서 절삭할 때 주축을 200rpm으로 회전시키면 절삭속도는 약 몇 m/min인가?

① 10.54   ② 15.48
③ 18.85   ④ 21.54

TIP $v = \dfrac{\pi d n}{1000} = \dfrac{3.14 \times 30 \times 200}{1000}$
$= 18.85 \text{m/min}$

17 여러 개의 절삭 날을 일진석산에 배치한 절삭공구를 사용하여 1회의 통과로 구멍의 내면을 가공하는 공작기계는?

① 세이퍼   ② 슬로퍼
③ 브로칭 머신   ④ 플레이너

18 밀링 머신의 일반적인 크기 표시는?

① 밀링 머신의 최고 회전수로 한다.
② 밀링 머신의 높이로 한다.
③ 테이블의 이송거리로 한다.
④ 깎을 수 있는 공작물의 최대 길이로 한다.

TIP
- 수평 밀링 머신의 크기를 간단히 테이블의 전후 이동거리로 나타내며, 전후이동 거리가 200mm인 것을 No.1이라 하고, 50mm씩 증가함에 따라 변한다.
- 주축의 중심선에서 테이블면까지의 최대거리
- 테이블의 최대 이동(좌우×전후×상하)거리
- 테이블면의 크기

08 ④ 09 ① 10 ③ 11 ② 12 ④ 13 ① 14 ③ 15 ② 16 ③ 17 ③ 18 ③

19 정밀 보링머신의 특성에 대한 설명으로 틀린 것은?

① 고속회전 및 정밀한 이송기구를 갖추고 있다.
② 다이아몬드 또는 초경합금 공구를 사용한다.
③ 진직도는 높으나 진원도는 낮다.
④ 실린더나 베어링면 등을 가공한다.

20 드릴 가공방법에서 구멍에 암나사를 가공하는 작업은?

① 다이스 작업 ② 탭핑 작업
③ 리밍 작업 ④ 보링 작업

21 연삭숫돌에 눈 메움이나 무딤 현상이 발생하였을 때 숫돌을 수정하는 작업은?

① 래핑 ② 드레싱
③ 글레이징 ④ 덮개 설치

22 선반가공에서 가공면의 미끄러짐을 방지하기 위하여 요철형태로 가공하는 것은?

① 내경 절삭가공 ② 외경 절삭가공
③ 널링 가공 ④ 보링 가공

23 선반 작업 중에 지켜야 할 안전사항이 아닌 것은?

① 긴 공작물을 가공할 때는 안전장치를 설치 가공한다.
② 가공물이 긴 경우 심압대로 지지하고 가공한다.
③ 드릴 작업시 시작과 끝은 이송을 천천히 한다.
④ 전기배선의 절연상태를 점검한다.

24 구성인선의 방지 대책 중 틀린 것은?

① 윤활성이 좋은 절삭유제를 사용한다.
② 공구의 윗면 경사각을 크게 한다.
③ 절삭 깊이를 크게 한다.
④ 고속으로 절삭한다.

> **TIP**
> • 경사각을 크게 한다.
> • 절삭속도를 크게 한다.
> • 절삭깊이를 적게 한다.
> • 윤활성이 있는 절삭제 사용한다.

25 전기 도금과는 반대로 일감을 양극으로 하여 전기에 의한 화학적 용해작용을 이용하고 가공물의 표면을 다듬질하여 광택이 나게 하는 가공법은?

① 기계 연마   ② 전해 연마
③ 초음파 가공 ④ 방전 가공

TIP 전해연마(Electrolytic Polishing)

전해연마란 전해액 속에서 피연마체의 미세한 돌출부를 미세한 홈 부분보다 더 많이 용해시켜 표면을 평활하게 하며 주로 AUSTENITE계 스테인레스 강을 원재료로 사용한 제품을 전해연마 해서 많이 사용한다.

- 용도
  ① 반도체용 고순도 약품 저장용 TANK 및 DRUM
  ② 제약 등 정밀화학 분야의 반응 TANK
  ③ 식품 관련 저장조 등

- 특징
  ① 외관이 양호하다.
  ② 내식성이 향상된다.
  ③ 부동태화가 향상된다.
  ④ 금속표면에 미세하게 부착된 이물질이 제거된다.
  ⑤ 세정성이 향상된다.
  ⑥ 부착물의 박리성이 향상된다.

26 다음 도면에서 표현된 단면도로 모두 맞는 것은?

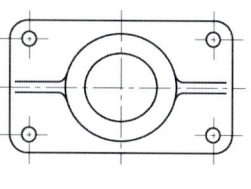

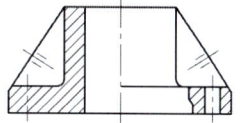

① 전단면도, 한쪽 단면도, 부분 단면도
② 한쪽 단면도, 부분 단면도, 회전도시 단면도
③ 부분 단면도, 회전도시 단면도, 계단 단면도
④ 전단면도, 한쪽 단면도, 회전도시 단면도

27 정투상도 1각법과 3각법을 비교 설명한 것으로 틀린 것은?

① 3각법에서는 저면도는 정면도의 아래에 나타낸다.
② 1각법은 평면도를 정면도의 바로 아래에 나타낸다.
③ 1각법에서는 정면도 아래에서 본 저면도를 정면도 아래에 나타낸다.
④ 3각법에서 측면도는 오른쪽에서 본 것을 정면도의 바로 오른쪽에 나타낸다.

28 아래 투상도는 제 3각법으로 투상한 것이다. 이 물체의 등각 투상도로 맞는 것은?

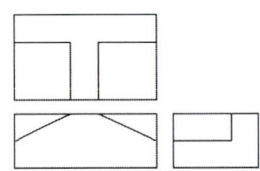

① 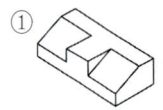   ②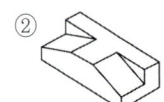

③    ④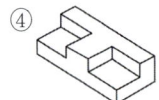

29 치수 배치 방법 중 치수공차가 누적되어도 좋은 경우에 사용하는 방법은?

① 누진치수기입법   ② 직렬치수기입법
③ 병렬치수기입법   ④ 좌표치수기입법

30 여러 각도로 기울여진 면의 치수를 기입할 때 일반적으로 잘못 기입된 치수는?

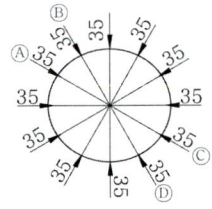

① Ⓐ   ② Ⓑ
③ Ⓒ   ④ Ⓓ

31 φ50H7의 구멍에 억지 끼워 맞춤이 되는 쪽의 끼워 맞춤 공차 기호는?

① φ50js6   ② φ50f6
③ φ50g6   ④ φ50p6

TIP • js6 – 중간 끼워 맞춤
• f6, g6 – 헐거운 끼워 맞춤

32 대상 면을 지시하는 기호 중 제거 가공을 허락하지 않는 것을 지시하는 것은?

33 스케치도를 작성할 필요가 없는 경우는?

① 제품 제작을 위해 도면을 복사할 경우
② 도면이 없는 부품을 제작하고자 할 경우
③ 도면이 없는 부품이 파손되어 수리 제작할 경우
④ 현품을 기준으로 개선된 부품을 고안하려 할 경우

34 기하공차의 기호 중 진원도를 나타낸 것은?

① ○   ② ◎
③ ⊕   ④

기호	명칭	기호	명칭
—	직진도공차	//	평행도공차
▱	평면도공차	⊥	직각도공차
○	진원도공차	∠	경사도공차
⌀	원통도공차	⊕	위치도공차
⌒	선의 윤곽도공차	◎	동축도공차
⌓	면의 윤곽도공차	=	대칭도공차
↗	원주 흔들림공차	A	데이텀
↗↗	온 흔들림공차		

35 도면에 기입된 공차도시에 관한 설명으로 틀린 것은?

//	0.050	A
	0.011/200	

① 전체 길이는 200mm이다.
② 공차의 종류는 평행도를 나타낸다.
③ 지정 길이에 대한 허용 값은 0.011이다.
④ 전체 길이에 대한 허용 값은 0.050이다.

명칭	표면거칠기의 표준수열			다듬질 기호 (종래의 기호)	표면 거칠기 기호 (새로운 기호)	가공법 및 표시하는 부분 설명
	R_a	R_y	R_z			
다듬질안함	특별히 규정 하지 않는다.			~		절삭가공 및 기타 제거 가공을 하지 않는 부분으로서 특별히 규정하지 않는다. 주물의 표면부가 대표적
거친 다듬질	25a	100s	100z	▽	W/	선반, 밀링, 드릴 등 기타 여러 가지 공작기계로 일반적 절삭 가공만 하고, 끼워 맞춤은 없는 표면에 표시한다. 드릴가공 구멍, 각종 공작기계에 의한 선삭가공부 등 서로 끼워맞춤이 필요 없는 가공부 거친 절삭가공부에 표시
보통 다듬질	6.3a	25s	25z	▽▽	X/	선삭, 그라인딩(연삭)에 의한 가공으로 가공 흔적이 남지 않을 정도의 보통 가공면 끼워맞춤만 하고 상호 부품이 마찰운동은 하지 않는 가공면, 하우징과 커버의 끼워맞춤부, 키홈 가공부, 스냅링 체결부 등
정밀 다듬질	1.6a	6.3s	6.3z	▽▽▽	Y/	기계가공 후 그라인딩(연삭) 또는 래핑 등의 가공으로 가공 흔적이 남지 않는 극히 깨끗한 정밀 가공면 베어링과 축의 끼워맞춤부, 끼워맞춤한 상호 부품이 마찰운동을 하는 부분, 기타 정밀 가공면
연마 다듬질	0.2a	0.8s	0.8z	▽▽▽▽	Z/	래핑, 버핑, 연삭, 호닝 등 작업으로 광택이 나는 고급다듬면, 경면(거울면)처럼 극히 미려한 초정밀 고급가공면, 내연기관의 피스톤 핀, 실린더 내면, 고속 베어링 면 등

36 다음 중 억지끼워맞춤 또는 중간끼워맞춤에서 최대죔새를 나타내는 것은?

① 구멍의 최대 허용 치수 - 축의 최소 허용 치수
② 구멍의 최대 허용 치수 - 축의 최대 허용 치수
③ 축의 최소 허용 치수 - 구멍의 최소 허용 치수
④ 축의 최대 허용 치수 - 구멍의 최소 허용 치수

37 치수 기입의 일반적인 원칙에 대한 설명으로 틀린 것은?

① 치수는 되도록 공정마다 배열을 분리하여 기입할 수 있다.
② 관계된 치수를 명확히 나타내기 위해 치수를 중복하여 나타낼 수 있다.
③ 대상물의 기능, 제작, 조립 등을 고려하여 필요하다고 생각되는 치수를 명료하게 도면에 지시한다.
④ 도면에 나타내는 치수는 특별히 명시하지 않는 한 그 도면에 도시한 대상물의 다듬질 치수를 도시한다.

> TIP
> • 공작물의 기능면, 또는 제작, 조립 등에 있어서 꼭 필요하다고 생각되는 치수만 명확하게 도면에 기입한다.
> • 치수는 되도록 계산해서 구할 필요가 없도록 기입한다.
> • 중복치수는 피하고 되도록 정면도에 집중하여 기입한다.
> • 필요에 따라 기준으로 하는 점과 선 혹은 가공면을 기준으로 기입한다.
> • 관련된 치수는 되도록 한 곳에 모아서 보기 쉽게 기입한다.
> • 참고치수에 대해서는 치수문자에 괄호를 붙인다.

38 보조 투상도의 설명 중 가장 옳은 것은?

① 복잡한 물체를 절단하여 그린 투상도
② 그림의 특정 부분만을 확대하여 그린 투상도
③ 물체의 경사면에 대향하는 위치에 그린 투상도
④ 물체의 홈, 구멍 등 투상도의 일부를 나타낸 투상도

> TIP
> • 복잡한 물체를 절단하여 그린 투상도 – 단면도
> • 그림의 특정 부분만을 확대하여 그린 투상도 – 확대도, 상세도
> • 물체의 홈, 구멍 등 투상도의 일부를 나타낸 투상도 – 국부투상도

39 가공에 의한 커터의 줄무늬 방향이 다음과 같이 생길 경우 올바른 줄무늬 방향 기호는?

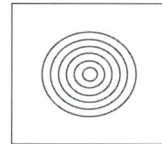

① C ② M
③ R ④ X

💡TIP: 동심원

40 다음 중 물체의 이동 후의 위치를 가상하여 나타내는 선은?

① ─────── ② ------------
③ ─ ─ ─ ─ ④ ─ ‧ ‧ ─ ‧ ‧ ─

💡TIP: 가상선
- 가는 2점 쇄선
- 인접부분을 나타내는 선
- 물체가 이동하는 운동범위를 참고로 표시하는 선
- 가공 전후의 모양을 표시하는 선
- 같은 모양의 되풀이를 표시하는 선

41 2개면이 교차 부분을 표시할 때 "R1 = 2×R2"인 평면도의 모양으로 가장 적합한 것은?

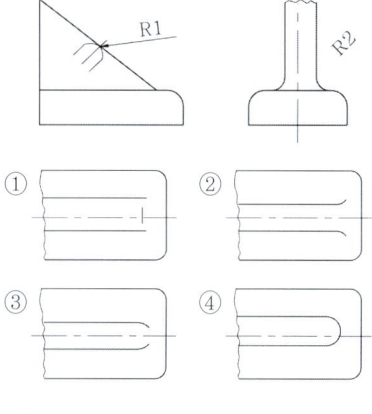

💡TIP: R1 > R2
③ R1 < R2

42 도면의 양식 중에서 반드시 마련해야 하는 사항이 아닌 것은?

① 표제란 ② 중심 마크
③ 윤곽선 ④ 비교 눈금

💡TIP: 도면의 필수 요소
윤곽선, 중심마크, 표제란

43 입체도에서 정투상의 정면도로 옳은 것은?

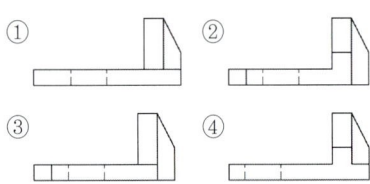

44 도면이 구비하여야 할 요건이 아닌 것은?

① 국제성이 있어야 한다.
② 적합성, 보편성을 가져야 한다.
③ 표현상 명확한 정보를 가져야 한다.
④ 가격, 유통체제 등의 정보를 포함하여야 한다.

45 파선의 용도 설명으로 맞는 것은?

① 치수를 기입하는데 사용된다.
② 도형의 중심을 표시하는데 사용된다.
③ 대상물의 보이지 않는 부분의 모양을 표시한다.
④ 대상물의 일부를 파단한 경계 또는 일부를 떼어낸 경계를 표시한다.

> TIP 파선(숨은선)
> 대상물의 보이지 않는 부분의 모양을 표시한다.
>
> 파단선
> 대상물의 일부를 파단한 경계 또는 일부를 떼어낸 경계를 표시한다.

46 축에 빗줄로 널링(knurling)이 있는 부분의 도시방법으로 가장 올바른 것은?

① 널링부 전체를 축선에 대하여 45°로 엇갈리게 동일한 간격으로 그린다.
② 널링부 일부분만 축선에 대하여 45°로 엇갈리게 동일한 간격으로 그린다.
③ 널링부 전체를 축선에 대하여 30°로 동일한 간격으로 엇갈리게 그린다.
④ 널링부 일부분만 축선에 대하여 30°로 엇갈리게 동일한 간격으로 그린다.

47 스프로킷 휠의 도시방법에 대한 설명 중 옳은 것은?

① 스프로킷의 이끝원은 가는 실선으로 그린다.
② 스프로킷의 피치원은 가는 2점 쇄선으로 그린다.
③ 스프로킷의 이뿌리원은 가는 실선으로 그린다.
④ 축의 직각 방향에서 단면을 도시할 때 이뿌리선은 가는 실선으로 그린다.

48 다음 중 평면 캠의 종류가 아닌 것은?

① 판 캠   ② 정면 캠
③ 구형 캠   ④ 직선운동 캠

TIP 평면캠

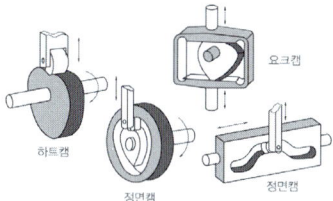

- 평면캠으로 가장 많이 사용되는 것은 판(板)캠으로, 그 윤곽이 하트형(심장형)인 것을 하트캠이라고 한다. 이것은 등속회전운동을 등속왕복운동으로 바꾼다.
- 판캠은 종동체를 밀어올릴 뿐이고, 끌어내리는 데는 중력이나 스프링의 힘을 이용한다. 내연기관의 흡배기 밸브를 움직이는 데 이런 종류의 캠이 사용된다.
- 평면캠의 또 하나는 홈캠으로, 이것은 종동체를 확실하게 밀어올리고, 또 끌어내릴 수가 있다. 확실하게 운동을 전하는 캠을 확동캠이라고 한다. 직동캠도 캠의 왕복운동에 의해서 종동체는 연속왕복운동 또는 간헐적 왕복운동을 한다.

입체캠

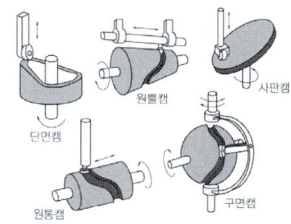

- 입체캠은 실체캠이라고도 하며, 가장 간단한 것은 경사판 캠이다. 이것은 종동체가 사인(sine)운동을 한다. 원통캠은 원통 표면에 홈을 낸 것으로, 원통이 회전하면 그 홈에 따라서 피동체가 원통축에 평행한 면내에서 왕복운동을 하며, 모선을 따라 종동체에 운동을 시킨다.
- 또 원뿔 표면에 홈을 낸 것을 원뿔캠이라고 하며, 역시 모선을 따라 종동체에 왕복운동을 시킨다. 구면캠은 구의 표면에 홈이 파져 있는 캠으로, 구가 회전하면 돌기는 홈의 움직임에 따라 좌우로 움직여서 수직축은 특수한 진동을 한다. 캠은 간단한 형태로 복잡한 운동을 얻을 수 있으므로, 자동선반의 바이트 등에 복잡한 움직임을 줄 때 사용되듯이, 널리 자동기계 등에 응용된다.

49 운전 중 결합을 끊을 수 없는 영구적인 축이음을 아래 단어 중에서 모두 고른 것은?

> 커플링, 유니버설 조인트, 클러치

① 커플링, 유니버설 조인트
② 커플링, 클러치
③ 유니버설 조인트, 클러치
④ 커플링, 유니버설 조인트, 클러치

50 미터 사다리꼴 나사 [Tr 40×7 LH]에서 'LH'가 뜻하는 것은?

① 피치 ② 나사의 등급
③ 리드 ④ 왼나사

51 볼트의 골 지름을 제도할 때 사용하는 선의 종류로 옳은 것은?

① 굵은 실선 ② 가는 실선
③ 숨은선 ④ 가는 2점 쇄선

52 스퍼기어 표준 치형에서 맞물림 기어의 피니언 잇수가 16, 기어 잇수가 44일 때 축 중심간 거리로 옳은 것은? (단, 모듈이 5이다.)

① 120mm ② 150mm
③ 200mm ④ 300mm

TIP $C = \dfrac{D_2 + D_1}{2} = \dfrac{(44 \times 5) + (16 \times 5)}{2}$
= 150mm

53 "테이퍼 핀 1급 4×30 SM50C"의 설명으로 맞는 것은?

① 테이퍼 핀으로 호칭 지름이 4mm, 길이가 30mm, 재료가 SM50C이다.
② 테이퍼 핀으로 최대 지름이 4mm, 길이가 30mm, 재료가 SM50C이다.
③ 테이퍼 핀으로 핀의 평균 지름이 4mm, 길이가 30mm, 재료가 SM50C이다.
④ 테이퍼 핀으로 구멍의 지름이 4mm, 길이가 30mm, 재료가 SM50C이다.

54 배관을 도시할 때 관의 접속 상태에서 '접속하고 있을 때-분기 상태'를 도시하는 방법으로 옳은 것은?

55 축에 작용하는 하중의 방향이 축 직각 방향과 축 방향에 동시에 작용하는 곳에 가장 적합한 베어링은?

① 니들 롤러 베어링
② 레이디얼 볼 베어링
③ 스러스트 볼 베어링
④ 테이퍼 롤러 베어링

56 다음 그림과 같은 점용접을 용접기호로 바르게 나타낸 것은?

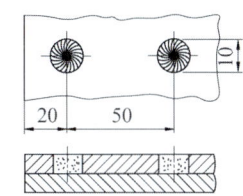

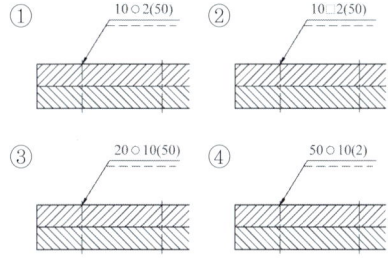

57 서피스(surface)모델링에서 곡면을 절단하였을 때 나타나는 요소는?

① 곡선 ② 곡면
③ 점   ④ 면

58 컴퓨터의 기억용량 단위인 비트(bit)의 설명으로 틀린 것은?

① binary digit의 약자이다.
② 정보는 나타내는 가장 작은 단위이다.
③ 전기적으로 처리하기가 아주 편리하다.
④ 0와 1을 동시에 나타내는 정보 단위이다.

59 CAD 시스템에서 마지막 입력 점을 기준으로 다음 점까지의 직선거리와 기준 직교축과 그 직선이 이루는 각도로 입력하는 좌표계는?

① 절대 좌표계   ② 구면 좌표계
③ 원통 좌표계   ④ 상대 극좌표계

60 다음 중 주변기기를 기능별로 묶어진 것으로, 그 내용이 잘못된 것은?

① 키보드, 마우스, 조이스틱
② 프린터, 플로터, 스캐너
③ 자기디스크, 자기드럼, 자기테이프
④ 라이트 펜, 디지타이저, 테이프리더

06 과년도 기출문제

2015년 4월 4일

01 열처리 방법 및 목적으로 틀린 것은?

① 불림 - 소재를 일정온도에 가열 후 공랭시킨다.
② 풀림 - 재질을 단단하고 균일하게 한다.
③ 담금질 - 급랭시켜 재질을 경화시킨다.
④ 뜨임 - 담금질된 것에 인성을 부여한다.

TIP 담금질

탄소강 $\xrightarrow[A_3, A_1]{\text{가열}}$ 급랭 {물, 기름, 공기, 소금물(냉각속도가 제일 빠름)}

노내 서냉	펄라이트	小
공기중 서냉	소르바이트	↓ (경도)
유중 서냉	트루스타이트	
수중 서냉	마텐자이트	大

• 뜨임 $\xrightarrow[A_1 \text{이하 온도}]{\text{가열}}$ 공기중 서냉
  : 인성증가

• 풀림 $\xrightarrow[A_3 \sim A_1 \text{보다 } 30 \sim 50℃ \text{높게}]{\text{가열}}$
  노내 서냉 : 강의 조직개선 및 재질의 연화

• 불림 $\xrightarrow[A_3 \text{보다 } 30 \sim 50℃ \text{높게}]{\text{가열}}$ 공기 중
  냉각 : 결정조직의 균일화, 내부응력 제거

02 특수강에 포함되는 특수원소의 주요 역할 중 틀린 것은?

① 변태속도의 변화
② 기계적, 물리적 성질의 개선
③ 소성 가공성의 개량
④ 탈산, 탈황의 방지

TIP • Ni : 강인성, 내식성, 내산성, 내마멸성 증가
  • Si : 내열성 증가, 전자기적 특성
  • Mn : Ni과 비슷, 내마멸성 증가, 황(S)의 메짐 방지
  • Cr : 탄화물 생성(경화능력 향상), 내식, 내마멸성, 강도, 경도 증가
  • W : Cr과 비슷, 고온 강도, 경도 증가
  • Mo : W효과의 2배, 뜨임 메짐 방지, 담금질 깊이 증가
  • V : Mo과 비슷, 경화성 증가, 단독으로 사용하지 않음

03 금속의 결정구조에서 체심입방격자의 금속으로만 이루어진 것은?

① Au, Pb, Ni　② Zn, Ti, Mg
③ Sb, Ag, Sn　④ Ba, V, Mo

> **TIP** 체심 입방 격자(BCC)
> 융점↑, 강도 大 (소속원자수 : 2개, 배위수〈인접원자수〉: 8개)
> Cr, W, Mo, V, Li, Na, Ta, K, α-Fe, δ-Fe

04 황동의 합금 원소는 무엇인가?

① Cu - Sn　② Cu - Zn
③ Cu - Al　④ Cu - Ni

> **TIP**
> • 황동 : Cu-Zn
> • 청동 : Cu-Sn

05 초경합금에 대한 설명 중 틀린 것은?

① 경도가 HRC 50 이하로 낮다.
② 고온경도 및 강도가 양호하다.
③ 내마모성과 압축강도가 높다.
④ 사용목적, 용도에 따라 재질의 종류가 다양하다.

> **TIP** 초경합금
> 금속탄화물(WC, TiC, TaC)에 Co분말과 함께 금형에 넣어 압축성형하여 800~900°C로 예비소결하고, 1400~1500°C의 H_2 기류 중에서 소결한 합금

• 상품명 : 미디아(영국), 위디아(독일), 카볼로이(미국), 당갈로이(일본)
• 종류 : S종(강의 절삭용), D(다이스용), G(주물용)

> **TIP** 초경합금은 HRC 50 이상으로 경도가 높다.

06 다이캐스팅용 알루미늄(Al)합금이 갖추어야 할 성질로 틀린 것은?

① 유동성이 좋을 것
② 열간취성이 적을 것
③ 금형에 대한 점착성이 좋을 것
④ 응고수축에 대한 용탕 보급성이 좋을 것

07 경질이고 내열성이 있는 열경화성 수지로서 전기기구, 기어 및 프로펠러 등에 사용되는 것은?

① 아크릴수지　② 페놀수지
③ 스티렌수지　④ 폴리에틸렌

> **TIP** 열경화성 - 페놀수지

08 길이 100cm의 봉이 압축력을 받고 3mm 만큼 줄어들었다. 이때, 압축 변형률은 얼마인가?

① 0.001　② 0.003
③ 0.005　④ 0.007

> **TIP** $\varepsilon = \dfrac{\lambda}{l} = \dfrac{3}{1000} = 0.003$

01 ②　02 ④　03 ④　04 ②　05 ①　06 ③　07 ②　08 ②

09 각속도(ω, rad/s)를 구하는 식 중 옳은 것은? (단, N : 회전수(rpm), H : 전달마력(PS)이다.)

① $\omega = (2\pi N)/60$
② $\omega = 60/(2\pi N)$
③ $\omega = (2\pi N)/(60H)$
④ $\omega = (60H)/(2\pi N)$

TIP $\omega = \dfrac{2\pi n}{60}$ (ω, rad/s)

10 국제단위계(SI)의 기본단위에 해당되지 않는 것은?

① 길이 : m   ② 질량 : kg
③ 광도 : mol ④ 열역학 온도 : K

TIP

기본량	SI 기본 단위	
	명칭	기호
길이	미터	m
질량	킬로그램	kg
시간	초	s
전류	암페어	A
열역학적 온도	켈빈	K
물질양	몰	mol
광도	칸델라	cd

11 물체의 일정 부분에 걸쳐 균일하게 분포하여 작용하는 하중은?

① 집중하중   ② 분포하중
③ 반복하중   ④ 교번하중

12 볼나사의 단점이 아닌 것은?

① 자동체결이 곤란하다.
② 피치를 작게 하는데 한계가 있다.
③ 너트의 크기가 크다.
④ 나사의 효율이 떨어진다.

13 외접하고 있는 원통마찰차의 지름이 각각 240mm, 360mm일 때, 마찰차의 중심 거리는?

① 60mm   ② 300mm
③ 400mm   ④ 600mm

TIP $C = \dfrac{360 + 240}{2} = 300\text{mm}$

14 축을 설계할 때 고려하지 않아도 되는 것은?

① 축의 강도
② 피로 충격
③ 응력 집중의 영향
④ 축의 표면조도

TIP 축 설계 시 주의 사항
• 정 하중 또는 변동 하중의 작용 여부
• 굽힘 모멘트에 대한 고려
• 축 형상에 따른 응력 집중 현상

15 가장 널리 쓰이는 키(key)로 축과 보스 양쪽에 키 홈을 파서 동력을 전달하는 것은?

① 성크 키 ② 반달 키
③ 접선 키 ④ 원뿔 키

> **TIP** 성크 키
> 축과 회전체의 보스에 홈을 만들어 사용한다.

16 절삭 공구재료 중에서 가장 경도가 높은 재질은?

① 고속도강 ② 세라믹
③ 스텔라이트 ④ 입방정 질화붕소

> **TIP** 입방정 질화 붕소 CBN(Cubic Boron Nitride)
> "입방정 질화 붕소"로 신소재로 결정구조가 다이아몬드와 유사하여 다이아몬드 다음으로 단단한 물질이다. 경도 HRC50~60의 열처리 금형강을 고속으로 쉽게 가공할 수 있다. 강화 열처리 강 및 높은 치수 정밀도, 면조도가 필요한 가공, 연삭가공 없이 절삭가공으로 마무리 할 경우에 적합하다.

17 선반에서 단동척에 대한 설명으로 틀린 것은?

① 연동척보다 강력하게 고정한다.
② 무거운 공작물이나 중절삭을 할 수 있다.
③ 불규칙한 공작물의 고정이 가능하다.
④ 3개의 조가 있으므로 원통형 공작물 고정이 쉽다.

> **TIP** 단동척
> 조오 4개(개별적), 불규칙한 일감고정, 편심가공가능
>
> 연동척(스크롤척)
> 조오 3개(동시에), 균일한 일감(원형, 삼각, 육각형 등)

18 기어절삭에 사용되는 공구가 아닌 것은?

① 랙(rack) 커터 ② 호브
③ 피니언 커터 ④ 브로치

> **TIP** 창성법
> 인블류트 곡선을 그리는 원리를 응용한 이의 절삭 방법이며, 가장 널리 사용된다.
>
> 랙 커터에 의한 방법
> 마그식 기어 세이퍼
>
> 피니언 커터에 의한 방법
> 펠로우즈식 기어 세이퍼
>
> 호브에 의한 방법
> 호빙 머신

09 ① 10 ③ 11 ② 12 ④ 13 ② 14 ④ 15 ① 16 ④ 17 ④ 18 ④

19 지름 30mm인 환봉을 318rpm으로 선반가공할 때, 절삭속도는 약 몇 m/min인가?

① 30   ② 40
③ 50   ④ 60

> **TIP** $v = \dfrac{\pi dn}{1000} = \dfrac{\pi \times 30 \times 318}{1000} = 30 \text{m/min}$

20 밀링에서 테이블의 좌우 및 전후이송을 사용한 윤곽가공과 간단한 분할작업도 가능한 부속장치는?

① 슬로팅 장치
② 분할대
③ 유압 밀링 바이스
④ 회전 테이블 장치

> **TIP** 회전테이블
> 가공물의 회전운동이 필요할 때 사용하고 테이블 위에 바이스를 공정하고 원형의 홈가공, 바깥둘레의 원형가공, 원판의 분할가공 등을 할 수 있다.

21 보통 보링머신을 분류한 것으로 틀린 것은?

① 테이블형   ② 플레이너형
③ 플로우형   ④ 코어형

> **TIP** 수평보링머신
> 일반적인 가장 널리 사용(테이블형, 플로우형, 플레이너형)

22 공작물, 미디어(media), 공작액, 콤파운드를 상자 속에 넣고 회전 또는 진동시키면 공작물과 연삭입자가 충돌하여 공작물 표면에 요철을 없애고 매끈한 다듬질면을 얻는 가공방법은?

① 브로칭   ② 베럴가공
③ 숏피닝   ④ 래핑

23 선반 바이트 팁을 사용 중에 절삭날이 무디어지면 날 부분을 새것으로 교환하여 날을 순차로 사용하는 것은?

① 클램프 바이트   ② 단체 바이트
③ 경납땜 바이트   ④ 용접 바이트

24 센터리스 연삭에서 조정숫돌의 역할로 옳은 것은?

① 연삭숫돌의 이송과 회전
② 일감의 고정기능
③ 일감의 탈착기능
④ 일감의 회전과 이송

> **TIP** 센터리스 연삭기
> 센터나 척을 이용하지 않고 가늘고 긴 일감의 원통연삭
>
> 조정숫돌바퀴의 역할
> 일감의 회전 및 이송

25 다수의 절삭날을 직열로 나열된 공구를 가지고 1회 행정으로 공작물의 구멍 내면 혹은 외측 표면을 가공하는 절삭방법은?

① 호닝
② 래핑
③ 브로칭
④ 액체 호닝

26 다음 중 치수기입 원칙에 어긋나는 것은?

① 중복된 치수 기입을 피한다.
② 관련되는 치수는 되도록 한곳에 모아서 기입한다.
③ 치수는 되도록 공정마다 배열을 분리하여 기입한다.
④ 치수는 각 투상도에 고르게 분배되도록 한다.

> TIP 치수기입의 원칙
> • 중복된 치수기입을 피한다.
> • 관련되는 치수는 되도록 한곳에 모아서 기입한다.
> • 치수는 되도록 공정마다 배열을 분리하여 기입한다.
> • 치수는 정면도에 집중해서 기입한다.

27 투상도 표시방법 설명으로 잘못된 것은?

① 부분 투상도 - 대상물의 구멍, 홈 등과 같이 한 부분의 모양을 도시하는 것으로 충분한 경우에는 그 필요한 부분만을 도시한다.
② 보조 투상도 - 경사부가 있는 물체는 그 경사면의 보이는 부분의 실제모양을 전체 또는 일부분을 나타낸다.
③ 회전 투상도 - 대상물의 일부분을 회전해서 실제 모양을 나타낸다.
④ 부분 확대도 - 특정한 부분의 도형이 작아서 그 부분을 자세하게 나타낼 수 없거나 치수 기입을 할 수 없을 때에는 그 해당 부분을 확대하여 나타낸다.

> TIP 회전투상도
> 투상면에 경사진 부분의 내용을 투상면의 지점에 대해 회전해서 실제 길이와 같도록 투상하는 법

28 다음 중 도면 제작에서 원의 지시선 긋기 방법으로 맞는 것은?

①
②
③
④

29 다음은 어느 단면도에 대한 설명인가?

> 상하 또는 좌우 대칭인 물체는 $\frac{1}{4}$을 떼어낸 것으로 보고, 기본 중심선을 경계로 하여 $\frac{1}{2}$은 외형, $\frac{1}{2}$은 단면으로 동시에 나타낸다. 이때, 대칭 중심선의 오른쪽 또는 위쪽을 단면으로 하는 것이 좋다.

① 한쪽 단면도
② 부분 단면도
③ 회전도시 단면도
④ 온 단면도

30 다음 중 억지 끼워맞춤인 것은?

① 구멍 - H7, 축 - g6
② 구멍 - H7, 축 - f6
③ 구멍 - H7, 축 - p6
④ 구멍 - H7, 축 - e6

31 다음 중 2종류 이상의 선이 같은 장소에서 중복될 경우 가장 우선되는 선의 종류는?

① 중심선
② 절단선
③ 치수 보조선
④ 무게 중심선

> TIP 기호, 문자, 숫자 – 외형선 – 숨은선 – 절단선 – 중심선 – 무게 중심선 – 치수 보조선

32 다음과 같이 지시된 기하 공차의 해석이 맞는 것은?

| ○ | 0.05 | |
| // | 0.02/150 | A |

① 원통도 공차값 0.05mm, 축선은 데이텀 축직선 A에 직각이고 지정길이 150mm 평행도 공차값 0.02mm
② 진원도 공차값 0.05mm, 축선은 데이텀 축직선 A에 직각이고 지정길이 150mm 평행도 공차값 0.02mm
③ 진원도 공차값 0.05mm, 축선은 데이텀 축직선 A에 평행하고 지정길이 150mm 평행도 공차값 0.02mm
④ 원통의 윤곽도 공차값 0.05mm, 축선은 데이텀 축직선 A에 직각이고 전체길이 150mm 평행도 공차값 0.02mm

33. 다음 중 줄무늬 방향의 기호 설명 중 잘못된 것은?

① X : 가공에 의한 커터의 줄무늬 방향의 기호를 기입한 투상면에 경사지고 두 방향으로 교차
② M : 가공에 의한 커터의 줄무늬 방향의 기호를 기입한 투상면에 평행
③ C : 가공에 의한 커터의 줄무늬 방향의 기호를 기입한 면의 중심에 대하여 대략 동심원 모양
④ R : 가공에 의한 커터의 줄무늬 방향의 기호를 기입한 면의 중심에 대하여 대략 레이디얼 모양

TIP

=	가공에 의한 가공커터방향이 투상면에 평행
⊥	투상면에 직각
X	투상면에 경사지고 두 방향으로 교차
M	코일 모양의 여러 방향으로 교차, 무방향
C	면 중심의 대략 동심원 모양
R	대략 레이디얼 모양

34. 다음 중 가장 고운 다듬면을 나타내는 것은?

①   ②
③   ④

35. 다음 중 3각 투상법에 대한 설명으로 맞는 것은?

① 눈 → 투상면 → 물체
② 눈 → 물체 → 투상면
③ 투상면 → 물체 → 눈
④ 물체 → 눈 → 투상면

36. 특수한 가공을 한 부분 등, 특별히 요구사항을 적용할 수 있는 범위를 표시하는데 사용하는 선은?

① 가는 1점 쇄선
② 가는 2점 쇄선
③ 굵은 1점 쇄선
④ 아주 굵은 실선

37. 다음 중 인접 부분을 참고로 나타내는데 사용하는 선은?

① 가는 실선
② 굵은 1점 쇄선
③ 가는 2점 쇄선
④ 가는 1점 쇄선

38 재료기호 표시의 중간부분 기호 문자와 제품명이다. 연결이 틀리게 된 것은?

① P : 관
② W : 선
③ F : 단조품
④ S : 일반 구조용 압연재

TIP💡 P : 판

39 $\phi 35^{\ 0}_{-0.016}$ 에서 위치수허용차가 0일 때, 최대허용 한계 치수 값은? (단, 공차는 0.016이다.)

① $\phi 34.084$ ② $\phi 35.000$
③ $\phi 35.016$ ④ $\phi 35.084$

TIP💡 $\phi 35^{\ 0}_{-0.016}$

- 치수공차 0.016
- 아래치수허용차 −0.016
- 최대허용한계치수 $\phi 35.000$
- 최소허용한계치수 $\phi 34.984$

40 정투상 방법에 따라 평면도와 우측면도가 다음과 같다면 정면도에 해당하는 것은?

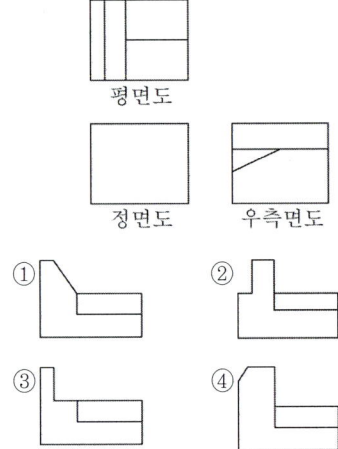

41 공차 기호에 의한 끼워맞춤의 기입이 잘못된 것은?

① 50H7/g6   ② 50H7-g6
③ $50\ \dfrac{H7}{g6}$ ④ 50H7(g6)

42 KS의 부문별 분류 기호로 맞지 않는 것은?

① KS A : 기본   ② KS B : 기계
③ KS C : 전기   ④ KS D : 전자

TIP💡 KS D : 금속

43 기하공차의 종류를 나타낸 것 중 틀린 것은?

① 진직도(—) ② 진원도(○)
③ 평면도(□) ④ 원주 흔들림()

TIP
기호	공차	기호	공차
—	직진도공차	//	평행도공차
⌓	평면도공차	⊥	직각도공차
○	진원도공차	∠	경사도공차
⌭	원통도공차	⊕	위치도공차
⌒	선의 윤곽도공차	◎	동축도공차
⌓	면의 윤곽도공차	=	대칭도공차
╱	원주 흔들림공차	A	데이텀
⌰	온 흔들림공차		

44 도면에서 A3 제도 용지의 크기는?

① 841×1189 ② 594×841
③ 420×594   ④ 297×420

TIP
- A0 : 1189×841
- A1 : 841×594
- A2 : 594×420
- A3 : 420×297
- A4 : 297×210

45 다음의 투상도의 좌측면도에 해당하는 것은? (단, 제3각 투상법으로 표현한다.)

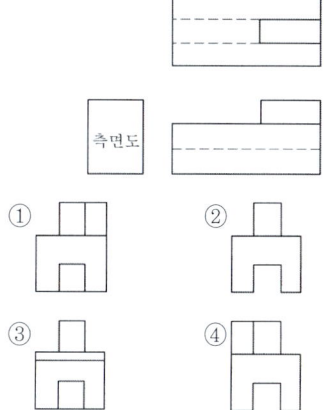

46 다음 그림이 나타내는 코일스프링 간략도의 종류로 알맞은 것은?

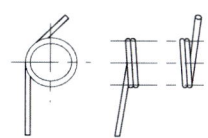

① 벌류트 코일 스프링
② 압축 코일 스프링
③ 비틀림 코일 스프링
④ 인장 코일 스프링

47 베어링의 호칭이 "6026"일 때 안지름은 몇 mm인가?

① 26 ② 52
③ 100 ④ 130

> TIP
> • 00 : 10mm
> • 01 : 12mm
> • 02 : 15mm
> • 03 : 17mm
> • 04×5 – 200
> • 5×5 – 25

48 스퍼기어 요목표에서 잇수는?

스퍼기어 요목표		
기어 치형		표준
공구	모듈	2
	치형	보통이
	압력각	20°
전체 이 높이		4.5
피치원 지름		40
잇 수		(?)
다듬질 방법		호브절삭
정밀도		KS B ISO 1328-1, 4급

① 5 ② 10
③ 15 ④ 20

> TIP
> PCD = M × Z, 40/2 = 20

49 용접 지시기호가 나타내는 용접부위의 형상으로 가장 옳은 것은?

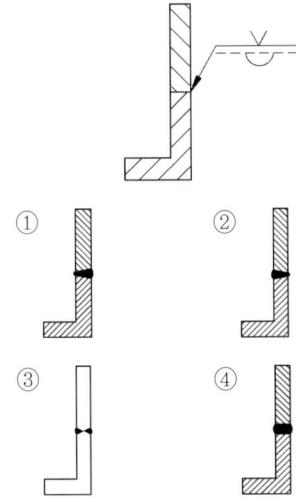

50 평행키의 호칭 표기 방법으로 알맞은 것은?

① KS B 1311 평행키 10×8×25
② KS B 1311 10×8×25 평행키
③ 평행키 10×8×25 양 끝 둥금 KS B 1311
④ 평행키 10×8×25 KS B 1311 양 끝 둥금

> TIP
> 평행키 – KSB 1311
> 평행키 10×8×25

51 V벨트의 형별 중 단면의 폭 치수가 가장 큰 것은?

① A형 ② D형
③ E형 ④ M형

52 나사면에 증기, 기름 또는 외부로부터의 먼지 등이 유입되는 것을 방지하기 위해 사용하는 너트는?

① 나비 너트 ② 둥근 너트
③ 사각 너트 ④ 캡 너트

53 기어제도시 잇봉우리원에 사용하는 선의 종류는?

① 가는 실선 ② 굵은 실선
③ 가는 1점 쇄선 ④ 가는 2점 쇄선

> TIP
> | 스프로킷 휠 | 스퍼기어 |
>
> 이끝원은 굵은 실선
> 피치원은 가는 실선
> 이뿌리원은 가는 실선
> 정면도에서 단면시 굵은 실선
> 피치원지름(P.C.D) = Z(잇수)M(모듈)
> 이끝원 지름(D) = P. C.D+2M = (Z+2)M

54 운전 중 또는 정지 중에 운동을 전달하거나 차단하기에 적절한 축이음은?

① 외접기어 ② 클러치
③ 올덤 커플링 ④ 유니버설 조인트

55 관이음 기호 중 유니언 나사이음 기호는?

① ⊣⊩⊢ ② ⊣
③ ⊣⊥⊢ ④ ⊣⊙⊢

56 "왼 2줄 M50×2 6H"로 표시된 나사의 설명으로 틀린 것은?

① 왼 : 나사산의 감는 방향
② 2줄 : 나사산의 줄 수
③ M50×2 : 나사의 호칭지름 및 피치
④ 6H : 수나사의 등급

> TIP
> • 6H : 암나사의 등급
> • 6h : 수나사의 등급

57 중앙처리장치(CPU)의 구성 요소가 아닌 것은?

① 주기억장치 ② 파일저장장치
③ 논리연산장치 ④ 제어장치

58 디스플레이상의 도형을 입력장치와 연동시켜 움직일 때, 도형이 움직이는 상태를 무엇이라고 하는가?

① 드래깅(dragging)
② 트리밍(trimming)
③ 쉐이딩(shading)
④ 주밍(zooming)

47 ④ 48 ④ 49 ① 50 ① 51 ③ 52 ④ 53 ② 54 ② 55 ① 56 ④ 57 ② 58 ①

59 다음 중 와이어 프레임 모델링(wireframe modeling)의 특징은?

① 단면도 작성이 불가능하다.
② 은선 제거가 가능한다.
③ 처리속도가 느리다.
④ 물리적 성질의 계산이 가능하다.

60 다음 시스템 중 출력장치로 틀린 것은?

① 디지타이저(digitizer)
② 플로터(plotter)
③ 프린터(printer)
④ 하드 카피(hard copy)

59 ① 60 ①

06 | 과년도 기출문제

01 베어링으로 사용되는 구리계 합금으로 거리가 먼 것은?

① 켈밋(kelmet)
② 연청동(lead bronze)
③ 문쯔 메탈(muntz metal)
④ 알루미늄 청동(Al bronze)

> TIP ☀ 베어링에 사용되는 구리계합금
> 켈밋, 연청동, 알루미늄청동, 납청동, 인청동, 주석청동, 포금

02 다음 중 알루미늄 합금이 아닌 것은?

① Y 합금
② 실루민
③ 톰백(tombac)
④ 로엑스(Lo-Ex) 합금

03 탄소 공구강의 구비 조건으로 거리가 먼 것은?

① 내마모성이 클 것
② 저온에서의 경도가 클 것
③ 가공 및 열처리성이 양호할 것
④ 강인성 및 내충격성이 우수할 것

04 고속도 공구강 강재의 표준형으로 널리 사용되고 있는 18-4-1형에서 텅스텐 함유량은?

① 1%   ② 4%
③ 18% ④ 23%

> TIP ☀ 고속도강 SKH W18 – Cr4 – V1

05 열처리의 방법 중 강을 경화시킬 목적으로 실시하는 열처리는?

① 담금질   ② 뜨임
③ 불림   ④ 풀림

06 공구용으로 사용되는 비금속 재료로 초내열성 재료, 내마멸성 및 내열성이 높은 세라믹과 강한 금속의 분말을 배열 소결하여 만든 것은?

① 다이아몬드   ② 고속도강
③ 서멧   ④ 석영

> TIP ☀ 세라믹(Ceramic) + 금속(Metal)의 복합어로 세라믹의 취성을 보완, 금속과 내화물의 복합체의 총칭이다. Al_2O_3분말 70%에 TiC 또는 TiN분말을 30%혼합 수소분위기에서 소결하여 제작한다.

01 ③ 02 ③ 03 ② 04 ③ 05 ① 06 ③

07 마우러 조직도에 대한 설명으로 옳은 것은?

① 탄소와 규소량에 따른 주철의 조직 관계를 표시한 것
② 탄소와 흑연량에 따른 주철의 조직 관계를 표시한 것
③ 규소와 망간량에 따른 주철의 조직 관계를 표시한 것
④ 규소와 Fe_3C량에 따른 주철의 조직 관계를 표시한 것

> 💡 마우러 조직도
> 탄소와 규소 및 냉각속도에 따른 주철의 조직도

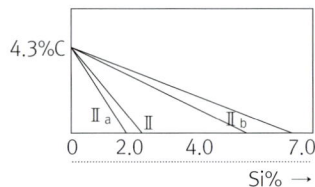

08 기어에서 이(tooth)의 간섭을 막는 방법으로 틀린 것은?

① 이의 높이를 높인다.
② 압력각을 증가시킨다.
③ 치형의 이끝면을 깎아낸다.
④ 피니언의 반경 방향의 이뿌리면을 파낸다.

09 표점거리 110mm, 지름 20mm의 인장 시편에 최대하중 50kN이 작용하여 늘어난 길이 $\triangle \ell$ = 22mm일 때, 연신율은?

① 10% ② 15%
③ 20% ④ 25%

> 💡 $\epsilon = \dfrac{\Delta \ell}{\ell} \times 100$
> $= \dfrac{22}{110} \times 100 = 20\%$

10 피치 4mm인 3줄 나사를 1회전 시켰을 때의 리드는 얼마인가?

① 6mm ② 12mm
③ 16mm ④ 18mm

> 💡 $l = np 3 \times 4 = 12mm$

11 볼트 너트의 풀림 방지 방법 중 틀린 것은?

① 로크 너트에 의한 방법
② 스프링 와셔에 의한 방법
③ 플라스틱 플러그에 의한 방법
④ 아이 볼트에 의한 방법

> 💡 • 너트의 풀림 방지를 위할 때 스프링 와셔, 이붙이 와셔, 갈퀴붙이 와셔, 혀붙이 와셔 등이 있다.
> • 로크 너트의 의한 방법
> • 고정핀이나 분할핀을 이용하는 방법
> • 플라스틱 플러그에 의한 방법

12 전달마력 30kW, 회전수 200rpm인 전동축에서 토크 T는 약 몇 N·m인가?

① 107 ② 146
③ 1070 ④ 1430

> **TIP** $P = w(각속도) \times T(토크)[N \cdot m]$
> $w = 2 \times \pi(3.14159) \times f(주파수)$
> 토크 $T = (9549.3 \times P)/N[N \cdot m]$
> $T = 9549.3 \dfrac{P}{N} = \dfrac{9549.3 \times 30}{200}$
> $= 1432.4[N \cdot m]$

13 원주에 톱니형상의 이가 달려 있으며 폴(pawl)과 결합하여 한쪽 방향으로 간헐적인 회전운동을 주고 역회전을 방지하기 위하여 사용되는 것은?

① 래치 휠
② 플라이 휠
③ 원심 브레이크
④ 자동하중 브레이크

14 벨트전동에 관한 설명으로 틀린 것은?

① 벨트풀리에 벨트를 감는 방식은 크로스 벨트 방식과 오픈벨트 방식이 있다.
② 오픈벨트 방식에서는 양 벨트 풀리가 반대방향으로 회전한다.
③ 벨트가 원동차에 들어가는 측을 인(긴)장측이라 한다.
④ 벨트가 원동차로부터 풀려 나오는 측을 이완측이라 한다.

15 축에 키(key) 홈을 가공하지 않고 사용하는 것은?

① 묻힘(sunk) 키 ② 안장(saddle) 키
③ 반달 키 ④ 스플라인

16 연삭에서 결합도에 따른 경도의 선정기준 중 결합도가 높은 숫돌(단단한 숫돌)을 사용해야 할 때는?

① 연삭 깊이가 클 때
② 접촉 면적이 작을 때
③ 경도가 큰 가공물을 연삭할 때
④ 숫돌차의 원주 속도가 빠를 때

17 4개의 조(jaw)가 각각 단독으로 움직이도록 되어 있어 불규칙한 모양의 일감을 고정하는데 편리한 척은?

① 단동척 ② 연동척
③ 마그네틱척 ④ 콜릿척

> **TIP** 단동척
> 조오 4개(개별적), 불규칙한 일감고정, 편심가공가능
>
> 연동척(스크롤척)
> 조오 3개(동시에), 균일한 일감(원형, 삼각, 육각형 등)

07 ① 08 ① 09 ③ 10 ② 11 ④ 12 ④ 13 ① 14 ② 15 ② 16 ② 17 ①

18 밀링머신의 부속 장치가 아닌 것은?

① 아버　　　　② 래크 절삭 장치
③ 회전 테이블　④ 에이프런

> 💡TIP 선반의 왕복대 구성으로 에이프런이 있다.(자동이송장치가 장착)

19 선반에서 φ40mm의 환봉을 120m/min의 절삭속도로 절삭가공을 하려고 할 경우, 2분 동안의 주축 총 회전수는?

① 650rpm　　② 960rpm
③ 1720rpm　 ④ 1910rpm

> 💡TIP 분당회전수
> $$n = \frac{1000v}{\pi d} = \frac{1000 \times 120}{\pi \times 40}$$
> $$= 955.4 \times 2 = 1910 rpm$$

20 드릴링 머신 가공의 종류로 틀린 것은?

① 슬로팅　　② 리밍
③ 탭핑　　　④ 스폿 페이싱

> 💡TIP
> - 리밍 : 드릴로 뚫은 구멍을 더욱 정밀하게 가공
> - 태핑 : 암나사 가공
> - 보링 : 전 가공 상태에서 얻어진 면을 더욱 크고 정밀하게 가공
> - 스폿페이싱 : 볼트나 너트 등이 닿는 부분을 평평하게 자리를 만드는 작업
> - 카운터 보링 : 작은 나사, 볼트의 머리부를 일감에 묻히게 하기 위한 단을 만드는 작업
> - 카운터 싱킹 : 접시머리나사의 머리부를 묻히게 하기 위해 원뿔자리를 만드는 작업

21 선반에서 척에 고정할 수 없는 대형 공작물 또는 복잡한 형상의 공작물을 고정할 때 사용하는 부속장치는?

① 센터　　② 면판
③ 바이트　④ 맨드릴

> 💡TIP
> - 센터의 선단각 : 보통일감 60°, 대형일감 75°, 90°
> - 하프센터 : 끝면 깎기에 사용
> - 심봉(mendrel) : 내면을 다듬질한 중공의 일감 외경을 가공(기어나 풀리의 소재가공)
>   - 표준맨드릴의 테이퍼 : 1/100, 1/1000
>   - 팽창맨드릴 : 다소 지름을 조절
>   - 조립맨드릴 : 지름이 큰 관(pipe) 가공시 사용

22 드릴의 구조 중 드릴가공을 할 때 가공물과 접촉에 의한 마찰을 줄이기 위하여 절삭날 면에 부여하는 각은?

① 나선각　② 선단각
③ 경사각　④ 날 여유각

23 다음 중 와이어 컷 방전가공에서 전극재질로 일반적으로 사용하지 않는 것은?

① 동 ② 황동
③ 텅스텐 ④ 고속도강

TIP 방전가공시 전극 재질 – 동, 텅스텐, 황동

24 다음 중 고온경도가 높으나 취성이 커서 충격이나 전동에 약한 절삭공구는?

① 고속도강 ② 탄소공구강
③ 초경합금 ④ 세라믹

25 공작물의 외경 또는 내면 등을 어떤 필요한 형상으로 가공할 때, 많은 절삭날을 갖고 있는 공구를 1회 통과시켜 가공하는 공작기계는?

① 브로칭 머신 ② 밀링 머신
③ 호빙 머신 ④ 연삭기

26 다음 기하공차 종류 중 단독형체가 아닌 것은?

① 진직도 ② 진원도
③ 경사도 ④ 평면도

TIP 경사도 – 자세공차

27 도면에서 구멍의 치수가 "$\phi 80^{+0.03}_{-0.02}$"로 기입되어 있다면 치수 공차는?

① 0.01 ② 0.02
③ 0.03 ④ 0.05

TIP
$+ 0.03$
$- 0.02$
0.05

28 구의 반지름을 나타내는 치수 보조 기호는?

① ϕ ② $S\phi$
③ SR ④ C

TIP 구(Sphere)

29 다음 중 가는 2점 쇄선의 용도로 틀린 것은?

① 인접 부분 참고 표시
② 공구, 지그 등의 위치
③ 가공 전 또는 가공 후의 모양
④ 회전 단면도를 도형 내에 그릴 때의 외형선

TIP 회전단면도를 도형 내에 그릴 때의 외형선 – 가는 실선

30 끼워 맞춤에서 축 기준식 헐거운 끼워 맞춤을 나타낸 것은?

① H7/g6 ② H6/F8
③ h6/P9 ④ h6/F7

> TIP
> • H7/g6 : 구멍기준식 헐거운 끼워맞춤
> • P6/h6 : 축기준식 억지 끼워맞춤
> • F7/h6 : 축기준식 헐거운 끼워맞춤

31 제3각법으로 그림 3면도 투상도 중 틀린 것은?

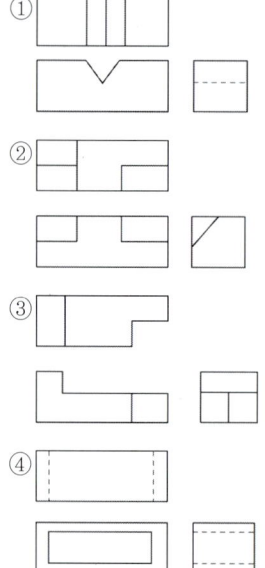

32 핸들, 벨트풀리나 기어 등과 같은 바퀴의 암, 리브 등에서 절단한 단면의 모양을 90° 회전시켜서 투상도의 안에 그릴 때, 알맞은 선의 종류는?

① 가는 실선
② 가는 1점 쇄선
③ 가는 2점 쇄선
④ 굵은 1점 쇄선

> TIP
> • 회전단면의 외형선 물체 내부에 도시 : 가는 실선
> • 물체 외부에 도시 : 굵은 실선

33 다음 중 척도의 기입 방법으로 틀린 것은?

① 척도는 표제란에 기입하는 것의 원칙이다.
② 표제란이 없는 경우에는 부품 번호 또는 상세도의 참조 문자 부근에 기입한다.
③ 한 도면에는 반드시 한 가지 척도만 사용해야 한다.
④ 도형의 크기가 치수와 비례하지 않으면 NS라고 표시한다.

> TIP 상세도(확대도)를 사용할 수 있다.

34 다음 등각투상도의 화살표 방향이 정면도일 때, 평면도를 올바르게 표시한 것은? (단, 제3각법의 경우에 해당한다.)

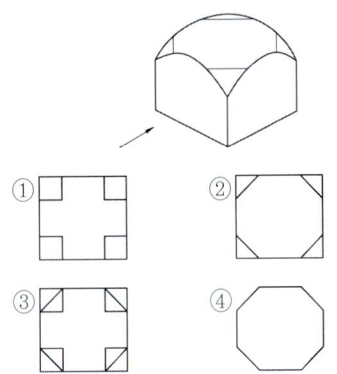

35 다음과 같이 다면체를 전개한 방법으로 옳은 것은?

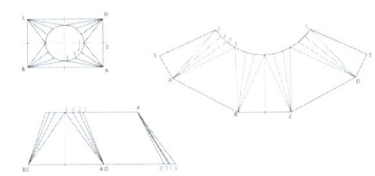

① 삼각형법 전개
② 방사선법 전개
③ 평행선법 전개
④ 사각형법 전개

TIP 다면체를 전개하는 방법 – 삼각형법

36 치수기입에 대한 설명 중 틀린 것은?

① 제작에 필요한 치수를 도면에 기입한다.
② 잘 알 수 있도록 중복하여 기입한다.
③ 가능한 한 주요 투상도에 집중하여 기입한다.
④ 가능한 한 계산하여 구할 필요가 없도록 기입한다.

TIP 치수기입은 중복해서 기입하지 않는다.

37 한국 산업 표준 중 기계부문에 대한 분류 기호는?

① KS A   ② KS B
③ KS C   ④ KS D

38 다음 중심선 평균 거칠기 값 중에서 표면이 가장 매끄러운 상태를 나타낸 것은?

① 0.2a   ② 1.6a
③ 3.2a   ④ 6.3a

39 단면도에 관한 내용이다. 올바른 것을 모두 고른 것은?

> ㉠ 절단면은 중심선에 대하여 45° 경사지게 일정한 간격으로 가는 실선으로 빗금을 긋는다.
> ㉡ 정면도는 단면도로 그리지 않고, 평면도나 측면도만 절단한 모양으로 그린다.
> ㉢ 한쪽 단면도는 위, 아래 또는 왼쪽과 오른쪽이 대칭인 물체의 단면을 나타낼 때 사용한다.
> ㉣ 단면 부분에는 해칭(hatching)이나 스머징(smudging)을 한다.

① ㉠, ㉡   ② ㉡, ㉢
③ ㉠, ㉡, ㉢   ④ ㉠, ㉢, ㉣

40 치수공차와 끼워맞춤에서 구멍의 치수가 축의 치수보다 작을 때, 구멍과 축과의 치수의 차를 무엇이라고 하는가?

① 틈새   ② 죔새
③ 공차   ④ 끼워맞춤

> TIP 틈새
> 구멍의 크기가 축의 크기보다 클 때
> 죔새
> 구멍의 크기가 축의 크기보다 작을 때

41 기계 도면에서 부품란에 재질을 나타내는 기호가 "SS400"으로 기입되어 있다. 기호에서는 "400"은 무엇을 나타내는가?

① 무게   ② 탄소 함유량
③ 녹는 온도   ④ 최저 인장 강도

> TIP SS400 : 일반 구조용 압연강재
> 400 : 최저인장강도

42 그림과 같이 경사면부가 있는 대상물에서 그 경사면의 실형을 표기할 필요가 있는 경우에 사용하는 투상도의 명칭은?

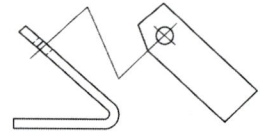

① 부분 투상도   ② 보조 투상도
③ 국부 투상도   ④ 회전 투상도

43 도면의 표제란에 사용되는 제1각법의 기호로 옳은 것은?

①    ②

③ 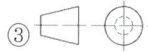   ④

> TIP
> | 3각법 | 눈 → 투상면 → 물체 | |
> | 1각법 | 눈 → 물체 → 투상면 | |

44 다음 가공방법의 약호를 나타낸 것 중 틀린 것은?

① 선반가공(L) ② 보링가공(B)
③ 리머가공(FR) ④ 호닝가공(GB)

TIP
L	선반	P	평삭	G	연삭
D	드릴	SH	형삭	GH	호닝
B	보링	BR	브로치	FB	버프
M	밀링	FR	리머	FL	랩핑

45 기하 공차의 종류 중 모양 공차에 해당되지 않는 것은?

① 평행도 공차 ② 진직도 공차
③ 진원도 공차 ④ 평면도 공차

TIP
적용하는 형체	공차의 종류		기호
단독 형체	모양공차	진직도 공차	—
		평면도 공차	▱
		진원도 공차	○
		원통도 공차	⌭
단독 형체 또는 관련 형체		선의 윤곽도 공차	⌒
		면의 윤곽도 공차	⌓
관련 형체	자세공차	평행도 공차	∥
		직각도 공차	⊥
		경사도 공차	∠
	위치공차	위치도 공차	⊕
		동축도 공차 또는 동심도 공차	◎
		대칭도 공차	⌯
	흔들림 공차	원주 흔들림 공차	↗
		온 흔들림 공차	↗↗

46 다음 용접 이음의 용접기호로 옳은 것은?

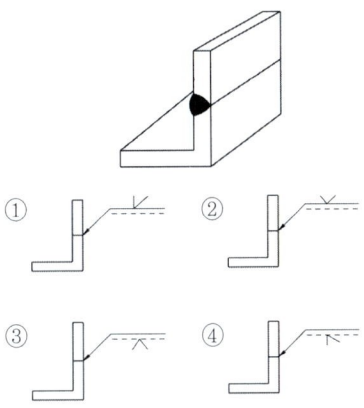

47 "6208 ZZ"로 표시된 베어링에 결합되는 축의 지름은?

① 10mm ② 20mm
③ 30mm ④ 40mm

TIP 6208 ZZ : 08×5 = 40mm

48 관용 테이퍼 나사 중 테이퍼 수나사를 표시하는 기호는?

① M ② Tr
③ R ④ S

TIP • Tr : 미터사다리꼴 나사
• S : 미니추어 나사

49 헬리컬 기어, 나사 기어, 하이포이드 기어의 잇줄 방향의 표시 방법은?

① 2개의 가는 실선으로 표시
② 2개의 가는 2점 쇄선으로 표시
③ 3개의 가는 실선으로 표시
④ 3개의 가는 2점 쇄선으로 표시

50 평벨트 폴리의 도시 방법에 대한 설명 중 틀린 것은?

① 암은 길이 방향으로 절단하여 단면 도시를 한다.
② 벨트 풀리는 축 직각 방향의 투상을 주투상도로 한다.
③ 암의 단면형은 도형의 안이나 밖에 회전 단면을 도시한다.
④ 암의 테이퍼 부분 치수를 기입할 때 치수 보조선은 경사선으로 긋는다.

51 나사용 구멍이 없는 평행키의 기호는?

① P   ② Z
③ T   ④ TG

> **TIP** 키의 종류 및 기호
> • 평행키 나사용 구멍없음 : P
>   나사용 구멍있음 : PS
>   경사키 머리없음 : T
>   머리 있음 : TG
> • 반달키 둥근바닥 : WA
>   납작바닥 : WB

52 볼트의 머리가 조립부분에서 밖으로 나오지 않아야 할 때, 사용하는 볼트는?

① 아이 볼트
② 나비 볼트
③ 기초 볼트
④ 육각 구멍붙이 볼트

53 기어의 종류 중 피치원 지름이 무한대인 기어는?

① 스퍼기어   ② 래크
③ 피니언   ④ 베벨기어

54 보일러 또는 압력 용기에서 실제 사용 압력이 설계된 규정 압력보다 높아졌을 때, 밸브가 열려 사용 압력을 조정하는 장치는?

① 콕   ② 체크 밸브
③ 스톱 밸브   ④ 안전 밸브

55 축의 끝에 45° 모떼기 치수를 기입하는 방법으로 틀린 것은?

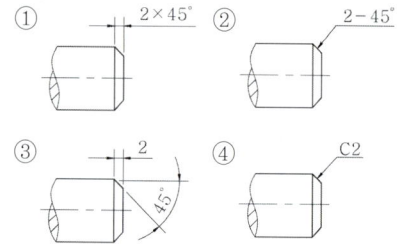

56 스프링 도시의 일반 사항이 아닌 것은?

① 코일 스프링은 일반적으로 무하중 상태에서 그린다.
② 그림 안에 기입하기 힘든 사항은 일괄하여 요목표에 기입한다.
③ 하중이 걸린 상태에서 그린 경우에는 치수를 기입할 때, 그 때의 하중을 기입한다.
④ 단서가 없는 코일 스프링이나 벌류트 스프링은 모두 왼쪽으로 감은 것을 나타낸다.

TIP 스프링 제도법
- 일반적으로 간략도로 표시하고, 필요사항은 요목표에 기입한다.
- 무하중인 상태로 기입, 걸릴 때는 치수와 하중 기입한다.
- 보통 오른쪽 감기, 왼쪽 감기는 요목표에 기입한다
- 생략도 도시 때 가는 2점 쇄선
- 간략도 도시 때 중심선만을 굵은 실선

57 CAD 시스템에서 점을 정의하기 위해 사용되는 좌표계가 아닌 것은?

① 극 좌표계 ② 원통 좌표계
③ 회전 좌표계 ④ 직교 좌표계

58 컴퓨터가 데이터를 기억할 때의 최소 단위는?

① bit ② byte
③ word ④ block

59 다음 설명에 가장 적합한 3차원의 기하학적 형상 모델링 방법은?

- Boolean연산(합, 차, 적)을 통하여 복잡한 형상 표현이 가능하다.
- 형상을 절단한 단면도 작성이 용이하다.
- 은선 제거가 가능하고 물리적 성질 등의 계산이 가능하다.
- 컴퓨터의 메모리량과 데이터처리가 많아진다.

① 서피스 모델링(surface modeling)
② 솔리드 모델링(solid modeling)
③ 시스템 모델링(system modeling)
④ 와이어 프레임 모델링(wire frame modeling)

60 다음 중 입·출력 장치의 연결이 잘못된 것은?

① 입력장치 - 트랙볼, 마우스
② 입력장치 - 키보드, 라이트펜
③ 출력장치 - 프린터, COM
④ 출력장치 - 디지타이저, 플로터

49 ③ 50 ① 51 ① 52 ④ 53 ② 54 ④ 55 ② 56 ④ 57 ③ 58 ① 59 ② 60 ④

06 PART | 과년도 기출문제

2015년
10월 10일

01 수기가공에서 사용하는 줄, 쇠톱날, 정 등의 절삭가공용 공구에 가장 적합한 금속 재료는?

① 주강
② 스프링강
③ 탄소공구강
④ 쾌삭강

02 일반적인 합성수지의 공통된 성질로 가장 거리가 먼 것은?

① 가볍다.
② 착석이 자유롭다.
③ 전기절연성이 좋다.
④ 열에 강하다.

03 다음 비철 재료 중 비중이 가장 가벼운 것은?

① Cu
② Ni
③ Al
④ Mg

04 탄소강에 첨가하는 합금원소와 특성과의 관계가 틀린 것은?

① Ni - 인성 증가
② Cr - 내식성 향상
③ Si - 전자기적 특성 개선
④ Mo - 뜨임취성 촉진

TIP
- Ni : 강인성, 내식, 내마멸성 증가
- Si : 내열성, 내식성 증가, 전자기적 특성
- Mn : Ni과 비슷, 내마멸성 증가, 황의 메짐 방지, 적열취성을 방지
- Cr : 탄화물 생성(경화능력 향상), 내식, 내마멸성 증가
- W : Cr과 비슷, 고온 강도, 경도증가
- Mo : W 효과의 두배, 뜨임 메짐 방지, 담금질 깊이 증가
- V : Mo와 비슷, 경화성은 더욱 커지나 단독으로 사용 안됨

05 철-탄소계 상태도에서 공정 주철은?

① 4.3%C ② 2.1%C
③ 1.3%C ④ 0.86%C

06 탄소공구강의 단점을 보강하기 위해 Cr, W, Mn, Ni, V 등을 첨가하여 경도, 절삭성, 주조성을 개선한 강은?

① 주조경질합금 ② 초경합금
③ 합금공구강   ④ 스테인리스강

TIP 합금공구강 STS- Cr, W, Mo, V

07 다음 중 청동의 합금 원소는?

① Cu + Fe ② Cu + Sn
③ Cu + Zn ④ Cu + Mg

TIP 청동 : Cu + Sn

08 베어링의 호칭번호가 6308일 때 베어링의 안지름은 몇 mm인가?

① 35 ② 40
③ 45 ④ 50

TIP 6308 → 08 × 5 = 40mm

09 2kN의 짐을 들어 올리는 데 필요한 볼트의 바깥지름은 몇 mm 이상이어야 하는가? (단, 볼트 재료의 허용인장응력은 400N/cm²이다.)

① 20.2 ② 31.6
③ 36.5 ④ 42.2

TIP 축방향에 하중작용시 볼트의 지름

$$d = \sqrt{\frac{2W}{\sigma_a}} = \sqrt{\frac{2 \times 2000}{400}}$$

$= 31.6mm$ 이상

10 테이퍼 핀의 테이퍼 값과 호칭지름을 나타낸 것은?

① 1/100, 큰 부분의 지름
② 1/100, 작은 부분의 지름
③ 1/50, 큰 부분의 지름
④ 1/50, 작은 부분의 지름

TIP · 핀의 테이퍼 : 1/50
· 키의 테이퍼 : 1/100

11 나사의 기호 표시가 틀린 것은?

① 미터계 사다리꼴나사 : TM
② 인치계 사다리꼴나사 : WTC
③ 유니파이 보통 나사 : UNC
④ 유니파이 가는 나사 : UNF

TIP · TW : 인치계 사다리꼴나사
· TM : 미터계 사다리꼴나사

12 나사의 피치가 일정할 때 리드(lead)가 가장 큰 것은?

① 4줄 나사   ② 3줄 나사
③ 2줄 나사   ④ 1줄 나사

TIP
- l : 리이드(mm)
- n : 줄수
- p : 피치(mm)

13 원통형 코일의 스프링 지수가 9이고, 코일의 평균 지름이 180mm이면 소선의 지름은 몇 mm인가?

① 9   ② 18
③ 20   ④ 27

TIP 스프링 지수 $C = \dfrac{D}{d}$

$d = \dfrac{D}{C} = \dfrac{180}{9} = 20\text{mm}$

14 간헐운동(intermittent motion)을 제공하기 위해서 사용되는 기어는?

① 베벨 기어   ② 헬리컬 기어
③ 웜 기어   ④ 제네바 기어

15 직접전동 기계요소인 홈 마찰차에서 홈의 각도(2α)는?

① $2\alpha = 10 \sim 20°$ ② $2\alpha = 20 \sim 30°$
③ $2\alpha = 30 \sim 40°$ ④ $2\alpha = 40 \sim 50°$

TIP 홈 마찰차

작은힘 P로 큰 동력을 전달 시키기 위해 양바퀴에 홈을 만들어 서로 물리면 원통 마찰차에 비해 큰 마찰력을 얻을 수 있다.

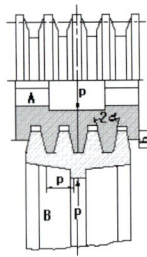

홈각 $2\alpha = 30° - 40°$ (주로 40°)

16 머시닝센터의 준비기능에서 X-Y평면 지정 G코드는?

① G17   ② G18
③ G19   ④ G20

TIP

G15	17	극좌표지령 무시
G16		극좌표지령
G17	02	X-Y 평면
G18		Z-X 평면
G19		Y-Z 평면

17 센터리스 연삭기에서 조정숫돌의 기능은?

① 가공물의 회전과 이송
② 가공물의 지지과 이송
③ 가공물의 지지과 조절
④ 가공물의 회전과지지

18 선반에서 그림과 같이 테이퍼 가공을 하려 할 때, 필요한 심압대의 편위량은 몇 mm인가?

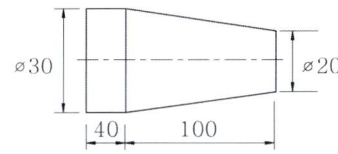

① 4 ② 7
③ 12 ④ 15

> TIP 공구대를 선회시키는 방법($\tan\theta$)
> 테이퍼가 크고 길이가 짧을 때
>
> 심압대를 편위시키는 방법(편위량 : x)
> 테이퍼가 작고 길이가 긴 경우
>
> 테이퍼 절삭장치(어테치먼트)에 의한 방법
> 릴리이빙 선반 또는 공구선반
>
> 가로이송과 세로이송을 동시에 작업하는 방법
>
> 공구대선회 $\tan\theta = \dfrac{D-d}{2\ell}$
>
> 심압대편위량 $x = \dfrac{(D-d)L}{2\ell}$ (mm)
>
>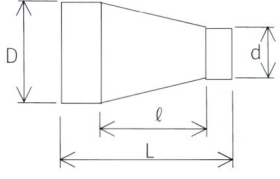

편위량 $x = \dfrac{(30-20)140}{2 \times 100} = 7$mm

19 일반적인 보링머신에서 작업할 수 없는 것은?

① 널링 작업 ② 리밍 작업
③ 탭핑 작업 ④ 드릴링 작업

20 선반에서 맨드릴의 종류에 속하지 않은 것은?

① 표준 맨드릴 ② 팽창식 맨드릴
③ 수축식 맨드릴 ④ 조립식 맨드릴

> TIP • 심봉(mendrel) : 내면을 다듬질한 중공의 일감 외경을 가공(기어나 풀리의 소재가공)
> • 표준맨드릴의 테이퍼 : 1/100, 1/1000
> • 팽창맨드릴 : 다소 지름을 조절
> • 조립맨드릴 : 지름이 큰 관(pipe) 가공 시 사용

21 일반적으로 래핑작업 시 사용하는 랩제로 거리가 먼 것은?

① 탄화규소 ② 산화 알루미나
③ 산화크롬 ④ 흑연가루

> TIP 랩제의 종류
> 탄화규소 및 산화철(연한금속, 유리, 수정), 알루미나(강), 산화크롬(마무리 다듬질)

22 피니언 커터 또는 래크 커터를 왕복 운동시키고 공작물에 회전운동을 주어 기어를 절삭하는 창성식 기어절삭 기계는?

① 호빙 머신 ② 기어 연삭
③ 기어 셰이퍼 ④ 기어 플래닝

> **TIP** 창성법
> 인벌류트 곡선을 그리는 원리를 응용한 이의 절삭 방법이며, 가장 널리 사용된다.
>
> • 종류
>   - 래크 커터에 의한 방법 : 마그식 기어 셰이퍼
>   - 피니언 커터에 의한 방법 : 펠로우즈식 기어 셰이퍼
>   - 호브에 의한 방법 : 호빙 머신

23 밀링머신의 부속장치로 가공물로 필요한 각도로 등분할 수 있는 장치는?

① 슬로팅 장치 ② 래크밀링 장치
③ 분할대 ④ 아버

> **TIP** 밀링 머신의 부속장치
> • 아버 : 밀링커터는 주축단에 직접 압입하거나, 또는 주축단에 고정되어 있는 아버 어댑터, 콜릿 등을 이용하여 설치한다.
> • 밀링 바이스 : 밀링 바이스는 테이블 위에 있는 홈을 이용하여 간단한 가공물을 고정할 수 있다.
> • 회전테이블 장치 : 가공물에 회전운동이 필요할 때는 회전테이블장치가 사용된다.
> • 분할대 : 분할대는 밀링머신의 테이블상에 설치하고 공작물의 각도 분할에 주로 사용한다. 가공은 분할대의 주입과 삼압대 사이에 센터로 지지하는 방법과 주축의 축으로 고정하는 방법이 있다.
> • 수직축장치 : 수직축장치는 수평식 밀링머신의 컬럼상의 주축부에 고정하고, 주축에서 기어로 회전이 전달되며, 수직축의 회전수와 밀링머신의 주축의 회전수와 같다.
> • 슬로팅 장치 : 슬로팅 절삭 장치는 니이형 머신의 컬럼면에 설치하여 사용한다. 이 장치를 사용하면 밀링머신의 주축의 회전운동을 공구대의 램의 직선왕복운동으로 변화시켜 바이트로 밀링머신에서 선 운동 절삭가공 할 수 있다.
> • 랙절삭장치 : 만능식 밀링 머신에 사용되며 컬럼면에 고정되고, 주축 두에는 밀링 머신의 주축에 의하여 회전이 전달된다.

24 원통 외경연삭의 이송방식에 해당하지 않는 것은?

① 플랜지 컷 방식 ② 테이블 왕복식
③ 유성형 방식 ④ 연삭 숫돌대 방식

25 절삭공구가 회전운동을 하며 절삭하는 공작기계는?

① 선반 ② 셰이퍼
③ 밀링머신 ④ 브로칭머신

26 이론적으로 정확한 치수를 나타낼 때 사용하는 기호로 옳은 것은?

① t ② ( )
③ ▭ ④ △

27 도면의 척도가 "1 : 2"로 도시되었을 때 척도의 종류는?

① 배척 ② 축척
③ 현척 ④ 비례척이 아님

28 도면 제작과정에서 다음과 같은 선들이 같은 장소에 겹치는 경우 가장 우선시 하여 나타내야 하는 것은?

① 절단선 ② 중심선
③ 숨은선 ④ 치수선

TIP: 기호, 문자, 숫자 – 외형선 – 숨은선 – 절단선 – 중심선 – 무게 중심선 – 치수 보조선

29 다음 등각투상도에서 화살표 방향을 정면도로 할 경우 평면도로 가장 옳은 것은?

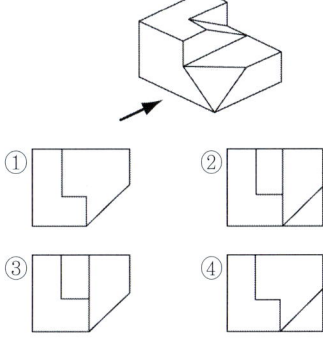

30 가공 결과 그림과 같은 줄무늬가 나타났을 때 표면의 결 도시기호로 옳은 것은?

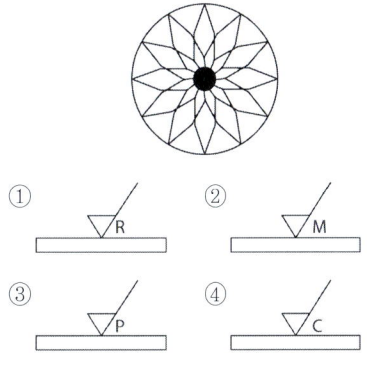

TIP:
=	가공에 의한 가공커터방향이 투상면에 평행
⊥	투상면에 직각
X	투상면에 경사지고 두 방향으로 교차
M	코일모양의 여러 방향으로 교차, 무방향
C	면중심의 대략 동심원 모양
R	대략 레이디얼 모양

22 ③ 23 ③ 24 ③ 25 ③ 26 ③ 27 ② 28 ③ 29 ② 30 ①

31 제3각법에서 정면도 아래에 배치하는 투상도를 무엇이라 하는가?

① 평면도 ② 좌측면도
③ 배면도 ④ 저면도

32 가는 1점 쇄선으로 표시하지 않는 선은?

① 가상선 ② 중심선
③ 기준선 ④ 피치선

33 "가"부분에 나타낼 보조 투상도를 가장 적절하게 나타낸 것은?

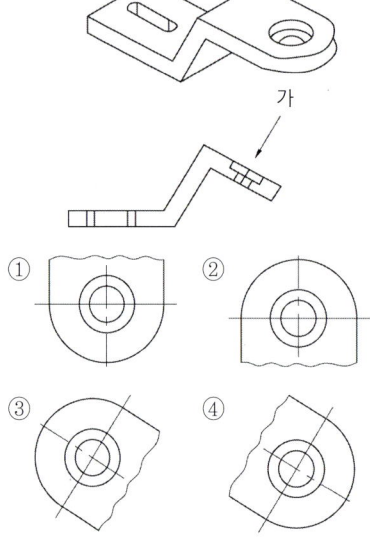

34 우리나라의 도면에 사용되는 길이 치수의 기본적인 단위는?

① mm ② cm
③ m   ④ inch

35 그림과 같이 표면의 결 지시기호에서 각 항목에 대한 설명이 틀린 것은?

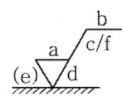

① a : 거칠기 값
② c : 가공 여유
③ d : 표면의 줄무늬 방향
④ f : R_a가 아닌 다른 거칠기 값

TIP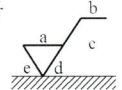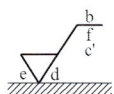

- a : 중심선 평균거칠기의 값
- b : 가공방법
- c : 커트 오프 값
- d : 줄무늬방향의 기호
- e : 다듬질 여유
- f : 중심선 평균거칠기 이외의 표면거칠기의 값
- C : 기준길이

36 상하 또는 좌우 대칭인 물체에 1/4을 절단하여 기본 중심선을 경계로 1/2은 외부모양, 다른 1/2은 내부모양으로 나타내는 단면도는?

① 전 단면도　② 한쪽 단면도
③ 부분 단면도　④ 회전 단면도

37 재료 기호가 "STS 11"로 명기되었을 때 이 재료의 명칭은?

① 합금 공구강 강재
② 탄소 공구강 강재
③ 스프링 강재
④ 탄소 주강품

38 다음 기호 공차 중 모양 공차에 속하지 않는 것은?

39 구멍의 최소 치수가 축의 최대 치수보다 큰 경우로 항상 틈새가 생기는 상태를 말하며, 미끄럼 운동이나 회전운동이 필요한 부품에 적용하는 끼워 맞춤은?

① 억지 끼워 맞춤
② 중간 끼워 맞춤
③ 헐거운 끼워 맞춤
④ 조립 끼워 맞춤

40 그림의 "b"부분에 들어갈 기하 공차 기호로 가장 옳은 것은?

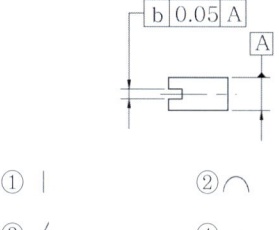

① |　② ⌒
③ /　④ =

41 다음 중 국가별 표준규격 기호가 잘못 표기된 것은?

① 영국 - BS　② 독일 - DIN
③ 프랑스 - ANSI　④ 스위스 - SNV

42 제3각법으로 표시된 다음 정면도와 우측면도에 가장 적합한 평면도는?

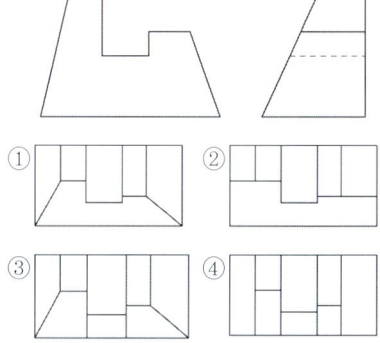

31 ④　32 ①　33 ④　34 ①　35 ②　36 ②　37 ①　38 ③　39 ③　40 ④　41 ③　42 ①

43 단면을 나타내는 데에 대한 설명으로 옳지 않은 것은?

① 동일한 부품의 단면은 떨어져 있어도 해칭의 각도와 간격을 동일하게 나타낸다.
② 두께가 얇은 부분의 단면도는 실제치수와 관계없이 한 개의 굵은 실선으로 도시할 수 있다.
③ 단면은 필요에 따라 해칭하지 않고 스머징으로 표현할 수 있다.
④ 해칭선은 어떠한 경우에도 중단하지 않고 연결하여 나타내야 한다.

> TIP: 해칭은 문자나 기호를 만나면 중단한 후 다시 그려진다. 문자나 기호 등과 겹치지 않도록 한다.

44 각도의 허용제한치수 기입방법으로 틀린 것은?

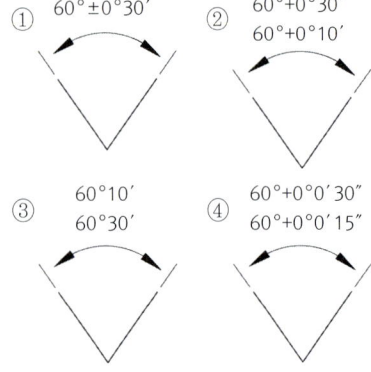

45 아래와 같은 구멍과 축의 끼워 맞춤에서 최대 죔새는?

- 구멍 : 20H7 = $20^{+0.021}_{0}$
- 축 : 20p6 = $20^{+0.035}_{+0.022}$

① 0.035   ② 0.021
③ 0.014   ④ 0.001

> TIP: 최대 죔새 = 축의 최대허용한계치수 − 구멍의 최소 허용한계치수

46 기어의 잇수는 31개, 피치원지름은 62mm인 표준 스퍼기어의 모듈은 얼마인가?

① 1   ② 2
③ 4   ④ 8

47 배관 작업에서 관과 관을 이을 때 이음 방식이 아닌 것은?

① 나사 이음   ② 플랜지 이음
③ 용접 이음   ④ 클러치 이음

48 다음 중 스프로킷 휠의 도시방법으로 틀린 것은? (단, 축방향에서 본 경우를 기준으로 한다.)

① 항목표에는 톱니의 특성을 나타내는 사항을 기입한다.
② 바깥지름은 굵은 실선으로 그린다.
③ 피치원은 가는 2점 쇄선으로 그린다.
④ 이뿌리원은 나타내는 선은 생략 가능하다.

TIP 피치원은 가는 일점쇄선으로 그린다.

49 나사 표기가 다음과 같이 나타날 때 설명으로 틀린 것은?

Tr40×14(P7)LH

① 호칭지름은 40mm이다.
② 피치는 14mm이다.
③ 왼 나사이다.
④ 미터 사다리꼴 나사이다.

TIP 14 : 리드의 길이

50 구름 베어링 호칭 번호 "6203 ZZ P6"의 설명 중 틀린 것은?

① 62 : 베어링 계열 번호
② 03 : 안지름 번호
③ ZZ : 실드 기호
④ P6 : 내부 틈새 기호

TIP P6 : 등급

51 그림과 같이 가장자리(edge) 용접을 했을 때 용접 기호로 옳은 것은?

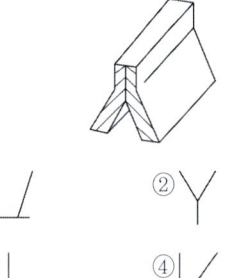

① \/   ② Y
③ ||| ④ V

52 6각 구멍붙이 볼트 M50×2-6g에 6g가 나타내는 것은?

① 다듬질 정도   ② 나사의 호칭지름
③ 나사의 등급   ④ 강도 구분

TIP 5g : 수나사의 등급

53 동력을 전달하거나 작용 하중을 지지하는 기능을 하는 기계요소는?

① 스프링   ② 축
③ 키   ④ 리벳

54 웜의 제도 시 피치원 도시방법으로 옳은 것은?

① 가는 1점 쇄선으로 도시한다.
② 가는 파선으로 도시한다.
③ 굵은 실선으로 도시한다.
④ 굵은 1점 쇄선으로 도시한다.

43 ④ 44 ③ 45 ① 46 ② 47 ④ 48 ③ 49 ② 50 ④ 51 ③ 52 ③ 53 ② 54 ①

55 다음 중 키의 호칭 방법을 옳게 나타낸 것은?

① (종류 또는 기호) (표준번호 또는 키 명칭) (호칭치수×길이)
② (표준번호 또는 키 명칭) (종류 또는 기호) (호칭치수×길이)
③ (종류 또는 기호) (표준번호 또는 키 명칭) (길이)×(호칭치수)
④ (표준번호 또는 키 명칭) (종류 또는 기호) (길이)×(호칭치수)

56 압축 하중을 받는 곳에 사용되며, 주로 자동차의 현가장치, 자전거의 안장 등 충격이나 진동 완화용으로 사용되는 스프링은?

① 압축 코일 스프링
② 판 스프링
③ 인장 코일 스프링
④ 비틀림 코일 스프링

57 CAD 시스템에서 기하학적 데이터의 변환에 속하지 않는 것은?

① 이동(translation)
② 회전(rotation)
③ 스케일링(scaling)
④ 리드로잉(redrawing)

58 CAD 시스템에서 출력장치가 아닌 것은?

① 디스플레이(CRT)
② 스캐너
③ 프린터
④ 플로터

59 CPU(중앙처리장치)의 주요 기능으로 거리가 먼 것은?

① 제어 기능
② 연산 기능
③ 대화 기능
④ 기억 기능

60 정육면체, 실린더 등 기본적인 단순한 입체의 조합으로 복잡한 형상을 표현하는 방법은?

① R-rep 모델링
② CSG 모델링
③ Parametric 모델링
④ 분해 모델링

55 ② 56 ① 57 ④ 58 ② 59 ③ 60 ②

06 과년도 기출문제

2016년 1월 24일

01 Cu와 Pb 합금으로 항공기 및 자동차의 베어링 메탈로 사용되는 것은?

① 양은(Nickel Silver)
② 켈밋(Kelmet)
③ 배빗 메탈(Babbit Metal)
④ 애드미럴티 포금 (Admiralty Gun Metal)

TIP 켈밋(kelmet)
- 켈밋 메탈(Kelmet Metal)은 미끄럼 베어링 용도로 사용하는 합금으로 열전도율이 좋아 주로 고온 고하중을 받는 베어링에 사용한다.
- 주성분인 구리(Cu)에 납(Pb) 28~42%, 니켈(Ni) 또는 은(Ag) 2% 이하, 철(Fe) 0.80% 이하로 구성된다.

02 다음 중 표면 경화법의 종류가 아닌 것은?

① 침탄법
② 질화법
③ 고주파 경화법
④ 심냉 처리법

TIP 표면경화법

동력전달장치에 축이나 기어, 클러치, 캠, 스핀들 등은 충격에 대하여 강인한 성질과 내마모성을 가지고 있어야 하고, 베어링 접촉부에는 마모를 견딜 수 있어야 한다. 강의 일정한 부분을 두께의 표면만 단단하게 하고 내부는 강인한 성질을 갖도록 열처리를 해야 하는데 이것을 표면경화라고 하며 부품의 수명을 향상시킬 목적으로 실시하는데 일반적으로 아래와 같이 화학적인 방법과 물리적인 방법의 다양한 종류가 있다.

- 화염(불꽃)경화법(선반의 베드, 미끄럼면, 공작기계 등) : 내마모성이 필요하고 고주파 담금질이 곤란한 경우, 제작 수량이 적어 고주파 경화처리가 비경제적인 경우 등에 실시한다.

- 고주파 경화법(고주파 담금질) : 고주파 전류를 이용하여 일정한 두께의 표면만을 가열한 후 급랭시키는 방법으로 기어 또는 복잡한 형상의 부품들을 필요한 부분만을 경화시킬 수 있으며, 주로 대량 생산에 널리 이용하고 있다.(기어나 스프라켓의 치면, 회전축)

01 ② 02 ④

- 침탄 담금질법 : 탄소량이 적은 강(저 탄소강 : 0.018% C 이하)으로 만든 제품의 표면에 탄소를 침투시켜 탄소량을 높이는 침탄처리를 실시한 후 담금질을 하여 표면을 경화시키는 방법이다.
- 질화법 : 강을 암모니아 가스 중에서 고온으로 장시간 가열하면 질소와 철이 화합하여 표면에 아주 단단한 질화층이 생긴다. 질화처리는 주로 내마모성, 피로강도, 내소착성, 내식성 향상을 목적으로 하며 다른 열 처리법에서는 얻을 수 없는 독특한 기계적 성질을 얻을 수 있으며 실제 현장에서도 많이 적용하고 있다. 항공기나 선박용 엔진의 실린더 표면 경화법으로 이용된다.
- 염욕질화처리
- 이온질화법
- 가스연질화처리
- 침유질화처리 등이 있다.

03 금속이 탄성한계를 초과한 힘을 받고도 파괴되지 않고 늘어나서 소성변형이 되는 성질은?

① 연성 ② 취성
③ 경도 ④ 강도

> **TIP** 소성가공
> 재료에 탄성한계를 넘어서 외력을 가하면, 외력을 제거해도 변형이 지속되는 성질
> 가소성
> 소성변형을 일으키는 성질

04 주철의 특성에 대한 설명으로 틀린 것은?

① 주조성이 우수하다.
② 내마모성이 우수하다.
③ 강보다 인성이 크다.
④ 인장강도보다 압축강도가 크다.

> **TIP** 주철의 성질
> 주철의 성질은 탄소량 또는 같은 탄소량이라 하더라도 그때의 성분, 용해 조건 등에 따라 달라질 수 있으나 일반적인 주철의 성질은 다음과 같다.
> - 주조성이 우수하며 크고 복잡한 물체의 제작이 가능하다.
> - 금속재료 중에서 단위 무게당의 가격이 제일 저렴한 편이다.
> - 주물의 표면이 단단하며, 녹이 슬지 않고 칠이 잘 된다.
> - 마찰 저항이 우수하고 절삭 가공이 쉽다.
> - 인장 강도, 굽힘 강도, 충격값은 작으나 압축강도는 크다.

05 접착제, 껌, 전기 절연재료에 이용되는 플라스틱 종류는?

① 폴리초산비닐계 ② 셀룰로오스계
③ 아크릴계 ④ 불소계

> **TIP** 초산비닐수지
> 초산비닐수지는 초산비닐모노머를 중합하여 만들어지는 열가소성 수지이다.

06 주조용 알루미늄 합금이 아닌 것은?

① Al-Cu계
② Al-Si계
③ Al-Zn-Mg계
④ Al-Cu-Si계

> **TIP** 주조용 알루미늄합금
> - 라우탈(Al-Cu계) : 기계적 성질 및 주조성이 뛰어나다. 분배관, 밸브, 기타 일반용
> - 실루민(Al-Si계) : 주조성이 양호하고 두께가 얇은 주물용
> - 감마실루민(Al-Si-Mg계) : 기계적 성질, 주조성이 양호하며 자동차, 선박, 항공기 부품용
> - Y합금(Al-Cu-Ni-Mg계) : 주조성은 떨어지나 내열성이 우수하다. 피스톤, 실린더 헤드용
> - 히드로날륨(Al-Mg계) : 내식성이 양호하여 화학공업, 선박용으로 사용
> - 로엑스(Al-Si-Cu-Ni-Mg계) : 내열성이 양호하며 피스톤용으로 사용

07 주철의 결점인 여리고 약한 인성을 개선하기 위하여 먼저 백주철의 주물을 만들고, 이것을 장시간 열처리하여 탄소의 상태를 분해 또는 소실시켜 인성 또는 연성을 증가시킨 주철은?

① 보통주철
② 합금주철
③ 고급주철
④ 가단주철

> **TIP** 가단주철을 만들기 위해서는 먼저 백선화 과정이 필요하다. 백선화란 주철에 포함된 탄소가 흑연 전단계인 시멘타이트(Fe_3C)까지 분해되는 것으로, 여기에 약 900℃의 열을 가해 시멘타이트를 분해시킨다. 또한 추가로 발생하는 탄소는 산화를 통해 제거해 순수한 철로만 이뤄지는 부분을 만듦으로써 주철에 가단성을 부여하는 것이다. 이때 열처리 방법으로는 탈탄열처리와 흑연화 열처리, 2가지 방법이 있다. 이 방법에 따라 가단주철은 백심(白心)가단주철, 흑심(黑心)가단주철, 특수기지가단주철 등으로 나뉘게 된다.

08 인장시험에서 시험편의 절단부 단면적이 14mm²이고, 시험 전 시험편의 초기단면적이 20mm²일 때 단면수축률은?

① 70%
② 80%
③ 30%
④ 20%

> **TIP** 단면수축률 $= \dfrac{A - A'}{A} \times 100$
> $= \dfrac{20 - 14}{20} \times 100$
> $= 30\%$

03 ① 04 ③ 05 ① 06 ③ 07 ④ 08 ③

09 나사가 축을 중심으로 한 바퀴 회전할 때 축 방향으로 이동한 거리는?

① 피치 ② 리드
③ 리드각 ④ 백래쉬

> TIP $l = n \times p$
> (여기서, l : 리드, n : 줄수, p : 피치)

10 축의 원주에 많은 키를 깎은 것으로 큰 토크를 전달시킬 수 있고, 내구력이 크며 보스와의 중심축을 정확하게 맞출 수 있는 것은?

① 성크 키 ② 반달 키
③ 접선 키 ④ 스플라인

11 교차하는 두 축의 운동을 전달하기 위하여 원추형으로 만든 기어는?

① 스퍼기어 ② 헬리컬 기어
③ 웜 기어 ④ 베벨 기어

12 다음 중 전동용 기계요소에 해당하는 것은?

① 볼트와 너트 ② 리벳
③ 체인 ④ 핀

> TIP 체결용 요소
> 볼트와 너트, 리벳, 핀 등
> 전동용 요소
> 스프로킷, 체인, v 벨트, 기어 등

13 롤러 체인에 대한 설명으로 잘못된 것은?

① 롤러 링크와 판 링크를 서로 교대로 하여 연속적으로 연결한 것을 말한다.
② 링크의 수가 짝수이면 간단히 결합되지만, 홀수이면 오프셋 링크를 사용하여 연결한다.
③ 조립 시에는 체인에 초기장력을 가하여 스프로킷 휠과 조립한다.
④ 체인의 링크를 잇는 판과 핀 사이의 거리를 피치라고 한다.

14 나사의 피치와 리드가 같다면 몇 줄 나사에 해당이 되는가?

① 1줄 나사 ② 2줄 나사
③ 3줄 나사 ④ 4줄 나사

> TIP $l = n \times p$
> (여기서, l : 리드, n : 줄수, p : 피치)
> 피치와 리드가 같다면 1줄 나사이다.

15 압축코일스프링에서 코일의 평균지름이 50mm, 감김 수가 10회, 스프링 지수가 5일 때, 스프링 재료의 지름은 약 몇 mm인가?

① 5 ② 10
③ 15 ④ 20

> TIP $c = \dfrac{D}{d}$
> $d = \dfrac{D}{c} = \dfrac{50}{5} = 10\text{mm}$

16 초경합금의 주요 성분으로 거리가 먼 것은?

① 황 　　　② 니켈
③ 코발트　　④ 텅스텐

TIP 초경합금의 제조법
- W(텅스텐)을 탄소분말과 혼합하여 전기로에서 1500~2000℃에서 환원분위기로 열을 가하여 WC(Tungsten Carbide)를 만든다.
- WC에 CO(코발트) 및 재종에 따라 TaC(Tantalum Carbide), TiC(Titanium Carbide) 등을 넣고 혼합(Mixing)한 후 필요한 형상을 금형에 넣고 Press하여 1,300~1,600℃에서 소결한다.
- 실용상 중요한 것은 WC Co계, WC TiC TaC Co계, WC TiC Co계의 3종이 있다.

17 금속선의 전극을 이용하여 NC로 필요한 형상을 가공하는 방법은?

① 전주 가공
② 레이저 가공
③ 전자 빔 가공
④ 와이어 컷팅 방전가공

TIP 와이어 컷팅 방전가공의 원리
- NC와이어 컷팅 방전가공은 와이어(Wire)지름 0.02~0.3mm의 가는 금속전극과 NC제어로 테이블을 이송시켜 소정의 형상으로 이동하면서 실톱작업과 같은 2차원 형상절단을 하는 방전가공 장치로 NC와 컴퓨터를 응용하여 CNC, DNC 등으로 무인운전이 되는 것이다.
- 불꽃방전현상으로 금속을 용융 가공하는 원리는 방전가공기와 같지만 전극을 선(Wire)으로 이동하여 가공하므로 총형 전극이 필요 없이 복잡한 형상의 관통가공이 된다.

18 이동 방진구의 조(Jaw)는 몇 개인가?

① 5개　　　② 4개
③ 3개　　　④ 2개

19 연한 숫돌에 적은 압력으로 가압하면서 가공물에 회전운동과 이송을 주며, 숫돌을 다듬질할 면에 따라 매우 작고 빠른 진동을 주는 가공법은?

① 래핑　　　② 배럴
③ 액체호닝　④ 슈퍼 피니싱

TIP 슈퍼 피니싱(Supper Finishing)은 가공물 표면에 미세하고 비교적 연한 숫돌을 비교적 낮은 압력으로 접촉시키면서 진동을 주는 고정밀가공으로, 고정도의 표면을 얻는 것이 주목적이며, 다듬질면은 평활하고 방향성이 없다. 일반적으로 슈퍼 피니싱을 하는 일감은 전가공에서 연삭, 리밍, 정밀 선삭, 정밀 보일 등의 정밀 다듬질한 것을 사용한다.

09 ② 　10 ④ 　11 ④ 　12 ③ 　13 ③ 　14 ① 　15 ② 　16 ① 　17 ④ 　18 ④ 　19 ④

20 작업대 위에 설치하여 사용하는 소형의 드릴링 머신은?

① 다축 드릴링 머신
② 직립 드릴링 머신
③ 탁상 드릴링 머신
④ 레이디얼 드릴링 머신

21 브로칭 머신의 크기는 어떻게 표시하는가?

① 가공 최대높이
② 브로칭의 최대폭
③ 브로칭의 최대길이
④ 최대인장력, 최대행정길이

> TIP 브로칭 머신의 크기는 최대 인장 응력과 행정으로서 표시한다.

22 선반의 이송단위 중에서 1회전당 이송량의 단위는?

① mm/s
② mm/rev
③ mm/min
④ mm/stroke

> TIP 회전당 이송을 사용하며 단위로서는 mm/rev를 사용한다.

23 밀링 분할법의 종류에 해당되지 않는 것은?

① 단식 분할법
② 미분 분할법
③ 직접 분할법
④ 차동 분할법

> TIP 직접분할, 단식분할, 차동분할

24 연삭숫돌의 결합제 표시기호와 그 내용이 틀린 것은?

① B : 비닐
② R : 고무
③ S : 실리케이트
④ V : 비트리파이드

> TIP
> • V : 비트리파이드 숫돌
> • S : 실리케이트 숫돌
> • B : 레지노이드 숫돌
> • R : 러버 숫돌
> • E : 셀락 숫돌
> • M : 메탈 본드 숫돌
> • Mg : 마그네시아 법 또는 옥시클로라이드 법

25 지름 120mm, 길이 340mm인 탄소강 둥근 막대를 초경합금 바이트를 사용하여 절삭속도 150m/min으로 절삭하고자 할 때 회전수는 약 몇 rpm인가?

① 398
② 498
③ 598
④ 698

> TIP $n = \dfrac{1000v}{\pi d} = \dfrac{1000 \times 150}{3.14 \times 120}$
> $= 398\text{rpm}$

26 왼쪽 입체도 형상을 오른쪽과 같이 도시할 때 표제란에 기입해야 할 각법 기호로 옳은 것은?

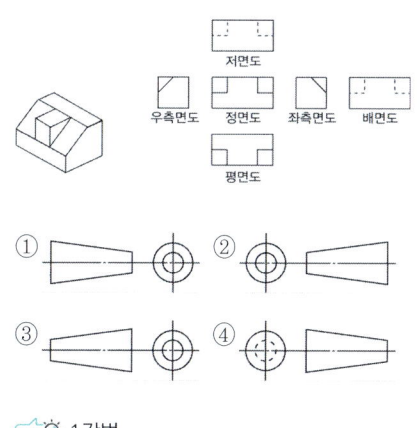

TIP 1각법

27 구멍의 치수가 $\phi 30^{+0.025}_{0}$, 축의 치수가 $\phi 30^{+0.020}_{+0.005}$ 일 때 최대 죔새는 얼마인가?

① 0.030　　② 0.025
③ 0.020　　④ 0.005

TIP 최대 죔새
= 축의 최대 허용치수
　- 구멍의 최소 허용치수
= 축의 위 치수 허용차
　- 구멍의 아래치수 허용차

28 어떤 물체를 제3각법으로 다음과 같이 투상했을 때 평면도로 옳은 것은?

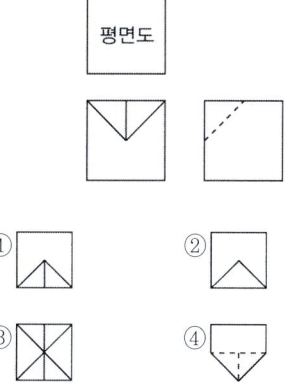

29 표면거칠기 지시 기호의 기입 위치가 잘못된 것은?

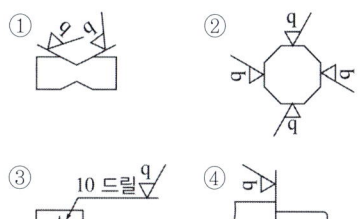

30 가공 과정에서 줄무늬가 다음과 같이 나타날 때 표면의 줄무늬 방향 지시기호(*)로 옳은 것은?

① =   ② M
③ C   ④ R

TIP ① = : 평행
   ② M : 교차 또는 무방향
   ④ R : 레이디얼 방향

31 기계제도에서 사용하는 선에 대한 설명 중 틀린 것은?

① 숨은선, 외형선, 중심선이 한 장소에 겹칠 경우 그 선은 외형선으로 표시한다.
② 지시선은 가는 실선으로 표시한다.
③ 무게 중심선은 굵은 1점 쇄선으로 표시한다.
④ 대상물을 보이는 부분의 모양을 표시할 때는 굵은 실선을 사용한다.

TIP 무게 중심선 : 가는 2점 쇄선

32 도면 작성 시 가는 2점 쇄선을 사용하는 용도로 틀린 것은?

① 인접한 다른 부품을 참고로 나타낼 때
② 길이가 긴 물체의 생략된 부분의 경계선을 나타낼 때
③ 축 제도 시 키 홈 가공에 사용되는 공구의 모양을 나타낼 때
④ 가공 전 또는 후의 모양을 나타낼 때

TIP 가상선
• 인접한 다른 부품을 참고로 나타낼 때
• 축 제도에서 키 홈 가공에 사용된 공구의 모양을 나타낼 때
• 가공 전후 모양을 나타낼 때 사용

33 다음 중 공차의 종류와 기호가 잘못 연결된 것은?

① 진원도 공차 - ◯
② 경사도 공차 - ∠
③ 직각도 공차 - ⊥
④ 대칭도 공차 - ◎

34 그림에서 나타난 치수선은 어떤 치수를 나타내는가?

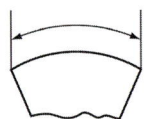

① 변의 길이   ② 호의 길이
③ 현의 길이   ④ 각도

35 치수의 배치방법 중 개별 치수들을 하나의 열로서 기입하는 방법으로 일반 공차가 차례로 누적되어도 문제 없는 경우에 사용하는 치수 배치방법은?

① 직렬 치수 기입법
② 병렬 치수 기입법
③ 누진 치수 기입법
④ 좌표 치수 기입법

36 투상도의 선택방법에 관한 설명으로 옳지 않은 것은?

① 대상물의 양 및 기능을 가장 명확하게 표시하는 면을 주투상도로 한다.
② 조립도 등 주로 기능을 표시하는 도면에서는 대상물을 사용하는 상태로 투상도를 그린다.
③ 특별한 이유가 없는 경우는 대상물을 가로길이로 놓은 상태로 그린다.
④ 대상물의 명확한 이해를 위해 주투상도를 보충하는 다른 투상도를 되도록 많이 그린다.

37 제도의 목적을 달성하기 위하여 도면이 구비하여야 할 기본 요건이 아닌 것은?

① 면의 표면거칠기, 재료선택, 가공방법 등의 정도
② 도면 작성방법에 있어서 설계 임의의 창의성
③ 무역 및 기술의 국제 교류를 위한 국제적 통용성
④ 대상물의 도형, 크기, 모양, 자세, 위치의 정보

TIP 제도는 창의성과는 관계가 없다.

38 다음 투상도에서 A-A와 같이 단면했을 때 가장 올바르게 나타낸 단면도는?

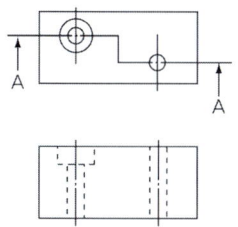

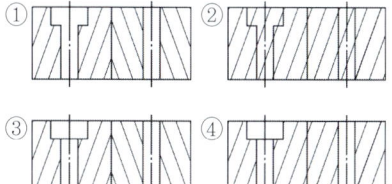

39 단면을 나타내는 방법에 대한 설명으로 옳지 않은 것은?

① 단면임을 나타내기 위해 사용하는 해칭선은 동일 부분의 단면인 경우 같은 방법으로 도시되어야 한다.
② 해칭 부위가 넓은 경우 해칭을 할 범위의 외형 부분에 해칭을 제한할 수 있다.
③ 경우에 따라 단면 범위를 매우 굵은 실선으로 강조할 수 있다.
④ 인접하는 얇은 부분의 단면을 나타낼 때는 0.7mm 이상의 간격을 가진 완전한 검은색으로 도시할 수 있다. 단, 이 경우 실제 기하학적 형상을 나타내어야 한다.

TIP 실제의 형상이 아닌 굵은 실선으로 단선 도시 할 수 있다.

40 다음 중 재료기호의 명칭이 틀린 것은?

① SM20C : 회주철품
② SF340A : 탄소강 단강품
③ SPPS420 : 압력배관용 탄소강관
④ PW-1 : 피아노선

TIP SM20C : 기계구조용 탄소강

41 도면의 촬영, 복사 및 도면 접기의 편의를 위한 중심마크의 선 굵기는 몇 mm인가?

① 0.1mm ② 0.3mm
③ 0.7mm ④ 1.0mm

TIP • CAD – 1 : 2.5 : 5
   • 제도 – 1 : 2 : 4

42 최대 허용치수가 구멍 50.025mm, 축 49.975mm이며 최소 허용치수가 구멍 50.000mm, 축 49.950mm일 때 끼워 맞춤의 종류는?

① 헐거운 끼워 맞춤
② 중간 끼워 맞춤
③ 억지 끼워 맞춤
④ 상용 끼워 맞춤

TIP 구멍이 큰 경우 : 헐거운 끼워 맞춤

43 치수선에서 치수의 끝을 의미하는 기호로 단일 기호와 기점 기호를 사용하는데 다음 중 단일 기호에 속하지 않는 것은?

①
②
③
④

44
그림에서 ㉮부와 ㉯부에 두 개의 베어링을 같은 축선에 조립하고자 한다. 이 때 ㉮부의 데이텀을 기준으로 ㉯부 기하공차를 적용하고자 할 때 올바른 기하공차 기호는?

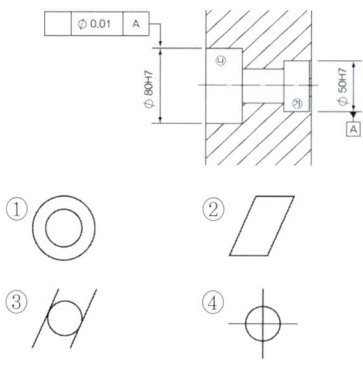

① ② ③ ④

💡TIP 동심도 또는 동축도

45
다음과 같이 제3각법으로 그린 정투상도를 등각투상도로 바르게 표현한 것은?

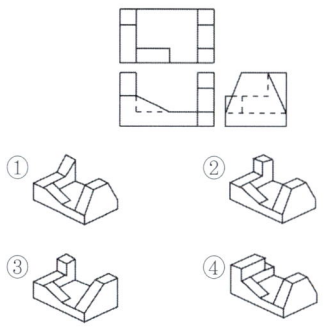

46
스프링의 제도에 관한 설명으로 틀린 것은?

① 코일 스프링은 일반적으로 하중이 걸리지 않는 상태로 그린다.
② 코일 스프링에서 특별한 단서가 없으면 오른쪽을 감은 스프링을 의미한다.
③ 코일 스프링에서 양 끝을 제외한 동일 모양 부분의 일부를 생략할 때는 생략하는 부분의 선 지름의 중심선을 가는 1점 쇄선으로 나타낸다.
④ 스프링의 종류와 모양만을 간략도로 나타내는 경우에는 스프링 재료의 중심선만을 가는 실선으로 그린다.

💡TIP 일반적으로 간략도로 표시하고, 필요사항은 요목표에

- 무하중인 상태로 기입 원칙, 걸릴 때는 치수와 하중 기입
- 보통 오른쪽감기, 왼쪽감기는 요목표에 기입한다.
- 코일부분 도시는 가는 2점 쇄선과 중심선으로 표시
- 간략도 도시는 중심선만을 굵은 실선

39 ④ 40 ① 41 ③ 42 ① 43 ④ 44 ① 45 ② 46 ④

47 나사 제도에 관한 설명으로 틀린 것은?

① 측면에서 본 그림 및 단면도에서 나사산의 봉우리는 굵은 실선으로, 골 밑은 가는 실선을 그린다.

② 나사의 끝면에서 본 그림에서 나사의 골 밑은 가는 실선으로 그린 원주의 3/4에 가까운 원의 일부로 나타낸다.

③ 숨겨진 나사를 표시할 때는 나사산의 봉우리는 굵은 파선, 골 밑은 가는 파선으로 그린다.

④ 나사부의 길이 경계는 보이는 경우 굵은 실선으로 나타낸다.

> **TIP** 나사를 간단하게 그릴 때에는 다음과 같이 한다.
>
> - 정면도에서 수나사의 바깥지름과 암나사의 골지름은 굵은 실선으로 그린다.
> - 정면도에서 수나사의 골지름과 암나사의 바깥지름은 가는 실선으로 그린다.
> - 측면도에서 수나사의 바깥지름과 암나사의 골지름은 굵은 실선의 원으로 그린다.
> - 측면도에서 수나사의 골지름과 암나사의 바깥지름은 가는 실선을 사용하여 3/4원으로 그린다.
> - 정면도에서 완전나사부(Complete Thread)와 불완전나사부의 경계선은 굵은 실선으로 그린다.
> - 정면도에서 나사가 끝나는 부분의 불완전나사부는 가는 실선을 사용하여 축선(Axis)에 대하여 30°로 그린다. 바깥지름이 6mm 이하인 나사에서는 불완전나사부를 그리지 않아도 된다.
> - 측면도에서 모떼기부를 나타내는 원은 그리지 않는다. 바깥지름이 6mm 이하인 나사는 정면도에서 모떼기부를 생략해도 된다.
> - 바깥지름과 골지름 사이의 간격, 즉 나사산 높이는 나사의 접촉 높이, 굵은 선 굵기의 2배, 0.7mm 중 가장 큰 값으로 한다. 예를 들어, 나사의 접촉 높이가 0.812mm이고 도면에서 굵은 선의 굵기를 0.5mm로 하였다면, 나사산의 높이는 0.7mm, 0.812mm, 1mm 중 가장 큰 값인 1mm로 그린다. 그러나 바깥지름이 6mm 이하인 나사에서는 이 규정에 구애됨이 없이 적당하게 그리는 것이 좋다.
> - 암나사의 멈춤 구멍 깊이(Drill Depth)는 특별히 지정하지 않을 때에는 나사 깊이(Thread Depth)의 1.25배 정도로 그린다.
> - 수나사와 암나사가 결합된 상태에서는 수나사를 우선으로 그린다.

48 스프로킷 휠의 도시 방법에 대한 설명으로 틀린 것은?

① 축 방향으로 볼 때 바깥지름은 굵은 실선으로 그린다.

② 축 방향으로 볼 때 피치원은 가는 1점 쇄선으로 그린다.

③ 축 방향으로 볼 때 이뿌리원은 가는 2점 쇄선을 그린다.

④ 축에 직각인 방향에서 본 그림을 단면으로 도시할 때에는 이뿌리의 선은 굵은 실선으로 그린다.

> **TIP**
> - 이끝원(이봉우리원) : 굵은 실선
> - 피치원 : 가는 1점 쇄선
> - 이뿌리원(이골원) : 가는실선, 정면도에서 단면 시 : 굵은 실선

49 그림과 같은 용접부의 용접 지시기호로 옳은 것은?

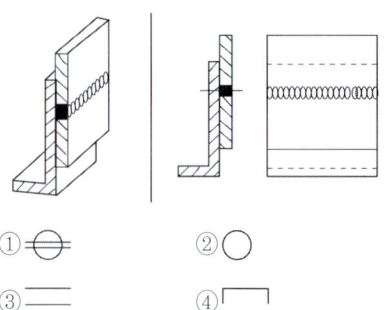

① ⊖ ② ○
③ = ④ ⊓

TIP ① 심용접
② 점용접
④ 플러그용접

50 구름베어링의 호칭이 "6023 ZZ"인 베어링의 안지름은 몇 mm인가?

① 3 ② 15
③ 17 ④ 30

51 다음은 어떤 밸브에 대한 도시 기호인가?

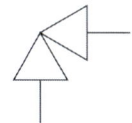

① 크로블 밸브 ② 앵글 밸브
③ 체크 밸브   ④ 게이트 밸브

52 축의 도시방법에 대한 설명 중 잘못된 것은?

① 모떼기는 길이 치수와 각도로 나타낼 수 있다.
② 축은 주로 길이방향으로 단면도시를 한다.
③ 긴 축은 중간을 파단하여 짧게 그릴 수 있다.
④ 45° 모떼기의 경우 C로 그 의미를 나타낼 수 있다.

TIP 축은 길이 방향으로 단면하지 않고 부분단면만 가능하다.

53 일반적으로 키의 호칭방법에 포함되지 않는 것은?

① 키의 종류   ② 길이
③ 인장 강도   ④ 호칭 치수

TIP 종류, 호칭 치수(나비×높이×길이), 끝모양, 재료

54 나사 표시 기호 중 틀린 것은?

① M : 미터 가는 나사
② R : 관용 테이퍼 암나사
③ E : 전구 나사
④ G : 관용 평행 나사

TIP • R : 테이퍼 수나사
• Rc : 테이퍼 암나사
• Rp : 평행 암나사

55 스퍼기어 제도 시 축 방향에서 본 그림에서 이골원은 어느 선으로 나타내는가?

① 가는 실선　② 가는 파선
③ 가는 1점 쇄선　④ 가는 2점 쇄선

56 모듈이 2, 잇수가 30인 표준 스퍼기어의 이끝원의 지름은 몇 mm인가?

① 56　② 60
③ 64　④ 68

57 CAD시스템에서 원점이 아닌 주어진 시작점을 기준으로 하여 그 점과의 거리로 좌표를 나타내는 방식은?

① 절대좌표방식　② 상대좌표방식
③ 직교좌표방식　④ 극좌표방식

58 CAD 작업 시 모델링에 관한 설명 중 틀린 것은?

① 3차원 모델링에는 와이어프레임, 서피스, 솔리드 모델링이 있다.
② 자동적인 체적 계산을 위해서는 솔리드 모델링보다는 서피스 모델링을 사용하는 것이 좋다.
③ 솔리드 모델링은 와이어 프레임, 서피스 모델링에 비해 높은 데이터 처리 능력이 필요하다.
④ 와이어 프레임 모델링의 경우 디스플레이된 방향에 따라 여러 가지 다른 해석이 나올 수 있다.

59 다음 중 CAD 시스템의 출력장치가 아닌 것은?

① Plotter　② Printer
③ Keyboard　④ TFT-LCD

60 컴퓨터에서 CPU와 주기억장치 간의 데이터 접근 속도 차이를 극복하기 위해 사용하는 고속의 기억장치는?

① Cache Memory
② Associative Memory
③ Destructive Memory
④ Nonvolatile Memory

55 ①　56 ③　57 ②　58 ②　59 ③　60 ①

06 과년도 기출문제

2016년 4월 2일

01 강재의 크기에 따라 표면이 급랭되어 경화하기 쉬우나 중심부에 갈수록 냉각속도가 늦어져 경화량이 적어지는 현상은?

① 경화능 ② 잔류응력
③ 질량효과 ④ 노치효과

TIP 질량효과

강의 표면은 가열이 빠르고 냉각액에 직접 접촉되어 냉각이 빨라 경도(담금질)가 증가 하나 내부는 담금질이 잘 되지 않아 경도가 낮다. 또한 같은 재료를 같은 조건에서 담금질하여 직경이 큰 것과 작은 것을 비교하면 작은 것이 담금질이 더 잘 되고 경화된다.

02 다음 중 합금공구강의 KS 재료기호는?

① SKH ② SPS
③ STS ④ GC

TIP
- SKH : 고속도공구강
- SPS : 스프링강
- GC : 회주철

03 구리에 니켈 40~50% 정도를 함유하는 합금으로서 통신기, 전열선 등의 전기저항 재료로 이용되는 것은?

① 인바 ② 엘린바
③ 콘스탄탄 ④ 모넬메탈

TIP 콘스탄탄(constantan)

온도에 따른 변화가 거의 없고, 백동이라고도 한다. 45%의 니켈과 55%의 구리로 이루어진 합금으로 전기 저항률이 높아 저항기로 쓰거나, 철·구리와 짝지어 열전쌍으로 쓴다.

04 구리에 아연이 5~20% 첨가되어 전연성이 좋고 색깔이 아름다워 장식품에 많이 쓰이는 황동은?

① 포금 ② 톰백
③ 문쯔메탈 ④ 7 : 3황동

TIP

톰백	길딩 메탈	5% Zn	• 순구리와 같이 연함 • 동전, 메달용
	대표적 톰백	10% Zn	• 연성이 우수(디프 드로잉 가공) • 금색에 가깝다. • 메달, 건축용, 가구용, 장식용
	레드 브라스	15% Zn	• 연성, 내식성 우수 • 건축용, 금속 잡화, 소켓
	로 브라스	20% Zn	• 전연성 우수 • 색깔이 아름답다. • 장식용

01 ③ 02 ③ 03 ③ 04 ②

05 Fe-C 상태도에서 온도가 낮은 것부터 일어나는 순서가 옳은 것은?

① 포정점 → A_2 변태점 → 공석점 → 공정점
② 공석점 → A_2 변태점 → 공정점 → 포정점
③ 공석점 → 공정점 → A_2 변태점 → 포정점
④ 공정점 → 공석점 → A_2 변태점 → 포정점

> TIP 공석점 0.77%C 723° - A_2 자기변태점 768° - 공정점 4.3C% 1140° - 포정점 0.18%C 1490°

06 소결 초경합금 공구강을 구성하는 탄화물이 아닌 것은?

① WC   ② TiC
③ TaC   ④ TMo

> TIP WC, TiC, TaC

07 다음 중 표면을 경화시키기 위한 열처리 방법이 아닌 것은?

① 풀림   ② 침탄법
③ 질화법   ④ 고주파 경화법

> TIP 침탄법, 질화법, 고주파 경화법

08 다음 중 하중의 크기 및 방향이 주기적으로 변화하는 하중으로서 양진하중을 말하는 것은?

① 집중하중   ② 분포하중
③ 교번하중   ④ 반복하중

> TIP 집중하중
> 재료의 한 점에 집중하여 적용하는 하중
>
> 분포하중
> 재료의 어느 범위 내에 분포되어 작용하는 하중
>
> 교번하중
> 하중의 크기와 방향이 바뀌는 하중
>
> 반복하중
> 하중의 크기가 시간과 더불어 변화하는 하중으로 계속 반복되는 하중

09 다음 중 축 중심에 직각방향으로 하중이 작용하는 베어링을 말하는 것은?

① 레이디얼 베어링(radial bearing)
② 스러스트 베어링(thrust bearing)
③ 원뿔 베어링(cone bearing)
④ 피벗 베어링(pivot bearing)

> TIP 레이디얼 베어링(radial bearing)
> 축 중심에 직각방향으로 하중이 작용하는 베어링

10 리베팅이 끝난 뒤에 리벳머리의 주위 또는 강판의 가장자리를 정으로 때려 그 부분을 밀착시켜 틈을 없애는 작업은?

① 시밍 ② 코킹
③ 커플링 ④ 해머링

> 💡 **코킹(caulking)**
> 리베팅 뒤에 리벳머리의 주위 또는 강판의 가장자리를 정으로 때려 가장자리를 밀착시켜 틈을 없애는 작업
>
> **시밍(seaming)**
> 접어서 굽히거나 말아 넣거나 하여 맞붙여 있는 이음 작업
>
> **커플링(coupling)**
> 축에서 다른 축으로 회전을 전달하기 위하여 사용되는 장치
>
> **해머링(hammering)**
> 망치 등으로 정 등을 내려쳐서 충격을 주는 작업

11 모듈이 2이고, 잇수가 각각 36, 74개인 두 기어가 맞물려 있을 때 축간 거리는 약 몇 mm인가?

① 100mm ② 110mm
③ 120mm ④ 130mm

> 💡 $C = \dfrac{D_{p1} + D_{p2}}{2} = \dfrac{(2 \times 36) + (2 \times 74)}{2}$
> $= 110\text{mm}$

12 외부 이물질이 나사의 접촉면 사이의 틈새나 볼트의 구멍으로 흘러나오는 것을 방지할 필요가 있을 때 사용하는 너트는?

① 홈붙이 너트 ② 플랜지 너트
③ 슬리브 너트 ④ 캡 너트

13 다음 중 자동하중 브레이크에 속하지 않는 것은?

① 원추 브레이크 ② 웜 브레이크
③ 캠 브레이크 ④ 원심 브레이크

14 나사에서 리드(lead)의 정의를 가장 옳게 설명한 것은?

① 나사가 1회전 했을 때 축 방향으로 이동한 거리
② 나사가 1회전 했을 때 나사산상의 1점이 이동한 원주거리
③ 암나사가 2회전 했을 때 축 방향으로 이동한 거리
④ 나사가 1회전 했을 때 나사산상의 1점이 이동한 원주각

> 💡 $l = n \cdot p$

15 축에 작용하는 비틀림 토크가 2.5kN 이고, 축의 허용전단응력이 49MPa일 때 축 지름은 약 몇 mm 이상이어야 하는가?

① 24   ② 36
③ 48   ④ 64

TIP $d = \sqrt[3]{\dfrac{5.1\,T}{\tau}} = \sqrt[3]{\dfrac{5 \times 2.5 \times 1000}{49}}$
$= 6.34\text{cm}$
∴ 64mm

16 윤활제의 급유 방법에서 작업자가 급유 위치에 급유하는 방법은?

① 컵 급유법   ② 분무 급유법
③ 충진 급유법   ④ 핸드 급유법

TIP 핸드급유법
작업자가 급유위치에 직접 급유하는 방법

17 고속회전 및 정밀한 이송기구를 갖추고 있어 정밀도가 높고 표면 거칠기가 우수한 실린더나 커넥팅 로드 등을 가공하며, 진원도 및 진직도가 높은 제품을 가공하기에 가장 적합한 보링머신은?

① 수직 보링머신   ② 수평 보링머신
③ 정밀 보링머신   ④ 코어 보링머신

18 선반에서 절삭저항의 분력 중 탄소강을 가공할 때 가장 큰 절삭저항은?

① 배분력   ② 주분력
③ 횡분력   ④ 이송분력

TIP 주분력 > 배분력 > 이송분력

19 수나사를 가공하는 공구는?

① 정   ② 탭
③ 다이스   ④ 스크레이퍼

20 래크형 공구를 사용하여 절삭하는 것으로 필요한 관계 운동은 변환기어에 연결된 나사봉으로 조절하는 것은?

① 호빙 머신
② 마그 기어 셰이퍼
③ 베벨 기어 절삭기
④ 펠로스 기어 셰이퍼

21 아래 숫돌바퀴 표시방법에서 60이 나타내는 것은?

> WA 60 K 5 V

① 입도　　② 조직
③ 결합도　　④ 숫돌 입자

22 구멍이 있는 원통형 소재의 외경을 선반으로 가공할 때 사용하는 부속장치는?

① 면판　　② 돌리개
③ 맨드릴　　④ 방진구

23 구성인선의 생성과정 순서로 옳은 것은?

① 발생 → 성장 → 분열 → 탈락
② 분열 → 탈락 → 발생 → 성장
③ 성장 → 분열 → 탈락 → 발생
④ 탈락 → 발생 → 성장 → 분열

24 브로칭 머신으로 가공할 수 없는 것은?

① 스플라인 홈
② 베어링용 볼
③ 다각형의 구멍
④ 둥근 구멍 안의 키 홈

25 밀링에서 절삭속도 20m/min, 커터 지름 50mm, 날수 12개, 1날당 이송을 0.2mm로 할 때 1분간 테이블 이송량은 약 몇 mm인가?

① 120　　② 220
③ 306　　④ 404

TIP
$$v = \frac{\pi d n}{1000}$$

$$\therefore n = \frac{1000v}{\pi d} = \frac{1000 \times 20}{\pi \times 50} = 127$$

$$f = f \cdot z \cdot n = 0.2 \times 12 \times 127$$
$$= 304.8mm$$

$$\therefore 306mm$$

26 가는 1점 쇄선으로 끝부분 및 방향이 변하는 부분을 굵게 한 선의 용도에 의한 명칭은?

① 파단선　　② 절단선
③ 가상선　　④ 특수 지시선

27 기계 제도의 표준 규격화의 의미로 옳지 않은 것은?

① 제품의 호환성 확보
② 생산성 향상
③ 품질 향상
④ 제품 원가 상승

15 ④　16 ④　17 ③　18 ②　19 ③　20 ②　21 ①　22 ③　23 ①　24 ②　25 ③　26 ②　27 ④

28 얇은 부분의 단면 표시를 하는데 사용하는 선은?

① 아주 굵은 실선
② 불규칙한 파형의 가는 실선
③ 굵은 1점 쇄선
④ 가는 파선

29 다음 기하공차의 기호 중 위치도 공차를 나타내는 것은?

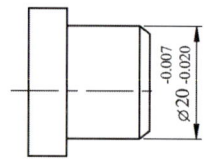

30 다음 그림의 치수 기입에 대한 설명으로 틀린 것은?

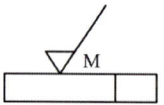

① 기준 치수는 지름 20이다.
② 공차는 0.013이다.
③ 최대 허용치수는 19.93이다.
④ 최소 허용치수는 19.98이다.

TIP 20-0.007 = 19.993

31 다음 중 치수와 같이 사용하는 기호가 아닌 것은?

① S∅   ② SR
③ ⌧   ④ □

TIP ⌧ : 평면표시

32 제도 표시를 거침단순화하기 위해 공차 표시가 없는 선형 치수에 대해 일반 공차를 4개의 등급으로 나타낼 수 있다. 이 중 공차 등급이 "거침"에 해당하는 호칭 기호는?

① c   ② f
③ m   ④ v

TIP
• v : 아주 거침
• c : 거침
• m : 보통
• f : 정밀

33 그림과 같이 표면의 결 도시기호가 지시되었을 때 표면의 줄무늬 방향은?

① 가공으로 생긴 선이 거의 동심원
② 가공으로 생긴 선이 여러 방향
③ 가공으로 생긴 선 방향이 없거나 돌출됨
④ 가공으로 생긴 선이 투상면에 직각

TIP M : 여러 방향으로 교차 또는 무방향

34 다음 기호가 나타내는 각법은?

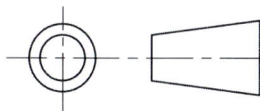

① 제1각법 ② 제2각법
③ 제3각법 ④ 제4각법

35 다음 중 다이캐스팅용 알루미늄 합금 재료 기호는?

① AC1B   ② ZDC1
③ ALDC3   ④ MGC1

> TIP
> • AC1B : 알루미늄 합금주물
> • ZDC1 : 아연합금 다이캐스팅
> • ALDC3 : 다이캐스팅 알루미늄합금
> • MGC1 : 마그네슘 합금주물

36 표면 거칠기 지시기호가 옳지 않은 것은?

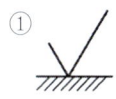 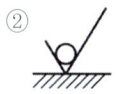
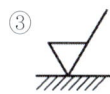 

37 핸들이나 암, 리브, 축 등의 절단면을 90° 회전시켜서 나타내는 단면도는?

① 부분 단면도
② 회전 도시 단면도
③ 계단 단면도
④ 조합에 의한 단면도

38 투상도를 나타내는 방법에 대한 설명으로 옳지 않은 것은?

① 형상의 이해를 위해 주 투상도를 보충하는 보조 투상도를 되도록 많이 사용한다.
② 주 투상도에는 대상물의 모양, 기능을 가장 명확하게 표시하는 면을 그린다.
③ 특별한 이유가 없는 경우 주 투상도는 가로길이로 놓은 상태로 그린다.
④ 서로 관련되는 그림의 배치는 되도록 숨은선을 쓰지 않는다.

39 그림에서 나타난 정면도와 평면도에 적합한 좌측면도는?

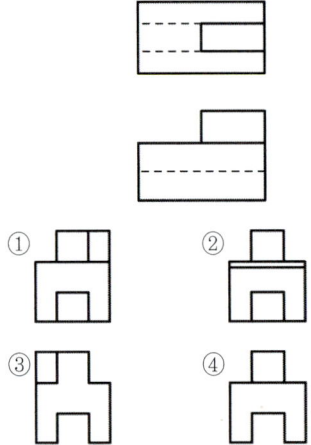

40 구멍 ø55H7, 축 ø55g6인 끼워맞춤에서 최대틈새는 몇 μm인가? (단, 기준치수 ø55에 대하여 H7의 위치수 허용차는 +0.030, 아래치수 허용차는 0이고, g6의 위치수 허용차는 -0.010, 아래치수 허용차는 -0.029이다.)

① 40μm ② 59μm
③ 29μm ④ 10μm

TIP 최대틈새
= 구멍의 위치수 허용차
  - 축의 아래치수 허용차
= 0.030 - (-0.029) = 0.059
= 59μm

41 도면 작성 시 선이 한 장소에 겹쳐서 그려야 할 경우 나타내야 할 우선순위로 옳은 것은?

① 외형선 > 숨은선 > 중심선 > 무게 중심선 > 치수선
② 외형선 > 중심선 > 무게 중심선 > 치수선 > 숨은선
③ 중심선 > 무게 중심선 > 치수선 > 외형선 > 숨은선
④ 중심선 > 치수선 > 외형선 > 숨은선 > 무게 중심선

42 제 3각법으로 투상한 그림과 같은 정면도와 우측면도에 적합한 평면도는?

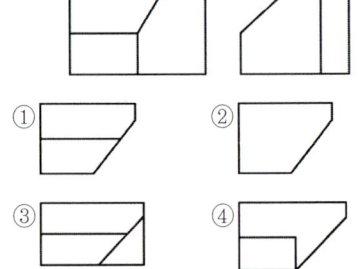

43 도면의 제도방법에 관한 다음 설명 중 옳은 것은?

① 도면에는 어떠한 경우에도 단위를 표시할 수 없다.
② 척도를 기입할 때 A : B로 표기하며, A는 물체의 실제 크기, B는 도면에 그려지는 크기를 표시한다.
③ 축척, 배척으로 제도했더라도 도면의 치수는 실제치수를 기입해야 한다.
④ 각도 표시는 항상 도, 분, 초(°, ′, ″) 단위로 나타내야 한다.

44 다음과 같이 도면에 기입된 기하 공차에서 0.011이 뜻하는 것은?

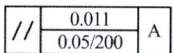

① 기준 길이에 대한 공차 값
② 전체 길이에 대한 공차 값
③ 전체 길이 공차 값에서 기준 길이 공차 값을 뺀 값
④ 누진치수 공차 값

45 다음 중 도면에 기입되는 치수에 대한 설명으로 옳은 것은?

① 재료 치수는 재료를 구입하는데 필요한 치수로 잘림 여유나 다듬질 여유가 포함되어 있지 않다.
② 소재 치수는 주물 공장이나 단조 공장에서 만들어진 그대로의 치수를 말하며 가공할 여유가 없는 치수이다.
③ 마무리 치수는 가공 여유를 포함하지 않은 치수로 가공 후 최종으로 검사할 완성된 제품의 치수를 말한다.
④ 도면에 기입되는 치수는 특별히 명시하지 않는 한 소재 치수를 기입한다.

46 다음 중 파이프의 끝 부분을 표시하는 그림기호가 아닌 것은?

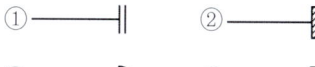

TIP ① 용접식 캡
③ 나사박음식
④ 나사 박음식 플러그

39 ④ 40 ② 41 ① 42 ① 43 ③ 44 ② 45 ③ 46 ②

47 다음 보기에서 설명하는 캠은?

- 원동절의 회전운동을 종동절의 직선운동으로 바꾼다.
- 내연기관의 흡배기 밸브를 개폐하는 데 많이 사용한다.

① 판 캠   ② 원통 캠
③ 구면 캠   ④ 경사판 캠

TIP 가장자리가 굽은 캠으로 원동절(캠)이 회전 시 종동절은 직선운동을 하며 내연기의 점화장치에 많이 쓰임

48 그림에서 도시된 기호는 무엇을 나타낸 것인가?

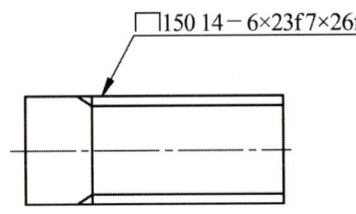

① 사다리꼴나사   ② 스플라인
③ 사각나사   ④ 세레이션

49 나사의 도시방법에 관한 설명 중 틀린 것은?

① 수나사와 암나사의 골밑을 표시하는 선은 가는 실선으로 그린다.
② 완전 나사부와 불완전 나사부의 경계선은 가는 실선으로 그린다.
③ 불완전 나사부는 기능상 필요한 경우 혹은 치수 지시를 하기 위해 필요한 경우 경사된 가는 실선으로 표시한다.
④ 수나사와 암나사의 측면도시에서 각각의 골지름은 가는 실선으로 약 3/4에 거의 같은 원의 일부로 그린다.

TIP 완전 나사부와 불완전 나사부의 경계선 : 굵은 실선

50 용접기호에서 그림과 같은 표시가 있을 때 그 의미는?

① 현장 용접
② 일주 용접
③ 매끄럽게 처리한 용접
④ 이면판재 사용한 용접

51 평행 핀의 호칭이 다음과 같이 나타났을 때 이 핀의 호칭지름은 몇 mm인가?

> KS B ISO 2338 - 8 m6×30-A1

① 1mm ② 6mm
③ 8mm ④ 30mm

TIP: 8mm : 호칭지름, m6 : 공차, 30 : 호칭 길이, A1 : 재료

52 스프로킷 휠의 도시방법에서 단면으로 도시할 때 이뿌리원은 어떤 선으로 표시하는가?

① 가는 1점 쇄선 ② 가는 실선
③ 가는 2점 쇄선 ④ 굵은 실선

53 미터 보통 나사에서 수나사의 호칭 지름은 무엇을 기준으로 하는가?

① 유효 지름 ② 골지름
③ 바깥 지름 ④ 피치원 지름

54 구름 베어링의 호칭기호가 다음과 같이 나타날 때 이 베어링의 안지름은 몇 mm인가?

> 6026 P6

① 26 ② 60
③ 130 ④ 300

55 스퍼기어의 도시법에 관한 설명으로 옳은 것은?

① 피치원은 가는 실선으로 그린다.
② 잇 봉우리원은 가는 실선으로 그린다.
③ 축에 직각인 방향에서 본 그림은 단면으로 도시할 때 이골의 선은 가는 실선으로 표시한다.
④ 축 방향에서 본 이골원은 가는 실선으로 표시한다.

56 표준 스퍼 기어에서 모듈이 4이고, 피치원 지름이 160mm일 때, 기어의 잇수는?

① 20 ② 30
③ 40 ④ 50

TIP: $pcd = mz$

$$\therefore z = \frac{pcd}{m} = \frac{160}{4} = 40$$

57 CAD 시스템의 기본적인 하드웨어 구성으로 거리가 먼 것은?

① 입력장치 ② 중앙처리장치
③ 통신장치 ④ 출력장치

47 ① 48 ② 49 ② 50 ① 51 ③ 52 ④ 53 ③ 54 ③ 55 ④ 56 ③ 57 ③

58 좌표 방식 중 원점이 아닌 현재 위치, 즉 출발점을 기준으로 하여 해당 위치까지의 거리로 그 좌표를 나타내는 방식은?

① 절대 좌표 방식 ② 상대 좌표 방식
③ 직교 좌표 방식 ④ 원통 좌표 방식

59 컴퓨터의 처리 속도 단위 중 ps(피코 초)란?

① 10^{-3}초 ② 10^{-6}초
③ 10^{-9}초 ④ 10^{-12}초

> **TIP**
> - ms : 10^{-3}초
> - μs : 10^{-6}초
> - ns : 10^{-9}초

60 다른 모델링과 비교하여 와이어 프레임 모델링의 일반적인 특징을 설명한 것 중 틀린 것은?

① 데이터의 구조가 간단하다.
② 처리속도가 느리다.
③ 숨은선을 제거할 수 없다.
④ 체적 등의 물리적 성질을 계산하기가 용이하지 않다.

> **TIP** 와이어 프레임 모델링의 일반적 특징
> - 데이터구조 간단
> - 처리속도가 빠르다.
> - 단면 및 은선 제거가 불가능하다.
> - 해석모델로 부적당하다.

58 ② 59 ④ 60 ②

06 과년도 기출문제

2016년 7월 10일

01 절삭 공구로 사용되는 재료가 아닌 것은?

① 페놀 ② 서멧
③ 세라믹 ④ 초경합금

TIP: 절삭공구의 공구
서멧, 세라믹, 고속도강, 초경합금, 다이아몬드 등

02 철강의 열처리 목적으로 틀린 것은?

① 내부의 응력과 변형을 증가시킨다.
② 강도, 연성, 내마모성 등을 향상시킨다.
③ 표면을 강화시키는 등의 성질을 변화시킨다.
④ 조직을 미세화하고 기계적 특성을 향상시킨다.

TIP: 열처리 목적
금속재료(주로 철강재료)에 요구하는 기계적, 물리적 성질을 부여하기 위해 가열과 냉각을 시행하는 열적 조작기술이며, 크게는 재료를 단단하게 만들어 기계적, 물리적 성능을 향상시키는 기술과 재료를 무르게 하여 가공성을 개선시키는 기술이다.

03 상온이나 고온에서 단조성이 좋아지므로 고온가공이 용이하며 강도를 요하는 부분에 사용하는 황동은?

① 톰백 ② 6-4황동
③ 7-3황동 ④ 함석황동

TIP:
• 6-4황동 : 인장강도가 최대
• 7-3황동 : 연신율이 최대

04 6-4 황동에 철 1~2%를 첨가함으로써 강도와 내식성이 향상되어 광산기계, 선박용 기계, 화학기계 등에 사용되는 특수 황동은?

① 쾌삭 메탈 ② 델타 메탈
③ 네이벌 황동 ④ 애드미럴티 황동

TIP: 델타 메탈
6-4황동에 철을 1~2% 첨가한 내식성과 강도가 우수하여 광산기계, 선박용기계, 화학기계 등에 사용되는 특수 황동이다.

01 ① 02 ① 03 ② 04 ②

05 탄소강에 함유되는 원소 중 강도, 연신율, 충격치를 감소시키며 적열취성의 원인이 되는 것은?

① Mn　　② Si
③ P　　　④ S

TIP ☀ S(황)
- 인장강도, 연신율, 충격치를 감소시킨다.
- MnS를 만들고 남은 황이 있으면 FeS를 형성한다.
- FeS는 융점이 낮고 고온에서 약하고 가공할 때 파괴의 원인이 된다.

06 탄소강에 함유된 원소 중 백점이나 헤어크랙의 원인이 되는 원소는?

① 황　　　② 인
③ 수소　　④ 구리

07 냉간 가공된 황동제품들이 공기 중의 암모니아 및 염류로 인하여 입간부식에 의한 균열이 생기는 것은?

① 저장균열　② 냉간균열
③ 자연균열　④ 열간균열

TIP ☀
- 자연균열 : 수은, 암모니아, 탄산가스 등이 원인
- 자연균열 방지법 : 도료 및 Zn도금 잔류응력 제거

08 미끄럼 베어링의 윤활 방법이 아닌 것은?

① 적하 급유법　② 패드 급유법
③ 오일링 급유법　④ 충격 급유법

TIP ☀ 미끄럼 베어링 윤활 방법
적하 급유법, 오일링 급유법, 패드 급유법

09 한쪽은 오른나사, 다른 한쪽은 왼나사로 되어 양끝을 서로 당기거나 밀거나 할 때 사용하는 기계요소는?

① 아이 볼트　② 세트 스크류
③ 플레이트 너트　④ 턴 버클

TIP ☀ 턴 버클

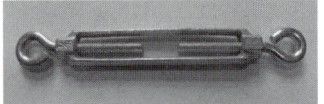

10 일반 스퍼기어와 비교한 헬리컬 기어의 특징에 대한 설명으로 틀린 것은?

① 임의의 비틀림 각을 선택할 수 있어서 축 중심거리의 조절이 용이하다.
② 물림 길이가 길고 물림률이 크다.
③ 최소 잇수가 적어서 회전비를 크게 할 수 있다.
④ 추력이 발생하지 않아서 진동과 소음이 적다.

TIP ☀ 헬리컬 기어는 구동할 때 추력이 발생하므로 보통 더블헬리컬 기어를 사용한다.

11 핀(pin)의 종류에 대한 설명으로 틀린 것은?

① 테이퍼 핀은 보통 1/50 정도의 테이퍼를 가지며, 축에 보스를 고정시킬 때 사용할 수 있다.

② 평행핀은 분해·조립하는 부품의 맞춤면의 관계 위치를 일정하게 할 필요가 있을 때 주로 사용된다.

③ 분할핀은 한쪽 끝이 2가닥으로 갈라진 핀으로 축에 끼워진 부품이 빠지는 것을 막는데 사용할 수 있다.

④ 스프링 핀은 2개의 봉을 연결하기 위해 구멍에 수직으로 핀을 끼워 2개의 봉이 상대각운동을 할 수 있도록 연결한 것이다.

12 회전체의 균형을 좋게 하거나 너트를 외부에 돌출시키지 않으려고 할 때 주로 사용하는 너트는?

① 캡 너트
② 둥근 너트
③ 육각 너트
④ 와셔붙이 너트

13 체인 전동의 일반적인 특징으로 거리가 먼 것은?

① 속도비가 일정하다.
② 유지 및 보수가 용이하다.
③ 내열, 내유, 내습성이 강하다.
④ 진동과 소음이 없다.

TIP 체인전동의 특징
- 속도비가 일정한 편이다.
- 유지 및 보수가 용이하다.
- 내열, 내유, 내습성이 강하다.
- 진동과 소음이 생긴다.

14 기계의 운동에너지를 흡수하여 운동속도를 감속 또는 정지시키는 장치는?

① 기어
② 커플링
③ 마찰차
④ 브레이크

15 8KN의 인장하중을 받는 정사각봉의 단면에 발생하는 인장응력이 5MPa이다. 이 정사각봉의 한 변의 길이는 약 몇 mm인가?

① 40
② 60
③ 80
④ 100

TIP 1Mpa = 1N/mm²

1kN = 1000N

$A = \dfrac{w}{\sigma} = \dfrac{8000N}{5N/mm^2} = 1600mm^2$

= 40mm

---

05 ④ 06 ③ 07 ③ 08 ④ 09 ④ 10 ④ 11 ④ 12 ② 13 ④ 14 ④ 15 ①

16 가공할 구멍이 매우 클 때, 구멍 전체를 절삭하지 않고 내부에는 심재가 남도록 환형의 홈으로 가공하는 방식으로 판재에 큰 구멍을 가공하거나 포신 등의 가공에 적합한 보링 머신은?

① 보통 보링머신 ② 수직 보링머신
③ 지그 보링머신 ④ 코어 보링머신

17 금형부품과 같은 복잡한 형상을 고정밀도로 가공할 수 있는 연삭기는?

① 성형 연삭기 ② 평면 연삭기
③ 센터리스 연삭기 ④ 만능 공구 연삭기

18 CNC 선반에서 휴지기능(G04)에 관한 설명으로 틀린 것은?

① 휴지기능은 홈 가공에서 많이 사용된다.
② 휴지기능은 진원도를 향상시킬 수 있다.
③ 휴지기능은 깨끗한 표면을 가공할 수 있다.
④ 휴지기능은 정밀한 나사를 가공할 수 있다.

> TIP 휴지(dwell : 일시정지)프로그램에 지정된 시간 동안 공구의 이송을 잠시 중지시키는 지령을 기능이라 한다.
> 기능은 드릴가공을 할 때 간헐이송에 의해 칩을 절단하거나 홈 가공 시 회전당 이송에 의해 단차량이 없는 진원가공을 할 때, 모서리를 정밀가공 할 때 사용한다.

19 그림과 같이 테이퍼를 가공할 때 심압대의 편위량은 몇 mm인가?

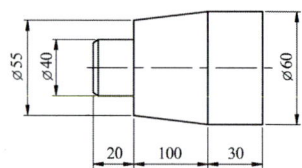

① 3.0 ② 3.25
③ 3.75 ④ 5.25

> TIP $x = \dfrac{(D-d)L}{2l} = \dfrac{(60-55)150}{2 \times 100}$
> $= 3.75\text{mm}$

20 전해 연마의 특징에 대한 설명으로 틀린 것은?

① 가공면에 방향성이 없다.
② 복잡한 형상의 제품은 가공할 수 없다.
③ 가공 변질층이 없고 평활한 가공면을 얻을 수 있다.
④ 연질의 알루미늄, 구리 등도 쉽게 광택면을 가공할 수 있다.

> TIP 전해연마의 특징
> • 부동태 피막이 형성되므로 내부식성 향상
> • 산화피막처리 : 금속 성분이 녹아드는 양을 줄이는 처리
> • 광택이 뛰어나고(Buffing에 비해 더 평활, 광택 가짐), 이물질이 제거됨
> • 세정과 박리성 향상 : 이물질이 잘 붙지 않고 세정이 용이
> • 잔류응력이 전혀 없음
> • 형상이 복잡한 부품의 다듬질에 적당함

21 마이크로미터의 구조에서 구성부품에 속하지 않는 것은?

① 앤빌 ② 스핀들
③ 슬리브 ④ 스크라이버

> 💡 마이크로미터
> 앤빌, 스핀들, 슬리브, 클램프, 래치스톱

22 기어 절삭기로 가공된 기어의 면을 매끄럽고 정밀하게 다듬질하는 가공은?

① 래핑 ② 호닝
③ 폴리싱 ④ 기어 셰이빙

23 밀링 가공에서 분할대를 이용하여 원주면을 등분하려고 한다. 직접 분할법에서 직접 분할판의 구멍수는?

① 12개 ② 24개
③ 30개 ④ 36개

> 💡 직접분할
> 분할판의 구멍 수 24개

24 그림과 같은 환봉의 테이퍼를 선반에서 복식공구대를 회전시켜 공하려 할 때 공구대를 회전시켜야 할 각도는? (단, 각도는 아래 표를 참고한다.)

tan θ	0.052	0.104	0.208	0.416
각도	3°	5° 1′	11° 45′	23° 35′

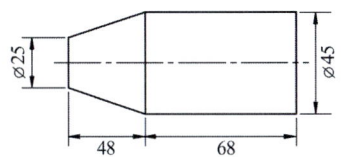

① 3° ② 5° 5′
③ 11° 45′ ④ 23° 35′

> 💡 $\tan\theta = \dfrac{D-d}{2L} = \dfrac{45-25}{2\times 48} = 0.2083$

25 윤활의 목적과 가장 거리가 먼 것은?

① 냉각 작용 ② 방청 작용
③ 청정 작용 ④ 용해 작용

> 💡 감마(마찰저하)작용, 밀봉작용

26 도면관리에 필요한 사항과 도면내용에 관한 중요한 사항이 기입되어 있는 도면 양식으로 도명이나 도면번호와 같은 정보가 있는 것은?

① 재단마크 ② 표제란
③ 비교눈금 ④ 중심마크

27 가는 실선으로만 사용하지 않는 선은?

① 지시선　　② 절단선
③ 해칭선　　④ 치수선

> 💡 절단선은 가는 일점 쇄선과 굵은 선을 혼용한다.

28 재료의 기호와 명칭이 맞는 것은?

① STC : 기계 구조용 탄소 강재
② STKM : 용접 구조용 압연 강재
③ SPHD : 탄소 공구 강재
④ SS : 일반 구조용 압연 강재

> 💡 • STC : 탄소공구강
> • TKM : 배관용 탄소 강관
> • SPHD : 열간압연강재(드로잉)

29 기하 공차의 종류와 기호 설명이 잘못된 것은?

① ▱ : 평면도 공차
② ○ : 원통도 공차
③ ⊕ : 위치도 공차
④ ⊥ : 직각도 공차

> 💡 ○ : 진원도 공차

30 다음 면의 지시기호 표시에서 제거가공을 허락하지 않는 것을 지시하는 기호는?

① 　②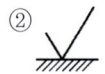

③ 　④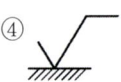

31 제품의 표면 거칠기를 나타낼 때 표면 조직의 파라미터를 "평가된 프로파일의 산술 평균 높이"로 사용하고자 한다면 그 기호로 옳은 것은?

① Rt　　② Rq
③ Rz　　④ Ra

> 💡 • Ra : 산술 평균 거칠기
> • Rz : 10점 평균 거칠기
> • Ry : 최대높이 거칠기

32 제3각법으로 그린 투상도에서 우측면도로 옳은 것은?

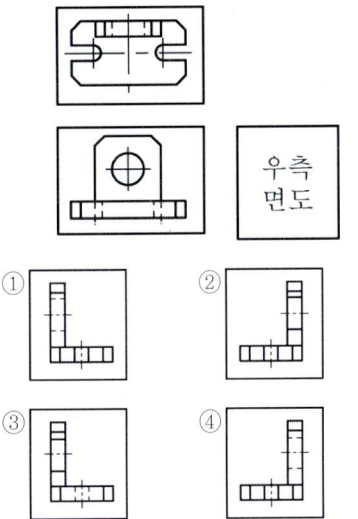

33 다음 중 억지 끼워맞춤에 속하는 것은?

① H8/e8   ② H7/t6
③ H8/f8   ④ H6/k6

34 모떼기를 나타내는 치수 보조 기호는?

① R   ② SR
③ t   ④ C

TIP💡 SR : 구반지름

35 투상도를 표시하는 방법에 관한 설명으로 가장 옳지 않은 것은?

① 조립도 등 주로 기능을 나타내는 도면에서는 대상물을 사용하는 상태로 표시한다.

② 물체의 중요한 면은 가급적 투상면에 평행하거나 수직이 되도록 표시한다.

③ 물품의 형상이나 기능을 가장 명료하게 나타내는 면을 주 투상도가 아닌 보조 투상도로 선정한다.

④ 가공을 위한 도면은 가공량이 많은 공정을 기준으로 가공할 때 놓여진 상태와 같은 방향으로 표시한다.

36 그림에서 기하공차 기호로 기입할 수 없는 것은?

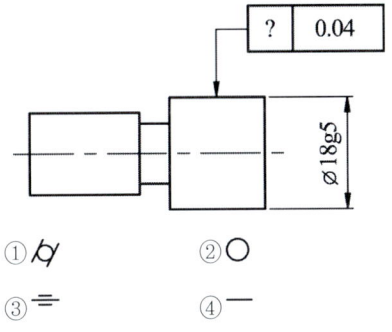

37 다음은 어떤 물체를 제 3각법으로 투상한 것이다. 이 물체의 등각 투상도로 가장 적합한 것은?

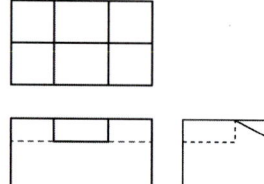

① 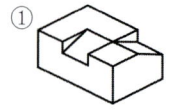 ②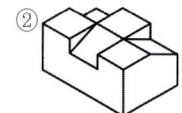

③ 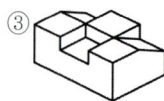 ④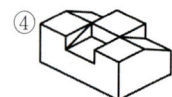

38 도면에서 구멍의 치수가 $\phi 50^{+0.05}_{-0.02}$ 로 기입되어 있다면 치수공차는?

① 0.02 ② 0.03
③ 0.05 ④ 0.07

TIP ☀ +0.05 − (−0.02) = 0.07

39 도면을 작성할 때 쓰이는 문자의 크기를 나타내는 기준은?

① 문자의 폭   ② 문자의 높이
③ 문자의 굵기   ④ 문자의 경사도

40 기계관련 부품에서 $\phi 80H7/g6$로 표기된 것의 설명으로 틀린 것은?

① 구멍 기준식 끼워맞춤이다.
② 구멍의 끼워맞춤 공차는 H7이다.
③ 축의 끼워맞춤 공차는 g6이다.
④ 억지 끼워맞춤이다.

TIP ☀ 구멍기준식 헐거운 끼워맞춤이다.

41 열처리, 도금 등 특별한 요구사항을 적용할 수 있는 범위를 표시하는 데 사용하는 특수 지정선은?

① 굵은 실선   ② 가는 실선
③ 굵은 파선   ④ 굵은 1점 쇄선

42 KS규격에서 규정하고 있는 단면도의 종류가 아닌 것은?

① 온 단면도   ② 한쪽 단면도
③ 부분 단면도 ④ 복각 단면도

43 다음 내용이 설명하는 투상법은?

> 투사선이 평행하게 물체를 지나 투상면에 수직으로 닿고 투상된 물체가 투상면에 나란하기 때문에 어떤 물체의 형상도 정확하게 표현할 수 있다. 이 투상법에는 1각법과 3각법이 있다.

① 투시 투상법 ② 등각 투상법
③ 사 투상법 ④ 정 투상법

44 아래 그림과 같은 치수 기입 방법은?

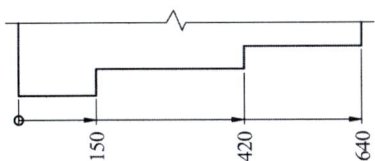

① 직렬 치수 기입 방법
② 병렬 치수 기입 방법
③ 누진 치수 기입 방법
④ 복합 치수 기입 방법

45 도면이 구비하여야 할 구비 조건이 아닌 것은?

① 무역 및 기술의 국제적인 통용성
② 제도자의 독창적인 제도법에 대한 창의성
③ 면의 표면, 재료, 가공 방법 등의 정보성
④ 대상물의 도형, 크기, 모양, 자세, 위치 등의 정보성

46 스퍼 기어의 도시방법에 대한 설명으로 틀린 것은?

① 축에 직각인 방향으로 본 투상도를 주 투상도로 할 수 있다.
② 잇봉우리원은 굵은 실선으로 그린다.
③ 피치원은 가는 1점 쇄선으로 그린다.
④ 축 방향으로 본 투상도에서 이골원은 굵은 실선으로 그린다.

TIP 축방향의 기어이골원은 가는 실선으로 그린다.

47 키의 호칭이 다음과 같이 나타날 때 설명으로 틀린 것은?

> KS B 1311 PS-B 25×14×90

① 키에 관련한 규격은 KS B 1311에 따른다.
② 평행키로서 나사용 구멍이 있다.
③ 키의 끝부가 양쪽 둥근형이다.
④ 키의 높이는 14mm이다.

TIP • A : 양쪽 둥근형
 • PS-B : 양쪽 모서리형

48 스프링 제도에서 스프링 종류와 모양만을 도시하는 경우 스프링 재료의 중심선은 어느 선으로 나타내야 하는가?

① 굵은 실선　② 가는 1점 쇄선
③ 굵은 파선　④ 가는 실선

49 관의 결합방식 표현에서 유니언식을 나타내는 것은?

① ─┼─　② ─┼┼─ 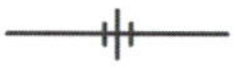
③ 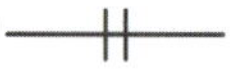 ─┼┼─　④ ─○─

50 ISO 규격에 있는 관용 테이퍼 나사로 테이퍼 수나사를 표시하는 기호는?

① R　② Rc
③ PS　④ Tr

51 다음 표준 스퍼 기어에 대한 요목표에서 전체 이 높이는 몇 mm인가?

스퍼기어		
공구	치형	보통 이
	모듈	2
	압력각	20°
잇수		31
피치원 지름		62
전체 이 높이		
다듬질 방법		호브절삭
정밀도		KS B 1405, 5급

① 4　② 4.5
③ 5　④ 5.5

> TIP: $m \times 2.25 = 2 \times 2.25 = 4.5$mm

52 축을 제도하는 방법에 관한 설명으로 틀린 것은?

① 긴 축은 단축하여 그릴 수 있으나 길이는 실제 길이를 기입한다.
② 축은 일반적으로 길이 방향으로 절단하여 단면을 표시한다.
③ 구석 라운드 가공부는 필요에 따라 확대하여 기입할 수 있다.
④ 필요에 따라 부분 단면은 가능하다.

53 나사의 제도방법을 바르게 설명한 것은?

① 수나사와 암나사의 골 밑은 굵은 실선으로 그린다.
② 완전 나사부와 불완전 나사부의 경계는 가는 실선으로 그린다.
③ 나사 끝 면에서 본 그림에서 나사의 골밑은 가는 실선으로 원주의 3/4에 가까운 원의 일부로 그린다.
④ 수나사와 암나사가 결합되었을 때의 단면은 암나사가 수나사를 가린 형태로 그린다.

> **TIP** 나사의 제도방법
> - 완전나사부와 불완전나사부의 경계는 굵은 실선
> - 불완전 나사부의 골 밑을 나타내는 선은 30도의 가는 실선
> - 암나사 탭 구멍의 드릴자리는 120도
> - 나사의 측면도시에서 각 골지름은 가는 실선으로 약 3/4만큼 그린다.
> - 나사의 골지름 간격은 1/8~1/10D로 한다.

54 전체 둘레 현장 용접을 나타내는 보조 기호는?

①   ② ○

③   ④

55 스프로킷 휠의 피치원을 표시하는 선의 종류는?

① 굵은 실선   ② 가는 실선
③ 가는 1점 쇄선   ④ 가는 쇄선

56 다음 중 베어링의 안지름이 17mm인 베어링은?

① 6303   ② 32307K
③ 6317   ④ 607U

57 다음이 설명하는 3차원 모델링 방식은?

> - 간섭체크를 할 수 있다.
> - 질량 등의 물리적 특성 계산이 가능하다.

① 와이어 프레임 모델링
② 서피스 모델링
③ 솔리드 모델링
④ DATA 모델링

58 컴퓨터 입력장치의 한 종류로 직사각형의 판에 사용자가 손에 잡고 움직일 수 있는 펜 모양의 스타일러스 혹은 버튼이 달린 라인 커서 장치의 2가지 부분으로 구성되며 펜이나 커서의 움직임에 대한 좌표 정보를 읽어서 컴퓨터에 나타내는 장치는?

① 디지타이저(digitizer)
② 광학 마크 판독기(OMR)
③ 음극선관(CRT)
④ 플로터(plotter)

59 CAD시스템에서 도면상 임의의 점을 입력할 때 변하지 않는 원점(0,0)을 기준으로 정한 좌표계는?

① 상대 좌표계   ② 상승 좌표계
③ 증분 좌표계   ④ 절대 좌표계

60 데이터를 표현하는 최소단위를 무엇이라고 하는가?

① byte   ② bit
③ word   ④ file

58 ① 59 ④ 60 ②

06 PART | 기출복원 문제

기출 복원문제란? : CBT시행에 따라 저자께서 수험자들의 도움으로 최대한 유형에 가깝게 복원한 문제입니다.

01 열처리에 대한 설명으로 틀린 것은?

① 금속 재료에 필요한 성질을 주기 위한 것이다.
② 가열 및 냉각의 조각으로 처리한다.
③ 금속의 기계적 성질을 변화시키는 처리이다.
④ 결정립을 조대화 하는 처리이다.

> **TIP** 열처리 목적
> - 담금질(Quenching) - 강도와 경도를 높인다. 담금질 조직은 냉각속도에 따라 마텐자이트 < 트루스타이트 < 소르바이트 < 펄라이트
> - 뜨임(Tempering) - 담금질한 강은 반드시 뜨임을 실시한 후 사용하며 인성(toughness)부여 및 잔류 응력을 감소
> - 풀림(Annealing) - 완전 풀림(Full annealing)을 말하며 경화한 재료의 연화, 내부 변형의 제거, 절삭성의 개선
> - 불림(Normalizing) - 압연, 단조, 주조 등의 공정으로 만들어진 금속 재료 내부에 내부응력을 제거하거나 결정 조직을 균일화
> - 심냉처리(서브제로 : subzero) - 물 담금질 직후에 액체공기(액체질소)중에 담근다. 잔류 오스테나이트의 마텐사이트화 - 게이지강

02 Cu3.5 ~ 4.5%, Mg1 ~ 1.5%, Si0.5%, Mn0.5~1.0%, 나머지 Al인 합금으로 무게를 중요시한 항공기나 자동차에 사용되는 고력 Al합금인 것은?

① 두랄루민   ② 하이드로날륨
③ 알드레이   ④ 내식 알루미늄

> **TIP** 두랄루민(Duralumin)[1]
> 항공기 제작에 널리 사용된다. Al합금으로 보통 3~4% 구리, 0.5~1% 망간, 0.5~1.5% 마그네슘 - 용접하면 내구력이 떨어진다.

03 축심의 어긋남을 자동적으로 조정하고, 큰 반지름 하중이외에 양 방향의 트러스트 하중도 받으며, 충격하중에 강하므로 산업기계용으로 널리 사용되는 베어링?

① 자동조심 롤러 베어링
② 니이들 롤러 베이링
③ 원뿔 롤러 베어링
④ 원통 롤러 베어링

> **TIP** 자동조심 롤러 베어링 축 또는 하우징의 휨 발생 시 또는 축심이 불일치 시에 자동 조정되어 베어링의 무리한 힘을 적용할 수 있다. 축 직각방향과 양쪽 축방향 하중을 견딜 수 있으며 특히 레이디얼 부하 능력이 커서 중하중 도는 충격하중 용도에 적합하다.

01 ④   02 ①   03 ①

04 비틀림 각이 30°인 헬리컬 기어에서 잇수가 40이고 축직각 모듈이 4일 때 피치원의 직경은 몇 mm인가?

① 160 ② 170.27
③ 168 ④ 184.75

TIP 축 직각 모듈 일 때
PCD = M × Z = 4 × 40 = 160mm

05 다음 그림에서 W = 300N의 하중이 작용하고 있다. 스프링 상수가 K1=5 N/mm, K2=10 N/mm라면, 늘어난 길이는 몇 mm인가?

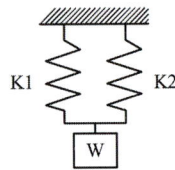

① 15 ② 20
③ 25 ④ 30

TIP $K = K1 + K2$
$K = \dfrac{W}{\delta}, \ \delta = \dfrac{W}{K} = \dfrac{300}{15} = 20mm$

06 V벨트는 단면 형상에 따라 구분되는데 가장 단면이 큰 벨트의 형은?

① A ② C
③ E ④ M

TIP M A B C D E - E로 가면서 단면이 커진다.

07 가공재료의 단면에 수직 방향으로 작용하는 하중은?

① 전단 하중   ② 굽힘 하중
③ 인장 하중   ④ 비틀림 하중

TIP 인장하중, 압축하중 - 하중이 단면에 수직으로 작용
전단하중 - 하중이 단면에 평행하게 작용

08 상온 취성(Cold Shortness)의 주된 원인이 되는 물질로 가장 적합한 것은?

① 탄소(C)   ② 규소(Si)
③ 인(P)   ④ 황(S)

TIP 인(P)을 많이 함유한 탄소강이 상온에서 인성이 낮아지는 현상으로 상온(냉간) 가공 시 균열이 생긴다.

09 브레이크의 마찰면이 원판으로 되어 있고, 원판의 수에 따라 단판 브레이크와 다판 브레이크로 분류되는 것은?

① 블록 브레이크   ② 밴드 브레이크
③ 드럼 브레이크   ④ 디스크 브레이크

TIP 원판을 사용한 브레이크로, 원판이 1장인 경우와 여러 장을 사용하는 경우가 있다.

10 Cu에 60~70%의 Ni 함유량을 첨가한 Ni-Cu계의 합금이며, 내식성이 좋으므로 화학 공업용 재료로 많이 쓰이는 재료는 어느 것인가?

① Y합금
② 니크롬
③ 모넬메탈
④ 콘스탄탄

TIP 모넬메탈 - Ni - Cu의 합금으로 니켈(Ni) 67%, 동(Cu) 30%, 철(Fe), 망간(Mn), 실리콘(Si) 등이 3% 정도 첨가된 합금으로 고강도, 내식성, 내열성이 양호하여 터빈날개, 펌프부품, 밸브부품, 화학 및 식품공업용 장치에 사용된다.

11 미터 나사에 대한 설명으로 올바른 것은?

① 나사산의 각도는 60°이다.
② ABC 나사라고도 한다.
③ 운동용 나사이다.
④ 피치는 1인치당 나사산의 수로 나타난다.

TIP 나사산의 각도가 60도로 호칭지름의 단위는 mm이며 부품 체결용, 위치고정용에 많이 사용

12 보스와 축의 둘레에 여러 개의 키(key)를 깎아 붙인 모양으로 큰 동력을 전달할 수 있고 내구력이 크며, 축과 보스의 중심을 정확하게 맞출 수 있는 특징을 가지는 것은?

① 새들 키
② 원뿔 키
③ 반달 키
④ 스플라인

TIP 키 보다도 토크를 강하게 전달하기 위하여 사용되는 이붙은 축

13 구리에 니켈 40~45%의 함유량을 첨가하는 합금으로 통신기, 전열선 등의 전기 저항 재료로 이용되는 것은?

① 모넬메탈
② 콘스탄탄
③ 엘린바
④ 인바

TIP 45%의 Ni과 55%의 Cu로 이루어진 합금. 전기 저항률이 높아 저항기에 사용하며 열전쌍으로도 쓴다.

14 강과 비교한 주철의 특성이 아닌 것은?

① 주조성이 우수하다.
② 복잡한 형상을 생산할 수 있다.
③ 주물제품을 값싸게 생산 할 수 있다.
④ 강에 비해 강도가 비교적 높다.

TIP 주철은 탄소(C)의 함유량이 2.11~(4.3) 6.68%인 철(Fe)-탄소(C)의 합금을 말한다. 인장강도가 강에 비하여 작고 메짐성이 크며, 고온에서도 소성변형이 되지 않는 결점이 있으나 주조성이 우수하여 복잡한 형상으로도 쉽게 주조되고 값이 저렴함

04 ① 05 ② 06 ③ 07 ③ 08 ③ 09 ④ 10 ③ 11 ① 12 ④ 13 ② 14 ④

15 니켈 – 크롬강에서 나타나는 뜨임취성을 방지하기 위해 첨가하는 원소는?

① 크롬(Cr) ② 탄소(C)
③ 몰리브덴(Mo) ④ 인(P)

TIP 뜨임취성 – 니켈크롬강과 1.5% 망간강에서 발생하며 As, Sb, Sn, P 등이 오스테나이트계 결정립계에 편석을 일으키는 것 Mo을 첨가해서 방지함

16 수평 밀링머신으로 가공할 때 유의사항으로 틀린 것은?

① 가능한 한 공작물은 깊게 바이스에 고정시킨다.
② 하향 절삭 시 뒤틈제거 장치를 반드시 풀어 놓는다.
③ 커터는 나무 등 연질재료로 받쳐 놓는다.
④ 반드시 보호 안경을 착용하며 장갑은 끼지 않는다.

TIP 하향 절삭 – 테이블 이송방향과 절삭공구의 회전방향이 동일하여 뒤틈(백래시)이 발생할 수 있어 백래시 제거장치를 풀지 않음

17 래핑작업에 사용하는 일반적인 랩의 재료가 아닌 것은?

① 고속도강 ② 알루미늄
③ 주철 ④ 동

TIP 랩은 주철, 강, 황동, 주석, 납 등

18 이미 치수를 알고 있는 표준과의 차를 구하여 치수를 알아내는 측정방법을 무엇이라 하는가?

① 절대 측정 ② 비교 측정
③ 표준 측정 ④ 간접 측정

19 절삭유의 역할로써 가장 거리가 먼 것은?

① 냉각작용 ② 침투작용
③ 윤활작용 ④ 세척작용

TIP 절삭유 – 냉각, 윤활, 세척

20 선반 가공에서 테이퍼의 절삭방법이 아닌 것은?

① 방진구에 의한 방법
② 심압대 편위에 의한 방법
③ 복식 공구대에 의한 방법
④ 테이퍼 절삭 장치에 의한 방법

TIP 테이퍼 절삭가공 – 심압대 편위, 복식공구대 선회, 테이퍼 절삭장치, 총형바이트

21 슬로터(slotter)를 바르게 설명한 것은?

① 선반보다 원통 절삭에 편리하다.
② 치수가 큰 공작물의 수평 절삭에 편리하다.
③ 치수가 작은 공작물의 수직 절삭에 편리하다.
④ 주로 헬리컬 기어 가공에 편리하게 사용된다.

> TIP: 슬로터는 수직(직립)세이퍼라 하며 램은 적당한 각도로 기울일 수 있고 원형 테이블이 있음

22 수공구 작업에서 해머와 정 작업을 할 때 잘못된 것은 어느 것인가?

① 기름이 묻은 손이나 장갑을 끼고 가공하지 말 것
② 따내기 작업 시 보안경을 착용할 것
③ 정을 잡은 손은 힘을 꽉 줄 것
④ 열처리된 재료는 해머로 때리지 않도록 주의할 것

23 정밀입자 가공 기계에 속하는 것은?

① 밀링 머신 ② 호빙 머신
③ 호닝 머신 ④ 보링 머신

> TIP: 호닝(honing)
> 수개의 호운(hone)이라는 숫돌을 붙인 회전 공구를 사용하여 숫돌에 압력을 가하면서 공작물에 대하여 회전 운동을 시키면서 가공하는 것으로 발열이 적고 경제적인 정밀 절삭을 할 수 있으며, 진직도, 테이퍼, 원통도와 표면 정밀도를 높일 수 있으며, 정확한 치수 가공을 할 수 있다.

24 원통 연삭 시 지름이 300mm인 연삭숫돌로 지름이 200mm인 공작물을 연삭할 때에 숫돌바퀴의 원주 속도는 1,500m/min이다. 이 때 숫돌바퀴의 회전수는 약 몇 rpm인가?

① 1492 ② 1592
③ 1692 ④ 1792

> TIP: $v = \dfrac{\pi d n}{1000}$,
> $n = \dfrac{1000v}{\pi d} = \dfrac{1000 \times 1500}{\pi \times 300}$
> $= 1592.36 \text{rpm}$

25 롤러의 중심거리가 100mm인 사인바로 5°의 테이퍼 값이 측정되었을 때 정반위에 놓은 사인바의 양 롤러간의 높이의 차는 약 몇 mm인가?

① 8.72 ② 7.72
③ 4.36 ④ 3.36

> TIP: $\alpha = \sin^{-1} \dfrac{H-h}{L}$
> $H - h = \sin\alpha \times L = \sin 5° \times 100$
> $= 8.72$

26 표면거칠기 기입 방법으로 틀린 것은?

①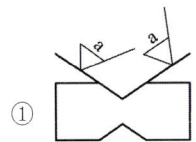

②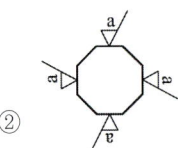

③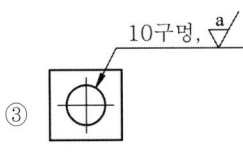

④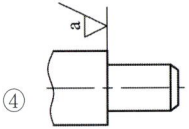

27 IT공차에 대한 설명으로 옳은 것은?

① IT 01부터 IT 18까지 20등급으로 구분되어 있다.
② IT 01 ~ IT 4는 구멍 기준공차에서 게이지 제작공차이다.
③ IT 6 ~ IT 10은 축 기준공차에서 끼워 맞춤 공차이다.
④ IT 10 ~ IT 18은 구멍 기준공차에서 끼워 맞춤 이외의 공차이다.

구분	게이지	끼워맞춤	끼워맞춤이 아님
구멍	IT01~4	IT5~9	IT10~18
축	IT01~5	IT6~10	IT11~18

28 대상면의 일부에 특수한 가공을 하는 부분의 범위를 표시할 때 사용하는 선은?

① 굵은 1점 쇄선   ② 굵은 실선
③ 파선   ④ 가는 2점 쇄선

29 끼워 맞춤에서 최대 죔새를 구하는 방법은?

① 축의 최대 허용 치수 - 구멍의 최소 허용 치수
② 구멍의 최소 허용 치수 - 축의 최대 허용 치수
③ 구멍의 최대 허용 치수 - 축의 최소 허용 치수
④ 축의 최소 허용 치수 - 구멍의 최대 허용 치수

> TIP 최대 죔새 = 축의 최대 허용 치수 – 구멍의 최소 허용 치수
> 최대 죔새 = 최대 축(죔새) – 앞에 내용 반대(최소 구멍)를 뺀다.
> 전부 이렇게 적용가능 예를 들면
> 최소 틈새 = 최소 구멍(틈새) – 최대 축 (앞에 내용 반대)

30 도면에서 대상물의 보이지 않은 부분의 모양을 표시하는 선은?

① 파선   ② 굵은 실선
③ 가는 1점 쇄선   ④ 가는 2점 쇄선

> TIP 파선 = 숨은선(은선)

31 제도에서 도면의 크기 및 양식에 관련된 내용 중 틀린 것은?

① 제도 용지의 세로와 가로의 비는 $1 : \sqrt{2}$ 이다.

② A2 도면의 크기는 420 × 594이다.

③ 반드시 마련해야 하는 도면의 양식은 윤곽선, 표제란, 중심마크이다.

④ 도면을 접어서 보관할 경우에는 A3의 크기로 한다.

TIP 도면을 접어서 보관할 경우에는 A4의 크기로 표제란이 보이도록 한다.

32 스케치도를 작성할 필요가 없는 경우는?

① 도면이 없는 부품을 제작하고자 할 경우

② 도면이 없는 부품이 파손되어 수리 제작할 경우

③ 현품을 기준으로 개선된 부품을 고안하려 할 경우

④ 제품 제작을 위해 도면을 복사할 경우

TIP 스케치도 작성
- 도면이 없는 부품을 제작하고자 할 경우
- 도면이 없는 부품이 파손되어 수리 제작할 경우
- 현품을 기준으로 개선된 부품을 고안하려 할 경우

33 2종류 이상의 선이 같은 장소에서 중복될 경우에 다음 중 가장 우선되는 선의 종류는?

① 치수선　　② 무게 중심선

③ 치수 보조선　　④ 절단선

TIP 기호, 문자, 숫자 - 외형선 - 숨은선 - 절단선 - 중심선 - 무게 중심선 - 치수보조선

34 보기의 등각 투상도를 온 단면도로 나타낸 것은?

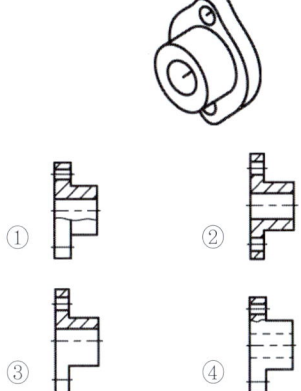

35 다음은 어떤 물체를 보고 제3각법으로 그린 정투상도이다. 화살표 방향을 정면으로 보았을 때 등각 투상도로 올바른 것은?

36 국부 투상도의 설명에 해당하는 것은?

① 대상물의 구멍, 홈 등과 같이 한 부분의 모양을 도시하는 것으로 충분한 경우의 투상도
② 그림의 특정 부분만을 확대하여 그린 그림
③ 복잡한 물체를 절단하여 투상한 것
④ 물체의 경사면의 맞서는 위치에 그린 투상도

37 축의 지름이 $\varnothing 50^{+0.025}_{-0.020}$ 일 때 공차는?

① 0.025
② 0.02
③ 0.045
④ 0.005

TIP💡 +0.025 − (−0.020) = 0.045

38 도면이 구비하여야 할 기본 요건이 아닌 것은?

① 보는 사람이 이해하기 쉬운 도면
② 도면을 그린 사람이 임의로 그린 도면
③ 표면정도, 재질, 가공 방법 등의 정보성을 포함한 도면
④ 대상물의 크기, 모양, 자세, 위치 등의 정보성을 포함 한 도면

39 줄무늬 방향 기호의 뜻으로 틀린 것은?

① = : 가공에 의한 커터의 줄무늬 방향이 기호를 기입한 그림의 투상면에 평행
② ⊥ : 가공에 의한 커터의 줄무늬 방향이 기호를 기입한 그림의 투상면에 직각
③ × : 가공에 의한 커터의 줄무늬 방향이 여러 방향으로 교차 또는 무방향
④ C : 가공에 의한 커터의 줄무늬가 기호를 기입한 면의 중심에 대하여 대략 동심원 모양

=	가공에 의한 커터의 줄무늬 방향이 기호를 기입한 그림의 투상면에 평행
⊥	가공에 의한 커터의 줄무늬 방향이 기호를 기입한 그림의 투상면에 직각
×	가공에 의한 커터의 줄무늬 방향이 기호를 기입한 그림의 투상면에 교차
R	가공에 의한 커터의 줄무늬 방향이 기입한 그림의 투상면에 방사상
C	가공에 의한 커터의 줄무늬가 기호를 기입한 면의 중심에 대하여 대략 동심원 모양
M	가공에 의한 커터의 줄무늬 방향이 여러 방향으로 교차 또는 무방향

40 도면에 기입되는 치수는 특별히 명시하지 않는 한 보통 어떤 치수를 기입하는가?

① 재료 치수 ② 마무리 치수
③ 반제품 치수 ④ 소재 치수

TIP: 마무리 치수 = 가공이 완료된 치수

41 정투상 방법에 관한 설명 중 틀린 것은?

① 한국 산업 규격에서는 제3각법으로 도면을 작성하는 것을 원칙으로 한다.
② 한 도면에 제1각법과 제3각법을 혼용하여 사용해도 된다.
③ 제3각법은 '눈 → 투상면 → 물체' 순으로 놓고 투상한다.
④ 제1각법에서 평면도는 정면도 밑에 우측면도는 정면도 좌측에 배치한다.

TIP: 한 도면에 제1각법과 제3각법을 혼용하여 사용하면 혼란을 줄 수 있으므로 금한다.

42 제3각법으로 투상한 그림과 같은 도면에서 누락된 평면도에 가장 적합한 것은?

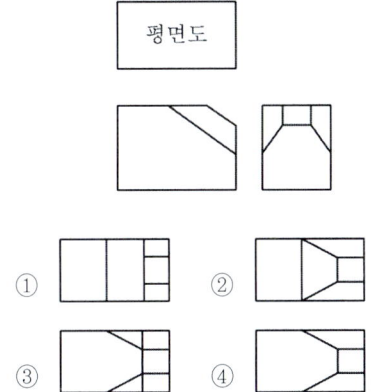

43 다음과 같은 기하학적 치수공차 방식의 설명으로 틀린 것은?

| ⊥ | 0.009/150 | A |

① ⊥ : 공차의 종류 기호
② 0.009 : 공차 값
③ 150 : 전체 길이
④ A : 데이텀 문자 기호

TIP: 150 – 지정 길이를 뜻함

44 치수 기입의 일반 형식 중에서 이론적으로 정확한 치수의 도시 방법은?

① ├─ 30 ─┤
② ├─ (30) ─┤
③ ├─ 30 ─┤
④ ├─ 30̸25 ─┤

💡TIP 2번 참고치수, 3번 비례치수가 아닌 치수, 4번 치수 값의 수정

45 모양 공차 기호 중에서 원통도를 나타내는 기호는?

① ○   ② ⌀
③ ◎   ④ ⊕

💡TIP 1번 진원도, 3번 동심도(동축도), 4번 위치도

46 ISO규격에 있는 것으로 미터 사다리꼴나사의 종류를 표시하는 기호는?

① M   ② S
③ Rc   ④ Tr

💡TIP 1번 미터나사, 2번 미니추어나사, 3번 관용 테이퍼 암나사

47 결합용 기계요소라고 볼 수 없는 것은?

① 나사   ② 키
③ 베어링   ④ 코터

💡TIP 베어링 - 동력전달 축계 요소

48 작은 쪽의 지름을 호칭지름으로 나타내는 핀은?

① 평행핀 A형   ② 평행핀 B형
③ 분할 핀   ④ 테이퍼 핀

💡TIP 테이퍼 핀 1/50

49 축의 도시방법에 대한 설명으로 틀린 것은?

① 긴 축은 중간 부분을 파단하여 짧게 그리고 실제치수를 기입한다.
② 길이 방향으로 절단하여 단면을 도시한다.
③ 축의 끝에는 조립을 쉽고 정확하게 하기 위해서 모따기를 한다.
④ 축의 일부 중 평면 부위는 가는실선의 대각선으로 표시한다.

💡TIP 축은 길이 방향으로 절단하여 단면을 도시하지 않는다.

50 모듈이 2이고 잇수가 20과 40인 표준 평기어의 중심 거리는?

① 30mm ② 40mm
③ 60mm ④ 80mm

> TIP
> $$c = \frac{PCD_1 + PCD_2}{2}$$
> $$= \frac{(2 \times 20) + (2 \times 40)}{2} = 60mm$$

51 코일 스프링의 제도에 대한 설명 중 틀린 것은?

① 스프링은 원칙적으로 하중이 걸리지 않는 상태로 도시한다.
② 스프링의 종류와 모양만을 도시할 때에는 재료의 중심선만을 굵은 실선으로 그린다.
③ 특별한 단서가 없는 한 모두 오른쪽 감기로 도시하고 왼쪽 감기일 경우 "감긴 방향 왼쪽"이라고 표시한다.
④ 코일 부분의 중간 부분을 생략할 때에는 생략한 부분을 가는 실선으로 표시한다.

> TIP 코일 부분의 중간 부분을 생략할 때에는 생략한 부분을 가는 일점 쇄선과 가는 이점 쇄선으로 표시한다.

52 벨트 풀리의 도시 방법에 관한 내용이다. 틀린 것은?

① 벨트 풀리는 축 직각 방향의 투상을 주 투상도로 한다.
② 모양이 대칭형인 벨트 풀리라도 일부만을 도시할 수는 없다.
③ 암(arm)은 길이 방향으로 절단하여 단면을 도시하지 않는다.
④ 벨트 풀리의 홈 부분 치수는 해당하는 형별, 호칭지름에 따라 결정된다.

> TIP 모양이 대칭형인 벨트 풀리는 일부만을 도시할 수 있다.

53 다음은 관의 장치도를 단선으로 표시한 것이다. 체크밸브를 나타내는 기호는?

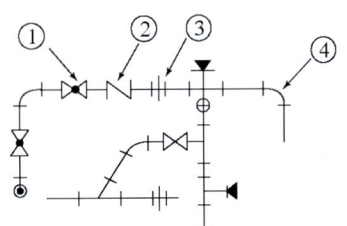

① ① ② ②
③ ③ ④ ④

> TIP 1번 - 글로브 밸브,
>   3번 - 유니온,
>   4번 - 앨보우

54 스퍼기어의 도시방법을 설명한 것 중 틀린 것은?

① 보통 축에 직각인 방향에서 본 투상도를 주 투상도로 할 수 있다.
② 정면도, 측면도 모두 이끝원은 굵은 실선으로 그린다.
③ 피치원은 가는 1점 쇄선으로 그린다.
④ 이뿌리원은 가는 2점 쇄선으로 그리지만 측면도에서는 생략해도 좋다.

> TIP: 이뿌리원은 가는 실선으로 그리지만 측면도에서는 생략해도 좋다.

55 베어링의 호칭이 [6026P6]이다. 여기서 P6가 나타내는 것은?

① 등급기호
② 안지름 번호
③ 계열번호
④ 치수계열

56 용접부의 기호 중 플러그 용접을 나타내는 것은?

① ||
② ○
③ △(직각삼각형)
④ ⊔

> TIP: 1번 I 용접,
> 2번 점(스폿)용접,
> 3번 필렛 용접

57 칼라 디스플레이(color display)에 의해서 표현할 수 있는 색들은 어느 3색의 혼합에 의해서 인가?

① 빨강, 파랑, 초록
② 빨강, 하얀, 노랑
③ 파랑, 검정, 하얀
④ 하얀, 검정, 노랑

> TIP: Red, Green, Blue

58 중앙처리장치(CPU)의 구성 요소가 아닌 것은?

① 주기억장치
② 파일저장장치
③ 논리연산장치
④ 제어장치

59 CAD 프로그램에서 사용되지 않는 좌표계는?

① 직교 좌표계
② 원통 좌표계
③ 극 좌표계
④ 원형 좌표계

60 3차원 형상을 모델링하기 위한 기본요소를 프리미티브라고 한다. 이 프리미티브가 아닌 것은?

① 박스(box)
② 실린더(cylinder)
③ 원뿔(cone)
④ 퓨전(fusion)

54 ④ 55 ① 56 ④ 57 ① 58 ② 59 ④ 60 ④

06 기출복원 문제

01 아공석강에서는 $A_{3,2,1}$ 변태점보다 30~50℃ 높게 하고, 공석강, 과공석강은 A1 변태점보다 30~50℃ 높게 가열하여 적당 시간 유지 후, 노에서 서서히 냉각시키는 열처리는?

① 저온풀림 ② 완전풀림
③ 중간풀림 ④ 항온풀림

TIP 💡 완전풀림(full annealing)

완전풀림은 아공석강에서는 Ac3점 이상, 과공석강에서는 Ac1점 이상의 온도로 가열하고, 그 온도에서 충분한 시간동안 유지하여 오스테나이트 단상 또는 오스테나이트와 탄화물의 공존조직으로, 서서히 냉각시켜서 연화시키는 방법으로서 일반적으로 풀림이라고 하면 완전풀림을 의미한다. 조직은 아공석강-페라이트와 펄라이트, 과공석강-망상 시멘타이트와 조대한 펄라이트로 된다.

02 벨트 전동의 일반적인 장점으로 볼 수 없는 것은?

① 원동축의 진동, 충격을 피동축에 거의 전달하지 않는다.
② 미끄럼이 안전장치의 역할을 하여 원활한 동력 전달이 가능하다.
③ 축간 거리가 먼 경우에도 동력 전달이 가능하다.
④ 일정한 속도비를 얻을 수 있어 정확한 동력 전달이 된다.

TIP 💡 벨트전동의 단점으로 일정한 속도비를 얻기 힘들다.

03 합금 공구강의 KS 재료 기호는?

① SKH ② SPS
③ STS ④ GC

TIP 💡 SKH – 고속도공구강(하이스강), SPS – 스프링강, GC – 회주철

04 일명 우드러프 키라고도 하며, 키와 키 홈 등이 모두 가공하기 쉽고, 키와 보스를 결합하는 과정에서 자동적으로 키가 자리를 잡을 수 있는 장점이 있으며 자동차, 공작기계 등에 널리 사용되는 키는?

① 성크 키 ② 접선 키
③ 반달 키 ④ 스플라인

TIP 💡 반달키 – 일명 우드러프 키(woodruff key)라고도 하며, 주로 테이퍼 축에 사용되며 키와 키 홈 등이 모두 가공하기 쉽고, 키와 보스를 결합하는 과정에서 자동

01 ② 02 ④ 03 ③ 04 ③

적으로 키가 자리를 잡을 수 있는 장점을 가지고 있는 키이다.

05 주철은 고온에서 가열과 냉각을 반복하면 부피가 불어나, 변형이나 균열이 일어나서 강도나 수명을 저하시키는 원인이 되는 것은?

① 주철의 자연 시효
② 주철의 자기 풀림
③ 주철의 성장
④ 주철의 시효 경화

> TIP: A1 변태점 이상의 온도에서 주철은 가열, 냉각을 반복하면 부피가 팽창하여 변형, 균열이 발생하는데 이를 주철의 성장이라 한다.
> • 원인 : 1. 고온에서의 주철조직에 함유된 Fe_3C의 흑연화
> 2. A1변태에서의 체적변화에 의한 미세한 균열
> 3. Si Al Ni의 성장
> 4. 흡수된 가스의 팽창
> 5. Si의 산화
> • 방지책 : 흑연의 미세화, 조직을 치밀하게 할 것, 시멘타이트(Fe_3C)의 흑연화 방지제 Cr, W, Mo, V 등의 첨가로 Fe_3C의 분해 방지, Si대신 Ni로 치환

06 선박의 복수 기관에 많이 사용되며, 용접용으로도 쓰이는 것으로서 7:3황동에 1% 내외의 주석을 함유한 황동은?

① 켈밋 합금
② 쾌삭 황동
③ 델타메탈
④ 애드미럴티 황동

> TIP: 주석(Sn)을 1% 정도 첨가한 7/3황동으로, 특히 내해수성에 우수하기 때문에 해양시설 부재에 쓰이고 있다.
> Cu 70%, Sn 1%, As 0.04%, 나머지 Zn

07 다음 중 형상 기억 효과를 나타내는 합금은?

① Ti-Ni계 합금
② Fe-Al계 합금
③ Ni-Cr계 합금
④ Pb-Sb계 합금

> TIP: 형상기억합금은 Ni-Ti계와 Cu-Zn-Al계의 두 종류로 Ni-Ti계가 가공성이 뛰어나고 형상복원능력 또한 뛰어나 현재 가장 많이 사용함

08 단면적이 10mm²인 봉에 길이방향으로 100N의 인장력이 작용할 때 발생하는 인장응력은 몇 N/mm²인가?

① 5
② 10
③ 80
④ 99.6

> TIP: $\sigma = \dfrac{W}{A} = \dfrac{100N}{10mm^2} = 10N/mm^2$

09 전기에너지를 이용하여 제동력을 가해 주는 브레이크는?

① 블록 브레이크
② 밴드 브레이크
③ 디스크 브레이크
④ 전자 브레이크

> TIP: 전자식 주차 브레이크(EPB)'1) 시스템은 운전자가 차량을 정차하거나 멈추면 브레이크를 자동으로 작동시키고 출발 시 브레이크가 자동으로 풀리는 장치다.

10 한 쌍의 기어 잇수가 40 및 60이고 두 축 간의 거리는 100mm일 때 기어의 모듈은?

① 1　　② 2
③ 3　　④ 4

TIP $C = \dfrac{M(Z_1 + Z_2)}{2}$, $100 = \dfrac{M(40+60)}{2}$
$M = 2$

11 나사의 사용 목적에 따라 분류할 때 용도가 다른 것은?

① 사다리꼴 나사　② 삼각나사
③ 볼나사　④ 사각나사

TIP
- 사다리꼴나사(= 애크미 나사)
  - 사각 나사보다 강력한 동력 전달용에 사용
  - 나사산의 각도가 인치계(TW) : 29°, 미터계(TM) : 30°
- 삼각 나사
  - 체결용으로 가장 많이 사용 ABC나사라고도 함
  - 종류 : 미터나사(60°), 유니파이 나사(60°), 관용 나사(55°)
- 볼 나사
  - 나사축과 너트 사이에 많은 강구를 넣어서 힘을 전달하는 나사
  - 동력전달이 가장 원활한 나사, 공작기계의 수치제어용으로 많이 사용
  - 나사의 효율이 좋고, 먼지에 의한 마모가 적다.
  - 백래시를 작게 할 수 있다.(고려하지 않아도 된다)
- 사각 나사 : 프레스 등의 동력 전달용으로 사용, 축방향의 큰 하중을 받는 곳에 주로 사용
- 관용 나사 : 파이프를 연결하는데 사용
- 둥근 나사 : 나사의 각도가 30°, 충격이 큰 기계나 먼지 등이 들어가기 쉬운 곳에 사용하는 나사
- 톱니 나사
  - 프레스, 잭, 바이스 등과 같이 큰 힘을 한 방향으로만 작용시킬 때 사용
  - 나사산의 각도 : 30°, 45°

12 주조성이 좋으며 열처리에 의하여 기계적 성질을 개량할 수 있고 라우탈(Lautal)이 대표적인 합금은?

① Al - Cu계 합금
② Al - Si계 합금
③ Al - Cu- Si계 합금
④ Al - Mg -Si계 합금

TIP
- 라우탈(Al-Cu- Si계) : 기계적 성질 및 주조성이 뛰어나다. 분배관, 밸브, 기타 일반용
- 실루민(Al-Si계) : 주조성이 양호하고 두께가 얇은 주물용
- 감마실루민(Al-Si-Mg계) : 기계적 성질, 주조성이 양호하며 자동차, 선박, 항공기 부품용
- Y합금(Al-Cu-Ni-Mg계) : 주조성은 떨어지나 내열성이 우수하다. 피스톤, 실린더 헤드용
- 하이드로날륨(Al-Mg계) : 내식성이 양

호하여 화학공업, 선박용으로 사용
- 로엑스(Al-Si-Cu-Ni-Mg계) : 내열성이 양호하며 피스톤용으로 사용

13 베어링메탈의 재료가 구비해야 할 조건이 아닌 것은?

① 녹아 붙지 않을 것
② 마멸이 적을 것
③ 내식성이 작을 것
④ 피로 강도가 클 것

> TIP • 베어링메탈의 재료가 구비해야 할 조건
> • 녹아 붙지 않을 것(열전도도가 좋을 것)
> • 마멸이 적을 것
> • 내식성이 클 것
> • 피로 강도가 클 것
> • 마찰계수가 작을 것

14 기계구조용 탄소강 SM35C에서 35란 숫자는 무엇을 나타내는가?

① 인장강도   ② 망간함유량
③ 탄성계수   ④ 탄소함유량

> TIP 탄소함유량이 약 0.30~0.40%를 말한다.

15 스프링을 용도에 따라 분류할 때 진동이나 충격을 흡수하는 곳에 사용하는 스프링은?

① 자동차의 현가장치
② 시계 태엽
③ 압력 게이지
④ 총의 방아쇠

> TIP 현가장치(Suspension)
> 자동차에서 나오는 충격을 줄여주는 장치로, 차축과 프레임/차체 사이에 연결되어 스프링으로 감속을 하는 방식이다.

16 공작물, 미디어(media), 공작액, 콤파운드를 상자 속에 넣고 회전 또는 진동시키면 공작물과 연삭입자가 충돌하여 공작물 표면에 요철을 없애고 매끈한 다듬질면을 얻는 가공방법은?

① 브로칭   ② 배럴가공
③ 숏피닝   ④ 래핑

> TIP 배럴(Barrel:통)속에 가공물, 컴파운드, 연마재, 물 등을 넣고 회전하여 장입물 상호간의 충돌, 마찰 등에 의해 서로 연마되는 방법. 소형 제품을 대량으로 연마하는데 유리하며 경비가 적게 들어 제품의 완성도가 균일하다. 자기연마, 돌(stone)연마로 수용액 유무에 따라 건식, 습식으로 나뉨, 연마작업과 광택작업 가능함.

17 밀링 머신에서 지름 60mm의 초경합금 커터를 사용하여 22m/min의 절삭속도로 절삭하는 경우, 매분 이송량은 약 몇 mm인가? (단, 날 수는 12개이고, 한 날당 이송거리는 0.2mm이다.)

① 250   ② 280
③ 310   ④ 324

> **TIP**
> $f = f_z \times Z \times N$
> $f = 0.2 \times 12 \times 116.77$
> $= 280.25 mm/min$
>
> $N = \dfrac{1000V}{\pi d} = \dfrac{1000 \times 22}{\pi \times 60} = 116.77 rpm$

18 연삭기에서 숫돌의 원주속도 V = 1500m/min, 연삭력 P = 20kgf 이다. 이 때 소요동력이 7.5kW라면 연삭기의 효율은 약 몇 %인가?

① 46　　② 50
③ 65　　④ 75

> **TIP**
> $H(kw) = \dfrac{P \times V}{102 \times 60 \times \eta}$
>
> $\eta = \dfrac{P \times V}{102 \times 60 \times H} = \dfrac{20 \times 1500}{102 \times 60 \times 7.5}$
> $= 0.653 = 65\%$

19 밀링 작업에 대한 설명으로 틀린 것은?

① 커터의 회전방향과 가공물의 이송이 반대인 가공방법을 상향절삭이라 한다.
② 가공 재료에 따라 알맞은 절삭속도를 정한다.
③ 하향 절삭 작업 시에는 백래시를 제거하여야 한다.
④ 절삭면의 표면거칠기는 이송을 크게 하고 커터의 지름이 작을수록 좋아진다.

> **TIP**
> • 밀링작업에서 상향 절삭
>   - 공구의 회전 방향과 공작물의 이송이 반대 방향인 경우
>   - 칩이 잘 빠져나와 절삭을 방해하지 않는다.
>   - 백래시가 제거된다.
>   - 공작물이 날에 의하여 끌려 올라오므로 확실히 고정해야 한다.
>   - 커터의 수명이 짧고, 동력 소비가 크다.
>   - 가공면이 거칠다.
> • 밀링작업에서 하향 절삭
>   - 공구의 회전 방향과 공작물의 이송이 같은 방향인 경우
>   - 칩이 잘 빠지지 않아 가공면에 흠집이 생기기 쉽다.
>   - 백래시 제거 장치가 필요하다.
>   - 커터가 공작물을 누르므로 공작물 고정에 신경 쓸 필요가 없다.
>   - 커터의 마모가 적고, 동력 소비가 적다.
>   - 가공면이 깨끗하다.

20 외경 60mm, 길이 100mm의 강재 환봉을 초경 바이트로 거친 절삭을 할 때의 1회 가공 시간은 약 몇 분인가? (단, v = 70m/min, f = 0.2mm/rev이다.)

① 1.3　　② 2.3
③ 3.1　　④ 4.1

> **TIP**
> $t = \dfrac{L}{N \times f} = \dfrac{100}{371.55 \times 0.2} = 1.34 min$
>
> $N = \dfrac{1000V}{\pi d} = \dfrac{1000 \times 70}{\pi \times 60} = 371.55 rpm$

13 ③　14 ④　15 ①　16 ②　17 ②　18 ③　19 ④　20 ①

21 구멍용 한계게이지가 아닌 것은?

① 원통형 플러그 게이지
② 테보 게이지
③ 봉 게이지
④ 링 게이지

TIP
- 구멍용게이지 – 플러그 게이지, 테보 게이지, 봉 게이지
- 축용게이지 – 스냅게이지, 링게이지, 고노 게이지

22 길이의 기준으로 사용되고 있는 평행 단도기로서 1개 또는 2개 이상의 조합으로 사용되며, 다른 측정기의 교정 등에 사용되는 측정기는?

① 컴비네이션 세트 ② 마이크로미터
③ 다이얼 게이지   ④ 게이지 블록

TIP 게이지 블록은 공장 등에서 길이의 기준으로 사용되고 있는 단도기이며 게이지 블록은 길이의 정도가 매우 높아 밀착되는 특성을 가지고 있어 몇 개의 수로 조합하여 많은 치수의 기준을 얻을 수 있다.
게이지 블록의 종류는 요한슨 형, 호크 형, 캐리 형 3종류로 일반적으로 요한슨 형이 많이 쓰이고, 호크 형은 주로 미국에서 많이 사용한다.
- 게이지블록 등급 – 참조용 : K, 표준용 : 0, 검사용 : 1, 공작용 : 2

23 게이지 블록의 다듬질 가공에 가장 적합한 방법은?

① 버핑   ② 호닝
③ 래핑   ④ 슈퍼 피니싱

TIP
- 랩제를 공작물 사이에 넣고, 압력을 가하면서 표면을 미끄럽게 고정도로 마무리하는 가공법이며, 건식과 습식이 있다. 손으로 하는 핸드래핑(hand lapping), 기계래핑(machine lapping)이 있다.
- 면의 거친 정도에 따라 거친 래핑(rough lapping), 마무리래핑(fine lapping)으로 나뉜다.

24 공구 재료에서 고속도강의 주성분에 해당하지 않는 것은?

① 탄화 티타늄   ② 텅스텐
③ 크롬   ④ 바나듐

TIP 표준 고속도공구강 – W(18) – Cr(4) – V(1)

25 일감을 -20℃ ~ -150℃정도 냉각시켜 절삭하면 공구의 마멸이 적어지고 절삭 성능이 향상되는 재료가 있다. 이러한 방법으로 절삭 가공하는 방법을 무엇이라 하는가?

① 저온절삭   ② 고온절삭
③ 상온절삭   ④ 열간절삭

TIP 저온절삭 – 절삭저항이 큰 스테인레스강 등을 절삭할 때 바이트 선단에 액체탄산 가스로 날끝을 냉각시켜 절삭하거나 공

구나 피절삭물이 가공 열로 고온이 되는 것을 방지하기 위해 냉각하면서 절삭하는 냉각절삭법을 말한다.

26 일부분에 대하여 특수한 가공인 표면처리를 하고자 한다. 기계가공 도면에서 표면처리 부분을 표시하는 선은?

① 가는 2점 쇄선   ② 파선
③ 굵은 1점 쇄선   ④ 가는 실선

TIP 굵은 일점쇄선 – 특수 지정선이라 한다.

27 표면 거칠기의 표시방법에서 산술 평균 거칠기를 표시하는 기호는?

① Ry   ② Rz
③ Ra   ④ Sm

TIP 산술 평균 거칠기 = 중심선 평균 거칠기

28 도면의 양식 중 표제란에 대한 설명으로 옳은 것은?

① 복사한 도면을 재단할 때의 편의를 위하여 도면의 네 구석에 표시한다.
② 도면에 그려야 할 내용의 영역을 명확하게 제시하기 위해 마련한다.
③ 도면을 읽을 때 특정 부분의 위치를 지시하기 위하여 마련한다.
④ 표시하는 내용에는 척도, 투상법, 도면 작성일 등이 포함된다.

TIP 도면의 중요 3요소
테두리선, 중심마크선, 표제란

29 다음 단면도 중 부분 단면도에 해당하는 것은?

① 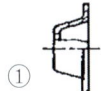   ②
③ 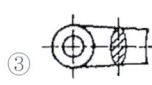   ④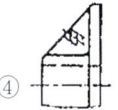

30 IT공차 등급에 대한 설명 중 틀린 것은?

① 공차등급은 IT기호 뒤에 등급을 표하는 숫자를 붙여 사용한다.
② 공차역의 위치에 사용하는 알파벳은 모든 알파벳을 사용할 수 있다.
③ 공차역의 위치는 구멍인 경우 알파벳 대문자, 축인 경우 알파벳 소문자를 사용한다.
④ 공차등급은 IT01부터 IT18까지 20등급으로 구분한다.

TIP 공차역에서 I O U L Q 가 빠진다.

31 구멍 치수가 $\varnothing 50^{+0.039}_{0}$ 이고 축 치수가 $\varnothing 50^{-0.025}_{-0.050}$ 일 때 최소 틈새는?

① 0   ② 0.025
③ 0.050   ④ 0.089

TIP 최소틈새

21 ④   22 ④   23 ③   24 ①   25 ①   26 ③   27 ③   28 ④   29 ①   30 ②   31 ②

= 구멍의 아래치수허용차 − 축의 윗 치수 허용차

= 구멍의 최소 허용공차 − 축의 최대 허용치수

32 다음은 제 3각법으로 정투상한 도면이다. 등각 투상도로 적합한 것은?

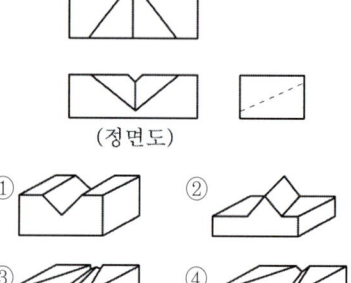

(정면도)

① ② ③ ④

33 기하공차 기호 중 자세를 규제하는 기호가 아닌 것은?

① // ② ⊥
③ ∠ ④ ⌖

TIP • (단독형체)모양공차 ⌒ − 원통도
• (관련형체)자세공차 // − 평행도,
⊥ − 직각도, ∠ − 경사도

34 선의 종류를 선택하는 방법으로 틀린 것은?

① 대상물의 보이지 않는 부분의 모양은 숨은선으로 한다.

② 치수선은 가는 실선으로 한다.

③ 절단면을 나타내는 절단선은 굵은 실선으로 한다.

④ 치수 보조선은 가는 실선으로 한다.

TIP 절단선 − 단면도의 절단된 부분을 나타내는 선으로 가는 1점 쇄선으로 그리며, 끝부분과 방향이 바뀌는 부분은 굵게 그린다.

35 기계재료의 표시 [SM 45C]에서 S가 나타내는 것은?

① 재질을 나타내는 부분

② 규격명을 나타내는 부분

③ 제품명을 나타내는 부분

④ 최저 인장강도를 나타내는 부분

TIP SM 45C (JIS−S45C)− 기계구조용 탄소강으로 탄소함유량이 0.42%~0.48% 분포되어 있어 중탄소강 계열이다.

Carbon steel for machine structure use

• S− 재질 Steel(강)을 나타낸다.
• M − machine structure use − 기계구조용

36 한 도면에 두 종류 이상의 선이 같은 장소서 겹치는 경우 우선순위가 높은 것부터 올바르게 나열한 것은?

① ① 외형선, ② 숨은선, ③ 중심선, ④ 치수 보조선
② ① 외형선, ② 해칭선, ③ 중심선, ④ 절단선
③ ① 해칭선, ② 숨은선, ③ 중심선, ④ 치수 보조선
④ ① 외형선, ② 치수 보조선, ③ 중심선 ④숨은선

> TIP 기호(문자 숫자) - 외형선 - 숨은선 - 절단선 - 중심선 - 무게중심선 - 치수 보조선

37 표면의 결인 줄무늬 방향의 지시기호 "C"의 설명으로 맞는 것은?

① 가공에 의한 커터의 줄무늬 방향이 기호로 기입한 그림의 투상면에 경사지고 두 방향으로 교차
② 가공에 의한 커터의 줄무늬 방향이 여러 방향으로 교차 또는 무 방향
③ 가공에 의한 커터의 줄무늬가 기호를 기입한 면의 중심에 대하여 대략 동심원 모양
④ 가공에 의한 커터의 줄무늬가 기호를 기입한 면의 중심에 대하여 대략 레이디얼 모양

> TIP
> • X - 가공에 의한 커터의 줄무늬 방향이 기호로 기입한 그림의 투상면에 경사지고 두 방향으로 교차
> • M - 가공에 의한 커터의 줄무늬 방향이 여러 방향으로 교차 또는 무 방향
> • R - 가공에 의한 커터의 줄무늬가 기호를 기입한 면의 중심에 대하여 대략 레이디얼 모양

38 일부의 도형이 치수 수치에 비례하지 않을 때의 표시법으로 올바른 것은?

① 치수 수치의 아래에 실선을 긋는다.
② 치수 수치에 ( )를 한다.
③ 치수 수치를 사각형으로 둘러싼다.
④ 치수 수치 앞에 "실" 또는 "전개"의 글자기호를 기입한다.

> TIP
> • 100 - 치수 수치에 비례하지 않을 때
> • (100) 참고치수 - 치수 수치에 ( )를 한다.
> • ⬚100 이론적으로 정확한 치수 - 치수 수치를 사각형으로 둘러싼다.

39 어떤 구멍의 치수 $\varnothing 20^{+0.041}_{-0.025}$ 에 대한 설명으로 틀린 것은?

① 구멍의 기준치수는 ⌀20이다.
② 구멍의 위치수 허용차는 +0.041 이다.
③ 최소 허용 한계 치수는 ⌀20.041 이다.
④ 구멍의 공차는 0.066이다.

> TIP 20 - 0.025 = 19.975

40 제1각법과 제3각법의 설명 중 틀린 것은?

① 제1각법은 물체를 1상한에 놓고 정투상법으로 나타낸 것이다.
② 제1각법은 '눈 → 투상면 → 물체'의 순서로 나타낸 것이다.
③ 제3각법은 물체를 3상한에 놓고 정투상법으로 나타낸 것이다.
④ 한 도면에 제1각법과 제3각법을 같이 사용해서는 안 된다.

TIP 제3각법은 '눈 → 투상면 → 물체'의 순서로 나타낸 것이다.

41 다음 도면은 3각법에 의한 평면도와 우측면도이다. 정면도로 가장 적합한 것은?

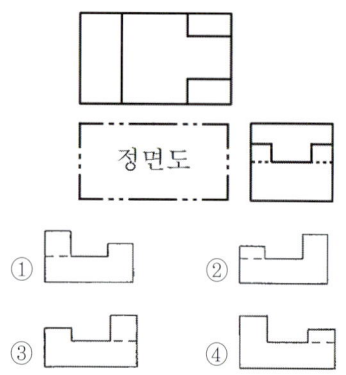

42 정투상법에서 물체의 모양, 기능, 특징 등이 가장 잘 나타내는 쪽의 투상면을 무엇으로 잡는 것이 좋은가?

① 정면도   ② 평면도
③ 측면도   ④ 배면도

43 KS의 부문별 기호에서 기계 부분을 나타내는 기호는?

① KS A   ② KS B
③ KS C   ④ KS D

TIP KS A - 기본, KS C - 전기, KS D - 금속

44 다음 그림 중 원호의 길이 치수 기입으로 옳은 것은?

TIP 2번 현의 길이 치수기입, 4번 각도치수 기입

45 치수 보조 기호에서 이론적으로 정확한 치수를 나타내는 것은?

① 30   ② 2
③ 30   ④ (30)

TIP • 30 : 치수 수정시 표기
• 30 : 비례치수가 아닌 치수값
• (30): 참고치수

46 유니파이 나사의 호칭 1/2-13UNC 에서 13이 뜻하는 것은?

① 바깥지름
② 피치

③ 1인치 당 나사산 수

④ 등급

> TIP 1/2-13UNC 유니파이보통나사 호칭지름 1/2인치 - 1인치당 나사산수 13

47 평벨트 풀리의 도시법으로 틀린 것은?

① 벨트 풀리는 축직각 방향의 투상을 주투상도로 할 수 있다.

② 암은 길이 방향으로 절단하여 단면을 도시한다.

③ 암의 단면모양은 도형의 안이나 밖에 회전 단면을 도시한다.

④ 암의 테이퍼 부분 치수를 기입할 때 치수 보조선은 경사선으로 그을 수 있다.

48 테이퍼 핀의 호칭 지름을 표시하는 부분은?

① 핀의 큰 지름 부분

② 핀의 작은 지름 부분

③ 핀의 중간 지름 부분

④ 핀의 작은 지름 부분에서 전체의 1/3이 되는 부분

49 다음 중 필릿 용접을 나타내는 기호는?

① ○ ② ⌐
③ ⊓ ④ △

> TIP • ○ : 점용접
> • ⊓ : 플러그 용접

50 유체의 종류와 문자 기호를 연결한 것으로 틀린 것은?

① 공기 - A   ② 가스 - G
③ 물 - W   ④ 수증기 - R

> TIP 수증기 - S

51 구름베어링의 호칭번호가 6203일 때 베어링의 안지름은?

① 15mm   ② 16mm
③ 17mm   ④ 18mm

> TIP • 00 - 10mm
> • 01 - 12mm
> • 02 - 15mm
> • 03 - 17mm
> • 04부터 x5 - 20mm

52 나사의 제도방법에 대한 설명 중 틀린 것은?

① 암나사의 골을 표시하는 선은 굵은 실선으로 그린다.

② 수나사의 바깥지름은 굵은 실선으로 그린다.

③ 수나사의 골지름은 가는 실선으로 그린다.

④ 완전 나사부와 불완전 나사부의 경계선은 굵은 실선으로 그린다.

---

40 ② 41 ④ 42 ① 43 ② 44 ③ 45 ① 46 ③ 47 ② 48 ② 49 ④ 50 ④ 51 ③ 52 ①

> 💡TIP 암나사의 골지름과 수나사의 골지름은 가는 실선으로 그린다.

53 표준 스퍼 기어의 잇수가 32, 피치원 지름이 96mm이면 원주피치는 몇 mm인가? (단, π는 3.14로 한다.)

① 9.42 ② 10.28
③ 12.38 ④ 16.26

> 💡TIP
> $PCD = m \times z \quad m = \dfrac{PCD}{z} = \dfrac{96}{32} = 3$
> $P = \dfrac{\pi \times m \times z}{z} = \pi \times m = \pi \times 3 = 9.42 mm$

54 스퍼 기어에서 축 방향에서 본 투상도의 이뿌리원을 나타내는 선은?

① 가는 1점 쇄선 ② 가는 실선
③ 굵은 실선 ④ 가는 2점 쇄선

55 스프링 제도시 원칙적으로 상용하중 상태에서 그리는 스프링은?

① 코일 스프링 ② 벌류우트 스프링
③ 겹판 스프링 ④ 스파이럴 스프링

> 💡TIP 스프링은 무하중상태로 그리는 것을 원칙으로 함, 겹판 스프링은 사용하중 상태로 그린다. 하중값 표기함.

56 축을 제도할 때 도시방법의 설명으로 맞는 것은?

① 축은 길이 방향으로 단면 도시한다.
② 축에 단이 있는 경우는 치수를 생략한다.
③ 단면 모양이 같은 긴 축은 중간을 파단하여 짧게 그릴 수 있다.
④ 모따기는 기호만 기입한다.

> 💡TIP 축은 전체 단면(전단면)을 금지하며 부분 단면도만 허용한다.

57 CAD시스템을 구성하는 하드웨어로 볼 수 없는 것은?

① CAD프로그램 ② 중앙처리장치
③ 입력장치 ④ 출력장치

58 3차원 물체를 외부형상 뿐만 아니라 내부구조의 정보까지도 표현하여 물리적 성질 등의 계산까지 가능한 모델은?

① 와이어 프레임 모델
② 서피스 모델
③ 솔리드 모델
④ 엔티티 모델

59 다음 입·출력 장치의 연결이 잘못된 것은?

① 입력장치 - 키보드, 라이트펜
② 출력장치 - 프린터, COM
③ 입력장치 - 트랙볼, 태블릿
④ 출력장치 - 디지타이저, 플로터

TIP 디지타이저(입력장치)

60 CAD시스템에서 마지막 점에서 다음 점까지의 각도와 거리를 입력하여 선긋기를 하는 입력 방법은?

① 절대 직교좌표 입력방법
② 상대 직교좌표 입력방법
③ 절대 원통좌표 입력방법
④ 상대 극좌표 입력방법

06 기출복원 문제

01 모듈 4, 잇수가 각각 75개, 150개인 1쌍의 스퍼 기어가 맞물려 있을 때, 두 기어의 축간 거리는 몇 mm인가?

① 420　　② 430
③ 440　　④ 450

TIP $c = \dfrac{PCD_1 + PCD_2}{2} = \dfrac{(4 \times 75) + (4 \times 150)}{2}$
　　$= 450mm$

02 피치 3mm인 3줄 나사의 리드는 mm 인가?

① 1mm　　② 2.87mm
③ 3.14mm　④ 9mm

TIP $l = n \times p \times 회전수 = 3 \times 3 = 9mm$

03 다음 그림과 같이 스프링을 연결하는 경우 직렬접속은 어느 것인가? (단, W는 하중이고 K_1, K_2, K_3는 스프링 상수이다.)

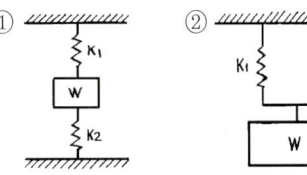

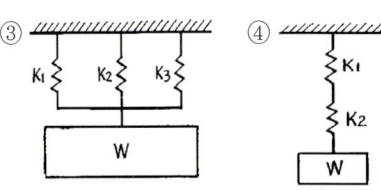

TIP 병렬접속 : ① ② ③

04 인장 코일 스프링에 3kgf의 하중을 걸었을 때 변위가 30mm이었다면, 이 스프링의 상수는 얼마인가?

① 1/10kgf/mm　② 1/5kgf/mm
③ 5kgf/mm　　④ 10kgf/mm

TIP $K = \dfrac{\omega}{\delta} = \dfrac{3kg_f}{30mm} = 0.1 kg_f/mm$

05 피치원의 지름이 일정한 기어에서 모듈의 값이 커지면 잇수는?

① 많아진다.
② 적어진다.
③ 같다.
④ 이것만으로는 알 수 없다.

TIP $PCD = m \times z$

06 하중의 크기와 방향이 동시에 변화하면서 작용하는 하중은?

① 반복하중 ② 교번하중
③ 충격하중 ④ 정하중

> TIP: 교번하중 : 하중의 크기와 방향이 동시에 변화하면서 작용하는 하중

07 못을 뺄 때의 못에 작용하는 하중상태는 무슨 하중에 속하는가?

① 인장하중 ② 압축하중
③ 비틀림하중 ④ 전단하중

08 다음 경도 시험 중 압입자를 이용한 방법이 아닌 것은?

① 브리넬 경도 ② 로크웰 경도
③ 비커스 경도 ④ 쇼어 경도

09 후크의 법칙을 표현한 식으로 맞는 것은? (단, σ : 응력, E : 영률, ε : 변형률이다.)

① $\sigma = \dfrac{2E}{\epsilon}$ ② $E = \dfrac{\sigma}{\epsilon}$

③ $E = \dfrac{\epsilon}{\sigma}$ ④ $\epsilon = \dfrac{E}{2\sigma}$

> TIP: 후크의 법칙 비례한도내에서 응력과 변형률은 비례한다.
>
> $E = \dfrac{\sigma}{\epsilon} = \dfrac{\frac{\omega}{A}}{\frac{\lambda}{l}}$
>
> ω : 하중
> A : 재료의 단면적
> $\lambda : l - l'$, 늘어난 길이
> l : 표점거리

10 다음 중 직접측정기에 속하는 것은?

① 옵티미터 ② 다이얼게이지
③ 미니미터 ④ 마이크로미터

11 기본 설계 단계로부터 상세 설계 및 도면 작성에 이르는 설계 전체의 과정을 컴퓨터를 이용하여 설계하는 방식은?

① CAM(Computer Aided Manufacturing)
② CAD(Computer Aided Design)
③ CAE(Computer Aided Engineering)
④ CAT((Computer Aided Testing)

> TIP:
> - CAD (Computer Aided Design) 제품의 설계를 최적화하는데 사용된다. 2D나 3D 모델링 및 드로잉을 하는데 주로 사용된다.
> - CAM (Computer Aided Manufacturing) 제품의 생산을 최적화하는데 사용된다. CAD 데이터를 NC 프로그램으로 만들어, CNC 공작기계로 보내는데 주로 사용된다.
> - CAE (Computer Aided Engineering) 제품의 설계에 대한 해석을 하는데 사용된다. CAD 데이터를 구조/유동해석 등을 통해 검증 및 최적화를 하는데 주로 사용된다.
> - CFD (Computational Fluid Dynamics) 유동해석을 의미한다. CAE 안에서 수행된다.

01 ④ 02 ④ 03 ④ 04 ① 05 ② 06 ② 07 ① 08 ④ 09 ② 10 ④ 11 ②

12 호칭지름이 50mm, 피치 2mm인 미터 가는 나사가 2줄 왼나사로 암나사 등급이 6일 때 KS나사 표시 방법으로 올바른 것은?

① 좌 2줄 M50×2-6H
② 좌 2줄 M50×2-6g
③ 왼 2N M50×2-6H
④ 왼 2N M50×2-6g

13 프레스 등의 동력 전달용으로 사용되면 축방향의 큰 하중을 받는 곳에 주로 쓰이는 나사는?

① 미터 나사   ② 관용 평행 나사
③ 사각 나사   ④ 둥근 나사

14 평벨트 풀리에서 동력을 전달하는 운전 중인 벨트에 작용하는 유효 장력은? (단, Tt는 긴장 측 장력, Ts 이완 측 장력이다.)

① Tt - Ts   ② Ts - Tt
③ Tt / Ts   ④ Ts / Tt

15 그림에서 ①번 부위에 표시한 굵은 일점 쇄선이 의미하는 뜻은 무엇인가?

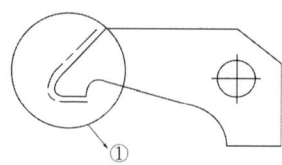

① 연삭 가공 부분   ② 열처리 부분
③ 다듬질 부분   ④ 원형 가공 부분

16 기하공차에서 이론적으로 정확한 치수를 나타내는 것은?

① 30   ② ②
③ 30   ④ (30)

17 기어의 제도에 대한 설명 중 틀린 것은?

① 이끝원은 굵은 실선으로 그린다.
② 피치원은 가는 2점 쇄선으로 그린다.
③ 이뿌리원은 가는 실선으로 그린다.
④ 헬리컬기어는 잇줄방향으로 보통 3개의 가는 실선으로 그린다.

18 다음은 CAD System의 구성과 그들의 상관관계를 나타낸 것이다. ( )안에 들어갈 것으로 옳은 것은?

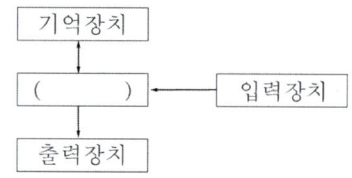

① CPU   ② RAM
③ Register   ④ Accumulator

TIP: CPU - 제어장치, 연산장치, 기억장치

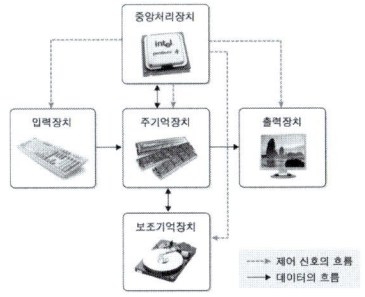

19 45° 모따기를 나타내는 기호로 올바른 것은?

① C ② R
③ □ ④ t

20 6각너트 스타일1 A M12-8 SM20C - C로 표시된 6각 너트에서 A는 무엇을 의미하는가?

① 볼트 종류 ② 부품 등급
③ 강도 구분 ④ 지정사항

21 다음 기하공차 중에서 데이텀이 필요없이 단독으로 규제가 가능한 것은?

① 평행도 ② 진원도
③ 동심도 ④ 대칭도

22 다음 기하공차 중 평행도 공차기호는 어느 것인가?

① // ② ⊥
③ ∠ ④ −

23 관용 테이퍼 수나사를 표시하는 기호는?

① R ② G
③ PT ④ Tr

24 사인바(sine bar)로 각도를 측정할 때 몇 도를 넣으면 오차가 많이 발생하게 되는가?

① 10° ② 20°
③ 30° ④ 45°

25 다음 중 3차원의 기하학적 형상 모델링의 종류가 아닌 것은?

① 와이어 프레임 모델링(wire frame modelling)
② 서피스 모델링(surface modelling)
③ 솔리드 모델링(solid modelling)
④ 시스템 모델링(system modelling)

26 인장시험에서 시험 전의 표점거리가 50mm인 시험편으로 시험한 후 그 표점거리를 측정하였더니 55mm이었다면, 이 시험편의 연신율은?

① 10% ② 15%
③ 20% ④ 5%

TIP 💡 $\epsilon = \dfrac{l' - l}{l} \times 100 = \dfrac{\lambda}{l} \times 100$

$= \dfrac{55 - 50}{50} \times 100 = 10\%$

12 ③ 13 ③ 14 ① 15 ② 16 ① 17 ② 18 ① 19 ① 20 ② 21 ② 22 ① 23 ① 24 ④ 25 ④ 26 ①

27 다음 도형은 제3각법으로 정면도와 우측면도를 나타낸 것이다. ㉮에 들어갈 평면도로 맞는 것은?

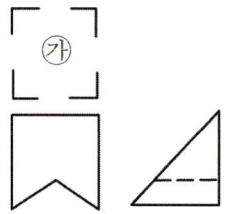

① 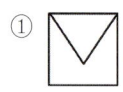 ②

③ 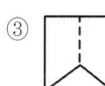 ④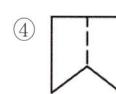

28 기계제도에서 치수 기입의 원칙으로 틀린 것은?

① 치수는 되도록 정면도에 집중하여 기입한다.
② 치수는 되도록 중복 기입을 피한다.
③ 치수는 되도록 계산하여 구할 필요가 없도록 기입한다.
④ 치수는 되도록 치수선이 만나는 곳에 기입한다.

29 지름 120mm, 길이 340mm인 중탄소강 둥근 막대를 초경합금 바이트를 사용하여 절삭속도 150m/min으로 절삭하고자 할 때, 회전수는?

① 398rpm ② 410rpm
③ 430rpm ④ 458rpm

TIP
$$150 = \frac{\pi d n}{1000} = \frac{\pi \times 120 \times n}{1000}$$
$$n = \frac{1000v}{\pi d} = \frac{1000 \times 150}{\pi \times 120} = 398 rpm$$

30 각도 측정에 사용되는 측정기가 아닌 것은?

① 사인바 ② 수준기
③ 오토콜리메이터 ④ 측장기

31 하이트 게이지 중 스크라이버 밑면이 정반에 닿아 정반면으로부터 높이를 측정할 수 있으며 어미자는 스탠드 홈을 따라 상하로 조금씩 이동시킬 수 있어 0점 조정이 용이한 구조로 되어있는 것은?

① HB형 하이트 게이지
② HT형 하이트 게이지
③ HM형 하이트 게이지
④ 간이형 형 하이트 게이지

32 다음 보기의 도면과 같이 '40' 밑에 그은 선은 무엇을 나타내는가?

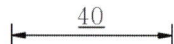

① 기준 치수
② 비례척이 아닌 치수
③ 다듬질 치수
④ 가공 치수

33 코일 스프링의 제도에 대한 설명 중 틀린 것은?

① 스프링은 원칙적으로 하중이 걸린 상태에서 도시한다.
② 스프링의 종류와 모양만을 도시할 때에는 재료의 중심을 굵은 실선으로 그린다.
③ 특별한 단서가 없는 한 모두 오른쪽 감기로 도시하고 왼쪽 감기일 경우 "감긴 방향 왼쪽"이라고 표시한다.
④ 코일 부분의 중간 부분을 생략할 때에는 생략한 부분을 가는 1점 쇄선 또는 가는 2점 쇄선으로 표시해도 좋다.

34 게이지 블록의 표준조합 선택 및 치수의 조립시 고려하여야 할 사항으로 거리가 먼 것은?

① 게이지 블록의 윤곽 판독 방식
② 소수점 아래 첫째자리 숫자가 5보다 큰 경우에는 5를 뺀 나머지 숫자부터 선택
③ 조합의 개수를 최소로 할 것
④ 정해진 치수를 고를 때는 맨 끝자리부터 고를 것

> **TIP** 게이지 블록(gauge block) 게이지 블록, 블록게이지는 치수를 측정할 때 사용하는 장비입니다.
> 처음 발명된 것은 요한슨(스웨덴)이 고안한 것으로 요한슨 블록이라고도 합니다.
> 장비 내에는 사진과 같이 여러 가지 치수의 게이지 블록들이 들어있고, 이러한 블록들을 밀착(링깅, Wringing)시키면 생겨 서로가 붙게 됩니다. 따라서 붙인 게이지들로 치수를 합해 측정값으로 계산합니다.
>
> 〈측정시 유의사항〉
> - 피 측정물을 마이크로미터와 하트게이지를 이용하여 측정합니다.
> - 최소 갯수로 밀착하며 숫자의 맨 끝자리 수부터 골라냅니다.
> - 아래 첫자리수가 5보다 클 때에는 우선 5를 뺀 나머지 수부터 선택합니다.
> - 두꺼운 것(3mm 이상)끼리 밀착시킬 때는 유막형성 후 중앙에서 직교(90도)하도록 놓고 문질러 밀착, 회전시켜 일치시킵니다.
> - 얇은 것을 밀착시킬 경우에는 기본 게이지 위에 하나를 밀착시켜 올려 위치시키고 때어 낼 때는 +자형으로 회전시켜 떼어냅니다.
> - 두꺼운 블록과 얇은 블록의 밀착시킬 때는 한 끝을 두꺼운 게이지 면으로 밀면서 밀착시켜야하며, 그렇지 않으면 치수 변형이 생길 수 있다.
>
> 〈게이지 블록의 종류〉
> - 직사각형의 단면을 가진 요한슨형 (Johansson type형)
> - 중앙에 구멍이 뚫린 정사각형의 단면을 가진 호크형(Hoke type형)
> - 원형으로 중앙에 구멍이 뚫린 캐리형 (carry type형)

35 다음 그림의 단면도는?

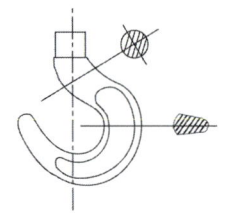

① 부분 단면도　② 한쪽 단면도
③ 회전도시 단면도　④ 조합 단면도

36 CAD시스템에서 마지막 점에서 다음 점까지의 각도와 거리를 입력하여 선긋기를 하는 입력방법은?

① 절대좌표 입력방법
② 상대좌표 입력방법
③ 원통좌표 입력방법
④ 상태 극좌표 입력방법

37 스퍼기어의 제도에서 피치원 지름은 어느 선으로 나타내는가?

① 가는 1점 쇄선　② 가는 2점 쇄선
③ 가는 실선　　　④ 굵은 실선

38 SS330로 표시된 기계재료에서 330은 무엇을 나타내는가?

① 최저 인장강도　② 최고 인장강도
③ 탄소함유량　　④ 종류

39 다음 나사의 표시 방법에 대한 설명 중 올바르지 않은 것은?

① 수나사와 암나사의 결합 부분은 수나사로 표시한다.
② 수나사나 암나사의 골지름은 가는 실선으로 그린다.
③ 수나사의 바깥지름과 암나사의 안지름은 굵은 실선으로 그린다.
④ 완전 나사부와 불완전 나사부의 경계선은 가는 실선으로 그린다.

> 💡 완전 나사부와 불완전 나사부의 경계선은 굵은 실선으로 그린다.

40 회전 단면도를 설명한 것으로 가장 올바른 것은?

① 도형 내의 절단한 곳에 겹쳐서 90° 회전시켜 도시한다.
② 물체의 1/4을 절단하여 1/2은 단면, 1/2은 외형을 도시한다.
③ 물체의 반을 절단하여 투상면 전체를 단면으로 도시한다.
④ 외형도에서 필요한 일부분만 단면으로 도시한다.

41 V-벨트 풀리는 호칭지름에 따라 홈의 각도를 달리 하는데, 다음 중 V-벨트 풀리의 홈의 각도로 사용되지 않는 것은?

① 34°　　② 36°
③ 38°　　④ 40°

42 원뿔을 경사지게 자른 경우의 전개 형태로 올바른 것은?

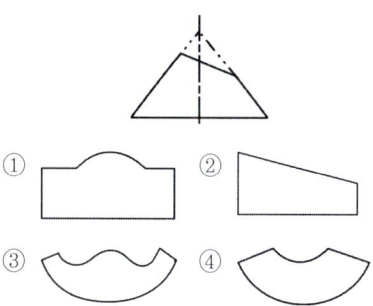

43 보기의 그림에서 ㉮부와 ㉯부에 두개의 베어링을 같은 축선에 조립하고자 한다. 이때 ㉮부를 기준으로 ㉯부에 기하공차를 결정할 때 가장 올바른 것은?

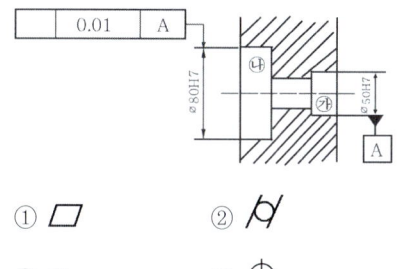

① ▱ ② ⁄⁄
③ ◎ ④ ⌖

44 다음 중에서 3각법의 투시 순서로 옳은 것은?

① 눈 → 투상면 → 물체
② 물체 → 투상면 → 눈
③ 물체 → 눈 → 투상면
④ 눈 → 물체 → 투상면

TIP 1각법 : 눈 → 물체 → 투상면

45 표면거칠기를 나타내는 방법 중 단면곡선에서 기준길이를 잡고 가장 높은 곳과 낮은 곳의 차이를 측정하여 미크론(㎛) 단위로 나타내는 것을 무엇이라고 하는가?

① 최대높이거칠기
② 10점 평균거칠기
③ 중심선 평균거칠기
④ 단면 평균거칠기

46 다음 그림의 테이퍼 부분의 테이퍼 값은 얼마인가?

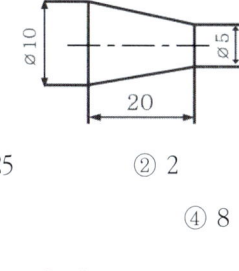

① 0.25   ② 2
③ 4   ④ 8

TIP $T = \dfrac{D-d}{l} = \dfrac{10-5}{20} = 0.25$

47 다음 도형은 제3각법으로 정면도와 우측면도를 나타낸 것이다. 평면도로 옳은 것은?

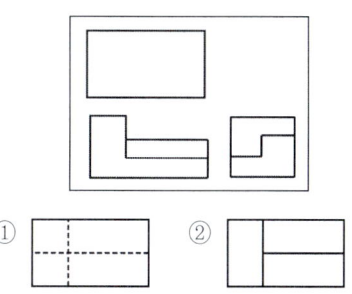

③ 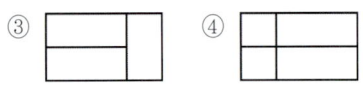 ④

48 화면 표시 장치 각각의 영역에서 판독 위치, 입력 가능 위치 및 입력 상태 등을 표현하여 주는 표식은?

① 좌표 원점(origin point)
② 도면 요소(entity)
③ 커서(cursor)
④ 대화 상자(dialogue box)

49 일반적인 CAD 시스템에서 직선의 작성 방법이 아닌 것은?

① 임의의 두 점을 지정하는 방법
② 두 요소의 끝점을 연결하는 방법
③ 절대좌표값의 입력에 의한 방법
④ 두 평면의 교차에 의한 방법

50 구멍의 최소치수가 축의 최대치수보다 큰 경우는 무슨 끼워맞춤인가?

① 헐거운 끼워맞춤
② 중간 끼워맞춤
③ 억지 끼워맞춤
④ 강한 억지 끼워맞춤

51 도면상에 구멍, 축 등의 호칭치수를 의미하며 치수 허용한계의 기준이 되는 치수는?

① IT치수
② 실치수
③ 허용한계치수
④ 기준치수

TIP 실치수 : 가공완료후 측정치수

52 축과 보스의 키홈에 KS 규격으로 치수를 기입하려고 할 때 적용 기준이 되는 것은?

① 보스 구멍의 지름
② 축의 지름
③ 키의 두께
④ 키의 폭

53 부품을 스케치 할 때의 방법이 아닌 것은?

① 프린트법
② 플로팅법
③ 프리핸드법
④ 사진촬영법

TIP 프린트법, 프리핸드법, 모양뜨기법, 사진촬영법

54 한 쌍의 기어가 맞물려 있을 때 모듈을 m 이라 하고 각각의 잇수를 Z_1, Z_2 라 할 때, 두 기어의 중심거리(C)를 구하는 식은?

① $C = (Z_1 + Z_2) \cdot m$
② $C = \dfrac{Z_1 + Z_2}{m}$
③ $C = \dfrac{(Z_1 + Z_2) \cdot m}{m}$
④ $C = \dfrac{(Z_1 + Z_2) \cdot m}{2}$

55 삼각법으로 그린 3면도 투상도 중 잘못 그려진 투상이 있는 것은?

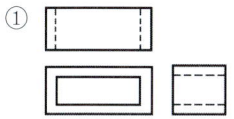
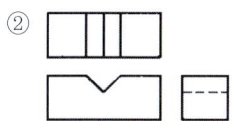
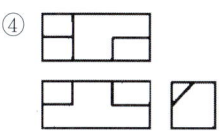

56 다음 베어링중 축과 직각 방향으로 하중이 작용하는 베어링은?

① 칼라 베어링 ② 드러스트 베어링
③ 레이디얼 베어링 ④ 원뿔 베어링

TIP 드러스트 베어링 – 축방향으로 하중이 작용하는 베어링

57 볼베어링의 호칭번호가 62/22이면 안 지름은 몇 mm인가?

① 22 ② 110
③ 55 ④ 100

58 다음 기하공차 기호 중 원통도 공차의 기호는?

① ▱ ② ○
③ ◇ ④ ⊕

59 일반적인 CAD시스템에서 해칭(hatching) 할 도형을 지정한 후에 수정해야 할 파라미터가 아닌 것은?

① 해칭선의 종류 ② 해칭선의 굵기
③ 해칭선의 각도 ④ 해칭선의 간격

60 그림과 같은 정원뿔을 단면선을 따라 평면으로 교차시킨 경우 구성되는 단면 형태는?

① 쌍곡선 ② 포물선
③ 타원 ④ 원

06 기출복원 문제

01 두께가 같은 두 판재를 맞대기 용접을 했을 경우 인장하중 P=48kN에 대한 인장응력이 6Mpa이었을 때 이 판재 두께는?(단, 용접 길이 L은 32cm이다)

① 15   ② 1.5
③ 25   ④ 2.5

TIP $\sigma = \dfrac{P}{A} = \dfrac{P}{t \times l}$

$6 \times 10^6 \text{N/m}^2 = \dfrac{48 \times 10^3 \text{N}}{t \times 0.32\text{m}}$

$t = \dfrac{48 \times 10^3 \text{N}}{6 \times 10^6 \text{N/m}^2 \times 0.32\text{m}} = 2.5\text{cm}$

02 평벨트 풀리의 구조에서 벨트와 직접 접촉하여 동력을 전달하는 부분은?

① 림   ② 암
③ 보스 ④ 리브

TIP
- 보스 : 축과 결합되는 부분으로 키나 고정 나사 등으로 체결한다.
- 림 : 벨트가 접촉되는 부분

03 표준게이지의 종류와 용도가 잘못 연결된 것은?

① 드릴게이지 : 드릴의 지름 측정
② 와이어 게이지 : 판재의 두께 측정
③ 나사의 피치 게이지 : 나사산의 각도 측정
④ 센터게이지 : 나사 바이트의 각도 측정

TIP
① 드릴게이지 : 드릴의 지름 측정
② 와이어 게이지 : 판재의 두께 측정
③ 나사의 피치 게이지 : 나사산의 피치 측정
④ 센터게이지 : 나사 바이트의 각도 측정

04 회전하고 있는 원통 마찰차의 지름이 250mm이고, 종동차의 지름이 400mm일 때 최대 a몇 N-m인가?(단 마찰차의 마찰계수는 0.20이고 서로 밀어붙이는 힘은 2kN이다.)

① 20   ② 40
③ 80   ④ 160

TIP 종동차의 회전토크(T)를 구하는 식

D_2 : 종동차의 지름

μ : 마찰계수

P : 미는 힘

$$T = F\frac{D_2}{2} = \mu P \frac{D_2}{2}$$
$$T = 0.2 \times 2000N \frac{0.4m}{2} = 80N-m$$

05 지름이 6cm인 원형 단면의 봉에 500kN의 인장하중이 작용할 때 이봉에 발생되는 응력은 약 몇 N/mm² 인가?

① 170.8 ② 176.8
③ 180.8 ④ 200.8

TIP $\sigma = \dfrac{F}{A} = \dfrac{4 \times 500000N}{\pi \times 60^2} = 176.8 N/mm^2$

F : 작용하는 힘

N : 단위면적

06 압축 코일 스프링에서 코일의 평균지름이 50mm, 감긴 수 10회, 스프링 지수가 5일 때 스프링의 재료 지름은 약 몇 mm 인가?

① 5 ② 10
③ 15 ④ 20

TIP 스프링지수 C

$C = \dfrac{D}{d}, d = \dfrac{50}{5} = 10$

07 다음 중 백래시를 작게 할 수 있고 높은 정밀도를 오래 유지할 수 있으며 효율이 가장 좋은 나사는?

① 사각나사 ② 톱니나사
③ 볼나사 ④ 둥근나사

08 다음 동력 전달 장치 중 운전이 조용하고 무단변속을 할 수 있으나 일정한 속도비를 얻기 힘든 것은?

① 마찰차 ② 기어
③ 체인 ④ 플라이휠

TIP • 마찰차 : 회전하면서 접촉하는 두 면 사이의 마찰을 이용하여 양 축에 동력을 전달하는 장치이다.
• 플라이휠 : 회전 에너지를 저장하는데 사용되는 회전 기계 장치이다. 플라이휠에 축적된 에너지의 양이 그 회전 속도의 제곱에 비례한다.

09 4m/s의 속도로 전동하고 있는 벨트의 긴장측의 장력이 1.23kN, 이완측의 장력이 0.49kN라 하면, 전달하고 있는 동력은 몇 kw인가?

① 1.55 ② 1.86
③ 2.21 ④ 2.96

TIP $H = F \times v = (T_t - T_s) \times v$
$= (1.23 - 0.49) \times 4 = 2.96 kw$

01 ④ 02 ① 03 ③ 04 ③ 05 ② 06 ② 07 ③ 08 ① 09 ④

10 기본 부하용량이 33000N이고, 베어링 하중이 4000N인 볼 베어링이 900rpm으로 회전할 때, 베어링의 수명시간은 약 몇 시간인가?

① 9050
② 9500
③ 10400
④ 11500

TIP $L_s = 500(\dfrac{C}{P})^r \times \dfrac{33.3}{N}$

$= 500 \times (\dfrac{33000}{4000})^3 \times \dfrac{33.3}{900} = 10388$

11 직경 50mm의 축이 78.4N-m의 비틀림 모멘트와 49N-m의 굽힘 모멘트를 동시에 받을 때, 축에 생기는 최대 전단응력은 몇 Mpa인가?

① 2.88
② 3.77
③ 4.56
④ 5.79

TIP $\tau = \dfrac{16T}{\pi d^3} = \dfrac{16 \times 92453}{\pi \times 0.05^3} = 3.77\text{Mpa}$

$T = \sqrt{M^2 + T^2} = \sqrt{49^2 + 78.4^2}$
$= 92453\text{N} - \text{m}$

12 3차원 솔리드 모델의 생성을 위해 사용되는 기본 입체(Primitive)가 아닌 것은?

① Cone
② Wedge
③ Sphere
④ Patch

TIP Primitive란 기본 도형을 말한다. 모든 3D S/W는 이런 기본 도형들을 제공하는데 이 기본 도형을 통해서 보다 빠르게 모델링을 할 수 있다.

13 표준 평기어에서 피치원지름 600㎜, 모듈 10인 경우의 기어의 잇수는 몇 개인가?

① 60
② 62
③ 120
④ 124

TIP CD=Z(잇수) x M(모듈)
Z = PCD / M = 600mm/10 = 60개

14 탄소강에 함유된 원소 중에서 상온 취성의 원인이 되는 것은?

① 망간
② 규소
③ 인
④ 황

TIP • 인(P) - 상온취성
• 황(S) - 적열취성

15 재료의 극한강도와 허용응력의 비를 무엇이라고 하는가?

① 변형율
② 강도율
③ 안전율
④ 응력율

TIP 안전율(S) = 극한강도 / 허용응력

16 초경질합금의 중요한 원소가 아닌 것은?

① W
② C
③ Co
④ Al

TIP: 강도와 경도를 높이는데 사용되는 원소
W C Co

17 나사축과 너트 사이에 강구(steel ball)를 넣어서 힘을 전달하게 하는 나사는?

① 사각나사   ② 사다리꼴나사
③ 둥근나사   ④ 볼나사

TIP: 볼나사 : 볼 나사는 회전 운동을 선형 운동으로 변환하는 일종의 선형 액추에이터입니다. CNC 기계, 로봇 공학 및 기타 정밀 기계를 포함한 다양한 산업 응용 분야에 사용.
볼 나사는 나사 막대 또는 샤프트, 너트 및 너트와 나사 막대 사이에서 구르는 볼 베어링 세트로 구성

18 청동에 1% 이하의 인을 첨가한 합금으로 기계적 성질이 좋고, 내식성을 가지며, 기어, 베어링, 밸브 시트 등 기계부품에 많이 사용되는 청동은?

① 켈밋   ② 알루미늄 청동
③ 규소청동   ④ 인청동

TIP: 인청동 – 합금에 탈산제로서 미량의 P를 넣은 것과, P의 첨가에 의해 보통 청동보다도 기계적 성질이 양호하게 되고, P가 많은 것은 특히 내마모성에 우수하다. 탄성, 내마모성, 내식성을 필요로 하는 용도에 공급되어 용수철, 다이어프램, 축받이, 취동부품 등에 이용된다.

19 다음 중 분할 핀에 관한 설명으로 틀린 것은?

① 핀 한쪽 끝이 두 갈래로 되어 있다.
② 너트의 풀림 방지에 사용된다.
③ 축에 끼워진 부품이 빠지는 것을 방지하는데 사용된다.
④ 테이퍼 핀의 일종이다.

TIP:
• 분할핀의 호칭은 끼워지는 구멍의 크기임
• 핀 한쪽 끝이 두 갈래로 되어 있다
• 너트의 풀림 방지에 사용된다
• 축에 끼워진 부품이 빠지는 것을 방지하는데 사용된다

20 구리(Cu)의 성질에 대한 설명 중 틀린 것은?

① 전기 및 열의 전도성이 우수하다.
② 전연성이 좋아 가공이 용이하다.
③ 화학적 저항력이 작아 부식이 잘된다.
④ 아름다운 광택과 귀금속적 성질이 우수하다.

TIP:
• 구리의 성질 전기 및 열의 전도성이 우수하다.
• 전연성이 좋아 가공이 용이하다.
• 대기중 화학적 저항력이 커서 부식이 잘 안된다.
• 아름다운 광택과 귀금속적 성질이 우수하다.

10 ③   11 ②   12 ④   13 ①   14 ③   15 ③   16 ④   17 ④   18 ④   19 ④   20 ③

21 열경화성 수지에 해당되지 않는 것은?

① 페놀 수지　② 요소 수지
③ 멜라민 수지　④ 염화 비닐

> TIP 〈열경화성수지〉
> 페놀수지, 에폭시 수지, 멜라민 수지, 우레아 수지, 불포화폴리에스테르 수지, 알키드 수지, 규소수지, 폴리우레탄수지

22 일반적인 너트의 풀림을 방지하기 위하여 사용하는 방법이 아닌 것은?

① 스프링와셔에 의한 방법
② 나비너트에 의한 방법
③ 로크너트에 의한 방법
④ 멈춤 나사에 의한 방법

> TIP
> • 스프링와셔에 의한 방법
> • 로크너트에 의한 방법
> • 핀 또는 작은 나사를 사용하는 방법
> • 철사에 의한 방법
> • 너트의 회전 방향에 의한 방법
> • 자동죔 너트를 사용하는 방법
> • 세트 스크루에 의한 방법

23 길이방향으로 절단하여 단면도시 할 수 있는 것은?

① 리브 및 암　② 키와 핀
③ 축　　　　　④ 부시

24 표준 성분이 4% Cu, 2% Ni, 1.5% Mg 인 알루미늄 합금으로 시효 경화성이 있어서 모래형 및 금형 주물로 사용되고, 열간단조 및 압출가공이 쉬워 단조품 및 피스톤에 이용되는 금속은?

① Y합금　② 하이드로날륨
③ 두랄루민　④ 알클래드

25 기본 설계 단계로부터 상세 설계 및 도면 작성에 이르는 설계 전체의 과정을 컴퓨터를 이용하여 설계하는 방식은?

① CAM(Computer Aided Manufacturing)
② CAD(Computer Aided Design)
③ CAE(Computer Aided Engineering)
④ CAT((Computer Aided Testing)

> TIP
> • CAM(Computer Aided Manufacturing) 컴퓨터를 이용해 실제 제조를 하기 위한 프로그램
> • CAE(Computer Aided Engineering) 컴퓨터를 사용하여 통합적으로 처리하여 제품성능, 제조공정 등을 평가하는 일. CAD파일을 이용하여 시뮬레이션 및 해석 등의 검토
> • CAT(Computer Aided Testing) 제품을 개발한 뒤에 대량생산에 앞서 사전 테스트를 하는 일종의 시뮬레이션
> • PDM(Product Design Management) 제품을 기획하고 설계함에 있어서 종합적인 솔루션
> • PLM(Product Lifecycle management) 제품의 생명이 다하기까지 전체적인 관리 시스템

26 전로에서 정련된 용강을 페로망간(Fe-Mn)으로 불완전 탈산시켜 주형에 주입한 것은?

① 탄소강 ② 킬드강
③ 림드강 ④ 세미킬드강

TIP
- 킬드강(Killed Steel) 페로실리콘(Fe-Si), 알루미늄(Al)으로 충분히 탈산 합금강, 구조용강, 단조 용강 등 고품질 자재로 사용
- 림드강(Rimmed Steel) 페로망강(Fe-Mn) 또는 소량의 알루미늄(Al)으로 조금 탈산 보통 일반 압연 강재, 용접구조물, 냉간 소성가공용으로 사용
- 세미킬드강(Semi-Killed Steel)페로망간, 페로실리콘, 알루미늄을 적당량 사용하여 킬드강과 림드강 중간 정도 탈산 일반 구조용 강에 사용

27 그림과 같이 제3각법으로 그린 투상도에 맞는 등각투상도에 해당하는 것은?

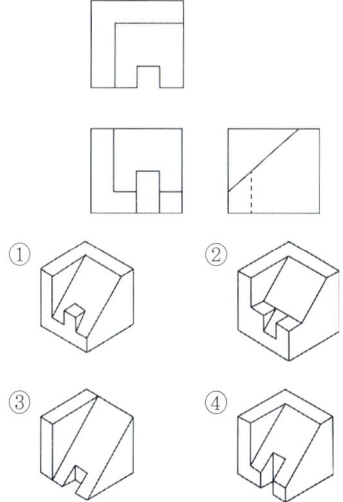

28 그림과 같은 단면도(빗금친 부분)를 무엇이라 하는가?

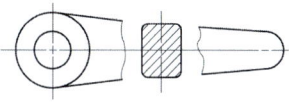

① 회전 도시 단면도
② 부분 단면도
③ 온 단면도
④ 한쪽 단면도

TIP

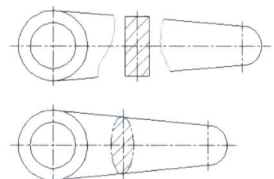
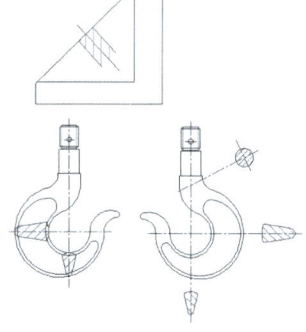

회전 단면도(Curved Section)

21 ④ 22 ② 23 ④ 24 ① 25 ② 26 ③ 27 ③ 28 ①

29 호칭지수 36㎜, 피치 6㎜인 미터 사다리꼴나사의 표시법은?

① Tr36×6 ② P6TM36
③ M36P6 ④ M36×6

30 스프로킷 휠의 도시법에서 피치원을 나타내는 선은?

① 가는 1점 쇄선 ② 굵은 실선
③ 가는 실선 ④ 굵은 1점 쇄선

> TIP • 피치원 지름 : 가는 일점쇄선
> • 이끝원 : 굵은실선
> • 이뿌리원 : 가는실선 (정면 단면 시 굵은실선)

31 스프링 제도법에 대한 설명으로 틀린 것은?

① 스프링은 원칙적으로 하중이 걸리지 않은 상태로 그린다.
② 특별한 단서가 없는 한 오른쪽 감기로 도시한다.
③ 코일 부분의 중간을 생략할 때에는 가는 실선으로 표시한다.
④ 그림 안에 기입하기 힘든 사항은 일괄하여 요목표에 표시한다.

> TIP 코일 부분의 중간을 생략할 때에는 가는 일점쇄선과 이점쇄선으로 표시한다.

32 배관도의 제도에 대한 설명 중 잘못된 것은?

① 치수는 관, 관이음, 밸브의 입구 중심에서 중심까지의 길이로 표시한다.
② 관이나 밸브 등의 호칭 지름은 복선이나 단선으로 표시된 관선(pipe line) 밖으로 지시선을 끌어내어 표시한다.
③ 배관도에는 단선 도시방법과 복선 도시방법이 있다.
④ 관이음 기호를 사용하지 않고 관과 관이음을 실물 모양과 같게 나타내는 방법을 단선도시라 한다.

> TIP 관이음 기호를 사용하지 않고 관과 관이음을 실물 모양과 같게 나타내는 방법을 복선 도시라 한다.

33 다음 중 물체의 특징이 가장 잘 나타나는 투상면은?

① 평면도 ② 정면도
③ 측면도 ④ 배면도

34 V벨트의 형별 중 단면 치수가 가장 큰 것은?

① M 형 ② A 형
③ D 형 ④ E 형

> TIP M A B C D E → 단면의 지름이 커진다.

35 다음 중 출력장치는 어는 것인가?

① 마우스　② 디지타이저
③ 트랙 볼　④ 플로터

36 다음은 어떤 나사에 대한 설명인가?

> 나사산의 각도에 따라 29°와 30°의 두 가지가 있으며 동력 전달용으로 프레스나 밸브 등에 쓰인다.

① 삼각 나사　② 사각 나사
③ 사다리꼴 나사　④ 톱니 나사

TIP
- TM : 30° 사다리꼴 나사(미터계)
- TW : 29° 사다리꼴 나사(인치계)

37 18js7의 공차 표시가 옳은 것은? (단, 기본공차의 수치는 18㎛이다.)

① $100^{+0.050}_{-0.012}$　② $18^{\ 0}_{-0.0180}$
③ 18 ± 0.009　④ 18 ± 0.018

TIP 치수공차 $\pm 0.009 = 0.018mm$

38 스퍼 기어에서 이끝원 지름(D)을 구하는 공식은? (단, m=모듈, z=잇수)

① $D = mZ$　② $D = \pi mZ$
③ $D = m/Z$　④ $D = m(Z+2)$

TIP
- (피치원 지름) PCD = M × Z
- (이끝원 지름) D0 = M(Z+2)

39 다음에서 최대 틈새는?

① 구멍의 최소허용치수 - 축의 최대 허용치수
② 구멍의 최대허용치수 - 축의 최소 허용치수
③ 축의 최소 허용치수 - 구멍의 최대 허용치수
④ 축의 최대 허용치수 - 구멍의 최소 허용치수

TIP
- 최대틈새 = 구멍의 최대허용치수 - 축의 최소 허용치수
- 최소틈새 = 구멍의 최소허용치수 - 축의 최대 허용치수
- 최대죔새 = 축의 최대 허용치수 - 구멍의 최소 허용치수
- 최소죔새 = 축의 최소 허용치수 - 구멍의 최대 허용치수

40 다음 중 축의 도시 방법으로 맞는 것은?

① 축은 길이 방향으로 단면 도시를 한다.
② 긴 축은 중간을 파단하여 그릴 수 없다.
③ 축 끝에는 모따기를 할 수 있다.
④ 축에 있는 널링이 빗줄인 경우에는 축선에 대하여 45°로 엇갈리게 그린다.

TIP
- 축은 길이 방향으로 단면 도시를 금지한다.
- 긴 축은 중간을 파단하여 그릴 수 있다.
- 축 끝에는 모따기를 할 수 있다.
- 축에 있는 널링이 빗줄인 경우에는 축선에 대하여 30°로 엇갈리게 그린다.

41 "100 H7/g6"은 어떤 끼워맞춤 상태인가?

① 구멍 기준식 중간 끼워맞춤
② 구멍 기준식 헐거운 끼워맞춤
③ 축 기준식 억지 끼워맞춤
④ 축 기준식 중간 끼워맞춤

42 기하공차의 종류와 기호가 잘못 연결된 것은?

① 원통도 - ⌭
② 평행도 - //
③ 원주흔들림 - ⌰
④ 대칭도 - ⌯

TIP • 온 흔들림도 - ⌰
   • 원주 흔들림도 - ⌰

43 제3각 정투상도에 있어서 누락된 투상도를 바르게 나타낸 것은?

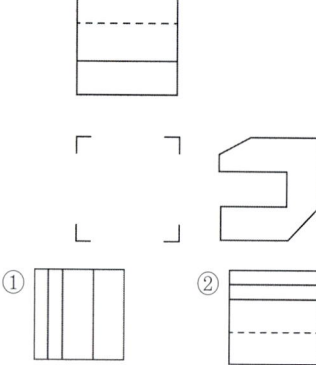

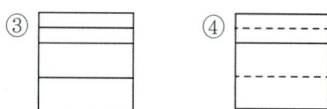

44 다음의 입력장치 중 스크린에 직접 접촉하면서 데이터를 입력하는 것은?

① 태블릿(tablet)
② 마우스(mouse)
③ 조이스틱(joystick)
④ 라이트 펜(light pen)

45 다음 나사의 도시법 중 잘못 설명한 것은?

① 수나사와 암나사의 골을 표시하는 선은 굵은 실선으로 그린다.
② 완전 나사부와 불완전 나사부의 경계선은 굵은 실선으로 그린다.
③ 암나사 탭 구멍의 드릴자리는 120°의 굵은 실선으로 그린다.
④ 수나사와 암나사의 측면도시에서 각각의 골지름은 가는 실선으로 약 3/4원으로 그린다.

TIP 수나사와 암나사의 골을 표시하는 선은 가는 실선으로 그린다.

46 다음 중 결합용 기계요소라고 볼 수 없는 것은?

① 나사   ② 키
③ 베어링   ④ 코터

TIP 베어링 - 전동용 기계요소

47 다음 용접이음 중 맞대기 이음은 어느 것인가?

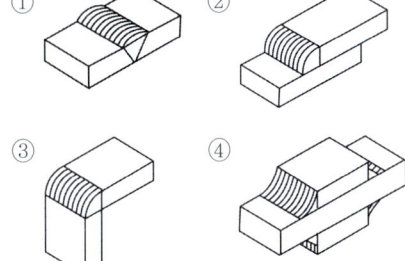

48 프린터의 출력 속도를 나타내는 단위로 가장 알맞은 것은?

① bps ② DPI
③ ppm ④ MIPS

TIP
- PPM (Page Per Minute) - 레이저 프린터와 같은 페이지 단위의 출력에서 분 당 인쇄되어 나오는 페이지 수
- LPM(Line Per Minute) - 라인 단위의 출력 프린터에서 분 당 출력되는 라인의 수
- CPS (Character Per Second) - 도트 프린터나 잉크젯 프린터와 같은 저속의 프린터에서 초 당 인쇄되는 글자 수
- DPI (Dots Per Inch) 1인치(약 2.54cm)당 인쇄되는 점의 수를 가리키는 해상도 단위
- LPI (Line Per Inch) 인치 당 선 수(LPI)는 하프톤 스크린 의 1인치 당 인쇄되는 선의 수로서 인쇄에 사용

- bps (bits per second)통신 속도의 단위로 1초간에 송수신할 수 있는 비트 수를 나타낸다.
- MIPS(Million Instructions Per Second) CPU가 1초 동안 처리할 수 있는 명령의 수 즉, 1MIPS는 1초 동안 100만개의 명령을 처리한다는 의미

49 다음 중 물체의 보이는 겉모양을 표시하는 선은?

① 외형선 ② 은선
③ 절단선 ④ 가상선

TIP
- 은선 : 보이지 않는 부분을 표현하는 선
- 절단선 : 단면을 표현하기 위한 선
- 가상선 : 가공전후의 표현

50 호칭번호가 6203인 베어링이 있다. 이 베어링 안지름의 크기는 몇 ㎜인가?

① 3 ② 10
③ 15 ④ 17

TIP 〈베어링 번호〉
- 00 - 10mm
- 01 - 12mm
- 02 - 15mm
- 03 - 17mm
- 04 - 20mm

51 도면의 표제란에 척도가 1:2로 기입되어 있다면 이 도면에서 사용된 척도의 종류는?

① 현척　　② 배척
③ 축척　　④ 실척

TIP • 현척(실척) - 1:1
　　• 배척 - 2:1

52 리벳 이음의 도시 방법에 대한 설명으로 틀린 것은?

① 리벳은 길이 방향으로 단면하여 도시한다.
② 2장 이상의 판이 겹쳐 있을 때, 각 판의 파단선은 서로 어긋나게 외형선으로 긋는다.
③ 리벳의 체결 위치만 표시할 때에는 중심선만을 그린다.
④ 리벳을 크게 도시할 필요가 없을 때에는 리벳구멍을 약도로 도시한다.

TIP 리벳은 길이 방향으로 단면하여 도시하지 아니한다.

53 SM45C로 표시된 재료기호에서 45C는 무엇을 나타내는가?

① 재질번호　　② 재질등급
③ 최저 인장강도　　④ 탄소함유량

TIP SM45C - 기계구조용 탄소강,
45C (탄소 함유량 0.4 ~ 0.5%)

54 표면거칠기의 표시 방법 중 제거가공을 필요로 하는 경우 지시하는 기호로 옳은 것은?

① 　　②
③ 　　④

TIP • - 절삭 가공의 필요 여부를 묻지 않음
• - 비절삭 가공(주물, 단조)

55 기하공차의 종류에서 위치공차인 것은?

① 평면도　　② 원통도
③ 동심도　　④ 직각도

TIP 위치공차 - 동심도(◎) 위치도(⊕) 대칭도(⟋)

56 3차원 모델링 방법이라고 할 수 없는 것은?

① 와이어프레임 모델링(wire frame modeling)
② 오브젝트 모델링(object modeling)
③ 솔리드 모델링(slid modeling)
④ 서피스 모델링(surface modeling)

57 열처리, 도금 등 특별한 요구사항을 적용할 수 있는 범위를 표시하는데 사용하는 특수 지정선은?

① 굵은 실선 ② 가는 실선
③ 굵은 파선 ④ 굵은 1점 쇄선

58 다음 표면의 결 도시기호에서 R 이 뜻하는 것은?

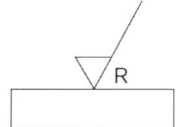

① 가공에 의한 커터의 줄무늬가 기호를 기입한 면의 중심에 대하여 대략 레디얼 모양임을 표시
② 가공에 의한 커터의 줄무늬 방향이 기호를 기입한 그림의 투상면에 평행임을 표시
③ 가공에 의한 커터의 줄무늬 방향이 기호를 기입한 그림의 투상면에 직각임을 표시
④ 가공에 의한 커터의 줄무늬가 여러 방향으로 교차 또는 무방향임을 표시

TIP 가공에 의한 커터의 줄무늬 방향 기호

기호	의미	설명도
=	가공으로 생긴 앞줄의 방향이 기호를 기입한 그림의 투영면에 평행	
⊥	가공으로 생긴 앞줄의 방향이 기호를 기입한 그림의 투영면에 수직	
X	가공으로 생긴 선이 두 방향으로 교차	
M	가공으로 생긴 선이 다방면으로 교차 또는 무방향	
C	가공으로 생긴 선이 거의 동심원	
R	가공으로 생긴 선이 거의 방사상	

59 다음 설명 중 반지름 치수 기입 방법으로 옳은 것은?

① 반지름 치수를 표시할 때에는 치수선의 양쪽에 화살표를 모두 붙인다.
② 화살표나 치수를 기입할 여유가 없을 경우에는 중심 방향으로 치수선을 긋고 화살표를 붙인다.
③ 반지름이 커서 그 중심 위치까지 치수선을 그을 수 없을 때에는 자유실선을 사용하여 치수를 표기한다.
④ 반지름 치수는 반드시 중심을 표시해야 한다.

60 다음과 같이 특정한 가공방법을 지시하려고 한다. 가공방법의 지시기호 위치로 옳은 것은?

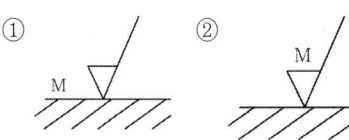
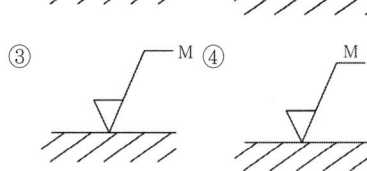

60 ④

06 기출복원 문제

01 임의 점에서 직선거리 L만큼 떨어진 곳에서 힘 F가 직선 방향에 수직하게 작용할 때 발생하는 모멘트 M을 바르게 나타낸 것은?

① M=F×L
② M=F/L
③ M=L/F
④ M=F+

TIP 모멘트(M)
= 작용 힘(F) × 작용점과의 직선 거리(L)

02 휠을 구동축으로 할 때 웜의 줄수를 3, 웜휠의 잇수를 60이라고 하면 이 웜기어 장치의 감속 비율은?

① 1/10
② 1/20
③ 1/30
④ 1/60

TIP $i = \dfrac{z_1 (웜의 줄수)}{z_2 (웜휠의 잇수)} = \dfrac{3}{60} = \dfrac{1}{20}$

03 모듈이 2, 잇수가 30인 표준 스퍼기어의 소재의 지름은 몇 mm인가?

① 56
② 60
③ 64
④ 68

TIP 이끝원 지름(소재의 지름)
= 2m+PCD=(2×2)+(2×30)=64mm

04 다음 비철 재료 중 비중이 가장 가벼운 것은?

① Cu
② Ni
③ Al
④ Mg

TIP Cu - 9.8 Ni - 8.8 Al - 2.7
Mg - 1.7

05 철-탄소계 상태도에서 공정 주철은?

① 4.3%C
② 2.1%C
③ 1.3%C
④ 0.86%C

TIP • 공정주철 - C4.3% - 1140℃
• 공석강 - C0.88% - 723℃

06 탄소공구강의 단점을 보강하기 위해 Cr, W, Mn, Ni, V 등을 첨가하여 경도, 절삭성, 주조성을 개선한 강?

① 주조경질합금
② 초경합금
③ 합금공구강
④ 스테인리스강

07 다음 중 청동의 합금 원소는?

① Cu+Fe
② Cu+Sn
③ Cu+Zn
④ Cu+Mg

TIP 황동 - Cu+Zn

01 ① 02 ② 03 ③ 04 ④ 05 ① 06 ③ 07 ②

08 베어링의 호칭번호가 6308일 때 베어링의 안지름은 몇 mm인가?

① 35　　　② 40
③ 45　　　④ 50

TIP 〈6308〉
- 6 : 형식번호
- 3 : 하중번호
- 08 : 안지름번호 08×5=40mm

09 20KN의 짐을 들어 올리는 데 필요한 볼트의 바깥지름은 몇 mm 이상 이어야 하는가? (단, 볼트 재료의 허용인장응력은 40N/mm²이다.)

① 20.2　　　② 31.6
③ 36.5　　　④ 42.2

TIP $\sigma = \dfrac{W}{A}$

$d = \sqrt{\dfrac{2W}{\sigma}} = \sqrt{\dfrac{2 \times 20000}{40}}$
$= 31.62 = 31.6mm$

10 테이퍼 핀의 테이퍼 값과 호칭지름을 나타내는 부분은?

① 1/100, 큰 부분의 지름
② 1/100, 작은 부분의 지름
③ 1/50, 큰 부분의 지름
④ 1/50, 작은 부분의 지름

11 나사의 기호 표시가 틀린 것은?

① 미터계 사다리꼴나사 : Tr
② 인치계 사다리꼴사사 : WTC
③ 유니파이 보통나사 : UNC
④ 유니파이 가는나사 : UNF

12 나사의 피치가 일정할 때 리드(lead)가 가장 큰 것은?

① 4줄 나사　　② 3줄 나사
③ 2줄 나사　　④ 1줄 나사

TIP $l = n \times p \times 줄수 \times 회전수$

13 원통형 코일의 스프링 지수가 9이고, 코일의 평균 지름이 180mm이면 소선의 지름은 몇 mm인가?

① 9　　　② 18
③ 20　　　④ 27

TIP $C = \dfrac{D}{d}$　$d = \dfrac{D}{C} = \dfrac{180}{9} = 20mm$

14 간헐운동(intermittent motion)을 제공하기 위해서 사용되는 기어는?

① 베벨 기어　　② 헬리컬 기어
③ 웜 기어　　　④ 제네바 기어

15 직접전동 기계요소인 홈 마찰차에서 홈의 각도(2α)는?

① $2\alpha=10\sim20°$ ② $2\alpha=20\sim30°$
③ $2\alpha=30\sim40°$ ④ $2\alpha=40\sim50°$

TIP: 홈 마찰차에서 홈의 각도(2α)
     = $30\sim40°$

16 미터나사에 관한 설명으로 틀린 것은?

① 기호는 M으로 표기한다.
② 나사산의 각도는 55°이다.
③ 나사의 지름 및 피치를 mm로 표시한다.
④ 부품의 결합 및 위치의 조정 등에 사용된다.

TIP: 미터나사의 나사산 각도는 60°이다.

17 평벨트의 이용방법 중 효율이 가장 높은 것은?

① 이음쇠 이음   ② 가죽 끈 이음
③ 관자 볼트 이음 ④ 접착제 이음

18 축 방향으로 인장하중만을 받는 수나사의 바깥지름(d)과 볼트재료의 허용인장응력(σ_a) 및 인장하중(W)과의 관계가 옳은 것은?(단, 일반적으로 지름 3mm 이상인 미터나사이다.)

① $d=\sqrt{\dfrac{2W}{\sigma_a}}$ ② $d=\sqrt{\dfrac{3W}{8\sigma_a}}$

③ $d=\sqrt{\dfrac{8W}{3\sigma_a}}$ ④ $d=\sqrt{\dfrac{10W}{3\sigma_a}}$

19 전단하중에 대한 설명으로 옳은 것은?

① 재료를 축 방향으로 잡아당기도록 작용하는 하중이다.
② 재료를 축 방향으로 누르도록 작용하는 하중이다.
③ 재료를 가로 방향으로 자르도록 작용하는 하중이다.
④ 재료가 비틀어지도록 작용하는 하중이다.

20 베어링의 호칭번호가 6205인 레이디얼 볼 베어링의 안지름은?

① 5mm   ② 25mm
③ 62mm   ④ 205mm

TIP:

호칭번호	해당기호	설명
6308 ZZ C3	C3	레이디얼 클리어런스
	ZZ	양측 시일드 붙음
	08	베어링 내경 40mm
	3	직경계열 3
	6	단열 깊은홈 볼 베어링
1206K +H206	H206	내경 25mm의 아답터 붙음
	K	내경 테이퍼구멍 (테이퍼1/12)
	06	베어링 내경 30mm
	2	직경계열 2
	1	자동조심 볼 베어링 [출처] 베어링 주요치수와 호칭번호│작성자 프롬

21 치수 배치 방법 중 치수공차가 누적되어도 좋은 경우에 사용하는 방법은?

① 누진치수기입법 ② 직렬치수기입법
③ 병렬치수기입법 ④ 좌표치수기입법

TIP 〈직렬 치수 기입법〉
- 연속적으로 배열된 간격의 치수 기입
- 상대적인 치수가 기입되어 공차가 누적됨
- 공차가 누적되어도 상관없는 경우에 이용

〈병렬 치수 기압법〉
- 가공이나 조립의 기준선을 하나의 기점으로 선택
- 연속된 배열에도 개별적인 치수를 기입
- 치수 공차가 누적되지 않아, 다른 치수에 영향을 미치지 않음

22 스케치도를 작성할 필요가 없는 경우는?

① 제품 제작을 위해 도면을 복사할 경우
② 도면이 없는 부품을 제작하고자 할 경우
③ 도면이 없는 부품이 파손되어 수리 제작할 경우
④ 현품을 기준으로 개선된 부품을 고안하려 할 경우

23 기하 공차의 기호 중 진원도를 나타낸 것은?

①   ②
③   ④

TIP

종류	적용하는 기하공차	공차 기호	정밀급	보통급	거친급	데이텀
모양	진직도 공차	—	0.02/1000 0.01 ⌀0.02	0.05/1000 0.05 ⌀0.05	0.1/1000 0.1 ⌀0.1	불필요
	평면도 공차	▱	0.02/100 0.02	0.05/100 0.05	0.1/100 0.1	
	진원도 공차	○	0.005	0.02	0.05	
	원통도 공차	⌭	0.01	0.05	0.1	
	선의 윤곽도 공차	⌒	0.05	0.1	0.2	
	면의 윤곽도 공차	⌓	0.05	0.1	0.2	
자세	평행도 공차	//	0.01	0.05	0.1	필요
	직각도 공차	⊥	0.02/100 0.01 ⌀0.02	0.05/100 0.05 ⌀0.05	0.1/100 0.1 ⌀0.05	
	경사도 공차	∠	0.025	0.05	0.1	
위치	위치도 공차	⊕	0.02 ⌀0.02	0.05 ⌀0.05	0.1 ⌀0.1	
	동심도 공차	◎	0.01	0.02	0.05	
	대칭도 공차	⌯	0.02	0.5	0.1	
흔들림	원주 흔들림 공차 온 흔들림 공차	↗ ↗↗	0.01	0.02	0.05	

24 도면에 기입된 공차도시에 관한 설명으로 틀린 것은?

//	0.050	A
	0.011/200	

① 전체 길이는 200mm이다.
② 공차의 종류는 평행도를 나타낸다.
③ 지정 길이에 대한 허용 값은 0.011이다.
④ 전체 길이에 대한 허용 값은 0.050이다.

TIP 지정 길이 200mm에 대한 허용 값은 0.011이다. 전체 길이에 대한 허용 값은 0.050이다.

25 다음 중 억지끼워맞춤 또는 중간끼워맞춤에서 최대 죔새를 나타내는 것은?

① 구멍의 최대 허용 치수 - 축의 최소 허용 치수

② 구멍의 최대 허용 치수 - 축의 최대 허용 치수

③ 축의 최소 허용 치수 - 구멍의 최대 허용 치수

④ 축의 최대 허용 치수 - 구멍의 최소 허용 치수

26 치수 기입의 일반적인 원칙에 대한 설명으로 틀린 것은?

① 치수는 되도록 공정마다 배열을 분리하여 기입할 수 있다.

② 관계된 치수를 명확히 나타내기 위해 치수를 중복하여 나타낼 수 있다.

③ 대상물의 기능, 제작, 조립 등을 고려하여 필요하다고 생각되는 치수를 명료하게 도면에 지시한다.

④ 도면에 나타내는 치수는 특별히 명시하지 않는 한 그 도면에 도시한 대상물의 다듬질 치수를 도시한다.

> TIP 〈치수 기입 원칙〉
> - 중복 치수는 피한다.
> - 치수는 주 투상도에 집중한다.
> - 관련되는 치수는 한 곳에 모아서 기입한다.
> - 치수는 공정마다 배열을 분리해서 기입한다.
> - 치수는 계산해서 구할 필요가 없도록 기입한다.
> - 치수 숫자는 치수선 위 중앙에 기입하는 것이 좋다.
> - 치수 중 참고 치수에 대하여는 수치에 괄호를 붙인다.
> - 필요에 따라 기준으로 하는 점, 선, 면을 기초로 하여 기입한다.
> - 도면에 나타나는 치수는 특별히 명시하지 않는 한 다듬질 치수를 표시한다.
> - 치수는 투상도와의 모양 및 치수의 비교가 쉽도록 관련 투상도 쪽으로 기입한다.
> - 치수는 대상물의 크기, 자세 및 위치를 가장 명확하게 표시할 수 있도록 기입한다.
> - 기능상 필요한 경우 치수의 허용 한계를 지시한다.(단, 이론적 정확한 치수는 제외)
> - 대상물의 기능, 제작, 조립 등을 고려하여 꼭 필요한 치수를 분명하게 되면에 기입한다.
> - 하나의 투상도인 경우, 수평 방향의 길이 치수 위치는 투상도의 위쪽에서 읽을 수 있도록 기입한다.
> - 하나의 투상도인 경우, 수직 방향의 길이 치수 위치는 투상도의 오른쪽에서 읽을 수 있도록 기입한다.
>
> 〈치수 기입 시 주의사항〉
> - 한 도면 안에서의 치수는 같은 크기로 기입한다.
> - 각도를 라디안 단위로 기입하는 경우 그 단위 기호인 rad를 기입한다.
> - cm이나 m를 사용할 필요가 있는 경우 반드시 cm나 m를 기입해야 한다.

- 길이 치수는 원칙적으로 mm의 단위로 기입하고, 단위 기호는 붙이지 않는다.
- 치수 숫자는 정자로 명확하게 치수선의 중앙 위쪽에 약간 띄어서 평행하게 표시한다.
- 치수 숫자의 단위수가 많은 경우 3자리마다 숫자의 사이를 적당히 띄우고 콤마를 붙이지 않는다.
- 숫자와 문자는 고딕체를 사용하고, 크기는 도면과 투상도의 크기에 따라 알맞은 크기와 굵기를 선택한다.
- 각도 치수는 일반적으로 도의 단위로 기입하고, 필요한 경우 분, 초를 병용할 수 있으며, 도, 분, 초 등의 단위를 기입한다.

27 이론적으로 정확한 치수를 나타낼 때 사용하는 기호로 옳은 것은?

① t ② ( )
③ □ ④ 100

TIP
- t – 두께
- ( ) – 참고치수
- □ – 정사각형 기호
- 100 – 이론적으로 정확한 치수

28 도면 제작과정에서 다음과 같은 선들이 같은 장소에 겹치는 경우 가장 우선시 하여 나타내야 하는 것은?

① 절단선 ② 중심선
③ 숨은선 ④ 치수선

TIP 기호, 숫자 – 외형선 – 숨은선 – 절단선 – 무게중심선 – 중심선 – 치수보조선

29 다음 등각투상도에서 화살표 방향을 정면도로 할 경우 평면도로 할 경우 가장 옳은 것은?

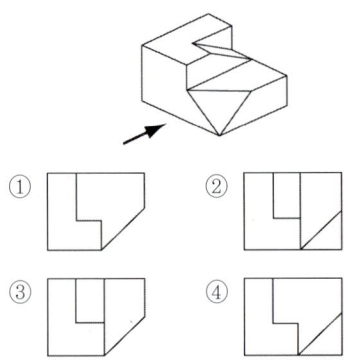

30 가공 결과 그림과 같은 줄무늬가 나타났을 때 표면의 결 도시기호로 옳은 것은?

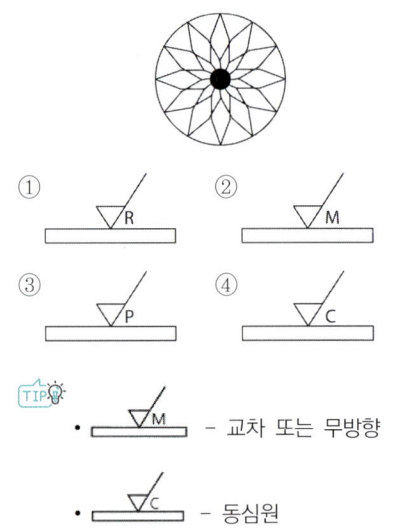

31 제3각법에서 정면도 아래에 배치하는 투상도를 무엇이라 하는가?

① 평면도　② 좌측면도
③ 배면도　④ 저면도

32 가는 1점 쇄선으로 표시하지 않는 선은?

① 가상선　② 중심선
③ 기준선　④ 피치선

TIP 가상선 – 가는 이점쇄선

33 "가" 부분에 나타날 보조 투상도를 가장 적절하게 나타낸 것은?

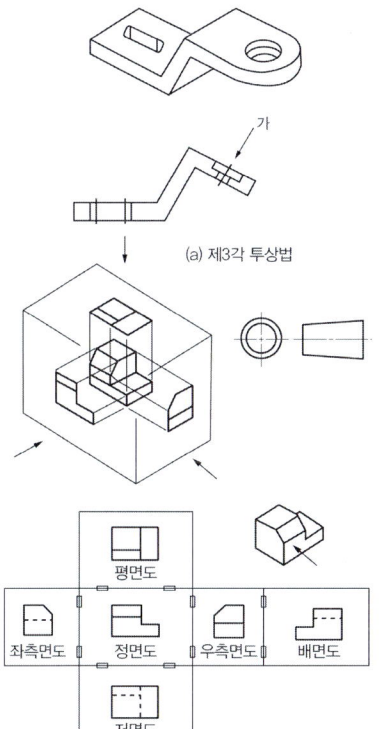

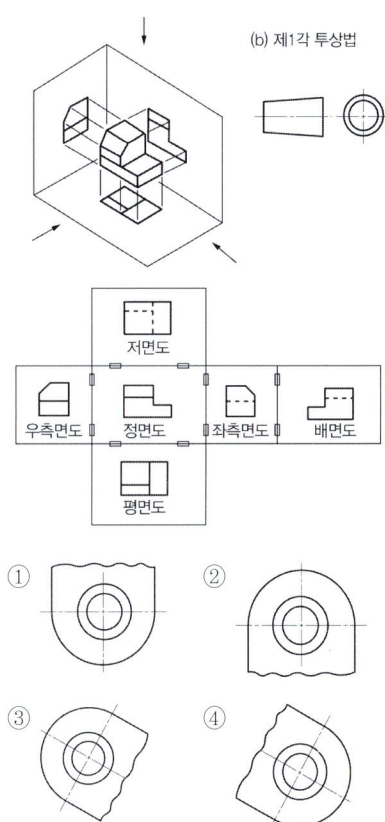

34 우리나라의 도면에 사용되는 길이 치수의 기본적인 단위는?

① mm　② cm
③ m　④ inch

35 그림과 같이 표면의 결 지시기호에서 각 항목에 대한 설명이 틀린 것은?

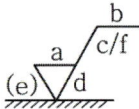

① a : 중심선 거칠기 값
② c : 가공 여유
③ d : 표면의 줄무늬 방향
④ f : R_a가 아닌 다른 거칠기 값

> TIP
> • a : 중심선 거칠기 값
> • b : 가공방법
> • c : 컷오프 값
> • d : 표면의 줄무늬 방향
> • f : 기준길이 값
> • e : 가공여유 값

36 상하 또는 좌우 대칭인 물체의 1/4을 절단하여 기본 중심선을 경계로 1/2은 외부모양, 다른 1/2은 내부모양으로 나타내는 단면도는?

① 전 단면도
② 한쪽 단면도
③ 부분 단면도
④ 회전 단면도

> TIP
> 한쪽 단면도 (반 단면도) - 상하 또는 좌우 대칭인 물체의 1/4을 절단하여 기본 중심선을 경계로 1/2은 외부모양, 다른 1/2은 내부모양으로 나타내는 단면도

37 재료 기호가 "STS 11"로 명기되었을 때 이 재료의 명칭은?

① 합금 공구강 강재
② 탄소 공구강 강재
③ 스프링 강재
④ 탄소 주강품

> TIP
> • STC - 탄소 공구강 강재
> • SPS - 스프링 강재
> • SC - 탄소 주강품

38 다음 기하 공차 중 모양 공차에 속하지 않는 것은?

① ▱   ② ○
③ ∠   ④ ⌒

> TIP
> • ▱ - 평면도
> • ○ - 진원도
> • ⌒ - 선의 윤곽도

39 구멍의 최소 치수가 축의 최대 치수보다 큰 경우로 항상 틈새가 생기는 상태를 말하며, 미끄럼 운동이나 회전운동이 필요한 부품에 적용하는 끼워 맞춤은?

① 억지 끼워 맞춤
② 중간 끼워 맞춤
③ 헐거운 끼워 맞춤
④ 조립 끼워 맞춤

TIP
- 헐거운 끼워맞춤 – 구멍의 최소 치수가 축의 최대 치수보다 큰 경우로 항상 틈새가 생기는 상태, 미끄럼 운동이나 회전운동이 필요한 부품에 적용하는 끼워 맞춤
- 억지 끼워맞춤 – 축의 최소 치수가 구멍의 최대 치수보다 큰 경우로 항상 죔새가 생기는 상태

각국의 표준화 규격	
CSA	캐나다
SA	호주
CNS	대만
GOST	러시아
GB	중국
JIS	일본

40 그림의 "b"부분에 들어갈 기하 공차 기호로 가장 옳은 것은?

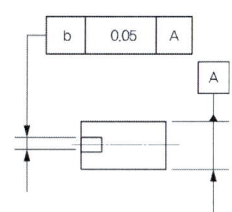

① ⊥ ② ⌒
③ ∠ ④ ≡

TIP
- ≡ – 대칭도

41 다음 중 국가별 표준규격 기호가 잘못 표기된 것은?

① 영국-BS   ② 독일-DIN
③ 프랑스-ANSI   ④ 스위스-SNV

TIP

각국의 표준화 규격	
KS	한국
EN	유럽
DIN	독일
BS	영국
NF	프랑스
ANSI	미국

42 제3각법으로 표시된 다음 정면도와 우측면도에 가장 적합한 평면도는?

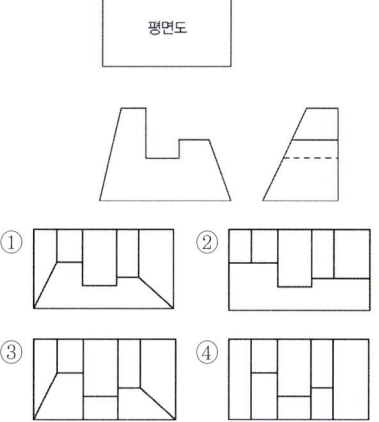

43 단면을 나타내는 데 대한 설명으로 옳지 않은 것은?

① 동일한 부품의 단면은 떨어져 있어도 해칭의 각도와 간격을 동일하게 나타낸다.
② 두께가 얇은 부분의 단면도는 실제치수와 관계없이 한 개의 굵은 실선으로 도시할 수 있다.
③ 단면은 필요에 따라 해칭하지 않고 스머징으로 표현할 수 있다.
④ 해칭선은 어떠한 경우에도 중단하지 않

35 ② 36 ② 37 ① 38 ③ 39 ③ 40 ④ 41 ③ 42 ① 43 ④

고 연결하여 나타내야 한다.

> TIP: 해칭선은 문자, 기호 숫자 등이 겹칠 경우에는 중단하여 나타내야 한다.

44 각도의 허용한계차수 기입방법으로 틀린 것은?

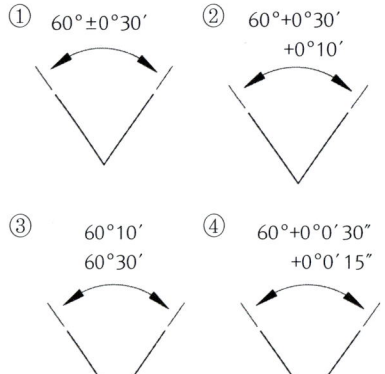

① 60°±0°30′
② 60°+0°30′ +0°10′
③ 60°10′ 60°30′
④ 60°+0°0′30″ +0°0′15″

45 아래와 같은 구멍과 축의 끼워 맞춤에서 최대 죔새는?

- 구멍 : 20H7 = 20 $^{+0.021}_{0}$
- 축 : 20p6 = 20 $^{+0.035}_{+0.022}$

① 0.035   ② 0.021
③ 0.014   ④ 0.001

> TIP: 최대 죔새
> = 축의 최대허용치수 − 구멍의 최소허용치수
> = +0.035 − 0 = 0.035

46 기어의 잇수는 31개, 피치원 지름은 62mm인 표준 스퍼기어의 모듈은 얼마인가?

① 1   ② 2
③ 4   ④ 8

> TIP: PCD = M × Z, $m = \dfrac{pcd}{z} = \dfrac{62}{31} = 2$

47 배관 작업에서 관과 관을 이을 때 이음 방식이 아닌 것은?

① 나사 이음   ② 플랜지 이음
③ 용접 이음   ④ 클러치 이음

> TIP: 관 이음 −나사이음, 용접이음, 플랜지 이음

48 다음 중 스프로킷 휠의 도시방법으로 틀린 것은? (단, 축방향에서 본 경우를 기준으로 한다.)

① 항목표에는 톱니의 특성을 나타내는 사항을 기입한다.
② 바깥지름은 굵은 실선으로 그린다.
③ 피치원은 가는 2점 쇄선으로 그린다.
④ 이뿌리원을 나타내는 선은 생략 가능하다.

> TIP:
> • 스퍼 기어와 같은 방법으로 바깥지름은 굵은 실선
> • 피치원은 가는 1점쇄선, 이뿌리원은 가는 실선 또는 굵은 파선으로 표시한다.
> • 축에 직각 방향으로 본 그림을 단면으로 도시할 때에는 톱니를 단면으로 하지 않고, 이뿌리의 위치에서 절단하여 이뿌리선은 굵은 실선으로 한다.

49 나사 표기가 다음과 같이 나타날 때 설명으로 틀린 것은?

> Tr40×14(P7)LH

① 호칭지름이 40mm이다.
② 피치는 14mm이다.
③ 왼 나사이다.
④ 미터 사각나사이다.

50 구름 베어링 호칭 번호 "6203 ZZ P6"의 설명 중 틀린 것은?

① 62 : 베어링 계열 번호
② 03 : 안지름 번호
③ ZZ : 실드 기호
④ P6: 내부 틈새 기호

TIP P6 - 등급기호

51 그림과 같이 가장자리(edge) 용접을 했을 때 용접 기호로 옳은 것은?

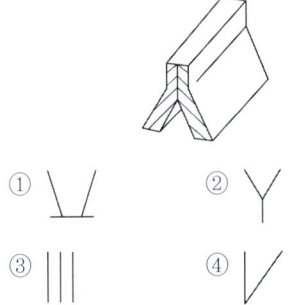

① V   ② Y
③ ||| ④ V

번호	명칭	그림	기호
6	넓은 루트면이 있는 한 면 개선형		Y
7	U형 맞대기 용접 (평형면 또는 경사면)		Y
8	J형 맞대기 용접		Y
9	이면 용접		⌣
10	필릿 용접		△
11	플러그 용접 : 플러그 또는 슬롯 용접(미국)		⊓
12	점 용접		○
13	심(seam) 용접		⊖
14	개선각이 급격한 V형 맞대기 용접		V
15	개선각이 급격한 일면 개선형 맞대기 용접		V
16	가장자리(edge) 용접		|||

52 6각 구멍붙이 볼트 M50 X 2 - 6g에서 6g가 나타내는 것은?

① 다듬질 정도   ② 나사의 호칭지름
③ 나사의 등급   ④ 강도 구분

TIP 6g - 수나사 등급

53 동력을 전달하거나 작용 하중을 지지하는 기능을 하는 기계요소는?

① 스프링　② 축
③ 키　④ 리벳

54 웜의 제도 시 피치원 도시방법으로 옳은 것은?

① 가는 1점 쇄선으로 도시한다.
② 가는 파선으로 도시한다.
③ 굵은 실선으로 도시한다.
④ 굵은 1점 쇄선으로 도시한다.

55 다음 그림과 같이 스프링을 연결하는 경우 직렬접속은 어느 것인가? (단, W는 하중이고 K_1, K_2, K_3는 스프링 상수이다.)

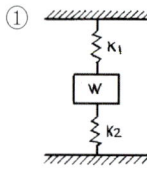 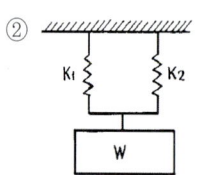

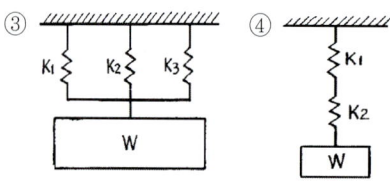

56 압축 하중을 받는 곳에 사용되며, 주로 자동차의 현가장치, 자전거의 안장 등 충격이나 진동 완화용으로 사용되는 스프링은?

① 압축 코일 스프링
② 판 스프링
③ 인장 코일 스프링
④ 비틀림 코일 스프링

> **TIP**
> - 압축 코일 스프링 – 코일 중심선 방향으로 압축 하중을 받는 코일 스프링 – 자동차 현가 장치, 자전거 안장 등 충격 및 진동 완화용으로 사용
> - 인장 코일 스프링 – 코일 중심선 방향으로 인장 하중을 받는 코일 스프링 – 재봉틀의 실걸이 스프링, 자전거 앞 브레이크 스프리어용으로 사용
> - 비틀림 코일 스프링 – 코일 중심선 주위에 비틀림을 받는 코일 스프링

57 CAD 시스템에서 기하학적 데이터의 변환에 속하지 않는 것은?

① 이동(translation)
② 회전(rotation)
③ 스케일링(scaling)
④ 리드로잉(redrawing)

58 CAD 시스템에서 출력 장치가 아닌 것은?

① 디스플레이(CRT)　② 스캐너
③ 프린터　④ 플로터

59 CPU(중앙처리장치)의 주요 기능으로 거리가 먼 것은?

① 제어 기능
② 연산 기능
③ 대화 기능
④ 기억 기능

60 정육면체, 실린더 등 기본적인 단순한 입체의 조합으로 복잡한 형상을 표현하는 방법?

① B-rep 모델링
② CSG 모델링
③ Parametric 모델링
④ 분해 모델링

TIP
- CSG 모델링 – 정육면체, 실린더 등 기본적인 단순한 입체의 조합으로 복잡한 형상을 표현
- B-Rep (Boundary Representation) 방향성과 경계가 있는 곡면들로 솔리드를 표현
- Parametric modeling 파라미터 즉 매개변수(Parameter)를 사용한 수식을 적용해서 모델의 형상을 제어한다는 의미를 가지고 있다.

06 기출복원 문제

01 합성수지의 공통된 성질 중 틀린 것은?

① 가볍고 튼튼하다.
② 전기절연성이 좋다.
③ 단단하며 열에 강하다.
④ 가공성이 크고 성형이 간단하다.

TIP 장점
- 비중이 작고 경량이면서 강도가 큰 편이다.
- 내화학적 및 전기절연성이 우수한 재료가 많다.
- 흡수 및 투수성이 거의 없다.
- 착색이 가능하고 광택이 좋은 재료이다.
- 가공성이 크고 접착성이 좋다.

단점
- 경도가 낮아서 잘 긁히며, 햇빛에 의해 변색이 쉽다.
- 내화성이 낮아서 비교적 저온에서 연화, 연질되며 연소 시 유독가스가 발생한다.
- 온도 및 습도에 의한 변형이 크고, 내후성이 부족하여 풍화의 우려가 있다.

02 다음 중 선팽창계수가 큰 순서대로 올바르게 나열한 것은?

① 알루미늄 > 구리 > 철 > 크롬
② 철 > 크롬 > 구리 > 알루미늄
③ 크롬 > 알루미늄 > 철 > 구리
④ 구리 > 철 > 알루미늄 > 크롬

TIP Zn > Pb > Mg > Al > Sn > Mn > Ag > Cu > Au > Fe > Pt > Li

- 전기전도율

  Ag(은) > Cu(구리) > Au(금) > Al(알루미늄) > Mg(마그네슘) > Zn(아연) > Ni(니켈) > Fe(철)

- 열전도율

  Ag(은) > Cu(구리) > Au(금) > Al(알루미늄) > Mg(마그네슘) > Zn(아연) > Ni(니켈) > Fe(철)

03 고속도공구간 강재의 표준형으로 널리 사용되고 있는 18-4-1형에서 텅스텐 함유량은(%)?

① 1　　② 4
③ 18　　④ 23

TIP 고속도공구강(하이스, High Speed Tool Steel)은 고강도, 고인성, 고내마모성의 대표적인 공구용강으로 절삭용 각종 공구, 엔드밀, 드릴, 리머, 탭 등의 공구제작으로 사용 표준조성은 텅스텐(W) 18%, 크롬(Cr) 4%, 바나듐(V) 1%이다.

04 열처리 방법 중 강을 경화 시킬 목적으로 실시하는 열처리는?

① 담금질   ② 뜨임
③ 불림   ④ 풀림

TIP ① 풀림(어닐링) : 금속의 연성을 높이고 내부응력제거하며 기계적성질을 균일하게 만든다. 공냉 또는 노냉 냉간가공을 위해 사용

② 불림(노멀라이징) : 금속의 조직 미세화 표준화, 재결정온도 이상으로 가열 후 냉각 공냉 조직의 미세화로 강도와 경도의 향상되고 풀림보다 냉각 속도는 빠름

③ 뜨임(템퍼링) : 담금질 후 실시하며 경화된 금속을 가열 후 공냉 취성을 감소하고 인성을 부여하며 경도와 강도를 균일하게 함 잔류 오스테나이트를 마텐자이트화 함

④ 담금질(퀜칭) : 금속을 오스테나이트화 한 후 물, 기름 등에 급랭 마르텐사이트로 변태하여 경화됨 경도와 강도는 크게 올라가나 내부응력으로 인해 취약해짐

05 보통 주철에 비하여 규소가 적은 용선에 적당량의 망간을 첨가하여 주입하면 금형에 접촉되는 부분은 급랭되어 아주 가벼운 백주철이 되는데, 이러한 주철을 무엇이라 하는가?

① 가단주철   ② 칠드주철
③ 고급주철   ④ 합금주철

TIP 주철을 금형이 붙어 있는 사형에 주입, 응고할 때 필요 부분이 급랭되어 단단하고 강인한 성질을 갖게 되는 조직을 칠이라고 함, 칠층의 두께는 10~25mm 정도 냉경 주물이라 함. 표면은 백주철로 하고, 내부는 연한 회주철로 만든 것으로 압연용 칠드 롤러, 차륜 등과 같은 것에 사용됨.

06 탁상용 드릴머신에서 드릴자루의 최대지름은?

① ∅20   ② ∅13
③ ∅10   ④ ∅8

TIP 탁상드릴
- 직선자루 직경이 13mm
- 테이퍼자루 직경이 20~75mm(모스테이퍼)

01 ③ 02 ① 03 ③ 04 ① 05 ② 06 ②

07 암나사의 안지름과 골지름을 표시하는 방법이 맞는 것은? (단면하지 않은 상태로 도시한 그림을 기준으로 함)

① 안지름은 굵은 실선 골지름은 가는실선으로 그린다.

② 안지름은 굵은 파선 골지름은 가는파선으로 그린다.

③ 안지름은 가는 실선 골지름은 굵은파선으로 그린다.

④ 안지름은 가는 실선 골지름은 굵은실선으로 그린다.

TIP 암나사 제도법
- 암나사 골지름은 굵은 선, 바깥지름은 가는선으로 그린다.
- 단면을 해칭하는 경우 골지름까지 긋는다.
- 나사 끝에서 본 제도는 우측 상단 1/4을 열어 둔다.
- 치수는 바깥지름에 표시하며 지시선은 60도로 뽑아서 표시한다. 관통 나사는 나사의 호칭 치수, 탭나사는 호칭 치수와 완전 나사부 깊이만 기입하고 드릴 깊이는 기입하지 않는다.
- 바깥지름과 골지름 사이의 간격은 호칭지름 1/8 ~ 1/10로 그린다.
- 관통하지 않은 암나사는 드릴 날끝각이 118도 이나 날끝각을 120도로 그린다.

08 연삭가공에서 결합제의 기호중 틀린 것은?

① 비트리파이드 - V
② 금속결합제 - M
③ 셀락 - E
④ 레지노이드 - R

결합제	기호	원호	주성분	용도
무기질	V	Vitrified	점토, 장석 〈자기질〉	일반 연삭용 (90%사용) 지름이 크거나 얇은 숫돌에 부적합(충격에 약함)
	S	Silicate	물, 유리 〈규산소오다〉	대형 숫돌에 사용(중연삭에 부적합) (고속도강), 균열 발생 쉬운 재료
유기질	E	Shellai	천연수지 〈셀락〉	결합력 제일 약함, 거울면 연삭절단용 및 다듬질 면의 정밀도가 높은 것에 사용
	R	Rubber	합성 〈천연〉 고무	매우 얇은 숫돌 사용 센터리스 조정 숫돌용
	B	Resinoid	베클라이트	절단 숫돌용에 적합 주물 덧쇠 자르기에 사용
금속	PVA	Polyvingl	비닐 결합제	비철금속 연삭용
	M	Metal	천연다이아몬드 황동, 니켈, 은	초경합금 연삭용, 세라믹, 보석, 유리

09 CNC공작기계의 일반적인 특징으로 틀린 것은?

① 품질이 균일한 생산물을 얻을 수 있으나 고장 발생시 자가진단이 어렵다.
② 공작기계가 공작물을 가공 중에도 파트 프로그램 수정이 가능하다.
③ 인치단위의 프로그램을 쉽게 미터 단위로 자동 변환할 수 있다.
④ 파트 프로그램을 매크로 형태로 저장시켜 필요시 불러 사용할 수 있다.

10 알콜, 석유 등의 유류호재 등급은?

① A급   ② B급
③ C급   ④ D급

TIP: A급 일반화재, B급 유류화재, C급 전기화재, D급 금속화재, F급 식용유화재

11 선반에서 그림과 같이 테이퍼 가공을 하려 할 때 필요한 심압대의 편위량은 몇 mm 인가?

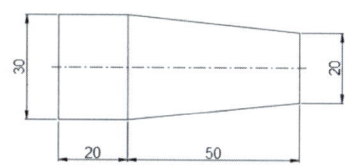

① 5   ② 6
③ 7   ④ 8

TIP: $e = \dfrac{(D-d)L}{2l} = \dfrac{(30-20)70}{2 \times 50} = 7mm$

12 컴퓨터 도면 관리시스템의 일반적인 장점을 잘못 설명한 것은?

① 여러가지 도면 및 파일의 통합관리체계를 구축 가능하다.
② 반영구적인 저장매체로 유실 및 훼손의 염려가 없다.
③ 도면의 질과 정확도를 향상시킬 수 있다.
④ 정전 시에도 도면 검색 및 작업을 할 수 있다.

13 제도 표시를 단순화하기 위해 공차 표시가 없는 선형치수에 대한 일반 공차를 4개의 등급으로 나타낼수 있다. 이 중 공차등급이 '거침'에 해당하는 호칭기호는?

① c   ② f
③ m   ④ v

TIP: ISO2768-1에서 허용 등급 f-거침, m-중간, c-조밀, v-매우조밀 일반허용을 지정 외부의크기, 내부크기, 직경, 반경, 거리 등 선형치수에 적용해서 가공능력과 설계요구 사항에 따라 선택함

14 다음 설명에 해당하는 나사는 무엇인가?

- 미국, 영국, 캐나다 3국의 협정에 의해 지정된 것이다.
- ABC나사라고도 한다.
- 나사산의 각도가 60°인 인치계 나사이다.

① 유니파이나사   ② 관용나사
③ 사다리꼴나사   ④ 미터나사

15 리베팅이 끝난 뒤에 리벳 머리의 주위 또는 강판의 가장자리를 정으로 때려 그 부분을 밀착시켜 틈을 없애는 작업은?

① 시밍 ② 코킹
③ 커플링 ④ 해머링

TIP • 코킹(Caulking) – 기밀을 필요로 하는 경우에 리벳팅후 리벳 머리 주위와 강판의 가장자리를 정과 같은 공구로 때리는 작업을 말함 강판의 자리 75~85° 경사지게 함, 5mm이상의 강판에서 가능, 5mm미만은 패킹등으로 기밀유지함
• 플러링(Fullering) – 기밀을 더욱 완벽하게 하는 목적으로 나비의 끝이 넓은 플러링공구로 강판의 가장자리를 때리는 작업

16 피치 2mm인 2줄 삼각나사를 180° 회전시켰을 때 이동거리는 얼마인가?

① 1.2mm ② 1mm
③ 4mm ④ 2mm

TIP $l = n \times p \times 회전수 = 2 \times 2 \times 0.5 = 2mm$

17 머시닝센터에서 테이블에 고정된 공작물의 높이를 측정하고자 할 때 가장 적당한 것은?

① 한계게이지 ② 디이얼게이지
③ 사인바 ④ 하이트게이지

TIP 하이트게이지 = 높이게이지

18 다음의 자료표현 중 그 크기가 가장 큰 것은?

① bit(비트) ② byte(바이트)
③ record(레코드) ④ field(필드)

TIP 비트 〈 니블 〈 바이트 〈 워드 〈 필드 〈 레코드

19 일반적으로 스퍼기어의 요목표에 기입하는 사항이 아닌 것은?

① 치형 ② 잇수
③ 피치원지름 ④ 비틀림각

TIP 비틀림각은 헤리컬 기어에 적용

20 그림과 같이 표면의 결도시 기호가 지시되었을 때 표면의 줄무늬 방향은?

① 가공으로 생긴 선이 거의 동심원
② 가공으로 생긴선이 여러방향
③ 가공으로 생긴선이 방향이 없거나 돌출됨
④ 가공으로 생긴선이 투상면에 직각

기호	의미	설명도
=	투상면에 평행	
⊥	투상면에 직각	

기호	의미	설명도
X	다방면 교차	
M	무방향	
C	동심원	
R	방사상	

그린다. 만약, 하중이 걸린 상태에서 그릴 때에는 선도 또는 그 대의 치수와 하중을 기입한다.

- 하중과 높이(또는 길이) 또는 처짐과의 관계를 표시할 필요가 있을 때에는 선도 또는 항목표에 나타낸다.
- 특별한 단서가 없는 한 모두 오른쪽 감기로 도시하고, 왼쪽 감기로 도시할 때에는 '감긴 방향 왼쪽'이라고 표시한다.
- 코일 부분의 중간 부분을 생략할 때에는 생략한 부분을 가는 1점 쇄선으로 표시하거나 또는 가는 2점쇄선으로 표시해도 좋다.
- 스프링의 종류와 모양만을 도시할 때에는 재료의 중심선만을 굵은 실선으로 그린다.
- 조립도나 설명도 등에서 코일 스프링은 그 단면만으로 표시하여도 좋다.

21 기어전동기와 비교 했을 때 V벨트전동기의 장점으로 틀린 것은?

① 미끄럼으로 안전한 동력을 전달한다.
② 원동축의 진동이나 충격이 종동축에 전달되지 않는다.
③ 먼거리의 동력을 전달할 수 있다.
④ V벨트는 엇걸기로 동력을 전달할 수 있다.

22 스프링의 종류와 모양만을 도시할 때 재료의 중심선을 어떤 식으로 표시하는가?

① 굵은 실선   ② 가는 실선
③ 굵은 1점 쇄선   ④ 가는 1점 쇄선

TIP • 스프링은 원칙적으로 무하중인 상태로

23 스프링의 용도에 대한 설명 중 틀린 것은?

① 힘의 측정에 사용된다.
② 마찰력 증가에 이용된다.
③ 일정한 압력으로 가할 때 사용된다.
④ 에너지를 저축하여 동력원으로 작동시킨다.

24 시간의 변화에도 힘의 크기와 방향이 변하지 않는 하중은?

① 정하중　② 동하중
③ 굽힘하중　④ 인장하중

TIP • 정하중 : 정지하고 있는 물체에 대해 힘의 크기, 방향 및 작용점이 일정한 하중(인장하중, 압축하중, 전단하중, 토크(모멘트) 등
• 동하중
 - 변동 하중: 불규칙한 작용을 하는 하중으로 진폭과 주기가 모두 변화
 - 반복 하중 : 계속하여 반복 작용하는 하중으로 진폭은 일정하고 주기는 규칙적
 - 교번 하중 : 하중의 크기와 방향이 충격 없이 주기적으로 변화
 - 이동 하중 : 물체 위를 이동하며 작용하는 하중

25 나사의 표시방법 중 Tr40x14(P7)-7e에 대한 설명 중 틀린 것은?

① Tr은 미터사다리꼴 나사를 뜻한다.
② 줄수는 7줄이다.
③ 40은 호칭지름 40mm를 뜻한다.
④ 리드는 14mm이다.

TIP Tr - 미터 사리꼴나사
　　14 - 리드
　　P7 - 피치
　　7e - 수나사 등급

26 그림과 같이 V벨트 풀리의 일부분을 잘라내고 필요한 내부 모양을 나타내기 위한 단면도는?

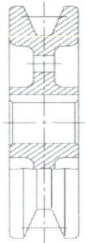

① 온단면도　② 한쪽단면도
③ 부분단면도　④ 회전도시단면도

27 모듈5, 잇수가 60인 표준 평기어의 이끝원은 몇mm인가?

① 300mm　② 310mm
③ 320mm　④ 340mm

TIP D=m x Z + (2 x m) = 5 x 60 + (2 x 4) = 310mm

28 구멍의 치수가 ⌀50+0.025/0 축의 치수가 ⌀50 0/-0.025일 때 최대 틈새는 얼마인가?

① 0.025　② 0.05
③ 0.01　④ 0.07

TIP 최대 틈새
= 구멍의 최대허용치수값 - 축의 최소허용치수값
= 50.025 - 49.975 = 0.05

= 구멍의 위치수허용차 − 축의 아래치수 허용차

= +0.025 − (− 0.024) = 0.05

29 치수 보조선에 대한 설명으로 옳지 않은 것은?

① 필요한 경우에는 치수선에 대하여 적당한 각도로 평행한 치수 보조선을 그을 수 있다.
② 도형을 나타내는 외형선과 치수 보조선은 떨어져서는 안된다.
③ 치수 보조선은 치수선을 약간 지날 때까지 연장하여 나타낸다.
④ 가는 실선으로 나타낸다.

30 도면의 척도가 1:2로 도시되었을 때 척도의 종류는?

① 배척　　② 축척
③ 현척　　④ 비례척이 아님

31 축의 도시 방법에 대한 설명으로 틀린 것은?

① 긴축은 중간 부분을 파단하여 짧게 그리고 실제 치수를 기입한다.
② 길이 방향으로 절단하여 단면을 도시한다.
③ 축의 끝에는 조립을 쉽고 정확하게 하기 위해 모따기를 한다.
④ 축의 일부중 평면 부위는 가는 실선의 대각선으로 표시한다.

TIP
- 긴 축은 중간을 파단하여 짧게 그릴 수 있다.
- 축의 키 홈 부분의 표시는 부분 단면도로 나타낸다.
- 축의 끝은 모따기를 하고 모따기 치수를 기입한다.
- 축은 길이 방향으로 절단하여 단면을 도시하지 않는다.

32 구름베어링의 호칭이 6203ZZ인 베어링의 안지름은 몇 mm인가?

① 3　　② 15
③ 17　　④ 30

TIP
- 00 − 10mm
- 01 − 12mm
- 02 − 15mm
- 03 − 17mm
- 04×5 − 20mm

33 기하공차의 종류에서 위치공차에 해당하는 것은?

① 평면도　　② 원통도
③ 동심도　　④ 직각도

TIP

종류	적용하는 기하공차	공차 기호	정밀급	보통급	거친급	데이텀
모양	진직도 공차	—	0.02/1000 0.01 ⌀0.02	0.05/1000 0.05 ⌀0.05	0.1/1000 0.1 ⌀0.1	불필요

종류	적용하는 기하공차	공차 기호	정밀급	보통급	거친급	데이텀
모양	평면도 공차	▱	0.02/100 0.02	0.05/100 0.05	0.1/100 0.1	불필요
	진원도 공차	○	0.005	0.02	0.05	
	원통도 공차	⌭	0.01	0.05	0.1	
	선의 윤곽도 공차	⌒	0.05	0.1	0.2	
	면의 윤곽도 공차	⌓	0.05	0.1	0.2	
자세	평행도 공차	∥	0.01	0.05	0.1	필요
	직각도 공차	⊥	0.02/100 0.02	0.05/100 0.05	0.1/100 0.1	
	경사도 공차	∠	⌀0.02 0.025	⌀0.05 0.05	⌀0.05 0.1	
위치	위치도 공차	⌖	0.02 ⌀0.02	0.05 ⌀0.05	0.1 ⌀0.1	
	동심도 공차	◎	0.01	0.02	0.05	
	대칭도 공차	⌯	0.02	0.5	0.1	
흔들림	원주 흔들림 공차	↗	0.01	0.02	0.05	
	온 흔들림 공차	⌰				

34 스프로킷 휠의 도시방법에 대한 설명 중 옳은 것은?

① 스프로킷의 이끝원은 가는 실선으로 그린다.
② 스프로킷의 피치원은 가는 2점쇄선으로 그린다.
③ 스프로킷의 이뿌리원은 가는 실선으로 그린다.
④ 축의 직각방향에서 도시할 때 이뿌리원은 가는 실선으로 그린다.

TIP: 스퍼 기어와 같은 방법으로 바깥지름은 굵은 실선, 피치원은 가는 1점쇄선, 이뿌리원은 가는 실선 또는 굵은 파선으로 표시한다. 축에 직각 방향으로 본 그림을 단면으로 도시할 때에는 톱니를 단면으로 하지 않고, 이뿌리의 위치에서 절단하여 이뿌리선은 굵은 실선으로 한다.

35 구의 지름이 100일 때 맞는 기호 표기는?

① R100　　② SR100
③ ⌀100　　④ S⌀100

36 도면에서 구멍의 치수가 ⌀70+0.07/-0.04로 기입되어 있다면 치수공차는?

① 0.11　　② 0.03
③ 0.04　　④ 0.07

TIP: 치수공차 = 위치수허용차 − 아래치수허용차 = +0.07 − (−0.04) = 0.11

37 직립형 브로우칭머신과 비교했을 때 수평형 브로우칭머신의 특징 중 틀린 것은?

① 기계점검이 어렵다.
② 가동 및 안전성이 직립형보다 우수하다.
③ 기계의 조작이 쉽다.
④ 설치면적이 크다.

38 방전가공에서 가공액의 역할이 아닌 것은?

① 극간의 절연 회복
② 방전 폭발압력의 발생
③ 방전가공 부분의 보온
④ 가공칩의 제거

TIP: 방전가공에서 가공액의 역할은 다음과 같다.

- 절연 역할 : 전극과 공작물 사이의 전기적 절연을 유지
- 열 제거 : 방전 시 발생하는 열을 흡수하여 공작물 과열 방지
- 절삭물 제거 : 방전 중 발생하는 미세 절삭물을 씻어내어 작업 공간 청결 유지
- 방전 안정화 : 방전 간격과 패턴을 일정하게 유지하여 가공의 정확도 향상

즉, 가공액은 방전가공의 효율성 및 품질을 높이는 중요한 역할을 한다.

39 다음과 같은 배관 설비 도면에서 유니온 접속을 나타내는 기호는?

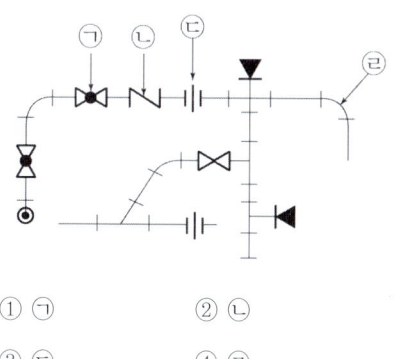

① ㉠ ② ㉡
③ ㉢ ④ ㉣

40 다음 중 표면강화의 종류가 아닌 것은?

① 침탄법 ② 질화법
③ 고주파경화법 ④ 심냉처리법

> TIP 표면경화법은 금속 재료의 표면을 강화하여 내마모성, 내식성 등을 개선하는 방법이다. 주요 표면경화법은 다음과 같다.
> 열처리법 (Heat Treatment)
> - 질화처리(Nitriding) : 질소를 금속 표면에 침투시켜 표면을 경화
> - 경화처리(Hardening) : 금속을 고온에서 가열한 후 급냉하여 표면을 경화
> - 침탄처리(Carburizing) : 표면에 탄소를 침투시켜 표면을 강화
> - 퍼지처리(Purging) : 표면을 고온에서 금속 원소와 결합시켜 경화
> - 레이저 표면 경화(Laser Surface Hardening) : 고출력 레이저를 사용하여 표면을 급격히 가열하고 빠르게 냉각시켜 표면을 경화
> - 전자빔 경화(Electron Beam Hardening) : 전자빔을 사용하여 금속 표면을 빠르게 가열한 후 냉각시켜 경화
> - 화학적 경화(Chemical Hardening) : 표면에 특정 화학 물질을 반응시켜 경화시키는 방법. 예를 들어, 산화처리(Anodizing) 등이 있다.
> - 플라즈마 경화(Plasma Hardening) : 플라즈마 상태에서 금속 표면을 처리하여 경화를 유도하는 방법
>
> 이 외에도 다양한 방법들이 있지만, 위의 방법들이 대표적인 표면경화법이다.

41 열경화성수지에서 높은 전기절연성이 있어 전기부품 재료로 많이 쓰고 있는 베크라이트(Bakelite)라고 불리는 수지는?

① 요소수지 ② 페놀수지
③ 멜라민수지 ④ 에폭시수지

42 8~12% Sn에 1~2% Zn의 구리합금으로 밸브, 콕, 기어, 베어링, 부시 등에 사용되는 합금은?

① 코르손 합금 ② 베릴륨합금
③ 포금 ④ 규소청동

43 다음 설명에 가장 적합한 3차원의 기하학적인 형상모델링 방법은?

- Boolean 연산을 통해서 복잡한 형상 표현이 가능하다.
- 형상을 절단한 단면도 작성이 용이하다.
- 은선제거가 가능하고 물리적인 성질 등의 계산이 가능하다.
- 컴퓨터의 메모리 양과 데이터 처리가 많아진다.

① 서피스 모델링(Surface Modeling)
② 솔리드 모델링(Solid Modeling)
③ 시스템 모델링(System Modeling)
④ 와이어 프레임 모델링(Wire Modeling)

44 CAD시스템에서 마지막 입력점을 기준으로 다음 점까지의 직선거리와 기준 직교축과 그 직선이 이루는 각도로 입력하는 좌표계는?

① 절대좌표계 ② 구면좌표계
③ 원통좌표계 ④ 상대극좌표계

45 등각 투상도에 대한 설명으로 틀린 것은?

① 원근감을 느낄 수 있도록 하나의 시점과 물체의 각 점을 방사선으로 이어서 그린다.
② 정면, 평면, 측면을 하나의 투사도에서 동시에 볼 수 있다.
③ 직육면체에서 직각으로 만나는 3개의 모서리는 120°를 이룬다.
④ 한 축이 수직일 때 나머지 두 축은 수평선과 30°를 이룬다.

46 다음과 같이 표시된 기하공차에서 A가 의미하는 것은?

| // | 0.011 | A |

① 공차 종류와 기호
② 기준면
③ 공차등급의 기호
④ 공차값

47 다음 중 나사의 종류를 표시하는 기호로 맞는 것은?

① 미터보통나사 - BC
② 미니추어나사 - SM
③ 유니파이 보통나사 - UNC
④ 미터사다리꼴나사 - G

TIP: 나사의 종류를 표시하는 기호는 보통 나사의 형상이나 규격을 나타내는 문자와 숫자 조합으로 구성된다. 일반적으로 사용되는 나사의 종류를 구분하는 기호는 다음과 같다.

- M : 미터법 나사 (Metric screw)
  - 예 : M10, M12, M8 등. 이 기호는 나사의 직경을 밀리미터 단위로 나타낸다.
- BSP : British Standard Pipe (영국식 파이프 나사)
  - 예 : BSPT, BSPP. 이 기호는 주로 파이프 연결용 나사를 나타낸다.
- UNC : Unified National Coarse (미국식 일반 나사)
  - 예 : UNC 1/4-20, UNC 3/8-16 등. 미국에서 일반적으로 사용되는 나사이다.
- UNF : Unified National Fine (미국식 미세 나사)
  - 예 : UNF 1/4-28, UNF 3/8-24 등. 더 정밀한 나사로, UNC보다 나사산 간격이 좁다.
- JIS : 일본 산업 규격 나사 (Japan Industrial Standard)
  - 예 : JIS B 0205, JIS B 0202 등. 일본에서 사용하는 나사의 규격을 나타낸다.

이 외에도 나사의 종류를 나타내는 다양한 기호가 있으며, 나사의 규격을 정확하게 표시하려면 이러한 기호와 함께 나사의 직경, 피치, 길이 등도 명시되어야 한다.

48 다음 투상도의 좌측면도에 해당하는 것은? (단, 제3각 투상법으로 표현한다.)

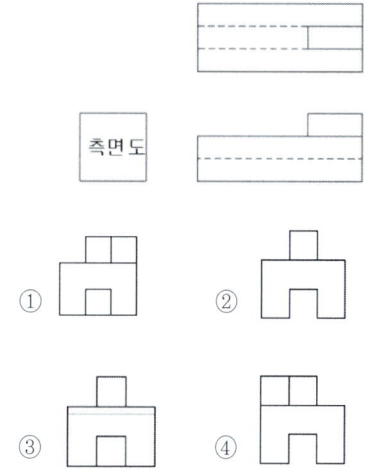

49 다음 보기의 설명에 해당되는 도면양식은 무엇인가?

- 도면의 영역을 명확히 한다.
- 용지의 가장자리에서 생기는 손상으로 도면내용이 보호되도록 그리는 테두리선이다.
- 선의 굵기는 0.5mm 이상의 굵기인 실선으로 그린다.

① 윤곽선   ② 비교눈금
③ 표제란   ④ 중심마크

50 도면관리에서 다른 도면과 구별하고 도면의 내용을 직접 보지 않고 제품의 종류 및 형식 등의 내용을 알 수 있도록 하기 위해 기입하는 것은?

① 도면번호　　② 도면척도
③ 도면양식　　④ 중심마크

51 최대실체공차 방식에서 외측 형체에 대한 실효치수의 식으로 옳은 것은?

① 최대실체치수 - 기하공차
② 최대실체치수 + 기하공차
③ 최소실체치수 - 기하공차
④ 최소실체치수 + 기하공차

> **TIP** 최대실체공차 방식에서 외측 형체에 대한 실효치수 (실제 치수)는 다음과 같은 방식으로 계산된다.
>
> 최대실체공차 방식에서 외측 형체의 실효치수 : 실효치수는 실제 치수가 공차 범위 내에서 허용된 최대 크기를 의미한다. 이 때, 외측 형체는 측정 시 외부 경계를 기준으로 측정하는 것이므로, 해당 형체의 실효치수는 외측 공차를 적용하여 계산된다.

52 다음 중 축에는 홈을 파지 않고 보스에만 키홈을 파는 것은?

① 성크키　　② 스플라인키
③ 평키　　　④ 새들키

53 운전 중 또는 정지 중에 운동을 전달하거나 차단하기에 적절한 축이음은?

① 외접기어　　② 클러치
③ 올덤커플링　④ 유니버설조인트

> **TIP** 축이음은 두 개의 축을 연결하여 회전력을 전달하거나 기계적인 움직임을 전달하는 데 사용되는 부품이다. 축이음은 다양한 종류가 있으며, 주로 연결되는 방식이나 사용 목적에 따라 분류된다. 아래는 대표적인 축이음 종류이다.
>
> ① 플랜지 이음 (Flange Coupling)
>   - 설명 : 두 개의 축을 플랜지(원형 디스크 형태의 부품)를 이용해 연결하는 방식이다. 보통 볼트로 고정된다.
>   - 특징 : 조정이 용이하고, 높은 강도와 내구성을 제공하는 경우가 많다.
>
> ② 기어 이음 (Gear Coupling)
>   - 설명 : 기어 형태의 맞물림으로 두 축을 연결하는 방식이다. 고속 회전이나 큰 토크가 필요한 경우에 사용된다.
>   - 특징 : 높은 토크 전달 능력과 안정성이 우수하지만, 유지보수가 필요할 수 있다.
>
> ③ 연결대 이음 (Universal Joint or U-Joint)
>   - 설명 : 두 축이 서로 일정 각도로 배치되어 있을 때, 회전 운동을 전달할 수 있도록 해주는 이음이다. 자동차나 농기계에서 많이 사용된다.
>   - 특징 : 회전 각도가 변동할 수 있는 특성이 있어 다양한 각도의 회전 전달이 가능하다.

④ 클러치 이음 (Clutch Coupling)
- 설명 : 축을 연결하거나 분리할 수 있는 장치로, 주로 동력을 전달하거나 차단하는 역할을 한다. 엔진과 기계 장비에서 주로 사용된다.
- 특징 : 동력의 연결과 분리가 가능하여 기계적인 제어가 용이하다.

⑤ 슬리브 이음 (Sleeve Coupling)
- 설명 : 두 축을 슬리브(통형 부품)로 연결하는 방식이다. 축 끝에 슬리브를 끼워서 고정하는 간단한 구조이다.
- 특징 : 설치가 간편하고, 비용이 저렴하며, 소형 장비에서 많이 사용된다.

⑥ 기타 이음 (Elastic Coupling)
- 설명 : 고무나 탄성 소재를 이용해 축을 연결하여 충격 흡수 및 진동 감소 효과를 제공한다.
- 특징 : 충격이나 진동이 큰 환경에서 사용되며, 기계의 안정성을 높이는 데 기여한다.

⑦ 버터플라이 이음 (Butterfly Coupling)
- 설명 : 두 축을 양쪽에 장착된 날개 모양의 부품을 사용하여 연결하는 방식이다.
- 특징 : 진동 감소와 연결 해제가 용이한 특성을 가진다.

축이음은 기계의 특성에 맞게 적절한 종류를 선택하여 사용해야 하며, 이음의 형태와 재질, 회전 속도, 토크 등 다양한 조건을 고려하여 결정된다.

54 스프링의 종류와 모양만을 도시하면 재료의 중심선을 어떤 선으로 표시하는가?

① 굵은실선　② 가는실선
③ 굵은1점쇄선　④ 가는1점쇄선

55 면을 사용하여 은선을 제거할 수 있고 또 면의 구분이 가능하므로 가공면을 자동적으로 인식 처리 할 수 있어서 NCdata에의 NC가공작업이 가능하나 질량 등의 물리적인 성질은 구할 수 없는 모델링 방법은?

① 서피스 모델링
② 솔리드 모델링
③ 시스템 모델링
④ 와이어 프레임 모델링

56 밀링작업에서 안전 및 유의사항으로 틀린 것은?

① 바이스의 일감은 단단하게 고정한다.
② 정면 밀링커터작업을 할 때에는 보안경을 써야한다.
③ 주축을 변속할 때는 저속상태에서 해야 한다.
④ 테이블 위에는 측정기나 공구를 올려놓지 말아야 한다.

57 다음의 치수공차에서 최대허용치수는?

$$\varnothing 100\ ^{+0.04}_{-0.02}$$

① 99.98　② 100.04
③ 0.02　④ 0.06

58 풀림의 목적이 아닌 것은?

① 조직이 균일화된다.
② 재질을 경화시킨다.
③ 내부 응력을 저하시킨다.
④ 강의 경도가 낮아져 연화된다.

59 구름베어링의 호칭번호에서 6203 ZZ P6의 설명 중 틀린 것은?

① 62 : 베어링 계열 번호
② 03 : 안지름 번호
③ ZZ : 실드 기호
④ P6 : 내부 틈새 기호

TIP P6 : 등급

60 CAD시스템에서 출력장치가 아닌 것은?

① 디스플레이 ② 스캐너
③ 프린터   ④ 플로터

58 ② 59 ④ 60 ②

06 기출복원 문제

7회 CBT

01 금속결정격자의 종류가 아닌 것은?

① 체심입방격자 ② 면심입방격자
③ 사방입방격자 ④ 조밀육방격자

💡TIP
- 체심 입방격자 (Body-Centered Cubic, BCC)

  체심 입방격자는 한 개의 원자가 격자의 중심에, 여덟 개의 원자가 격자의 각 꼭짓점에 위치한 구조이다. 이 구조에서는 각 원자가 주변 원자와 일정한 간격을 유지하며 배열된다.
  - 예시 : 철 (실온에서), 크로뮴, 텅스텐

- 면심 입방격자 (Face-Centered Cubic, FCC)

  면심 입방격자는 각 꼭짓점과 각 면의 중심에 원자가 위치한 구조이다. 각 면에 1/2씩의 원자가 위치하여 보다 고밀도로 배열된다.

  이 구조는 고온에서 많이 나타나며, 많은 금속들이 이 구조를 가진다.
  - 예시 : 구리, 알루미늄, 금, 은

- 육방정계 (Hexagonal Close-Packed, HCP)

  육방정계는 육각형 기저면에 원자가 배열되고, 각 기저면 위에 원자가 3층 구조로 쌓인 형태이다. 이 구조는 매우 고밀도로 배열되어 있어 밀도가 높고, 내구성이 뛰어난 금속들이 이 구조를 가진다.
  - 예시 : 마그네슘, 아연, 티타늄

- 단순 입방격자 (Simple Cubic, SC)

  단순 입방격자는 각 꼭짓점에만 원자가 위치하는 가장 간단한 형태의 결정 구조이다. 하지만 자연에서는 드물게 나타난다.
  - 예시 : 폴로늄(Polonium)이 이 구조를 가진다.

- 금속 결정격자의 특성
  - 체심 입방격자 (BCC) : 고온에서 안정하며, 강도가 높지만 변형이 어렵고 연성이 낮다.
  - 면심 입방격자 (FCC) : 연성과 인성이 우수하며, 대부분의 금속은 FCC 구조를 가질 때 높은 전도성과 내식성을 보인다.
  - 육방정계 (HCP): 매우 고밀도 배열을 가지며, 기계적 강도가 뛰어나지만 변형이 어려울 수 있다. 금속의 결정격자는 그 물리적 특성에 많은 영향을 미치므로, 다양한 산업에서 금속의 사용 성능을 최적화하기 위해 중요한 요소로 고려된다.

02 밀링 주축의 회전운동을 직선왕복운동으로 변환하여 가공물 안지름에 키홈을 가공할 수 있는 부속장치는?

① 슬로팅장치 ② 래크절삭장치
③ 분할대   ④ 회전테이블

01 ③ 02 ①

03 황동의 연신율이 가장 클 때 아연(Zn)의 함유량은 몇(%) 정도인가?

① 30 ② 40
③ 50 ④ 60

04 너트의 풀림 방지 방법이 아닌 것은?

① 와셔를 이용하는 방법
② 핀 또는 작은 나사 등에 의한 방법
③ 로크너트에 의한 방법
④ 키에 의한 방법

TIP
- 락너트 (Lock Nut) : 스프링너트나 이중 너트와 같은 특수한 디자인을 가진 너트를 사용하여 풀림을 방지할 수 있다. 이들 너트는 일반적인 너트보다 더 강하게 조여져 풀림을 방지한다.
- 잠금 와셔 (Lock Washer) : 너트와 기계 표면 사이에 스프링 와셔나 벨브 와셔 같은 잠금 와셔를 삽입하여 풀림을 방지한다. 와셔는 진동에 의해 너트가 풀리는 것을 방지하는 역할을 한다.
- 세라믹 또는 화학적 잠금제 (Threadlocker) : 잠금액 또는 레드/블루 Threadlocker와 같은 화학적인 접착제를 나사산에 적용하여 풀림을 방지할 수 있다. 이 방법은 진동이 강한 환경에서 효과적이다. 접착제가 경화되어 나사산을 고정시킨다.
- 훅 너트 (Self-locking Nut) : 자체 잠금 너트는 너트 내부에 플라스틱 링이나 금속 부품을 삽입하여 조여지면서 풀림을 방지한다. 이 너트는 고정력을 강화하는 데 효과적이다.
- 토크 관리 : 정확한 토크값으로 너트를 조여 주는 것이 중요하다. 너무 느슨하거나 너무 강하게 조이는 것보다 적정한 토크로 조여주면 풀림을 방지하는 데 도움이 된다.
- 다단계 조임 : 큰 기계나 구조물에서 사용되는 너트는 다단계로 점진적으로 조여서, 너무 많은 압력을 한 번에 가하지 않도록 해야 한다. 이는 균등한 하중 분배를 돕고 풀림을 방지하는 데 도움이 된다.
- 핀 고정 : 핀을 사용하여 너트를 고정하는 방법이다. 이 방법은 보통 고정력이 더 중요한 부분에서 사용되며, 너트가 풀리는 것을 완전히 방지할 수 있다.

05 밀링머신에서 분할대는 어디에 설치하는가?

① 주축대 ② 테이블위
③ 칼럼(기둥) ④ 오버암

06 표면강화와 피로강도 상승의 효과가 함께 있는 가공방법은?

① 브로칭 ② 배럴가공
③ 숏피닝 ④ 래핑

TIP
- 숏피닝(Shot Peening)은 표면강화와 피로강도 상승의 효과를 동시에 얻을 수 있는 기계적 가공 방법이다. 이 방법은 금속 표면에 작은 강철 또는 세라믹 구슬(숏)을 고속으로 쏘아 표면에 압축 응력을 유도하는 과정이다.

07 정면 평면, 측면을 하나의 투상도에서 볼 수 있도록 그린 도법은?

① 보조투상도   ② 단면도
③ 등각투상도   ④ 전개도

08 다음 구멍과 축의 끼워 맞춤 조합에서 헐거운 끼워맞춤은?

① ∅40H7/g6   ② ∅50H7/kg6
③ ∅40H7/p6   ④ ∅50H7/s6

09 내연기관의 피스톤 등 자동차 부품으로 많이 쓰이는 Al합금은?

① 실루민   ② 화이트메탈
③ Y합금   ④ 두랄루민

 • 내열성 향상 : 이트륨은 고온에서 알루미늄의 내열성을 향상시킨다. 이는 고온 환경에서 사용되는 부품, 예를 들어 항공 우주 산업이나 자동차 엔진 부품에 유용하다.
• 내식성 : 이트륨은 알루미늄 합금의 내식성을 높여주어, 부식에 강한 특성을 제공한다. 이는 해양 환경이나 화학 산업 등에서 유용하다.
• 기계적 성질 개선 : 알루미늄 합금의 강도와 경도를 향상시킬 수 있다. 이트륨은 알루미늄 합금의 미세구조를 안정화시켜, 기계적 특성을 개선하는 데 기여할 수 있다.
• 초전도성 및 자성 특성 : 이트륨은 일부 합금에서 초전도성 특성이나 자성 특성을 발휘하기도 하며, 이로 인해 전자기기나 특수 장비에 사용될 수 있다.

10 기어 가공에서 창성법에 의한 가공이 아닌 것은?

① 호브에의한 가공
② 피니언 커터에 의한 가공
③ 랙커터에 의한 가공
④ 형판에 의한 가공

 • 기계적 창성법 (Mechanical Shaping)
이 방법은 기어의 이빨을 형성하는 기계적인 방법으로, 주로 창성기(Shaper Machine)를 사용하여 기어의 치형을 가공한다.
• 기어 연삭법 (Gear Grinding)
기어의 치형을 정밀하게 가공하기 위해 연삭기를 사용하여 이빨을 다듬는 방법이다.
• 기어 밀링법 (Gear Milling)
밀링기를 사용하여 기어의 치형을 가공하는 방법으로, 회전하는 도구와 기어를 맞물려 가공한다.
• 기어 전자기적 창성법 (Electrochemical Shaping)
전기화학적 방법을 사용하여 기어의 치형을 가공하는 방법으로, 전해질을 이용해 금속을 제거한다.
• 기계적 연삭법 (Mechanical Grinding)
기계적인 방법으로 기어의 표면을 연마하여 정밀한 치형을 가공하는 방법이다.

03 ① 04 ④ 05 ② 06 ③ 07 ③ 08 ① 09 ③ 10 ④

11 캐시 메모리(cache memory)에 대한 설명으로 맞는 것은?

① 연산장치로서 주로 나눗셈에 이용된다.
② 제어장치로 명령을 해독하는데 주로 사용된다.
③ 보조기억장치로서 휴대가 가능하다.
④ 중앙처리장치와 주기억장치 사이의 속도 차이를 극복하기 위해 사용한다.

12 다음 제3각법으로 그린 정투상도를 등각투상도로 바르게 표현한 것은?

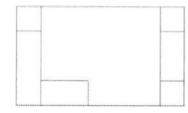

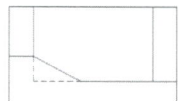 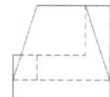

①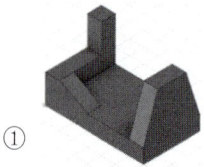

②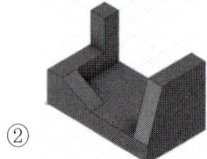

③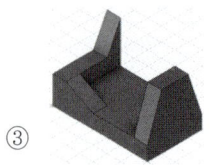

④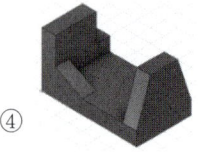

13 피로한도에 영향을 끼치는 인자가 아닌 것은?

① 노치효과   ② 치수효과
③ 표면거칠기   ④ 인장강도

14 모듈5, 잇수가 40인 표준 평기어의 이끝원 지름은 몇mm인가?

① 200mm   ② 210mm
③ 220mm   ④ 240mm

15 연강재 볼트에 600N의 하중이 축 방향으로 작용할 때 볼트의 골지름은 몇 mm 이상이어야 하는가? (단, 허용압축응력은 60Mpa이다.)

① 12   ② 10
③ 2.5   ④ 3.5

16 그림과 같이 ∅24mm 드릴로 두께 50mm의 SM25C 강판에 구멍가공을 할 때 최소 이송거리는?

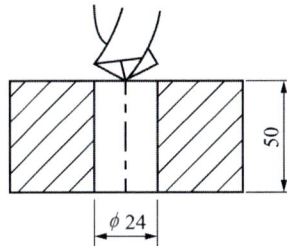

① 42mm ② 50mm
③ 58mm ④ 66mm

💡TIP 드릴관통 최소이동거리는 일감 두께에 드릴지름 1/3을 더 하면 된다.
$50 + (\frac{24}{3}) = 58$

17 길이를 측정하고 직각 삼각형의 삼각 함수를 이용한 계산에 의하여 임의각의 측정 또는 임의각을 만드는 측정기는?

① 사인바 ② 높이 게이지
③ 깊이 게이지 ④ 공기 마이크로미터

💡TIP 사인바 - 45도 이상에서는 오차가 심해서 45도 이하만 측정이 가능함

18 부품을 스케치할 때의 방법이 아닌 것은?

① 프린트법 ② 플로팅법
③ 프리핸드법 ④ 사진촬영법

💡TIP 프린트법, 프리핸드법, 사진촬영법, 모양 뜨기법

19 도면의 크기 중 420mm×594mm 크기를 갖는 제도용지 규격은?

① A1 ② A2
③ A3 ④ A4

💡TIP A1 - 594x841mm
A2 - 420x594mm
A3 - 297x420mm
A4 - 210x297mm

20 특정 부분의 도형이 작아서 상세한 도시나 치수기입을 할 수 없을 때 사용하는 투상도는?

① 보조 투상도 ② 부분 투상도
③ 국부 투상도 ④ 부분 확대도

21 모양공차를 표기할 때 그림과 같은 직사각형의 틀(공차기입 틀)에 기입하는 내용은?

① A : 공차값,
  B : 공차의 종류 기호
② A : 공차의 종류 기호,
  B : 데이텀 문자기호
③ A : 데이텀 문자기호,
  B : 공차값
④ A : 공차의 종류 기호,
  B : 공차값

11 ④ 12 ② 13 ③ 14 ② 15 ④ 16 ③ 17 ① 18 ② 19 ② 20 ④ 21 ④

22 구멍과 축의 끼워 맞춤 기호에 대한 설명으로 맞는 것은?

① ∅50H7/f6 : 구멍기준식 헐거운 끼워 맞춤
② ∅50E7/h6 : 구멍기준식 헐거운 끼워 맞춤
③ ∅50H7/m6 : 축 기준식 중간 끼워 맞춤
④ ∅50P7/h6 : 축 기준식 헐거운 끼워 맞춤

TIP • ∅50E7/h6 : 축기준식 헐거운 끼워 맞춤
   • ∅50H7/m6 : 구멍 기준식 중간 끼워 맞춤
   • ∅50P7/h6 : 축 기준식 억지 끼워 맞춤

23 치수 보조 기호 중에서 구의 지름을 나타내는 기호는?

① C   ② t
③ R   ④ S∅

24 다음과 같이 어떤 물체를 제 3각법으로 작도할 때 평면도로 옳은 것은?

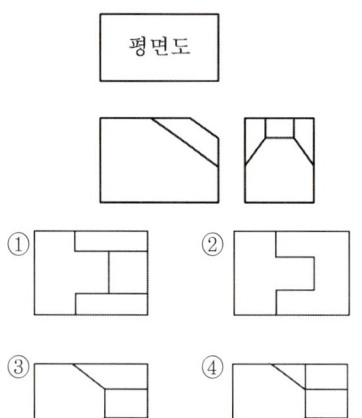

25 다음 등각투상도의 화살표 방향을 정면도로 하여 제 3각법으로 제도한 것으로 맞는 것은?

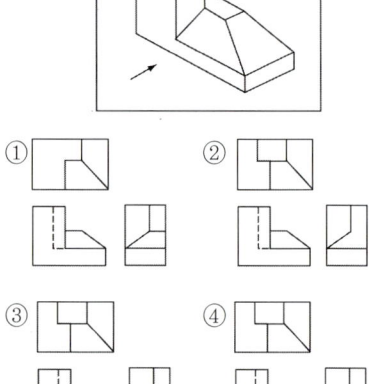

26 가공에 의한 커터의 줄무늬 방향이 다음과 같이 생길 경우 올바른 줄무늬 방향 기호는?

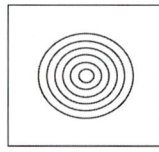

① C   ② M
③ R   ④ V

TIP 동심원을 나타내는 줄무늬 방향 기호
   M : 교차 또는 무방향,
   R : 레이디얼, 방사상

27 다음 그림의 단면도 중 종류가 다른 하나는?

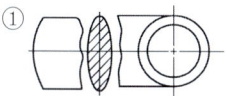
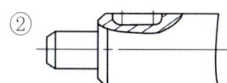
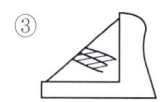
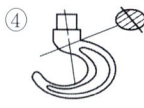

TIP ② : 부분단면
　　①, ③, ④ : 회전단면도시

28 잇수 18, 피치원 지름 108인 스퍼기어의 모듈은?

① 2　　② 4
③ 6　　④ 8

29 CAD 시스템 사용시의 효과라고 할 수 없는 것은?

① 고도의 설계 기능, 기술이 불필요
② 제품의 표준화
③ 제품 제도의 데이터베이스 구축용이
④ 설계 생산성 증가

30 다음 보기의 도면과 같이 '40' 밑에 그은 선은 무엇을 나타내는가?

① 기준 치수
② 비례척이 아닌 치수
③ 다듬질 치수
④ 가공 치수

31 유체의 종류와 기호를 연결한 것으로 틀린 것은?

① 공기 - A　　② 가스 - G
③ 유류 - O　　④ 수증기 - W

TIP 수증기 - S

32 다음 그림의 단면도는?

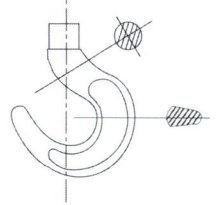

① 부분 단면도　　② 한쪽 단면도
③ 회전도시 단면도　④ 조합 단면도

TIP 회전도시 단면도
- 투상도 내에 단면 표시 단면경계 - 가는 실선
- 투상도 밖에 단면 표시 단면경계 - 굵은 실선

33 CAD시스템에서 마지막 점에서 다음 점까지의 각도와 거리를 입력하여 선긋기를 하는 입력방법은?

① 절대좌표 입력방법
② 상대좌표 입력방법
③ 원통좌표 입력방법
④ 상태 극좌표 입력방법

34 SS330로 표시된 기계재료에서 330은 무엇을 나타내는가?

① 최저 인장강도
② 최고 인장강도
③ 탄소함유량
④ 종류

TIP SS - 일반압연강재

35 V-벨트 풀리는 호칭지름에 따라 홈의 각도를 달리하는데, 다음 중 V-벨트 풀리의 홈의 각도로 사용되지 않는 것은?

① 34°   ② 36°
③ 38°   ④ 40°

36 원뿔을 경사지게 자른 경우의 전개 형태로 올바른 것은?

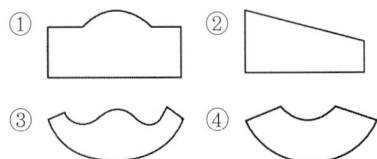

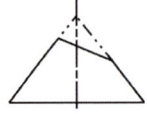

37 보기의 그림에서 ㉮부와 ㉯부에 두개의 베어링을 같은 축선에 조립하고자 한다. 이 때 ㉮부를 기준으로 ㉯부에 기하공차를 결정할 때 가장 올바른 것은?

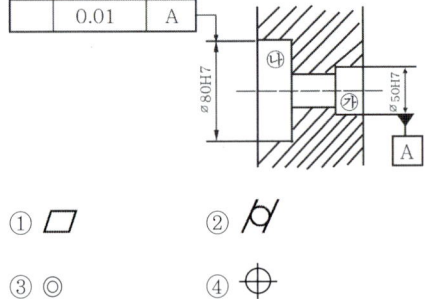

TIP 위치 공차의 종류 - 동축도(동심도), 위치도, 대칭도

38 다음 중에서 3각법의 투시 순서로 옳은 것은?

① 눈 → 투상면 → 물체
② 물체 → 투상면 → 눈
③ 물체 → 눈 → 투상면
④ 눈 → 물체 → 투상면

TIP 1각법 : 눈 - 물체 - 투상면
3각법 : 눈 - 투상면 - 물체

39 표면거칠기를 나타내는 방법 중 단면곡선에서 기준길이를 잡고 가장 높은 곳과 낮은 곳의 차이를 측정하여 미크론(㎛) 단위로 나타내는 것을 무엇이라고 하는가?

① 최대높이
② 10점 평균거칠기
③ 중심선 평균거칠기
④ 단면 평균거칠기

TIP ☀ 최대높이거칠기(Ry)

40 일반적으로 기계부품 등의 조립순서나 분해순서를 설명하는 지침서 등에 주로 사용하는 투상도법은?

① 등각 투상법   ② 정투상법
③ 사투상법   ④ 투시도법

41 지름이 일정한 원기둥을 전개하려고 한다. 어떤 전개 방법을 이용하는 것이 가장 적합한가?

① 삼각형법을 이용한 전개도법
② 방사선법을 이용한 전개도법
③ 평행선법을 이용한 전개도법
④ 사각형법을 이용한 전개도법

TIP ☀ - 평행선을 이용한 전개도법은 주로 각기둥이나 원기둥을 전개할 때 사용
 - 방사선을 이용한 전개도법은 각뿔이나 원뿔의 전개에 사용하며 꼭지점을 중심으로 방사형으로 전개시키는 방법
 - 삼각형을 이용한 전개도법은 입체의 표면을 여러 개의 삼각형으로 나누어 전개하는 방법

42 마우러조직도에 대한 설명으로 옳은 것은?

① 탄소와 규소량에 따른 주철의 조직관계를 표시한것
② 탄소와 흑연량에 따른 주철의 조직관계를 표시한것
③ 규소와 망간량에 따른 주철의 조직관계를 표시한것
④ 규소와 FeC량에 따른 주철의 조직관계를 표시한것

43 탄소강에 함유된 5대 원소는?

① 황, 망간, 탄소, 규소, 인
② 탄소, 규소, 인, 망간, 니켈
③ 규소, 탄소, 니켈, 크롬, 인
④ 인, 규소, 황, 망간, 텅스텐

44 내열용 알루미늄 합금 중 Y합금의 성분은?

① 구리, 납, 아연, 주석
② 구리, 니켈, 망간, 주석
③ 구리, 알루미늄, 납, 아연
④ 구리, 알루미늄, 니켈, 마그네슘

45 금속재료를 고온에서 오랜 시간 외력을 걸어 놓으면 시간 경과에 따라 서서히 그 변형이 증가하는 현상은?

① 크리프   ② 스트레스
③ 스트레인 ④ 템퍼링

46 다음 중 소결 경질 합금이 아닌 것은?

① 비디아(Widia)
② 텅갈로이(Tungalloy)
③ 카볼로이(Caboloy)
④ 프라티나이트(Platinite)

> TIP
> - 텅스텐 카바이드(WC-Co) : 가장 널리 사용되는 소결 경질 합금으로, 텅스텐 카바이드(WC)와 코발트(Co)를 결합하여 뛰어난 내마모성 및 강도를 제공한다.
> - 텅스텐 카바이드(Tungsten Carbide, WC) : 텅스텐과 탄소의 합금으로, 고온 및 고압에서 뛰어난 내마모성을 자랑한다.
> - 타이타늄 카바이드(TiC) : 타이타늄과 탄소의 합금으로, 높은 온도에서의 내구성 및 경도를 제공한다.
> - 크로뮴 카바이드(Cr_3C_2) : 크로뮴과 탄소의 합금으로, 내마모성과 내식성이 뛰어나고 고온에서도 잘 견딘다.
> - 반도체계 소결 합금 : 코발트나 니켈 기반의 합금에 다양한 탄화물을 포함하여, 특별한 특성을 부여한 고성능 합금이다.
> - 다이아몬드 코팅 공구 (Diamond Coated Tools)
>   - Widia (텅스텐 카바이드 공구 브랜드)
>   - Kennametal (소결 경질 합금 공구 제조업체)
>   - Carboloy (금속 절삭 공구 브랜드)
>   - Seco Tools (소결 합금 절삭 공구)

47 알루미늄 합금인 두랄루민의 표준성분에 포함된 금속이 아닌 것은?

① Mg   ② Cu
③ Ti   ④ Mn

48 Fe-C 상태도 상에 나타나는 조직 중에서 금속간 화합물에 속하는 것은?

① Ferrite   ② Cementite
③ Austenite ④ Pearlite

49 다음 중 전기전도율이 가장 큰 금속은?

① 알루미늄 ② 마그네슘
③ 구리   ④ 니켈

> TIP
> - 은 (Ag) - 가장 높은 전기전도율을 가진 금속이다. 전도율은 약 63×10^6 S/m이다.
> - 구리 (Cu) - 은에 비해 약간 낮지만 매우 높은 전기전도율을 가진다. 전도율은 약 59×10^6 S/m이다.
> - 금 (Au) - 전도율은 약간 낮지만 여전히 매우 높은 전기전도율을 가진다. 전도율은 약 45×10^6 S/m이다.
> - 알루미늄 (Al) - 구리보다 전도율은 낮지만 여전히 높은 전기전도율을 가진다. 전도율은 약 37×10^6 S/m이다.
> - 아연 (Zn) - 전도율은 약 16×10^6 S/m이다.

- 철 (Fe) – 철은 전도율이 상대적으로 낮지만 여전히 금속 중에서는 높은 편이다. 전도율은 약 10×10^6 S/m이다.
- 흑연 (Graphite) – 비금속이지만 층상 구조로 인해 전기전도율이 높은 물질이다. 전도율은 약 10^6 S/m이다.
- 바나듐 (V) – 전도율은 약 1.3×10^6 S/m이다.
- 실리콘 (Si) – 반도체로, 전도율은 매우 낮지만 온도나 불순물 농도에 따라 조절이 가능하다. 전도율은 약 1.5×10^{-3} S/m이다.

50 드릴의 홈, 나사의 골지름, 곡면형상의 두께를 측정하는 마이크로미터는?

① 외경 마이크로미터
② 캘리퍼형 마이크로미터
③ 나사 마이크로미터
④ 포인터 마이크로미터

51 기분치수가 30, 최대허용치수가 29.9, 최소허용치수가 29.8일 때 아래치수허용차는?

① -0.1
② -0.2
③ +0.1
④ +0.2

TIP: 최소허용치수 − 기준치수
= 29.8 − 30 = −0.2

52 절삭저항의 크기 측정이 가능한 것은?

① 다이얼게이지(Dial Gauge)
② 서피스게이지(Surface Gauge)
③ 스트레인게이지(Strain Gauge)
④ 게이지블럭(Gauge Block)

TIP: 스트레인게이지(Strain Gauge)는 물체가 변형될 때 발생하는 미세한 변형을 측정하는 센서이다. 이 장치는 주로 물체에 가해지는 힘이나 하중을 감지하고, 이를 전기적인 신호로 변환하여 측정하는 데 사용된다. 스트레인게이지는 변형이 일어난 부분에 부착되어 물체의 변형 정도에 따라 저항 값이 변하는 원리를 이용한다.

- 주요 구성과 원리

스트레인게이지는 일반적으로 금속이나 반도체 소재로 만든 미세한 와이어로 구성된다. 이 와이어는 변형을 받으면 길이가 늘어나거나 줄어들게 되며, 그에 따라 저항 값도 변화한다. 이 원리를 이용해 변형의 정도를 측정하는데, 저항 변화는 물체의 변형률에 비례한다.

− 길이 변화 : 스트레인게이지가 부착된 물체가 변형되면, 그에 따라 스트레인게이지의 길이가 변하고, 길이가 늘어나거나 줄어들면 저항 값이 변화한다.

− 저항 변화 : 스트레인게이지의 저항은 변형에 따라 증가하거나 감소한다. 이를 전기적인 신호로 변환하여 변형률을 측정할 수 있다.

- 사용 원리

− 변형률 측정 : 스트레인게이지는 물체에 가해지는 변형(변형률)을 측정한다. 변형률은 물체의 원래 길이에 대한 변형된 길이의 비율로 정의된다.

- 전기적 신호 변환 : 변형이 일어나면 스트레인게이지에 부착된 금속 와이어의 길이가 변화하여 저항 값도 달라지며, 이 저항 변화가 전기적 신호로 변환되어 측정된다.
- 스트레인게이지의 주요 응용 분야
  - 구조물 모니터링 : 다리, 건물, 항공기 등에서 하중을 모니터링하는데 사용된다.
  - 기계적 하중 측정 : 압력 센서, 토크 센서 등에 사용되어 기계적인 힘을 정밀하게 측정한다.
  - 자동차 및 항공기 산업 : 차량이나 항공기의 하중과 변형을 측정하여 안전성을 평가하고, 최적화된 설계를 위해 사용된다.
- 종류
  - 일반 스트레인게이지 : 단일 스트레인게이지를 사용하여 변형을 측정한다.
  - 브리지 회로 스트레인게이지 : 스트레인게이지 4개를 사용하는 다리형 브리지 회로를 통해 더욱 정밀한 측정을 할 수 있다.

53 그래픽 스크린 상에서 특정의 위치나 물체를 지정하는데 사용되는 입력장치는?

① 라이트 펜(light pen)
② 마우스(mouse)
③ 컨트롤 다이얼(control dial)
④ 조이스틱(joy stick)

54 게이지 블록을 사용하거나 취급할 때 주의 사항으로 틀린 것은?

① 천이나 가죽위에서 취급할 것
② 먼지가 적고 건조한 실내에서 사용할 것
③ 측정면에 먼지가 묻어 있으면 솔로 털어 낼 것
④ 측정면의 방청유는 휘발유로 깨끗이 닦아 보관할 것

55 스프링의 변형에 대한 강성을 나타내는 것은 스프링 상수이다. 하중W(N)일 때 변위량을 δ델타(mm)라고 하면 스프링상수 k(N/mm)는?

① $k = \dfrac{\delta}{W}$ ② $k = \delta W$

③ $k = \dfrac{W}{\delta}$ ④ $k = Wb$

56 체인전동장치의 일반적인 특징으로 거리가 먼 것은?

① 속도비가 일정하다.
② 유지 및 보수가 용이하다.
③ 내열, 내유, 내습성이 강하다.
④ 진동과 소음이 없다.

TIP 체인 전동 장치(Chain Drive System)는 기계에서 회전 운동을 전달하기 위해 체인을 사용하는 시스템이다. 주로 동력 전달, 기계적 연결, 또는 움직임을 전달하는 데 사용되며, 여러 산업에서 중요한 역할을 한다. 체인 전동 장치는 그 구성 요소와 특성에 따라 다양한 종류가 있지만, 일반적으로 다음과 같은 특징들을 가진다.

1. 강력한 전력 전달
2. 효율성
3. 정밀한 전력 전달
4. 내구성 및 수명
5. 진동과 소음
6. 비용 효율성
7. 다양한 크기와 종류
8. 유지보수 필요
9. 다양한 응용 분야
10. 속도 조절의 제한

57 일반적으로 두축이 같은 평면 내에서 일정한 각도로 교차하는 경우에 운동을 전달하는 축이음은?

① 맞물림클러치　② 플렉시블커플링
③ 프랜지커플링　④ 유니버설조인트

TIP 플랜지 축이음 (Flange Coupling)
- 설명 : 두 개의 축 끝에 플랜지를 부착하여, 플랜지에 나사를 이용해 서로 연결하는 방식이다. 플랜지 축이음은 비교적 간단한 구조로, 유지보수 및 조정이 용이하다.
- 특징
  높은 전동력 전송 가능
  정밀한 정렬 요구
  회전 방향이 일치해야 함
- 용도 : 대형 기계나 중장비에서 사용

유니버설 축이음 (Universal Joint or U-joint)
- 설명: 서로 다른 각도를 가진 두 축을 연결할 때 사용하는 장치이다. 주로 차량의 구동 시스템에서 사용되며, 회전 축이 불규칙한 방향으로 전달될 때 유용하다.
- 특징
  각도가 달라져도 회전 운동을 전달할 수 있음
  비틀림과 충격 흡수 가능
- 용도 : 자동차, 트럭, 기계 등에서 사용

슬리브 축이음 (Sleeve Coupling)
- 설명 : 두 축을 간단한 튜브 형태의 슬리브로 연결하는 방식이다. 슬리브는 두 축을 맞물려 연결하여 회전 운동을 전달한다.
- 특징
  간단하고 저렴한 구조
  축 정렬이 잘 맞을 때 사용
  적당한 회전 속도와 힘을 전달
- 용도 : 소형 기계나 간단한 회전 기계 장치에서 사용

디스크 축이음 (Disc Coupling)
- 설명 : 금속 디스크를 사용하여 두 축을 연결하는 방식이다. 디스크 축이음은 고속 회전 및 충격을 잘 견딘다. 또한, 유연성이 있어 진동을 흡수하는 능력이 있다.
- 특징
  높은 정밀도와 강도
  진동 및 충격 흡수 능력
  높은 회전 속도에 적합
- 용도 : 고속 회전 장치, 정밀 기계, 항공기 등

헬리컬 축이음 (Helical Coupling)
- 설명 : 나선형 헬리컬 기어를 사용하여 두 축을 연결하는 방식이다. 헬리컬 기어는 평행축 또는 비평행축을 효율적으로 연결할 수 있다.
- 특징
  높은 전동력 전달

소음과 진동이 적음
축의 정렬에 유연성 있음
- 용도 : 기계적 정밀도를 요구하는 경우

58 캠을 평면캠과 입체캠을 구분할 때 입체캠의 종류가 아닌 것은?

① 원통캠　　② 삼각캠
③ 원뿔캠　　④ 빗판캠

59 CAD에서 사용하는 3차원 형상모델링이 아닌 것은?

① 솔리드모델링
② 시스템모델링
③ 서피스모델링
④ 와이어프레임모델링

60 다음 중 CAD시스템의 출력장치가 아닌 것은?

① 플로터　　② 프린터
③ 모니터　　④ 라이트펜

58 ② 59 ② 60 ④

06 기출복원 문제

01 동력전달용 V벨트 풀리의 규격(형)이 아닌 것은?

① B ② A
③ F ④ E

TIP 풀리의 직경이 작아짐 〈- M A B C D E -〉 풀리의 직경이 커짐

02 기어설계시 전위기어를 사용하는 이유로 거리가 먼 것은?

① 중심거리를 자유로이 변화시키고자 할 경우에 사용
② 언더컷을 피하고 싶은 경우에 사용
③ 베어링에 작용하는 압력을 줄이는 경우에 사용
④ 기어의 강도를 개선하려고 할 경우 사용

TIP 전위기어(前位齒車, pre-positioning gear)는 일반적으로 기계나 차량의 동력 전달 시스템에서 사용되는 특수한 기어이다. 전위기어의 주요 목적은 다음과 같다.

- 속도 변화 및 효율적인 동력 전달 : 전위기어는 주로 기계 시스템에서 전방위적으로 동력을 전달하거나 속도를 조절하는 역할을 한다. 예를 들어, 차량의 기어 시스템에서 사용될 때 엔진의 동력을 최적의 속도로 변환하여 효율적인 주행을 도와준다.
- 부하 분산 및 부드러운 전환 : 기계나 차량에서 전위기어를 사용하면 급격한 기어 변환 없이 부드럽게 속도를 변화시키거나 부하를 분산시킬 수 있다. 이는 시스템의 내구성을 높이고 기계적 충격을 최소화하는 데 도움을 준다.
- 정밀 제어: 전위기어는 특히 정밀한 동력 전달이 요구되는 시스템에서 사용되며, 각 기어의 위치를 미리 조정하여 더욱 세밀한 제어를 가능하게 한다. 예를 들어, 로봇이나 항공기와 같은 고정밀 기계에서는 전위기어가 중요하게 작용할 수 있다.
- 변속기에서의 사용: 자동차와 같은 차량에서 전위기어는 변속기 시스템의 일환으로, 기어를 미리 준비하거나 조정하여 변속을 더욱 원활하게 만들어준다. 전위기어는 변속 시 충격을 줄이고, 더 빠르고 부드럽게 변속할 수 있게 도와준다.

03 구조는 간단하면서 복잡한 운동을 구현할 수 있는 기계요소로서 내연 기관의 밸브 개폐기구 등에 사용되는 것은?

① 마찰차(friction wheel)
② 클러치(clutch)
③ 기어(gear)
④ 캠(cam)

01 ③ 02 ③ 03 ④

04 다음 중 운동용 나사에 해당하지 않는 것은?

① 사각 나사
② 사다리꼴 나사
③ 톱니 나사
④ 미터 나사

> **TIP** 운동용 나사는 다양한 종류가 있으며, 각각의 특성에 맞춰 사용된다. 리드 스크루, 볼 스크루, 트레드밀 나사와 같은 나사는 회전 운동을 직선 운동으로 변환하는 데 널리 사용되며, 볼 스크루는 효율성과 정밀도가 뛰어나 자동화와 로봇 시스템에 주로 사용된다.

05 마찰에 의하여 회전력을 전달하며 축의 임의의 위치에 보스를 고정할 수 있는 키는?

① 미끄럼키
② 스플라인
③ 접선키
④ 원뿔키

06 솔리드 모델링의 데이터 구조 중 CSG(Constructive Solid Geometry) 트리 구조의 특징에 대한 설명으로 틀린 것은?

① 데이터 구조가 간단하고 데이터의 양이 적어 데이터 구조의 관리가 용이하다.
② CSG 트리로 저장된 솔리드는 항상 구현이 가능한 입체를 나타낸다.
③ 화면에 입체의 형상을 나타내는 시간이 짧아 대화식 작업에 적합하다.
④ 기본형상(primitive)의 파라메터만 간단히 변경하여 입체 형상을 쉽게 바꿀 수 있다.

07 2차원 평면에서 원(circle)을 정의하고자 할 때 필요한 조건으로 틀린 것은?

① 중심점과 원주상의 한 점으로 정의
② 원주상의 3개의 점으로 정의
③ 두개의 접선으로 정의
④ 중심점과 하나의 접선으로 정의

08 다음 모델 중 공학적인 해석(유한요소해석 등)에 적합한 것은?

① 와이어 프레임 모델(wire frame model)
② 서피스 모델(surface model)
③ 솔리드 모델(solid model)
④ 시스템 모델(system model)

> **TIP** 솔리드 모델링의 주요 방법
> - B-Rep (Boundary Representation)
>   경계 표현법은 물체의 외부 경계를 정의하여 3D 형상을 만든다. 이를 위해 물체의 면, 모서리, 꼭짓점을 정의하며, 경계를 따라 물체를 구성한다.
>   - 예 : CATIA, SolidWorks, AutoCAD 등에서 사용하는 방식이다.
> - CSG (Constructive Solid Geometry)
>   구성적 솔리드 기하학은 기본적인 기하학적 형태(예 : 직육면체, 구, 원기둥 등)를 결합하여 복잡한 물체를 만드는 방식이다. 이 방법은 기하학적 형태를 더하고 빼고(boolean operation) 결합하는 방식으로 물체를 생성한다.
>   - 예 : 3D 시스템에서 많이 사용된다.

- Sweep 모델링

  스윕(Sweep) 기법은 2D 형태를 3D 공간에서 이동시키거나 회전시키면서 3D 형상을 생성하는 방법이다. 예를 들어, 원형 단면을 따라 이동하여 원통 모양을 만들 수 있다.

- Revolve 모델링

  회전(Revolve) 기법은 2D 형상을 축을 기준으로 회전시켜서 3D 형상을 생성하는 방법이다. 원통형, 구형 등 대칭적인 형상에 적합한다.

솔리드 모델의 장점

- 정확한 물리적 특성 분석 가능

  솔리드 모델은 부피나 밀도와 같은 물리적 속성까지 정의할 수 있기 때문에, 힘 분석, 응력 테스트, 열 흐름 시뮬레이션 등과 같은 물리적 특성을 정확하게 분석할 수 있다.

- 제작에 용이
- 충돌 및 간섭 검사
- 효율적인 협업

솔리드 모델의 응용 분야

- 기계 설계
- 자동차 산업
- 항공우주
- 건축 및 토목 공학
- 제품 디자인

결론

솔리드 모델(Solid Model)은 3D 모델링 기법 중에서 물리적 특성까지 정의할 수 있는 정확하고 실용적인 방식이다. 기계 설계, 자동차, 항공우주, 건축 등 다양한 분야에서 설계, 분석, 제조 과정에 필수적인 도구로 사용되며, 정확한 형태와 물리적 분석을 가능하게 해준다.

09 M22볼트(골지름 19.29mm)가 2장의 강판을 고정하고 있다. 체결볼트의 허용전단응력이 39.25Mpa라고 하면 최대 몇 kN까지 하중을 받을 수 있는가?

① 3.21 ② 7.54
③ 11.48 ④ 22.96

TIP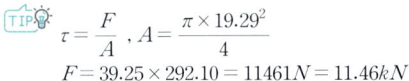
$$\tau = \frac{F}{A}, A = \frac{\pi \times 19.29^2}{4}$$
$$F = 39.25 \times 292.10 = 11461N = 11.46kN$$

10 리벳이음에서 리벳지름을 d, 피치를 p라 할 때 강판의 효율 η로 옳은 것은? (단 1줄 리벳 겹치기이음이다.)

① $\eta = 1 - \dfrac{d}{p}$ ② $\eta = \dfrac{d}{p} - 1$

③ $\eta = 1 - \dfrac{p}{d}$ ④ $\eta = 1 + \dfrac{d}{p}$

11 다음 중 용접이음의 단점에 속하는 것은?

① 내부결함이 생기기 쉽고 정확한 검사가 어렵다.
② 용접공의 기능에 따라 용접부의 강도가 좌우된다.
③ 다른 이음작업과 비교하여 작업 공정이 많은 편이다.
④ 잔류응력이 발생하기 쉬워서 이를 제거해야 하는 작업이 필요하다.

04 ④ 05 ④ 06 ③ 07 ③ 08 ② 09 ③ 10 ① 11 ③

> **TIP** 응력 집중
>
> 열 영향을 받은 영역(HAZ) 문제
> - 균열 및 변형 : 용접 중 급격한 온도 변화로 인해 열변형이 발생할 수 있다. 이로 인해 용접이음 부위가 왜곡되거나 균열이 발생할 수 있다.
> - 내식성 문제
> - 높은 기술적 요구

12 원주에 톱니 형상의 이가 달려 있으며 폴(Pawl)과 결합하여 한쪽 방향으로 간헐적인 회전운동을 주고 역회전을 방지하기 위해 사용하는 것은?

① 레치 휠 ② 플라이 휠
③ 원심 부레이크 ④ 자동하중브레이크

13 임의의 점에서 직선거리 L만큼 떨어진 곳에서 힘(F)가 직선방향에 수직하게 작용할 때, 발생하는 모멘트(M)을 바르게 나타낸 것은?

① M=FxL ② M=F/L
③ M=L/F ④ M=F+L

14 웜을 구동축으로 할 때 웜의 줄수를 3, 웜휠의 잇수를 60이라고 하면, 이 웜 기어장치의 감속 비율은?

① 1/10 ② 1/20
③ 1/30 ④ 1/60

15 치수선과 치수보조선에 대한 설명으로 틀린 것은?

① 치수선과 치수보조선은 가는 실선을 사용한다.
② 치수보조선은 치수를 기입하는 형상에 대해 평행하게 그린다.
③ 외형선, 중심선, 기준선 및 이들의 연장선을 치수선을 사용하지 않는다.
④ 치수보조선과 치수선의 교차는 피해야 하나 불가피한 경우에는 끊김없이 그린다.

16 표준 스퍼기어에서 요목표상의 전체 이높이를 구하시오(압력각 20°, 모듈 2, 잇수 31, 피치원지름 62)

① 4 ② 4.5
③ 5 ④ 5.5

> **TIP** Ht = m × 2.25 = 2 × 2.25 = 4.5

17 끼워맞춤에서 축기준식 헐거운 끼워맞춤을 나타낸 것은?

① H7/g6 ② H6/F8
③ h6/P7 ④ h6/F7

18 2개 이상의 입체면과 면이 만나는 경계선은?

① 절단선 ② 파단선
③ 작도선 ④ 상관선

19 단면의 무게중심을 연결한 선은?

① 굵은 실선 ② 가는 1점 쇄선
③ 가는 2점 쇄선 ④ 가는 파선

20 도면에서 표면상태를 줄무늬 방향의 기호로 표시할 경우 R이 뜻하는 것은?

① 가공에 의한 커터의 줄무늬 방향이 투상면에 평행
② 가공에 의한 커터의 줄무늬 방향이 레이디얼 모양
③ 가공에 의한 커터의 줄무늬 방향이 동심원 모양
④ 가공에 의한 커터의 줄무늬 방향이 경사지고 두방향으로 교차

TIP

기호	의미	설명도
=	투상면에 평행	
⊥	투상면에 직각	
X	다방면 교차	
M	무방향	
C	동심원	
R	방사상	

21 축을 도시할 때 설명으로 맞는 것은?

① 축은 조립방향을 고려하여 중심축을 수직방향으로 놓고 도시한다.
② 축은 길이 방향으로 절단하여 온 단면도로 도시한다.
③ 축의 끝에는 모양을 좋게 하기 위해 모따기를 하지 않는다.
④ 단면 모양이 같은 긴 축은 중간 부분을 생략하여 짧게 도시할 수 있다.

22 길이를 구하는 측정기로 맞는 것은?

① 측장기 ② 오토콜리미터
③ 각도기 ④ 직각자

23 나사에서 완전나사부와 불완전나사부의 경계선을 나타내는 선은?

① 가는 실선 ② 파선
③ 가는 1점 쇄선 ④ 굵은 실선

12 ① 13 ① 14 ① 15 ② 16 ② 17 ④ 18 ④ 19 ③ 20 ② 21 ④ 22 ① 23 ④

24 롤링 베어링의 내륜이 고정되는 곳을 무엇이라 하는가?

① 저널 ② 하우징
③ 궤도면 ④ 리테이너

25 평벨트 풀리에서 림(RIM)중앙부를 약간 높게 만드는 이유로 가장 맞는 것은?

① 제작이 용이하기 때문에
② 풀리의 강도 증대와 마모를 고려하여
③ 벨트가 벗겨지는 것을 방지하기 위해
④ 벨트 착탈시 용이하게 하기 위해

26 눈금자와 같이 주로 금형으로 생산되는 플라스틱 제품 등에 가공여부를 묻지 않을 때 사용되는 기호는?

27 기하공차 기호에서 자세공차를 나타내는 것이 아닌 것은?

① 대칭도 공차 ② 직각도 공차
③ 경사도 공차 ④ 평행도 공차

28 운동에너지를 전기와 열에너지로 변환하는 장치는?

① 클러치 ② 유니버설조인트
③ 브레이크 ④ 플렉시블조인트

29 도면을 접어서 사용하거나 보관할 때 앞부분에 나타내어 보이도록 하는 부분은?

① 도면이 그려지지 않은 부분(훼손방지를 위해)
② 표제란이 있는 부분
③ 조립도가 보이는 부분
④ 부품번호가 보이는 부분

30 스프로킷 휠 도시법에서 피치원은 무슨 선으로 표시하는가?

① 가는 1점 쇄선 ② 굵은 실선
③ 가는 실선 ④ 굵은 1점 쇄선

31 다음 그림과 같은 반달키의 호칭치수 표시 방법으로 맞는 것은?

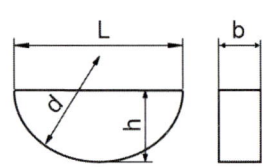

① b×d ② b×L
③ b×h ④ h×L

32 다음 그림과 같은 투상도는 무슨 투상도 인가?

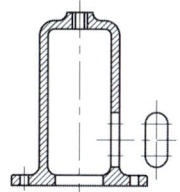

① 부분확대도   ② 국부투상도
③ 부분투상도   ④ 회전투상도

33 구(Sphere)를 도시할 때 필요한 최소의 투상도 수는?

① 1개   ② 2개
③ 3개   ④ 4개

34 비 자성체로서 Cr과 Ni를 함유하며, 일반적으로 18-8 스테인리스강이라 부르는 것은?

① 페라이트계 스테인리스강
② 오스테나이트계 스테인리스강
③ 마텐자이트계 스테인리스강
④ 펄라이트계 스테인리스강

> TIP 18-8 스테인리스라고 숫자만 보이면 이게 뭔지 알 수 없다.
> 간단히 말하면 KS 규격의 STS304 스테인리스라는 말이다.
> 최소한 18% 크롬과 최소 8% 니켈이 합금된 스테인리스 강재를 말하며 스테인리스도 종류가 많고 그중 오스테나이트 스테인리스 강재를 말한다.

35 특수강에 포함되는 특수원소의 주요 역할 중 틀린 것은?

① 변태속도의 변화
② 기계적, 물리적 성질의 개선
③ 소성 가공성의 개량
④ 탈산, 탈황의 방지

36 자동차의 핸들, 전동기의 축 등에 사용되며 축에 작은 삼각형 키 홈을 만들어 축과 보스를 고정시키는 것은?

① 스플라인 축   ② 페더 키
③ 세레이션   ④ 접선 키

37 "밀링에 사용하는 엔드밀의 재료는 일반적으로 SKH2를 사용한다." 에서 SKH는 어떤 재료를 나타내는 KS기호인가?

① 일반 구조용 압연 강재
② 고속도 공구강 강재
③ 기계 구조용 탄소 강재
④ 탄소 공구 강재

> TIP SKH 강재는 열처리 후 경도가 HRC 63~65에 달하며, 일반 강재보다 내마모성이 뛰어나다. 인성 또한 우수하여 절삭 작업 중 파손 위험을 줄이고, 높은 신뢰성과 긴 수명을 제공한다.
> W(18)-Cr(4) -V(1) 표준 고속도공구강 (하이스강)

38 기계요소 부품 중에서 직접 전동용 기계요소에 속하는 것은?

① 벨트 ② 기어
③ 로프 ④ 체인

39 비중 1.74로 실용 금속 중에서 가장 가볍고 비강도가 알루미늄보다 우수하여 항공기, 자동차, 선박, 전기기기, 광학기계 등에 이용되며 구상흑연 주철의 첨가제로 사용되는 것은?

① Ag ② Cu
③ Mg ④ Sn

40 기계구조용 탄소강 SM35C에서 35란 숫자는 무엇을 나타내는가?

① 인장강도 ② 망간함유량
③ 탄성계수 ④ 탄소함유량

41 기어의 이의 크기를 표시하는 방법이 아닌 것은?

① 모듈 ② 지름 피치
③ 원주 피치 ④ 반지름 피치

> **TIP** 이의 크기
> - 원주 피치(P) = $\pi D / Z = \pi m$
> - 모듈(m) = $p / \pi = D / Z$
> - 지름피치 = $\pi / P = Z / D = 1 / m$ [inch]

42 원통 연삭방식에서 연삭숫돌을 일정한 위치에서 회전시키고, 회전하는 일감을 숫돌 폭 방향으로 이송하여 연삭하는 방법을 무엇이라 하는가?

① 트래버스 연삭 ② 플런저 연삭
③ 만능 연삭 ④ 공구 연삭

> **TIP** 외경연삭기는 공작물의 외부 원통형 표면을 연삭하는 데 사용되며, 고정밀도 및 고품질의 마감이 요구되는 경우에 주로 사용된다.
>
> 트래버스와 테리모션 연삭 방식
> - 트래버스 연삭 : 숫돌이 공작물의 길이를 따라 왕복 운동하며 연삭
> - 테리모션 연삭 : 숫돌이 회전하며 공작물에 대해 가로 방향으로 미세 이동
>
> 플런지컷 방식의 특징
> - 플런지컷 연삭 : 숫돌이 공작물에 대해 직접 수직으로 접근하여 연삭
> - 효율성 : 대량 생산에 적합하며 높은 연삭 효율을 제공한다.

43 선반 작업 중에 지켜야 할 안전사항이 아닌 것은?

① 긴 공작물을 가공할 때는 안전장치를 설치 후 가공한다.
② 가공물이 긴 경우 심압대로 지지하고 가공한다.
③ 드릴 작업시 시작과 끝은 이송을 천천히 한다.
④ 전기배선의 절연상태를 점검한다.

TIP
- 가공물의 칩은 가공물의 회전이 완전히 멈춘 후에 제거
- 가공물의 고정 작업 시 선반 척의 조를 완전히 고정
- 선반의 기어박스 위에 작업공구 등이 없도록 정리정돈 후 작업
- 칩 비산방지장치 설치 및 가공 작업 시 보안경 착용
- 면장갑 착용 제한, 옷 소매를 단정히 하는 등 적절한 작업복 착용
- 상의의 옷자락은 안으로 넣고 소맷자락을 묶을 때는 끈 사용 금지

44 호칭지름이 40mm, 피치가 7mm인 1줄 미터 사다리꼴나사의 올바른 표시방법은?

① Tr40 × 7
② Tr40 × 7H
③ M40 × 7
④ M40 × 7H

45 스케치할 때 치수 측정 용구가 아닌 것은?

① 버니어 캘리퍼스
② 서피스 게이지
③ 피치 게이지
④ 깊이 게이지

TIP 서피스 게이지 : 금 긋기에 사용

46 배관도의 치수기입 방법에 대한 설명 중 틀린 것은?

① 파이프나 밸브 등의 호칭 지름은 파이프라인 밖으로 지시선을 끌어내어 표시한다.
② 치수는 파이프, 파이프 이음, 밸브의 목 입구의 중심에서 중심까지의 길이로 표시한다.
③ 여러 가지 크기의 많은 파이프가 근접해서 설치된 장치에서는 단선도시 방법으로 그린다.
④ 파이프의 끝부분에 나사가 없거나 왼나사를 필요로 할 때에는 지시선으로 나타내어 표시한다.

47 다음 중 치수 기입의 원칙으로 맞는 것은?(

① 어느 정도의 중복 기입은 상관없다.
② 치수는 되도록 평면도에 집중하여 기입한다.
③ 치수는 치수선이 만나는 곳에 기입한다.
④ 치수는 선에 겹치게 기입해서는 안 된다.

48 Al_2O_3 분말과 TiC 또는 TiN 혼합 후 소결하여 제작하는 공구 재료는?

① 다이아몬드   ② 세라믹
③ 초경합금   ④ 서멧

49 다음 중 컴퓨터의 처리 속도 단위 중 가장 빠른 시간 단위는?

① ms   ② μs
③ ns   ④ ps

TIP: $ms > \mu s > ns > ps > fs > as$

50 도면상에 구멍, 축 등의 호칭치수를 의미하며 치수 허용한계의 기준이 되는 치수는?

① IT치수   ② 실치수
③ 허용한계치수   ④ 기준치수

51 다음 스프링에 관한 제도 설명 중 틀린 것은?

① 코일 스프링에서 코일 부분의 중간 부분을 생략하는 경우에는 생략하는 부분의
② 선지름의 중심선을 가는 1점 쇄선으로 나타낸다.
③ 하중 또는 처짐 등을 표시할 필요가 있을 때에는 선도 또는 항목표로 나타낸다. 도면에서 특별한 지시가 없는 한 모두 오른쪽 감기로 도시한다.
④ 벌류트 스프링은 원칙적으로 하중이 가해진 상태에서 그리는 것을 원칙으로 한다.

52 다음 중 육각볼트의 호칭이다. ③ 이 의미하는 것은?

> KS B 1002 6각 볼트 A M12×80 -8.8
>   ①   ②   ③   ④   ⑤
> MFZn2
>   ⑥

① 강도   ② 부품등급
③ 종류   ④ 규격번호

TIP: ① 규격범호
② 볼트의 종류
③ 부품등급
④ 나사의 호칭, 호칭길이
⑤ 강도구분 또는 성상구분
⑥ 아연도금 2μm

53 지름이 50mm 축에 10mm인 성크키를 설치 했을 때 일반적으로 전단하중만을 받을 경우 키가 파손되지 않으려면 키의 길이는 몇 mm 이상인가?

① 25mm   ② 75mm
③ 100mm   ④ 120mm

TIP: 키의 길이는 1.5D 이상
50 x 1.5 = 75 이상

54 지름 D_1=200mm, D_2=300mm의 내접 마찰차에서 그 중심거리는 몇 mm인가?

① 50   ② 100
③ 125   ④ 250

> **TIP** $C = \dfrac{D_2 - D_1}{2} = (300-200)/2$
> $= 50mm$

55 원동차의 잇수 28 종동차의 잇수 8284인 한 쌍의 속도비(i)는 얼마인가?

① i = 1/3 ② i = 1/4
③ i = 1/6 ④ i = 1/8

> **TIP** 속도비$(i) = \dfrac{N_2}{N_1} = \dfrac{D_1}{D_2} = \dfrac{Z_1}{Z_2} = \dfrac{28}{84} = \dfrac{1}{3}$

56 미터나사에서 지름이 14mm 피치가 2mm의 나사를 태핑하기 위한 드릴구멍의 지름은 몇 mm로 하는가?

① 16 ② 14
③ 12 ④ 10

> **TIP** 드릴구멍의 지름
> = 나사의 지름 – 피치
> = 14 – 2 = 12mm

57 슬리브의 최소 눈금이 0.5mm의 마이크로미터에서 딤블의 원주 눈금이 100등분 되었다면 최소한 읽을 수 있는 값은?

① 0.01mm ② 0.005mm
③ 0.002mm ④ 0.05mm

> **TIP** 0.5/100 = 0.005mm

58 다음 가공 방법의 기호가 틀린 것은?

① 선반가공(L) ② 보링가공(B)
③ 리머가공(FF) ④ 호닝가공(GH)

> **TIP** 줄가공(FF)
> 리머가공(FR)

59 고온의 오스테나이트 영역에서 탄소강을 냉각하면 냉각속도의 차이에 따라 여러 조직으로 변태되는데, 이들 조직의 강도와 경도를 큰 순서대로 바르게 나열한 것은?

① 마텐자이트 〉 트루스타이트 〉 소르바이트 〉 펄라이트
② 트루스타이트 〉 소르바이트 〉 펄라이트 〉 마텐자이트
③ 펄라이트 〉 마텐자이트 〉 소르바이트 〉 트루스타이트
④ 마텐자이트 〉 펄라이트 〉 트루스타이트 〉 소르바이트

> **TIP** 마텐자이트 〉 트루스타이트 〉 소르바이트 〉 펄라이트

60 구멍용 한계 게이지가 아닌 것은?

① 플러그게이지 ② 봉게이지
③ 태보게이지 ④ 스냅게이지

> **TIP** 한계 게이지 : 플러그게이지, 봉게이지, 태보게이지
> 축용 한계 게이지 : 스냅 게이지

전산응용기계제도기능사 필기

초 판	**인쇄**	2009년 8월 10일
초 판	**발행**	2009년 8월 15일
개정 16판	**발행**	2024년 1월 25일
개정 17판	**발행**	2025년 1월 20일

지은이 | 이광선·이정호·길부석
발행인 | 조규백
발행처 | 도서출판 구민사
　　　　　 (07293) 서울특별시 영등포구 문래북로 116, 604호(문래동3가 46, 트리플렉스)
전 화 | (02) 701-7421
팩 스 | (02) 3273-9642
홈페이지 | www.kuhminsa.co.kr

신고번호 | 제2012-000055호 (1980년 2월 4일)
I S B N | 979-11-6875-474-4　　13500

값 30,000원

※ 낙장 및 파본은 구입하신 서점에서 바꿔드립니다.
※ 본서를 허락없이 부분 또는 전부를 무단복제, 게재행위는 저작권법에 저촉됩니다.